Introduction to Circuit Theory

회로이론기초

이 병 효 저

東逸出版社

머리말

전기 전자 공학을 공부하는 학생들이 제일 먼저 부딪치는 것이 회로 이론이다. 전기 공학의 정리는 거의 수학을 바탕으로 하고 있다. 따라서 수학적인 배경이 부족한 초급 학생들로부터 회로 이론이 가장 어렵다고 불평하는 소리를 늘 들어 온 바이다. 그러므로 이 교재는 특히 수학적인 배경에 자신이 없는 학생들을 대상으로 집필하였다. 즉 고등 학교 수학을 어느 정도 이해한 학생이라면 계산기(calculator)를 이용하여 회로 이론에 쉽게 접근할 수 있도록 노력하였다. 또 정리의 증명보다는 정리의 이용에 중점을 두어 쉽게 설명하려 노력했고, 실제적인 예를 많이 들었다.

이 교재는 주당 3시간으로 1년간의 강의 분량으로 꾸며졌다. 1장에서 4장까지는 직류 회로를 다루고 있다. 따라서 4장까지 공부한 학생은 회로 이론에 나오는 정리를 거의 다 이해한 것으로 보아도 괜찮다. 5장부터는 교류 회로를 다루고 있으며, 교류 회로 이론을 좀더 빨리 공부하려면 직류 회로를 약하게 다루고 5장부터 자세하게 공부해도 별 무리가 없을 것 같다.

3상 회로의 대칭 좌표법과 분포 정수 회로를 취급하는 것이 초급 학생들에게 너무 어렵다고 생각되어 생략하였다. SHARP 9200급 이상의 계산기를 사용하면 상당히 복잡한 복소수라 하더라도, 복소수 식을 입력하고 엔터 키를 치면 바로 답이 나오므로 상호 유도 회로와 복소 4단자 회로도 쉽게 이해할 수 있을 것이다.

이 책의 체제를 살펴보면 각 장별로 기본 원리를 먼저 설명하고 여기에 맞는 예제를 들고, 이 예제와 비슷한 연습 문제를 다시 제시하여 학생 스스로 문제를 풀게 했다. 각 장의 끝에는 종합 문제로 반드시 기억해야 할 정리들을 학생들에게 강조하기 위해 괄호 안에 낱말 넣기 문제를 다루었다. 또 이미 출제된 기사 시험 문제 중에서 기본적인 것을 4지 선다형으로 취급하고 있다. 아무리 쉽게 회로 이론을 설명한다고 해도 학생 스스로가 문제 풀기를 게을리하면 실력 향상이 힘들다고 생각되어 다양한 주관식 문제를 익힘 문제로 각 장의 끝에 실었다.

이 교재를 편찬함에 있어서 도움을 주신 여러분들에게 깊은 감사를 드리며, 아울러 동일출판사 편집부 여러분께도 사의를 표하는 바입니다.

1998. 11

저자 이 병 효 씀

차 례

1 기초 사항

2 직렬 회로와 병렬 회로

3 전기 회로의 일반 해석

11

3상 회로

12

공진 회로와 필터 회로

13

비정현파 회로

14

2포트 회로

1 기초 사항

회로 이론이란 무엇인가? 수력 발전소에서는 물의 위치 에너지를 전기 에너지로 바꾼다. 화석 연료를 태우거나 원자력 에너지를 이용하여 전기 에너지를 얻는다. 이렇게 얻어진 전기 에너지를 전선로를 이용하여 생산 공장이나 가정으로 수송하여 전동기를 돌리거나 빛으로 이용한다. 우리는 집에서 수화기를 들어 음성 신호를 전기 신호로 바꾸어 전화선을 이용하여 친구에게 메시지를 전달한다. 최근에는 무선 전화가 많이 보급되어 가고 있다. 방송국의 연주실에서 발생한 음악 소리와 연주 장면은 전기 신호로 바뀌어 우리 가정의 TV에 전달된다.

이러한 과정은 물론 많은 전기 · 전자 부품과 장치로 구성된다. 이와 같이 전기 · 전자 공학은 전기 에너지와 신호의 발생, 변환, 수송 및 이용을 다루는 학문이다. 전기 에너지나 신호를 발생, 변환, 수송 및 이용하려면 반드시 전기 · 전자 회로가 필요하다. 회로 이론은 전기 회로에 관한 학문이다. 따라서 전기 공학의 기초 학문이므로 회로 이론의 완전한 이해 없이는 다른 교과목을 올바르게 이해할 수 없다. 이 장에서는 전류와 전압을 정의하고 저항 회로에서 전류가 흘러, 전압 강하가 어떻게 일어나는지 공부한다. 또 전력과 옴의 법칙에 대해 공부한다.

1.1 전 하

모든 물질은 원자로 구성되어 있다. 원자는 그 물질의 특성을 지니는 최소의 입자이다. 원자는 원자핵과 전자로 이루어져 있으며 원자핵은 양성자와 중성자로 이루어져 있다. 원자핵 주변의 궤도를 도는 전자의 개수는 양성자의 개수와 동일하다. 구리의 예를 들면 원자핵 주변에 첫 번째 각에 2개의 전자, 두 번째 각에 8개의 전자, 세 번째 각에 18개의 전자, 네 번째 각에 1개의 전자가 돌고 있다. 이 네 번째 각의 전자를 특히 자유 전자라고 한다. 그림 1.1은 구리 원자의 구조이다.

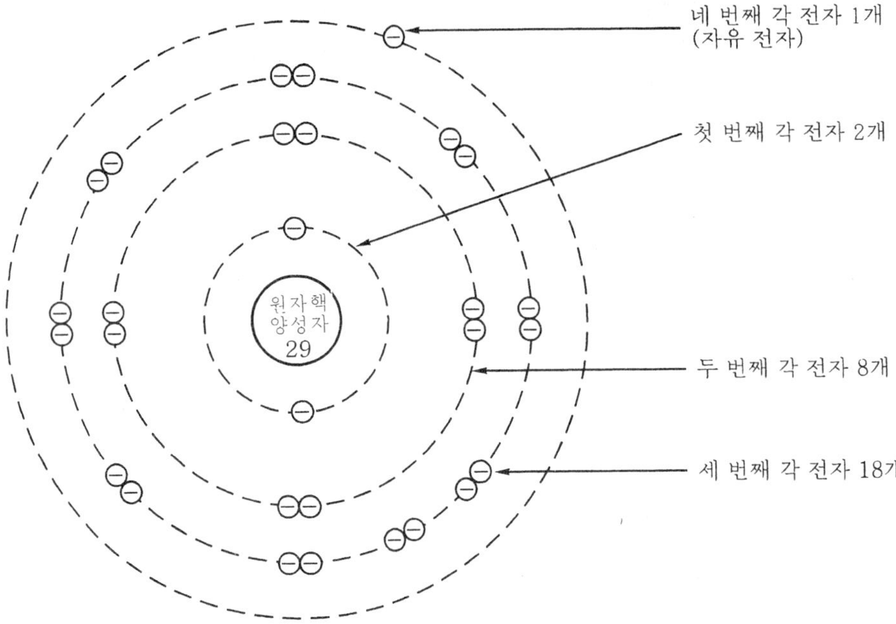

그림 1.1 구리 원자의 구조

최외각 궤도의 자유 전자는 원자핵에 의한 구속력이 약하기 때문에 적은 에너지로 궤도에서 떼어 낼 수가 있다. 구리에는 1 cm^3의 부피에 상온에서 약 8×10^{22}개의 자유 전자가 있다.

전기 회로의 동작과 특성을 설명하는 가장 기본적인 양을 전하(electric charge)라 한다. 전하에는 양성자와 양이온이 갖는 양전하와 전자와 음이온이 갖는 음전하가 있다. 전자 1개가 갖고 있는 전하량은 더 이상 쪼갤 수 없는 최소량이다. 전자와 양성자 한 개의 전하량은 각각 1.602×10^{-19} 쿨롬이다. 따라서 6.24×10^{18}개의 전자가 모여야 1 쿨롬의 전하량이 된다. 쿨롬(coulomb, C)은 전하의 단위로 SI 단위계이다(길이 미터, 질량 킬로그램, 시간 초, 온도 절대온도).

예제 1-1 전자의 개수가 3×10^{20}인 전하가 있다. 이 전하의 전하량은 얼마인가?

✻ 풀이 전자 한 개의 전하량이 1.6×10^{-19} [C]이므로

$$Q = 1.6\times10^{-19}\times3\times10^{20} = 48\ [\text{C}]$$

연습문제 1-1 전하량이 10 [C]인 전하가 있다. 이 전하의 전자 개수를 구하라.

1.2 전 류

전기 회로에서 에너지의 전송이 있으려면 전하의 이동이 있어야 한다.

즉 전하의 이동이 전류(current)이다. 전기 회로에서 도체로 가장 많이 쓰이는 구리 도체를 예로 든다. 구리 도체는 구리 원자 덩어리이며 구리 원자는 원자핵과 원자핵 주위 궤도를 도는 전자로 구성되어 있다. 구리 도체 내에서 전하가 이동한다는 것은 자유 전자가 이동한다는 것을 의미한다. 따라서 전류는 자유 전자의 이동이다.

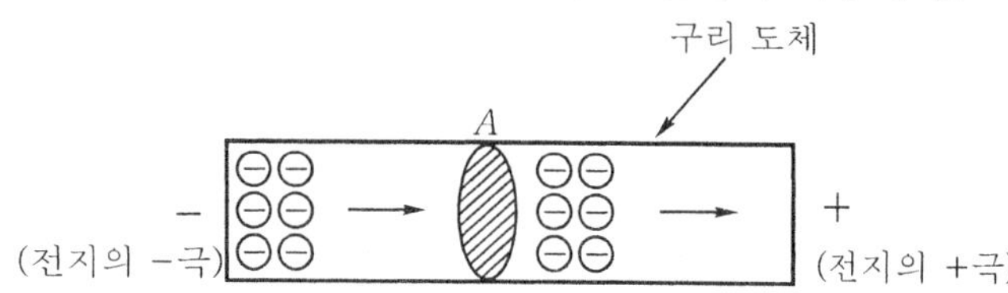

그림 1.2 전류는 자유 전자의 이동이다.

그림 1.2에서 구리 도체의 단면 A에 1초 동안에 1 쿨롬의 자유 전자가 이동할 때 1 암페어[ampere, A]의 전류가 흐른다고 한다. 지금 t[sec] 동안 Q[C]의 자유 전자가 이동하면 이때 흐르는 전류의 세기 I [A]는

$$I = \frac{Q[\text{C}]}{t[\text{sec}]} = \frac{Q}{t}[\text{A}] \tag{1.1}$$

이다.

그런데 전기 에너지 이외의 다른 에너지(예를 들면 물의 위치 에너지, 열에너지 등)는 에너지가 높은 곳에서 낮은 곳으로 흐른다. 따라서 전기 에너지도 높은 전기 에너지에서

낮은 전기 에너지 쪽으로 전류가 흐른다고 생각하여 +극에서 −극으로 전류가 흐른다고 과거에는 생각했다. 이러한 방법으로 전기 공학의 모든 법칙과 정리가 정의되었다. 따라서 이 교재에서도 전류는 +극에서 −극을 흐른다고 생각한다.

예제 1-2

그림 1.2에서 10[C]의 전하가 단면적 A를 4초 동안에 통과했다면 전류의 세기는 얼마인가?

✲ 풀이

$$I=\frac{Q}{t}=\frac{10}{4}=2.5\ [\mathrm{A}]$$

연습문제 1-2 도체의 어느 단면을 3초 동안에 3[A]의 전류가 흘렀다면 이 단면을 통과한 총 전하량은 얼마인가?

예제 1-3

단면적이 1[cm²]인 구리선이 있다. 이 구리선에 4[A]의 전류가 흐를 때 자유 전자의 평균 이동 속도는 얼마인가?

✲ 풀이 구리의 자유 전자 밀도는 8×10^{22}[1/cm³]이고 평균 이동 속도를 v[cm/sec]라면 그림 1.3에서 1초 동안 이동한 거리는 $v\times1$[cm]이다.

따라서

$$v[\mathrm{cm/sec}]\times1[\mathrm{sec}]\times1[\mathrm{cm}^2]\times8\times10^{22}[1/\mathrm{cm}^3]\times1.6\times10^{-19}[\mathrm{C}]$$
$$=4\ [\mathrm{A}]\times1\ [\mathrm{sec}]$$

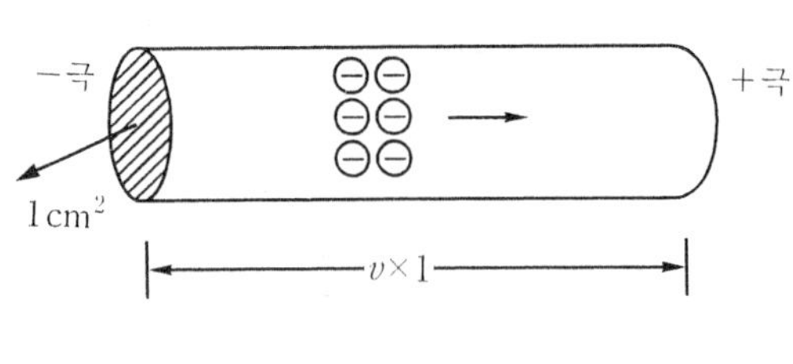

그림 1.3 1초 동안 이동한 전기량

$$v=\frac{4}{8\times1.6\times10^{3}}=0.31\times10^{-3}\,[\mathrm{cm/sec}]$$

가 된다.

이 예제의 자유 전자의 이동 속도 v값 (0.31×10^{-3} [cm/sec])과 전자파의 전파 속도 (3×10^{10} [cm/sec])와는 너무 대조적이다. 물이 꽉 차 있는 긴 수도관을 생각할 때 한쪽에서 물을 공급하면 다른 쪽에서는 거의 동시적으로 물이 흘러 나온다. 실제 구리선 내의 자유 전자도 서로 자리 바꿈을 하여 이동하므로 전자파의 이동 속도에 버금가는 속도로 전류가 흐른다.

연습문제 1-3	단면적이 1 [cm^2]인 구리선이 있다. 이 구리선에 10 [A]의 전류가 흐를 때 자유 전자의 평균 이동 속도 [cm/sec]를 구하라.

1.3 전 압

자동차는 휘발유를 태워서 움직인다. 물은 높이의 차, 즉 수위차(수압)에 의해 낮은 곳으로 흐른다. 마찬가지로 전기 회로에서 전하가 두 점 사이를 이동하려면 전위차(전압)가 있어야 한다.

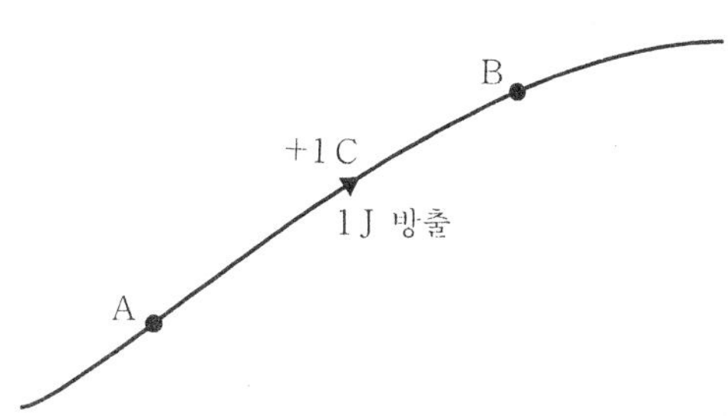

그림 1.4

그림 1.4에서 +1 [C]의 전하가 점 A에서 점 B로 움직일 때 외부에 1 [J]의 일을 할 경우 점 A는 점 B보다 전압이 1 [volt, V] 높다고 한다. 따라서 점 A에서 점 B로 Q[C]의 전하가 이동하여 W[J]의 일을 했다면 점 A와 점 B 사이의 전위차(전압)는

$$V = \frac{W\,[\mathrm{J}]}{Q\,[\mathrm{C}]} = \frac{W}{Q}\,[\mathrm{volt, V}] \tag{1.2}$$

이다.

전위차를, 대지를 기준으로 할 때는 특히 전위라고 한다. 대지의 전위는 영 볼트이다. 전기 회로에서 전위차를 발생시키는 장치를 전압원이라 하고 여기에는 축전지(battery), 직류 전원 공급 장치(D.C. power supply), 태양 전지, 직류 발전기 등이 있다. 전압원의 기호는 그림 1.5와 같이 + 극성을 가늘고 길게, −극성을 굵고 짧게 그린다.

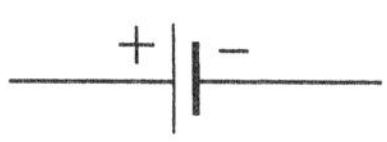

그림 1.5 전압원의 기호

예제 1-4

점 A에서 점 B로 3[C]의 전하가 움직여 6[J]의 에너지를 방출했다면 B점에 대한 A점의 전위는 얼마인가?

✲ 풀이

$$V = \frac{W}{Q} = \frac{6}{3} = 2\,[\mathrm{V}]$$

즉 A가 B보다 전위가 2볼트 높다.

연습문제 1-4 두 점 A와 B 사이의 전위차가 10[V]이다. A점에서 B점으로 5[C]의 전하가 이동했다면 이 전하가 잃은 에너지는 얼마인가?

예제 1-5

예제 1-4에서 에너지를 얻었다면 어떻게 설명할 수 있는가?

✲ 풀이

$V = \frac{W}{Q} = \frac{-6}{3} = -2\,[\mathrm{V}]$, 즉 A가 B보다 전위가 2볼트 낮다. 즉 외부에서 2줄의 에너지를 얻어 B점의 전압이 A점의 전압보다 2볼트 높아졌다.

연습문제 1-5	그림 1.6에서 점 A가 점 B보다 전압이 12 [V] 높다. 점 B에서 점 A로 2.25 [C]의 전기량이 이동했다면 이 전하가 얻은 에너지는 얼마인가?

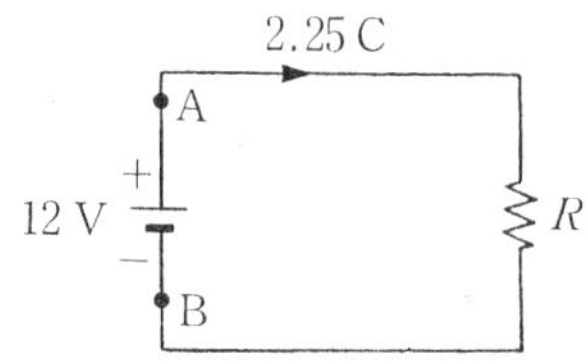

그림 1.6

(a) 배터리 (b) 실험실용 직류 발전기

그림 1.7 전원 장치

그림 1.7은 대표적인 전원 장치이며, 특히 그림 (b)는 실험실에서 쓰이는 직류 발전기이다.

1.4 저 항

어떤 물질의 두 점 사이에 전위차가 있으면 그 물질 내에는 자유 전자의 이동이 일어난다. 아주 작은 전압으로도 자유 전자의 이동이 일어나는 물질을 도체(conductor)라 하고 자유 전자가 없어 자유 전자의 이동이 거의 없는 물질을 부도체 또는 절연체(insulator)라 하며 도체와 부도체의 중간 정도 특성을 가지는 물질을 반도체(semiconductor)라 한다.

도체에는 금, 은, 동, 알루미늄 등이 있으며 부도체에는 유리, 에보나이트 등이 있고 반도체에는 게르마늄, 실리콘 등이 있다.

도체에 전류(자유 전자)가 흐를 때 자유 전자는 원자 또는 다른 전자와의 충돌이 일어난다. 이때 열에너지가 발생하며 자유 전자의 이동이 방해를 받는다. 이를 저항(resistance)이라 하고 물리적인 특성이 저항을 나타내는 구체적인 물체를 저항기(resistor)라 한다. 저항의 SI 단위는 옴(Ohm, Ω)을 사용하며 그림 1.8과 같이 표시한다. 그림 1.9는 저항기의 예를 보여주고 있다.

그림 1.8 저항의 표시

저항의 역수를 컨덕턴스(conductunce)라 하고 G로 표시하며 단위는 지멘스(siemens, S)를 사용한다.

$$G=\frac{1}{R[\Omega]}=\frac{1}{R}\,[\mathrm{S}] \tag{1.3}$$

따라서 컨덕턴스가 크다는 것은 전류가 흐르기 용이하다는 뜻이다.

예제 1-6

저항이 100 [Ω]인 저항기의 컨덕턴스는 얼마인가?

✲ 풀이 $G=\frac{1}{100}=0.01\ [\mathrm{S}]$

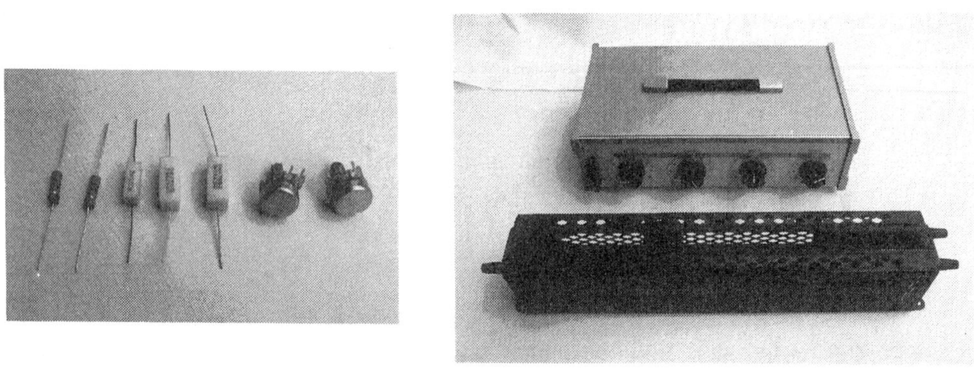

그림 1.9 저항기

연습문제 1-6	컨덕턴스가 0.012[S]인 저항기가 있다. 이 저항기의 저항[Ω]은 얼마인가?

1.5 전 력

그림 1.10은 건전지에 꼬마 전구를 연결한 것이다. 건전지에서는 화학 에너지가 전기 에너지로 바뀌어 도체(전선)를 따라 에너지가 전송된다. 전송된 전기 에너지는 전구에서 열에너지와 빛에너지로 바뀐다.

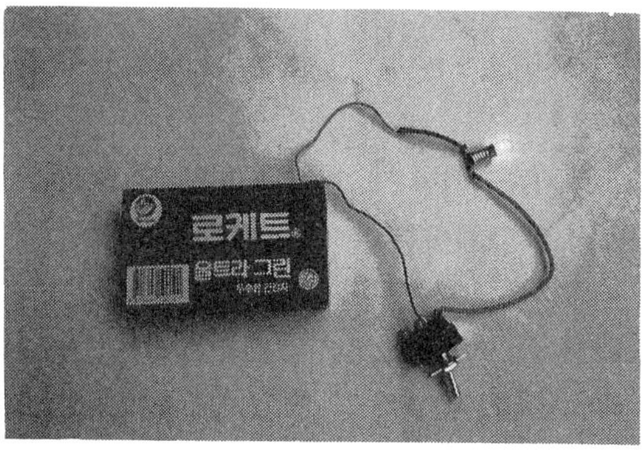

그림 1.10 실제 배선도

이와 같이 전기 회로에서 1초 동안에 전송되거나 변환되는 에너지를 전력이라 한다. 지금 전구(lamp)에서 t초 동안에 W줄의 에너지가 빛과 열로 변환되었다면 전구의 전력(power) P는

$$P = \frac{W[\mathrm{J}]}{t[\sec]} = \frac{W}{t}[\mathrm{watt}, \mathrm{W}] \tag{1.4}$$

위 식에 식 (1.2)를 적용시키면

$$P = \frac{W}{t} = \frac{QV}{t} = V \cdot \frac{Q}{t} = V \cdot I[\mathrm{W}] \tag{1.5}$$

가 되어 $P = V \cdot I$라는 중요한 식을 얻는다.

그림 1.10의 실제 배선도를 전기 회로도로 그리면 그림 1.11과 같이 그릴 수 있다. 건전지는 6[V]를 발생하여 그림과 같은 방향으로 전류가 흘러 전구에서 빛과 열로 소비되었다. 즉 전구에서는 6[V]의 전압 강하(voltage drop)가 발생하였다. 건전지에서는 6[V]의 전압 상승이 발생했다고 한다. 바꾸어 말해 전압 상승은 전류가 +극성에서 흘러 나와 −극성으로 흘러 들어갔고 전압 강하는 전류가 +극성으로 흘러 들어가 −극성으로 흘러 나갔다.

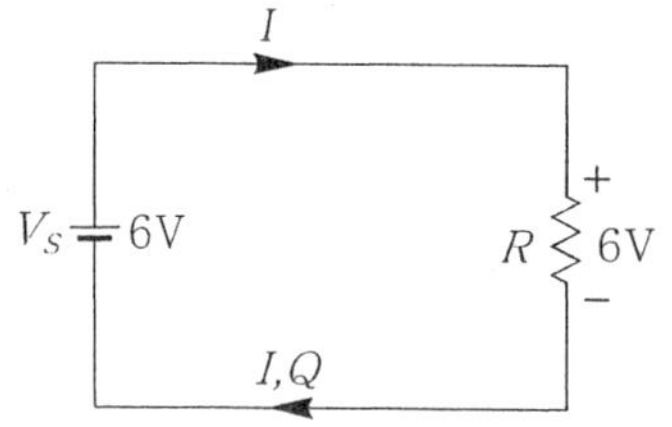

그림 1.11 회로도

예제 1-7

정격이 220[V], 60[W]인 백열 전구가 있다. 이 전구에 220[V]를 가할 경우 흐르는 전류는 몇 암페어인가?

✲ 풀이 $P = V \cdot I$ 에서

$$I = \frac{P}{V} = \frac{60\,[\mathrm{W}]}{220\,[\mathrm{V}]} = 0.27\,[\mathrm{A}]$$

연습문제 1-7 정격이 220[V]에 100[W]인 백열 전구가 있다. 이 전구에 220[V]를 가할 경우, 몇 암페어의 전류가 흐르는가?

학생들도 이미 알고 있는 바와 같이 에너지 또는 일의 SI 단위는 줄(joule)을 사용한다. 1 와트의 전력이 1 초 동안에 전송되거나 변환되는 에너지가 1 줄이다. 그러나 전기 전자 분야에서는 전기 에너지(일), 즉 전력량의 단위를 줄로 쓰지 않고 와트시(Wh), 킬로와트시(kWh) 등을 사용한다. 정격 용량이 220 볼트, 1 킬로와트인 전열기를 1시간 동안 사용하면 소비된 전력량은 1킬로와트시가 된다.

예제 1-8 100 와트의 스피커를 한 시간 동안 이용할 경우 소비 전력은 몇 와트시인가? 또 줄의 단위로 표시해 보라.

✲ 풀이

$$W = P \cdot t = 100\,[\mathrm{W}] \times 1[\mathrm{h}] = 100\,[\mathrm{Wh}]$$

다음에 1시간은 3600초이므로

$$W = 100\,[\mathrm{W}] \times 3600\,[\mathrm{sec}] = 3.6 \times 10^5\,[\mathrm{J}]$$

연습문제 1-8 어느 가정의 적산 전력계를 보니까, 한 달 동안에 200 [kWh]의 전력량을 소비했다. 평균적으로 몇 W의 부하가 회로에 연결되어 있는가?

1.6 옴의 법칙

전기 회로를 해석하는 데 쓰이는 기본적인 법칙이 옴의 법칙이다. 옴의 법칙은 저항기에 전압원을 연결할 때 흐르는 전류와 가한 전압 및 저항과의 관계를 말하고 있다. 전압을 두 배로 증가시키면 흐르는 전류가 두 배로 증가하고 절반으로 감소시키면 전류도 절반으로 감소한다. 즉 그림 1.12에서 저항에 전압을 가하면 흐르는 전류는 전압에 비례하고 저항에 반비례한다. 이를 옴의 법칙이라 하고 수식으로 표시하면

$$I = \frac{V}{R} = GV\,[\mathrm{A}] \tag{1.6}$$

가 된다.

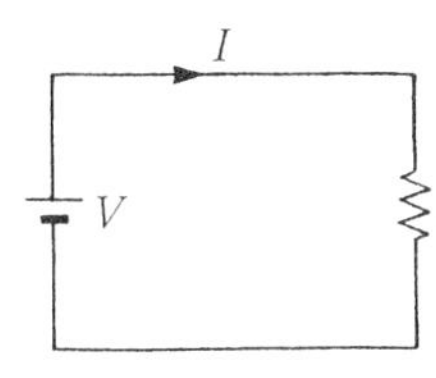

그림 1.12 옴의 법칙 $I = \frac{V}{R}$

식 (1.6)은 다음과 같이 변환될 수 있다.

$$V = IR[\mathrm{V}] \ , \ R = \frac{V}{I}[\Omega] \tag{1.6a}$$

예제 1-9

그림 1.13과 식 (1.5)에서 $P = VI[\mathrm{W}]$이다. 전력을 저항 R을 이용하여 표시하라.

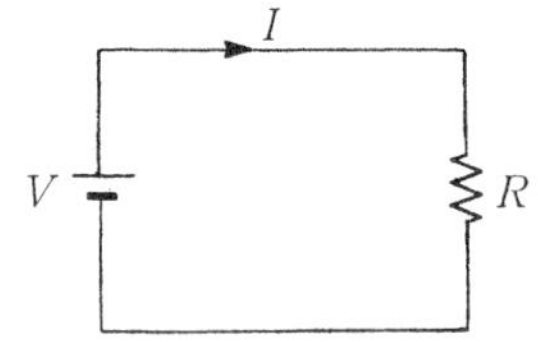

그림 1.13

✲ 풀이 $I = \frac{V}{R}$, $V = RI$ 이므로

$$P = VI = I^2R = \frac{V^2}{R}\ [\mathrm{W}] \tag{1.7}$$

즉 배터리에서 $P = VI\ [\mathrm{W}]$의 전기 에너지가 발생하여 저항에서 동일한 크기의 $P = I^2R = \frac{V^2}{R}\ [\mathrm{W}]$의 에너지가 열과 빛으로 변환(소비)되었다고 할 수 있다. 왜냐하면 에너지는 보존되기 때문이다.

연습문제 1-9 예제 1-7에서 백열 전구의 저항을 구하라.

저항값을 일정하게 하고 전압-전류의 관계를 그래프로 그려 본다.

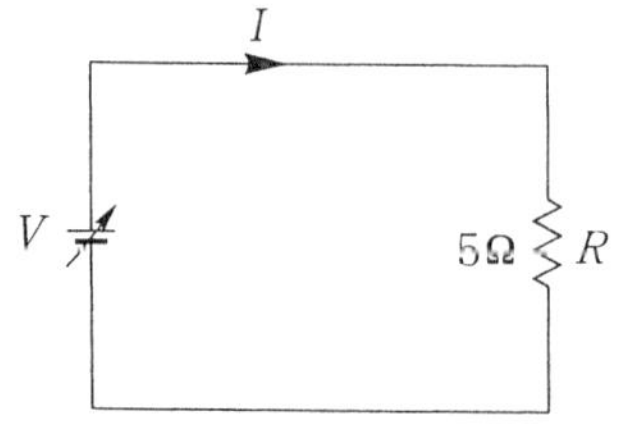

(a) 회로도

R[Ω]	v[v]	I[A]
5	0	0
	5	1
	10	2
	15	3
	20	4
	25	5
	30	6
	35	7
	40	8

(b) 전압 전류값

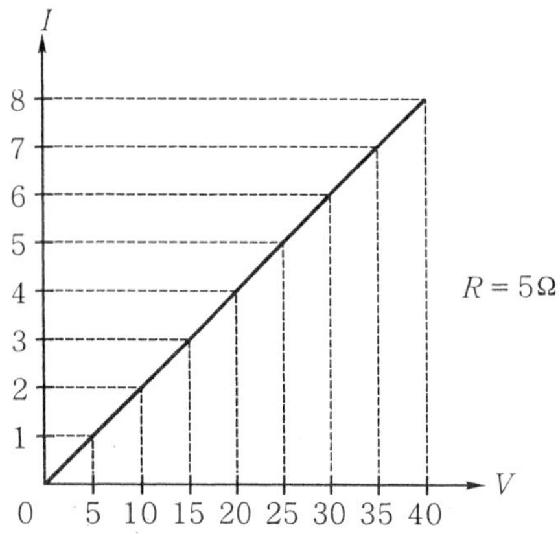

(c) 직선적으로 변하는 그래프

그림 1.14 저항 회로의 전압-전류 관계

그림 1.14의 (a)에서 저항이 5[Ω]일 때 전압을 0 볼트에서 40 볼트까지 변화시키면 전류는 그림 (b)와 같으며 전압-전류 관계 그래프는 그림 (c)와 같다. 그림 (c)에 보인 바와 같이 전압-전류 관계는 직선적으로(선형적으로) 변화한다.

종합 문제

1. 구리 원자는 자유 전자가 ( )개이다.

2. 알루미늄 원자는 자유 전자가 ( )개이다.

3. 전하는 ( ) 전하와 ( ) 전하가 있다.

4. 자유 전자의 전하량은 ( ) 쿨롬이다.

5. SI 단위계는 길이에 ( ), 질량에 ( ), 시간에 ( ), 온도에 ( )를 사용한다.

6. 전류는 ( )의 이동이므로 전류는 −극에서 +극으로 흐른다. 그러나 우리는 관례상 전류는 ( )극에서 ( )극으로 흐른다고 생각한다.

7. 전류의 SI 단위는 ( )를 사용하고 이의 일천분의 일은 ( )가 된다.

8. 두 점간에 ( )의 전하가 이동하여 1줄의 에너지 변환이 발생했을 경우 두 점간의 전위차를 ( )라 한다.

9. 대지의 전위는 0 볼트이다.(○ 또는 ×)

10. 금과 동은 ( )이고 유리와 에보나이트는 부도체이며 게르마늄과 실리콘은 ( )이다.

11. 저항의 SI 단위는 옴이다.(○ 또는 ×)

12. 저항의 역수를 ( )라 하고 단위는 ( )를 사용한다.

13. 전력의 SI 단위는 줄이다.(○ 또는 ×)

14. 축전지에는 화학 작용에 의해 전류가 흘러 축전지 내에서 전압 강하가 발생한다.(○ 또는 ×)

15. 저항에는 전류가 흘러 전압 상승이 발생한다.(○ 또는 ×)

16. 가정용 적산 전력계의 단위는 킬로와트시를 보통 사용한다.(○ 또는 ×)

17. 전류는 전압에 비례하고 저항에 반비례한다. 이를 ( )이라 한다.

18. 1 [kg중 · m/s]는 몇 [W]인가? 여기서 [kg]은 질량이다.

㉮ 1 ㉯ 0.98 ㉰ 9.8 ㉱ 98

19. $i = 2t^2 + 8t$ [A]로 표시되는 전류가 도선에 3 [sec] 동안 흘렀을 때 통과한 전 전기량은 몇 [C]인가?

㉮ 18 ㉯ 48 ㉰ 54 ㉱ 61

20. $i = 3000(2t + 3t^2)$ [A]의 전류가 어떤 도선을 2 [sec] 동안 흘렀다. 통과한 전 전기량은 몇 암페어시[Ah]인가?

㉮ 1.33 ㉯ 10 ㉰ 13.3 ㉱ 36

2

직렬 회로와 병렬 회로

저항기를 연결하는 가장 간단한 방법으로 직렬 연결과 병렬 연결이 있다. 이번 장에서는 직렬 회로, 병렬 회로 및 직·병렬 회로를 공부한다. 키르히호프의 전압·전류 법칙이 회로에 어떻게 사용되는지를 공부한다. 끝으로 전원의 특성과 직병렬 회로가 아닌 간단한 회로를 공부한다. 이 장을 성공적으로 끝마친 학생은 간단한 저항 회로를 해석하고 또 원하는 특성을 지닌 회로를 설계할 수 있다.

2.1 직렬 회로

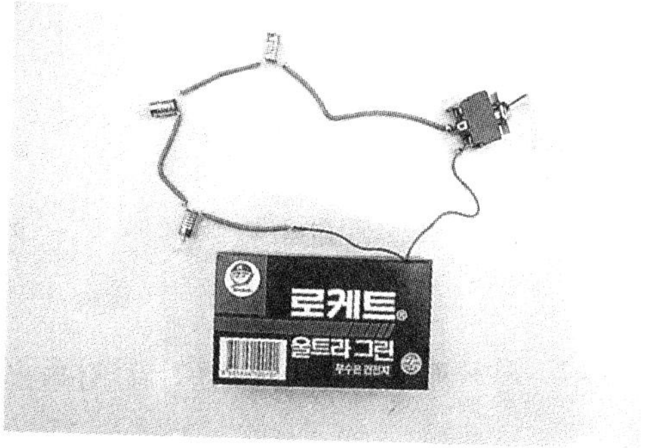

그림 2.1 실제 회로

그림 2.1은 3개의 꼬마 전구를 도선으로 직렬 연결한 것이다. 각 전구의 저항을 R_1, R_2, R_3라 할 때 회로도를 그리면 그림 2.2와 같은 모양이 된다.

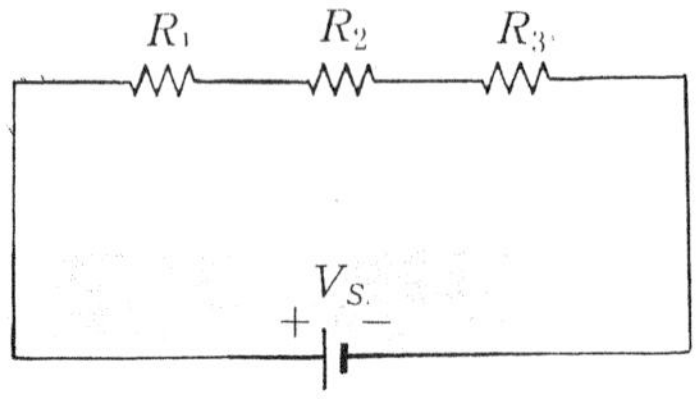

그림 2.2 직렬 회로

전원의 +단자에서 흘러 나온 전류는 R_1과 R_2와 R_3를 지나 전원의 −단자로 흘러 들어간다. 즉 전류가 흐르는 통로는 단 한 개뿐이다. 이와 같은 회로를 직렬 회로라 한다.

2.1.1 키르히호프의 전압 법칙

그림 2.2와 같이 회로가 열려 있지 않고 완전히 닫혀진 회로를 폐회로(closed circuit)라 한다. 한 폐회로 내에서는 전압 상승과 전압 강하의 대수합은 영이다. 이를 키르히호프의 전압 법칙이라 한다.

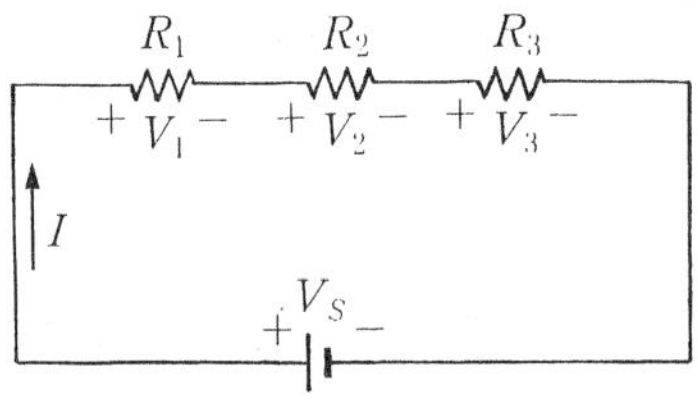

그림 2.3 키르히호프의 전압 법칙 $V_S = V_1 + V_2 + V_3$

그림 2.3에서 회로에 전류 I가 흘러 각 저항의 전압 강하를 V_1, V_2, V_3라 하면

$$V_S - V_1 - V_2 - V_3 = 0 \tag{2.1}$$

가 된다.

여기서 전압 상승을 +, 전압 강하를 −로 취했다.

식 (2.1)을 일반화하면 다음과 같이 된다.

$$\sum V = 0 \tag{2.1a}$$

그림 2.3에서 키르히호프의 전압 법칙을 이용하여 직렬 회로의 합성 저항 R_T를 구해 본다. 옴의 법칙에서 각 저항의 전압 강하 V_1, V_2, V_3는 $V_1 = R_1 I$, $V_2 = R_2 I$, $V_3 = R_3 I$이고 그림 2.4에서 $V_S = R_T I$이므로 이들을 식 (2.1)에 대입하면

$$R_T I - R_1 I - R_2 I - R_3 I = 0$$

가 된다.

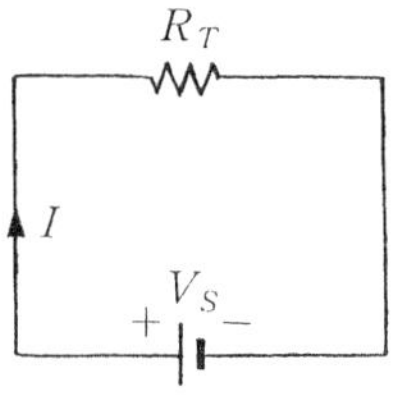

그림 2.4 $R_T = R_1 + R_2 + R_3$

따라서

$$R_T = R_1 + R_2 + R_3 \tag{2.2}$$

즉 직렬 회로의 총 합성 저항은 각 저항의 합과 같다.

예제 2-1

그림 2.5에서 전압 강하 V_1, V_2를 전원 전압 V_S로 표시하라.

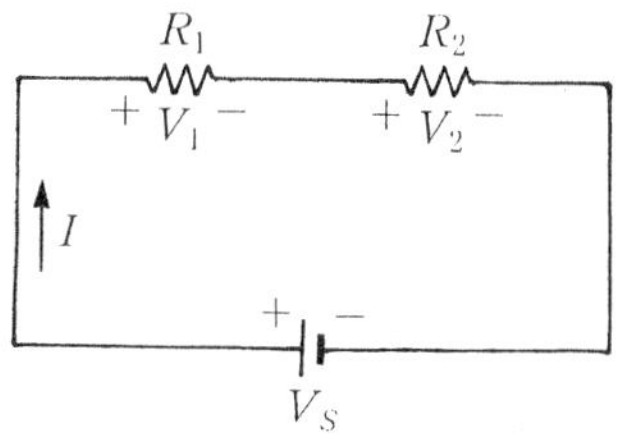

그림 2.5

✻ 풀이 합성 저항 $R_T = R_1 + R_2\ [\Omega]$이고 전류 I는 옴의 법칙에서 $I = \dfrac{V_S}{R_T}\ [\mathrm{A}]$이다. 따라서 전압 강하 V_1, V_2는 옴의 법칙에서

$$V_1 = R_1 I = R_1 \cdot \frac{V_S}{R_T} = \frac{R_1}{R_1 + R_2} V_S [\mathrm{V}]$$
$$V_2 = R_2 I = R_2 \cdot \frac{V_S}{R_T} = \frac{R_2}{R_1 + R_2} V_S [\mathrm{V}] \tag{2.3}$$

이다. 즉 전압은 저항에 비례하여 분배된다. 식 (2.3)은 회로 해석에 자주 나타나므로 기억해 두면 편리하다.

연습문제 2-1 그림 2.6에서 전원 전압 V_S가 100 [V]일 때 각 저항의 전압 강하 V_1, V_2를 구하라.

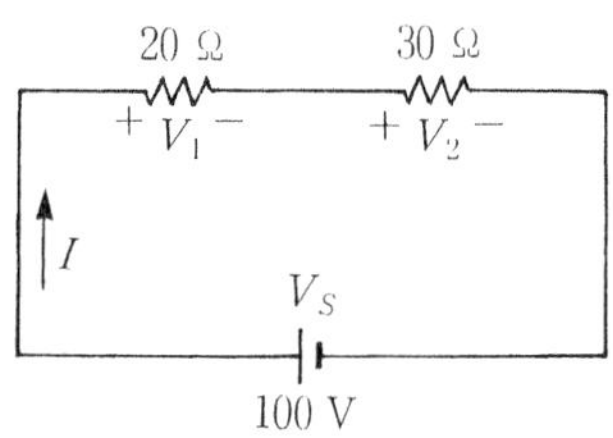

그림 2.6

예제 2-2

그림 2.7에서 전류 I를 구하고 또 전원이 공급한 전력과 36 [Ω]의 저항기가 소비한 전력을 구하라.

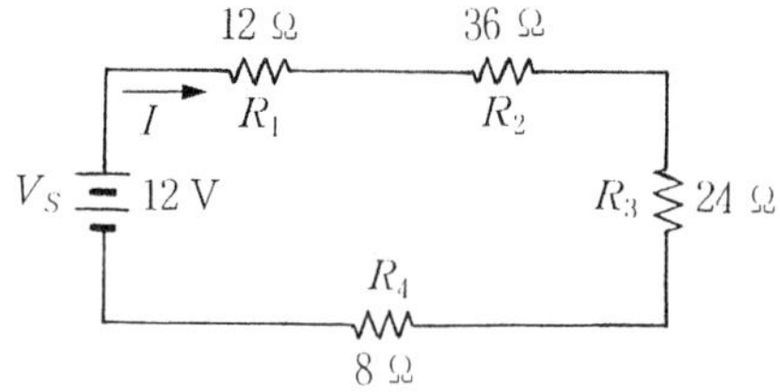

그림 2.7

✲ 풀이 합성 저항 R_T는

$$R_T = 12 + 36 + 24 + 8 = 80\ [\Omega]$$

옴의 법칙에서 전류 I는

$$I = \frac{V_S}{R_T} = \frac{12}{80} = 0.15\ [\mathrm{A}]$$

12 [V] 전원이 공급한 전력 P_{I_N}은

$$P_{I_N} = V_S I = 12 \times 0.15 = 1.8\ [\mathrm{W}]$$

이고, 36 [Ω] 저항기가 소비한 전력 P_2는

$$P_2 = I^2 R_2 = 0.15^2 \times 36 = 0.81\ [\mathrm{W}]$$

가 된다.

연습문제 2-2 그림 2.8에서 전류 I를 구하고 전원이 공급한 전력과 각 저항에서 소비된 전력의 합이 같음을 보여라.

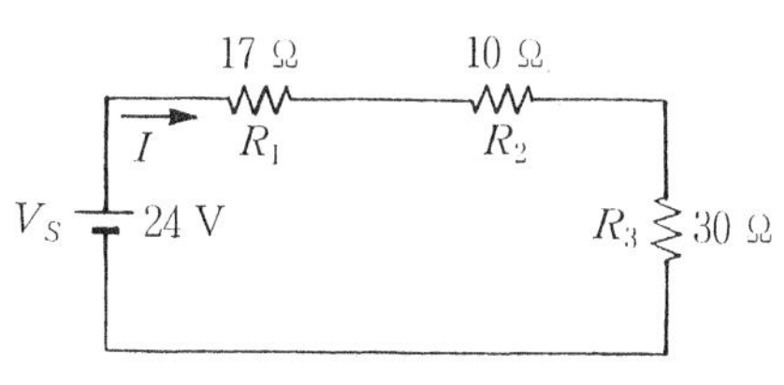

그림 2.8

예제 2-3

그림 2.9의 회로에서 저항기 R_1, R_2, R_3가 직렬 연결되었다. Ⓐ는 전류계를 뜻하고, Ⓥ는 전압계를 뜻한다. Ⓐ는 0.5 [A]를 지시했고 $Ⓥ_1$은 2 [V], $Ⓥ_2$는 14 [V]를 지시했다. 저항 R_3와 전압 강하 V_3를 구하라

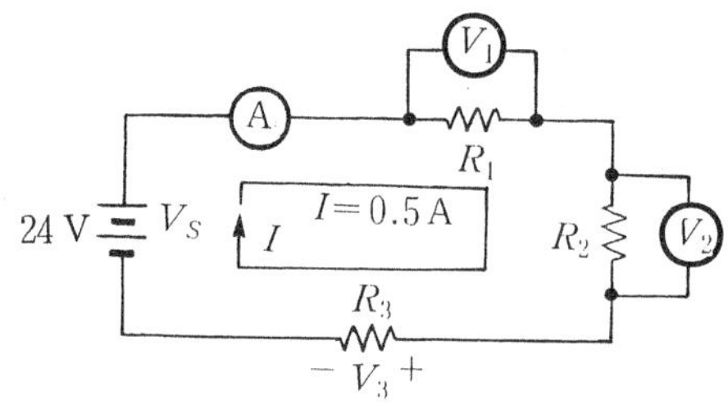

그림 2.9

✻ **풀이** 키르히호프의 법칙에서 $V_S = V_1 + V_2 + V_3$이므로

$$V_3 = V_S - V_1 - V_2 = 24 - 2 - 14 = 8\,[\mathrm{V}]$$

이며, 옴의 법칙에서

$$R_3 = \frac{V_3}{I} = \frac{8}{0.5} = 16\,[\Omega]$$

이다.

연습문제 2-3 예제 2-3에서 저항 R_1과 R_2의 크기를 구하라.

2.1.2 전압원의 직렬 연결

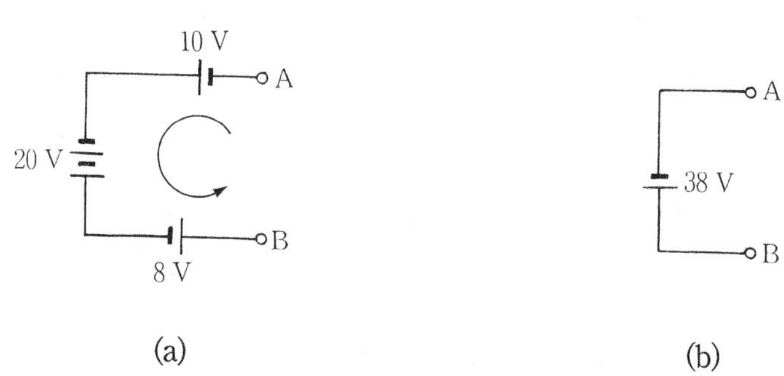

그림 2.10 직렬 전압원

그림 2.10 (a)는 세 개의 전압원이 직렬로 연결되어 있다. 화살표 방향으로 볼 때 세 개의 전압원은 전압 상승이 되므로 키르히호프의 법칙에서 $10+20+8=38$ [V]가 되며 그림 (b)와 같이 한 개의 전압원으로 표시할 수 있다.

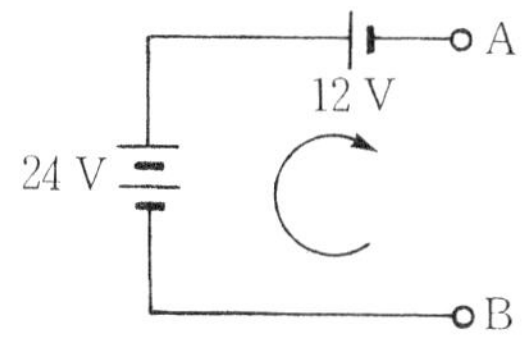

(a)

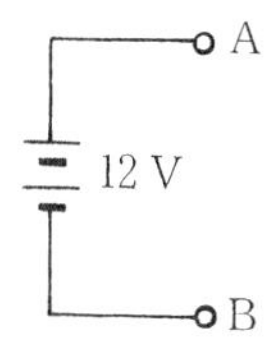

(b)

그림 2.11 직렬 전압원

그림 2.11 (a)에서 화살표 방향으로 볼 때 24 [V] 전원은 전압 상승, 12 [V] 전원은 전압 강하가 되므로 합성 전원의 크기는 $+24-12=12$ [V]가 되며 그림 (b)와 같이 된다.

예제 2-4

그림 2.12에서 20 [Ω]의 저항에 흐르는 전류를 구하라.

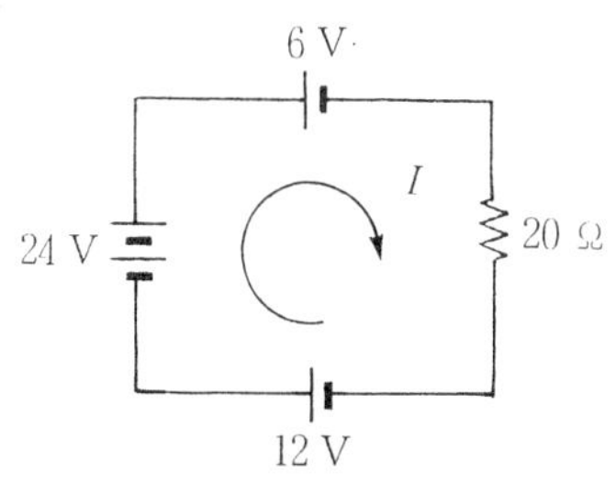

그림 2.12

✲ **풀이** 합성 전원의 크기는 $12+24-6=30$ [V]이므로 그림 2.13과 같이 등가 회로를 그릴 수 있다. 따라서 저항에 흐르는 전류 I는

$$I=\frac{30}{20}=1.5\,[\text{A}]$$

이다.

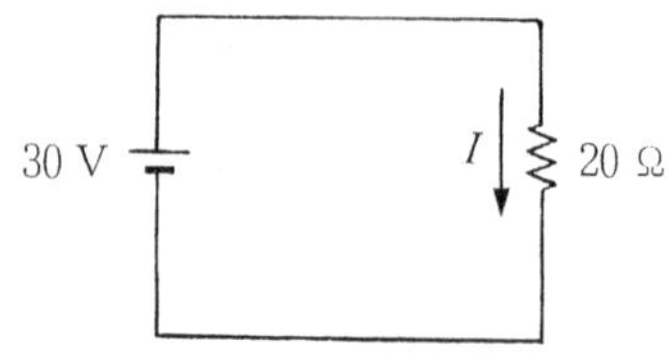

그림 2.13 등가 회로

연습문제 2-4 그림 2.14의 회로에서 부하 저항 R_L에 흐르는 전류를 구하라.

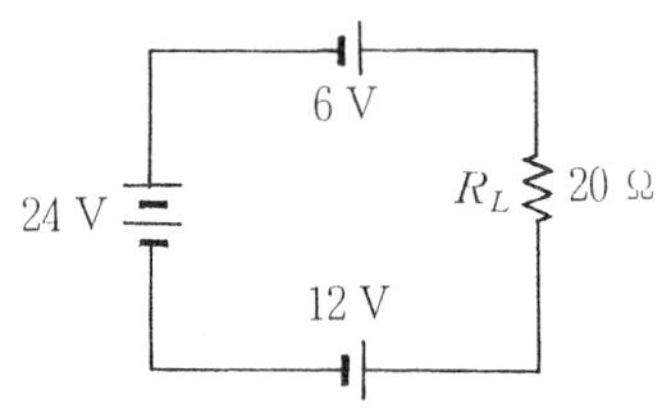

그림 2.14

2.1.3 직렬 회로의 응용

(1) 전류계

그림 2.15에서 Ⓐ는 전류의 크기를 측정하는 전류계이다. R_a는 전류계 자체 내에 존재하는 내부 저항을 의미한다. 부하 저항 R_L에 흐르는 전류를 측정하려면 그림과 같이 R_L에 전류계를 직렬 연결한다.

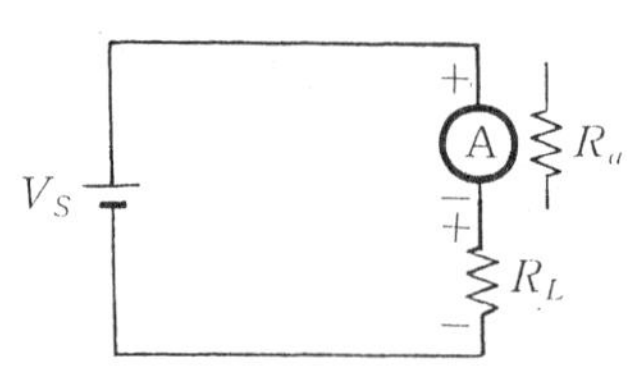

그림 2.15 전류계는 부하 저항 R_L에 직렬 연결한다.

(2) 전동기의 기동

그림 2.16은 직류 전동기를 기동시킬 때 저항이 직렬로 연결됨을 보여 준다. 기동을 처음 시작할 때 핸들 H를 단자 1에 연결하여 최소 전류를 흐르게 한다. 그 후 천천히 다음 단자로 이동시켜 단자 6이 되면 전동기는 기동이 끝나고 정상적인 운전(회전)이 되는 것이다. M은 전동기 본체를 뜻하고 F는 계자 코일을 의미한다.

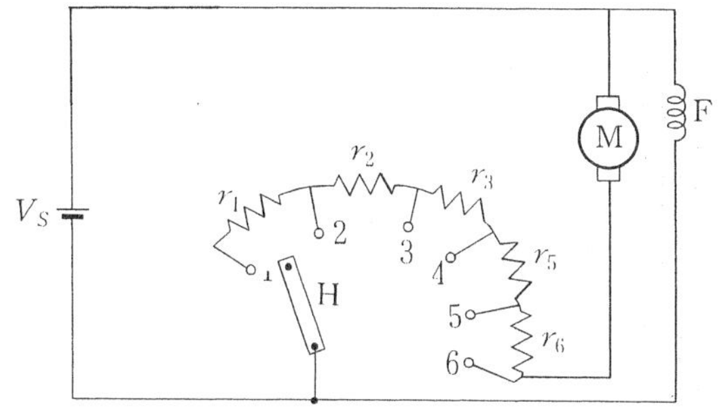

그림 2.16 전동기의 기동 저항

(3) 전압 분배기

그림 2.17은 저항 R_1, R_2, R_3가 직렬 연결되어 있는 전압 분배기를 나타낸다. 각 단자의 전압 V_1, V_2, V_3를 구해 본다. 전원 V_S에서 본 합성 저항 R_T는

$$R_T = R_1 + R_2 + R_3$$

이고, 전류 I는

$$I = \frac{V_S}{R_T}$$

가 된다.

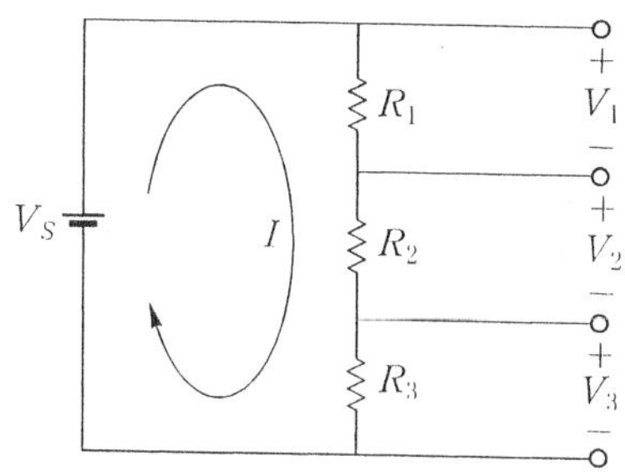

그림 2.17 전압 분배기

따라서 각 단자의 전압 V_1, V_2, V_3는 다음과 같이 된다.

$$V_1 = R_1 I = \frac{R_1}{R_T} V_S$$

$$V_2 = R_2 I = \frac{R_2}{R_T} V_S$$

$$V_3 = R_3 I = \frac{R_3}{R_T} V_S$$

그림 2.18은 증폭기 회로의 예이다.

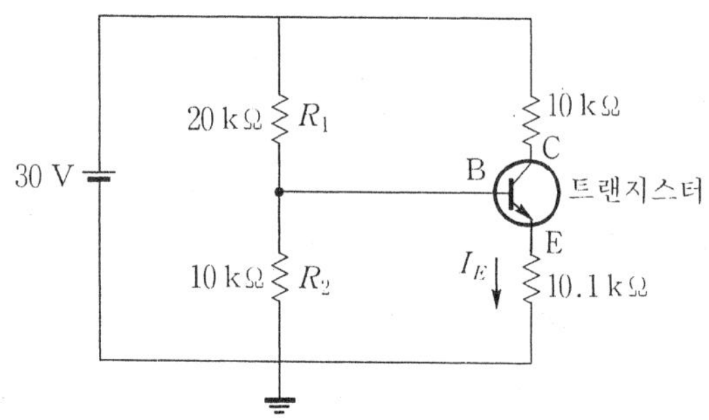

그림 2.18 증폭기 회로

$R_1(20\,\mathrm{k}\Omega)$과 $R_2(10\,\mathrm{k}\Omega)$가 직렬되어 전압 분배기로 동작하고 있다. 따라서 베이스 B의 전압은 10 V가 된다. 베이스 B의 전압이 변화함에 따라 이미터 전류 I_E가 변화한다.

예제 2-5

그림 2.19의 전압 분배기 회로에서 V_1, V_2, V_3를 정하고 또 아래의 단자 사이의 전압을 구하라.

(a) 단자 A와 C (b) 단자 A와 D (c) 단자 B와 D

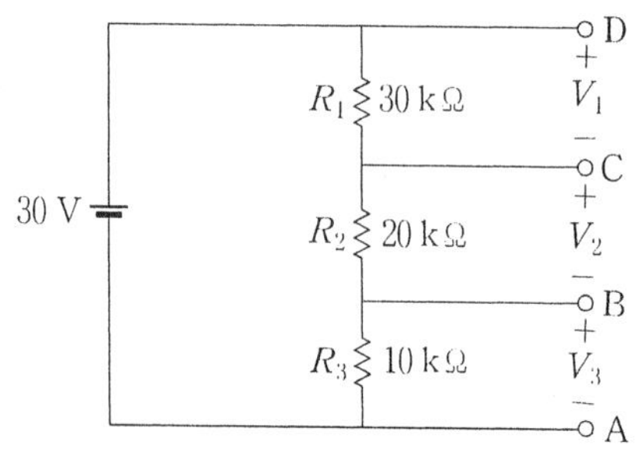

그림 2-19

✲ 풀이 합성 저항 $R_T = 10 + 20 + 30 = 60$ [kΩ]

$$V_1 = \frac{R_1}{R_T} V_S = \frac{30}{60} \times 30 = 15 \,[\mathrm{V}]$$
$$V_2 = \frac{R_2}{R_T} V_S = \frac{20}{60} \times 30 = 10 \,[\mathrm{V}]$$
$$V_3 = \frac{R_3}{R_T} V_S = \frac{10}{60} \times 30 = 5 \,[\mathrm{V}]$$

따라서,

(a) $V_{AC} = \dfrac{R_2 + R_3}{R_T} \times V_S = \dfrac{20 + 10}{60} \times 30 = 15 \,[\mathrm{V}]$

(b) $V_{AD} = \dfrac{R_1 + R_2 + R_3}{R_T} \times V_S = \dfrac{30 + 20 + 10}{60} \times 30 = 30 \,[\mathrm{V}]$

(c) $V_{BD} = \dfrac{R_1 + R_2}{R_T} \times V_S = \dfrac{30 + 20}{60} \times 30 = 25 \,[\mathrm{V}]$

연습문제 2-5 그림 2.20의 전압 분배기 회로에서 아래 단자 사이의 전압을 구하라.

(a) 단자 A와 C (b) 단자 A와 D
(c) 단자 B와 D (d) 단자 B와 E

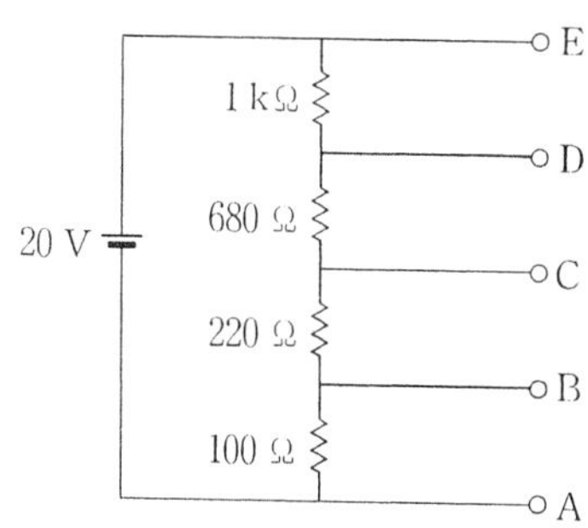

그림 2.20

2.2 병렬 회로

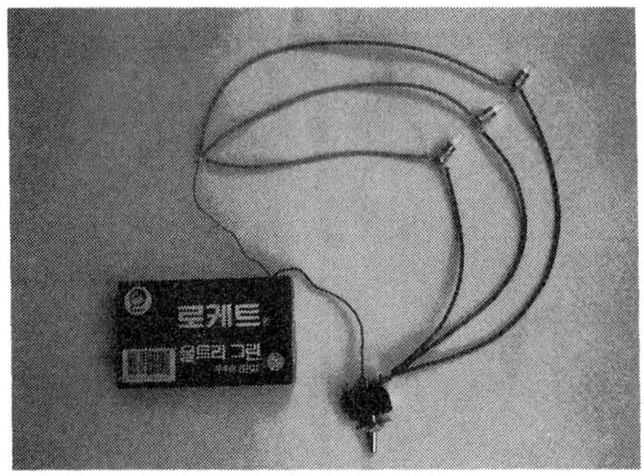

그림 2.21 병렬 결선

그림 2.21은 도선으로 세 개의 꼬마 전구를 병렬 연결한 실제 배선도이다. 각 전구의 저항을 R_1, R_2, R_3라 할 때 회로도를 그리면 그림 2.22와 같이 된다.

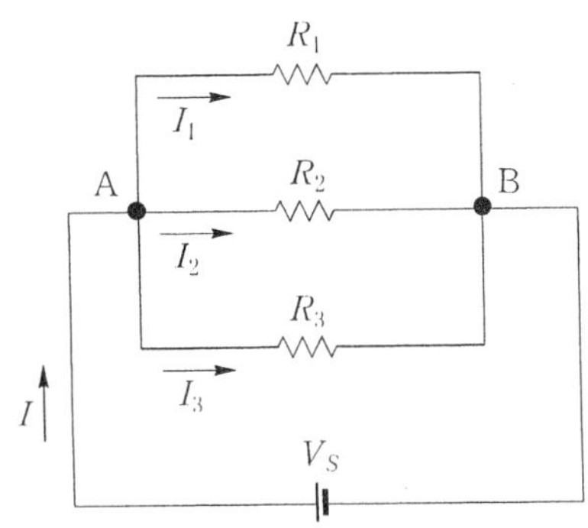

그림 2.22 병렬 회로도

전원의 +단자에서 흘러 나온 전류는 점 A에서 각 저항으로 나뉘어지고 점 B에서 다시 합해져, 전원의 −단자로 흘러 들어간다. 이와 같은 회로를 병렬 회로라 한다.

2.2.1 키프히호프의 전류 법칙

그림 2.22에서 점 A와 점 B처럼 2개 이상의 저항이 또는 저항과 전원이 만나는 점을 절점(node)이라 한다. 한 절점에 흘러 들어가는 전류와 흘러 나가는 전류의 대수합은 영이다. 절점 A에 흘러 들어가는 전류를 +, 흘러 나가는 전류를 −로 하면

$$I - I_1 - I_2 - I_3 = 0 \tag{2.4}$$

가 된다.

식 (2.4)를 일반화하면

$$\sum I = 0 \tag{2.4a}$$

이다.

그림 2.23에서 키르히호프의 전류 법칙을 이용하여 병렬 회로의 합성 저항 R_T를 구해 본다.

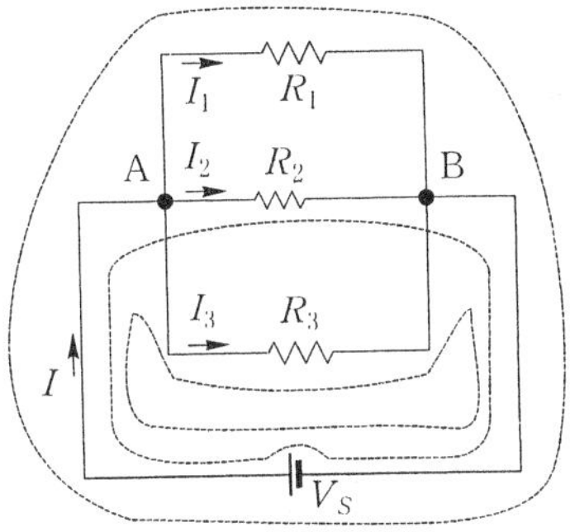

그림 2.23 3개의 폐회로

우선 그림 2.23에서 세 개의 폐회로에 키르히호프의 전압 법칙을 각각 적용하면

$$V_S = R_1 I_1, \quad V_S = R_2 I_2, \quad V_S = R_3 I_3$$

이다.

즉 병렬 회로에는 동일한 전압이 걸린다는 것을 알 수 있다. 위 식을 전류에 대해 풀면

$$I_1 = \frac{V_S}{R_1}, \quad I_2 = \frac{V_S}{R_2}, \quad I_3 = \frac{V_S}{R_3} \tag{2.5}$$

가 된다.

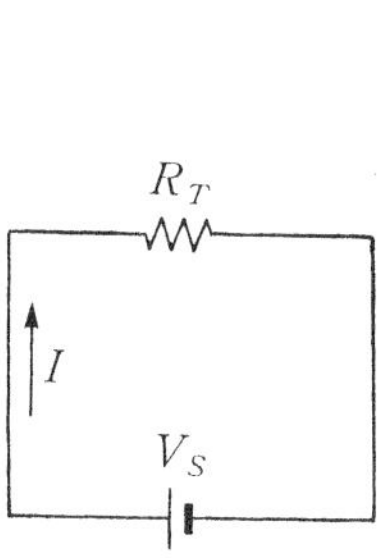

그림 2.24 $\dfrac{1}{R_T} = \dfrac{1}{R_1} + \dfrac{1}{R_2} + \dfrac{1}{R_3}$

그림 2.24와 같이 병렬 합성 저항을 R_T라 하면 옴의 법칙에서

$$I=\frac{V_S}{R_T} \tag{2.6}$$

이다. 식 (2.5), 식 (2.6)을 식 (2.4)에 대입하면

$$\frac{V_S}{R_T}-\frac{V_S}{R_1}-\frac{V_S}{R_2}-\frac{V_S}{R_3}=0$$

이며, 정리하면

$$\frac{1}{R_T}=\frac{1}{R_1}+\frac{1}{R_2}+\frac{1}{R_3} \tag{2.7}$$

가 된다.

즉 병렬 회로의 합성 저항의 역수는 각 저항의 역수의 합과 같다. 식 (2.7)을 컨덕턴스로 표시하면

$$G_T=G_1+G_2+G_3 \tag{2.8}$$

로 된다. 즉 병렬 회로의 경우 합성 컨덕턴스는 각 컨덕턴스의 합과 같다.

예제 2-6 그림 2.25에서 각 저항에 흐르는 전류 I_1, I_2를 전원 전류 I로 표시하라.

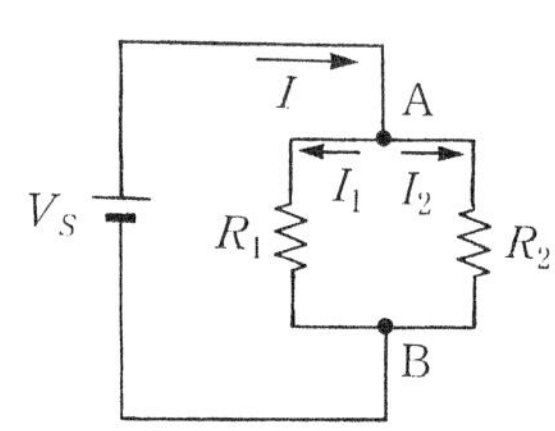

그림 2.25 병렬 회로가 2개인 회로

✲ 풀이 합성 저항을 R_T라 하면

$$I=\frac{V_S}{R_T}$$

이고 합성 저항은

$$\frac{1}{R_T} = \frac{1}{R_1} + \frac{1}{R_2} = \frac{R_1 + R_2}{R_1 \cdot R_2}$$

$$R_T = \frac{R_1 \cdot R_2}{R_1 + R_2}$$

이다, 따라서

$$V_S = R_T I = \frac{R_1 \cdot R_2}{R_1 + R_2} I$$

이므로 각 저항에 흐르는 전류는 옴의 법칙에서

$$I_1 = \frac{V_S}{R_1} = \frac{1}{R_1} \times \frac{R_1 \cdot R_2}{R_1 + R_2} I = \frac{R_2}{R_1 + R_2} I[\text{A}]$$
$$I_2 = \frac{V_S}{R_2} = \frac{1}{R_2} \times \frac{R_1 \cdot R_2}{R_1 + R_2} I = \frac{R_1}{R_1 + R_2} I[\text{A}] \quad (2 \cdot 9)$$

이다. 식 (2.9)는 회로 해석에 자주 나타나므로 기억해 두면 편리하다.

연습문제 2-6 그림 2.26의 병렬 회로에서 다음 순서대로 문제를 설명하라.

(1) 전원에서 본 합성 저항 R_T를 구하라.

(2) 전원 전류 I_T를 구하라.

(3) 문제 (2)를 이용하여 각 지로의 전류 I_1, I_2를 구하라.

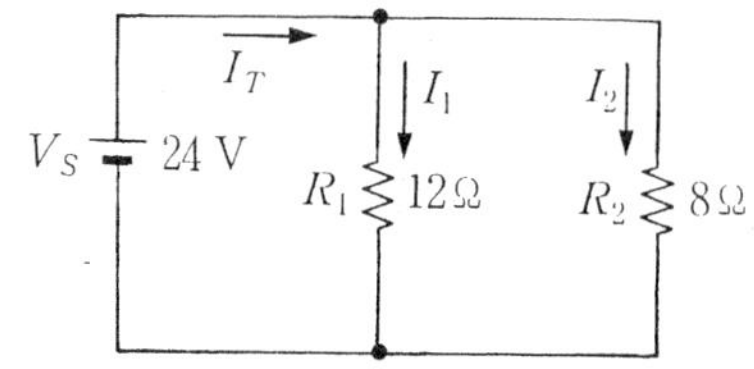

그림 2.26

예제 2-7

그림 2.27의 병렬 회로에서 저항 R_3에 흐르는 전류는 얼마인가?

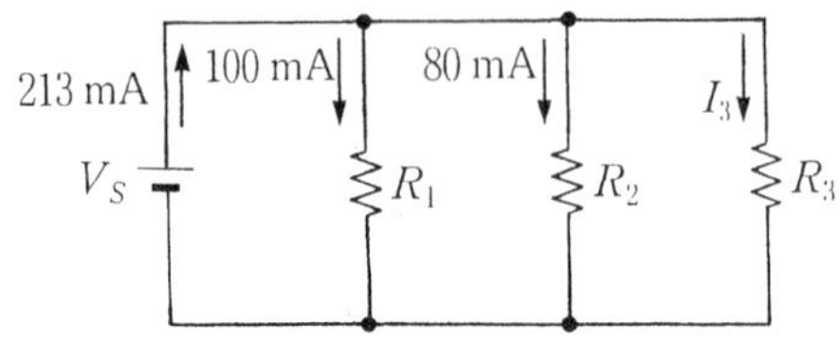

그림 2.27

✲ 풀이 키르히호프의 전류 법칙에서

$$213 = 100 + 80 + I_3$$

$$I_3 = 213 - 100 - 80 = 33\,[\text{mA}]$$

연습문제 2-7 그림 2.28에서 R_3에 흐르는 전류 I_3와 R_1에 흐르는 전류 I_1을 구하라.

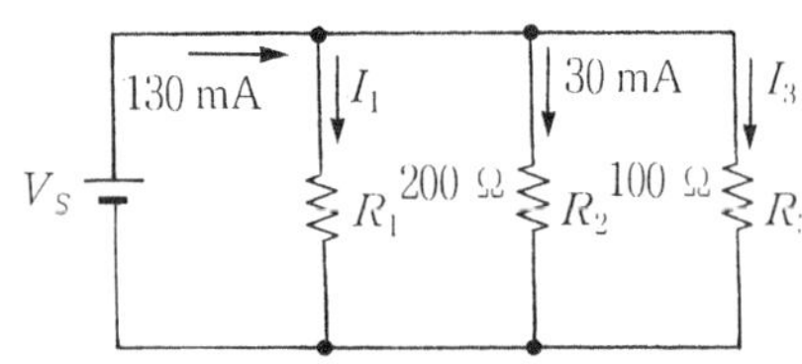

그림 2.28

예제 2-8

그림 2.29에서 각 저항에 흐르는 전류와 전원에 흐르는 전류 및 각 저항의 소비 전력을 구하라.

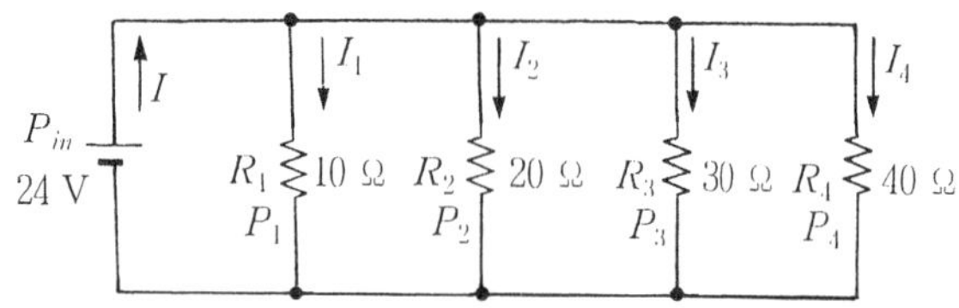

그림 2.29

✲ 풀이 옴의 법칙에서

$$I_1 = \frac{24}{10} = 2.4\,[\mathrm{A}]$$

$$I_2 = \frac{24}{20} = 1.2\,[\mathrm{A}]$$

$$I_3 = \frac{24}{30} = 0.8\,[\mathrm{A}]$$

$$I_4 = \frac{24}{40} = 0.6\,[\mathrm{A}]$$

키르히호프의 전류 법칙에서

$$\text{총전류}\quad I = I_1 + I_2 + I_3 + I_4 = 2.4 + 1.2 + 0.8 + 0.6 = 5.0\,[\mathrm{A}]$$

합성 저항 R_T는

$$R_T = \frac{V_S}{I} = \frac{24}{5.0} = 4.8\,[\Omega]$$

각 저항에서 소비되는 전력은

$$P_1 = \frac{V_S^2}{R_1} = \frac{24^2}{10} = 57.6\,[\mathrm{W}]$$

$$P_2 = \frac{V_S^2}{R_2} = \frac{24^2}{20} = 28.8\,[\mathrm{W}]$$

$$P_3 = \frac{V_S^2}{R_3} = \frac{24^2}{30} = 19.2\,[\mathrm{W}]$$

$$P_4 = \frac{V_S^2}{R_4} = \frac{24^2}{40} = 14.4\,[\mathrm{W}]$$

공급 전력은

$$P_{I_N} = \frac{V_S^2}{R_T} = \frac{24^2}{4.8} = 120\,[\mathrm{W}]$$

또는

$$P_{I_N} = V_S I = 24 \times 5.0 = 120\,[\mathrm{W}]$$

또는

$$P_{I_N} = P_1 + P_2 + P_3 + P_4$$
$$= 57.6 + 28.8 + 19.2 + 14.4 = 120\,[\mathrm{W}]$$

연습문제 2-8 그림 2.30에서 각 저항의 소비 전력의 합 $P_1 + P_2 + P_3$가 전원 V_S가 공급한 전력 P_{in}과 같음을 보여라.

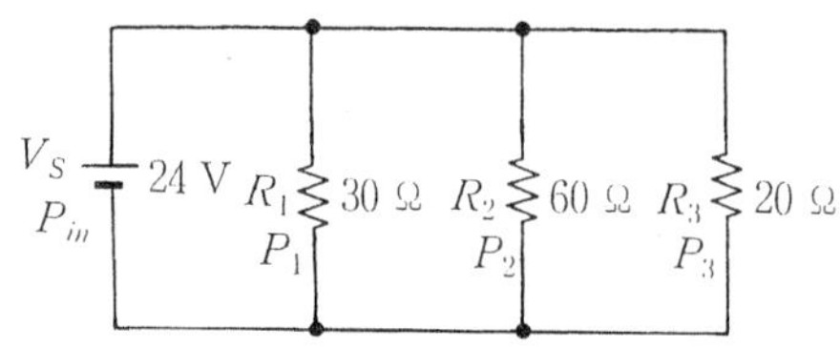

그림 2.30

예제 2-9

그림 2.31의 트랜지스터 회로에서 베이스(B)와 이미터(E) 사이의 전압 강하가 0.7 [V]이다. 베이스 전류를 I_B로 하고, 컬렉터 전류를 I_C로 표시한다. 베이스에 흐르는 전류를 구하고 컬렉터와 이미터간의 전압 V_{CE}를 구하라. 단 $I_C = 100 I_B$이다.

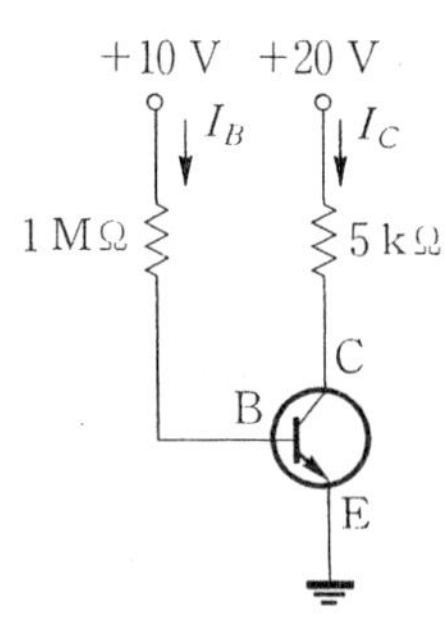

그림 2.31

✲ 풀이 베이스와 이미터 사이의 전압 강하가 0.7 [V]이므로 1 [MΩ]의 베이스 저항의 전압 강하는

$$10 - 0.7 = 9.3\,[\mathrm{V}]$$

이다. 따라서 베이스 전류 I_B는

$$I_B = \frac{9.3\,[\mathrm{V}]}{1\,[\mathrm{M\Omega}]} = \frac{9.3}{10^6} = 9.3 \times 10^{-6}\,[\mathrm{A}] = 9.3\,[\mu\mathrm{A}]$$

그러므로 컬렉터 전류 I_C는

$$I_C = 9.3 \times 10^{-6} \times 100\,[\mathrm{A}] = 9.3 \times 10^{-4}\,[\mathrm{A}] = 0.93\,[\mathrm{mA}]$$

이다. 컬렉터와 이미터 사이의 전압 강하 V_{CE}는

$$\begin{aligned} V_{CE} &= 20\,[\mathrm{V}] - 5\,[\mathrm{k\Omega}] \times 0.93\,[\mathrm{mA}] \\ &= 20 - 4.65 = 15.35\,[\mathrm{V}] \end{aligned}$$

가 된다.

연습문제 2-9 그림 2.32에서 $V_B = 0.7[\mathrm{V}]$이다. $I_C = 100 I_B$이다. I_B를 구하라. 또 V_{CE}를 구하라.

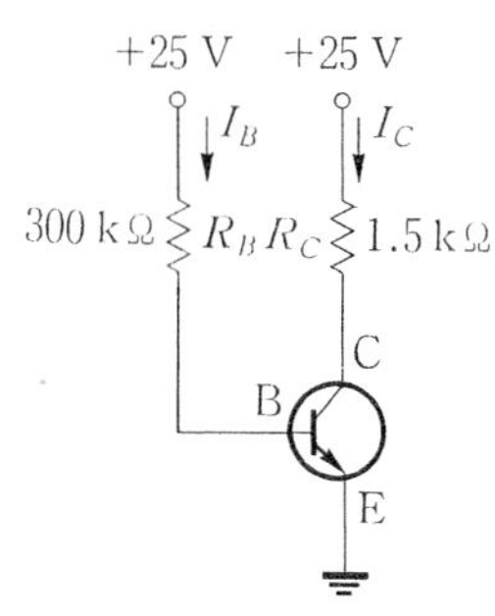

그림 2.32

2.2.2 전류원의 병렬 연결

전압 전원은 부하 저항의 크기에 관계없이 항상 일정한 전압의 크기를 발생시킨다. 마찬가지로 부하 저항의 크기에 관계없이 항상 일정한 전류의 크기를 발생시키는 전류 전원을 전류원이라 하고 기호는 그림 2.33과 같다. 전자 회로에서 전류원 회로가 자주 나타난다. 화살표의 방향으로 전류가 흐른다.

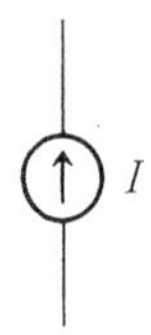

그림 2.33 전류원

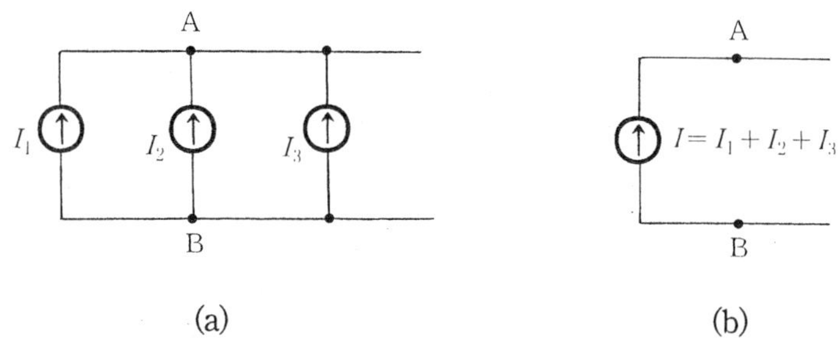

그림 2.34 전류원의 합성

그림 2.34 (a)에서 세 전류원은 절점 A로 전류가 흘러 들어간다. 따라서 합성 전류의 크기는 키르히호프의 전류 법칙에서 그림 (b)처럼

$$I = I_1 + I_2 + I_3$$

이다.

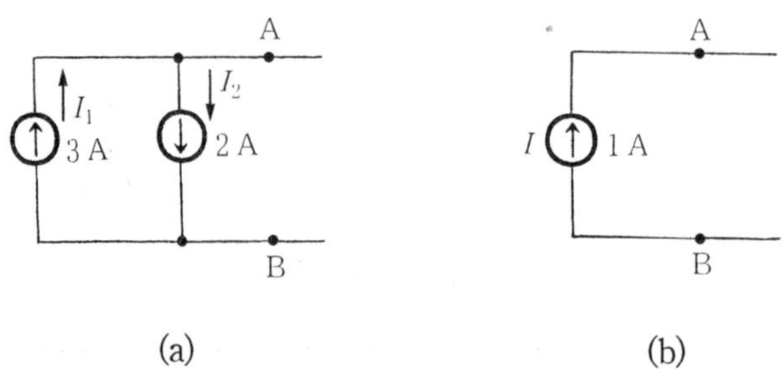

그림 2.35 $I = 2 - 1 = 1\,[\mathrm{A}]$

그림 2.35 (a)에서 I_1은 절점 A로 흘러 들어가고 I_2는 절점 A에서 흘러 나오므로 합성 전류원의 크기는 키르히호프의 법칙에서 그림 (b)와 같이 되어 절점 A로 1암페어가 흘러 들어간다.

(a) $6V-12V\neq0$ (b) $3A-4A\neq0$

그림 2.36 잘못된 전원 연결

그림 2.36은 잘못된 전원의 연결 예이다. 모든 전기 회로는 키르히호프의 법칙을 반드시 만족시켜야 된다. 그림 (a)에 전압 법칙을 대입해 보면 $6-12\neq0$가 되어 등호가 성립되지 않는다. 그림 (b)에 전류 법칙을 대입하면 $3\neq4$가 되어 등호가 성립되지 않는다. 그러므로 전압원을 병렬 연결하려면 같은 크기의 전압이어야 되고, 전류원은 같은 크기의 전류원만 직렬시킬 수 있다.

그림 2.37은 올바른 연결 예이다.

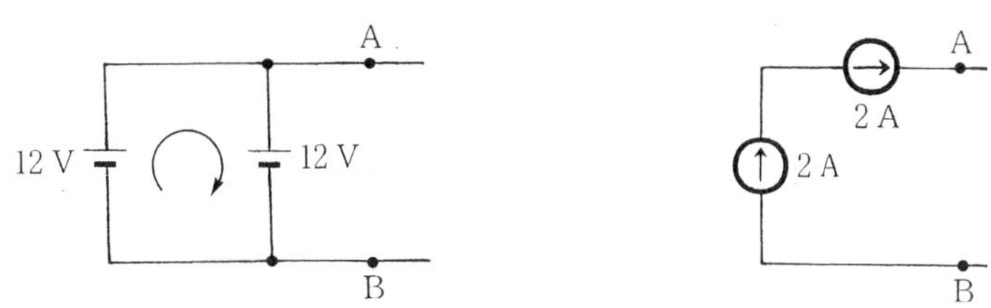

(a) $12V-12V=0$ (b) $2A-2A=0$

그림 2.37 올바른 전원 연결

2.2.3 병렬 회로의 응용

직렬 회로는 부하 한 개가 소손되거나 끊어지면 회로 전체에 전류가 흐르지 못한다. 그러나 병렬 회로는 어느 한 부하의 고장이 다른 부하에 영향을 미치지 못하므로 실제로 광범위하게 이용된다.

(1) 옥내 배선

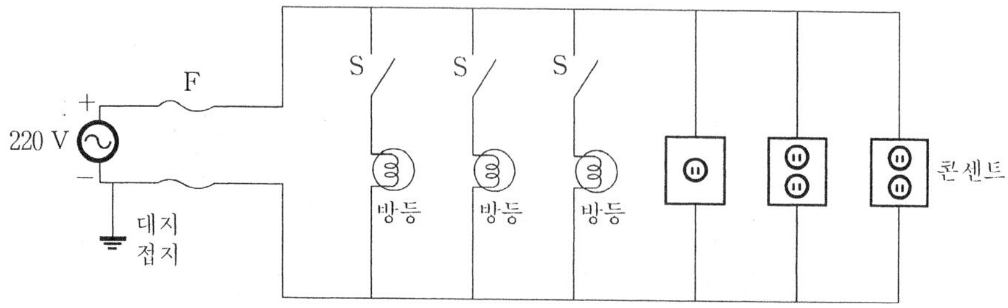

그림 2.38 옥내 배선

그림 2.38은 옥내 배선(주택 배선)의 예이다. 여섯 개의 부하를 이용하는데 서로간의 간섭이나 영향이 없이 이용할 수 있다.

(2) 자동차 전등

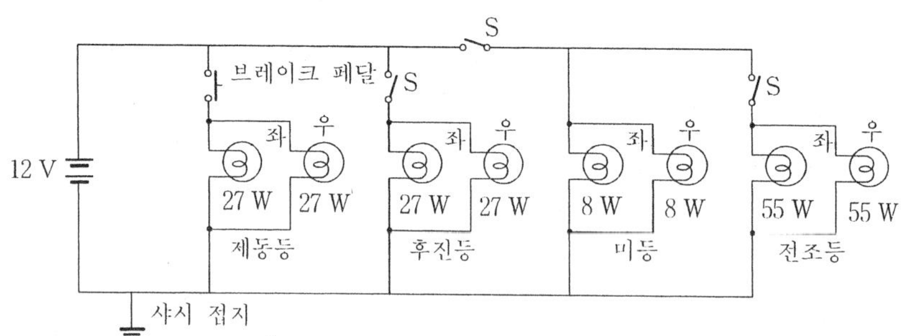

그림 2.39 자동차 전등 회로

그림 2.39는 자동차 전등 배선의 일례이다. 제동 장치(브레이크 페달)를 밟으면 다른 전등에 관계없이 제동등이 들어온다. 미등 스위치를 켜면 앞뒤 좌우 미등이 들어오고, 계속해서 전조등 스위치를 닫으면 제동등에 관계없이 전조등이 들어온다.

2.3 전원과 접지

이미 앞에서 설명한 바와 같이 전원에는 전압 전원(전압원)과 전류 전원(전류원)이 있다. 전압원은 내부 저항이 영이고 전류원은 내부 저항이 무한대라고 생각했다. 그러나 실제로 전압원은 내부 저항이 영이 아니고 어느 정도의 값이 있고 전류원의 경우도 내부 저항이 무한대가 아니고 유한의 값이다. 전력 계통에서는 전기 장치의 외함(발전기 · 변압기의 외함)이나 전력 회로의 어느 한 선 또는 중성선을 대지에 접지하여 전기적인 충격으로부터 기계 장치나 사람이나 가축을 보호한다. 또는 전자 장치 회로의 해석이나 설계에서 기준 절점을 정하기 위해 어느 절점을 섀시(chassis)에 연결하는 접지를 하여 기준 절점(0 볼트)으로 한다.

2.3.1 전압원

그림 2.40은 실제 전압원의 등가 회로이다. V_S는 전원의 발생 전압 즉 유기 기전력이고 R_S는 전원의 내부 저항이다. R_S는 V_S에 직렬이다. 단자 AB, 즉 절점 AB에 부하 저항 R_L을 연결하면 기전력에서 내부 저항 강하를 뺀 나머지가 부하 양단에 걸린다. 이를 단자 전압 (V_L)이라 부른다. 기전력은 부하 저항을 단자 AB에 연결하지 않았을 때 단자 AB에 나타나는 전압이다. 화학 건전지의 경우를 예로 들어 본다. 사용하지 않은 새 전지는 내부 저항이 작다. 사용 시간이 경과함에 따라 화학 작용에 의해 내부 저항이 점점 증가된다. 즉 내부 저항 강하가 증가하므로 부하 저항 양단에 나타나는 단자 전압은 점검 감소하게 되어 전지의 수명이 다 끝나는 것이다.

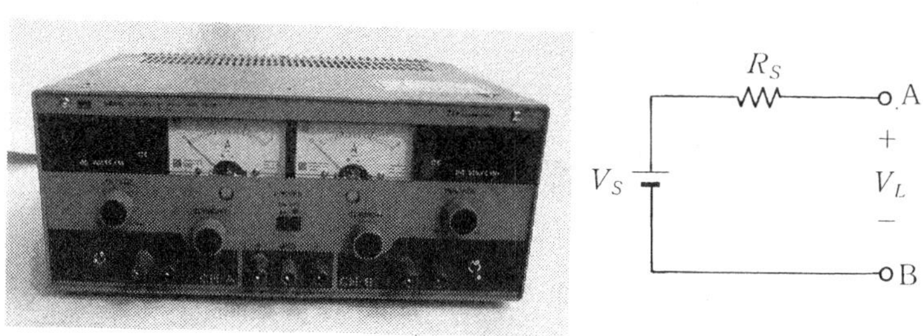

(a) 전압원 장치　　　　(b) 실제 등가 회로

그림 2.40 실제 전압원

그림 2.41에서 부하 저항의 단자 전압 V_L은

$$V_L = R_L I_L$$

이며, 키르히호프의 전압 법칙에서

$$V_S = R_S I_L + R_L I_L$$

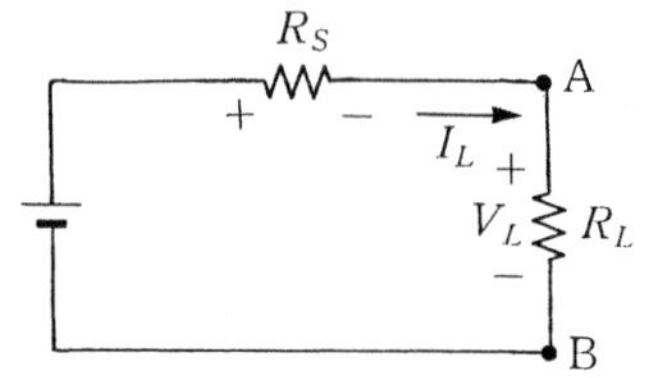

그림 2.41 R_S가 증가하면 V_L은 감소한다.

이다. 따라서

$$V_L = R_L I_L = V_S - R_S I_L \tag{2·10a}$$

이다. 따라서 R_S가 증가하면 V_L은 감소한다.

다음에 R_L의 크기를 영에서 무한대까지 변화시킬 때의 단자 전압은 그림 2.42와 같이 된다.

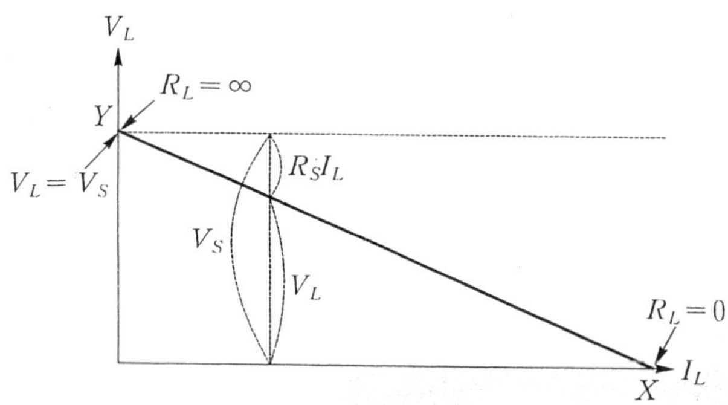

그림 2.42

그림 2.42에서 y점은 $R_L = \infty$이므로 단자 AB를 개방한(open) 경우이고, x점은 $R_L = 0$이므로 단자 AB를 단락(short)한 경우이다. 부하 전류가 I_L일 때 부하에 걸리는 단자 전압 즉, 효과적으로 쓰일 수 있는 전압은

$$V_L = I_L R_L = V_S - R_S I_L \,[\mathrm{V}]$$

임을 알 수 있다.

예제 2-10

유기 기전력이 13 [V]인 축전지가 있다. 55 [W] 자동차 전구를 연결하여 단자 전압을 측정하니 12 [V]를 지시했다. 부하 전류의 크기와 축전지의 내부 저항의 크기를 구하라.

✲ 풀이 회로도는 그림 2.43과 같이 그릴 수 있다.

$P_L = V_L I_L$ 에서

$$55\,[\mathrm{W}] = 12\,[\mathrm{V}] \times I_L\,[\mathrm{A}]$$

$$I_L \doteq \frac{55}{12} = 4.58\,[\mathrm{A}]$$

가 된다.

다음에 $V_S - V_L = R_S I_L$에서

$$R_S = \frac{V_S - V_L}{I_L} = \frac{13-12}{4.58} = 0.22\,[\Omega]$$

이 된다.

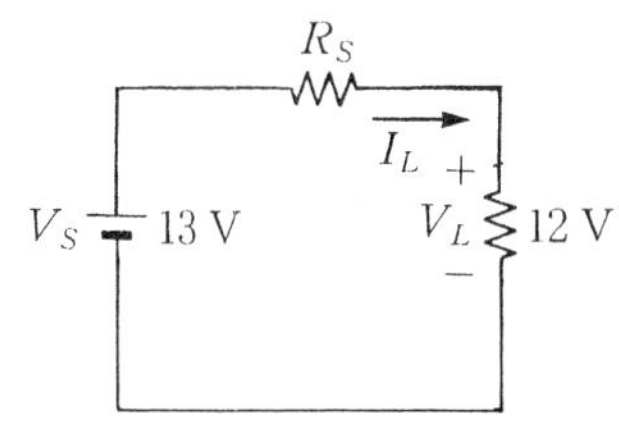

그림 2.43

연습문제 2-10	유기 기전력이 13 [V]인 축전지의 내부 저항이 0.3 [Ω]이다. 이 축전지에 정격이 12 [V], 27 [W]인 자동차 전구를 연결할 때 이 전구에 실제로 걸리는 단자 전압과 흐르는 전류를 구하라.

예제 2-11

무부하 전압이 210 [V]이고 정격 전압이 200 [V], 정격 출력이 5 [kW]인 직류 발전기의 내부 저항은 얼마인가?

✲ 풀이 회로도를 그림 2.44와 같이 그릴 수 있다. R_G는 발전기 G의 내부 저항이다. 무부하 전압 210 [V]는 발전기의 유기 기전력을 의미한다. 정격 전압은 정격 부하를 연결했을 때 발전기의 단자 전압이다.

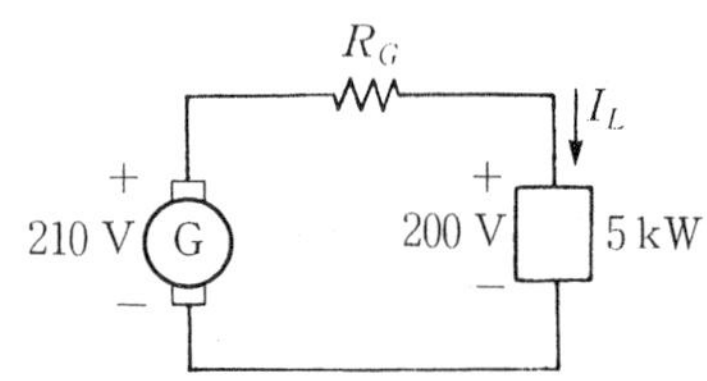

그림 2.44

그림에서 부하 전류 I_L는 $P_L = V_L I_L$에서

$$I_L = \frac{P_L}{V_L} = \frac{5 \times 10^3}{200} = 25\,[\mathrm{A}]$$

이다. 내부 저항 R_G는 $V_S = V_L + R_S I_L$에서

$$R_G = R_S = \frac{V_S - V_L}{I_L} = \frac{210 - 200}{25} = \frac{10}{25} = 0.4\,[\Omega]$$

이다.

연습문제 2-11	무부하 전압 213 [V], 정격 전압 200 [V], 정격 출력 80 [kW]인 직류 발전기가 있다. 이 발전기에 정격 부하를 연결했을 때 부하 전류와 발전기의 내부 저항을 구하라.

2.3.2 전류원

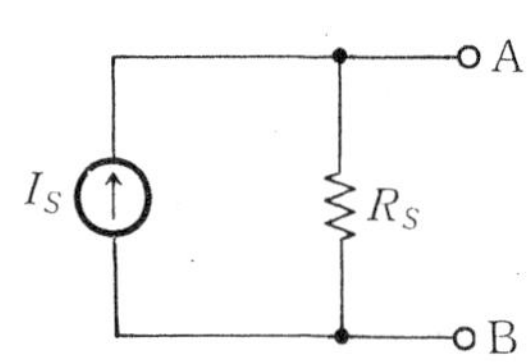

그림 2.45 실제 전류원의 등가 회로

전류원으로는 트랜지스터가 이용되어, 최근에 반도체 분야의 발달로 회로 해석에 이용되고 있다. 실제 전류원의 등가 회로는 그림 2.45와 같이 그릴 수 있으며 내부 저항 R_S는 전류원 I_S에 병렬되어 있다. 전류원 I_S의 크기는 일정하며 단자 AB에 연결되는 저항의 크기에 따라 I_S의 양단 전압은 변하게 된다.

예제 2-12

그림 2.46의 이상 전류원의 크기는 10 [mA]이다. 외부 단자 AB에 10 [kΩ]의 저항 부하를 연결할 때 I_L, V_L, V_S를 구하라.

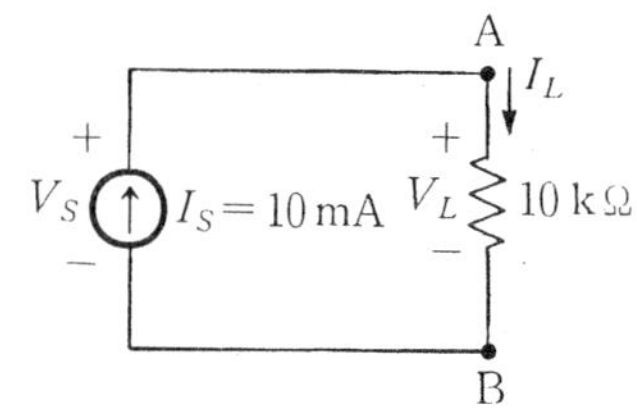

그림 2.46

✲ 풀이 $I_L = 10$ [mA]이고 부하의 전압 강하 V_L은 전류원의 양단 전압 V_S와 같다.

$$V_S = V_L = R_L I_L = 10\ [\text{k}\Omega] \times 10\ [\text{mA}] = 100\ [\text{V}]$$

이다.

연습문제 2-12 그림 2.47의 회로에서 부하 저항 5 [kΩ]의 전압 강하 V_L을 구하라.

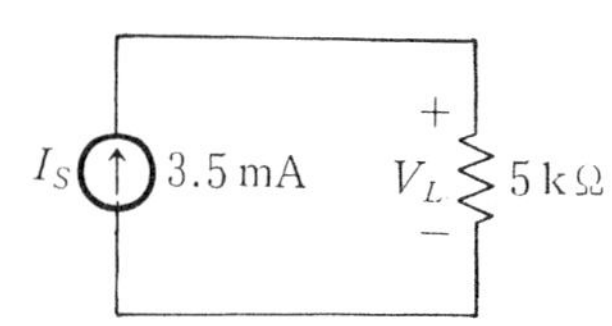

그림 2.47

예제 2-13

그림 2.48에서 전원의 내부 저항 R_S가 2[kΩ]이고 부하 저항 R_L을 2[kΩ]과 500[Ω]이라 할 때, 전류 I_L과 전류원의 전압 V_S를 구하라.

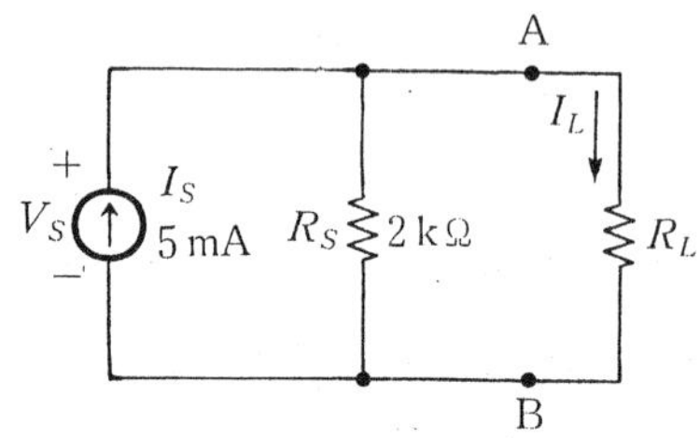

그림 2.48

✲ 풀이 ① R_L이 2[kΩ]일 경우

식 (2.9)에서

$$I_L = \frac{2}{2+2} \times 5 = 2.5\,[\text{mA}]$$

이고 전류원 전압 V_S는 바로 R_L의 전압 강하이므로

$$V_S = 2\,[\text{k}\Omega] \times 2.5\,[\text{mA}] = 5\,[\text{V}]$$

이다.

② R_L이 500[Ω]일 경우

$$I_L = \frac{2000}{2000+500} \times 5 = 4\,[\text{mA}]$$

$$V_S = 500 \times 4 \times 10^{-3} = 2\,[\text{V}]$$

연습문제 2-13 그림 2.49에서 부하 저항 R_L이 100[Ω]이다. 전류 I_L과 전압 강하 V_L을 구하라.

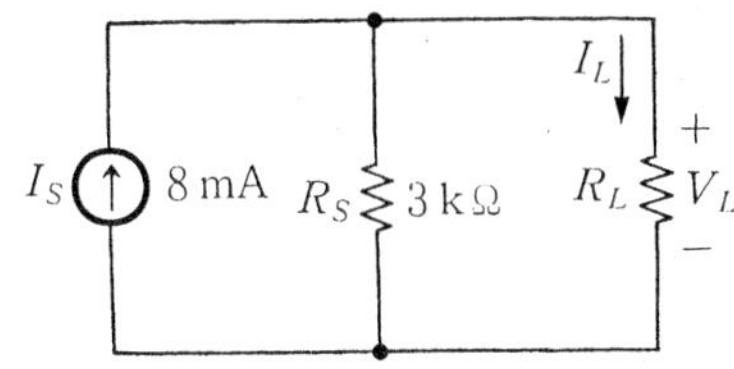

그림 2.49

2.3.3 접지

접지점의 전위는 0볼트이다

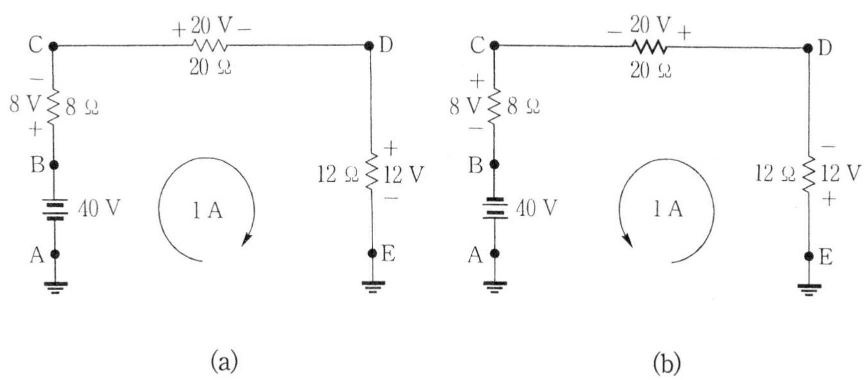

그림 2.50 접지점과 전위

그림 2.50 (a)와 (b)에서 전원의 극성이 반대로 연결되어 있다. 어느 경우나 전류의 크기는 1 암페어이다. 각 절점의 전위를 구하면 다음과 같다.

	그림 (a)의 경우	그림 (b)의 경우
절점 A	0 V	0 V
절점 B	40 V	−40 V
절점 C	40−8×1=32 V	−40+8×1=−32 V
절점 D	32−20×1=12 V	−32+20×1=−12 V
절점 E	0 V	0 V

예제 2-14

그림 2.51의 회로에서 두 회로의 회로 정수값은 같다. 그림 (a)는 절점 A를 접지시키고 그림 (b)는 절점 D를 접지시켰다. 각 절점의 전위를 비교하라.

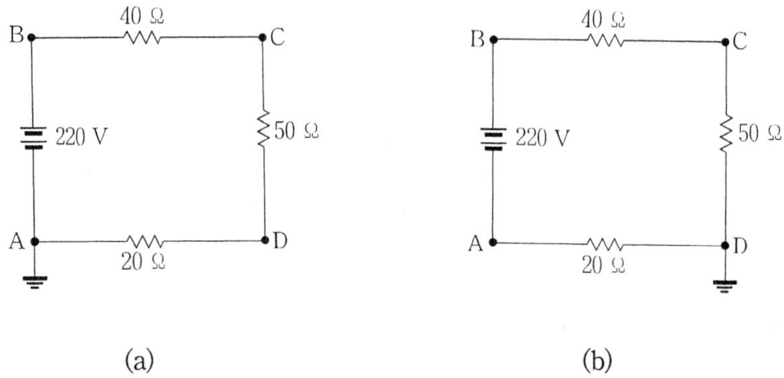

그림 2.51

풀이 어느 경우나 전원에서 본 합성 저항은

$$R_T = 40 + 50 + 20 = 110\ [\Omega]$$

이다. 따라서 각 저항에 흐르는 전류는

$$I = \frac{220}{110} = 2\ [\mathrm{A}]$$

이다.

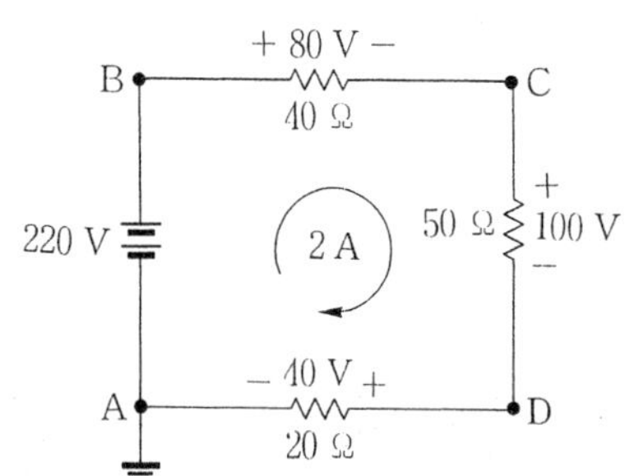

그림 2.52

그림 (a)는 그림 2.52에서

절점 A	0 V
절점 B	220 V
절점 C	220−40×2=140 V
절점 D	140−50×2=40 V

그림 (b)는 그림 2.41에서 절점 D가 0 [V]이다. 절점 A의 전위는 절점 D보다 20×2 = 40 [V]가 낮으므로 −40 [V]이다. 따라서 다음과 같다.

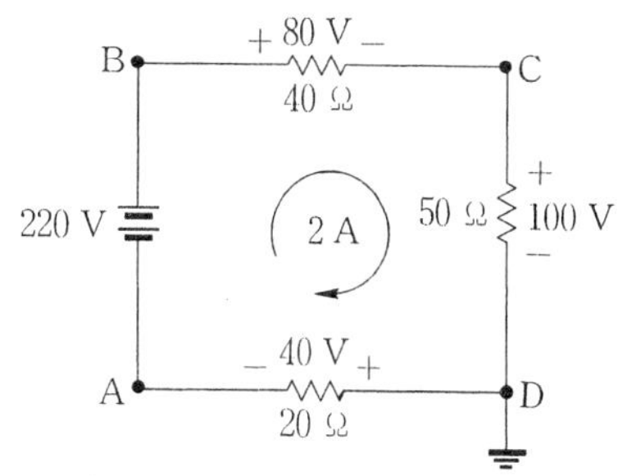

그림 2.53

절점 A	−40 V
절점 B	−40+220=180 V
절점 C	180−40×2=100 V
절점 D	0 V

연습문제 2-14 그림 2.54에서 각 절점 A, B, C, D, E의 전위를 구하라.

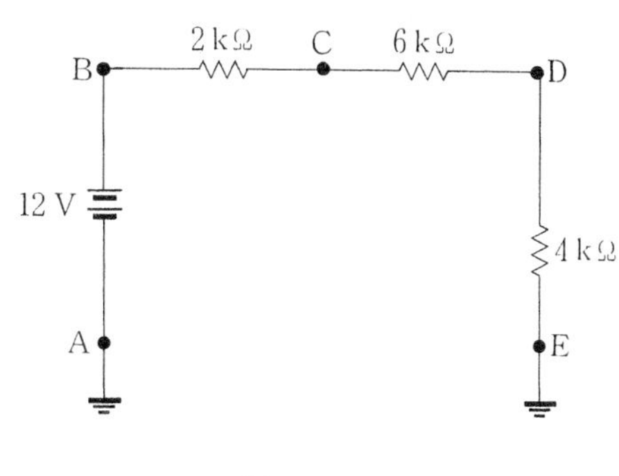

그림 2.54

2.4 직 · 병렬 회로

직렬 회로와 병렬 회로로 구성된 회로를 직병렬 회로라 한다. 그림 2.55에서 저항 R_2와 R_3의 병렬 회로에 저항 R_1이 직렬되어 있다.

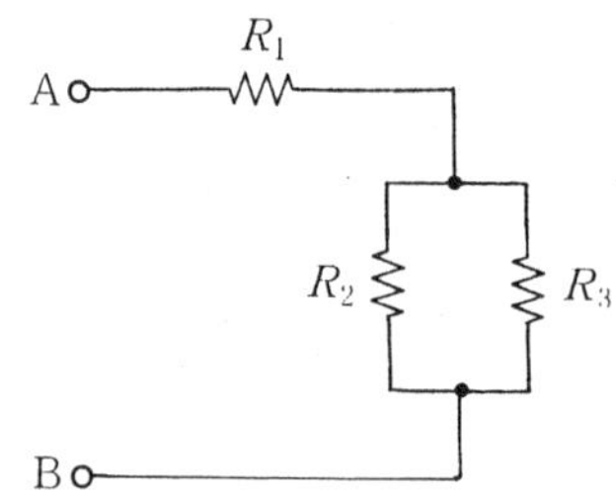

그림 2.55 직 · 병렬 회로

그림 2.56에서 저항 R_1과 R_2가 직렬이고, 저항 R_3와 R_4가 직렬이며, 두 직렬 회로가 다시 병렬로 연결된 회로이다.

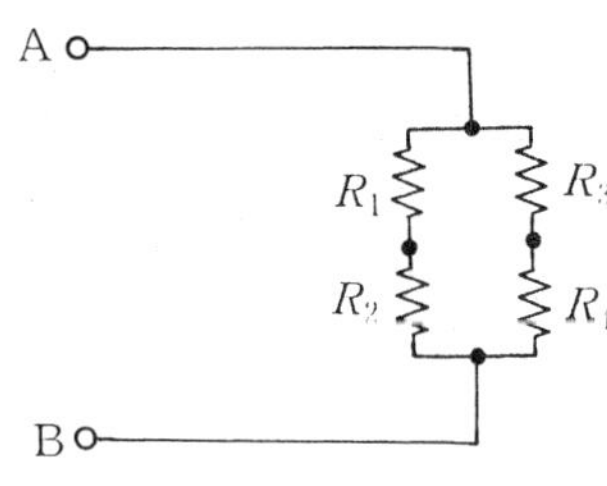

그림 2.56 직 · 병렬 회로

복잡한 직병렬 회로의 합성 저항은 부하측의 끝에서부터 차례로 합성해 간다. 아래에 여러 가지 회로의 예를 들어 본다.

예제 2-15

그림 2.57의 직병렬 회로에서 합성 저항 R_T, 각 저항에 흐르는 전류, 각 저항의 전압 강하 및 소비 전력을 구하라.

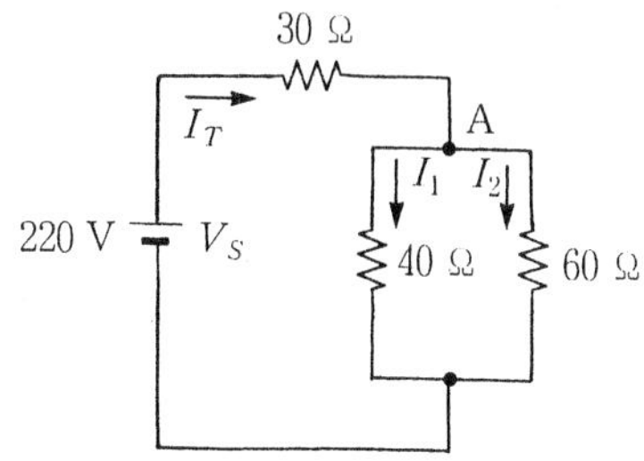

그림 2.57

✲ **풀이** 우선 합성 저항 R_T를 구해야 한다.

$40\Omega \parallel 60\Omega$($\parallel$은 병렬을 뜻함)의 합성 저항은

$$R_{T1} = \frac{40 \times 60}{40 + 60} = 24\ [\Omega]$$

이다. 전원에서 본 합성 저항 R_T는

$$R_T = 30 + R_{T1} = 30 + 24 = 54\ [\Omega]$$

이다. 따라서 옴의 법칙에서 I_T는

$$I_T = \frac{V_S}{R_T} = \frac{220}{54} = 4.07\ [\mathrm{A}]$$

이다. 전류 I_1은 식 (2.9)에서

$$I_1 = \frac{60}{40 + 60} \times 4.07 = 2.44\ [\mathrm{A}]$$

절점 A에 키르히호프 전류 법칙을 대입하여 I_2를 구해 본다.

$$I_2 = I_T - I_1 = 4.07 - 2.44 = 1.63\ [\mathrm{A}]$$

30 [Ω] 저항의 전압 강하는 옴의 법칙에서

$$V_{30} = 30 \times I_T = 30 \times 4.07 = 122.1\ [\mathrm{V}]$$

이며, 40 [Ω] 저항과 60 [Ω] 저항은 병렬이므로 전압 강하는 같다. 키르히호프의 전압 법칙에서 구해 본다.

$$V_{40} = V_{60} = 220 - V_{30} = 220 - 122.1 = 97.9\ [\mathrm{V}]$$

각 저항의 소비 전력 P_{30}, P_{40}, P_{50}은 다음과 같다.

$$P_{30} = {I_T}^2 \times 30 = 4.07^2 \times 30 = 496.95\ [\mathrm{W}]$$

$$P_{40} = {I_1}^2 \times 40 = 2.44^2 \times 40 = 238.14\ [\mathrm{W}]$$

$$P_{60} = {I_2}^2 \times 60 = 1.63^2 \times 60 = 159.41\ [\mathrm{W}]$$

전원이 공급한 전력 P_S는

$$P_S = V_S \times I_T = 220 \times 4.07 = 895.4\ [\mathrm{W}]$$

참고로

$$P_S = P_{30} + P_{40} + P_{60}$$

이어야 한다.

$$895.4\ [\mathrm{W}] \fallingdotseq 496.95 + 238.14 + 159.41 = 894.5\ [\mathrm{W}]$$

오차는 계산 과정에서 반올림을 했기 때문에 발생한 것이다.

연습문제 2-15 그림 2.58의 직병렬 회로에서 합성 저항 R_T, 각 저항에 흐르는 전류, 각 저항의 전압 강하 및 소비 전력을 구하라.

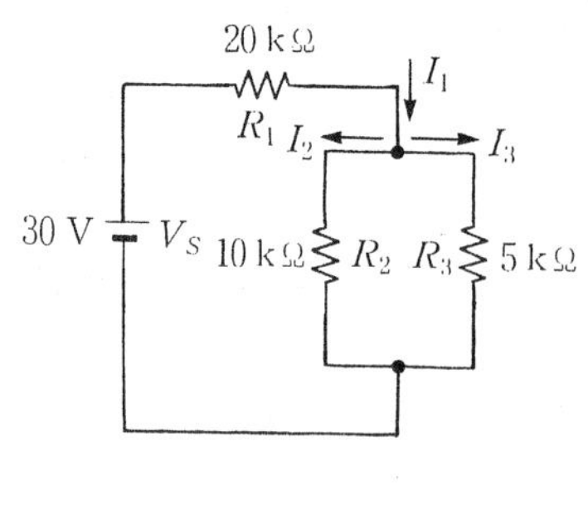

그림 2.58

예제 2-16

그림 2.59에서 전류 I_1, I_2, I_T를 구하고 절점 C와 D 사이의 전압 V_{CD}를 구하라.

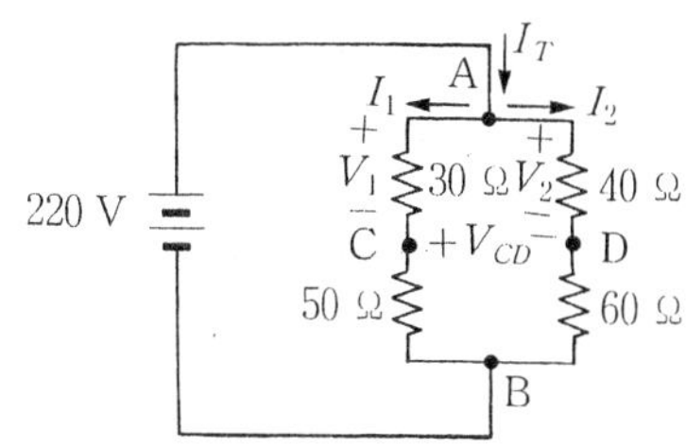

그림 2.59

✻ **풀이** 30[Ω]의 저항과 50[Ω]의 저항은 직렬이므로 합성 저항 R_{T1}은 다음과 같다.

$$R_{T1} = 30 + 50 = 80\ [\Omega]$$

마찬가지로 40[Ω]과 60[Ω]의 합성 저항 R_{T2}는

$$R_{T2} = 40 + 60 = 100\ [\Omega]$$

이다.

R_{T1}과 R_{T2}에는 각각 220[V]의 전압이 걸리므로

$$I_1 = \frac{220}{80} = 2.75\ [\mathrm{A}]$$

$$I_2 = \frac{220}{100} = 2.2\ [\mathrm{A}]$$

이다.

따라서 I_T는

$$I_T = I_1 + I_2 = 2.75 + 2.2 = 4.95\ [\mathrm{A}]$$

다음에 두 절점 사이의 전압 V_{CD}는 두 절점을 포함하는 폐회로를 만들어서 풀어야 된다.

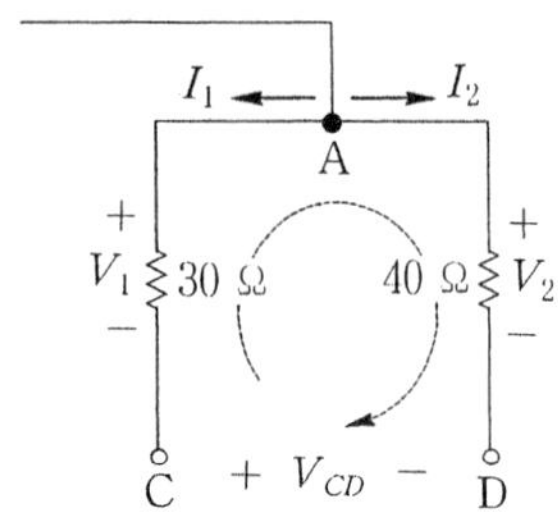

그림 2.60

그림 2.60에서

$$V_1 = 30I_1 = 30 \times 2.75 = 82.5\,[\mathrm{V}]$$

$$V_2 = 40I_2 = 40 \times 2.2 = 88\,[\mathrm{V}]$$

그림의 화살표 방향(시계 방향)으로 키르히호프의 전압 법칙을 세우면

$$+V_{CD} + V_1 - V_2 = 0$$

이므로

$$V_{CD} = V_2 - V_1 = 88 - 82.5 = 5.5\,[\mathrm{V}]$$

즉, 절점 C가 절점 D보다 전위가 5.5볼트 높다.

연습문제 2-16 그림 2.61에서 전류 I_1, I_3, I_T를 구하고 절점 C와 D 사이의 전압 V_{CD}를 구하라.

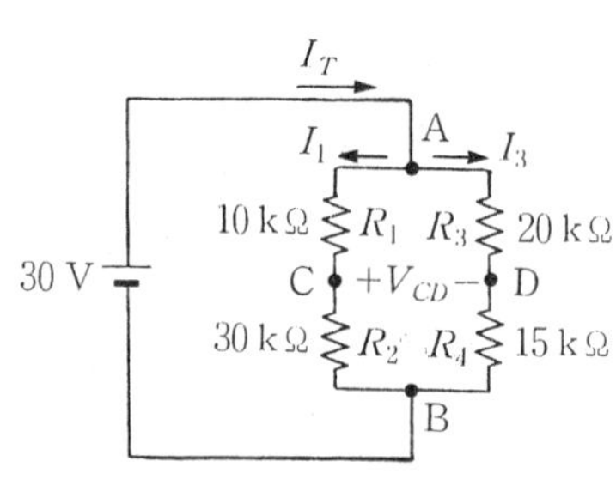

그림 2.61

예제 2-17

그림 2.62에서 전원에서 본 합성 저항 R_T를 구하고 전원 전류 I_T를 구하라.

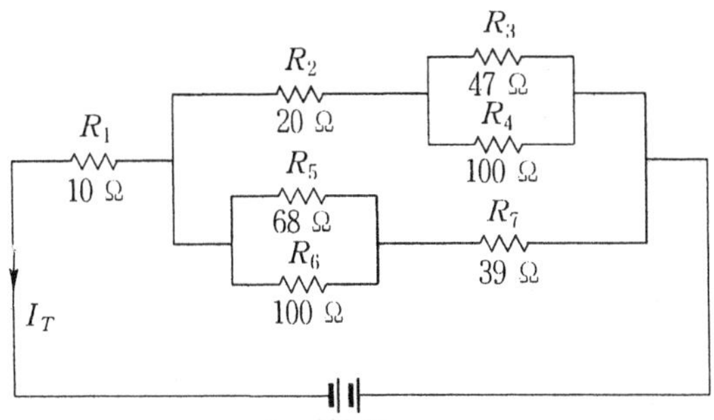

그림 2.62

✲ 풀이 합성 저항 R_T는 부하의 끝에서부터 차례차례 구한다 . 우선 R_3와 R_4의 병렬에 R_2가 직렬이므로 이의 합성 저항을 R_{24}라 하면

$$R_{24} = R_2 + R_3 \parallel R_4 = 20 + \frac{47 \times 100}{47 + 100} = 20 + 31.97 = 51.97 \, [\Omega]$$

가 된다.

다음에 R_5와 R_6의 병렬에 R_7이 직렬이므로, 이의 합성 저항을 R_{57}이라 하면

$$R_{57} = R_5 \parallel R_6 + R_7 = \frac{68 \times 100}{68 + 100} + 39 = 40.48 + 39 = 79.48 \, [\Omega]$$

이다.

따라서 합성 저항 R_T는 R_{24}와 R_{57}의 병렬에 R_1이 직렬되어 있으므로

$$\begin{aligned} R_T &= R_1 + \frac{R_{24} \times R_{57}}{R_{24} + R_{57}} = 10 + \frac{51.97 \times 79.48}{51.97 + 79.48} \\ &= 10 + 31.42 = 41.42 \, [\Omega] \end{aligned}$$

다음에 전원 전류 I_T는 옴의 법칙에서

$$I_T = \frac{V_S}{R_T} = \frac{220}{41.42} = 5.31 \, [\text{A}]$$

연습문제 2-17 그림 2.63에서 전원에서 본 합성 저항 R_T를 구하고 전류 I_T를 구하라.

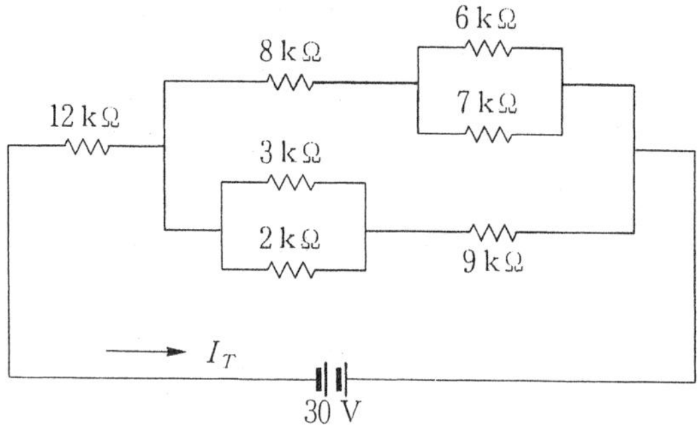

그림 2.63

예제 2-18

그림 2.64는 전압 분배기의 일례이다. 출력단에 부하를 연결하지 않을 경우의 출력 전압을 구하라. 출력단 R_L에 6.3 [kΩ], 63 [kΩ]을 연결할 때 출력 진압을 구하라.

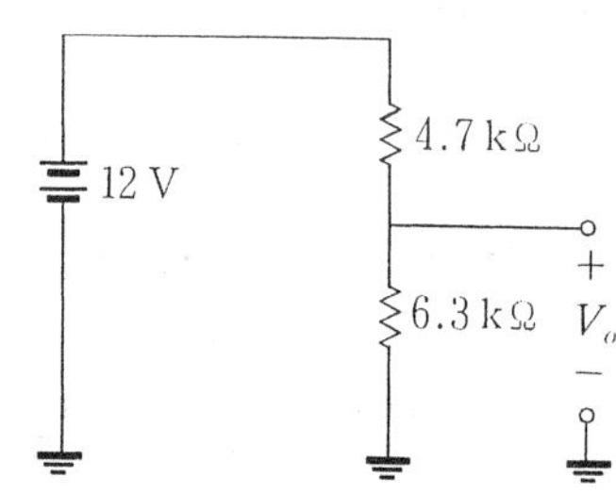

그림 2.64 전압 분배기

✽ **풀이** 그림 2.65에서 무부하 출력 전압 V_o는

$$V_o = \frac{6.3 \times 12}{4.7 + 6.3} = 6.87\ [\text{V}]$$

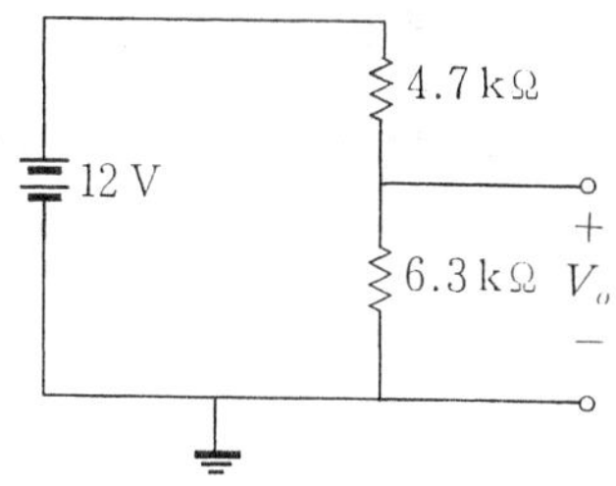

그림 2.65 전압 분배기

$R_L = 6.3$ [kΩ]일 때의 V_o는 그림 2.65에서 병렬 부분의 저항값이 $\frac{6.3}{2}$ [kΩ]이므로

$$V_o = \frac{\frac{6.3}{2} \times 12}{4.7 + \frac{6.3}{2}} = 4.82 \text{ [V]}$$

이다.

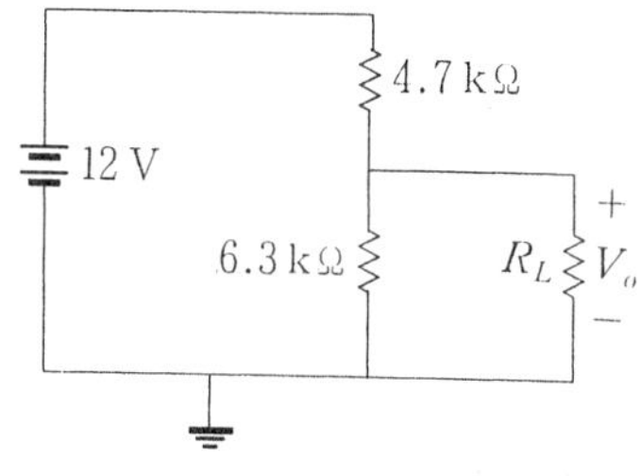

그림 2.66

$R_L = 63$ [kΩ]일 경우는 병렬 부분의 저항값이

$$\frac{6.3 \times 63}{6.3 + 63} = 5.73 \text{ [k}\Omega\text{]}$$

이므로

$$V_o = \frac{5.73}{4.7 + 5.73} \times 12 = 6.59 \text{ [V]}$$

이다.

즉, $R_L = 6.3$ [kΩ]×10배일 경우는 출력 전압이 무부하일 경우와 비슷하다(오차 4%). $R_L = 6.3$ [kΩ]일 경우는 차이가 크다(오차 30%). 이를 전압 분배기의 부하 효과라고 한다. 따라서 부하 저항이 10배 이상일 때 전압 분배기로서 의미가 있다.

연습문제 2-18 그림 2.67의 전압 분배기에서 부하 R_L에 12 [kΩ], 120 [kΩ], 240 [kΩ]을 연결할 때 부하 전압 V_L을 구하고, 또 무부하일 때와의 상대 오차를 구하라.

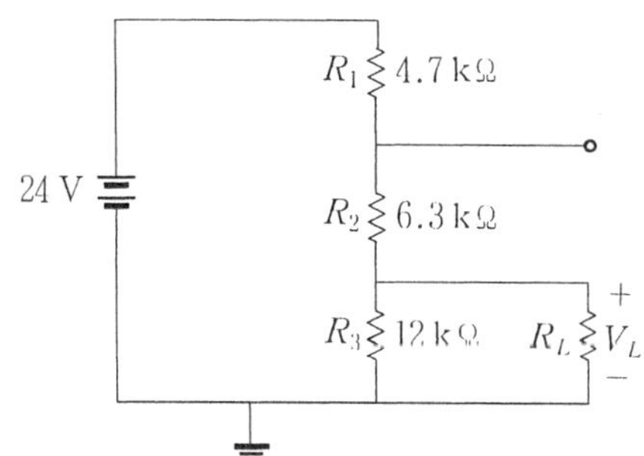

그림 2.67

2.5 사다리꼴 회로

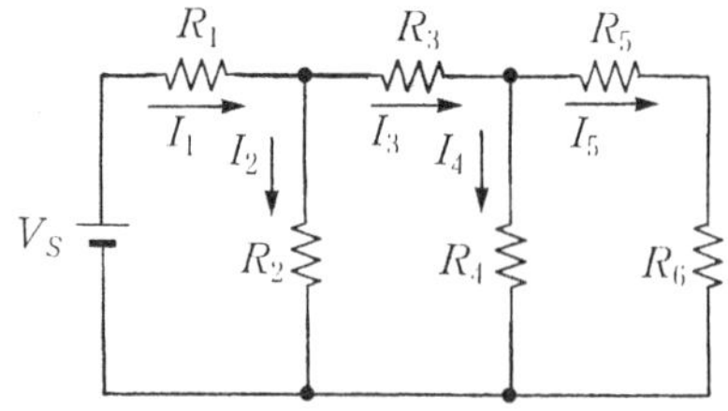

그림 2.68 사다리꼴 회로

그림 2.68과 같은 회로를 사다리꼴 회로라고 하며 디지털-아날로그 신호 변환 회로에 이용된다. 이 회로는 근본적으로 직·병렬 회로와 같이 취급할 수 있다. 부하의 끝에서부터 차례차례 저항을 합성하여 총저항 R_T를 구한다.

예제 2-19

그림 2.69의 사다리꼴 회로에서 각 저항에 흐르는 전류를 구하고, 4 [Ω] 저항에서의 전압 강하를 구하라.

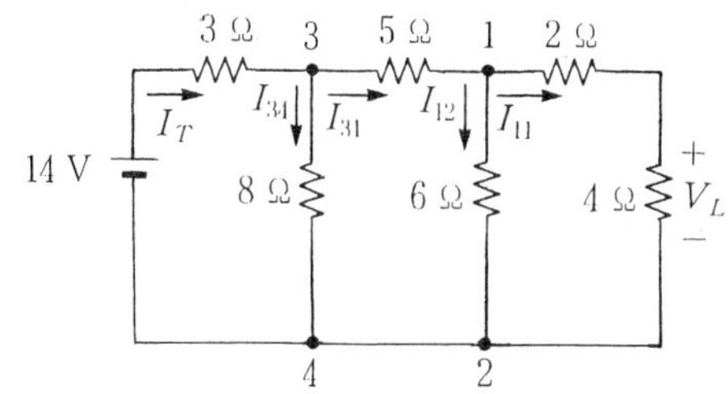

그림 2.69 사다리꼴 회로

✲ 풀이 부하의 끝에서부터 저항을 차례로 합성해 간다. 2 [Ω]과 4 [Ω]이 직렬이고 여기에 6 [Ω]이 병렬이므로 합성 저항 R_{12}는

$$R_{12} = \frac{6}{2} = 3\ [\Omega]$$

이다. R_{12}에 5 [Ω]이 직렬이므로 합성 저항은

$$R_{32} = 5 + 3 = 8\ [\Omega]$$

이며, 여기에 8 [Ω]이 병렬이므로 합성 저항 R_{34}는

$$R_{34} = \frac{8}{2} = 4\ [\Omega]$$

이다. R_{34}에 3 [Ω]이 직렬이므로 총 저항 R_T는

$$R_T = 4 + 3 = 7\ [\Omega]$$

이다. 따라서

$$I_T = \frac{V_S}{R_T} = \frac{14}{7} = 2\ [\mathrm{A}]$$

다음에 $R_{32}=8\ [\Omega]$이므로

$$I_{31}=I_{34}=\frac{I_T}{2}=\frac{2}{2}=1\ [\mathrm{A}]$$

마찬가지로

$$I_{12}=I_{11}=\frac{I_{31}}{2}=\frac{1}{2}\ [\mathrm{A}]$$

저항 $4\ [\Omega]$의 전압 강하 V_L은 옴의 법칙에서

$$V_L=4I_{11}=4\times\frac{1}{2}=2\ [\mathrm{V}]$$

연습문제 2-19 그림 2.70에서 각 저항에 흐르는 전류를 구하고 부하 전압 V_L을 구하라.

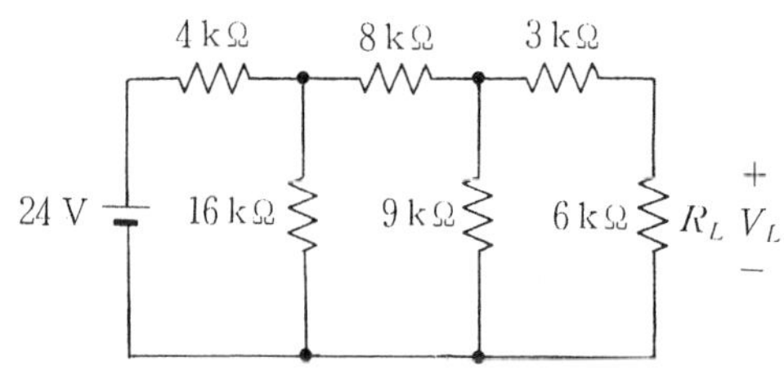

그림 2.70

예제 2-20

그림 2.71의 회로에서 출력 전압 V_L을 구하라.

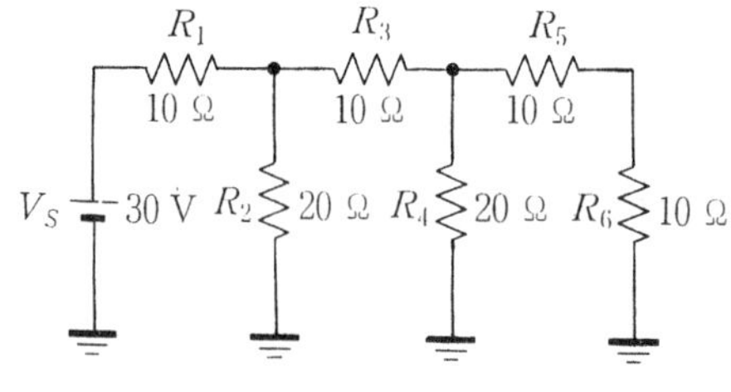

그림 2.71 사다리꼴 회로

✲ **풀이** 실제 사다리꼴 회로의 응용에서 출력단 전압 V_L만이 필요한 경우가 많다. 따라서 합성 저항 R_T를 구하지 않고 V_L만을 구해 본다.

지금 R_6의 전압 강하가 V_L이므로 전압 분배 법칙에서

$$V_L = \frac{R_6}{R_5 + R_6} \times V_4$$

이고

$$V_4 = \frac{R_5 + R_6}{R_6} V_L = \frac{10 + 10}{10} V_L = 2V_L \qquad ①$$

다음에 R_3와 $R_4 \| (R_5 + R_6) = 10\,[\Omega]$이 직렬이므로

$$V_4 = \frac{10}{R_3 + 10} V_2$$

이고

$$V_2 = \frac{R_3 + 10}{10} V_4 = \frac{10 + 10}{10} V_4 = 2V_4 \qquad ②$$

마찬가지로

$$V_2 = \frac{10}{10 + R_1} V_S$$

$$V_S = \frac{10 + R_1}{10} V_2 = \frac{10 + 10}{10} V_2 = 2V_2 \qquad ③$$

$$\therefore V_S = 2V_2 = 2 \times 2V_4 = 2 \times 2 \times 2V_L$$

$$V_L = \frac{1}{2} \times \frac{1}{2} \times \frac{1}{2} V_S = \frac{30}{8} = 3.75\,[\text{V}]$$

연습문제 2-20 그림 2.72에서 출력 전압 V_L을 구하라.

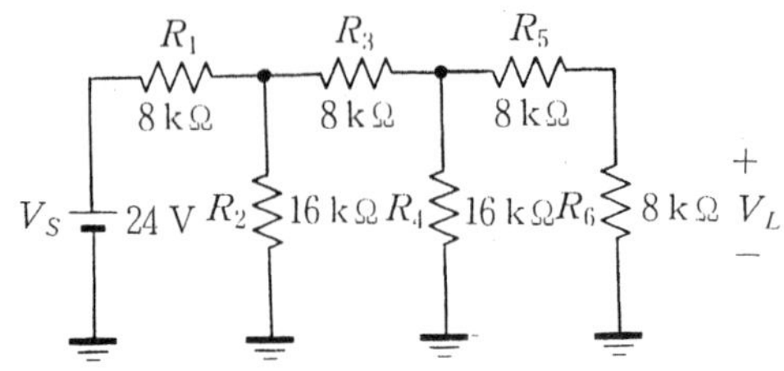

그림 2.72

2.6 브리지 회로

전기적인 양을 측정하는 데 브리지 회로가 널리 이용되고 있다. 여러 브리지 회로 가운데 기본적인 브리지 회로인 휘트스톤 브리지 회로를 공부한다.

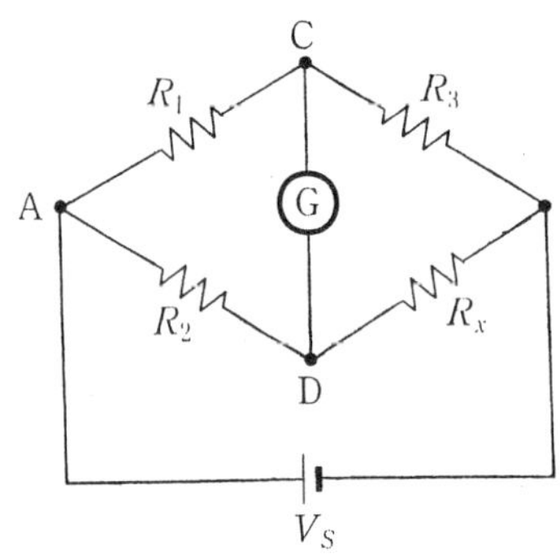

그림 2.73 휘트스톤 브리지 회로

그림 2.73에서 R_1, R_2, R_3는 기지 저항이고, R_x는 미지 저항이다. G는 검류계(Galvanometer)로 미소 전류의 흐름을 검출하는 일종의 전류계이다. R_1, R_2, R_3를 조정하여 G에 전류가 흐르지 않으면 절점 C와 D는 동일 전위점이다. 따라서 그림 2.74와 같은 등가 회로를 그릴 수 있다. R_1과 R_2의 전압 강하가 같고 또 R_3와 R_x의 전압 강하가 같다.

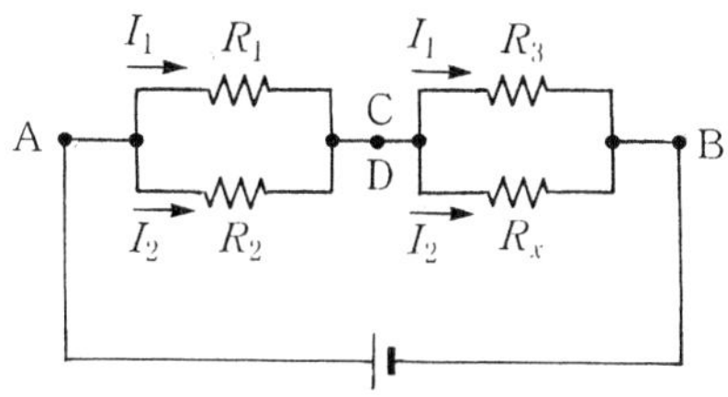

그림 2.74 등가 회로

그림 2.74에서

$$R_1 I_1 = R_2 I_2 \qquad ①$$

$$R_3 I_1 = R_x I_2 \qquad ②$$

식 ①을 식 ②로 나누면

$$\frac{R_1}{R_3} = \frac{R_2}{R_x}$$

$$R_x = \frac{R_2}{R_1} \cdot R_3 \qquad (2.11)$$

예제 2-21

그림 2.75의 휘트스톤 브리지 회로에서 R_x의 값을 측정하기 위해 R_1, R_2 및 R_3를 조정했다. 비례변 $\frac{R_2}{R_1}$가 0.01이고, R_3가 871 옴일 때 검류계 G에 흐르는 전류가 영이 되었다. R_x를 구하라.

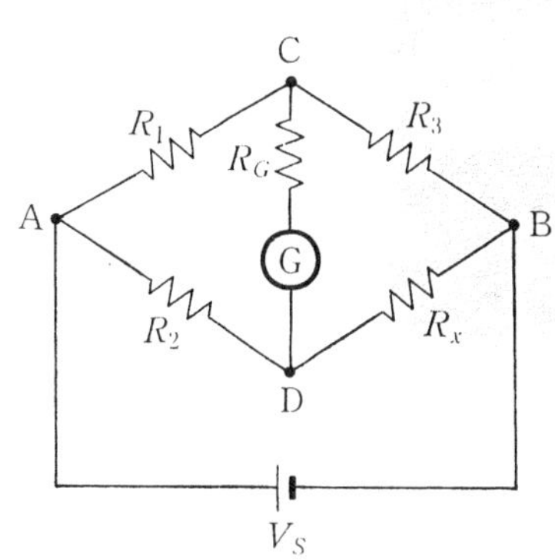

그림 2.75

✲ 풀이 그림 2.73과 비교할 때 저항 R_G가 첨가되었다. 여하튼 검류계 G에 흐르는 전류가 영이므로 절점 C와 D는 동일 전위점임을 알 수 있다. 따라서 그림 2.74와 같은 간단한 직병렬 회로가 성립한다. 식 (2.11) $R_x = \frac{R_2}{R_1} \cdot R_3$에서 R_2 / R_1를 비례변이라 한다. 그러므로

$$R_x = \frac{R_2}{R_1} \times R_3 = 0.01 \times 871 = 8.71\,[\Omega]$$

이다.

연습문제 2-21	그림 2.75와 같은 휘트스톤 브리지에서 비례변의 값이 10이고 R_3가 37 [Ω]일 때 미지 저항 R_x를 구하라.

2.7 측정 장치

회로망을 점검하거나 또는 어떤 양을 측정하기 위해 측정 장치를 이용할 필요가 있다. 지금까지 배운 전기량을 측정하는 장치로는 전류계, 전압계, 저항계 및 전력계가 있다. 글자 그대로 전류를 측정하는 계기가 전류계이고, 전압을 측정하는 계기를 전압계, 저항을 측정하는 계기를 저항계, 전력을 측정하는 계기를 전력계라고 한다. 전류계, 전압계 및 저항계의 동작 원리는 같으며 전력계는 전압과 전류의 곱에 동작하도록 되어 있다.

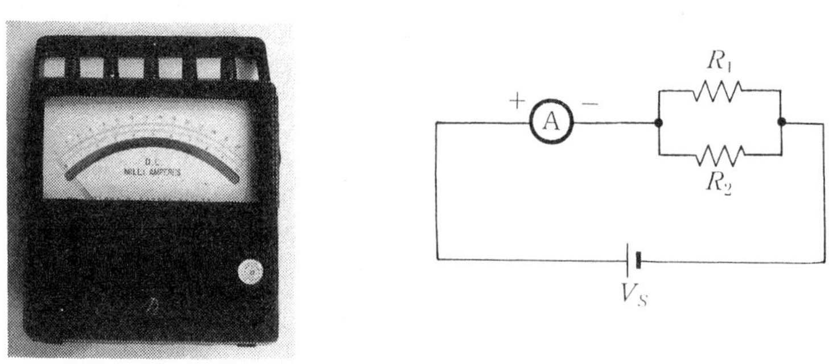

(a) (b)

그림 2.76 전류계

그림 2.76은 전류계의 그림과 회로에 연결한 예이다. 전류계는 측정하려는 지로를 끊고 직렬로 연결해야 된다. 직류의 경우 극성을 고려해야 한다. 전류계를 회로에 연결해도 회

로에 흐르는 전류의 변화가 일어나면 아니 되므로 전류계의 내부 저항은 이상적으로 영이 되어야 하나, 실제로는 영이 아니고 아주 작은 값을 갖는다.

(a)

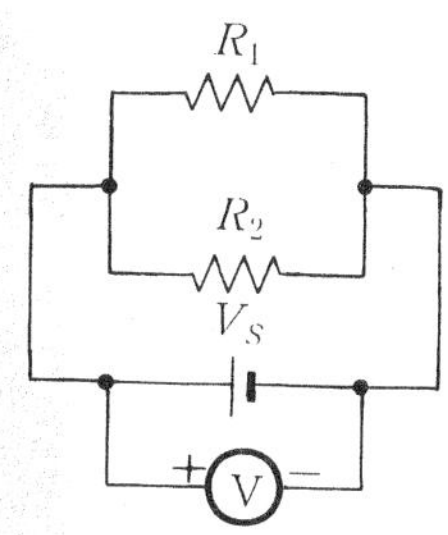

(b)

그림 2.77 전압계

그림 2.77은 전압계의 그림과 회로에 연결된 예이다. 전압계는 측정하려는 저항이나 전원에 병렬로 연결된다. 전압계의 내부 저항에 의해 회로 전압의 변화를 일으켜서는(전압계의 부하 효과) 아니 되므로 내부 저항이 무한대이어야 하나 실제로는 아주 큰 유한의 값이다.

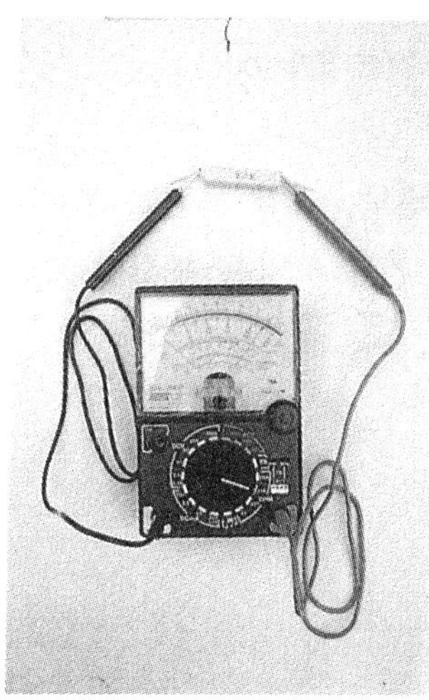

(a) 아날로그 테스터

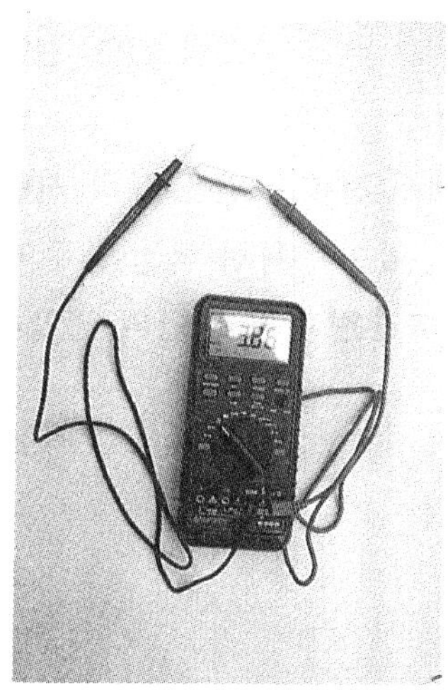

(b) 디지털 테스터

그림 2.78 회로 시험기

그림 2.78은 회로 시험기(테스터)로 직류 전압, 직류 전류, 교류 전압 및 저항을 측정할 수 있다. 저항을 측정하려면 회로에서 저항기를 떼어 내서 측정한다. 그림 2.79는 전력계

의 그림이다. 그림에서 보이는 바와 같이 단자가 4개가 있다. 두 단자는 전류용이고 나머지 두 단자는 전압용이다.

그림 2.79 전력계

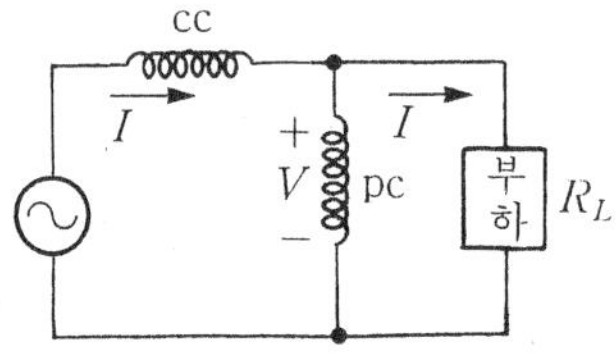

그림 2.80 전압 코일(pc)과 전류 코일(cc)

그림 2.80에서 전류 코일은 부하 저항 R_L에 직렬로, 전압 코일은 부하 저항 R_L에 병렬로 연결되어 있으며 특히 극성에 주의해야 한다. 전류 코일은 부하에 흐르는 전류를 검출하고 전압 코일은 부하 양단의 전압을 검출한다.

종합 문제

1. 한 폐회로 내에서 전압 상승과 전압 강하의 대수합은 영이다. 이를 키르히호프의 (　　　　)이라 한다.

2. 한 절점에 흘러 들어가는 전류와 흘러 나가는 전류의 대수합은 영이다. 이를 키르히호프의 (　　　　)이라 한다.

3. 직렬 회로에서 합성 저항의 크기는 각 저항의 합과 같다.(○ 또는 ×)

4. 병렬 회로의 합성 저항의 역수는 각 저항의 역수의 합과 같다.(○ 또는 ×)

5. 병렬 회로의 경우 합성 (　　　)는 각 (　　　　)의 합과 같다.

6. 크기가 서로 다른 전류원을 직렬 연결할 수 있다.(○ 또는 ×)

7. 크기가 서로 다른 전압원을 병렬 연결할 수 있다.(○ 또는 ×)

8. 이상 전압원의 내부 저항은 (　　　)이고 이상 전류원이 내부 저항은 (　　　　)이다.

9. 화학 전지의 경우, 사용 기간의 경과에 따라 내부 저항이 (　　　　). 이때 유효하게 쓰이는 전압은 단자 전압이다.

10. 임의의 두 절점 사이의 전위차는 두 절점을 포함하는 (　　　　)를 만들어서 푼다.

11. 2[Ω]의 저항 10개를 직렬로 연결했을 때는 병렬로 했을 때의 몇 배인가?

㉮ 10　　㉯ 50　　㉰ 100　　㉱ 200

12. 내부 저항 0.1[Ω]인 건전지 10개를 직렬로 접속하고, 이것을 한 조로 하여 5조 병렬로 접속하면 합성 내부 저항은 몇 Ω인가?

㉮ 50　　㉯ 10　　㉰ 0.5　　㉱ 0.2

13. 그림과 같은 회로에서 스위치 S를 열었을 때 전류계의 지시는 10[A]였다. 스위치 S를 닫을 때 전류계의 지시는 몇 A인가?

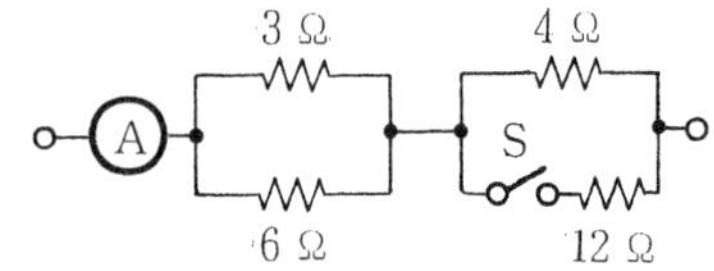

㉮ 8
㉯ 10
㉰ 12
㉱ 15

14. $R=1[\Omega]$의 저항을 그림과 같이 무한히 연결할 때, ab간의 합성 저항은?

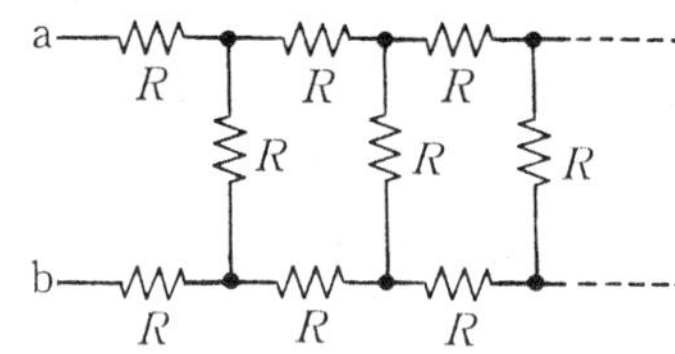

㉮ 0
㉯ 1
㉰ ∞
㉱ $1+\sqrt{3}$

15. 일정 전압의 직류 전원에 저항을 접속하고 전류를 흘릴 때 이 전류값을 20[%] 증가시키기 위해서는 저항값을 몇 배로 하여야 하는가?

㉮ 1.25배 ㉯ 1.20배 ㉰ 0.83배 ㉱ 0.80배

16. 어떤 전지의 외부 회로 저항은 5[Ω]이고 전류는 8[A]가 흐른다. 외부 회로에 5[Ω] 대신 15[Ω]의 저항값을 접속하면 전류는 4[A]로 떨어진다. 이때 전지의 기전력은 몇 V인가?

㉮ 80 ㉯ 50 ㉯ 15 ㉱ 20

17. 그림에서 a, b 단자에 200[V]를 가할 때 저항 2[Ω]에 흐르는 전류 I_1[A]는?

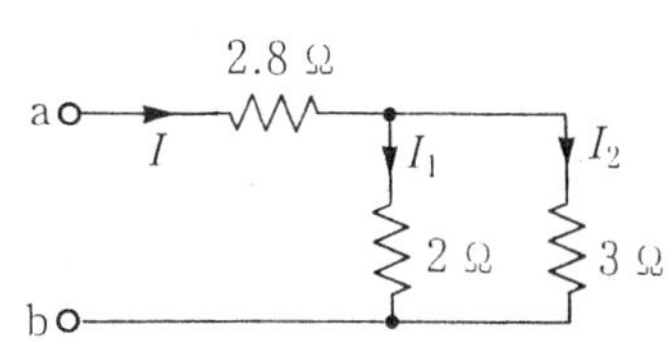

㉮ 40
㉯ 30
㉰ 20
㉱ 10

18. 그림과 같은 회로에서 a, b의 단자 전압 E_{AB}[V]를 구하면?

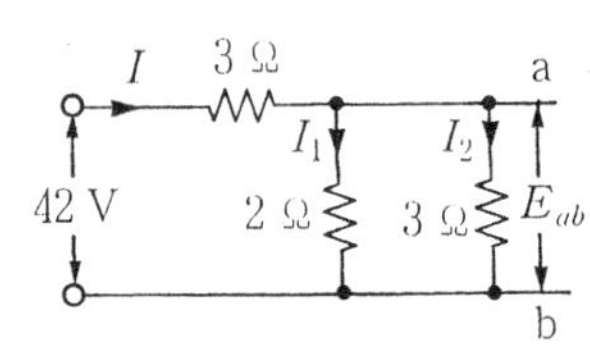

㉮ 3
㉯ 6
㉰ 12
㉱ 24

19. 그림과 같은 회로에서 I는 몇 A인가? 단, 저항의 단위는 Ω이다.

㉮ 1
㉯ $\frac{1}{2}$
㉰ $\frac{1}{4}$
㉱ $\frac{1}{8}$

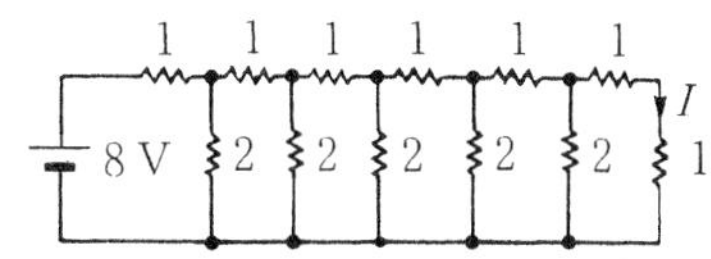

20. 분류기를 사용하여 전류를 측정하는 경우 전류계의 내부 저항 0.12 [Ω], 분류기의 저항이 0.14 [Ω]이면 그 배율은?

㉮ 1.86 ㉯ 4 ㉰ 5 ㉱ 6

21. 그림과 같은 회로에서 E_{30}과 E_{15}는 몇 V인가?

㉮ 60, 30
㉯ 70, 40
㉰ 80, 50
㉱ 50, 40

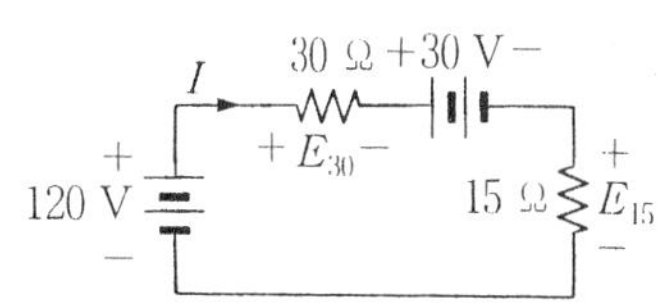

22. 그림과 같은 회로에서 a, b 양단의 전압은 몇 V인가?

㉮ 1
㉯ 2
㉰ 1.5
㉱ 2.5

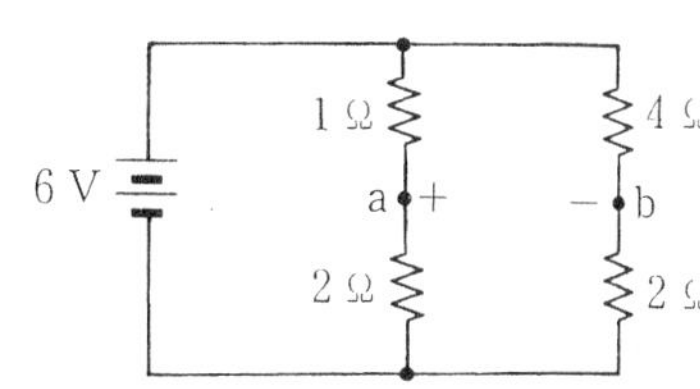

23. 내부 저항이 15 [kΩ]이고 최대 눈금이 150 [V]인 전압계와 내부 저항이 10 [kΩ]이고 최대 눈금이 150 [V]인 전압계가 있다. 두 전압계를 직렬 접속하여 측정하면 최대 몇 V까지 측정할 수 있는가?

㉮ 200 ㉯ 250 ㉰ 300 ㉱ 315

24. 그림에서 a, b 단자에 100 [V]를 가했을 경우 어느 저항에서 최대 전력을 소모하는가?

㉮ 10 [Ω]
㉯ 2 [Ω]
㉰ 5 [Ω]
㉱ 15 [Ω]

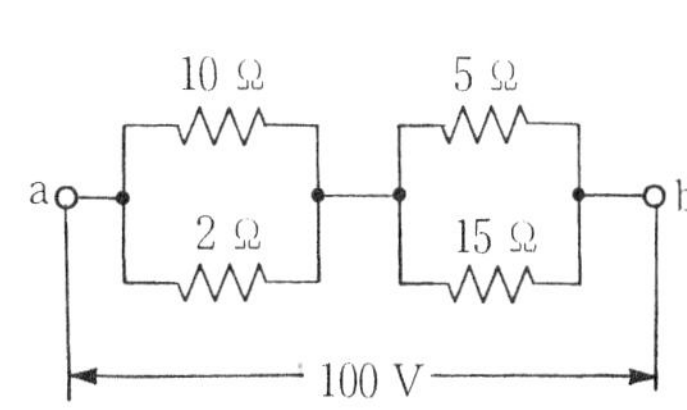

25. 정격 전압에서 1 [kW] 전력을 소비하는 저항에 정격의 70 [%]의 전압을 가할 때의 전력은 몇 W인가?

㉮ 490　　㉯ 580　　㉰ 640　　㉱ 860

26. 그림과 같은 회로에서 $I=10$ [A], $G=4$ [℧], $G_L=6$ [℧]일 때 G_L에서 소비되는 전력은 몇 W인가?

㉮ 100
㉯ 10
㉰ 4
㉱ 6

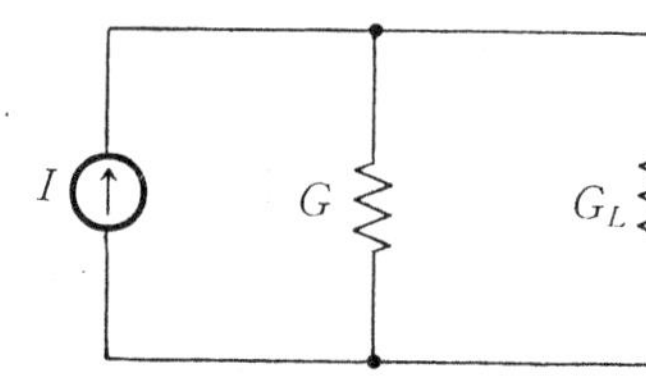

27. 그림과 같은 회로에서 a, b 단자에서 본 합성 저항은 몇 Ω인가?

㉮ 6
㉯ 6.3
㉰ 8.3
㉱ 8

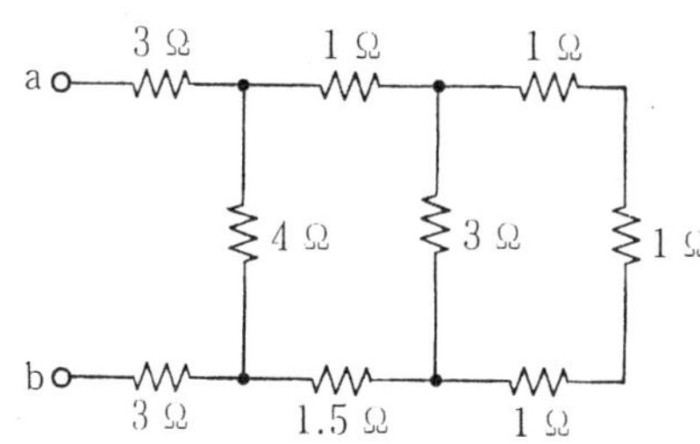

익힘 문제

1. 그림의 회로에서 합성 저항 R_T를 구하고 전류를 구하라.

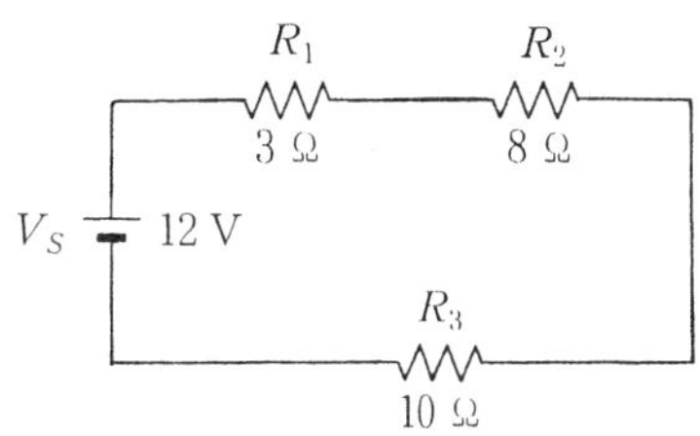

(a)

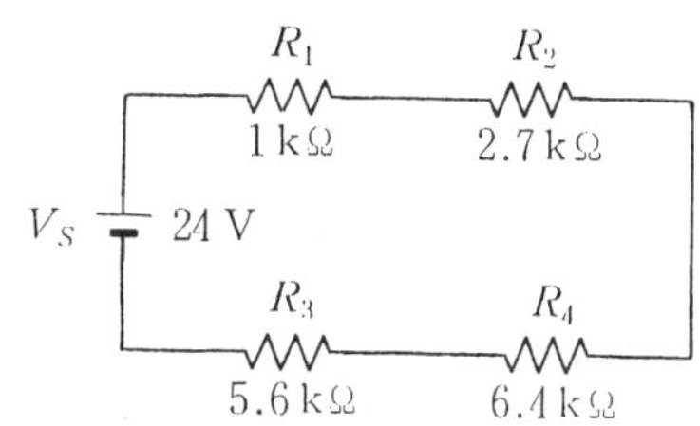

(b)

2. 문제 1의 회로 그림에서, 각 저항에서 소비되는 전력을 구하고 소비 전력의 합이 전원이 공급한 전력과 같음을 보여라.

3. 아래 그림에서, 가한 전압과 전원에 흐르는 전류가 주어졌다. 미지 저항의 크기를 구하라.

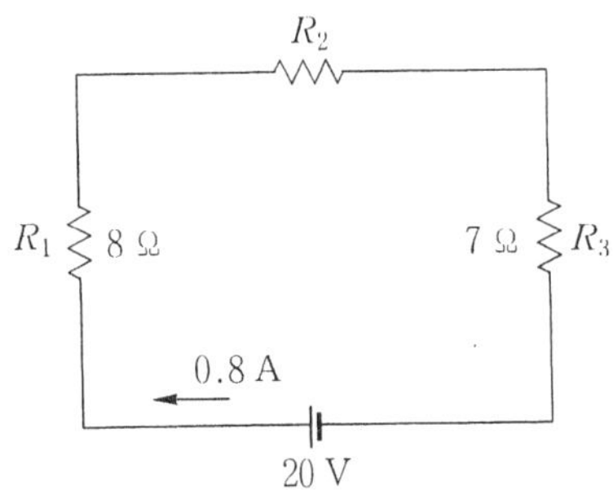

(a)

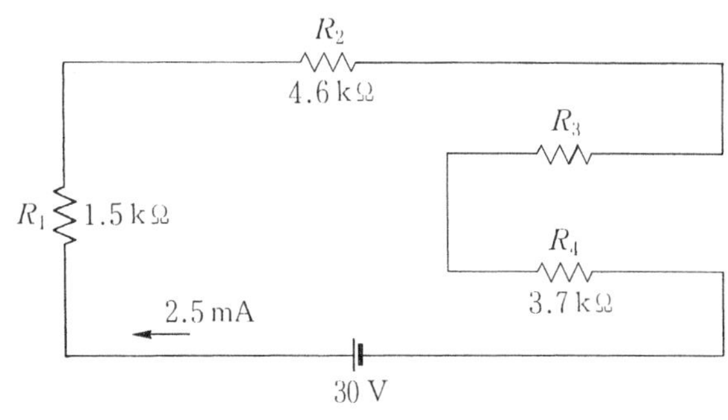

(b)

4. 그림에서 주어진 전류가 흐르기 위한 전원 전압의 크기는 얼마인가?

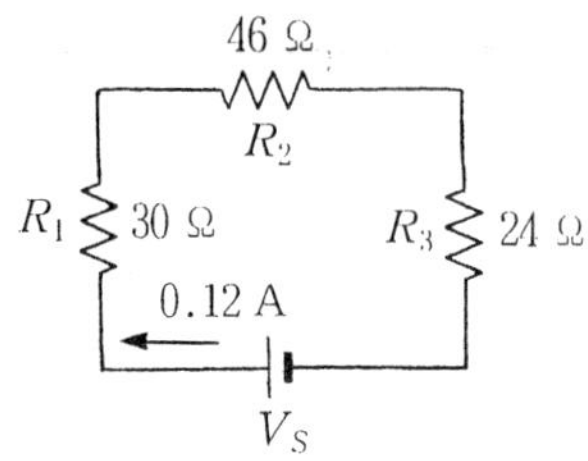

(a)

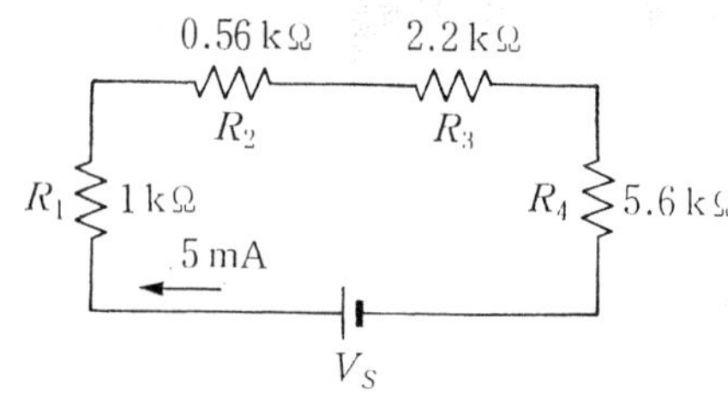

(b)

5. 그림의 회로에서 전류 I를 구하고 각 저항의 전압 강하를 구하라. 또 키르히호프의 전압 법칙이 성립함을 보여라.

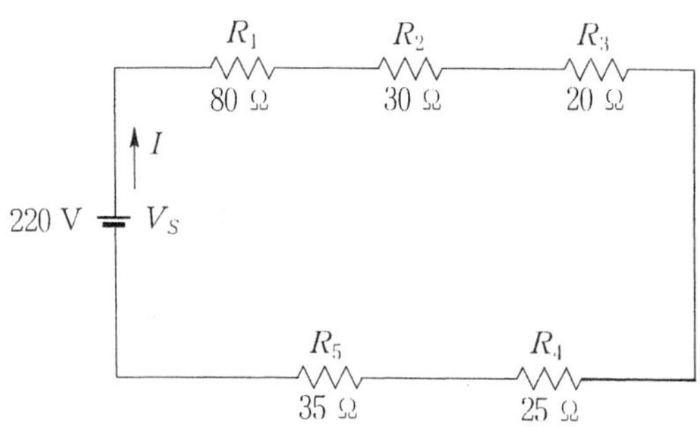

(a)

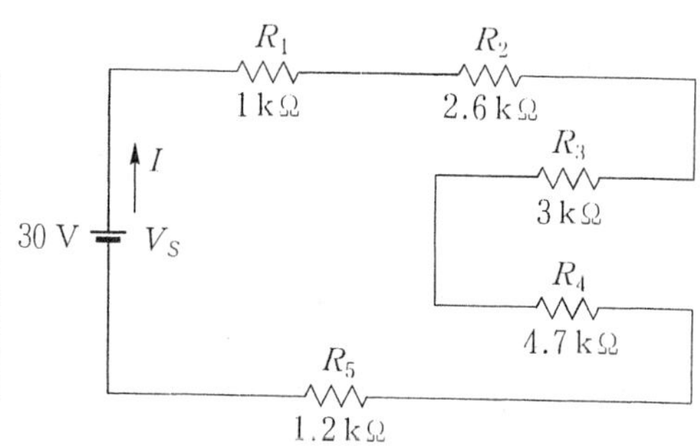

(b)

6. 그림의 직렬 회로에서 전류 I를 구하라.

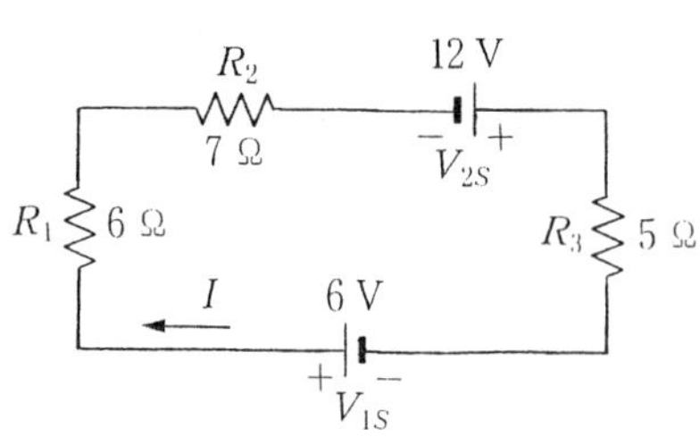

(a)

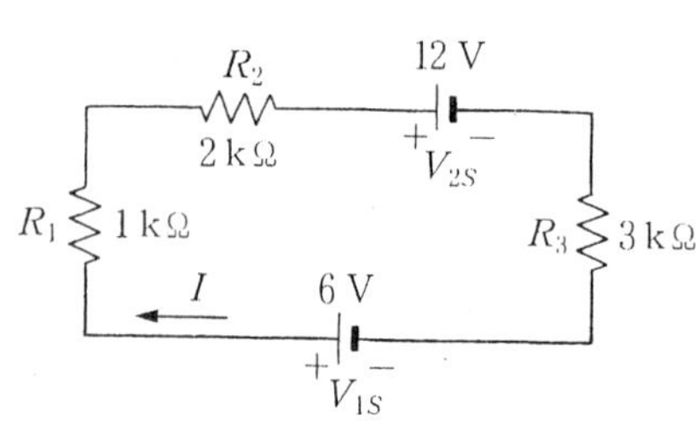

(b)

7. 그림의 회로에서 저항 R_1과 전압 V_{2S}의 크기를 구하라.

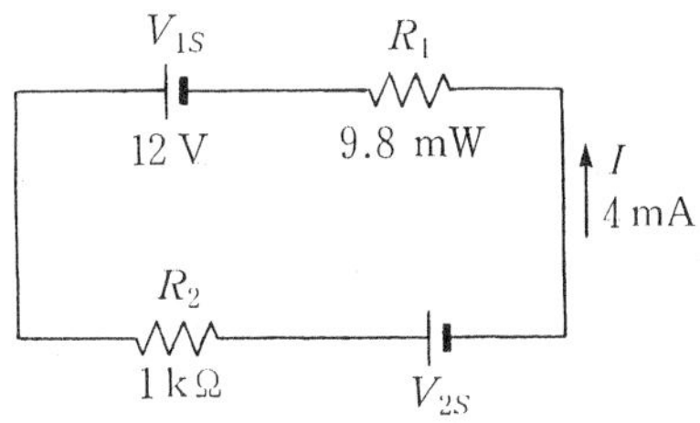

8. 아래의 그림에서 저항 R_1, R_2의 전압 강하 V_1과 V_2를 구하라.

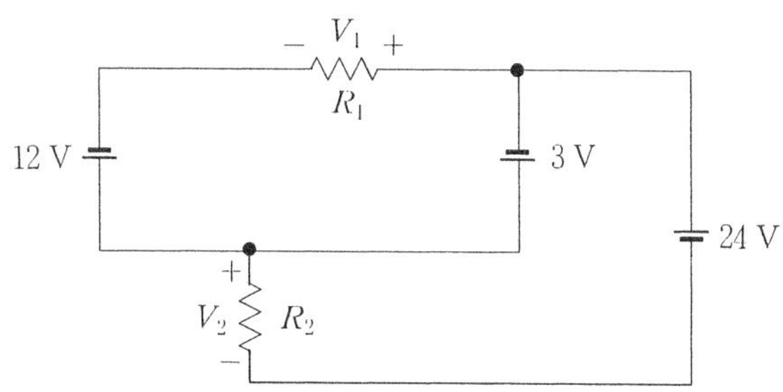

9. 다음 그림은 전압 분배기이다. 단자 ab의 전압 V_{ab}를 구하라.

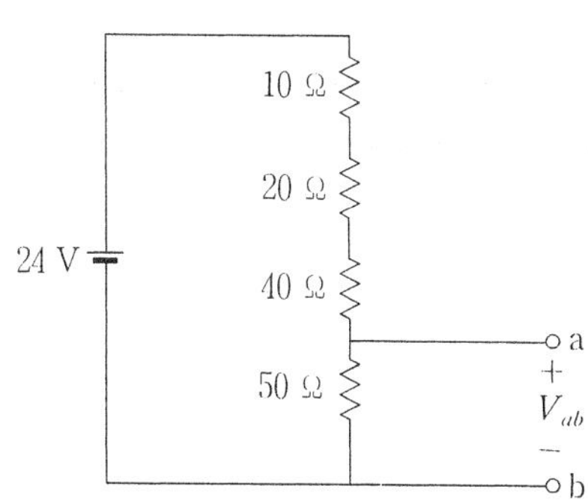

10. 키르히호프 전압 법칙을 이용하여 다음 그림에서 전압 강하 V_1과 V_4를 구하라. 절점 ab 사이의 전압 V_{ab}는 55 [V]이다.

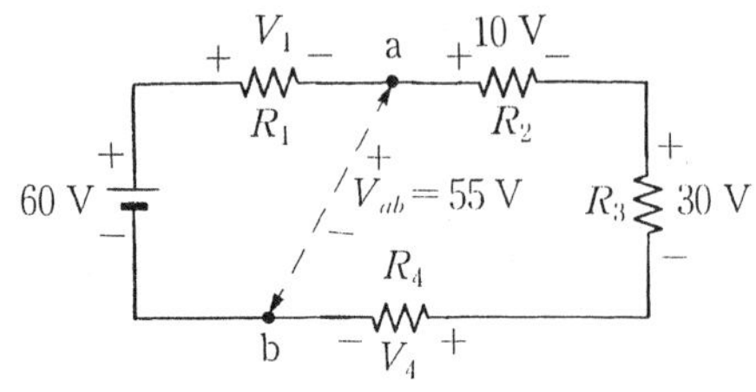

11. 그림에서 $R_1=1.5R_2$, $R_3=2.5R_2$일 때 각 저항의 전압 강하 V_1, V_2, V_3를 구하라.

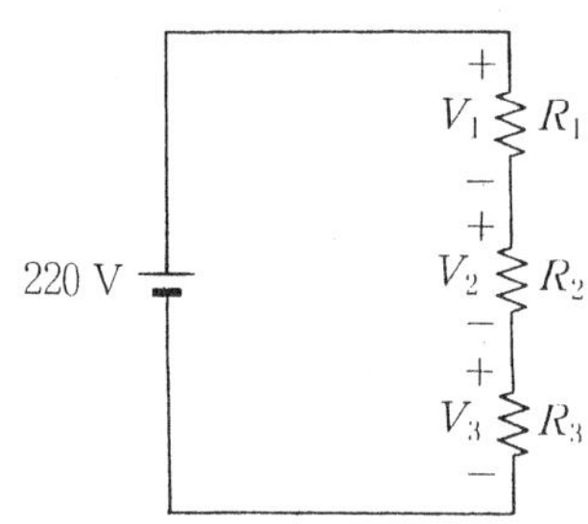

12. 1 [kΩ], 2 [kΩ], 3 [kΩ]의 저항 세 개를 직렬 연결했다. 각 저항의 정격 소비 전력이 $\frac{1}{8}$ [W] 이다. 정격 전력을 초과하지 않는 경우 어느 저항에 최대 전압이 걸리고 또 최대 전압은 얼마인가?

13. 다음 그림에서

(1) 전류 I_L과 전압 V_L을 구하라.

(2) 부하 저항 R_L이 단락되었을 때 단락 전류 I_S를 구하라.

(3) 부하 저항 R_L이 타서 개방되었다면 전압 V_L은 어떻게 되는가?

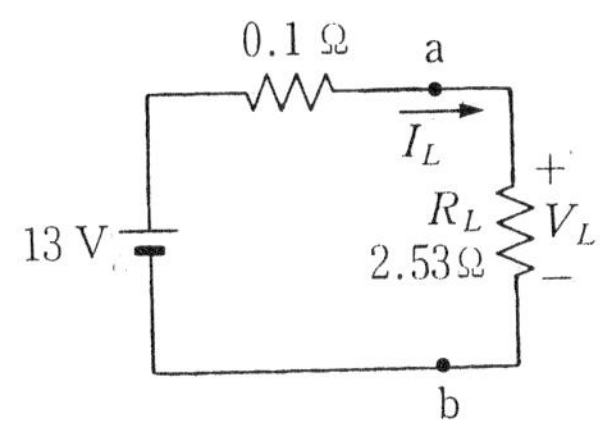

14. 그림의 직렬 회로와 병렬 회로를 다음과 같이 확인하라.

(1) 어느 저항이 직렬인가?

(2) 어느 저항이 병렬인가?

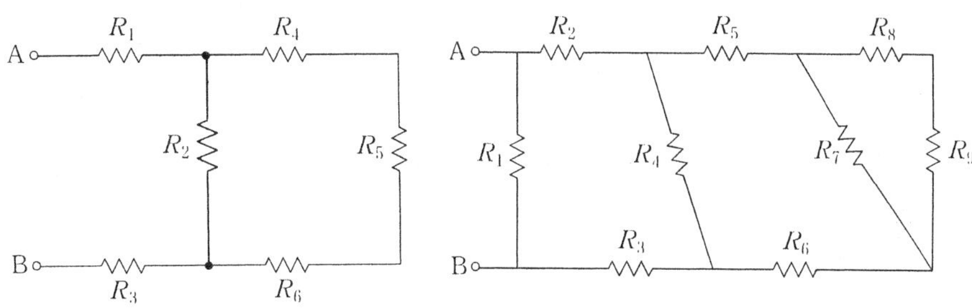

(a) (b)

15. 그림의 병렬 회로에 합성 저항을 구하려 한다. 합성 컨덕턴스를 구하고, 합성 저항을 구하라.

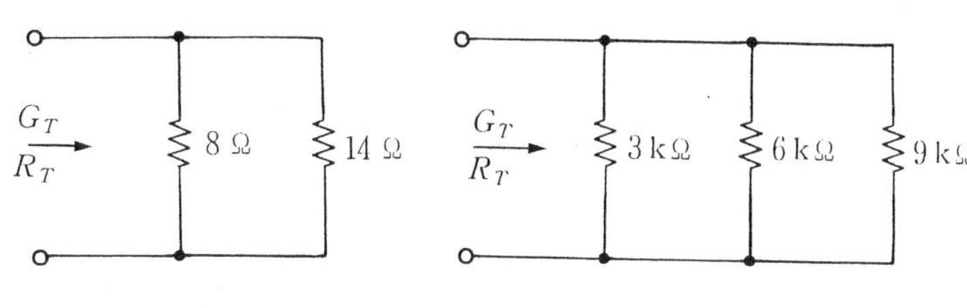

(a) (b)

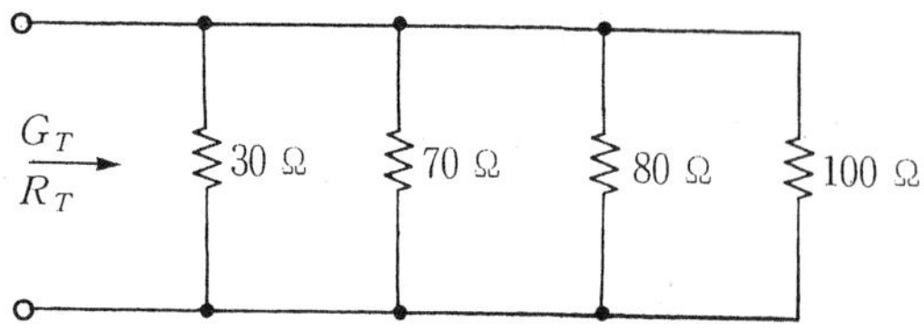

(c)

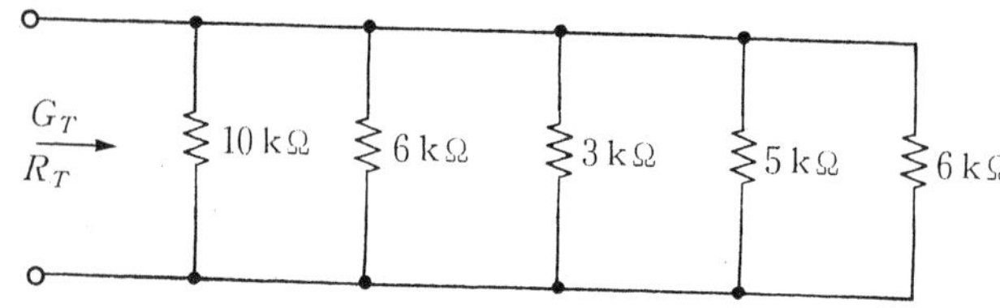

(d)

16. 그림의 병렬 회로에 총 컨덕턴스가 주어졌다. 미지 저항의 크기를 구하라.

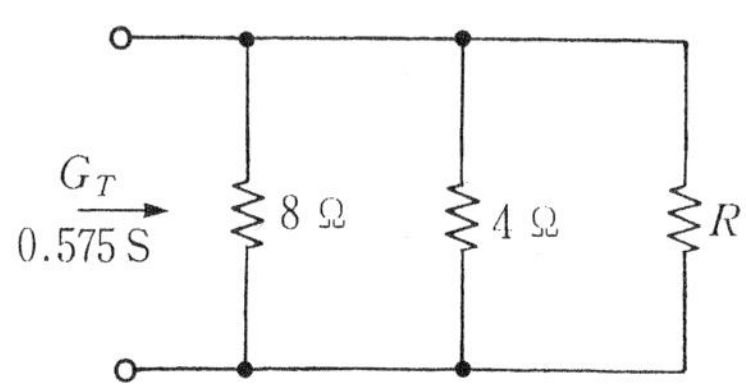

(a)

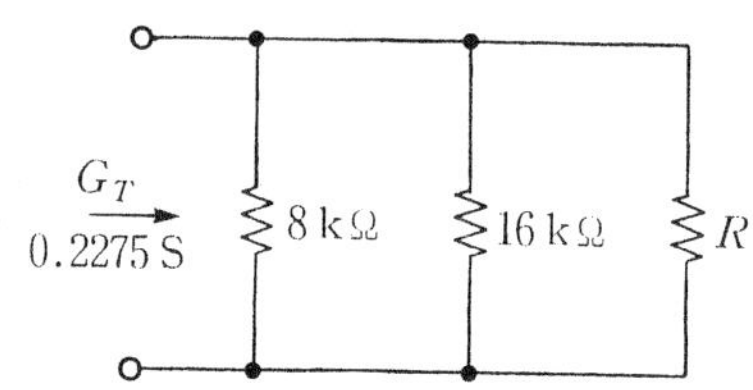

(b)

17. 다음의 회로 그림은 저항이 입체적으로 연결되어 있다. 병렬 회로인가를 확인하고 합성 저항 R_T를 구하라.

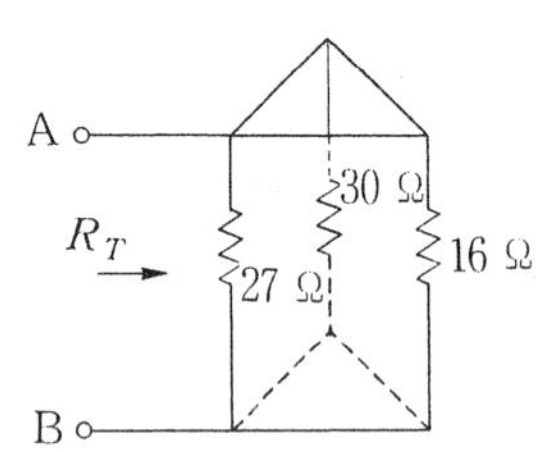

18. 그림의 병렬 회로에서 미지 전류 I를 구하라.

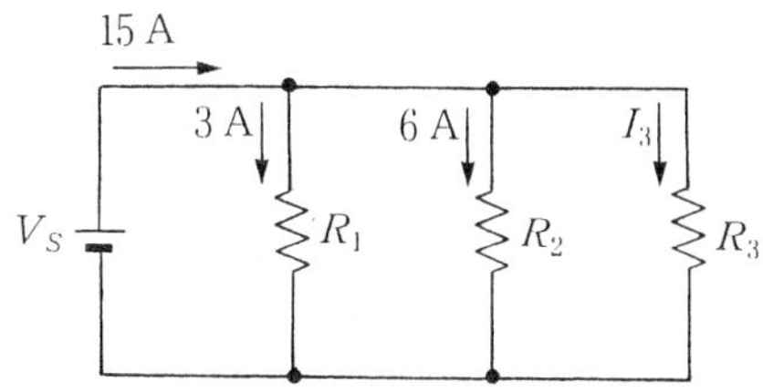

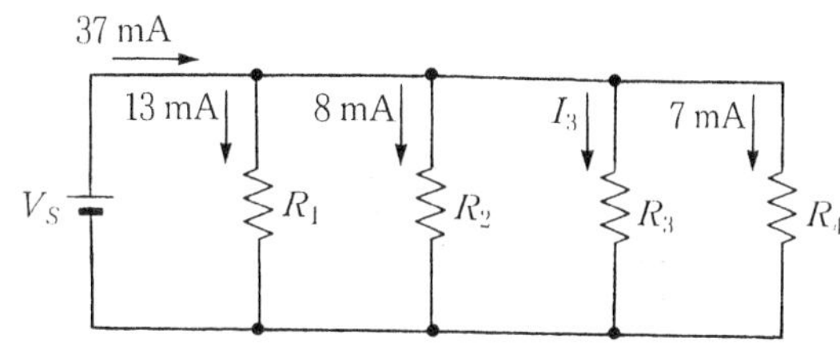

19. 전압이 220 [V]인 가정이 있다. 60 [W] 백열 전구 4개를 사용하고 있고 100 [W]의 TV 및 1 [kW]의 전기 다리미를 사용하고 있다. 회로도를 그리고 전원측 안정기에 흐르는 전류를 구하라.

20. 다음 그림의 병렬 회로를 다음 순서대로 해석하라.

(1) 옴의 법칙에 의해 각 저항에 흐르는 전류 I_1, I_2, I_3를 구하라.

(2) 키르히호프 전류 법칙에 의하여 합성 전류 I_T를 구하라.

(3) 각 저항의 소비 전력 P_1, P_2, P_3를 구하라.

(4) 전원이 공급한 전력 $P_T = VI_T$를 구하고 $P_T = P_1 + P_2 + P_3$가 됨을 보여라.

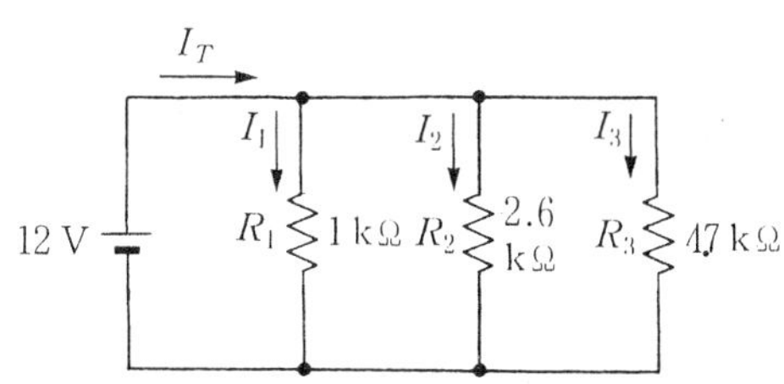

21. 크리스마스 트리등은 보통 병렬 연결한다. 트리등의 정격은 5 [W]에 220 [V]이다. 트리등 30개를 병렬 연결할 경우 총 전류는 얼마인가? 또 왜 트리등은 보통 병렬 연결하는가?

22. 아래의 그림에 전기적 양이 주어졌다. 그림의 세 번째 저항 R_3의 소비 전력이 30 [W] 이다. 그림의 미지량을 구하라.

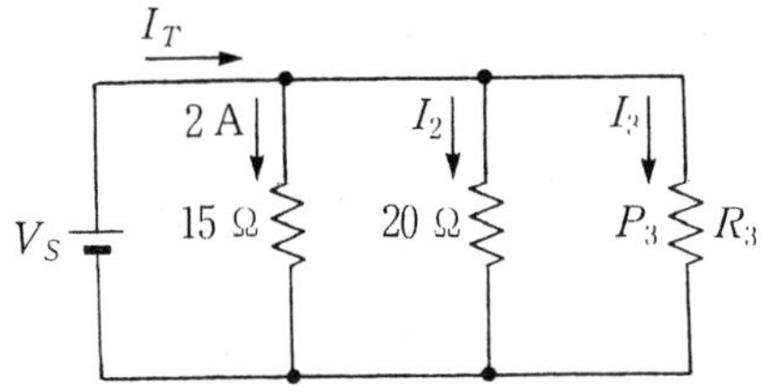

(a) $P_3 = 30$ [W]

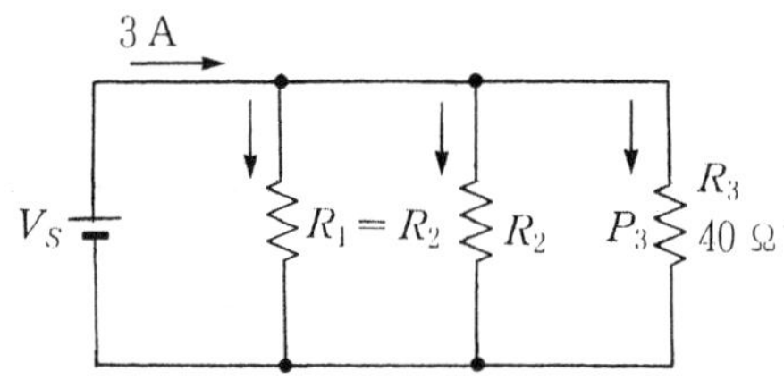

(b) $R_1 = R_2$, $P_3 = 30$ [W]

23. 전류 분배 법칙을 이용하여 다음 그림의 각 지로 전류를 구하라.

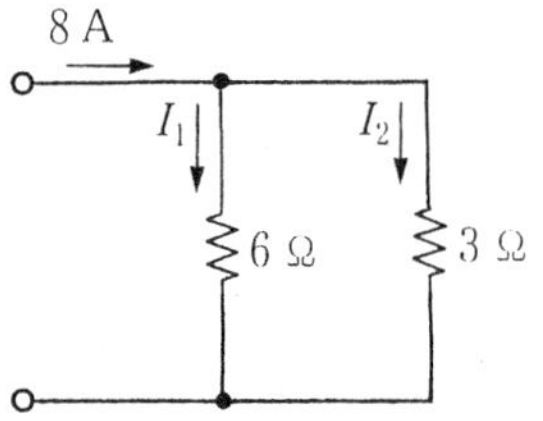

(a)

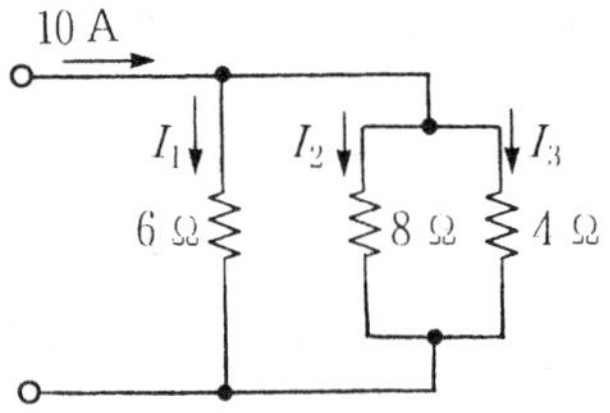

(b)

24. 그림에서 $I_2 = 2I_1$일 때 저항 R_1과 전압 V_S를 구하라.

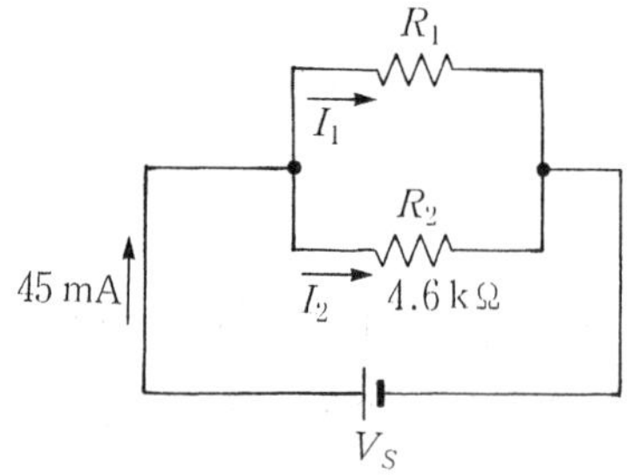

25. 그림에서 부하 저항 R_L에 흐르는 전류와 전압 강하를 구하라.

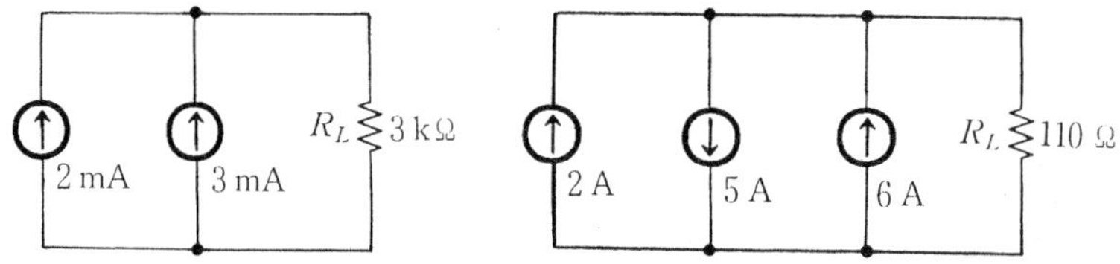

(a) (b)

26. 그림에서 220[V]의 두 전압원이 병렬 연결되어 있다. 저항 R_1, R_2, R_3의 소비 전력이 30[W], 60[W], 100[W]일 때 전류 I_1과 I_2를 구하라.

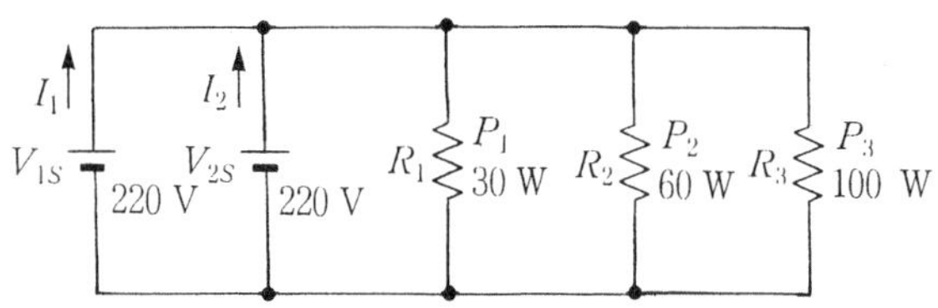

27. 무부하 출력 전압(기전력)이 13[V]인 축전지가 있다. 여기에 저항 2.5[Ω]의 전구를 연결하니 5[A]의 전류가 흘렀다. 이때 축전지의 내부 저항은 얼마인가?

28. 다음 그림에서 축전지의 기전력이 6[V]이고 내부 저항이 100[Ω]이다. 단자 전압 V_L과 내부 저항의 손실 전력을 구하라.

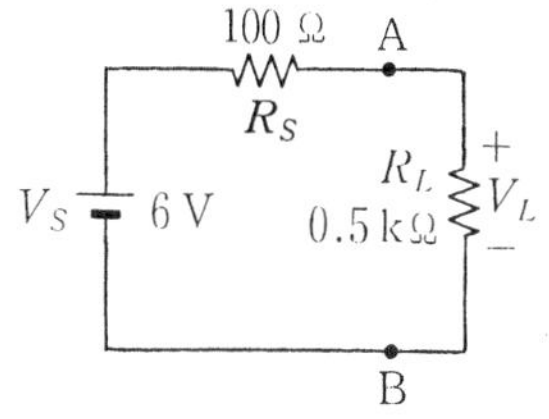

29. 기전력이 V_S이고 내부 저항이 R_1인 축전지가 있다. 부하 저항 5[Ω]을 연결하니까 전류 8[A]가 흘렀다. 부하 저항을 5[Ω] 대신에 15[Ω]을 연결하니까 전류 4[A]가 흘렀다. 이 축전지의 내부 저항과 기전력을 구하라.

30. 다음 그림에서

(1) 접지점에 대한 절점 a, b의 전위 V_a, V_b를 구하라.

(2) 절점 b에 대한 절점 a의 전위(전위차) V_{ab}를 구하라.

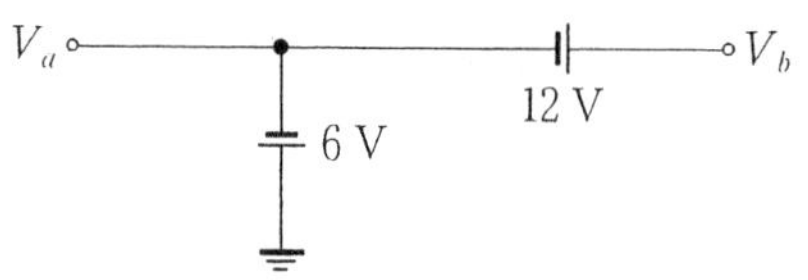

(a)

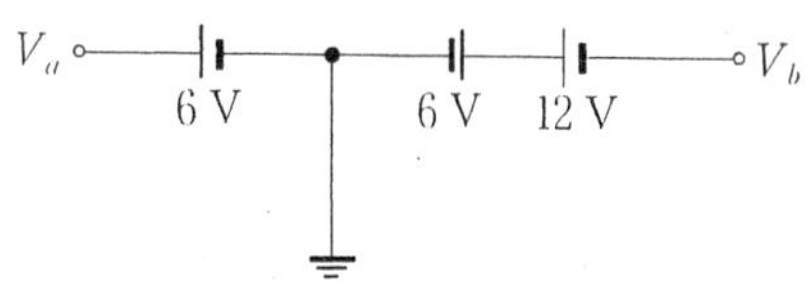

(b)

31. 그림에서 절점 a, b, c의 접지점에 대한 전위를 구하라.

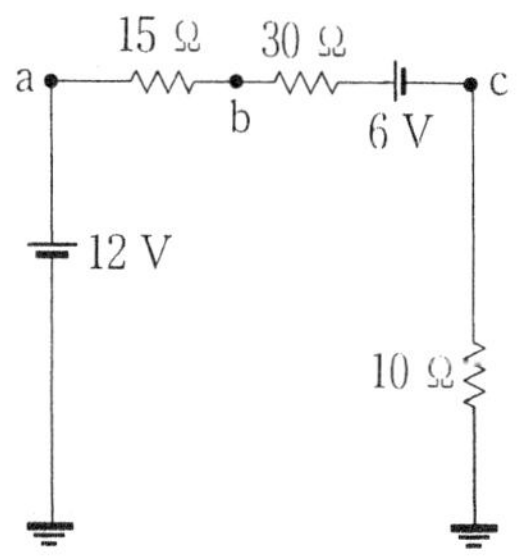

(a)

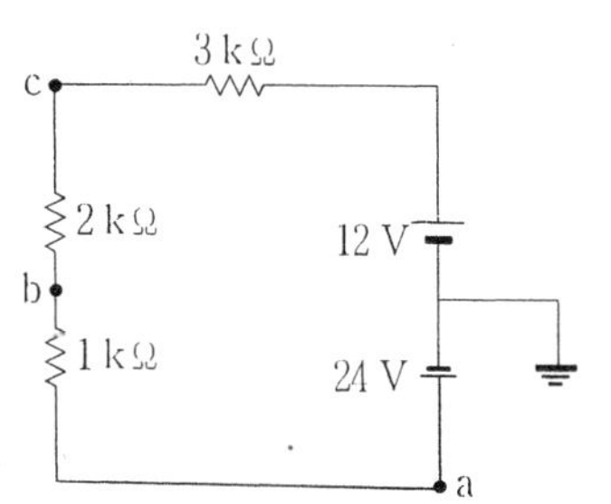

(b)

32. 다음 조건에 맞는 직병렬 회로를 그려라.

(1) R_1과 R_2가 병렬이고 이에 R_3가 직렬되었으며 이 전저항에 R_4가 병렬인 회로

(2) R_1과 R_2가 병렬이며, R_3와 R_4가 병렬이며 이 두 병렬 회로가 직렬인 회로

33. 그림에서 다음을 구하라.

(1) 전원에서 본 합성 저항 R_T

(2) 저항 R_1에 흐르는 전류 I_1

(3) 저항 R_2에 흐르는 전류 I_2

(5) 저항 R_3의 전압 강하 V_3

(6) $V_1 + V_3 = 12$ [V]가 성립하는가?

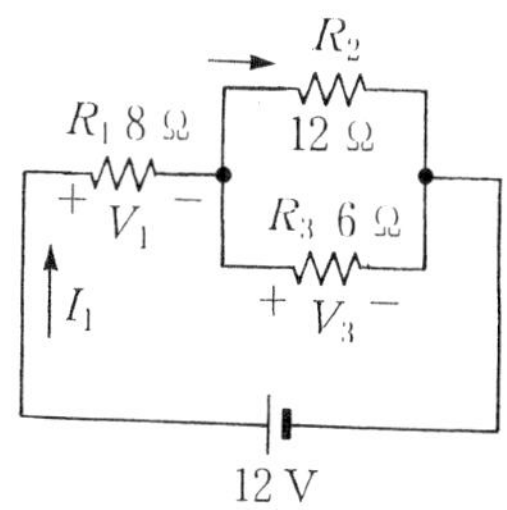

34. 그림에서 전류 I_1, I_2, I_3를 구하라.

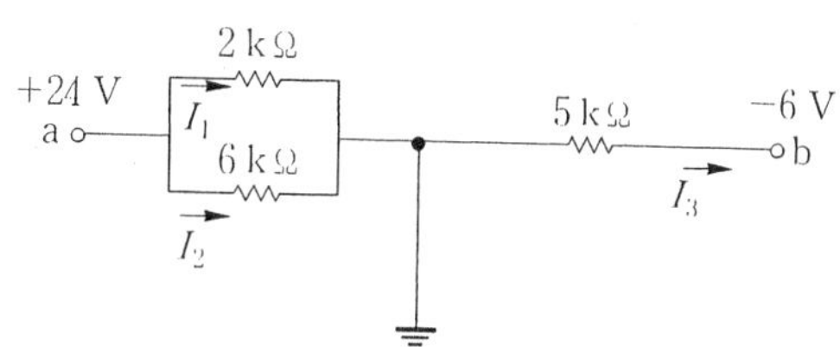

35. 그림에서 다음을 구하라.

(1) 단자 a, b가 개방되었을 때 단자 전압 V_{ab}

(2) 단자 a, b가 단락되었을 때 60 [Ω] 저항에 흐르는 전류

(3) 단자 a, b가 단락되었을 때 100 [Ω] 저항의 전압 강하

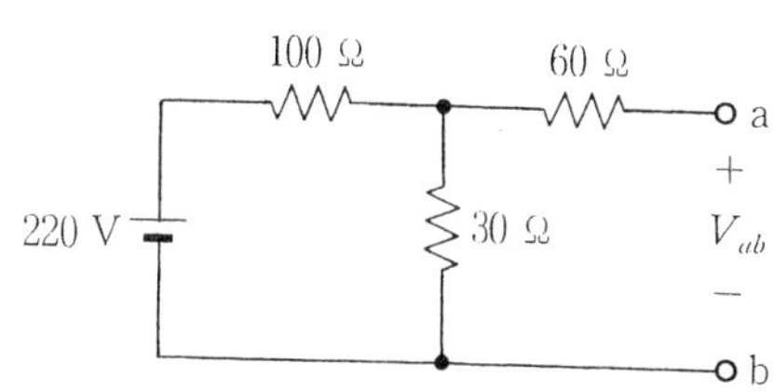

36. 그림의 회로에서 다음을 구하라.

(1) 전원에서 본 합성 저항 R_T

(2) 전류 I_T와 I

(3) 각 저항의 소비 전력

(4) 전원이 공급한 전력

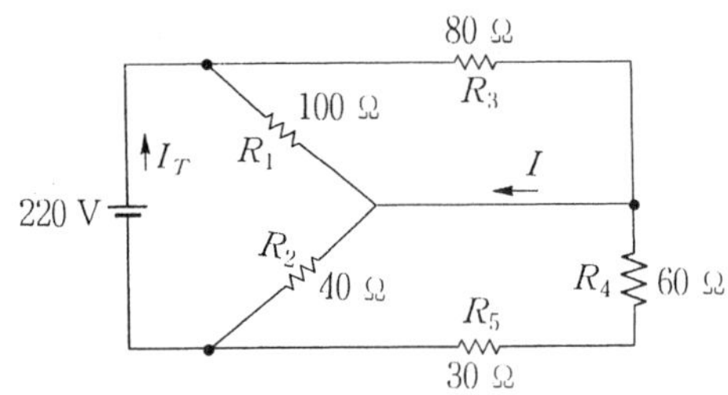

37. 그림에서 절점 A, B, C, D의 전위를 구하라.

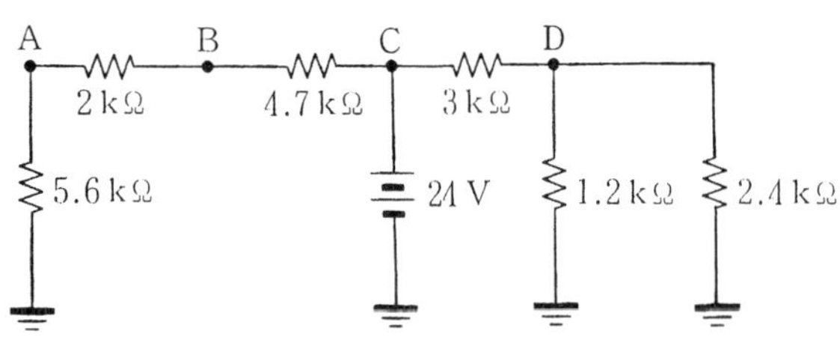

38. 그림에서 개방 전압 V_{ab}와 전류 I를 구하라.

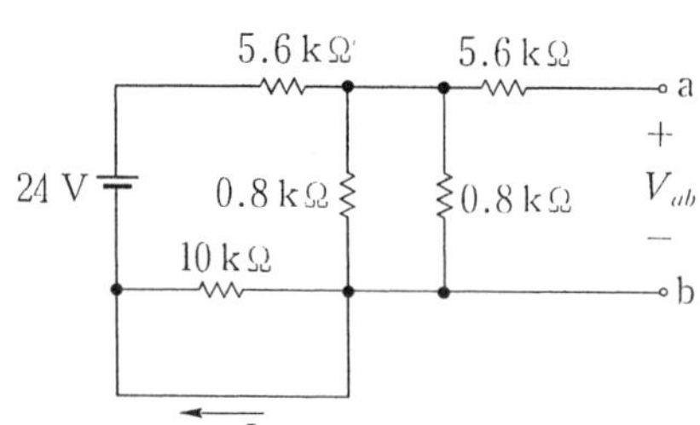

39. 다음 그림은 트랜지스터의 전압 분배 바이어스 회로이다. 다음 순서대로 이 회로를 해석하라.

(1) 베이스 전압 V_2는 컬렉터 전압 V_{CC}가 저항 R_1과 R_2에 의해 분배된다. 베이스 전압 V_2를 구하라.

(2) 베이스-이미터간 전압 강하는 $V_{BE}=0.7$ [V]이다. 이미터 저항 R_E에 걸리는 전압 V_E를 구하라.

(3) 이미터 전류 I_E를 구하라.

(4) 컬렉터 전류 I_C가 $I_C=I_E$일 경우 I_C를 구하라.

(5) 컬렉터-이미터간 전압 V_{CE}를 구하라.

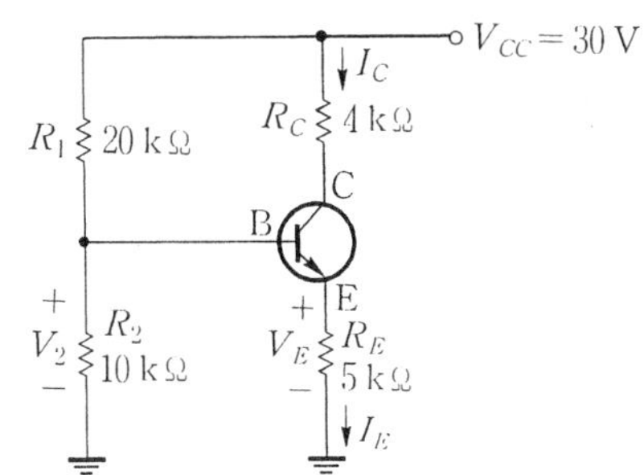

40. 아래의 그림에서 각 변의 저항(절점과 절점 사이의 저항)이 r일 때 전원 V_S에서 본 합성 저항 R_T를 구하라.

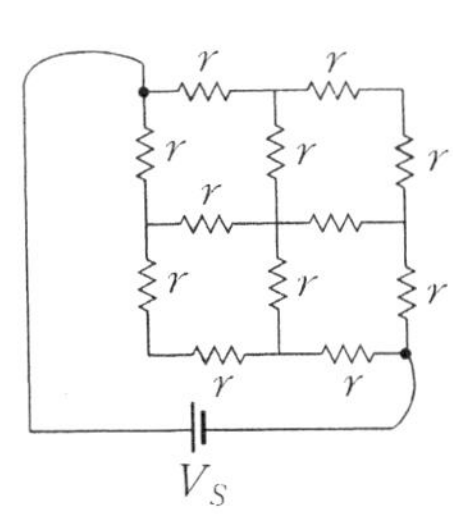

(a)

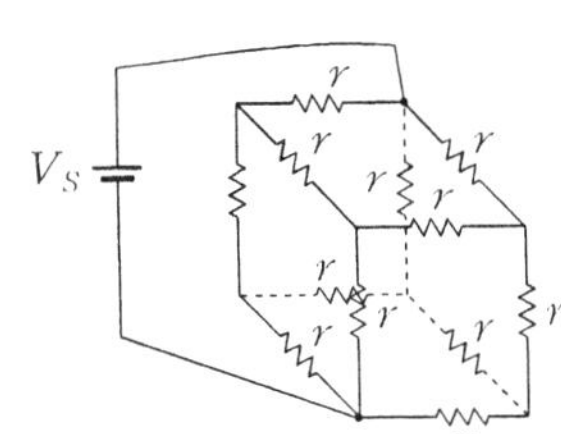

(b)

41. 그림의 사다리꼴 회로에서 절점 a, b, c의 전위를 구하라.

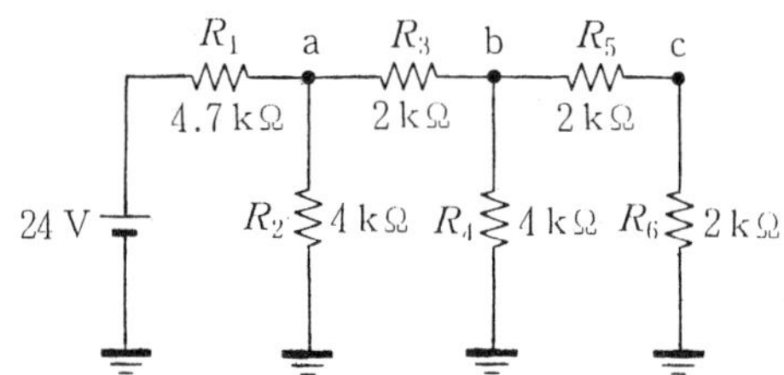

42. 그림의 회로에서 전원에서 본 합성 저항 R_T를 구하고 각 지로의 전류를 구하라.

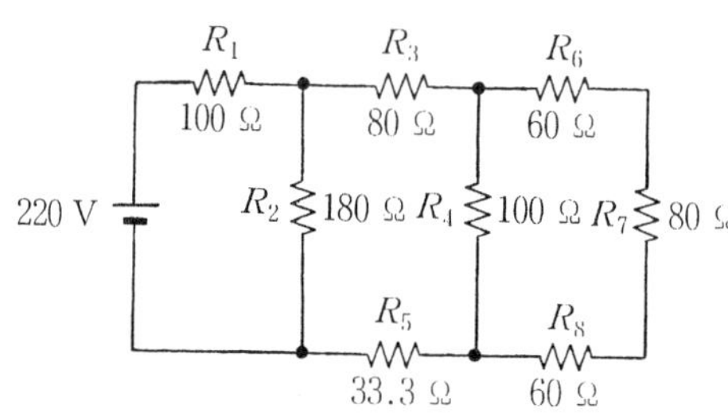

43. 다음 그림의 휘트스톤 브리지 회로가 평형을 이루었다. 저항 R_x의 크기를 구하라.

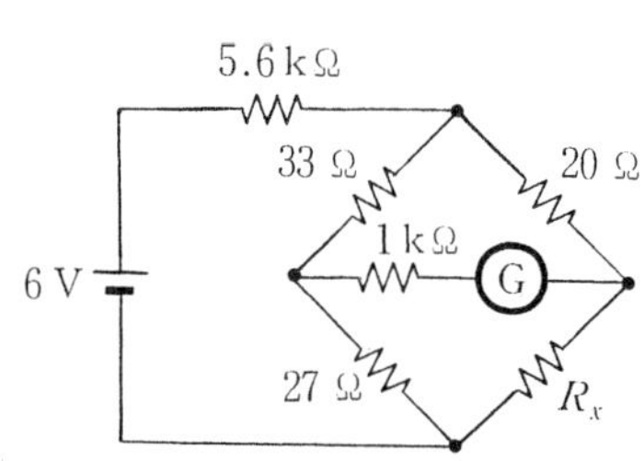

3 전기 회로의 일반 해석

앞 장에서는 전원이 한 개인 직·병렬 회로를 다루었다. 직·병렬 회로가 아닌 회로, 또는 한 전기 회로 내에 두 개 이상의 전원이 있거나 전압원과 전류원이 같이 있는 회로는 앞 장에서의 방법으로 문제를 해결할 수가 없다. 즉 이번 장에서는 일반적인 전기 회로를 다룬다. 이 방법에는 지로법, 폐로법 및 절점법이 있다. 먼저 연립 방정식을 풀기 위한 행렬식을 다룬다.

3.1 행렬식

3.1.1 2차 행렬식

다음과 같은 연립 방정식을 생각한다.

$$\begin{cases} a_1x+b_1y=c_1 \\ a_2x+b_2y=c_2 \end{cases}$$

이것의 해를 구하기 위해 위 식에 b_2를 곱하고, 아래 식에 $-b_1$을 곱하여 더하면 다음 식을 얻는다.

$$(a_1b_2-a_2b_1)x=c_1b_2-c_2b_1$$

같은 방법으로 $-a_2$, a_1을 곱하여 더하면 아래 식을 얻는다.

$$(a_1 b_2 - a_2 b_1)y = a_1 c_2 - a_2 c_1$$

따라서 연립 방적식의 해는

$$x = \frac{c_1 b_2 - c_2 b_1}{a_1 b_2 - a_2 b_1}, \quad y = \frac{a_1 c_2 - a_2 c_1}{a_1 b_2 - a_2 b_1}$$

가 된다.

이제 $a_1 b_2 - a_2 b_1$을

$$\begin{vmatrix} a_1 & b_1 \\ a_2 & b_2 \end{vmatrix}$$

와 같은 형태로 표시하면 위에 있는 연립 방정식의 해는

$$x = \frac{\begin{vmatrix} c_1 & b_1 \\ c_2 & b_2 \end{vmatrix}}{\begin{vmatrix} a_1 & b_1 \\ a_2 & b_2 \end{vmatrix}}, \quad y = \frac{\begin{vmatrix} a_1 & c_1 \\ a_2 & c_2 \end{vmatrix}}{\begin{vmatrix} a_1 & b_1 \\ a_2 & b_2 \end{vmatrix}} \tag{3.1}$$

와 같이 표시할 수 있다.

$\begin{vmatrix} a_1 & b_1 \\ a_2 & b_2 \end{vmatrix}$와 같이 연립 방정식의 계수를 나열한 것은 행렬식이라 하고 그 값은 $a_1 b_2 - a_2 b_1$이다. 가로로 나열한 수 $(a_1 b_1)$, $(a_2 b_2)$를 행(row)이라 하고 세로로 나열한 수 $\begin{pmatrix} a_1 \\ a_2 \end{pmatrix}$, $\begin{pmatrix} b_1 \\ b_2 \end{pmatrix}$를 열(column)이라 한다. 행렬식 $\begin{vmatrix} a_1 & b_1 \\ a_2 & b_2 \end{vmatrix}$를 2차 행렬식이라 한다.

예제 3-1

행렬식 $\begin{vmatrix} 8 & 5 \\ 2 & 6 \end{vmatrix}$의 값을 구하라.

✲ 풀이 $\begin{vmatrix} 8 & 5 \\ 2 & 6 \end{vmatrix} = 8 \cdot 6 - 2 \cdot 5 = 38$

연습문제 3-1 다음 행렬식의 값을 구하라.

(1) $\begin{vmatrix} 6 & 7 \\ 2 & 4 \end{vmatrix}$　　　(2) $\begin{vmatrix} 7 & -6 \\ -6 & 9 \end{vmatrix}$

예제 3-2

다음 연립 방정식을 풀어라.

$$\begin{cases} 3I_1 - 6I_2 = 12\ [\text{V}] \\ -6I_1 + 9I_2 = -6\ [\text{V}] \end{cases}$$

✲ 풀이 분모 D는 I_1과 I_2의 계수로 이루어진 행렬식이므로 다음과 같이 된다.

$$D = \begin{vmatrix} 3 & -6 \\ -6 & 9 \end{vmatrix} = 3 \cdot 9 - (-6) \cdot (-6) = -9$$

I_1의 분자 N_1은 D 행렬식의 제1열 $\begin{pmatrix} 3 \\ -6 \end{pmatrix}$을 $\begin{pmatrix} 12 \\ -6 \end{pmatrix}$으로 대체한다.

$$N_1 = \begin{vmatrix} 12 & -6 \\ -6 & 9 \end{vmatrix} = 12 \cdot 9 - (-6) \cdot (-6) = 72$$

I_2의 분자 N_2는 D 행렬식의 제2열 $\begin{pmatrix} -6 \\ 9 \end{pmatrix}$를 $\begin{pmatrix} 12 \\ -6 \end{pmatrix}$으로 대체한다.

$$N_2 = \begin{vmatrix} 3 & 12 \\ -6 & -6 \end{vmatrix} = 3 \cdot (-6) - (-6) \cdot 12 = 54$$

따라서 I_1, I_2는

$$I_1 = \frac{N_1}{D} = \frac{72}{-9} = -8\ [\text{A}]$$

$$I_2 = \frac{N_2}{D} = \frac{54}{-9} = -6\ [\text{A}]$$

연습문제 3-2 회로 방정식이 다음과 같이 표시되는 회로의 전류를 구하라.

(1) $\begin{cases} 9I_1 - 3I_2 = -4 \text{ [V]} \\ -3I_1 + 11I_2 = 24 \text{ [V]} \end{cases}$

(2) $\begin{cases} 7I_1 - 13I_2 = 18 \text{ [V]} \\ -13I_1 + 27I_2 = 12 \text{ [V]} \end{cases}$

3.1.2 3차 행렬식

행렬식

$$\begin{vmatrix} a_{11} & a_{12} & a_{13} \\ a_{21} & a_{22} & a_{23} \\ a_{31} & a_{32} & a_{33} \end{vmatrix}$$

를 3차 행렬식이라 하며 그 값은 다음과 같다.

$$\begin{vmatrix} a_{11} & a_{12} & a_{13} \\ a_{21} & a_{22} & a_{23} \\ a_{31} & a_{32} & a_{33} \end{vmatrix} = (a_{11}a_{22}a_{33} + a_{12}a_{23}a_{31} + a_{13}a_{21}a_{32}) - (a_{11}a_{23}a_{32} + a_{12}a_{21}a_{33} + a_{13}a_{22}a_{31})$$

위의 값은 다음과 같이 생각하면 편리하다.

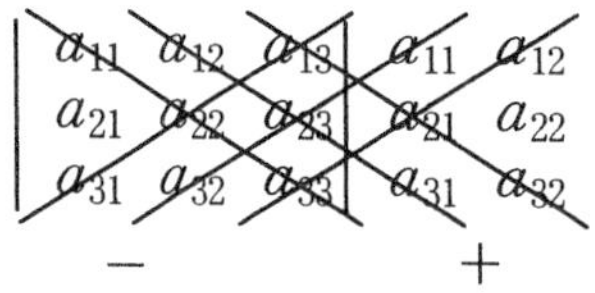

즉 오른쪽으로 곱해진 것을 +, 왼쪽으로 곱해진 것을 −로 한다.

예제 3-3

행렬식 $\begin{vmatrix} 8 & 2 & 3 \\ 4 & 1 & 2 \\ -3 & 6 & 5 \end{vmatrix}$의 값을 구하라.

✲ 풀이 $\begin{vmatrix} 8 & 2 & 3 \\ 4 & 1 & 2 \\ -3 & 6 & 5 \end{vmatrix} \begin{matrix} 8 & 2 \\ 4 & 1 \\ -3 & 6 \end{matrix}$ 에서

$$\begin{vmatrix} 8 & 2 & 3 \\ 4 & 1 & 2 \\ -3 & 6 & 5 \end{vmatrix} = \{8 \cdot 1 \cdot 5 + 2 \cdot 2 \cdot (-3) + 3 \cdot 4 \cdot 6\} - \{3 \cdot 1 \cdot (-3) + 8 \cdot 2 \cdot 6 + 2 \cdot 4 \cdot 5\} = -27$$

연습문제 3-3 다음 행렬식의 값을 구하라.

(1) $\begin{vmatrix} 1 & 2 & 3 \\ 6 & 5 & 4 \\ 7 & 8 & 9 \end{vmatrix}$ (2) $\begin{vmatrix} 3 & 9 & 7 \\ -4 & -7 & -8 \\ 1 & 0 & 3 \end{vmatrix}$

예제 3-4

회로 방정식이 다음과 같이 표시되는 회로의 전류를 구하라.

$$\begin{cases} +7I_1 - 4I_3 = 18\,[\text{V}] \\ +8I_2 - 2I_3 = 18\,[\text{V}] \\ -4I_1 - 2I_2 + 9I_3 = -21\,[\text{V}] \end{cases}$$

✲ 풀이 2원 1차 연립 방정식과 같은 방법으로 푼다. 분모 D는 I_1, I_2, I_3의 계수로 이루어진 행렬식이므로 다음과 같다.

$$D = \begin{vmatrix} 7 & 0 & -4 \\ 0 & 8 & -2 \\ -4 & -2 & 9 \end{vmatrix}$$

$$= \{7 \cdot 8 \cdot 9 + 0 \cdot (-2) \cdot (-4) + (-4) \cdot 0 \cdot (-2)\} - \{(-4) \cdot 8 \cdot (-4) + 7 \cdot (-2) \cdot (-2) + 0 \cdot 0 \cdot 9\}$$

$$= 504 - 156 = 348$$

I_1의 분자 N_1 행렬식은 D 행렬식의 제1열에 구동 함수

$$\begin{pmatrix} 18 \\ 18 \\ -21 \end{pmatrix}$$

로 대체하면 되므로

$$N_1 = \begin{vmatrix} 18 & 0 & -4 \\ 18 & 8 & -2 \\ -21 & -2 & 9 \end{vmatrix}$$

$$= \{18 \cdot 8 \cdot 9 + 0 \cdot (-2) \cdot (-21) + (-4) \cdot 18 \cdot (-2)\}$$

$$- \{(-4) \cdot 8 \cdot (-21) + 18 \cdot (-2) \cdot (-2) + 0 \cdot 18 \cdot 9\}$$

$$= 1440 - 744 = 696$$

이 된다.

마찬가지로 N_2, N_3를 구할 수 있다.

$$N_2 = \begin{vmatrix} 7 & 18 & -4 \\ 0 & 18 & -2 \\ -4 & -21 & 9 \end{vmatrix} = 696$$

$$N_3 = \begin{vmatrix} 7 & 0 & 18 \\ 0 & 8 & 18 \\ -4 & -2 & -21 \end{vmatrix} = -348$$

따라서

$$I_1 = \frac{N_1}{D} = \frac{696}{348} = 2\ [\mathrm{A}]$$

$$I_2 = \frac{N_2}{D} = \frac{696}{348} = 2\ [\mathrm{A}]$$

$$I_3 = \frac{N_3}{D} = \frac{-348}{348} = -1\ [\mathrm{A}]$$

위와 같은 방법으로 연립 방정식을 푸는 것을 크래머(Cramer) 법칙이라 한다.

연습문제 3-4 회로 방정식이 다음과 같이 표시되는 회로의 전류를 구하라.

$$\begin{cases} 4I_1 - 3I_2 - 2I_3 = 10 \\ -3I_1 + 7I_2 = -23 \\ -2I_1 + 8I_3 = 26 \end{cases}$$

행렬식의 값을 지금과 같이 구하는 방법을 전개법이라 한다. 그런데 이 전개법은 2차, 3차 행렬식만 가능하고 4차 이상의 행렬식의 값은 다음에 설명하는 여인수법을 이용한다.

3.1.3 여인수법

다음과 같은 3차 행렬식 A를 생각한다.

$$A = \begin{vmatrix} a_{11} & a_{12} & a_{13} \\ a_{21} & a_{22} & a_{23} \\ a_{31} & a_{32} & a_{33} \end{vmatrix}$$

행렬식 A에서 a_{ij}가 존재하는 행과 열(i행과 j열)을 없앤 (3−1)차, 즉 2차 행렬식을 a_{ij}의 소행렬식(minor)이라 하고 M_{ij}로 쓴다. 또한 M_{ij}에 부호 $(-1)^{i+j}$를 고려한 행렬식을 a_{ij}의 여인수(cofactor)라 하고 A_{ij}로 나타낸다. 지금 행렬식 A의 제1행 각 원소의 여인수를 A_{11}, A_{12}, A_{13}라면

$$A = \begin{vmatrix} a_{11} & a_{12} & a_{13} \\ a_{21} & a_{22} & a_{23} \\ a_{31} & a_{32} & a_{33} \end{vmatrix} = a_{11}A_{11} + a_{12}A_{12} + a_{13}A_{13}$$

가 된다.

예제 3-5 예제 3−3의 행렬식을 제1행에 대한 소행렬식으로 풀어라.

풀이

$$A = \begin{vmatrix} 8 & 2 & 3 \\ 4 & 1 & 2 \\ -3 & 6 & 5 \end{vmatrix}$$

에서 소행렬식 M_{11}은 $a_{11} = 8$이 있는 행과 열을 제외한 행렬식이므로

$$M_{11}=\begin{vmatrix}1 & 2\\ 6 & 5\end{vmatrix}$$

이다. 마찬가지로 M_{12}, M_{13}는 다음과 같다.

$$M_{12}=\begin{vmatrix}4 & 2\\ -3 & 5\end{vmatrix},\qquad M_{13}=\begin{vmatrix}4 & 1\\ -3 & 6\end{vmatrix}$$

여인수 A_{11}은 부호가 $(-1)^{1+1}$이므로

$$A_{11}=(-1)^{1+1}M_{11}=\begin{vmatrix}1 & 2\\ 6 & 5\end{vmatrix}$$

가 된다. 마찬가지로 A_{12}, A_{13}는 다음과 같다.

$$A_{12}=(-1)^{1+2}M_{12}=-\begin{vmatrix}4 & 2\\ -3 & 5\end{vmatrix}$$

$$A_{13}=(-1)^{1+3}M_{13}=\begin{vmatrix}4 & 1\\ -3 & 6\end{vmatrix}$$

따라서

$$\begin{aligned}A&=\begin{vmatrix}8 & 2 & 3\\ 4 & 1 & 2\\ -3 & 6 & 5\end{vmatrix}\\ &=(-1)^{1+1}\cdot 8\cdot\begin{vmatrix}1 & 2\\ 6 & 5\end{vmatrix}+(-1)^{1+2}\cdot 2\cdot\begin{vmatrix}4 & 2\\ -3 & 5\end{vmatrix}\\ &\qquad+(-1)^{1+3}\cdot 3\cdot\begin{vmatrix}4 & 1\\ -3 & 6\end{vmatrix}\\ &=8\cdot(5-12)-2\cdot(20+6)+3\cdot(24+3)\\ &=-56-52+81=-27\end{aligned}$$

예제 3-3의 결과와 일치한다.

연습문제 3-5 다음 3차 행렬식을 여인수법을 이용하여 풀어라.

(1) $\begin{vmatrix}7 & 10 & 2\\ 9 & 6 & 7\\ -2 & -3 & 8\end{vmatrix}$ (2) $\begin{vmatrix}17 & 8 & 4\\ 2 & -9 & 6\\ 4 & 5 & -7\end{vmatrix}$

예제 3-6

다음 3차 행렬식을 여인수법을 이용하여 풀어라.

$$A=\begin{vmatrix} 6 & 7 & 8 \\ 5 & 4 & 3 \\ 1 & 2 & 0 \end{vmatrix}$$

✻ 풀이 행렬식 A의 세 번째 행은 $(1\ 2\ 0)$이다. 또 세 번째 열은 $\begin{pmatrix} 8 \\ 3 \\ 0 \end{pmatrix}$이다. 세 번째 행이나 세 번째 열을 이용하여 여인수법을 적용시키면 값이 0인 항이 나타나므로 계산하는 데 노력을 절약할 수 있다. 여기서는 세 번째 행 $(1\ 2\ 0)$에 대해 여인수법을 적용시킨다.

$$A=\begin{vmatrix} 6 & 7 & 8 \\ 5 & 4 & 3 \\ 1 & 2 & 0 \end{vmatrix}$$

$$=(-1)^{3+1}\cdot 1\cdot\begin{vmatrix} 7 & 8 \\ 4 & 3 \end{vmatrix}+(-1)^{3+2}\cdot 2\cdot\begin{vmatrix} 6 & 8 \\ 5 & 3 \end{vmatrix}$$

$$+(-1)^{3+3}\cdot 0\cdot\begin{vmatrix} 6 & 7 \\ 5 & 4 \end{vmatrix}$$

$$=(21-32)-2\cdot(18-40)+0$$

$$=-11-2\cdot(-22)=-11+44=33$$

즉, 원소 0이 여러 개인 행이나 열을 이용하여, 여인수법을 적용시키면 행렬식 값을 보다 쉽게 구할 수 있다.

연습문제 3-6 다음 3차 행렬식을 여인수법을 이용하여 풀어라.

(1) $\begin{vmatrix} 12 & 13 & 14 \\ 6 & 7 & 0 \\ 22 & 23 & 24 \end{vmatrix}$ (2) $\begin{vmatrix} 0 & 37 & 3 \\ 43 & 55 & 26 \\ 4 & 8 & 9 \end{vmatrix}$

예제 3-7

다음 3차 행렬식을 2차 행렬식으로 바꾸어 풀어라.

$$A=\begin{vmatrix} 6 & 7 & 3 \\ 0 & 7 & 5 \\ 0 & 9 & 8 \end{vmatrix}$$

✲ **풀이** 제1열에는 0인 원소가 두 개이므로 제1열에 대해 푼다.

$$A=(-1)^{1+1}\cdot 6\cdot\begin{vmatrix}7 & 5\\ 9 & 8\end{vmatrix}+(-1)^{1+2}\cdot 0\cdot\begin{vmatrix}7 & 3\\ 9 & 8\end{vmatrix}+(-1)^{1+3}\cdot 0\cdot\begin{vmatrix}7 & 3\\ 7 & 5\end{vmatrix}$$

$$=6\cdot\begin{vmatrix}7 & 5\\ 9 & 8\end{vmatrix}+0+0=6\cdot(56-45)=66$$

연습문제 3-7 다음 행렬식의 값을 구하라.

(1) $\begin{vmatrix}37 & 0 & 21\\ 17 & 3 & 41\\ 19 & 0 & 14\end{vmatrix}$ (2) $\begin{vmatrix}4 & 3 & 0\\ 101 & 31 & 0\\ 25 & 62 & 21\end{vmatrix}$

4차 이상의 행렬식은 전개법으로 값을 구할 수 없으므로 여인수법을 이용하여 차례차례로 차수를 3차 또는 2차가 될 때까지 낮추어 가서 값을 구한다.

예제 3-8

다음 행렬식의 값을 구하라.

$$A=\begin{vmatrix}1 & 2 & 3 & 4\\ -2 & 0 & 0 & 5\\ 4 & 0 & 1 & -1\\ 5 & 0 & 0 & -3\end{vmatrix}$$

✲ **풀이** 제2열에 대해 전개하면 편리하므로

$$A=(-1)^{1+2}\cdot 2\cdot\begin{vmatrix}-2 & 0 & 5\\ 4 & 1 & -1\\ 5 & 0 & -3\end{vmatrix}$$

$$=-2\cdot(-1)^{2+2}\cdot 1\cdot\begin{vmatrix}-2 & 5\\ 5 & -3\end{vmatrix}$$

$$=-2\cdot(-19)=38$$

연습문제 3-8 다음 행렬식의 값을 구하라.

$$A=\begin{vmatrix} 1 & 2 & 3 & 4 \\ 5 & 6 & 7 & 0 \\ 8 & 9 & 0 & 0 \\ 10 & 0 & 0 & 0 \end{vmatrix}$$

3.2 전원의 변환

회로를 해석할 때 전압원을 전류원으로 바꿈으로써 또는 반대로 전류원을 전압원으로 바꿈으로써 회로를 쉽게 설명할 수 있는 경우가 많다.

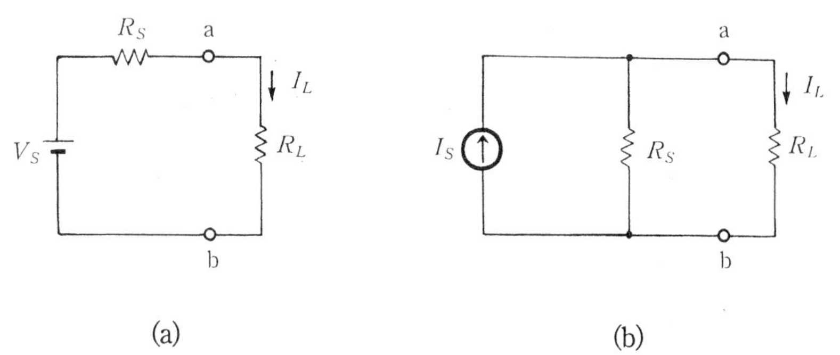

그림 3.1 전원의 변환 $I_S=\dfrac{V_S}{R_S}$, $V_S=R_SI_S$

그림 3.1에서 (a)는 전압원, (b)는 전류원 회로이다. 두 회로에서 부하 R_L에 흐르는 전류가 같다면 절점 ab 외측(부하측)에 대해 두 회로는 등가라고 말할 수 있다. 바꾸어 말해 V_S, I_S, R_S 사이의 관계식을 구하는 것에 귀착된다. 그림 (a)에서 $I_L=\dfrac{V_S}{R_S+R_L}$ 이고 그림 (b)에서 $I_L=\dfrac{R_S}{R_S+R_L}I_S$이므로 $\dfrac{V_S}{R_S+R_L}=\dfrac{R_S}{R_S+R_L}I_S$이다. 따라서

$$V_S=R_SI_S\,,\qquad I_S=\frac{V_S}{R_S} \tag{3.2}$$

이다. I_S를 $\dfrac{V_S}{R_S}$로 하면 그림 (a)를 그림 (b)와 같이 등가 변환할 수 있고 V_S를 R_SI_S로 하면 그림 (b)를 그림 (a)와 같이 등가 변환시킬 수 있다. 다시 말해 등가는 절점 a, b의

외측(부하측)에 대해서만 등가이고 내부인 저항 R_S에 대해서는 전혀 다른 회로임을 명심해야 한다.

예제 3-9

그림 3.2에서 R_L에 흐르는 전류 I_L을 구하고 또 전압원을 전류원으로 변환시켜서 R_L에 흐르는 전류 I_L을 구하라.

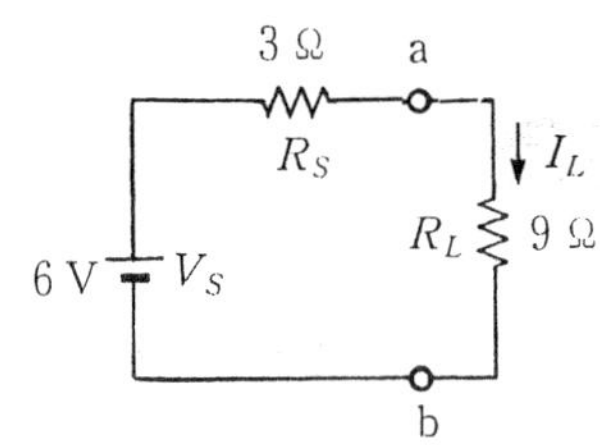

그림 3.2 전압원 회로

✻ 풀이 그림 3.2에서 $I_L=\frac{6}{3+9}=\frac{6}{12}=0.5$ [A]이다. 다음에 등가 전류원 전류 I_S는

$$I_S=\frac{6}{3}=2\ [\text{A}]$$

이며 등가 회로는 그림 3.3과 같다.

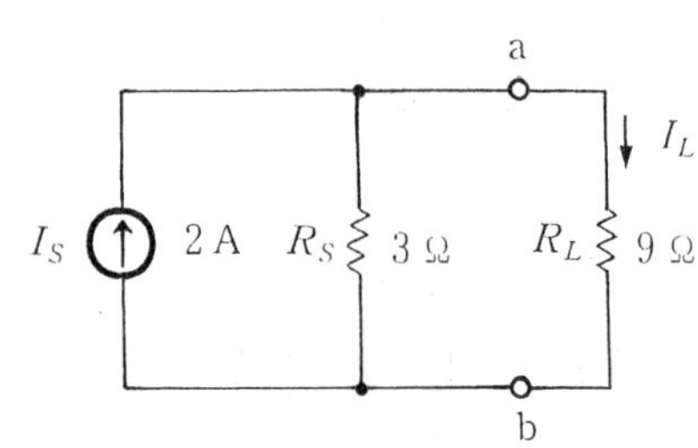

그림 3.3 전류원 회로

그림 3.3에서 전류 분배 공식을 이용하여 부하 전류 I_L을 구한다.

$$I_L=\frac{3}{3+9}\times 2=\frac{3}{12}\times 2=0.5\ [\text{A}]$$

연습문제 3-9	그림 3.4의 전류원에서 부하 전류 I_L을 구하고 또 전압원 회로로 바꾸어 저항 R_L에 흐르는 전류를 구하라.

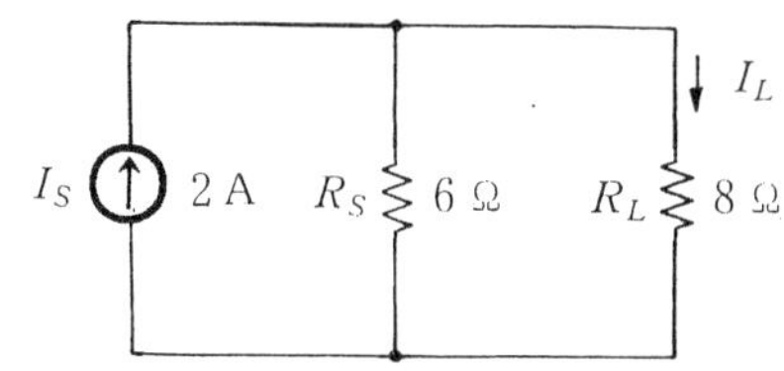

그림 3.4 전류원 회로

회로 해석에 가끔 나타나는 특이한 저항 연결 또는 전원 연결 예를 본다.

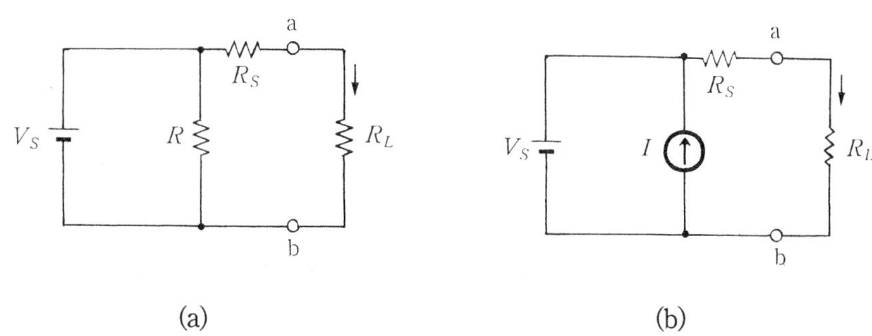

그림 3.5

그림 3.5의 (a)에서 저항 R은 부하 저항 R_L에 흐르는 전류에는 어떠한 영향도 미치지 않고 그림 (b)의 전류원 I는 부하 저항 R_L에 흐르는 전류에는 어떠한 영향도 미치지 않는다. 따라서 부하 저항 R_L에 흐르는 전류를 구하기 위한 등가 회로는 그림 3.5의 (a)나 (b) 둘 다 그림 3.6과 같이 된다.

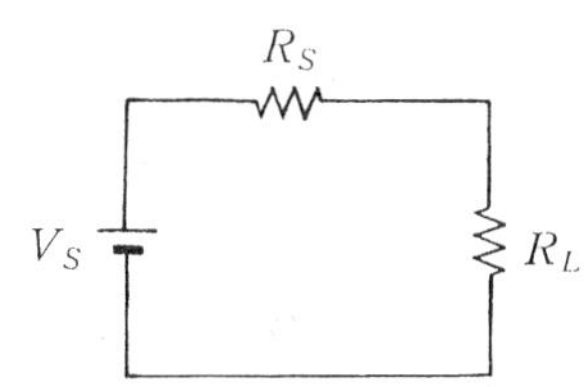

그림 3.6 R_L에 흐르는 전류를 구하기 위한 등가 회로

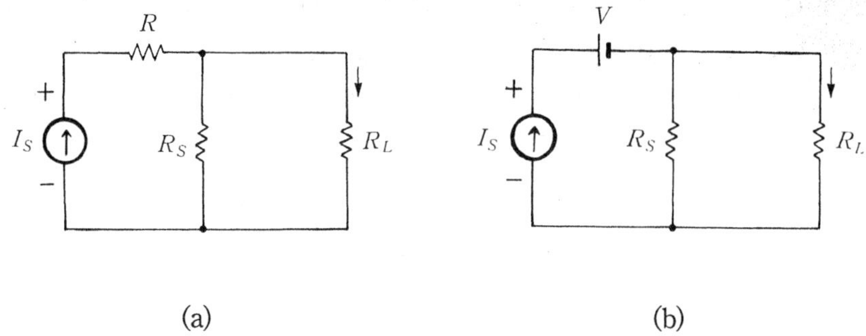

그림 3.7

마찬가지로 그림 3.7 (a)에서 저항 R은 R_L에 흐르는 전류에는 영향이 없으며 그림 (b)에서 전압원 V는 R_L에 흐르는 전류에는 영향이 없으므로 R_L에 흐르는 전류를 구하기 위한 등가 회로는 그림 3.8과 같이 된다.

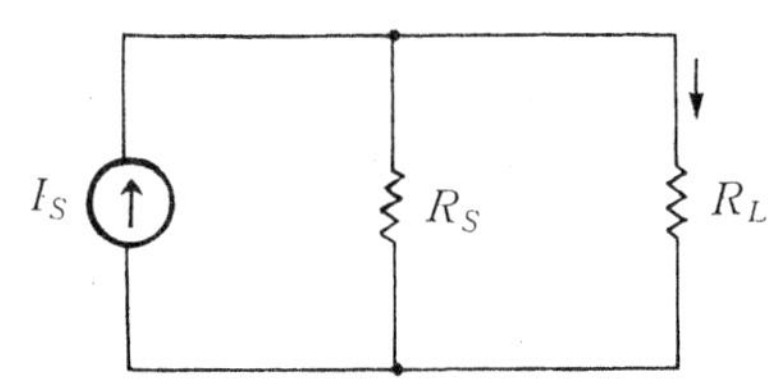

그림 3.8 R_L에 흐르는 전류를 구하기 위한 등가 회로

예제 3-10

그림 3.9에서 부하 저항 R_L에 흐르는 전류를 구하라.

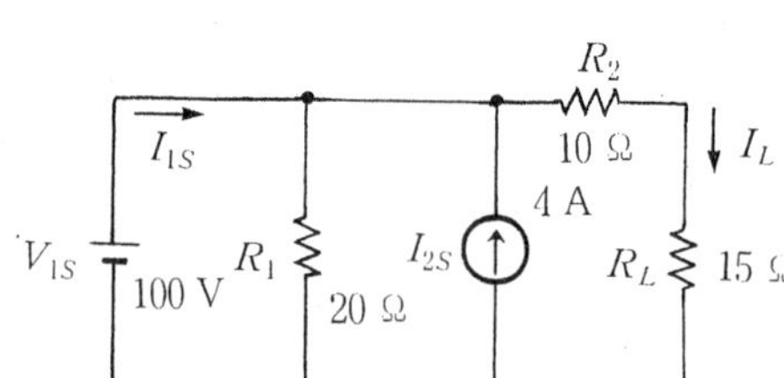

그림 3.9

✲ **풀이** 모든 전기 회로는 키르히호프 법칙을 만족해야 한다. 그림 3.9를 관찰하면 저항 R_1에 흐르는 전류는 전압원 V_{1S}에 의해 결정된다. 부하 저항 R_L에 흐르는 전류 I_L은 R_2와 R_L의 직렬 회로에 100[V] 전압원 V_{1S}가 연결된 것이 된다. 따라서 I_L의 크기를 구하는 등가 회로는 그림 3.10이 된다.

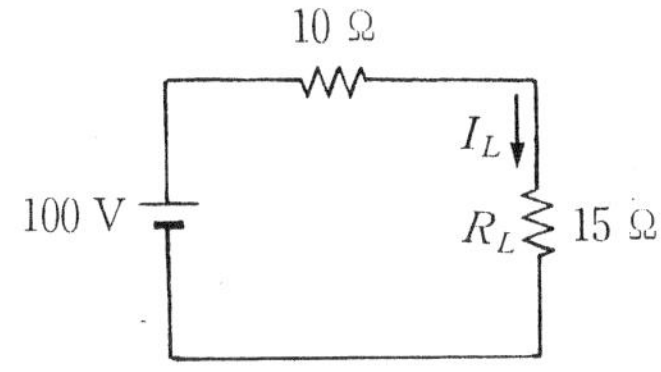

그림 3.10

그림에서 부하 전류 I_L은

$$I_L = \frac{V_{1S}}{R_S + R_L} = \frac{100}{10+15} = \frac{100}{25} = 4\ [\text{A}]$$

이다.

그런데 4[A] 전류원 I_{2S}는 전압원 V_{1S}의 전류 I_{1S}의 크기를 결정하는 데 기여하며(왜냐하면 전압원의 내부 저항은 영이다.), 나중에 중첩의 원리를 공부하면 쉽게 이해할 수 있다.

연습문제 3-10 그림 3.11 회로에서 부하 전류 I_L을 구하라.

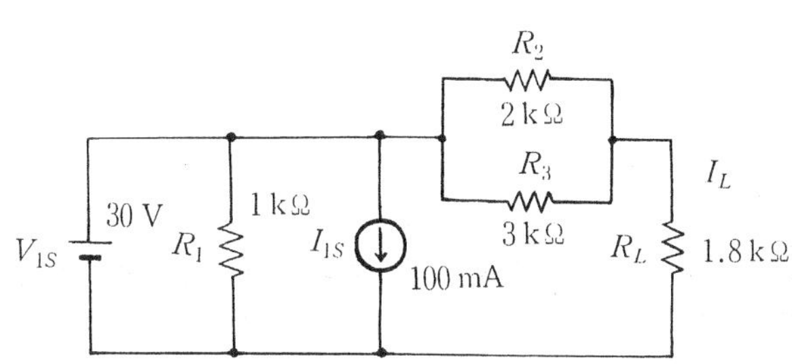

그림 3.11

예제 3-11

그림 3.12에서 부하 저항 R_L에 흐르는 전류 I_L을 구하라.

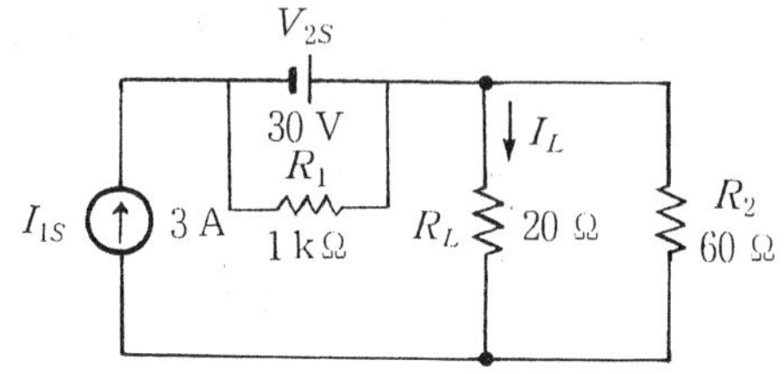

그림 3.12

✻ 풀이 30[V] 전압원과 3[A] 전류원에 의한 전류 분포가 그림 3.13에 나타나 있다. 그림에서 보면 부하 전류 I_L은 전압원 30[V]에는 아무런 영향을 받지 않는다. 왜냐하면 전류원의 내부 저항이 무한대이기 때문이다. 전류 분배 법칙에서 I_L의 크기는

$$I_L = \frac{R_2}{R_L + R_2} \times I_{1S} = \frac{60}{20+60} \times 3 = 2.25\,[\mathrm{A}]$$

가 된다.

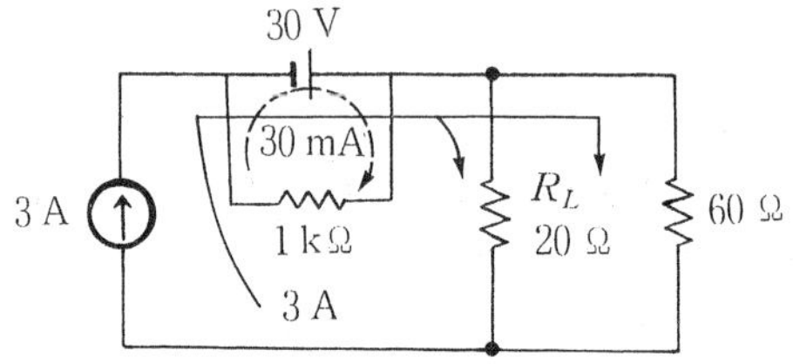

그림 3.13

연습문제 3-11 그림 3.14의 회로에서 부하 저항 R_L에 흐르는 전류를 구하라.

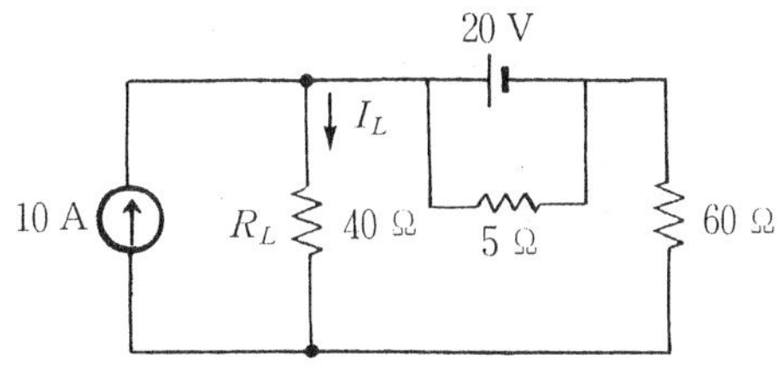

그림 3.14

3.3 지로 해석법

전기 회로를 해석하는 일반적인 방법에는 지로 해석법(branch analysis), 망로 해석법(mesh analysis), 절점 해석법(node analysis) 세 가지가 있다. 우선 용어에 대해 다시 설명한다.

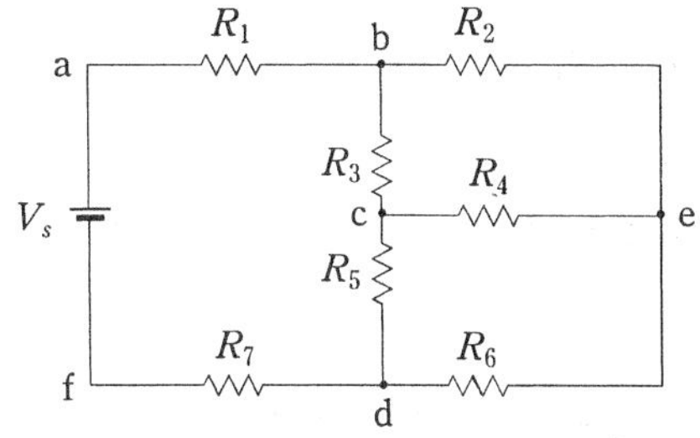

그림 3.15

그림 3.15에는 한 개의 전압원과 7개의 저항이 연결되어 있다. 이들을 각각 소자(element)라고 한다. 소자와 소자가 만나는 점 즉 a, b, c, d, e, f를 절점(node)이라 한다. 이 절점 중에서 세 개 이상의 소자가 만나는 점 즉 b, c, d, e를 특히 접속점(junction)이라 한다. 접속점과 접속점 사이의 회로 즉 bR_1aV_sfR_7d, bR_3c, bR_2e, cR_4e, cR_5d, dR_6e를 지로(branch)라 한다. 소자와 절점을 따라 완전히 닫혀진 회로를 폐회로(closed circuit)라 한다. 예를 들면 aR_1bR_2eR_4cR_5dR_7fV_sa이다. 그림 3.9의 많은 폐회로 중에 abcdfa와 becb 및 cedc는 마치 고기 잡는 그물의 눈과 같아서 특히 메시(mesh)라 부른다.

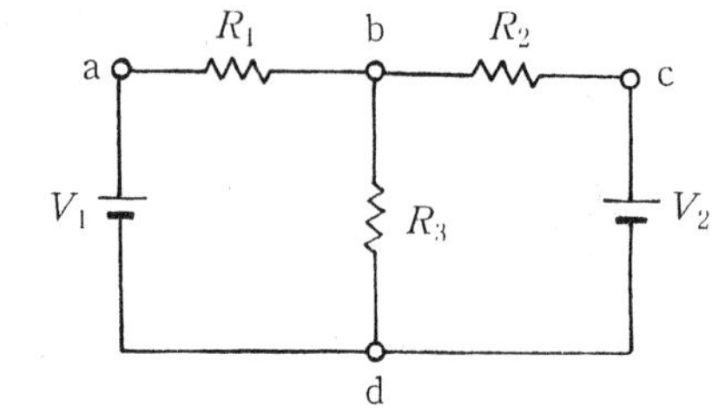

그림 3.16

그림 3.16에서 지로법을 설명한다. 그림에서 우리가 원하는 것은 각 지로의 전류이다. 각 지로의 전류가 구해지면 각 저항의 전압 강하, 각 절점의 전위 또는 각 저항의 소비 전력을 쉽게 구할 수 있기 때문이다. 그런데 이 지로 해석법은 다음 절에서 설명하는 망로법과 절점법을 설명하는 전단계에 불과하고 실제로는 이용되지 않는다. 어느것이나 키르히호프의 전압 · 전류 법칙을 이용한다.

아래의 순서대로 지로 해석법을 적용시킨다.

1. 지로 전류를 정한다.
2. 접속점에 키르히호프 전류 법칙을 적용시킨다. 그런데 $J-1$개만 유효하다. J는 접속점의 수이다.
3. 망로(mesh)에 키르히호프의 전압 법칙을 적용시킨다.
4. 연립 방정식을 푼다.

위의 순서에 따라 예제 3-12에서 자세히 설명한다.

예제 3-12

그림 3.17의 회로에 대해 지로법으로 각 지로의 전류를 구하라.

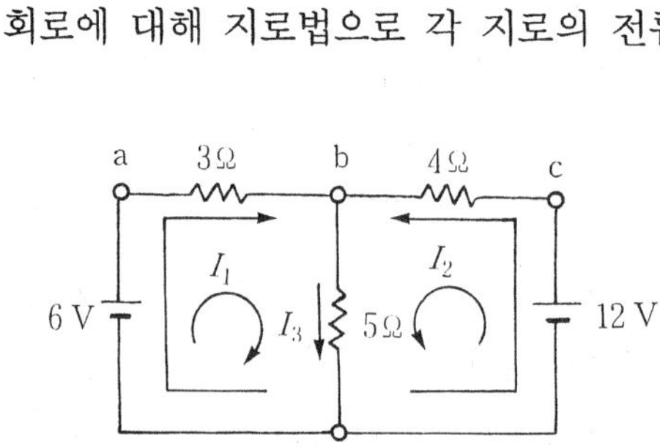

그림 3.17 지로법

✲ **풀이** ▶**단계 1** : 접속점이 b와 d이므로 그림과 같이 지로 전류를 정할 수 있다. 전류의 방향은 어느쪽이든 관계없으나 통상 그림과 같이 정하는 것이 좋다.

▶**단계 2** : 접속점 b와 d에 키르히호프 전류 법칙을 대입한다. 접속점에 흘러 들어가는 전류를 +, 흘러 나가는 전류를 −로 한다.

접속점 b : $I_1+I_2-I_3=0$ ①

접속점 d : $-I_1-I_2+I_3=0$ ②

식 ②에 −1을 곱하면 식 ①이 되므로 결국 식 ①과 식 ②는 같은 식이다. 따라서 $J-1$개만 유효하다.

▶**단계 3** : 망로가 abda와 bcdb 두 개가 있다. 망로의 방향에 따라 전압 강하를 +, 전압 상승을 −로 하기로 하자. 망로 방향을 abda는 시계 방향, bcdb는 반시계 방향으로 하자. 물론 반대로 해도 상관없다.

망로 abda : $3I_1+5I_3-6=0$ ③

망로 bcdb : $4I_2+5I_3-12=0$ ④

단계 4 : 식을 다시 정리하면 다음과 같다.

$$\begin{cases} I_1+I_2-I_3=0 \\ 3I_1+5I_3=6 \\ 4I_2+5I_3=12 \end{cases}$$

크래머(Cramer) 법칙을 이용하여 풀면 다음과 같다.

$$D=\begin{vmatrix} 1 & 1 & -1 \\ 3 & 0 & 5 \\ 0 & 4 & 5 \end{vmatrix}=1\cdot\begin{vmatrix} 0 & 5 \\ 4 & 5 \end{vmatrix}-3\cdot\begin{vmatrix} 1 & -1 \\ 4 & 5 \end{vmatrix}$$

$$=-20-3(5+4)=-20-27=-47$$

$$N_1=\begin{vmatrix} 0 & 1 & -1 \\ 6 & 0 & 5 \\ 12 & 4 & 5 \end{vmatrix}=-6\cdot\begin{vmatrix} 1 & -1 \\ 4 & 5 \end{vmatrix}+12\cdot\begin{vmatrix} 1 & -1 \\ 0 & 5 \end{vmatrix}$$

$$=-6\cdot(5+4)+12\cdot 5=-54+60=6$$

$$N_2=\begin{vmatrix}1 & 0 & -1\\ 3 & 6 & 5\\ 0 & 12 & 5\end{vmatrix}=\begin{vmatrix}6 & 5\\ 12 & 5\end{vmatrix}-3\cdot\begin{vmatrix}0 & -1\\ 12 & 5\end{vmatrix}$$

$$=-30-3\times 12=-66$$

$$N_3=\begin{vmatrix}1 & 1 & 0\\ 3 & 0 & 6\\ 0 & 4 & 12\end{vmatrix}=\begin{vmatrix}0 & 6\\ 4 & 12\end{vmatrix}-3\cdot\begin{vmatrix}1 & 0\\ 4 & 12\end{vmatrix}=-24-36=-60$$

$$I_1=\frac{N_1}{D}=\frac{6}{-47}=-\frac{6}{47}=-0.128\,[\mathrm{A}]$$

$$I_2=\frac{N_2}{D}=\frac{-66}{-47}=\frac{66}{47}=1.404\,[\mathrm{A}]$$

$$I_3=\frac{N_3}{D}=\frac{-60}{-47}=\frac{60}{47}=1.277\,[\mathrm{A}]$$

I_1의 계산값이 −인 것은 처음에 설정된 전류와 반대 방향으로 전류가 실제로 흐름을 의미한다. 따라서 6 [V]의 전원은 충전되고 있음을 뜻한다.

연습문제 3-12 그림 3.18에서 각 지로의 전류를 지로 해석법으로 구하라.

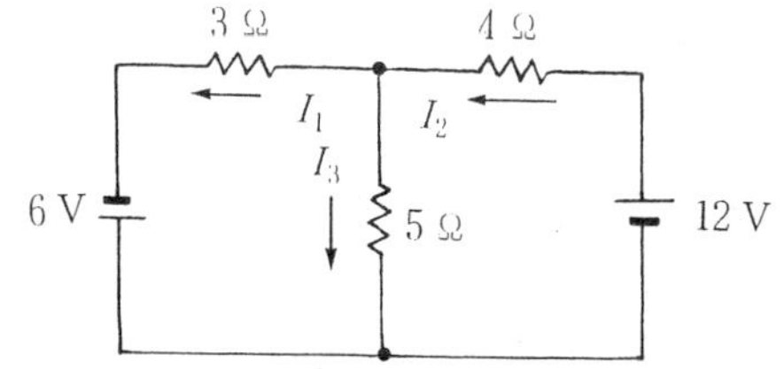

그림 3.18

3.4 망로 해석법

망로법은 망로(mesh)에만 키르히호프의 전압 법칙을 적용시키는 방법이다. 아래의 순서대로 적용시킨다.

1. 망로 전류를 정한다. 모두 시계 방향 또는 모두 반시계 방향으로 정하는 것이 편리하다.
2. 망로에 키르히호프 전압 법칙을 적용시킨다. 이때 자기 망로에 있는 저항을 자기 저항(self resistance), 이웃 망로와 걸쳐 있는 저항을 상호 저항(mutual resistance)이라 한다.
3. 연립 방정식을 푼다.
4. 각 지로의 전류를 구한다.

우리가 회로를 해석하는 최종 목표는 각 지로에 흐르는 전류를 구하는 것이다. 망로 전류는 편의상 가상한 전류이다. 예제 3-12를 망로법으로 풀어 앞의 지로법과 비교한다.

예제 3-13

그림 3.19의 회로를 망로법으로 각 지로 전류를 구하라.

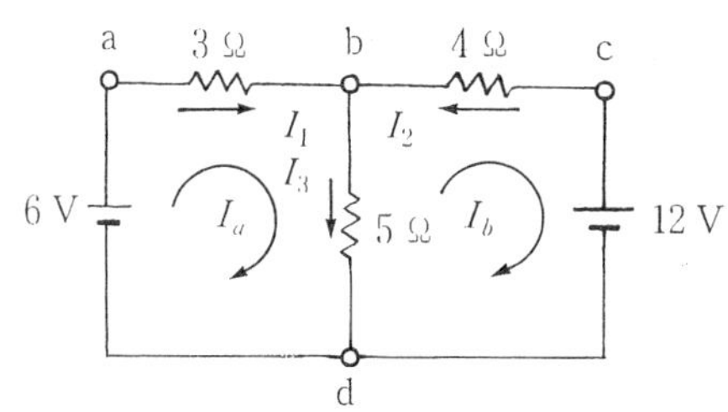

그림 3.19

✲ 풀이 망로 abda와 망로 bcdb의 두 개가 있다.

▶**단계 1** : 그림과 같이 시계 방향으로 망전류 I_a, I_b를 정한다.

▶**단계 2** : 망로 abda : 3[Ω] 저항의 전압 강하는 망전류 방향으로 $3I_a$이고 5[Ω] 저항의 전압 강하는 $5 \cdot (I_a - I_b)$가 된다. 따라서

$$3I_a + 5(I_a - I_b) - 6 = 0 \qquad ①$$

망로 bcdb : 4[Ω] 저항의 전압 강하는 망전류 방향으로 $4I_b$이고 5[Ω] 저항의 전압 강하는 I_b 방향으로 $5 \cdot (I_b - I_a)$가 됨을 주의한다. 12[V] 전원은 I_b 방향으로 전압 강하이다. 따라서

$$5(I_b - I_a) + 4I_b + 12 = 0 \qquad ②$$

▶단계 3 : 식 ①과 식 ②를 다음과 같이 다시 쓴다.

$$\begin{cases} (3+5)I_a-5I_b=6 \\ -5I_a+(5+4)I_b=-12 \end{cases}$$

5 [Ω]의 저항은 망로 abda에서 볼 때 자기 저항인 동시에 상호 저항이고 또 망로 bcdb에서 볼 때도 자기 저항인 동시에 상호 저항이다. 따라서 단계 2는 생략하고 바로 단계 3의 식을 쓸 수 있다. 즉 자기 저항은 +로 하고, 상호 저항은 −로 한다. 이와 같이 기계적으로 쓸 수 있는 것은 망로 전류를 모두 같은 방향으로 설정했기 때문이다.

위 식을 간단히 하면 다음과 같이 된다.

$$\begin{cases} 8I_a-5I_b=6 \\ -5I_a+9I_b=-12 \end{cases}$$

$$D=\begin{vmatrix} 8 & -5 \\ -5 & 9 \end{vmatrix}=72-25=47$$

$$N_a=\begin{vmatrix} 6 & -5 \\ -12 & 9 \end{vmatrix}=54-60=-6$$

$$N_b=\begin{vmatrix} 8 & 6 \\ -5 & -12 \end{vmatrix}=-96+30=-66$$

따라서

$$I_a=\frac{N_a}{D}=-\frac{6}{47}\,[\mathrm{A}]$$

$$I_b=\frac{N_b}{D}=\frac{-66}{47}=-\frac{66}{47}\,[\mathrm{A}]$$

−는 실제로는 반대 방향으로 전류가 흐름을 의미한다.

▶단계 4

$$I_1=I_a=-\frac{6}{47}=-0.128\,[\mathrm{A}]$$

$$I_2=-I_b=\frac{66}{47}=1.404\,[\mathrm{A}]$$

$$I_3 = I_a - I_b = -\frac{6}{47} + \frac{66}{47} = \frac{60}{47} = 1.277\,[\mathrm{A}]$$

즉, 예제 3−12와 같은 결과를 얻었다. 그러나 지로법은 3원 연립 방정식인데 망로법은 2원 연립 방정식이었고 기계적으로 식을 써 나갈 수 있었다. 따라서 망로법이 우수한 해석 방법이다.

연습문제 3-13 연습문제 3−12를 망로법으로 풀어라.

다음에 좀더 복잡한 예를 들어 본다.

예제 3-14 그림 3.20에서 브리지 회로의 각 지로 전류를 구하라.

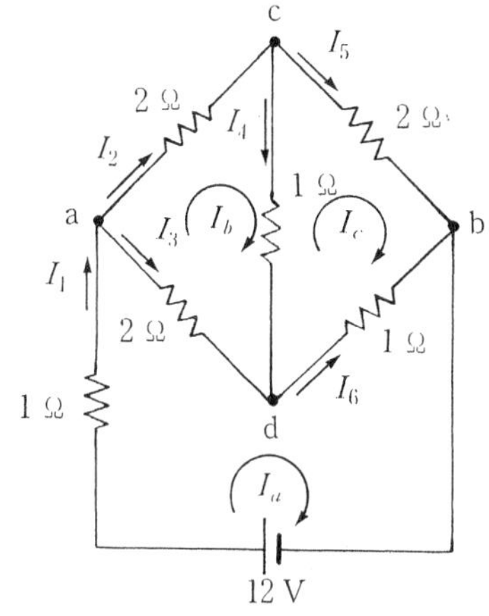

그림 3.20

✲ 풀이 그림의 브리지 회로는 지로가 6개이다. 따라서 지로법을 이용하면 6원 연립 방정식이 된다. 망로법을 이용하면 망로가 3개이다. 따라서 3원 연립 방정식이 된다. 각 망로를 I_a 망로, I_b 망로, I_c 망로라 하자. I_a 망로의 자기 저항은 $(1+2+1)$ [Ω]이고 I_b 망로와의 상호 저항은 -2 [Ω]이며 I_c 망로와의 상호 저항은 -1 [Ω]이다. 다른 망로도 마찬가지로 기계적으로 써 내려갈 수 있다.

$$I_a \text{ 망로 : } \quad (1+2+1)I_a - 2I_b - 1I_c = 12$$

I_b 망로 : $-2I_a+(2+1+2)I_b-1I_c=0$

I_c 망로 : $-1I_a-1I_b+(2+1+1)I_c=0$

위 식을 간단하게 정리하면 다음과 같이 된다.

$$\begin{cases} 4I_a-2I_b-I_c=12 \\ -2I_a+5I_b-I_c=0 \\ -I_a-I_b+4I_c=0 \end{cases}$$

크래머 법칙에 의해 D, N_a, N_b, N_c를 구하면 다음과 같이 된다.

$$D=\begin{vmatrix} 4 & -2 & -1 \\ -2 & 5 & -1 \\ -1 & -1 & 4 \end{vmatrix}=4\begin{vmatrix} 5 & -1 \\ -1 & 4 \end{vmatrix}+2\begin{vmatrix} -2 & -1 \\ -1 & 4 \end{vmatrix}-\begin{vmatrix} -2 & -1 \\ 5 & -1 \end{vmatrix}$$

$$=4\cdot(20-1)+2\cdot(-8-1)-(2+5)=76-18-7=51$$

$$N_a=\begin{vmatrix} 12 & -2 & -1 \\ 0 & 5 & -1 \\ 0 & -1 & 4 \end{vmatrix}=12\begin{vmatrix} 5 & -1 \\ -1 & 4 \end{vmatrix}=12\cdot(20-1)=228$$

$$N_b=\begin{vmatrix} 4 & 12 & -1 \\ -2 & 0 & -1 \\ -1 & 0 & 4 \end{vmatrix}=-12\begin{vmatrix} -2 & -1 \\ -1 & 4 \end{vmatrix}=-12\cdot(-8-1)=108$$

$$N_c=\begin{vmatrix} 4 & -2 & 12 \\ -2 & 5 & 0 \\ -1 & -1 & 0 \end{vmatrix}=12\begin{vmatrix} -2 & 5 \\ -1 & -1 \end{vmatrix}=12(2+5)=84$$

$$I_a=\frac{N_a}{D}=\frac{228}{51}=4.47\,[\mathrm{A}]$$

$$I_b=\frac{N_b}{D}=\frac{108}{51}=2.12\,[\mathrm{A}]$$

$$I_c=\frac{N_c}{D}=\frac{84}{51}=1.65\,[\mathrm{A}]$$

따라서 지로 전류는

$$I_1=I_a=4.47\,[\mathrm{A}]$$

$$I_2 = I_b = 2.12\ [\mathrm{A}]$$

$$I_3 = I_a - I_b = 4.47 - 2.12 = 2.35\ [\mathrm{A}]$$

$$I_4 = I_b - I_c = 2.12 - 1.65 = 0.47\ [\mathrm{A}]$$

$$I_5 = I_c = 1.65\ [\mathrm{A}]$$

$$I_6 = I_a - I_c = 4.47 - 1.65 = 2.82\ [\mathrm{A}]$$

가 된다. 필요할 경우 각 저항의 전압 강하 또는 소비 전력을 쉽게 구할 수 있다.

연습문제 3-14 그림 3.21의 브리지 회로에서 각 지로 전류를 구하고 220 [V] 전원이 공급한 전력을 구하라.

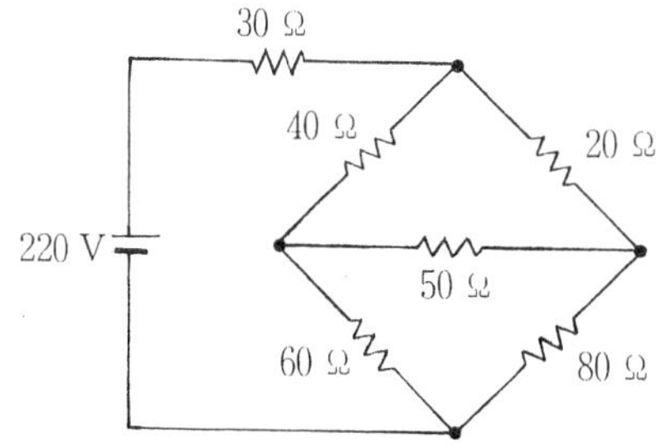

그림 3.21

예제 3-15 그림 3.22에서 저항 R_1과 R_2에 흐르는 전류 I_1과 I_2를 구하라.

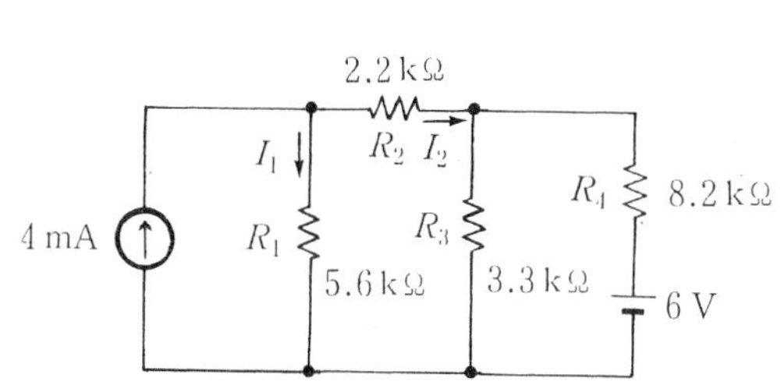

그림 3.22

✻ 풀이 **▶방법 1**

전압원과 전류원이 있는 회로이다. 위 회로를 있는 그대로 풀어 보고 또 전류원을 전압원으로 바꾸어 풀어 본다. 회로에 연결된 저항의 단위가 킬로옴이고 전압의 단위가 볼트이므로 전류를 밀리암페어 단위로 하면 편리하다. 망전류를 그림 3.23에 보인 바와 같이 정하면 메시가 세 개일지라도 미지 망전류는 I_2와 I_4 두 개뿐이다.

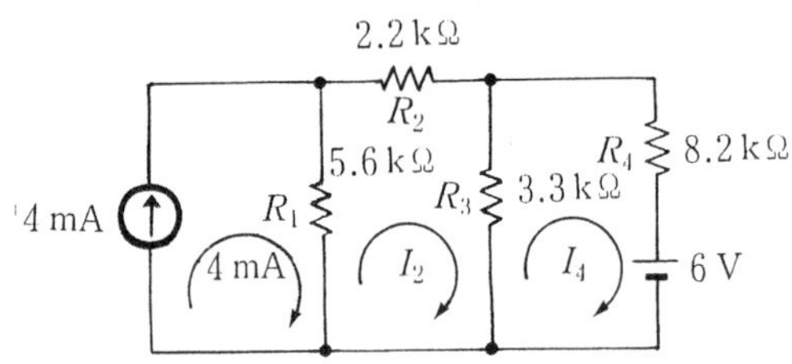

그림 3.23

I_2 메시 : $5.6(I_2-4)+2.2I_2+3.3(I_2-I_4)=0$

I_4 메시 : $3.3(I_4-I_2)+8.2I_4+6=0$

위 식을 다음과 같이 정리한다.

$$\begin{cases} (5.6+2.2+3.3)I_2-3.3I_4=5.6\times4 \\ -3.3I_2+(3.3+8.2)I_4=-6 \end{cases}$$

다음과 같이 간단히 한다.

$$\begin{cases} 11.1I_2-3.3I_4=22.4 \\ -3.3I_2+11.5I_4=-6 \end{cases}$$

크래머 법칙에서 분모 D와 분자 N_2를 구한다.

$$D=\begin{vmatrix} 11.1 & -3.3 \\ -3.3 & 11.5 \end{vmatrix}=11.1\times11.5-(-3.3)^2=116.76$$

$$N_2=\begin{vmatrix} 22.4 & -3.3 \\ -6 & 11.5 \end{vmatrix}=22.4\times11.5-(-6)(-3.3)=237.8$$

따라서 폐로 전류 I_2는

$$I_2 = \frac{N_2}{D} = \frac{237.8}{116.76} = 2.04\ [\text{mA}]$$

즉 저항 R_1에 흐르는 전류 I_1과 저항 R_2에 흐르는 전류 I_2는 다음과 같이 된다.

$$I_1 = 4 - I_2 = 4 - 2.04 = 1.96\ [\text{mA}], \quad I_2 = 2.04\ [\text{mA}]$$

▶방법 2

다음에 전류원을 전압원으로 변환시켜 구해 본다.

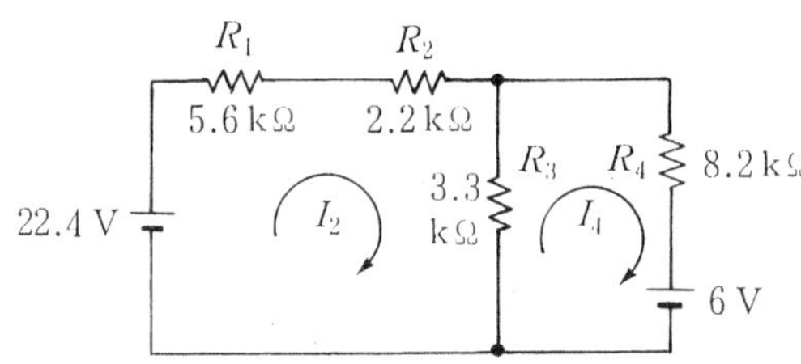

그림 3.24

전압원으로 바꾸면 그림 3.24가 된다. 여기서 전압 V_1의 극성에 주의해야 된다. 그림 3.23에서 전류원 4 [mA]가 저항 R_2와 R_3쪽으로 흐르도록 되어 있으므로 V_1의 극성은 그림과 같이 된다. V_1의 크기는

$$V_1 = 5.6\ [\text{k}\Omega] \times 4\ [\text{mA}] = 22.4\ [\text{V}]$$

가 된다. 그런데 그림 3.24는 저항 R_2의 오른쪽 회로에 대해서만 등가라는 것을 명심해야 된다. 망전류 식은 다음과 같이 된다.

$$\begin{cases} (5.6 + 2.2 + 3.3)I_2 - 3.3I_4 = 22.4 \\ -3.3I_2 + (3.3 + 8.2)I_4 = -6 \end{cases}$$

따라서 앞에서의 식과 일치한다. 그런데 그림 3.24의 폐로 전류 I_2 (2.04 mA)는 바로 저항 R_2에 흐르는 지로 전류가 되며 등가 회로에서 구한 값이 원

래 회로 그림 3.22의 I_2와 일치한다. 그러나 그림 3.24의 저항 $R_1(5.6\ k\Omega)$ 흐르는 전류와 그림 3.22의 저항 $R_1(5.6\ k\Omega)$에 흐르는 전류는 전혀 별개이다. 저항 R_1에 흐르는 전류를 구하기 위해 그림 3.22로 돌아간다.

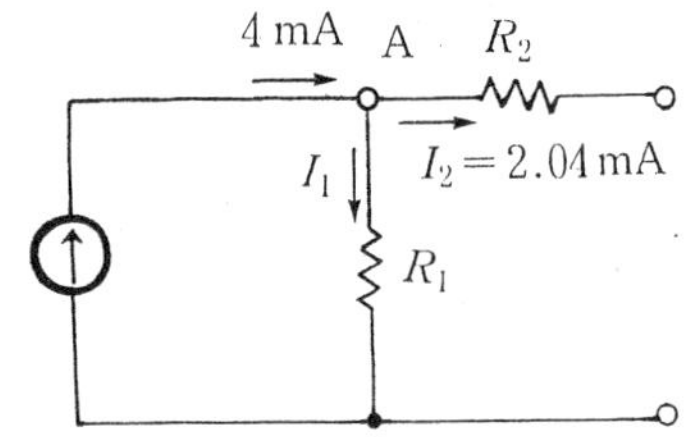

그림 3.25

그림 3.25에서 절점 A에 키르히호프 전류 법칙을 대입하면,

$$4 = I_1 + 2.04$$

$$I_1 = 4 - 2.04 = 1.96\ [\text{mA}]$$

가 된다.

연습문제 3-15 그림 3.26에서 지로 전류 I_1과 I_3를 구하라.

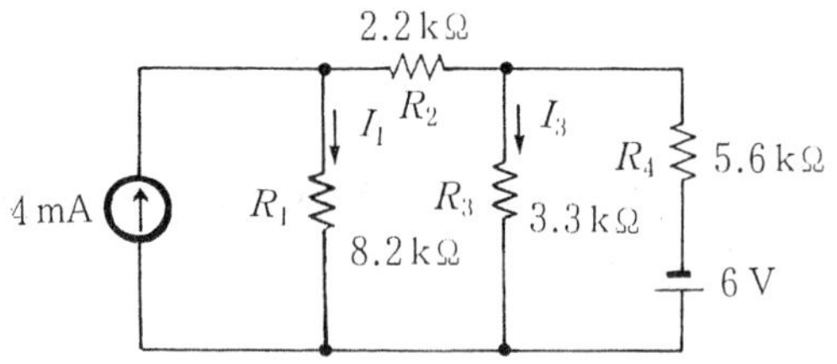

그림 3.26

3.5 절점 해석법

전기 회로에서 어느 저항에 흐르는 전류를 알려면 그 저항에서의 전압 강하를 저항으로 나누어 줌으로써 그 저항에 흐르는 전류를 구할 수 있다. 여기에 착안한 것이 절점 해석법이다. 즉 전기 회로의 어느 한 절점을 기준 절점(0 전위로 접지를 의미함)으로 하고, 나머지 절점에 대해 키르히호프 전류 법칙을 적용시켜 절점 전압을 구하면 된다. 아래의 순서대로 적용시켜 나간다.

1. 기준 절점을 정한다.
2. 나머지 절점(접속점을 의미함)에 대해 키르히호프 전류 법칙을 적용시킨다. 이때 전류의 방향은 절점에서 모두 흘러 나가는 것으로 하는 것이 편리하다.
3. 방정식을 풀어 미지 절점(접속점)의 전위를 구한다.
4. 필요에 따라 지로 전류나 전력을 구한다.

망로법의 예제와 동일한 예를 들어 두 방법을 비교하기로 한다.

예제 3-16 그림 3.27을 절점법을 이용하여 각 지로 전류를 구하라.

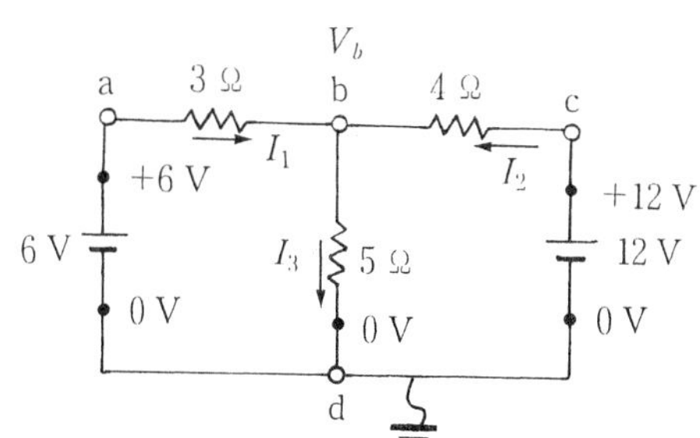

그림 3.27

✲ 풀이 ▶**단계 1** : 회로를 관찰해 볼 때 접속점 d를 기준 절점으로 하는 것이 편리하다. 따라서 d점의 전위를 그림 3.27과 같이 접지시켜 0 전위로 한다. 이와 같이 할 경우 절점 a의 전위는 +6 [V]가 되고 절점 c의 전위는 +12 [V]가 된다.

따라서 절점 b (접속점 b)만이 미지 전위이고 이를 V_b라 하자.

▶**단계 2** : 절점 b에 대해 키르히호프 전류 법칙을 적용시킨다. 절점 b에서 세 방향의 전류가 모두 다 나가는 것으로 한다. 이유는 다음 예제에서 설명하기로 한다. 즉 절점 b에서 a로 흘러 나가는 전류는 $\frac{V_b-6}{3}$ [A]이고 c로는 $\frac{V_b-12}{4}$ [A]이고 d로는 $\frac{V_b-0}{5}=\frac{V_b}{5}$ [A]이다.

따라서,

$$\frac{V_b-6}{3}+\frac{V_b-12}{4}+\frac{V_b}{5}=0$$

가 된다.

▶**단계 3** : 각 항에 60을 곱한다.

$$60\cdot\frac{V_b-6}{3}+60\cdot\frac{V_b-12}{4}+60\cdot\frac{V_b}{5}=0$$

$$20V_b-120+15V_b-180+12V_b=0$$

$$47V_b=300$$

$$V_b=\frac{300}{47}=6.38\,[\mathrm{V}]$$

▶**단계 4** : $I_1=\frac{V_a-V_b}{3}=\frac{6-6.38}{3}=-0.127\,[\mathrm{A}]$

$$I_2=\frac{V_c-V_b}{4}=\frac{12-6.38}{4}=1.405\,[\mathrm{A}]$$

$$I_3=\frac{V_b}{5}=\frac{6.38}{5}=1.276\,[\mathrm{A}]$$

예제 3－13의 결과와 일치했다. 소수점 이하 셋째 자리의 오차는 반올림에 기인한다. 그런데 단계 2의 전류 방향과 단계 4의 전류 방향은 전혀 별개로 관계가 없다.

연습문제 3-16 연습문제 3－13을 절점 해석법으로 풀어라.

예제 3-17

그림 3.28의 회로에서 절점법을 이용하여 지로 전류 I_1, I_2, I_3를 구하라.

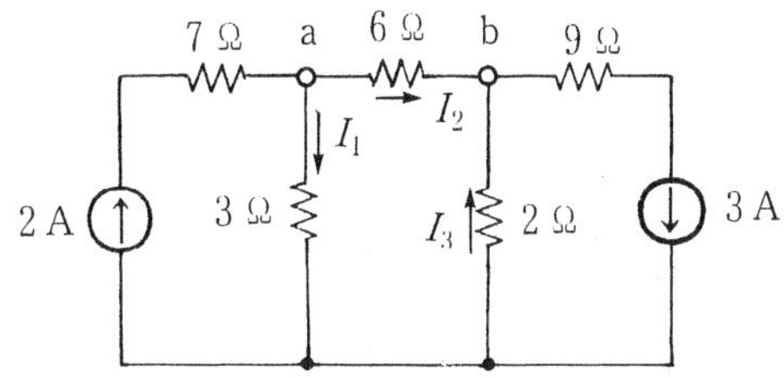

그림 3.28

✲ **풀이** 회로를 관찰하면 7 [Ω] 저항과 9 [Ω] 저항은 전류원에 직렬 연결되어 있으므로 I_1, I_2, I_3를 구하는 데는 의미가 없는 저항이다. 따라서 그림 3.29와 같은 등가 회로로 간단히 그릴 수 있다.

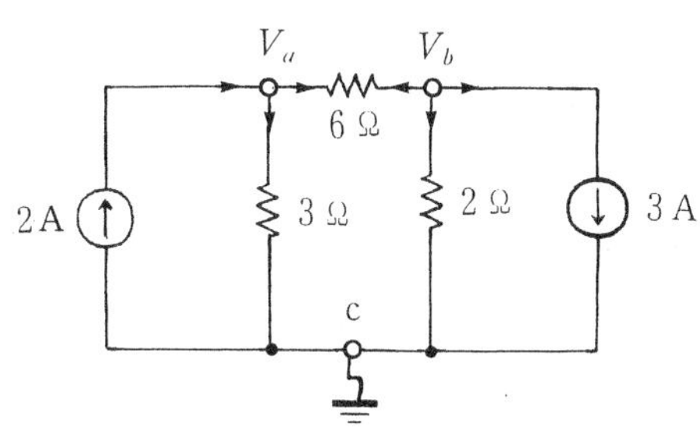

그림 3.29

그림과 같이 절점 c를 기준 절점으로 정하고 절점 a의 전위를 V_a, 절점 b의 전위를 V_b라 한다. 앞 예제의 단계 2에서와 같이 미지 전류는 모두 절점에서 흘러 나가는 것으로 정한다. 이렇게 함으로써 연립 방정식을 기계적으로 써 내려갈 수 있다.

$$\text{절점 a : } \frac{V_a-0}{3}+\frac{V_a-V_b}{6}-2=0$$

$$\text{절점 b : } \frac{V_b-V_a}{6}+\frac{V_b-0}{2}+3=0$$

위 식을 다음과 같이 정리한다.

$$\begin{cases} \left(\frac{1}{3}+\frac{1}{6}\right)V_a-\frac{1}{6}V_b=2 \\ -\frac{1}{6}V_a+\left(\frac{1}{6}+\frac{1}{2}\right)V_b=-3 \end{cases}$$

$G_{11}=\frac{1}{3}+\frac{1}{6}$ [S]은 절점 a에 연결된 컨덕턴스로 자기 컨덕턴스라 하며 모두 +로 한다. $G_{12}=-\frac{1}{6}$ [S]은 절점 a와 절점 b에 공유된 컨덕턴스로 상호 컨덕턴스라 하고 −로 한다. $G_{21}=-\frac{1}{6}$ [S]도 마찬가지로 상호 컨덕턴스이며 −이고 $G_{12}=G_{21}$이다. $G_{22}=\frac{1}{6}+\frac{1}{2}$ [S]는 절점 b에 연결된 자기 컨덕턴스로 모두 +로 한다. 이러한 결론은 각 절점의 미지 전류를 모두 흘러나간 것으로 했기 때문이다. 모두 흘러 들어가는 것으로 해도 결과는 마찬가지이다.

$$\begin{cases} \frac{3}{6}V_a-\frac{1}{6}V_b=2 \\ -\frac{1}{6}V_a+\frac{4}{6}V_b=-3 \end{cases}$$

$$\begin{cases} 3V_a-V_b=12 \\ -V_a+4V_b=-18 \end{cases}$$

$$D=\begin{vmatrix} 3 & -1 \\ -1 & 4 \end{vmatrix}=12-1=11$$

$$N_a=\begin{vmatrix} 12 & -1 \\ -18 & 4 \end{vmatrix}=48-18=30$$

$$N_b=\begin{vmatrix} 3 & 12 \\ -1 & -18 \end{vmatrix}=-54+12=-42$$

$$V_a=\frac{N_a}{D}=\frac{30}{11}\ [\mathrm{V}]=2.73\ [\mathrm{V}]$$

$$V_b=\frac{N_b}{D}=\frac{-42}{11}\ [\mathrm{V}]=-3.82\ [\mathrm{V}]$$

따라서,

$$I_1 = \frac{V_a - 0}{3} = \frac{2.73}{3} = 0.91\ [\mathrm{A}]$$

$$I_2 = \frac{V_a - V_b}{6} = \frac{2.73 - (-3.82)}{6} = 1.09\ [\mathrm{A}]$$

$$I_3 = \frac{0 - V_b}{2} = \frac{3.82}{2} = 1.91\ [\mathrm{A}]$$

연습문제 3-17 그림 3.30의 회로에서 전류 I_1, I_2, I_3를 구하라.

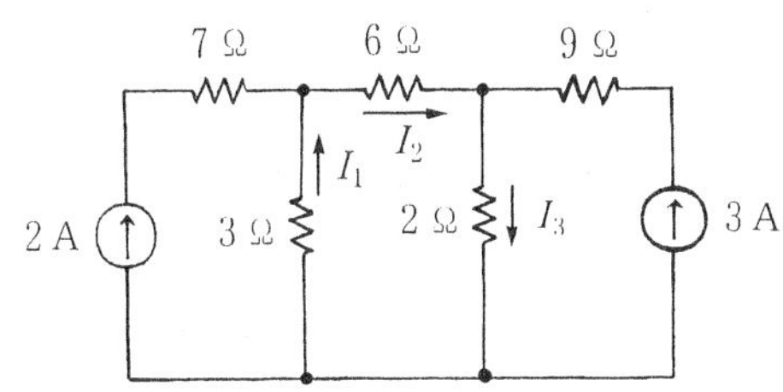

그림 3.30

예제 3-18

그림 3.31에서 절점 전압 V_a, V_b를 구하고 저항 R_3에 흐르는 전류를 구하라.

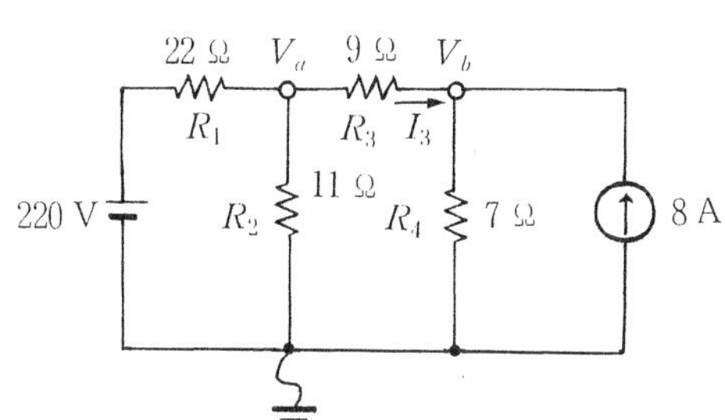

그림 3.31

✲ 풀이 전압원을 전류원으로 바꾸어 구한다. 등가 회로는 그림 3.32와 같이 되며 전류 I_1은

$$I_1 = \frac{220}{22} = 10\ [\mathrm{A}]$$

가 된다.

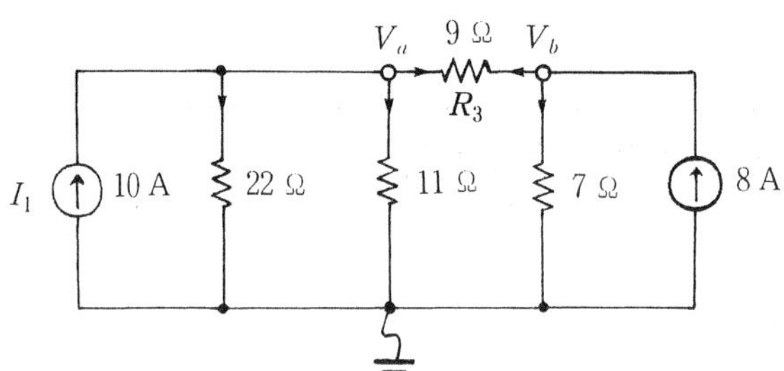

그림 3.32

절점 a, b에 키르히호프 전류 법칙을 대입하면 다음과 같다.

절점 a : $\left(\frac{1}{22} + \frac{1}{11} + \frac{1}{9}\right)V_a - \frac{1}{9}\ V_b = 10$

절점 b : $-\frac{1}{9}\ V_a + \left(\frac{1}{9} + \frac{1}{7}\right)V_b = 8$

간단히 하면 다음과 같이 된다.

$$\begin{cases} 0.247\,V_a - 0.111\,V_b = 10 \\ -0.111\,V_a + 0.254\,V_b = 8 \end{cases}$$

크래머 법칙에서 D, N_a, N_b를 구한다.

$$D = \begin{vmatrix} 0.247 & -0.111 \\ -0.111 & 0.254 \end{vmatrix} = 0.068 - 0.012 = 0.051$$

$$N_a = \begin{vmatrix} 10 & -0.111 \\ 8 & 0.254 \end{vmatrix} = 2.54 + 0.888 = 3.428$$

$$N_b = \begin{vmatrix} 0.247 & 10 \\ -0.111 & 8 \end{vmatrix} = 1.974 + 1.11 = 3.086$$

따라서, 전압 V_a, V_b는

$$V_a = \frac{N_a}{D} = \frac{3.428}{0.051} = 67.216 \text{ [V]}$$

$$V_b = \frac{N_b}{D} = \frac{3.086}{0.051} = 60.510 \text{ [V]}$$

가 된다.

다음에 전류 I_3를 구한다. 저항 R_3에서의 전압 강하 V_{ab}는

$$V_{ab} = V_a - V_b = 67.216 - 60.510$$
$$= 6.706 \text{ [V]}$$

이며 전류 I_3는

$$I_3 = \frac{V_{ab}}{R_3} = \frac{6.706}{9} = 0.745 \text{ [A]}$$

이다.

연습문제 3-18 그림 3.33에서 절점 전압 V_a, V_b를 구하고 또 저항 R_2에 흐르는 전류 I_2를 구하라.

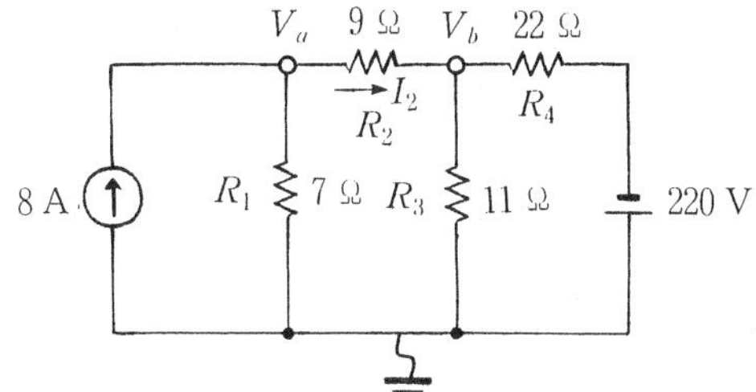

그림 3.33

어느 해석 방법을 선택할 것인가

2차 행렬식을 계산하는 데 필요한 시간과 노력이 3차 행렬식을 계산하는 데 필요한 시간과 노력에 비해 훨씬 적게 든다. 따라서 연립 방정식의 수가 적은 방법을 이용한다. 대체로 전압원 회로는 망로 해석법을, 전류원 회로일 경우에는 절점 해석법을 이용한다. 필요에 따라 전압원을 전류원으로, 전류원을 전압원으로 변환시키므로 편리한 경우도 많이 있다. 지로 해석법은 처음에 회로 해석 방법을 설명할 때 잠시 도입했을 뿐, 실제 해석에는 이용할 필요가 없다. 여하튼 연립 방정식의 수가 적은 방법을 이용하면 별 무리가 없다.

3.6 Y－△(T－π)와 △－Y(π－T) 변환

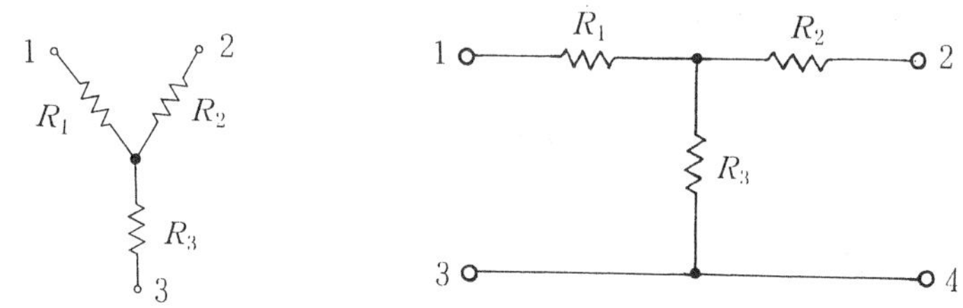

(a) Y 회로 (b) T 회로

그림 3.34 Y 회로 또는 T 회로

그림 3.34는 Y 결선 또는 T 회로라 한다. 그림 (a)와 (b)는 겉보기 모양은 다른 것 같지만 실제로 전기적으로는 같은 회로이다. 그림 3.35는 △ 회로 또는 π 회로라 한다. 그림 (a)나 (b)는 같은 회로이다.

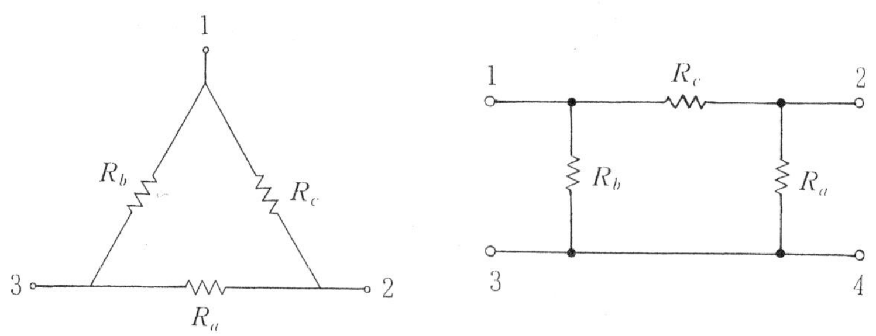

(a) △ 회로 (b) π 회로

그림 3.35 △ 회로 또는 π 회로

지금까지 우리가 다룬 회로는 직·병렬 회로이다. 직·병렬 이외의 회로로 Y 회로와 △ 회로가 있다. 전기 회로에서 Y 회로 부분을 △ 회로로 바꾸거나 또는 반대로 △ 회로를 Y 회로로 바꿈으로써 다루기 쉬운 직·병렬 회로가 될 수 있다.

먼저 △ 회로를 Y 회로로 바꾸는 경우를 알아본다.

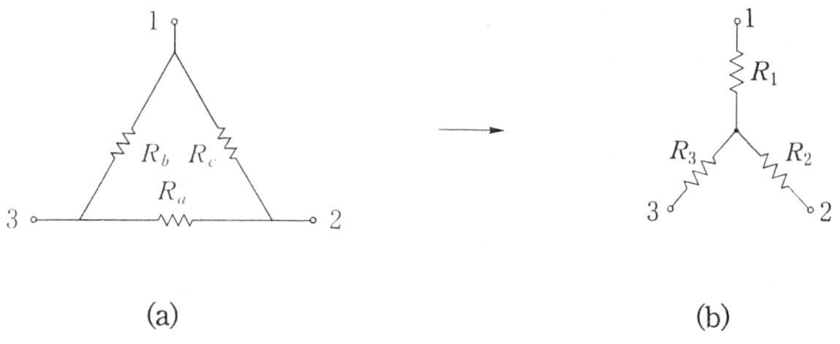

그림 3.36

그림 3.36에서 △와 Y를 서로 변환시킨다는 것은 전기적으로는 합동이 됨을 말한다. 그러기 위해서는 절점 1과 2, 절점 2와 3 및 절점 3과 1에서 본 저항이 같으면 된다. 절점 3을 개방하고 절점 1과 2에서 본 회로는 그림 3.37과 같이 한다.

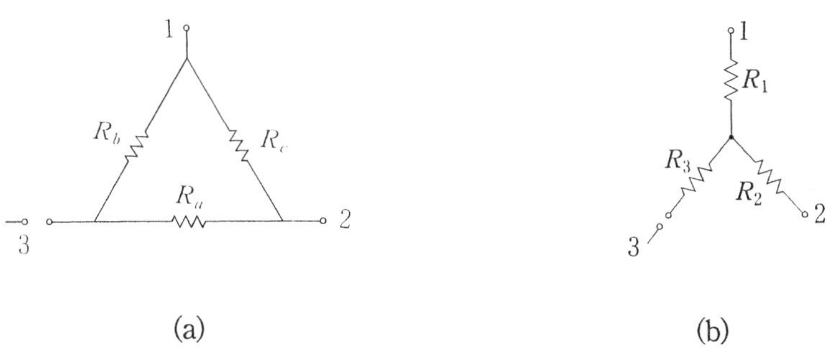

그림 3.37

그림 3.37에서 그림 (b)의 점 1과 2에서 본 저항은 R_1과 R_2가 직렬이므로 $R_T = R_1 + R_2$이다. 그림 (a)에서 R_a와 R_b는 직렬이고 이 직렬값이 R_c와 병렬이므로 $R_T = (R_a + R_b) \| R_c$이다. 따라서 다음과 같이 된다.

$$R_1 + R_2 = \frac{(R_a + R_b)R_c}{R_a + R_b + R_c} \quad ①$$

마찬가지로 절점 1을 개방하고 절점 2와 3 사이의 저항값은 다음과 같다.

$$R_2+R_3=\frac{(R_b+R_c)R_a}{R_a+R_b+R_c} \qquad ②$$

절점 2를 개방하고 절점 3과 1 사이의 저항값은 다음과 같다.

$$R_3+R_1=\frac{(R_c+R_a)R_b}{R_a+R_b+R_c} \qquad ③$$

위의 세 식을 더하면 다음과 같다.

$$R_1+R_2+R_3=\frac{R_aR_b+R_bR_c+R_cR_a}{R_a+R_b+R_c} \qquad ④$$

식 ④에서 식 ②를 빼면

$$R_1=\frac{R_bR_c}{R_a+R_b+R_c} \tag{3.3a}$$

이고, 마찬가지로

$$R_2=\frac{R_cR_a}{R_a+R_b+R_c} \tag{3.3b}$$

$$R_3=\frac{R_aR_b}{R_a+R_b+R_c} \tag{3.3c}$$

가 된다. 즉 Y 회로의 각 지로의 저항은 △ 회로의 각 절점에 연결된 저항의 곱을 세 저항의 합으로 나눈 것이다. 그림 3.38과 같이 △ 결선의 세 지로의 저항이 $R_\triangle$로 같으면 식 (3.3)은 다음과 같이 된다.

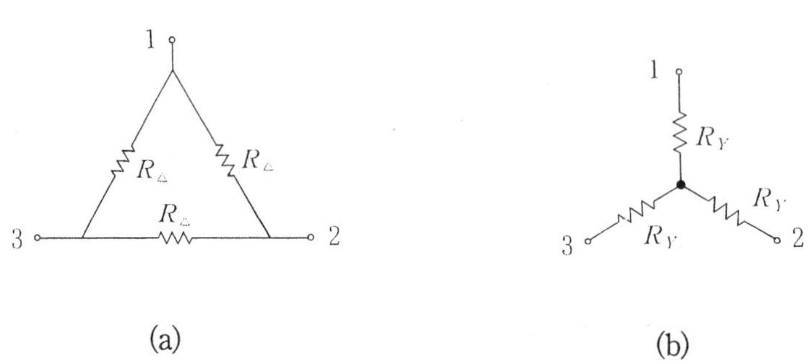

그림 3.38 $R_Y=\frac{1}{3}R_\triangle$

$$R_Y = \frac{1}{3} R_\triangle \tag{3.4}$$

다음에 Y 회로를 △ 회로로 변환시켜 보자. 이는 식 (3.3a), (3.3b), (3.3c)에서 R_a, R_b, R_c를 미지수로 하여 연립 방정식을 풀면 된다. 계산 과정은 독자에게 맡긴다. 결과는 다음과 같다.

$$R_a = \frac{R_1R_2 + R_2R_3 + R_3R_1}{R_1} \tag{3.5a}$$

$$R_b = \frac{R_1R_2 + R_2R_3 + R_3R_1}{R_2} \tag{3.5b}$$

$$R_c = \frac{R_1R_2 + R_2R_3 + R_3R_1}{R_3} \tag{3.5c}$$

즉 △ 회로의 각 절점에 마주보는 지로의 저항(절점 1에 대한 R_a)은 Y 회로에서 두 지로 저항의 곱의 모든 합 $(R_1R_2 + R_2R_3 + R_3R_1)$을 각 절점에 연결된 저항 (R_1)으로 나눈 값이다. Y 회로의 각 지로 저항이 같다면 식 (3.5)에서

$$R_\triangle = 3R_Y \tag{3.6}$$

이다.

예제 3-19

그림 3.39의 △ 회로를 Y 회로로 바꿔라.

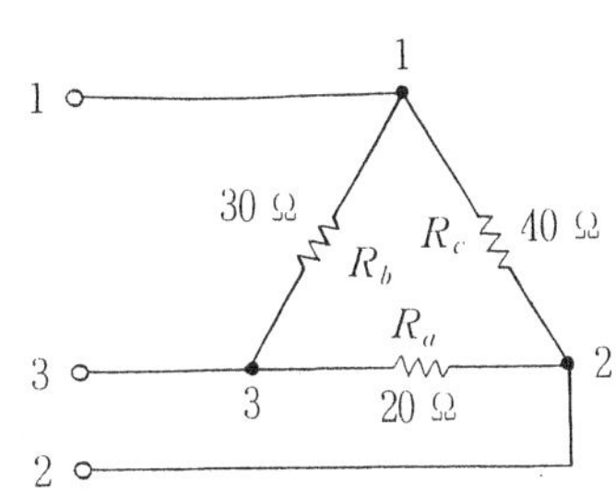

그림 3.39

✻ 풀이 식 (3.3)에서 다음과 같이 된다.

$$R_1 = \frac{R_b \cdot R_c}{R_a + R_b + R_c} = \frac{30 \cdot 40}{20 + 30 + 40} = \frac{1200}{90} = 13.33\ [\Omega]$$

$$R_2 = \frac{R_c \cdot R_a}{R_a + R_b + R_c} = \frac{40 \cdot 20}{20 + 30 + 40} = \frac{800}{90} = 8.89\ [\Omega]$$

$$R_3 = \frac{R_a \cdot R_b}{R_a + R_b + R_c} = \frac{20 \cdot 30}{20 + 30 + 40} = \frac{600}{90} = 6.67\ [\Omega]$$

등가 Y 회로도는 그림 3.40과 같다.

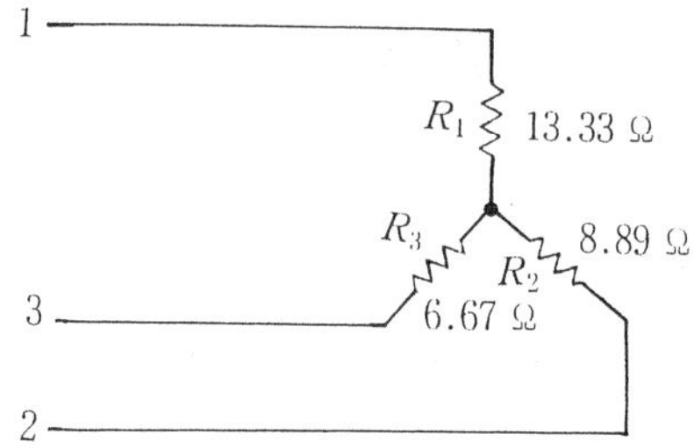

그림 3.40

연습문제 3-19 그림 3.41의 △ 회로를 등가 Y 회로로 바꿔라.

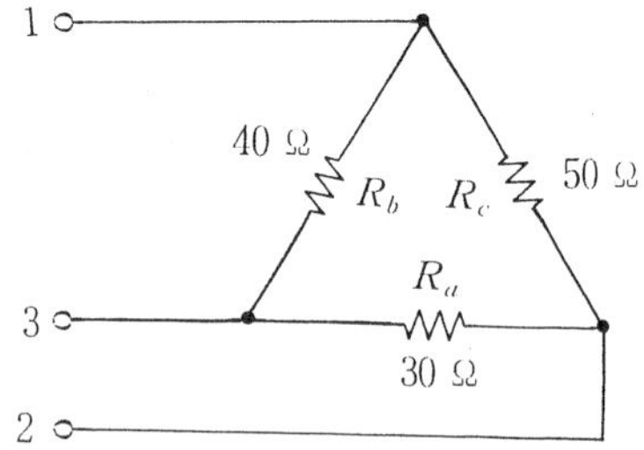

그림 3.41

예제 3-20

그림 3.42의 Y 회로를 등가 △ 회로로 바꿔라.

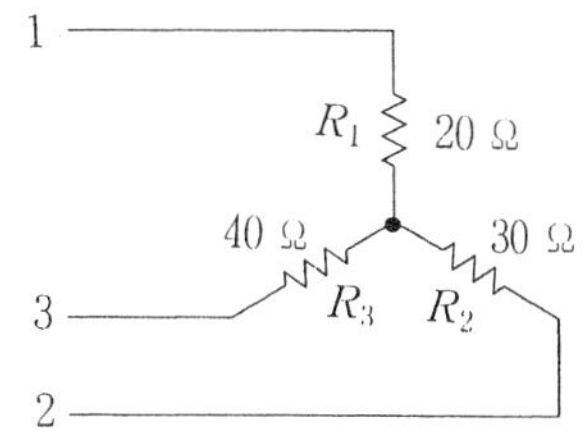

그림 3.42

✲ 풀이 식 (3.5)에서 다음과 같이 된다.

$$R_a = \frac{R_1R_2 + R_2R_3 + R_3R_1}{R_1}$$

$$= \frac{20 \cdot 30 + 30 \cdot 40 + 40 \cdot 20}{20} = \frac{2600}{20} = 130\ [\Omega]$$

$$R_b = \frac{R_1R_2 + R_2R_3 + R_3R_1}{R_2} = \frac{2600}{30} = 86.67\ [\Omega]$$

$$R_c = \frac{R_1R_2 + R_2R_3 + R_3R_1}{R_3} = \frac{2600}{40} = 65\ [\Omega]$$

등가 △ 회로는 그림 3.43과 같다.

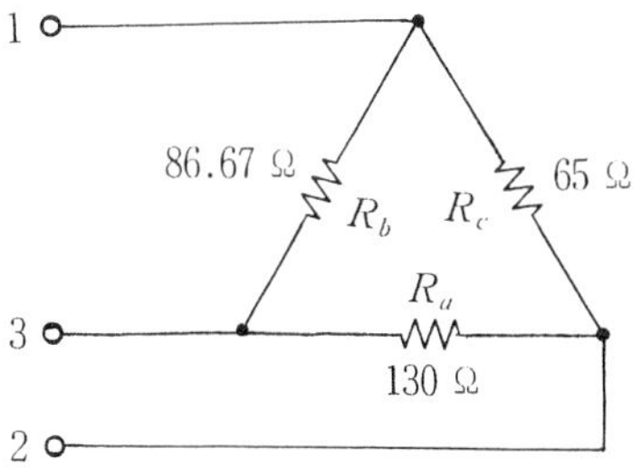

그림 3.43

연습문제 3-20 그림 3.44의 Y 회로를 등가 △ 회로로 바꿔라.

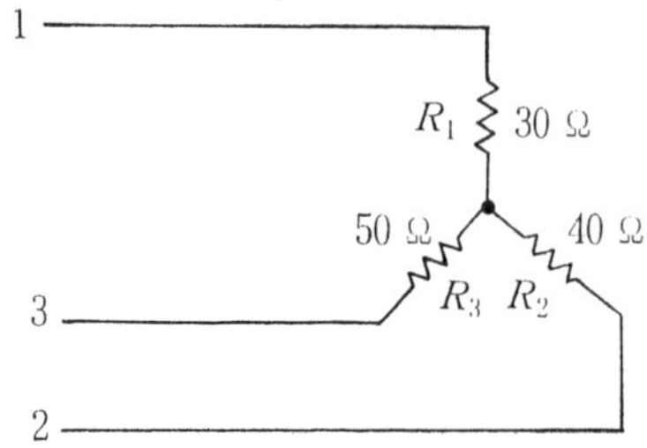

그림 3.44

예제 3-21

그림 3.45에서, 단자 AB에서 본 합성 저항 R_T를 구하라.

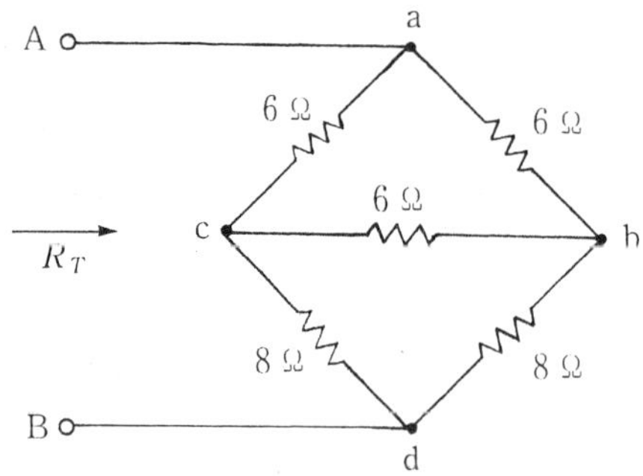

그림 3.45

✲ **풀이** 그림 3.45의 회로는 단자 AB에서 볼 때 직렬 회로도 아니고 병렬 회로도 아닌 브리지 회로이다. 지금 절점 abc를 Y 회로로 바꾸어 본다. 세 지로의 저항이 같으므로 $R_Y = \frac{1}{3} R_\triangle$에서 $R_Y = \frac{1}{3} \cdot 6 = 2\,[\Omega]$이 된다. 따라서 등가 회로는 그림 3.46과 같이 된다.

그림 3.46은 직·병렬 회로이므로 쉽게 합성 저항 R_T를 구할 수 있다.

$$R_T = 2 + \frac{(2+8)\cdot(2+8)}{(2+8)+(2+8)} = 2 + \frac{10}{2} = 7\ [\Omega]$$

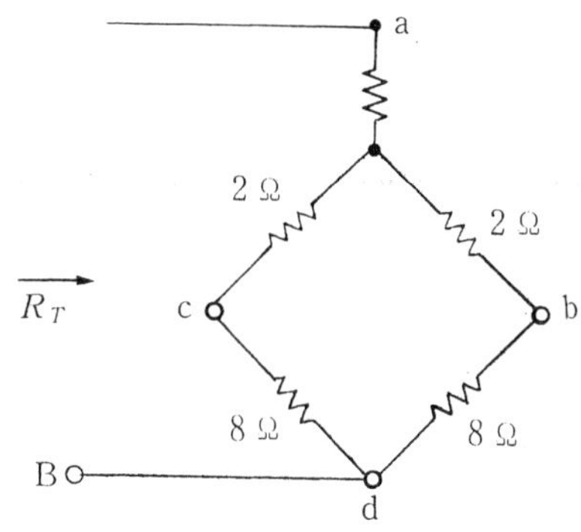

그림 3.46

연습문제 3-21	그림 3.47 회로에서 △를 Y로 바꿔서 또 Y를 △로 바꿔서 단자 AB에서 본 합성 저항 R_T를 구하라. (힌트 : 전위가 같은 절점은 도체로 연결해도 회로 특성에는 변화가 없다.)

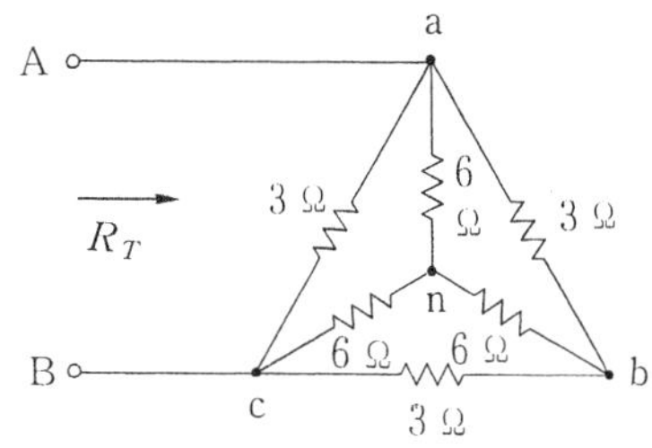

그림 3.47

종합 문제

1. 일반적인 전기 회로를 해석하는 데는 (   ), (   ), (   ) 등이 있으나 실제로는 (   ), (   )이 이용된다.

2. 행렬식의 값을 구할 때 전개법에 의해서는 2차 행렬식과 3차 행렬식만을 구할 수 있다.(○ 또는 ×)

3. 4차 이상의 행렬식은 (   )에 의해 값을 구할 수 있다.

4. 전압원을 전류원으로, 전류원을 전압원으로 등가 변환시킬 때 절점 a, b 외측(부하측)에 대해서만 등가이다.(○ 또는 ×)

5. 절점 중에서 세 개 이상의 소자가 만나는 절점을 특히 (   )이라 부른다.

6. 폐로 해석법에서 폐회로는 (   )에 키르히호프 전압 법칙을 적용시키며 전류 방향을 모두 (   ) 방향 또는 모두 (   ) 방향으로 한다.

7. 절점 해석법에서 미지 절점에 키르히호프 전류 법칙을 적용시킬 때 전류 방향은 모두 흘러 나가는 것으로 하는 것이 편리하다.(○ 또는 ×)

8. 폐로 해석법에서 자기 저항은 모두 +이고, 상호 저항은 모두 −이다.(○ 또는 ×)

9. 절점 해석법에서 자기 컨덕턴스는 모두 +이고, 상호 컨덕턴스는 모두 −이다. (○ 또는 ×)

10. △ 결선에서 지로의 저항이 모두 $R_{\triangle}$일 때 이를 등가 Y 결선으로 변환시키면 $R_Y=$ (   )가 된다.

11. Y 결선에서 세 지로의 저항이 모두 R_Y일 때 이를 등가 △ 결선으로 변환시키면 $R_{\triangle}=$ (   )가 된다.

12. 실제적인 전압원을 나타내는 전압-전류 특성 곡선은?

㉮

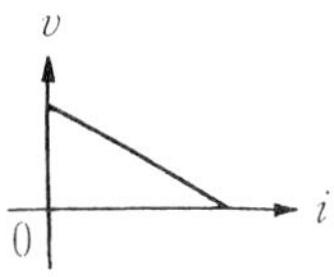

㉯

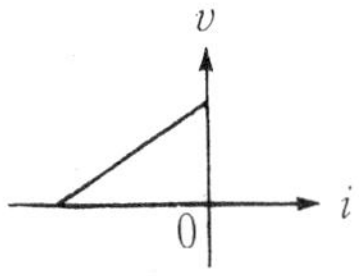

㉰

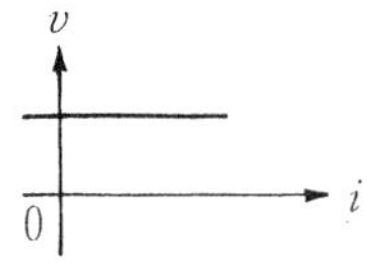

㉱

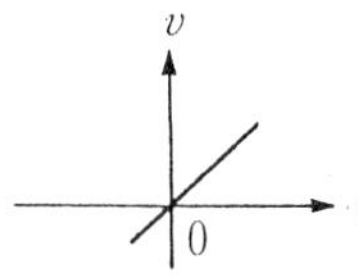

13. 이상적인 전류원의 전압-전류 특성 곡선은?

㉮

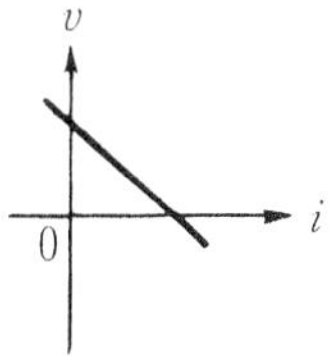

㉯

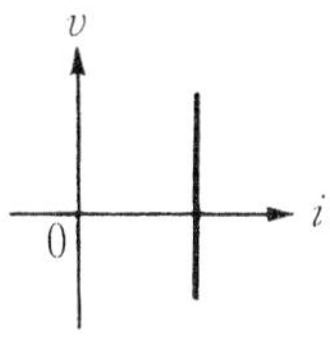

㉰

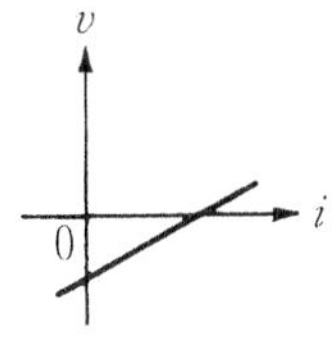

㉱

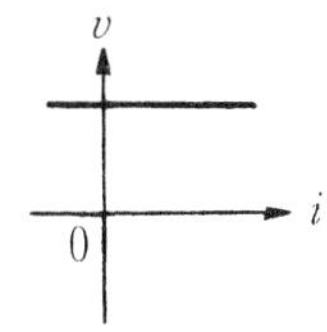

14. 다음 중 전류원의 내부 저항에 관하여 맞는 것은?

㉮ 클수록 이상적이다.

㉯ 작을수록 이상적이다.

㉰ 경우에 따라 다르다.

㉱ 전류 공급을 받는 회로의 구동점 임피던스와 같아야 한다.

15. 이상적인 전압 전류원에 관하여 옳은 것은?

㉮ 전압원의 내부 저항은 ∞이고 전류원의 내부 저항은 0이다.

㉯ 전압원의 내부 저항은 0이고 전류원의 내부 저항은 ∞이다.

㉰ 전압원, 전류원의 내부 저항은 흐르는 전류에 따라 변한다.

㉱ 전압원의 내부 저항은 일정하고 전류원의 내부 저항은 일정하지 않다.

16. 그림의 (a), (b)가 등가가 되기 위한 I_g[A], R[Ω]의 값은?

㉮ 0.5, 10

㉯ 0.5, $\frac{1}{10}$

㉰ 5, 10

㉱ 10, 10

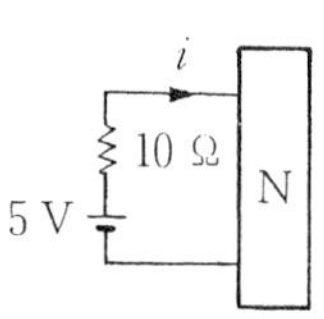

(a)

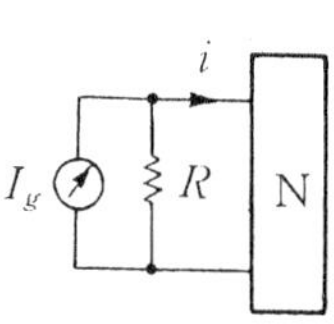

(b)

17. 키르히호프의 전압 법칙의 적용에 대한 서술 중 옳지 않은 것은?

㉮ 이 법칙은 집중 정수 회로에 적용된다.

㉯ 이 법칙은 회로 소자의 선형, 비선형에는 관계없이 적용된다.

㉰ 이 법칙은 회로 소자의 시변성, 시불변성에 구애를 받지 않는다.

㉱ 이 법칙은 선형 소자로만 이루어진 회로에 적용된다.

18. 그림에서 전지 E_1 및 E_2를 흐르는 전류가 0일 때 기전력 E_1, E_2 및 R_1, R_2의 관계는?

㉮ $E_1 E_2 = R_1 R_2$

㉯ $E_1 R_1 = E_2 R_2$

㉰ $E_1 R_2 = E_2 R_1$

㉱ $E_1^2 E_2 = R_1^2 R_2$

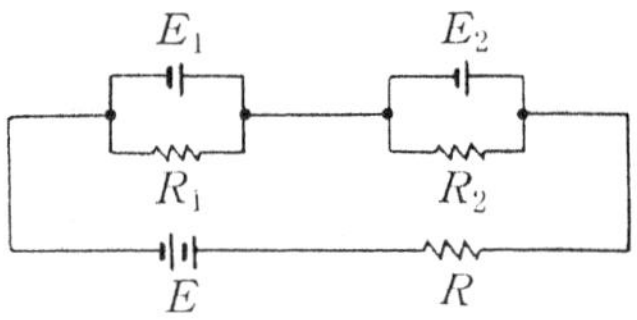

19. 그림과 같은 회로에서 I_a를 구하기 위해서 폐로 전류를 그림과 같이 설정하고 방정식을 세우면

$$a_{11}I_1 + a_{12}I_2 + a_{13}I = 10$$

$$-2I_1 + 5I_2 + a_{23}I_3 - 0$$

$$-2I_1 - I_2 + a_{33}I_3 = 0$$

가 된다. a_{11}, a_{12}, a_{13}, a_{23}, a_{33}을 차례로 나열하면?

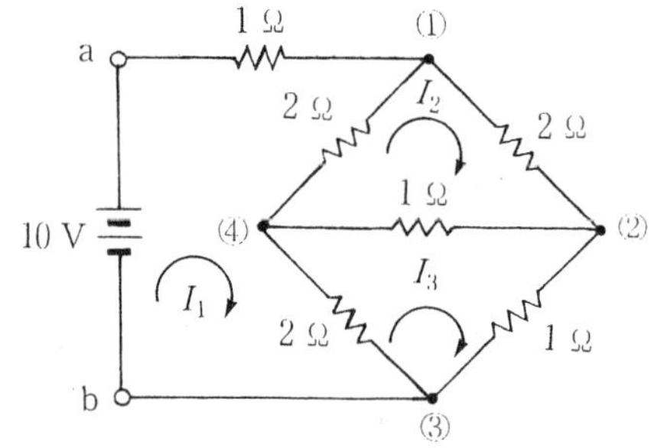

㉮ 3, −2, −2, 1, −4

㉯ 5, 2, 2, 1, 4

㉰ 5, −2, −2, −1, 4

㉱ 3, −2, −2, −1, 4

20. 그림에서 $R(=5\ [\Omega])$를 흐르는 전류의 크기는 몇 A인가?

㉮ 1

㉯ 2

㉰ 3

㉱ 4

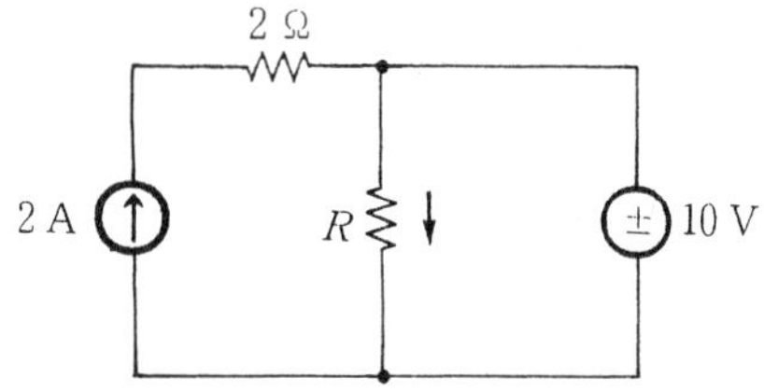

21. 다음 회로에서 선형 저항기 양단에 걸리는 전압은 몇 V인가?

㉮ 2
㉯ −2
㉰ 3
㉱ −3

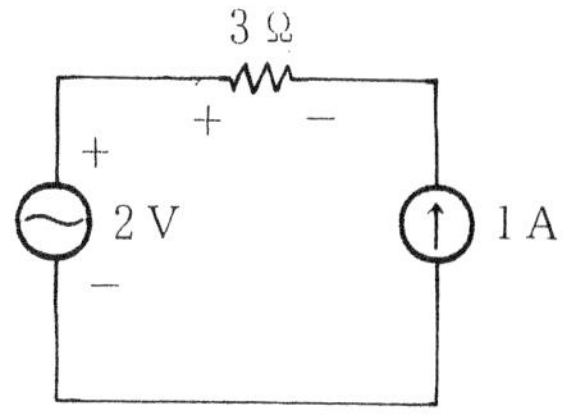

22. 그림의 회로에서 a, b 사이의 단자 전압은 몇 V인가?

㉮ +2
㉯ −2
㉰ +5
㉱ −5

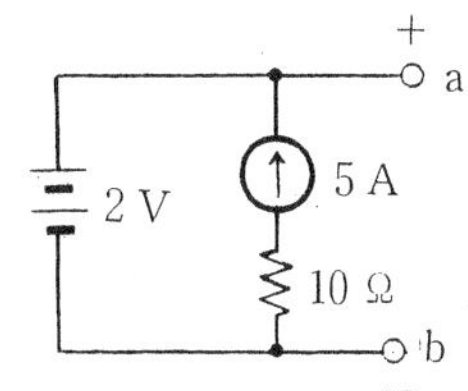

23. 그림과 같은 회로에서 a, b 단자의 전압은 몇 V인가?

㉮ 18
㉯ 15
㉰ 12
㉱ 9

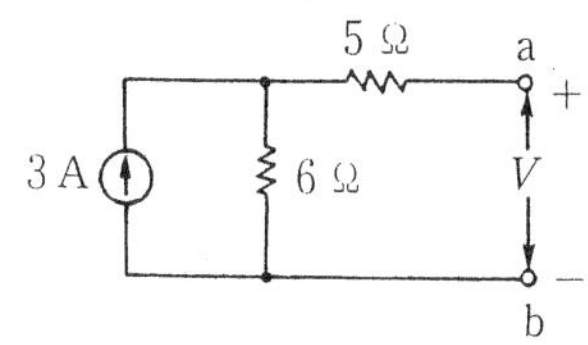

24. 다음 회로의 a, b 단자에서 본 임피던스 값은?

㉮ 0 [Ω]
㉯ 2 [Ω]
㉰ 3 [Ω]
㉱ 4 [Ω]

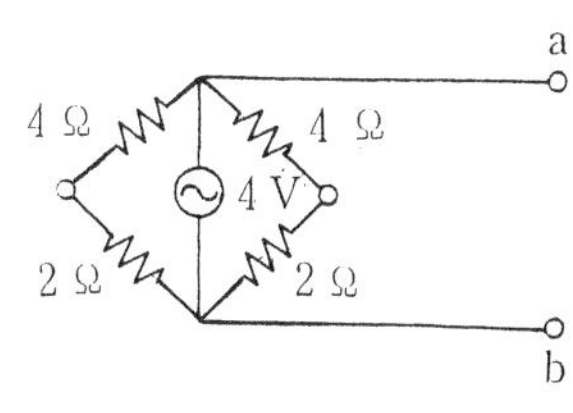

25. 그림과 같은 회로에서 AB 사이에 흐르는 전류는 몇 A인가? 단, 단위는 Ω이다.

㉮ 4
㉯ 3
㉰ 2
㉱ 1

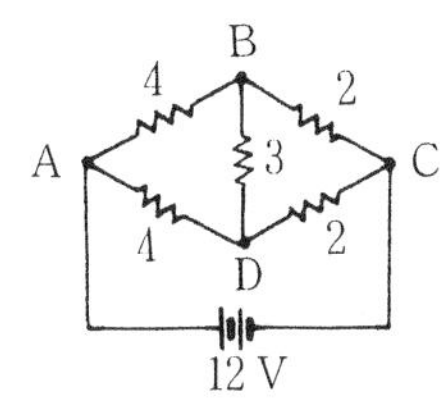

26. 그림과 같은 회로에서 $V-i$ 관계식은?

㉮ $V=0.8i$
㉯ $V=i_sR_s-2i$
㉰ $V=3+0.2i$
㉱ $V=2i$

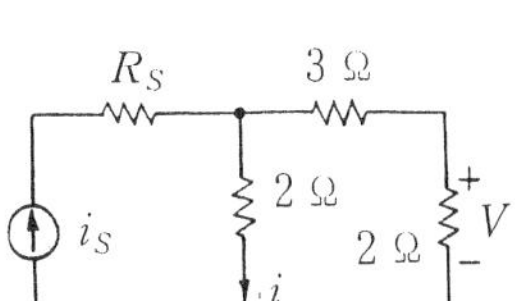

27. 그림과 같은 회로망에서 전류를 계산하는 데 옳게 표시된 식은?

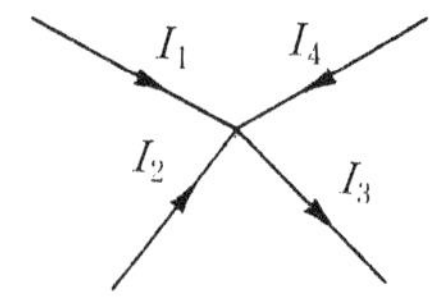

㉮ $I_1+I_2+I_3+I_4=0$

㉯ $I_1+I_2-I_3+I_4=0$

㉰ $I_1+I_4=I_2+I_3$

㉱ $I_1+I_2-I_4=I_3$

28. 다음에서 전류 i_5는?

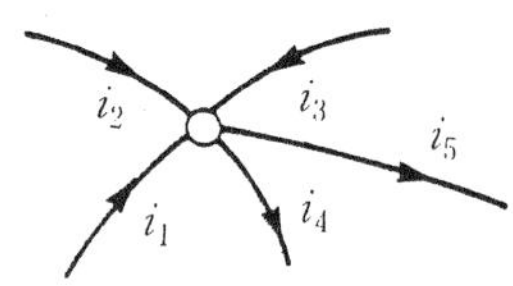

$i_1=40$ [A], $i_2=12$ [A]
$i_3=15$ [A], $i_4=10$ [A]

㉮ 37 [A]

㉯ 47 [A]

㉰ 57 [A]

㉱ 67 [A]

29. 다음 회로에서 10 [Ω]의 저항에 흐르는 전류는?

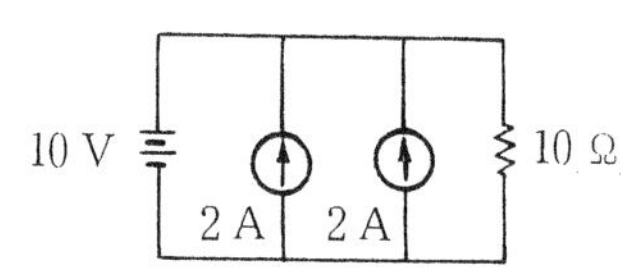

㉮ 5 [A]

㉯ 4 [A]

㉰ 2 [A]

㉱ 1 [A]

익힘 문제

1. 다음 행렬식을 계산하라.

(1) $\begin{vmatrix} 4 & 7 \\ 2 & 5 \end{vmatrix}$ (2) $\begin{vmatrix} 3 & 7 \\ -1 & -4 \end{vmatrix}$ (3) $\begin{vmatrix} 12 & 14 \\ -3 & 5 \end{vmatrix}$

2. 전개법을 이용하여 다음 행렬식을 계산하라.

(1) $\begin{vmatrix} 4 & 7 & 3 \\ 2 & 7 & 0 \\ 6 & 5 & 9 \end{vmatrix}$ (2) $\begin{vmatrix} 2.7 & 0.78 & -8.2 \\ -5.4 & 0 & 0.78 \\ 6.8 & -1.54 & 9.6 \end{vmatrix}$

3. 여인수법을 이용하여 다음 행렬식을 계산하라.

(1) $\begin{vmatrix} 14 & 8 & 7 \\ 3 & 4 & 21 \\ 0 & -5 & 0 \end{vmatrix}$ (2) $\begin{vmatrix} 2.7 & 0.78 & -8.2 \\ -5.4 & 0 & 0.78 \\ 6.8 & -1.54 & 9.6 \end{vmatrix}$

4. 다음 행렬식을 계산하라.

(1) $\begin{vmatrix} 1 & 2 & 3 & 4 \\ 8 & 7 & 6 & 5 \\ 9 & 0 & 5 & 4 \\ 3 & 2 & 1 & 0 \end{vmatrix}$ (2) $\begin{vmatrix} 1.7 & 0.42 & 0 & 0.9 \\ 1.2 & 0.82 & 0 & 1.5 \\ 0.69 & 0 & 5 & 2.3 \\ 0.7 & 0 & 4 & 2 \end{vmatrix}$

5. 크래머 법칙을 이용하여 아래 연립 방정식을 풀어라.

$$\begin{cases} 0.2V_1 - 0.8V_2 = 0.4 \\ -0.7V_1 + 0.3V_2 = -6.4 \end{cases}$$

6. 크래머 법칙을 이용하여 I_1, I_2, I_3를 구하라.

$2I_1 - 5I_2 + 3I_3 = 7$

$4I_1 + 7I_2 - 6I_3 = 32$

$10I_1 + 3I_2 - 4I_3 = 40$

7. 크래머 법칙을 이용하여 I_1, I_2, I_3 및 I_4를 구하라.

$$7I_1-2I_2-I_3-3I_4=17$$

$$-2I_1+8I_2-4I_3-I_4=-7$$

$$-I_1-4I_2+9I_3-2I_4=9$$

$$-3I_1-4I_2-2I_3+6I_4=-14$$

8. 다음 그림의 전압원을 전류원으로 바꿔라.

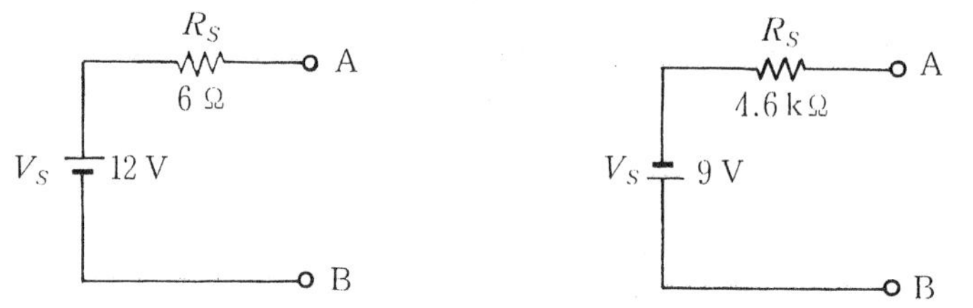

(a) (b)

9. 다음 그림의 전류원을 전압원으로 바꿔라.

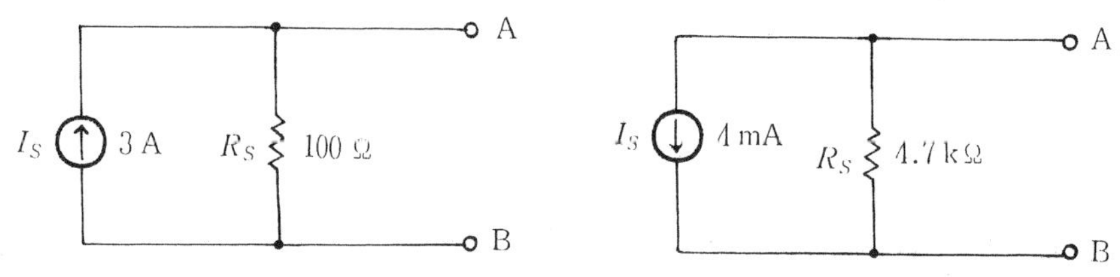

(a) (b)

10. 그림에서 부하 저항 R_L에 흐르는 전류 I_L을 구하고, 또 전류원을 전압원으로 바꿔 I_L을 구해서 비교하라.

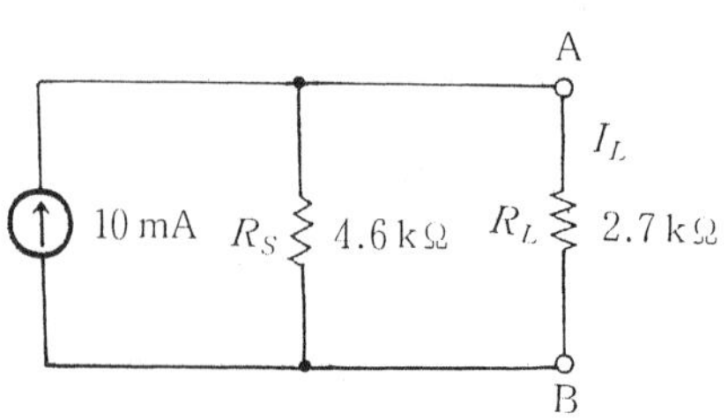

11. 아래의 그림에서 다음을 구하라.

(1) 4.6 [kΩ]의 저항을 전류원 I_{2S}의 내부 저항이라고 생각하여 전류원을 전압원으로 변환하라. 이때 극성에 주의한다.

(2) 저항 R_L에 흐르는 전류를 구하고 회로에 흐르는 방향을 표시하라.

(3) 저항 R_L의 전압 강하 V_L을 구하고 회로에 극성을 표시하라.

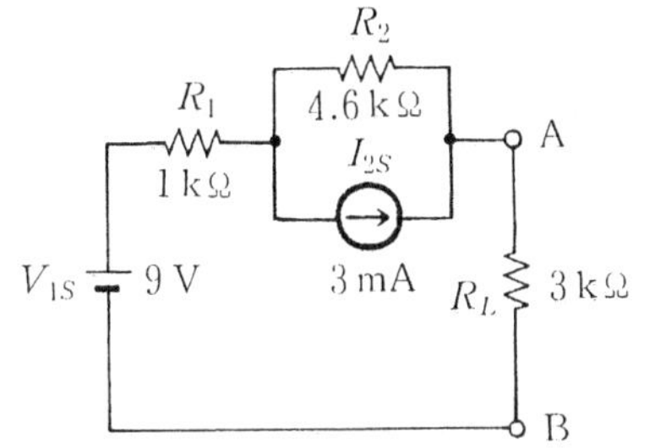

12. 그림에서 다음을 구하라.

(1) 절점을 모두 구하라.

(2) (1)의 절점 중에서 접속점은 어느 것인가?

(3) 지로(가지)를 모두 구하라.

(4) 폐회로를 모두 구하라.

(5) (4)의 폐회로 중에서 메시는 어느 것인가?

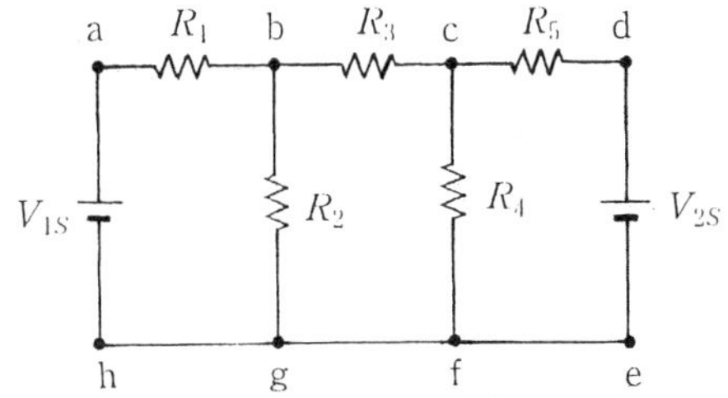

13. 지로 해석법을 이용하여 다음 그림의 각 저항에 흐르는 전류를 구하라.

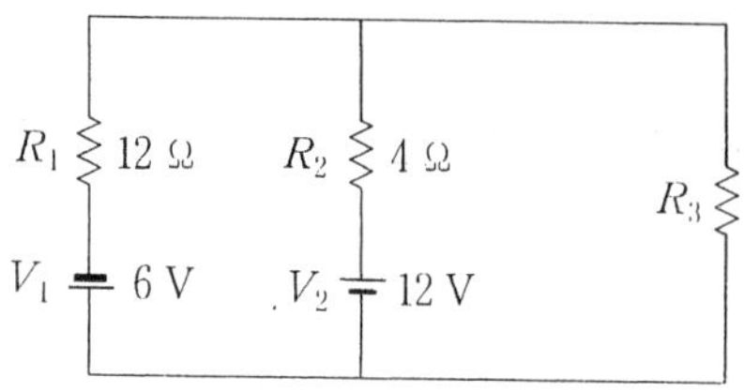

(a)

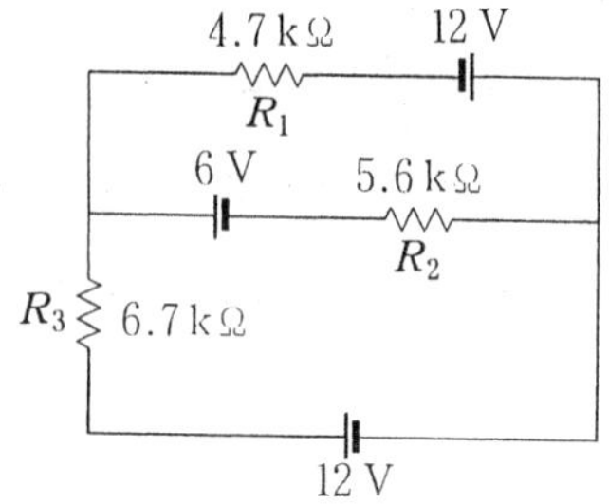

(b)

14. 문제 13의 그림에서 각 저항의 전압 강하를 구하고 회로에 극성을 표시하라.

15. 문제 13의 그림에서 각 저항에서 소비되는 전력을 구하라.

16. 문제 13의 그림에서 각 지로 전류를 망로 해석법을 이용하여 구하라.

17. 망로 해석법을 이용하여 그림의 각 저항에 흐르는 전류를 구하고 절점 a, b의 전압 V_{ab}를 구하라.

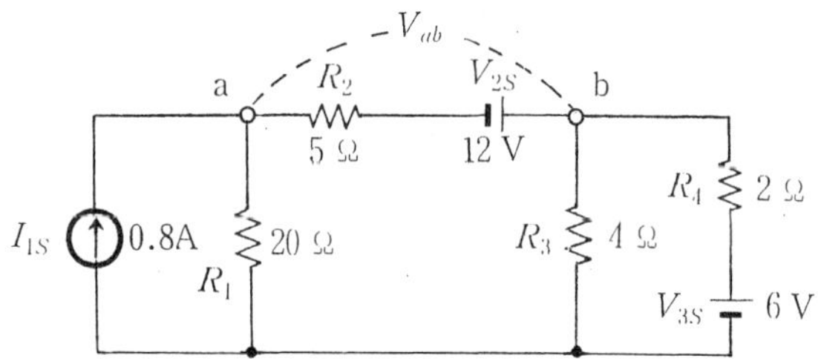

18. 문제 17의 그림에서 각 저항이 소비한 전력과 각 전원이 공급한 전력을 구하고 또 공급 전력과 소비 전력이 같음을 보여라.

19. 그림의 회로에서, 각 저항에 흐르는 전류를 망로 해석법을 이용하여 풀어라.

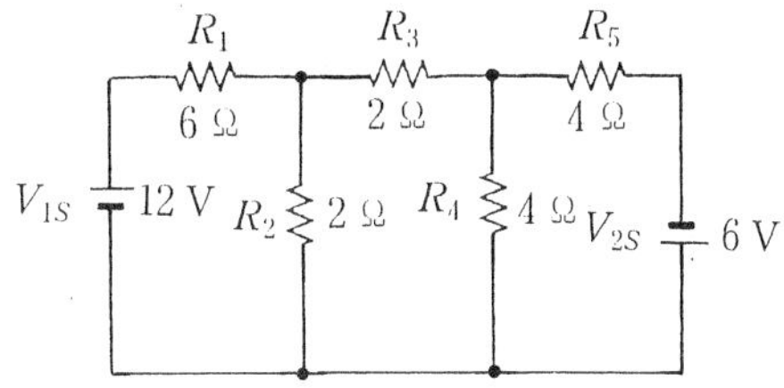

20. 문제 19의 그림에서 각 저항의 전압 강하를 구하고 회로에 극성을 표시하라.

21. 문제 19의 그림에서 각 저항에서 소비되는 전력과 각 전원이 공급한 전력을 구하고 소비 전력이 공급 전력과 같음을 보여라.

22. 그림의 회로에서 각 저항에 흐르는 전류를 구하라.

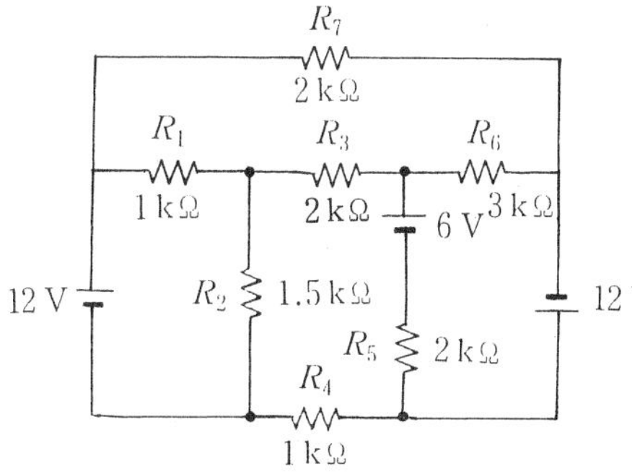

23. 그림의 브리지 회로에서 저항 R_5에 흐르는 전류를 구하라.

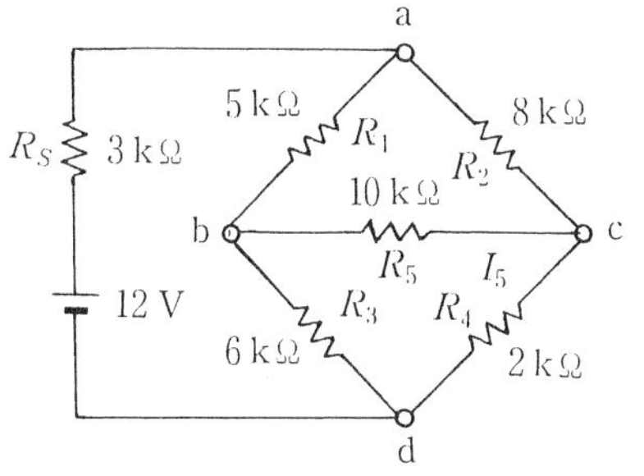

24. 문제 13의 그림에서 절점 해석법으로 각 저항에 흐르는 전류를 구하라.

25. 문제 17의 그림에서 절점 해석법을 이용하여 각 저항에 흐르는 전류를 구하라.

26. 문제 19의 그림에서 절점 해석법을 이용하여 각 저항에 흐르는 전류를 구하라.

27. 그림의 회로에서 다음을 구하라.

(1) c를 기준 절점으로 한 절점 a와 b의 전위를 구하라.

(2) 전위차 $V_{ab} = V_a - V_b$를 구하라.

(3) 저항 R_2에 흐르는 전류를 구하라.

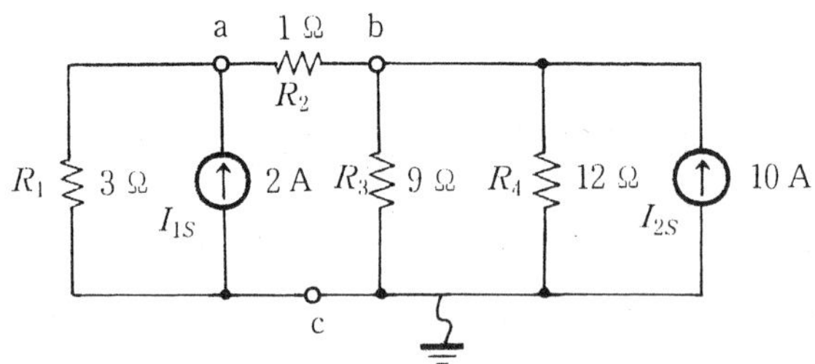

28. 그림의 회로를 다음 순서대로 해석하라.

(1) 전압원을 전류원으로 바꿔라.

(2) 절점 c를 기준 절점으로 하여 절점 a, b의 전위를 구하라.

(3) 컨덕턴스 G_2와 G_5에 흐르는 전류를 구하라.

(4) 컨덕턴스 G_1에 흐르는 전류를 구하라.

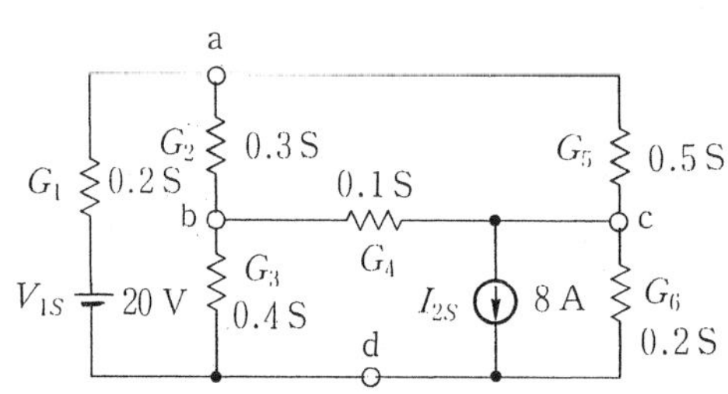

29. 다음 그림에서

(1) 절점 a, b의 전위 V_a, V_b를 구하라.

(2) 저항 R_3에 흐르는 전류 I_3를 구하라.

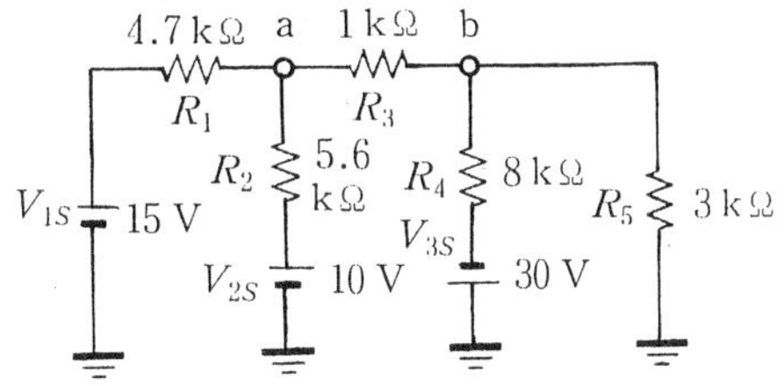

30. 문제 23의 브리지 회로를 다음 순서대로 해석하라.

(1) 전압원을 전류원으로 바꿔라.

(2) 절점 d를 기준 절점으로 한 절점 a, b, c의 전압을 구하라.

(3) 10 [kΩ]의 저항에 흐르는 전류를 구하라.

31. 그림의 △ 회로를 Y 회로로 등가 변환하라.

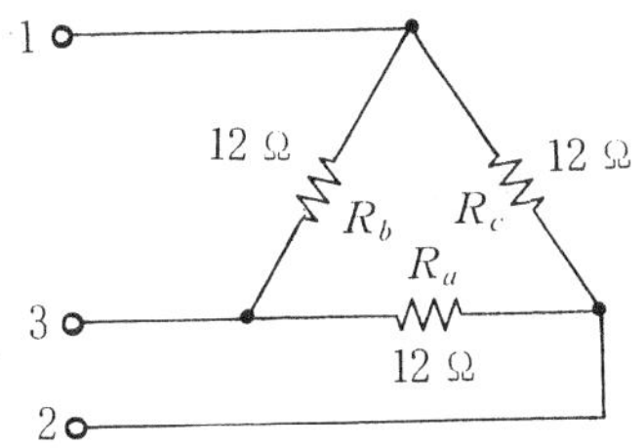

(a)

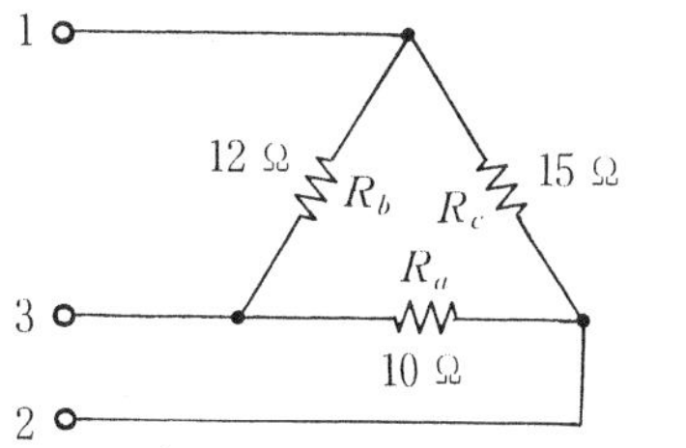

(b)

32. 그림의 Y 회로를 △ 회로로 등가 변환하라.

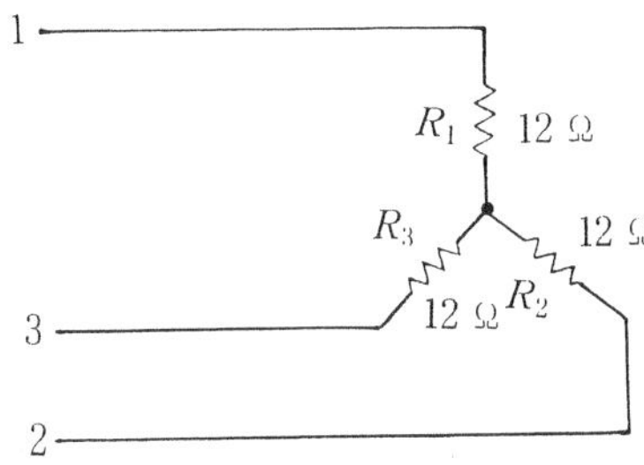

(a)

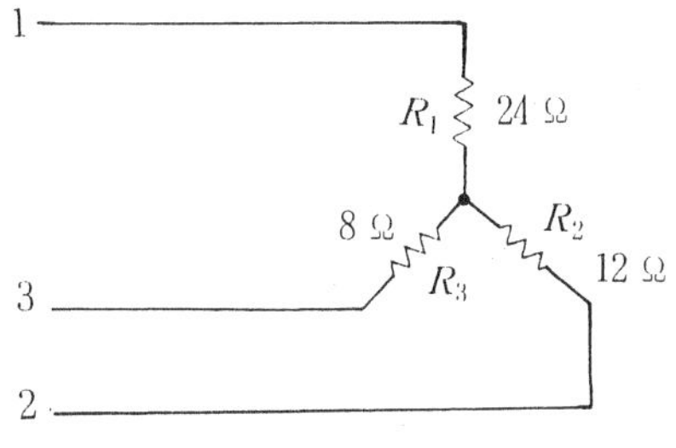

(b)

33. 그림의 회로에서 절점 a, b, c를 Y 회로로 바꿔 전원 I를 구하라.

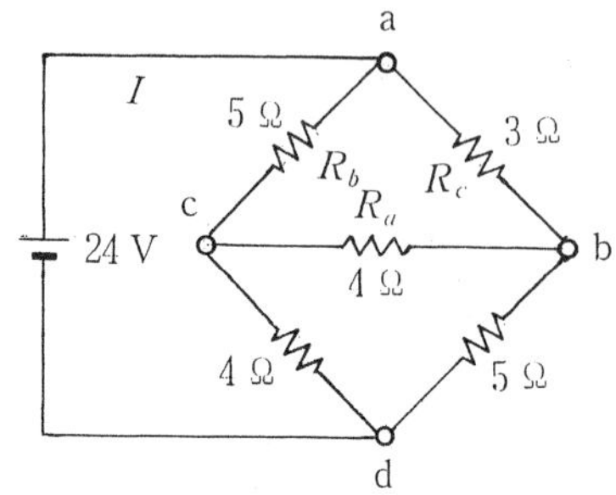

34. 그림의 회로에서 저항 R_1, R_2, R_3는 T 회로이다. 이를 π 회로로 바꿔 전원에서 본 합성 저항 R_T를 구하고 전원에 흐르는 전류를 구하라.

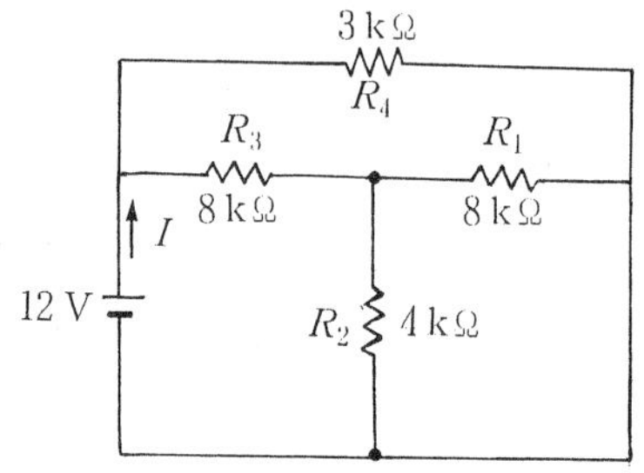

4 회로망 정리

우리는 3장에서 망로 해석법과 절점 해석법을 공부했다. 그런데 이 방법은 모든 지로의 전류와 모든 절점의 전압을 필요하든 안하든 모두 다 구하는 방법이다. 그러나 전기 회로 설계자 입장에서는 많은 지로 중에서 어느 한 지로의 전류만 알 필요가 있든지 또는 어느 한 절점의 전입만 아는 것으로 충분한 경우가 많다. 또는 저항을 변화시켜 가면서 전류의 변화를 알 필요가 있는 경우도 있다. 이 경우 저항을 변화시켜 가며 일일이 망로법을 이용하여 회로를 풀 수도 없는 노릇이다. 회로 설계시 요구 사항이나, 또는 회로를 관찰함으로써 쉽게 회로를 해석할 수 있는 경우가 많다. 이러한 회로망 정리에는 중첩의 원리, 테브낭 정리, 노튼 정리, 밀만 정리, 상반 정리 등이 있다.

4.1 중첩의 원리

한 전기 회로에 두 개 이상의 전압원 또는 전류원이 있는 경우가 많다. 전류원과 전압원이 공존하는 경우도 있다. 또는 직류 전원과 교류 전원이 공존하는 경우도 있다. 이러할 때 중첩의 원리가 이용된다. 즉 회로 내의 어느 한 지로에 흐르는 전류는, 전원이 각각 존재할 때 그 지로에 흐르는 전류를 구해 더하면 된다. 전압 강하를 구할 경우에도 마찬가지로 할 수 있다. 물론 이 경우 고려되고 있지 않은 전원은 제거된다. 전압원을 제거할 때, 전압원의 내부 저항이 영이므로 양단자를 단락한다. 전류원을 제거할 경우는 내부 저항이 무한대이므로, 무한대 저항을 만들어야 되기 때문에 전류원 단자를 개방해야 된다. 그림 4.1은 이상 전원을 제거할 경우의 전원 등가 회로이고, 그림 4.2는 실제 전원을 제거할 경우의 전원 등가 회로이다.

(a) 전압원 : 단락 (b) 전류원 : 개방

그림 4.1 이상 전원의 제거

(a) 전압원 : 단락 (b) 전류원 : 개방

그림 4.2 실제 전원의 제거

다음과 같은 단계로 원하는 지로의 전류 또는 절점의 전압을 구한다.

1. 한 개의 전원만 고려하고 나머지 전원은 제거한다.
2. 필요한 지로의 전류 또는 절점의 전압을 구한다.
3. 두 번째 전원만 고려하여 단계 1과 2를 수행한다.
4. 세 번째 전원만 고려하여 단계 1과 2를 수행한다.
5. 중첩한다. 이때 같은 방향의 전류는 +로 하고 반대 방향의 전류는 −로 한다. 절점 전압의 경우도 마찬가지다.

다음 예에서 이용 방법을 단계적으로 설명한다.

예제 4-1

그림 4.3에서 5[Ω]의 저항기에 흐르는 전류 I_3를 구하라.

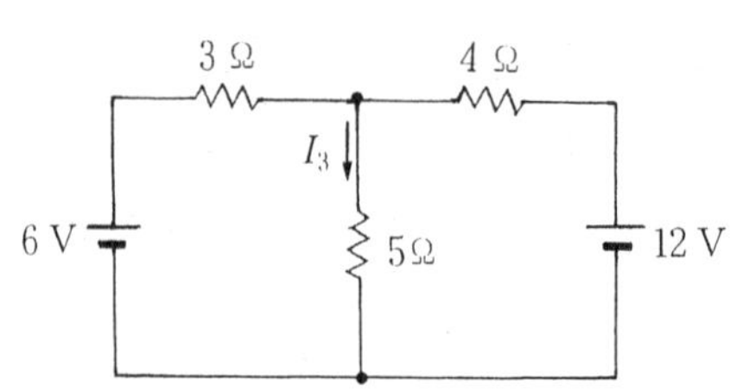

그림 4.3

✽ 풀이 이 문제는 망로법과 절점법에서 다루었다. 동일한 문제를 여러 방법으로 설명함으로써 상호간의 방법을 비교해 볼 수 있다.

▶**단계 1, 2** : 한 번에 한 개의 전원만 고려한다. 여기서 6[V]만 고려한다. 전압원의 내부 저항은 영이므로 12[V]를 제거한 등가 회로는 그림 4.4와 같다. 6[V] 전원에서 볼 때 직병렬 회로이다. 우선 I_1'을 구한다. 합성 저항 R_{T1}은

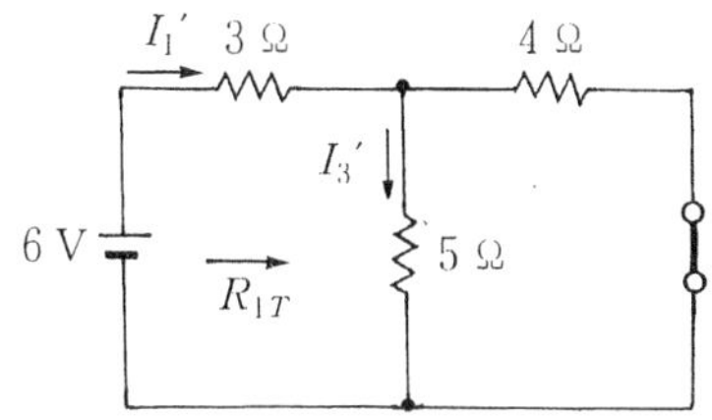

그림 4.4

$$R_{T1} = 3 + \frac{4 \times 5}{4 + 5} = 5.222\ [\Omega]$$

이고 I_1'은

$$I_1' = \frac{6}{5.222} = 1.149\ [\text{A}]$$

이다.

전류 분배 법칙에서 전류 I_3'은 다음과 같이 된다.

$$I_3' = \frac{4}{4+5} \times 1.149 = 0.511\ [\text{A}]$$

▶**단계 3** : 12[V]만 고려한다.

등가 회로는 그림 4.5와 같으며 단계 1과 마찬가지로 I_3''을 구한다.

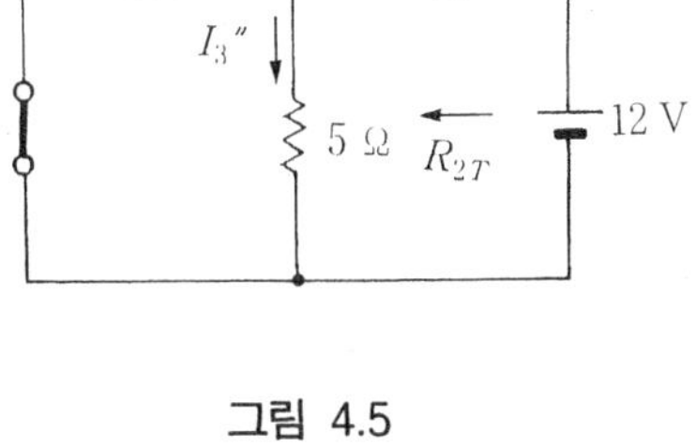

그림 4.5

$$R_{T2} = 4 + \frac{3 \times 5}{3+5} = 5.875\ [\Omega]$$

$$I_2' = \frac{12}{5.875} = 2.043\ [\mathrm{A}]$$

$$I_3'' = \frac{3}{3+5} \times 2.043 = 0.766\ [\mathrm{A}]$$

▶**단계 5** : I_3'과 I_3''을 더한다. 이때 주의할 것은 전류의 방향이다. I_3'과 I_3''이 문제에서 제시한 I_3의 방향과 같으므로 더하면 된다.

$$I_3 = I_3' + I_3'' = 0.511 + 0.766 = 1.277\ [\mathrm{A}]$$

예제 3-12의 값과 일치했다.

연습문제 4-1	그림 4.6의 회로에서 5 [Ω] 저항기에 흐르는 전류 I_3를 중첩의 원리를 이용하여 구하라.

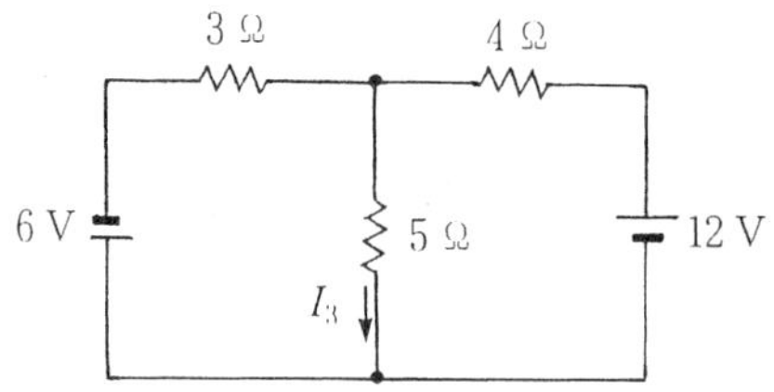

그림 4.6

예제 4-2

그림 4.7에서 20 [Ω]의 저항기에 흐르는 전류 I를 구하라.

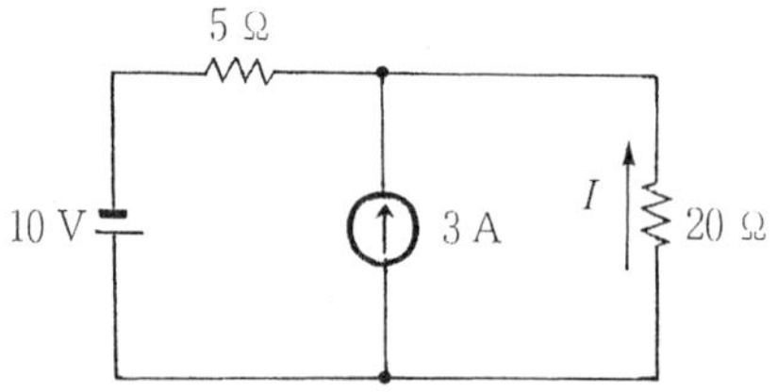

그림 4.7

✲ 풀이 10 [V] 전압원만 고려한다. 전류원의 내부 저항은 무한대이므로 등가 회로는 그림 4.8과 같다.

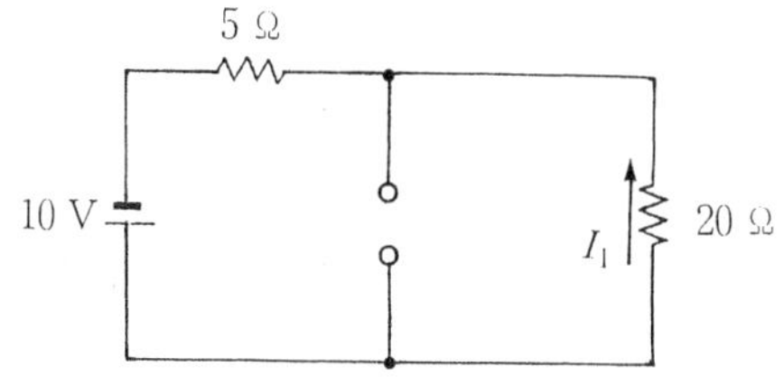

그림 4.8

그림에서 5 [Ω]과 20 [Ω]은 직렬이므로 I_1은 다음과 같다.

$$I_1 = \frac{10}{5+20} = \frac{10}{25} = 0.4 \text{ [A]}$$

다음에 3 [A] 전류원만 고려한다. 10 [V] 전압원의 내부 저항은 영이므로 등가 회로는 그림 4.9와 같이 된다. 그림에서 5 [Ω]과 20 [Ω]은 병렬이므로 전류 분배 법칙에서 I_2는 다음과 같이 된다.

$$I_2 = \frac{5}{5+20} \times 3 = 0.6 \text{ [A]}$$

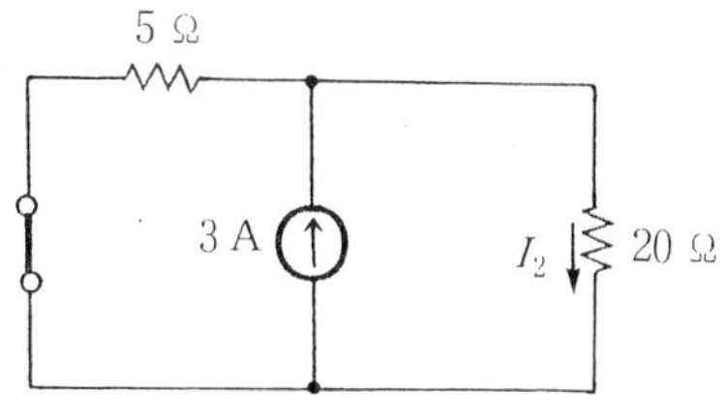

그림 4.9

중첩의 원리에 의해 I_1과 I_2를 합하면 된다. 그림 4.7을 참고하면 I_1은 I와 일치하나 I_2는 반대 방향이므로 빼 주어야 된다. 그러므로

$$I = +I_1 - I_2 = 0.4 - 0.6 = -0.2 \text{ [A]}$$

가 된다.

$I = -0.2$ [A]에서 $-$는 무엇을 의미하는가? 그림 4.7에서 I의 방향을 반대로 정했다면 I의 값은 $+0.2$ [A]가 되었을 것이다. 따라서 $-$는 실제 전류가 반대로 흐름을 의미한다.

연습문제 4-2 그림 4.10에서 저항 R_1에 흐르는 전류 I_1을 중첩의 원리를 이용하여 구하라.

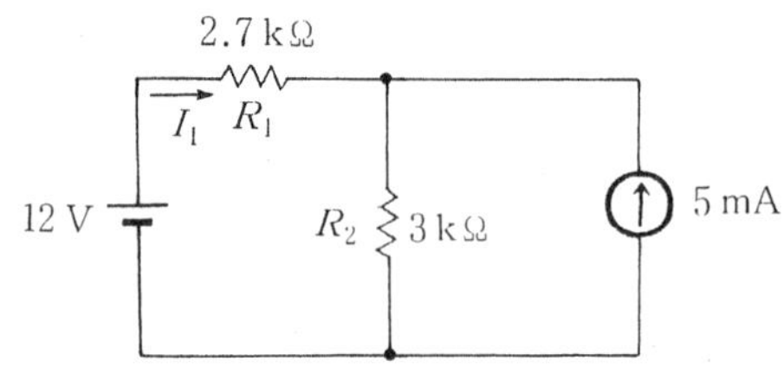

그림 4.10

4.2 테브낭의 정리

여러 개의 지로로 이루어진 전기 회로에서 어느 한 개 지로만의 전류를 구하는 데 이용되는 정리를 테브낭(Thevenin) 정리라 한다. 또한 어느 두 절점에 새로이 저항을 연결할 때 그 저항에 흐르는 전류를 구하는 경우, 어느 한 저항을 가변시킬 때 이 가변 저항에 흐르는 전류의 변화를 알고자 하는 경우에도 이용된다.

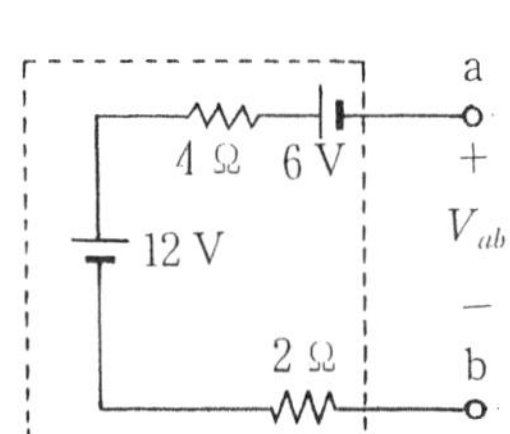

그림 4.11

그림 4.11에서 점선 내부의 회로를 절점 ab에서 본 등가 회로로 변환시켜 본다. 키르히호프 전압 법칙에서 절점 ab 전압

$$V_{ab} = +12 - 6 = 6\,[\mathrm{V}]$$

이다. 즉 단자 ab에 전압계를 연결하면 6 [V]를 지시한다. 2 [Ω]과 4 [Ω]은 직렬이므로 합성 저항 R_T는

$$R_T = 2 + 4 = 6\,[\Omega]$$

이다. 즉 단자 ab에 저항계를 연결하면 6 [Ω]을 지시한다. 저항 R_T를 R_{TH}로 표시하고, 전압 V_{ab}를 V_{TH}로 표시하면 점선 내부의 회로는 그림 4.12와 같이 단순하게 그릴 수 있다.

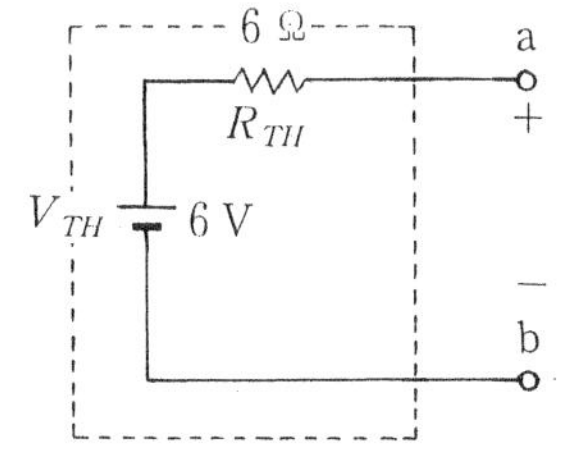

그림 4.12 테브낭 정리

그림 4.12에서 점선 ab 외부 단자에 $R_L = 3\,[\Omega]$의 저항기를 연결할 경우 이 저항기에 흐르는 전류 I_L을 구해 본다.

그림 4.13에서

$$I_L = \frac{V_{TH}}{R_{TH} + R_L} = \frac{6}{6+3} = 0.67\,[\mathrm{A}]$$

가 된다.

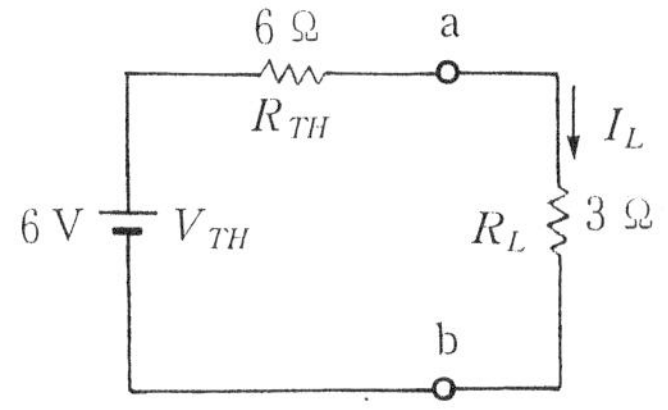

그림 4.13

지금 그림 4.13의 $R_L = 3\,[\Omega]$의 저항기를 그림 4.11의 원래 회로에 연결해도 결과는 마찬가지로 $I_L = 0.67\,[\text{A}]$가 될 것이다. 따라서 다음과 같이 테브낭 정리를 말할 수 있다. 절점 ab에 나타난 전압을 V_{TH}, 저항을 R_{TH}라 할 때 절점 ab에 R_L을 연결할 경우 R_L에 흐르는 전류 I_L은

$$I_L = \frac{V_{TH}}{R_{TH} + R_L}$$

이다. R_{TH}를 구할 때 물론 전압원은 단락이고 전류원은 개방이다. 등가 회로는 그림 4.14와 같이 된다.

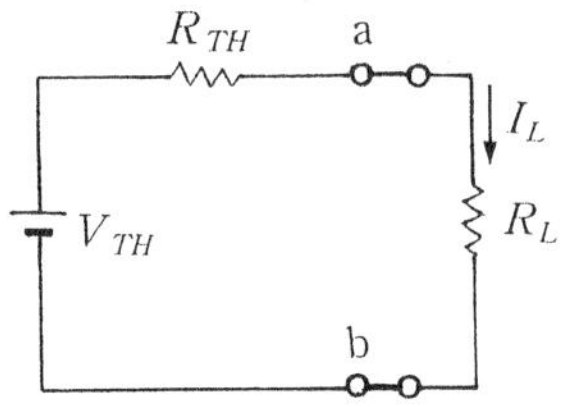

그림 4.14 테브낭의 등가 회로

이 테브낭 정리는 회로를 해석할 때 자주 쓰이는 정리이므로 철저히 연습하기 바라며 다음 순서대로 구하면 된다.

1. 회로에서 R_L을 떼어 낸다.
2. 절점 ab에 나타나는 테브낭 전압 V_{TH}를 구한다.
3. 전압원은 단락하고 전류원은 개방하여 절점 ab에서 본 테브낭 저항 R_{TH}를 구한다.
4. 그림 4.14의 테브낭 등가 회로를 그릴 수 있으며 전류 I_L은

$$I_L = \frac{V_{TH}}{R_{TH} + R_L}$$

이다.

예제 4-3

그림 4.15에서 $7\,[\Omega]$의 저항에 흐르는 전류를 구하라.

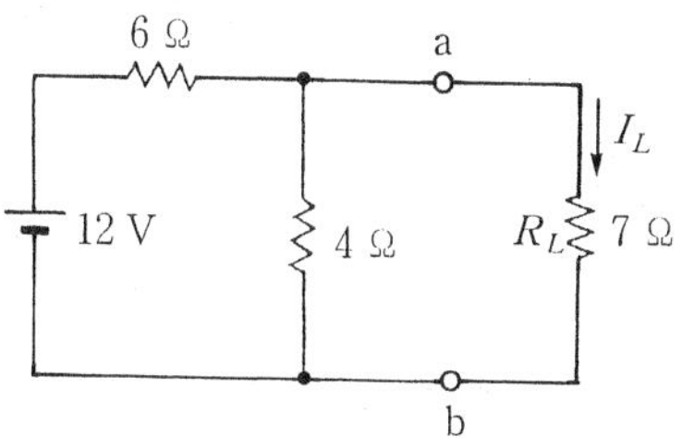

그림 4.15

✲ 풀이 ▶**단계 1, 2** : 우선 테브낭 전압 V_{TH}를 구한다. 절점 ab를 개방하여 그림 4.16을 얻는다. 전압 분배 법칙에서

$$V_{TH} = V_{ab} = \frac{4}{6+4} \times 12 = 4.8\,[\mathrm{V}]$$

가 된다.

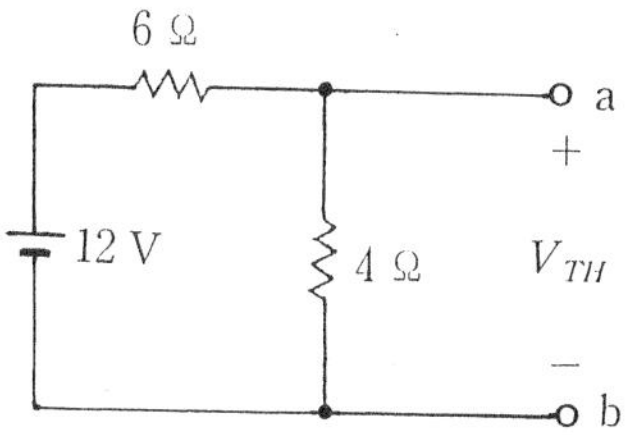

그림 4.16 V_{TH}를 구하는 회로

▶**단계 3** : 테브낭 저항 R_{TH}를 구하기 위해 전원을 단락하여 그림 4.17을 얻는다.

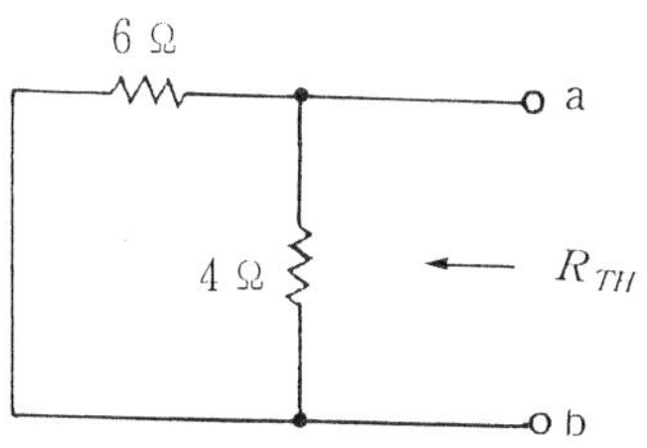

그림 4.17 R_{TH}를 구하는 회로

절점 ab에서 볼 때 6 [Ω]과 4 [Ω]은 병렬이므로 테브낭 저항 R_{TH}는

$$R_{TH}=\frac{6\times4}{6+4}=2.4\ [\Omega]$$

이다.

▶**단계 4** : 테브낭 등가 회로를 그림 4.18과 같이 그린다. 이때 전압의 극성에 주의해야 한다. 이 경우 그림 4.16에서 절점 a가 +이므로 그림 4.18과 같이 전압의 극성을 그릴 수 있다. 따라서 7 [Ω]의 저항에 흐르는 전류 I_L은

$$I_L=\frac{V_{TH}}{R_{TH}+R_L}=\frac{4.8}{2.4+7}=\frac{4.8}{9.4}=0.51\ [\text{A}]$$

이다.

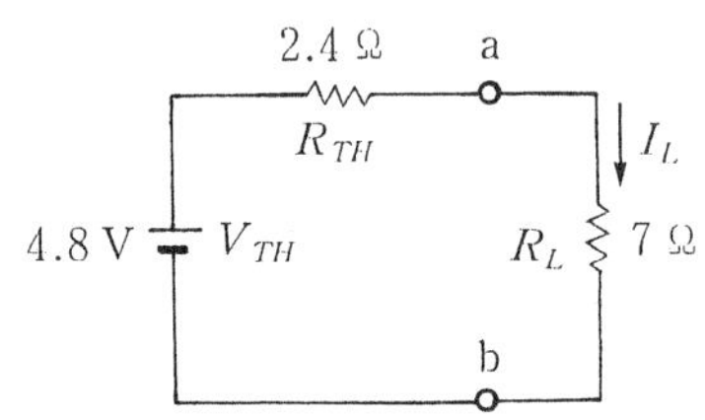

그림 4.18 등가 회로

연습문제 4-3	그림 4.19의 회로에서 테브낭 정리를 이용하여 전류 I_L을 구하라.

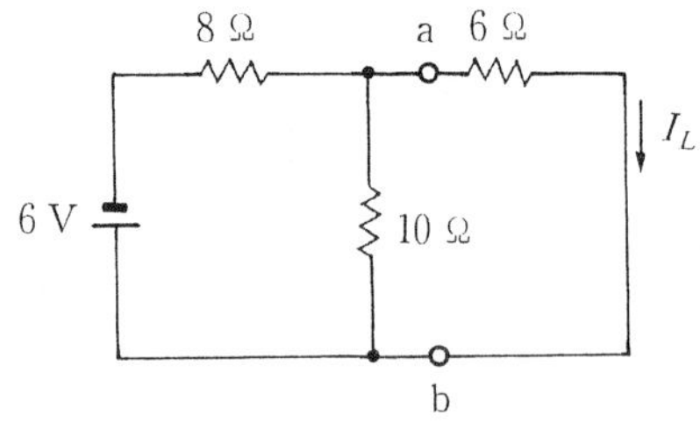

그림 4.19

예제 4-4

그림 4.20에서 5 [Ω]의 저항에 흐르는 전류 I_3를 구하라.

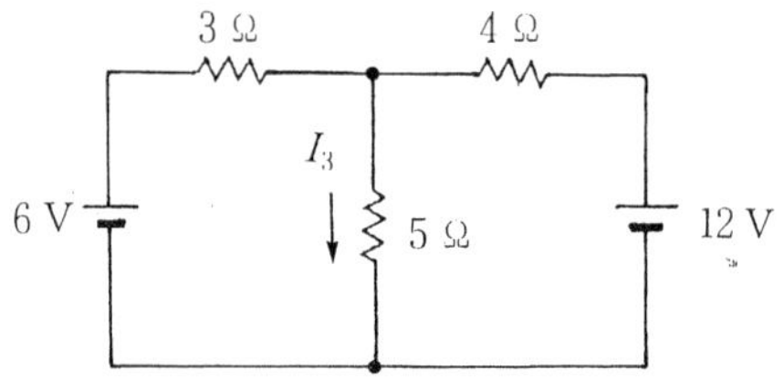

그림 4.20

✲ 풀이 5[Ω] 저항 양단을 회로에서 떼어 내어 그림 4.21을 그릴 수 있다. 폐로 전류 I는

$$I=\frac{12-6}{3+4}=\frac{6}{7}\ [\text{A}]$$

이다.

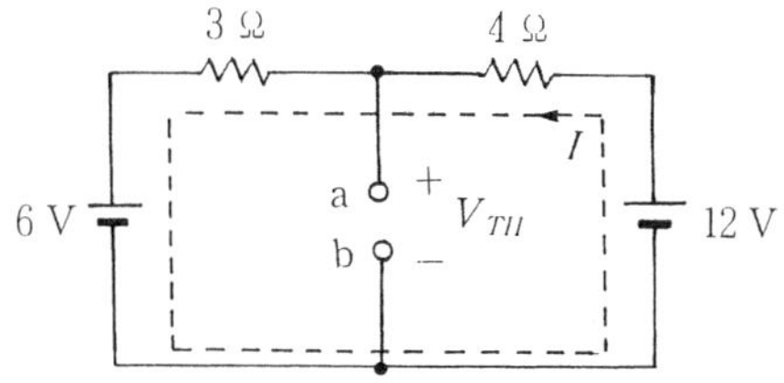

그림 4.21

4 [Ω] 저항의 전압 강하 V_4는

$$V_4=4I=4\times\frac{6}{7}=\frac{24}{7}\ [\text{V}]$$

이다. V_{TH}는 그림 4.22에서, 키르히호프의 전압 법칙에서

$$12-\frac{24}{7}-V_{TH}=0$$

$$V_{TH}=12-\frac{24}{7}=\frac{60}{7}\ [\text{V}]$$

가 된다.

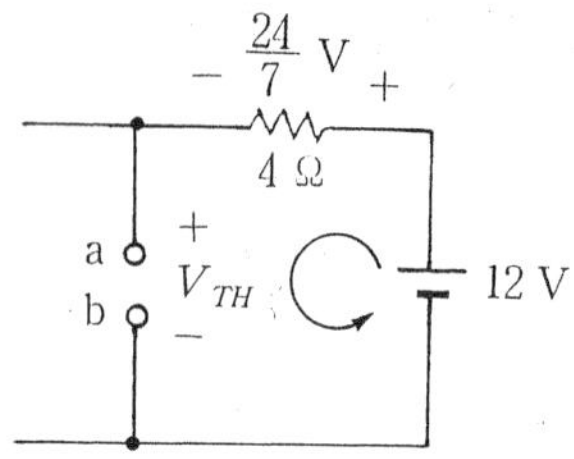

그림 4.22

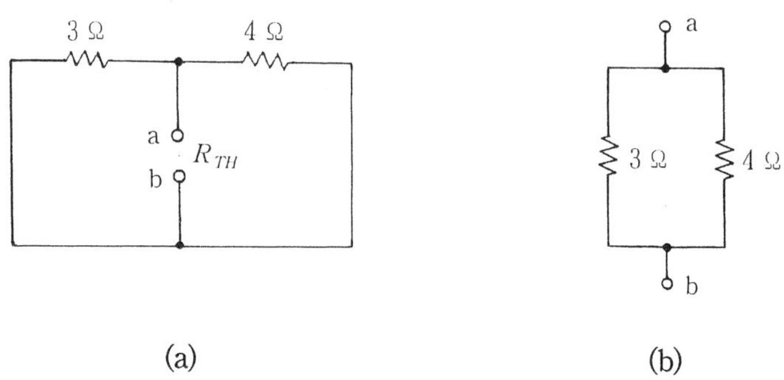

그림 4.23

다음에 R_{TH}를 구하는 등가 회로는 그림 4.23 (a)와 같이 되며 그림 (a)는 그림 (b)로 고쳐 그릴 수 있다.

따라서 테브낭 저항 R_{TH}는

$$R_{TH}=\frac{3\times4}{3+4}=\frac{12}{7}\ [\Omega]$$

이다. 그러므로 테브낭 등가 회로는 그림 4.24가 된다.

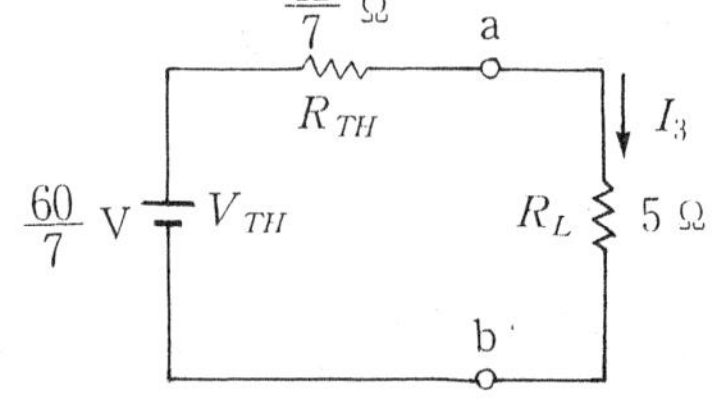

그림 4.24

따라서 전류 I_3는

$$I_3 = \frac{V_{TH}}{R_{TH}+R_L} = \frac{\frac{60}{7}}{\frac{12}{7}+5} = \frac{\frac{60}{7}}{\frac{12+35}{7}} = \frac{60}{47} = 1.277\,[\mathrm{A}]$$

이다.

예제 4-4에서 보는 바와 같이 회로망의 여러 지로 중에서 어느 한 특수 지로만의 전류를 구할 때는 테브낭 정리가 가장 편리한 방법이다. 물론 모든 지로의 전류를 다 구할 필요가 있을 경우는 절점법이나 망로법을 이용한다.

연습문제 4-4 그림 4.6의 회로에서 테브낭 정리를 이용하여 전류 I_3를 구하라.

예제 4-5

그림 4.25의 브리지 회로에서 7 [Ω]의 저항에 흐르는 전류를 구하라.

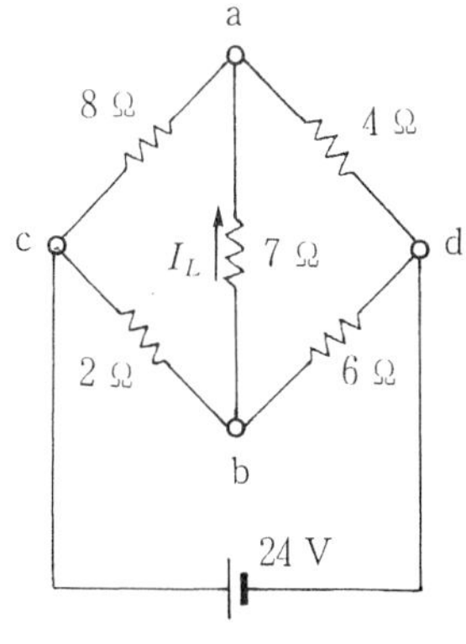

그림 4.25

✲ 풀이 ▶**단계 1** : 7 [Ω]의 저항을 회로에서 떼어 내어 그림 4.26을 얻는다.

▶**단계 2** : 8 [Ω]의 전압 강하 V_{ca}, 2 [Ω]의 전압 강하 V_{cb}를 구한다.

$$V_{ca} = \frac{8}{8+4} \times 24 = 16\,[\mathrm{V}]$$

$$V_{cb} = \frac{2}{2+6} \times 24 = 6\,[\mathrm{V}]$$

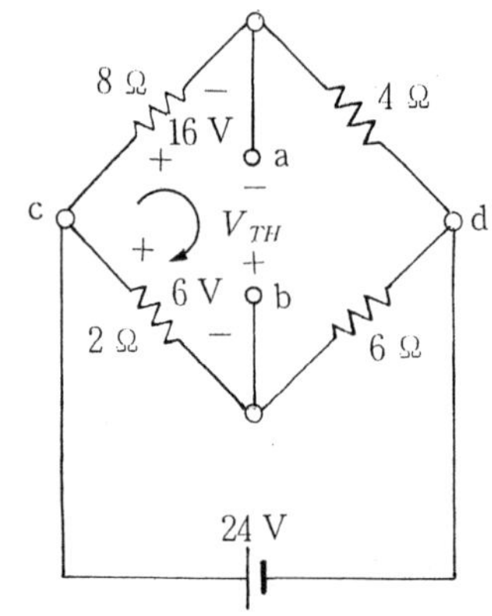

그림 4.26

그림 4.25의 I_L 방향을 고려하여 그림 4.26에서 절점 b를 +, 절점 a를 −로 극성을 표시한다.

폐로 cabc에 키르히호프 전압 법칙을 적용시켜 V_{TH}를 구한다.

$$V_{TH}+6-16=0$$

$$V_{TH}=10\,[\mathrm{V}]$$

▶**단계 3** : 전압원을 단락시켜 R_{TH}를 구한다.

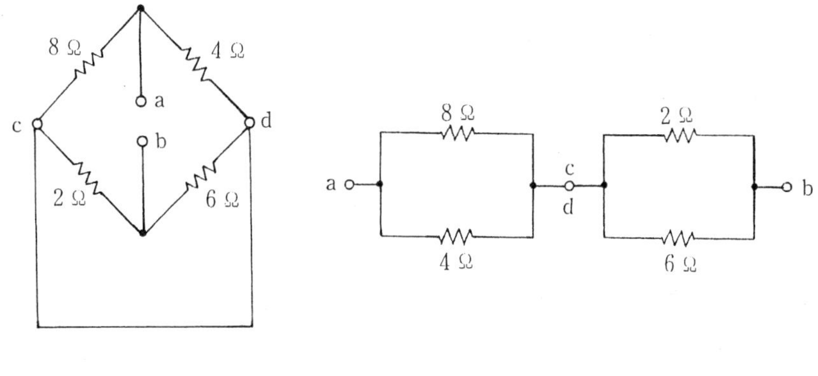

(a) (b)

그림 4.27

그림 4.27의 (a)는 (b)와 같이 다시 그릴 수 있다.
따라서,

$$R_{TH}=\frac{8\cdot 4}{8+4}+\frac{2\cdot 6}{2+6}=4.17\,[\Omega]$$

▶**단계 4** : 그림 4.28과 같이 테브낭 등가 회로를 그릴 수 있다.

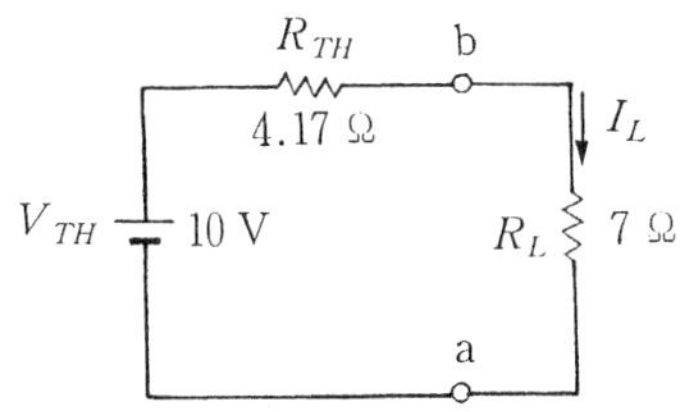

그림 4.28

따라서,

$$I_L=\frac{10}{4.17+7}=0.90\,[\mathrm{A}]$$

연습문제 4-5	그림 4.29의 브리지 회로에서 3 [Ω]의 저항에 흐르는 전류 I_L을 구하라.

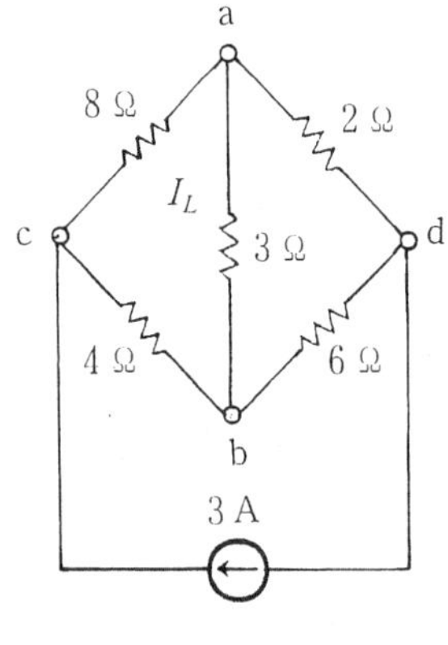

그림 4.29

예제 4-6

그림 4.30의 회로에서 절점 ab에 20 [Ω], 30 [Ω], 40 [Ω]의 부하 저항 R_L을 연결할 때, R_L에 흐르는 전류 I_L을 구하는 식을 만들고 각각의 R_L에 대한 I_L을 구하라.

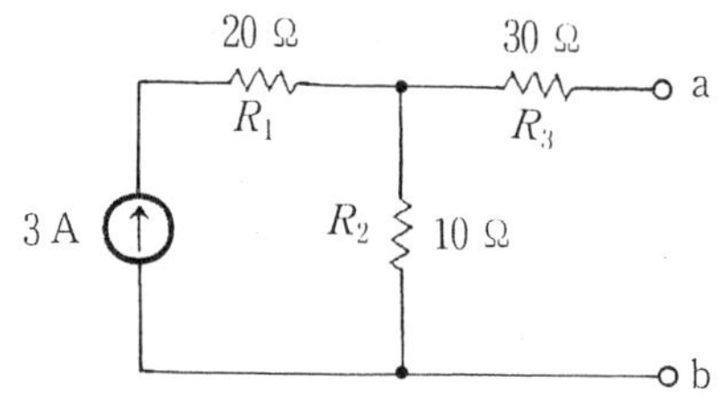

그림 4.30

✲ **풀이** 테브낭 등가 회로를 구하면 된다.

▶**단계 1, 2** : 테브낭 전압 V_{TH}는 그림 4.31에서 절점 ab의 전압이다. 절점 ab가 개방되어 있으므로 30 [Ω]의 저항에는 전류가 흐르지 않으며 전압 강하는 0 [V]이다. 10 [Ω] 저항에는 3 [A]의 전류가 흐르므로 전압 강하는 $3 \times 10 = 30$ [V]이다. 따라서 $V_{TH} = -0 + 30 - 30$ [V]이다.

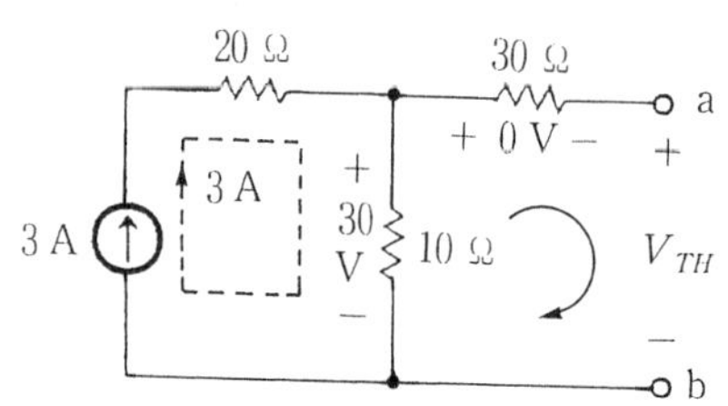

그림 4.31

▶**단계 3** : 전류원의 내부 저항이 무한대이므로 테브낭 저항 R_{TH}를 구하는 등가 회로는 그림 4.32와 같이 된다.

따라서 R_{TH}는

$$R_{TH} = 30 + 10 = 40\ [\Omega]$$

이다.

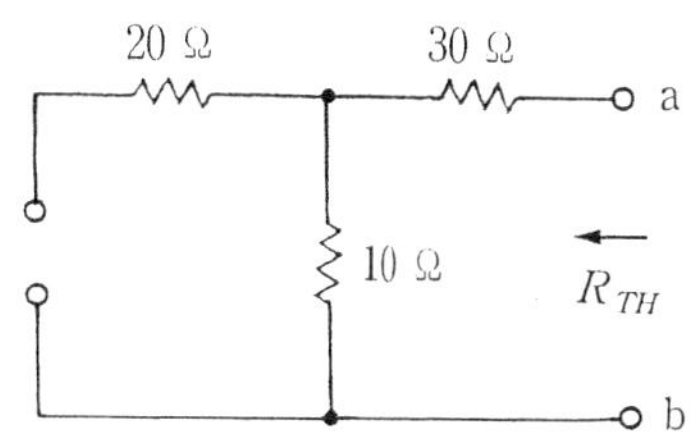

그림 4.32

▶**단계 4** : 등가 회로는 그림 4.33과 같이 되고 I_L을 구하는 식은 다음과 같다.

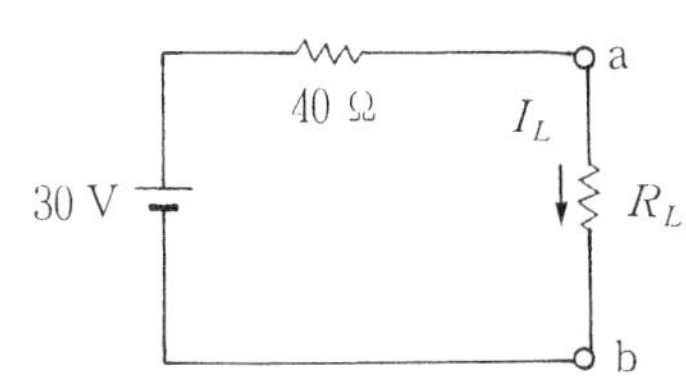

그림 4.33

$$I_L = \frac{30}{40 + R_L}\ [\mathrm{A}]$$

$R_L = 20\ [\Omega]$일 때 : $I_L = \frac{30}{40+20} = 0.5\ [\mathrm{A}]$

$R_L = 30\ [\Omega]$일 때 : $I_L = \frac{30}{40+30} = 0.43\ [\mathrm{A}]$

$R_L = 40\ [\Omega]$일 때 : $I_L = \frac{30}{40+40} = 0.38\ [\mathrm{A}]$

연습문제 4-6	그림 4.34에서 부하 저항 R_L을 가변으로 할 때 R_L에 흐르는 전류 I_L을 구하는 식을 만들어라.

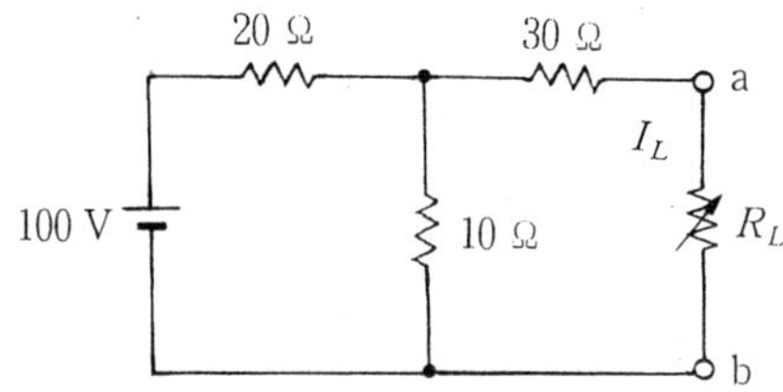

그림 4.34

예제 4-7

그림 4.35에서 저항 R_3에 흐르는 전류 I를 구하라.

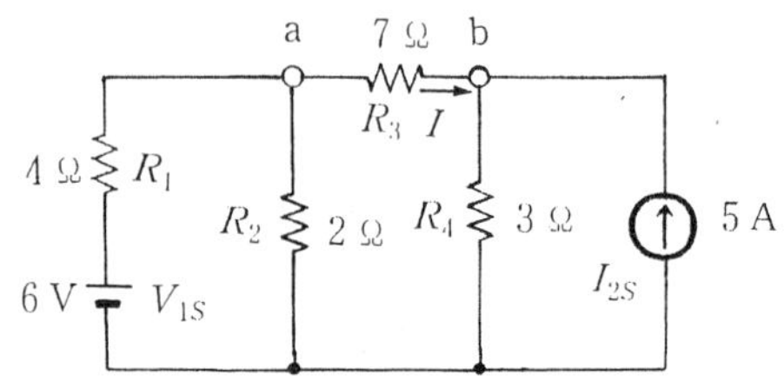

그림 4.35

✲ **풀이** 테브낭 전압 V_{TH}를 구하기 위한 등가 회로를 그림 4.36과 같이 그릴 수 있다. 그림에서 폐로 전류 I_{1S}와 I_{2S}에 유의하자. 전압 강하 V_2와 V_4는 다음과 같이 된다.

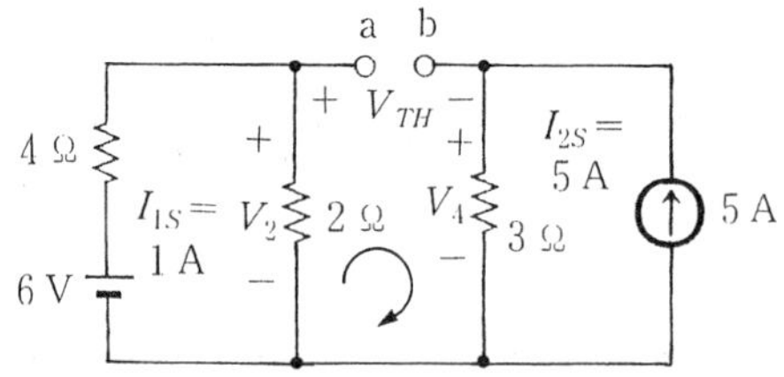

그림 4.36

$$V_2=\frac{2\,[\Omega]}{4\,[\Omega]+2\,[\Omega]}\times 6\,[\text{V}]=2\,[\text{V}]$$

$$V_4=3\,[\Omega]\times 5\,[\text{A}]=15\,[\text{V}]$$

절점 ab를 포함한 폐회로를 그림과 같이 시계 방향으로 만들어 테브낭 전압 V_{TH}를 다음과 같이 구한다. 이때 전압 강하를 +, 전압 상승을 −로 한다.

$$+V_{TH}+V_4-V_2=0$$

$$V_{TH}=V_2-V_4=2-15=-13\ [\mathrm{V}]$$

즉, 절점 b에 대한 절점 a의 전위가 −13[V]이다. 따라서 절점 b가 13[V]만큼 높다.

다음에 테브낭 저항 R_{TH}는 그림 4.37 (a)에서 구할 수 있다. 그림 (a)는 그림 (b)와 같이 다시 그릴 수 있다. 그림 (b)에서 합성 저항 R_{TH}는

$$R_{TH}=\frac{4\times2}{4+2}+3=1.33+3=4.33\ [\Omega]$$

가 된다.

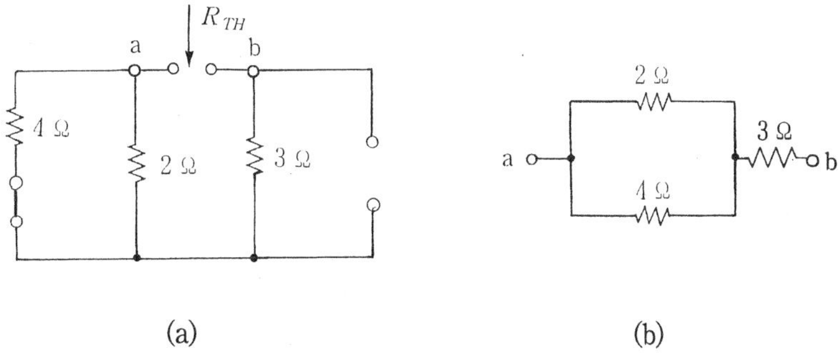

그림 4.37

테브낭 등가 회로는 그림 4.38과 같이 된다. 절점 b가 절점 a보다 높은 전위점이므로 전압 V_{TH}의 극성은 그림과 같이 된다. 그림에서 전류 I는

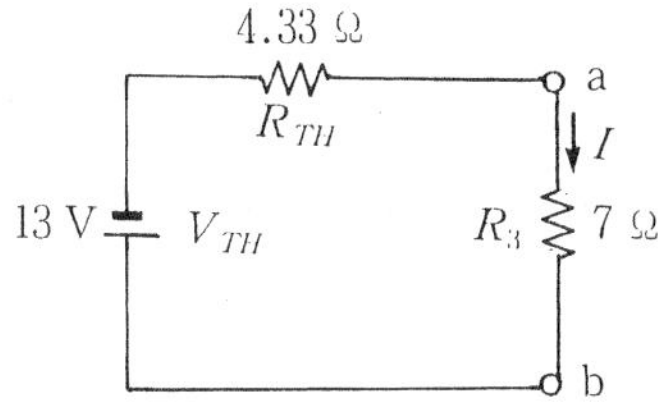

그림 4.38

$$I = \frac{-13}{4.33+7} = -1.15\,[\text{A}]$$

가 된다. 즉 전류 I는 실제로 절점 b에서 절점 a쪽으로 $+1.15$ [A]가 흐른다.

연습문제 4-7 그림 4.39의 회로에서 저항 R_3에 흐르는 전류 I를 구하라.

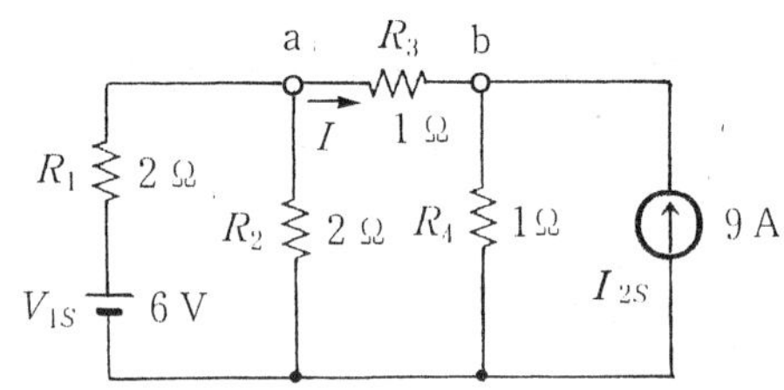

그림 4.39

예제 4-8

그림 4.40에서 저항 R_2의 전압 강하 V_2를 구하라.

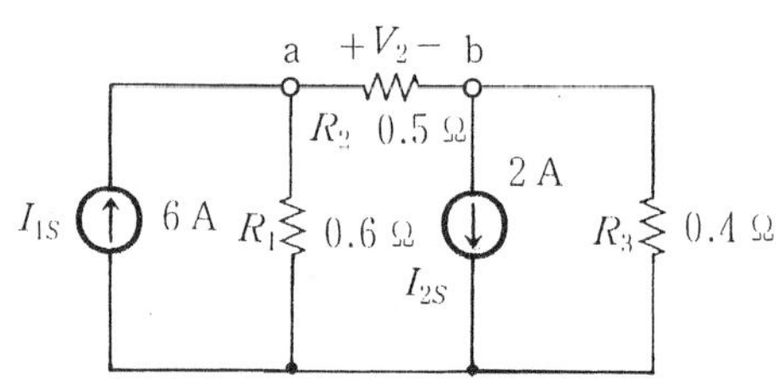

그림 4.40

✻ 풀이 이번 예제는 전압 강하를 구하는 것이므로 절점 해석법을 이용하여 절점 ab의 전위를 구하면 $V_2 = V_a - V_b$이므로 편리할 것이다. 그러나 여기서는 저항 R_2에 흐르는 전류 I_2를 구해 $V_2 = R_2 I_2$에서 구해 본다.

저항 R_2를 회로에서 분리하고 테브낭 전압 V_{TH}를 구한다. 등가 회로는 그림 4.41과 같이 된다. 그림에서 I_{1S}와 I_{2S}의 흐르는 방향에 주의하여, 전압 강하 V_1과 V_3를 구한다.

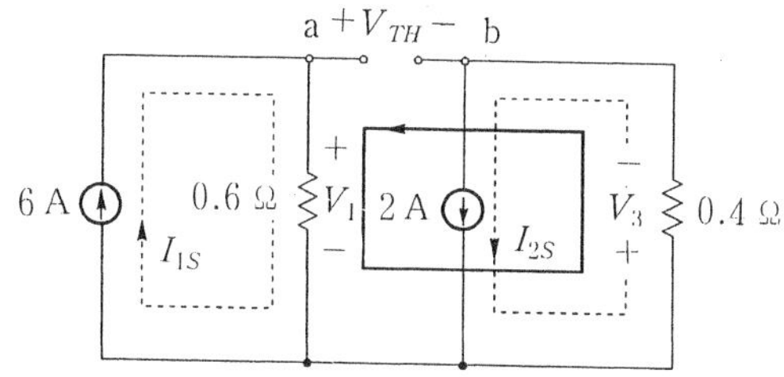

그림 4.41

$$V_1 = 0.6 \times 6 = 3.6\ [\text{V}]$$

$$V_3 = 0.4 \times 2 = 0.8\ [\text{V}]$$

V_{TH}를 구하기 위해 그림과 같이 절점 ab를 포함하는 폐회로를 만든다. 그림에서는 실선으로 표시된 폐회로이다. 화살표 방향으로 V_{TH}는 전압 상승, V_1과 V_3는 전압 강하이므로 키르히호프 전압 법칙에서 V_{TH}는 다음과 같이 된다.

$$V_{TH} = V_1 + V_3 = 3.6 + 0.8 = 4.4\ [\text{V}]$$

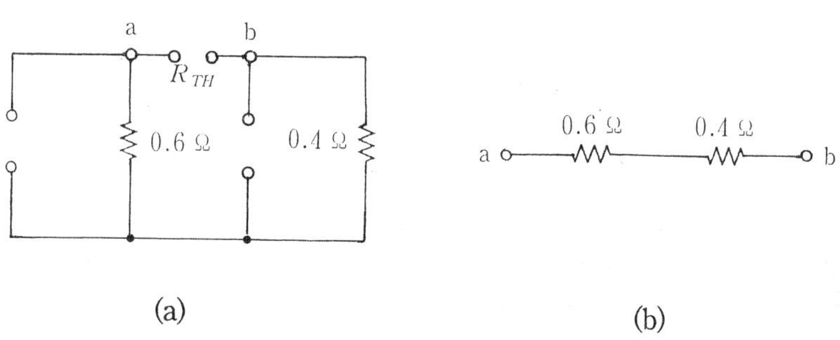

그림 4.42

다음에 테브낭 저항 R_{TH}를 구하는 등가 회로는 그림 4.42 (a)와 같이 되며 (a)는 (b)와 같이 간단히 그릴 수 있다. 따라서 R_{TH}는

$$R_{TH} = 0.6 + 0.4 = 1\ [\Omega]$$

가 된다.

테브낭 등가 회로는 그림 4.43과 같이 된다.

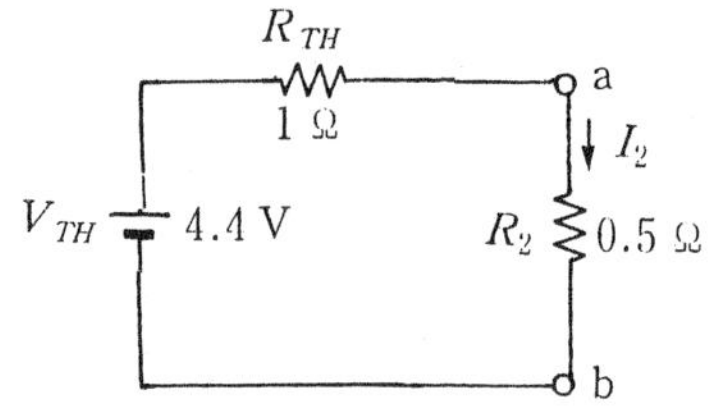

그림 4.43

그림 4.43에서 전류 I_2는

$$I_2 = \frac{V_{TH}}{R_{TH} + R_2} = \frac{4.4}{1 + 0.5} = 2.93 \text{ [A]}$$

따라서, 그림 4.40의 회로에서

$$V_2 = 0.5 \times 2.93 = 1.47 \text{ [V]}$$

가 된다.

또는 그림 4.43에서 저항 R_2에 대해서는 원래 회로 그림 4.40의 등가 회로이므로 V_2를 직접 구할 수 있다. 전압 분배 법칙에서 다음과 같이 된다.

$$V_2 = \frac{R_2}{R_{TH} + R_2} \cdot V_{TH} = \frac{0.5}{1 + 0.5} \times 4.4 = 1.47 \text{ [V]}$$

연습문제 4-8 그림 4.44에서 저항 R_3에서 소비되는 전력을 구하라.

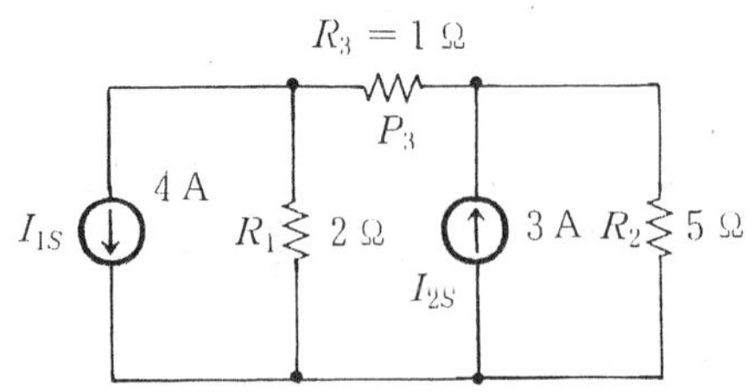

그림 4.44

4.3 노튼 정리

테브낭 정리는 전압원으로 등가 회로를 만들었다. 이에 반하여 노튼 정리는 전류원으로 등가 회로를 만드는 것이다. 그림 4.45에 테브낭 등가 회로를 다시 보여 주고 있다. 이를 전류원으로 바꾸면 그림 4.46이 된다. 여기서 I_N은 $I_N=\frac{V_{TH}}{R_{TH}}$로 절점 ab를 단락한 단락 전류이다.

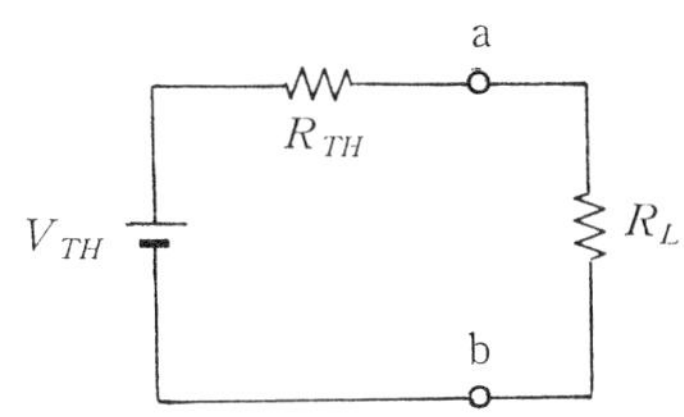

그림 4.45

R_{TH}를 R_N으로 표시한다. 그림 4.46을 노튼 등가 회로라 한다. 즉 노튼 등가 회로는 다음과 같이 말할 수 있다.

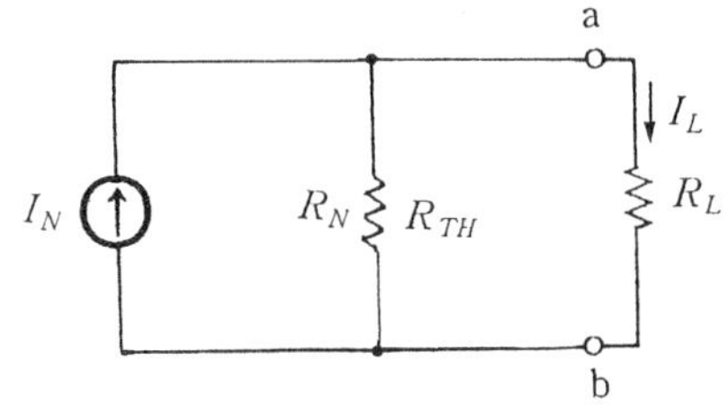

그림 4.46

그림 4.47의 전기 회로에서 어느 한 특수 지로의 전류 I_L만을 구하려고 할 때, 그 지로의 저항 R_L을 떼어 내고 절점 ab를 단락한 단락 전류를 I_N이라 한다. 또 절점 ab에서 회로를 바라본 저항을 R_N이라 할 때 그림 4.46과 같은 노튼 등가 회로를 만들 수 있다. 여기서 부하 전류 I_L은

$$I_L=\frac{R_N}{R_N+R_L}\cdot I_N$$

이다.

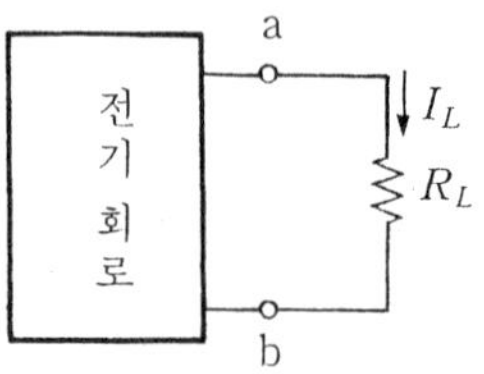

그림 4.47

그림 4.47을 참고하여 다음과 같은 순서대로 노튼 등가 회로를 적용시킨다.

1. 부하 저항 R_L을 회로에서 떼어 낸다.
2. 절점 ab를 단락시켜 단락 전류 I_N을 구한다.
3. 전원을 제거하고 노튼 등가 저항 R_N을 구한다.
4. 노튼 등가 회로(그림 4.46)를 그리고 부하 전류 I_L을 구한다.

$$I_L = \frac{R_N}{R_N + R_L} \cdot I_N$$

예제 4-9

그림 4.48의 회로에서 7 [Ω]의 저항에 흐르는 전류 I_L을 구하라.

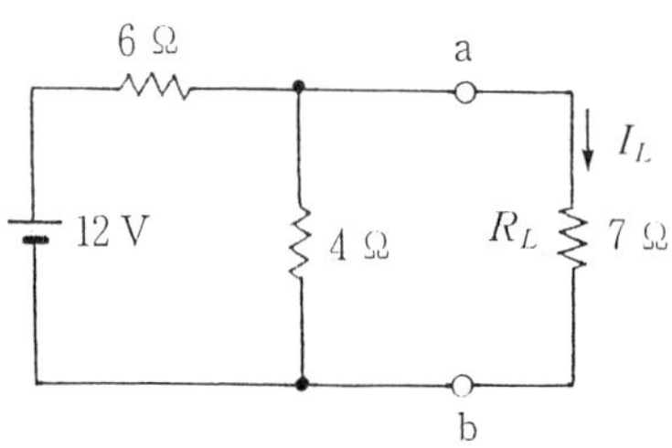

그림 4.48

✲ **풀이** 예제 4−3에서 테브낭의 정리로 다룬 것이다. 다음에 단계적으로 노튼 정리를 설명한다.

▶**단계 1** : 저항 R_L을 회로에서 떼어 낸다.

▶**단계 2** : 절점 ab를 단락한 단락 전류 I_N을 그림 4.49에서 구한다.

$$I_N = \frac{12}{6} = 2\ [\mathrm{A}]$$

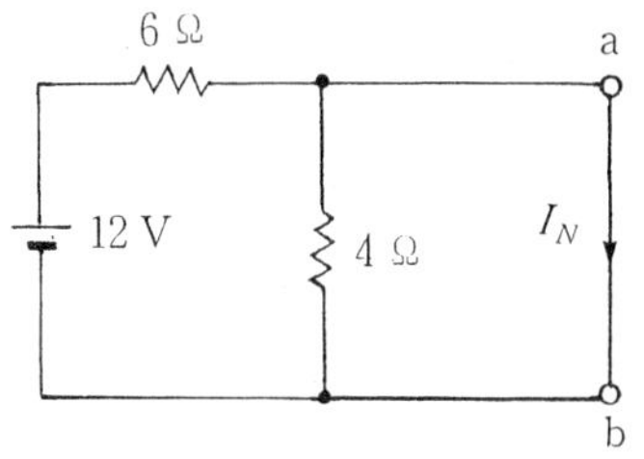

그림 4.49

▶**단계 3** : 노튼 등가 저항 R_N을 그림 4.50에서 구한다. 노튼 등가 저항과 테브낭 등가 저항은 같은 값이다.

$$R_N = \frac{6 \times 4}{6+4} = 2.4\ [\Omega]$$

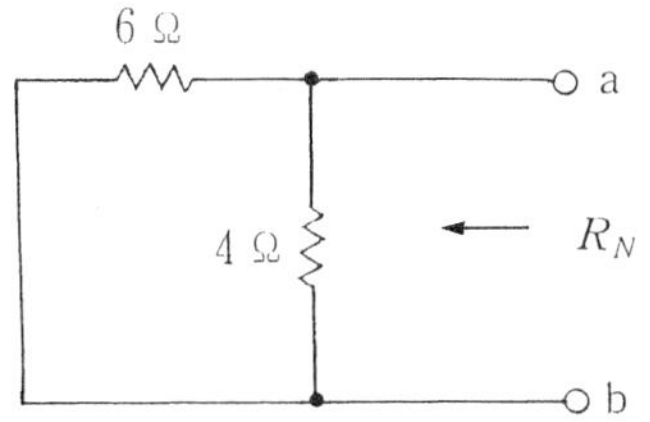

그림 4.50

▶**단계 4** : 그림 4.51과 같이 노튼 등가 회로를 그릴 수 있다. 전류 분배 법칙에서 I_L은

$$I_L = \frac{2.4}{2.4+7} \times 2 = \frac{2.4}{9.4} \times 2 = 0.51\ [\mathrm{A}]$$

이며, 예제 4-3의 결과와 일치한다.

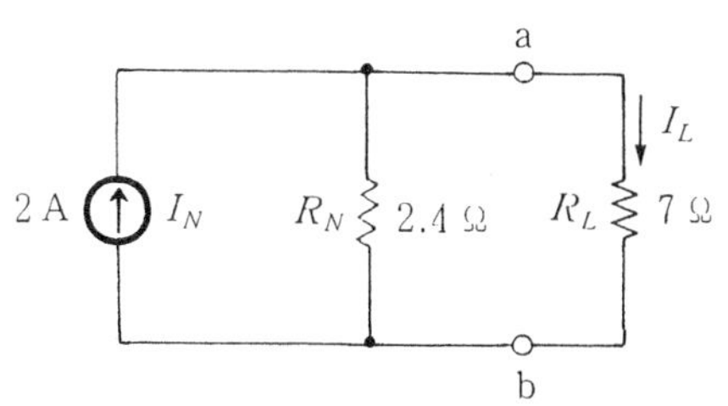

그림 4.51 노튼 등가 회로

연습문제 4-9	그림 4.52의 회로에서 11 [Ω]의 저항에 흐르는 전류 I_L을 노튼 정리를 이용하여 구하라.

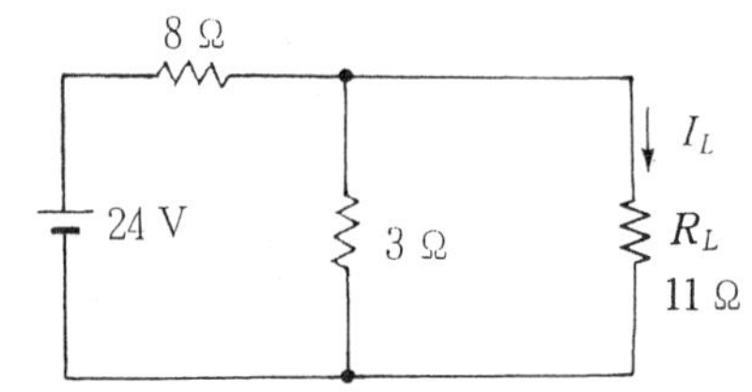

그림 4.52

예제 4-10

예제 4−4를 노튼 정리로 풀어라.

✲ 풀이 저항 5 [Ω]을 단락시킨 회로를 그림 4.53 (a)와 같이 그릴 수 있다. 그림 (a)는 그림 (b)와 같이 고쳐 그릴 수 있다. 왜냐하면 절점 ab가 단락되어 있으므로 6 [V]의 전원은 4 [Ω] 저항에, 12 [V] 전원은 3 [Ω] 저항에 영향을 미치지 못하기 때문이다.

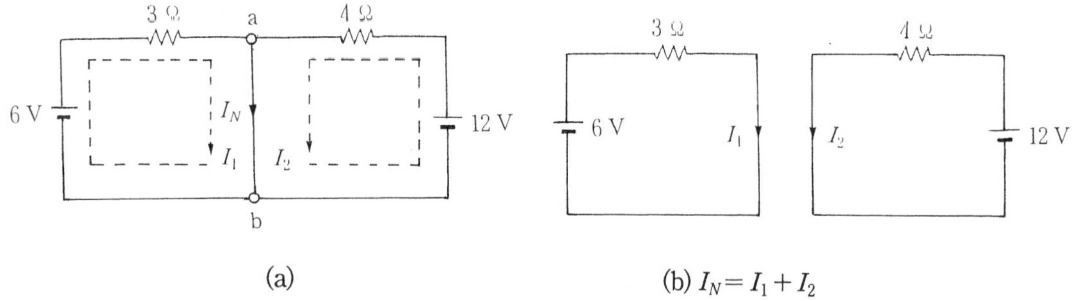

그림 4.53 노튼 전류 등가 회로

따라서 단락 전류 I_N은

$$I_N = I_1 + I_2 = \frac{6}{3} + \frac{12}{4} = 5\,[\text{A}]$$

이다. 다음에 노튼 저항 R_N은 테브낭 저항 R_{TH}와 같으므로 그림 4.54에서 R_N은

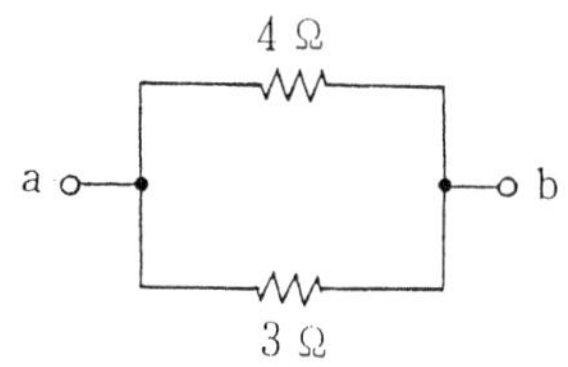

그림 4.54 노튼 저항 등가 회로

$$R_N = \frac{4\times 3}{4+3} = \frac{12}{7}\ [\Omega]$$

가 된다. 따라서 노튼 등가 회로는 그림 4.55와 같이 된다.

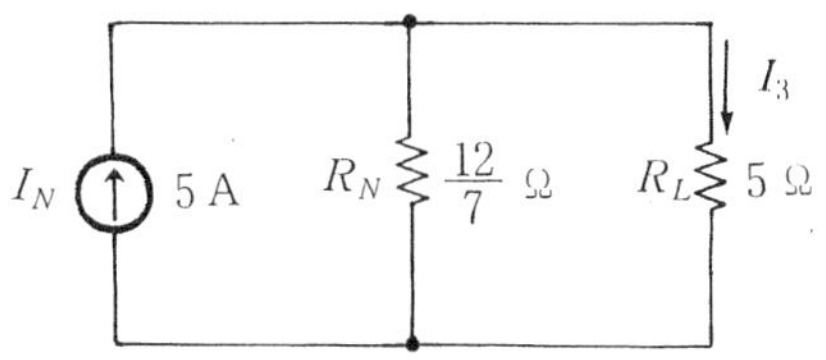

그림 4.55

전류 분배 법칙에서 I_3는 다음과 같다.

$$I_3 = \frac{\frac{12}{7}}{\frac{12}{7}+5} \times 5 = \frac{12}{47} \times 5 = \frac{60}{47} = 1.277\ [\mathrm{A}]$$

연습문제 4-10 그림 4.6에서 노튼 정리를 이용하여 전류 I_3를 구하라.

예제 4-11

그림 4.56의 회로에서 부하 저항 R_L을 4 [Ω], 5 [Ω], 6 [Ω]으로 할 때 R_L에 흐르는 전류 I_L을 구하라.

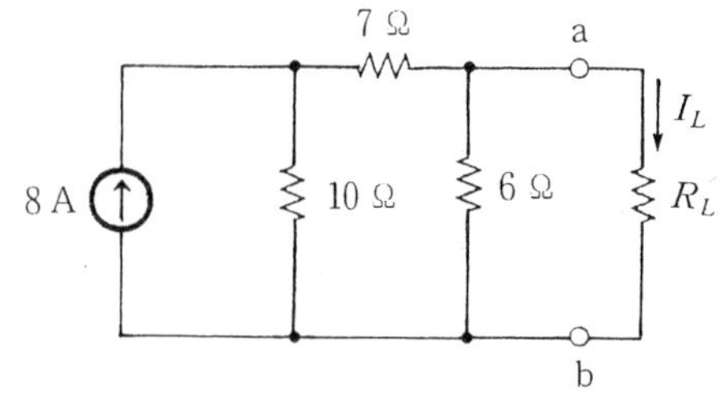

그림 4.56

✲ 풀이 절점 ab를 단락하면 6 [Ω]의 저항은 저항으로의 역할을 하지 못한다. 등가 회로는 그림 4.57과 같이 된다. 단락 전류 I_N은

$$I_N = \frac{10}{7+10} \times 8 = 4.71 \text{ [A]}$$

이다.

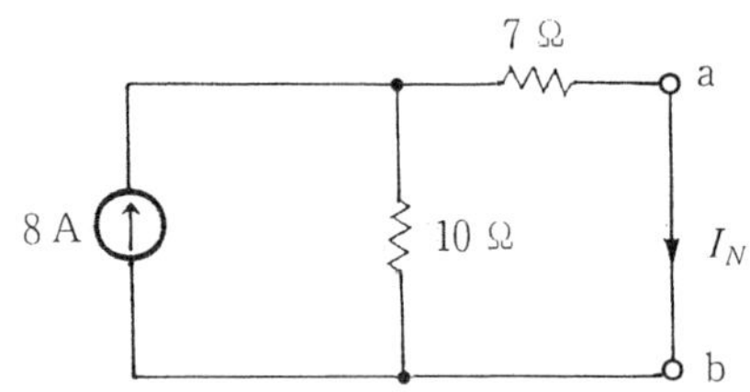

그림 4.57

노튼 등가 저항을 구하는 회로는 그림 4.58과 같이 되고 저항 R_N은

$$R_N = \frac{(10+7)\times 6}{(10+7)+6} = 4.43 \text{ [Ω]}$$

이다.

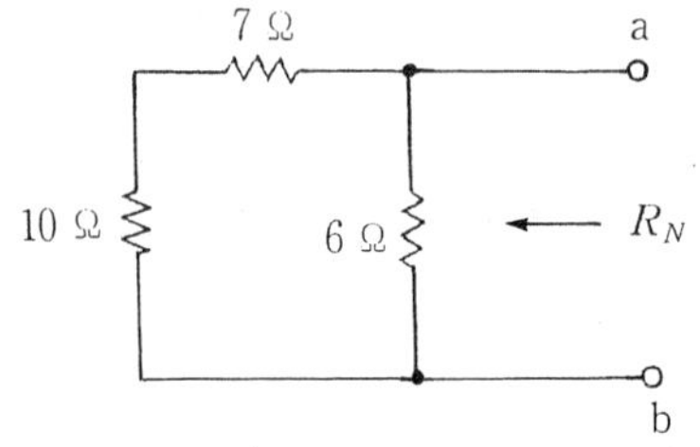

그림 4.58

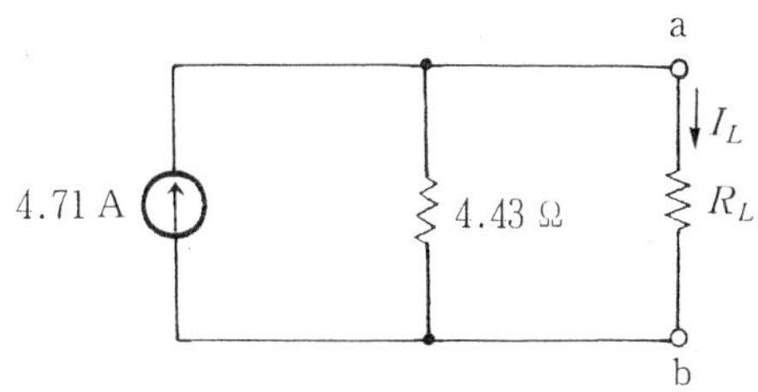

그림 4.59

등가 회로는 그림 4.59와 같이 된다. 전류 I_L을 구하는 식은

$$I_L = \frac{4.43}{4.43 + R_L} \times 4.71\,[\mathrm{A}]$$

이다.

각각의 R_L에 대한 I_L은 다음과 같이 된다.

$$R_L = 4\,[\Omega]\text{일 때} \quad I_L = \frac{4.43}{4.43+4} \times 4.71 = 2.48\,[\mathrm{A}]$$

$$R_L = 5\,[\Omega]\text{일 때} \quad I_L = \frac{4.43}{4.43+5} \times 4.71 = 2.21\,[\mathrm{A}]$$

$$R_L = 6\,[\Omega]\text{일 때} \quad I_L = \frac{4.43}{4.43+6} \times 4.71 = 2.00\,[\mathrm{A}]$$

연습문제 4-11 그림 4.60에서 R_L을 1 [Ω]에서 10 [Ω]까지 변화시킬 때 I_L의 변화를 그래프로 그려라. 최대 전류는 몇 Ω일 때인가?

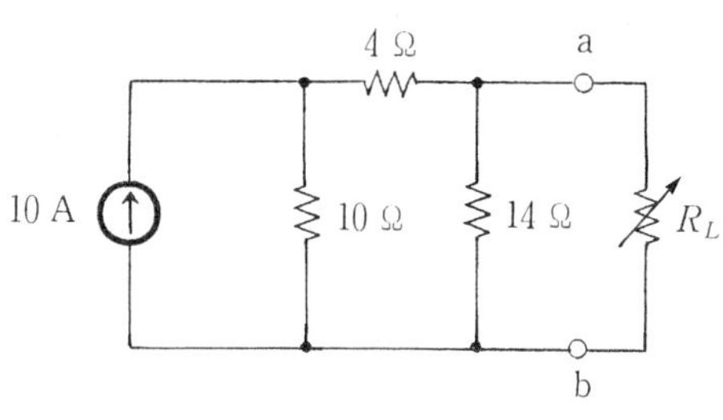

그림 4.60

예제 4-12

그림 4.61은 예제 4-8의 그림을 다시 그린 것이다. 노튼 정리를 이용하여 저항 R_2의 전압 강하 V_2를 구하라.

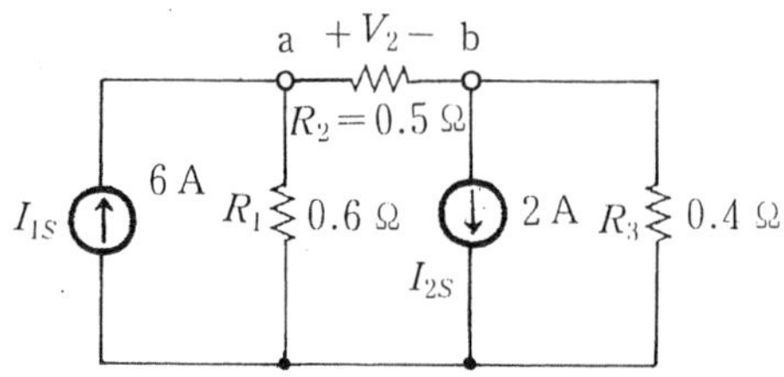

그림 4.61

※ 풀이 저항 R_2의 전압 강하 V_2를 구한다. 그림 4.62에서 단락 전류 I_N은 I_{1S}에 의한 I_{1N}과 I_{2S}에 의한 I_{2N}을 합한 것이다. 중첩의 원리에 의해 각각을 구하면 다음과 같다.

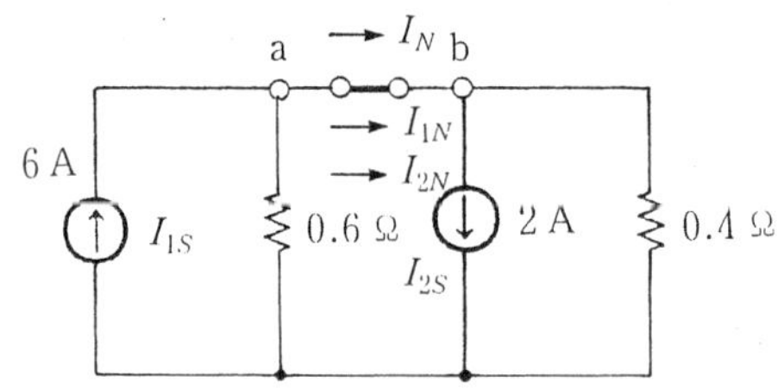

그림 4.62

$$I_{1N}=\frac{0.6}{0.6+0.4}\times 6=3.6\,[\mathrm{A}]$$

$$I_{2N}=\frac{0.4}{0.6+0.4}\times 2=0.8\,[\mathrm{A}]$$

따라서, 단락 전류 I_N은 I_{1N}과 I_{2N}이 같은 방향이므로

$$I_N=I_{1N}+I_{2N}=3.6+0.8=4.4\,[\mathrm{A}]$$

이다. 노튼 저항은 테브낭 저항과 같으므로 그림 4.42에서

$$R_N=R_{TH}=0.6+0.4=1\,[\Omega]$$

이다. 따라서 노튼 등가 회로는 그림 4.63이 된다.

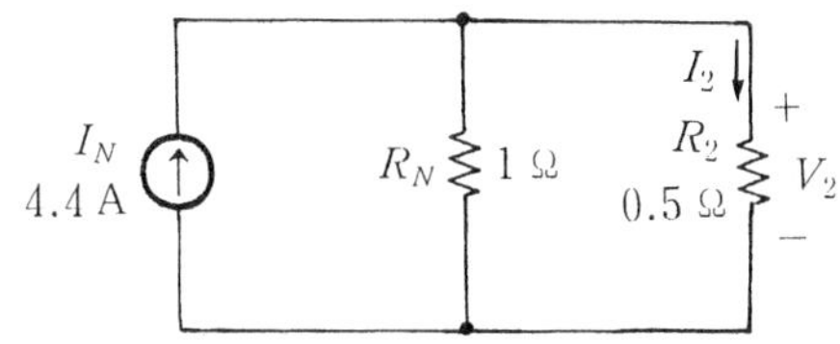

그림 4.63

그림 4.63에서 저항 R_2에 흐르는 전류 I_2는

$$I_2 = \frac{1}{1+0.5} \times 4.4 = 2.93\ [\mathrm{A}]$$

따라서 저항 R_2의 전압 강하 V_2는

$$V_2 = R_2 I_2 = 0.5 \times 2.93 = 1.47\ [\mathrm{V}]$$

가 된다.

연습문제 4-12 연습문제 4−8을 노튼 정리를 적용시켜 저항 R_3에 흐르는 전류를 구하고 또 전력 P_3를 구하라.

4.4 밀만 정리

여러 개의 전원과 저항이 병렬로 연결된 회로를 다루는 정리가 밀만 정리이다. 병렬 회로를 마치 테브낭 등가 회로처럼 간략화하는 정리이다. 즉 그림 4.64 (a)의 점선 내의 회로를 그림 (b)와 같이 변환시키는 정리이다.

그림 4.64 (a)에서 R_1과 V_1을 전류원으로 변화시켜도 회로 우측에 대해서는 등가이다. 마찬가지로 R_2과 V_2를, R_3와 V_3를 전류원으로 변화시켜도 점선 외부에 대해 등가이다. 따라서 전압원을 전류원으로 바꾸면 그림 4.65가 얻어진다.

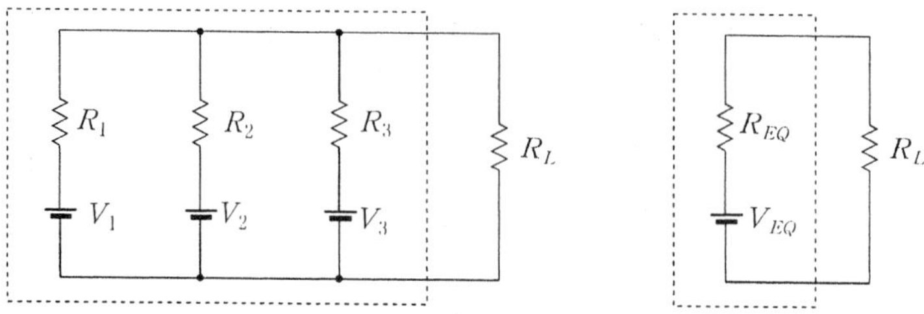

(a) (b)

그림 4.64

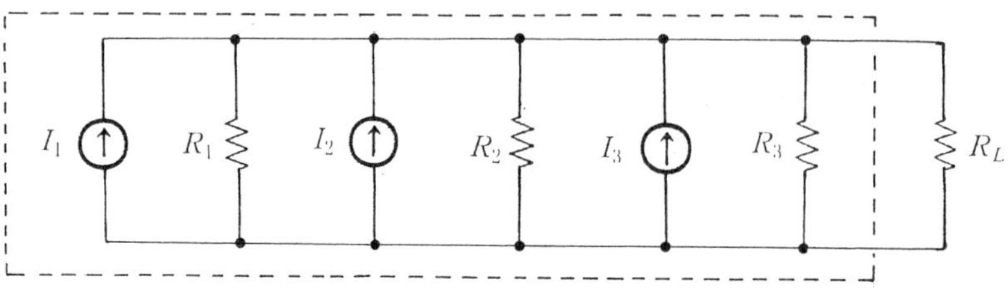

그림 4.65

여기서

$$I_1 = \frac{V_1}{R_1}, \quad I_2 = \frac{V_2}{R_2}, \quad I_3 = \frac{V_3}{R_3}$$

이고, 그림 4.65는 그림 4.66과 같이 간략화할 수 있다.

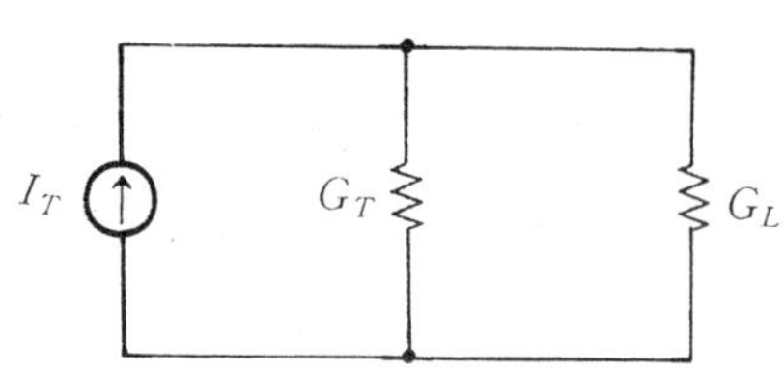

그림 4.66

그림 4.66에서

$$I_T = I_1 + I_2 + I_3$$

$$G_T = G_1 + G_2 + G_3 = \frac{1}{R_1} + \frac{1}{R_2} + \frac{1}{R_3}$$
$$G_L = \frac{1}{R_L}$$

이다.

전류원을 전압원으로 바꾸면 그림 4.67이 된다. 테브낭 등가 회로와 같은 회로가 되었다.

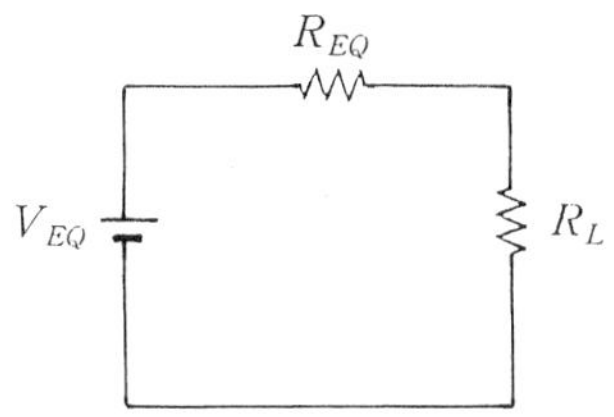

그림 4.67

여기서

$$R_{EQ} = \frac{1}{G_T} = \frac{1}{G_1 + G_2 + G_3} = \frac{1}{\dfrac{1}{R_1} + \dfrac{1}{R_2} + \dfrac{1}{R_3}} \tag{4.10}$$

$$V_{EQ} = \frac{I_T}{G_T} = \frac{\dfrac{V_1}{R_1} + \dfrac{V_2}{R_2} + \dfrac{V_3}{R_3}}{\dfrac{1}{R_1} + \dfrac{1}{R_2} + \dfrac{1}{R_3}} \tag{4.11}$$

가 된다.

병렬 회로일 경우에는 밀만 정리를 이용하면 편리하다.

예제 4-13

그림 4.68 회로에서 R_L에 흐르는 전류와 R_L의 전압 강하를 구하라.

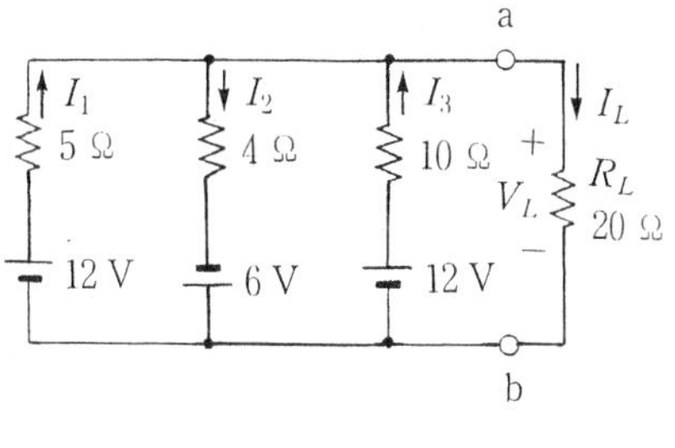

그림 4.68

✻ **풀이** 밀만 정리를 이용할 때는 전압의 극성과 전류 방향에 특히 주의해야 한다. 전압 V_{EQ}와 저항 R_{EQ}를 구하면 다음과 같이 된다.

$$R_{EQ}=\frac{1}{\frac{1}{R_1}+\frac{1}{R_2}+\frac{1}{R_3}}=\frac{1}{\frac{1}{5}+\frac{1}{4}+\frac{1}{10}}$$

$$=\frac{1}{0.2+0.25+0.1}=1.82\ [\Omega]$$

$$V_{EQ}=\frac{\frac{V_1}{R_1}+\frac{V_2}{R_2}+\frac{V_3}{R_3}}{\frac{1}{R_1}+\frac{1}{R_2}+\frac{1}{R_3}}=\frac{\frac{12}{5}-\frac{6}{4}+\frac{12}{10}}{\frac{1}{5}+\frac{1}{4}+\frac{1}{10}}$$

$$=\frac{2.4-1.5+1.2}{0.55}=\frac{2.1}{0.55}=3.82\ [\mathrm{V}]$$

여기서 6 [V]의 극성이 반대 방향이므로 −로 한다. 밀만 등가 회로는 그림 4.69와 같이 된다. 만일 V_{EQ}의 부호가 −가 되었다면 절점 a가 −극성이 되도록 V_{EQ} 를 연결한다.

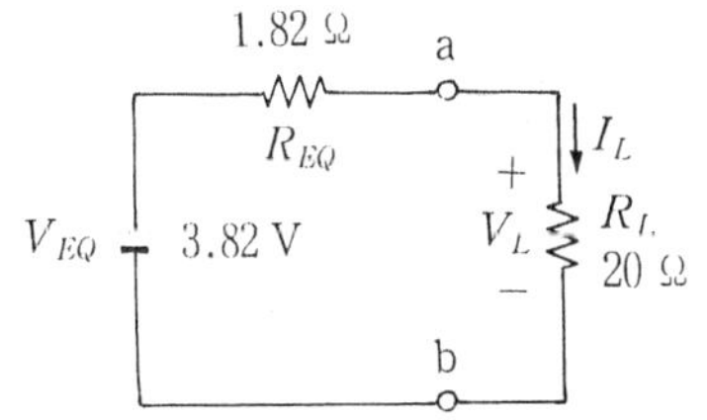

그림 4.69 등가 회로

부하 전류 I_L의 크기는 다음과 같이 된다.

$$I_L=\frac{V_{EQ}}{R_{EQ}+R_L}=\frac{3.82}{1.82+20}=0.175\ [\mathrm{A}]$$

옴의 법칙에서 전압 강하 V_L은 아래와 같다.

$$V_L=R_LI_L=20\times0.175=3.5\ [\mathrm{V}]$$

연습문제 4-13 그림 4.70에서 부하 저항 R_L의 전압 V_L과 전류 I_L을 구하라.

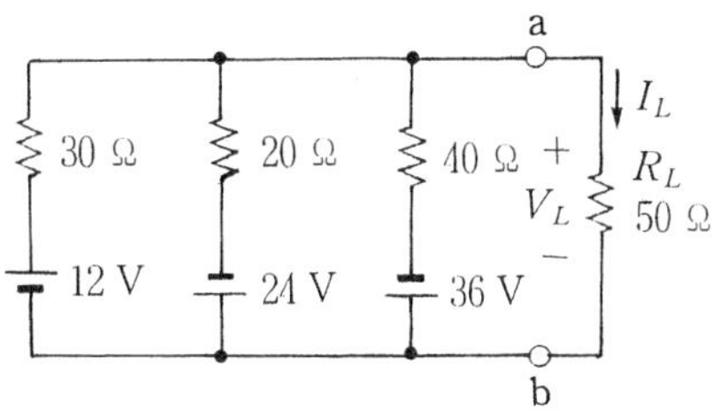

그림 4.70

예제 4-14

그림 4.71은 예제 4−4를 다시 그린 것이다. 5 [Ω]의 저항에 흐르는 전류 I_3를 구하라.

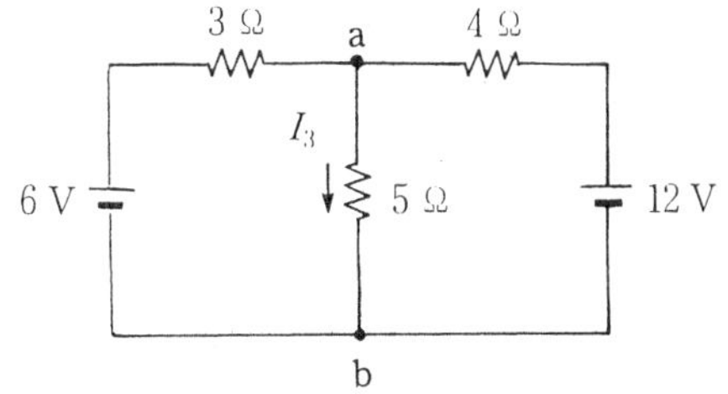

그림 4.71

✲ 풀이 그림 4.71을 그림 4.72와 같이 다시 그린다.

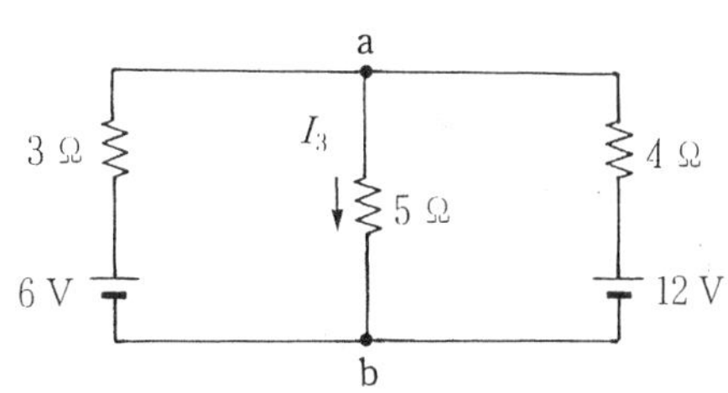

그림 4.72

그림 4.72는 분명히 병렬 회로인데 밀만 정리 정의와는 좀 다른 모양이다. $R_L = 5$ [Ω]을 생각하여 밀만 정리를 대입하여 본다.

$$R_{EQ}=\frac{1}{\frac{1}{R_1}+\frac{1}{R_2}}=\frac{1}{\frac{1}{3}+\frac{1}{4}}=\frac{12}{7}\,[\Omega]$$

$$V_{EQ}=\frac{\frac{V_1}{R_1}+\frac{V_2}{R_2}}{\frac{1}{R_1}+\frac{1}{R_2}}=\frac{\frac{6}{3}+\frac{12}{4}}{\frac{1}{3}+\frac{1}{4}}=\frac{5}{\frac{7}{12}}=\frac{60}{7}\,[\mathrm{V}]$$

따라서 그림 4.73과 같이 밀만 등가 회로를 그릴 수 있다.

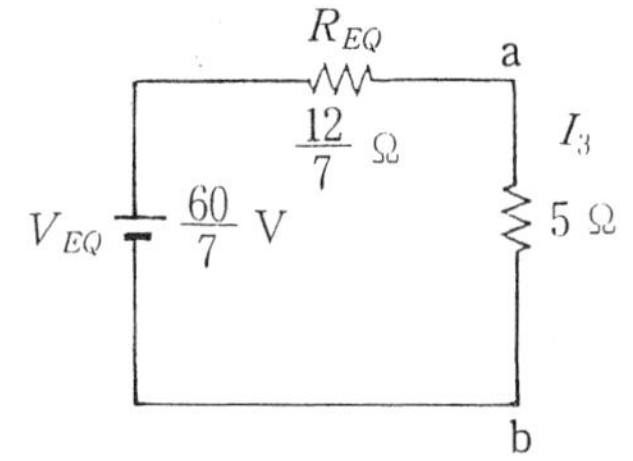

그림 4.73

그림 4.73에서

$$I_3=\frac{\frac{60}{7}}{\frac{12}{7}+5}=\frac{60}{47}=1.277\,[\mathrm{A}]$$

가 된다.

즉, 예제 4-4와 일치했다.

연습문제 4-14 그림 4.74에서 밀만 정리를 이용하여 전류 I_3를 구하라.

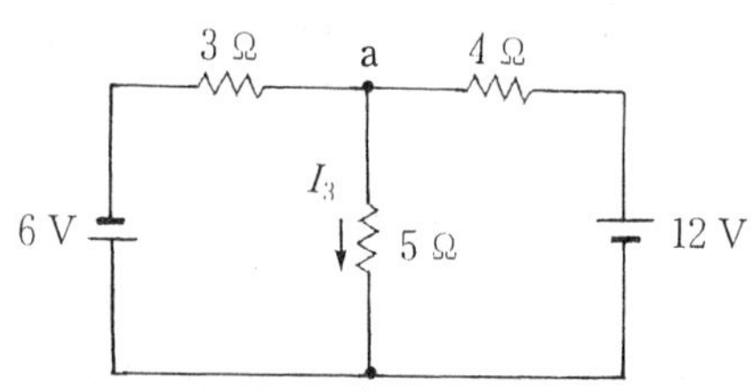

그림 4.74

4.5 최대 전력 전달 조건

그림 4.75의 회로를 생각하자. V_S는 전원 전압의 크기로 48 [V]이고 R_S는 전원 전압 V_S의 내부 저항으로 8 [Ω]이라 하자. R_L은 부하 저항이고 R_L를 0에서부터 무한대까지 변화시킬 때 R_L의 값이 얼마일 경우에 V_S에서 최대 전력이 부하에 전달되는가?

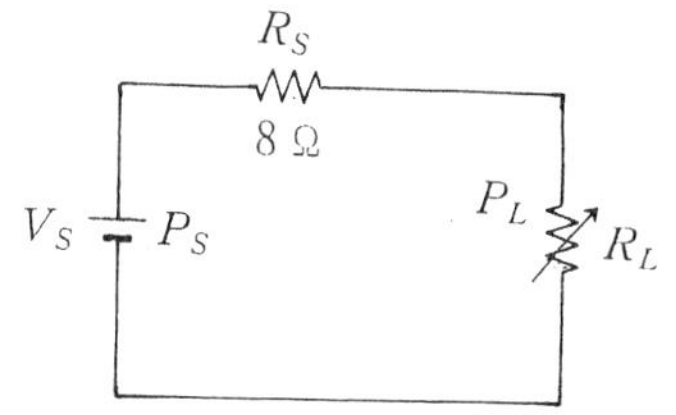

그림 4.75

표 4.1

P_S[W]	R_L[Ω]	P_L[W]	η[%]
230.04	2	46.08	20.0
192	4	64	33.3
164.64	6	70.53	42.8
144	8	72	50
128.16	10	71.11	55.5
115.2	12	69.12	60
104.64	14	66.64	63.7

표 4.1은 R_L을 변화시킬 때 부하 저항 R_L에서의 소비 전력(전달 전력)을 나타낸다. R_L이 2 [Ω], 8 [Ω], 14 [Ω]일 때 설명하면 다음과 같다.

$R_L = 2$ [Ω]일 때,

$$I_L = \frac{V_S}{R_S + R_L} = \frac{48}{8+2} = 4.8\,[\mathrm{A}]$$

$$P_L = I_L^2 R_L = 4.8^2 \times 2 = 46.08\,[\mathrm{W}]$$

$R_L = 8$ [Ω]일 때,

$$I_L = \frac{48}{8+8} = 3\,[\mathrm{A}]$$

$$P_L = 3^2 \times 8 = 72\,[\mathrm{W}]$$

$R_L = 14\,[\Omega]$일 때,

$$I_L = \frac{48}{8+14} = 2.18\,[\mathrm{A}]$$

$$P_L = 2.18^2 \times 14 = 66.53\,[\mathrm{W}]$$

표 4.1을 그래프로 그리면 그림 4.76과 같이 되며, 그림 (a)의 횡축이 부하 저항 R_L이고, 종축이 전달 전력 P_L이다. 그림 (b)는 횡축이 부하 저항 R_L이고 종축은 효율이다.

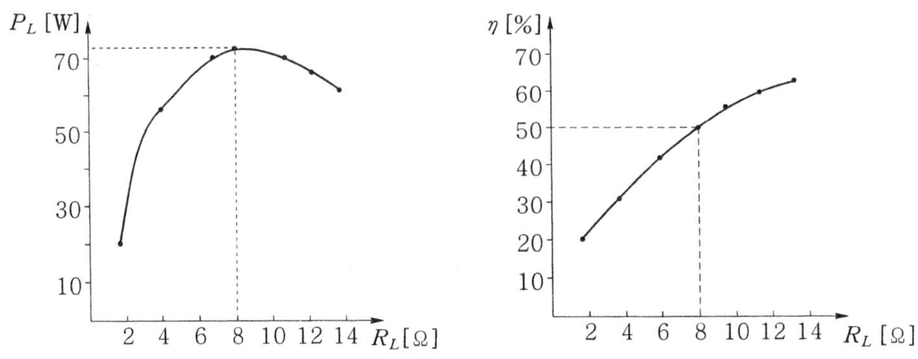

(a) (b)

그림 4.76

R_L이 $8\,[\Omega]$일 때 즉 $R_S = R_L$일 때 최대 전력이 전달된다. 이때의 효율은 50%이다. 왜냐하면 부하 저항 R_L에서 소비되는 만큼 내부 저항 R_S에서 소비되기 때문이다. 이와 같이 절점 ab에서 전원측을 본 저항과 부하측을 본 저항이 같을 때를 두 저항이 정합(matching) 되었다고 하며 전원에서 최대 전력이 부하에 전달된다.

그림 4.77의 회로에서 R_L이 어떤 값일 때 최대 전력이 R_L에 전달되는가 알아본다. 전원을 포함하고 있는 회로를 능동 회로라 하며 그림 4.77과 같은 회로를 테브낭 등가 회로인 그림 4.78과 같이 변환시킬 수 있다.

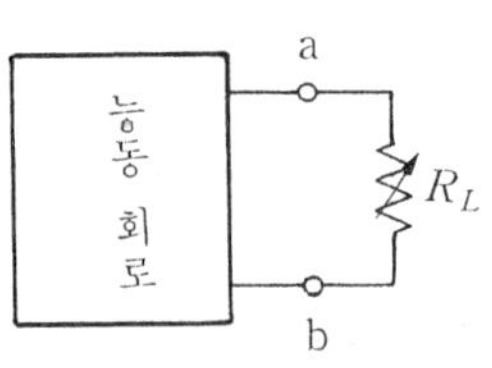

그림 4.77

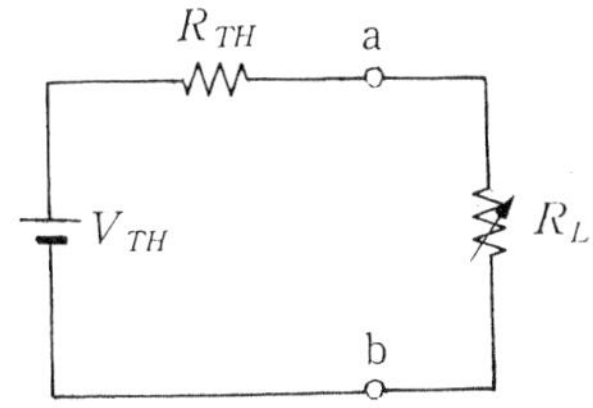

그림 4.78

그림 4.78에서 $R_L = R_{TH}$일 때 최대 전력이 부하 저항 R_L에 전달되므로 이때의 전류 I_L과 전달 전력 P_M은 다음과 같다.

$$I_L = \frac{V_{TH}}{R_{TH} + R_L} = \frac{V_{TH}}{2R_{TH}}\ [\mathrm{A}] \tag{4.12}$$

$$P_M = R_L\ I_L{}^2 = R_{TH} \cdot \left(\frac{V_{TH}}{2R_{TH}}\right)^2 = \frac{V_{TH}{}^2}{4R_{TH}}\ [\mathrm{W}] \tag{4.13}$$

이 이론은 효율이 50%이므로 전력 계통(발전소에서 전력을 발생시켜 가정과 공장에서 전기 에너지를 이용하는 계통)에 적용되는 이론이 아니고 텔레비전이나 라디오에 쓰이는 이론이다. 텔레비전이나 라디오에서는 효율도 중요하지만 깨끗한 화면과 맑은 음질이 더 중요하기 때문이다.

예제 4-15

12[V] 축전지의 내부 저항이 1[Ω]이다. 부하 저항 R_L이 얼마일 때 최대 전력이 부하에 전달되며 이때의 효율을 구하라.

✻ **풀이** 그림 4.79의 회로에서 부하 저항

$$R_L = R_S = 1\ [\Omega]$$

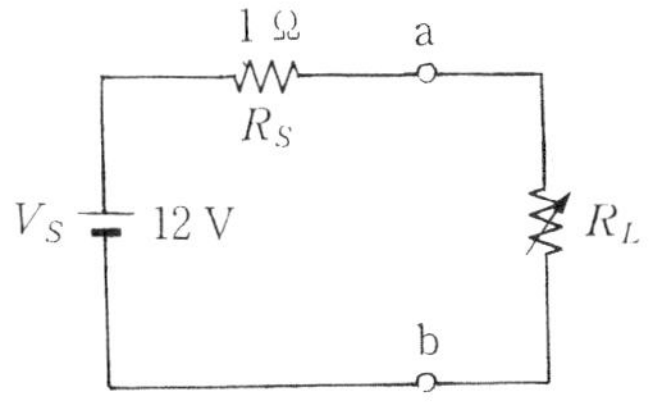

그림 4.79

이다. 최대 전달 전력

$$P_M = \frac{V_S^{\,2}}{4R_L} = \frac{12^2}{4\times1} = 36\,[\mathrm{W}]$$

전원 저항 R_S와 부하 저항 R_L은 직렬 연결이고 값이 같으므로 똑같은 전력이 저항 R_S에서도 소비된다. 따라서 전원이 공급한 전력 P_S는

$$P_S = 2P_M = 2\times36 = 72\,[\mathrm{W}]$$

따라서 효율은

$$\eta = \frac{P_M}{P_S}\times100 = \frac{36}{72}\times100 = 50\,[\%]$$

이다.

연습문제 4-15 파워 서플라이의 출력 전압이 6 [V]일 때 내부 저항이 40 [Ω]이다. 부하에 최대 전력을 전달시키기 위한 부하 저항 R_L을 구하고 또 이때의 효율을 구하라.

예제 4-16 그림 4.80에서 부하 저항 R_L이 얼마일 때 R_L에 최대 전력이 전달되는가? 또 전달된 최대 전력을 구하라.

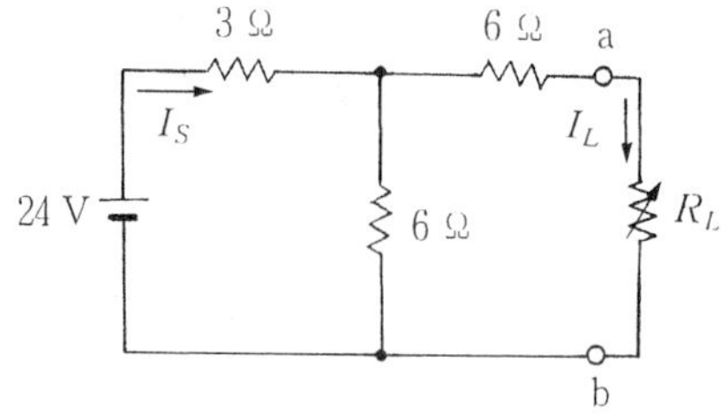

그림 4.80

✲ 풀이 테브낭의 저항을 구하는 등가 회로는 그림 4.81과 같다. 테브낭 저항 즉 절점 ab에서 본 저항은 다음과 같다.

$$R_{TH} = \frac{3\times6}{3+6} + 6 = 2 + 6 = 8\,[\Omega]$$

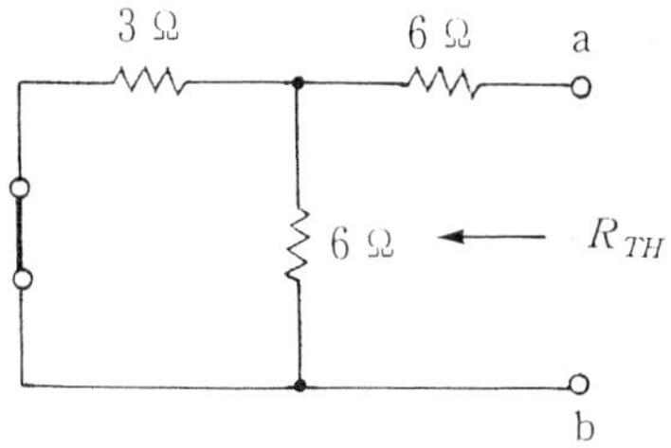

그림 4.81

다음에 테브낭 전압을 구하는 회로는 그림 4.82와 같이 되며, 절점 ab 사이의 전압 V_{TH}는 절점 c와 b 사이의 전압이 되므로 전압 분배 법칙에서 다음과 같이 된다.

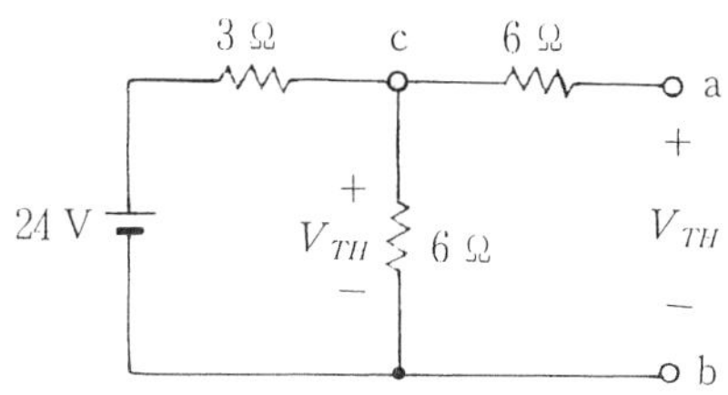

그림 4.82

$$V_{TH}=\frac{6}{3+6}\times 24=\frac{6}{9}\times 24=16\,[\mathrm{V}]$$

따라서,

$$P_M=\frac{{V_{TH}}^2}{4R_{TH}}=\frac{16^2}{4\times 8}=8\,[\mathrm{W}]$$

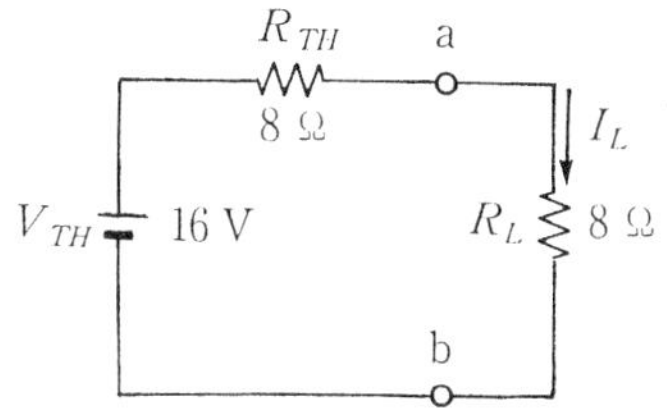

그림 4.83

참고로 이 경우의 효율을 구해 본다. 최대 전력이 전달될 때의 효율 50%는 그림 4.75인 테브낭 등가 회로일 경우의 효율이다. 이 예제의 테브낭 등가 회로인 그림 4.83의 효율도 물론 50%이다. 실제 효율은 원래 회로도로 돌아가서 생각해야 된다. 그림 4.83에서

$$I_L = \frac{16}{8+8} = 1\,[\mathrm{A}]$$

다음 그림 4.80에서

$$I_L = \frac{6}{6+(6+8)} \times I_S$$

이므로

$$I_S = \frac{20}{6} \times I_L = \frac{20}{6} \times 1 = \frac{10}{3}\,[\mathrm{A}]$$

따라서 24 [V] 전원이 공급한 전력 P_S는

$$P_S = V_S I_S = 24 \times \frac{10}{3} = 80\,[\mathrm{W}]$$

이다.

실제 효율은

$$\eta = \frac{P_M}{P_S} \times 100 = \frac{8}{80} \times 100 = 10\,[\%]$$

기 된다.

연습문제 4-16 그림 4.84에서 부하 저항 R_L이 얼마일 때 12 [V] 전원에서 최대 전력이 전달되며 이때의 최대 전력을 구하라. 또 효율을 구하라.

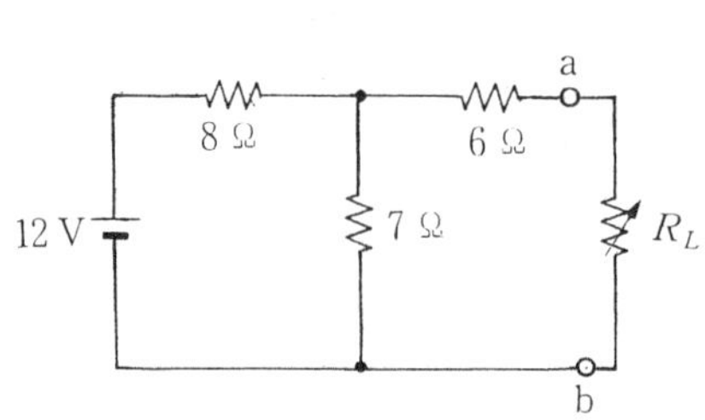

그림 4.84

4.6 상반 정리

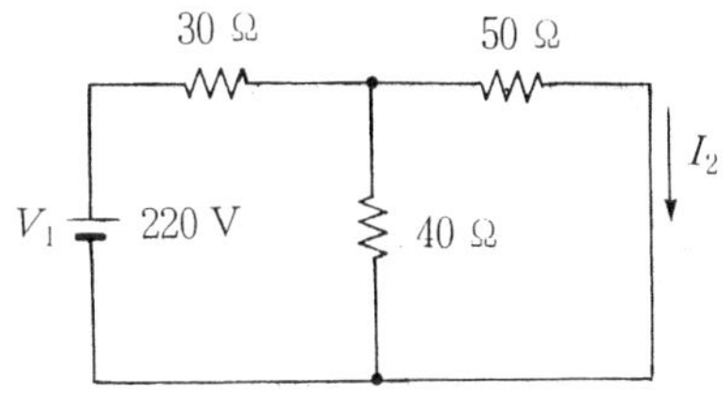

그림 4.85

그림 4.85의 회로에서 전류 I_2를 구해 본다. 전압 V_1에서 본 합성 저항 R_{T1}은

$$R_{T1}=30+50 \parallel 40=30+\frac{50\times40}{50+40}=52.222\,[\Omega]$$

전원 V_1에 흐르는 전류 I_1'은

$$I_1'=\frac{V_1}{R_{T1}}=\frac{20}{52.222}=4.213\,[\mathrm{A}]$$

따라서 전류 I_2는

$$I_2=\frac{40}{50+40}\times4.213=1.872\,[\mathrm{A}]$$

이다.

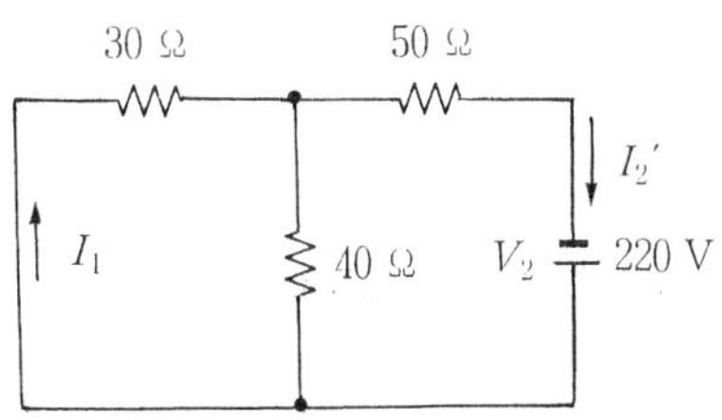

그림 4.86

다음에 그림 4.86은 수동 회로(저항을 의미함) 부분을 그대로 놓아두고 전류 I_2가 흐른 지로에 V_2 전압 220 [V]를 연결한 것이다. 여기서 전류 I_1을 구해 본다.

전압 V_2에서 본 합성 저항 R_{T2}는

$$R_{T2} = 50 + 30 \parallel 40 = 50 + \frac{30 \times 40}{30 + 40} = 67.143\ [\Omega]$$

이다. 전원 V_2에 흐르는 전류 I_2'은

$$I_2' = \frac{V_2}{R_{T2}} = \frac{220}{67.143} = 3.277\ [\mathrm{A}]$$

이다. 따라서 전류 I_1은

$$I_1 = \frac{40}{30 + 40} \times 3.277 = 1.872\ [\mathrm{A}]$$

이다.

즉 I_1과 I_2가 1.872 암페어로 같다. 이를 상반 정리라 하는데 다음과 같이 확장해 본다. 그림 4.87에서 제1 지로 V_1에 의한 제2 지로의 전류를 I_2라 한다.

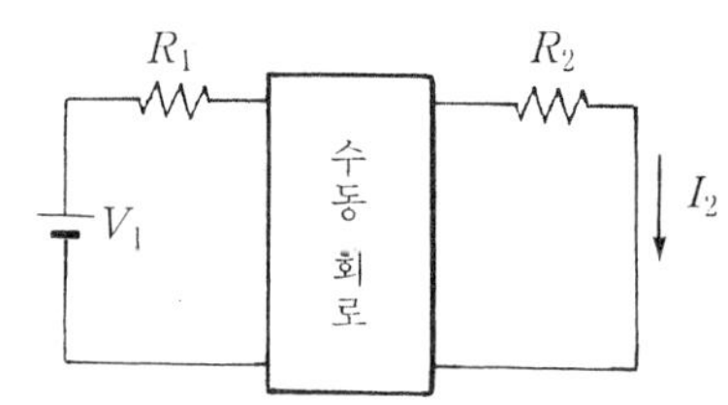

그림 4.87

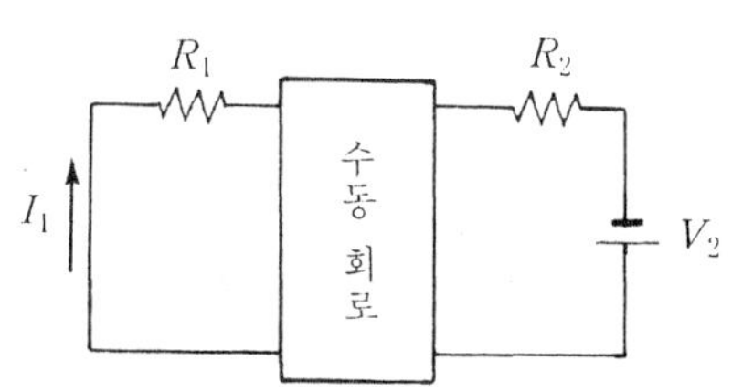

그림 4.88

그림 4.88에서 그림 4.87 회로를 그대로 놓아두고 제1 지로의 전압은 단락하고 제2 지로에 V_2를 연결할 때, 제1 지로의 전류를 I_1이라 할 경우

$$V_1 I_1 = V_2 I_2 \tag{4.14}$$

가 된다. 이를 상반 정리 또는 가역 정리라 한다.

예제 4-17

그림 4.89에서 V_1을 220[V]로 할 경우에 R_2 저항에 2[A]가 흘렀다. R_2 저항 지로에 110[V]를 가했다면 R_1 저항에 흐르는 전류 I_1은 얼마인가?

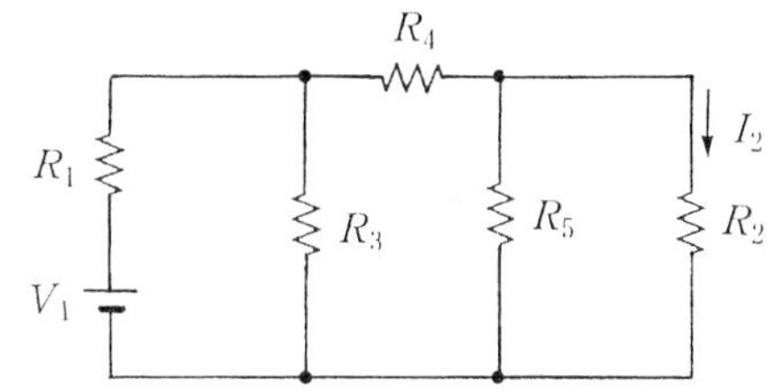

그림 4.89

✻ 풀이 $V_1 I_1 = V_2 I_2$에서

$$I_1 = \frac{V_2}{V_1} I_2 = \frac{110}{220} \times 2 = 1\,[\mathrm{A}]$$

연습문제 4-17 그림 4.90에서 V_2를 110[V]로 할 경우 저항 R_1에 3[A]의 전류가 흘렀다. R_1 저항 지로에 60[V]를 가할 경우 R_2 저항에는 얼마의 전류가 흐르는가?

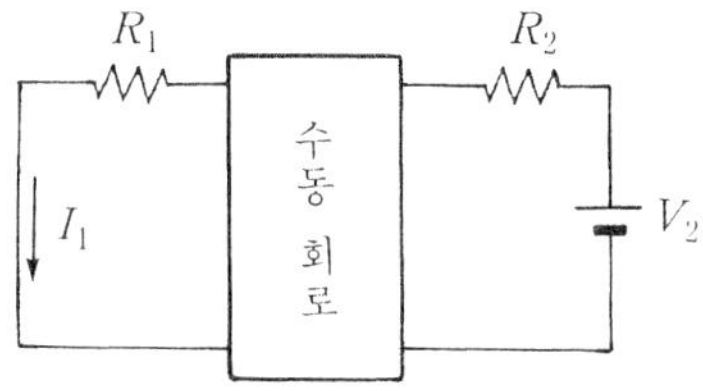

그림 4.90

종합 문제

1. 한 회로에 여러 개의 전원이 있을 경우, (　　　)를 이용하여 각 전원이 각각 존재할 때 지로의 전류 또는 절점의 전압을 구해 더한다.

2. 어느 한 특수한 지로의 전류만을 구할 필요가 있을 때는 (　　　)나 (　　　)를 이용한다.

3. 테브낭 정리는 등가 회로를 (　　　)으로, 노튼 정리는 (　　　)으로 만든다.

4. 병렬 회로는 (　　　)를 이용하면 편리하다.

5. 여러 개의 기전력을 포함하는 선형 회로망 내의 전류 분포는 각 기전력이 단독으로 그 위치에 있을 때 흐르는 전류 분포의 합과 같다는 것은?

㉮ 키르히호프(Kirchhoff) 법칙이다.
㉯ 중첩의 원리이다.
㉰ 테브낭(Thevenin)의 정리이다.
㉱ 노튼(Norton)의 정리이다.

6. 그림에서 지항 20 [Ω]에 흐르는 전류는 몇 A인가?

㉮ 0.4
㉯ 1
㉰ 3
㉱ 3.4

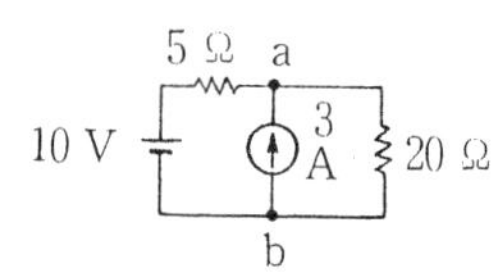

7. 그림과 같은 회로의 컨덕턴스 G_2에 흐르는 전류는 몇 A인가?

㉮ 5
㉯ 3
㉰ 10
㉱ 15

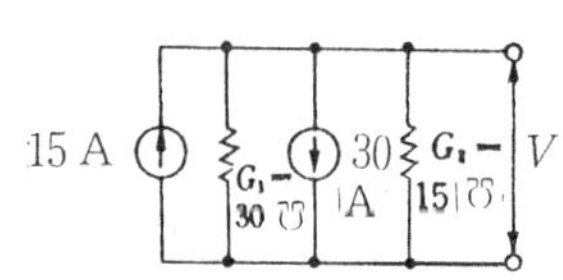

8. 그림과 같은 회로에서 i_1은 몇 A인가?

㉮ −2
㉯ 4
㉰ 6
㉱ 14.4

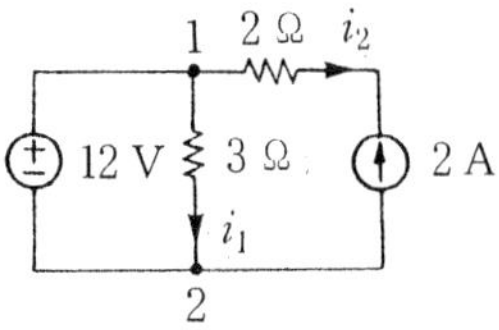

9. 그림과 같은 회로에서 2[Ω]의 단자 전압은 몇 V인가?

㉮ 3
㉯ 4
㉰ 6
㉱ 8

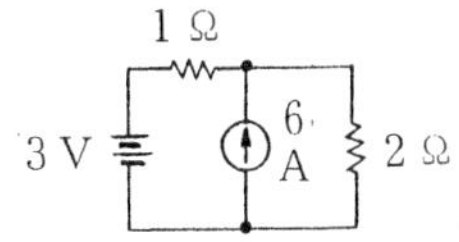

10. 그림과 같은 회로에서 선형 저항 3[Ω] 양단의 전압은 몇 V인가?

㉮ 2
㉯ 2.5
㉰ 3
㉱ 4.5

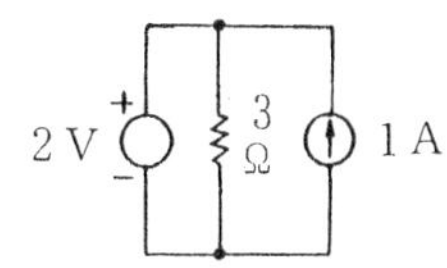

11. 그림의 회로에서 단자 a, b에 걸리는 전압 V_{ab}는 몇 V인가?

㉮ 12
㉯ 18
㉰ 24
㉱ 36

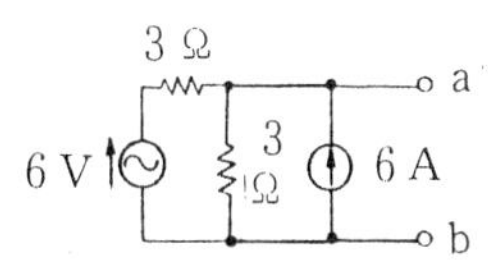

12. 그림의 회로에서 12[V]의 전압원이 공급하는 전력은 몇 W인가?

㉮ 12
㉯ 24
㉰ 36
㉱ 48

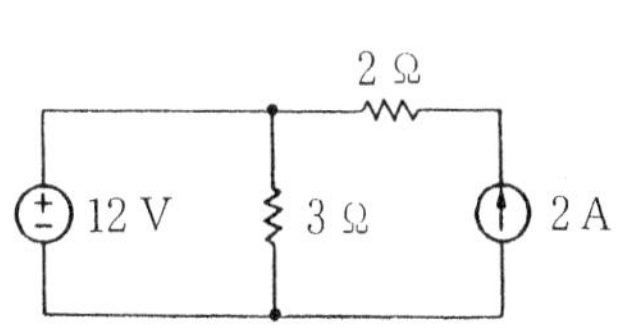

13. 테브낭 정리를 써서 그림 (a)의 회로를 그림 (b)와 같은 등가 회로로 만들고자 한다. E[V]와 R[Ω]을 구하면?

㉮ 6, 2
㉯ 5, 2
㉰ 5, 5
㉱ 3, 1.2

(a) (b)

14. 그림을 테브낭의 등가 회로로 고치려고 한다. 이때 테브낭의 등가 저항 $R_T[\Omega]$과 등가 전압 $E_T[\mathrm{V}]$는?

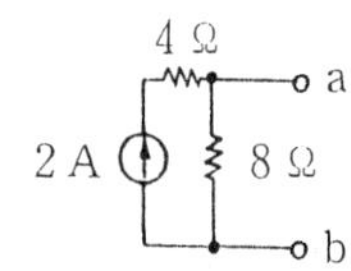

㉮ $R_T = \frac{8}{3}$, $E_T = 8$

㉯ $R_T = 6$, $E_T = 12$

㉰ $R_T = 8$, $E_T = 16$

㉱ $R_T = \frac{8}{3}$, $E_T = 16$

15. 그림과 같은 회로에서 테브낭 정리를 이용하기 위해 단자 a, b에서 본 저항 $R_{ab}[\Omega]$은?

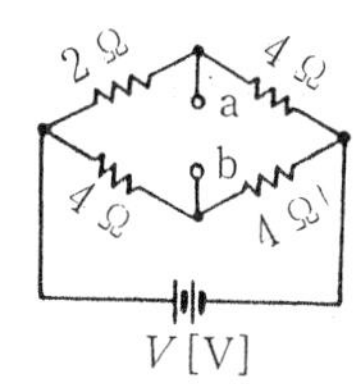

㉮ $\frac{24}{7}$

㉯ $\frac{10}{3}$

㉰ 14

㉱ 24

16. 두 개의 회로망 N_1과 N_2가 있다. a, b 단자, a′, b′ 단자의 각각의 전압은 50[V], 100[V]이다. 또 양단자에서 N_1, N_2를 본 임피던스가 90[Ω]과 10[Ω]이다. a와 a′, b와 b′를 연결하면 흐르는 전류는 몇 A인가?

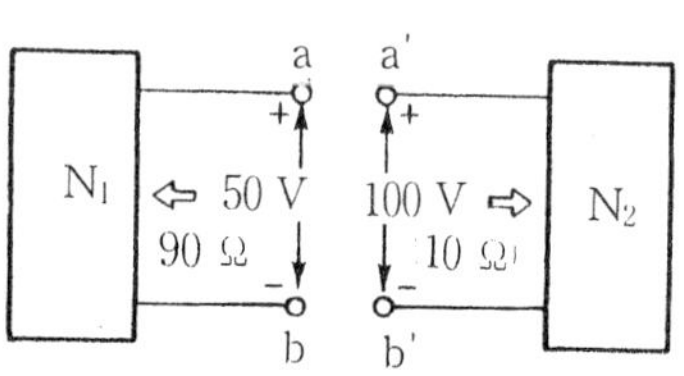

㉮ $\frac{8}{3}$

㉯ $\frac{2}{3}$

㉰ 5.5

㉱ 0.5

17. 두 개의 N_1과 N_2가 있다. a, b 단자, a′, b′ 단자의 각각의 전압은 50[V], 30[V]이다. 또 양단자에서 N_1, N_2를 본 임피던스가 15[Ω], 25[Ω]이다. a와 a′, b와 b′를 연결하면 이때 흐르는 전류는 몇 A인가?

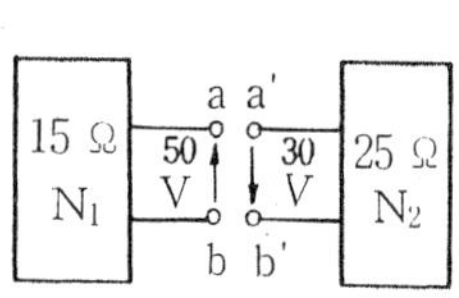

㉮ 0.5

㉯ 1

㉰ 2

㉱ 4

18. 그림과 같은 회로에서 a, b 단자에 나타나는 전압 V_{ab}는 몇 V인가?

㉮ 10

㉯ 12

㉰ 8

㉱ 4.3

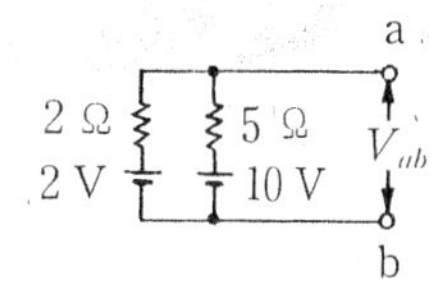

19. 그림과 같은 회로에서 a, b 단자 사이의 전압은 몇 V인가?

㉮ 20

㉯ 40

㉰ 60

㉱ 80

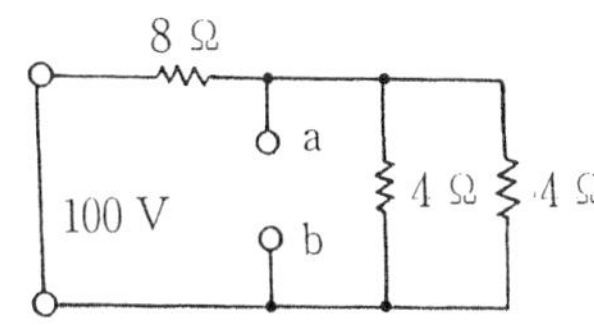

20. 그림과 같은 선형 회로망에서 단자 a, b간에 100 [V]의 전압을 가할 때 c, d에 흐르는 전류가 5 [A]이었다. 반대로 회로에서 c, d간에 50 [V]를 가하면 a, b에 흐르는 전류는 몇 A인가?

㉮ 2.5

㉯ 10

㉰ 25

㉱ 50

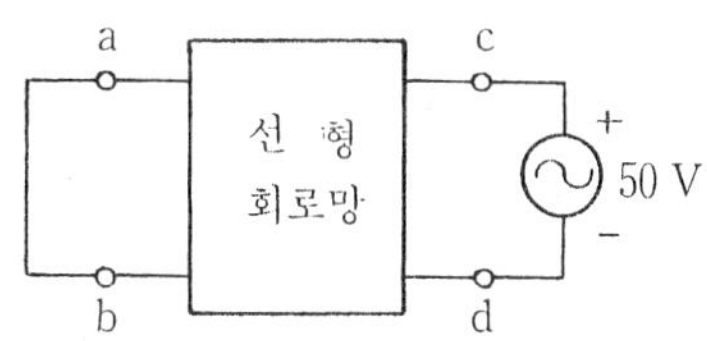

21. 선형 회로에 가장 관계가 있는 것은?

㉮ 키르히호프의 법칙　　㉯ 중첩의 원리

㉰ $V=RI^2$　　㉱ 패러데이의 전자 유도 법칙

22. 테브낭의 정리와 쌍대의 관계가 있는 것은 다음 중 어느 것인가?

㉮ 밀만의 정리　　㉯ 중첩의 원리

㉰ 노튼의 정리　　㉱ 보상의 정리

23. 그림과 같은 회로에서 R에 흐르는 전류가 0이 되기 위한 조건은?

㉮ $R_1E_1 = R_2E_2$

㉯ $R_1R_2 = E_1E_2$

㉰ $R_2E_1 = R_1E_2$

㉱ $E_1 = E_2$

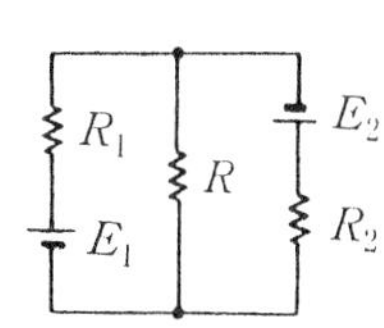

익힘 문제

1. 그림에서 부하 저항 R_L에 흐르는 전류를 중첩의 원리에 의해 구하고 또 전압 강하 V_L을 구하라.

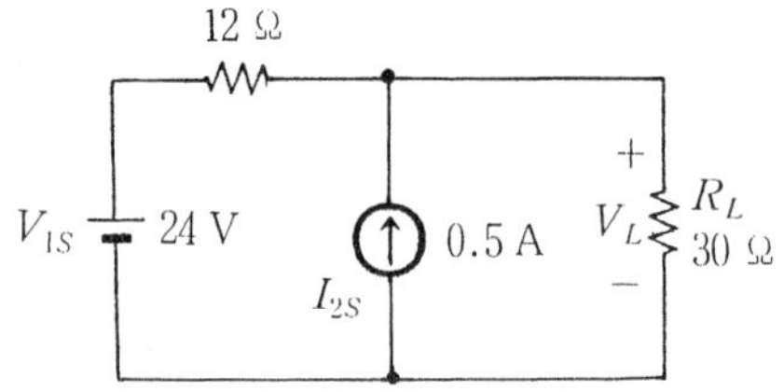

2. 문제 1의 그림에서 각 전원이 공급한 전력을 구하고 소비 전력과 같음을 보여라.

3. 그림에서 중첩의 원리에 의해 저항 R_3에 흐르는 전류와 전압 강하를 구하라. 또 전력에는 중첩의 원리가 성립되지 않음을 보여라.

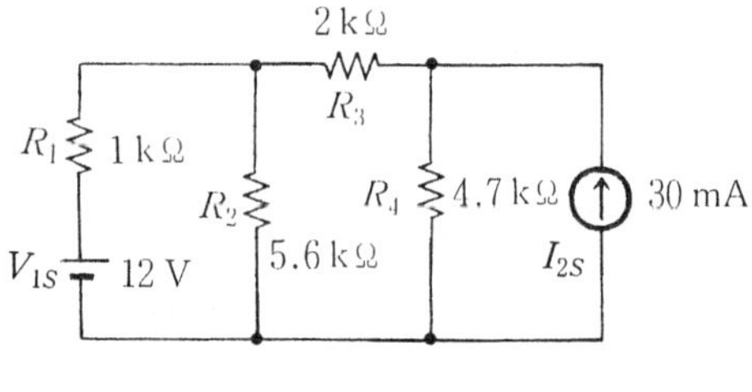

4. 그림에서 단자 ab에 전압계를 연결할 경우 몇 볼트를 지시하는지를 중첩의 원리를 이용하여 풀어라.

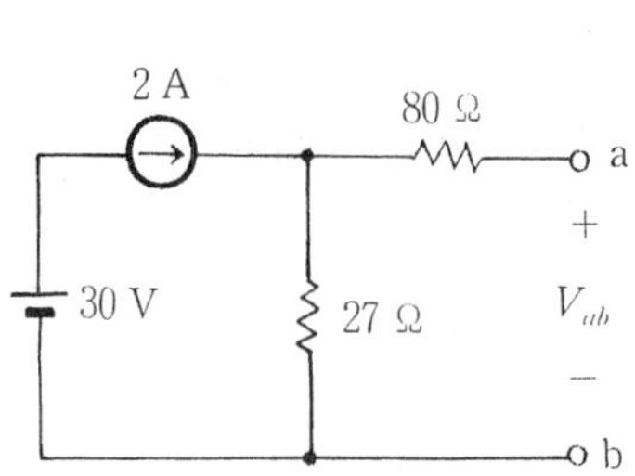

5. 그림에서 중첩의 원리를 이용하여 저항 R_L에 흐르는 전류와 전압을 구하라.

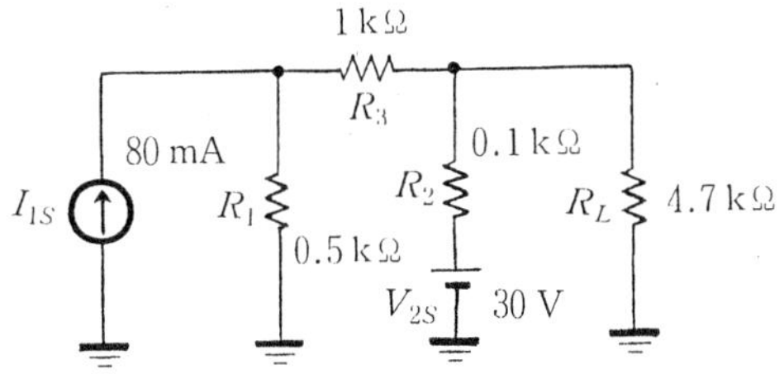

6. 그림에서 중첩의 원리를 이용하여 저항 R_L에 걸리는 전압을 구하라.

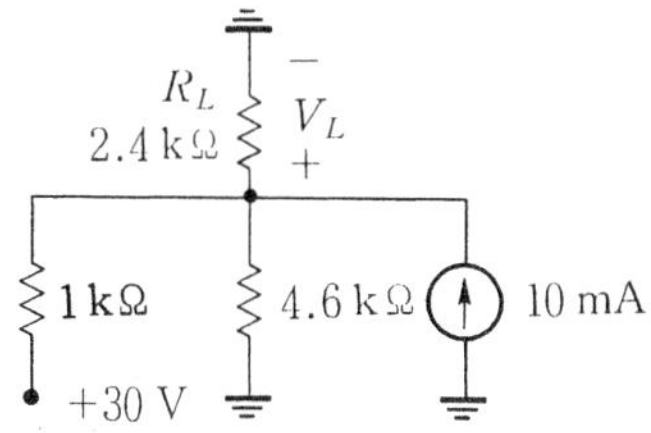

7. 문제 6의 그림에서 각 전원이 공급한 전력을 구하라.

8. 문제 1의 그림을 테브낭 정리를 이용하여 풀어라.

9. 문제 3의 그림에서 저항 R_3에 흐르는 전류와 전압 강하를 테브낭 정리를 이용하여 구하라.

10. 문제 4의 그림을 테브낭 정리를 이용하여 풀어라.

11. 문제 5의 그림을 테브낭 정리를 이용하여 풀어라.

12. 문제 6의 그림을 테브낭 정리를 이용하여 풀어라.

13. 다음 그림의 회로에서 저항 R_L에 대한 테브낭 등가 회로를 그리고 전류 I_L을 구하는 식을 만들어라. 또, $R_L = 30\,[\Omega]$, $40\,[\Omega]$, $50\,[\Omega]$일 경우 I_L을 구하라.

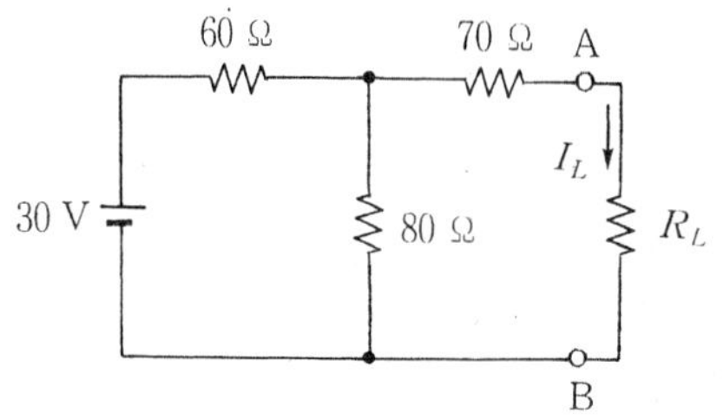

(a)

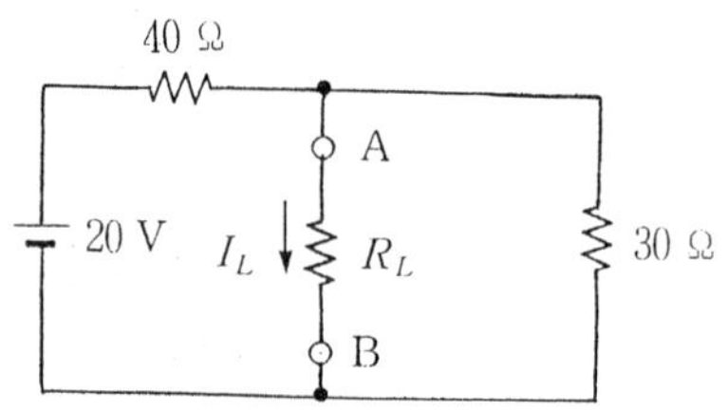

(b)

14. 다음 그림은 전압 분배기이다.

(1) 무부하시 단자 전압 V_{ab}를 구하라.

(2) 부하 R_L을 연결할 경우 테브낭 정리를 이용하여 단자 전압 $V_{ab} = V_L$을 구하는 식을 만들어라.

(3) $R_L = 620\,[\Omega]$, $6.2\,[\mathrm{k}\Omega]$, $62\,[\mathrm{k}\Omega]$ 및 $620\,[\mathrm{k}\Omega]$일 때 V_L을 구하고 무부하 전압과 비교하라.

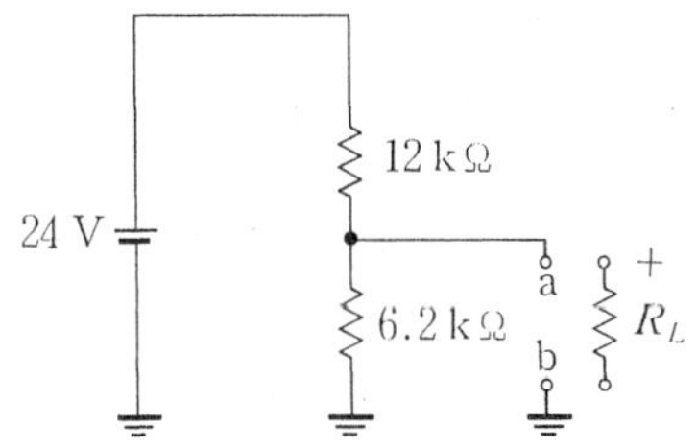

15. 그림의 브리지 회로에서 테브낭 정리를 이용하여 저항 R_L에 흐르는 전류를 구하라.

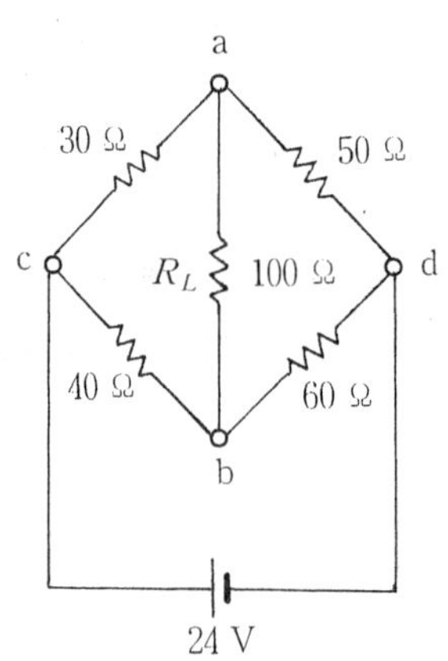

16. 다음 그림에서

(1) 테브낭 등가 회로를 그리고 전류 I_L을 구하는 식을 만들어라.

(2) $R_L = 1\,[\text{k}\Omega]$, $1.5\,[\text{k}\Omega]$, $2\,[\text{k}\Omega]$일 때 I_L을 구하라.

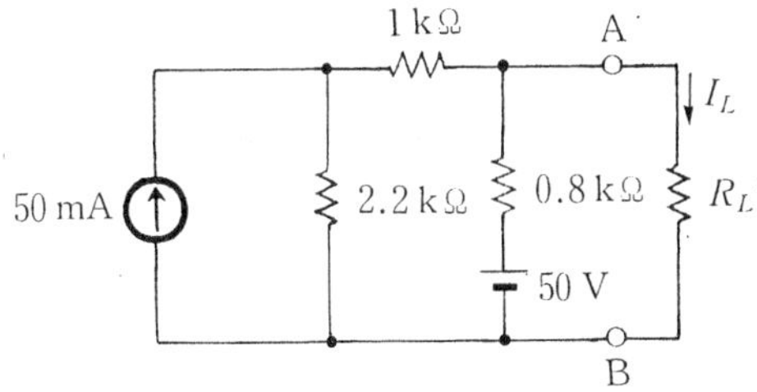

17. 그림에서 테브낭 정리를 이용하여 전류 I_L을 구하라.

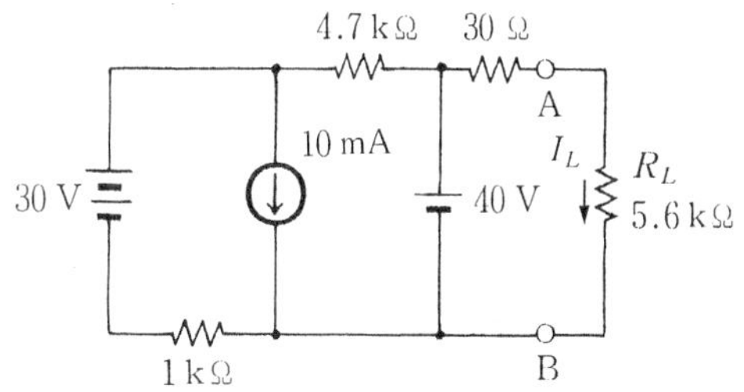

18. 문제 8을 노튼 정리를 이용하여 풀어라.

19. 문제 9를 노튼 정리를 이용하여 풀어라.

20. 문제 13의 그림 (a)와 (b)를 노튼 정리를 이용하여 풀어라.

21. 문제 15의 브리지 회로를 노튼 정리를 이용하여 풀어라.

22. 문제 11을 노튼 정리를 이용하여 풀어라.

23. 문제 16을 노튼 정리를 이용하여 풀어라.

24. 문제 17을 노튼 정리를 이용하여 풀어라.

25. 그림의 회로에 밀만 정리를 적용시켜 V_{EQ}와 R_{EQ}를 구하라.

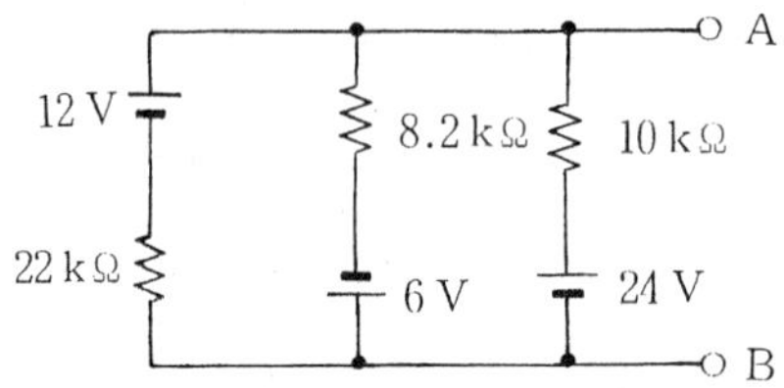

26. 문제 1을 밀만 정리로 풀어라.

27. 문제 6을 밀만의 정리를 이용하여 풀어라.

28. 문제 13의 그림 (b)를 밀만의 정리로 풀어라.

29. 그림의 회로에서 저항 R_L에 흐르는 전류와 전압을 밀만 정리로 풀어라.

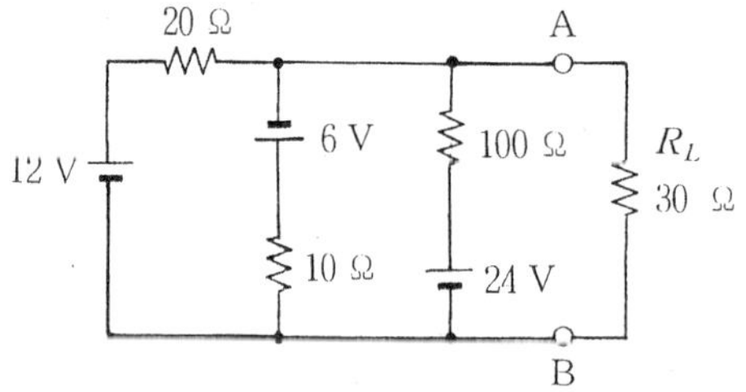

30. 그림의 회로에서 부하 저항 R_L을 변화시킬 때

(1) R_L이 얼마일 때 전원에서 부하에 최대 전력이 전달되는가?

(2) 최대 전력이 전달될 때의 효율을 구하라.

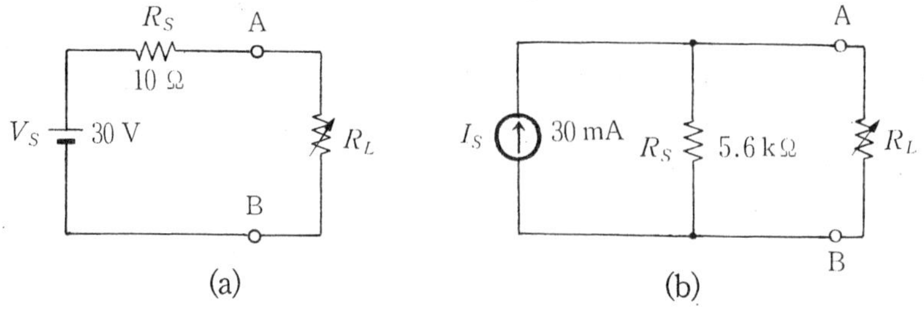

31. 문제 13의 그림에서 부하 저항 R_L이 얼마일 때 전원에서 최대 전력이 부하에 전달되는가? 또 이때 실제 효율을 구하고 문제 30의 효율과 비교하라.

32. 문제 31에서 최대 전력이 전달될 때의 부하 저항값보다 (1) 10% 클 경우 (2) 10% 작을 경우의 전달 전력을 구하라.

33. 그림에서 (1) 부하 저항 R_L이 얼마일 때 최대 전력이 R_L에 전달되는가? (2) 최대 전력이 전달될 때 각 전원이 공급한 전력을 구하고 또 효율을 구하라.

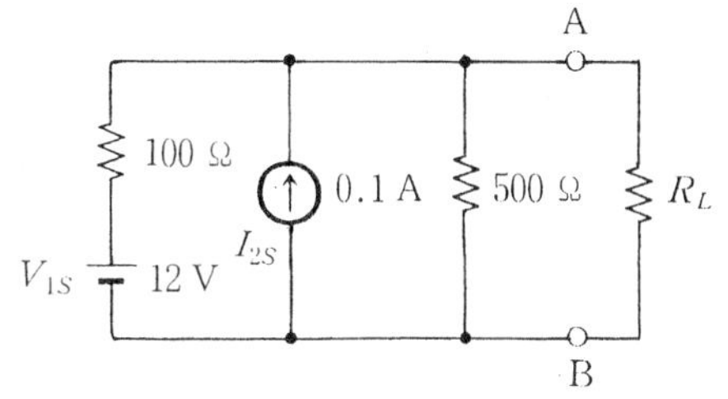

34. 그림에서 부하 저항 R_L에 전원에서 최대 전력이 전달되었다. 이때 저항 R의 크기를 구하라. 또 최대 전달 전력을 구하라.

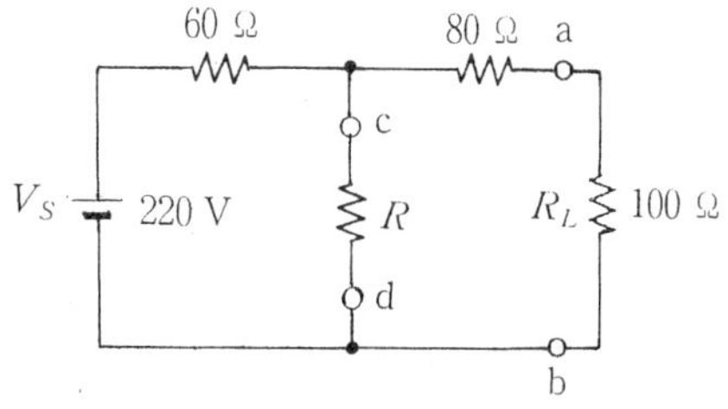

35. 다음 그림의 회로에서

(1) 그림 (a)에서 테브낭 정리를 이용하여 전류 I_2를 구하라.

(2) 그림 (b)에서 테브낭 정리를 이용하여 전류 I_1을 구하라.

(3) 상반 정리가 성립하는가?

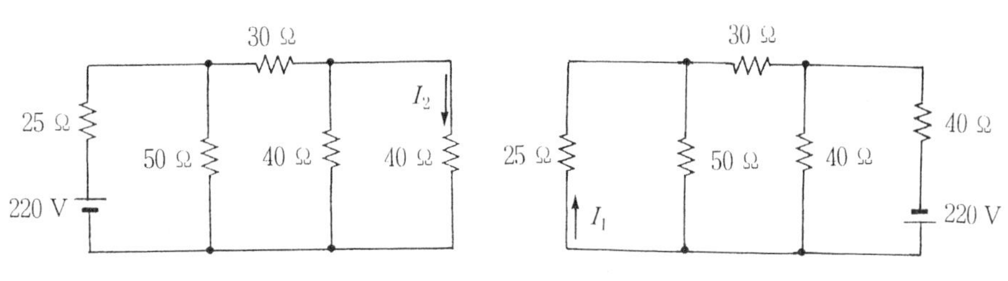

(a) (b)

36. 다음 그림에서

(1) 그림 (a)의 전압 강하 V_2를 구하라.

(2) 그림 (b)의 전압 강하 V_1을 구하라.

(3) 상반 정리가 성립하는가?

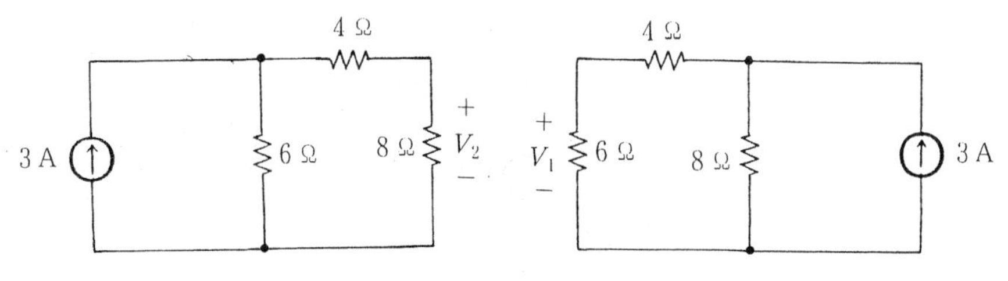

(a) (b)

37. 그림에서 동일 수동 회로일 경우 (b)의 전류 I_1의 크기를 구하라.

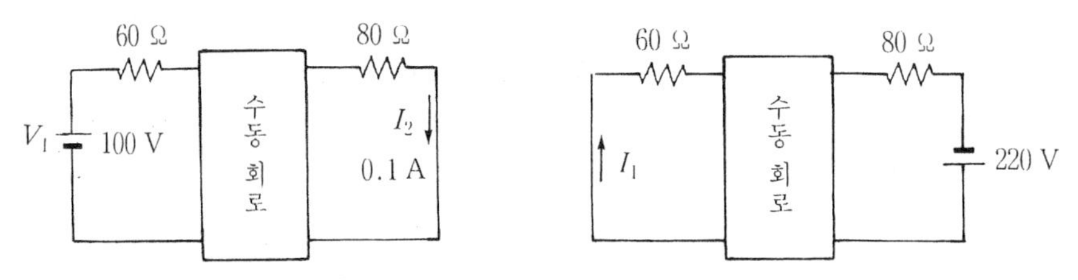

(a) (b)

5 교류 전류와 전압

5.1 서 론

지금까지 우리는 직류 전압 전류를 다루었다. 즉 직류 전압은 그림 5.1 (a)와 같이 전압의 +, − 극성과 전압의 크기가 일정한 것을 말한다(그림에서는 12 [V]). 그림 (b)는 전류가 흐르는 방향이 일정하고 또 크기도 일정하다(그림에서는 0.1 [A]).

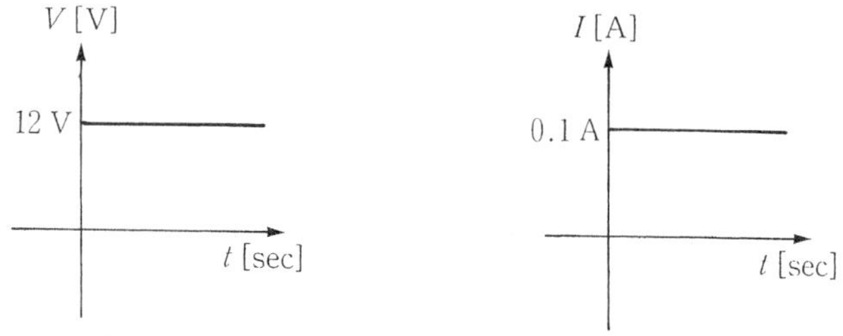

(a) 전압 (b) 전류

그림 5.1 직류 전압과 전류

그런데 우리 가정에 흘러 들어오는 전압 전류는 그림 5.2와 같은 정현파 전압이다. 그림의 정현파 전압은 크기가 순간순간 바뀌고 흐르는 방향도 1초 동안에 120번 바뀐다.

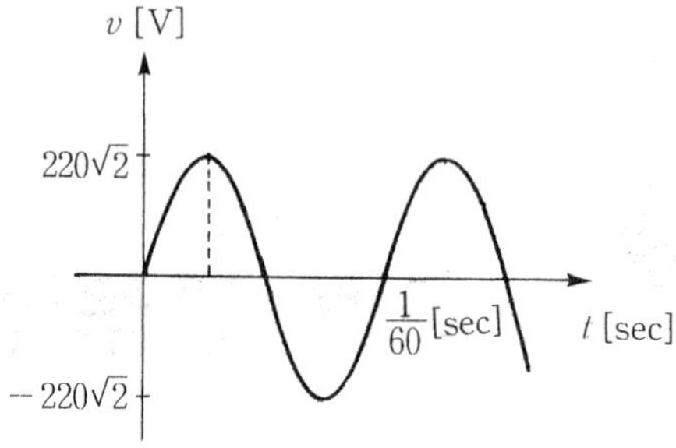

그림 5.2 가정의 전압 파형

그림 5.3은 구형파(square wave)와 삼각파(triangle wave)이다. 물론 이 두 파형도 교류이지만 정현파와 구분하여 비정현파라 한다. 일반적으로 교류라고 하면 정현파를 의미한다. 수학적으로 사인 함수를 미분하거나 적분하면 코사인 함수가 된다. 코사인 함수는 사인 함수보다 위상이 90° 앞선 함수로 정현파이다. 따라서 우리는 발전소에서 정현파로 전압을 발생시켜 소비도 대부분 정현파로 소비시킨다. 물론 필요한 경우에는 정현파를 직류 또는 삼각파로 변환시켜 이용한다.

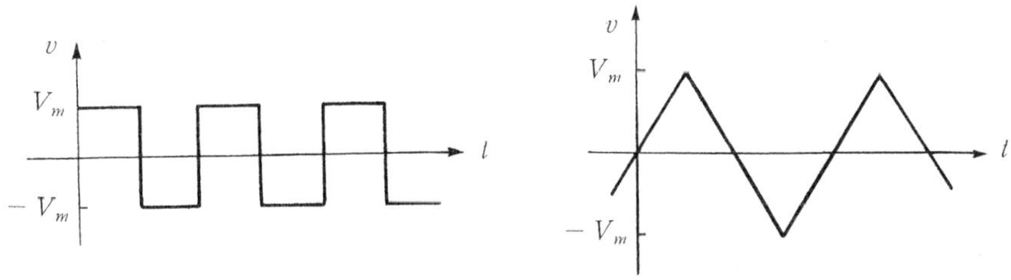

그림 5.3 비정현 · 교류 파형

직류 회로에서는 수동 소자(부하를 의미함)가 저항 하나뿐이었다. 그러나 교류 회로에서는 수동 소자로 인덕터(inductor, 속칭 코일)와 커패시터(capacitor, 속칭 콘덴서)가 추가 된다. 인덕터와 커패시터의 전기적 특성은 서로 반대이다. 다음 절에서 교류 전압 즉 정현파 전압의 발생을 공부하고 평균값과 실효값을 정의한다.

5.2 정현파의 발생

교류 발전기는 기계 에너지(운동 에너지)를 전기 에너지로 바꾸는 장치를 말한다. 그림 5.4는 간단한 정현파 교류 발생 장치를 보여 주고 있다.

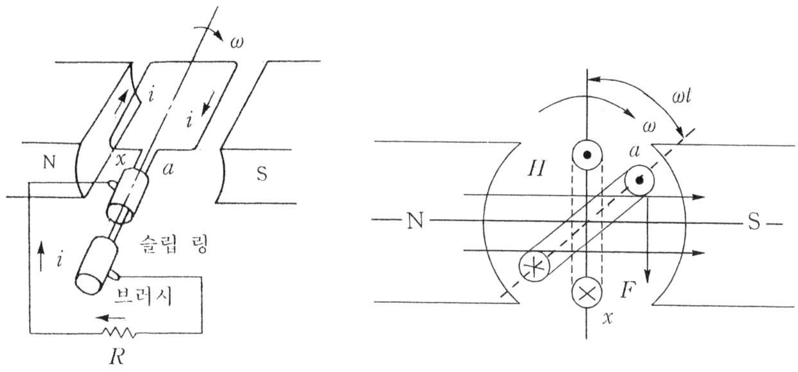

(a) 발전기의 구조 (b) 기전력의 발생

그림 5.4 2극 발전기의 원리

그림 (a)는 2극 발전기의 구조를 보여 주고 있다. 슬립 링(slip ring)은 코일이 회전할 때 코일이 꼬이는 것을 방지하는 장치이다. 브러시를 통해 전류가 저항 R에 흐른다. 그림 (b)는 단면을 나타낸 것으로 코일 단면 a, x에 흐르는 전류의 방향은 플레밍의 오른손 법칙에 의해 그림과 같이 된다. 엄지, 검지 및 장지를 서로 직각이 되게 할 때 장지의 방향이 기전력(전류)의 방향으로 그림 5.5에 나타나 있다.

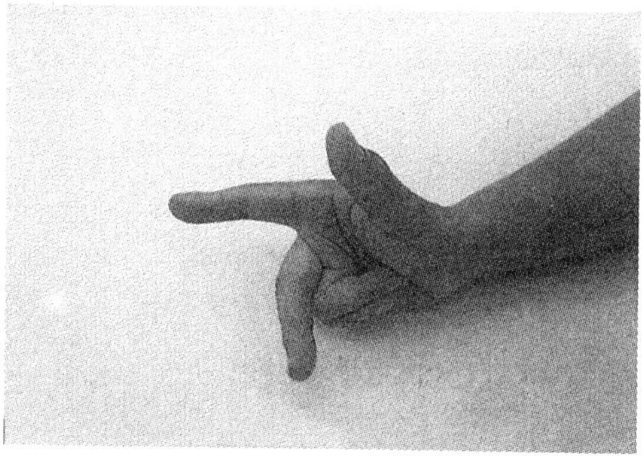

그림 5.5 플레밍의 오른손 법칙

그림 5.4에서 코일이 ω[rad/sec]의 각속도로 회전한다면 코일 a, x에 발생되는 기전력은 식 (5.1)과 같다.

$$v = V_m \sin \omega t \,[\mathrm{V}] \tag{5.1}$$

(1) 라디안(radian)

그림 5.6에 보이는 바와 같이 각도를 측정하는 방법에는 도(degree)와 라디안(radian)의 두 가지 방법이 있다. 360°를 2π 라디안으로 정의한다. 따라서 1[rad]은

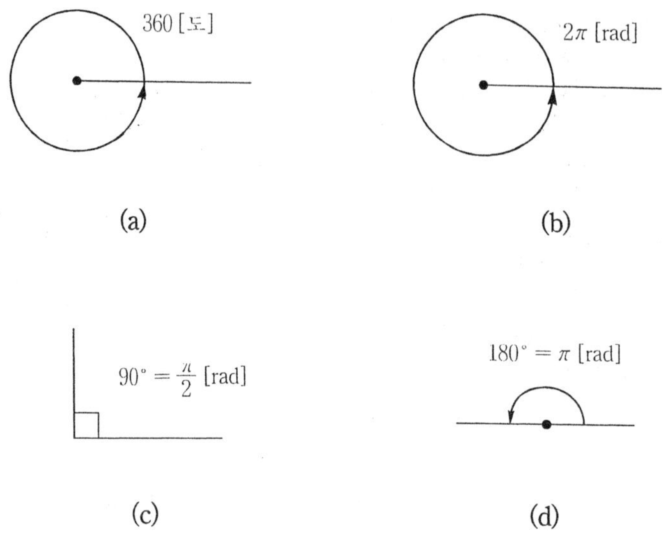

그림 5.6 360°는 2π 라디안이다

$$1\,[\text{rad}] = \frac{360°}{2\pi} = 57.3° \tag{5.2}$$

이다. θ[rad]과 α[도] 사이의 관계식은

$$\theta : \alpha = 2\pi : 360° \tag{5.3a}$$

$$\alpha = \frac{180}{\pi} \cdot \theta\,[\text{도}] \tag{5.3b}$$

공학에서는 각도의 단위로 라디안이 보통 쓰인다.

예제 5-1

다음의 도를 라디안 단위로 표시하라.

① 30° ② 45° ③ 60° ④ 120°

✲ 풀이 식 (5.3a)에서

① $\theta = \frac{\pi}{180} \cdot \alpha = \frac{\pi}{180} \cdot 30 = \frac{\pi}{6}\,[\text{rad}]$

② $\theta = \frac{\pi}{180} \cdot 45 = \frac{\pi}{4}\,[\text{rad}]$

③ $\theta = \frac{\pi}{180} \cdot 60 = \frac{\pi}{3}$ [rad]

④ $\theta = \frac{\pi}{180} \cdot 120 = \frac{2}{3}\pi$ [rad]

연습문제 5-1 다음의 도를 라디안 단위로 표시하라.

① 135° ② 150° ③ 210° ④ 225°

예제 5-2

다음의 라디안 단위를 도 단위로 표시하라.

① 1.5 [rad] ② $\frac{4\pi}{3}$ [rad] ③ $\frac{3\pi}{2}$ [rad] ④ 2π [rad]

✲ 풀이 식 (5.3b)에서

① $\alpha = \frac{180}{\pi} \cdot \theta = \frac{180}{\pi} \cdot 1.5 = 85.94°$

② $\alpha = \frac{180}{\pi} \cdot \frac{4}{3}\pi = 240°$

③ $\alpha = \frac{180}{\pi} \cdot \frac{3}{2}\pi = 270°$

④ $\alpha = \frac{180}{\pi} \cdot 2\pi = 360°$

연습문제 5-2 다음의 라디안 단위를 도 단위로 표시하라.

① $\frac{2}{3}\pi$ [rad] ② $2\pi \cdot 60$ [rad] ③ 3π [rad] ④ 5π [rad]

(2) 각속도 · 주파수 · 주기

물체가 직선상에서 움직일 때는 속도를 [m/sec]로 표시한다. 가령 100 [m]를 10 [sec] 동안에 달릴 수 있는 사람의 달리는 속도는

$$\frac{100\,[\mathrm{m}]}{10\,[\mathrm{sec}]} = 10\,[\mathrm{m/\,sec}]$$

가 된다. 즉 1초 동안에 평균적으로 10미터를 달릴 수 있다. 그림 5.4에서 코일의 이동을 각도로 표시할 때 각도의 이동 속도를 각속도라 한다. 코일의 각속도가 ω[rad/sec]라면 t[sec] 동안에 이동한 각도의 크기는

$$\omega\left[\frac{\text{rad}}{\text{sec}}\right]\times t[\text{sec}]=\omega t[\text{rad}]$$

이 된다. 또 식 (5.3b)에서 ωt[rad]은

$$\alpha=\frac{180}{\pi}\cdot\omega t[\text{도}]$$

가 된다.

그림 5.4에서 도체가 1회전을 하였을 때를 1주파라 하고 1초 동안에 f회전을 하였을 때 주파수를 f라고 말하며, 단위는 헤르츠(Hz)를 사용한다.

$$1\ [\text{Hz}]=1\left[\frac{\text{회}}{\text{sec}}\right]$$

1회전에 걸린 시간을 주기라 하고 T[sec]로 표시한다. 따라서 각속도 ω, 주파수 f, 주기 T 사이에는 다음 식이 성립한다.

$$T=\frac{1}{f}\ [\text{sec}] \tag{5.4}$$

$$\omega=2\pi f=\frac{2\pi}{T}\ [\text{rad/sec}] \tag{5.5}$$

예제 5-3 우리 나라 전력선의 상용 주파수는 60[Hz]이다. 주기와 각속도를 구하라.

✽ 풀이

$$T=\frac{1}{f}=\frac{1}{60}=0.017\ [\text{sec}]$$

$$\omega=2\pi f=2\pi\cdot 60=377\ [\text{rad/sec}]$$

연습문제 5-3 상용 주파수가 50[Hz]인 전력선의 주기와 각속도를 구하라.

(3) 기계각과 전기각

그림 5.4에서 기계적인 1회전은 전기적으로도 1회전이 된다. 즉 전기각과 기계각이 같다. 그러나 그림 5.7의 4극 발전기에서는, 기계적인 1회전이 전기적으로는 2회전이 된다. 즉, 코일이 기계적으로 1회전을 할 경우 전기적으로는 2주파가 된다.

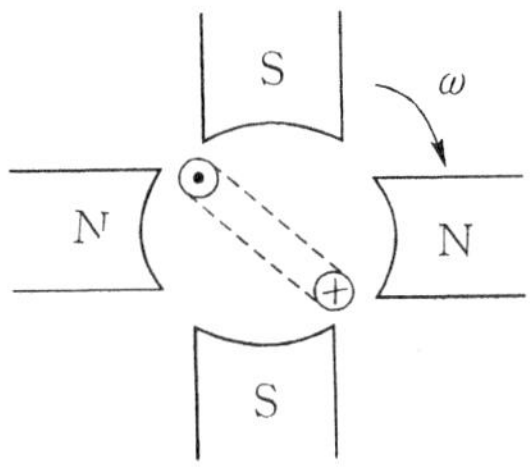

그림 5.7 전기각=2×(기계각)

예제 5-4 60 [Hz]인 전력선에 4극 발전기를 연결시키려 한다. 발전기의 회전수를 얼마로 해야 하는가?

✲ 풀이 2극 발전기일 경우는 1초 동안에 60 회전한다. 4극 발전기의 1회전은 전기적으로는 2회전이 되므로 1초당 회전수 n은

$$n=\frac{60}{2}=30\ [\text{rps}]$$

[rps] = [revolutions per second]

연습문제 5-4 예제 5-4에서 6극 발전기를 사용할 경우 회전수를 구하라.

(4) 그래프

$v=V_m \sin\theta$에서, θ가 0°에서 360°까지 변화할 경우의 그래프가 그림 5.8에 그려져 있다.

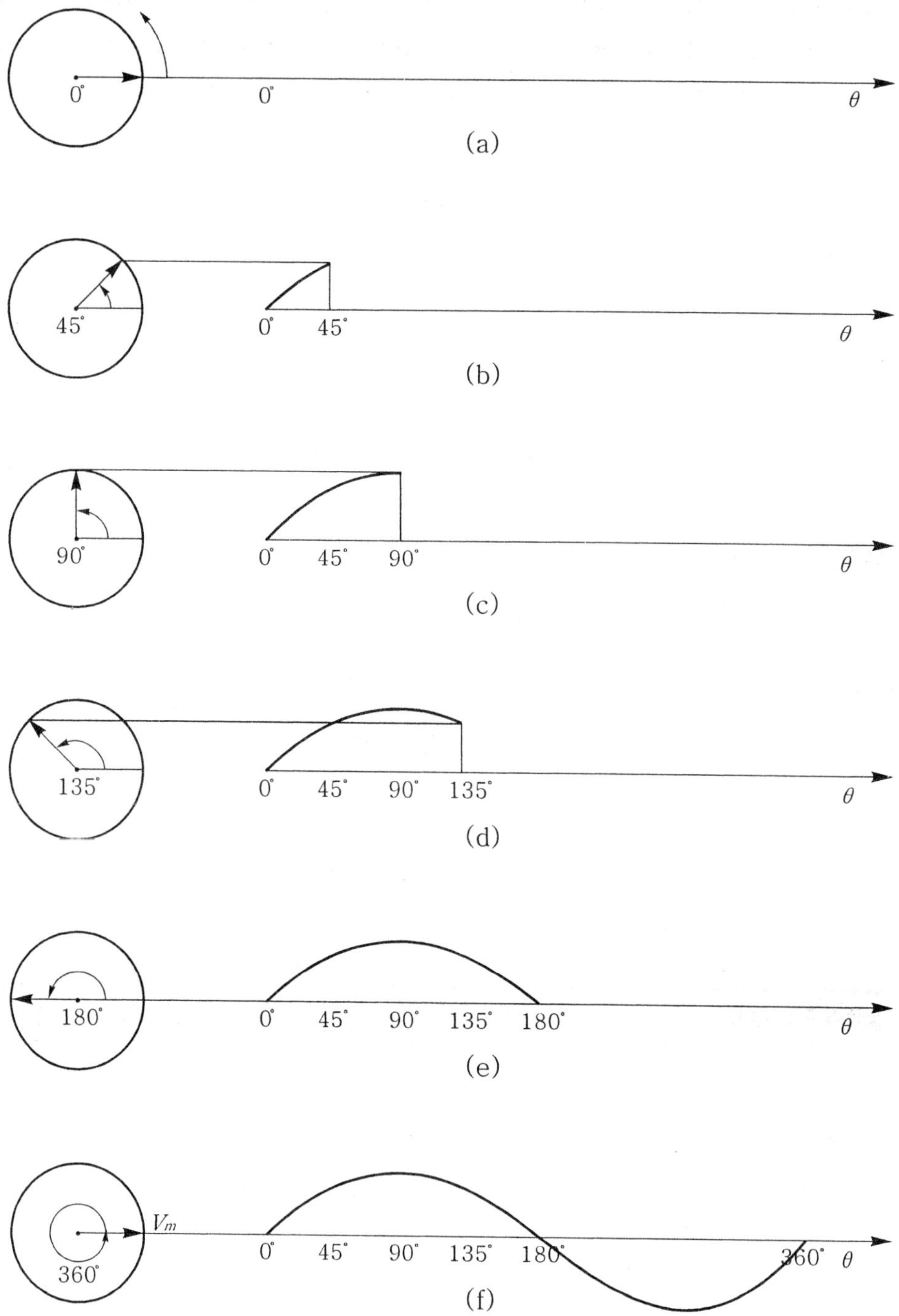
0°
0°
θ
(a)
45°
0° 45°
θ
(b)
90°
0° 45° 90°
θ
(c)
135°
0° 45° 90° 135°
θ
(d)
180°
0° 45° 90° 135° 180°
θ
(e)
V_m
360°
0° 45° 90° 135° 180° 360° θ
(f)

그림 5.8 정현파 그래프

그림 (f)에서 길이가 V_m인 막대기를 원점 0을 중심으로 반시계 방향으로 회전시킬 때 y축상의 투영이 사인 그래프이다. 이때

$$\sin\theta = 1$$

$$\theta = 90^\circ = \frac{\pi}{2}\ [\text{rad}]$$

일 때의 값 V_m을 최대값이라 한다.

$$v = V_m \sin\theta = V_m \sin\omega t$$

는 시간 t에 따라 값이 변화하므로 순시값이라 한다.

예제 5-5

정현파 전압 v가 $v = 220\sqrt{2}\sin 377t\,[\text{V}]$로 표시될 때 다음을 구하라.

① 최대값 ② 순시값 ③ 각속도 ④ 주파수 ⑤ 주기 ⑥ 그래프

✲ 풀이 ① $V_m = 220\sqrt{2} = 311.13\ [\text{V}]$

② $v = 220\sqrt{2}\sin 377t\,[\text{V}]$

③ $\omega = 377\ [\text{rad/sec}]$

④ $\omega = 2\pi f$ 에서 $f = \dfrac{377}{2\pi} = 60\ [\text{Hz}]$

⑤ $T = \dfrac{1}{f} = \dfrac{1}{60} = 0.017\ [\text{sec}]$

⑥

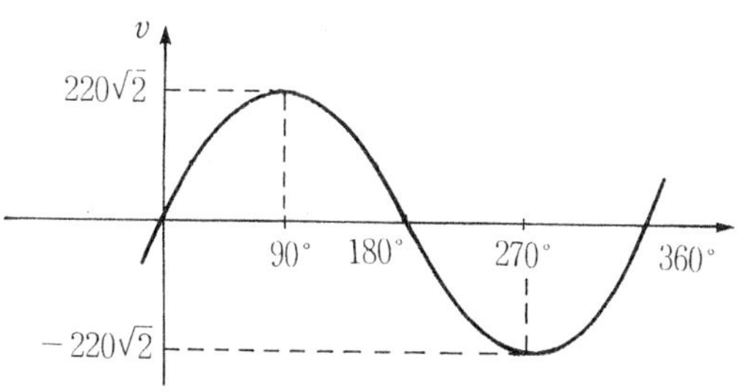

그림 5.9 정현파 그래프

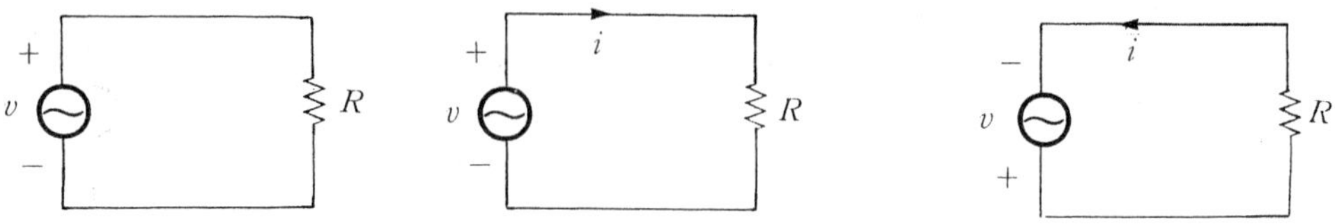

(a) (b) $0 \leq 377t < \pi$[rad] (c) $\pi \leq 377t < 2\pi$[rad]

그림 5.10 정현파 전압의 극성

그림 5.10 (a)의 저항 회로에 그림 5.9의 정현파 전압을 가했을 경우의 전압 극성을 검토해 본다. ωt의 값이 0°에서 180°까지는 그림 (b)와 같이 극성이 표시되고 이에 따라 전류 방향이 결정된다. 그림 5.9의 사인 곡선에 따라 90°까지는 증가하고 90°에서 180°까지는 감소하며 $\omega t = 180°$일 때는 전압이 0볼트가 된다. 180°에서 360°까지는 그림 (c)와 같이 극성이 반대 방향으로 표시되고 이에 따른 전류 방향이 결정된다. 그림 5.9의 사인 곡선에 따라 270°까지 반대 방향으로 증가하다가 360°까지 감소한다. $\omega t = 360°$일 때는 전압이 0볼트가 된다. $\omega t > 360°$일 경우도 같은 모양으로 반복된다. 따라서 교류 회로의 경우는 어느 한순간을 택해 전압 극성을 표시하며 보통 그림 (b)가 선택된다.

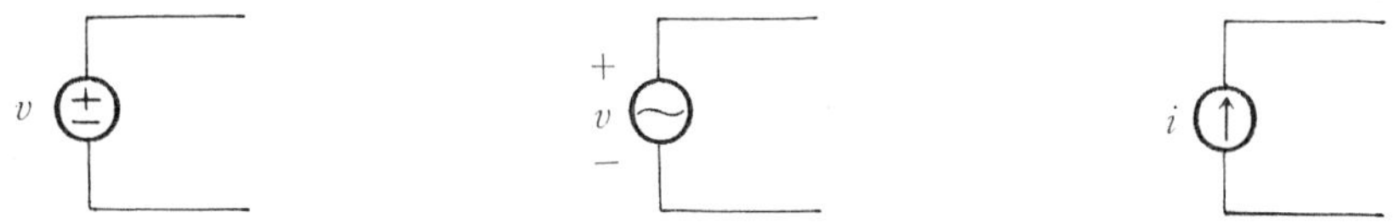

(a) (b) (c)

그림 5.11 기호법

그림 5.11에 교류 회로의 표시 방법을 나타냈다. 그림 (a)는 일반적인 시간 함수를 나타내고 그림 (b)는 특히 정현파 교류를 의미한다. 전류원은 그림 (c)와 같이 표시한다. 시간의 함수일 경우 영문 소문자 (v, i)로 표시한다.

연습문제 5-5 정현파 전압 v가 $v = 100\sqrt{2}\sin 314t$[V]로 표시될 때 다음을 구하라.

① 최대값 ② 순시값 ③ 각속도

④ 주파수 ⑤ 주기 ⑥ 그래프

예제 5-6

$v = 220\sqrt{2}\sin 2\pi \cdot 60t$[V]로 표시되는 정현파 전압이 있다. 시간 t가 다음과 같을 때 전압 v를 구하라.

① 1[ms] ② 5[ms] ③ 10[ms]

✲ 풀이 ① $t=1$[ms]$=1 \cdot 10^{-3}$[sec]일 때 코일의 위치를 구한다.

$$\omega t = 2\pi \cdot 60 \cdot 1 \cdot 10^{-3} = 0.377 \text{ [rad]}$$

$$= 0.377 \times 57.3^\circ = 21.60^\circ$$

따라서

$$v|_{t=10^{-3}} = 220 \cdot \sqrt{2} \cdot \sin 21.60^\circ = 114.53 \text{ [V]}$$

② $t=5$[ms]$=5 \cdot 10^{-3}$[sec]

$$\omega t = 21.60 \times 5 = 108^\circ$$

$$v|_{t=5 \cdot 10^{-3}} = 220 \cdot \sqrt{2} \cdot \sin 108^\circ = 295.90 \text{ [V]}$$

③ $t=10$[ms]$=10 \cdot 10^{-3} = 10^{-2}$[sec]

$$\omega t = 21.60 \times 10 = 216^\circ$$

$$v|_{t=10^{-2}} = 220 \cdot \sqrt{2} \cdot \sin 216^\circ = -182.88 \text{ [V]}$$

연습문제 5-6 정현파 전류 i가 $i = 10\sqrt{2}\sin 2\pi \cdot 50t$[A]로 표시된다. 시간 t가 다음과 같을 때 전류 i를 구하라.

① 1[ms] ② 10[ms] ③ 30[ms]

예제 5-7

$i=8\sqrt{2}\sin 2\pi \cdot 60t$[A]로 표시되는 정현파 전류가 있다. 다음에 표시되는 전류값이 되는 시각 t를 한 주파 안에서 전부 구하라.

① $i=8$ [A] ② $i=3$ [A] ③ $i=-8$ [A]

✲ 풀이 사인 함수는 한 주파 내에서 어떤 값에 대해 두 개의 각도가 존재함을 주의한다.

① $8=8\sqrt{2}\sin 2\pi \cdot 60 \cdot t$

$$\frac{1}{\sqrt{2}}=\sin 120\pi t$$

$\sin 45^\circ=\frac{1}{\sqrt{2}}$ 이므로 한 개는 $\theta_1=45^\circ$ 이다. 그림 5.12에서

$$\theta_2=180^\circ-45^\circ=135^\circ$$

$$\theta_1=120\pi t_1\times 57.3^\circ=45^\circ$$

$$t_1=\frac{45^\circ}{120\pi\times 57.3^\circ}=0.00208\ [\mathrm{sec}]\ =2.08\ [\mathrm{ms}]$$

$$\theta_2=120\pi t_2\times 57.3^\circ=135^\circ$$

$$t_2=\frac{135^\circ}{120\pi\times 57.3^\circ}=0.00625\ [\mathrm{sec}]\ =6.25\ [\mathrm{ms}]$$

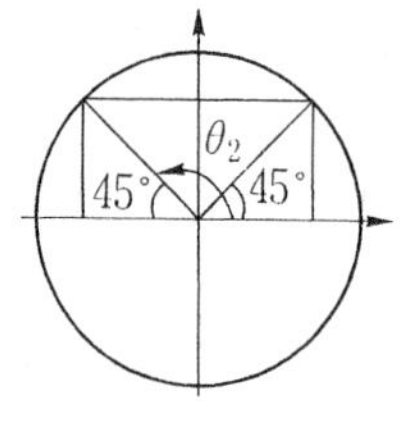

그림 5.12

② $3=8\sqrt{2}\sin 2\pi \cdot 60 \cdot t$

$\sin 120\pi t=0.265$

$$\theta_1=120\pi t_1\cdot 57.3^\circ=15.37^\circ$$

$$t_1 = \frac{15.37°}{120\pi \cdot 57.3°} = 0.00071\,[\text{sec}] = 0.71\,[\text{ms}]$$

$$\theta_2 = 120\pi t_2 \cdot 57.3° = 180° - 15.37° = 164.36°$$

$$t_2 = \frac{164.36°}{120\pi \cdot 57.3°} = 0.00762\,[\text{sec}] = 7.62\,[\text{ms}]$$

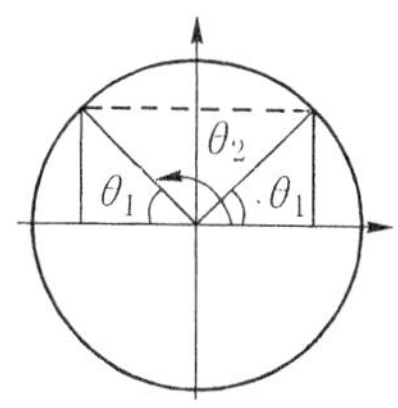

그림 5.13

③ $-8 = 8\sqrt{2}\sin 120\pi t$

$\sin 120\pi t = -\dfrac{1}{\sqrt{2}}$

$\omega t = 120\,\pi t\,[\text{rad}]$에서 한 개는 4상한 각이 되므로

$$\theta_2 = 120\pi t_2 \times 57.3° = 360° - 45° = 315°$$

$$t_2 = \frac{315°}{120\pi \cdot 57.3°} = 0.01458\,[\text{sec}] = 14.58\,[\text{ms}]$$

$$\theta_1 = 120\pi t_1 \cdot 57.3° = 180° + 45° = 225°$$

$$t_1 = \frac{225°}{120\pi \cdot 57.3°} = 0.01042\,[\text{sec}] = 10.42\,[\text{ms}]$$

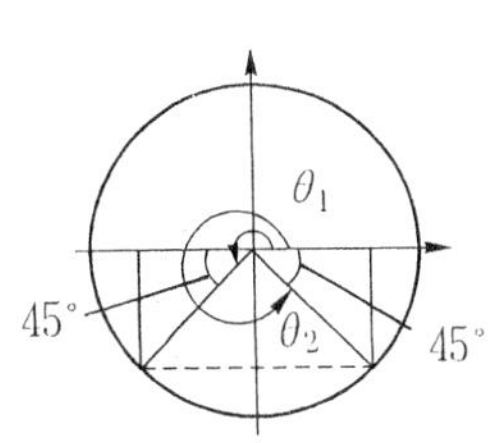

그림 5.14

연습문제 5-7 $i=3\sqrt{2}\sin 2\pi \cdot 50t$[A]로 표시되는 정현파 전류에서 다음 전류값이 되는 시간 t를 한 주파수 안에서 모두 구하라.

① $i=3$[A] ② $i=-3$[A] ③ $i=-4$[A]

예제 5-8

그림 5.15와 같은 정현파 전류의 주파수 f, 각속도 ω를 구하라.

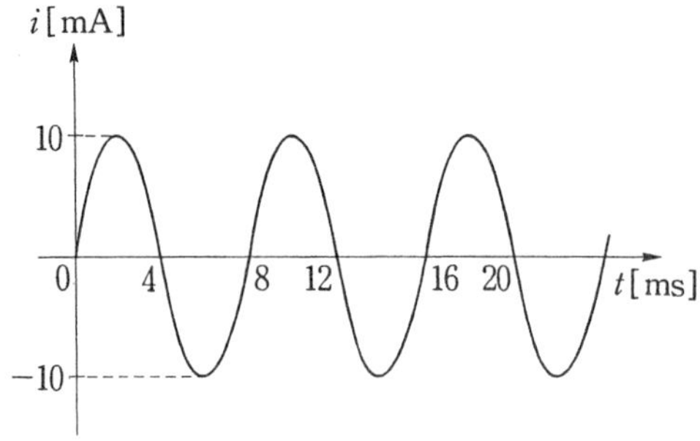

그림 5.15

풀이 그래프에서 주기 T는 한 주파에 걸린 시간이므로 $8[\text{ms}]=8\times10^{-3}[\text{sec}]$이다. 식 (5.4)에서

$$f=\frac{1}{T}=\frac{1}{8\times10^{-3}}=\frac{10^3}{8}=125\ [\text{Hz}]$$

식 (5.5)에서

$$\omega=2\pi f=2\pi\cdot125=250\pi\,[\text{rad/sec}]$$

연습문제 5-8 그림 5.16과 같은 정현파 전압의 주파수와 각속도를 구하라.

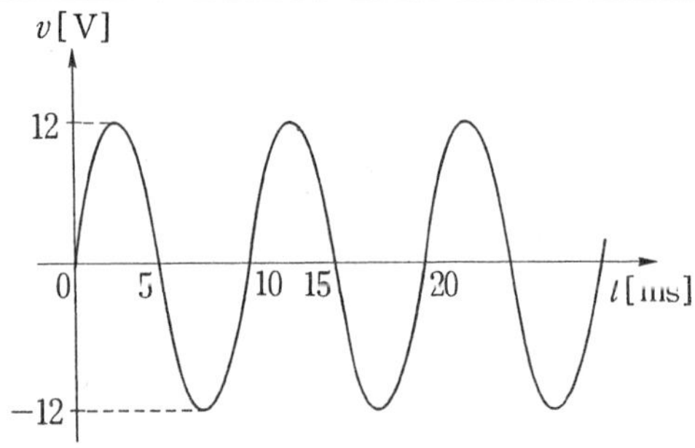

그림 5.16

5.3 위상 · 위상차

(1) 위상

식 (5.1) $v = V_m \sin \omega t[\mathrm{V}]$은 그림 5.4 (b)에서 $t=0$인 순간에 도체가 y축(종축)에 있을 경우의 유도 기전력 식이다. 식 (5.1)을 일반화시켜 본다.

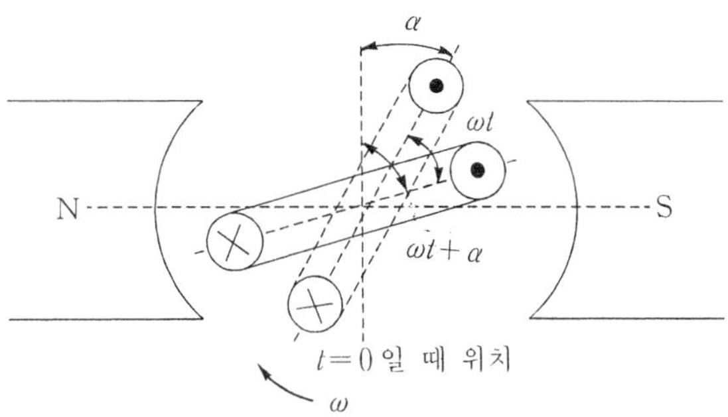

그림 5.17

그림 5.17에서 $t=0$인 순간에 도체가 y축상에서 시계 방향으로 편각 α의 위치에 있었다면 t초 후의 위치는 $(\omega t+\alpha)$가 된다. 따라서 이때의 기전력은

$$v = V_m \sin(\omega t + \alpha) \tag{5.6}$$

이다. 여기서 α를 위상, 위상각, 또는 초기 위상이라 한다. 그림 5.18은 식 (5.6)의 그래프이다. 횡축의 단위를 라디안으로 표시했다. $\omega t = -\alpha$일 때 v의 값은 0이다. 또 $\omega t = 2\pi - \alpha$, $4\pi - \alpha$일 때 v의 값이 0이다. $\omega t = 0$, 2π, 4π일 때 v의 값은 $v = V_m \sin \alpha$가 된다.

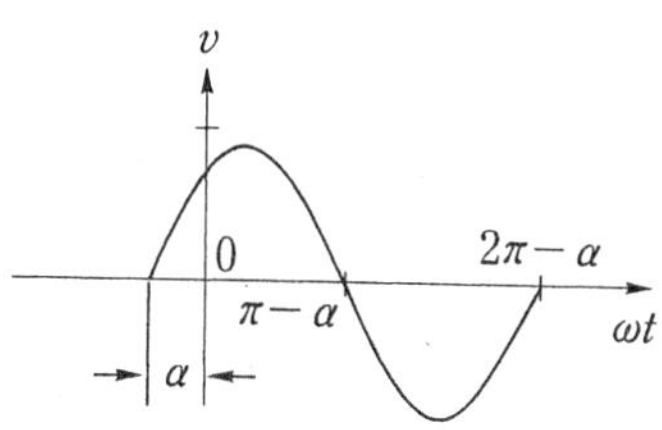

그림 5.18

예제 5-9

$$v=220\sqrt{2}\sin(2\pi\cdot 60t+30^{\circ})\ [\mathrm{V}]$$

의 초기 위상은 얼마인가? 또 그래프를 그려라.

✲ 풀이 초기 위상 $\alpha=30^{\circ}$

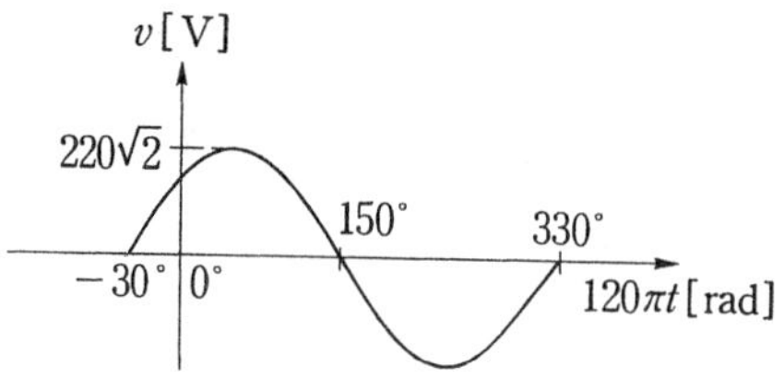

그림 5.19

횡축의 단위를 도로 표시했다. $2\pi\cdot 60t$의 단위는 라디안이므로 57.3°를 곱해야 도가 된다.

표 5.1에 여러 가지 ωt 값에 대한 v의 값이 보이졌다.

표 5.1

$\omega t\times 57.3^{\circ}$	$\sin(120\pi t+30^{\circ})$	v
−30°	0	0
0°	0.5	155.56
60°	1	311.13
150°	0	0
240°	−1	−311.13
330°	0	0

$v=220\sqrt{2}\sin(2\pi\cdot 60t+30^{\circ})\ [\mathrm{V}]$에서 $\omega t=2\pi\cdot 60t$의 단위는 라디안이고 위상각의 단위는 도를 사용했으므로 수학적 표시에서는 모순이다. 그러나 전기 공학에서는 편리성 때문에 위와 같은 표기를 인정하고 있다. 이 교재에서도 이와 같은 표기법을 이용한다.

연습문제 5-9	$v = 220\sqrt{2}\sin(120\pi t - 30°)$ [V]의 초기 위상은 얼마인가? 또 그래프를 그려라.

(2) 위상차

교류 회로에서는 두 파형의 위상 관계, 즉 위상의 차이가 중요한 항이다. 그림 5.20은 두 파형

$$v = V_m \sin(\omega t + \alpha)\,[\mathrm{V}]$$

$$i = I_m \sin(\omega t + \beta)\,[\mathrm{A}]$$

의 순시값 그래프이다.

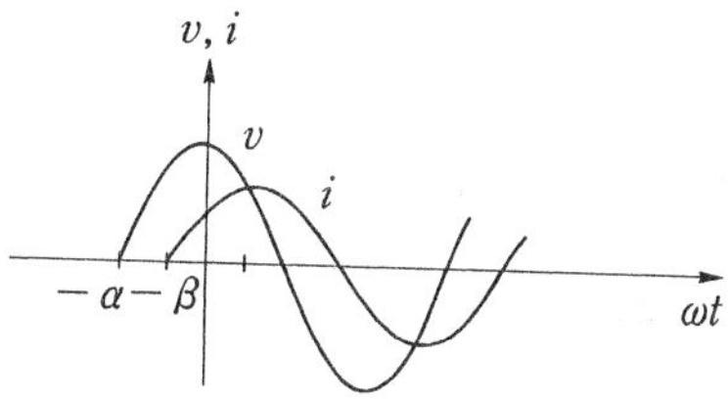

그림 5.20

전압과 전류를 같은 축상에 그렸으며, 물론 크기의 축척은 서로 다르다. 전압 v의 위상은 α이고 전류 i의 위상은 β이다. 그림 5.20에서 두 파형의 위상차는

$$\theta = \alpha - \beta$$

가 된다. 이때 전압 v는 전류 i보다 위상이 θ만큼 빠르다 또는 앞선다(lead)고 한다. 또 전류 i는 전압 v보다 θ만큼 느리다 또는 늦다(lag)고 말한다.

$$v = 10\sin(\omega t - 30°)\,[\mathrm{V}]$$

$$i = 2\sin(\omega t - 30°)\,[\mathrm{A}]$$

의 그래프는 그림 5.21과 같이 된다.

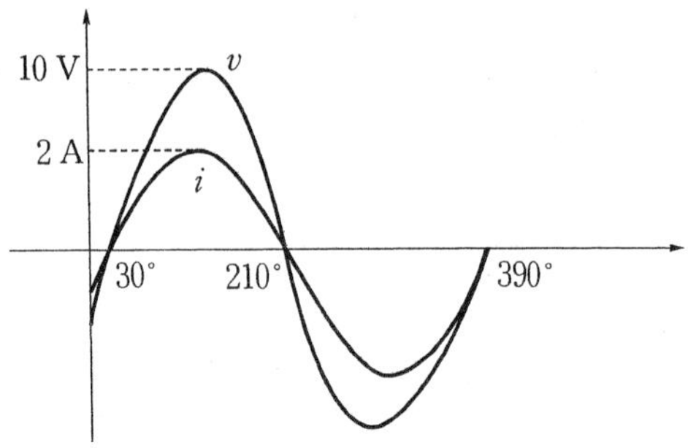

그림 5.21

그림 5.21을 관찰하면 ωt의 값이 30°, 210°, 390°일 때 두 파형의 값이 영이 되어 일치한다. 즉 두 파형은 위상이 같음(동일 위상)을 의미한다.

예제 5-10

다음과 같은 정현 파형의 위상 관계를 설명하라.

① $v_1 = 220\sqrt{2}\sin(\omega t)$

$v_2 = 220\sqrt{2}\sin(\omega t + 90°)$

② $i_1 = 3\sqrt{2}\sin(\omega t)$

$i_2 = 2\sqrt{2}\sin(\omega t - 90°)$

③ $v = 220\sqrt{2}\sin(\omega t + 30°)$

$i = 4\sqrt{2}\sin(\omega t - 20°)$

✻ 풀이 ①

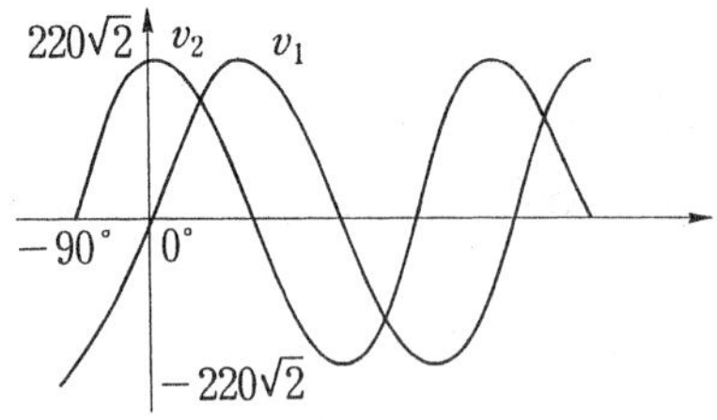

그림 5.22

v_1의 위상은 0°, v_2의 위상은 90°이므로

$$\theta = 90° - 0° = 90°$$

이므로 v_2가 v_1보다 위상이 90° 앞선다.

②

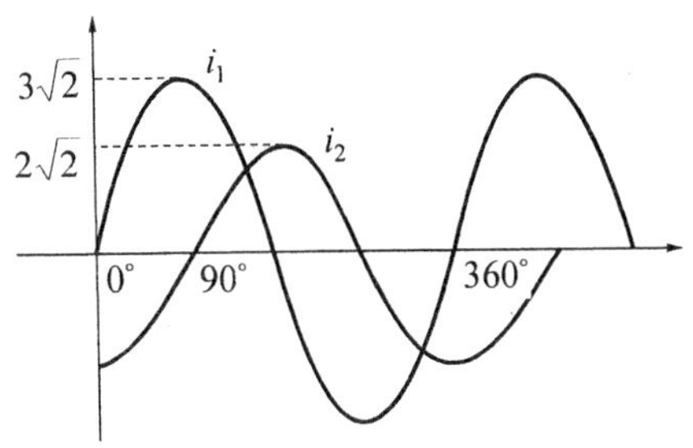

그림 5.23

i_1의 위상은 0°이고 i_2의 위상은 −90°이므로

$$\theta = 0° - (-90°) = 90°$$

즉 i_2가 i_1보다 위상이 90° 늦다.

③

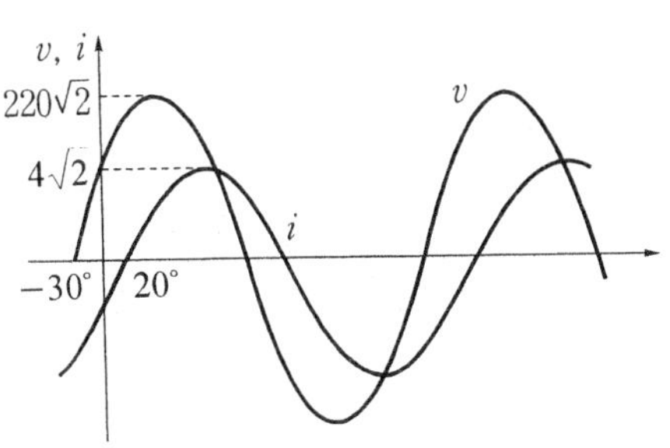

그림 5.24

전압 v의 위상은 30°이고 전류 i의 위상은 −20°이므로

$$\theta = 30° - (-20°) = 50°$$

즉 전압 v가 전류 i보다 위상이 50° 앞선다.

연습문제 5-10	다음과 같은 정현 파형의 위상 관계를 설명하라. ① $v_1 = 12\sqrt{2}\sin(\omega t + 30°)$ [V] $v_2 = 6\sqrt{2}\sin(\omega t - 60°)$ [V] ② $i_1 = 4\sqrt{2}\sin(\omega t - 30°)$ [A] $i_2 = 3\sqrt{2}\sin(\omega t - 20°)$ [A] ③ $i_1 = 2\sqrt{2}\sin(\omega t + 10°)$ [A] $i_2 = \sqrt{2}\sin(\omega t + 30°)$ [A]

두 파형의 위상 관계를 논의하려면 동일 주파수일 경우에만 의미가 있다.

$$v_1 = 200\sin\omega t\,[\text{V}]$$

$$v_2 = 100\sin(2\omega t)\,[\text{V}]$$

의 그래프는 그림 5.25와 같다. 그림에서 보이는 바와 같이 v_1이 한 주파 진동할 때 v_2는 두 주파를 진동한다. 이 경우 두 파형의 위상 관계는 주파수가 다르기 때문에 설명할 수가 없다.

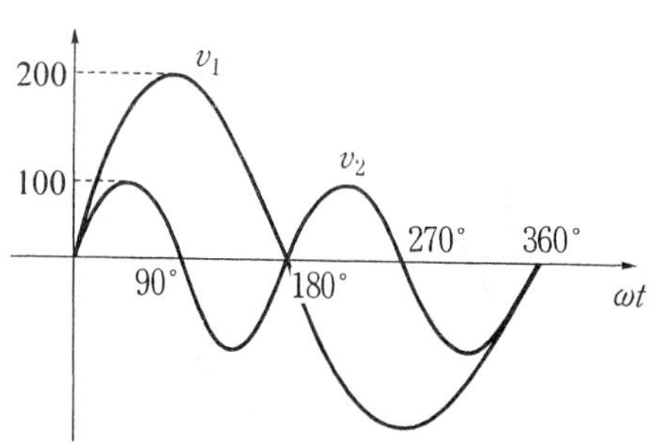

그림 5.25

다음에, 부하에 정현파 전류가 흐를 경우의 위상 관계를 간단히 알아본다(자세한 것은 다음 장에서 설명한다).

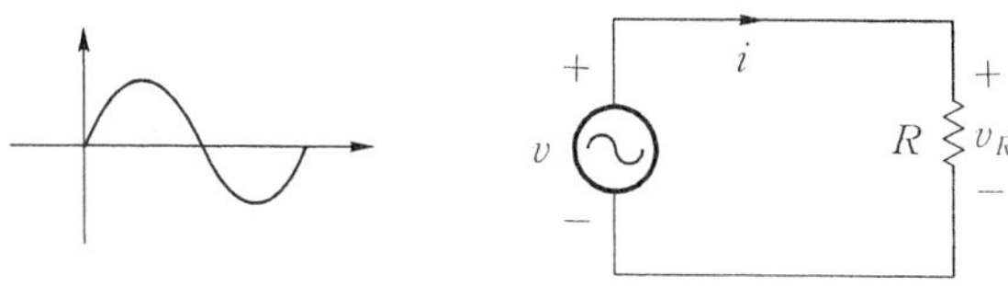

그림 5.26

그림 5.26에서와 같이 저항에 정현파 전류가 흐르면 전압 강하의 위상은 전류와 동일 위상이다.

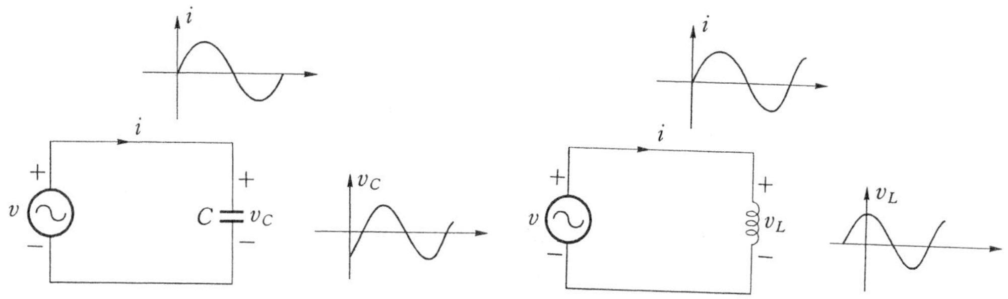

(a) 커패시터 (b) 인덕터

그림 5.27

그림 5.27과 같이 커패시터의 경우는 전압이 90° 늦고 인덕터의 경우는 전압이 90° 앞선다.

$i = I_m \sin \omega t$에 대해

$$v_R = V_m \sin \omega t$$

$$v_C = V_m \sin(\omega t - 90°)$$

$$v_L = V_m \sin(\omega t + 90°)$$

이다. 바꾸어 말해서 커패시터, 인덕터에 정현파 전압을 가하면 위상이 90° 다른 정현파 전류가 흐른다. 그러나 다른 파형(구형파, 삼각파)의 경우는 동일한 파형이 되지 않는다. 이와 같은 이유로 우리는 발전소에서 정현파로 전력을 발생시키고 또 정현파로 소비시킨다.

5.4 평균값

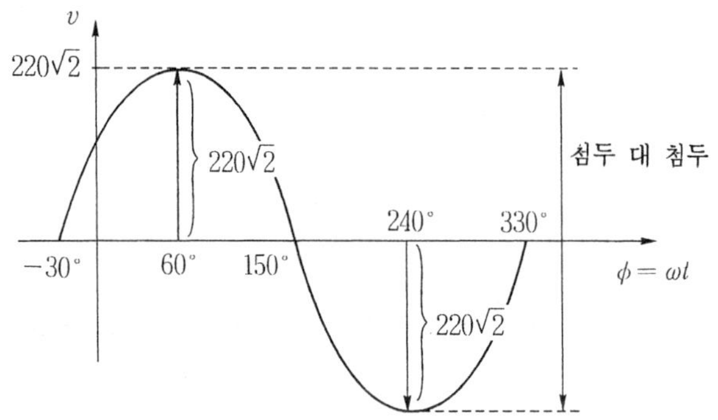

그림 5.28 $v = 220\sqrt{2}\sin(2\pi \cdot 60t + 30°)$ [V]

그림 5.28은

$$v = 220\sqrt{2}\sin(2\pi \cdot 60t + 30°)\ [\mathrm{V}] \tag{5.7}$$

의 그래프이다. 전압의 크기를 식 (5.7)과 같이 시간 t의 함수로 표시할 때 이를 순시값 표시라고 한다. 식 (5.7)에서 사인 함수의 계수 즉 그림 5.28의 $220\sqrt{2}$를 최대값(진폭)이라 한다.

$$V_m = 220\sqrt{2}\ [\mathrm{V}]$$

최대값의 2배를 첨두 대 첨두(peak to peak)라 한다. 그림에서 첨두 대 첨두값은

$$V_{p-p} = 220\sqrt{2} \times 2 = 440\sqrt{2}\ [\mathrm{V}]$$

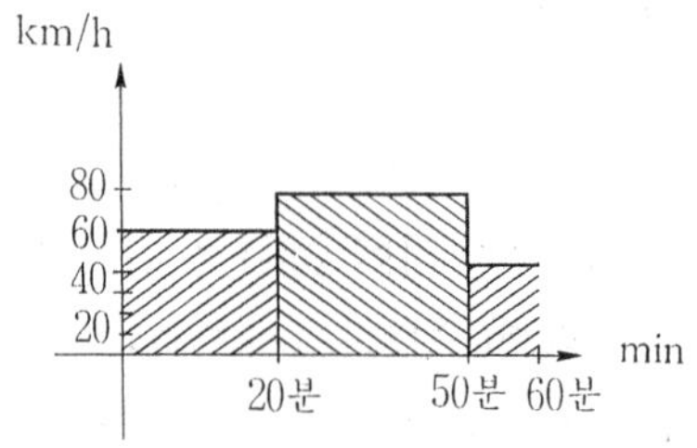

그림 5.29

이다. 교류 회로에서는 위의 순시값, 최대값 및 첨두 대 첨두값 외에 평균값과 실효값을 정의한다.

어느 사람이 자동차를 운전하여 처음 20분 동안을 60 [km/h]의 속도로 달렸고 그 다음 30분 동안은 80 [km/h]의 속도로 달렸다. 마지막 10분 동안은 30 [km/h]로 달렸을 경우 이 자동차의 평균 속도 [km/h]를 계산하여 본다.

처음 20분 동안 이동한 거리는

$$60\,[\mathrm{km/h}]\times\frac{20}{60}\,[\mathrm{h}]=20\ [\mathrm{km}]$$

로 그림 5.29의 0분에서부터 20분까지의 사선을 친 부분의 면적이 된다. 다음 30분 동안 이동한 거리는

$$80\,[\mathrm{km/h}]\times\frac{30}{60}\,[\mathrm{h}]=40\ [\mathrm{km}]$$

로 20분부터 50분까지의 사선 부분 면적이다. 마지막 10분 동안 이동한 거리는

$$30\,[\mathrm{km/h}]\times\frac{10}{60}\,[\mathrm{h}]=5\ [\mathrm{km}]$$

가 된다.

총 이동 거리는

$$20+40+5=65\,[\mathrm{km}]$$

가 되며 총 소요된 시간은

$$\frac{20}{60}+\frac{30}{60}+\frac{10}{60}=\frac{60}{60}=1\ [\text{시간}]$$

이다. 따라서 이 자동차의 평균 속도는

$$V_{av}=\frac{\text{총 면적}}{\text{총 소요 시간}}=\frac{65\,\mathrm{km}}{1\,\mathrm{h}}=65\ [\mathrm{km/h}]$$

가 된다. 즉 사선 부분의 총면적을 총 소요된 시간으로 나눈 것이 평균 속도가 된다.

예제 5-11 어느 전기 회로에 그림 5.30과 같은 순시값 전류가 흘렀다. 0.4초 동안의 평균값 전류를 구하라.

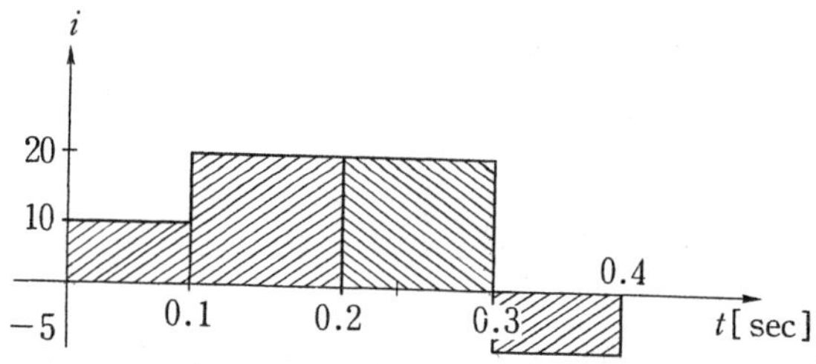

그림 5.30

✽ 풀이 0초에서 0.3초까지는 +이고, 0.3초에서 0.4초까지는 −이다. 따라서 + 부분의 면적에서 − 부분의 면적을 빼 주어야 총면적이 된다.

$$\frac{10\times0.1+20\times0.2-5\times0.1}{0.4}=\frac{4.5}{0.4}=11.25\ [\text{A}]$$

연습문제 5-11 전압의 순시값이 그림 5.31과 같이 표시될 때 20초 동안의 평균값을 구하라.

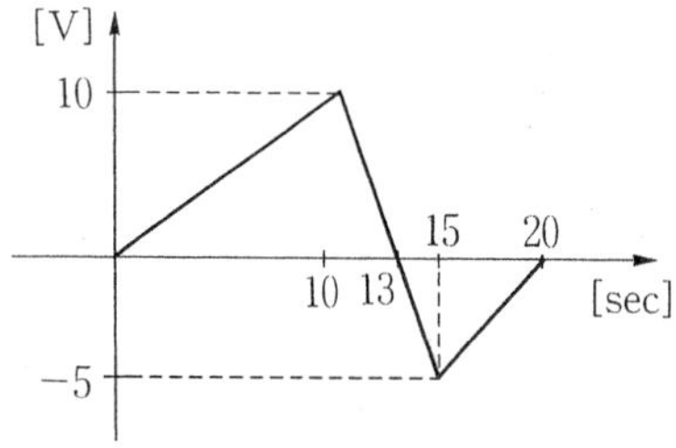

그림 5.31

다음에 평균값을 확장해 본다. 전압이나 전류의 한 주기 동안의 평균을 평균값이라 한다. 그러나 정현파의 경우, 한 주기 동안의 면적을 구하면 + 면적과 − 면적이 같으므로 합계가 영이 된다. 이러한 경우는 반주기 동안의 평균을 평균값이라 한다. 평균값 전압을 V_{av}, 평균값 전류를 I_{av}라면

$$V_{av} = \frac{\int_0^T v\ dt}{T} = \frac{\int_0^{2\pi} v\, d\phi}{2\pi} \tag{5.8a}$$

$$I_{av} = \frac{\int_0^T i\ dt}{T} = \frac{\int_0^{2\pi} i\, d\phi}{2\pi} \tag{5.8b}$$

기호 $\int$은 적분 기호로 면적을 구하는 기호이고 dt는 미분으로 미세한 시간을 의미한다. $v\times dt$는 크기가 v이고 폭이 dt일 때의 미세한 면적이 되고 이를 한 주기 동안 전부 합한 것이 바로 $\int_0^T v\ dt$이다. 또 주기를 각도로 표시하면 2π 라디안이 된다.

$$v = V_m \sin \omega t\,[\mathrm{V}]$$

의 평균값 V_{av}를 구해 본다.

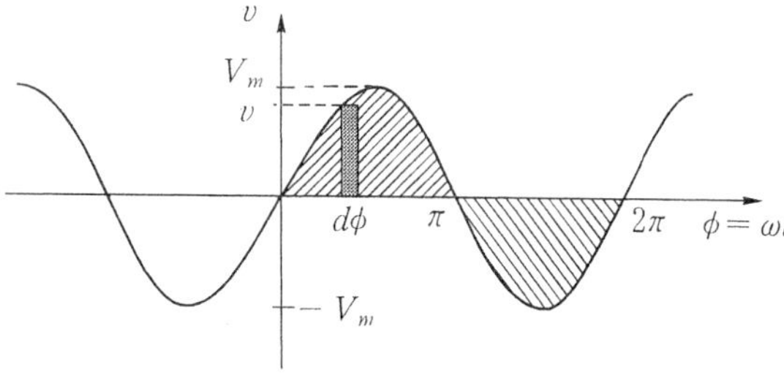

그림 5.32

그림 5.32에서 보는 바와 같이 정현파는 좌표축의 원점에 대한 대칭 함수이다. 따라서 0에서 π라디안 $\left(\frac{T}{2}\text{초}\right)$까지의 면적과 π라디안 $\left(\frac{T}{2}\text{초}\right)$에서 2π라디안 (T초)까지의 면적이 같다. 그러므로 한 주기 동안의 면적은 영이 되므로 평균값은 반주기의 평균을 취한다. 영에서 π 라디안까지의 면적

$$\text{면적} = \int_0^{\pi} V_m \sin\phi \, d\phi = V_m \int_0^{\pi} \sin\phi \, d\phi$$
$$= V_m \left| -\cos\phi \right|_0^{\pi} = V_m(-\cos\pi + \cos 0) = V_m(1+1)$$
$$= 2 \cdot V_m$$

즉

$$\int_0^{\frac{T}{2}} \sin\omega t \; dt = \int_0^{\pi} \sin\phi \, d\phi = 2\text{이다.}$$

사인 함수의 반주기의 면적은 2이다.

따라서 평균값은

$$V_{av} = \frac{\int_0^{\pi} V_m \sin\phi \, d\phi}{\pi} = \frac{V_m}{\pi} \int_0^{\pi} \sin\phi \, d\phi = \frac{V_m}{\pi} \cdot 2$$

따라서 정현파의 평균값은 주파수, 주기 및 위상에는 관계없고 다만 최대값에만 관계한다. 정현파의 평균값은

$$V_{av} = \frac{2V_m}{\pi} \tag{5.9a}$$

$$I_{av} = \frac{2I_m}{\pi} \tag{5.9b}$$

예제 5-12

$i = 3\sqrt{2}\sin(377t - 30°)$[A]의 평균값을 구하라.

✻ 풀이 순시값 전류 i의 최대값은 $I_m = 3\sqrt{2}$[A]이고 그래프는 그림 5.33과 같이 된다.

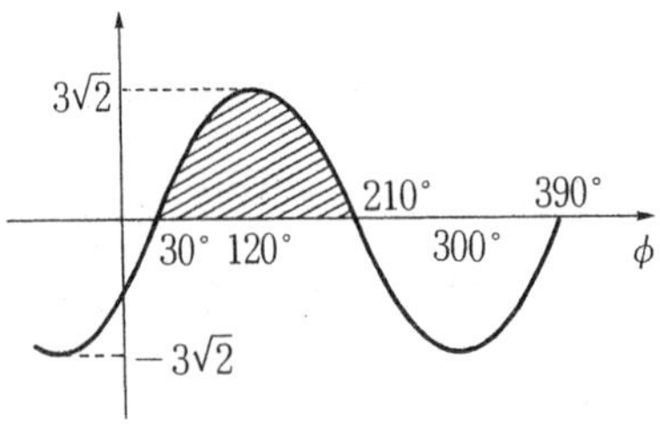

그림 5.33

그림에서 30°에서 210°까지의 면적은 최대값이 $3\sqrt{2}$이므로

$$\text{사선 부분 면적} = 3\sqrt{2} \cdot 2$$

이다. 평균값 I_{av}는

$$I_{av} = \frac{3\sqrt{2} \cdot 2}{\pi} = 2.70\,[\mathrm{A}]$$

연습문제 5-12 $v = 220\sqrt{2}\sin(377t + 10°)\,[\mathrm{V}]$의 평균값을 구하라.

예제 5-13 그림 5.34는 0에서 π 라디안까지는 $5\sin\phi\,[\mathrm{A}]$이고 π 라디안에서 2π 라디안까지는 0 [A]인 전류이다. 평균값을 구하라.

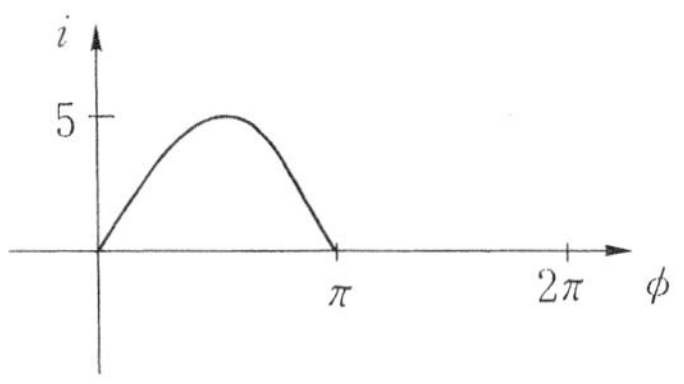

그림 5.34

✲ 풀이 0 라디안에서 π 라디안까지의 면적은 $5 \cdot 2$이고 주기(각속도)는 2π 라디안이므로 평균값 I_{av}는

$$I_{av} = \frac{5 \cdot 2}{2\pi} = \frac{5}{\pi} = 1.59\,[\mathrm{A}]$$

가 된다.

연습문제 5-13 그림 5.35에서 0에서 π 라디안까지는 전압이 0 [V]이고 π 라디안에서 2π 라디안까지는 전압이 $v = 12\sin\omega t$인 주기파의 평균값을 구하라.

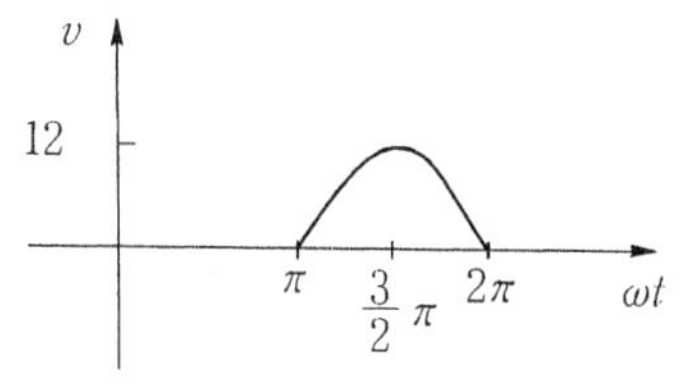

그림 5.35

예제 5-14 그림과 같은 정현파의 평균값을 구하라.

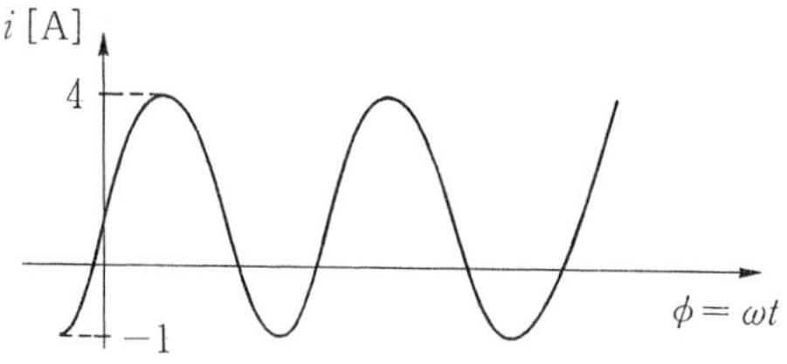

그림 5.36

✲ **풀이** 그림 5.36에서 첨두 대 첨두값(peak to peak)은 $4+1=5$ [A]이다. 따라서 $\frac{5}{2}=2.5$ [A]가 첨두 대 첨두의 중간점이 되므로 그림 5.37과 같아 평균값은 $I_{av}=4-2.5=1.5$ [A]가 된다.

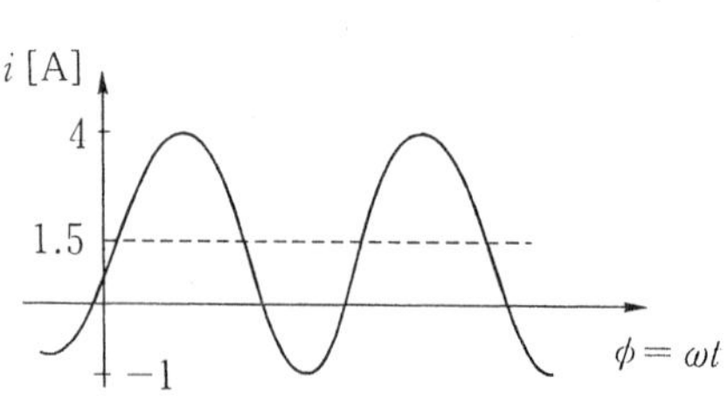

그림 5.37

연습문제 5-14 그림 5.38과 같은 정현파의 평균값을 구하라.

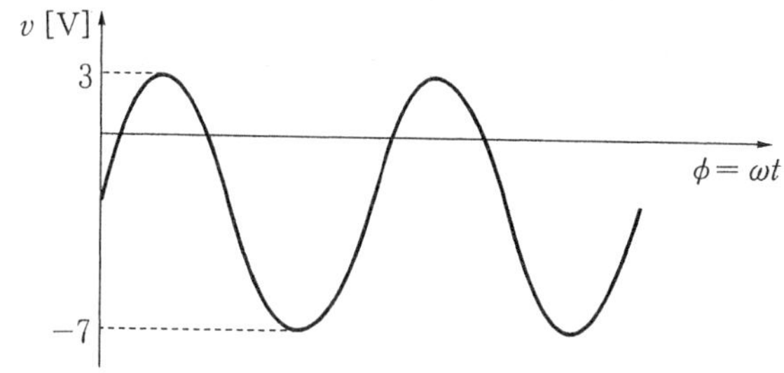

그림 5.38

5.5 실효값

교류는 시간 t에 따라 크기가 변하고 흐르는 방향도 바뀌는 시간의 함수이다. 대표적인 교류인 정현파 전압 전류를 한 주기 동안 평균을 취하면 영이 된다. 이러한 교류를 주기나 주파수, 시간 t가 포함되지 않은 항으로 표시할 수는 없는가? 전류가 흐른다는 것은 에너지를 이용하는 것이다. 교류 전압 전류를 에너지의 관점에서 보아 크기를 정의한 것을 실효값(effective value)라 한다. 저항 R에 교류 전류 i가 흘렀을 경우 순시 소비 전력 p는

$$p=i^2R\,[\mathrm{W}] \tag{5.10}$$

이다. 여기서 전류 i는 순시값이고 전류 i의 제곱이므로 흐르는 방향에 관계없이 저항에서의 소비 전력 p는 항상 +, 즉 줄열(Joule 열)을 발생한다.

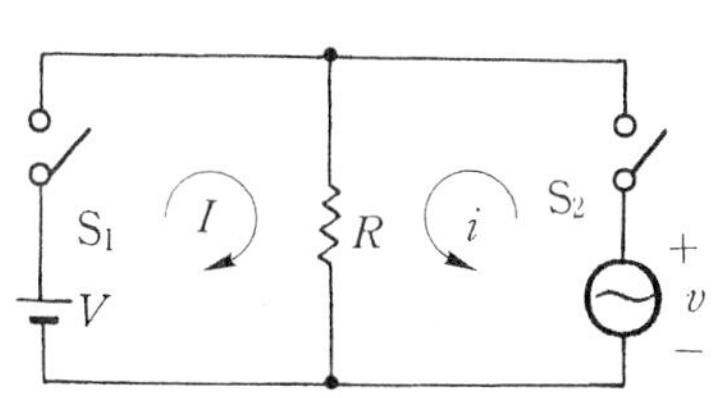

그림 5.39 저항에서 소비된 에너지(W · s)는 같다.

그림 5.39는 실효값을 정의하는 전기 회로이다. 교류 전압의 주기는 T이다. 먼저 스위치 S_2는 열고 스위치 S_1을 닫는다. 일정한 크기의 직류 전류 I에 의해 T [sec] 동안 발생한 열에너지는 I^2RT[J]이 된다. 다음에 스위치 S_1을 열고 스위치 S_2를 닫으면 교류 전력 p는 i^2R[W]이고 전류 i가 시간의 함수이므로 주기 T초 동안 적분해야 한 주기 동안에 발생한 열이 구해진다. 즉, 열로 방사된 에너지는 $\int_0^T i^2R\,dt$[J]이 된다. 교류 방사 에너지와 직류 방사 에너지가 같다고 놓으면

$$I^2RT = \int_0^T p\,dt = \int_0^T i^2R\,dt$$

가 되며, 저항 R은 일정하므로

$$I^2T = \int_0^T i^2\,dt$$

이 된다. 따라서 직류 전류 I는

$$I = \sqrt{\frac{1}{T}\int_0^T i^2\,dt}\ [\mathrm{A}] \tag{5.11a}$$

이다. 즉 전류 I는 주기가 T인 교류 i를 직류로 표시한 것이다. 이를 실효값이라 한다. 교류 순시값 전압 v도 마찬가지로 다음과 같이 실효값 전압 V로 표시할 수 있다.

$$V = \sqrt{\frac{1}{T}\int_0^T v^2\,dt}\ [\mathrm{V}] \tag{5.11b}$$

실효값이 근호로 이루어졌기 때문에 rms값(root mean square value)라고도 부른다. 우리 가정의 전압은 220[V]이며 주상 변압기의 1차측인 고압 배전 선로의 전압은 22.9[kV]이다. 이들은 모두 실효값을 의미한다.

예제 5-15 그림 5.40과 같은 파형의 실효값을 구하라.

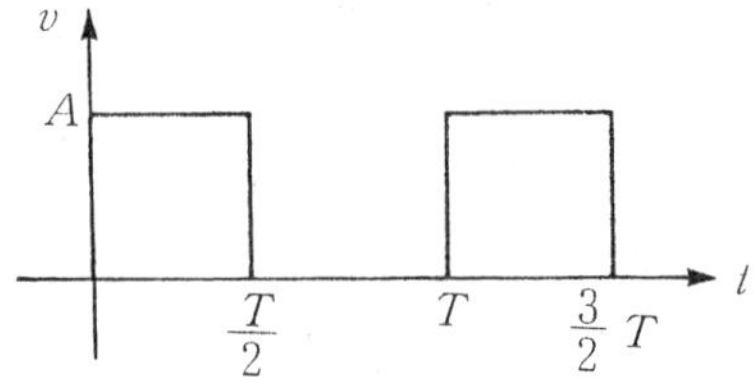

그림 5.40

✻ 풀이 그림의 파형을 한 주기 동안 함수를 표시해 본다.

$$0 \le t < \frac{T}{2} \qquad v = A$$

$$\frac{T}{2} \le t < T \qquad v = 0$$

실효값 $V = \sqrt{\frac{1}{T}\int_0^T v^2\, dt}$ 는 순시값 전압 v를 제곱하여 면적을 구한 다음 평균을 구한다. 그 다음에 평방근을 구하면 바로 실효값이 된다. 그림 5.40을 제곱한 그림은 그림 5.41이 된다.

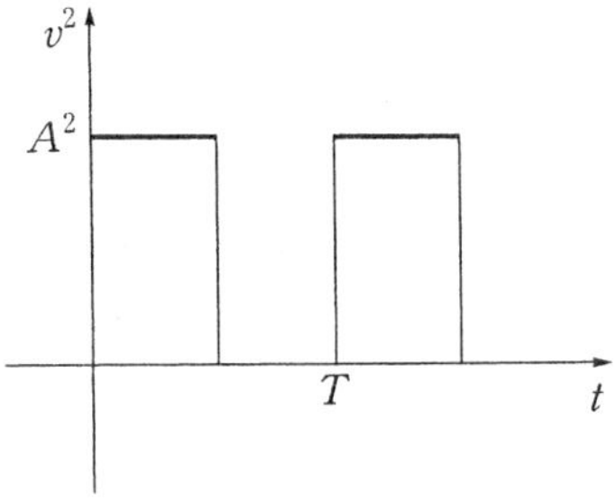

그림 5.41

그림 5.41의 한 주기 동안의 면적은

$$\int_0^T v^2\, dt = A^2 \times \frac{T}{2}$$

이고 평균은

$$\frac{1}{T}\int_0^T v^2\, dt = A^2 \times \frac{T}{2} \div T = \frac{1}{2}A^2$$

이 된다.

평방근을 취하면

$$V = \sqrt{\frac{1}{T}\int_0^T v^2\, dt} = \sqrt{\frac{1}{2}A^2} = \frac{1}{\sqrt{2}}A = 0.707A$$

즉 실효값은 최대값 A의 0.707배이다.

연습문제 5-15 순시값 전류가 그림 5.42와 같을 때 이의 실효값을 구하라.

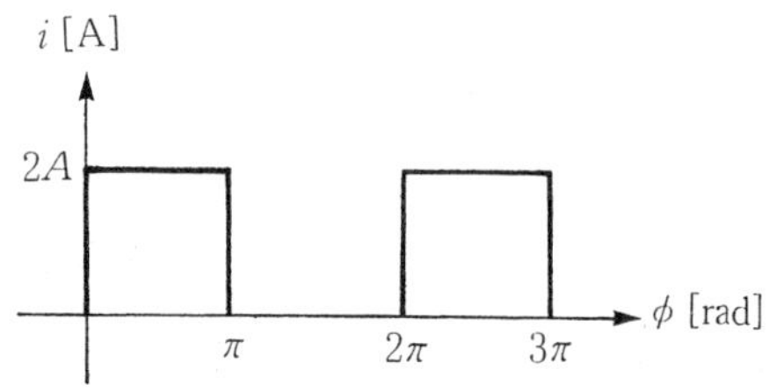

그림 5.42

예제 5-16 그림 5.43과 같이 크기가 12 [V]인 직사각형파의 실효값을 구하라.

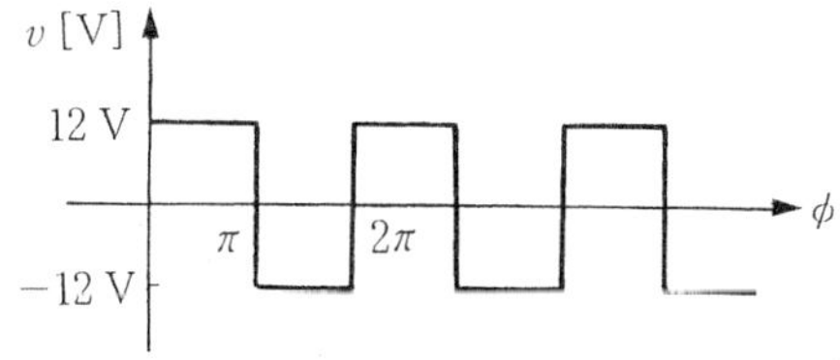

그림 5.43

✲ 풀이 각 구간마다의 v와 v^2은 다음과 같다.

$$0 \leq \phi < \pi \qquad v = 12\,[\mathrm{V}] \qquad v^2 = 12^2 = 144$$

$$\pi \leq \phi < 2\pi \qquad v = -12\,[\mathrm{V}] \qquad v^2 = (-12)^2 = 144$$

따라서 v^2의 그림은 그림 5.44와 같이 된다.

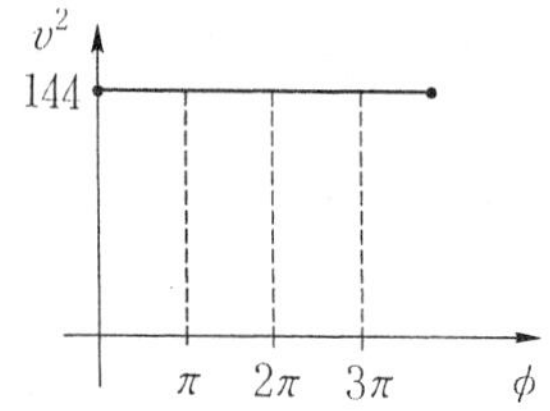

그림 5.44

그림에서 실효값 V는

$$V=\sqrt{\frac{1}{2\pi}\int_0^{2\pi} v^2 d\phi}=\sqrt{\frac{1}{2\pi}144\times 2\pi}=\sqrt{144}=12\ [\mathrm{V}]$$

즉, 직사각형파의 실효값은 최대값과 같다.

연습문제 5-16 그림 5.45와 같은 파의 실효값을 구하라.

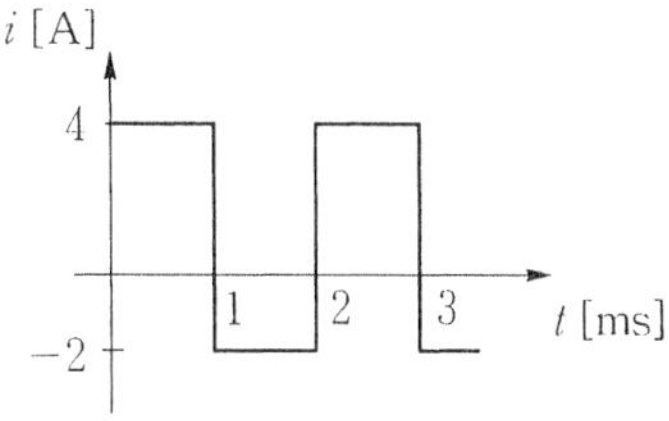

그림 5.45

다음에 정현파 $v=V_m\sin\omega t=V_m\sin\phi$의 실효값을 구해 본다.

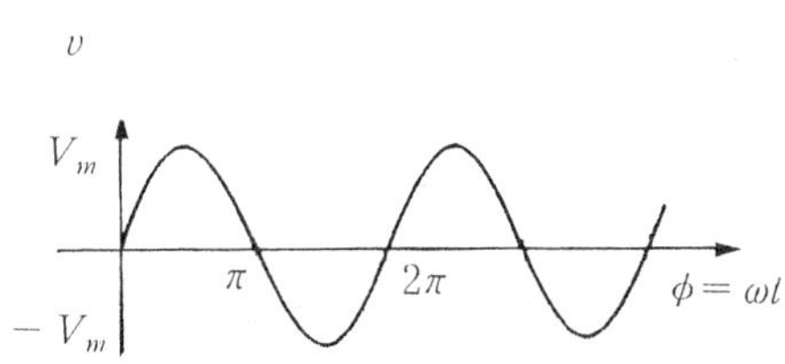

그림 5.46 $v=V_m\sin\phi$

그림 5.46에서 $0\le\phi<\pi$까지의 v의 면적이나 $\pi\le\phi<2\pi$까지의 v의 면적의 절대값은 같으므로 v^2의 면적은 같다. 따라서 한 주기 동안의 실효값과 반주기 동안의 실효값은 같다. 전압 v의 제곱은 다음과 같이 변화시킬 수 있다.

$$v^2 = (V_m \sin\phi)^2 = V_m{}^2 \sin^2\phi = V_m{}^2 \frac{1}{2}(1-\cos 2\phi)$$
$$= \frac{1}{2} V_m{}^2 - \frac{1}{2} V_m{}^2 \cos 2\phi$$

반주기 동안의 v^2의 면적을 구해 본다.

$$\int_0^\pi v^2 d\phi = \int_0^\pi \left[\frac{1}{2} V_m{}^2 - \frac{1}{2} V_m{}^2 \cos 2\phi\right] d\phi$$
$$= \frac{1}{2} V_m{}^2 \int_0^\pi d\phi - \frac{1}{2} V_m{}^2 \int_0^\pi \cos 2\phi \, d\phi$$

그런데 $\int_0^\pi \cos 2\phi \, d\phi$의 경우 다음과 같이 영이 된다.

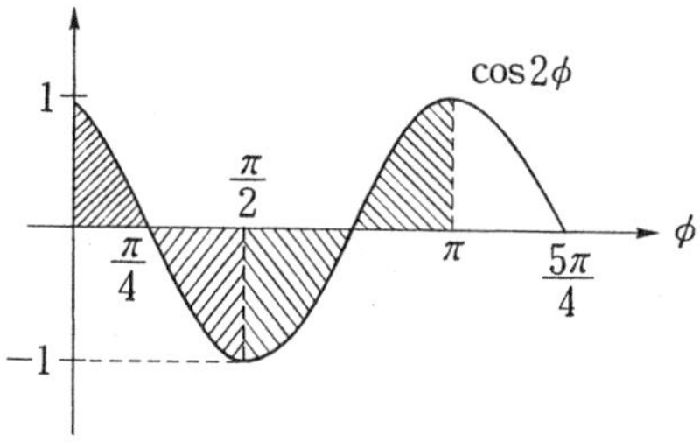

그림 5.47

그림 5.47은 ϕ가 0에서 π까지 변화할 때 $\cos 2\phi$의 그래프이다. 영에서 $\frac{\pi}{4}$까지의 면적과 $\frac{\pi}{4}$에서 $\frac{\pi}{2}$까지의 면적이 같으나 부호가 다르다. 또 $\frac{\pi}{2}$에서 $\frac{3}{4}\pi$까지의 면적과 $\frac{3}{4}\pi$에서 π까지의 면적이 같으나 부호가 다르다. 따라서

$$\int_0^\pi \cos 2\phi \, d\phi = 0$$

이다. 그러므로

$$\int_0^\pi v^2 d\phi = \frac{1}{2} V_m{}^2 \int_0^\pi d\phi - \frac{1}{2} V_m{}^2 \int_0^\pi \cos 2\phi \, d\phi = \frac{1}{2} V_m{}^2 \int_0^\pi d\phi - 0$$
$$= \frac{1}{2} V_m{}^2 \mid \phi \mid_0^\pi = \frac{1}{2} V_m{}^2 \pi$$

가 된다. 따라서 실효값 V는

$$V=\sqrt{\frac{1}{\pi}\int_0^{\pi} v^2 d\phi}=\sqrt{\frac{1}{\pi}\int_0^{\pi}(V_m \sin\phi)^2 d\phi}=\sqrt{\frac{1}{\pi}\cdot\frac{1}{2}V_m{}^2\pi}$$

$$=\sqrt{\frac{1}{2}V_m{}^2}=\frac{V_m}{\sqrt{2}}$$

즉 최대값이 V_m인 정현파 전압의 실효값 V는

$$V=\frac{V_m}{\sqrt{2}} \tag{5.12a}$$

이다. 실효값 V는 주파수나 주기 및 위상에 관계없이 최대값에만 관계한다. 마찬가지로 최대값이 I_m인 정현파의 실효값 전류 I는

$$I=\frac{I_m}{\sqrt{2}} \tag{5.12b}$$

이 된다.

우리 가정의 전압은 60[Hz] 220[V]이다. 이를 순시값으로 표시하면, 220[V]는 실효값을 의미하므로 최대값은 $V_m=220\sqrt{2}=311.1$ [V]이고 각속도는

$$\omega=2\pi f=2\pi\cdot 60=377\ [\text{rad/sec}]$$

가 된다. 따라서 순시값 표시는 위상을 α라 하면,

$$v=311.1\sin(377t+\alpha)\ [\text{V}]$$

가 된다. 실제로 우리 가정의 선로에 존재하는 전압은 위의 순시값 전압이다.

예제 5-17

정현파 전류 $i=0.2\sin(2000t+37°)$ [A]인 전류의 실효값과 평균값을 구하라.

✲ 풀이 $I_m=0.2$ [A]이므로

$$\text{실효값}\ I=\frac{I_m}{\sqrt{2}}=\frac{0.2}{\sqrt{2}}=0.14\ [\text{A}]$$

$$\text{평균값}\ I_{av}=\frac{2}{\pi}I_m=\frac{2}{\pi}\cdot 0.2=0.13\ [\text{A}]$$

연습문제 5-17 실효값이 100 [V]이고 주파수가 60 [Hz]인 정현파 전압을 순시값으로 표시하라.

예제 5-18

그림 5.48은 $v = 200\sin\phi$ [V]를 반파 정류한 반파 정류파이다. 이의 실효값을 구하라.

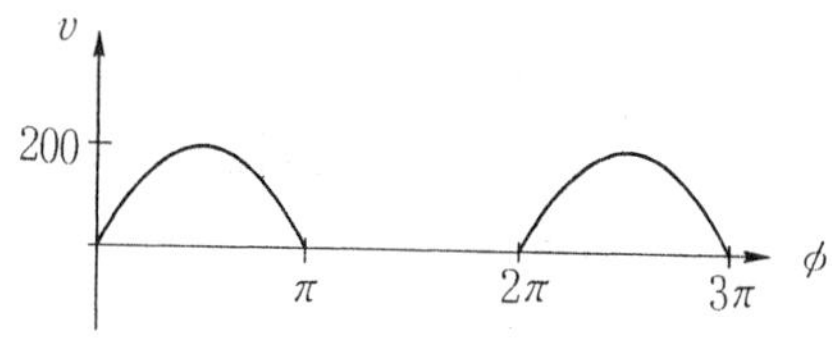

그림 5.48 반파 정류파

✲ 풀이 그림의 파형은

$$0 \le \phi < \pi, \quad v = 200\sin\phi$$
$$\pi \le \phi < 2\pi, \quad v = 0$$

이다.

$$\int_0^{\pi} v^2 d\phi = \frac{1}{2} V_m^{\ 2}\pi$$

에서, $0 \le \phi < \pi$ 구간의 v^2 면적은

$$\int_0^{\pi} v^2 d\phi = \frac{1}{2} \cdot 200^2 \cdot \pi$$

이다.

주기(각속도)는 2π 라디안이므로 실효값

$$V = \sqrt{\frac{1}{2\pi}\int_0^{\pi} v^2 d\phi} = \sqrt{\frac{1}{2\pi} \cdot \frac{1}{2} \cdot 200^2 \cdot \pi} = \frac{1}{2} \cdot 200$$
$$= 100 \text{ [V]}$$

이다.

연습문제 5-18 그림 5.49는

$$0 \leq \phi < \pi, \quad i = 0$$

$$\pi \leq \phi < 2\pi, \quad i = 10\sin(\phi - \pi)\,[\mathrm{A}]$$

이다. 실효값 전류 I를 구하라.

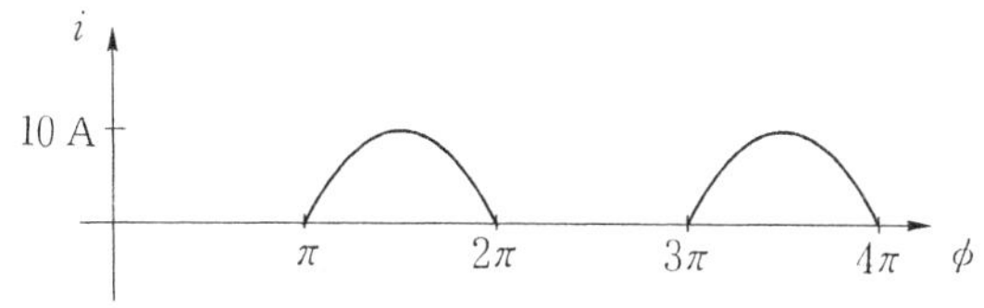

그림 5.49

5.6 교류 측정 장치

(1) 전압계 · 전류계

2장에서 다룬 측정 장치는 직류 측정 장치이다. 직류 전압계로 정현파 교류 전압을 측정하면 영을 지시한다. 직류 계기는 평균값을 지시한다. 정현파 교류의 한 주기 동안의 평균은 영이기 때문에 직류 계기로 정현파 교류를 측정하면 영을 지시하는 것이다.

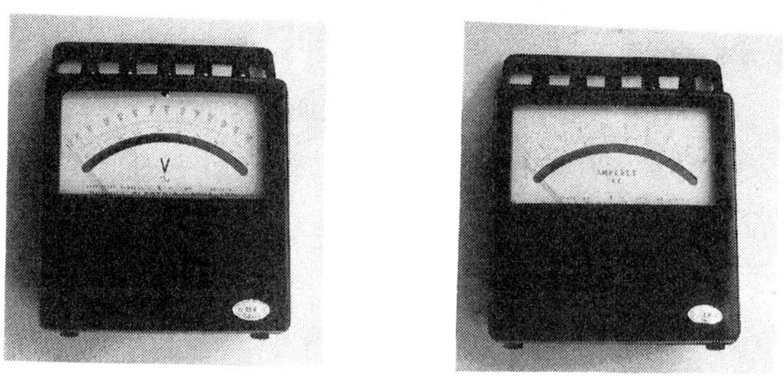

(a) 전압계 (b) 전류계

그림 5.50 교류 전압계 · 전류계

그림 5.50은 교류 전압계와 전류계이다. 교류 계기는 실효값을 지시하도록 눈금이 매겨져 있다. 따라서 전파 정류파나 반파 정류파를 직류 계기로 측정한 값과 교류 계기로 측정한 값은 서로 차이가 난다. 아래에 이의 예를 들어 본다.

예제 5-19

그림 5.51 (a)는 $220\sqrt{2}\sin\omega t$[V]를 전파 정류한 파형이다. 이를 그림 (b), (c)와 같이 직류 전압계와 교류 전압계로 측정할 경우 각각 얼마를 지시하는가?

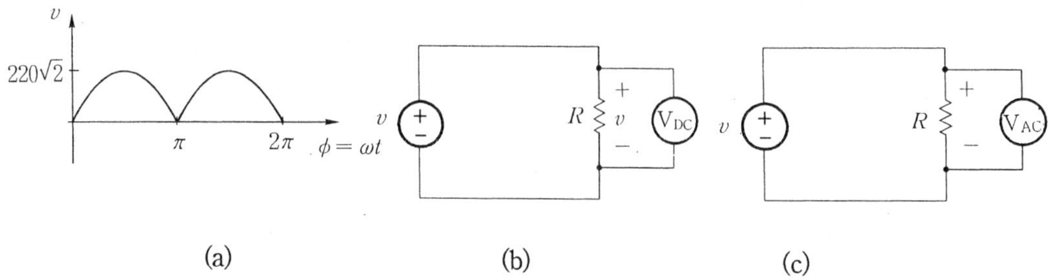

그림 5.51

풀이 **(1) 직류 전압계**

0에서 π 라디안까지의 평균을 구하면 된다.

$$V_{DC}=\frac{1}{\pi}\int_0^{\pi}220\sqrt{2}\sin\phi\, d\phi=\frac{1}{\pi}\cdot 220\sqrt{2}\int_0^{\pi}\sin\phi\, d\phi$$

$$=\frac{1}{\pi}\cdot 220\sqrt{2}\cdot 2=198.07\ [\text{V}]$$

직류 전압계는 198.07[V]를 지시한다.

(2) 교류 전압계

정현파의 실효값이나 전파 정류파의 실효값은 같으므로 교류 전압계는 220[V]를 지시한다. 즉 교류 전압계가 $220-198.07=21.93$[V]만큼 더 지시한다.

연습문제 5-19 그림 5.52는 $i = 3\sqrt{2}\sin\omega t$ [A]를 반파 정류한 파이다. 이를 직류 전류계로 측정할 경우 얼마를 지시하는가? 또 교류 전류계로 측정할 경우에는 얼마를 지시하는가?

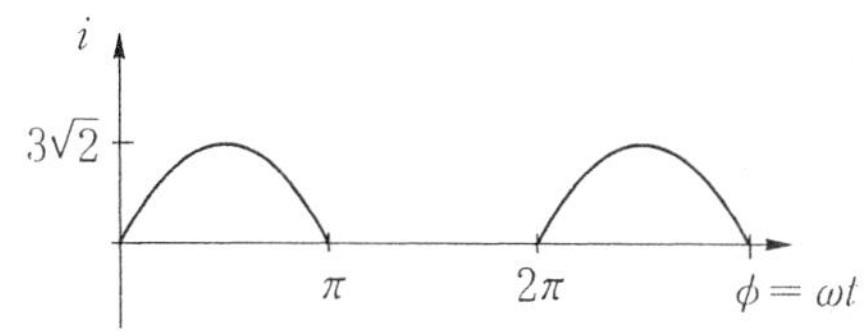

그림 5.52 반파 정류파

(2) 오실로스코프

지금까지 다룬 전기 측정 장치인 전압계, 전류계 및 저항계는 우리에게 측정값의 크기만을 제공한다. 그러나 시간에 따른 전압·전류의 변화 즉 파형을 관찰할 필요가 있다. 오실로스코프(oscilloscope)는 전압·전류의 파형을 볼 수 있고 교류의 주파수, 주기 및 두 파형의 위상차 등을 측정할 수 있다. 평면상에 점의 위치를 나타내려면 수평축과 수직축이 필요하다. 오실로스코프에서도 수평 편향판이 횡축의 변화 즉 시간을 나타내고, 수직 편향판이 순시값의 크기를 나타내게 되어 있다.

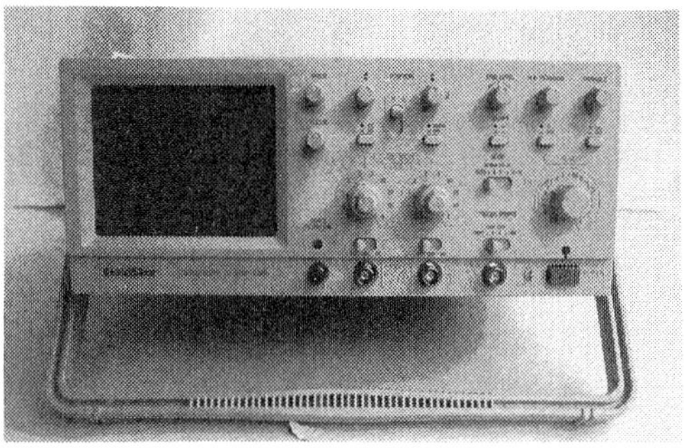

그림 5.53 2-채널 오실로스코프

그림 5.53는 2-채널 오실로스코프이다. 2-채널 오실로스코프는 두 개의 파형을 입력시켜서 두 파형을 비교할 수 있다.

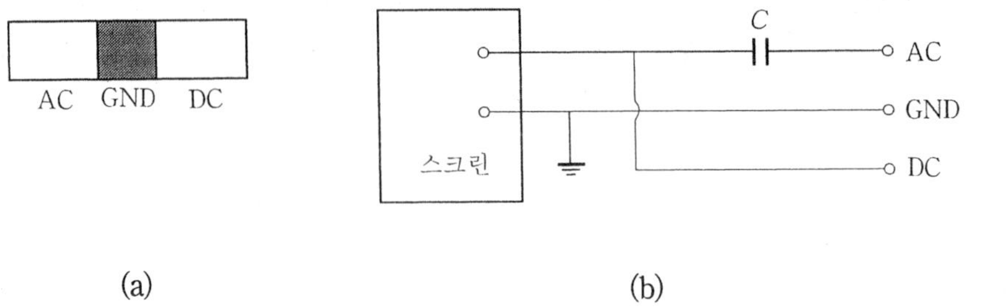

그림 5.54

그림 5.54는 우리가 오실로스코프를 사용할 때 관심을 가져야 할 단자이다. 노브를 GND의 위치에 놓으면 입력 단자가 접지되어 스크린상에는 크기가 영을 의미하는 수평선만 나타난다. AC에 놓으면 직류 성분은 커패시터에 의해 차단되어 순수한 교류 성분만 스크린상에 나타난다. DC의 위치에 놓으면 입력 파형의 직류 성분과 교류 성분이 다 나타난다.

종합 문제

1. 우리 나라 가정에 흘러 들어오는 전압의 순시값 표시식은 $v=220\sqrt{2}\sin(2\pi\cdot 60t)$ [V]와 같이 쓸 수 있다. 가정에 흘러 들어오는 전압의 최대값은 (　　　) [V], 실효값은 (　　　) [V], 평균값은 (　　　) [V]이다. 또 각속도는 (　　　) [rad/sec], 주파수는 (　　　) [Hz], 주기는 (　　　) [sec]가 된다.

2. 교류 회로에서 수동 소자는 (　　　), (　　　), (　　　)가 있다.

3. 1 라디안은 약 (　　　)도이다.

4. 2극 발전기에서는 기계각과 전기각이 같다.(○ 또는 ×)

5. $v=220\sqrt{2}\sin(377t-30°)$ [V]의 초기 위상은 30°이다.(○ 또는 ×)

6. 그림과 같이 시간축에 대하여 대칭인 삼각파 교류 전압의 평균값은 몇 V인가?

㉮ 5.77
㉯ 5
㉰ 10
㉱ 6

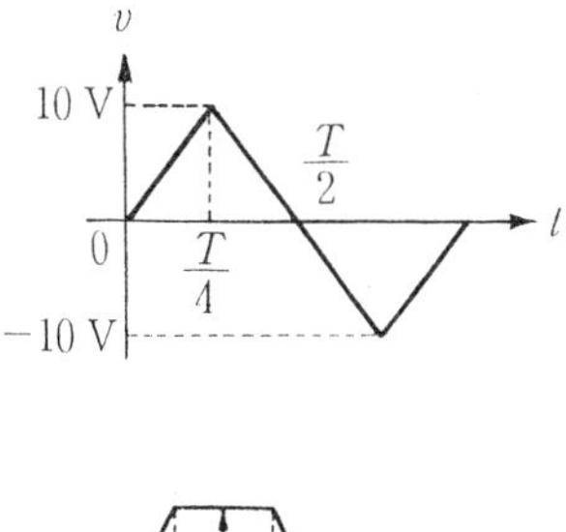

7. 그림과 같은 사다리꼴 파형의 평균값은 얼마인가?

㉮ $\frac{2A}{3}$　　㉯ $\frac{3A}{2}$

㉰ $\frac{A}{3}$　　㉱ $\frac{A}{2}$

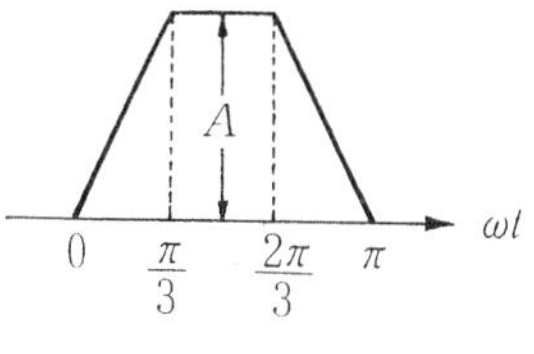

8. 그림과 같이 처음 10초 동안은 50[A]의 전류를 흘리고, 다음 20초 동안은 40[A]의 전류를 흘리면 전류의 실효값은 몇 A인가? 단, 주기는 30초라 한다.

㉮ 38.7
㉯ 43.6
㉰ 46.8
㉱ 51.5

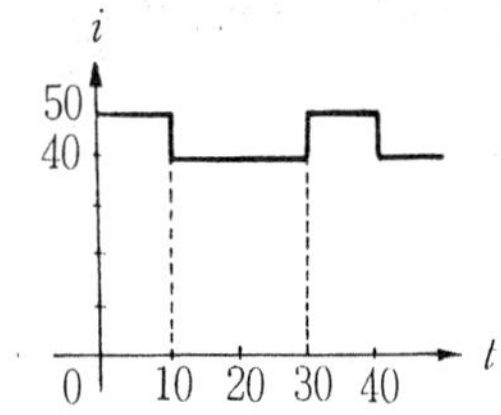

9. 그림과 같은 $i=I_m \sin \omega t$ 인 정현파 교류의 반파 정류 파형의 실효값은?

㉮ $\frac{I_m}{\sqrt{2}}$　　㉯ $\frac{I_m}{\sqrt{3}}$

㉰ $\frac{I_m}{2\sqrt{2}}$　　㉱ $\frac{I_m}{2}$

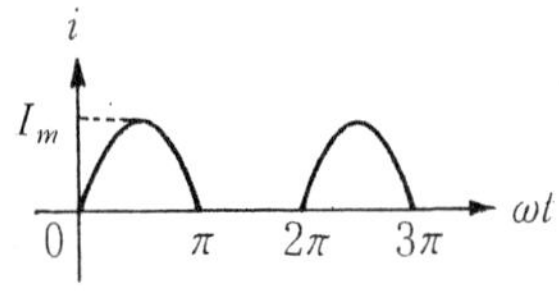

10. 그림과 같은 톱니 파형의 실효값은?

㉮ $\frac{A}{\sqrt{3}}$　　㉯ $\frac{A}{\sqrt{2}}$

㉰ $\frac{A}{3}$　　㉱ $\frac{A}{2}$

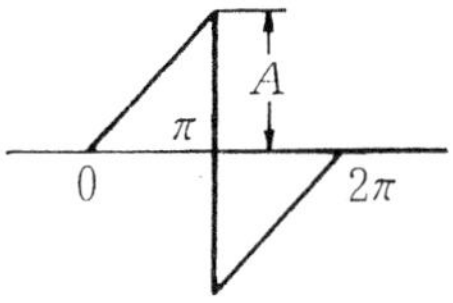

11. 어떤 교류 전압의 실효값이 314[V]일 때 평균값은 몇 V인가?

㉮ 약 142　　㉯ 약 283
㉰ 약 365　　㉱ 약 382

12. 그림과 같은 회로에서 부하 R에 흐르는 직류 전류는 몇 A인가? 단, $R=5[\Omega]$ $v=314\sin \omega t[\text{V}]$이다

㉮ 31.4
㉯ 5
㉰ 10
㉱ 20

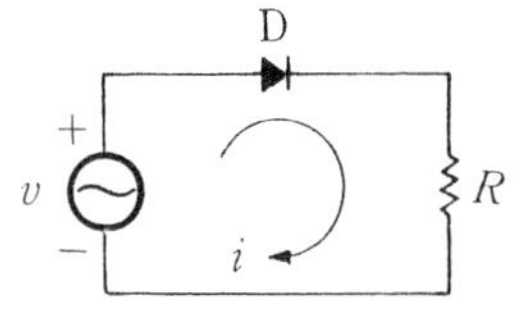

13. 그림과 같은 파형의 순시값은?

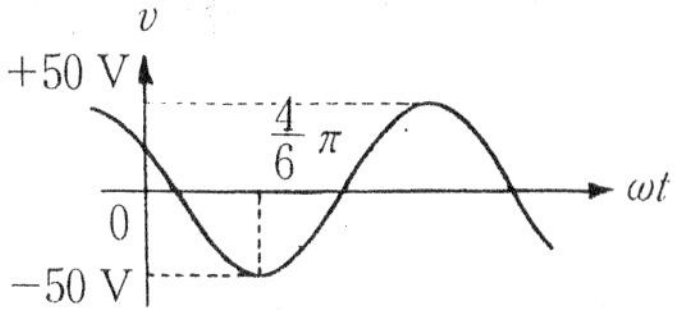

㉮ $70.70\cos\left(\omega t+\frac{2\pi}{6}\right)$

㉯ $50\sin\left(\omega t+\frac{5\pi}{6}\right)$

㉰ $70.70\sin\left(\omega t+\frac{2\pi}{6}\right)$

㉱ $50\cos\left(\omega t+\frac{5\pi}{6}\right)$

14. $i=I_m\sin\left(\omega t-\frac{\pi}{4}\right)$와 $v=V_m\sin\left(\omega t-\frac{\pi}{6}\right)$의 위상차는?

㉮ $\frac{\pi}{12}$ ㉯ $\frac{\pi}{3}$ ㉰ $\frac{5\pi}{12}$ ㉱ $\frac{7\pi}{12}$

15. $i=I_m\sin(\omega t-15^\circ)$ [A]인 정현파에 있어서 ωt가 다음 중 어느 값일 때 순시값이 실효값과 같은가?

㉮ 30° ㉯ 45° ㉰ 60° ㉱ 90°

16. $v=141\sin\left(377t-\frac{\pi}{6}\right)$인 파형의 주파수는 몇 Hz인가?

㉮ 377 ㉯ 100 ㉰ 60 ㉱ 50

17. 정현파 교류 전압 $v=V_m\sin(\omega t+\theta)$ [V]의 평균값은 최대값의 몇 %인가?

㉮ 약 41.4 ㉯ 약 50 ㉰ 약 63.7 ㉱ 약 70.7

18. 어떤 정현파 전압의 평균값이 191 [V]이면 최대값은 몇 V인가?

㉮ 약 150 ㉯ 약 250 ㉰ 약 300 ㉱ 약 400

19. 그림과 같은 구형파 전압의 평균값은?

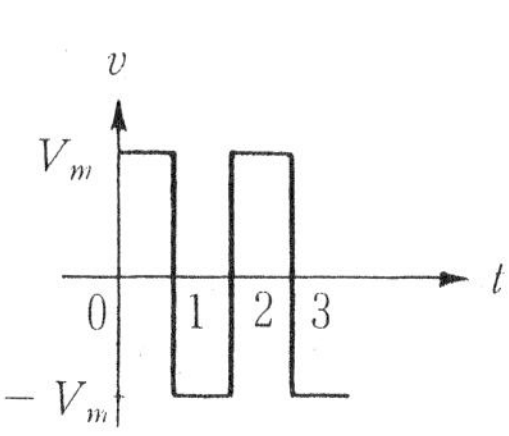

㉮ $\frac{V_m}{2}$ ㉯ $\frac{V_m}{\sqrt{2}}$

㉰ $\frac{V_m}{\sqrt{3}}$ ㉱ V_m

20. 교류 전류는 크기 및 방향이 주기적으로 변한다. 한 주기의 평균값은?

㉮ 0 ㉯ $\frac{2}{\pi}$ ㉰ $\frac{2I_m}{\pi}$ ㉱ $\frac{I_m}{\sqrt{2}}$

익힘 문제

1. 다음의 도를 라디안 단위로 표시하라.

① 40° ② 55° ③ 70° ④ 130° ⑤ 160°

2. 다음의 라디안을 도의 단위로 표시하라.

① 0.3 [rad] ② 0.6 [rad] ③ 0.7 [rad]
④ 1.1 [rad] ⑤ 3.5 [rad]

3. 어떤 주기파의 주파수가 다음과 같을 때 각속도를 구하라.

① 60 [Hz] ② 100 [Hz] ③ 2 [Hz]
④ 73 [Hz] ⑤ 97.3 [Hz]

4. 어떤 주기파의 주기가 다음과 같을 때 각속도를 구하라.

① 0.01 [sec] ② 3 [ms] ③ 10 [μs] ④ 21 [μs] ⑤ 39 [μs]

5. 어떤 주기파의 각속도가 다음과 같을 때 주파수와 주기를 구하라.

① 377 [rad/sec] ② 100π [rad/sec]

③ 1000 [rad/sec] ④ 10^6 [rad/sec] ⑤ 1547 [rad/sec]

6. 어떤 정현파가 10 [ms] 동안에 5주파(cycles)를 통과시켰다면 이 정현파의 주파수는 얼마인가?

7. 다음과 같은 정현파의 주파수와 주기를 계산하라.

① $v = 220\sqrt{2}\sin 377t$ [V] ② $v = 141.4\sin 100\pi t$ [V]

③ $i = 3\sin 1000t$ [A] ④ $i = 0.12\sin 10000t$ [mA]

8. $v = 311.1\sin 377t$ [V]의 그래프를 다음 조건에 따라 그려라.

① 횡축을 라디안 단위로
② 횡축을 도의 단위로
③ 횡축을 시간의 단위로

9. $i = 0.12\sin 1000t$[mA]의 정현파 전류가 있다. 시간 t가 다음과 같을 때 전류 i의 값을 구하라.

① 0.5[ms]　② 1[ms]　③ 3[ms]　④ 10^{-2}[sec]

10. $i = 3\sin 377t$[A]의 정현파에서 전류 i의 크기가 1.5[A]가 되는 시간 t를 처음 1주파 안에 모두 구하라.

11. 동일 좌표축 위에 다음의 세 그래프를 그려라.

① $v = 10\sin 120\pi t$ [V]

② $v = 1\sin 240\pi t$ [V]

③ $v = 0.1\sin 360\pi t$ [V]

12. $v = V_m \sin \omega t$[V]의 정현파가 있다. 30°일 때의 v 값이 $110\sqrt{2}$[V]가 되었고 또 시간이 $\frac{1}{720}$[sec]일 때의 v 값이 $100\sqrt{2}$[V]이었다. 정현파 함수 v를 구하라.

13. 다음 정현파의 위상은 얼마인가?

① $v = 12\sin \omega t$ [V]　② $v = 30\sin(\omega t + 30°)$ [V]

③ $v = 220\sqrt{2}\sin\left(\omega t + \frac{\pi}{4}\right)$[V]　④ $i = 2\sin(\omega t - 60°)$ [A]

⑤ $i = 4\cos \omega t$ [A]　⑥ $i = \sin\left(\omega t - \frac{\pi}{12}\right)$[mA]

⑦ $i = 3\cos(\omega t - 53.13°)$ [mA]　⑧ $y = -10\sin\left(\omega t - \frac{\pi}{2}\right)$

14. 문제 13의 그래프를 그려라.

15. 정현파의 전압 $v = 30\sin(\omega t - 30°)$[V]그래프를 횡축을 시간의 단위(초)로 하여 그려라.

16. 아래 두 파형의 위상 관계를 말하라.

① $\begin{cases} v_1 = 220\sqrt{2}\sin(\omega t + 30°)\text{[V]} \\ v_2 = 220\sqrt{2}\sin(\omega t - 20°)\text{[V]} \end{cases}$

② $\begin{cases} v = 50\sin\left(\omega t + \frac{\pi}{4}\right)\text{[V]} \\ i = 4\sin(\omega t - 10°)\text{[A]} \end{cases}$

③ $\begin{cases} i_1 = 7\cos(\omega t - 60°)\,[\mathrm{A}] \\ i_2 = 4\sin(\omega t + 20°)\,[\mathrm{A}] \end{cases}$

④ $\begin{cases} v_1 = 60\sin(\omega t - 10°)\,[\mathrm{V}] \\ v_2 = 40\sin(2\omega t + 30°)\,[\mathrm{V}] \end{cases}$

⑤ $\begin{cases} i_1 = 0.5\cos\left(\omega t + \frac{\pi}{3}\right)[\mathrm{A}] \\ i_2 = -0.3\sin\left(\omega t + \frac{\pi}{6}\right)[\mathrm{A}] \end{cases}$

17. 다음의 조건을 만족하는 정현파의 식을 구하라.

① 최대값이 100 [V], 주파수 60 [Hz], 위상 30°

② $t=0$ [sec]일 때 v 값이 3 [V], 주파수 1000 [Hz], 위상 −30°

18. 아래의 그래프를 만족하는 식을 구하라.

①

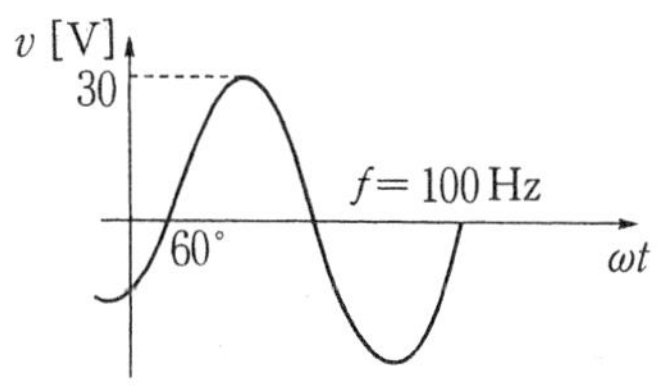

②

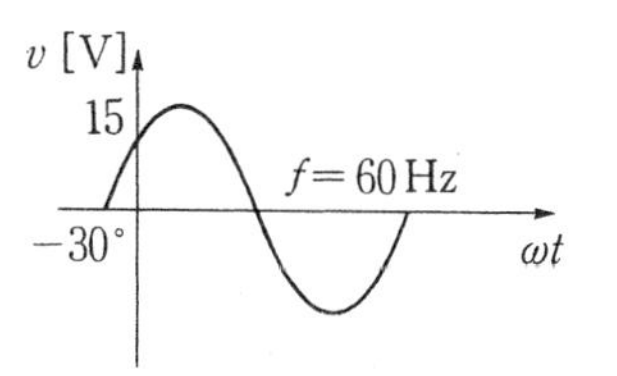

③

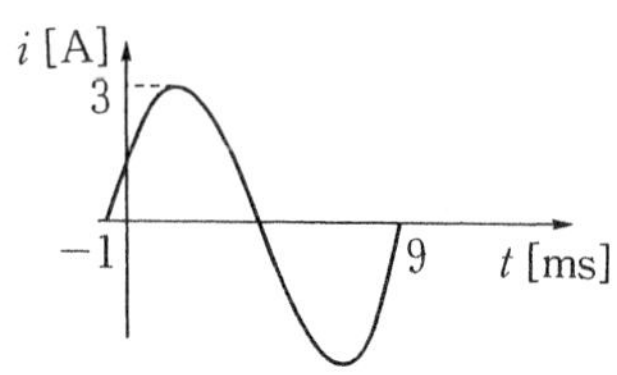

④

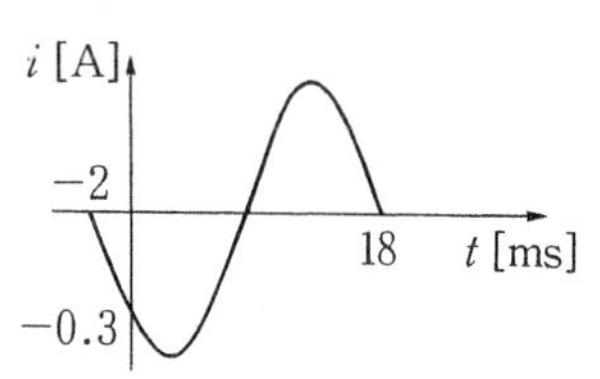

19. 그림과 같은 주기파의 평균값을 구하라.

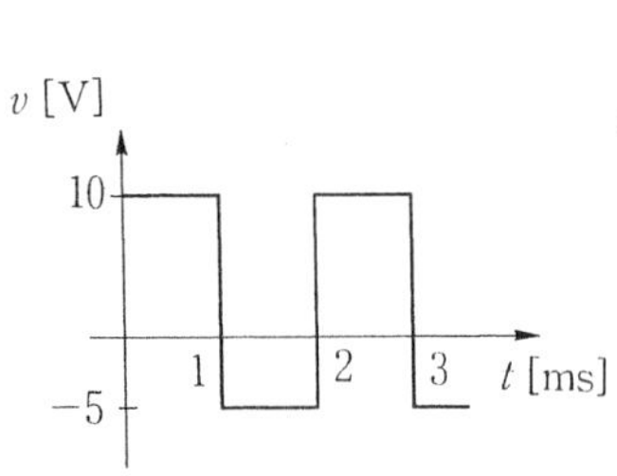

(a)

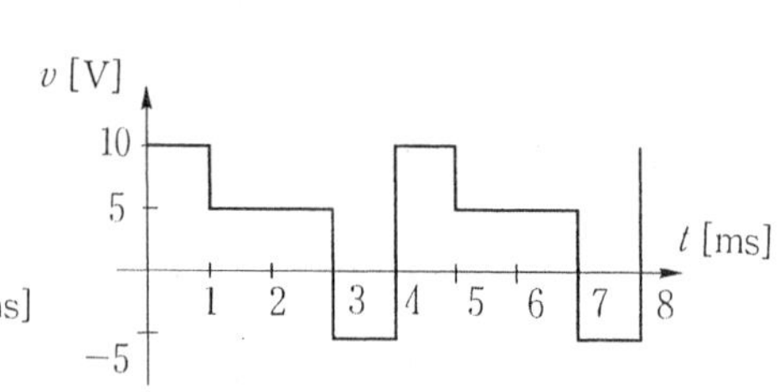

(b)

20. 그림과 같은 주기파의 평균값을 구하라.

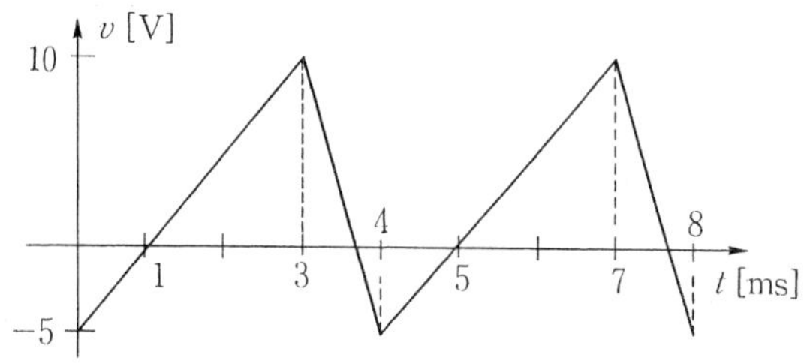

21. 정현파의 최대값이 다음과 같을 때 평균값을 구하라.

① 12 [V]　　② 50 [V]　　③ 100 [mA]　　④ 87 [μA]

22. 정현파의 첨두 대 첨두값이 다음과 같을 때 평균값을 구하라.

① 670 [V]　　② 282.8 [V]　　③ 3 [A]　　④ 10 [A]

23. 다음 정현파의 평균값과 실효값을 구하라.

① $v = 220\sqrt{2}\sin(377t + 30°)$ [V]

② $v = 30\sin\left(1000t + \frac{\pi}{4}\right)$ [V]

③ $i = 10\sin\left(10^6 t - \frac{2}{3}\pi\right)$ [mA]

④ $i = 22\sin(10^6 t + 15°)$ [μA]

24. 아래 조건에 맞는 정현파 식(순시값 표시식)을 구하라.

① 실효값 37 [V], 위상 30°, 주파수 400 [Hz]

② 실효값 200 [V], 위상 −60°, 주기 0.017 [sec]

③ 실효값 0.12 [A], 위상 $\frac{\pi}{2}$ [rad], 주파수 50 [Hz]

④ 실효값 0.4 [mA], 위상 $\frac{\pi}{4}$ [rad], 주기 1 [ms]

25. 문제 19 그림의 실효값을 구하라.

6 커패시터와 인덕터

우리는 1장에서 4장까지 부하(수동 소자)로서 저항기(resistor)만을 다루었다. 저항기에 전압을 가하면 전류의 흐름을 방해하는 요소가 바로 저항(resistance)이다. 저항 $R[\Omega]$에 전류 $I[\mathrm{A}]$가 흐르면 바로 1초 동안에 줄열 $I^2R[\mathrm{W}]$가 발생한다.

부하에는 저항기 이외에 커패시터(capacitor, 정전 용량기, 속칭 condenser)와 인덕터(inductor, 속칭 coil)가 있다.

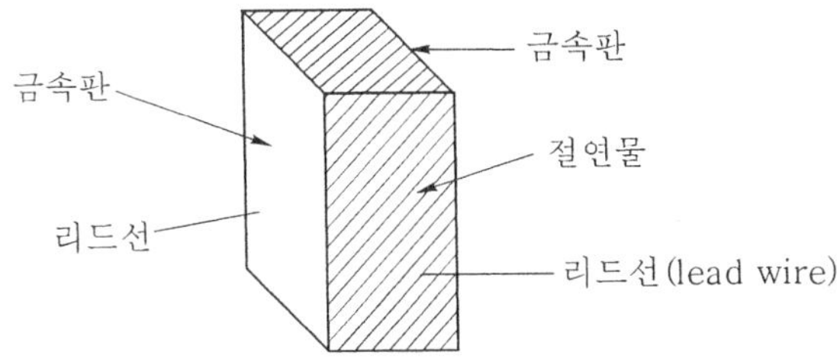

그림 6.1 커패시터

그림 6.1과 같이 나란한 두 금속판 사이에 전기 절연물을 채웠을 경우 이것을 커패시터라 한다.

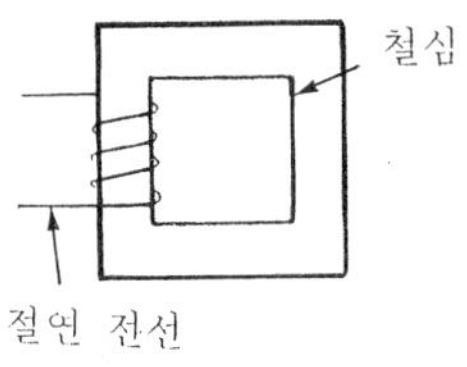

그림 6.2 인덕터

그림 6.2와 같이 철심에 절연 전선을 감은 것을 인덕터라 한다.
커패시터와 인덕터는 서로 반대되는 전기적인 특성을 가진다.

6.1 커패시터

(1) 커패시턴스 C

나란한 두 금속판 사이에 전기 절연물로 채워진 기구를 커패시터라 한다. 커패시터의 기호는 보통 그림 6.3과 같이 표시한다.

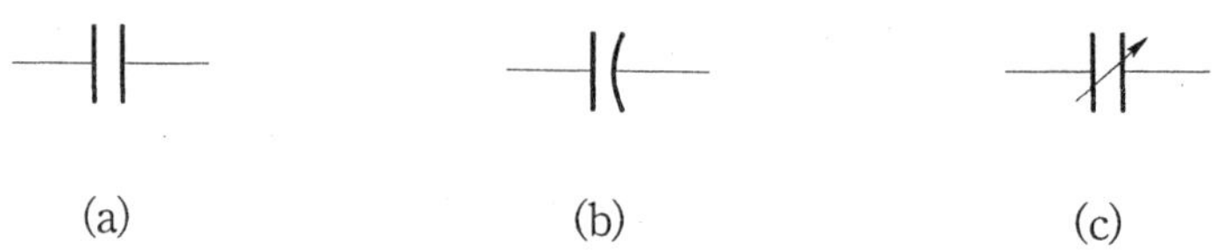

그림 6.3 커패시터의 기호

커패시터의 크기를 변화시킬 수 있는 것, 즉 가변 콘덴서를 특히 그림 (c)와 같이 표시한다.

지금 그림 6.4와 같은 전기 회로를 생각해 본다.

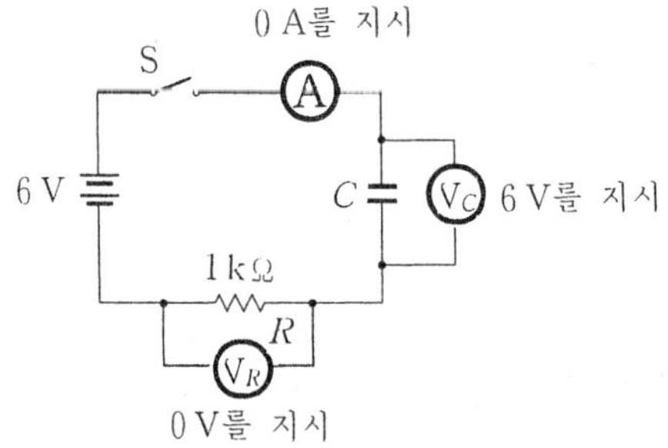

그림 6.4 저항기와 커패시터의 직렬 회로

1 [kΩ]의 저항과 커패시터를 직렬로 연결하여 6 [V]의 전압을 가했다. 개폐기 S를 닫은 직후에 전류계(A)는

$$I = \frac{6\,[\mathrm{V}]}{1\,[\mathrm{k}\Omega]} = 6\,[\mathrm{mA}]$$

의 전류를 지시하고, 전압계 (V_R)은 6 [V], 전압계 (V_C)는 0 [V]를 지시한다. 시간의 경과에 따라 전류계와 전압계 (V_R) 의 지시는 점점 감소하고, 전압계 (V_C) 의 지시는 점점

증가한다. 수초 후(이론적으로는 무한대의 시간 후) Ⓐ와 Ⓥ_R 은 0을 지시하고, Ⓥ_C 는 6[V]를 지시한다. 전류는 더 이상 흐르지 않는다. 이때 개폐기 S를 열어도 커패시터 양단의 전압은 계속해서 6[V]를 지시한다. 이것은 무엇을 의미하는가? 즉, 커패시터 C에는 에너지(정전 에너지)가 저장되어 있음을 나타낸다.

그림 6.5는 커패시터가 충전되는 모양을 보여 주고 있다. 그림 (a)는 개폐기 S가 열려 있어 두 극판이 자유 전자로 차 있는 중성인 상태이다.

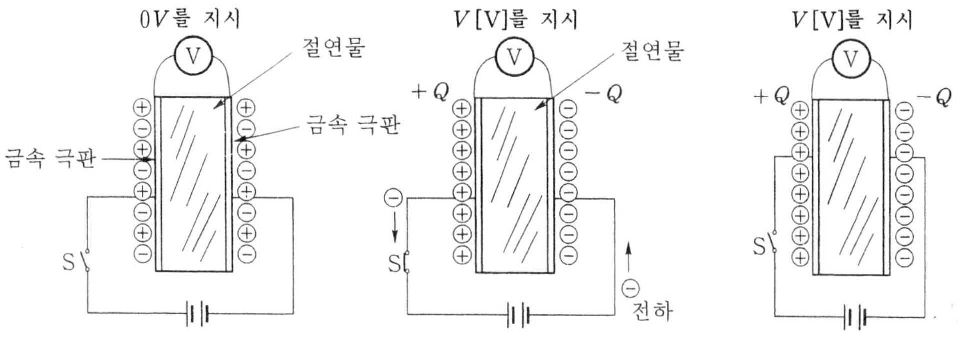

(a) (b) (c)

그림 6.5 어떻게 커패시터에 전하가 충전되는가

따라서, 전압계Ⓥ는 0볼트를 지시한다. 그림 (b)는 개폐기 S를 닫아 도선을 통하여 전하가 이동하여 전압계Ⓥ가 V볼트를 지시할 때까지 계속하여 충전이 된다. 이때 이동한 전하량을 Q[C]이라 하면

$$Q \propto V$$

가 되고, 다음과 같은 식이 된다.

$$Q = CV, \quad V = \frac{Q}{C}, \quad C = \frac{Q}{V} \tag{6.1}$$

여기서 C는 비례 상수로, 커패시턴스(capacitance, 정전 용량)라 부르고 바로 커패시터의 크기를 뜻한다. 커패시턴스의 단위는 패럿(Farad, F)을 사용한다. 1[F]은 커패시터에 1[C]의 전하가 이동하여 두 극판 사이의 전위차가 1[V]가 될 때 이 커패시터의 커패시턴스의 크기를 1[F]이라 한다. 패럿 단위는 대단히 큰 단위이기 때문에 μF(micro Farad) 또는 pF (pico Farad)을 실용적으로 사용한다. 이들 관계는 다음과 같다.

$$1[\text{F}] = 10^6[\mu\text{F}], \quad 1[\mu\text{F}] = 10^6[\text{pF}], \quad 1[\text{F}] = 10^{12}[\text{pF}]$$

(2) 유전율 ε

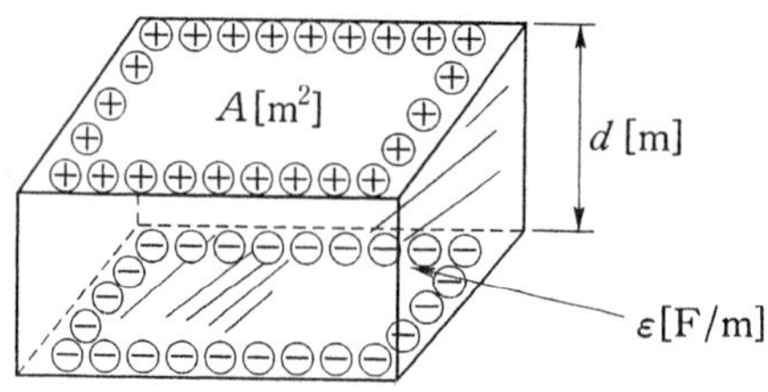

그림 6.6 커패시턴스의 크기

커패시턴스의 크기는 절연물의 종류에 따라 다르다. 그림 6.6에서 극판의 단면적을 $A[\mathrm{m}^2]$, 극판 사이의 거리를 d[m]라 할 때, 커패시턴스 C는

$$C \propto \frac{A}{d}$$

이고, 비례 상수를 ε이라 하면

$$C = \varepsilon \frac{A}{d} \tag{6.2}$$

가 된다. ε은 절연물의 종류에 따라 결정되며 유전율이라 한다. 진공중의 유전율은

$$\varepsilon_0 = 8.85 \times 10^{-12} \,[\mathrm{F/m}]$$

이고, 진공에 대한 유전율의 비를 비유전율이라 한다.

$$\varepsilon = \varepsilon_0 \varepsilon_r$$

표 6.1에 여러 가지 절연체의 비유전율 ε_r이 나타나 있다.

표 6.1 여러 가지 절연체의 비유전율

절연체	비유전율 ε_r
진공	1.0
공기	1.0
파라핀 종이	2.5
변압기유	4.0
마이카	5.0
베이클라이트	7.0
유리	7.5
세라믹	5000

예를 들어, 절연물로 마이카를 사용하면 공기를 이용할 때보다 커패시턴스가 약 5배 더 크다는 것을 의미한다.

(3) 커패시터의 종류

커패시턴스 C의 크기가 일정한 것을 고정 커패시터라 하고, 커패시턴스 C의 크기를 변화시킬 수 있는 것을 가변 커패시터라 한다. 가변 커패시터에는 극판 사이의 면적을 변화시키는 바리콘(라디오, TV의 동조용)과 극판 사이의 거리를 변화시키는 트리머 커패시터(고주파 회로에서 분포 용량의 보정용)가 있다. 그림 6.7은 각종 커패시터의 그림이다.

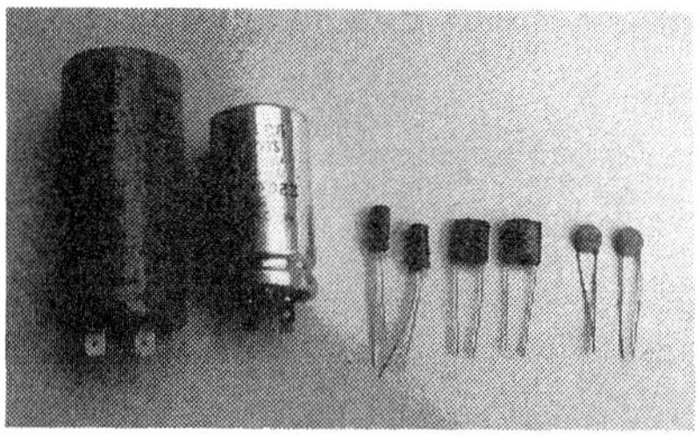

(a)

(b)

그림 6.7

커패시터는 절연체의 종류에 따라서 공기 커패시터, 세라믹 커패시터, 마이카 커패시터, 종이 커패시터, 전해질 커패시터 등등으로 분류한다. 전해질 커패시터는 +, − 극성이 있으므로 직류에만 이용할 수 있다. 표 6.2는 여러 가지 커패시터의 특징을 보여 주고 있다.

표 6.2 각종 커패시터의 특징

절연물	커패시턴스의 크기	사용 전압
세라믹 커패시터	0.5~500 pF (온도 보상용) 100 pF~0.47 μF (바이패스용)	25 V~5 kV
마이카 커패시터	1~10^4 pF	50 V~1 kV
종이 커패시터	10^3 pF~4.7 μF	50 V~500 V
전해질 커패시터	0.47 μF~1 F (직류용)	3 V~500 V

예제 6-1

2 [μF]의 커패시터에 30 [V]를 가하면 몇 쿨롬의 전하가 축적되는가?

✲ 풀이 커패시턴스의 SI 단위계는 패럿(F)이므로, 정전 용량은

$$C = 2\,[\mu F] = 2 \times 10^{-6}\,[F]$$

이 된다. 식 (6.1)에서 충전 전하는 다음과 같이 된다.

$$Q = CV = 2 \times 10^{-6} \times 30 = 6 \times 10^{-5}\,[C]$$

연습문제 6-1 커패시턴스의 크기가 4.7 [μF]인 커패시터에 100 [V]의 전압을 가할 때 충전된 전기량은 얼마인가?

예제 6-2

2 [μA]의 일정 전류가 20초 동안 커패시터에 흘렀다. 커패시터의 두 극판 사이의 전압을 측정하니까 40 [V]였다면 커패시턴스 C의 크기는 얼마인가?

✲ 풀이 커패시터에 흘러 들어간 전하 Q는

$$\begin{aligned} Q &= I \cdot t = 2\,[\mu A] \times 20\,[s] \\ &= 40\,[\mu C] = 40 \cdot 10^{-6}\,[C] \end{aligned}$$

가 된다.

커패시턴스 C는 다음과 같이 된다.

$$C = \frac{Q}{V} = \frac{40 \times 10^{-6}}{40} = 1 \times 10^{-6}\,[F] = 1\,[\mu F]$$

연습문제 6-2 4.7 [μF]의 커패시터에 5 [mA]의 일정 전류가 5초 동안 흘렀다면 이 커패시터에는 얼마의 전압이 걸리겠는가?

예제 6-3

커패시턴스의 크기가 4.7 [μF]인 커패시터가 있다. 극판 간격을 그대로 유지하고 극판 면적만을 2배로 하면 커패시턴스의 크기는 얼마로 되는가?

✲ **풀이** 처음 커패시터에 첨자 1을 쓰고, 나중 커패시터에는 첨자 2를 사용한다.

$$C_1 = \varepsilon\frac{A_1}{d_1} = 4.7\,[\mu\text{F}], \quad C_2 = \varepsilon\frac{A_2}{d_2}$$

에서 $d_1 = d_2$, $A_2 = 2 \cdot A_1$이므로

$$C_2 = \varepsilon\frac{A_2}{d_2} = \varepsilon\frac{2A_1}{d_1} = 2 \cdot \varepsilon\frac{A_1}{d_1} = 2\times 4.7 = 9.4\,[\mu\text{F}]$$

연습문제 6-3 위의 예제에서 극판 면적을 그대로 두고, 극판 간격을 2배로 하면 커패시턴스는 얼마로 되는가?

예제 6-4

그림의 커패시터에서 단면적이 $0.01\,[\text{m}^2]$, 극판 간격이 1.5[mm]일 때 정전 용량을 구하라.

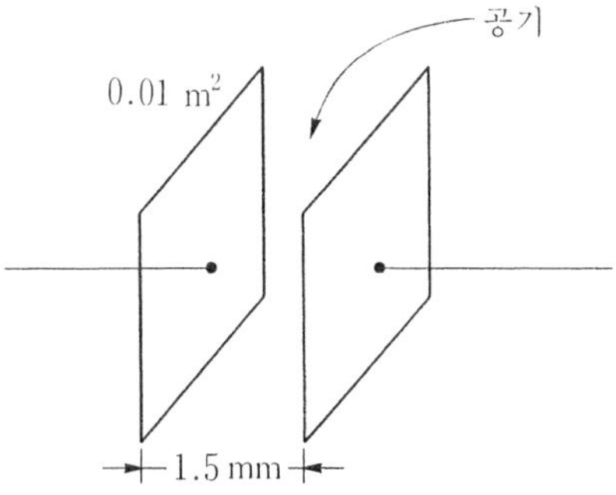

그림 6.8 공기 콘덴서

✲ **풀이** 공기의 유전율이 $\varepsilon_0 = 8.85\times 10^{-12}\,[\text{F/m}]$이고, 간격 d는

$$d = 1.5\,[\text{mm}] = 1.5\times 10^{-3}\,[\text{m}]$$

이므로, 식 (6.2)에서 다음과 같이 된다.

$$C = \varepsilon \cdot \frac{A}{d} = 8.85\times 10^{-12}\times\frac{0.01}{1.5\times 10^{-3}}$$

$$= 8.85\times\frac{1}{1.5}\times 10^{-11} = 5.9\times 10^{-11} = 59\times 10^{-12}\,[\text{F}] = 59\,[\text{pF}]$$

연습문제 6-4 위의 예제에서 극판 사이를 파라핀 종이로 절연시켰다면 정전 용량은 얼마로 되는가?

6.2 커패시터의 연결

저항의 연결 방법에 직렬 연결, 병렬 연결 및 직병렬 연결이 있었다. 커패시터도 마찬가지로 직렬 · 병렬 · 직병렬 연결을 할 수 있다. 커패시턴스의 크기는

$$C = \varepsilon_0 \varepsilon_r \frac{A}{d} \tag{6.3}$$

이므로, 정전 용량의 크기를 증가시키려면 단면적 A를 증가시켜야 되므로 커패시터를 병렬 연결시켜야 한다. 또 커패시턴스를 감소시키려면 극판 간격 d를 증가시켜야 되므로 커패시터를 직렬 연결해야 된다. 물론, 이때 각 커패시터는 안전하게 사용할 수 있는 정격 전압에 유의해야 된다.

(1) 직렬 연결

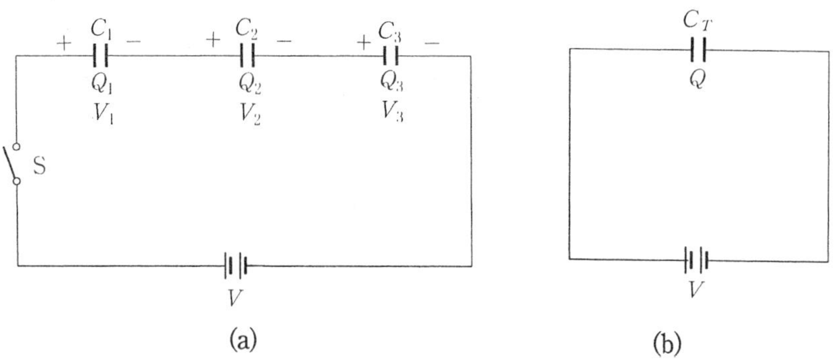

그림 6.9 커패시터의 직렬 연결

그림 6.9 (a)는 커패시턴스가 C_1, C_2, C_3인 세 개의 커패시터를 직렬 연결한 회로이다. 커패시터는 극판과 극판 사이가 절연되어 있으므로, 이 절연물을 지나서 전하의 이동이 있는 것은 아니다. 스위치 S를 닫기 전에는 각 커패시터가 중성인 상태였다가 스위치를 닫으면 전하의 이동이 있어, C_1 커패시터의 왼쪽 극판에 $+Q_1$ [C]의 전하가 충전된다면 오른쪽 극판에는 $-Q_1$ [C]의 전하가 충전된다. 다음에 C_2 커패시터의 왼쪽 극판에는 자동적으로 $+Q_1$ [C]의 전하가 충전되고, 따라서 오른쪽 극판에는 $-Q_1$ [C]이 충전된다. 즉, $Q_1 = Q_2$가 된다. 따라서, 각 커패시터에 충전되는 전하는 같고,

$$Q_1 = Q_2 = Q_3 = Q$$

가 된다.

커패시턴스가 C_1, C_2, C_3인 각 커패시터에 Q[C]의 전하가 충전되어 각 극판 사이의 전압을 V_1, V_2, V_3라 하면 키르히호프 전압 법칙에서 전압 상승과 전압 강하는 같으므로

$$V = V_1 + V_2 + V_3$$

이다. 또, 각 커패시터에서는 다음 식이 성립된다.

$$V_1 = \frac{Q}{C_1}, \quad V_2 = \frac{Q}{C_2}, \quad V_3 = \frac{Q}{C_3}$$

C_1, C_2, C_3의 합성 용량을 그림 6.9 (b)와 같이 C_T라 하면

$$V = \frac{Q}{C_T}$$

가 된다. 따라서,

$$\frac{Q}{C_T} = \frac{Q}{C_1} + \frac{Q}{C_2} + \frac{Q}{C_3}$$

이므로, 다음 식이 성립한다.

$$\frac{1}{C_T} = \frac{1}{C_1} + \frac{1}{C_2} + \frac{1}{C_3} \tag{6.4}$$

이 식은 마치 저항을 병렬로 연결한 것과 같은 모양이다.

예제 6-5

그림에서 합성 용량을 구하는 식을 만들고, 또 합성 용량을 구하라.

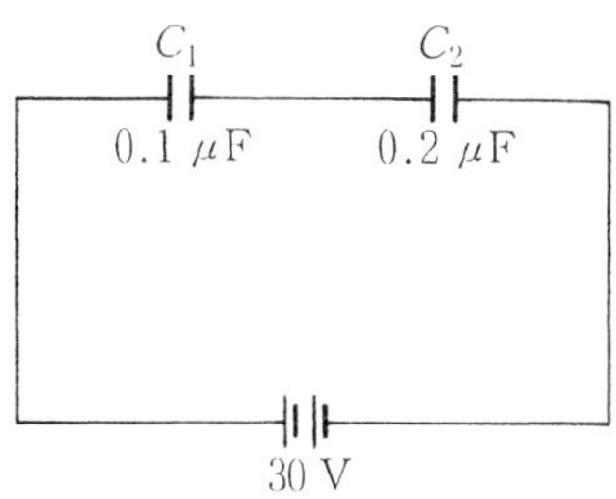

그림 6.10

✲ **풀이** 식 (6.4)에서

$$\frac{1}{C_T}=\frac{1}{C_1}+\frac{1}{C_2}=\frac{C_1+C_2}{C_1\cdot C_2}$$

$$C_T=\frac{C_1\cdot C_2}{C_1+C_2} \tag{6.4a}$$

따라서

$$C_T=\frac{0.1\times0.2}{0.1+0.2}=\frac{0.02}{0.3}=0.067\,[\mu\text{F}]$$

예제 6.6의 결과를 살펴보면

$$C_T < C_1 < C_2$$

이다. 즉, 두 커패시터를 직렬로 연결함으로써 극판 간격 d가 증가한 결과가 되어 합성 용량 C_T는 제일 작은 용량보다도 작아졌다. 식 (6.4a)는 자주 나타는 식이므로 기억해 두면 편리하다.

연습문제 6-5 위의 예제에서 각 커패시터에 충전된 전기량은 얼마인가?

예제 6-6

그림 6.11에서 커패시턴스 값이 다음과 같을 때 각 커패시터에 나타나는 전압을 구하라.

$$C_1=2\,[\mu\text{F}],\quad C_2=3\,[\mu\text{F}],\quad C_3=4.7\,[\mu\text{F}]$$

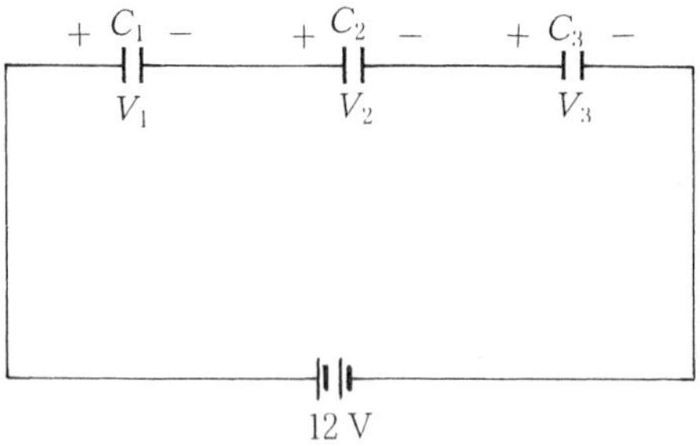

그림 6.11

✲ **풀이** 각 커패시터의 용량값이 주어졌으므로, 전압값을 알려면 충전된 전하를 알아야 한다. 직렬 회로에서는 총 전하량과 각 커패시터에 충전된 전하량이 같으므로 우선 합성 용량을 구하고 총 전하를 구하면 된다.

$$\frac{1}{C_T}=\frac{1}{2}+\frac{1}{3}+\frac{1}{4.7}=0.5+0.333+0.213=1.046$$

$$C_T=\frac{1}{1.046}=0.956\,[\mu\text{F}]$$

$$Q_1=Q_2=Q_3=Q=C_T\cdot V$$

$$=0.956\times10^{-6}\times12=11.472\times10^{-6}\,[\text{C}]$$

따라서, 각 커패시터의 전압 강하 V_1, V_2, V_3는 다음과 같이 된다.

$$V_1=\frac{Q_1}{C_1}=\frac{11.472\times10^{-6}\,[\text{C}]}{2\times10^{-6}\,[\text{F}]}=5.736\,[\text{V}]$$

$$V_2=\frac{Q_2}{C_2}=\frac{11.472\times10^{-6}\,[\text{C}]}{3\times10^{-6}\,[\text{F}]}=3.824\,[\text{V}]$$

$$V_3=\frac{Q_3}{C_3}=\frac{11.472\times10^{-6}\,[\text{C}]}{4.7\times10^{-6}\,[\text{F}]}=2.441\,[\text{V}]$$

연습문제 6-6 위의 예제에서 커패시턴스가 다음과 같을 때 각 커패시터의 전압 강하를 구하라.

$C_1=470\,[\text{pF}]$, $C_2=1\,[\mu\text{F}]$, $C_3=860\,[\text{pF}]$

(2) 병렬 연결

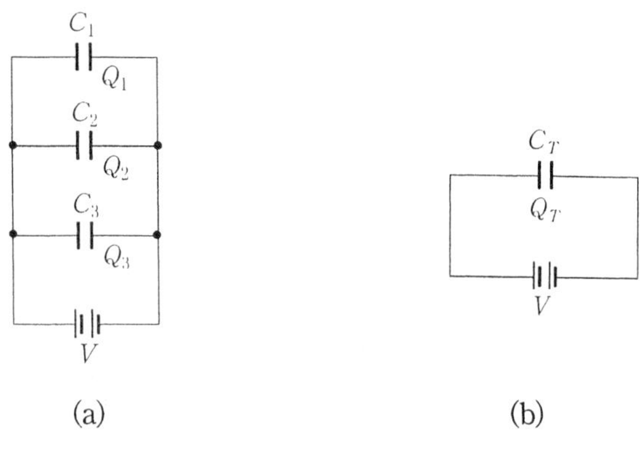

그림 6.12 커패시터의 병렬 연결

커패시터를 병렬 연결하면 극판의 단면적이 증가한 경우가 되므로 합성 용량은 증가하게 된다. 그림 6.12 (a)에 커패시터 C_1, C_2, C_3가 병렬 연결되어 있다. 각 커패시터의 양단에는 전압 V가 걸리고, 충전 전기량을 각각 Q_1, Q_2, Q_3라 하자. 그림 (b)와 같이 합성 용량을 C_T라 하고, 충전 전기량의 합을 Q_T라 하면, 키르히호프의 전류 법칙에 의해 다음 식이 성립한다.

$$Q_T = Q_1 + Q_2 + Q_3$$

그림 (a)에서 Q_1, Q_2, Q_3 및 그림 (b)에서 Q_T는

$$Q_1 = C_1 V \ , \qquad Q_2 = C_2 V \ , \qquad Q_3 = C_3 V \ , \qquad Q_T = C_T V$$

가 된다. 따라서,

$$C_T V = C_1 V + C_2 V + C_3 V$$

즉, 합성 용량 C_T는

$$C_T = C_1 + C_2 + C_3 \tag{6.6}$$

이다. 식 (6.6)은 저항이 직렬로 연결된 것과 같은 모양이며, 커패시터를 병렬 연결하면 극판 면적이 증가한 결과가 되어 합성 커패시터는 증가한다는 것을 보여 주고 있다.

예제 6-7

그림의 병렬 회로에서 각 커패시터의 용량이 아래와 같다.

$$C_1 = 400\,[\mu\text{F}], \quad C_2 = 60\,[\mu\text{F}], \quad C_3 = 800\,[\mu\text{F}]$$

이때, 다음을 구하여라.

① 각 커패시터의 충전 전기량
② 합성 정전 용량
③ 총 충전 전기량

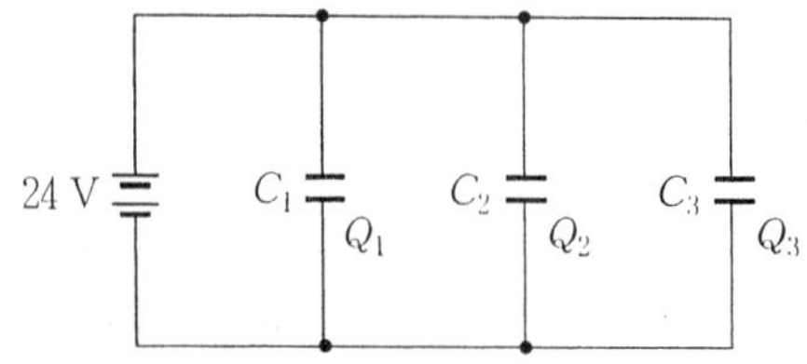

그림 6.13

✲ 풀이 $Q=CV$에서 각 콘덴서의 충전 전기량은 다음과 같다.

$$Q_1 = C_1 V = 400\times10^{-6}\times24 = 96\times10^{-4}\,[\mathrm{C}]$$

$$Q_2 = C_2 V = 60\times10^{-6}\times24 = 144\times10^{-5}\,[\mathrm{C}]$$

$$Q_3 = C_3 V = 800\times10^{-6}\times24 = 192\times10^{-4}\,[\mathrm{C}]$$

식 (6.6)에서 합성 정전 용량은 아래와 같다.

$$C_T = C_1 + C_2 + C_3 = 400 + 60 + 800 = 1260\,[\mu\mathrm{F}]$$

병렬 회로이므로 이동한 총 전하량은

$$Q_T = Q_1 + Q_2 + Q_3$$

$$= 96\times10^{-4} + 14.4\times10^{-4} + 192\times10^{-4} = 302.4\times10^{-4}\,[\mathrm{C}]$$

또는

$$Q_T = C_T V = 1260\times10^{-6}\times24 = 302.4\times10^{-4}\,[\mathrm{C}]$$

이 된다.

연습문제 6-7 커패시턴스의 크기가 아래와 같을 때 예제 6.8을 반복하라.

$C_1 = 470\,[\mathrm{pF}]$, $C_2 = 300\,[\mathrm{pF}]$, $C_3 = 150\,[\mathrm{pF}]$

예제 6-8

그림 6.14는 커패시터를 직 · 병렬시킨 회로이다. 합성 커패시턴스 C_T와 각 커패시터에 충전되는 전하와 전압을 구하라.

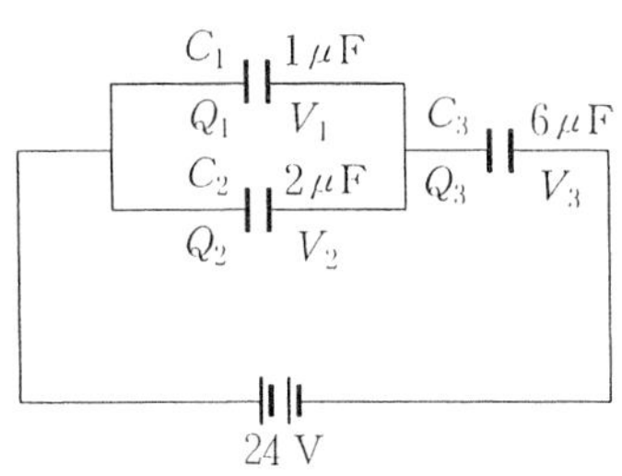

그림 6.14 직 · 병렬 회로

✲ **풀이** 커패시터 C_1과 C_2가 병렬 연결된 것에 커패시터 C_3가 직렬되어 있는 회로이다. 병렬 부분의 합성 커패시턴스를 C_{T1}이라 하면

$$C_{T1}=1+2=3\ [\mu F]$$

이며, 등가 회로는 그림 6.15와 같이 된다.

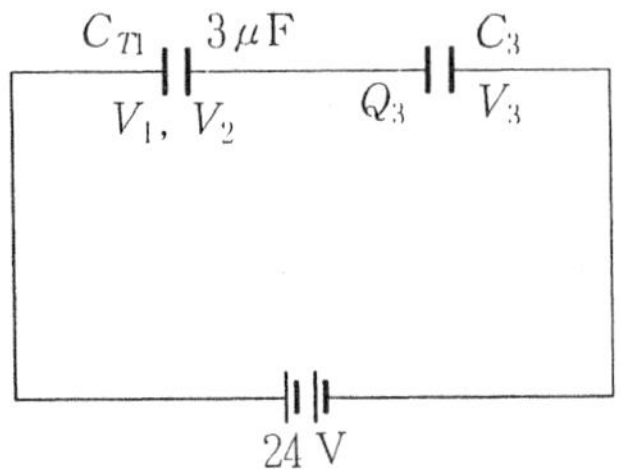

그림 6.15 직렬 회로 $V_1=V_2$

그림 6.14에서 C_1과 C_2가 병렬이므로

$$V_1=V_2$$

이다. 합성 커패시턴스 C_T는

$$\frac{1}{C_T}=\frac{1}{C_{T1}}+\frac{1}{C_3}=\frac{1}{3}+\frac{1}{6}=\frac{3}{6}=\frac{1}{2}$$

$$C_T=2\ [\mu F]$$

커패시터에 흐른 총 전하를 Q_T라 하면

$$Q_T=Q_3$$

이고,

$$Q_T=Q_3=C_TV=2\times10^{-6}\times24=48\times10^{-6}\ [C]$$

이 된다. 각 커패시터의 전압은

$$V_1=V_2=\frac{Q_T}{C_{T1}}=\frac{48\times10^{-6}}{3\times10^{-6}}=16\ [V]$$

$$V_3=\frac{Q_3}{C_3}=\frac{48\times10^{-6}}{6\times10^{-6}}=8\ [V]$$

가 된다. C_1과 C_2에 충전된 전하 Q_1, Q_2는

$$Q_1 = C_1 V_1 = 1 \times 10^{-6} \times 16 = 16 \times 10^{-6}\,[\mathrm{C}]$$

$$Q_2 = C_2 V_2 = 2 \times 10^{-6} \times 16 = 32 \times 10^{-6}\,[\mathrm{C}]$$

이다.

키르히호프의 전압 법칙을 다음과 같이 확인할 수 있다.

$$V_1 + V_3 = 16 + 8 = 24\,[\mathrm{V}]$$

연습문제 6-8 그림 6.14에서 커패시턴스의 크기를 다음과 같이 할 때 예제 6.9를 반복하라.

$C_1 = 3\,[\mu\mathrm{F}]$, $C_2 = 6\,[\mu\mathrm{F}]$, $C_3 = 4.5\,[\mu\mathrm{F}]$

6.3 커패시터의 직류 충·방전 곡선

우리는 그림 6.5에서 커패시터에 전하가 충전되는 것을 보았다. 충전 전하가 없어, 두 극판 사이의 전위차가 0인 커패시터에 전압을 가하면 전하가 이동하여 즉, 전류가 흘러 주어진 전압 V가 될 때까지 계속하여 충전이 이루어진다. 이때, 전위차가 V가 될 때까지는 시간이 필요하다는 것을 우리는 감지할 수 있다.

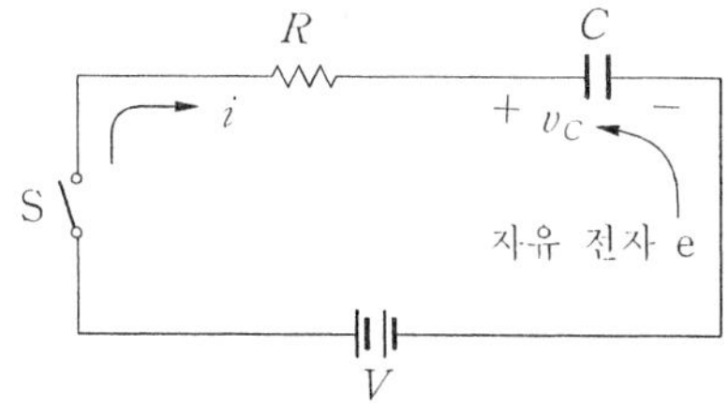

그림 6.16 RC 직렬 회로

그림 6.16은 RC 직렬 회로에 전압 V가 연결되어 있다. 지금 $t=0$인 순간에 개폐기 S를 닫을 경우 전압 전류의 흐름을 살펴본다. 개폐기를 닫기 전의 커패시터는 충전 전하가 0이다. 이때 개폐기 S를 닫으면, 닫는 순간의 전류는 $i=\frac{V}{R}\,[\mathrm{A}]$가 흐른다. 그 후 지수 함수로 감소하며 이론적으로 $t=\infty$의 시간에 전류 i는 0이 되며, 이때 커패시터 양

단 전압은 V로 충전된다. 그림 6.17은 시간에 따른 전류와 커패시터 양단 전압의 그래프이다.

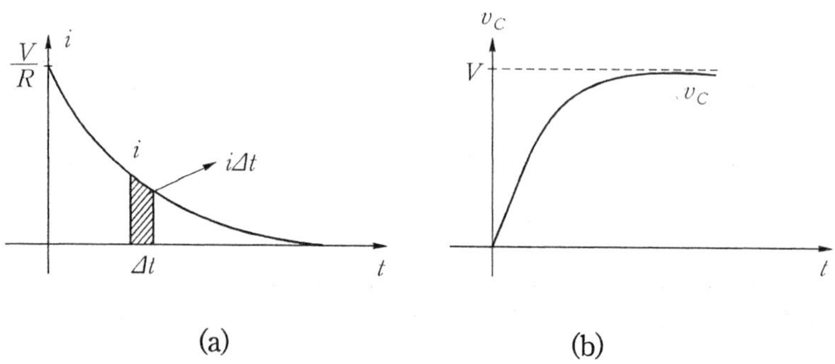

그림 6.17 전류 i와 전압 v_C는 지수 함수이다.

그림 6.16의 RC 회로에 대해 다음에 수학적인 설명을 해 본다. 미소 시간 Δt초 동안에 이동한 전기량을 Δq 쿨롬이라 하면, Δt초 동안의 평균 전류 i는

$$i = \frac{\Delta q}{\Delta t}\ [\mathrm{A}]$$

가 된다. Δq가 매순간 순간 변화하기 때분에 전류 i는 일정한 값이 아니고 시간의 함수가 되므로 소문자 i를 쓴다. 위 식의 양변에 Δt를 곱하면

$$\Delta q = i\Delta t\,[\mathrm{C}]$$

가 된다. 시간의 증분 Δt를 더 미세하게 잡으면, 위 식은

$$dq = i\,dt\,[\mathrm{C}]$$

가 되고, 면적을 구하면(적분하면)

$$q = \int_0^t dq = \int_0^t i\,dt\,[\mathrm{C}]$$

가 된다. 즉, 커패시터에는 $\int_0^t i\,dt$ 쿨롬의 전하가 축적된다. 따라서, 이때의 커패시터 충전 전압 v_C는

$$v_C = \frac{q}{C} = \frac{1}{C}\int_0^t i\,dt\,[\mathrm{V}]$$

가 된다.

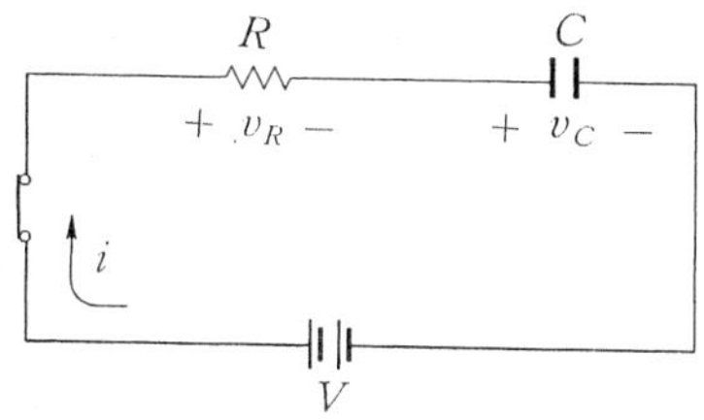

그림 6.18

그림 6.18에서 전류 i가 흐를 때 전압 강하 v_R, v_C는

$$v_R = Ri$$
$$v_C = \frac{q}{C} = \frac{1}{C}\int_0^t i\,dt \qquad (6.7)$$

이므로, 키르히호프 전압 법칙에서

$$v_R + v_C = V$$
$$Ri + \frac{1}{C}\int_0^t i\,dt = V \qquad (6.8)$$

가 된다. 이 식은 미분 방정식으로 해는

$$i = \frac{V}{R}e^{-\frac{1}{RC}t} \qquad (6.9)$$

이다. 따라서,

$$v_R = Ri = R\cdot\frac{V}{R}e^{-\frac{1}{RC}t} = V\,e^{-\frac{1}{RC}t} \qquad (6.10)$$
$$v_C = V - v_R = V - Ve^{-\frac{1}{RC}t} = V\left(1 - e^{-\frac{1}{RC}t}\right) \qquad (6.11)$$

이다. e는 자연 대수의 밑(base)으로, $e = 2.71828$이다.

다음에 지수 함수 $y = e^{-x}$와 $y = 1 - e^{-x}$의 그래프를 그려 본다. 여러분이 갖고 있는 계산기를 이용하여 x가 0에서 100까지 변할 때 표 6.3을 얻을 수 있다.

표 6.3을 그래프로 그리면 그림 6.19를 얻는다.

표 6.3 소수점 5자리 반올림

x	e^{-x}	$1-e^{-x}$
0	1	0
1	0.3679	0.6321
2	0.1353	0.8647
3	0.0498	0.9502
4	0.0183	0.9817
5	0.0067	0.9933
6	0.0025	0.9975
10	0.0000454	0.9999546
100	3.72×10^{-44}	1.0

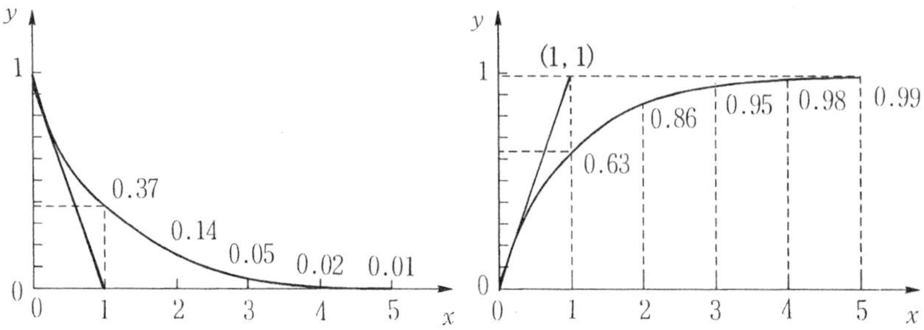

그림 6.19 지수 함수의 그래프

그림 6.19를 관찰해 본다. 그림 (a)는 x값이 0에서 1까지는 급하게 감소하다가 그 이후는 완만한 모양으로 감소하고, x가 5가 되면 y값이 거의 0에 접근한다. y축의 값이 1인 점 (0, 1)에서 곡선에 접선을 그리면 접선은 x축이 1인 점(1, 0)을 지난다. 이때 곡선의 y값은 0.3678이다. 그림 (b)는 x값이 0에서 1까지는 곡선이 급하게 증가하다가 그 이후는 완만하게 증가하며, x값이 5가 되면 거의 y값이 1인 선에 접근한다. 원점 (0, 0)에서 곡선에 접선을 그리면 이 접선은 좌표의 점(1, 1)을 지난다. 이때 곡선의 y값은 0.6321이다.

그림 6.18에서 커패시터 전류 i_C는

$$i_C=\frac{V}{R}e^{-\frac{1}{RC}t}=Ie^{-\frac{1}{RC}t} \tag{6.8}$$

커패시터 충전 전압 v_C는 다음과 같이 된다.

$$v_C=V\left(1-e^{-\frac{1}{RC}t}\right) \tag{6.10}$$

위 식에서 RC는 (저항)×(커패시턴스) 이므로

$$(\text{저항})\times(\text{커패시턴스})=\left(\frac{\text{전압}}{\text{전류}}\right)\times\left(\frac{\text{전하}}{\text{전압}}\right)=\text{초}\,[\text{sec}]$$

즉, RC의 단위는 시간으로 초가 되며, 이를 시정수(time constant)라 한다.

$$\tau = RC\,[\text{sec}] \tag{6.11}$$

식 (6.8)과 식 (6.10)을 다시 쓰면 다음과 같이 된다.

$$i_C=\frac{V}{R}e^{-\frac{1}{\tau}t}=Ie^{-\frac{1}{\tau}t} \tag{6.8a}$$

$$v_C=V\left(1-e^{-\frac{1}{\tau}t}\right) \tag{6.10a}$$

$t=\tau,\ 2\tau,\ 3\tau,\ \cdots$일 때의 그래프를 그리면 그림 6.20과 같이 된다.

그림 (a)에서 $t=\tau=RC$일 때, i_C는 초기값($t=0$일 때의 I_C)의 36.8%가 되고, 그림 (b)에서 v_C는 최종값($t=\infty$일 때의 v_C)의 63.2%가 됨을 알 수 있다. $t=5\tau$일 때는 거의 최종값에 접근한다.

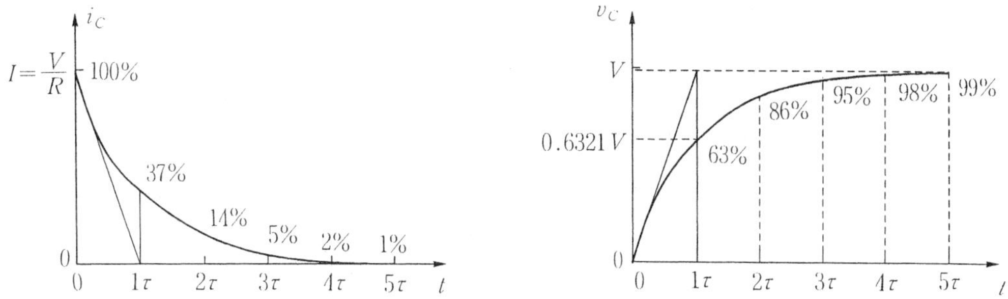

(a) 전류 i_C　　(b) 전압 v_C

그림 6.20 커패시터 전류 i_C와 전압 v_C

또, RC 직렬 회로에서 R이 일정할 때 C의 값이 클수록 시정수 τ는 커진다. 이는 커패시터에 충전되는 시간이 증가함을 말한다. 즉, 그림 6.21에서 $C_1<C_2<C_3$일 때 $\tau_1<\tau_2<\tau_3$가 됨을 알 수 있다. 즉, 충전시키는 데 더 많은 시간이 필요하다. $\tau=RC$이므로 이는 당연한 결과이다.

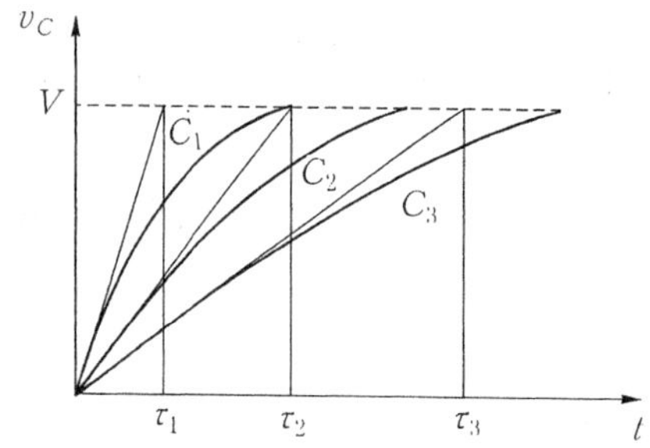

그림 6.21 C가 크면 충전시키는 데 더 많은 시간이 필요하다.

그림 6.22는 만능 시정수 곡선이다.

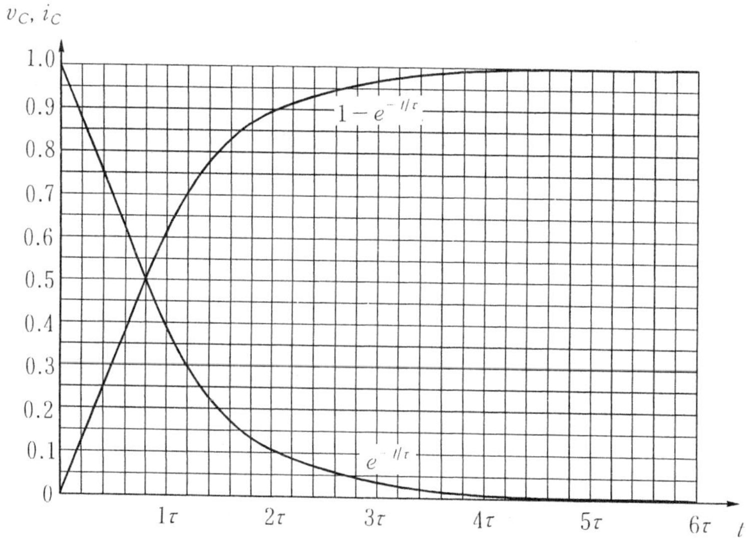

그림 6.22 만능 시정수 곡선

즉, 커패시터 전압을 약 90%까지 충전시키는 데는 2.4τ초의 시간이 필요하며, 이때 흐르는 전류는 초기값 전류의 약 8%가 흐름을 알 수 있다.

예제 6-9

그림 6.23의 RC 직렬 회로에서 저항 R은 $1\,[\mathrm{k}\Omega]$이다. 커패시터 C는 스위치 S를 닫기 전에 충전 전하가 영이다. 커패시터 C의 용량을 $1\,[\mu\mathrm{F}]$, $10\,[\mu\mathrm{F}]$, $100\,[\mu\mathrm{F}]$으로 할 때, 시정수를 구하라.

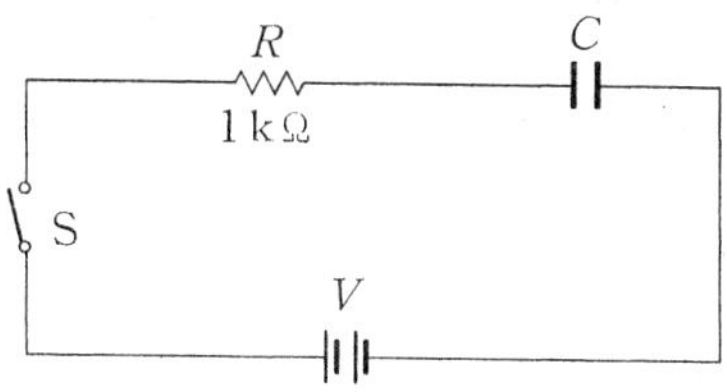

그림 6.23

✲ 풀이 식 (6.11)에서 시정수 τ는 RC이므로 다음과 같이 된다.

$C_1 = 1\,[\mu\mathrm{F}]$일 때,

$$\begin{aligned}\tau_1 &= RC_1 \\ &= 1\,[\mathrm{k}\Omega]\cdot 1\,[\mu\mathrm{F}] \\ &= 10^3\,[\Omega]\cdot 10^{-6}\,[\mathrm{F}] \\ &= 10^{-3}\,[\mathrm{sec}] = 1\,[\mathrm{ms}]\end{aligned}$$

$C_2 = 10\,[\mu\mathrm{F}]$일 때,

$$\begin{aligned}\tau_2 &= RC_2 = 10^3\cdot 10\cdot 10^{-6} \\ &= 10\cdot 10^{-3}\,[\mathrm{sec}] = 10\,[\mathrm{ms}]\end{aligned}$$

$C_3 = 100\,[\mu\mathrm{F}]$ 일 때,

$$\begin{aligned}\tau_3 &= RC_3 = 10^2\cdot 100\cdot 10^{-6} \\ &= 100\cdot 10^{-3}\,[\mathrm{sec}] = 100\,[\mathrm{ms}]\end{aligned}$$

연습문제 6-9 그림 6.23에서 커패시터 C의 크기를 $1\,[\mu\mathrm{F}]$으로 유지시키고, 저항 R을 $1\,[\mathrm{k}\Omega]$, $10\,[\mathrm{k}\Omega]$, $100\,[\mathrm{k}\Omega]$로 변화시킬 때 시정수를 구하라.

예제 6-10

시정수 τ가 $5\,[\mathrm{ms}]$인 RC 직렬 회로에 $30\,[\mathrm{V}]$의 전압을 가했다. 이때 저항값을 측정하니 $1\,[\mathrm{k}\Omega]$이었다. 만능 시정수 곡선을 이용하여 다음을 구하라.

① 커패시터 전압이 전원 전압의 90%가 될 때까지 걸린 시간 $t\,[\mathrm{ms}]$

② 이때의 커패시터에 흐르는 전류 $I\,[\mathrm{mA}]$

✻ 풀이 그림 6.22의 만능 시정수 곡선에서 종축의 90 %에 해당하는 $y=1-e^{-\frac{1}{\tau}t}$의 곡선상의 횡축의 값이 2.42이므로 걸린 시간 t는

$$t=2.4\times\tau=2.4\times5\,[\text{ms}]=12\,[\text{ms}]$$

이다. 다음에 초기값 전류 I_0는

$$I_0=\frac{V}{R}=\frac{30\,[\text{V}]}{1\,[\text{k}\Omega]}=30\,[\text{mA}]$$

가 되며, $y=e^{-\frac{1}{\tau}t}$ 곡선에서 2.4τ가 되는 점의 종축값이 약 8 %이므로, 커패시터에 흐르는 전류 I_C는

$$I_C=I_0\times\frac{8}{100}=30\times\frac{8}{100}=2.4\,[\text{mA}]$$

가 된다.

연습문제 6-10 시정수 τ가 10 [ms]인 RC 직렬 회로에 12 [V]의 전압을 가했다. 저항의 크기는 1 [kΩ]이다. 만능 시정수 곡선을 이용하여 커패시터 전압이 전원 전압의 80 %가 될 때까지 걸린 시간과 이때 커패시터에 흐르는 선류를 구하라.

그림 6.24는 커패시터에 충전된 에너지가 저항을 통해 어떻게 방전되는가를 보여 주고 있다. 그림 (a)에서 스위치를 단자 1 쪽으로 닫은 것이 그림 (b)이다.

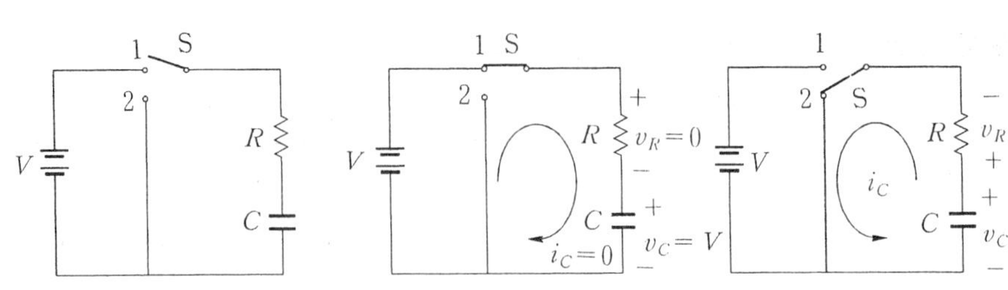

(a) RC 직렬 회로의 충전 방전 회로 (b) $t=5\tau$ 후 $v_C=V$, $i_C=0$ (c) v_R과 i_C는 방향이 바뀐다.

그림 6.24 RC 방전 회로

스위치를 닫은 후 시간 t가 5배의 시정수를 지나면 커패시터는 거의 100%의 충전이 이루어지며 커패시터 전압은 가한 전압 V가 되고, 전류 i_C는 영이 된다. 따라서 저항 R에서의 전압 강하 v_R은 영이 된다. 이때 스위치를 단자 2 쪽으로 옮기면 커패시터에 충전된 전하가 저항 R를 통하여 방전이 되어 열로 소비된다. 이때 전류 i_C는 그림 (b)와 반대 방향이 되고, 따라서 저항에서의 전압 강하 v_R도 반대 방향이 된다.

그림 (c)에서, 키르히호프 법칙에서

$$v_C + v_R = 0$$

$$v_R = -v_C$$

이고, t초 후의 전류 i_C는

$$i_C = -\frac{V}{R}e^{-\frac{1}{RC}t} = -Ie^{-\frac{1}{\tau}t} \tag{6.11}$$

이다. 또, t초 후의 커패시터 전압은

$$v_C = -v_R = -Ri_C = Ve^{-\frac{1}{RC}t} = Ve^{-\frac{1}{\tau}t} \tag{6.12}$$

가 된다.

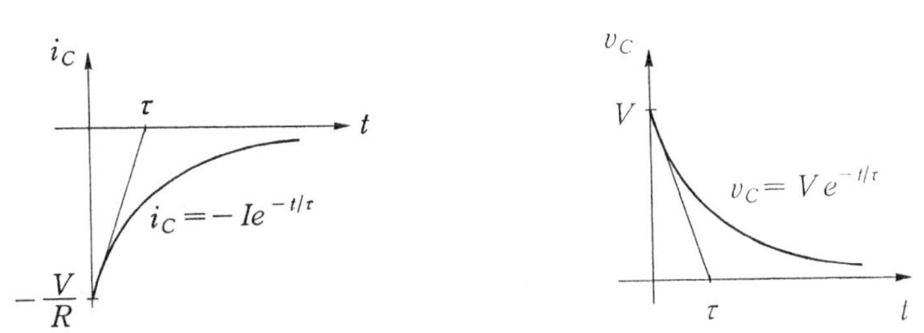

(a) 방전 전류 i_C (b) 방전 전압 v_C

그림 6.25 커패시터의 방전 특성

그림 6.25는 방전 전압 전류의 그래프이다. 대체로 5배의 시정수가 지나면 영에 접근한다. 그림 (a)에서 전류 i_C의 방향을 −축에 그린 것은 충전과 방전이 일어날 때 전류 i_C의 방향이 다름을 나타낸다.

그림 6.24의 (b)와 (c)에서 보는 바와 같이 커패시터 양단 전압의 극성은 불변이다. 이는 커패시터의 전압은 갑자기 변화시킬 수 없음을 의미한다.

예제 6-11

그림 6.24의 커패시터 전압 v_C의 충방전 곡선을 그려라.

✻ 풀이 그림 6.26은 $t=0$인 순간에 스위치를 단자 1의 위치로 하고, $t=5\tau$일 때 스위치를 단자 2로 옮겨 방전시킬 경우의 그래프이다. 커패시터 전압 v_C는 연속적(불연속이 아님)으로 변화함을 보여 준다. $t=5\tau$일 때 커패시터는 100 % 충전되는 것으로 생각했다.

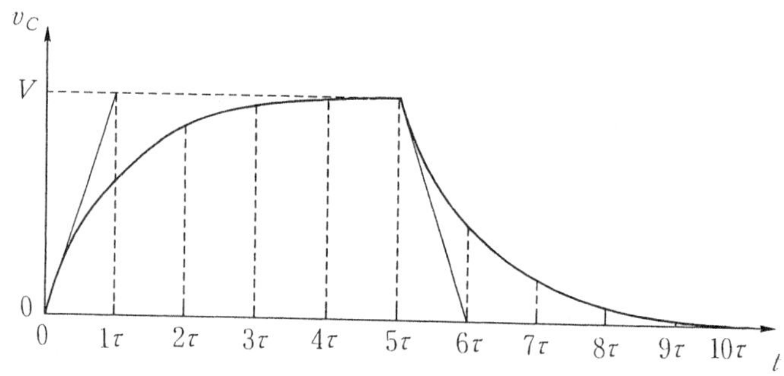

그림 6.26 커패시터의 충방전

연습문제 6-11 예제 6-11에서 커패시터 전류 i_C이 충방전 전류 i_C의 그래프를 그려라.

예제 6-12

그림 6.27의 RC 직렬 회로에서 커패시터 C에는 초기값 전압이 0이다. 스위치 S를 닫은 후 $t=400$ [μs]일 때의 충전 전압 v_C를 구하라. 또, $t=\tau$일 때의 v_C 값은 얼마인가?

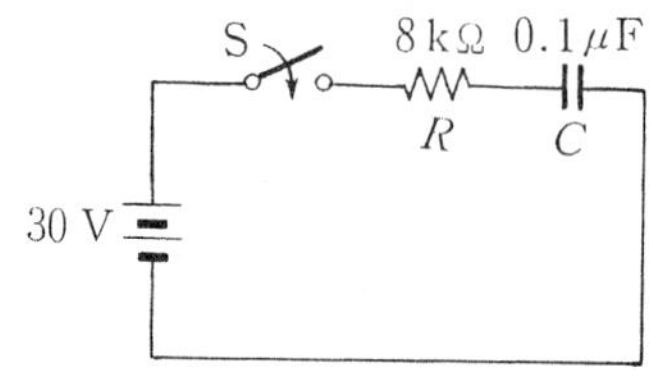

그림 6.27

✲ 풀이 $v_C = V\left(1-e^{-\frac{1}{RC}t}\right)$에서 시정수 RC 값은

$$\tau = RC = 8\times10^{3}\times0.1\times10^{-6} = 8\times10^{-4}\,[\mathrm{sec}]$$

이다. 시간 t는

$$t = 400\,[\mu\mathrm{s}] = 400\times10^{-6} = 4\times10^{-4}\,[\mathrm{s}]$$

이므로,

$$v_C|_{t=400\,[\mu\mathrm{s}]} = 30\left(1-e^{-\frac{4\times10^{-4}}{8\times10^{-4}}}\right) = 30(1-e^{-0.5}) = 30(1-0.606)$$

$$= 30\times0.394 = 11.8\,[\mathrm{V}]$$

$$v_C|_{t=\tau} = 30\left(1-e^{-\frac{\tau}{\tau}}\right) = 30(1-e^{-1}) = 30(1-0.368)$$

$$= 30\times0.632 = 18.96\,[\mathrm{V}]$$

연습문제 6-12 그림 6.27에서 $t=1200\,[\mu\mathrm{s}]$일 때의 v_C를 구하라. 또 $t=5\tau$일 때의 v_C를 구하고, 정상 상태값($t=\infty$때의 값)과의 오차를 구하라.

예제 6-13

그림 6.28에서 스위치를 단자 1로 닫아 회로가 정상 상태가 되었다. 이때 스위치 S를 단자 2로 절환하였다. 커패시터를 충전시킬 때의 시정수와 방전시킬 때의 시정수를 구하라. 또, 스위치를 2의 단자로 닫은 후 $t=2\,[\mathrm{ms}]$일 때의 커패시터 전압과 전류를 구하라.

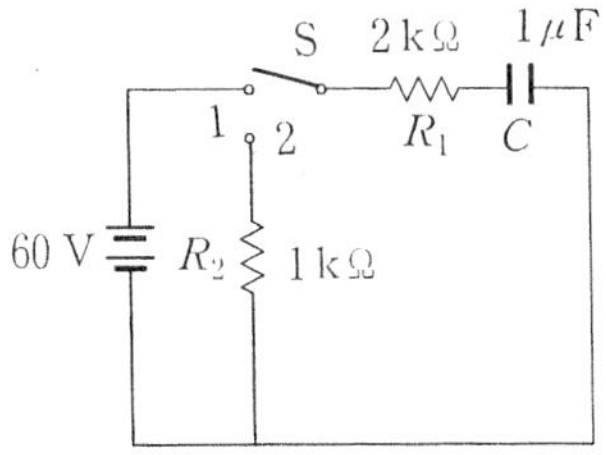

그림 6.28 충방전 회로

✲ 풀이 그림 6.29의 충전 회로에서 시정수 τ_1은 다음과 같다.

$$\tau_1 = R_1 C = 2\times 10^3 \times 1\times 10^{-6} = 2\cdot 10^{-3}\,[\mathrm{s}] = 2\,[\mathrm{ms}]$$

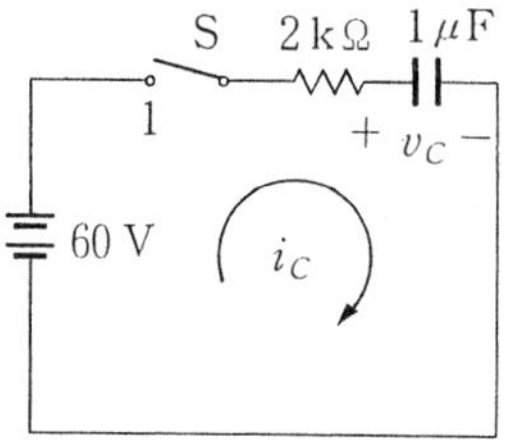

그림 6.29 충전 회로

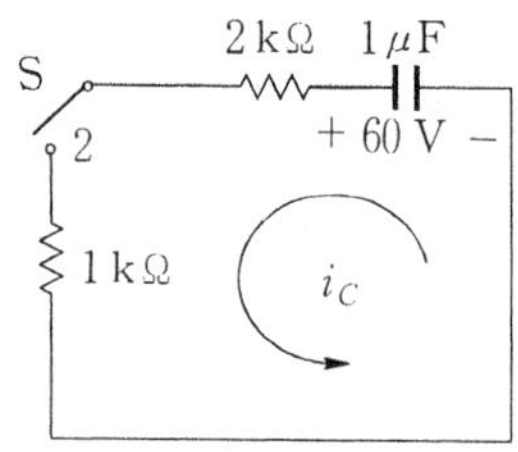

그림 6.30 방전 회로

그림 6.29에서 회로가 정상 상태(스위치를 닫은 후 시간이 무한대가 되어 회로가 안정된 상태)이면 커패시터 양단 전압이 60[V]가 되어 충전 전류는 더 이상 흐르지 않는다. 이때 스위치를 단자 2로 닫으면 방전 회로는 그림 6.30이 되며 방전 저항 R_2는

$$R_2 = 1\,[\mathrm{k}\Omega] + 2\,[\mathrm{k}\Omega] = 3\,[\mathrm{k}\Omega]$$

가 된다. 따라서, 방전시 시징수는

$$\tau_2 = R_2 C = 3\times 10^3 \times 1\times 10^{-6} = 3\times 10^{-3}\,[\mathrm{sec}] = 3\,[\mathrm{ms}]$$

이다. 그림 6.30에서 초기값 전압 V는

$$V = 60\,[\mathrm{V}]$$

이고, 초기값 전류 I는

$$I = \frac{V}{R_2} = \frac{60\,[\mathrm{V}]}{3\,[\mathrm{k}\Omega]} = 20\,[\mathrm{mA}]$$

이다. 따라서, 식 (6.11)과 식 (6.12)에서

$$v_C\big|_{t=2[\mathrm{ms}]} = 60\,e^{-\frac{t}{\tau_2}}\Big|_{t=2[\mathrm{ms}]} = 60\,e^{-\frac{2}{3}} = 60\times 0.513 = 30.8\,[\mathrm{V}]$$

$$i_C\big|_{t=2[\mathrm{ms}]} = -20\,e^{-\frac{t}{\tau_2}}\Big|_{t=2[\mathrm{ms}]} = -20\,e^{-\frac{2}{3}}$$

$$= -20\times 0.513 = -10.26\,[\mathrm{mA}]$$

연습문제 6-13	그림 6.28에서 $R_1=3\,[\mathrm{k}\Omega]$, $R_2=2\,[\mathrm{k}\Omega]$, $C=0.1\,[\mu\mathrm{F}]$으로 할 때, 위의 예제를 반복하라.

6.4 인덕터

(1) 인덕턴스 L

(a) 철심 코일 (b) 공심 코일

그림 6.31 인덕터

절연 전선을 그림 6.31과 같이 정리한 것을 인덕터(속칭 코일)라 한다. 그림 (a)는 철심 위에 코일을 감은 것으로 철심 코일, 그림 (b)는 속에 철심이 들어 있지 않으므로 공심 코일이라 한다. 인덕터의 기호는 보통 그림 6.32와 같이 표시한다.

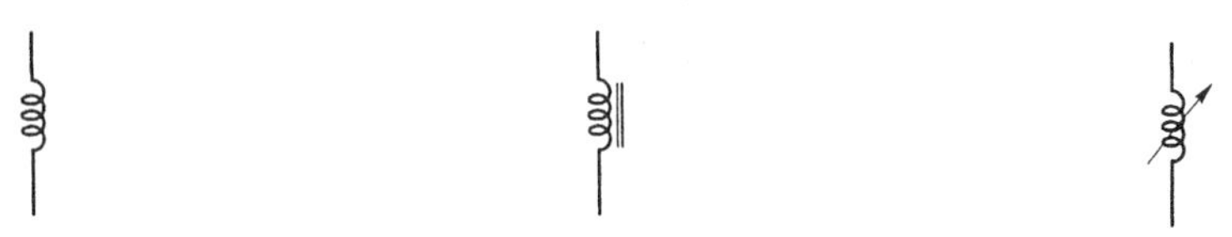

(a) 공심 코일 (b) 철심 코일 (c) 가변 코일

그림 6.32 인덕터의 기호

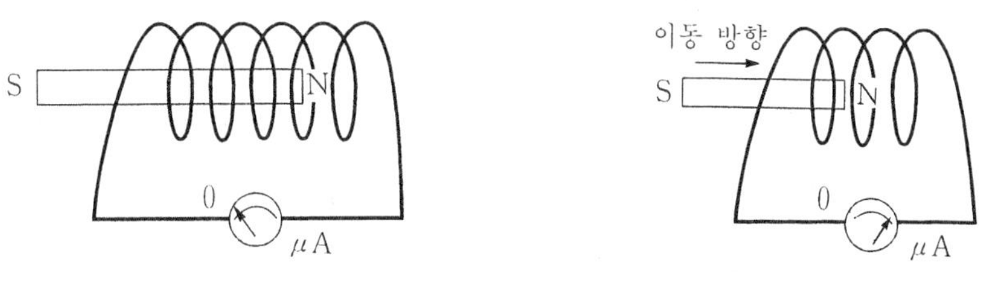

(a) 전류계는 0을 지시한다. (b) 전류계의 지침이 움직인다.

그림 6.33 코일의 전압 발생

그림 6.33 (a)는 코일 속에 막대자석이 정지해 있다. 이때 자석은 일정한 크기의 자속 Φ [weber]를 발생하고, 전류계의 지침은 영을 지시한다. 그러나, 그림 (b)와 같이 코일 안으로 막대자석을 이동시키면 전류계의 지침이 움직인다. 이는 코일에 기전력이 발생한다는 것을 의미하고, Faraday 법칙에 의하면 이때 발생한 기전력은

$$v = n\frac{d\Phi}{dt}\ [\mathrm{V}] \tag{6.13}$$

이다. 여기서 n은 코일을 감은 권수이고, $\frac{d\Phi}{dt}$는 자속의 시간 변화율이다. 즉,

$$\lim_{\Delta t \to 0}\frac{\Delta\Phi}{\Delta t} = \frac{d\Phi}{dt}$$

이다. $\Delta\Phi$는 자속의 변화량, Δt는 시간의 증분이므로, 막대자석이 코일 안에 정지해 있으면 $\Delta\Phi = 0$이 되므로 그림 (a)는 전류계가 영을 지시한다.

도체에 전류가 흐르면 도체 주변에는 자계를 형성한다. 그림 6.34와 같이 코일에 직류 전압을 가하면 일정한 전류가 흘러 자속 Φ가 발생한다.

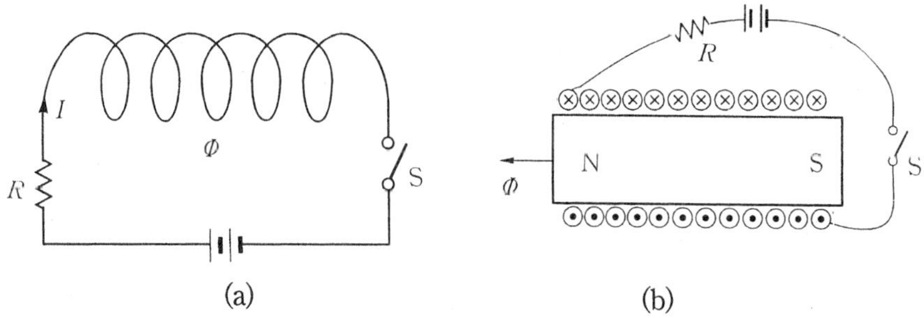

그림 6.34

이때 자속의 방향을 결정하는 것이 오른손 법칙 또는 오른 나사의 법칙이다. 일정한 크기의 전류가 흐르면 발생하는 자속의 크기도 일정하여 코일에는 기전력이 발생하지 않는다.

그러나, 전류 I를 변화시키면, 가령 예를 들면, 스위치 S를 닫았다 열었다 하면 전류의 변화가 발생하여 자속 Φ가 시간에 따라 변화한다. 자속 Φ가 변화하면 패러데이 법칙에 의해 코일에 기전력이 발생한다. 이때 전류의 변화가 자속의 변화를 일으켰으므로, 코일의 발생 전압 v_L은

$$v_L \propto \frac{\Delta I}{\Delta t}$$

로 표시할 수 있고, 비례 상수를 L이라 하면

$$v_L = L\frac{\Delta I}{\Delta t}$$

이고, 시간의 증분(변화량)을 아주 미소하게 취하면 다음과 같이 된다.

$$v_L = L \lim_{\Delta t \to 0} \frac{\Delta I}{\Delta t} = L\frac{di}{dt} \tag{6.14}$$

식 (6.14)는 패러데이 법칙인 식 (6.13)의 변형이다.

비례 상수 L을 인덕턴스(inductance, 유도 계수)라 부르며, 코일의 권수와 코일 속의 매질에 따라 결정된다. 인덕턴스의 SI 단위계는 H(henry)를 사용한다. 즉, 1[A/sec]의 전류 변화에 의해 1[V]가 발생할 때 그 코일의 인덕턴스를 1[H]라 한다. 1[H]의 일천분의 일을 1[mH]라 하고, 일백만분의 일을 1[μH]라 한다.

$$1\,[\mathrm{H}] = 10^3\,[\mathrm{mH}] = 10^6\,[\mu\mathrm{H}]$$

(2) 렌츠의 법칙

운동을 하고 있는 물체는 영원히 그 운동을 계속하려 한다. 즉, 변화를 싫어한다. 운동학에서는 이를 관성의 법칙이라 한다.

전기 전자 공학도 마찬가지이다. 그림 6.35 (a)에서 전류 I가 증가하면 자속 Φ가 증가한다.

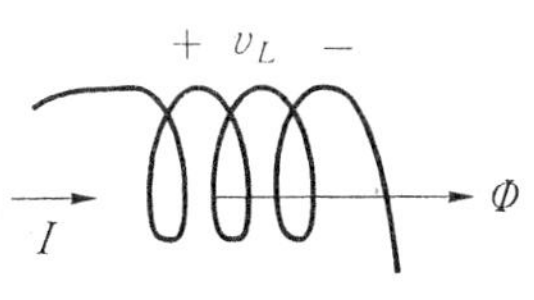

(a) I 증가

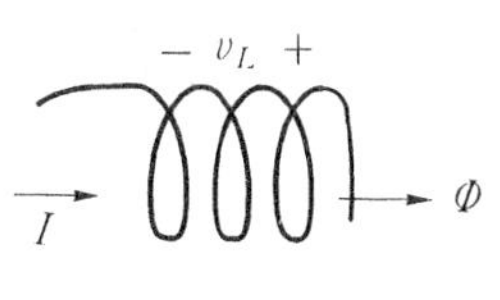

(b) I 감소

그림 6.35 렌츠의 법칙

그러면 자속 Φ의 증가를 막는 방향으로 기전력이 발생하여 결국 전류 I의 증가를 막게 된다. 따라서, 그림과 같은 극성으로 전압이 발생한다. 그림 (b)에서 전류 I가 감소하면 자속 Φ가 감소하게 되어 Φ를 증가시키는 방향으로 기전력이 발생한다. 따라서, 그림 (b)에 표시된 극성으로 전압이 발생한다. 따라서, 인덕턴스에 의해 발생된 전압을 역기전력이라고도 한다.

예제 6-14 인덕턴스가 5 [mH]인 코일에 그림 6.36과 같은 전류가 흐를 때 유도된 전압을 구하라.

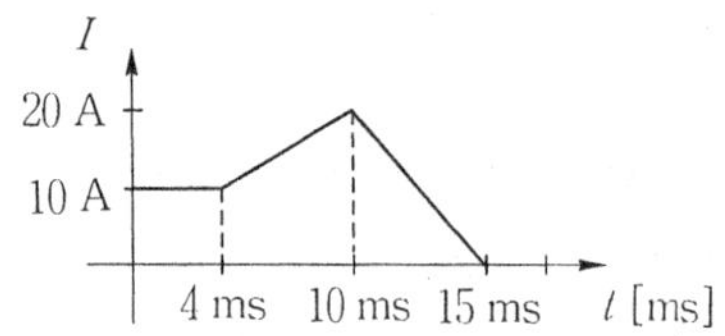

그림 6.36

✲ 풀이 0에서 4 [ms]까지는 전류의 변화가 없고 4 [ms]에서 10 [ms]까지는 전류가 일정 비율로 증가했으며, 10 [ms]에서 15 [ms]까지는 일정 비율로 감소되었다.

$0 \leq t < 4$ [ms]일 때

$$v_L = L\frac{\Delta I}{\Delta t} = 5\times10^{-3}\times\frac{10-10}{(4-0)\times10^{-3}} = 0\ [\mathrm{V}]$$

$4 \leq t < 10$ [ms]일 때

$$v_L = L\frac{\Delta I}{\Delta t} = 5\times10^{-3}\times\frac{20-10}{(10-4)\times10^{-3}} = \frac{5\times10}{6} = \frac{25}{3}\ [\mathrm{V}]$$

$10 \leq t < 15$ [ms]일 때

$$v_L = L\frac{\Delta I}{\Delta t} = 5\times10^{-3}\times\frac{0-20}{(15-10)\times10^{-3}} = -20\ [\mathrm{V}]$$

발생 전압을 그래프로 그리면 그림 6.37과 같이 된다. 발생 전압 v_C를 크게 하려면 전류 증분 ΔI도 중요하지만 시간의 변화 Δt도 중요한 항이다. 그림 6.38에 발생 전압의 극성을 표시했다. 그림 (b)와 그림 (c)는 서로 반대의 극성이 된다.

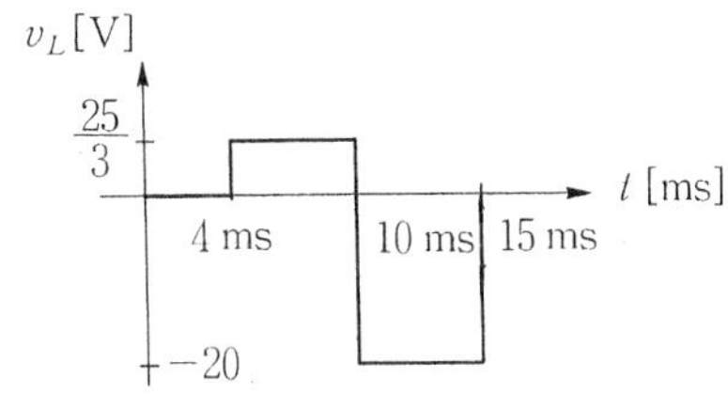

그림 6.37

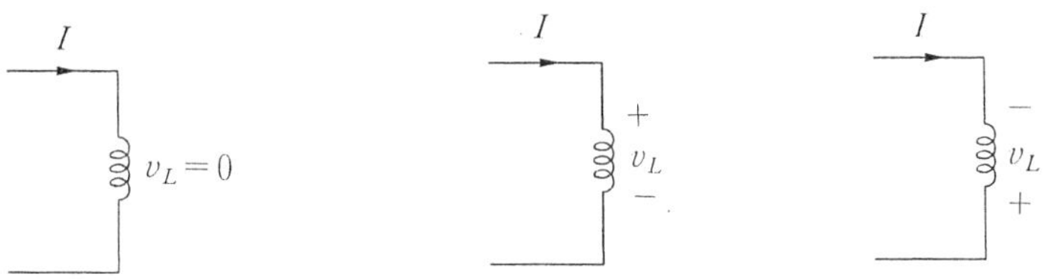

(a) $0 \leq t < 4$　　(b) $4 \leq t < 10$　　(c) $10 \leq t < 15$

그림 6.38 코일의 극성 표시

연습문제 6-14	10 [mH]의 코일에 그림 6.39와 같은 전류가 흘렀다. 0에서 40 [ms]까지의 발생 전압을 구하고 그래프를 그려라.

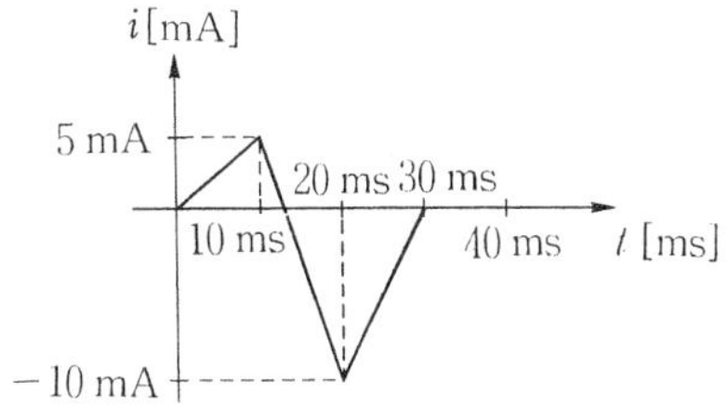

그림 6.39

(3) 코일의 연결

그림 6.40은 3개의 코일 L_1, L_2, L_3를 직렬 연결한 것이다. 합성 인덕턴스 L_T는 저항과 마찬가지로 다음과 같이 된다.

$$L_T = L_1 + L_2 + L_3 \tag{6.15}$$

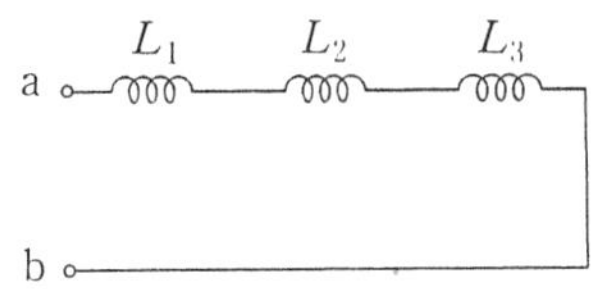

(a) 직렬 연결

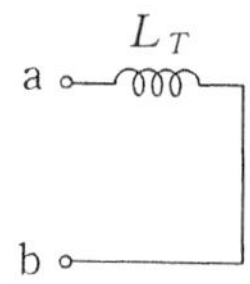

(b)

그림 6.40

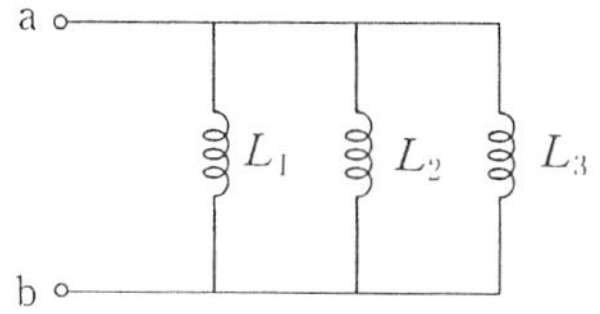

(a) 병렬 연결

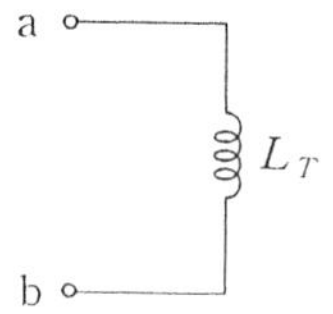

(b)

그림 6.41

그림 6.41은 3개의 코일을 병렬 연결한 것이다. 합성 인덕턴스 L_T는

$$\frac{1}{L_T}=\frac{1}{L_1}+\frac{1}{L_2}+\frac{1}{L_3} \tag{6.16}$$

이다.

예제 6-15

인덕턴스의 크기가 $L_1=10\,[\mathrm{mH}]$, $L_2=15\,[\mathrm{mH}]$인 두 코일을 그림 6.42와 같이 병렬 연결했다. 합성 인덕턴스 L_T를 구하는 식을 만들고, 그 값을 계산하라.

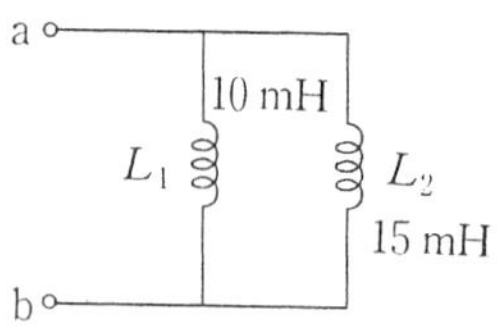

그림 6.42

✲ **풀이** 식 (6.16)에서

$$\frac{1}{L_T}=\frac{1}{L_1}+\frac{1}{L_2}=\frac{L_2}{L_1 \cdot L_2}+\frac{L_1}{L_1 \cdot L_2}=\frac{L_1+L_2}{L_1 \cdot L_2}$$

따라서,

$$L_T=\frac{L_1 \cdot L_2}{L_1+L_2}$$

가 되고, 합성 인덕턴스는

$$L_T=\frac{10 \cdot 15}{10+15}=\frac{150}{25}=6\,[\mathrm{mH}]$$

이다.

연습문제 6-15 그림 6.43과 같이 세 개의 코일을 직병렬시킬 때 합성 인덕턴스 L_T를 구하라.

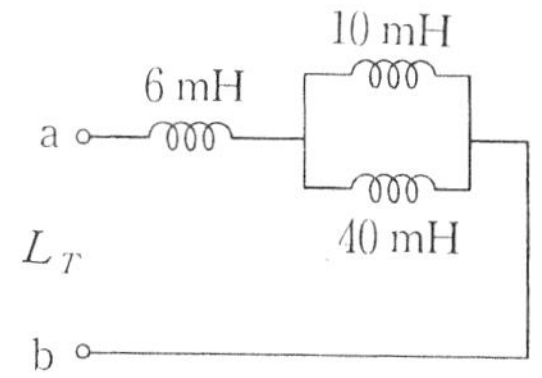

그림 6.43 직병렬 회로

6.5 인덕터의 직류 응답 곡선

우리는 그림 6.26의 커패시터 충방전 곡선에서 커패시터의 충전 전압은 연속적으로 변화함을 보았다. 이를 수학적으로 설명한다. 커패시터의 전압과 전류 사이에는 다음과 같은 관계가 있음을 배웠다.

$$v=\frac{q}{C}=\frac{1}{C}\int i dt$$

양변을 미분하여 전류 i를 구하면 다음과 같이 된다.

$$i = C\frac{dv}{dt}$$

만일, 커패시터 전압이 갑자기 변화하면(불연속이면) $i = C\frac{dv}{dt}$에서 미분값 dt가 0일 때 dv는 어떤 값이 존재한다. 그림 6.44에서 t_1인 순간에 v의 증분은 Δv가 되어

$$\frac{dv}{dt} = \lim_{\Delta t \to 0}\frac{\Delta v}{\Delta t} = \infty$$

이므로, 커패시터에 흐르는 전류가 무한대가 된다. 이는 물리적으로 실현 불가능이다.

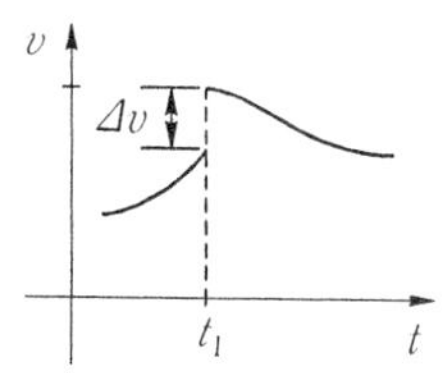

그림 6.44 $t = t_1$**에서 불연속**

따라서 커패시터 전압은 반드시 연속적으로 변한다. 이에 반하여 코일에 흐르는 전류는 갑자기 변화할 수 없다. 그림 6.45에서 스위치 S를 닫은 직후에 회로에 흐르는 전류는 0이다. 서서히 전류가 증가하여 이론적으로 무한대의 시간 후에는 회로 전류가 $\frac{V}{R}$암페어가 된다.

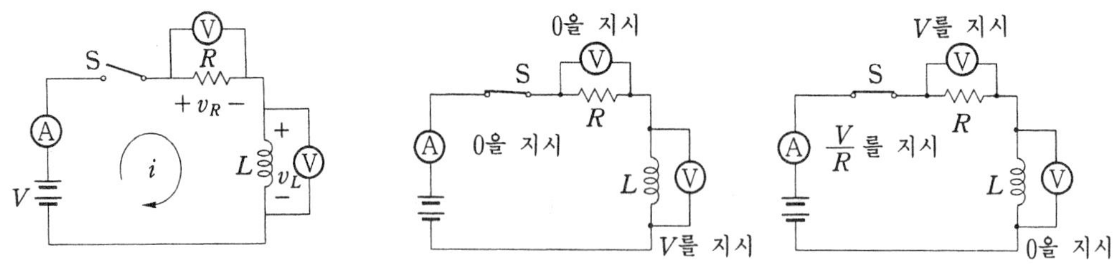

(a) (b) S를 닫은 직후 (c) S를 닫은 무한대 후

그림 6.45 RL **직렬 회로**

그림 6.45 (a)에서 스위치 S를 닫은 t초 후 회로에 흐르는 전류를 i, 저항 R의 전압 강하를 v_R, 인덕턴스 L의 역기전력(전압 강하)을 v_L이라 하면,

$$v_R = Ri \ , \qquad v_L = L\frac{di}{dt} \ , \qquad V = v_R + v_L$$

이므로

$$L\frac{di}{dt} + Ri = V \tag{6.16}$$

이다.

식 (6.16)을 풀면

$$i = \frac{V}{R}\left(1 - e^{-\frac{R}{L}t}\right)[\mathrm{A}] = \frac{V}{R}\left(1 - e^{-\frac{1}{\tau}t}\right)[\mathrm{A}] \tag{6.17}$$

이며,

$$\tau = \frac{L}{R}\ [\sec]$$

은 시정수이다.

그러므로, 저항과 인덕턴스의 전압 강하는

$$\begin{aligned} v_R &= Ri = V\left(1 - e^{-\frac{1}{\tau}t}\right)[\mathrm{V}] \\ v_L &= V - v_R = Ve^{-\frac{1}{\tau}t}[\mathrm{V}] \end{aligned} \tag{6.18}$$

가 된다. 전류와 전압의 그래프를 그리면 그림 6.46과 같이 된다. 시정수 τ의 뜻은 커패시터 회로의 τ와 마찬가지다.

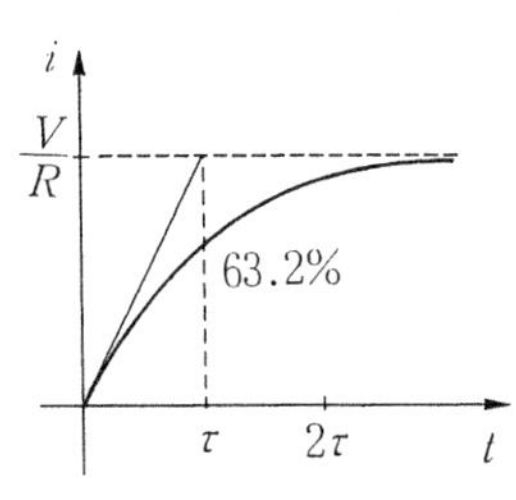

(a) $i = \frac{V}{R}\left(1 - e^{-\frac{1}{\tau}t}\right)$

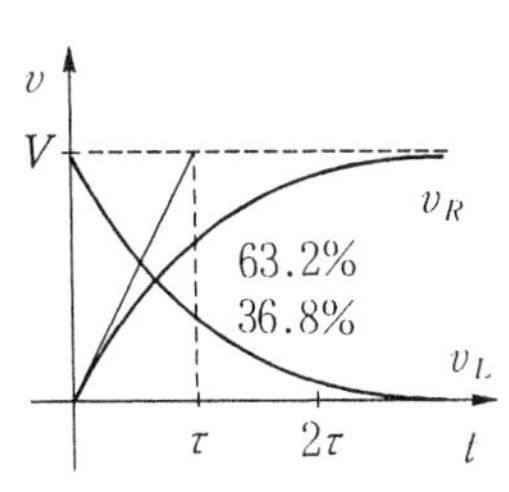

(b) $v_R = V\left(1 - e^{-\frac{1}{\tau}t}\right), \quad v_L = Ve^{-\frac{1}{\tau}t}$

그림 6.46 전압 · 전류의 그래프

다음 저항 R을 통한 방전 상태를 살펴본다.

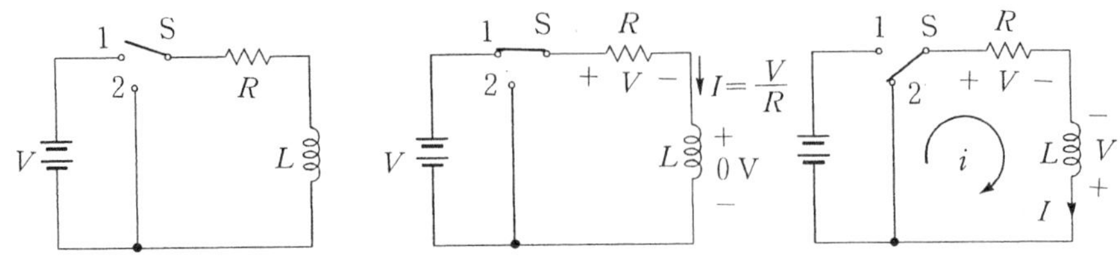

(a) (b) 정상 상태 (c) 단자 2로 닫은 직후

그림 6.47

그림 6.47 (a)에서 스위치를 단자 1쪽으로 닫은 후 정상 상태가 된 회로가 그림 (b)이다. 그림 (b)에서 회로 전류 i는

$$i=\frac{V}{R}\,[\mathrm{A}]$$

이고, 저항의 전압 강하 v_R은

$$v_R=Ri=R\cdot\frac{V}{R}=V\,[\mathrm{V}]$$

이다. 인덕턴스 L의 전압 강하(역기전력)는 0볼트이다. 그러나, 인덕턴스에도 전류 $i=\frac{V}{R}$ 암페어가 흐르고 있다.

이때, 정상 상태에서 스위치 S를 단자 2 쪽으로 닫은 직후의 전압 전류 회로는 그림 (c)와 같이 된다. 인덕턴스 L의 전류는 $i=\frac{V}{R}$ 암페어가 흐르고 전류의 감소를 억제하기 위해 인덕턴스에는 역기전력 V가 유도되어 저항 R을 통하여 서서히 방전된다. 즉,

$$v_R+v_L=0$$
$$v_L=-v_R=-V\,[\mathrm{V}] \quad \text{(스위치를 닫은 직후)}$$

즉, 인덕턴스의 전압 극성은 그림 (b)와 반대가 된다. 이때 감쇠 전류 i는

$$i=\frac{V}{R}e^{-\frac{R}{L}t}=\frac{V}{R}e^{-\frac{1}{\tau}t}\,[\mathrm{A}]$$

이다. 이때 v_R과 v_L은

$$v_R = Ri = Ve^{-\frac{1}{\tau}t}\,[\mathrm{V}]$$

$$v_L = -Ve^{-\frac{1}{\tau}t}\,[\mathrm{V}]$$

가 된다.

예제 6-16

그림 6.48의 RL 직렬에서 스위치 S를 닫을 때 시정수 τ를 구하고, 1배수의 시정수에서부터 5배수의 시정수 전류 i를 구하고, 또 정상 상태의 전류 I를 구하라.

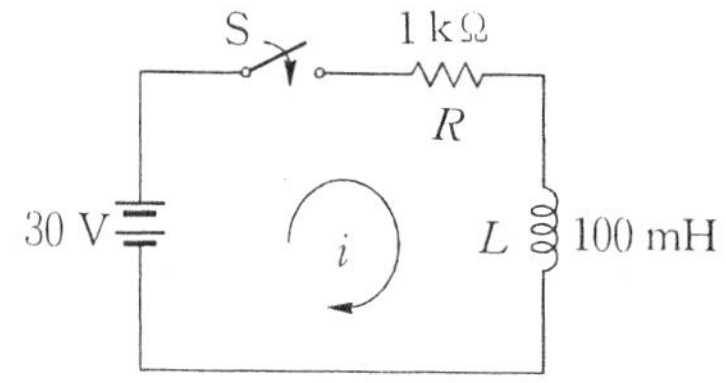

그림 6.48

✲ 풀이 시정수

$$\tau = \frac{L}{R} = \frac{100\times10^{-3}}{10^3} = 10^{-4}\,[\mathrm{s}] = 0.1\,[\mathrm{ms}]$$

정상 상태의 전류

$$I = \frac{V}{R} = \frac{30}{10^3} = 30\times10^{-3}\,[\mathrm{A}] = 30\,[\mathrm{mA}]$$

$t = 1\tau$일 때,

$$i_1 = 30(1-e^{-1}) = 30(1-0.368) = 30\times0.632 = 18.96\,[\mathrm{mA}]$$

$t = 2\tau$일 때,

$$i_2 = 30(1-e^{-2}) = 30(1-0.135) = 30\times0.865 = 25.95\,[\mathrm{mA}]$$

$t = 3\tau$일 때,

$$i_3 = 30(1-e^{-3}) = 30(1-0.050) = 30\times0.950 = 28.5\,[\mathrm{mA}]$$

$t=4\tau$일 때,

$$i_4=30(1-e^{-4})=30(1-0.018)=30\times 0.982=29.46\,[\text{mA}]$$

$t=5\tau$일 때,

$$i_5=30(1-e^{-5})=30(1-0.007)=30\times 0.993=29.79\,[\text{mA}]$$

5배의 시정수일 때의 전류값은 정상 상태 값에 거의 근접한다. 오차를 계산해 보면

$$\frac{30-29.79}{30}\times 100=0.7(\%)$$

로, 1% 이하가 된다.

연습문제 6-16	그림 6.48에서 저항을 100 [Ω], 인덕턴스를 40 [mH]로 할 때, 위 예제를 반복하라.

예제 6-17

그림에서 스위치 S를 단자 1로 닫은 후 정상 상태가 되었다. 지금 스위치를 단자 2로 옮길 때 다음을 구하라.

① 시정수 ② 초기값 전류 ③ $t=\tau$일 때의 전류 i ④ 충방전 그래프

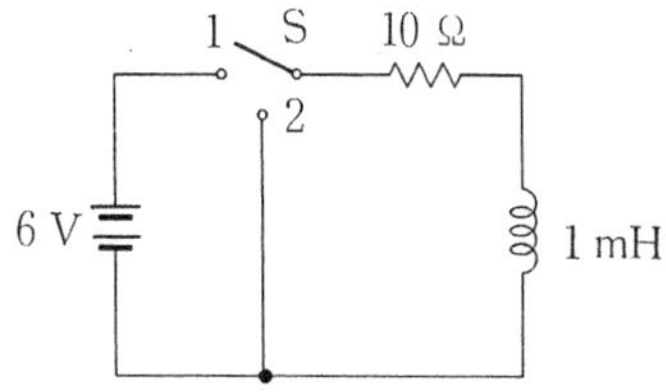

그림 6.49

✲ 풀이 ① $\tau=\dfrac{L}{R}=\dfrac{10^{-3}}{10}=10^{-4}\,[\text{sec}]=0.1\,[\text{ms}]$

② 단자 2에서의 초기값 전류는 단자 1에서의 정상 상태 전류이므로 다음과 같이 된다.

$$I = \frac{V}{R} = \frac{6}{10} = 0.6\,[\text{A}]$$

③ $i = \frac{V}{R} e^{-\frac{1}{\tau}t}$에서

$$i = 0.6 \times e^{-1} = 0.6 \times 0.368 = 0.221\,[\text{A}]$$

이다.

④ $t \leq 0$ 때까지 인덕턴스에는 0.6 [A]의 전류가 흐른다. $t > 0$에서는 지수 함수 $i = 0.6 e^{-\frac{1}{\tau}t}$ [A]의 곡선에 따라 전류가 지수 함수적으로 감소한다. 즉, 인덕턴스에 흐르는 전류는 연속이다.

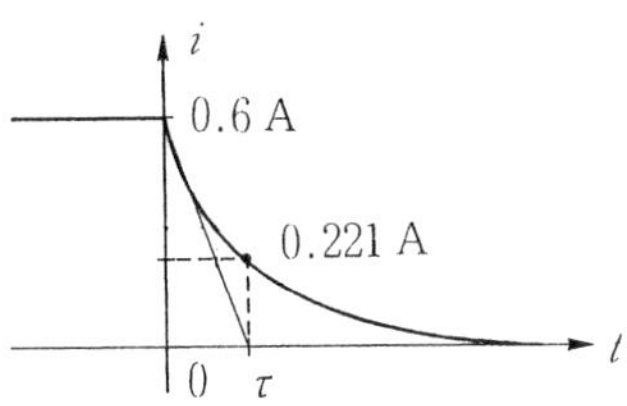

그림 6.50 인덕턴스에 흐르는 전류 곡선

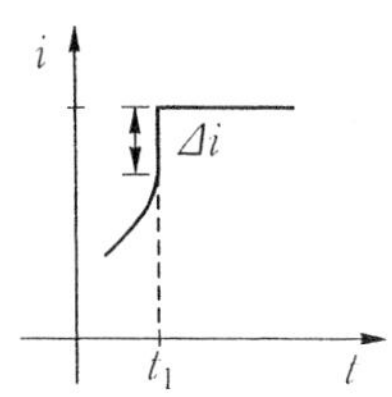

그림 6.51

인덕턴스에는 그림 6.51과 같은 전류가 흐를 수 없다. 그림은 시각 t_1에서 어떤 전류값의 증분 Δi가 있으므로

$$v_L = L\frac{di}{dt} = L \lim_{\Delta t \to 0} \frac{\Delta i}{\Delta t} = \infty$$

이다. 인덕턴스에서 역기전력이 무한대가 되는 것은 실현 불가능한 일이다. 따라서, 인덕턴스에서는 전류가 연속적이고 커패시턴스에서는 전압이 연속적이다.

연습문제 6-17 그림 6.52에서, 스위치 S를 개방한 상태에서 인덕턴스에는 자기 에너지가 저장되어 있지 않았다. $t=0$인 순간에 스위치를 단자 1로 닫았다. 다음을 구하라.

① 시정수 τ
② $t=3\tau$일 때 인덕턴스 전류 i
③ $t=3\tau$일 때 스위치를 단자 2로 옮겼을 경우 인덕턴스에 흐르는 전류식 i
④ $t=6\tau$일 때의 전류 i
⑤ 인덕턴스에 흐르는 전류 그래프

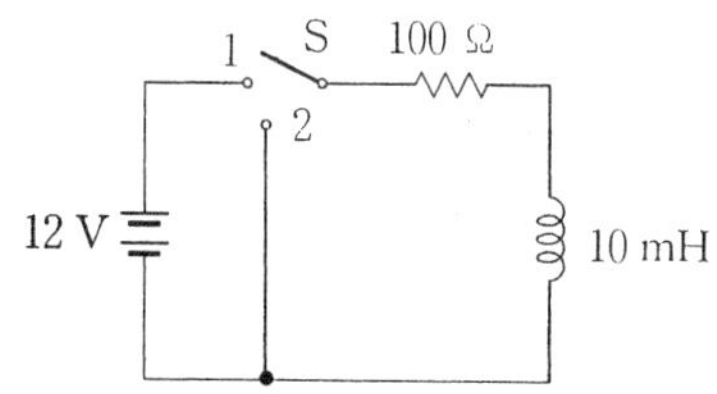

그림 6.52

6.6 상호 인덕턴스

(1) 상호 인덕턴스 M

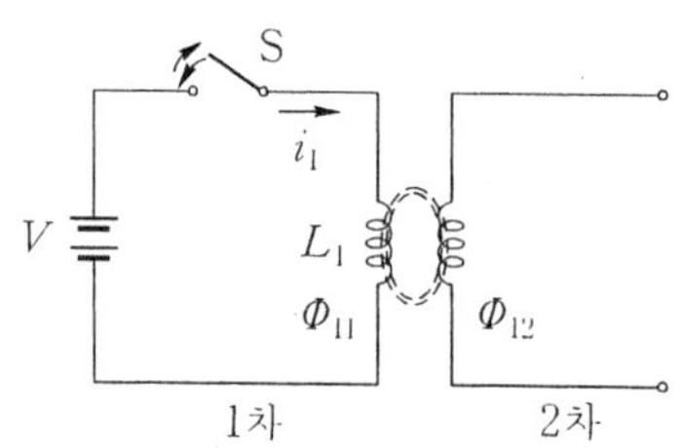

그림 6.53 상호 유도 회로

코일에 전류 i[A]가 흐르면 코일 주변에 자속 Φ[Wb]가 발생한다. 이때 흐르는 전류의 크기가 시간에 따라 변화하면 자속 Φ가 변화하고, 그 코일에는 패러데이 법칙

$$v = n\frac{d\Phi}{dt} = L\frac{di}{dt}$$

에 의해 기전력이 발생한다. 이 기전력의 극성을 결정하는 것이 렌츠의 법칙이며 역기전력이라 부른다.

그림 6.53에는 두 개의 코일을 가까이 놓았다. 왼쪽 코일에는 전원이 연결되어 있고 오른쪽 코일은 개방되어 있다. 편의상 왼쪽 코일을 1차 코일, 오른쪽 코일을 2차 코일이라 부른다. 1차 코일의 스위치 S를 빠른 속도로 닫았다 열었다 하면 1차 코일에는 일정한 크기의 전류가 흐르지 않고 크기가 시간에 따라 변한다. 이때 1차 코일에서 발생한 자속을 Φ_1 [Wb]라 하자. 이 자속 Φ_1은 시간의 함수가 되며, 1차 코일만을 쇄교하는 자속과 1차 코일, 2차 코일 모두 쇄교하는 자속으로 구분할 수 있다. 1차 코일만을 쇄교하는 자속을 Φ_{11}, 1차·2차 모두 쇄교하는 자속을 Φ_{12}라 하자. 따라서, 다음 식이 성립한다.

$$\Phi_1 = \Phi_{11} + \Phi_{12}$$

1차 코일의 권수를 n_1, 2차 코일의 권수를 n_2라 하면 Φ_{12}가 시간의 함수가 되므로 2차 코일에는 기전력이 발생하고 다음과 같이 된다.

$$v_2 = n_2\frac{d\Phi_{12}}{dt}$$

2차 코일을 쇄교하는 자속 Φ_{12}는 1차측의 전류 i_1 때문에 발생하므로

$$v_2 \propto \frac{di_1}{dt}$$

로 표시할 수 있고, 비례 상수를 M_{12}라면

$$v_2 = n_2\frac{d\Phi_{12}}{dt} = M_{12}\frac{di_1}{dt}$$

가 된다. 따라서, 이때 2차측에 부하가 연결되면 전류가 흐른다.

반대로 2차측에 전원을 연결하고 1차측을 개방하면 1차측에 발생하는 기전력 v_1은 다음과 같이 된다.

$$v_1 = n_1\frac{d\Phi_{21}}{dt} = M_{21}\frac{di_2}{dt}$$

여기서 i_2는 2차측 전류이고, Φ_{21}은 i_2에 의한 자속 Φ_2 중에서 1차측 코일을 쇄교하는 자속이다. 그런데, $M_{12}=M_{21}=M$이 되고 이를 상호 인덕턴스(mutual inductance)라 부르며 단위는 H(henry)를 사용한다. 6.4절에서 설명한 인덕턴스 L을 특히 자기 인덕턴스(self inductance)라 부른다. M의 크기는 두 권선의 상대적인 위치, 권선수 및 주위 매질에 따라 결정된다.

그림 6.53은 변압기의 원리이며, 1차 코일과 2차 코일은 전기적으로 절연되어 있으나, 1차측의 전기 에너지가 2차측으로 전달된다. 이때 두 코일은 자기적으로 연결되어 있다. 이를 자기 결합(magnetic coupling)이라 부른다. 커패시터나 인덕터(상호 유도가 없음) 및 저항기를 통해 에너지가 직접 부하에 전달되는 것(전기적으로 절연되어 있지 않음)을 도전 결합(conductive coupling)이라 한다.

따라서 인접한 두 코일의 상호 유도에 의해 발생되는 기전력은 다음과 같다.

$$
\begin{aligned}
v_1 &= M\frac{di_2}{dt} \\
v_2 &= M\frac{di_1}{dt}
\end{aligned}
\tag{6.19}
$$

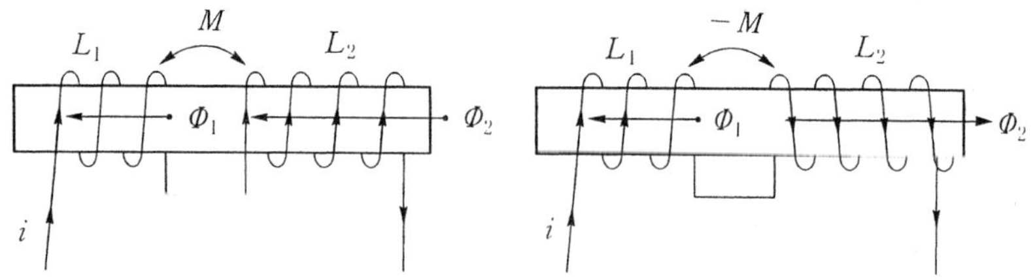

(a) Φ_1과 Φ_2는 동일 방향　　(b) Φ_1과 Φ_2는 서로 다른 방향

그림 6.54

그림 6.54는 같은 축 위에 코일 L_1과 L_2가 감겨 있다. 그림 (a)는 L_1과 L_2가 같은 방향으로 감겨 있고, 그림 (b)는 L_1과 L_2가 서로 다른 방향으로 감겨 있다. 따라서 그림 (a)는 L_1에 의한 자속 Φ_1과 L_2에 의한 자속 Φ_2가 같은 방향으로, 합성 자속은 $\Phi_1+\Phi_2$가 된다. 반대로 그림 (b)는 L_1에 의한 자속과 L_2에 의한 자속의 방향이 서로 다르므로 합성 자속은 $\Phi_1-\Phi_2$가 된다. 이는 그림 (a)와 그림 (b)의 유도 기전력이 서로 다르다는 것을 보여 준다.

먼저 그림 (a)의 유도 기전력을 알아본다. 코일 L_1에 의한 자기 유도 기전력을 $L_1\frac{di}{dt}$, 코일 L_2에 의한 상호 유도에 의해 L_1 코일에 유도되는 전압 $M\frac{di}{dt}$는 자속의 방향이 같으므로 동일 극성이 되어 코일 L_1에서 발생되는 유도 전압은 $L_1\frac{di}{dt}+M\frac{di}{dt}$가 된다. 코일 L_2에 의한 자기 유도 기전력은 $L_2\frac{di}{dt}$, L_1 코일의 전류에 의한 L_2 코일의 상호 유도 전압 $M\frac{di}{dt}$도 같은 극성이 되어, L_2 코일의 합성 유도 전압은 $L_2\frac{di}{dt}+M\frac{di}{dt}$가 된다. L_1 코일과 L_2 코일은 직렬되어 있으므로 총 유도 기전력 v는

$$\begin{aligned} v &= \left(L_1\frac{di}{dt}+M\frac{di}{dt}\right)+\left(L_2\frac{di}{dt}+M\frac{di}{dt}\right) \\ &= (L_1+L_2+2M)\frac{di}{dt} \end{aligned}$$

가 되어 합성 인덕턴스 L^+는

$$L^+ = L_1+L_2+2M \tag{6.20}$$

이 된다.

다음에 그림 (b)의 유도 기전력을 알아본다. 코일 L_1에 의한 자기 유도와 코일 L_2에 의한 L_1의 상호 유도는 극성이 서로 다르므로 합성 유도 전압은 $L_1\frac{di}{dt}-M\frac{di}{dt}$가 된다. 마찬가지로 코일 L_2의 합성 유도 전압은 $L_2\frac{di}{dt}-M\frac{di}{dt}$가 되어 그림 (b)의 총 유도 기전력 v는

$$\begin{aligned} v &= \left(L_1\frac{di}{dt}-M\frac{di}{dt}\right)+\left(L_2\frac{di}{dt}-M\frac{di}{dt}\right) \\ &= (L_1+L_2-2M)\frac{di}{dt} \end{aligned}$$

가 되고, 합성 인덕턴스 L^-는 다음과 같다.

$$L^- = L_1+L_2-2M \tag{6.21}$$

그림 6.54에서 유도 기전력의 크기는 권선 방향에 따라 다름을 알았다. 그러면 전기 회로에서 코일의 권선 방향을 어떻게 표시할 것인가? 일일이 시각적으로 구분이 되도록 하게 할 수도 없는 노릇이다.

코일의 권선 방향은 코일 기호의 한쪽에 점(dot)을 찍음으로써 해결할 수 있다. 그림 6.55는 그림 6.54에 점을 찍음으로써 권선 방향을 알려 주고 있다.

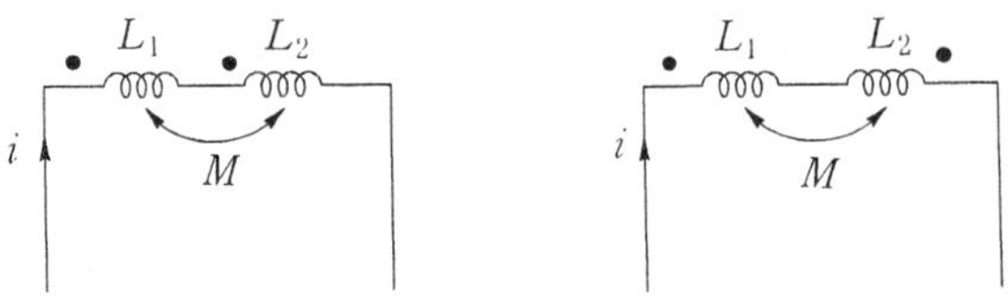

(a) M은 +　　　　(b) M은 −

그림 6.55

즉, 점이 찍힌 쪽에서 전류가 흘러 들어갈 때 두 코일의 자속의 방향이 같도록 점을 찍는다. 점은 두 코일의 상대적인 권선 방향을 의미한다.

만일 그림 6.55의 (b)에서 L_2 코일에 점이 찍힌 쪽에서 전류가 흘러 들어가면 M은 +가 된다. 자기 인덕턴스는 항상 +이다.

(2) 결합 계수 k

그림 6.53에서 두 코일 L_1과 L_2 사이의 간격을 좀더 떨어뜨리면 두 코일을 쇄교하는 자속 Φ_{12}와 Φ_{21}의 크기가 작아질 것이다. Φ_1 (Φ_2)에 대한 Φ_{12} (Φ_{21})의 크기 정도를 나타내는 것을 결합 계수라 한다. 결합 계수 k는

$$k=\frac{\Phi_{12}}{\Phi_1}=\frac{\Phi_{21}}{\Phi_2}=\frac{M}{\sqrt{L_1L_2}} \tag{6.22}$$

이며,

$$0\le k\le 1$$

이다. $k=1$일 때 완전 결합, k가 0에 가까울 때 소결합, k가 1에 가까울 때 밀결합이라 한다. 잘 감겨진 철심 변압기는 거의 1에 접근하고 공심 코일의 경우는 소결합이 된다.

예제 6-18

변압기가 있다. 1차 코일의 전류 변화율이 100 [A/sec]이고 상호 인덕턴스가 0.5 [H]일 때, 개방 2차측 코일에 유도되는 전압은 얼마인가?

✲ 풀이 2차측 코일이 개방되어 있으므로 식 (6.19)에서

$$v_2=M\frac{di_1}{dt}=0.5\times 100=50\ [\mathrm{V}]$$

이다.

연습문제 6-18 두 코일이 인접해 있다. 한쪽 코일의 전류가 0.1초 동안에 5[A] 증가했다. 상호 인덕턴스가 100[mH]일 때 다른 코일에 유도되는 전압을 구하라.

예제 6-19

상호 유도 계수를 구하기 위해 변압기를 그림 6.56과 같이 결선했다. 그림 (a)의 경우 단자 ab에서의 합성 인덕턴스가 2.2[H], 그림 (b)의 경우 0.2[H] 이었다. 상호 유도 계수 M은 얼마인가?

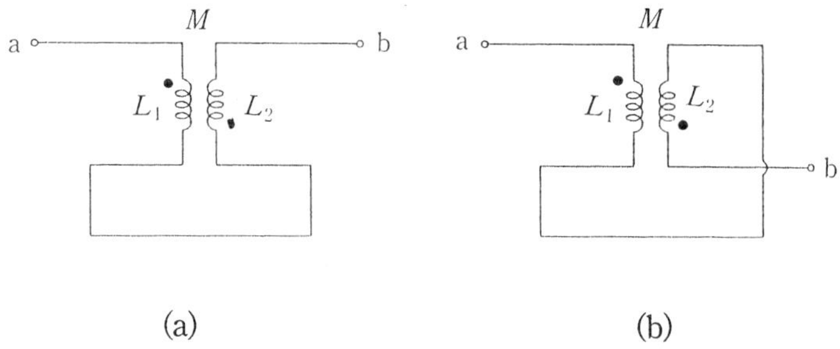

그림 6.56

✲ 풀이 그림 6.57과 같이 전류 방향을 정하면 그림 (a)는 두 코일 모두 점이 찍힌 쪽에서 전류가 흘러 들어가므로 상호 유도 계수의 부호가 +이고, 그림 (b)는 왼쪽 코일은 점이 찍힌 쪽에서, 오른쪽 코일은 점이 안 찍힌 쪽에서 흘러 들어가므로 M의 부호가 −이다. 따라서 식 (6.20)과 (6.21)에서 다음과 같이 된다.

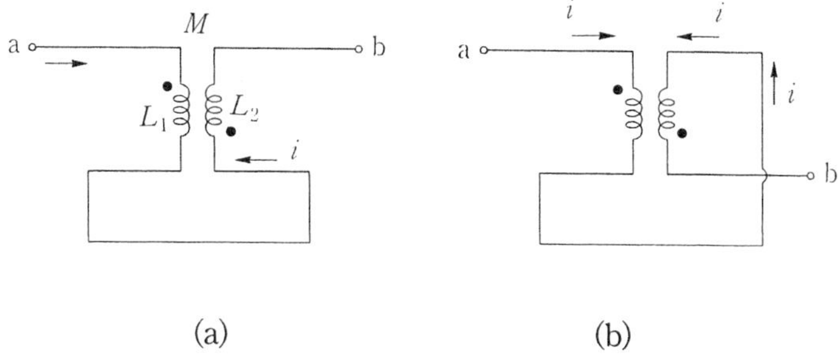

그림 6.57

$$\begin{array}{rl} & L^{+} = L_1 + L_2 + 2M = 2.2 \\ -) & L^{-} = L_1 + L_2 - 2M = 0.2 \\ \hline & 4M = 2.0 \end{array}$$

$$M = 0.5\,[\mathrm{H}]$$

연습문제 6-19 그림 6.56에서 그림 (a)의 합성 인덕턴스가 3.2[H], 그림 (b)의 합성 인덕턴스가 0.4[H]일 때 상호 인덕턴스를 구하라.

예제 6-20

한 개의 철심 코어에 두 코일이 감겨 있다. 코일 1의 자기 인덕턴스 L_1이 10[μH], 코일 2의 자기 인덕턴스 L_2가 20[μH]이고, 두 코일의 상호 인덕턴스 M이 7[μH]일 때, 두 코일의 결합 계수 k를 구하라.

✲ 풀이 식 (6.22)에서 결합 계수 k는 다음과 같이 된다.

$$k = \frac{M}{\sqrt{L_1 \cdot L_2}} = \frac{7\,[\mu\mathrm{H}]}{\sqrt{10\,[\mu\mathrm{H}] \cdot 20\,[\mu\mathrm{H}]}} = \frac{7}{14.14} = 0.495$$

연습문제 6-20 두 코일이 결합 계수 0.3으로 인접해 있다. 코일 1의 자기 인덕턴스가 10[μH]이고, 코일 2의 자기 인덕턴스가 5[μH]일 때, 이 코일의 상호 인덕턴스는 얼마인가?

종합 문제

1. 커패시터의 충전 전기량은 전압에 비례한다. 이때 비례 상수를 ( )라 하고, 단위는 SI 단위계에서 ( )를 사용한다.

2. 1[F]는 ( ) [μF]이고, 또 1[μF]는 ( ) [pF]이다.

3. 커패시턴스는 극판의 단면적에 ( )하고, 극판 간격에 ( )한다.

4. 커패시터에서는 ( )이 갑자기 변화할 수 없고, 인덕터에서는 ( )가 갑자기 변화할 수 없다.

5. *RC* 직렬 회로에 직류 전압을 가하고 스위치를 닫은 직후에 커패시터는 ( )으로 작용한다.

6. *RL* 직렬 회로에 직류 전압을 가하고 스위치를 닫은 직후에 인덕터는 ( )으로 작용한다.

7. *RC* 직렬 회로의 시정수는 ( )초이고, *RL* 직렬 회로의 시정수는 ( )초이다.

8. 코일에 흐르는 전류가 시간에 따라 변할 경우 코일에 발생되는 역기전력은 $v=$ ( ) [V]로 표시되고, 이 식의 비례 상수를 ( )라 부르며, 단위는 헨리를 사용한다. 이때 역기전력의 극성을 결정하는 데는 ( )에 따른다.

9. 인덕턴스의 크기는 코일의 ( )와 주위 ( )에 따라 결정된다.

10. 1[H]는 ( ) [mH]이고, 또는 ( ) [μH]이다.

11. 전기 에너지를 전달시키는 결합 방법에는 ( ) 결합과 ( ) 결합이 있다.

12. 상호 유도 회로에서 상대적인 권선 방향을 표시하기 위해 점(dot)을 찍는다. 이때 두 코일 모두 점이 찍힌 쪽에서 전류가 코일에 흘러 들어갈 때 자속의 방향이 ( ) 점을 찍는다.

13. $L=2\,[\mathrm{H}]$인 인덕턴스에 $i(t)=20\,e^{-2t}\,[\mathrm{A}]$의 전류가 흐를 때 L의 단자 전압은 몇 V인가?

㉮ $40\,e^{-2t}$　　㉯ $-40\,e^{-2t}$　　㉰ $80\,e^{-2t}$　　㉱ $-80\,e^{-2t}$

14. 30 [mH]인 코일에 흐르는 전류를 20 [mA/ms]의 비율로 증가시킬 때 코일 양단에 나타나는 전압의 크기(절대값)는 몇 V인가?

㉮ 0.3　　㉯ 0.6　　㉰ 6.0　　㉱ 60

15. 어떤 코일에 흐르는 전류가 0.01 [s] 사이에 일정하게 50 [A]에서 10 [A]로 변할 때 20 [V]의 기전력이 발생한다고 하면 자기 인덕턴스는 몇 mH인가?

㉮ 200　　㉯ 33　　㉰ 40　　㉱ 5

16. 1 [H]의 인덕턴스에 그림과 같은 전류를 흘린 경우, 유기되는 역기전력의 파형 모양은?

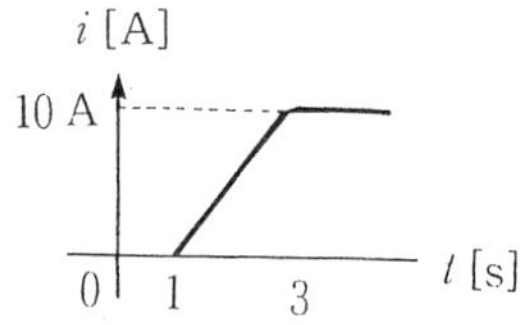

㉮
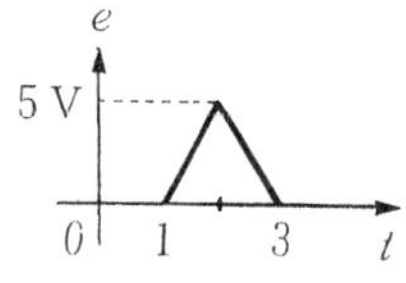

㉯
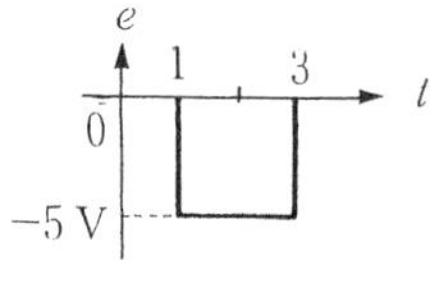

㉰
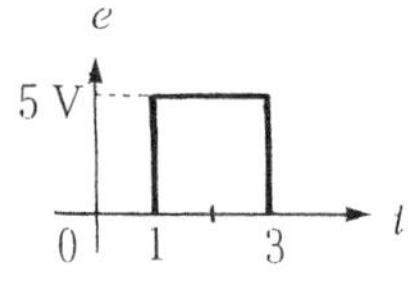

㉱
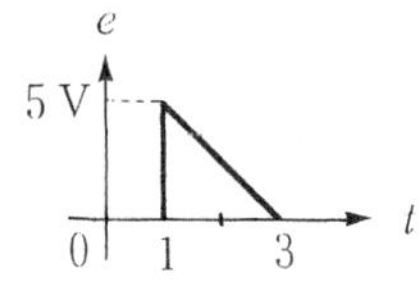

17. 그림과 같은 회로에서 L_1 양단의 전압 v_1은? 단, 상호 인덕턴스는 무시한다.

㉮ $\dfrac{L_1}{L_1+L_2}v$　　㉯ $\dfrac{-L_1}{L_1+L_2}v$

㉰ $\dfrac{-L_2}{L_1+L_2}v$　　㉱ $\dfrac{L_2}{L_1+L_2}v$

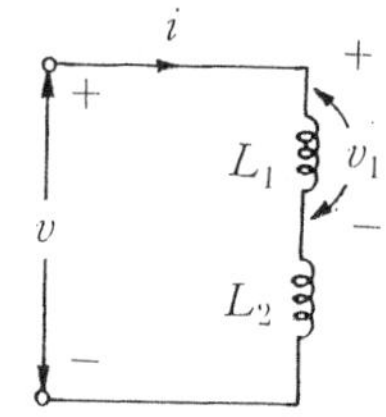

18. 콘덴서 C_1과 C_2의 직렬 회로에 전압 V_0를 가했을 때 C_2의 단자 전압은?

㉮ $\dfrac{C_1}{C_1+C_2}V_0$　　㉯ $\dfrac{C_2}{C_1+C_2}V_0$　　㉰ $\dfrac{C_1+C_2}{C_1}V_0$　　㉱ $\dfrac{C_1+C_2}{C_2}V_0$

19. 그림과 같이 3[F]과 2[F]이 직렬로 접속된 회로에 전압 20[V]를 가하였을 때의 3[F] 콘덴서 단자의 전압 V_1[V]은?

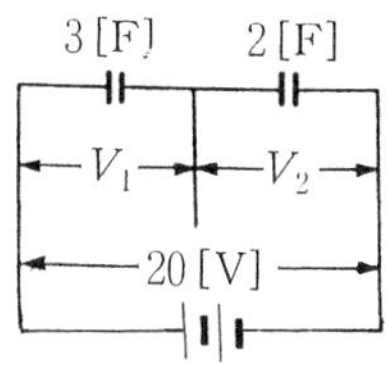

㉮ 5
㉯ 6
㉰ 7
㉱ 8

20. 정전 용량이 같은 두 개의 콘덴서를 병렬로 연결했을 때의 합성 정전 용량은 직렬로 했을 때의 합성 정전 용량의 몇 배인가?

㉮ $\frac{1}{4}$배　　㉯ $\frac{1}{2}$배　　㉰ 2배　　㉱ 4배

21. 그림은 커패시턴스가 C_1인 정전 전압계로서 10배의 전압 E_x를 측정하기 위해서 C_2를 연결하였다. C_2의 값은?

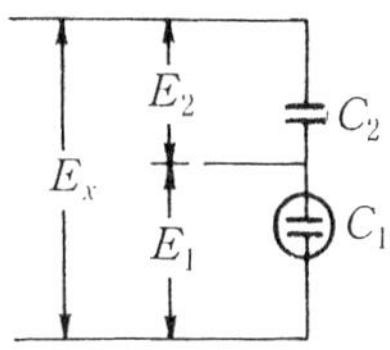

㉮ $C_2=\frac{C_1}{10}$　　㉯ $C_2=\frac{1}{10}C_1$

㉰ $C_2=\frac{1}{9C_1}$　　㉱ $C_2=\frac{C_1}{9}$

22. 5[μF]과 3[μF]의 콘덴서 2개를 직렬로 연결하였을 때와 병렬로 연결하였을 때의 합성 정전 용량을 각각 C_s와 C_p라면 C_p/C_s는?

㉮ 약 8　　㉯ 약 1.875　　㉰ 약 4.3　　㉱ 약 15

23. 콘덴서와 코일에서 실제적으로 급격히 변화할 수 없는 것이 있다. 그것은 다음 중 어느것인가?

㉮ 코일에서 전압, 콘덴서에서 전류
㉯ 코일에서 전류, 콘덴서에서 전압
㉰ 코일, 콘덴서 모두 전압
㉱ 코일, 콘덴서 모두 전류

24. 100[μF]인 콘덴서의 양단에 전압을 30[V/ms]의 비율로 변화시킬 때 콘덴서에 흐르는 전류의 크기는 몇 A인가?

㉮ 0.03　　㉯ 0.3　　㉰ 3　　㉱ 30

25. 2[F]의 커패시터에 그림과 같은 삼각 파형의 전압을 인가할 때 흐르는 전류 파형은? 단, 초기값 전압은 없다.

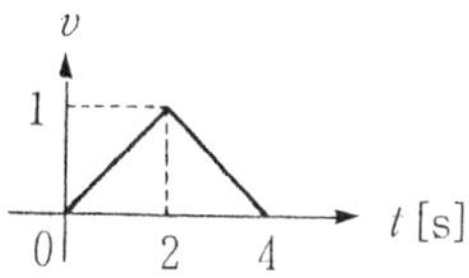

㉮

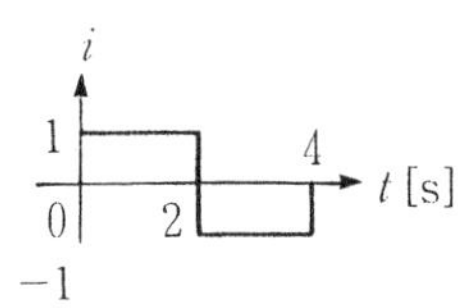

㉯

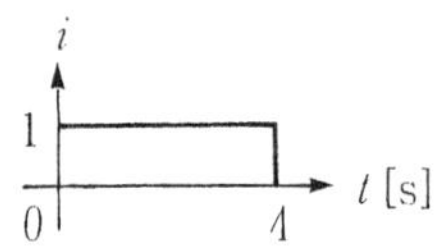

㉰

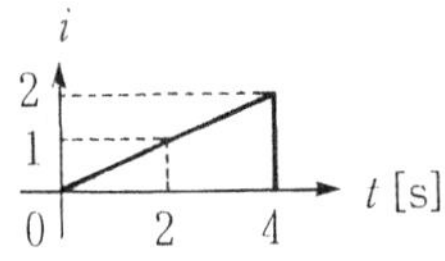

㉱

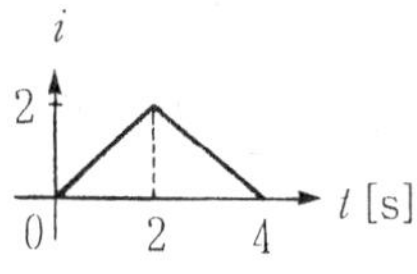

26. $R = 10\,[\Omega]$, $C = 50\,[\mu F]$의 직렬 회로에 200[V]의 직류를 가할 때 충전 전기량의 정상값은 몇 C인가?

㉮ 10　　㉯ 0.1　　㉰ 0.01　　㉱ 0.001

27. 한 코일의 전류가 매초 120[A]의 비율로 변화할 때 다른 코일에 15[V]의 기전력이 발생하였다면 두 코일의 상호 인덕턴스는 몇 H인가?

㉮ 0.125　　㉯ 0.85　　㉰ 0　　㉱ 1.25

28. 코일 1, 2가 있다. 각각의 L은 20, 50[μH]이고, 그 사이의 M은 5.6 [μH]이다. 두 코일간의 결합 계수는?

㉮ 4.156　　㉯ 0.177　　㉰ 3.527　　㉱ 0.427

29. 자기 인덕턴스 L_1, L_2가 각각 4[mH], 9[mH]인 두 코일이 이상 결합되었다면 상호 인덕턴스 M[mH]은?

㉮ 6　　㉯ 6.5　　㉰ 9　　㉱ 36

30. 인덕터의 특성을 요약한 것 중 잘못된 것은?

㉮ 인덕터는 직류에 대해서 단락 회로로 작용한다.

㉯ 일정한 전류가 흐를 때 전압은 무한대이지만 일정량의 에너지가 축적된다.

㉰ 인덕터의 전류가 불연속적으로 급격히 변화하면 전압이 무한대가 되어야 하므로 인덕터 전류가 불연속적으로 변할 수 없다.

㉱ 인덕터는 에너지를 축적하지만 소모하지는 않는다.

31. 그림과 같은 결합 회로의 합성 인덕턴스는 몇 H인가?

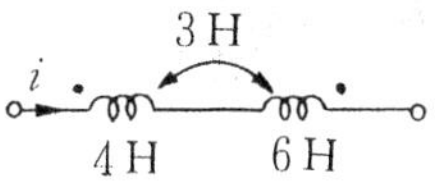

㉮ 4
㉯ 6
㉰ 10
㉱ 13

32. 두 코일이 있다. 한 코일의 전류가 매초 20 [A]의 비율로 변화할 때 다른 코일에는 10 [V]의 기전력이 발생하였다면 두 코일의 상호 인덕턴스는 몇 H인가?

㉮ 0.25 [H] ㉯ 0.5 [H] ㉰ 0.75 [H] ㉱ 1.25 [H]

33. 25 [mH]와 100 [mH]의 두 인덕턴스가 병렬로 연결되어 있다. 합성 인덕턴스의 값은 몇 mH인가? 단, 상호 인덕턴스는 없는 것으로 한다.

㉮ 125 ㉯ 20 ㉰ 50 ㉱ 75

34. 인덕턴스가 각각 5 [H], 3 [H]인 두 코일을 직렬로 연결하고 인덕턴스를 측정하였더니 15 [H]였다. 두 코일간의 상호 인덕턴스는 몇 H인가?

㉮ 1 ㉯ 3 ㉰ 3.5 ㉱ 7

35. 그림과 같이 고주파 브리지를 가지고 상호 인덕턴스를 측정하고자 한다. 그림 (a)와 같이 접속하면 합성 자기 인덕턴스는 30 [mH]이고, (b)와 같이 접속하면 14 [mH]이다. 상호 인덕턴스는 몇 mH인가?

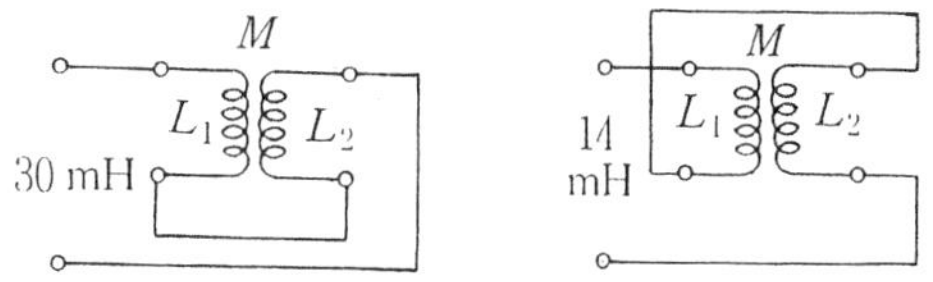

㉮ 2
㉯ 4
㉰ 3
㉱ 16

36. 두 개의 코일 a, b가 있다. 두 개를 직렬로 접속하였더니 합성 인덕턴스가 119 [mH]이었다. 극성을 반대로 했더니 합성 인덕턴스가 11 [mH]이고, 코일 a의 자기 인덕턴스 $L_a = 20$ [mH]라면 결합 계수 k는?

㉮ 0.6 ㉯ 0.7 ㉰ 0.8 ㉱ 0.9

익힘 문제

1. 다음을 SI 단위계로 고쳐라.

① 0.02 [μF]　② 3.2×10^{-4} [μF]　③ 200 [pF]

④ 2×10^{-1} [pF]　⑤ 49 [μF]　⑥ 47 [pF]

2. 커패시턴스의 크기가 0.49 [μF]인 콘덴서에 30 [V]의 전압을 가할 때 충전 전하를 구하라.

3. 커패시턴스가 49 [μF]인 커패시터의 전하가 49×10^{-4} [C]일 때 이 커패시터의 전압은 얼마인가?

4. 마이카 커패시터가 있다. 극판 면적이 0.05 [m^2]이고, 극판 간격이 5 [mm]일 때 커패시턴스의 크기를 구하라.

5. 문제 4에서 절연체가 파라핀 종이로 되어 있다면 커패시턴스의 크기는 어떻게 되는가?

6. 문제 4에서 극판 면적을 2배로 하고 극판 간격을 절반으로 할 경우 커패시턴스의 크기는 얼마가 되는가?

7. 47 [pF]의 커패시터 5개를 직렬로 연결할 경우 합성 커패시턴스는 얼마인가?

8. 커패시턴스의 크기가 6 [μF]인 커패시터 4개를 병렬로 연결할 경우 합성 커패시턴스는 얼마인가?

9. 그림 (a), (b)의 합성 커패시턴스를 구하라.

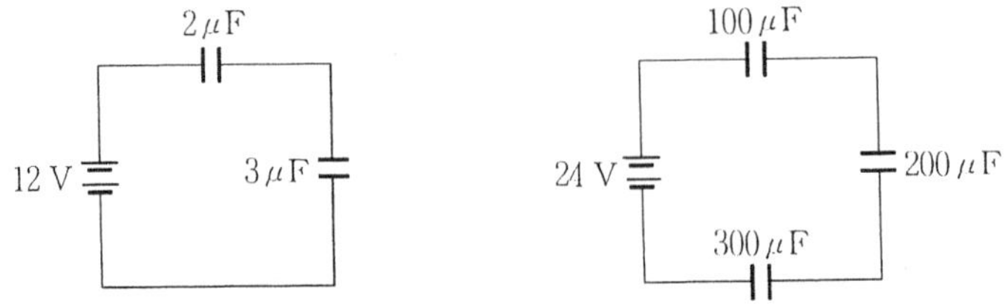

(a)　(b)

10. 문제 9의 그림 (a), (b)의 충전 전하를 구하고, 각 커패시터의 전압을 구하라.

11. 그림 (a), (b)의 합성 커패시턴스를 구하라.

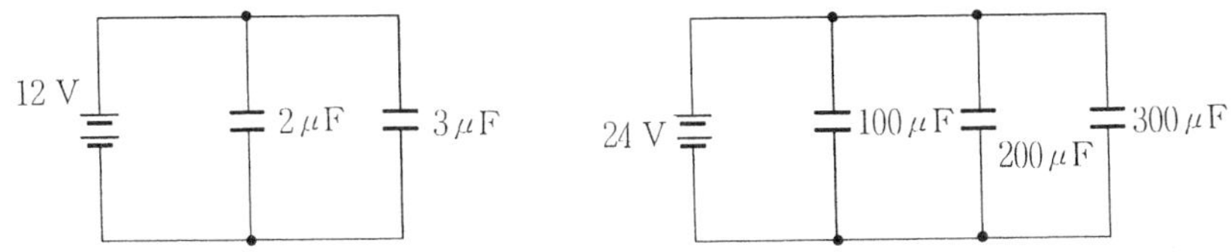

(a) (b)

12. 문제 11의 그림 (a), (b)의 각 커패시터의 충전 전하를 구하라. 또 총 전하를 구하라.

13. 그림 (a), (b)의 합성 커패시턴스를 구하라.

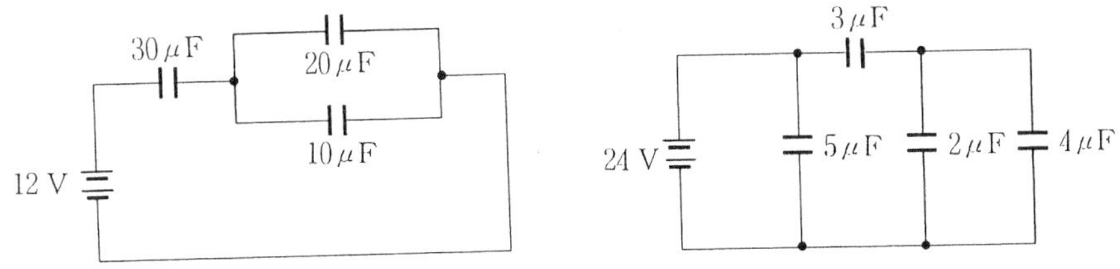

(a) (b)

14. 문제 13의 회로에서 각 커패시터에 걸리는 전압과 충전 전하를 구하라.

15. 커패시턴스가 0.5 [μF]인 커패시터에 그림과 같은 전압을 가할 때 $i = C\dfrac{\Delta v}{\Delta t}$ [A]의 식을 이용하여 커패시터에 흐르는 전류를 구하고, 또 그래프를 그려라.

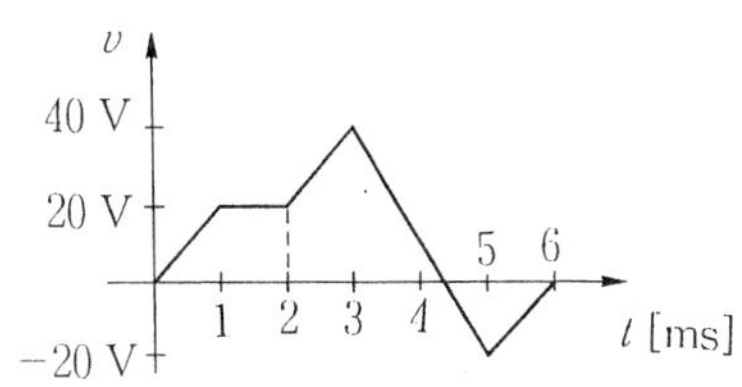

16. 그림에서 스위치를 닫기 전에 커패시터 C는 충전 전하가 0이었다. $t=0\,[\text{sec}]$인 순간에 스위치 S를 닫을 경우 다음을 구하라.

(1) 시정수 τ를 구하라.

(2) 시간 t일 때의 v_R, v_C, i_C를 나타내는 식을 구하라.

(3) $t=\tau$일 때의 v_R 값과 v_C 값을 구하고, 키르히호프 전압 법칙이 성립하는지 확인하라.

(4) v_R, v_C, i_C의 그래프를 그려라.

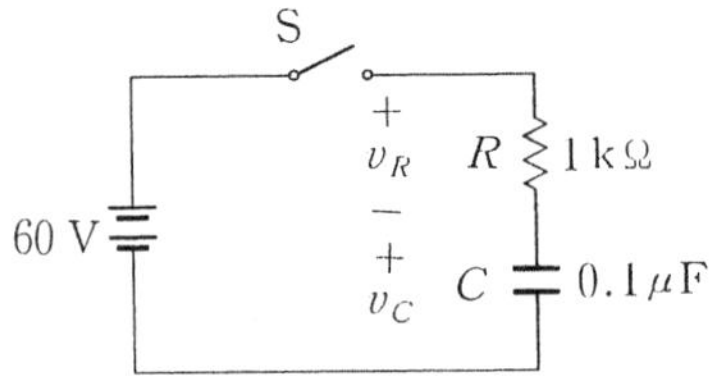

17. 그림에서 커패시터의 초기 전하는 0이다. $t=0$인 순간에 스위치 S를 닫을 경우 다음을 구하라.

(1) 시정수 τ를 구하라.

(2) 전압 v_C와 전류 i_C를 구하라.

(3) $v_{R1}=R_1 i_C$, $v_{R2}=R_2 i_C$를 이용하여 v_{R1}, v_{R2}를 구하라.

(4) 키르히호프 전압 법칙이 성립함을 보여라.

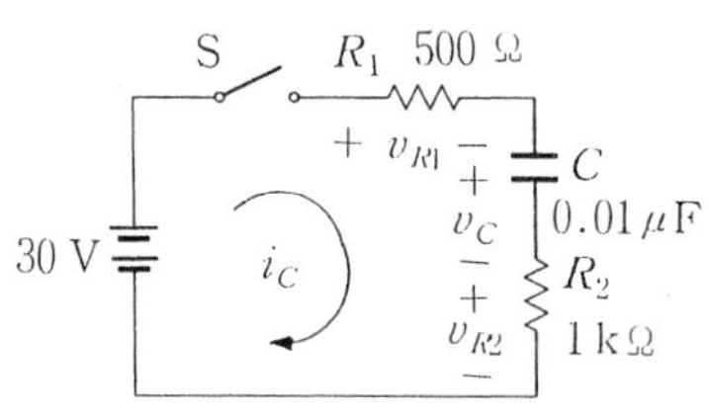

18. 그림에서 처음 커패시터 전하가 0일 때 다음을 구하라.

(1) 스위치를 단자 1로 할 때 전압 v_C와 전류 i_C를 구하라.

(2) 스위치가 단자 1에 있을 때 정상 상태가 되었다. 이 경우 스위치를 단자 2로 하여 방전이 일어날 때 v_C와 i_C를 구하라.

(3) 충전과 방전이 일어날 때 v_C와 i_C의 그래프를 그려라.

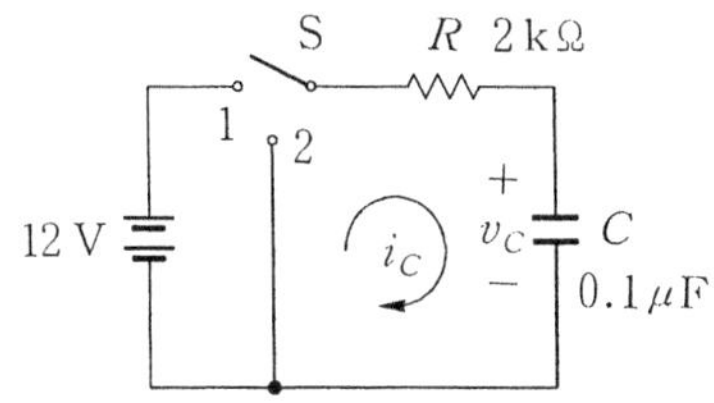

19. 그림에서 커패시터 C의 초기 조건이 0 [C]이다. 다음을 구하라.

(1) 스위치를 단자 1로 닫을 때 시정수를 구하고, v_C와 i_C를 구하라.

(2) 스위치를 1로 닫아서 정상 상태가 되었을 때 스위치를 단자 2로 닫았다. 시정수를 구하고 방전시의 v_C와 i_C를 구하라.

(3) 충전과 방전이 일어날 때 v_C와 i_C의 그래프를 그려라.

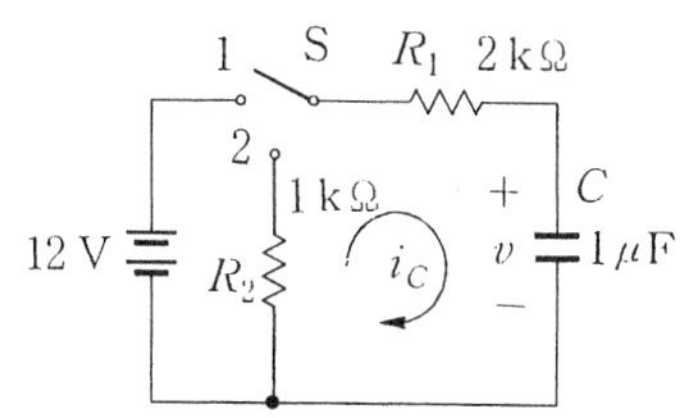

20. 그림의 (a), (b) 회로가 정상 상태일 때 커패시터 전압 V_1과 V_2를 구하라.

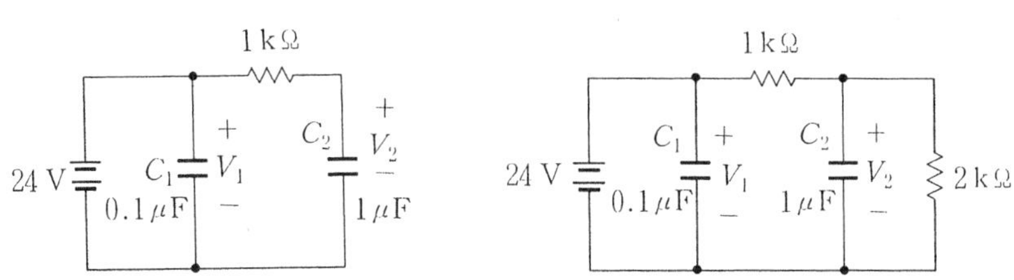

(a) (b)

21. 인덕턴스가 0.1 [mH]인 인덕터가 있다. 이 인덕터의 전류 변화율이 100 [mA/ μs]일 경우 역기전력을 구하라.

22. 인덕턴스가 5 [μH]인 인덕터에 전압이 10 [V] 유도되었다면 이 인덕터의 전류 변화율은 얼마인가?

23. 그림에서 합성 인덕턴스를 구하라.

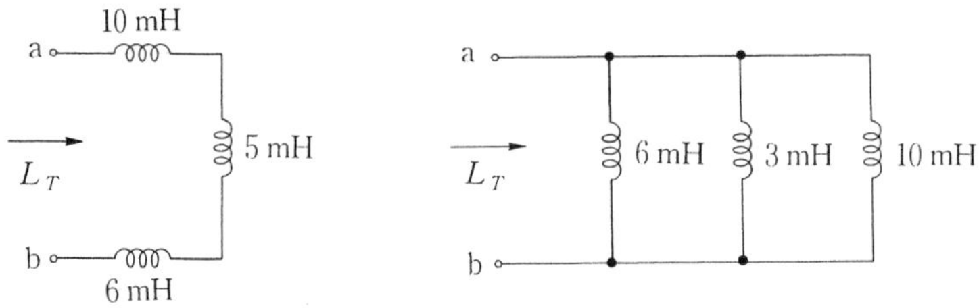

(a) (b)

24. 그림에서 합성 인덕턴스 L_T를 구하라.

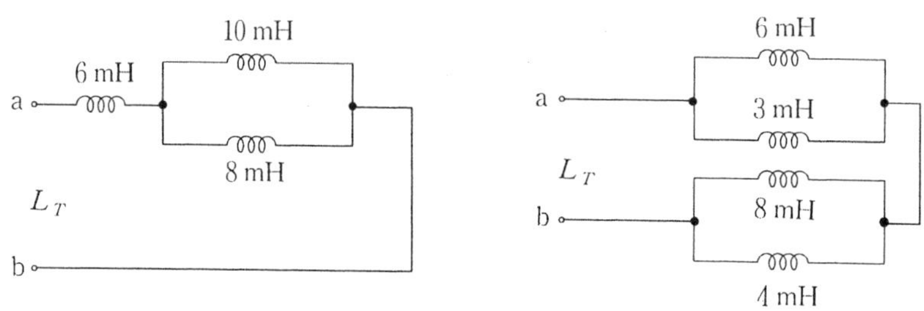

(a) (b)

25. 인덕턴스가 10[mH]인 인덕터에 그림과 같은 전류가 흘렀을 때 인덕터에 유도되는 전압을 구하고, 또 그래프를 그려라.

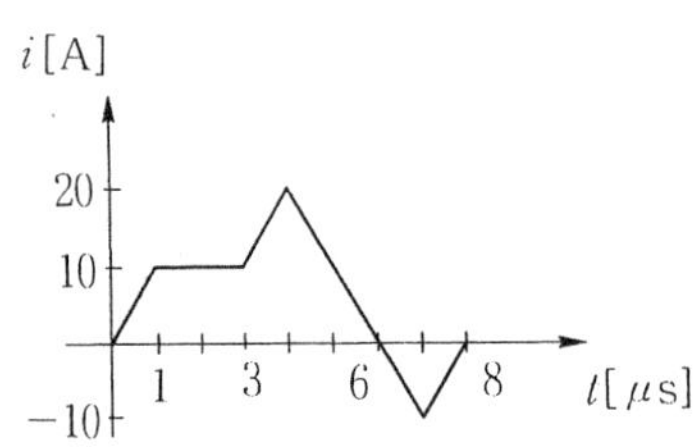

26. 그림은 정현파로 변하는 전류 i이다. 전류 i는 $i=20\sin 377t$[A]이다. 인덕턴스가 20[mH]인 코일에 그림과 같은 전류가 흐르면 이 코일에 유도되는 전압은 어떻게 표시되는가? 또, 그래프를 그려라. $v=L\dfrac{di}{dt}$를 이용한다.

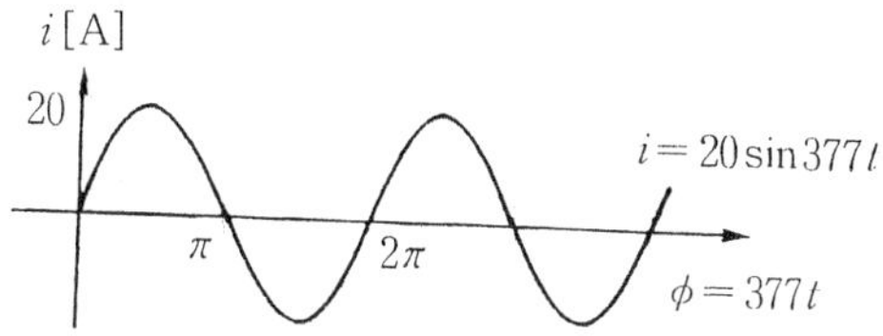

27. 그림의 RL 직렬 회로에서 스위치 S가 개방된 상태에서 인덕터의 전압이 0이다. $t=0$인 순간에 스위치 S를 닫을 경우에 다음을 구하라.

(1) 시정수 τ를 구하라.

(2) 인덕터에 흐르는 전류와 역기전력에 관한 식을 구하라.

(3) 인덕터 전압 v_L과 전류 i_L을 그려라.

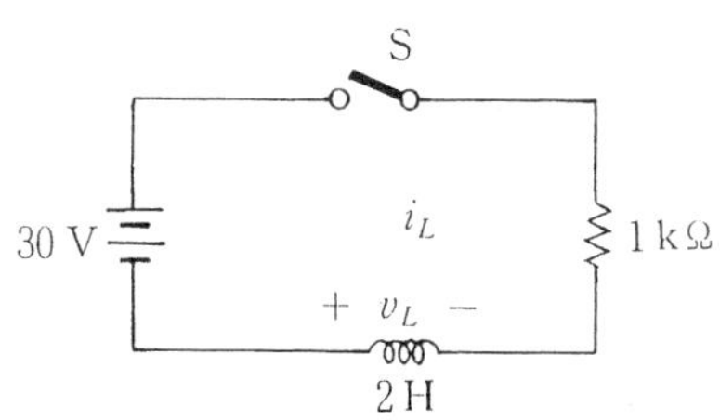

28. 그림에서 스위치 S가 열려 있는 상태에서 인덕터에 저장된 에너지가 0이다. $t=0$인 순간에 스위치 S를 닫을 경우 다음을 구하라.

(1) 시정수 τ를 구하라.

(2) 인덕터 전압 v_L과 전류 i_L을 구하라.

(3) v_L과 i_L의 그래프를 그려라.

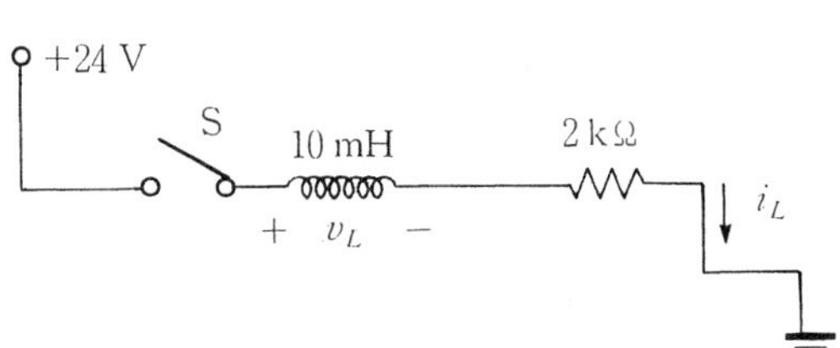

29. 그림에서 스위치 S가 개방된 상태에서 정상 상태가 되었다. $t=0$인 순간에 스위치 S를 단자 1로 했을 경우 다음을 구하라.

(1) 시정수 τ를 구하라.

(2) 인덕터의 전압 v_L과 전류 i_L을 구하는 식을 만들고, $t=5\tau$까지의 그래프를 그려라.

(3) $t=5\tau$에서 스위치 S를 단자 2로 닫을 경우의 i_L과 v_L 식을 구하고, $t=10\tau$까지의 v_L과 i_L의 그래프를 그려라.

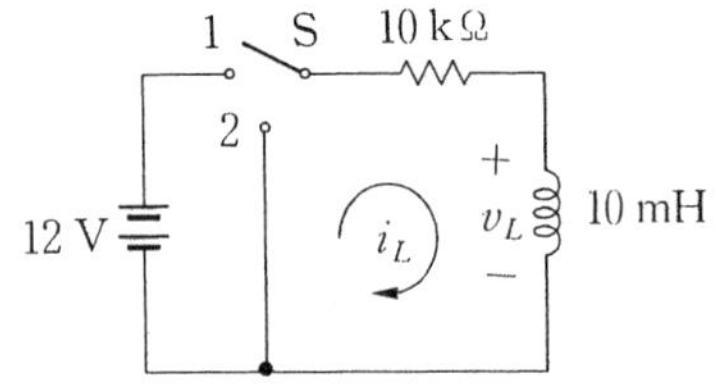

30. 그림에서 스위치 S를 연 상태에서 인덕터에는 에너지 저장이 없다. $t=0$인 순간에 스위치 S를 닫은 경우 다음을 구하라.

(1) 시정수 τ_1을 구하라.

(2) 인덕터 전류 i_L과 전압 v_L을 구하는 식을 만들고, $5\tau_1$까지의 충전 그래프를 그려라.

(3) $t=5\tau_1$인 순간에 스위치 S를 열었다. 방전시의 시정수 τ_2를 구하고, 인덕터 전류 i_L과 전압 v_L을 구하는 식을 만들어라. 또, $5\tau_2$까지의 i_L과 v_L의 그래프를 그려라.

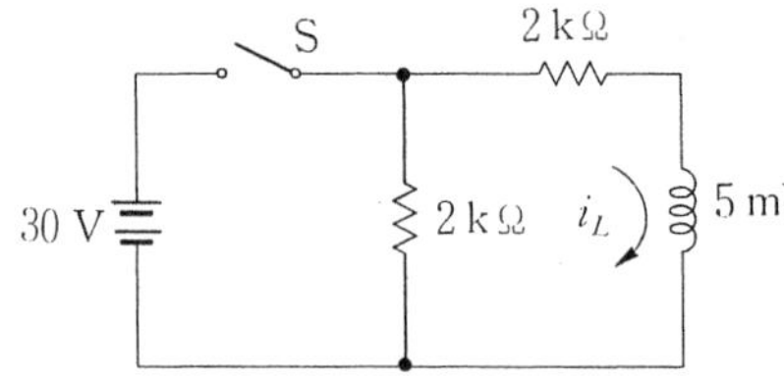

31. 두 코일이 인접해 있다. 지금 1차측 코일의 전류 변화율이 10 [A/ms]이고, 상호 인덕턴스가 15 [mH]일 때, 2차 코일에 유도되는 전압을 얼마인가?

32. 문제 31의 두 코일을 조금 떼어 놓으니까 2차측 전압이 10 [V]가 되었다. 상호 인덕턴스는 얼마로 되었는가?

33. 그림 (a), (b)에서 $L_1 = 100$ [mH], $L_2 = 50$ [mH], $M = 60$ [mH]일 때, 각각의 합성 인덕턴스를 구하라.

34. 문제 33에서 결합 계수를 구하라.

35. 그림에서 $L_1 = 80$ [mH], $L_2 = 60$ [mH], $L_3 = 50$ [mH], $M_{12} = 60$ [mH], $M_{23} = 50$ [mH], $M_{13} = 60$ [mH]일 때, 합성 인덕턴스는 얼마인가?

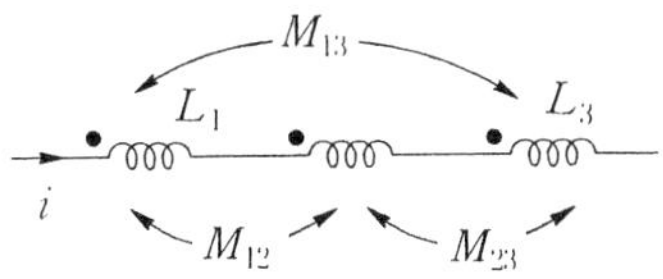

36. 문제 35에서 결합 계수 k_{12}, k_{23}, k_{13}를 구하라.

7 복소수와 페이저

전기 회로를 설명하는 데는 정상 상태와 과도 상태로 나눈다. 정상 상태는 회로에 스위치를 닫고 난 후 시간이 무한대로 지나, 전기 회로가 안정이 된 다음의 회로 상태를 말한다. 물론 우리는 거의 모두 정상 상태 회로를 공부한다. 과도 상태는 스위치를 닫은 직후부터 회로가 안정되어, 정상 상태가 되기 이전의 전기 회로 상태를 말한다. 예를 들면, 자동차의 시동을 걸고 난 후 일정한 주행 속도를 유지할 때까지가 과도 상태이다. RC 직류 회로나 RL 직류 회로에서 스위치를 닫은 후 대체로 5배의 시정수까지가 과도 상태이고, 그 이후는 정상 상태로 생각할 수 있다.

부하에는 저항, 인덕턴스, 커패시턴스의 세 개가 있다. 이들 부하에 직류 전압을 가할 경우 정상 상태를 생각하면 저항은 $I=\dfrac{V}{R}$의 식이 성립되어 옴의 법칙이 성립하고, 인덕턴스는 직류 전류를 제한하지 못하며 커패시턴스는 직류 전류가 0이 되어 옴의 법칙이 성립하지 못한다.

5장에서 대표적인 교류 전압은 정현파라고 배웠다. 그 이유가 7장에서 설명된다. RLC 수동 소자에 교류 전압을 가하면 다음 식이 성립함을 이미 공부했다.

$$i=\frac{v}{R}\ ,\qquad v=L\frac{di}{dt}\ ,\qquad v=\frac{q}{C}=\frac{1}{C}\int i\,dt$$

즉, 인덕턴스와 커패시턴스의 경우는 미적분을 이용해야 된다. 이는 지루한 수학이 되므로 교류 회로도 직류 회로처럼 대수의 4칙 계산만으로는 할 수 없을까? 복소수를 이용하면 이 문제가 해결된다. 따라서, 이번 7장에서는 복소수의 연산과 정현파의 복소수 표시를 공부한다.

7.1 복소수

직선상의 점의 위치를 나타내는 데는 한 가지의 수, 즉 실수(real number) 하나만으로 족하다. 그림 7.1에서

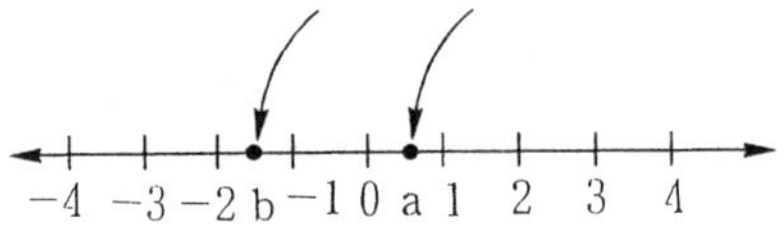

그림 7.1 직선상의 위치

점 a의 위치는 약 0.5이고, 점 b의 위치는 약 −1.5이다. 0점을 중심으로 오른쪽 방향으로는 +로 표시하고, 왼쪽 방향으로는 −로 표시한다.

그러나 평면상의 위치를 표시할 때는 실수만으로는 표시할 수 없다. 허수(imaginary number)를 첨가한다. 그림 7.2에서 점 a는 횡축으로 3이고, 종축으로 2인 점을 나타낸다. 횡축과 종축을 구분하기 위해 종축에는

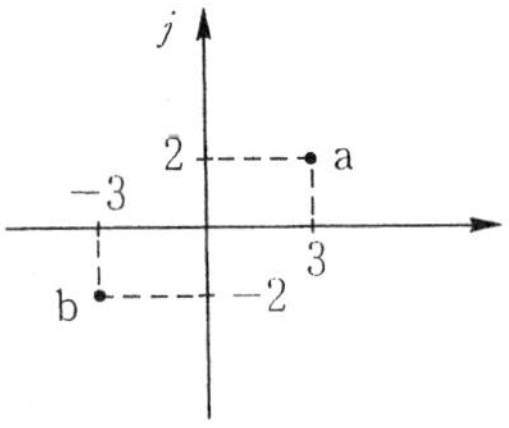

그림 7.2 평면상의 위치

j를 첨가해서 표시하고 이를 허축(허수축)이라 한다. 횡축을 실축(실수축)이라 한다. 즉 점 a의 위치는 $3+j2$로 표시된다. 점 b는 실축으로 −3, 허축으로 −2이므로 점 b의 위치는 $-3-j2$로 표시할 수 있다. 수 $3+j2$의 경우 실수 3과 허수 2를 포함하고 있으므로 복소수(complex number)라 부른다.

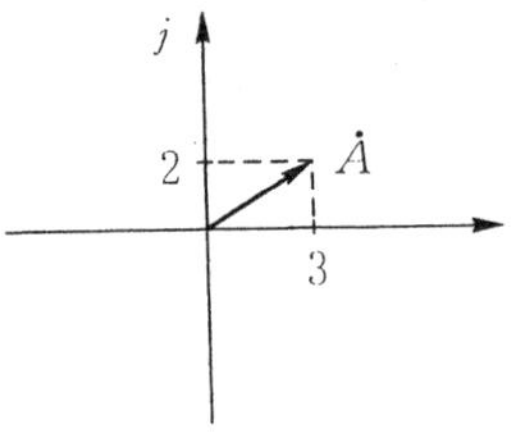

그림 7.3 복소수는 화살표로 표시한다.

그림 7.3은 좌표축의 원점에서 점 a까지 화살표로 표시하고, 굵은 문자 $\boldsymbol{A}$로 표시했다. 교류 회로에서 복소수는 이와 같이 굵은 문자 $\boldsymbol{A}$(또는 $\dot{A}$)와 화살표로 표시한다. 복소수

$$\dot{A} = a + jb \tag{7.1}$$

에서, a는 실수부(real part), b는 허수부(imaginary part)라 하고, 그림 7.4와 같이 표시하고, 화살표 길이 A를 복소수의 크기라 하고, 화살표가 +실축과 이루는 각을 편각이라 한다.

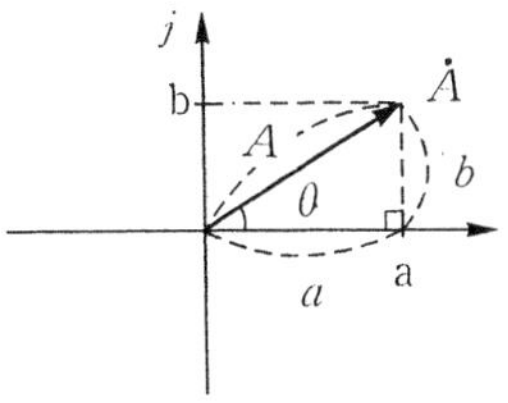

그림 7.4 복소수 표시

따라서,

$$A = |\dot{A}| = \sqrt{a^2 + b^2}$$
$$\theta = \tan^{-1}\frac{b}{a}$$
$$a = A\cos\theta, \quad b = A\sin\theta \tag{7.2}$$

단, θ는 절대값이 180°보다 작은 것을 채택하기로 한다.

$$-180° \leq \theta \leq +180°$$

예제 7-1

그림 7.5의 각각을 복소수로 표시하고, 크기와 편각을 구하라.

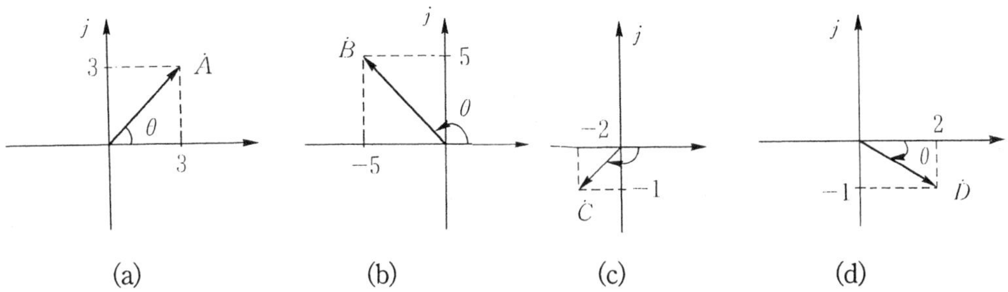

그림 7.5

✲ 풀이 ▶ **그림 (a)**

복소수 $\dot{A}$는 실축과 허축의 크기가 모두 +3이므로 다음과 같이 된다.

$$\dot{A} = 3 + j3$$

$$A = |\dot{A}| = \sqrt{3^2 + 3^2} = \sqrt{9+9} = \sqrt{18} = 4.24$$

$$\theta = \tan^{-1}\frac{3}{3} = 45°$$

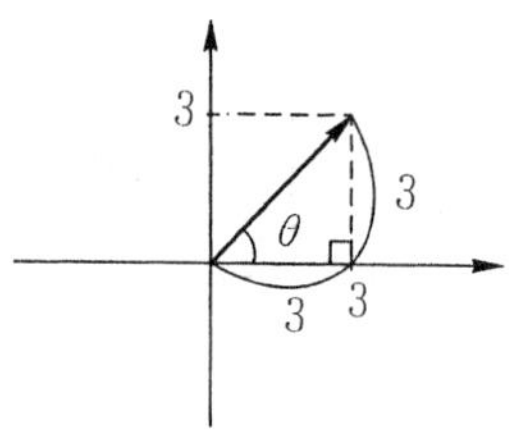

그림 7.6

▶**그림 (b)**

실축은 −5, 허축은 +5이므로 다음과 같이 된다.

$$\dot{B} = -5 + j5$$

$$B = |\dot{B}| = \sqrt{(-5)^2 + 5^2} = \sqrt{25+25} = \sqrt{50} = 7.07$$

$$\theta = \tan^{-1}\frac{5}{-5} = 180° - \tan^{-1}\frac{5}{5} = 180° - 45° = 135°$$

여기서,

$$\tan^{-1}\frac{5}{-5} = \tan^{-1}\left(-\frac{5}{5}\right) = -\tan^{-1}\frac{5}{5} = -45°$$

가 아니다. 탄젠트는 분모가 코사인이고 분자는 사인이므로, 코사인은 −이고 사인은 +인 것은 2상한의 각이다.

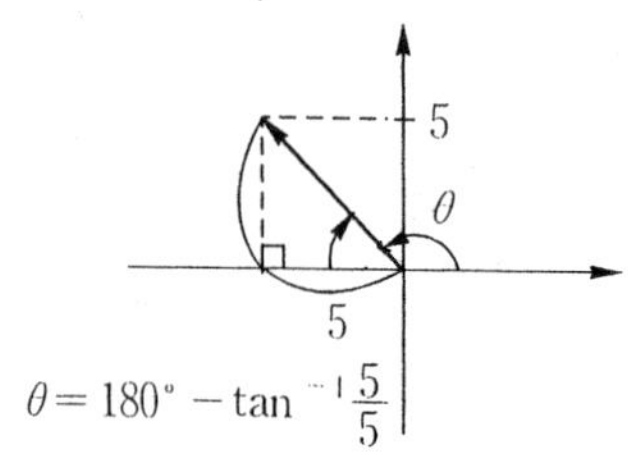

그림 7.7

▶그림 (c)

실축은 −2, 허축은 −1이므로 다음과 같이 된다.

$$\dot{C}=-2-j1=-2-j$$

$$C=|\dot{C}|=\sqrt{(-2)^2+(-1)^2}=\sqrt{4+1}=\sqrt{5}=2.24$$

$$\theta=\tan^{-1}\frac{-1}{-2}=-180^\circ+\tan^{-1}\frac{1}{2}$$

$$=-180^\circ+26.57^\circ=-153.43^\circ$$

($\tan^{-1}\frac{-1}{-2}=\tan^{-1}\frac{1}{2}=26.57^\circ$가 아님에 주의한다.)

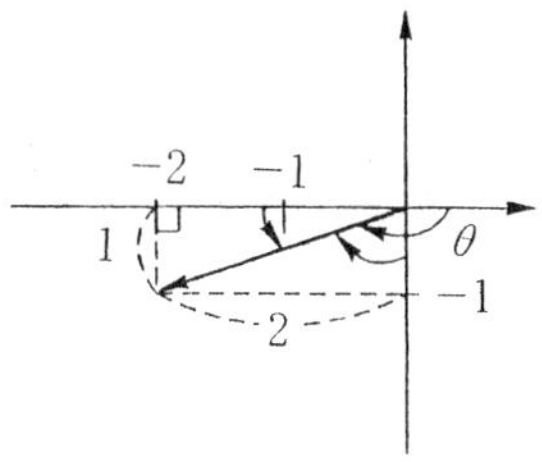

그림 7.8

▶그림 (d)

실축은 2, 허축은 −1이므로 다음과 같이 된다.

$$\dot{D}=2-j1=2-j$$

$$D=|\dot{D}|=\sqrt{(2)^2+(-1)^2}=\sqrt{4+1}=\sqrt{5}=2.24$$

$$\theta=\tan^{-1}\frac{-1}{2}=-\tan^{-1}\frac{1}{2}=-26.57^\circ$$

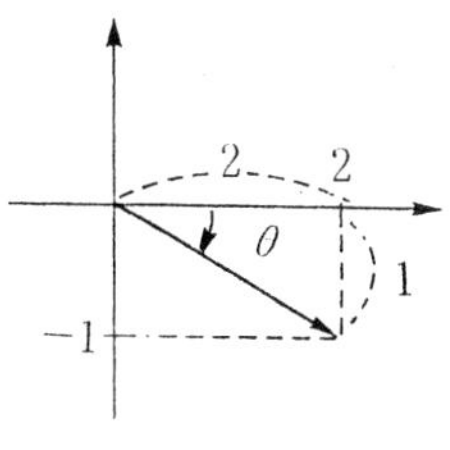

그림 7.9

연습문제 7-1 그림 7.10의 각각을 복소수로 표시하고, 크기와 편각을 구하라.

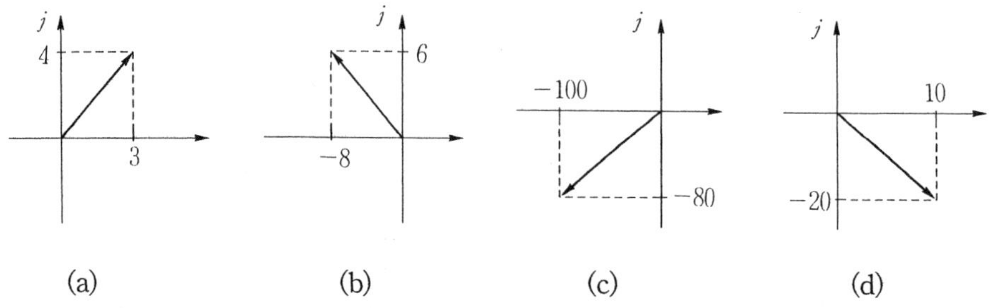

그림 7.10

7.2 직교 좌표 형식과 극좌표 형식

(1) 직교 좌표 형식

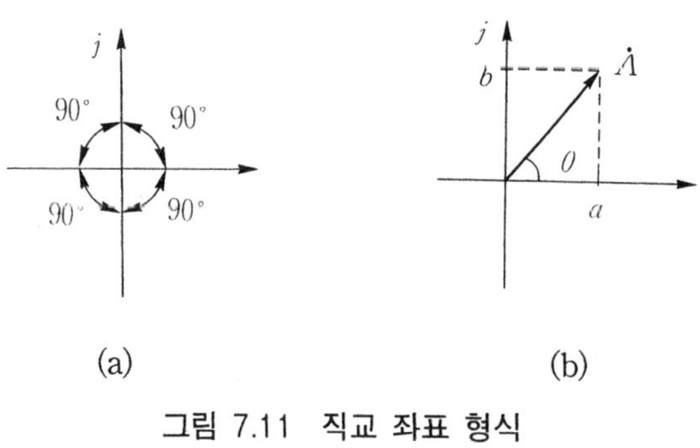

그림 7.11 직교 좌표 형식

그림 7.11은 좌표축이 서로 직각이다. 좌표축이 직각인 그림 (b)에서 복소수 $\dot{A}$를 표시할 때, 허축에 나란한 성분을 a, 실축에 나란한 성분을 b라 할 때, 복소수 $\dot{A}$는

$$\dot{A}=a+jb \tag{7.3}$$

와 같이 표시할 수 있다. 이러한 표시법을 직교 좌표 형식이라 부른다. 편각을 θ라 할 때, 실수 성분 a와 허수 성분 b는 각각

$$a=A\cos\theta\ , \qquad b=A\sin\theta$$

이다.

예제 7-2

다음 복소수를 직교 좌표에 그려라.

(1) $\dot{A}=-3+j4$ (2) $\dot{B}=4-j3$

(3) $\dot{C}=6+j8$ (4) $\dot{D}=-7-j6$

✻ **풀이** 다음과 같이 한 개의 좌표에 그릴 수 있다.

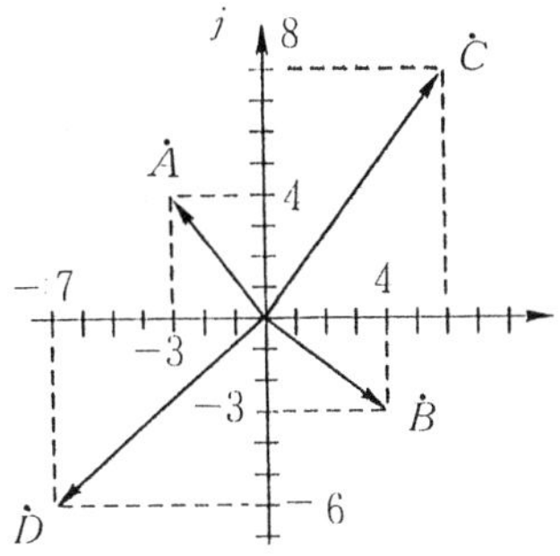

그림 7.12

각 복소수의 크기는 다음과 같다.

$$A=|\dot{A}|=\sqrt{(-3)^2+4^2}=5\ ,\quad B=|\dot{B}|=\sqrt{4^2+(-3)^2}=5$$

$$C=|\dot{C}|=\sqrt{6^2+8^2}=10,\quad D=|\dot{D}|=\sqrt{(-7)^2+(-6)^2}=9.22$$

연습문제 7-2	다음 복소수를 직교 좌표에 그리고, 크기를 구하라. (1) $\dot{A}=2-j3$ (2) $\dot{B}=-4+j5$ (3) $\dot{C}=3+j4$ (4) $\dot{D}=-5-j6$

(2) 극좌표 형식

그림 7.13의 복소수 $\dot{A}$를 표시하는 데 복소수 $\dot{A}$의 크기 A와 횡축으로부터의 편각 θ로 정의할 수도 있다. 이와 같은 표시 방법을 극좌표 형식이라 하고, 다음과 같이 표시한다.

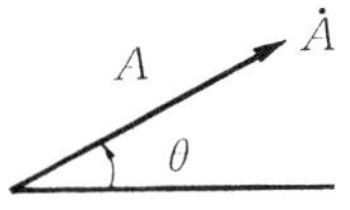

그림 7.13 극좌표 형식

$$\dot{A} = A\angle\theta \tag{7.4}$$

즉, $A\angle\theta$는 크기가 A이고, 편각이 θ인 복소수 $\dot{A}$를 의미한다. 이때 편각 θ는 절대값이 180°보다 작은 것을 취하고, 크기 A는 +로 하기로 한다.

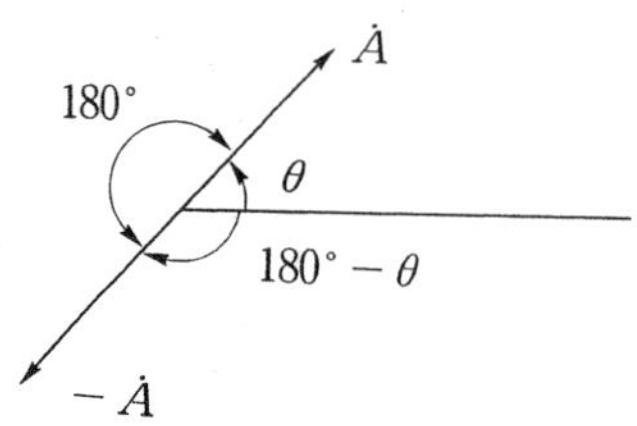

그림 7.14

그림 7.14에서 $\dot{A} = A\angle\theta$이면

$$-\dot{A} = -A\angle\theta = A\,\underline{/180° + \theta} = A\,\underline{/-180° + \theta}$$

와 같이 표시한다.

예제 7-3

다음 복소수를 극좌표로 그려라. 크기는 전류(A)를 의미하며, 1[A]를 1[cm]가 되게 그려라.

(1) $\dot{I}_1 = 4\angle 0°$ [A] (2) $\dot{I}_2 = 3\angle 120°$ [A]

(3) $\dot{I}_3 = 5\angle -120°$ [A] (4) $\dot{I}_4 = 2\angle -30°$ [A]

✲ 풀이

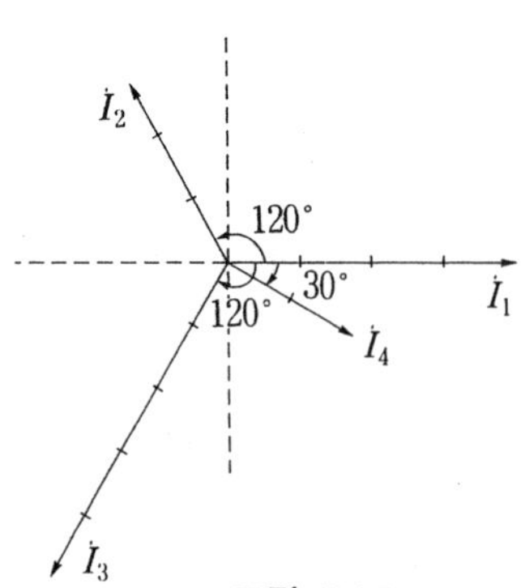

그림 7.15

연습문제 7-3	다음 복소수를 극좌표로 그려라. 크기는 전압(V)을 의미하며, 10 [V]를 1 [cm]가 되게 그려라. (1) $\dot{V}_1 = 30\angle 0°$ [V] (2) $\dot{V}_2 = 40\angle 135°$ [V] (3) $\dot{V}_3 = 50\angle -135°$ [V] (4) $\dot{V}_4 = 40\angle -60°$ [V]

(3) 두 형식의 상호 변환

전기 전자 공학을 공부하는 학생은 직교 좌표 형식을 극좌표 형식으로, 극좌표 형식을 직교 좌표 형식으로 변환시키는 것에 숙달되어야 한다. 여러분이 갖고 있는 계산기(calculator)를 이용하면 극좌표에서 직교 좌표로, 직교 좌표에서 극좌표로 직접 변환시킬 수 있다. 이용에 숙달되도록 노력하기 바란다.

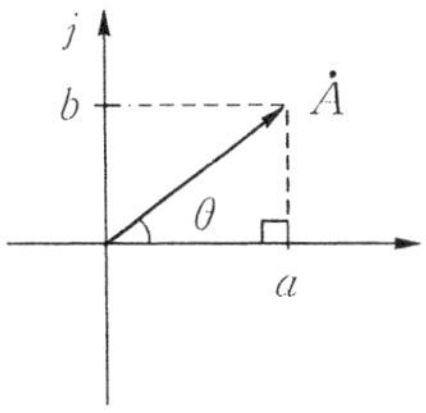

그림 7.16

그림 7.16에서 복소수 $\dot{A}$를 직교 좌표 형식으로 표시하면

$$\dot{A} = a + jb$$

이고, 복소수 $\dot{A}$의 크기 A와 편각 θ는

$$A = \sqrt{a^2 + b^2}$$

$$\theta = \tan^{-1}\frac{b}{a}$$

가 된다. 반대로 크기가 A이고, 편각이 θ인 복소수 $\dot{A} = A\angle\theta$는

$$\dot{A} = A\angle\theta = A(\cos\theta + j\sin\theta)$$

$$= A\cos\theta + jA\sin\theta = a + jb$$

이다.

예제 7-4

다음 직교 좌표 형식을 극좌표 형식으로 바꿔라.

(1) $\dot{A}=70+j40$　　　(2) $\dot{B}=-40+j100$

(3) $\dot{C}=8-j9$　　　(4) $\dot{D}=-40-j80$

✻ 풀이 (1)

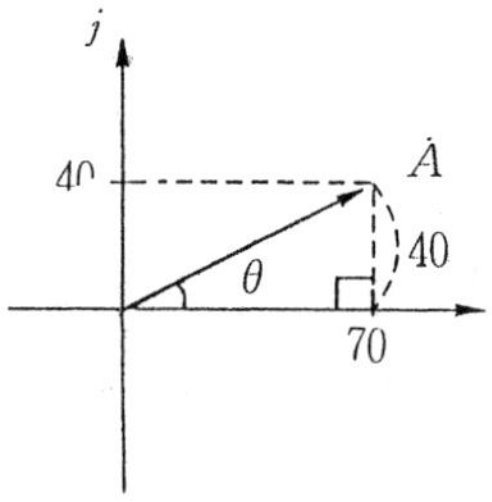

그림 7.17

그림 7.17을 참고하여

$$\dot{A}=70+j40=\sqrt{70^2+40^2}\angle\tan^{-1}\frac{40}{70}=80.62\angle 29.74^\circ$$

(2)

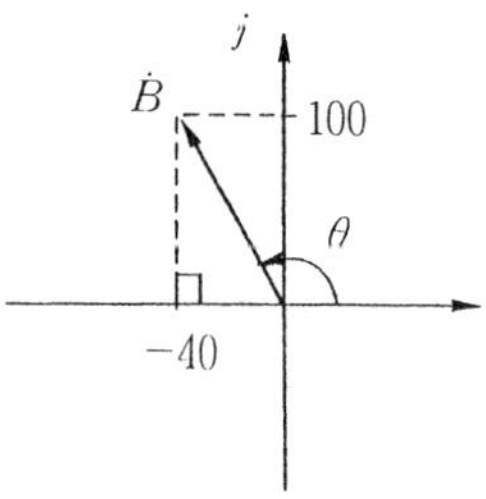

그림 7.18

$$\begin{aligned}\dot{B}&=-40+j100=\sqrt{(-40)^2+100^2}\angle\tan^{-1}\frac{100}{-40}\\&=107.70\angle\left(180^\circ-\tan^{-1}\frac{100}{40}\right)\\&=107.70\angle 111.80^\circ\end{aligned}$$

(3)

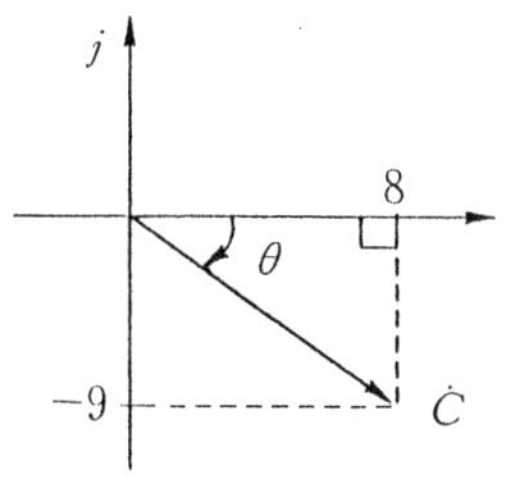

그림 7.19

$$\dot{C} = 8 - j9 = \sqrt{8^2 + (-9)^2} \angle \tan^{-1}\frac{-9}{8}$$
$$= 12.04\angle -48.37°$$

(4)

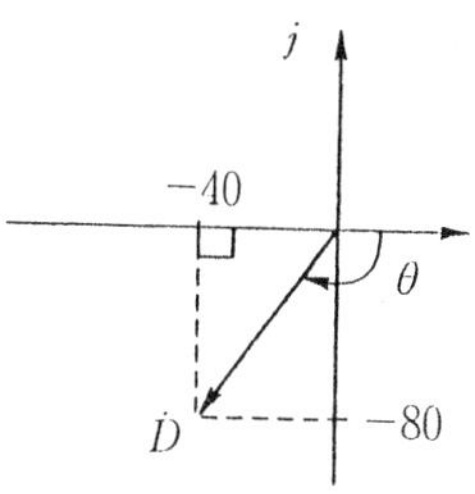

그림 7.20

$$\dot{D} = -40 - j80 = \sqrt{(-40)^2 + (-80)^2} \angle \tan^{-1}\frac{-80}{-40}$$
$$= 89.44 \angle -180° + \tan^{-1}\frac{80}{40}$$
$$= 89.44\angle -116.57°$$

연습문제 7-4 다음 직교 좌표 형식을 극좌표 형식으로 바꿔라.

(1) $\dot{A} = -60 - j30$ (2) $\dot{B} = 7 + j6$

(3) $\dot{C} = -907 + j306$ (4) $\dot{D} = 762 - j267$

예제 7-5

다음 극좌표 형식을 직교 좌표 형식으로 바꿔라.

(1) $\dot{I}_1 = 70\angle 36°$ [A] (2) $\dot{I}_2 = 10\angle -47°$ [mA]

(3) $\dot{V}_1 = 220\angle -120°$ [V] (4) $\dot{V}_2 = 220\angle +120°$ [V]

✲ 풀이 (1)

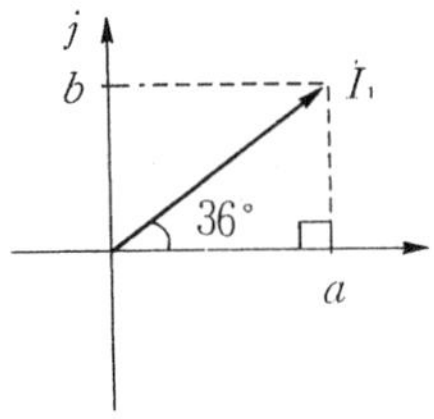

그림 7.21

$$\dot{I}_1 = 70\angle 36° = 70(\cos 36° + j\sin 36°)$$
$$= 70 \times 0.809 + j70 \times 0.588$$
$$= 56.63 + j41.14 \text{ [A]}$$

(2)

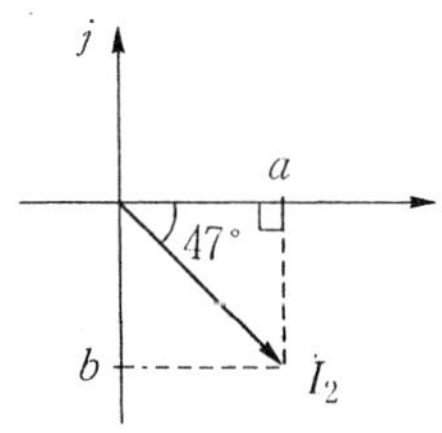

그림 7.22

$$\dot{I}_2 = 10\angle -47° = 10\{\cos(-47°) + j\sin(-47°)\}$$
$$= 10 \times 0.682 - j10 \times 0.731$$
$$= 6.82 - j7.31 \text{ [mA]}$$

(3)

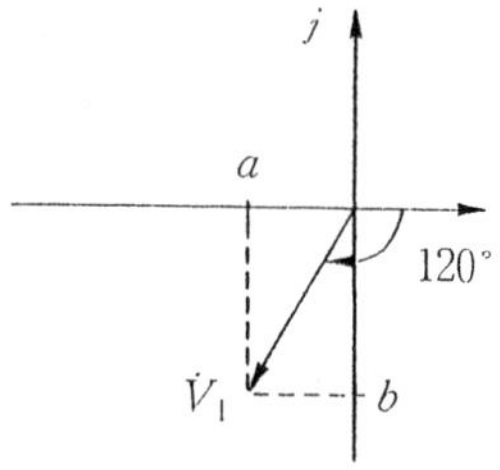

그림 7.23

$$\dot{V}_1 = 220\angle -120° = 220\{\cos(-120°) + j\sin(-120°)\}$$
$$= 220(\cos 120° - j\sin 120°)$$
$$= 220 \times (-0.5) - j220 \times 0.866$$
$$= -110 - j190.53 \text{ [V]}$$

(4)

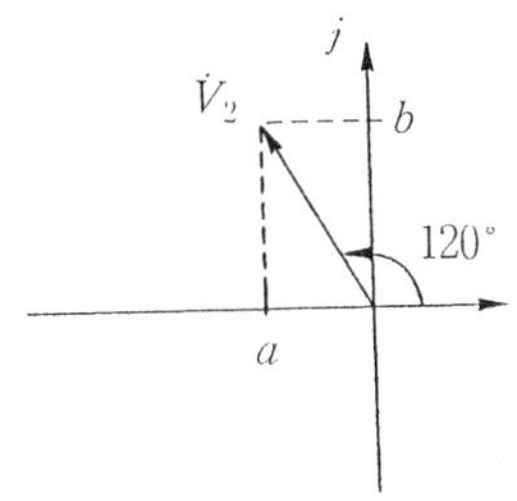

그림 7.24

$$\dot{V}_2 = 220\angle 120° = 220(\cos 120° + j\sin 120°)$$
$$= 220 \times (-0.5) + j220 \times 0.866$$
$$= -110 + j190.53 \text{ [V]}$$

연습문제 7-5 다음 극좌표 형식을 직교 좌표 형식으로 바꿔라.

(1) $\dot{I}_1 = 4\angle 27°$ [μA]　　(2) $\dot{I}_2 = 5.3\angle -68°$ [mA]

(3) $\dot{V}_1 = 3.5\angle 150°$ [V]　　(4) $\dot{V}_2 = 7.6\angle -150°$ [V]

7.3 복소수의 산술 연산

수에는 실수(real number)와 허수(imaginary number)가 있다. 제곱하여 +가 되는 수를 실수라 하고, 제곱하여 −가 되는 수가 허수이다.

$$j = \sqrt{-1} \tag{7.5}$$

$j=\sqrt{-1}$ 일 때, j를 허수의 단위(unity)라 하며, 다음 식이 성립한다.

$$
\begin{aligned}
&1 \cdot j = j \\
&j^2 = \sqrt{-1} \cdot \sqrt{-1} = -1 \\
&j^3 = j^2 \cdot j = -j \\
&j^4 = j^2 \cdot j^2 = (-1) \cdot (-1) = 1 \\
&j^5 = j^4 \cdot j = j \\
&\qquad \vdots \\
&\frac{1}{j} = \frac{j}{j^2} = -j \\
&\frac{1}{j^2} = \frac{1}{-1} = -1 \\
&\frac{1}{j^3} = \frac{j}{j^4} = j \\
&\frac{1}{j^4} = 1 \\
&\frac{1}{j^5} = \frac{1}{j^4 \cdot j} = \frac{1}{j} = -j \\
&\qquad \vdots
\end{aligned}
$$

이들 관계를 직교 좌표로 표시하면 그림 7.25와 같이 된다. 즉, 허수 단위 j를 곱하면 반시계 방향으로 90°씩 회전하고, j로 나누면 시계 방향으로 90°씩 회전한다.

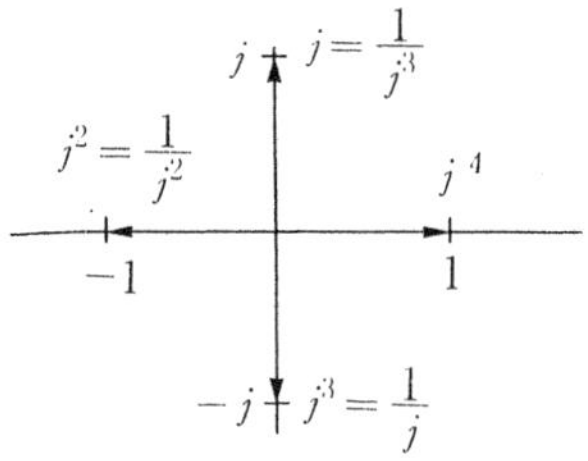

그림 7.25

복소수의 덧셈과 뺄셈은 직교 좌표 형식으로 계산하고, 곱셈과 나눗셈은 극좌표 형식으로 계산하는 것이 대체로 편리하다.

(1) 공액 복소수

$\dot{A}=a+jb$일 때 $a-jb$를 $\dot{A}=a+jb$의 공액 복소수라 하고, $\overline{A}$로 표시한다. 즉,

$$\dot{A}=a+jb \text{와 } \overline{A}=a-jb$$

는 서로 공액 관계에 있다고 한다.

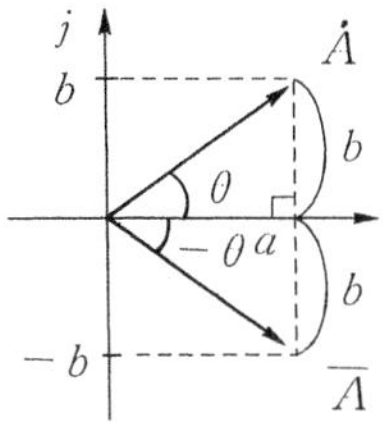

그림 7.26 공액 복소수

그림 7.26에서 $\dot{A}$와 $\overline{A}$는 횡축에 대해 대칭이 되므로 공액 복소수는 편각의 부호가 서로 다르다고도 말할 수 있다. 즉, $\dot{A}=A\angle\theta$일 때 $\overline{A}=A\angle-\theta$가 된다.

예제 7-6

다음 각각의 공액 복소수를 말하라.

(1) $\dot{A}=7-j5$　　(2) $\dot{B}=-6+j3$

(3) $\dot{C}=6\angle-30°$　　(4) $\dot{D}=10\angle30°$

✻ 풀이 (1)

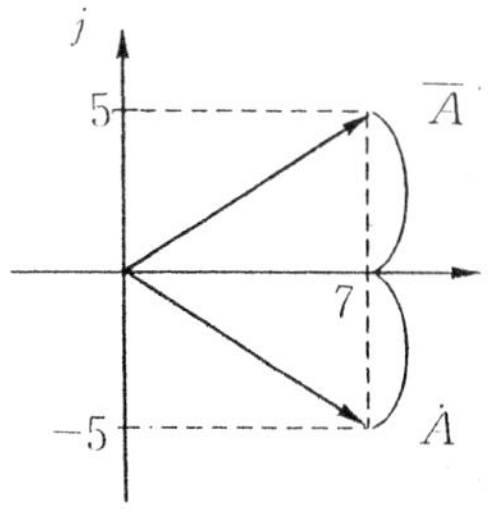

그림 7.27

허수부의 부호가 서로 다른 것이 공액 복소수이므로

$$\overline{A}=7+j5$$

가 된다.

(2) $\dot{B}=-6+j3$이므로 공액 복소수 $\overline{B}$는 $\overline{B}=-6-j3$이다.

(3) 복소수가 극좌표로 표시될 때 공액 복소수는 편각의 부호가 서로 다른 것이므로 그림 7.28에서

$$\overline{C}=6\angle 30°$$

이다.

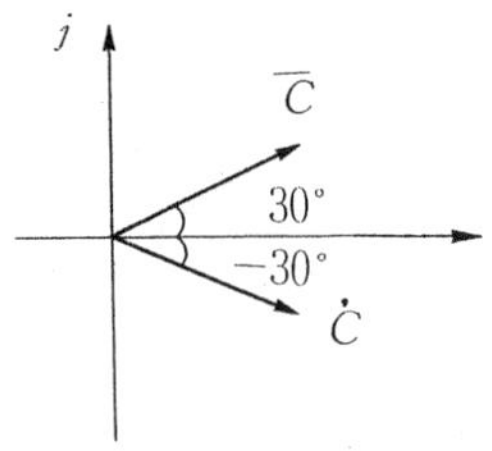

그림 7.28

(4) $\dot{D}=10\angle 30°$ 이므로 공액 복소수 $\overline{D}$는

$$\overline{D}=10\angle -30°$$

이다.

연습문제 7-6	다음 각각의 공액 복소수를 말하라.	
	(1) $\dot{A}=-10-j6$	(2) $\dot{B}=75+j6$
	(3) $\dot{C}=10\angle 120°$	(4) $\dot{D}=10\angle 135°$

(2) 덧셈, 뺄셈

복소수의 실수와 허수는 각각 별개의 성분이다. 실수는 횡축 성분이고 허수는 종축 성분이므로, 실수는 실수끼리, 허수는 허수끼리 각각 더하거나 뺀다. 복소수가 극좌표로 표시되었을 때는 직교 좌표 형식으로 고쳐서 가감한다.

예제 7-7

$\dot{A}=6+j5$, $\dot{B}=-4+j3$일 때 $\dot{C}=\dot{A}+\dot{B}$를 구하라.

✲ 풀이 합성 복소수 $\dot{C}$는

$$\dot{C}=\dot{A}+\dot{B}=(6+j5)+(-4+j3)$$
$$=(6-4)+j(5+3)=2+j8$$

가 되며, 그림 7.29에서 보면 $\dot{C}$의 실수부는 6−4=2가 되고, 허수부는 5+3=8이 된다.

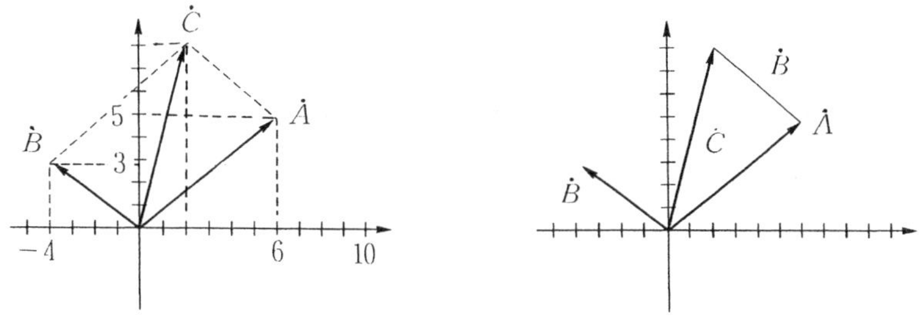

(a) 평행 사변형 (b) 폐삼각형

그림 7.29

즉, 평면상에서 복소수의 가감은 벡터(vector) 가감과 마찬가지가 된다. 따라서, 복소수를 평면상에서 가감하려면 평행 사변형을 이용하든지 또는 폐삼각형을 이용한다. 그림 7.29의 (a)에서 $\dot{A}$와 $\dot{B}$에 나란한 선을 그어 만난 점으로, 원점에서 벡터를 그리면 복소수 $\dot{C}$가 그려진다.

또는 그림 7.29의 (b)에서 복소수 $\dot{B}$를 $\dot{A}$의 화살표 끝으로 이동시켜 원점에서, 이동한 $\dot{B}$의 화살표 끝으로 선을 그리면 복소수 $\dot{C}$가 된다.

연습문제 7-7 $\dot{A}=-2+j3$, $\dot{B}=4+j4$일 때 $\dot{C}=\dot{A}+\dot{B}$를 구하고, 평면상에 그래프를 그려 확인하라.

예제 7-8

예제 7.7에서 $\dot{C}=\dot{A}-\dot{B}$를 구하고, 평면상에 이를 확인하라.

✲ 풀이

$$\dot{C} = \dot{A} - \dot{B} = (6 + j5) - (-4 + j3) = 10 + j2$$

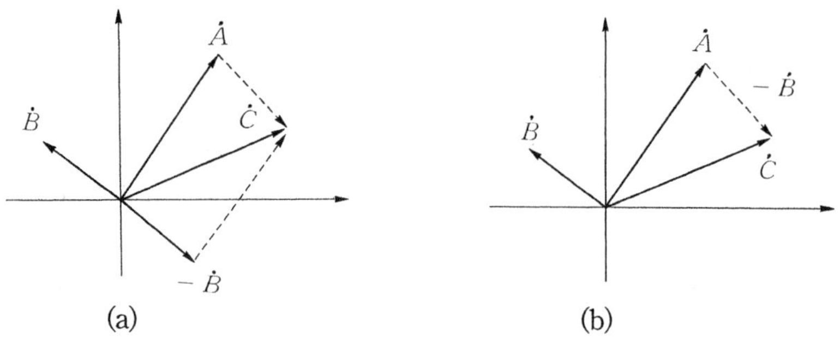

그림 7.30

그림 7.30 (a)에서 $-\dot{B}$는 $\dot{B}$에 반대 방향이 되므로 $\dot{A}$와 $-\dot{B}$와의 평행사변형을 그린 것이다. 그림 (b)에서 $-\dot{B}$를 $\dot{A}$의 끝으로 이동시켜 원점에서 $-\dot{B}$의 끝으로 화살표를 그어 $\dot{C}$를 얻는다.

연습문제 7-8 연습 7.7에서 $\dot{C} = \dot{A} - \dot{B}$를 구하고, 평면상에 그래프로 이를 확인하라.

예제 7-9

$\dot{A} = 4 + j2$, $\dot{B} = 2 + j4$, $\dot{C} = -3 + j2$일 때 $\dot{D} = \dot{A} + \dot{B} + \dot{C}$를 계산하고, 이를 평면상에서 그림으로 확인하라.

✲ 풀이 복소수 $\dot{D}$는 실수부와 허수부를 각각 더하면 되므로 다음과 같이 계산할 수 있다.

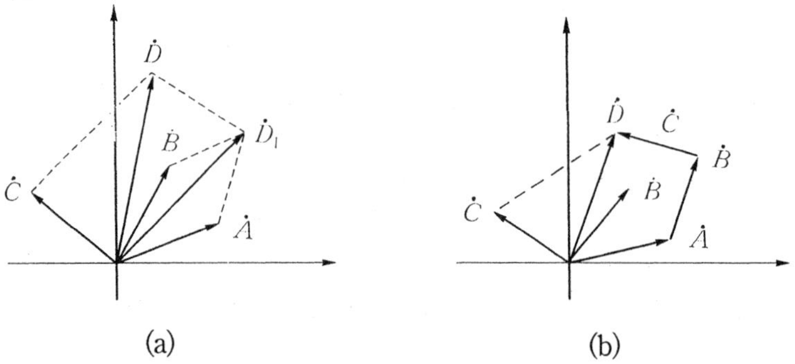

그림 7.31

$$\dot{D} = \dot{A} + \dot{B} + \dot{C} = (4+j2)+(2+j4)+(-3+j2)$$

$$= (4+2-3)+j(2+4+2) = 3+j8$$

그림 7.31 (a)에서 복소수 $\dot{A}$와 $\dot{B}$의 평행 사변형에 의한 합 $\dot{D}_1$를 그린다. 다음에 복소수 $\dot{C}$와 $\dot{D}_1$와의 평행 사변형을 그려 복소수 $\dot{D}$를 구할 수 있다. 그림 (b)에서는 $\dot{B}$를 $\dot{A}$의 끝으로 이동하고, $\dot{C}$를 이동한 $\dot{B}$의 끝으로 이동시켜 원점에서 이동한 $\dot{C}$의 끝으로 화살표를 그리면 이것이 $\dot{D}$가 된다. 이 방법을 폐다각형법이라 한다.

연습문제 7-9 예제 7.9에서 $\dot{D} = \dot{A} - \dot{B} + \dot{C}$를 계산하고, 이를 평면상에서 확인하라.

예제 7-10

다음 복소수를 간단히 하라.

(1) $\dot{A} = 10\angle 30° + 10\angle -30°$ (2) $\dot{B} = 10\angle 30° - 10\angle -30°$

(3) $\dot{C} = (7-j8)+6\angle 30°$ (4) $\dot{D} = 10\angle 60° - (4+j3)$

✲ 풀이 극좌표 형식으로 표시된 복소수를 가감할 때는 복소수를 직교 좌표 형식으로 고쳐서 가감한다. 필요에 따라 직교 좌표 형식 또는 극좌표 형식으로 답을 표시할 수 있다.

(1) $\dot{A} = 10\angle 30° + 10\angle -30°$

$$= (10\cos 30° + j10\sin 30°) + (10\cos 30° - j10\sin 30°)$$

$$= 20\times \cos 30° = 20\times 0.866 = 17.32 = 17.32\angle 0°$$

(2) $\dot{B} = 10\angle 30° - 10\angle -30°$

$$= (10\cos 30° + j10\sin 30°) - (10\cos 30° - j10\sin 30°)$$

$$= j\,20\sin 30° = j20\times 0.5 = j10 = 10\angle 90°$$

(3) $\dot{C} = (7-j8)+6\angle 30° = (7-j8)+(5.20+j3)$

$$= 12.20 - j5 = 13.18\angle -22.29°$$

(4) $\dot{D} = 10\angle 60° - (4+j3) = (5+j8.66)-(4+j3)$

$$= 1+j5.66 = 5.75\angle 79.98°$$

연습문제 7-10 다음 복소수를 계산하여 결과를 극좌표로 표시하라.

(1) $\dot{A}=8\angle 25°-10\angle 50°$　　(2) $\dot{B}=27\angle 130°+10\angle -40°$

(3) $\dot{C}=(17-j26)+30\angle 50°$　　(4) $\dot{D}=15\angle -126°+10\angle 120°$

(3) 곱셈

직교 좌표로 표시된 복소수의 곱은 다음과 같이 한다.

$\dot{A}=(a+jb)$와 $\dot{B}=(c+jd)$를 곱할 경우에는

$$\begin{aligned}\dot{A}\times\dot{B}&=(a+jb)\times(c+jd)=ac+jad+jbc+j^2bd\\&=ac+j(ad+bc)-bd\\&=(ac-bd)+j(ad+bc)\end{aligned}$$

와 같이 한다.

$\dot{A}=A\angle\alpha$, $\dot{B}=B\angle\beta$와 같이 극좌표로 표시되었을 때는, 크기는 곱하고 편각은 더하기 한다.

$$\dot{A}\times\dot{B}=A\angle\alpha\times B\angle\beta=A\cdot B\,\underline{/\alpha+\beta}$$

따라서, 곱셈의 경우는 극좌표 표시가 다루기 편리하다.

예제 7-11 두 복소수 $\dot{A}=8+j6$, $\dot{B}=6+j8$의 곱을 구하라.

✲ 풀이

$$\begin{aligned}\dot{A}\times\dot{B}&=(8+j6)\times(6+j8)=48+j64+j36+j^2 48\\&=(48-48)+j(64+36)=0+j100\\&=j100=100\angle 90°\end{aligned}$$

또는 두 복소수 $\dot{A}$, $\dot{B}$를 극좌표로 표시하면,

$$\dot{A}=8+j6=10\angle 36.87°$$

$$\dot{B}=6+j8=10\angle 53.13°$$

이므로,

$$\dot{A}\times\dot{B} = 10\angle 36.87^\circ \times 10\angle 53.13^\circ$$
$$= 10\times 10 \underline{/36.87^\circ + 53.13^\circ}$$
$$= 100 \angle 90^\circ$$

가 된다.

연습문제 7-11	다음 두 복소수의 곱을 구하라.	
	(1) $170+j81,\ 26-j8$	(2) $-21-j8,\ 36+j8$
	(3) $-17+j9,\ 9-j9$	(4) $46-j21,\ -15-j26$

예제 7-12 어떤 복소수 $\dot{A}$에 j, j^2, j^3, … 을 곱한 결과는 어떻게 되는가?

✲ 풀이 복소수를 모두 극좌표로 표시한다.

$$\dot{A} = A\angle\alpha$$
$$j = 1\angle 90^\circ$$
$$j^2 = -1 = 1\angle 180^\circ$$
$$j^3 = 1\angle 270^\circ$$
$$\vdots$$
$$j\dot{A} = 1\angle 90^\circ \times A\angle\alpha = A\underline{/\alpha+90^\circ}$$
$$j^2\dot{A} = j\cdot j\dot{A} = 1\angle 90^\circ \cdot A\underline{/\alpha+90^\circ} = A\underline{/\alpha+180^\circ}$$
$$j^3\dot{A} = 1\ \underline{/270^\circ} \times A\angle\alpha = A\underline{/\alpha+270^\circ}$$
$$\vdots$$

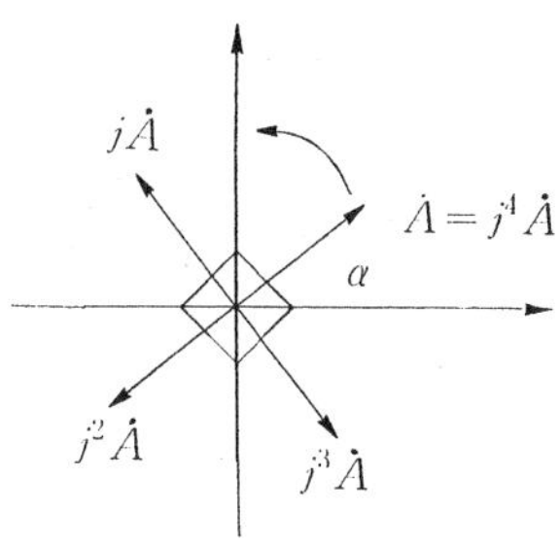

그림 7.32

그림 7.32에 그림으로 그렸다. 즉 어떤 복소수에 j를 곱하면 크기는 그대로 두고 반시계 방향으로 90° 회전시킨 것이 된다.

연습문제 7-12 어떤 복소수 $\dot{A}$에 $\frac{1}{j}$을 곱한 결과는 어떻게 되는가?

(4) 나눗셈

서로 공액인 복소수 $\dot{A}$와 $\overline{A}$를 곱하면 실수 $A^2=a^2+b^2$이다. 지금 $\dot{A}=a+jb$이면 공액 복소수 $\overline{A}$는

$$\overline{A}=a-jb$$

따라서,

$$\dot{A}\overline{A}=(a+jb)(a-jb)=a^2-jab+jab+b^2=a^2+b^2$$

이 된다. 다음에 $\dot{A}=A\angle\theta$이면, $\overline{A}=A\angle-\theta$ 이므로

$$\dot{A}\overline{A}=A\angle\theta\cdot A\angle-\theta=A^2$$

이 된다.

직교 좌표로 표시된 복소수의 나눗셈은 분모 분자에 분모의 공액 복소수를 곱하여 분모를 실수화함으로써 계산이 된다.

예제 7-13

두 복소수 $\dot{V}=220\,[\mathrm{V}]$이고, $\dot{I}=4+j2\,[\mathrm{A}]$일 때, $\dot{Z}=\frac{\dot{V}}{\dot{I}}\,[\Omega]$은 얼마인가?

✲ 풀이 $\dot{V}$의 허수부는 0이고, 분모 $\dot{I}$의 공액 복소수는 $4-j2$이므로

$$\dot{Z}=\frac{\dot{V}}{\dot{I}}=\frac{220}{4+j2}=\frac{220(4-j2)}{(4+j2)(4-j2)}=\frac{880-j440}{4^2+2^2}$$
$$=\frac{880-j440}{20}=44-j22=49.19\angle-26.57°\,[\Omega]$$

이 된다.

연습문제 7-13 다음 두 복소수에서 $\dot{Z}=\dfrac{\dot{V}}{\dot{I}}$ 를 계산하라.

(1) $\dot{V}=80+j60, \quad \dot{I}=4$

(2) $\dot{V}=100, \quad \dot{I}=2-j1$

(3) $\dot{V}=8-j2, \quad \dot{I}=3-j2$

극좌표로 표시된 복소수의 나눗셈은 좀더 쉽게 다룰 수가 있다. 지금

$$\dot{V}=V\angle\alpha$$

$$\dot{I}=I\angle\beta$$

일 때, 나눗셈 $\dot{Z}=\dfrac{\dot{V}}{\dot{I}}$ 는

$$\dot{Z}=\frac{\dot{V}}{\dot{I}}=\frac{V\angle\alpha}{I\angle\beta}=\frac{V}{I}\underline{/\alpha-\beta}$$

와 같이 한다. 즉 분자 분모의 크기는 나누기 하고, 편각은 분자의 편각에서 분모의 편각을 뺀다.

예제 7-14 예제 7.13을 극좌표로 고쳐서 나누기 하라.

✲ 풀이 두 복소수를 극좌표로 고치면

$$\dot{V}=220=220\angle 0° \text{ [V]}$$

$$\dot{I}=4+j2=4.472\angle 26.57° \text{ [A]}$$

가 된다.

$$\dot{Z}=\frac{\dot{V}}{\dot{I}}=\frac{220\angle 0°}{4.472\angle 26.57°}=\frac{220}{4.472}\underline{/0°-26.57°}$$

$$=49.19\angle -26.57° \text{ [}\Omega\text{]}$$

결과가 예제 7.13과 일치한다.

연습문제 7-14 연습 7.13을 극좌표로 고쳐서 나누기 하라.

예제 7-15

다음 복소수를 간단히 하라.

(1) $\dfrac{80\angle 37^\circ \cdot 106\angle 26^\circ}{120\angle 86^\circ}$

(2) $\dfrac{37\angle 135^\circ \cdot 29\angle -57^\circ}{45\angle -97^\circ}$

(3) $\dfrac{15\angle -30^\circ \cdot 29\angle 27^\circ}{18\angle 17^\circ \cdot 5\angle -75^\circ}$

✲ 풀이

(1) $\dfrac{80\angle 37^\circ \cdot 106\angle 26^\circ}{120\angle 86^\circ} = \dfrac{80 \cdot 106}{120} \underline{/37^\circ + 26^\circ - 86^\circ}$

$= 70.67\angle -23^\circ$

(2) $\dfrac{37\angle 135^\circ \cdot 29\angle -57^\circ}{45\angle -97^\circ} = \dfrac{37 \cdot 29}{45} \underline{/135^\circ - 57^\circ + 97^\circ}$

$= 23.84\angle 175^\circ$

(3) $\dfrac{15\angle -30^\circ \cdot 29\angle 27^\circ}{18\angle 17^\circ \cdot 5\angle -75^\circ} = \dfrac{15 \cdot 29}{18 \cdot 5} \underline{/-30^\circ + 27^\circ - 17^\circ + 75^\circ}$

$= 4.83\angle 55^\circ$

연습문제 7-15 다음 복소수를 간단히 하라.

(1) $\dfrac{17\angle 27^\circ \cdot 26\angle -31^\circ}{28\angle -91^\circ}$

(2) $\dfrac{37\angle 135^\circ \cdot 41\angle -120^\circ}{58\angle 14^\circ}$

(3) $\dfrac{58\angle -140^\circ \cdot 76\angle 115^\circ}{44\angle -167^\circ \cdot 35\angle 100^\circ}$

(4) $\dfrac{63\angle -38^\circ \cdot 84\angle 27^\circ}{37\angle 135^\circ \cdot 28\angle -128^\circ}$

예제 7-16

다음 복소수를 극좌표로 표시하되 편각을 라디안으로 하라.

(1) $\dfrac{(35 + j27) \cdot (-12 - j26)}{(-46 + j27)}$

(2) $\dfrac{-17 + j26}{(38 - j19) \cdot (35 + j47)}$

✲ 풀이 곱셈과 나눗셈은 극좌표로 표시하는 것이 다루기가 편리하다. 직교 좌표를 모두 극좌표로 바꾼다.

(1) 각각의 직교 좌표를 극좌표로 고치면 다음과 같이 된다. 물론 각도는 라디안이다.

$35+j27=44.20\angle 0.657$

$-12-j26=28.64\angle -2.003$

$-46+j27=53.34\angle 2.611$

따라서,

$$\frac{44.20\angle 0.657\cdot 28.64\angle -2.003}{53.34\angle 2.611}$$

$$=\frac{44.20\times 28.64}{53.34}\underline{/0.657-2.003-2.611}$$

$$=23.73\angle -3.957=23.73\underline{/-3.957+2\pi}$$

$$=23.73\angle 2.326$$

편각 -3.957 [rad]은 절대값이 $\pi=3.14$ [rad]보다 크므로 2π [rad]을 더해 절대값이 π 보다 작은 것을 취했다.

(2) $\dfrac{-17+j26}{(38-j19)\cdot(35+j47)}=0.0125\angle 1.683$

SHARP EL-9200 계산기를 이용하면, 식을 입력하고 엔터 키를 치면 바로 답이 나온다.

연습문제 7-16 다음 복소수를 편각을 호도법을 이용하여 극좌표로 표시하라.

(1) $\dfrac{(-29-j32)\cdot(84+j46)}{(41+j24)}$ (2) $\dfrac{1350-j320}{(27+j92)\cdot(4-j3)}$

예제 7-17

다음 복소수를 간단히 하여 직교 좌표와 극좌표로 표시하되 편각은 라디안을 사용하라.

(1) $81\angle 0.87+\dfrac{(28\angle -1.20)\cdot(146-j24)}{(19-j17)}$

(2) $30\angle -1.23-\dfrac{(17-j36)\cdot(21+j10)}{(-10+j6)}$

✲ 풀이 더하기와 빼기는 직교 좌표로 하고 곱하기와 나누기는 극좌표로 하는 것이 편리하다. 두 표시법의 상호 변환에 숙달되도록 노력한다.

(1) 우선 다음과 같은 표시법으로 바꾼다.

$$81\angle 0.87 = 52.231 + j61.911$$

$$146 - j24 = 147.959\angle -0.163$$

$$19 - j17 = 25.495\angle -0.730$$

$$81\angle 0.87 + \frac{(28\angle -1.20)\cdot(146 - j24)}{(19 - j17)}$$

$$= (52.231 + j61.911) + \frac{28\angle -1.20 \times 147.959\angle -0.163}{25.495\angle -0.730}$$

$$= (52.231 + j61.911) + 162.497\angle -0.633$$

$$= (52.231 + j61.911) + (131.014 - j96.128)$$

$$= (52.231 + 131.014) + j(61.911 - 96.128)$$

$$= 183.245 - j34.217 = 186.412\angle -0.185$$

(2) SHARP EL-9200 계산기를 이용하여 다음 식을 입력시킨 후 엔터 키를 누르면 즉시 답이 나온다.

$$30\angle -1.23 - \frac{(17 - j36)\cdot(21 + j10)}{(-10 + j6)}$$

$$= 88.601 - j39.731 = 97.101\angle -0.422$$

연습문제 7-17 다음 복소수를 간단히 하여 직교 좌표와 극좌표로 표시하되 편각은 라디안을 사용하라.

(1) $(15 - j21)\cdot(-27 + j31) + \dfrac{16\angle -1.2 + 47\angle 0.7}{28 - j15}$

(2) $\dfrac{(38 - j26)\cdot(46 + j21)}{(-17 - j32)} + (17\angle -0.43)\times(7 - j6)$

7.4 정현파의 복소수 표시 - 페이저

보통 쓰이는 교류 전압 전류의 파형은 정현파이다. 이 정현파를 가감하는 것은 상당히 복잡하고 지루한 일이다. 이를 쉽게 하는 방법은 없을까? 바로 복소수(페이저)를 이용하는 것이다.

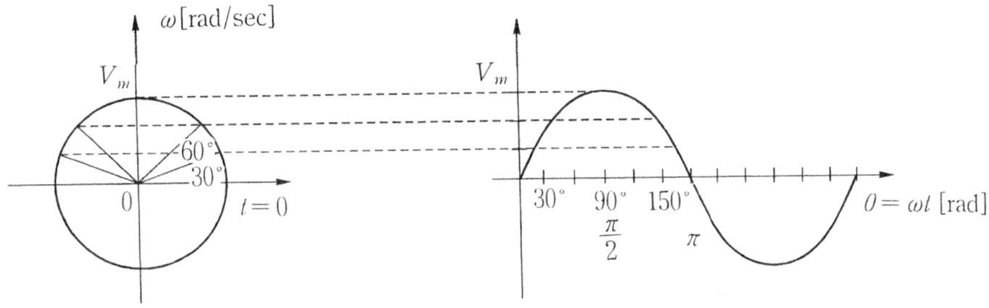

(a) $V_m\angle 0$ (b) $V_m \sin \omega t$

그림 7.33 $t=0$일 때 편각이 0

그림 7.33의 (a)는, 길이가 V_m인 막대가 좌표축의 원점 0을 중심으로 반시계 방향으로 ω[rad/sec]의 각속도로 회전하는 것이다. 이를 편의상 회전 복소수라 하자. $t=0$인 순간에 $\theta=\omega t=\omega\times 0=0$[rad]의 위치에 있다. ωt가 $\frac{\pi}{6}$[rad]$=30°$일 때는 그림과 같이 30°의 위치에 회전 복소수가 있다. 시간이 t일 때는 회전 복소수는 ωt[rad]에 있다. 반지름이 V_m인 원주상의 각 점에서 y축(종축)에 그린 투영은 각도가 ωt일 때 $y=V_m \sin \omega t$가 된다. 원주상의 각 점과 y축의 투영점과는 1:1로 대응한다. 즉 원주상의 각 점을 생각할 때 이에 대응하는 y축상의 투영점을 생각할 수 있다. 이의 반대도 생각할 수 있다. y축상의 투영점을 펼쳐 그린 것이 그림 (b)이다. 그림 (a)의 원주상의 각 점의 y축 투영이 바로 그림 (b)이다. 즉, 그림 (a)의 회전 복소수와 그림 (b)의 정현파가 크기와 편각이 서로 1:1로 대응하므로 정현파의 가감을 회전 복소수의 가감으로 대체할 수 있다.

그림 7.34는 $t=0$인 순간에 편각이 α이고, ω의 각속도로 회전하는 경우이다. 그림 (a)에서 t초일 때 회전 복소수의 편각은 $(\omega t+\alpha)$이고, 그때 y축에의 투영은

$$V_m \sin(\omega t+\alpha)$$

이다.

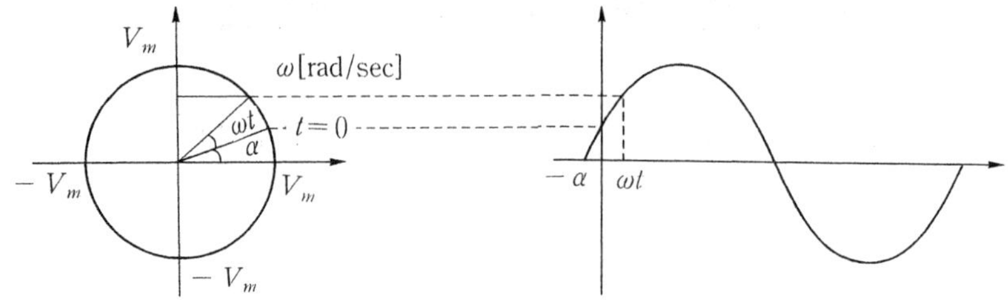

(a) $V_m\angle\alpha$ (b) $V_m\sin(\omega t+\alpha)$

그림 7.34 $t=0$**일 때 편각이** α

그런데, 그림 (b)에 대해 그림 (a)가 구태여 회전하는 것으로 생각할 필요가 없고, 또 직류에 비교하여 교류의 최대값보다는 실효값이 의미가 있으므로, 그림 (a)를 정지되어 있고 크기를 실효값으로 표시하면 편리할 것이다.

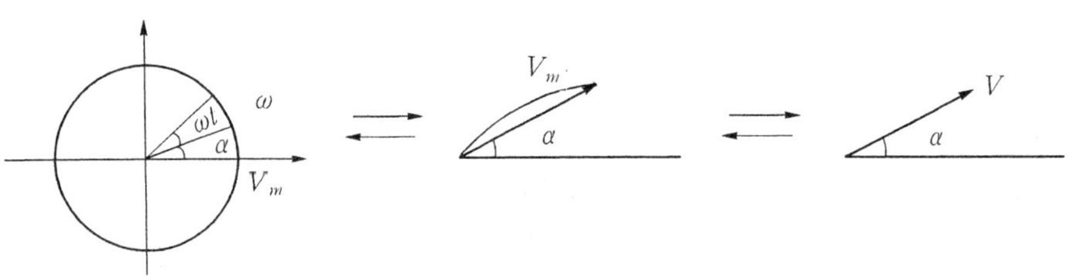

(a) 크기 V_m, $t=0$일 때 편각 α, 각속도 ω로 회전 (b) 크기 V_m, 편각 α, 각속도 정지 (c) 크기 $\dfrac{V_m}{\sqrt{2}}$, 편각 α, 각속도 정지, 화살표로 표시

그림 7.35 복소수(페이저) 표시

우리는 그림 7.35의 (a)에서 그림 (c)를 생각할 수 있고, 그림 (c)는 바로 그림 (a)를 의미한다는 것을 연상할 수 있어야 한다. 즉, 그림 (c)는 초기 위상이 α이고, 각속도가 ω이며, 최대 크기는 $V_m=\sqrt{2}\,V$를 의미하는 $V_m\sin(\omega t+\alpha)$를 복소수의 극좌표 형식으로 표시한 것으로, 보통의 복소수와 구분하여 페이저(phasor 위상자)라 부른다. 그림 (c)에서 페이저의 끝에 화살표를 붙인다. 페이저는 평면상에서 복소수와 똑같이 다룬다.

그림 7.36과 그림 7.37에서 그림 (a)는 순시값 표시(정현파 표시)이고, 그림 (b)는 페이저 표시이다. 정현파를 더하거나 빼는 것보다는 페이저(복소수)를 더하거나 빼는 것이 훨씬 쉽다. 그림 (a)의 정현파 그림에 대해 그림 (b)를 페이저도라 부른다.

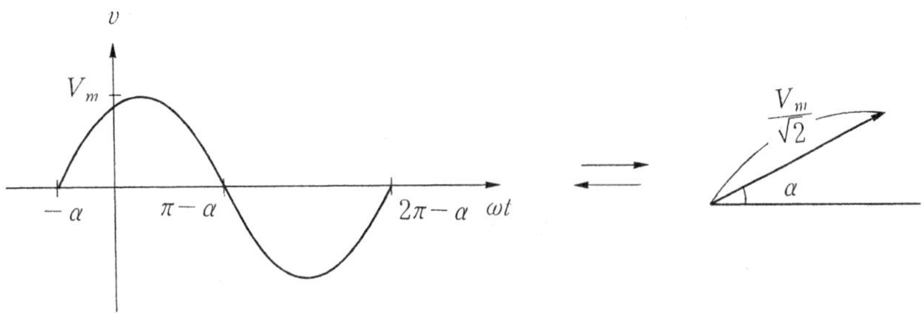

(a) 순시값 표시 (b) 페이저 표시

그림 7.36 순시값과 페이저, 초기 위상 $+\alpha$

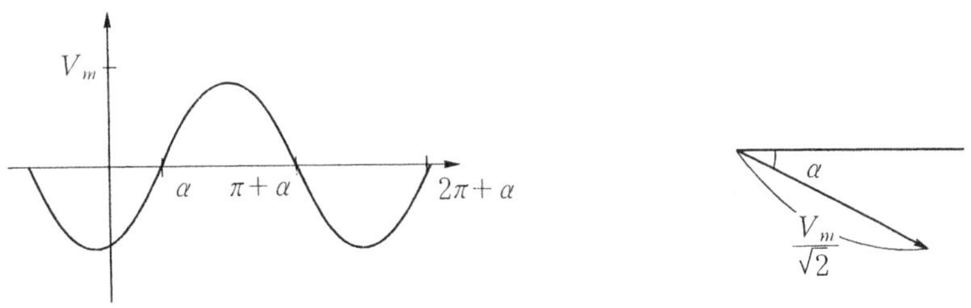

(a) 순시값 표시 (b) 페이저 표시

그림 7.37 순시값과 페이저, 초기 위상 $-\alpha$

예제 7-18

다음 두 정현파의 순시값 그림을 그리고, 또 페이저로 표시하고 페이저도를 그려라.

$$v_1 = 100\sin(\omega t)\ [\mathrm{V}]$$

$$v_2 = 200\sin(\omega t + 30^\circ)\ [\mathrm{V}]$$

✻ 풀이 v_1의 최대값은 100 [V]이고 v_2의 최대값은 200 [V]이다. 그림 7.38에서 횡축은 각도로 나타냈다.

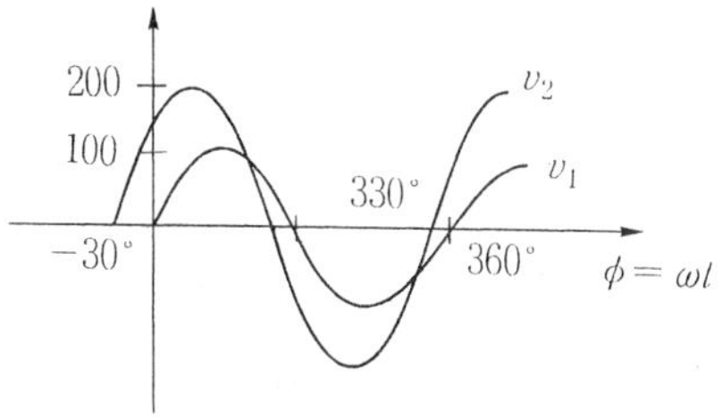

그림 7.38 순시값 그래프

다음에 v_1의 실효값은

$$V_1 = \frac{100}{\sqrt{2}} = 70.71\,[\mathrm{V}]$$

이고, 위상각이 0°이므로 페이저 표시는

$$\dot{V}_1 = 70.71\angle 0°\ [\mathrm{V}]$$

가 된다.

v_2의 실효값은

$$V_2 = \frac{200}{\sqrt{2}} = 141.42\,[\mathrm{V}]$$

이고, v_2의 위상각이 30°이므로 페이저 표시는

$$\dot{V}_2 = 141.42\angle 30°\ [\mathrm{V}]$$

이다. 페이저도는 v_1과 v_2가 동일 각속도이므로 그림 7.39와 같이 동일 평면상에 함께 그릴 수 있다.

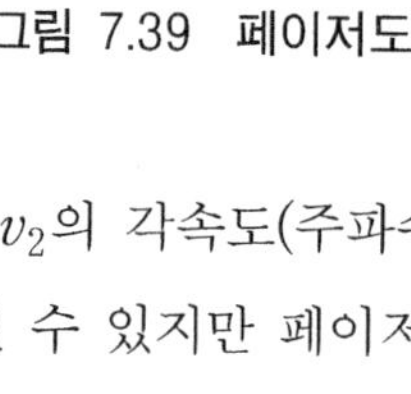

그림 7.39 페이저도

위의 예제에서 v_1과 v_2의 각속도(주파수)가 서로 달라도 순시값 그래프는 동일 평면상에 함께 그릴 수 있지만 페이저도는 함께 그릴 수 없다. 각속도가 다르면 페이저도는 다른 평면에 그려야 된다.

연습문제 7-18 다음을 페이저로 표시하고 페이저도를 그려라.

$i_1 = 3\sqrt{2}\sin(\omega t + 30°)\ [\mathrm{A}]$

$i_2 = 5\sqrt{2}\sin(\omega t - 30°)\ [\mathrm{A}]$

예제 7-19

다음의 페이저를 정현파로 표시하라.

(1) $f=60\,[\text{Hz}]$, $V=220\,[\text{V}]$, $\alpha=20°$

(2) $f=50\,[\text{Hz}]$, $V=100\,[\text{V}]$, $\alpha=-10°$

(3) $f=1\,[\text{kHz}]$, $\dot{V}=10\angle 37°\,[\text{V}]$

(4) $f=10\,[\text{kHz}]$, $\dot{V}=6\angle -17°\,[\text{V}]$

✲ 풀이 정현파의 일반 형식은

$$v=V_m \sin(\omega t+\alpha)$$

로 표시한다. 여기서 V_m은 최대값이고 ω는 각속도로 단위는 [rad/sec]이며 α는 위상각이다.

(1) $V_m=220\sqrt{2}\,[\text{V}]=311.13\,[\text{V}]$

$$\omega=2\pi f=2\pi\cdot 60=120\pi=377\,[\text{rad/sec}]$$

$$\alpha=20°$$

따라서

$$v=220\sqrt{2}\sin(120\pi t+20°)$$

$$=311.13\sin(377t+20°)\,[\text{V}]$$

참고로 $\sin(377t+20°)$에서 $377t$의 단위는 $\left[\frac{\text{rad}}{\text{sec}}\cdot\text{sec}\right]=[\text{rad}]$이고 위상각 20°의 단위는 도이지만 전기 공학에서는 이러한 표시법을 인정하고 있다.

(2) $V_m=100\sqrt{2}\,[\text{V}]=141.42\,[\text{V}]$

$$\omega=2\pi f=2\pi\cdot 50=100\pi=314\,[\text{rad/sec}]$$

$$\alpha=-10°$$

따라서, 정현파 표시는

$$v=100\sqrt{2}\sin(100\pi t-10°)\,[\text{V}]$$

$$=141.42\sin(314t-10°)\,[\text{V}]$$

(3) 각속도 ω는

$$\omega = 2\pi f = 2\pi \cdot 10^3 = 2000\pi = 6283 \text{ [rad/sec]}$$

이고, $\dot{V} = 10\angle 37°$ [V]에서 10 [V]는 실효값이므로 최대값 V_m은

$$V_m = 10\sqrt{2} = 14.14 \text{ [V]}$$

이며, 위상은 37°이다. 따라서 정현파 표시는 다음과 같다.

$$v = 14.14\sin(6283t + 37°) \text{ [V]}$$

(4) $\omega = 2\pi f = 2\pi \cdot 10 \cdot 10^3 = 2\pi \cdot 10^4$ [rad/sec]

전압의 정현파 표시는

$$v = 6\sqrt{2}\sin(2\pi \cdot 10^4 t - 17°) \text{ [V]}$$

연습문제 7-19	다음의 페이저를 정현파로 표시하라. (1) $f = 60$ [Hz], $I = 10$ [A], $\alpha = -60°$ (2) $f = 50$ [Hz], $I = 1$ [A], $\alpha = 135°$ (3) $f = 1$ [kHz], $\dot{I} = 10\angle 0°$ [mA] (4) $f = 10$ [kHz], $\dot{I} = 100\angle -10°$ [μA]

예제 7-20

그림에서 $v_1 = 220\sqrt{2}\sin(\omega t)$ [V]이고 $v_2 = 220\sqrt{2}\sin(\omega t + 30°)$ [V]일 때 $v = v_1 + v_2$를 계산하라.

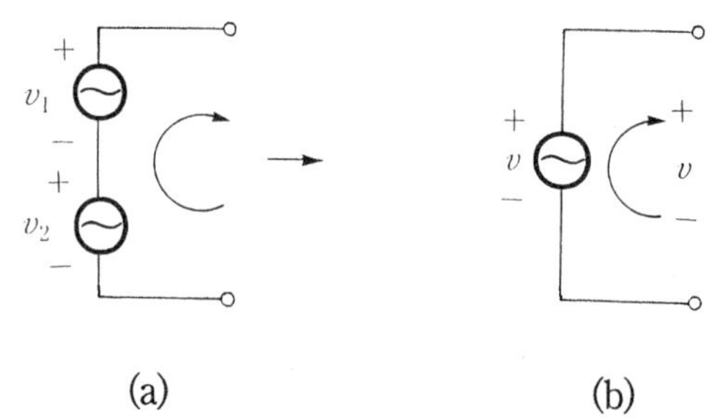

그림 7.40

✻ 풀이 두 정현파를 페이저로 고쳐서 합한다. 그 다음에 정현파로 고친다.

$$v_1 = 220\sqrt{2}\sin\omega t \quad \rightarrow \quad \dot{V}_1 = 220\angle 0^\circ = 220$$

$$v_2 = 220\sqrt{2}\sin(\omega t + 30^\circ) \quad \rightarrow \quad \dot{V}_2 = 220\angle 30^\circ = 190.53 + j110$$

$v = v_1 + v_2$ 는 $\dot{V} = \dot{V}_1 + \dot{V}_2$로 바뀐다.

$$\dot{V} = \dot{V}_1 + \dot{V}_2 = 220 + 190.53 + j110$$

$$= 410.53 + j110 = 425.01\angle 15^\circ \ [\mathrm{V}]$$

즉, 합성 전압의 실효값은 425.01 [V]이고 편각은 15°이다. 따라서 다음과 같이 정현파로 바꿀 수 있다.

$$v = 425.01\sqrt{2}\sin(\omega t + 15^\circ) \ [\mathrm{V}]$$

참고로 $\dot{V}_1$의 실효값은 220 [V], $\dot{V}_2$의 실효값도 220 [V]이다. 실효값만의 합을 구해 보면

$$V_1 + V_2 = 220 + 220 = 440 \neq 425.01 = V$$

$$V_1 + V_2 \neq V$$

즉, 실효값으로는 키르히호프 법칙이 성립되지 않고 반드시 페이저로 해야 된다.

연습문제 7-20 그림 7.41에서 부하 L_1에 흐르는 전류가 $i_1 = 2\sqrt{2}\sin(\omega t + 30^\circ)$ [A]이고, 부하 L_2에 흐르는 전류가 $i_2 = 3\sqrt{2}\sin(\omega t - 30^\circ)$ [A]이다. 합성 전류 $i = i_1 + i_2$를 구하라.

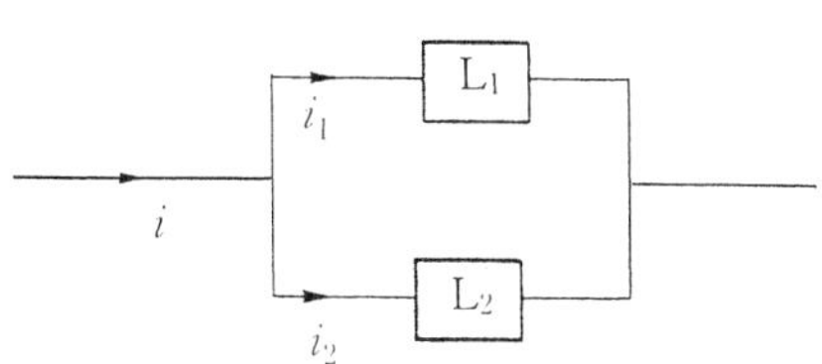

그림 7.41

예제 7-21

다음 그림은 부하 L_1과 L_2가 직렬 연결되어 있다. $v = 220\sqrt{2}\sin 377t$[V]의 전압을 가하여 L_1 부하의 전압 강하가 $v_1 = 100\sqrt{2}\sin(377t + 30°)$[V]였다면 L_2 부하의 전압 강하 v_2는 얼마인지 순시값으로 구하라.

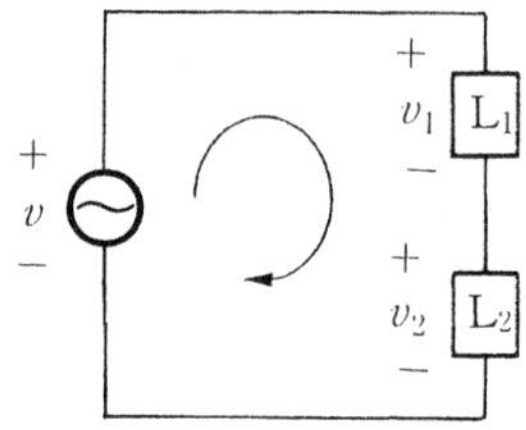

그림 7.42

✲ 풀이 전원 전압 v와 직렬 연결된 부하 전압 v_1과 v_2에 키르히호프 전압 법칙을 적용시키면 $v = v_1 + v_2$이고, $v_2 = v - v_1$이 된다. 이를 페이저로 표시하면 $\dot{V}_2 = \dot{V} - \dot{V}_1$이다. v와 v_1을 페이저로 표시하면 다음과 같이 된다.

$$\dot{V} = 220\angle 0°$$

$$\dot{V}_1 = 100\angle 30° = 86.60 + j50$$

따라서,

$$\dot{V}_2 = \dot{V} - \dot{V}_1 = 220 - (86.60 + j50) = 133.4 - j50$$

$$= 142.46\angle -20.55° \text{ [V]}$$

정현파로 고치면

$$v_2 = 142.46\sqrt{2}\sin(377t - 20.55°)$$

$$= 201.47\sin(377t - 20.55°) \text{ [V]}$$

가 된다.

연습문제 7-21 그림 7.43은 부하 L_1과 L_2가 병렬 연결되어 있다. 키르히호프 전류 법칙에서 $i=i_1+i_2$이다. 전류 i가 $i=10\sin\omega t$[mA]이고 i_2가 $i_2=8\sin(\omega t-30°)$[mA]이다. 부하 L_1에 흐르는 전류 i_1을 구하라.

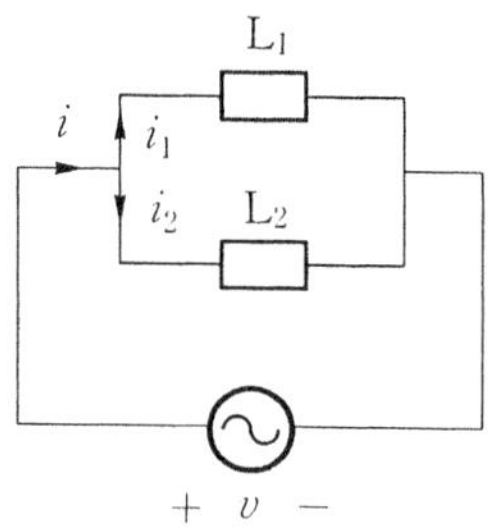

그림 7.43

7.5 수동 소자의 복소수 표시

이번 절에서 상용 전원이 왜 정현파를 이용하는지 설명된다. 저항에 교류 전압을 가하면 $i=\dfrac{v}{R}$의 전류가 흐르고 인덕턴스에 흐르는 전류가 i[A]이면 인덕턴스에는 $v=L\dfrac{di}{dt}$[V]의 전압이 유도된다. 또 커패시터에 나타나는 전압이 v일 때 커패시터에 흐르는 전류 i는 $i=C\dfrac{dv}{dt}$[A]가 됨을 이미 배웠다.

(1) 저항 R

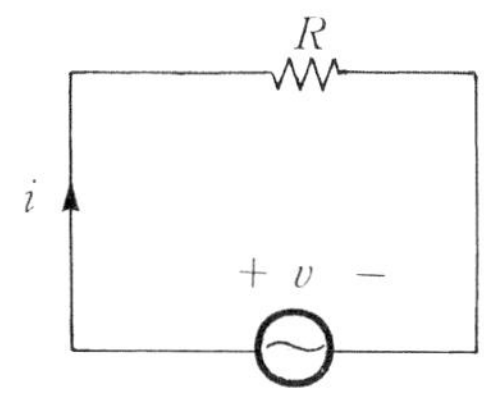

그림 7.44

그림 7.44의 저항 R의 회로에 전압

$$v = \sqrt{2}\, V \sin \omega t\,[\mathrm{V}]$$

를 가할 때 흐르는 전류 i는 옴의 법칙에서

$$i = \frac{v}{R} = \sqrt{2}\frac{V}{R}\sin \omega t\,[\mathrm{A}]$$
$$= \sqrt{2}\, I \sin \omega t\,[\mathrm{A}]$$

가 된다. 여기서 $I = \frac{V}{R}$가 되며 이는 실효값 관계이다. 전압 전류를 그래프로 그리면 그림 7.45와 같이 된다.

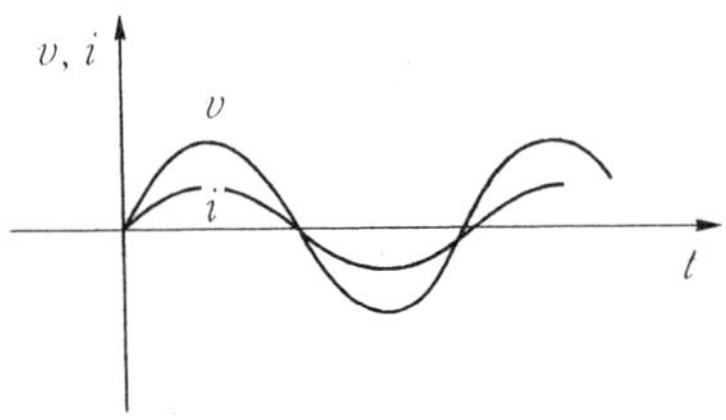

그림 7.45 순시값 그래프

다음에 위상각이 ϕ인 전압

$$v = \sqrt{2}\, V \sin(\omega t + \phi)\,[\mathrm{V}]$$

를 가하면 흐르는 전류 i는

$$i = \sqrt{2}\, I \sin(\omega t + \phi)\,[\mathrm{A}]$$

가 되며

$$I = \frac{V}{R}$$

이다.

따라서 전압 전류 관계를 다음과 같이 페이저로 표시할 수 있다. 저항 R에 $\dot{V} = V\angle\phi$의 전압을 가하면 흐르는 전류 $\dot{I}$는 $\dot{I} = I\angle\phi$가 되며

$$\frac{\dot{V}}{\dot{I}} = \frac{V\angle\phi}{I\angle\phi} = \frac{V}{I}\underline{/\phi - \phi} = R\angle 0$$

이다. 즉,

$$\dot{I} = \frac{\dot{V}}{R} \tag{7.6}$$

이다. 이는 옴의 법칙을 페이저로 표시한 것이다. 전류 $\dot{I}$와 전압 $\dot{V}$는 각속도가 ω인 페이저이지만, R은 다만 복소수의 실수항일 뿐이다.

즉, 저항 회로를 다음과 같이 요약할 수 있다.

1. $\dot{I} = \frac{\dot{V}}{R}$, $I = \frac{V}{R}$
2. 전압 v와 전류 i는 동일 각속도(주파수)
3. 전압 v와 전류 i는 동일 위상각

그림 7.45의 관계를 페이저도로 그리면 그림 7.46이 된다.

그림 7.46 페이저도

예제 7-22

그림 7.47의 저항 회로에서 저항 R의 크기가 $8\,[\Omega]$이고, 이 저항에 전압 $v = 12\sqrt{2}\sin(2000\pi t + 30^\circ)\,[\mathrm{V}]$를 가했다. 페이저 전류 $\dot{I}$를 구하고 페이저도를 그려라.

그림 7.47

✲ 풀이 전압을 페이저로 표시하면

$$\dot{V} = 12\angle 30^\circ\ [\mathrm{V}]$$

이다. 따라서 옴의 법칙에서

$$\dot{I}=\frac{\dot{V}}{R}=\frac{12\angle 30^\circ}{8}=1.5\angle 30^\circ\ [\mathrm{A}]$$

이며 페이저도는 그림 7.48과 같이 된다.

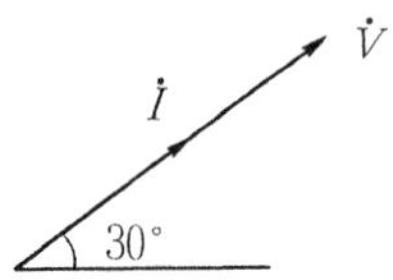

그림 7.48 페이저도

연습문제 7-22	그림 7.47의 저항 회로에서 저항 R의 크기가 $100\,[\Omega]$이고 이 저항에 흐르는 전류 $\dot{I}$가 $\dot{I}=1\angle-40^\circ\ [\mathrm{A}]$였다면 가한 전압을 정현파 순시값으로 구하라.

(2) 인덕턴스 L

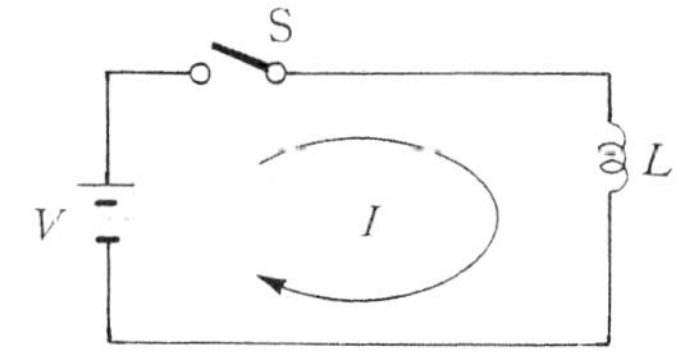

그림 7.49 스위치 S를 닫으면 무한대의 전류가 흐른다.

그림 7.49와 같이 인덕턴스 L인 인덕터에 직류 전압을 가한 경우를 생각해 본다. 스위치 S를 닫으면 인덕턴스는 전류의 급격한 변화를 억제하므로 전류는 천천히 증가하여 정상 상태의 경우, 인덕터에는 무한대의 전류가 흐른다. 인덕터에서 패러데이 법칙에 따른 기전력 $v=L\dfrac{di}{dt}\,[\mathrm{V}]$가 발생하려면 급격한 전류의 변화가 있어야 한다. 따라서 저항이 없는 순수한 인덕턴스에는 직류 전압을 가할 수가 없다.

그림 7.50은 저항 성분이 없는 인덕터에 정현파 전압을 가한 경우이다. 인덕턴스 L에

$$i=\sqrt{2}I\sin\omega t\,[\mathrm{A}]$$

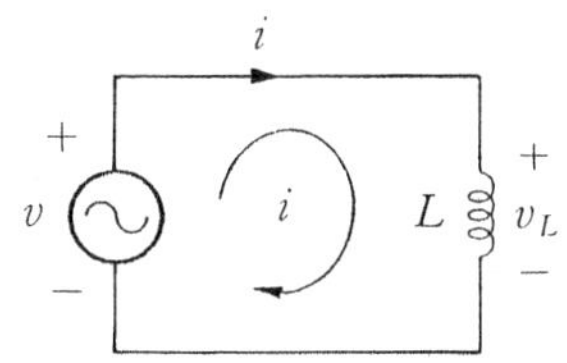

그림 7.50

의 정현파 전류가 흘렀다면 패러데이 법칙에 의해 발생한 기전력(역기전력) v_L은 다음과 같이 된다.

$$\begin{aligned} v_L &= L\frac{di}{dt} = L\frac{d}{dt}(\sqrt{2}I\sin\omega t) \\ &= \sqrt{2}LI\frac{d}{dt}\sin\omega t = \sqrt{2}\,\omega LI\cos\omega t \\ &= \sqrt{2}\,\omega LI\sin(\omega t + 90^\circ)\,[\mathrm{V}] \\ &= \sqrt{2}\,V\sin(\omega t + 90^\circ)\,[\mathrm{V}] \end{aligned}$$

그런데, 그림 7.50에서 전류 i 방향으로 가한 전압 v는 전압 상승, 역기전력 v_L은 전압 강하가 되므로 키르히호프 법칙에서

$$v - v_L = 0, \qquad v = v_L$$

이다. 따라서, 인덕턴스 L에

$$\begin{aligned} v &= \sqrt{2}\,\omega LI\sin(\omega t + 90^\circ)\,[\mathrm{V}] \\ &= \sqrt{2}\,V\sin(\omega t + 90^\circ)\,[\mathrm{V}] \end{aligned} \tag{7.7}$$

의 전압을 가하면

$$i = \sqrt{2}I\sin(\omega t + 0^\circ)\,[\mathrm{A}] \tag{7.8}$$

의 전류가 흐른다.

전압 v에서 실효값 전압 V와 실효값 전류 I 사이에는

$$V = \omega LI = X_L I\,[\mathrm{V}]$$

$$I = \frac{V}{\omega L} = \frac{V}{X_L}\,[\mathrm{A}]$$

$$X_L = \omega L = \frac{V}{I}[\Omega]$$

가 되며, $X_L = \omega L\,[\Omega]$을 유도성 리액턴스(reactance)라 부르며, 인덕턴스 회로에서 전류의 흐름을 억제하는 요소로, 단위는 옴(Ω)을 사용한다. 유도성 리액턴스는 각속도, 즉 주파수의 함수임을 유의한다. 즉, 전압의 주파수가 바뀌면 리액턴스의 크기가 변해 전류의 크기가 바뀐다.

또, 식 (7.7)과 식 (7.8)의 위상각을 검토하면 인덕턴스에서 유도되는 전압은 흐른 전류보다 위상이 90° 앞선다(lead). 이 두 식을 페이저로 표시하면 다음과 같다.

$$\dot{V} = \omega LI\angle 90^\circ = \omega L\angle 90^\circ \cdot I\angle 0^\circ = j\omega L \cdot \dot{I} \qquad (7.7b)$$

$$\dot{I} = I\angle 0^\circ \qquad (7.8b)$$

즉,

$$\dot{I} = \frac{\dot{V}}{j\omega L} = \frac{\dot{V}}{jX_L} \qquad (7.9)$$

$j\omega L = jX_L$은 페이저가 아니고 단순한 복소수의 허수임을 유의한다. 순시값 그래프와 페이저도는 그림 7.51과 같이 된다.

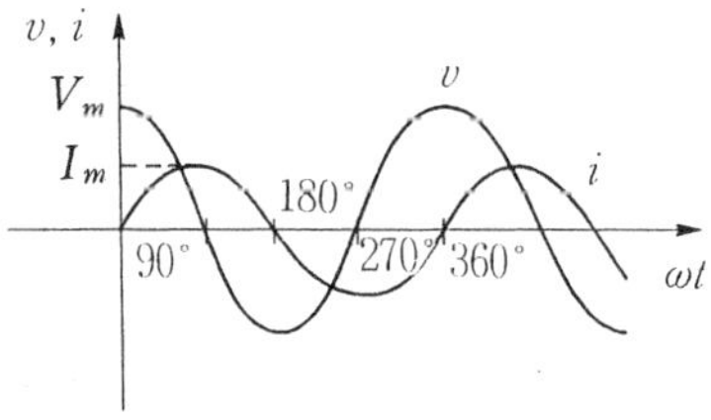

(a) 순시값 그래프

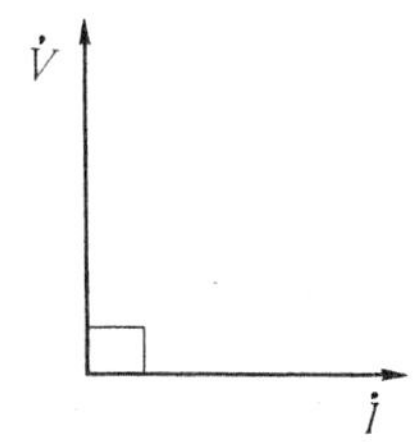

(b) 페이저도

그림 7.51

따라서 인덕턴스 회로는 다음과 같이 요약할 수 있다.

1. 인덕턴스의 유도성 리액턴스는 $X_L = \omega L\,[\Omega]$이고, 복소수로 표시하면 $jX_L = j\omega L\,[\Omega]$이다.
2. 옴의 법칙은 $I = \frac{V}{\omega L}\,[\mathrm{A}]$, $\dot{I} = \frac{\dot{V}}{j\omega L}\,[\mathrm{A}]$이다.
3. 전압과 전류는 같은 주파수이다.
4. 전압이 전류보다 위상이 90° 앞선다.

예제 7-23

그림의 인덕턴스 회로에서 인덕턴스 L의 크기가 100 [mH]이고, 가한 전압이 $v=220\sqrt{2}\sin(377t+30°)$ [V]일 때 다음을 구하라.

(1) 유도성 리액턴스 X_L

(2) 페이저 전류 $\dot{I}$

(3) 순시값 전류 i

(4) 전압 전류의 순시값 그래프와 페이저도

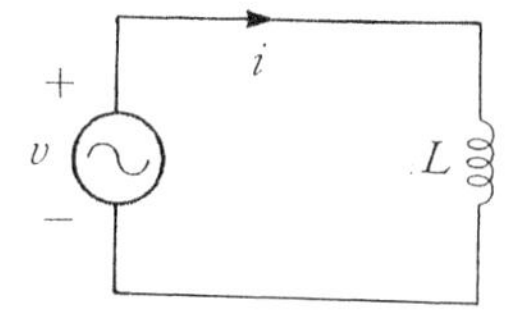

그림 7.52

✻ 풀이 (1) 가한 전압

$$v=220\sqrt{2}\sin(377t+30°)\ [\mathrm{V}]$$

에서 각속도 ω는 377 [rad/sec]이다. 따라서, 리액턴스 X_L은

$$X_L=\omega L=377\cdot 100\cdot 10^{-3}=37.7\ [\Omega]$$

(2) 전압을 페이저로 표시하면 실효값 220 [V], 위상각이 30°이므로,

$$\dot{V}=220\angle 30°\ [\mathrm{V}]$$

따라서, 옴의 법칙에서 페이저 전류 $\dot{I}$는

$$\dot{I}=\frac{\dot{V}}{jX_L}=\frac{220\angle 30°}{37.7\angle 90°}$$

$$=\frac{220}{37.7}\underline{/30°-90°}=5.84\angle -60°\ [\mathrm{A}]$$

(3) $\dot{I}=5.84\angle -60°$ [A]에서 실효값 전류는 5.84 [A]이고 위상각은 −60°, 각속도는 377 [rad/sec]이므로, 순시값 전류 i는

$$i=5.84\sqrt{2}\sin(377t-60°)\ [\mathrm{A}]$$

$$=8.26\sin(377t-60°)\ [\mathrm{A}]$$

(4)

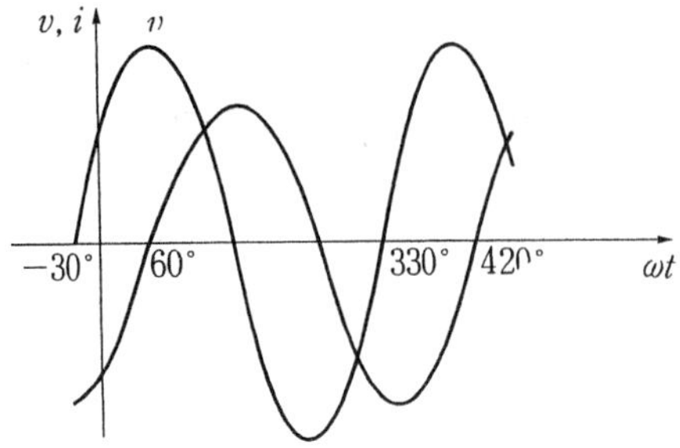

(a) 순시값 그래프

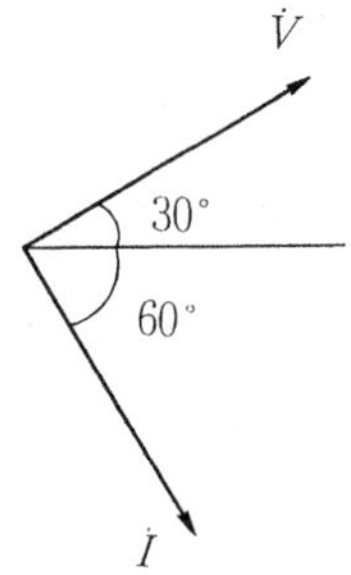

(b) 페이저도

그림 7.53

그림 (b)에서 전류 $\dot{I}$는 전압 $\dot{V}$보다 위상이 90° 늦다.

연습문제 7-23 그림 7.52에서 인덕턴스 L이 100 [μH]이고, 흐른 전류가

$$i = 3.2\sin 2\pi \cdot 10^7 t\,[\text{mA}]$$

이다. 페이저 전압 $\dot{V}$와 정현파 전압 v를 구하라.

(3) 커패시턴스 C

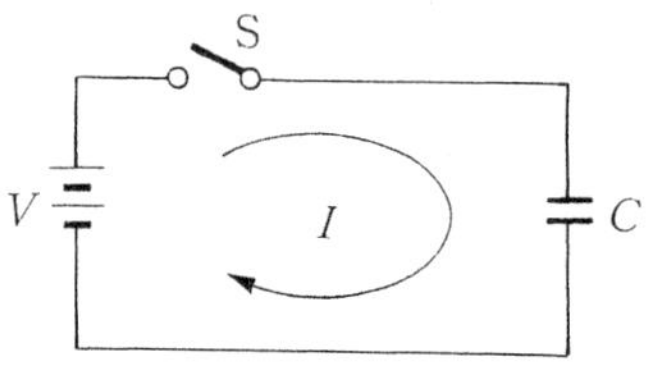

그림 7.54

그림 7.54에서 스위치 S를 닫으면 커패시터의 전압이 V가 될 때까지 전류가 흐르며, 그 다음부터는 전류가 흐르지 않는다. 즉 커패시터는 직류 전류가 흐르지 못하도록 직류 전류를 차단한다. 그러나, 커패시터에 정현파 전압을 가하면 그림 7.55에서

$$i = \frac{dq}{dt} = C\frac{dv}{dt}, \quad v = \frac{q}{C} = \frac{1}{C}\int i\,dt$$

가 되어 회로에 정현파 전류가 흐른다.

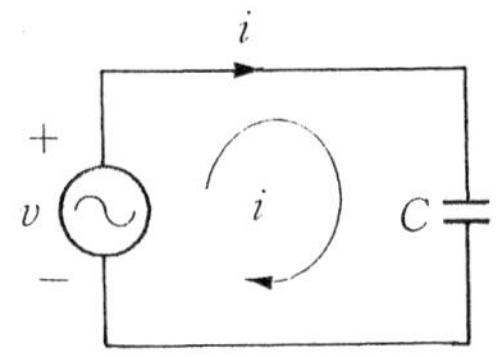

그림 7.55

커패시터나 인덕터에 정현파 전압을 가하면 회로에 정현파 전류가 흐르기 때문에 발전소에서 정현파 전압을 발생시켜 소비도 정현파 전압으로 한다. 그러나, 인덕터나 커패시터에 삼각파나 구형파 전압을 가하면 삼각파나 구형파 전류가 회로에 흐르지 않는다.

지금 그림 7.55의 커패시터에 정현파 전압

$$v=\sqrt{2}\,V\sin\omega t\,[\mathrm{V}] \tag{7.9a}$$

를 가하면 회로에 흐르는 전류 i는 다음과 같이 된다.

$$\begin{aligned} i &= C\frac{dv}{dt} = C\frac{d}{dt}(\sqrt{2}\,V\sin\omega t) \\ &= \sqrt{2}\,CV\frac{d}{dt}\sin\omega t = \sqrt{2}\,\omega CV\cos\omega t \\ &= \sqrt{2}\frac{V}{\frac{1}{\omega C}}\sin(\omega t + 90^\circ)\,[\mathrm{A}] \\ &= \sqrt{2}\frac{V}{X_C}\sin(\omega t + 90^\circ)\,[\mathrm{A}] \\ &= \sqrt{2}\,I\sin(\omega t + 90^\circ)\,[\mathrm{A}] \end{aligned}$$

즉, 커패시터에 흐르는 전류는 전압보다 위상이 90° 앞서고, 크기는

$$I=\frac{V}{X_C}=\frac{V}{\frac{1}{\omega C}}\,[\mathrm{A}]$$

이다. 여기서

$$X_C=\frac{1}{\omega C}\,[\Omega]$$

을 용량성 리액턴스(reactance)라 하고, 단위는 옴을 사용한다.

페이저로 표시하면 다음과 같이 된다.

$$\dot{V} = V\angle 0^\circ \tag{7.9b}$$

$$\dot{I} = \frac{V}{X_C}\angle 90^\circ = \frac{V\angle 0^\circ}{X_C\angle -90^\circ} = \frac{\dot{V}}{-jX_C} \tag{7.10b}$$

$$= \frac{\dot{V}}{-j\dfrac{1}{\omega C}}\,[\mathrm{A}] = j\omega C\dot{V}\,[\mathrm{A}]$$

또는

$$\dot{V} = -jX_C\dot{I} = -j\frac{1}{\omega C}\,\dot{I}\,[\mathrm{V}]$$

전압 전류 관계를 그림으로 그리면 그림 7.56과 같다.

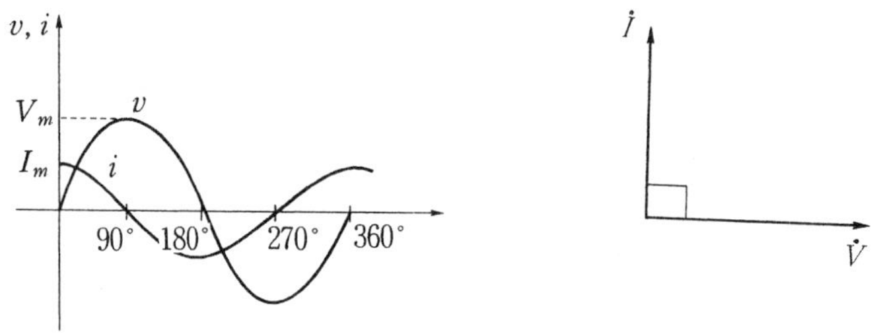

(a) 순시값 그래프 (b) 페이저도

그림 7.56

따라서 커패시턴스 회로는 다음과 같이 요약할 수 있다.

1. 커패시턴스의 용량성 리액턴스는 $X_C = \frac{1}{\omega C}\,[\Omega]$이고, 복소수로 표시하면 $-jX_C = -j\frac{1}{\omega C}\,[\Omega]$이다.
2. 옴의 법칙은 $I = \dfrac{V}{\frac{1}{\omega C}}\,[\mathrm{A}]$, $\dot{I} = \dfrac{\dot{V}}{-j\frac{1}{\omega C}}\,[\mathrm{A}]$이다.
3. 전압과 전류는 같은 주파수이다.
4. 전압이 전류보다 위상이 90° 늦다.

예제 7-24

그림 7.57에서 커패시턴스 C가 4.9 [μF]이고, 가한 전압이

$$v = 220\sqrt{2}\sin 377t\,[\mathrm{V}]$$

일 때 다음을 구하라.

(1) 용량성 리액턴스 X_C

(2) 페이저 전류 $\dot{I}$

(3) 순시값 전류 i

(4) 전압 전류의 순시값 그래프와 페이저도

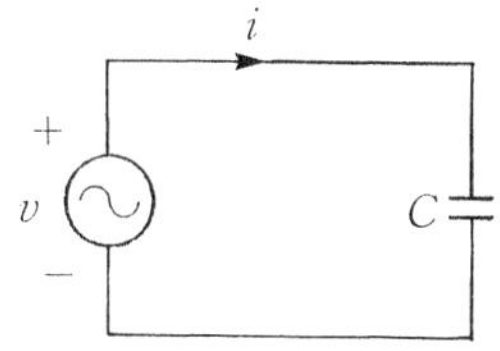

그림 7.57

✲ **풀이** (1) 가한 전압 v가 $v=220\sqrt{2}\sin 377t$[V]이므로, 각속도 ω는

$$\omega = 377\ [\text{rad/sec}]$$

이고, $C=4.9\ [\mu\text{F}]=4.9\times10^{-6}\ [\text{F}]$이다. 따라서,

$$X_C=\frac{1}{\omega C}=\frac{1}{377\times4.9\times10^{-6}}=\frac{10^6}{377\times4.9}=541.33\ [\Omega]$$

(2) 실효값 전압이 220[V]이고, 위상각이 0°이므로

$$\dot{V}=220\angle0°\ [\text{V}]$$

따라서,

$$\dot{I}=\frac{\dot{V}}{-jX_C}=\frac{220\angle0°}{-j541.33}=\frac{220\angle0°}{541.33\angle-90°}$$
$$=0.406\angle90°=j0.406\ [\text{A}]$$

(3) 실효값 전류가 0.406[A]이고, 위상각이 90°이므로

$$i=0.406\sqrt{2}\sin(377t+90°)\ [\text{A}]$$

(4)

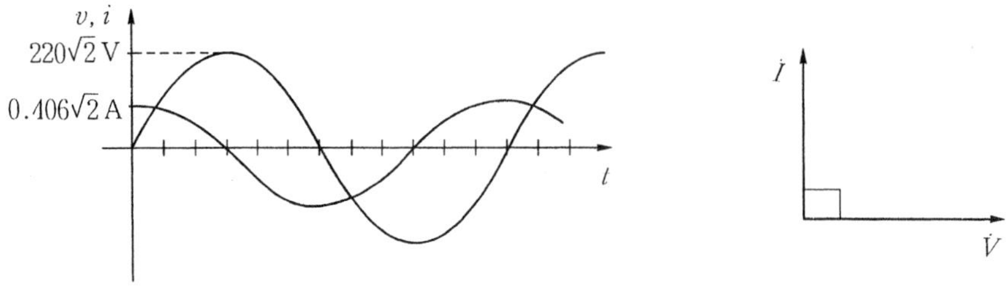

(a) 순시값 그래프 (b) 페이저도

그림 7.58

연습문제 7-24 그림 7.57의 커패시턴스 회로에서 정전 용량이 0.1 [μF]이고, 커패시터에 흐르는 전류가 $i = 0.1\sin(2\pi \cdot 10^4 t)$ [mA]일 때, 다음을 구하라.

(1) 리액턴스 X_C (2) 페이저 전압 $\dot{V}$

(3) 순시값 전압 v (4) 순시값 그래프와 페이저도

종합 문제

1. 수동 소자에는 (　　　), (　　　　), (　　　)가 있다.

2. 전압 v와 전류 i 사이에, 저항에서는 $i=\dfrac{v}{R}$가 되고, 인덕턴스에서는 $v=($　　　$)$, 커패시턴스에서는 $i=($　　　$)$가 된다.

3. 복소수는 (　　　　)와 (　　　)로 구성된다.

4. $\dot{A}=3+j4$인 복소수의 크기는 (　　　)이고, 편각은 (　　　)이다.

5. 크기가 15이고 편각이 30도인 복소수의 실수부는 (　　　)이고, 허수부는 (　　)이다.

6. 어떤 복소수에 허수 단위 j를 곱한 결과는 (　　) 방향으로 (　　)도 회전한 것이다.

7. 어떤 복소수를 허수 단위 j로 나눈 결과는 (　　) 방향으로 (　　)도 회전한 것이다.

8. 평면상에서 복소수의 계산은 (　　　)와 마찬가지로 한다.

9. 정현파 전압 $v=V_m\sin(\omega t+\theta)$ [V]를 페이저로 표시하면, 크기는 (　　　　)이고, 편각은 (　　　)인 복소수이다.

10. 주파수 60 [Hz]인 정현파 전류 $\dot{I}=10\angle 30°$ [A]를 순시값으로 표시하면 $i=$ (　　　) [A]가 된다.

11. 인덕턴스에 흐르는 전류와 전압 사이에는 전류의 위상이 전압의 위상보다 90° 앞선다.(○ 또는 ×)

12. 커패시턴스에 흐르는 전류와 전압의 위상은 전압의 위상이 90° 앞선다.(○ 또는 ×)

13. 커패시턴스나 인덕턴스에 삼각파 전압을 가하면 흐르는 전류도 삼각파이다. (○ 또는 ×)

14. $v_1 = 20\sqrt{2}\sin\omega t$, $v_2 = 50\sqrt{2}\cos\left(\omega t - \frac{\pi}{6}\right)$일 때 $v_1 + v_2$의 실효값은 몇 V인가?

㉮ $\sqrt{3900}$ ㉯ $\sqrt{3400}$ ㉰ $\sqrt{2900}$ ㉱ $\sqrt{2400}$

15. $i_1 = I_{m1}\sin\omega t$와 $i_2 = I_{m2}\sin(\omega t + \alpha)$의 두 전류를 합성할 때 다음 중 잘못된 것은?

㉮ 최대값은 $\sqrt{I_{m1}{}^2 + I_{m2}{}^2}$이다.

㉯ 초기 위상은 $\tan^{-1}\dfrac{I_{m2}\sin\alpha}{I_{m1} + I_{m2}\cos\alpha}$ 이다.

㉰ 주파수는 $\dfrac{\omega}{2\pi}$ 이다.

㉱ 파형은 정현파이다.

16. $i_1 = 5\sqrt{2}\sin(\omega t + \theta)$와 $i_2 = 3\sqrt{2}\sin(\omega t + \theta - \pi)$와의 차에 상당하는 전류의 실효값은 몇 A인가?

㉮ $9\sqrt{2}$ ㉯ 8 ㉰ 3 ㉱ $3\sqrt{2}$

17. $\dot{I}_1 = 5\left(\cos\frac{\pi}{6} + j\sin\frac{\pi}{6}\right)$와 $\dot{I}_2 = 4\left(\cos\frac{\pi}{3} + j\sin\frac{\pi}{3}\right)$로 표시되는 두 페이저의 곱은?

㉮ $20 + j20$ ㉯ $10 + j20$ ㉰ $20 + j10$ ㉱ $j20$

18. 복소수 $\dot{I}_1 = 10\angle\tan^{-1}\frac{4}{3}$, $\dot{I}_2 = 10\angle\tan^{-1}\frac{3}{4}$일 때 $\dot{I} = \dot{I}_1 + \dot{I}_2$는 얼마인가?

㉮ $-2 + j2$ ㉯ $14 + j14$ ㉰ $14 + j4$ ㉱ $14 + j3$

19. $\dot{A}_1 = 20\left(\cos\frac{\pi}{3} + j\sin\frac{\pi}{3}\right)$, $\dot{A}_2 = 5\left(\cos\frac{\pi}{6} + j\sin\frac{\pi}{6}\right)$로 표시되는 두 복소수가 있다. $\dot{A}_3 = \dot{A}_1/\dot{A}_2$의 값은 얼마인가?

㉮ $10\left(\cos\frac{\pi}{3} + j\sin\frac{\pi}{3}\right)$ ㉯ $10\left(\cos\frac{\pi}{6} + j\sin\frac{\pi}{6}\right)$

㉰ $4\left(\cos\frac{\pi}{3} + j\sin\frac{\pi}{3}\right)$ ㉱ $4\left(\cos\frac{\pi}{6} + j\sin\frac{\pi}{6}\right)$

20. $v = 100\sqrt{2}\sin\left(\omega t + \frac{\pi}{3}\right)$를 복소수로 표시하면?

㉮ $50\sqrt{3} + j50\sqrt{3}$ ㉯ $50 + j50\sqrt{3}$

㉰ $50 + j50$ ㉱ $50\sqrt{3} + j50$

21. 정현파 전압 및 전류를 복소수로 표시하는 페이저 기호 방법 중 잘못된 것은?

㉮ 정현파 전압 또는 전류를 복소수 평면에서 페이저로써 표시한다.

㉯ 정현파 전압 또는 전류의 순시값을 구할 때에는 복소수의 허수부를 취급하지 않는다.

㉰ 회전 페이저를 정지 페이저로 취급한다.

㉱ 최대값 대신에 실효값을 쓰기도 한다.

22. 0.1 [H]인 코일의 리액턴스가 377 [Ω]일 때 주파수는 몇 Hz인가?

㉮ 60 ㉯ 120 ㉰ 360 ㉱ 600

23. 어떤 회로에 전압 $v(t)=V_m\cos\omega t$를 가했더니 그 회로에 흐르는 전류가 $i(t)=I_m\sin\omega t$였다. 이 회로가 한 개의 회로 소자로 구성되어 있다면 이 소자의 종류는? 단, $V_m>0$, $I_m>0$이다.

㉮ 저항 ㉯ 인덕턴스 ㉰ 정전 용량 ㉱ 컨덕턴스

24. 4 [H] 인덕터에 $\dot{V}=8\angle-50°$ [V]의 전압을 가하였을 때 흐르는 전류의 순시값은 몇 A인가?

㉮ $\sin(100t-140°)$ ㉯ $0.02\sin(100t-140°)$

㉰ $\cos(100t-140°)$ ㉱ $0.02\cos(100t-140°)$

25. $i(t)=I_0 e^{st}$ [A]로 주어지는 전류가 L에 흐르는 경우 임피던스는?

㉮ $\frac{1}{sL}$ ㉯ sL ㉰ $\frac{s}{L}$ ㉱ $\frac{L}{s}$

26. 1 [μF]인 콘덴서가 60 [Hz]인 전원에 대한 용량 리액턴스의 값은 몇 Ω인가?

㉮ 2753 ㉯ 2653 ㉰ 2600 ㉱ 2500

27. 60 [Hz], 100 [V]의 교류 전압을 어떤 콘덴서에 가할 때 1 [A]의 전류가 흐른다면, 이 콘덴서의 정전 용량은 몇 μF인가?

㉮ 377 ㉯ 265 ㉰ 26.5 ㉱ 2.65

28. 60 [Hz]에서 3 [Ω]의 리액턴스를 갖는 자기 인덕턴스 및 정전 용량 값은?

㉮ 6 [mH], 660 [μF] ㉯ 7 [mH], 770 [μF]

㉰ 8 [mH], 880 [μF] ㉱ 9 [mH], 990 [μF]

29. 정전 용량 C만의 회로에 100 [V], 60 [Hz]의 교류를 가하니 60 [mA]의 전류가 흐른다. C는 얼마인가?

㉮ 5.26 [μF]　㉯ 4.32 [μF]　㉰ 3.56 [μF]　㉱ 1.59 [μF]

30. 콘덴서만의 회로에서 전압과 전류 사이의 위상 관계는?

㉮ 전압이 전류보다 180° 앞선다.
㉯ 전압이 전류보다 180° 뒤진다.
㉰ 전압이 전류보다 90° 앞선다.
㉱ 전압이 전류보다 90° 뒤진다.

31. 어느 소자에 전압 $v = 125\sin 377t$ [V]를 인가하니 전류 $i = 50\cos 377t$ [A]가 흘렀다. 이 소자는 무엇인가?

㉮ 순 저항　㉯ 저항과 용량 리액턴스
㉰ 용량 리액턴스　㉱ 유도 리액턴스

32. $i(t) = I_0 e^{st}$로 주어지는 전류가 C에 흐르는 경우의 임피던스는?

㉮ C　㉯ sC　㉰ $\dfrac{1}{sC}$　㉱ $\dfrac{1}{j\omega C}$

33. 0.1 [μF]인 콘덴서에 $v = 2\sin(2\pi 100t)$의 전압을 인가했을 때 $t = 0$에서의 전류는 몇 mA인가?

㉮ 0　㉯ 0.01　㉰ 0.1256　㉱ 1.25

34. 최대값이 10 [A], 주파수가 10 [Hz]이고 $t = 0$인 순시값이 5 [A]인 교류 전류식은?

㉮ $10\sin\left(20\pi t \pm \dfrac{\pi}{3}\right)$　㉯ $10\cos\left(20\pi t \pm \dfrac{\pi}{3}\right)$
㉰ $10\sin(20\pi t)$　㉱ $10\cos(20\pi t)$

익힘 문제

1. 그림의 복소수를 직교 좌표 형식과 극좌표 형식으로 표시하라.

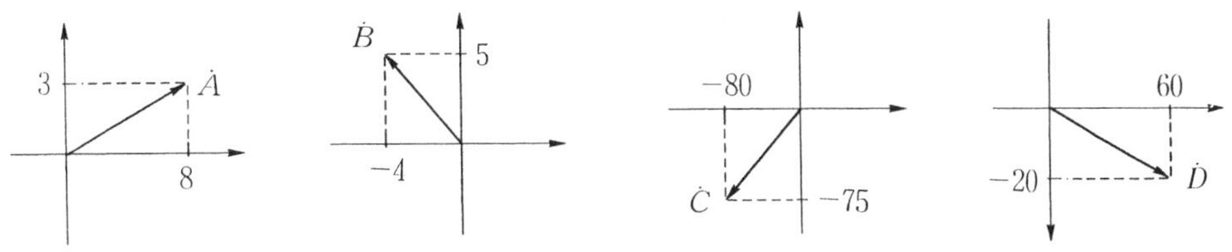

(a) (b) (c) (d)

2. 그림의 복소수를 직교 좌표 형식과 극좌표 형식으로 표시하라.

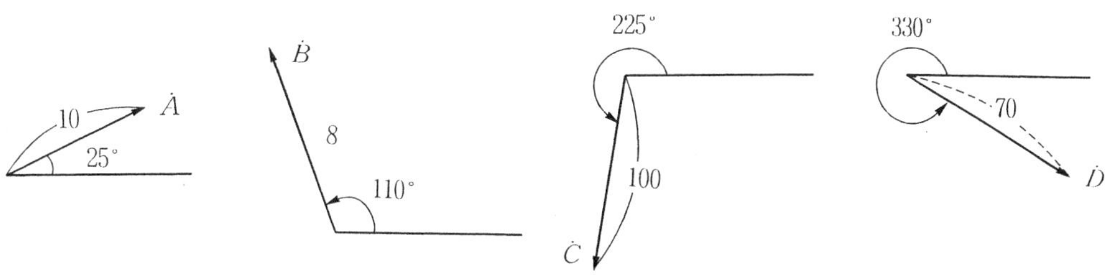

(a) (b) (c) (d)

3. 다음 복소수를 직교 좌표에 그려라.

(1) $\dot{A} = -8 + j3$ (2) $\dot{B} = 7.5 + j4.3$

(3) $\dot{C} = 6 + j8$ (4) $\dot{D} = -5 - j6$

4. 다음 복소수를 극좌표에 그려라.

(1) $\dot{A} = 10\angle 30°$ (2) $\dot{B} = 10\angle 120°$

(3) $\dot{C} = 5\angle -120°$ (4) $\dot{D} = 5\angle -45°$

5. 다음 직교 좌표 형식을 극좌표 형식으로 바꿔라.

(1) $\dot{A}=-45+j17$ (2) $\dot{B}=-40-j90$

(3) $\dot{C}=75+j109$ (4) $\dot{D}=26-j85$

(5) $\dot{E}=17+j99$ (6) $\dot{F}=19-j40$

6. 다음 극좌표 형식을 직교 좌표 형식으로 바꿔라.

(1) $\dot{A}=31\angle-21^\circ$ (2) $\dot{B}=89\angle27^\circ$

(3) $\dot{C}=-15\angle-31^\circ$ (4) $\dot{D}=-48\angle27^\circ$

(5) $\dot{E}=58\angle38^\circ$ (6) $\dot{F}=-10\angle-121^\circ$

7. 다음 복소수를 간단히 하여 결과를 극좌표로 표시하라.

(1) $(16-j9)+(-17+j20)$

(2) $17\angle30^\circ+49\angle-135^\circ$

(3) $(-37-j28)+42\angle-28^\circ$

(4) $(47-j28)-32\angle28^\circ$

(5) $-15\angle128^\circ-17\angle49^\circ$

(6) $(-67-j128)-90\angle38^\circ$

8. 다음 복소수를 간단히 하여 결과를 직교 좌표로 표시하라.

(1) $(78-j69)\div(4+j9)$

(2) $(8.7-j3.2)\div(2+j3)$

(3) $(-18-j4.1)\times(7-j2)$

(4) $17\angle-21^\circ\div(6-j2)$

(5) $(17-j11)\div4\angle-20^\circ$

(6) $(-29-j9)\times17\angle39^\circ$

9. 다음 복소수를 간단히 하라.

(1) $\dfrac{17-j6}{2+j3}+10\angle36^\circ$

(2) $\dfrac{-40+j29}{18+j9}-4\angle-17^\circ$

(3) $(16-j6)\times(19+j8)+\dfrac{46-j28}{2-j9}$

(4) $86\angle -121° + 75\angle 29° - 35\angle 129°$

(5) $\dfrac{98+j108}{31-j8} \times \dfrac{139-j48}{6+j9} + 15\angle -49°$

(6) $\dfrac{410+j240}{36-j48} \times 16\angle 20° + 46\angle -45°$

(7) $\dfrac{(6\angle 30°)^2 \times 10\angle -30°}{8-j9} + 10\angle 46°$

10. 다음 순시값을 페이저로 표시하고, 페이저도를 그려라.

(1) $v = 220\sqrt{2}\sin(377t + 30°)$ [V]

$i = 10\sqrt{2}\sin(377t - 10°)$ [A]

(2) $v = 10\sin(2\pi \cdot 10^4 t - 20°)$ [V]

$i = \sin(2\pi \cdot 10^4 t - 50°)$ [mA]

(3) $v = 12\sin(2\pi \cdot 10^6 t)$ [V]

$i = 0.1\sin(2\pi \cdot 10^6 t - 25°)$ [μA]

11. 다음의 페이저 표시를 순시값 표시로 바꾸고, 순시값 그래프를 그려라.

(1) $\dot{V} = 220\angle 0°$ [V], $\dot{I} = 4\angle -36°$ [A], $f = 60$ [Hz]

(2) $\dot{V} = 6\angle 30°$ [V], $\dot{I} = 0.3\angle -10°$ [mA], $f = 10^3$ [Hz]

(3) $\dot{V} = \dfrac{10}{\sqrt{2}}\angle -10°$ [V], $\dot{I} = \dfrac{1}{\sqrt{2}}\angle +20°$ [μA], $f = 100$ [kHz]

12. $v_1 = 100\sqrt{2}\sin(377t + 30°)$ [V], $v_2 = 100\sqrt{2}\sin(377t - 15°)$ [V]일 때, $v = v_1 + v_2$와 $v = v_1 - v_2$를 구하라.

13. 그림 7.60에서 부하 L_1과 L_2를 직렬 연결하여 $v = 12\sin(1000t)$ [V]를 가했다. 부하 L_1의 전압이 $v_1 = 8\sin(1000t - 30°)$ [V]일 때 부하 L_2의 전압 강하 v_2는 얼마인가?

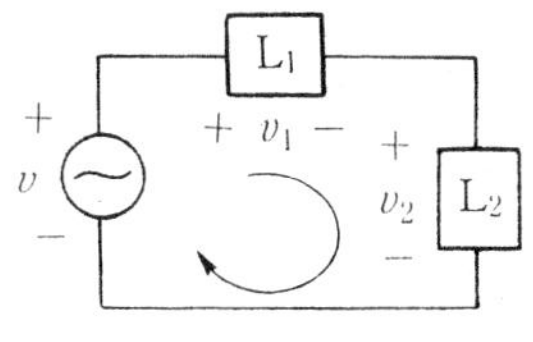

14. 그림에서 부하 L_1, L_2, L_3가 직렬 연결되어 있다. 각각의 부하 전압 강하가 v_1, v_2, v_3일 때 키르히호프 법칙에서 $v = v_1 + v_2 + v_3$이다. v_1, v_2, v_3가 다음과 같을 때 가한 전압 v는 얼마인가?

$$v_1 = 38\sin(377t - 30°)\,[\text{V}]$$
$$v_2 = 140\sin(377t + 45°)\,[\text{V}]$$
$$v_3 = 170\sin(377t - 15°)\,[\text{V}]$$

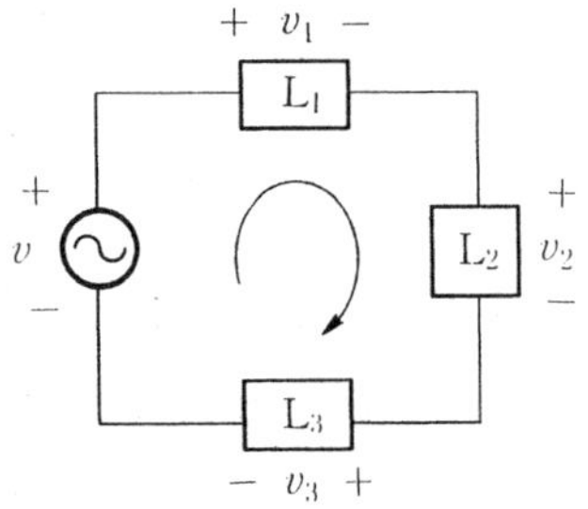

15. 그림에서 3개의 부하를 병렬 연결시켜 정현파 전압을 가했다. 지로 전류 i, i_1, i_2가 다음과 같을 때 부하 L_3의 전류 i_3는 얼마인가?

$$i = 3\sqrt{2}\sin(377t - 30°)\,[\text{A}]$$
$$i_1 = \sqrt{2}\sin(377t - 10°)\,[\text{A}]$$
$$i_2 = 2\sqrt{2}\sin(377t + 20°)\,[\text{A}]$$

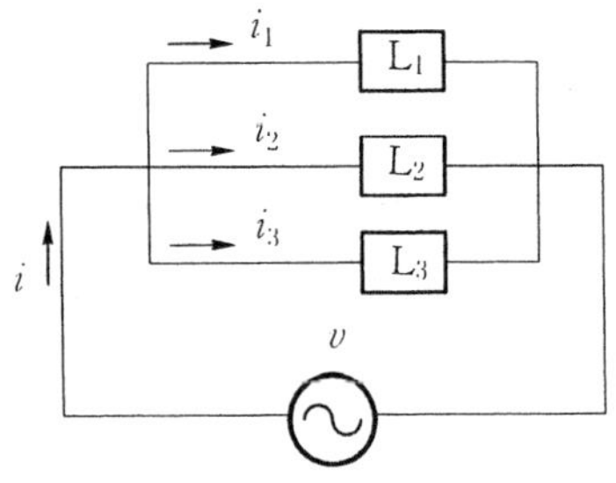

16. 저항의 크기가 100 [Ω]인 저항기에 $v = 200\sqrt{2}\sin(377t + 10°)\,[\text{V}]$인 정현파 전압을 가했을 때 이 저항에 흐르는 페이저 전류를 다음과 같이 구하라.

(1) 전압 v를 페이저로 표시하라.

(2) $\dot{I} = \dfrac{\dot{V}}{R}$에서 페이저 전류를 구하라.

(3) 페이저도를 그려라.

17. 저항의 크기가 8[Ω]인 저항기에 흐르는 전류가 $\dot{I}=0.3\angle-30°$ [mA]일 때, 이 저항에 가한 전압을 정현파 순시값으로 구하라.

18. 인덕턴스의 크기가 10[mH]인 인덕터에 $v=12\sin(10^4\pi t)$ [V]의 전압을 가할 때, 페이저 전류 $\dot{I}$를 구하고, 페이저도를 그려라.

19. 80[mH]인 인덕터에 흐르는 전류가 $\dot{I}=80\angle 10°$ [mA]일 때 가한 전압을 정현파 순시값으로 구하라. 단, 주파수는 60[Hz]이다.

20. 커패시턴스의 크기가 4.9[μF]인 커패시터에 $v=6\sqrt{2}\sin(377t+30°)$ [V]의 전압을 가할 때, 페이저 전류 $\dot{I}$를 구하고 페이저도를 그려라.

21. 커패시턴스의 크기가 9.8[pF]인 커패시터에 흐르는 전류가 $\dot{I}=30\angle-30°$ [μA]일 때 가한 전압을 정현파 순시값으로 표시하라. 단, 주파수는 10[kHz]이다.

8 직렬 회로와 병렬 회로(교류)

교류 회로의 수동 소자에는 저항, 인덕턴스, 커패시턴스가 있다. 이번 8장에서는 이들 세 수동 소자를 연결했을 경우 전압과 전류의 관계를 공부한다. 물론 순시값으로 다루지 않고 페이저로 다룬다. 교류 전력은 10장에서 취급한다. 교류 회로에서는 전압과 전류의 위상차가 또 하나의 중요한 요소이다.

8.1 RC 회로

저항에 걸리는 전압과 흐르는 전류 사이에는 위상이 같다. 그러나 커패시턴스에서는 전류가 전압보다 위상이 90° 앞선다.

(1) 직렬 회로

그림 8.1은 저항 R과 커패시턴스 C가 직렬로 연결되어 있다. 회로에 흐르는 전류가

$$\dot{I} = I\angle 0° \text{ [A]}$$

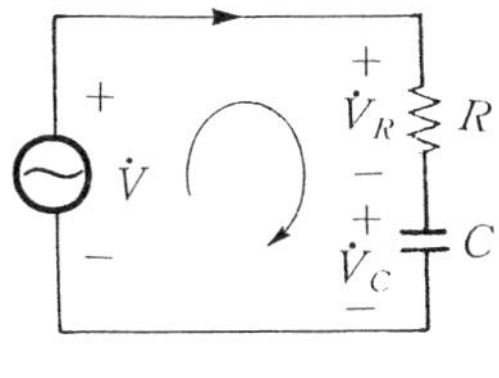

그림 8.1

일 때 $\dot{V}_R$, $\dot{V}_C$ 및 가한 전압 $\dot{V}$의 크기와 위상은 어떻게 되는가?

용량성 리액턴스를 복소수로 표시하면

$$-jX_C = -j\frac{1}{\omega C} = \frac{1}{j\omega C}$$

이므로 $\dot{V}_R$와 $\dot{V}_C$는 옴의 법칙에서 다음과 같이 된다.

$$\dot{V}_R = R\dot{I} = RI\angle 0°$$

$$\dot{V}_C = -jX_C\dot{I} = X_C\angle -90° \cdot I\angle 0° = X_C I\angle -90°$$

키르히호프 전압 법칙에서

$$\dot{V} = \dot{V}_R + \dot{V}_C$$

이므로

$$\begin{aligned}\dot{V} &= R\dot{I} - jX_C\dot{I} = (R - jX_C)\dot{I} \\ &= \sqrt{R^2 + X_C{}^2}\angle\tan^{-1}\frac{-X_C}{R}\; I\angle 0° \\ &= \sqrt{R^2 + X_C{}^2} \cdot I\angle -\tan^{-1}\frac{X_C}{R} \\ &= V\angle\theta\end{aligned}$$

가 된다. 즉 RC 직렬 회로의 경우

$$I = \frac{V}{\sqrt{R^2 + X_C{}^2}} = \frac{V}{Z}\,[\mathrm{A}]$$

$\theta = -\tan^{-1}\frac{X_C}{R}$ (가한 전압 V가 전류 I보다 위상이 $\tan^{-1}\frac{X_C}{R}$ 만큼 뒤짐 (lagging))이다. 이상을 페이저로 간단히 표시하면

$$\dot{I} = \frac{\dot{V}}{\dot{Z}} \tag{8.1}$$

와 같이 옴의 법칙이 성립되며 크기와 편각이 포함되어 있다.

$$\dot{Z} = R - jX_C = \sqrt{R^2 + X_C{}^2}\angle -\tan^{-1}\frac{X_C}{R} = Z\angle\theta\,[\Omega]$$

을 복소 평면에 그리면 그림 8.2와 같이 되며 이를 임피던스 평면이라 한다.

$Z=\sqrt{R^2+X_C{}^2}$을 임피던스(impedance)라 하고 단위는 Ω을 사용한다. $\dot{Z}=R-j\frac{1}{\omega C}$은 복소 임피던스라 한다. 다음 예에서 회로를 다루는 방법을 철저히 이해해 주기 바란다.

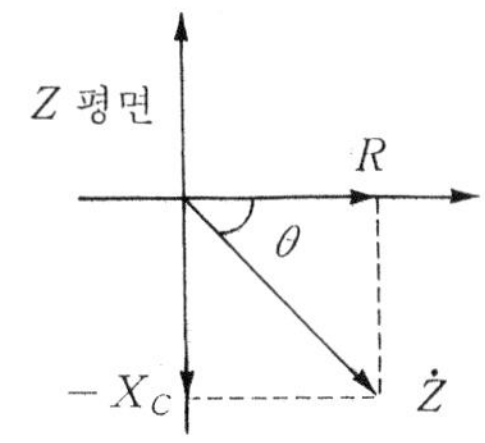

그림 8.2 임피던스 평면

예제 8-1

그림 8.3의 *RC* 직렬 회로에 흐르는 전류가 $i=3\sqrt{2}\sin(377t)$ [A]이다. 저항 R이 40 [Ω]이고 커패시턴스 C가 88.42 [μF]이다. 다음을 구하라.

① 용량성 리액턴스 X_C

② 복소 임피던스 $\dot{Z}$

③ 임피던스도

④ 페이저 전류 $\dot{I}$

⑤ 페이저 전압 $\dot{V}_R$, $\dot{V}_C$, $\dot{V}$

⑥ 페이저도

⑦ 실효값 전압 $V_R+V_C=V$가 성립하는가?

⑧ 순시값 전압 v_R, v_C, v

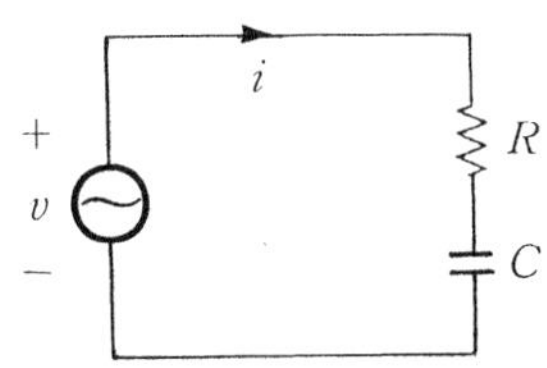

그림 8.3 *RC* 직렬 회로

✲ 풀이 $i=3\sqrt{2}\sin 377\,t$ [A]에서 $\omega=377$ [rad/sec]이다.

① $X_C=\frac{1}{\omega C}=\frac{1}{377\times 88.42\times 10^{-6}}=\frac{10^6}{377\times 88.42}=30$ [Ω]

② $\dot{Z}=R-jX_C=40-j30=50\angle-36.87°[\Omega]$

임피던스의 크기는 $Z=50\ [\Omega]$이고 임피던스각은 $-36.87°$이다.

③ 임피던스 평면에 임피던스도를 그리면 그림 8.4와 같다.

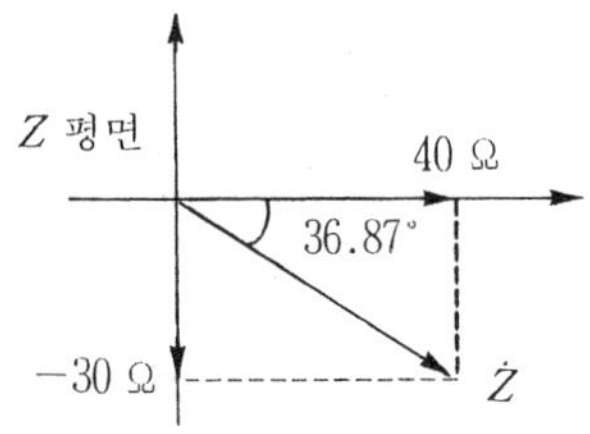

그림 8.4

④ $i=3\sqrt{2}\sin 377t$ [A]에서 실효값은 3 [A]이고 편각은 $0°$이므로

$\dot{I}=3\angle0°[A]$

⑤ $\dot{V}_R=R\dot{I}=40\cdot3\angle0°=120\angle0°$ [V]

$\dot{V}_C=-jX_C\dot{I}=-j30\cdot3\angle0°$

$=30\angle-90°\cdot3\angle0°=90\angle-90°$ [V]

$\dot{V}=\dot{V}_R+\dot{V}_C=120-j90=150\angle-36.87°$ [V]

⑥ 그림의 페이저도에서 $\dot{V}$는 $\dot{I}$보다 위상이 36.87° 늦다.

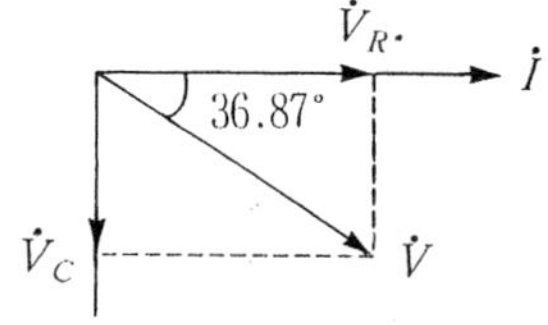

그림 8.5

⑦ $V_R+V_C=120+90=210\neq150=V$

즉, $\dot{V}_R+\dot{V}_C=\dot{V}$이며 $V_R+V_C\neq V$이다.

⑧ $v_R=120\sqrt{2}\sin 377t$ [V]

$v_C=90\sqrt{2}\sin(377t-90°)$ [V]

$$v = 150\sqrt{2}\sin(377\,t - 36.87^{\circ})\,[\mathrm{V}]$$

이고 $i = 3\sqrt{2}\sin 377t\,[\mathrm{A}]$ 이므로 v가 i보다 위상이 36.87°만큼 늦다.

연습문제 8-1 그림 8.6의 RC 직렬 회로에 $\dot{V} = 50\angle 0^{\circ}\,[\mathrm{V}]$를 가했다. 저항 R이 $1\,[\mathrm{k}\Omega]$이고 리액턴스 X_C가 $2\,[\mathrm{k}\Omega]$이라 한다. 다음을 구하라.

① 임피던스와 임피던스도

② 전류 $\dot{I}$와 페이저도

③ $f = 1\,[\mathrm{kHz}]$일 때 정현파 전류 i

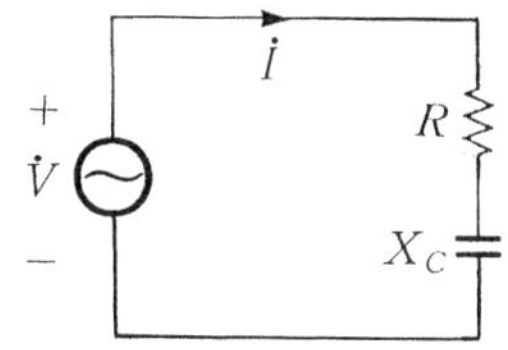

그림 8.6

---

(2) 병렬 회로

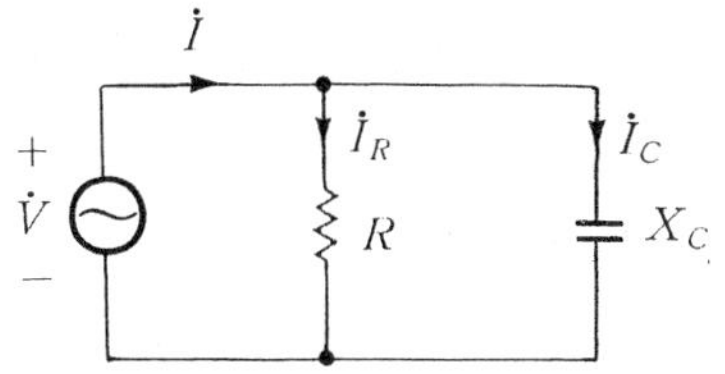

그림 8.7 병렬 회로

그림 8.7은 저항 R과 커패시턴스 C가 병렬로 연결되어 있다. 회로에 $\dot{V} = V\angle 0^{\circ}[\mathrm{V}]$의 전압을 가했다. 전류 $\dot{I}_R$, $\dot{I}_C$는 옴의 법칙에서

$$\dot{I}_R = \frac{\dot{V}}{R}\ , \qquad \dot{I}_C = \frac{\dot{V}}{-jX_C}$$

이며 키르히호프 전류 법칙에서 합성 전류 $\dot{I}$는

$$\dot{I} = \dot{I}_R + \dot{I}_C = \left(\frac{1}{R} - \frac{1}{jX_C}\right)\dot{V} = \left(\frac{1}{R} + j\frac{1}{X_C}\right)\dot{V}$$
$$= (G + jB_C)\dot{V} = \sqrt{G^2 + B_C^2} \cdot V \angle \tan^{-1}\frac{B_C}{G} = I \angle \theta$$

가 된다.

전압-전류의 페이저도를 그리면 그림 8.8과 같이 된다. 전류 I가 전압 V보다 위상이

$$\theta = \tan^{-1}\frac{B_C}{G}$$

만큼 앞선다.

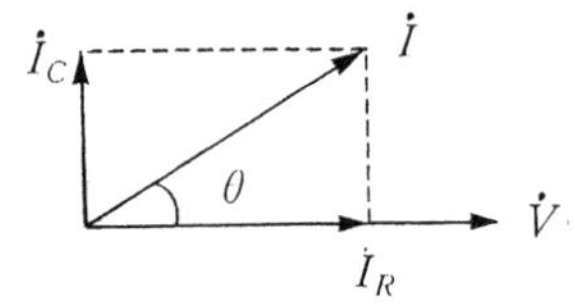

그림 8.8 페이저도

$$\dot{Y} = \frac{1}{R} + j\frac{1}{X_C} = G + jB_C \,[\mathrm{S}]$$

에서 $Y = \sqrt{G^2 + B_C{}^2}$ 을 어드미턴스(admittance)라 하고 $\dot{Y}$를 복소 어드미턴스, 실수부 G를 컨덕턴스(conductance), 허수부 B_C를 용량성 서셉턴스(susceptance)라 하고 단위는 지멘스(siemens) 또는 모(mho ℧)를 사용한다.

복소 어드미턴스를 복소 평면에 그리면 그림 8.9와 같이 되고 이 평면을 어드미턴스 평면이라 부른다.

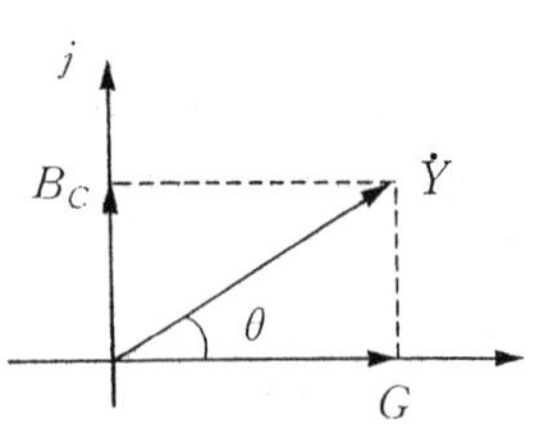

그림 8.9 어드미턴스도

예제 8-2

그림 8.10에 *RC* 병렬 회로가 있다. 다음을 구하라.

① 어드미턴스와 어드미턴스도

② $\dot{I}_R$, $\dot{I}_C$, $\dot{I}$

③ 페이저도

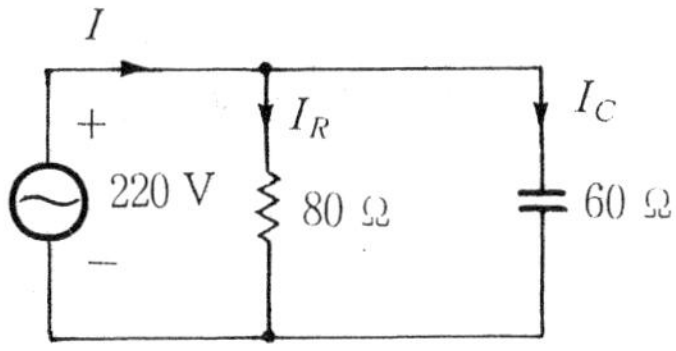

그림 8.10

✻ 풀이 ① $\dot{Y}=\dfrac{1}{80}+j\dfrac{1}{60}=0.0125+j\,0.0167\,[\mathrm{S}]$

$=0.0209\angle 53.19°\,[\mathrm{S}]$

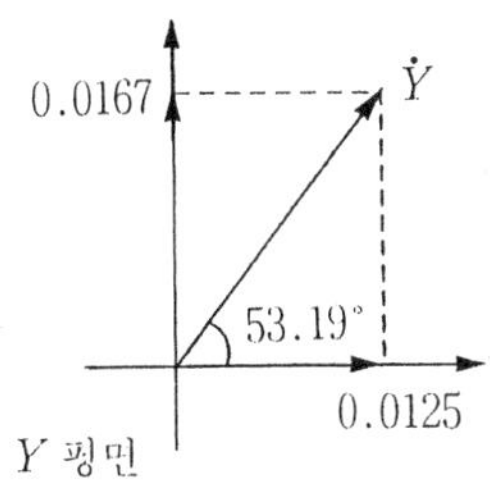

그림 8.11 어드미턴스도

② $\dot{I}=\dot{Y}\dot{V}=(0.0125+j0.0167)\cdot 220$

$=2.75+j\,3.674\,[\mathrm{A}]$

$=4.589\angle 53.19°\,[\mathrm{A}]$

따라서

$\dot{I}_R=2.75\,[\mathrm{A}]$

$\dot{I}_C=j3.674\,[\mathrm{A}]$

$\dot{I}=4.589\angle 53.19°\,[\mathrm{A}]$

③

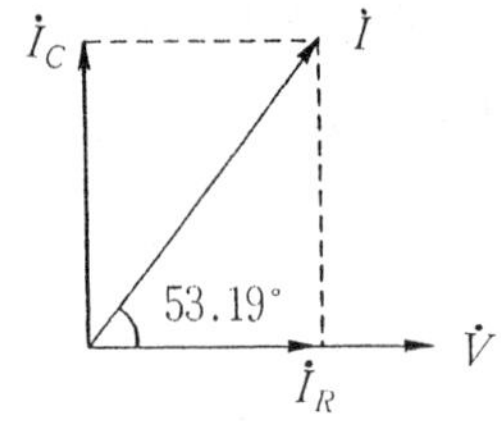

그림 8.12 페이저도

연습문제 8-2	그림 8.13에서 저항 R의 크기는 100 [Ω]이고 전류 I_R이 2.2[A]이고 전류 I가 3.0[A]이다. 다음을 구하라. ① 전류 I_C ② 전압 V ③ 리액턴스 X_C

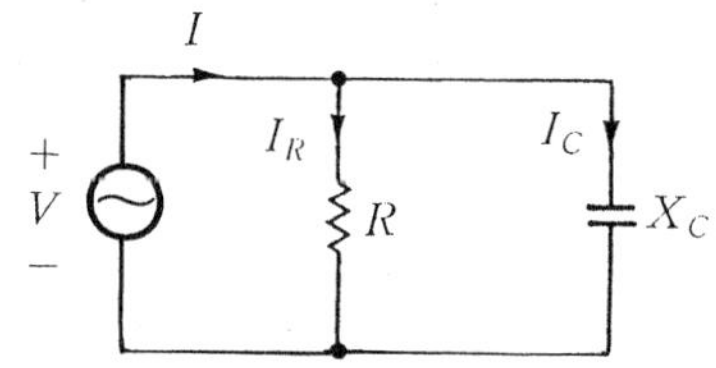

그림 8.13

8.2 *RL* 회로

저항에 걸리는 전압과 흐르는 전류 사이의 위상 관계는 전압과 전류가 동일 위상이다. 커패시턴스의 경우에는 전류가 90° 앞서나, 인덕턴스의 경우에는 전류가 90° 뒤진다.

(1) 직렬 회로

그림 8.14의 RL 직렬 회로에 $\dot{I} = I\angle 0°$ [A]의 전류가 흐를 때 저항과 인덕턴스에서의 전압 강하와 가한 전압 $\dot{V}$를 구한다. 또 $\dot{V}$와 전류 $\dot{I}$와의 위상 관계를 알아본다.

우선 유도성 리액턴스를 복소수로 표시하면

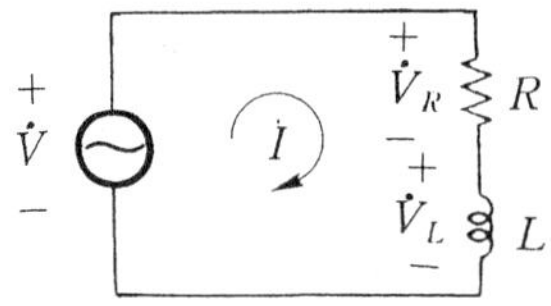

그림 8.14

$$jX_L = j\omega L = j\,2\pi fL$$

이며 저항과 리액턴스의 전압 강하 $\dot{V}_R$과 $\dot{V}_L$는 옴의 법칙에서

$$\dot{V}_R = R\dot{I}$$

$$\dot{V}_L = jX_L\dot{I}$$

가 된다. 키르히호프 전압 법칙에서

$$\dot{V} = \dot{V}_R + \dot{V}_L$$

이므로

$$\dot{V} = R\dot{I} + jX_L\dot{I} = (R + jX_L)\dot{I} = \dot{Z}\dot{I}$$

즉

$$\dot{I} = \frac{\dot{V}}{\dot{Z}} \tag{8.2}$$

이다.

$$\dot{Z} = R + jX_L = R + j\omega L\,[\Omega]$$

를 복소 임피던스라 하며 크기와 편각은

$$\dot{Z} = \sqrt{R^2 + X_L^{\ 2}}\angle \tan^{-1}\frac{X_L}{R} = Z\angle\theta$$

이고 임피던스 평면에 그리면 그림 8.15와 같이 된다.

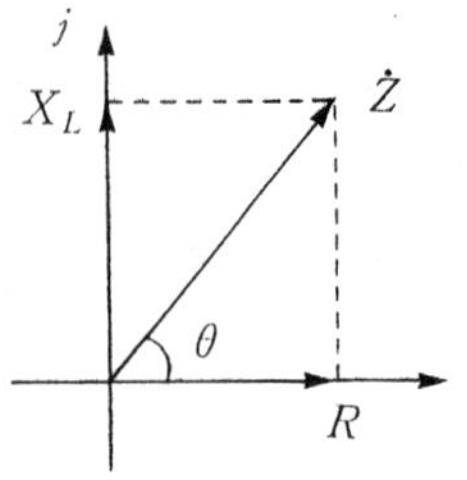

그림 8.15 $\dot{Z}=R+jX_L$

식 (8.2)에서

$$\dot{V}=\dot{Z}\dot{I}=Z\angle\theta\cdot I\angle 0=ZI\angle\theta=V\angle\theta$$

이므로

$$I=\frac{V}{Z}=\frac{V}{\sqrt{R^2+{X_L}^2}}\text{ [A]}$$

$$\theta=\tan^{-1}\frac{X_L}{R}$$ (가한 전압 V가 전류 I보다 위상이 $\tan^{-1}\frac{X_L}{R}$ 만큼 앞선다(lead))

이다.

페이저도를 그리면 그림 8.16과 같이 된다.

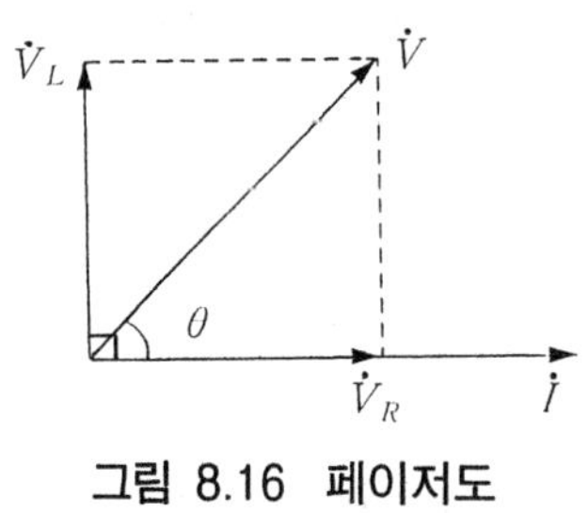

그림 8.16 페이저도

예제 8-3

그림 8.17의 RL 직렬 회로가 있다. 가한 전압 v가

$$v=220\sqrt{2}\sin(377t+30°)\text{ [V]}$$

이고 $R=40$ [Ω], $L=79.58$ [mH]일 때 다음을 구하라.

① 유도성 리액턴스 X_L

② 복소 임피던스와 임피던스도

③ 가한 전압 v의 페이저 표시

④ 페이저 전류 $\dot{I}$

⑤ 페이저 전압 $\dot{V}_R$, $\dot{V}_L$

⑥ 페이저도

⑦ 순시값 i, v_R, v_L

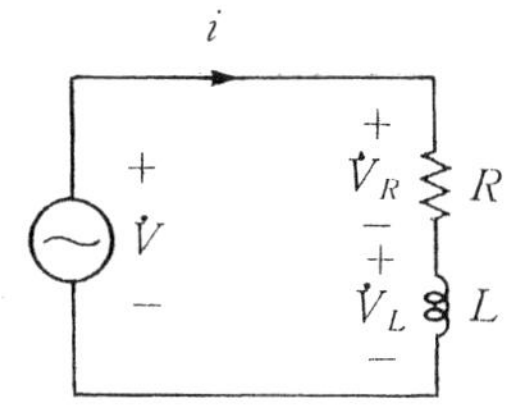

그림 8.17

✻ 풀이 ① $v = 220\sqrt{2}\sin(377t + 30°)$ [V]에서 각속도 ω는 377 [rad/sec]이므로

$$X_L = \omega L = 377 \times 79.58 \times 10^{-3} = 30\,[\Omega]$$

② $\dot{Z} = R + jX_L = 40 + j30 = 50\angle 36.87°\,[\Omega]$

임피던스도는 그림 8.18과 같다.

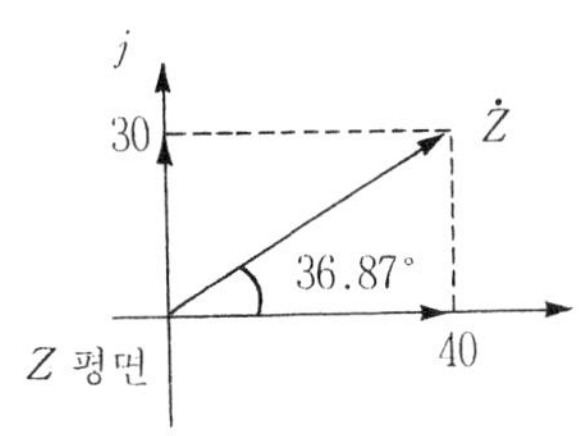

그림 8.18

③ 가한 전압의 실효값이 220 [V]이고 위상이 30°이므로 페이저 표시는

$$\dot{V} = 220\angle 30°\ [\text{V}]$$

④ 옴의 법칙에서

$$\dot{I} = \frac{\dot{V}}{\dot{Z}} = \frac{220\angle 30°}{50\angle 36.89°} = 4.4\angle -6.89°\ [\text{A}]$$

⑤ $\dot{V}_R = R\dot{I} = 40 \times 4.4\angle -6.89° = 176\angle -6.89°$ [V]

$$\dot{V}_L = jX_L\dot{I} = 30\angle 90° \cdot 4.4\angle -6.89° = 132\angle 83.11°\ [\text{V}]$$

⑥

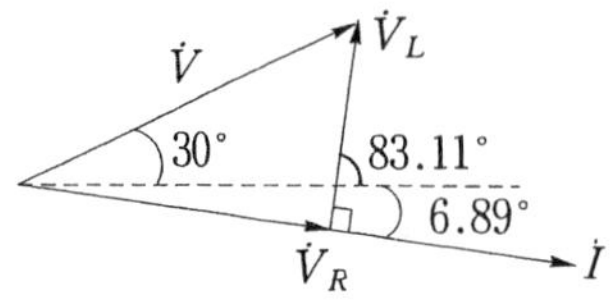

그림 8.19

⑦ 각속도 ω가 ω=377 [rad/sec]이므로

$i = 4.4\sqrt{2}\sin(377t - 6.89°)$ [A]

$v_R = 176\sqrt{2}\sin(377t - 6.89°)$ [V]

$v_L = 132\sqrt{2}\sin(377t + 83.11°)$ [V]

연습문제 8-3 그림 8.17의 RL 직렬 회로에서 $R = 3$ [kΩ], L=1.5 [mH]이고 흐르는 전류가 I=2 [mA]라고 한다. 주파수를 측정하니까 100 [kHz]이다. 다음을 구하라.

① 복소 임피던스와 임피던스도
② 각 소자의 전압 강하와 가한 전압 V
③ 페이저도

(2) 병렬 회로

그림 8.20은 저항 R과 인덕턴스 L이 병렬로 연결되어 있다. RL 병렬 회로에 $\dot{V} = V\angle 0°$ [V]의 전압을 가하면 옴의 법칙에서 전류 $\dot{I}_R$와 $\dot{I}_L$는 다음과 같이 된다.

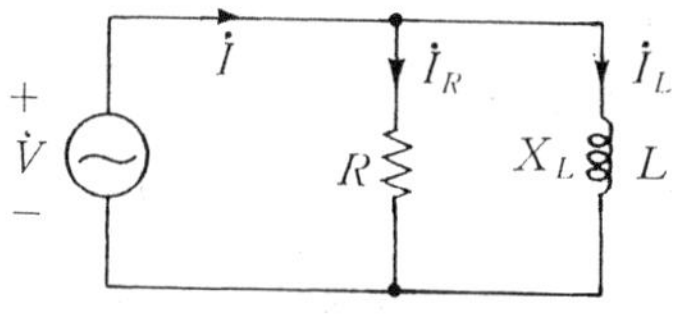

그림 8.20

$$\dot{I}_R = \frac{\dot{V}}{R}, \qquad \dot{I}_L = \frac{\dot{V}}{jX_L}$$

키르히호프 전류 법칙에서 합성 전류 $\dot{I}$는

$$\dot{I} = \dot{I}_R + \dot{I}_L = \left(\frac{1}{R} - j\frac{1}{X_L}\right)\dot{V} = (G - jB_L)\dot{V}$$

$$= \sqrt{G^2 + B_L{}^2} \cdot V\angle -\tan^{-1}\frac{B_L}{G} = I\angle\theta$$

가 된다. 간략하게 표시하면 $\dot{I} = \dot{Y}\dot{V}$이다.

$$\dot{Y} = \frac{1}{R} - j\frac{1}{X_L} = G - jB_L\,[\mathrm{S}]$$

을 복소 어드미턴스라 하며 실수부 $G = \dfrac{1}{R}$을 컨덕턴스, 허수부 $-\dfrac{1}{X_L} = -B_L$을 유도성 서셉턴스라 한다. 복소 어드미턴스를 복소 평면에 그리면 그림 8.21과 같이 되며 이 평면을 어드미턴스 평면이라 부른다.

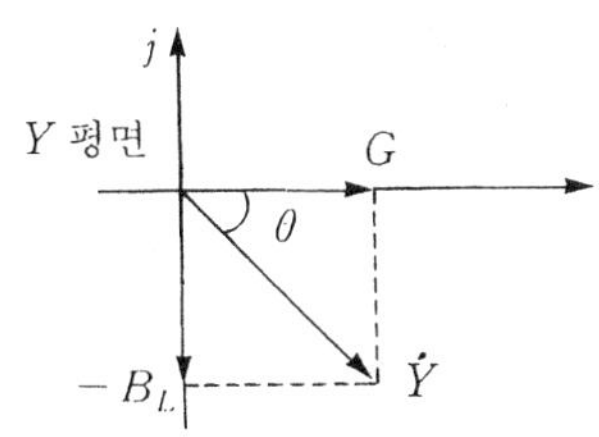

그림 8.21 어드미턴스도

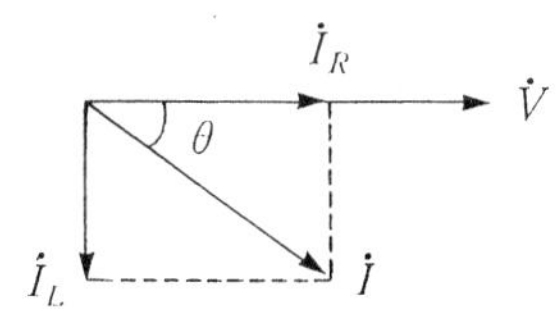

그림 8.22 페이저도

전압 전류의 페이저도를 그리면 그림 8.22와 같이 된다. 전류 $\dot{I}$가 전압 $\dot{V}$보다 위상이 $\theta = -\tan^{-1}\dfrac{B_L}{G}$ 만큼 늦다.

예제 8-4

저항 R이 80[Ω], 유도성 리액턴스 X_L이 60[Ω]인 그림 8.23과 같은 RL 병렬 회로에 $\dot{V}=220\angle 45°$ [V]의 전압을 가했다. 다음을 구하라.

① 복소 어드미턴스 $\dot{Y}$ 및 어드미턴스도

② 페이저 전류 $\dot{I}_R$, $\dot{I}_L$, $\dot{I}$

③ 페이저도

④ 실효값 전류 I_R, I_L, I 사이에 $I=I_R+I_L$이 성립하는가? 만일 성립하지 않으면 I_R, I_L, I 사이에는 어떤 식이 성립하는가?

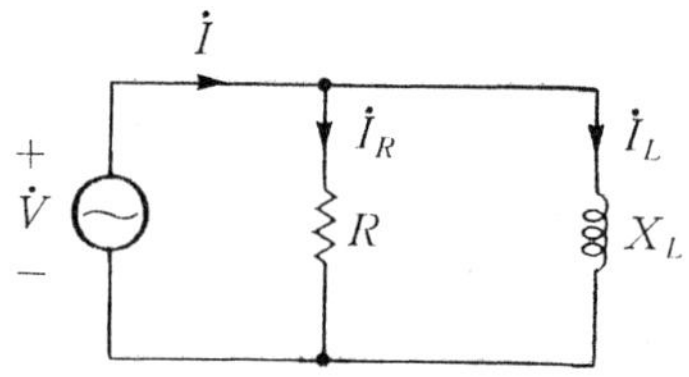

그림 8.23 RL 병렬 회로

✲ 풀이 ① $\dot{Y}=\dfrac{1}{R}+\dfrac{1}{jX_L}=\dfrac{1}{80}-j\dfrac{1}{60}$

$=0.0125-j0.0167=0.0204\angle -53.19°$ [S]

컨덕턴스는 0.0125[S], 유도성 서셉턴스는 0.0167[S], 어드미턴스는 0.0204[S]이다.

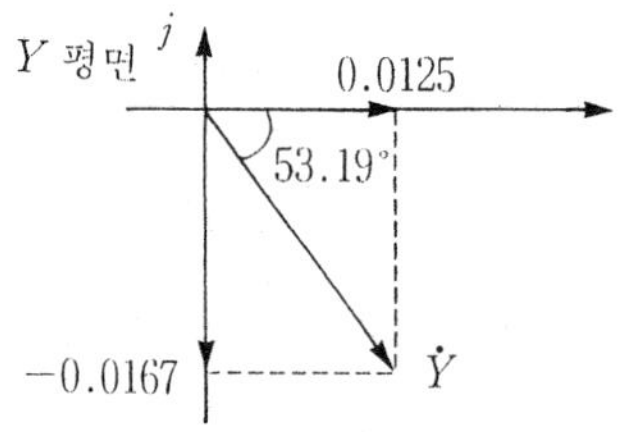

그림 8.24 어드미턴스도

② $\dot{I}_R=\dfrac{\dot{V}}{R}=\dfrac{220\angle 45°}{80}=2.75\angle 45°$ [A]

$\dot{I}_L=\dfrac{\dot{V}}{jX_L}=\dfrac{220\angle 45°}{60\angle 90°}=3.667\angle -45°$ [A]

$$
\begin{aligned}
\dot{I} &= \dot{I}_R + \dot{I}_L = 2.75\angle 45° + 3.667\angle -45° \\
&= (1.945 + j1.945) + (2.593 - j2.593) \\
&= (1.945 + 2.593) + j(1.945 - 2.593) \\
&= 4.538 - j\,0.648 = 4.584\angle -8.127°
\end{aligned}
$$

③

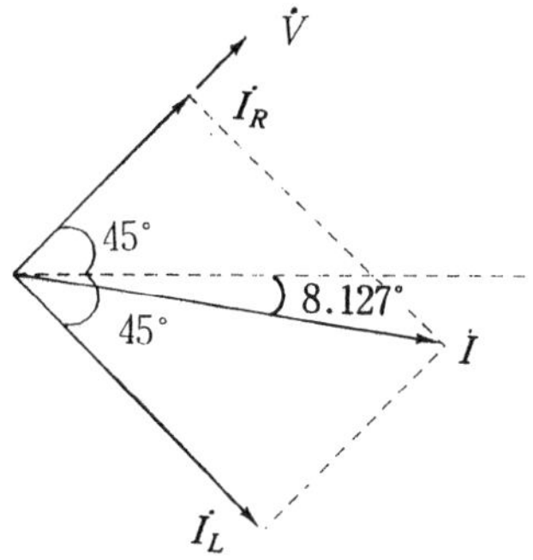

그림 8.25 페이저도

④ $I_R + I_L = 2.75 + 3.667 = 6.147 \neq 4.584 = I$

즉, $I \neq I_R + I_L$이고 그림 8.25에서 I_R와 I_L은 직각이므로 피타고라스 정리에서

$$I = \sqrt{I_R^{\,2} + I_L^{\,2}}, \qquad 4.584 = \sqrt{2.75^2 + 3.667^2}$$

이다.

연습문제 8-4 그림 8.23의 *RL* 병렬 회로에서, 저항 R이 100 [Ω], 리액턴스가 $jX_L = j60$ [Ω], 리액턴스에 흐르는 전류가 $\dot{I}_L = 3\angle 0°$ [A]일 때 다음을 구하라.

① 가한 전압 $\dot{V}$

② 저항에 흐르는 전류 $\dot{I}_R$와 전원 전류 $\dot{I}$

③ 페이저도

8.3 RLC 회로

인덕턴스에 의한 유도성 리액턴스는 $+jX_L$이고 커패시턴스에 의한 용량성 리액턴스는 $-jX_C$이므로 이 두 리액턴스를 임피던스 평면에 그리면 방향이 서로 반대가 된다. 따라서 인덕턴스와 커패시턴스에서 발생되는 전압의 위상차는 180°가 되고 마찬가지로 흐르는 전류의 위상차도 180°가 된다. 이 두 리액턴스에 의해 교류 회로는 직류 회로와 상이한 결과를 초래한다.

(1) 직렬 회로

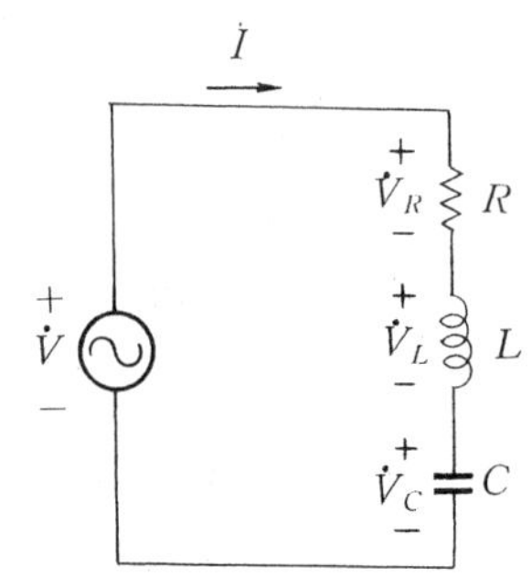

그림 8.26 RLC 직렬 회로

그림 8.26은 RLC 직렬 회로이다. 전원에서 본 복소 임피던스 $\dot{Z}$는

$$\dot{Z}= R+j\omega L-j\frac{1}{\omega C}=R+jX_L-jX_C=R+j(X_L-X_C)$$

$$=\sqrt{R^2+(X_L-X_C)^2}\ \angle \tan^{-1}\frac{X_L-X_C}{R}\ [\Omega]$$

이 된다.

임피던스 평면에 임피던스도를 그리면 그림 8.27과 같이 된다.

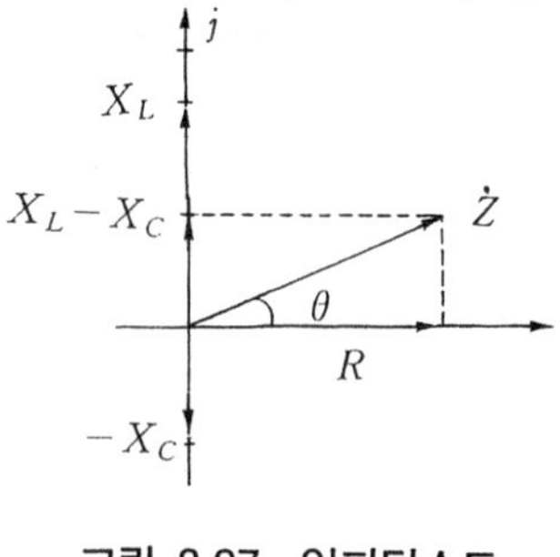

그림 8.27 임피던스도

그림에서 임피던스의 크기는

$$Z=\sqrt{R^2+(X_L-X_C)^2}\,[\Omega]$$

이고 편각은

$$\theta=\tan^{-1}\frac{X_L-X_C}{R}$$

이다. 리액턴스 X_L과 X_C의 크기에 따라 다음과 같이 나누어 생각할 수 있다.

① $X_L-X_C>0$의 경우 : 임피던스 $\dot{Z}$는 1상한에 있으며 회로는 유도성을 띤다. 따라서 전류는 전압보다 위상이 늦다.

② $X_L-X_C=0$의 경우 : 임피던스 $\dot{Z}$는 허수부가 영이고 순수한 저항 성분만 있다. 회로는 유도성에서 용량성으로 넘어가는 임계 상태로, 바꾸어 말해 회로가 직렬 공진 상태이다.

③ $X_L-X_C<0$의 경우 : 임피던스 $\dot{Z}$는 4상한에 있으며 회로는 용량성을 띤다. 따라서 전류는 전압보다 위상이 앞선다.

옴의 법칙에서 전류 $\dot{I}$는

$$\dot{I}=\frac{\dot{V}}{\dot{Z}}=\frac{V\angle 0^\circ}{Z\angle\theta}=\frac{V}{Z}\angle-\theta=I\angle-\theta\,[\mathrm{A}]$$

가 되고 전압 강하 $\dot{V}_R$, $\dot{V}_L$, $\dot{V}_C$는

$$\dot{V}_R=R\dot{I}=RI\angle-\theta\,[\mathrm{V}]$$

$$\dot{V}_L=jX_L\dot{I}=X_LI\angle 90^\circ-\theta\,[\mathrm{V}]$$

$$\dot{V}_C=-jX_C\dot{I}=X_CI\angle-90^\circ-\theta\,[\mathrm{V}]$$

이다. 페이저도는 그림 8.28과 같이 된다. 각 θ의 크기는

$$\begin{aligned}\theta&=\tan^{-1}\frac{X_L-X_C}{R}\\&=\tan^{-1}\frac{|\dot{V}_L+\dot{V}_C|}{|\dot{V}_R|}=\tan^{-1}\frac{V_L-V_C}{V_R}\end{aligned}$$

이다.

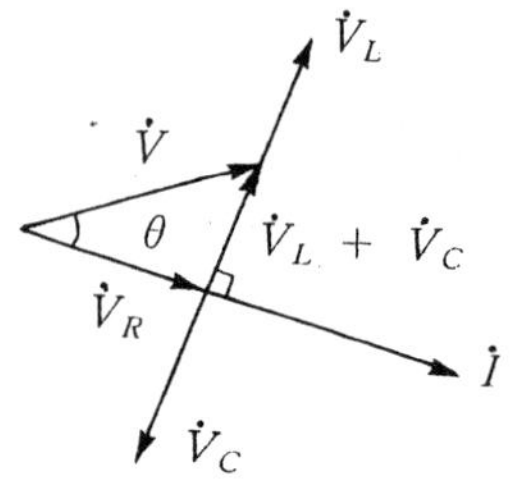

그림 8.28 페이저도

예제 8-5

저항이 80 [Ω], 인덕턴스가 265.25 [mH], 커패시턴스가 66.31 [μF] 인 *RLC* 직렬 회로가 있다. 60 [Hz]인 220 [V]의 전압을 가할 때 흐르는 전류와 전압 강하 $\dot{V}_R$, $\dot{V}_L$, $\dot{V}_C$를 구하고, 또 페이저도를 그려라.

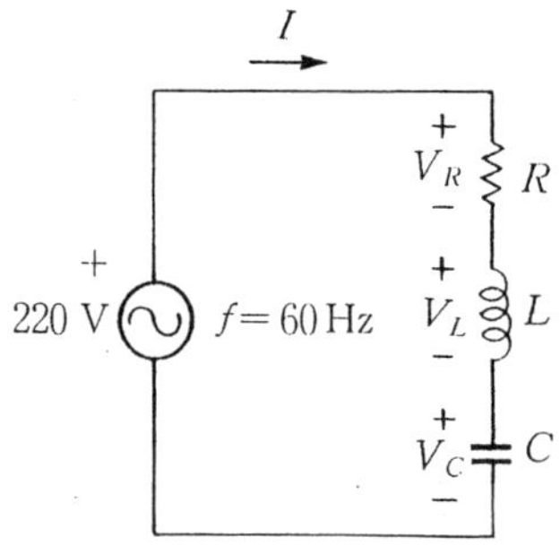

그림 8.29

✲ 풀이 우선 리액턴스를 구한다.

$$X_L = \omega L = 2\pi \cdot 60 \times 265.25 \cdot 10^{-3} = 100\,[\Omega]$$

$$X_C = \frac{1}{\omega C} = \frac{1}{2\pi \cdot 60 \cdot 66.31 \cdot 10^{-6}} = \frac{10^6}{377 \cdot 66.31} = 40\,[\Omega]$$

복소 임피던스 $\dot{Z}$는

$$\dot{Z} = R + j\,(X_L - X_C) = 80 + j\,(100 - 40)$$

$$= 80 + j\,60 = 100\angle 36.87^\circ\,[\Omega]$$

전류 $\dot{I}$는 옴의 법칙에서

$$\dot{I}=\frac{\dot{V}}{\dot{Z}}=\frac{220\angle 0^\circ}{100\angle 36.87^\circ}=2.2\angle -36.87^\circ\ [\mathrm{A}]$$

각 부하 양단의 전압은 옴의 법칙에서

$$\dot{V}_R=R\dot{I}=80\times 2.2\angle -36.87^\circ=176\angle -36.87^\circ\ [\mathrm{V}]$$

$$\dot{V}_L=jX_L\dot{I}=100\angle 90^\circ\cdot 2.2\angle -36.87^\circ=220\angle 53.13^\circ\ [\mathrm{V}]$$

$$\dot{V}_C=-jX_C\dot{I}=40\angle -90^\circ\cdot 2.2\angle -36.87^\circ=88\angle -126.87^\circ\ [\mathrm{V}]$$

페이저도는 그림 8.30과 같이 된다.

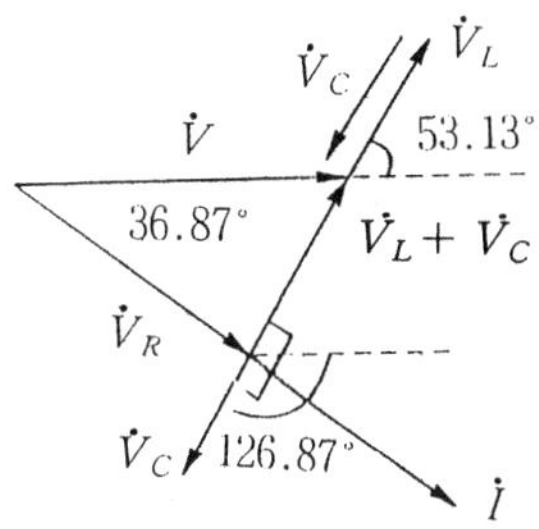

그림 8.30 페이저도

페이저도를 키르히호프 법칙에 의해 대수적으로 확인해 본다.

$$\dot{V}=\dot{V}_R+\dot{V}_L+\dot{V}_C$$

이므로

$$\begin{aligned}220&=176\angle -36.87^\circ+220\angle 53.13^\circ+88\angle -126.87^\circ\\&=(140.8-j\,105.6)+(132+j176)+(-52.8-j70.4)\\&=(140.8+132-52.8)+j(-105.6+176-70.4)\\&=220+j\,0=220\end{aligned}$$

즉, 교류 회로에서는 키르히호프 법칙이 페이저 표시로 성립함을 알 수 있다.

연습문제 8-5	그림 8.29에서 가한 전압 V가 60 [Hz], 100 [V]라 하자. 저항 R이 60 [Ω], 인덕턴스가 53.05 [mH], 커패시턴스가 26.525 [μF]일 때 다음을 구하라. ① 페이저 전류 $\dot{I}$ ② RLC 각각의 전압 강하 ③ 페이저도

예제 8-6

그림 8.31의 RLC 직렬 회로에서 다음 세 주파수에 대한 임피던스의 크기를 구하라.

① 4033 [Hz] ② 5033 [Hz] ③ 6033 [Hz]

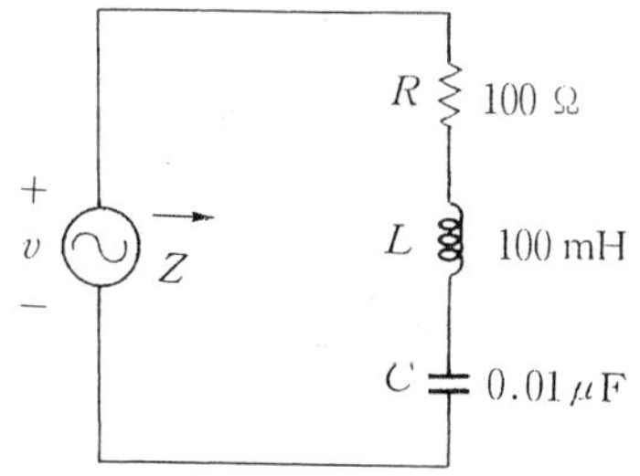

그림 8.31

✲ 풀이 ① $f=4033$ [Hz]이므로

$$X_L = 2\pi \cdot 4033 \cdot 100 \cdot 10^{-3} = 2534\,[\Omega]$$

$$X_C = \frac{10^6}{2\pi \cdot 4033 \cdot 0.01} = 3946.3\,[\Omega]$$

따라서

$$Z = \sqrt{R^2 + (X_L - X_C)^2}$$

에서

$$Z = \sqrt{100^2 + (2534 - 3946.3)^2} = 1415.8\,[\Omega]$$

$X_C > X_L$이므로 리액턴스가 용량성이다.

② $f=5033$ [Hz]이므로

$$X_L=2\pi\cdot 5033\cdot 100\cdot 10^{-3}=3162.3[\Omega]$$

$$X_C=\frac{10^6}{2\pi\cdot 5033\cdot 0.01}=3162.2[\Omega]$$

$$X_L-X_C=3162.3-3162.2=0.1[\Omega]$$

$$Z=\sqrt{100^2+0.1^2}=100[\Omega]$$

즉, $f=5033$ [Hz]일 때는 $X_L-X_C \fallingdotseq 0$ [Ω]이며 $Z=R=100$ [Ω]가 되어 임피던스는 순수한 저항이 된다. 따라서 주파수가 증가함에 따라 용량성에서 유도성으로 넘어가는 임계 상태가 됨을 알 수 있다. 이때 임피던스는 최소이다.

③ $f=6033$ [Hz]이므로

$$X_L=2\pi\cdot 6033\cdot 100\cdot 10^{-3}=3790.6[\Omega]$$

$$X_C=\frac{10^6}{2\pi\cdot 6033\cdot 0.01}=2638.1[\Omega]$$

$$Z=\sqrt{100^2+(3790.6-2638.1)^2}=1156.8[\Omega]$$

$X_L>X_C$이므로 유도성 리액턴스이다.

연습문제 8-6 그림 8.32의 *RLC* 직렬 회로에서 다음 세 주파수에 대한 임피던스 크기를 구하라.

① 1092 [Hz]　　② 1592 [Hz]　　③ 2092 [Hz]

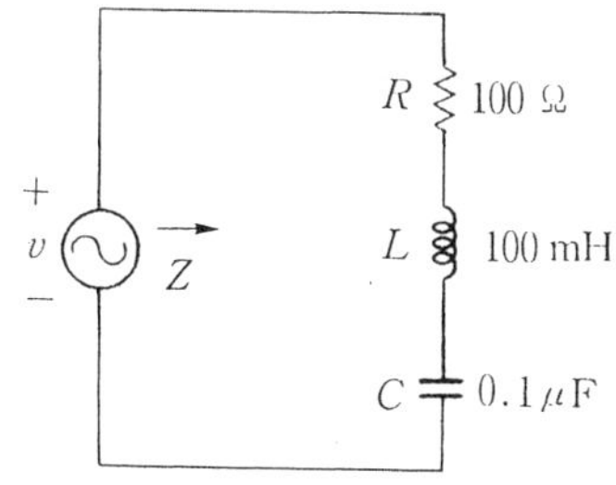

그림 8.32

(2) 병렬 회로

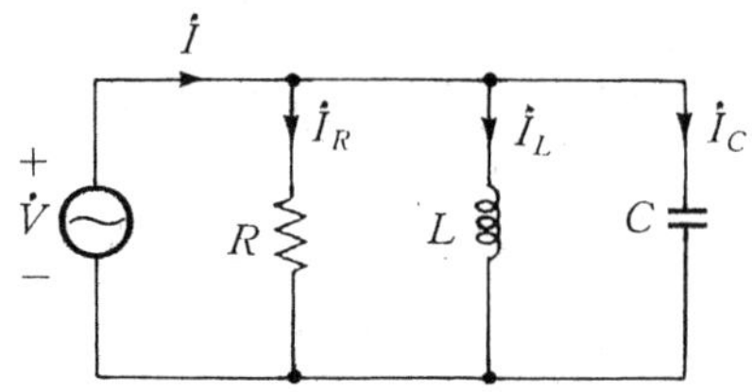

그림 8.33 *RLC* 병렬 회로

그림 8.33은 *RLC* 병렬 회로이다. 복소 어드미턴스 $\dot{Y}$는

$$\dot{Y}=\frac{1}{R}+\frac{1}{jX_L}-\frac{1}{jX_C}=\frac{1}{R}+j\left(\frac{1}{X_C}-\frac{1}{X_L}\right)=\frac{1}{R}+j\left(\omega C-\frac{1}{\omega L}\right)$$

이며 따라서 전원 전류 $\dot{I}$는

$$\dot{I}=\dot{Y}\dot{V}$$

이다. 각 지로에 흐르는 전류 $\dot{I}_R$, $\dot{I}_L$, $\dot{I}_C$는

$$\dot{I}_R=\frac{\dot{V}}{R}$$

$$\dot{I}_L=\frac{\dot{V}}{jX_L}=-j\frac{\dot{V}}{X_L}$$

$$\dot{I}_C=\frac{\dot{V}}{-jX_C}=j\frac{\dot{V}}{X_C}$$

$$\dot{I}=\dot{I}_R+\dot{I}_L+\dot{I}_C$$

가 된다. 페이저도를 그리면 그림 8.34가 된다.

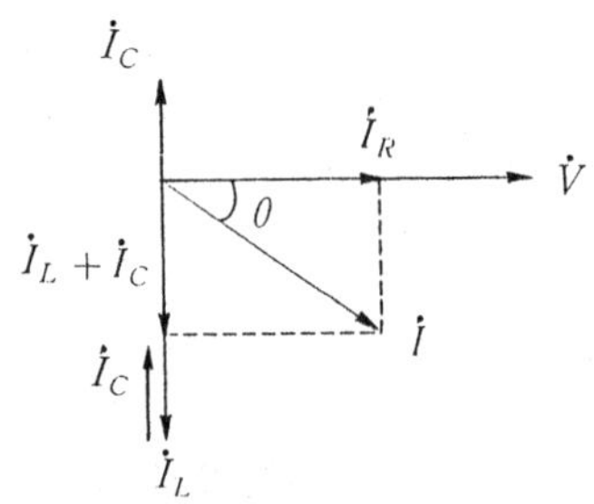

그림 8.34 페이저도

페이저도에서 저항에 흐르는 전류는 가한 전압과 동일 위상이고, 인덕턴스에 흐르는 전류는 전압보다 90° 뒤지고, 커패시턴스에 흐르는 전류는 전압보다 90° 앞선다. 따라서 전류 $\dot{I}$는 전압보다 θ만큼 늦고 각 θ의 크기는

$$\theta = \tan^{-1}\frac{|\dot{I}_L + \dot{I}_C|}{|\dot{I}_R|} = \tan^{-1}\frac{I_L - I_C}{I_R}$$

이다.

예제 8-7

그림 8.35는 *RLC* 병렬 회로이다. 저항은 10 [Ω], 유도성 리액턴스는 10 [Ω], 용량성 리액턴스는 20 [Ω]일 때 전원에서 본 어드미턴스와 임피던스를 구하라.

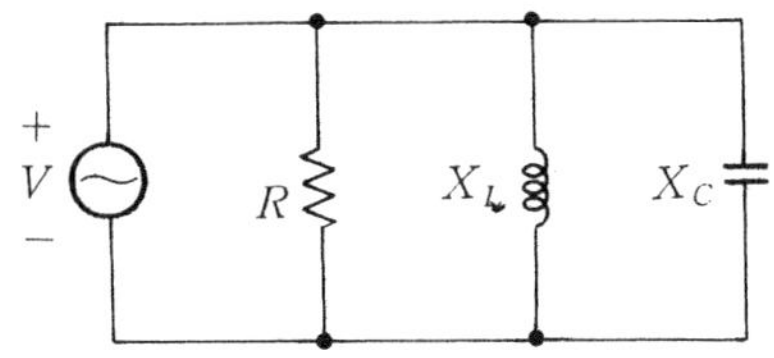

그림 8.35 *RLC* **병렬 회로**

✲ **풀이** 병렬 회로이므로 어드미턴스를 먼저 구한다.

$$\dot{Y} = \frac{1}{R} + \frac{1}{jX_L} - \frac{1}{jX_C} = \frac{1}{R} + j\left(-\frac{1}{X_L} + \frac{1}{X_C}\right)$$

$$= \frac{1}{10} + j\left(-\frac{1}{10} + \frac{1}{20}\right)\ [\mathrm{S}] = 100 + j(-100 + 50)\ [\mathrm{mS}]$$

$$= 100 - j50 = 111.8\angle -26.57°\ [\mathrm{mS}]$$

즉, 합성 어드미턴스 $\dot{Y}$는

$$\dot{Y} = 100 - j50 = 111.8\angle -26.57°\ [\mathrm{mS}]$$

이며 이를 어드미턴스 평면에 그리면 그림 8.36과 같다.

$\dot{Z} = \dfrac{1}{\dot{Y}}$ 이고 mS를 S로 고치면

$$\dot{Z} = \frac{1}{111.8 \times 10^{-3}\angle -26.57°} = \frac{10^{3}\angle 26.57°}{111.8}$$

$$= 8.94\angle 26.57° = 8 + j4\ [\Omega]$$

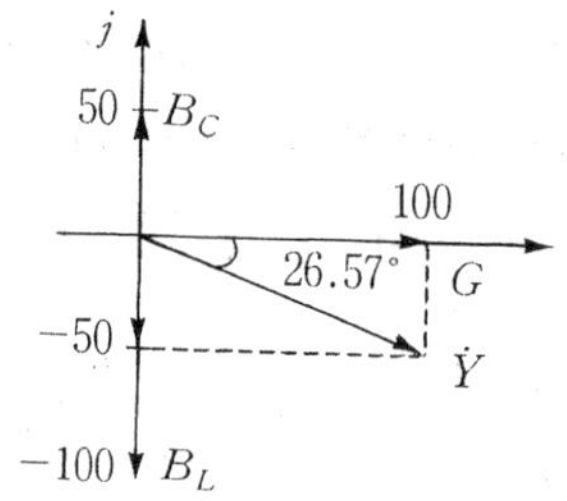

그림 8.36 $\dot{Y}$ 평면

임피던스 평면에 임피던스도를 그리면 그림 8.37이 된다.

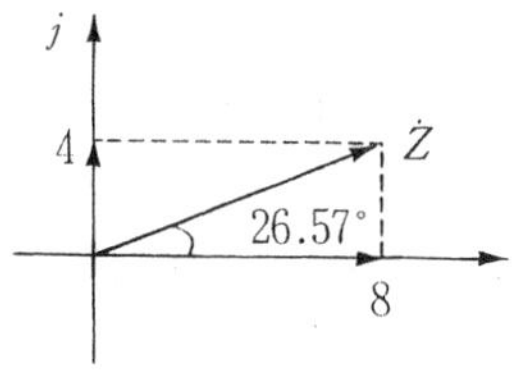

그림 8.37 $\dot{Z}$ 평면

연습문제 8-7 그림 8.35의 RLC 병렬 회로에서 저항 및 리액턴스가 아래와 같을 때 합성 어드미턴스와 임피던스를 구하라.

$R = 40\,[\Omega]$, $X_L = 20\,[\Omega]$, $X_C = 50\,[\Omega]$

예제 8-8 그림 8.38과 같은 RLC 병렬 회로가 있다. 각 지로의 전류를 구하고 페이저도를 그려라.

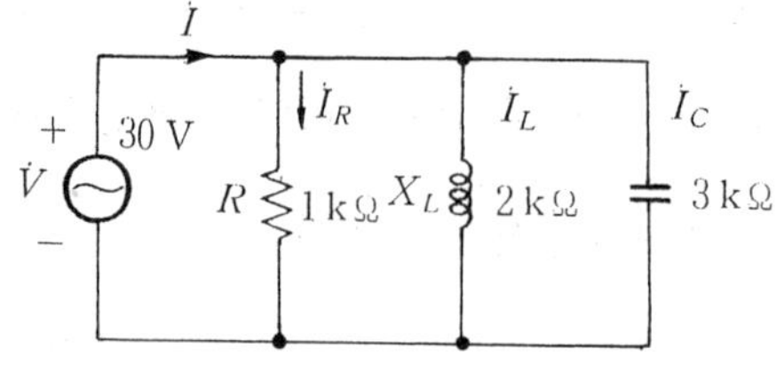

그림 8.38

✲ 풀이

$$\dot{I}_R = \frac{\dot{V}}{R} = \frac{30\angle 0°\ [\mathrm{V}]}{1\,[\mathrm{k}\Omega]} = \frac{30\angle 0°}{10^3} = 30\times 10^{-3}\angle 0°\ [\mathrm{A}] = 30\,[\mathrm{mA}]$$

$$\dot{I}_L = \frac{\dot{V}}{jX_L} = \frac{30\angle 0°}{j2\times 10^3} = -j15\,[\mathrm{mA}]$$

$$\dot{I}_C = \frac{\dot{V}}{-jX_C} = \frac{30\angle 0°}{-j3\times 10^3} = j10\,[\mathrm{mA}]$$

$$\dot{I} = \dot{I}_R + \dot{I}_L + \dot{I}_C = 30 - j15 + j10 = 30 - j5$$

$$= 30.41\angle -9.46°\,[\mathrm{mA}]$$

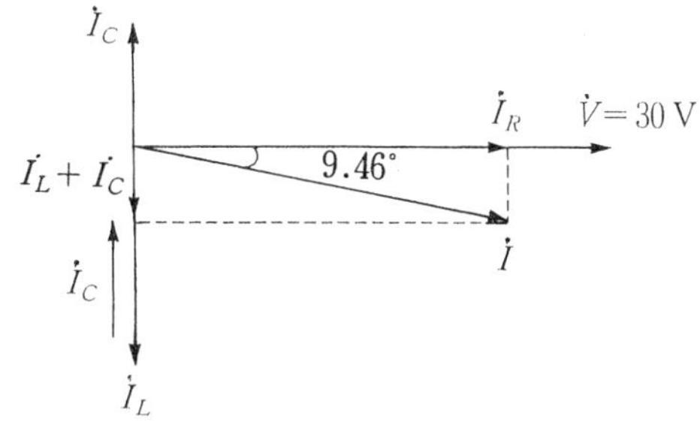

그림 8.39 페이저도

연습문제 8-8	그림의 *RLC* 병렬 회로에서 저항이 100 [Ω], 유도성 리액턴스가 50 [Ω], 용량성 리액턴스가 40 [Ω]이고 저항에 흐르는 전류가 $\dot{I}_R = 2.2\angle 0°$ [A]이다. 각 리액턴스에 흐르는 전류와 전원 전류를 구하고 또 페이저도를 그려라.

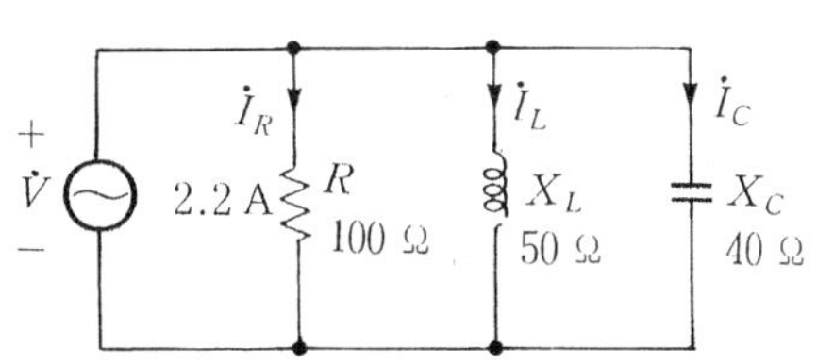

그림 8.40

8.4 직·병렬 회로

이번 절에서는 RLC 직병렬 회로를 다룬다. 취급 요령은 직류 회로와 같으나 복소수로 다룬다는 것을 유의하면 된다. 저항과 리액턴스를 전원에서 먼 쪽으로부터 합성시킨다. 아래에 여러 가지 예를 들어 본다.

예제 8-9

그림 8.41은 60 [Ω]의 유도성 리액턴스와 80 [Ω]의 저항이 병렬된 회로에 30 [Ω]의 용량성 리액턴스가 직렬되어 있다. 전원에서 본 합성 임피던스를 구하라.

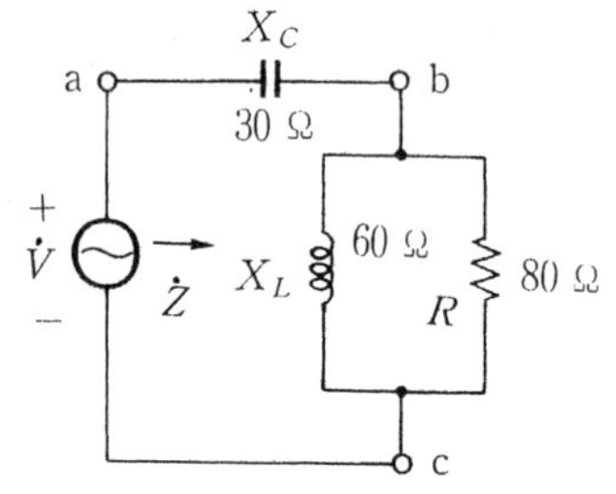

그림 8.41 직병렬 회로

✲ 풀이 우선 인덕턴스와 저항이 병렬 연결된 부분을 등가 직렬 회로로 바꾼다.

(a) 병렬 회로 (b) 등가 직렬 회로

그림 8.42 주어진 주파수에서의 등가 회로

병렬 회로이므로 어드미턴스를 구한 후 역을 취하여 직렬 임피던스를 구할 수 있다. 여기서는 두 병렬 저항의 합성 저항을 구하는 식

$$R_T = \frac{R_1 \cdot R_2}{R_1 + R_2}$$

를 이용한다.

X_L과 R이 병렬이므로 등가 임피던스 $\dot{Z}_{bc}$는

$$\dot{Z}_{bc}=\frac{80\cdot j60}{80+j60}=\frac{4800\angle 90°}{100\angle 36.87°}$$
$$=48\angle 53.13°=28.8+j38.4[\Omega]=R'+jX_L'$$

즉 주어진 주파수에서 80 [Ω] 저항과 60 [Ω] 유도성 리액턴스가 병렬된 회로는 28.8 [Ω]의 저항과 38.4 [Ω]의 유도성 리액턴스가 직렬된 것과 마찬가지다.

따라서 그림 8.41은 그림 8.43과 같이 직렬 회로로 변환시킬 수 있다.

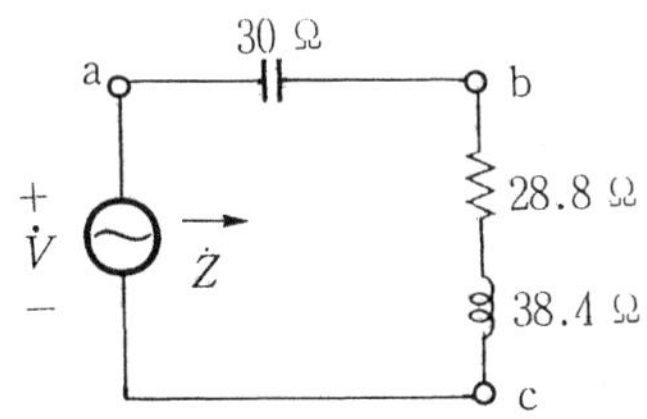

그림 8.43 등가 직렬 회로

그림 8.43에서 합성 임피던스 $\dot{Z}_T$는 저항과 두 리액턴스가 직렬이므로

$$\dot{Z}_T=-j\,30+28.8+j38.4$$
$$=28.8+j\,8.4\,[\Omega]=30\angle 16.26°\,[\Omega]$$

되고 최종 등가 회로는 그림 8.44와 같이 된다. 물론 리액턴스가 주파수의 함수이므로 이 등가 회로는 주어진 주파수에서만 성립한다.

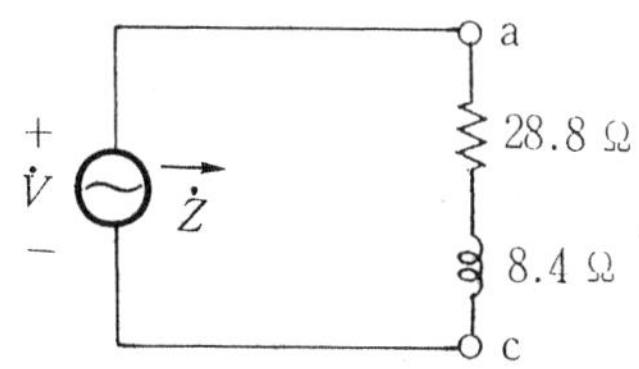

그림 8.44 최종 등가 회로

연습문제 8-9 그림과 같은 *RLC* 직병렬 회로의 등가 직렬 임피던스를 구하라.

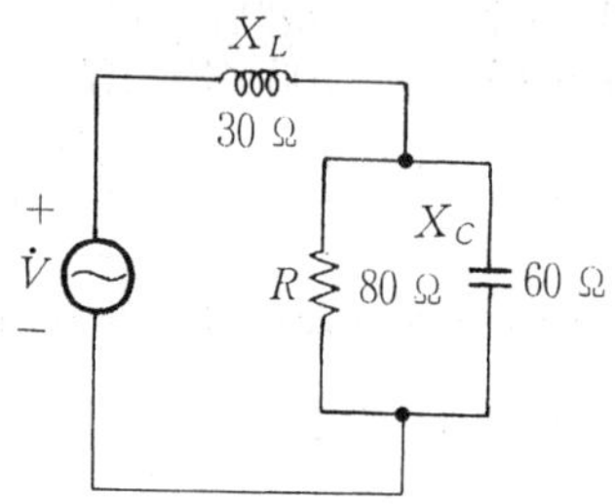

그림 8.45

예제 8-10

그림 (a)의 *RL* 직렬 회로를 그림 (b)의 *RL* 병렬 회로로 바꿔라.

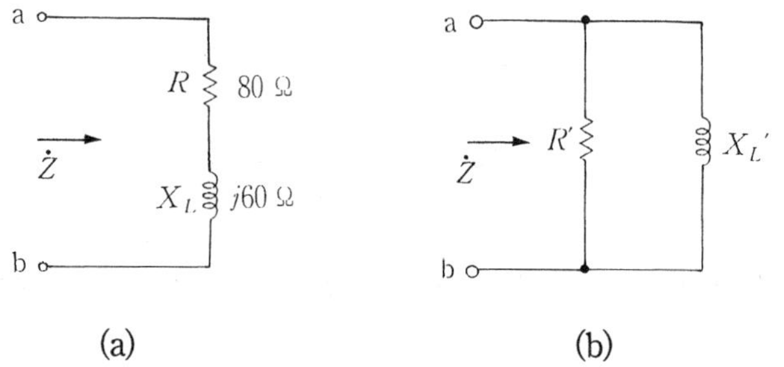

그림 8.46

✲ 풀이 직렬 회로는 임피던스로, 병렬 회로는 어드미턴스로 표시하는 것이 회로를 그리기가 쉬우므로 그림 (a)를 어드미턴스로 표시한다.

그림 (a)에서

$$\dot{Z} = 80 + j60\ [\Omega]$$

이므로 어드미턴스 $\dot{Y}$는

$$\dot{Y} = \frac{1}{\dot{Z}} = \frac{1}{80 + j60}\ [\mathrm{S}]$$

이고 분모의 공액 복소수를 분모 분자에 곱해 분모를 실수화하면

$$\dot{Y} = \frac{80 - j60}{(80 + j60)(80 - j60)} = \frac{80 - j60}{80^2 + 60^2} = \frac{8}{1000} - j\frac{6}{1000}$$

$$= \frac{1}{\frac{1000}{8}} - j\frac{1}{\frac{1000}{6}} = \frac{1}{125} - j\frac{1}{166.67} \text{ [S]}$$

실수부는 컨덕턴스이므로

$$G = \frac{1}{125} \text{ [S]}$$

$$R' = \frac{1}{G} = 125 \ [\Omega]$$

이고 허수부는 서셉턴스이고 부호가 −이므로 유도성을 의미한다.

$$B_L = \frac{1}{166.67} \text{ [S]}$$

$$X_L' = 166.67 \ [\Omega]$$

따라서 등가 회로는 그림 8.47이 된다.

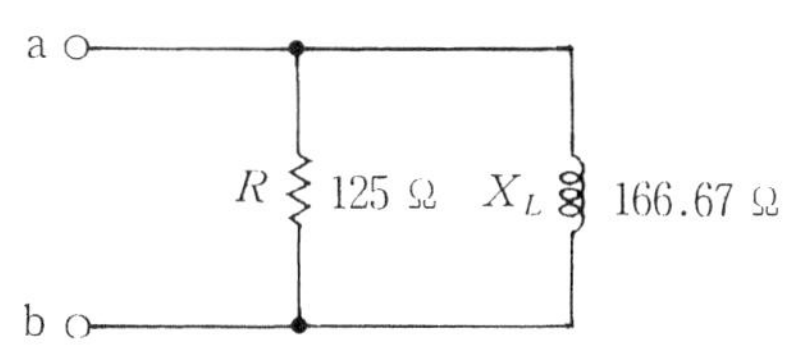

그림 8.47 등가 병렬 회로

연습문제 8-10 그림 (a)의 직렬 회로를 그림 (b)의 등가 회로로 바꿔라.

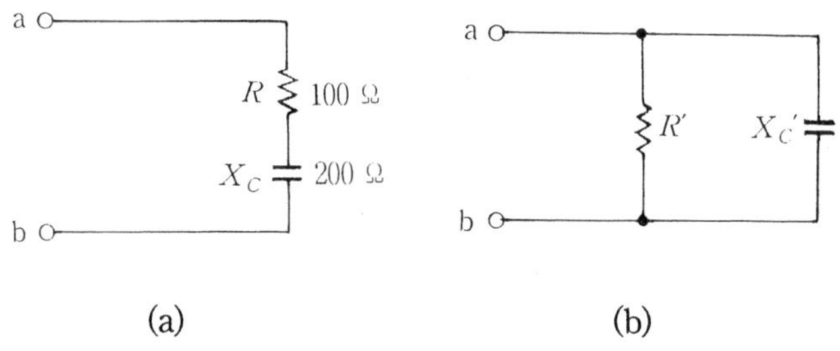

그림 8.48

예제 8-11 그림 8.49의 회로에서 전류 $\dot{I}_R$와 $\dot{I}_L$을 구하라.

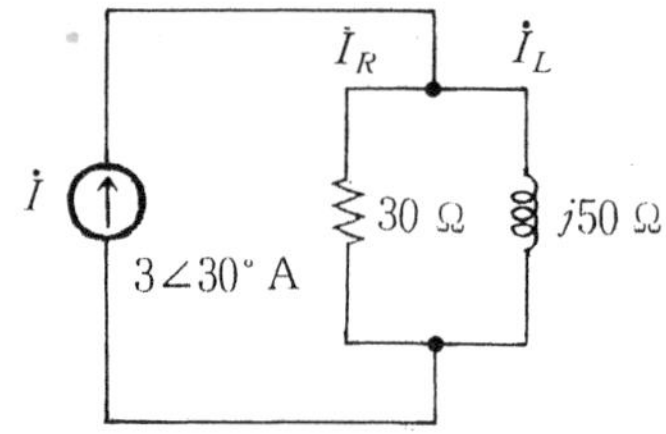

그림 8.49

✲ 풀이 직류 회로에서 배운 전류 분배 공식을 이용한다.

$$\dot{I}_R = \frac{j50}{30+j50} \cdot 3\angle 30° = 2.57\angle 60.96° \text{ [A]}$$

$$\dot{I}_L = \frac{30}{30+j50} \cdot 3\angle 30° = 1.54\angle -29.04° \text{ [A]}$$

위의 결과는 SHARP EL−9200을 이용한 것이다. 윗 식을 쳐 넣고 엔터 키를 치면 바로 답이 나온다.

연습문제 8-11 그림의 *RLC* 직병렬 회로에서 저항에 흐르는 전류 $\dot{I}_R$과 커패시턴스에 흐르는 전류 $\dot{I}_C$를 구하라.

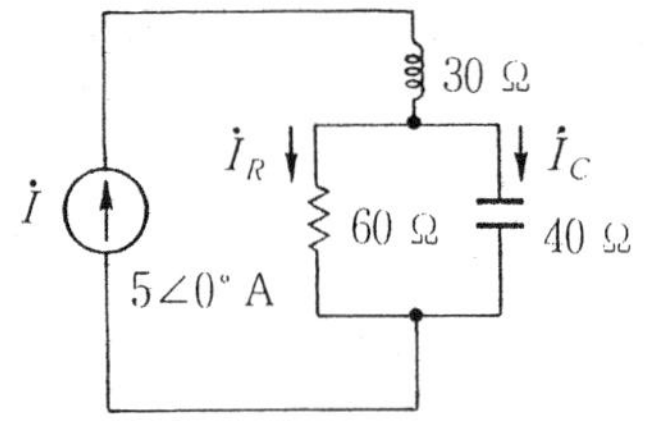

그림 8.50

예제 8-12

그림 8.51의 회로에서 다음을 구하라.

① 합성 임피던스 $\dot{Z}$　　　② 전원 전류 $\dot{I}$

③ 전류 $\dot{I}_1$, $\dot{I}_2$　　　④ 페이저도

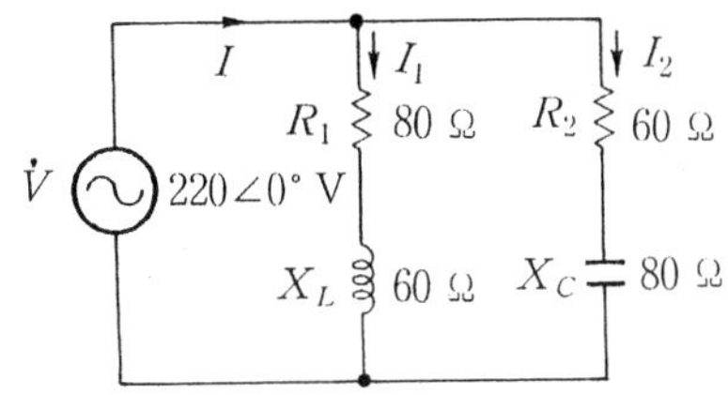

그림 8.51

✽ 풀이 ① 합성 임피던스

$$\dot{Z}_T = \frac{(R_1 + jX_L)\cdot(R_2 - jX_C)}{(R_1 + jX_L) + (R_2 - jX_C)}$$

$$= \frac{(80 + j60)\cdot(60 - j80)}{(80 + j60) + (60 - j80)} = 70.71 \angle -8.13°[\Omega]$$

② 전원 전류

$$\dot{I} = \frac{\dot{V}}{\dot{Z}_T} = \frac{220}{70.71\angle -8.13°} = 3.11 \angle 8.13° \text{ [A]}$$

③ 전류 $\dot{I}_1$

$$\dot{I}_1 = \frac{60 - j80}{(80 + j60) + (60 - j80)} \cdot 3.11\angle 8.13°$$

$$= 2.20 \angle -36.87°[A]$$

전류 $\dot{I}_2$

$$\dot{I}_2 = \frac{80 + j60}{(80 + j60) + (60 - j80)} \cdot 3.11\angle 8.13°$$

$$= 2.20 \angle 53.13° \text{ [A]}$$

④

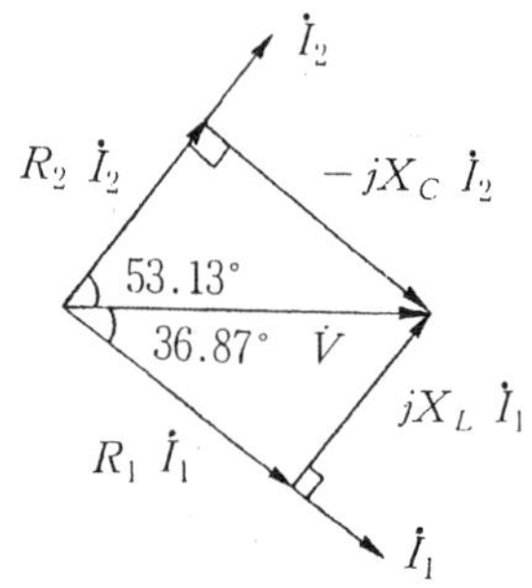

그림 8.52 페이저도

페이저도에서 전류 $\dot{I}_1$ 방향의 전압 강하 $\dot{V}_{R1}=R_1\ \dot{I}_1$가 되고 $\dot{I}_1$에 수직되게 $\dot{V}_L=jX_L\ \dot{I}_1$가 되어

$$\dot{V}_{R1}+\dot{V}_L=\dot{V}$$

가 되어야 한다(키르히호프 전압 법칙)

또한 전류 $\dot{I}_2$ 방향의 전압 강하 $\dot{V}_{R2}=R_2\ \dot{I}_2$가 되고 $\dot{I}_2$에 수직되게

$$\dot{V}_C=-jX_C\ \dot{I}_2$$

가 되어

$$\dot{V}_{R2}+\dot{V}_C=\dot{V}$$

가 된다.

연습문제 8-12 그림 8.53 회로에서 다음을 구하라.

① 합성 임피던스 $\dot{Z}$ ② 전원 전류 $\dot{I}$

③ 전류 $\dot{I}_R$, $\dot{I}_L$ ④ 페이저도

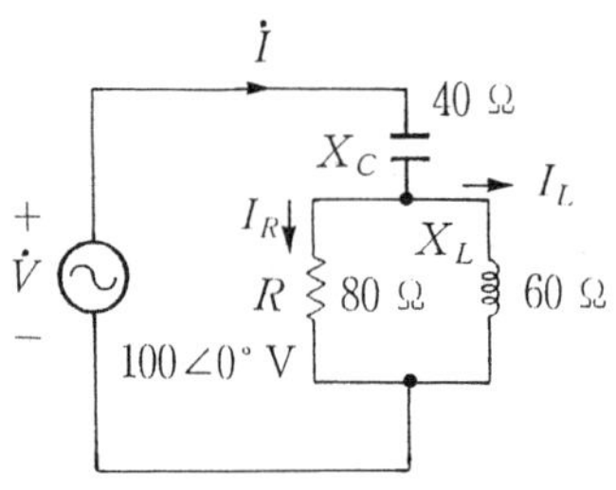

그림 8.53

예제 8-13

그림과 같은 RLC 직병렬 회로에서 절점 a, b의 전위차 $\dot{V}_{ab}$를 다음 순서로 구하라.

① R_1의 전압 강하 $\dot{V}_{R1}$　　② R_2의 전압 강하 $\dot{V}_{R2}$

③ 전위차 $\dot{V}_{ab}$　　④ $\dot{V}_{ab}$를 페이저도로 확인

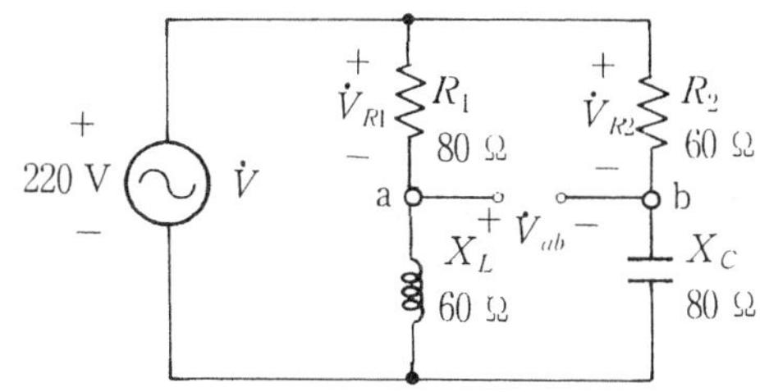

그림 8.54

✲ 풀이 직류 회로에서 배운 전압 분배 법칙을 이용하여 $\dot{V}_{R1}$와 $\dot{V}_{R2}$를 구한다.

① $\dot{V}_{R1}=\dfrac{R_1}{R_1+jX_L}\dot{V}=\dfrac{80}{80+j60}\cdot 220=176\angle-36.87°\ [\mathrm{V}]$

② $\dot{V}_{R2}=\dfrac{R_2}{R_2-jX_C}\dot{V}=\dfrac{60}{60-j80}\cdot 220=132\angle 53.13°\ [\mathrm{V}]$

③ 두 절점의 전위차를 구하려면 두 절점을 포함한 폐회로를 구성하여 키르히호프 전압 법칙을 이용한다. 그림 8.55에서 시계 방향으로 전압 법칙을 적용하면

$$\dot{V}_{ab}+\dot{V}_{R1}-\dot{V}_{R2}=0$$

$$\begin{aligned}\dot{V}_{ab}&=\dot{V}_{R2}-\dot{V}_{R1}\\&=132\angle 53.13°-176\angle-36.87°=220\angle 106.26°\ [\mathrm{V}]\end{aligned}$$

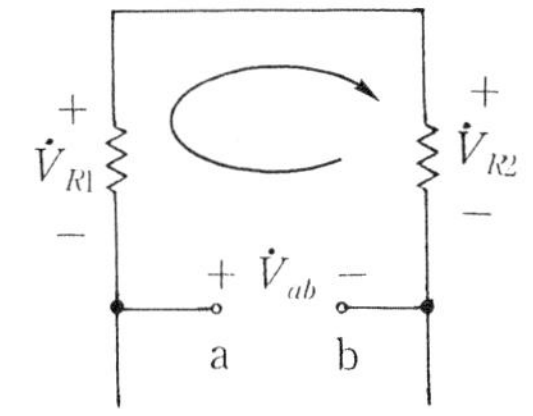

그림 8.55 키르히호프 법칙

④

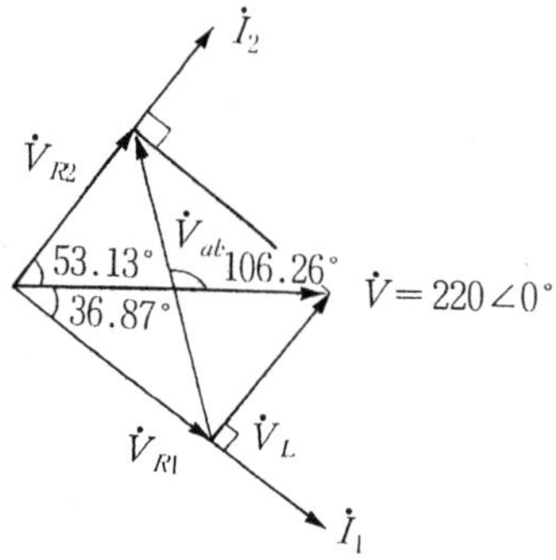

그림 8.56 $\dot{V}_{ab}=\dot{V}_{R2}-\dot{V}_{R1}$

연습문제 8-13 그림 8.57의 회로에서 절점 a, b의 전위차를 다음과 같이 구하여라.

① 전류 $\dot{I}_1$, $\dot{I}_2$

② 전압 강하 $\dot{V}_{R1}$, $\dot{V}_C$

③ 전위차 $\dot{V}_{ab}$

④ 페이저도를 그려 $\dot{V}_{ab}$를 표시하라.

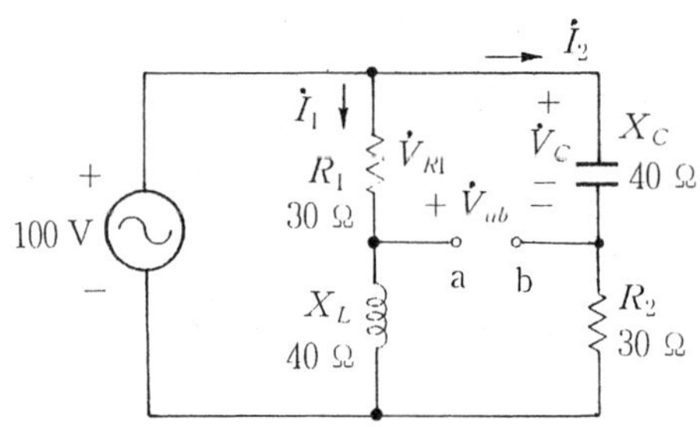

그림 8.57

예제 8-14

그림 8.58의 회로에서 다음을 구하라.

① 합성 임피던스 $\dot{Z}_T$

② 전류 $\dot{I}_1$

③ 전류 $\dot{I}_2$, $\dot{I}_3$

④ 전압 강하 $\dot{V}_L$, $\dot{V}_C$

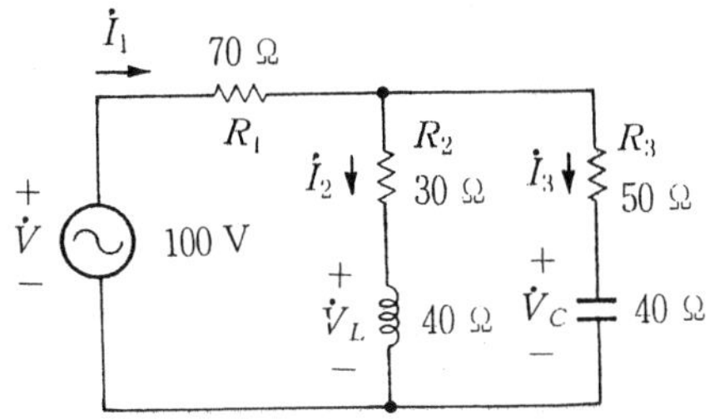

그림 8.58

✲ **풀이** 다음 그림과 같이 회로를 간단한 모양으로 그려 본다.

①

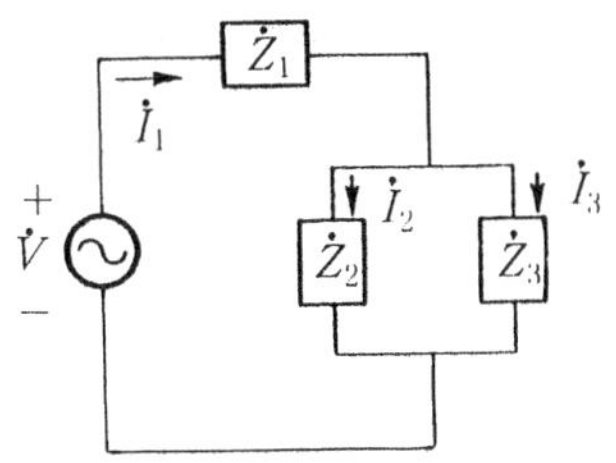

그림 8.59

그림 8.59에서 $\dot{Z}_2$와 $\dot{Z}_3$가 병렬된 회로에 $\dot{Z}_1$가 직렬된 회로이다. 따라서 합성 임피던스 $\dot{Z}_T$는

$$\dot{Z}_T = \dot{Z}_1 + \frac{\dot{Z}_2 \cdot \dot{Z}_3}{\dot{Z}_2 + \dot{Z}_3}$$

$$= 70 + \frac{(30+j40)\cdot(50-j40)}{(30+j40)+(50-j40)} = 109.21\angle 5.25^\circ\ [\Omega]$$

② $$\dot{I}_1 = \frac{\dot{V}}{\dot{Z}_T} = \frac{100}{109.21\angle 5.25^\circ} = 0.92\angle -5.25^\circ\ [\mathrm{A}]$$

③ $$\dot{I}_2 = \frac{\dot{Z}_3}{\dot{Z}_2 + \dot{Z}_3} \cdot \dot{I}_1 = \frac{50-j40}{(30+j40)+(50-j40)} \cdot 0.92\angle -5.25^\circ$$

$$= 0.74\angle -43.91^\circ\ [\mathrm{A}]$$

$$\dot{I}_3 = \frac{\dot{Z}_2}{\dot{Z}_2 + \dot{Z}_3} \cdot \dot{I}_1 = \frac{30+j40}{80} \cdot 0.92\angle -5.25^\circ$$

$$= 0.56\angle 47.88^\circ\ [\mathrm{A}]$$

④ $\dot{V}_L = jX_L \cdot \dot{I}_2 = 40\angle 90° \cdot 0.74\angle -43.91°$
$= 29.6\angle 46.09°$ [V]
$\dot{V}_C = -jX_C \cdot \dot{I}_3 = 40\angle -90° \cdot 0.56\angle 47.88°$
$= 22.4\angle -42.12°$ [V]

연습문제 8-14 그림 8.60의 회로에서 다음을 구하라.
① 전원 전류 $\dot{I}_1$ ② 전류 $\dot{I}_2$, $\dot{I}_3$ ③ 전압 강하 $\dot{V}_C$, $\dot{V}_3$

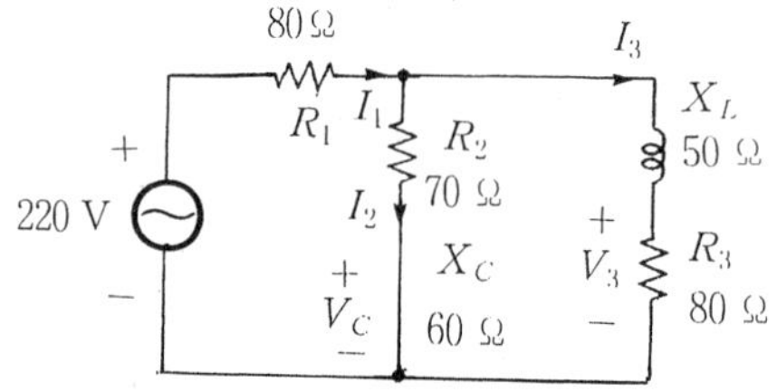

그림 8.60

종합 문제

1. RC 직렬 회로의 합성 임피던스 크기는 $Z=($ $)$ $[\Omega]$이고 전류의 위상은 가한 전압보다 $\theta=($ $)$만큼 앞선다.

2. RC 병렬 회로에서 커패시턴스에 흐르는 전류는 저항에 흐르는 전류보다 위상이 90° ( ).

3. 복소 어드미턴스에서 실수부는 ( )라 하고 허수부는 ( )라 하며 단위는 ( )를 사용한다.

4. RL 직렬 회로의 합성 임피던스 크기는 $Z=($ $)$ $[\Omega]$이고 전류의 위상은 가한 전압보다 $\theta=($ $)$만큼 뒤진다.

5. RL 병렬 회로에서 인덕턴스에 흐르는 전류는 저항에 흐르는 전류보다 위상이 90° ( )

6. RLC 직렬 회로에서 합성 임피던스의 크기는 $\dot{Z}=($ $)$ $[\Omega]$이고, $\omega L > \frac{1}{\omega C}$일 경우 흐르는 전류의 위상은 가한 전압보다 $\theta=($ $)$만큼 늦다.

7. RLC 병렬 회로에서 커패시턴스에 흐르는 전류와 인덕턴스에 흐르는 전류의 위상차는 ( )이다.

8. 임의의 두 절점간의 전위차를 구하려면 두 절점을 포함하는 ( )를 만들어 키르히호프의 ( )을 이용하면 편리하다.

9. 저항 R과 리액턴스 X가 직렬로 연결된 회로의 서셉턴스는?

㉮ $\dfrac{X}{R^2+X^2}$　　㉯ $\dfrac{R}{R^2+X^2}$

㉰ $\dfrac{R}{\sqrt{R^2+X^2}}$　　㉱ $\dfrac{X}{\sqrt{R^2+X^2}}$

10. 저항 10 [Ω], 유도성 리액턴스 $10\sqrt{3}$ [Ω]인 직렬 회로에 교류 전압을 가할 때 전압과 이 회로에 흐르는 전류와의 위상차는 몇 도인가?

㉮ 60° ㉯ 45°

㉰ 30° ㉱ 15°

11. 저항 1 [Ω]에 인덕턴스 1 [H]를 직렬로 연결한 후 여기에 60 [Hz], 100 [V]의 전압을 인가시 흐르는 전류의 위상은 전압의 위상보다?

㉮ 90° 늦다. ㉯ 같다.

㉰ 90° 빠르다. ㉱ 늦지만 90° 이하이다.

12. 저항 20 [Ω], 인덕턴스 56 [mH]의 직렬 회로에 60 [Hz], 실효값 141.4 [V]의 전압을 가할 때 이 회로 전류의 순시값은?

㉮ 약 $4.86 \sin (377t - 46°)$ ㉯ 약 $4.86 \sin (377t - 54°)$

㉰ 약 $6.9 \sin (377t - 46°)$ ㉱ 약 $6.9 \sin (377t - 54°)$

13. RL 직렬 회로에 60 [Hz], 100 [V]의 교류 전압을 가했더니 위상이 60° 뒤진 3 [A]의 전류가 흘렀다. 이때의 리액턴스는 몇 Ω인가?

㉮ 21.4 ㉯ 27.3

㉰ 28.9 ㉱ 33.3

14. 그림과 같은 회로에서 E_1과 E_2가 각각 100 [V]이면서 60°의 위상차가 있다. 유도성 리액턴스의 단자 전압은 몇 V인가? 단, R=10 [Ω], X_L=30 [Ω]이다.

㉮ 164

㉯ 174

㉰ 200

㉱ 150

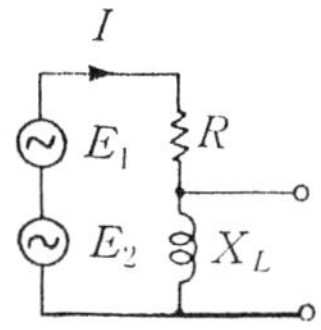

15. 그림과 같은 회로의 출력 전압의 위상은 입력 전압의 위상에 비해 어떻게 되는가?

㉮ 앞선다.

㉯ 뒤진다.

㉰ 같다.

㉱ 앞설 수도 있고 뒤질 수도 있다.

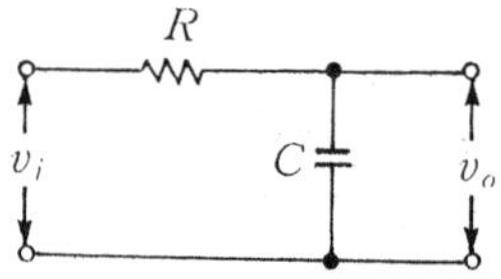

16. RLC 직렬 회로에서 $R=4[\Omega]$, $X_L=7[\Omega]$, $X_C=4[\Omega]$일 때 합성 임피던스의 크기는 몇 Ω인가?

㉮ 11　　㉯ 9　　㉰ 7　　㉱ 5

17. 그림과 같은 회로에서 $R=8[\Omega]$, $X_L=10[\Omega]$, $X_C=16[\Omega]$, $E=100[\text{V}]$일 때 이 회로에 흐르는 전류의 크기는 몇 A인가?

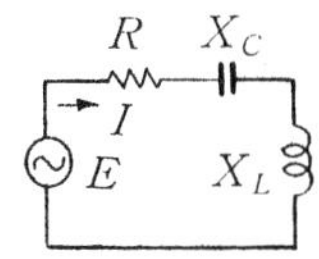

㉮ 2

㉯ 3

㉰ 10

㉱ 20

18. 그림과 같은 회로에서 I_C 값을 구하면?

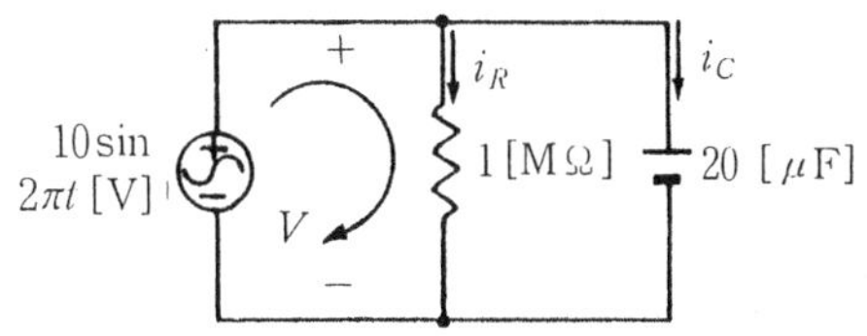

㉮ $4\pi\times10^{-3}\cos2\pi t[\text{A}]$

㉯ $4\pi\times10^{-4}\sin2\pi t[\text{A}]$

㉰ $4\pi\times10^{-3}\sin2\pi t[\text{A}]$

㉱ $4\pi\times10^{-4}\cos2\pi t[\text{A}]$

19. 그림과 같은 직렬 회로에서 각 소자의 전압이 그림과 같다면 a, b 양단에 가한 교류 전압은 몇 V인가?

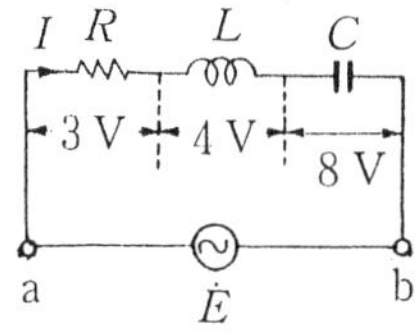

㉮ 2.5

㉯ 7.5

㉰ 5

㉱ 10

20. $R=200[\Omega]$, $L=1.59[\text{H}]$, $C=3.315[\mu\text{F}]$를 직렬로 한 회로에

$$v=141.4\sin377t[\text{V}]$$

를 인가할 때 C의 단자 전압은 몇 V인가?

㉮ 71　　㉯ 212　　㉰ 283　　㉱ 401

21. RL 병렬 회로의 합성 임피던스는?

㉮ $R\left(1+j\dfrac{\omega L}{R}\right)$　　㉯ $R\left(1-j\dfrac{\omega L}{R}\right)$

㉰ $R\left(1-\dfrac{R}{j\dfrac{1}{\omega L}}\right)$　　㉱ $\dfrac{R}{1-j\dfrac{R}{\omega L}}$

22. 이 회로의 합성 어드미턴스의 값은 몇 ℧인가?

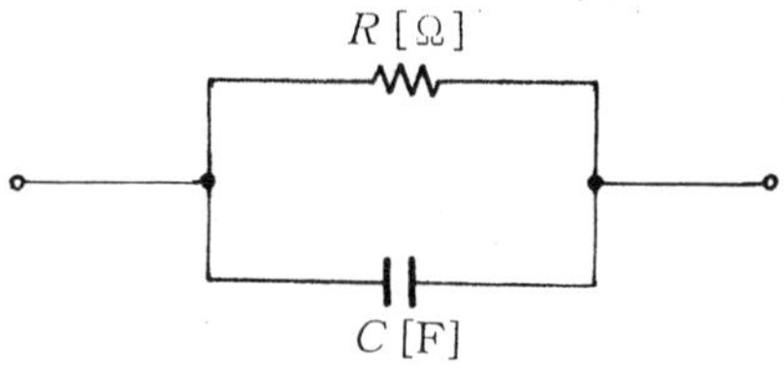

㉮ $\frac{1}{R}(1+j\omega CR)$

㉯ $j\frac{R}{\omega CR-1}$

㉰ $R-j\frac{1}{\omega C}$

㉱ $\frac{1}{R}-j\frac{1}{\omega C}$

23. 그림과 같은 회로에서 전원에 흘러 들어오는 전류 I는 몇 A인가?

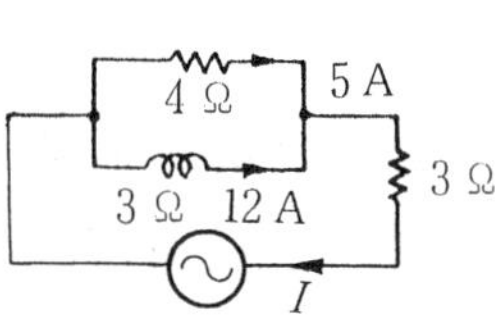

㉮ 7

㉯ 10

㉰ 13

㉱ 17

24. 저항 30 [Ω]과 유도성 리액턴스 40 [Ω]을 병렬로 접속한 회로에 120 [V]의 교류 전압을 가할 때의 전 전류는 몇 A인가?

㉮ 5 ㉯ 6 ㉰ 8 ㉱ 10

25. 저항과 콘덴서를 병렬로 접속한 회로에 직류 100 [V]를 가하면 5 [A]가 흐르고, 교류 300 [V]를 가하면 25 [A]가 흐른다. 이때, 용량성 리액턴스는 몇 Ω인가?

㉮ 7 ㉯ 14 ㉯ 15 ㉱ 30

26. 저항 4 [Ω]과 X_L의 유도성 리액턴스가 병렬로 접속된 회로에 12 [V]의 교류 전압을 가하니 5 [A]의 전류가 흘렀다. 이 회로의 리액턴스 X_L의 값은 몇 Ω인가?

㉮ 8 ㉯ 6 ㉰ 3 ㉱ 1

27. 저항 4 [Ω]과 인덕턴스 L의 코일에 100 [V], 60 [Hz]의 교류를 가하니 20 [A]의 전류가 흘렀다. L은 몇 mH인가?

㉮ 약 2.7 ㉯ 약 5.3 ㉰ 약 6.6 ㉱ 약 8.0

28. $R=100$ [Ω], $C=30$ [μF]의 직렬 회로에 $f=60$ [Hz], $V=100$ [V]의 교류 전압을 가할 때 전류는 몇 A인가?

㉮ 0.45 ㉯ 0.56 ㉰ 0.75 ㉱ 0.96

29. 그림 (a)의 병렬 회로를 그림 (b)와 같이 등가 직렬 회로로 고친 등가 임피던스 Z는 몇 Ω인가?

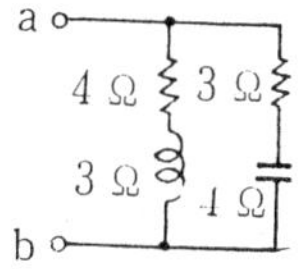

(a)

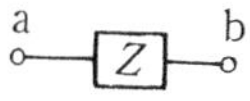

(b)

㉮ $0.12+j0.16$ ㉯ $0.28+j0.04$ ㉰ $3.5-j0.5$ ㉱ $4+j3$

30. 그림과 같은 회로에서 전류 i의 순시값을 표시하는 식은?

단, $\dot{Z}_1=3+j10$, $\dot{Z}_2=3-j2$, $e=100\sqrt{2}\sin 120\pi t$이다.

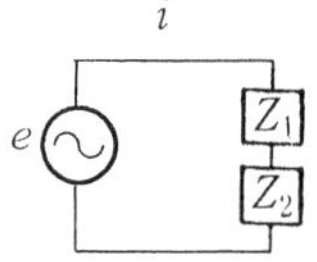

㉮ $10\sqrt{2}\sin(377t+\tan^{-1}\frac{4}{3})$

㉯ $14.1\sin(377t+\tan^{-1}\frac{3}{4})$

㉰ $14.1\sin(120\pi t-\tan^{-1}\frac{4}{3})$

㉱ $10\sqrt{2}\sin(120\pi t-\tan^{-1}\frac{3}{4})$

31. 그림과 같은 회로에 있어서 전류 I는 몇 A인가?

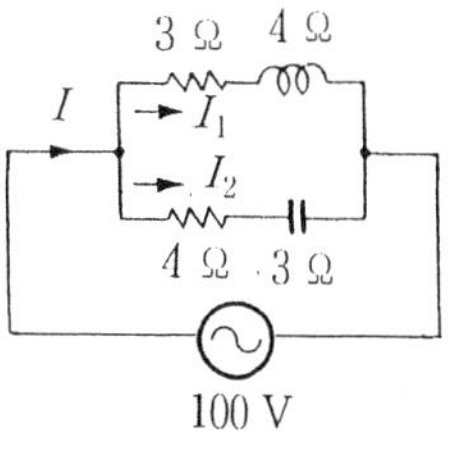

㉮ $\frac{200}{7}$

㉯ 20

㉰ $20\sqrt{2}$

㉱ 40

익힘 문제

1. *RC* 직렬 회로의 임피던스가 다음과 같을 때 저항과 커패시턴스의 크기를 구하라.

① $\dot{Z}=100-j200\ [\Omega]$, $f=60\ [\text{Hz}]$

② $\dot{Z}=200\angle-60°\ [\Omega]$, $f=50\ [\text{Hz}]$

2. 문제 1의 임피던스를 임피던스 평면에 그려라.

3. 그림의 *RC* 직렬 회로에 흐르는 전류가 0.5 [mA]일 경우, 가한 전압의 크기를 구하고 또 페이저도를 그려라.

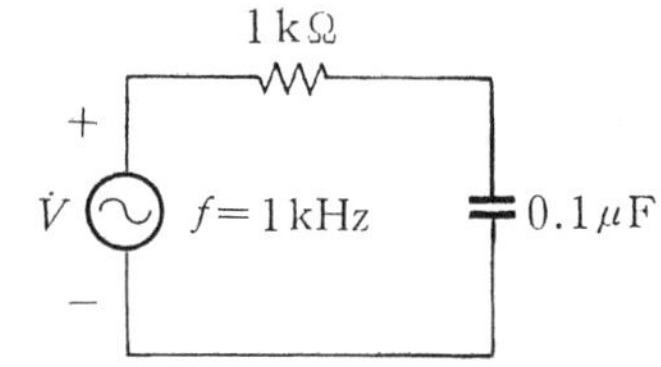

4. 그림의 *RC* 직렬 회로에 10 [V], 2 [kHz]의 전압을 가했다. 전류를 구하고 또 페이저도를 그려라.

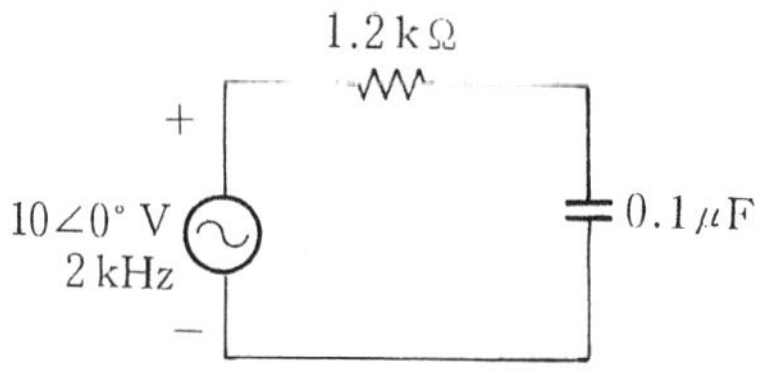

5. 그림의 *RC* 병렬 회로에서 어드미턴스를 구하고 어드미턴스 평면에 이를 도시하라.

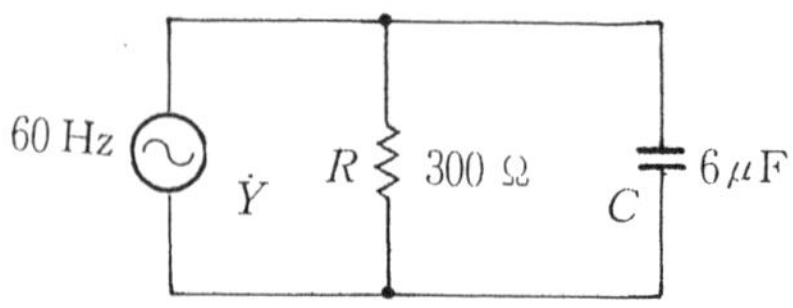

6. 문제 5의 RC 병렬 회로를 등가 RC 직렬 회로로 바꿔라.

7. 문제 5의 회로에서 30 [V]의 전압을 가할 경우 각 지로의 전류를 구하고 페이저도를 그려라.

8. 그림에서 저항에 흐르는 전류가 2.75 [A]이다. 가한 전압 V와 커패시턴스에 흐르는 전류 I_C를 구하라. 또 페이저도를 그려라.

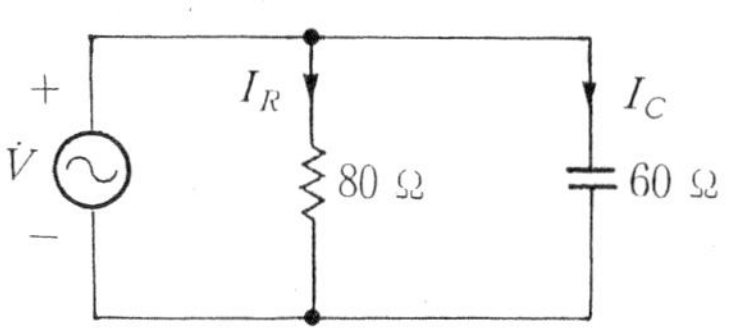

9. RL 직렬 회로의 임피던스가 다음과 같을 때 저항과 인덕턴스의 크기를 구하라.

① $\dot{Z}=100+j200$ [Ω], $f=60$ [Hz]

② $\dot{Z}=200\angle 60°$ [Ω], $f=50$ [Hz]

10. 문제 9의 임피던스를 임피던스 평면에 그려라.

11. 그림의 RL 직렬 회로에 흐르는 전류를 구하고 페이저도를 그려라.

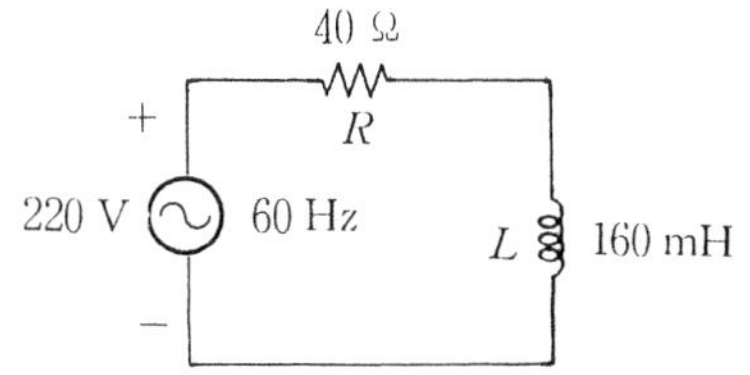

12. 그림의 RL 직렬 회로에 10 [mA]의 전류가 흐르고 있다. 저항과 인덕턴스의 전압 강하를 구하고 또 가한 전압을 구하라. 페이저도를 그려라.

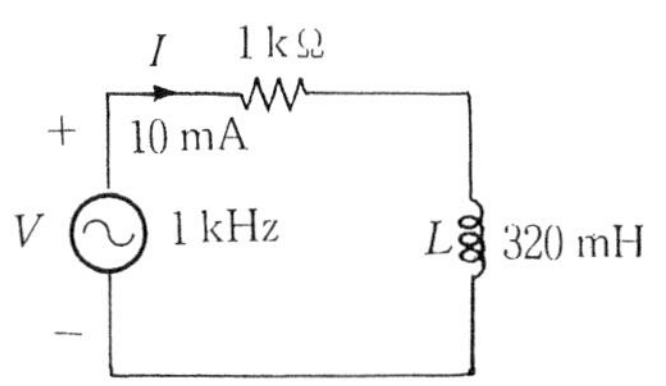

13. 그림의 RL 직렬 회로를 등가 RL 병렬 회로로 바꿔라.

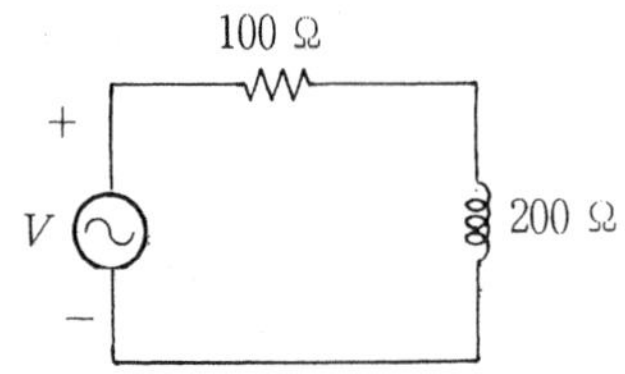

14. 그림의 RL 병렬 회로를 등가 RL 직렬 회로로 바꿔라.

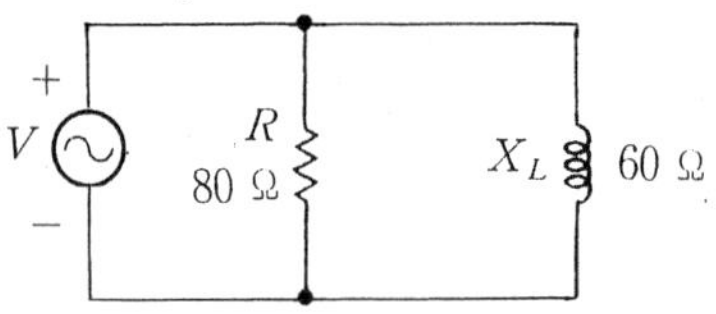

15. 문제 14에서 220 [V]의 전압을 가할 때 각 지로의 전류를 구하고 또 페이저도를 그려라.

16. 그림의 RL 병렬 회로에서 전류 I_L과 I_R을 구하라. 또 페이저도를 그려라.

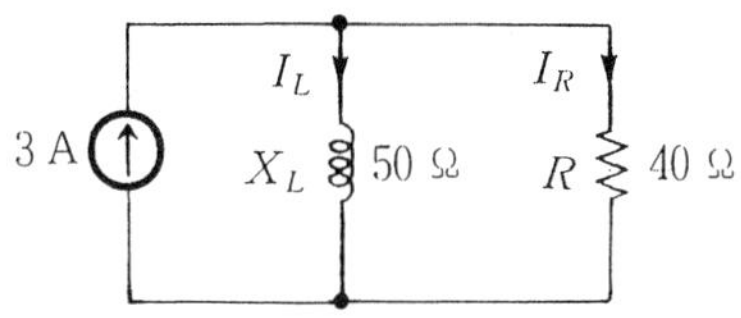

17. 그림의 RL 병렬 회로에서 인덕턴스에 흐르는 전류가 2.75 [A]이다. 가한 전압과 저항에 흐르는 전류를 구하라.

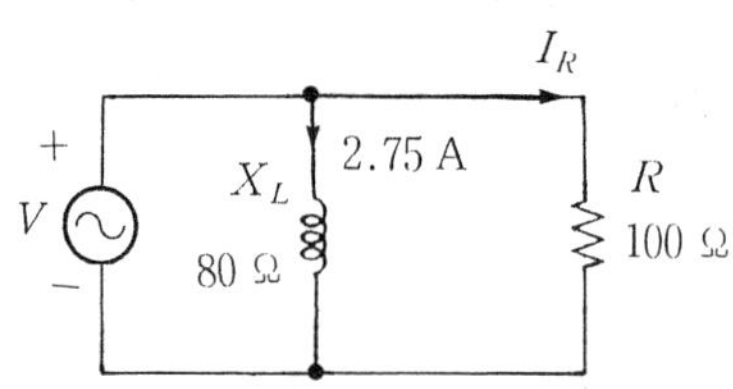

18. 저항이 100 [Ω], 커패시턴스가 0.05 [μF], 인덕턴스가 5 [mH]인 RLC 직렬 회로의 임피던스를 구하고 임피던스 평면에 임피던스도를 그려라. 주파수는 5 [kHz]이다.

19. 문제 18에서 $f = 10$ [kHz]일 때는 어떻게 되는가?

20. 그림의 RLC 직렬 회로에서 주파수를 다음과 같이 할 때 임피던스를 구하라.

① 610 [kHz] ② 710 [kHz] ③ 810 [kHz]

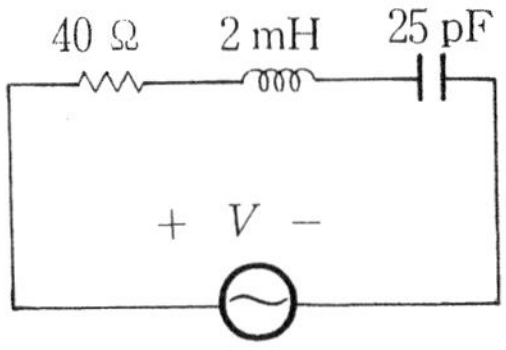

21. 문제 20에서 전압 V를 6 [V]로 할 때 각 주파수에 대한 전류를 구하라.

22. 문제 21에서 각 소자의 전압을 구하고 페이저도를 그려라.

23. 그림에 RLC 병렬 회로가 있다. 어드미턴스를 구하고 어드미턴스 평면에 어드미턴스도를 그려라.

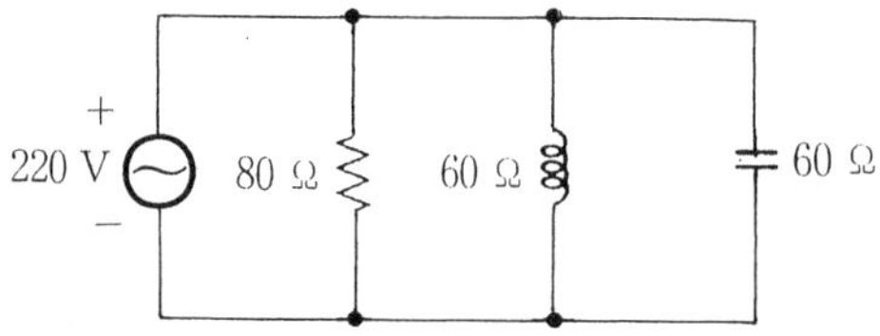

24. 문제 23 그림의 RLC 병렬 회로에서 각 지로의 전류를 구하고 페이저도를 그려라.

25. 그림의 회로에서 다음 순서에 의해 각 지로의 전류를 구하라.

① 어드미턴스 $\dot{Y}_R$, $\dot{Y}_L$, $\dot{Y}_C$

② 합성 어드미턴스 $\dot{Y}_T = \dot{Y}_R + \dot{Y}_L + \dot{Y}_C$

③ $\dot{I}_R = \dfrac{\dot{Y}_R}{\dot{Y}_T} \times \dot{I}$ 에 의해 $\dot{I}_R$를 구하고, 같은 방법으로 $\dot{I}_L$와 $\dot{I}_C$를 구하라.

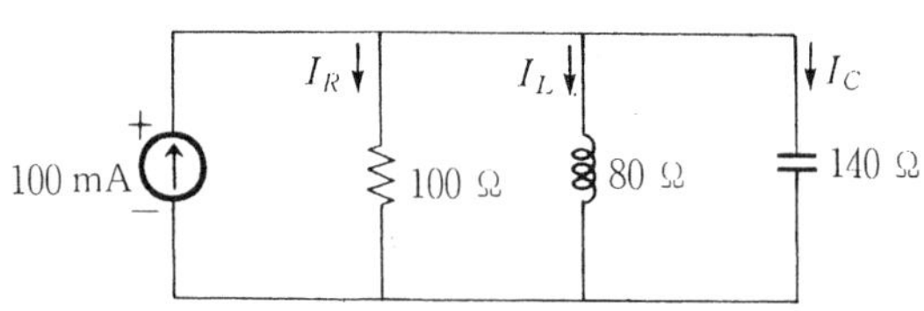

26. 그림의 RLC 병렬 회로에서 커패시턴스에 흐르는 전류가 6 [mA]이다. 가한 전압 V를 구하고, 전류 I_R과 I_L을 구하라. 또 페이저도를 그려라.

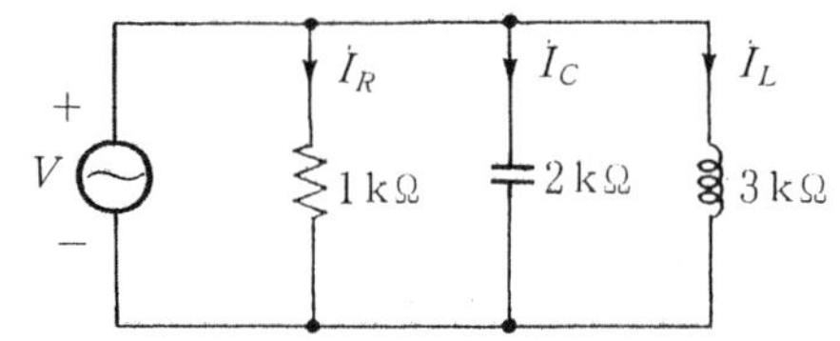

27. 그림의 회로에서 각각의 합성 임피던스를 구하라.

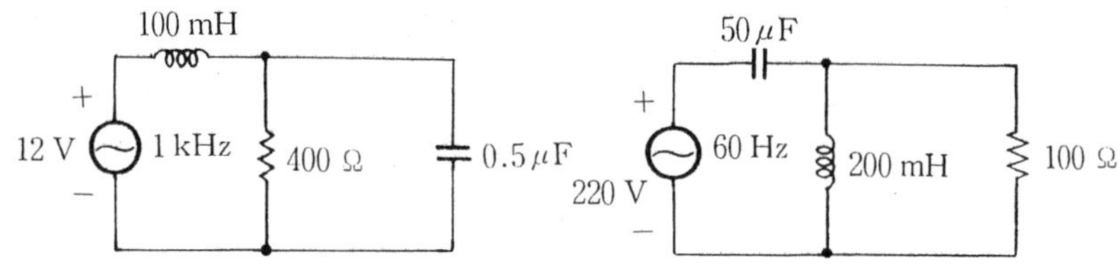

(a) (b)

28. 문제 27의 그림 (a), (b)에서 각 지로의 전류를 구하고 각 소자의 전압 강하를 구하라.

29. 문제 27의 그림 (a), (b)에서 페이저도를 그려라.

30. 그림 (a), (b)의 합성 임피던스를 구하라.

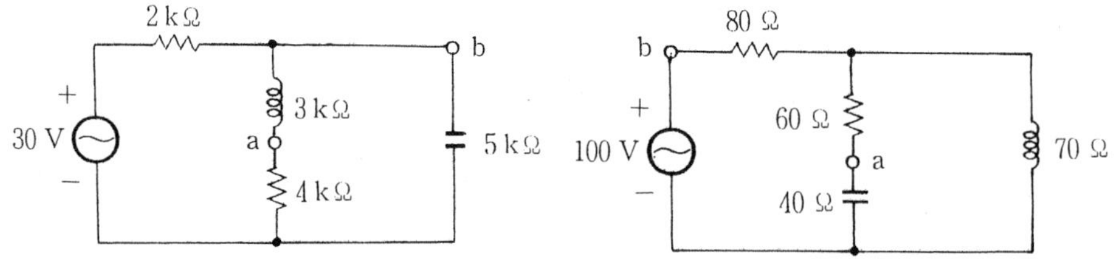

(a) (b)

31. 문제 30의 각 지로의 전류를 구하라.

32. 문제 30에서 절점 a, b 사이의 전압은 얼마인가?

33. 그림 (a), (b)에서 합성 임피던스를 구하라.

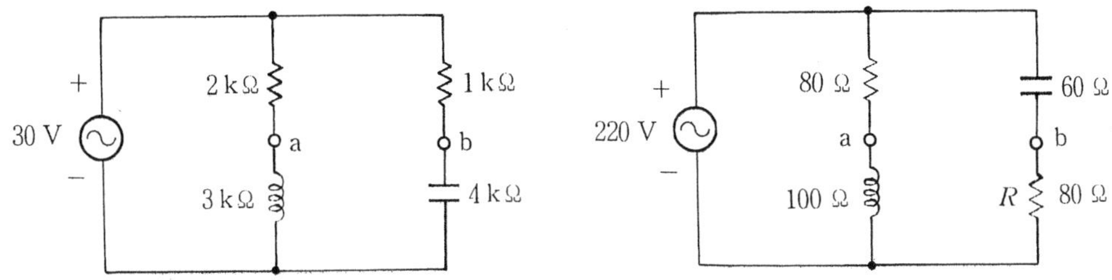

(a) (b)

34. 문제 33의 각 지로 전류를 구하라.

35. 문제 33에서 절점 ab의 전압을 구하고 이를 페이저도에 나타내라.

9 회로망 정리(교류)와 변압기 회로

한 회로 내에 두 개 이상의 전원이 존재할 때는 앞 장의 방법으로는 다룰 수가 없다. 직류 회로의 경우, 3장과 4장에서 다루었다. 교류 회로의 경우도 직류 회로와 똑같이 다룰 수 있으며, 다만 복소수로 다루기만 하면 된다. 따라서 이번 장은 예제를 중심으로 다룬다. 먼저 망로법과 절점법을 이용한 회로망의 일반 해석 방법을 다루고, 다음에 회로망 정리를 이용한 특수한 회로를 취급한다. 마지막으로 상호 유도 회로인 변압기 회로를 다룬다.

9.1 회로망의 일반 해석

이번 절을 공부하기에 앞서, 3장을 다시 한번 공부하면 이해하는 데 도움이 될 것이다. 다루는 방법은 3장과 똑같으며, 다만 복소수를 이용하여 다루기만 하면 된다. 다음에 예제를 중심으로 설명한다.

(1) 전원의 변환

교류 회로의 모양에 따라 전압원을 전류원으로, 전류원을 전압원으로 변환시킬 경우 편리할 때가 있다. 그림 9.1에서 전압 전류 사이의 관계는 다음과 같다.

전압원을 전류원으로 바꿀 경우

$$\dot{I}=\frac{\dot{V}}{\dot{Z}} \tag{9.1a}$$

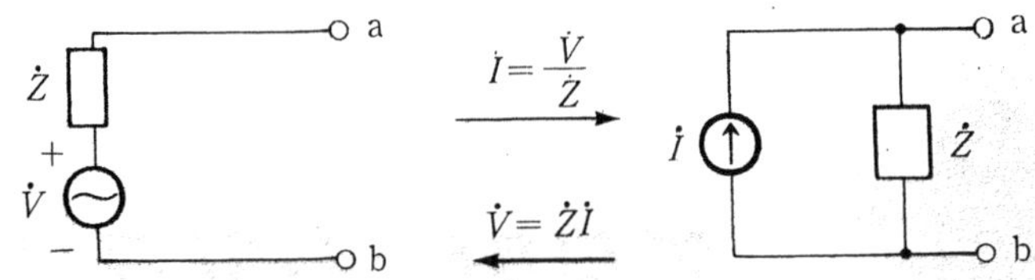

(a) 전압원 (b) 전류원

그림 9.1 전원의 변환

전류원을 전압원으로 바꿀 경우

$$\dot{V}=\dot{Z}\dot{I} \tag{9.1b}$$

예제 9-1

그림 9.2와 같은 전압원을 등가 전류원으로 바꿔라.

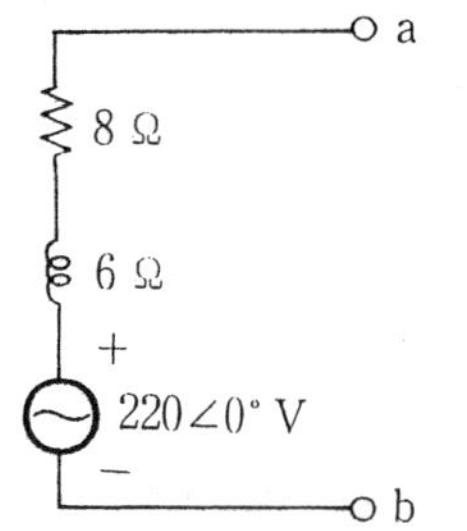

그림 9.2

✲ **풀이** 등가 전류원의 회로도는 그림 9.3과 같이 된다. 전류원의 크기 $\dot{I}$는

$$\dot{I}=\frac{220}{8+j6}=22\angle-36.87°\,[\mathrm{A}]$$

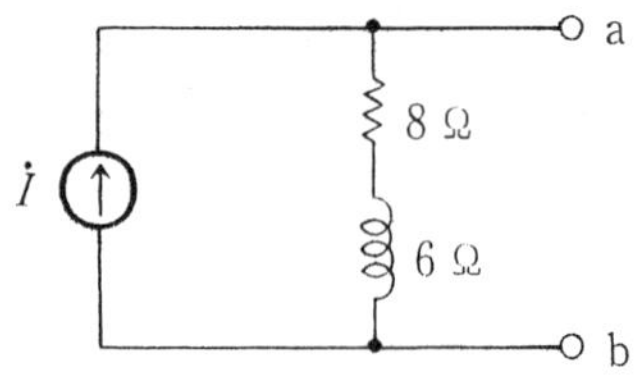

그림 9.3

연습문제 9-1 그림 9.4의 전류원 회로를 전압원 회로로 바꿔라.

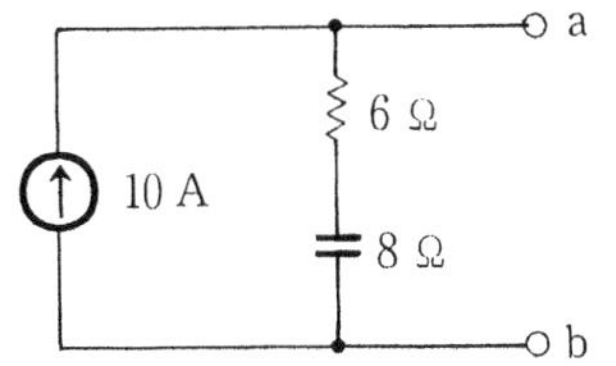

그림 9.4

예제 9-2

그림 9.5의 전류원 회로를 전압원 회로로 바꿔라.

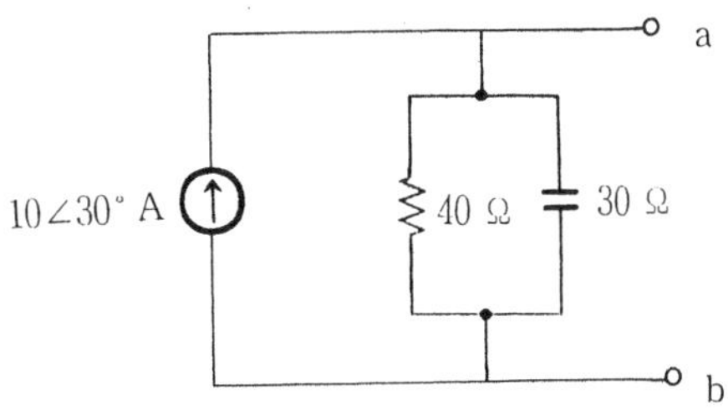

그림 9.5

✲ **풀이** 먼저 병렬 임피던스의 합성 임피던스를 구한다.

$$\dot{Z}=\frac{40\times(-j\,30)}{40-j\,30}=24\angle-53.13^{\circ}[\Omega]$$

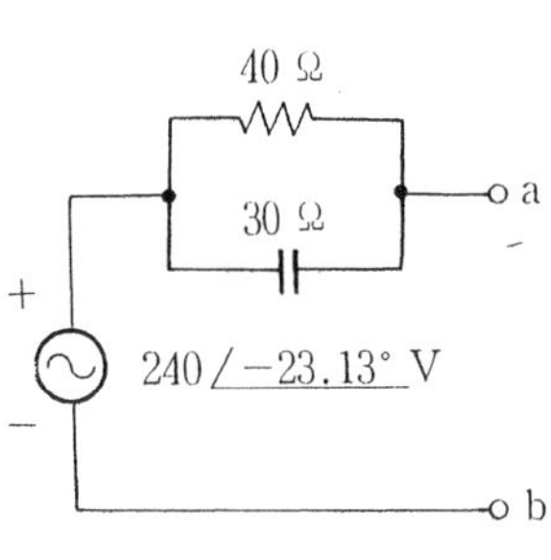

그림 9.6

따라서 전압원의 크기 $\dot{V}$는

$$\dot{V} = \dot{Z}\dot{I} = 10\angle 30° \cdot 24\angle -53.13°$$
$$= 240\angle -23.13° \text{ [V]}$$

이고 회로도는 그림 9.6과 같다.

연습문제 9-2 그림 9.7의 전압원 회로를 전류원 회로로 바꿔라.

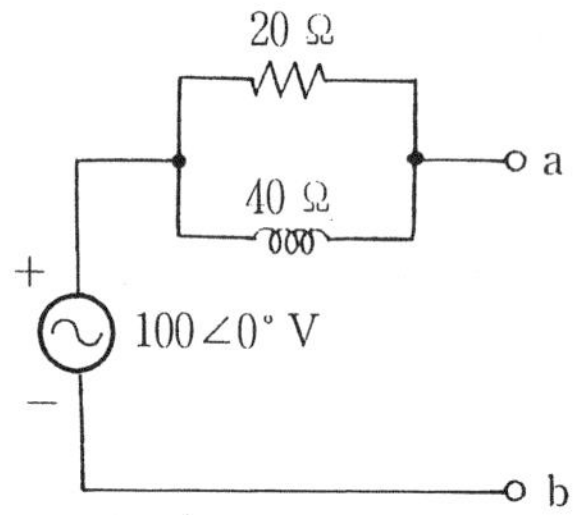

그림 9.7

(2) 망로 해석법

다음과 같은 단계로 망로 해석법을 적용시킨다.

1. 메시에 모두 시계 방향으로 망로 전류를 정한다.
2. 메시에 키르히호프 전압 법칙을 적용시켜 연립 방정식을 세운다.
3. 연립 방정식을 풀어 망로 전류를 구한다.
4. 필요한 지로의 전류 또는 전압 강하를 구한다.

아래에 간단한 예를 들어 본다.

예제 9-3 그림 9.8의 회로에서 메시 전류 $\dot{I}_a$, $\dot{I}_b$를 구하고 저항 R에 흐르는 전류와 전압 강하를 구하라.

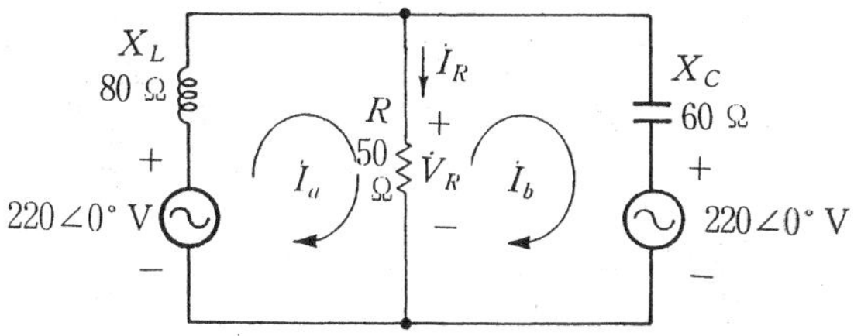

그림 9.8

✻ 풀이 그림 9.8을 그림 9.9와 같이 다시 그려 생각한다.

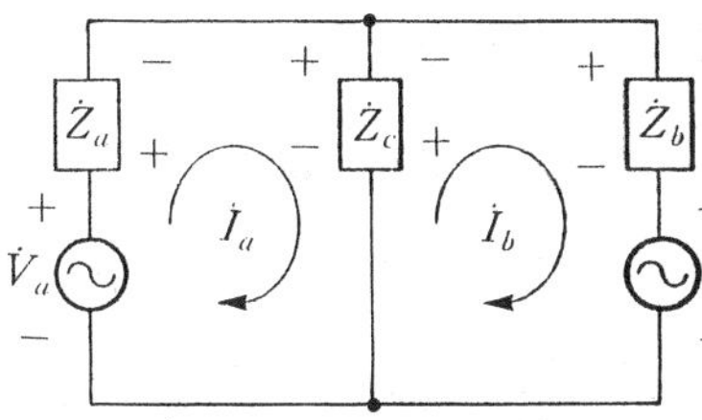

그림 9.9

그림 9.9에서

$$\dot{Z}_a = j80\,[\Omega], \qquad \dot{Z}_b = -j60\,[\Omega], \qquad \dot{Z}_c = 50\,[\Omega]$$

$$\dot{V}_a = 220\angle 0°\ [\text{V}], \quad \dot{V}_b = 220\angle 0°\ [\text{V}]$$

이다.

각 메시에 키르히호프 전압 법칙을 적용시킨다.

$$\begin{cases} \dot{Z}_a\dot{I}_a + \dot{Z}_c(\dot{I}_a - \dot{I}_b) = \dot{V}_a \\ \dot{Z}_c(\dot{I}_b - \dot{I}_a) + \dot{Z}_b\dot{I}_b = -\dot{V}_b \end{cases}$$

메시 전류 $\dot{I}_a$, $\dot{I}_b$에 대해 정리한다.

$$\begin{cases} (\dot{Z}_a + \dot{Z}_c)\dot{I}_a - \dot{Z}_c\dot{I}_b = \dot{V}_a \\ -\dot{Z}_c\dot{I}_a + (\dot{Z}_b + \dot{Z}_c)\dot{I}_b = -\dot{V}_b \end{cases}$$

메시 전류를 모두 시계 방향으로 잡아 자기 임피던스는 +가 되었고 상호 임피던스는 −가 되었다. 크래머 법칙을 이용하여 $\dot{I}_a$, $\dot{I}_b$를 다음과 같이 구한다.

$$\dot{I}_a = \frac{\begin{vmatrix} \dot{V}_a & -\dot{Z}_c \\ -\dot{V}_b & \dot{Z}_b+\dot{Z}_c \end{vmatrix}}{\begin{vmatrix} \dot{Z}_a+\dot{Z}_c & -\dot{Z}_c \\ -\dot{Z}_c & \dot{Z}_b+\dot{Z}_c \end{vmatrix}} = \frac{\begin{vmatrix} 220 & -50 \\ -220 & 50-j60 \end{vmatrix}}{\begin{vmatrix} 50+j80 & -50 \\ -50 & 50-j60 \end{vmatrix}}$$

$$= \frac{(220)(50-j60)-(-50)(-220)}{(50+j80)(50-j60)-(-50)(-50)}$$

$$= 2.69\angle-101.77^\circ\,[\mathrm{A}] = -0.55-j2.63\,[\mathrm{A}]$$

$$\dot{I}_b = \frac{\begin{vmatrix} \dot{Z}_a+\dot{Z}_c & \dot{V}_a \\ -\dot{Z}_c & -\dot{V}_b \end{vmatrix}}{\begin{vmatrix} \dot{Z}_a+\dot{Z}_c & -\dot{Z}_c \\ -\dot{Z}_c & \dot{Z}_b+\dot{Z}_c \end{vmatrix}}$$

$$= \frac{\begin{vmatrix} 50+j80 & 220 \\ -50 & -220 \end{vmatrix}}{(50+j80)(50-j60)-(-50)(-50)}$$

$$= \frac{(-220)(50+j80)-(220)(-50)}{(50+j80)(50-j60)-(-50)(-50)}$$

$$= 3.59\angle-101.77^\circ\,[\mathrm{A}] = -0.73-j3.51\,[\mathrm{A}]$$

50 [Ω] 저항에 흐르는 전류 $\dot{I}_R$과 전압 강하 $\dot{V}_R$는

$$\dot{I}_R = \dot{I}_a - \dot{I}_b = (-0.55-j\,2.63)-(-0.73-j3.51)$$

$$= 0.18+j0.88 = 0.90\angle 78.44^\circ\,[\mathrm{A}]$$

$$\dot{V}_R = R\,\dot{I}_R = 50\times 0.90\angle 78.44^\circ = 45\angle 78.44^\circ\,[\mathrm{V}]$$

가 된다.

연습문제 9-3 그림 9.10에서 커패시터에 흐르는 전류와 걸리는 전압을 구하라.

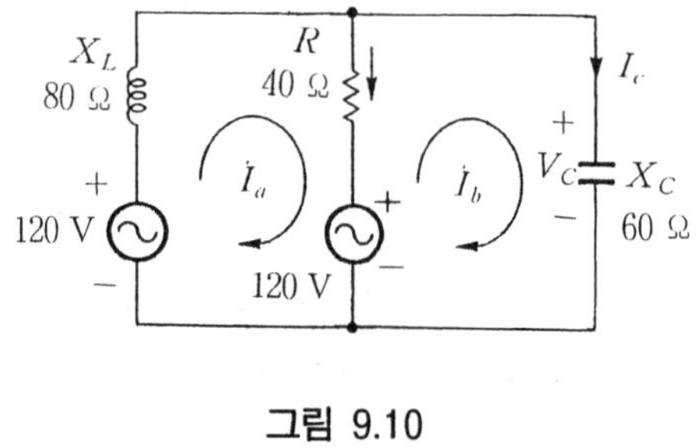

그림 9.10

예제 9-4

그림 9.11에서 메시 전류 $\dot{I}_a$, $\dot{I}_b$와 지로 전류 $\dot{I}$를 구하라.

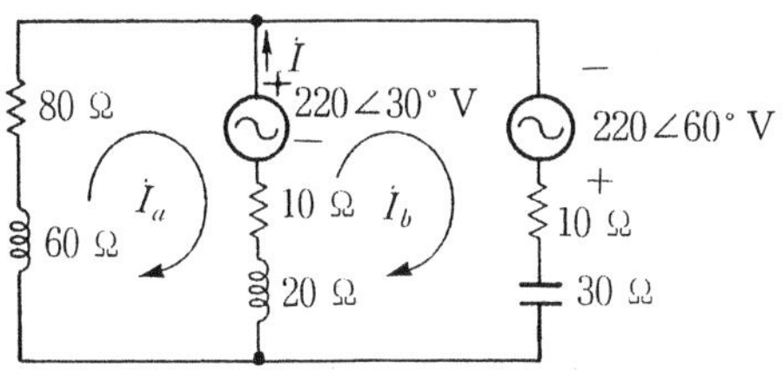

그림 9.11

풀이 자기 임피던스는 +, 상호 임피던스는 −이다.

$$\begin{cases}(80+j60+10+j20)\dot{I}_a-(10+j20)\dot{I}_b=-220\angle 30^\circ \\ -(10+j20)\dot{I}_a+(10+j20+10-j30)\dot{I}_b=220\angle 30^\circ+220\angle 60^\circ\end{cases}$$

정리하면 다음과 같이 된다.

$$\begin{cases}(90+j80)\dot{I}_a-(10+j20)\dot{I}_b=-220\angle 30^\circ \\ -(10+j20)\dot{I}_a+(20-j10)\dot{I}_b=220\angle 30^\circ+220\angle 60^\circ\end{cases}$$

따라서

$$\dot{I}_a=\frac{\begin{vmatrix}-220\angle 30^\circ & -(10+j20) \\ 220\angle 30^\circ+220\angle 60^\circ & 20-j10\end{vmatrix}}{\begin{vmatrix}90+j80 & -(10+j20) \\ -(10+j20) & 20-j10\end{vmatrix}}$$

$$=\frac{(-220\angle 30^\circ)\cdot(20-j10)+(220\angle 30^\circ+220\angle 60^\circ)\cdot(10+j20)}{(90+j80)\cdot(20-j10)-(10+j20)\cdot(10+j20)}$$

$$=\frac{11777.76\angle 132.23^\circ}{2915.48\angle 5.91^\circ}=4.04\angle 126.32^\circ\ [\mathrm{A}]$$

$$\dot{I}_b=\frac{\begin{vmatrix}90+j80 & -220\angle 30^\circ \\ -(10+j20) & 220\angle 30^\circ+220\angle 60^\circ\end{vmatrix}}{2915.48\angle 5.91^\circ}$$

$$=\frac{(90+j80)\cdot(220\angle 30^\circ+220\angle 60^\circ)-(10+j20)\cdot 220\angle 30^\circ}{2915.48\angle 5.91^\circ}$$

$$=\frac{46296.60\angle 85.92^\circ}{2915.48\angle 5.91^\circ}=15.88\angle 80.01^\circ\ [\mathrm{A}]$$

$$\dot{I}=\dot{I}_b-\dot{I}_a=15.88\angle 80.01^\circ-4.04\angle 126.32^\circ=13.41\angle 67.43^\circ\ [\mathrm{A}]$$

연습문제 9-4 그림 9.12에서 메시 전류 $\dot{I}_a$, $\dot{I}_b$를 구하고 지로 전류 $\dot{I}$를 구하라.

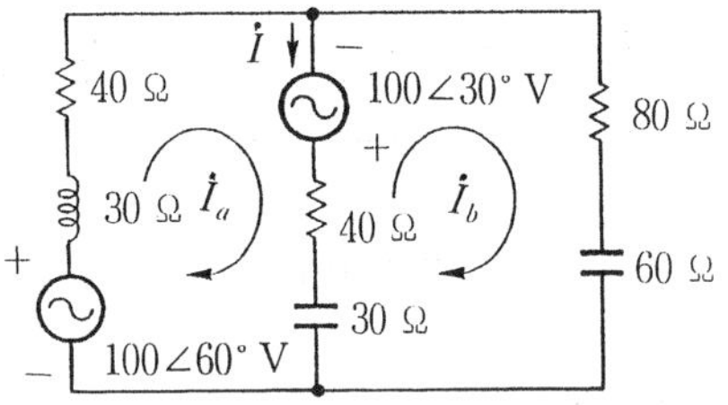

그림 9.12

(3) 절점 해석법

다음과 같은 단계로 절점 해석법을 적용시킨다.

1. 기준 절점을 정한다.
2. 미지 절점에 키르히호프 전류 법칙을 적용시킨다. 이때 미지 절점에서 모든 전류가 흘러 나가는 것으로 하는 것이 편리하다.
3. 연립 방정식을 풀어 미지 절점 전압을 구한다.
4. 필요한 지로의 전류 또는 수동 소자의 전압 강하를 구한다.

아래에 간단한 예를 들어 본다.

예제 9-5 그림 9.13에서 절점법을 이용하여 전류 $\dot{I}$를 구하라.

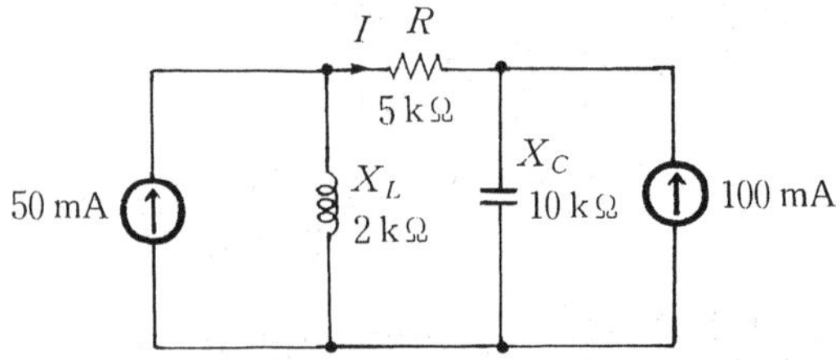

그림 9.13

✲ **풀이** 그림 9.14와 같이 기준 절점을 정하고 미지 절점 전압 $\dot{V}_a$, $\dot{V}_b$를 구한다.

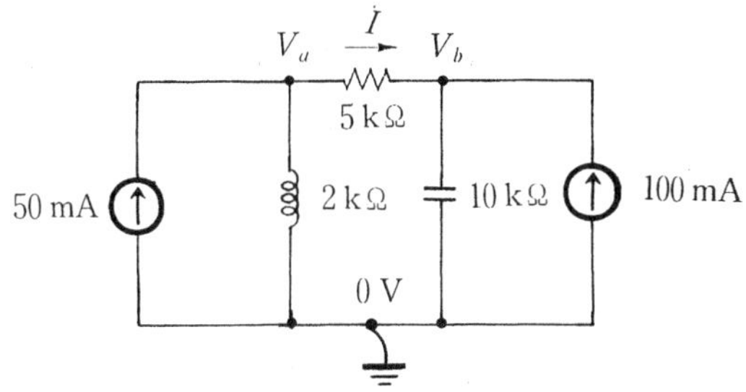

그림 9.14

미지 절점 a와 b에 키르히호프 전류 법칙을 적용시켜 절점 전압 $\dot{V}_a$, $\dot{V}_b$를 구한다. 이때 미지 전류는 모두 절점에서 흘러 나가는 것으로 한다.

전압의 단위를 볼트(V)로 하고 저항과 리액턴스의 단위를 킬로옴(kΩ)으로 하면 전류의 단위는 밀리암페어(mA)가 되어 다루기에 편리하다.

$$\begin{cases} \dfrac{\dot{V}_a}{j2} + \dfrac{\dot{V}_a - \dot{V}_b}{5} = 50 \\ \dfrac{\dot{V}_b}{-j10} + \dfrac{\dot{V}_b - \dot{V}_a}{5} = 100 \end{cases}$$

위 식은 다음과 같이 정리할 수 있다.

$$\begin{cases} (5+j2)\dot{V}_a - j2\dot{V}_b = j500 \\ -j2\dot{V}_a + (-1+j2)\dot{V}_b = j1000 \end{cases}$$

따라서 절점 전압 $\dot{V}_a$, $\dot{V}_b$는

$$\dot{V}_a = \frac{\begin{vmatrix} j500 & -j2 \\ j1000 & -1+j2 \end{vmatrix}}{\begin{vmatrix} 5+j2 & -j2 \\ -j2 & -1+j2 \end{vmatrix}} = \frac{(j500)(-1+j2)-(-j2)(j1000)}{(5+j2)(-1+j2)-(-j2)(-j2)}$$

$$= \frac{3041.38\angle -170.54°}{9.43\angle 122.01°} = 322.52\angle 67.45° \text{ [V]}$$

$$\dot{V}_b = \frac{\begin{vmatrix} 5+j2 & j500 \\ -j2 & j1000 \end{vmatrix}}{9.43\angle 122.01°} = \frac{(j1000)(5+j2)-(-j2)(j500)}{9.43\angle 122.01°}$$

$$= \frac{5830.95\angle 120.96°}{9.43\angle 122.01°} = 618.34\angle -1.05° \text{ [V]}$$

저항에 흐르는 전류 $\dot{I}$는

$$\dot{I}=\frac{\dot{V}_a-\dot{V}_b}{5\,[\text{k}\Omega]}=\frac{322.52\angle 67.45°-618.34\angle -1.05°}{5}$$

$$=116.65\angle 147.99°\ [\text{mA}]$$

연습문제 9-5 그림 9.15에서 절점법을 이용하여 전류 $\dot{I}$를 구하라.

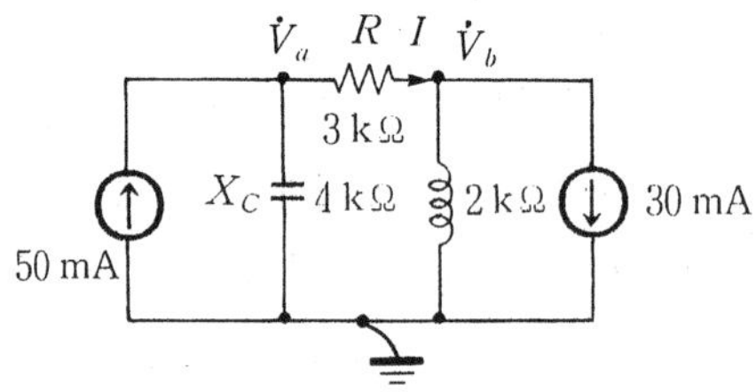

그림 9.15

예제 9-6

그림 9.16에서 절점 전압 $\dot{V}_a$, $\dot{V}_b$를 구하고 10[Ω] 저항기에 흐르는 전류 $\dot{I}$를 구하라.

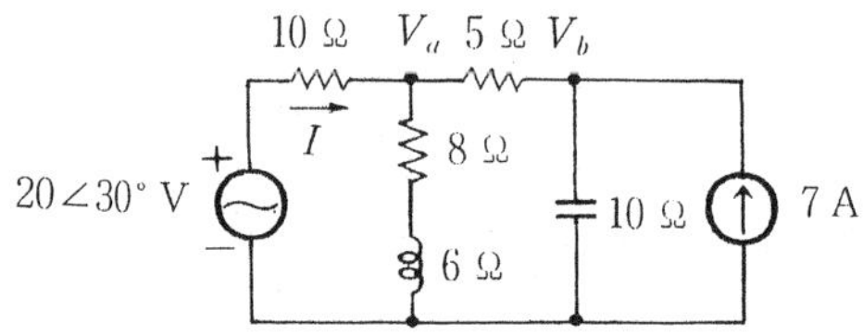

그림 9.16

✲ **풀이** 그림 9.16을 그림 9.17과 같이 다시 그린다.

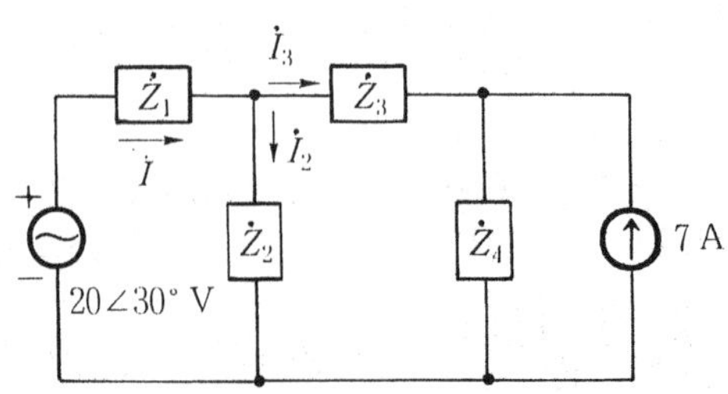

그림 9.17

그림에서

$$\dot{Z}_1 = 10\ [\Omega], \qquad \dot{Z}_2 = 8 + j6\ [\Omega]$$

$$\dot{Z}_3 = 5\ [\Omega], \qquad \dot{Z}_4 = -j10\ [\Omega]$$

전압원을 전류원으로 바꾸고 임피던스 표시를 어드미턴스 표시로 바꾼다. 왜냐하면 절점법은 전류원과 어드미턴스 표시법이 편리하기 때문이다.

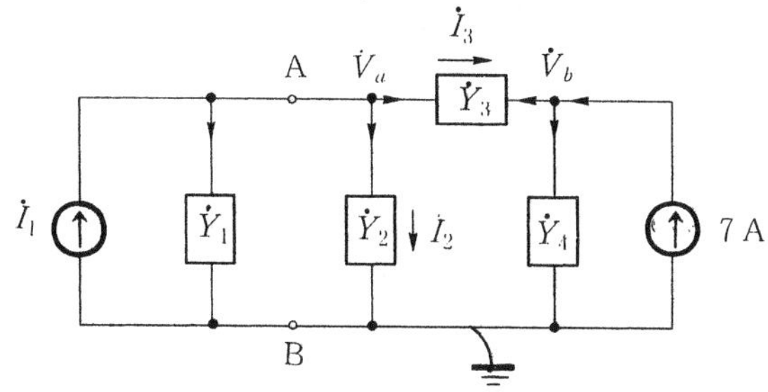

그림 9.18

그림 9.18에서

$$\dot{I}_1 = \frac{20\angle 30^\circ}{\dot{Z}_1} = \frac{20\angle 30^\circ}{10} = 2\angle 30^\circ\ [\mathrm{A}]$$

이고 절점 AB의 오른쪽 회로에 대해서는 그림 9.17과 등가 회로이다.

$$\dot{Y}_1 = \frac{1}{\dot{Z}_1} = \frac{1}{10} = 0.1\ [\mathrm{S}]$$

$$\dot{Y}_2 = \frac{1}{\dot{Z}_2} = \frac{1}{8+j6} = 0.1\angle -36.87^\circ\ [\mathrm{S}]$$

$$\dot{Y}_3 = \frac{1}{\dot{Z}_3} = \frac{1}{5} = 0.2\ [\mathrm{S}]$$

$$\dot{Y}_4 = \frac{1}{\dot{Z}_4} = \frac{1}{-j10} = 0.1\angle 90^\circ\ [\mathrm{S}]$$

절점 B를 기준점으로 하고 절점 a와 b에 대해 절점 방정식을 세우면 다음과 같다.

$$\begin{cases} (\dot{Y}_1 + \dot{Y}_2 + \dot{Y}_3)\dot{V}_a - \dot{Y}_3\dot{V}_b = \dot{I}_1 \\ -\dot{Y}_3\dot{V}_a + (\dot{Y}_3 + \dot{Y}_4)\dot{V}_b = 7 \end{cases}$$

각각의 값을 대입하면

$$\begin{cases}(0.1+0.1\angle-36.87°+0.2)\dot{V}_a-0.2\dot{V}_b=2\angle30° \\ -0.2\dot{V}_a+(0.2+0.1\angle90°)\dot{V}_b=7\end{cases}$$

행렬식을 이용하여 연립 방정식을 푼다.

$$\dot{N}_a=\begin{vmatrix} 2\angle30° & -0.2 \\ 7 & 0.2+0.1\angle90° \end{vmatrix}$$

$$=(2\angle30°)\cdot(0.2+0.1\angle90°)-(-0.2)\cdot7=1.69\angle12.77°$$

$$\dot{N}_b=\begin{vmatrix} 0.1+0.1\angle-36.87°+0.2 & 2\angle30° \\ -0.2 & 7 \end{vmatrix}$$

$$=(0.1+0.1\angle-36.87°+0.2)\cdot7-(-0.2)\cdot2\angle30°$$

$$=3.01\angle-4.19°$$

$$\dot{D}=\begin{vmatrix} 0.1+0.1\angle-36.87°+0.2 & -0.2 \\ -0.2 & 0.2+0.1\angle90° \end{vmatrix}$$

$$=(0.1+0.1\angle-36.87°+0.2)(0.2+0.1\angle90°)-(-0.2)^2$$

$$=0.05\angle31.76°$$

$$\dot{V}_a=\frac{\dot{N}_a}{\dot{D}}=\frac{1.69\angle12.77°}{0.05\angle31.76°}=33.8\angle-18.99°\ [\text{V}]$$

$$\dot{V}_b=\frac{\dot{N}_b}{\dot{D}}=\frac{3.01\angle-4.19°}{0.05\angle31.76°}=60.2\angle-35.95°\ [\text{V}]$$

10[Ω] 저항기에 흐르는 전류를 구하려면 그림 9.18에서 $\dot{I}_2$와 $\dot{I}_3$를 먼저 구해야 된다.

$$\dot{I}_2=\dot{Y}_2\dot{V}_a=0.1\angle-36.87°\times33.8\angle-18.99°$$

$$=3.38\angle-55.86°\ [\text{A}]$$

$$\dot{I}_3=\dot{Y}_3(\dot{V}_a-\dot{V}_b)=0.2\cdot(33.8\angle-18.99°-60.2\angle-35.95°)$$

$$=5.91\angle124.58°\ [\text{A}]$$

다음에 10[Ω]의 전류 $\dot{I}$를 구하려면 그림 9.17로 돌아가서 구해야 된다.

$$\dot{I}=\dot{I}_2+\dot{I}_3=3.38\angle-55.86°+5.91\angle124.58°$$

$$=2.53\angle125.17°\ [\text{A}]$$

연습문제 9-6 그림 9.19에서 5[Ω] 저항에 흐르는 전류를 구하라.

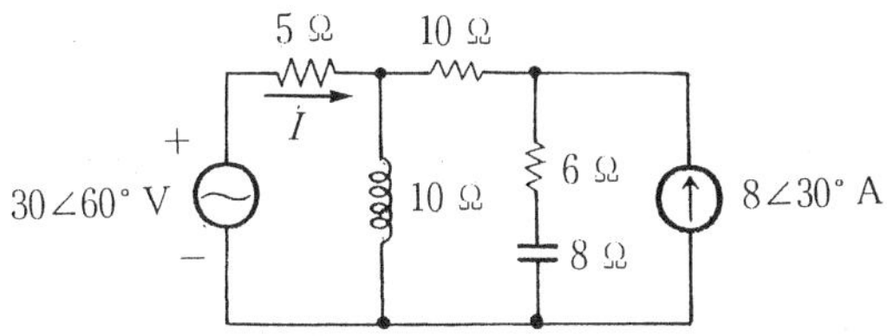

그림 9.19

9.2 중첩의 원리

4장 1절에서 직류 회로에 대한 중첩의 원리를 다루었다. 중첩의 원리는 본래, 한 회로 내에 주파수가 상이한 전원이 존재할 때 이용하는 정리이다. 예를 들어 직류 전원만의 회로와 60[Hz] 전원만이 존재하는 회로 각각을 구해 중첩하는 것이다. 그런데 한 회로 내에 서로 다른 주파수의 전원이 존재할 때는 반드시 모든 표시를 순시값으로 표시해야 된다. 왜냐하면 페이저 표시의 전제 조건은 한 가지 주파수라는 조건이 붙어 있기 때문이다. 다음에 쉬운 예를 들어 본다.

예제 9-7

그림 9.20의 각 지로에 흐르는 전류를 구하라.

교류 전압 v는 $v=220\sqrt{2}\sin 377t$[V]이고 직류 전압 E는 $E=100$[V]이다.

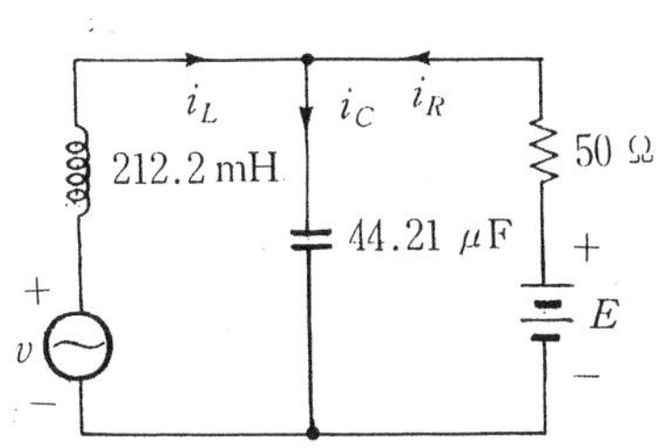

그림 9.20

✲ 풀이 교류 전압만을 고려한 경우의 전류, 직류 전압만을 고려한 경우의 전류를 각각 구해 중첩한다.

교류 전압만을 고려한 등가 회로는 그림 9.21과 같이 된다.

$$\omega = 377\ [\text{rad/sec}]$$

즉, $f = 60\,[\text{Hz}]$인 정현파 전압만 존재하므로 페이저를 이용할 수 있다.

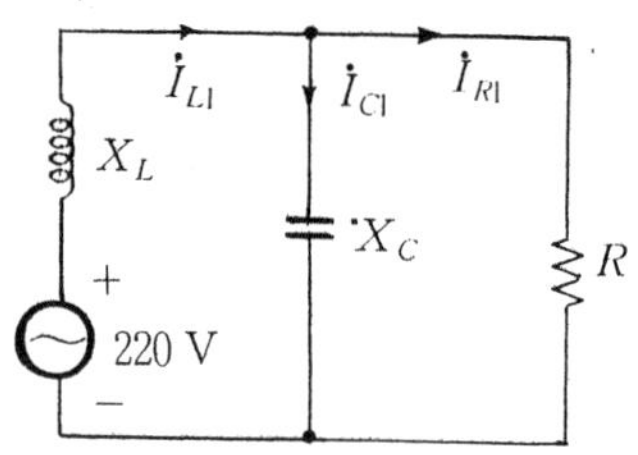

그림 9.21

$$X_L = \omega L = 377 \times 212.2 \times 10^{-3} = 80\,[\Omega]$$

$$X_C = \frac{1}{\omega C} = \frac{1}{377 \times 44.21 \times 10^{-6}} = 60\,[\Omega]$$

따라서 전원에서 본 합성 임피던스는

$$\dot{Z} = jX_L + \frac{R \cdot (-jX_C)}{R - jX_C} = j80 + \frac{50 \cdot (-j60)}{50 - j60}$$
$$= j80 + 38.41\angle -39.81° = 62.78\angle 61.96°\,[\Omega]$$

각 지로의 전류는

$$\dot{I}_{L1} = \frac{\dot{V}}{\dot{Z}} = \frac{220}{62.78\angle 61.96°} = 3.50\angle -61.96°\ [\text{A}]$$

$$\dot{I}_{C1} = \frac{R}{R - jX_C}\,\dot{I}_{L1} = \frac{50}{50 - j60} \times 3.50\angle -61.96°$$
$$= 2.24\angle -11.77°\ [\text{A}]$$

$$\dot{I}_{R1} = \frac{-jX_C}{R - jX_C}\,\dot{I}_{L1} = \frac{-j60}{50 - j60} \times 3.50\angle -61.96°$$
$$= 2.69\angle -101.77°\ [\text{A}]$$

위의 각 지로 전류를 순시값으로 표시하면 다음과 같이 된다.

$$i_{L1}=3.50\sqrt{2}\sin(377t-61.96°)\,[\mathrm{A}]$$

$$i_{C1}=2.24\sqrt{2}\sin(377t-11.77°)\,[\mathrm{A}]$$

$$i_{R1}=2.69\sqrt{2}\sin(377t-101.77°)\,[\mathrm{A}]$$

다음에 직류 전압만을 고려한 등가 회로는 그림 9.22와 같이 된다.

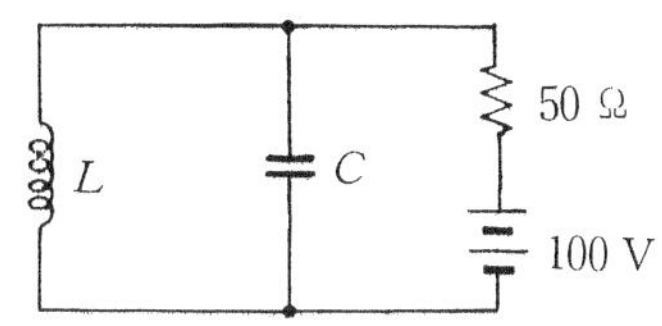

그림 9.22

그림 9.22에서 커패시터 C는 직류 전압에 의해 충전이 끝나면 전류가 흐르지 않으므로 커패시터는 개방 회로가 되고, 또 인덕터는 단락 회로가 되므로 최종 등가 회로는 그림 9.23과 같이 된다.

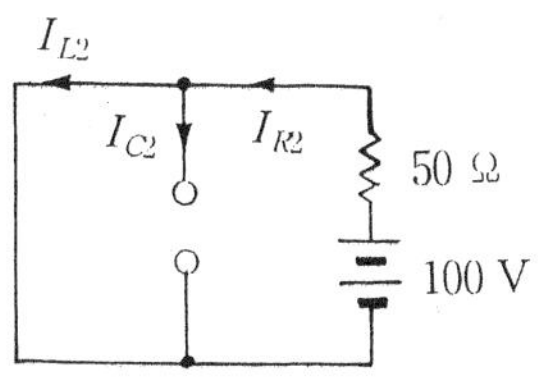

그림 9.23

각 지로의 전류는

$$I_{R2}=\frac{E}{R}=\frac{100}{50}=2\,[\mathrm{A}]$$

$$I_{C2}=0$$

$$I_{L2}=I_{R2}=2\,[\mathrm{A}]$$

따라서 중첩의 원리에 의해 각 지로 전류는 다음과 같이 된다.

$$i_L=-I_{L2}+i_{L1}=-2+3.50\sqrt{2}\sin(377t-61.96°)\,[\mathrm{A}]$$

$$i_C = I_{C2} + i_{C1} = 2.24\sqrt{2}\sin(377t - 11.77°)\,[\text{A}]$$

$$i_R = I_{R2} - i_{R1} = 2 - 2.69\sqrt{2}\sin(377t - 101.77°)\,[\text{A}]$$

연습문제 9-7 그림 9.24에서 교류 전압 v가 $v = 220\sqrt{2}\sin(377t)$ [V]일 때 각 지로에 흐르는 전류를 구하라.

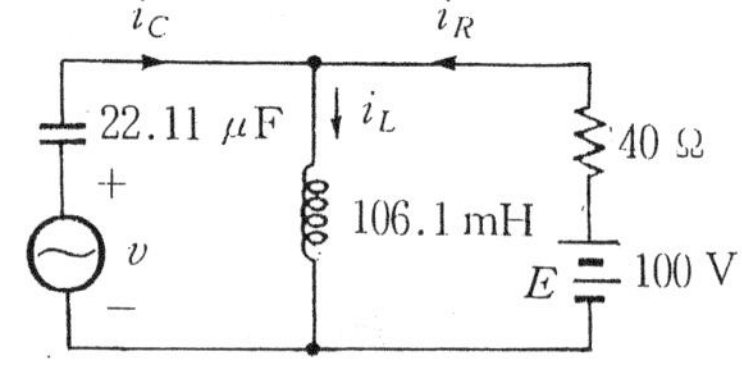

그림 9.24

예제 9-8

그림 9.25에서 교류 전원 v_1은 $v_1 = 12\sin\omega t$ [V]이고 직류 전원 E는 $E = 6$ [V]이다. 4 [kΩ] 저항기의 전압 강하 v_2를 구하라.

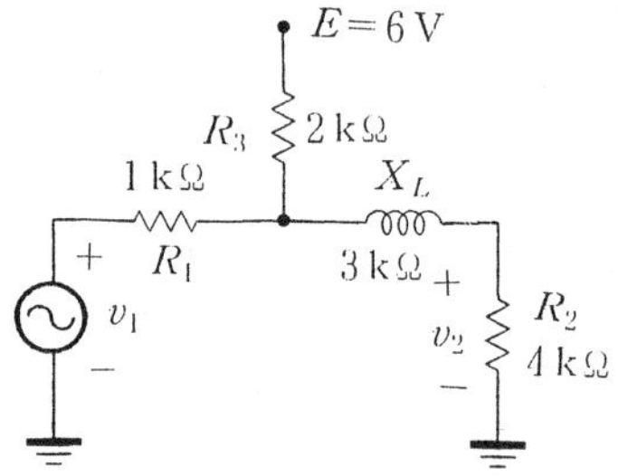

그림 9.25

✻ 풀이 우선 6 [V]의 직류 전압원만 고려한다. 교류 전원 v_1은 단락이 되고 3 [kΩ]의 인덕터도 직류에서는 단락 회로로 작용하므로 그림 9.26 (a)와 같이 되고 다시 그리면 그림 (b)와 같이 된다.

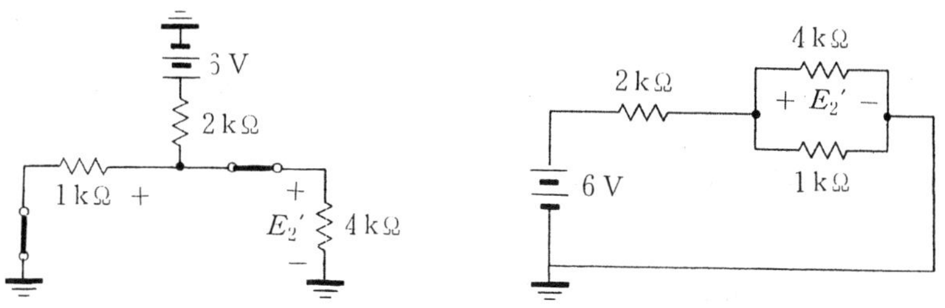

(a) (b)

그림 9.26

4[kΩ]과 1[kΩ]의 병렬 저항값은

$$R' = \frac{4 \cdot 1}{4+1} = \frac{4}{5} = 0.8\ [\mathrm{k}\Omega]$$

이고 전압 분배 법칙에서 E_2'은

$$E_2' = \frac{0.8}{2+0.8} \times 6 = 1.71\ [\mathrm{V}]$$

이다.

다음에 교류 전압 v_1만 고려한 등가 회로는 그림 9.27 (a)와 같이 되고 다시 정리하여 그리면 그림 (b)가 된다.

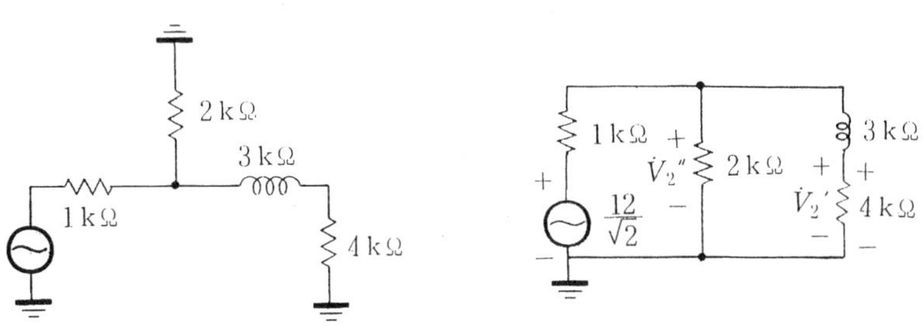

(a) (b)

그림 9.27

우선 그림 (b)에서 $\dot{V}_2''$을 구하기 위해 병렬 임피던스의 크기를 구한다.

$$\dot{Z}_2 = \frac{2 \cdot (4+j3)}{2+(4+j3)} = 1.49 \angle 10.30^\circ\ [\mathrm{k}\Omega]$$

전압 분배 법칙에서 전압 $\dot{V}_2''$는

$$\dot{V}_2''=\frac{1.49\angle 10.30°}{1+1.49\angle 10.30°}\times\frac{12}{\sqrt{2}}=\frac{1}{\sqrt{2}}\cdot 7.21\angle 4.13°\ [\mathrm{V}]$$

다시 전압 분배 법칙에서 $\dot{V}_2'$는

$$\dot{V}_2'=\frac{4}{4+j3}\cdot\frac{1}{\sqrt{2}}\cdot 7.21\angle 4.13°$$
$$=\frac{1}{\sqrt{2}}\cdot 5.77\angle -32.74°\ [\mathrm{V}]$$

중첩의 원리에 의해 전압 v_2는

$$v_2=E_2'+v_2'=1.71+5.77\sin(\omega t-32.74°)\ [\mathrm{V}]$$

연습문제 9-8 예제 9.8에서 3 [kΩ]의 리액터를 3 [kΩ]의 커패시터로 바꿨을 경우 저항 R_2의 전압 강하 v_2는 어떻게 되는가?

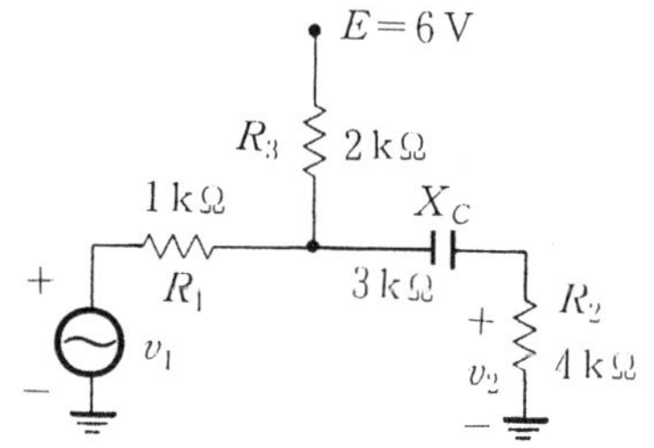

그림 9.28

9.3 테브낭 정리와 노튼 정리

어느 한 특별한 지로의 전류를 구하는 정리가 테브낭 정리와 노튼 정리이다. 테브낭 정리는 전압원 회로이고 노튼 정리는 전류원 회로이다. 4장 2절과 3절을 다시 한번 복습하기 바란다.

예제 9-9

그림 9.29의 회로에서 부하 저항 R_L을 5[Ω], 10[Ω], 20[Ω]으로 할 때 전류 $\dot{I}_L$을 구하라.

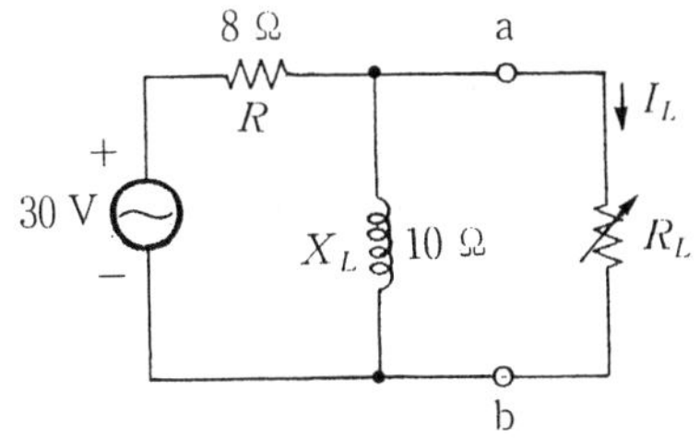

그림 9.29

✲ **풀이** **(1) 테브낭 등가 임피던스 $\dot{Z}_{TH}$**

절점 a, b를 개방하고 전원을 단락한 등가 회로가 그림 9.30에 있다.

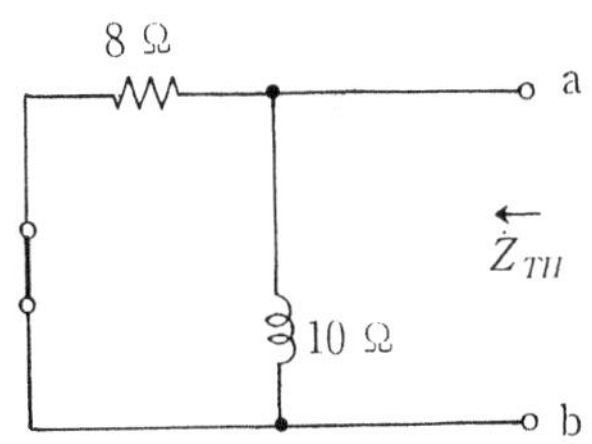

그림 9.30

테브낭 등가 임피던스 $\dot{Z}_{TH}$는

$$\dot{Z}_{TH}=\frac{8\cdot(j10)}{8+j10}=6.25\angle 38.66^{\circ}[\Omega]$$

(2) 테브낭 등가 전압 $\dot{V}_{TH}$

절점 a, b를 개방했을 때 절점 ab에 나타나는 전압이 테브낭 등가 전압이다. 그림 9.31에서 테브낭 등가 전압 $\dot{V}_{TH}$는

$$\dot{V}_{TH}=\frac{j10}{8+10}\times 30=23.43\angle 38.66^{\circ}\ [\mathrm{V}]$$

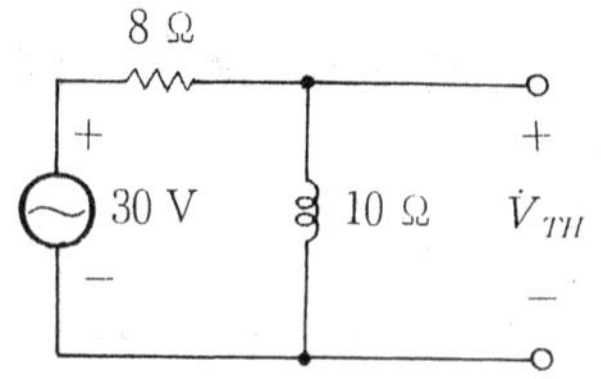

그림 9.31

(3) 테브낭 등가 회로

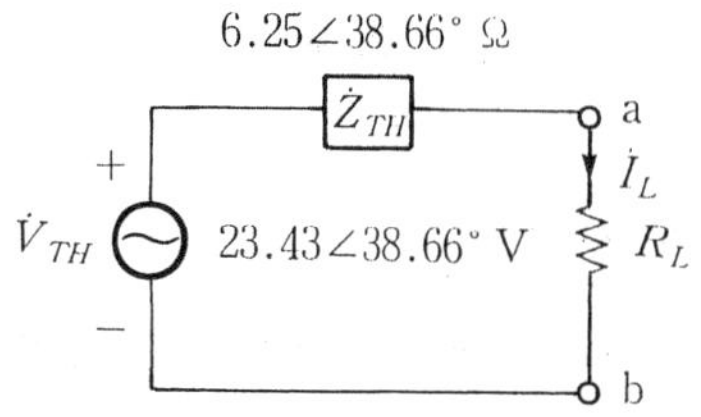

그림 9.32

그림 9.32와 같이 테브낭 등가 회로를 그릴 수 있다. 따라서 부하 저항 R_L에 흐르는 전류는 다음과 같이 된다.

$$\dot{I}_L = \frac{\dot{V}_{TH}}{\dot{Z}_{TH} + R_L}$$

$R = 5[\Omega]$일 때

$$\dot{I}_L = \frac{23.43\angle 38.66^\circ}{6.25\angle 38.66^\circ + 5} = 2.21\angle 17.10^\circ\ [\text{A}]$$

$R = 10[\Omega]$일 때

$$\dot{I}_L = \frac{23.43\angle 38.66^\circ}{6.25\angle 38.66^\circ + 10} = 1.52\angle 23.96^\circ\ [\text{A}]$$

$R = 20[\Omega]$일 때

$$\dot{I}_L = \frac{23.43\angle 38.66^\circ}{6.25\angle 38.66^\circ + 20} = 0.93\angle 29.74^\circ\ [\text{A}]$$

연습문제 9-9 그림 9.33 회로에서 부하 저항 R_L을 5[Ω], 10[Ω], 20[Ω]으로 변화시킬 때 전류 $\dot{I}_L$을 구하라.

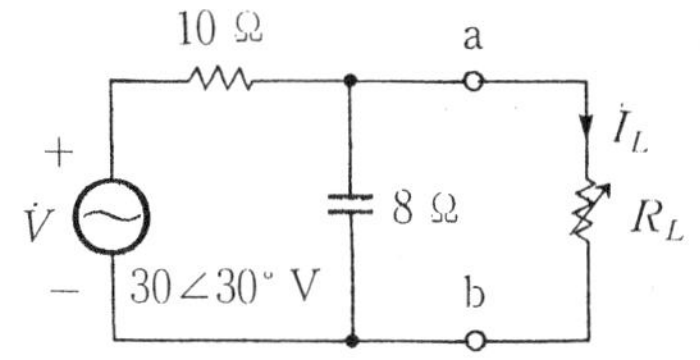

그림 9.33

예제 9-10 테브낭 정리를 이용하여 그림 9.34에서 부하 저항 R_L에 흐르는 전류를 구하라.

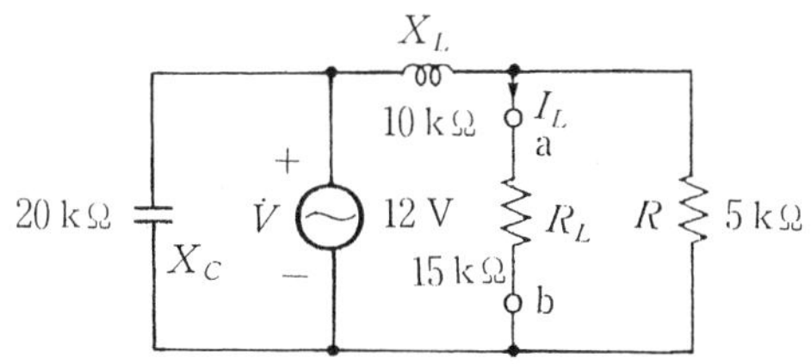

그림 9.34

✲ 풀이 **(1) 테브낭 등가 전압 $\dot{V}_{TH}$**

절점 ab를 개방한 회로가 그림 9.35에 있다.

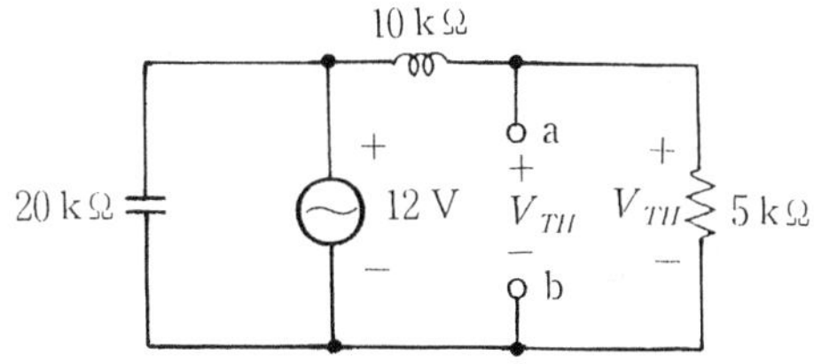

그림 9.35

그림에서 커패시터는 12[V] 전원에 병렬이므로 $\dot{V}_{TH}$에는 영향을 미치지 않는다. 따라서 $\dot{V}_{TH}$는 5[kΩ] 저항의 전압 강하이므로

$$\dot{V}_{TH}=\frac{5}{5+j10}\times 12=5.37\angle-63.43°\ [\mathrm{V}]$$

(2) 테브낭 등가 임피던스 $\dot{Z}_{TH}$

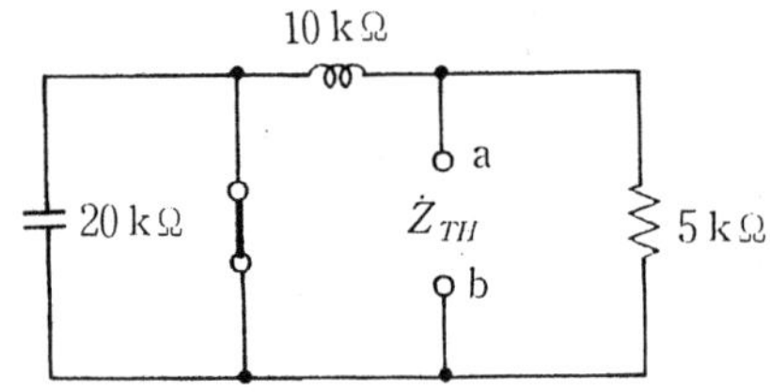

그림 9.36

그림 9.35에서 전원을 단락한 회로가 그림 9.36이다. 이 회로에서 커패시터는 단락이 되므로 $\dot{Z}_{TH}$의 크기에는 아무 영향을 미치지 못한다.

다시 그리면 그림 9.37과 같이 이해하기 쉽게 그려진다. 그림에서 저항과 인덕터는 병렬이므로 $\dot{Z}_{TH}$는

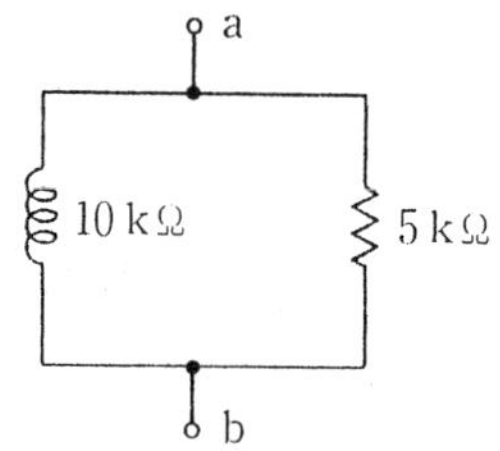

그림 9.37

$$\dot{Z}_{TH}=\frac{5\cdot j10}{5+j10}=4.47\angle 26.57°\ [\mathrm{k}\Omega]$$

(3) 등가 회로

등가 회로는 그림 9.38과 같이 된다.

그림에서 $\dot{I}_C$는

$$\dot{I}_C=\frac{5.37\angle-63.43°\ [\mathrm{V}]}{15+4.47\angle 26.57°\ [\mathrm{k}\Omega]}=0.28\angle-69.44°\ [\mathrm{mA}]$$

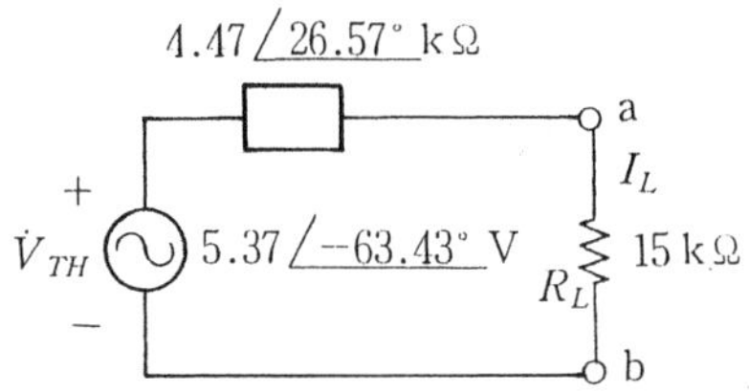

그림 9.38

연습문제 9-10 그림 9.39에서 테브낭 정리를 이용하여 부하 저항 R_L에 흐르는 전류 $\dot{I}_L$을 구하라.

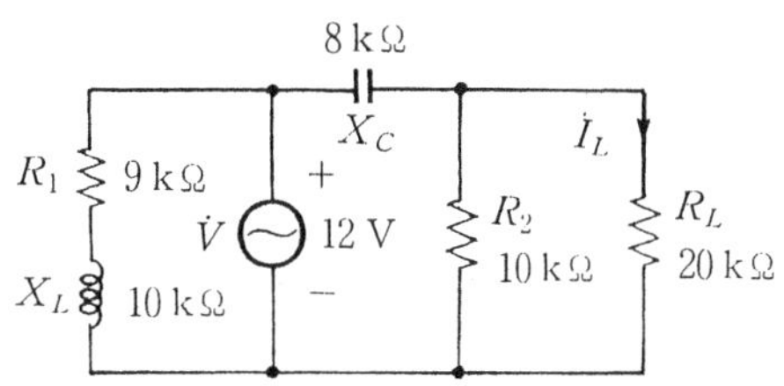

그림 9.39

예제 9-11 예제 9.9를 노튼 정리를 이용하여 풀어라.

✲ 풀이 **(1) 노튼 전류** $\dot{I}_N$

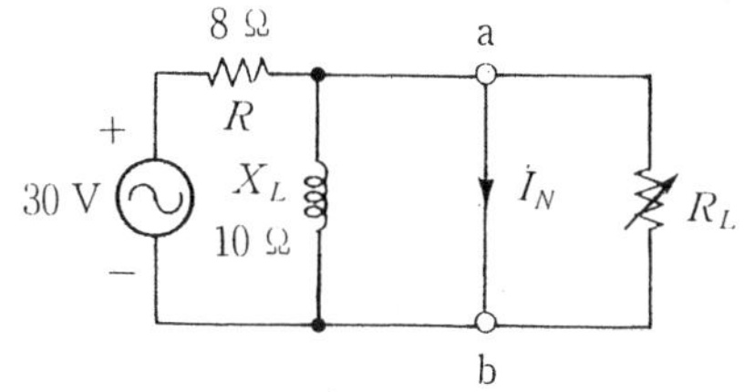

그림 9.40

그림 9.40의 절점 ab를 단락시킨 회로는 그림 9.41과 같이 된다. 전류 $\dot{I}_N$는

$$\dot{I}_N = \frac{30}{8} = 3.75 \text{ [A]}$$

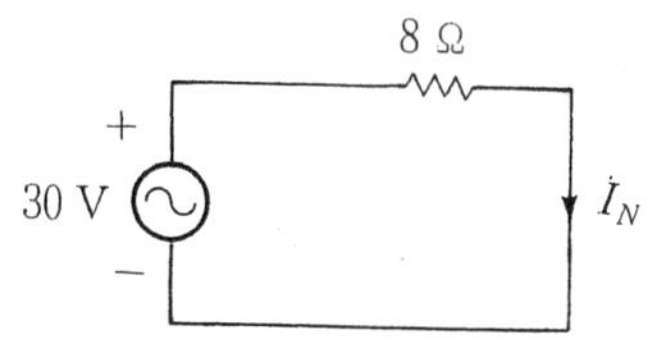

그림 9.41

(2) 노튼 임피던스 $\dot{Z}_N$

노튼 임피던스 $\dot{Z}_N$는 테브낭 임피던스 $\dot{Z}_{TH}$와 같으므로 그림 9.42와 같이 된다.

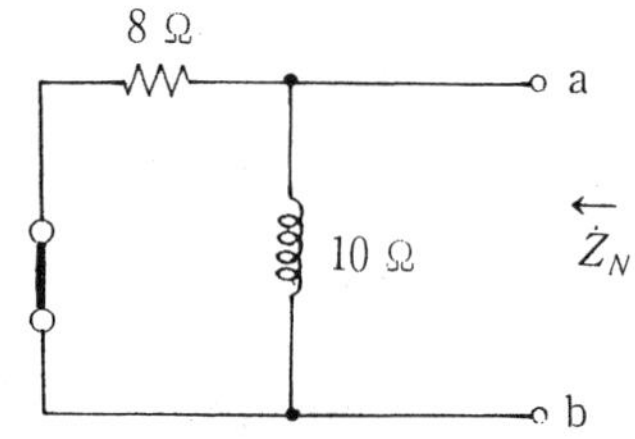

그림 9.42

따라서 노튼 등가 임피던스 $\dot{Z}_N$는

$$\dot{Z}_N = \dot{Z}_{TH} = \frac{8 \cdot (j10)}{8 + j10} = 6.25 \angle 38.66° [\Omega]$$

(3) 노튼 등가 회로

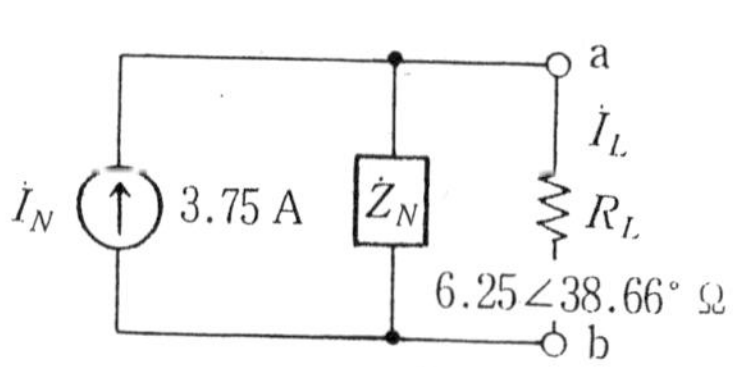

그림 9.43

노튼 등가 회로는 그림 9.43과 같이 그릴 수 있다. 부하 저항 R_L의 변화에 따른 전류 $\dot{I}_L$은 다음과 같이 된다.

$$\dot{I}_L = \frac{\dot{Z}_N}{\dot{Z}_N + \dot{R}_L} \dot{I}_N$$

$R = 5[\Omega]$일 때

$$\dot{I}_L = \frac{6.25\angle 38.66^\circ}{6.25\angle 38.66^\circ + 5} \cdot 3.75 = 2.21\angle 17.10^\circ \, [A]$$

$R = 10[\Omega]$일 때

$$\dot{I}_L = \frac{6.25\angle 38.66^\circ}{6.25\angle 38.66^\circ + 10} \cdot 3.75 = 1.52\angle 23.96^\circ \, [A]$$

$R = 20[\Omega]$일 때

$$\dot{I}_L = \frac{6.25\angle 38.66^\circ}{6.25\angle 38.66^\circ + 20} \cdot 3.75 = 0.93\angle 29.74^\circ \, [A]$$

연습문제 9-11 연습문제 9.9를 노튼 정리를 이용하여 풀어라.

예제 9-12

그림 9.44에서 커패시터에 흐르는 전류를 노튼 정리를 이용하여 구하라.

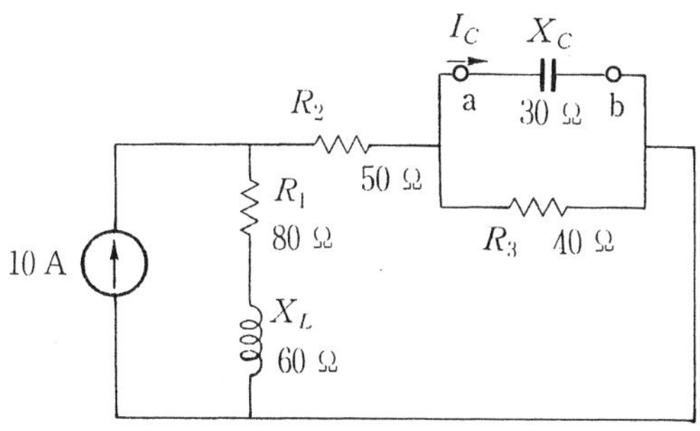

그림 9.44

✲ 풀이 **(1) 단락 전류** $\dot{I}_N$

커패시터의 양단 ab(절점 ab)를 단락시킨 회로는 그림 9.45 (a)가 되고, 결국 40[Ω]의 저항 R_3도 단락되었으므로 그림 (b)와 같이 된다.

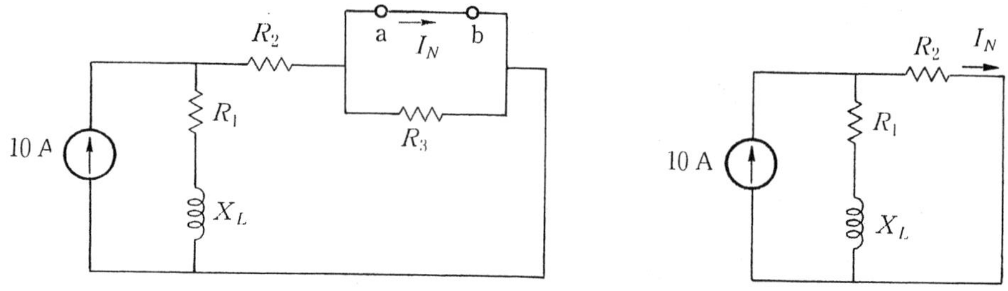

(a) (b)

그림 9.45

전류 분배 법칙에서 단락 전류(노튼 전류) $\dot{I}_N$을

$$\dot{I}_N = \frac{R_1 + jX_L}{R_2 + (R_1 + jX_L)} \times 10 = \frac{80 + j60}{50 + (80 + j60)} \times 10$$
$$= 6.98 \angle 12.09^\circ \text{ [A]}$$

(2) 노튼 임피던스 $\dot{Z}_N$

노튼 임피던스를 구하는 회로는 그림 9.46과 같이 된다. 전류원의 내부 임피던스는 무한대이므로 양단을 개방한다.

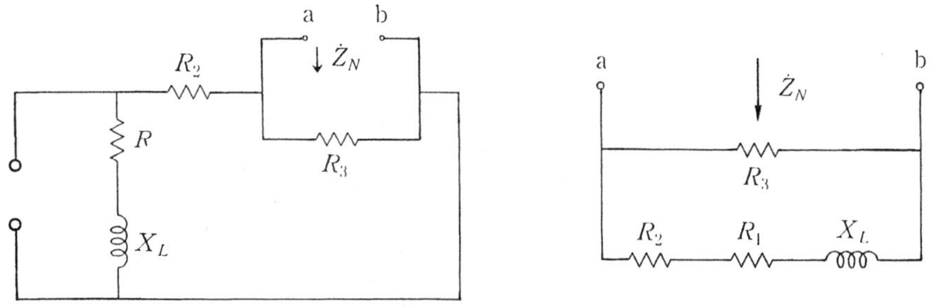

(a) (b)

그림 9.46

그림 (b)에서 노튼 등가 임피던스는

$$\dot{Z}_N = \frac{R_3 \cdot (R_2 + R_1 + jX_L)}{R_3 + (R_2 + R_1 + jX_L)} = \frac{40 \times (50 + 80 + j60)}{40 + (50 + 80 + j60)}$$

$$= \frac{40 \times (130 + j60)}{170 + j60} = 31.77 \angle 5.34° [\Omega]$$

(3) 노튼 등가 회로

노튼 등가 회로는 그림 9.47과 같이 된다.

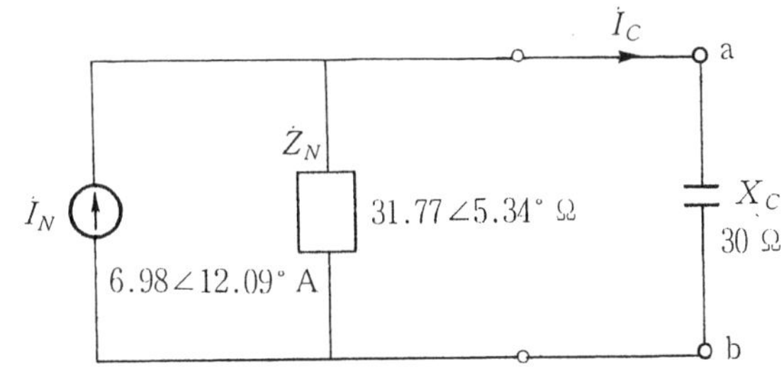

그림 9.47

따라서 커패시터에 흐르는 전류는 전류 분배 법칙에서

$$\dot{I}_C = \frac{\dot{Z}_N}{\dot{Z}_N + \dot{Z}_L} \times \dot{I}_N = \frac{31.77\angle 5.34°}{31.77\angle 5.34° - j30} \times 6.98\angle 12.09°$$

$$= 5.33 \angle 57.96° [A]$$

연습문제 9-12 그림 9.48에서 리액터 X_{L3}에 흐르는 전류 $\dot{I}_{L3}$를 구하라.

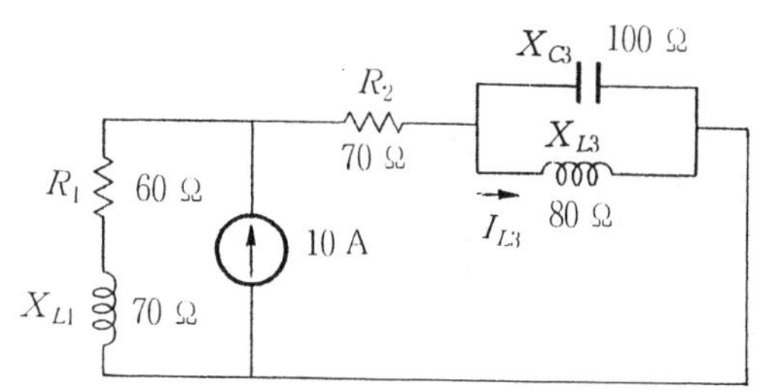

그림 9.48

9.4 밀만 정리

4장 4절에서 직류 회로에 대한 밀만 정리를 배웠다. 전원이 여러 개인 병렬 회로는 밀만 정리를 이용하여 문제를 푼다.

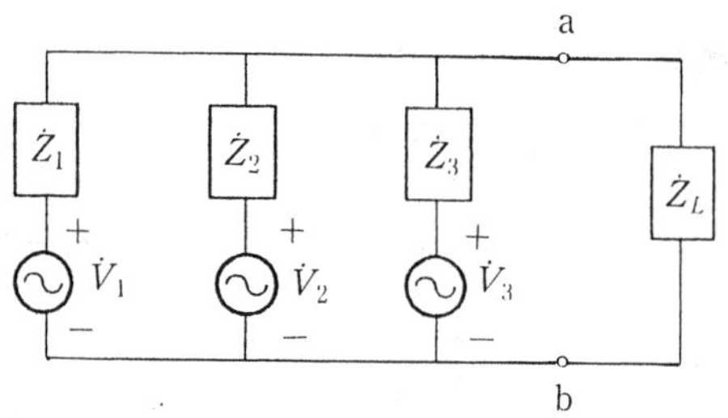

그림 9.49

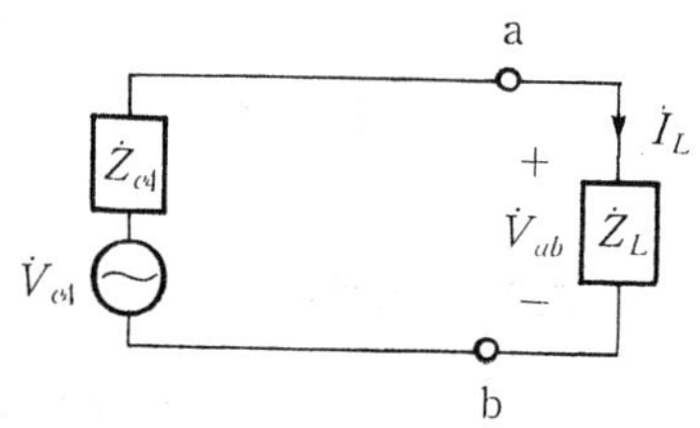

그림 9.50

그림 9.49와 같은 병렬 회로를 그림 9.50으로 변환시키는 것이 밀만 정리이다. 그림 9.49에서 노튼 정리와 테브낭 정리를 이용하여 $\dot{V}_{eq}$와 $\dot{Z}_{eq}$를 구할 수 있다.

$$\dot{Z}_{eq} = \frac{1}{\dot{Y}_{eq}} = \frac{1}{\dfrac{1}{\dot{Z}_1} + \dfrac{1}{\dot{Z}_2} + \dfrac{1}{\dot{Z}_3}}$$

$$\dot{V}_{eq} = \frac{\dfrac{\dot{V}_1}{\dot{Z}_1} + \dfrac{\dot{V}_2}{\dot{Z}_2} + \dfrac{\dot{V}_3}{\dot{Z}_3}}{\dfrac{1}{\dot{Z}_1} + \dfrac{1}{\dot{Z}_2} + \dfrac{1}{\dot{Z}_3}}$$

그림 9.50에서 부하 전류 $\dot{I}_L$은

$$\dot{I}_L = \frac{\dot{V}_{eq}}{\dot{Z}_{eq} + \dot{Z}_L}$$

부하 양단 전압 $\dot{V}_{ab}$는

$$\dot{V}_{ab} = \dot{Z}_L \dot{I}_L = \frac{\dot{Z}_L}{\dot{Z}_{eq} + \dot{Z}_L} \dot{V}_{eq}$$

예제 9-13

그림 9.51에서 부하 전류 $\dot{I}_L$과 전압 $\dot{V}_{ab}$를 구하라.

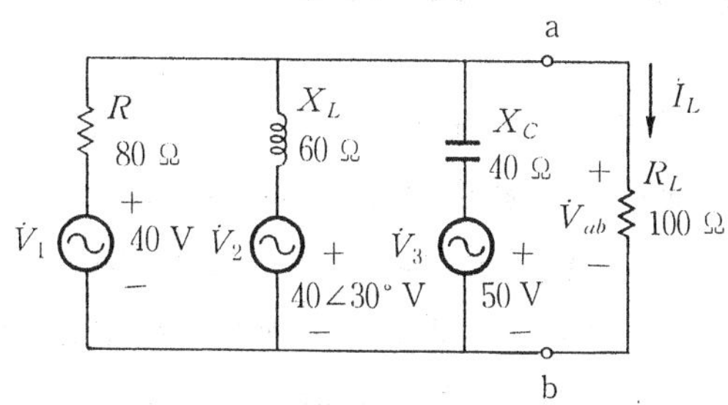

그림 9.51

✲ 풀이

$$\dot{Y}_{eq} = \frac{1}{80} + \frac{1}{j60} - \frac{1}{j40} = 0.0150 \angle 33.69° \text{ [S]}$$

$$\dot{Z}_{eq} = \frac{1}{\dot{Y}_{eq}} = \frac{1}{0.0150\angle 33.69°} = 66.67 \angle -33.69° [\Omega]$$

$$\dot{V}_{eq} = \frac{\dfrac{40}{80} + \dfrac{40\angle 30°}{j60} + \dfrac{50}{-j40}}{0.0150\angle 33.69°} = 71.40 \angle 5.22° \text{ [V]}$$

따라서 그림 9.52와 같은 밀만 등가 회로를 그릴 수 있다.

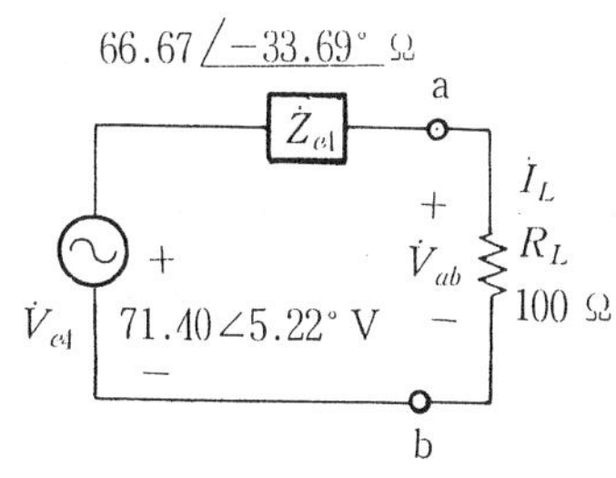

그림 9.52

그림 9.52에서

$$\dot{I}_L = \frac{71.40\angle 5.22°}{66.67\angle -33.69° + 100} = 0.447 \angle 18.60° \text{ [A]}$$

$$\dot{V}_{ab} = R_L \dot{I}_L = 100 \times 0.447\angle 18.60° = 44.7 \angle 18.60° \text{ [V]}$$

연습문제 9-13 그림 9.51에서 부하 저항 $R_L = 100[\Omega]$ 대신에 $\dot{Z}_L = 100 + j80 [\Omega]$으로 할 경우, 부하 전류 $\dot{I}_L$과 전압 $\dot{V}_{ab}$를 구하라.

9.5 최대 전력 전달 이론

직류 회로에서는 부하측의 저항이 전원측의 저항과 같을 때 전원에서 부하에 최대 전력이 전달되었다. 교류 회로에서는 어떻게 되나? 부하측의 임피던스가 전원측의 임피던스와 같으면 전원에서 부하에 최대 전력이 전달되는가? 그렇지 않다. 교류 회로에서 부하에 최대 전력이 전달되는 조건은 부하측의 임피던스가 전원측의 임피던스와 공액일 때이다. 즉 부하 임피던스의 허수부의 부호가 전원측을 바라본 임피던스의 허수부의 부호와 서로 다를 경우 부하에 최대 전력이 전달된다.

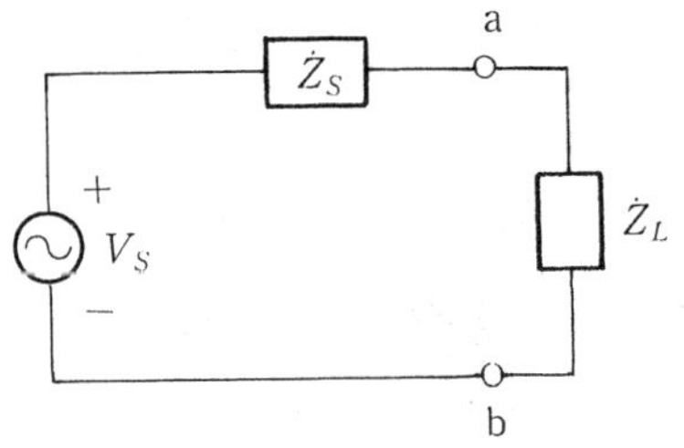

그림 9.53

그림 9.53에서 $\dot{Z}_L = \dot{Z}_S{}^*$일 때 전원 $\dot{V}_S$에서 부하 $\dot{Z}_L$에 최대 전력이 전달된다. 즉,

$$\dot{Z}_S = R_S + jX_S, \qquad \dot{Z}_L = R_L + jX_L$$

일 때 $\dot{Z}_L = \dot{Z}_S{}^*$에서

$$\dot{Z}_L = R_S - jX_S = R_L + jX_L$$

이므로

$$R_L = R_S, \quad jX_L = -jX_S$$

가 된다.

예제 9-14

그림 9.54에서 전원 임피던스 $\dot{Z}_S = R_S + jX_S$이다. 부하 임피던스 $\dot{Z}_L$를 변화시킬 때 부하에 전달되는 최대 전력을 구하라.

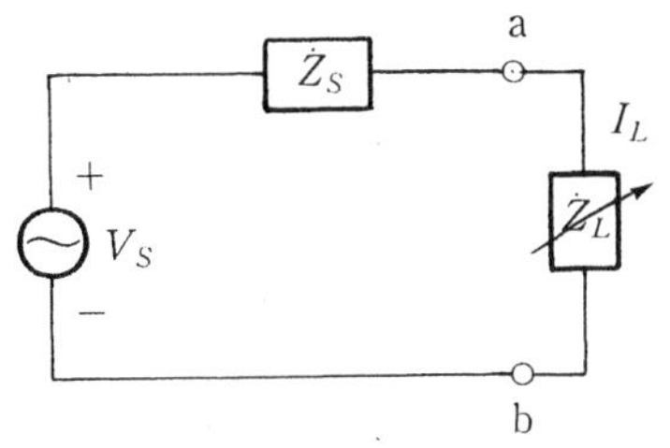

그림 9.54

✲ 풀이 $\dot{Z}_L$가 $\dot{Z}_S$에 공액 복소수일 때 최대 전력이 전달되므로 부하 임피던스 $\dot{Z}_L$는

$$\dot{Z}_L = \dot{Z}_S^* = (R_S + jX_S)^* = R_S - jX_S$$

이고 전원에서 본 합성 임피던스 $\dot{Z}_T$는

$$\dot{Z}_T = \dot{Z}_S + \dot{Z}_L = (R_S + jX_S) + (R_S - jX_S) = 2R_S [\Omega]$$

이다. 이때 흐르는 전류는 최대이며 최대 전류 $\dot{I}_{LM}$은

$$\dot{I}_{LM} = \frac{\dot{V}_S}{\dot{Z}_T} = \frac{\dot{V}_S}{2R_S} [\mathrm{A}]$$

최대 전달 전력 P_M은

$$P_M = I_{LM}^2 R_L = \left(\frac{V_S}{2R_S}\right)^2 \cdot R_S = \frac{V_S^2}{4R_S} [\mathrm{W}]$$

이때 똑같은 전력이 전원 저항 R_S에서 소비되므로 최대 전력이 전달될 때의 효율은 50 %가 된다.

연습문제 9-14 그림 9.55에서 $\dot{V}_S = 12 [\mathrm{V}]$, $\dot{Z}_S = 400 + j300 [\Omega]$이다. 최대 전력이 전달되는 부하 임피던스 $\dot{Z}_L$를 구하고 이때의 전달 전력을 구하라. 또 효율이 50 %가 됨을 보여라.

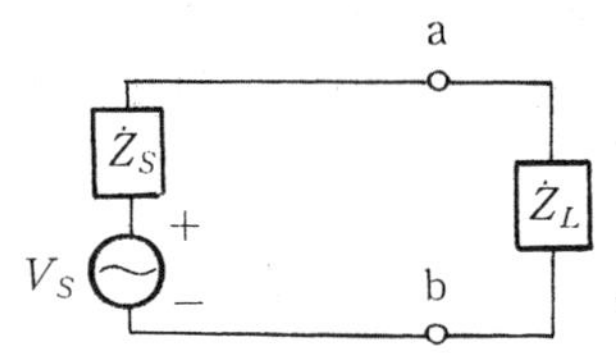

그림 9.55

예제 9-15

그림 9.56의 회로에서 주파수를 0.8[kHz], 1[kHz], 1.2[kHz]로 할 때 전류 $\dot{I}_L$과 부하 $\dot{Z}_L$에 전달되는 전력을 구하라.

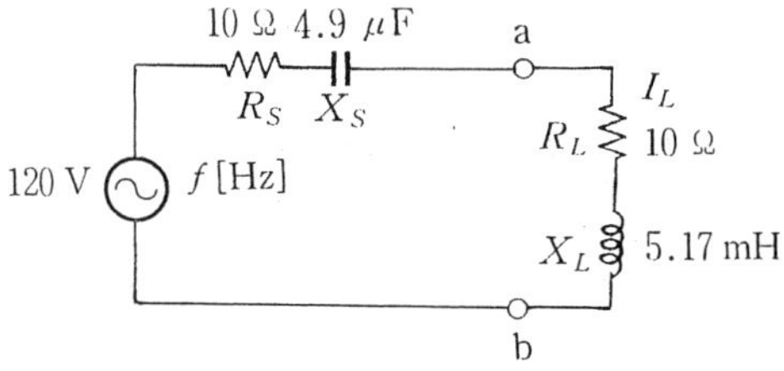

그림 9.56

✲ **풀이** ① $f=0.8$[kHz]일 경우

$$X_S=\frac{1}{\omega C}=\frac{10^6}{2\pi\times0.8\times10^3\times4.9}=40.60[\Omega]$$

$$\therefore \dot{Z}_S=10-j40.60[\Omega]$$

$$X_L=\omega L=2\pi\times0.8\times10^3\times5.17\times10^{-3}=25.99[\Omega]$$

$$\therefore \dot{Z}_L=10+j25.99[\Omega]$$

따라서

$$\dot{Z}_T=\dot{Z}_S+\dot{Z}_L=(10-j40.60)+(10+j25.99)$$

$$=20-j14.61=24.77\angle-36.15°[\Omega]$$

부하 전류 $\dot{I}_L$는

$$\dot{I}_L = \frac{\dot{V}_S}{\dot{Z}_T} = \frac{120}{24.77\angle -36.15^\circ} = 4.84\angle 36.15^\circ \ [\mathrm{A}]$$

전달 전력은

$$P_L = I_L^2 R_L = 4.84^2 \times 10 = 234.26 \ [\mathrm{W}]$$

② $f = 1$ [kHz]일 경우

$$X_S = \frac{1}{\omega C} = \frac{10^6}{2\pi \times 10^3 \times 4.9} = 32.48 [\Omega]$$

$$\therefore \dot{Z}_S = 10 - j32.48 \ [\Omega]$$

$$X_L = \omega L = 2\pi \times 10^3 \times 5.17 \times 10^{-3} = 32.48 [\Omega]$$

$$\therefore \dot{Z}_L = 10 + j32.48$$

따라서

$$\dot{Z}_T = \dot{Z}_S + \dot{Z}_L = (10 - j32.48) + (10 + j32.48) = 20 \ [\Omega]$$

즉 절점 ab에서 본 전원측 임피던스와 부하측 임피던스가 서로 공액이다.

최대 부하 전류 $\dot{I}_{LM}$은

$$\dot{I}_{LM} = \frac{\dot{V}_S}{\dot{Z}_T} = \frac{120}{20} = 6 \ [\mathrm{A}]$$

최대 전달 전력 P_{LM}은

$$P_{LM} = I_{LM}^2 \times R_L = 6^2 \times 10 = 360 \ [\mathrm{W}]$$

③ $f = 1.2$ [kHz]일 경우

$$X_S = \frac{1}{\omega C} = \frac{10^6}{2\pi \times 1.2 \times 10^3 \times 4.9} = 27.07 [\Omega]$$

$$\therefore \dot{Z}_S = 10 - j27.07 \ [\Omega]$$

$$X_L = \omega L = 2\pi \times 1.2 \times 10^3 \times 5.17 \times 10^{-3} = 38.98 [\Omega]$$

$$\therefore \dot{Z}_L = 10 + j38.98 \ [\Omega]$$

따라서

$$\dot{Z}_T = \dot{Z}_S + \dot{Z}_L = (10 - j27.07) + (10 + j38.98)$$

$$= 20 + j11.91 = 23.28\angle 30.77^\circ [\Omega]$$

부하 전류 $\dot{I}_L$는

$$\dot{I}_L = \frac{\dot{V}_S}{\dot{Z}_T} = \frac{120}{23.28\angle 30.77^\circ} = 5.15\angle -30.77^\circ\ [\mathrm{A}]$$

전달 전력 P_L은

$$P_L = I_L^{\,2} \cdot R_L = 5.15^2 \times 10 = 265.23\ [\mathrm{W}]$$

연습문제 9-15 그림 9.57에서 주파수를 0.8[kHz], 1[kHz], 1.2[kHz]로 할 때 전류 $\dot{I}_L$과 부하 $\dot{Z}_L$에 전달되는 전력을 구하라.

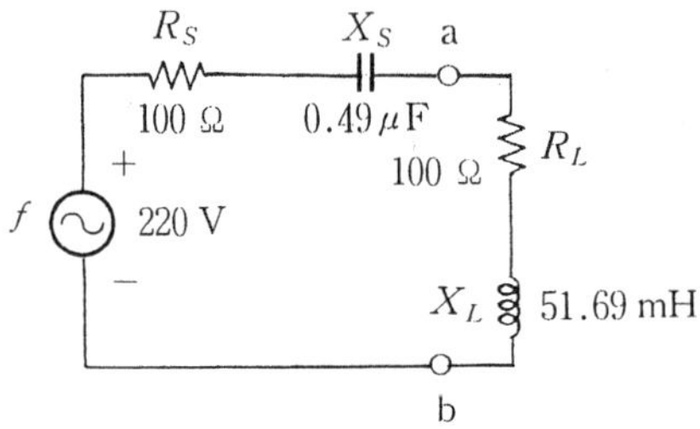

그림 9.57

예제 9-16

그림 9.58에서 부하 $\dot{Z}_L$이 어떤 값일 때 최대 전력이 전달되며 또 이때 최대 전달 전력을 구하라.

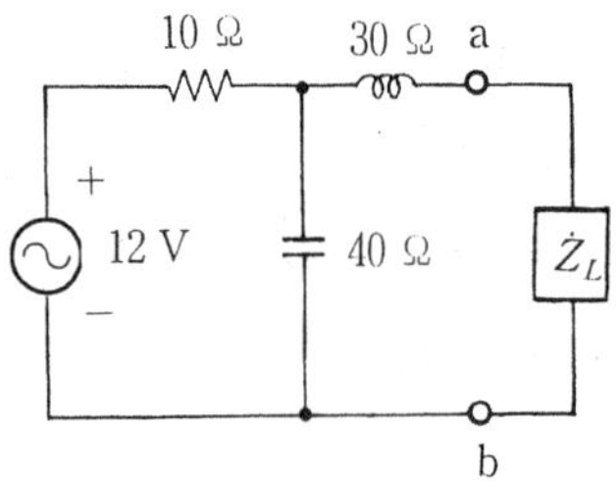

그림 9.58

✲ 풀이 그림에서 전원측 임피던스 $\dot{Z}_S$는 절점 ab에 대한 테브낭 등가 임피던스 $\dot{Z}_{TH}$가 된다. 따라서 테브낭 등가 회로를 구하면 된다.

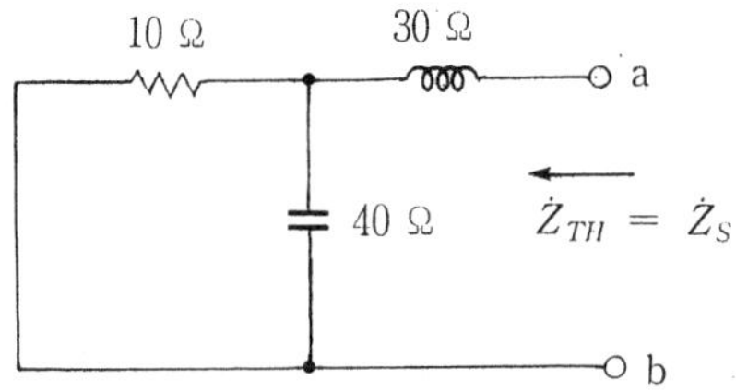

그림 9.59

그림 9.59에서 테브낭 등가 임피던스 $\dot{Z}_{TH}$는

$$\dot{Z}_{TH} = \dot{Z}_S = \frac{10 \times (-j40)}{10 - j40} + j30 = 29.21 \angle 71.20° [\Omega]$$

다음에 테브낭 전압 $\dot{V}_{TH}$는 그림 9.60에서 커패시터의 전압 강하이므로

$$\dot{V}_{TH} = \frac{-j40}{10 - j40} \times 12 = 11.64 \angle -14.04° \text{ [V]}$$

이다.

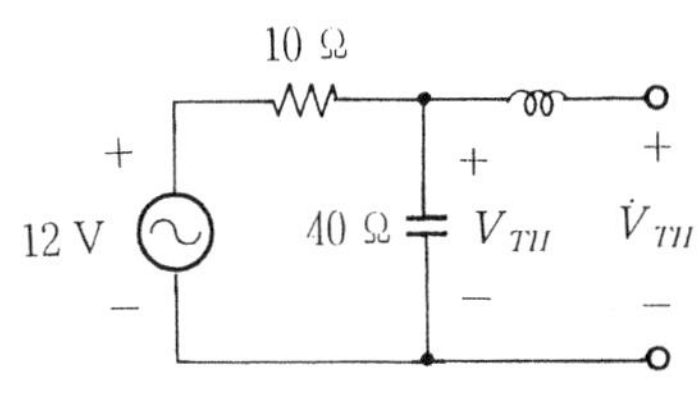

그림 9.60

따라서 테브낭 등가 회로는 그림 9.61과 같이 된다.

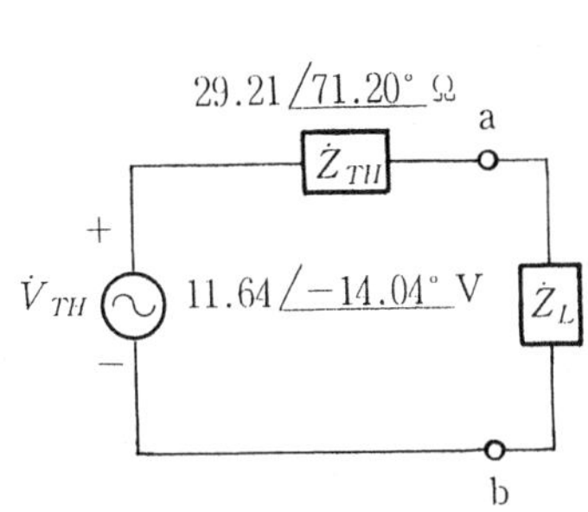

그림 9.61

그림 9.61에서 $\dot{Z}_L$는 $\dot{Z}_{TH}$의 공액 복소수이므로

$$Z_L = (\dot{Z}_{TH})^* = (29.21\angle 71.20°)^*$$
$$= 29.21\angle -71.20° = 9.41 - j27.65\,[\Omega]$$

다음에 최대 전달 전력 P_{LM}은

$$P_{LM} = \frac{V_S^{\ 2}}{4R_S} = \frac{11.64^{\ 2}}{4\times 9.41} = 3.60\ [\mathrm{W}]$$

연습문제 9-16 그림 9.62에서 부하 $\dot{Z}_L$에 최대 전력이 전달될 수 있는 $\dot{Z}_L$를 구하고 또 이때의 최대 전달 전력을 구하라.

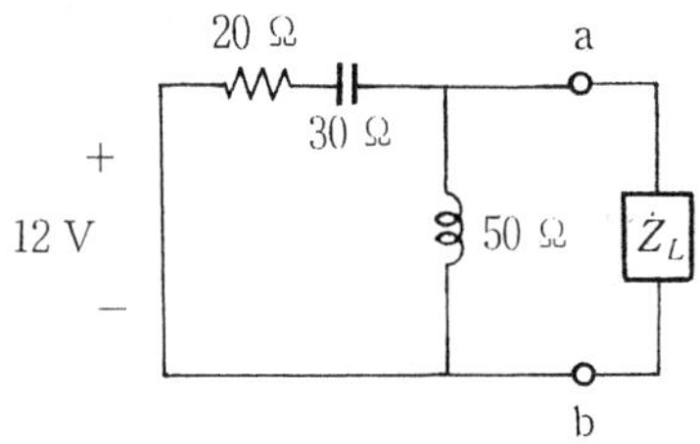

그림 9.62

9.6 변압기

6장에서 상호 인덕턴스를 정의했다. 두 코일의 상호 유도 작용을 이용하는 기기가 바로 변압기이다. 변압기는 대체로 두 개의 권선이 있어, 전원측을 1차 권선, 부하측을 2차 권선이라 부른다. 송전 선로용 대용량 변압기는 권선이 세 개인 것도 있고 가정용 단권 변압기는 권선이 한 개이다. 변압기의 두 코일은 전기적으로 절연되어 있으나 자기적인 결합으로 한쪽 코일에서 다른 쪽 코일로 에너지가 전달된다.

변압기는 낮은 전압을 높은 전압으로(승압 변압기), 높은 전압을 낮은 전압으로(강압 변압기) 전압의 크기를 바꾸는 데 이용된다. 통신 장치에서는 임피던스의 크기를 바꾸는 데 이용된다. 또 두 전기 회로 사이를 전기적으로 절연시키는 데 이용할 수 있다.

(1) 가극성 · 감극성

변압기는 1차 권선을 감는 방향에 따라 2차 권선을 감는 방향이 두 가지가 있다. 즉 권선 방향을 표시하기 위해 점(dot)을 찍는다. 도트가 찍힌 쪽에서 전류가 흘러 들어갈 때 자속의 방향이 서로 같도록 도트를 찍는다. 도트와 전류 방향에 따라 즉 권선 방향과 전류 방향에 따라 가극성과 감극성으로 나눈다. 각 권선에서 발생한 자속의 방향이 자로 내에서 서로 같은 방향이면 가극성이라 하고, 방향이 서로 다르면 감극성이라 한다.

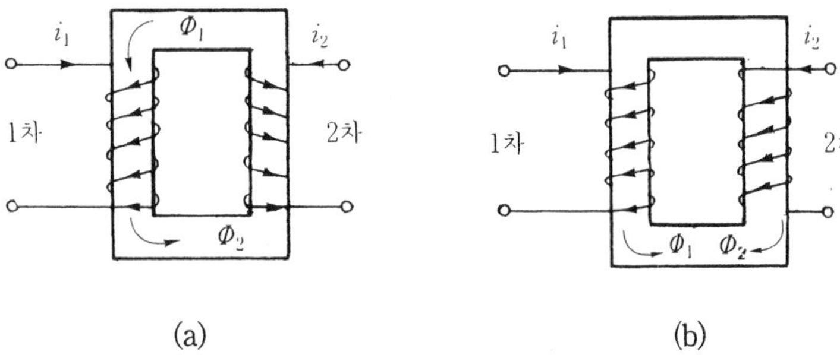

그림 9.63

(a) 가극성 $(+M)$

$$v_1 = L_1\frac{di_1}{dt} + M\frac{di_2}{dt}$$

$$v_2 = M\frac{di_1}{dt} + L_2\frac{di_2}{dt}$$

(b) 감극성 $(-M)$

$$v_1 = L_1\frac{di_1}{dt} - M\frac{di_2}{dt}$$

$$v_2 = -M\frac{di_1}{dt} + L_2\frac{di_2}{dt}$$

그림 9.64

그림 9.63에서 1차측의 권선 방향에 대해 2차측의 방향은 그림 (a)와 그림 (b) 두 가지 방향이 있으며 이를 기호화하면 그림 9.64와 같다. 그림 (a)를 가극성 변압기라 하고 그림 (b)를 감극성 변압기라 한다. 이때 전압 전류 관계식은 그림 9.64에 표시되어 있다.
그림 9.65는 그림 9.63의 1차측 권선을 반대로 감은 경우를 기호화한 것이다. 그림에 전압 전류 관계식이 표시되어 있다.

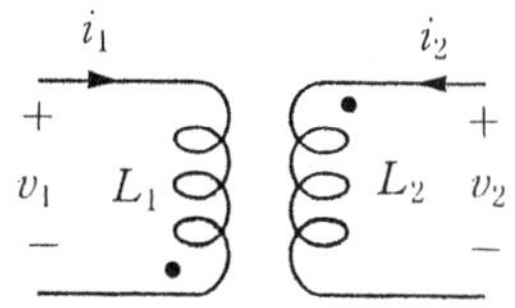

(a) 감극성($-M$)

$$v_1 = L_1\frac{di_1}{dt} - M\frac{di_2}{dt}$$

$$v_2 = -M\frac{di_1}{dt} + L_2\frac{di_2}{dt}$$

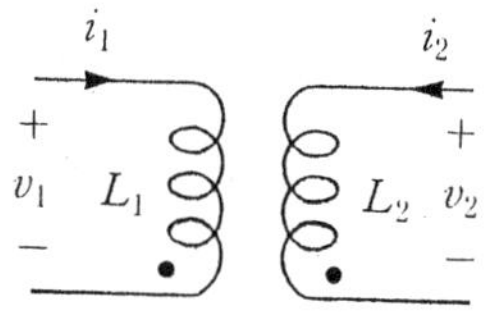

(b) 가극성($+M$)

$$v_1 = L_1\frac{di_1}{dt} + M\frac{di_2}{dt}$$

$$v_2 = M\frac{di_1}{dt} + L_2\frac{di_2}{dt}$$

그림 9.65

예제 9-17 그림 9.64의 순시값 전압-전류 관계식을 페이저로 표시하라.

✻ 풀이 $e = L\frac{di}{dt}$는 $\dot{E} = j\omega L\dot{I}$와 같이 표시된다.

따라서 그림 (a)는

$$\dot{V}_1 = j\omega L_1\dot{I}_1 + j\omega M\dot{I}_2$$

$$\dot{V}_2 = j\omega M\dot{I}_1 + j\omega L_2\dot{I}_2$$

그림 (b)는

$$\dot{V}_1 = j\omega L_1\dot{I}_1 - j\omega M\dot{I}_2$$

$$\dot{V}_2 = -j\omega M\dot{I}_1 + j\omega L_2\dot{I}_2$$

연습문제 9-17 그림 9.65의 순시값 표시식을 페이저로 표시하라.

(2) 변압기의 등가 T 회로

진기 회로 내에 상호 유도 회로가 있으면 나무기가 불편하다. 즉 변압기를 등가 회로로 바꿀 수는 없을까? T 회로로 바꿀 수 있다. 이때 가극성 감극성에는 관계없고 도트의 상대적인 위치에만 관계된다. 즉 전류 방향에는 관계없고 권선 방향만 관계된다.

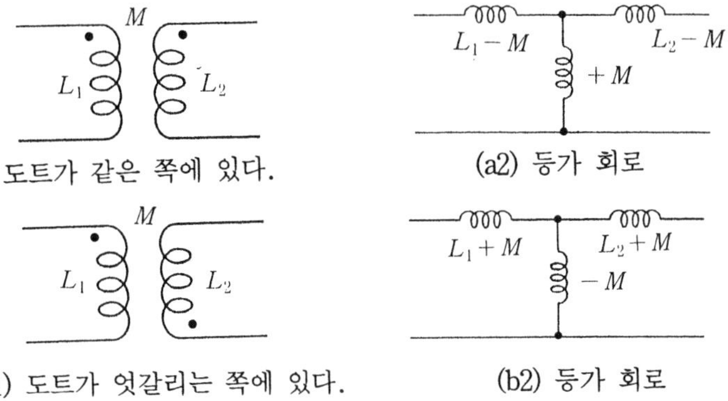

(a1) 도트가 같은 쪽에 있다. (a2) 등가 회로

(b1) 도트가 엇갈리는 쪽에 있다. (b2) 등가 회로

그림 9.66

그림 9.66에서 도트가 서로 같은 쪽에 있을 때는 그림 (a2)와 같이, 도트가 서로 대각선 쪽에 있을 때는 그림 (b2)와 같이 T 회로를 만들 수 있다. 다음에 이 등가 회로가 성립함을 확인해 본다.

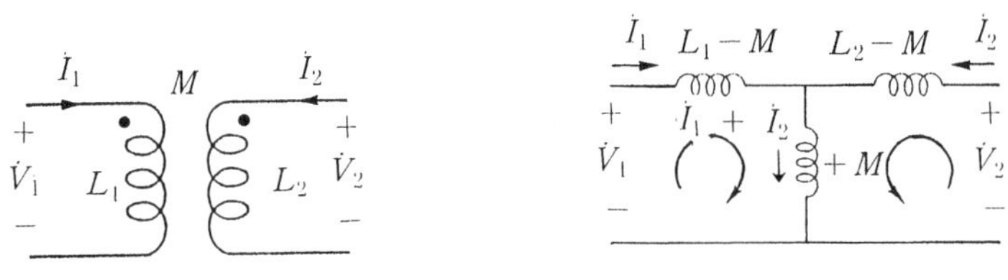

(a) (b)

그림 9.67

그림 9.67 (a)와 같이 전류 방향을 잡으면 가극성 변압기가 되고 그림 (a), (b)에서 다음 식이 성립한다.

$$\dot{V}_1 = j\,\omega L_1 \dot{I}_1 + j\,\omega M \dot{I}_2 = j\,\omega(L_1 - M)\,\dot{I}_1 + j\,\omega M(\dot{I}_1 + \dot{I}_2)$$

$$\dot{V}_2 = j\,\omega M \dot{I}_1 + j\,\omega L_2 \dot{I}_2 = j\omega M(\dot{I}_1 + \dot{I}_2) + j\,\omega(L_2 - M)\dot{I}_2$$

그림 9.66 (b)를 그림 9.68과 같이 전류 방향을 정하면 가극성 변압기가 된다.

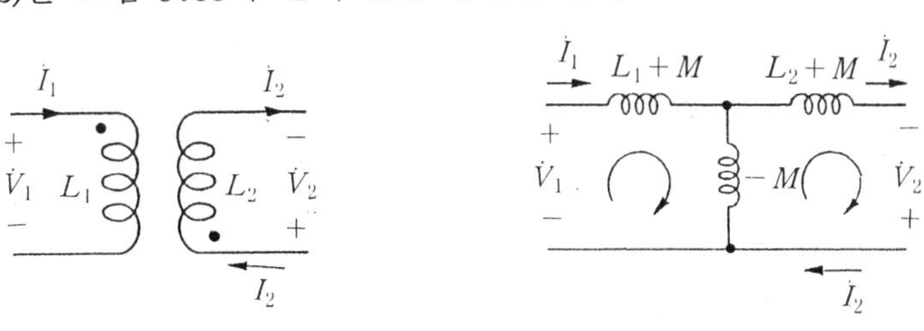

(a) (b)

그림 9.68

$$\dot{V}_1 = j\omega L_1 \dot{I}_1 + j\omega M \dot{I}_2 = j\omega(L_1 + M)\dot{I}_1 - j\omega M(\dot{I}_1 - \dot{I}_2)$$
$$\dot{V}_2 = j\omega M \dot{I}_1 + j\omega L_2 \dot{I}_2 = -j\omega M(\dot{I}_2 - \dot{I}_1) + j\omega(L_2 + M)\dot{I}_2$$

따라서 변압기 등가 회로는 전류 방향에는 관계없고 도트의 위치에만 관계한다. 이때 $-M$의 $-$부호는 다만 수학적으로 성립함을 의미한다. 물리적으로 인덕턴스가 $-$인 것은 없다.

예제 9-18

그림 9.66 (a)를 감극성 변압기가 되도록 전류 방향을 정해 등가 회로가 성립함을 보여라.

✻ 풀이

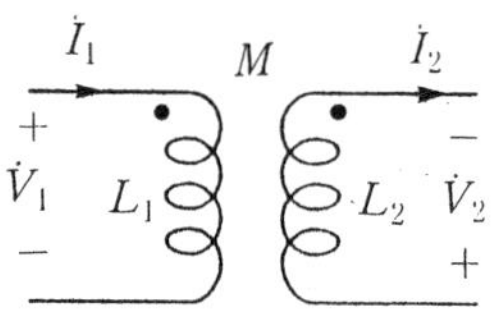

(a)

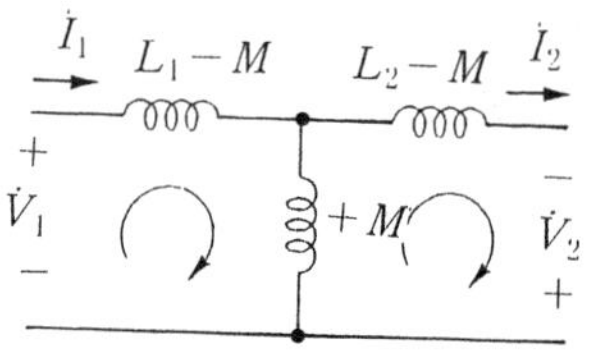

(b)

그림 9.69

그림 9.69와 같이 전류 방향을 정하면 감극성 변압기가 된다. 그림에서 전압 전류 관계는 다음과 같이 된다.

$$\dot{V}_1 = j\omega L_1 \dot{I}_1 - j\omega M \dot{I}_2 = j\omega(L_1 - M)\dot{I}_1 + j\omega M(\dot{I}_1 - \dot{I}_2)$$
$$\dot{V}_2 = -j\omega M \dot{I}_1 + j\omega L_2 \dot{I}_2 = j\omega M(\dot{I}_2 - \dot{I}_1) + j\omega(L_2 - M)\dot{I}_2$$

변압기의 등가 T 회로는 도트의 위치에만 관계함을 알 수 있다.

연습문제 9-18 그림 9.68 (b)를 감극성 변압기가 되도록 전류 방향을 정해 등가 회로가 성립함을 보여라.

(3) 임피던스 정합

전원에서 부하에 최대 전력을 전달시키려면 전원 임피던스와 부하 임피던스가 서로 공액 관계에 있어야 한다. 이러한 관계를 임피던스 정합(impedance matching)이라 한다.

물론 이때 전원 저항에서 소비되는 전력과 부하 저항에서 소비되는 전력이 같으므로 효율은 50 %이다. 그러나 음향 계통에서는 이 이론이 적용된다. 변압기를 이용하면 권수비의 제곱에 비례하여 임피던스가 변화한다.

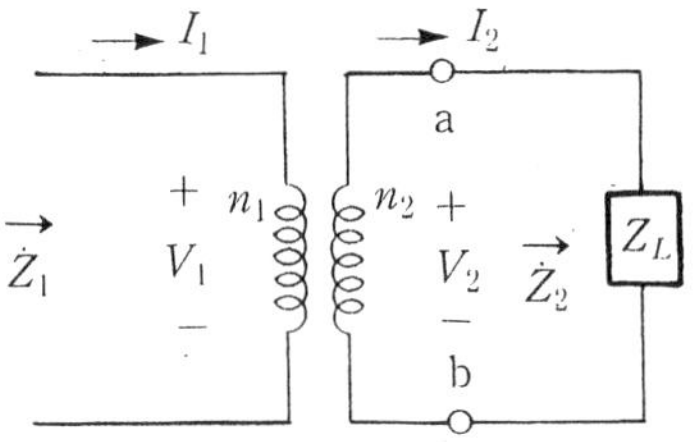

그림 9.70

그림 9.70은 변압기 권선에서의 손실이 0이고 누설 자속이 0인 이상 변압기(ideal transformer)이다. 1차 권선의 권선수가 n_1, 2차 권선수가 n_2일 때 2차 권선의 전압과 전류를 각각 V_1, V_2, I_1, I_2라 하면 $P = V_1 I_1 = V_2 I_2$이고 다음 식이 성립한다.

권수비 $n = \dfrac{n_1}{n_2}$

전압비 $n = \dfrac{V_1}{V_2}$

전류비 $n = \dfrac{I_2}{I_1}$

따라서

$$n = \frac{n_1}{n_2} = \frac{V_1}{V_2} = \frac{I_2}{I_1}$$

그림의 절점 ab에서 부하측을 본 임피던스 Z_2는

$$Z_2 = Z_L = \frac{V_2}{I_2}$$

이며, 1차측에서 부하측을 본 임피던스 Z_1은

$$Z_1 = \frac{V_1}{I_1} = \frac{nV_2}{\dfrac{I_2}{n}} = n^2 \frac{V_2}{I_2} = n^2 Z_2 = n^2 Z_L$$

이 된다. 즉 임피던스가 권수비의 제곱에 비례하여 변화함을 알 수 있다.

예제 9-19

그림 9.71의 오디오 회로에서 스피커 저항이 8 [Ω]이고 증폭기 회로의 저항이 288 [Ω]이다. 변압기의 권수비는 얼마가 적당할까?

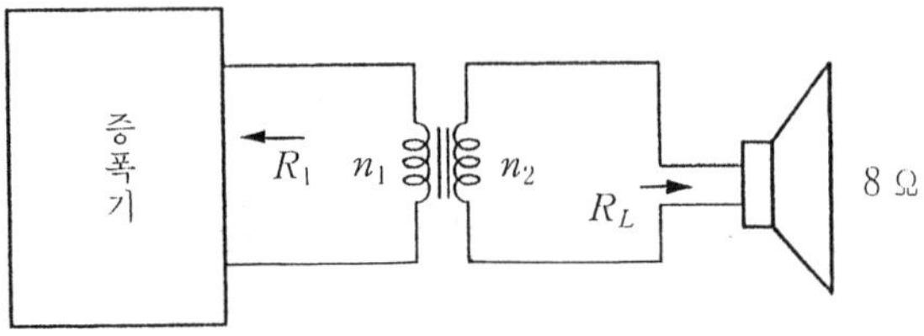

그림 9.71

✻ 풀이 변압기를 중심으로 해서 양쪽의 저항이 같을 때 최대 전력이 전달된다.

$R_1 = n^2 R_L$에서

$$n^2 = \frac{R_1}{R_L} = \frac{288}{8} = 36$$

$$n = 6$$

즉, 변압기의 권수비가 $n = 6$일 때 증폭기에서 스피커에 최대 전력이 전달된다.

연습문제 9-19	그림 9.71에서 증폭기의 저항이 800 [Ω]이면 변압기의 권수비는 어떻게 되는가?

예제 9-20

그림의 변압기 회로에서 전류 $\dot{I}_1$과 $\dot{I}_2$를 구하라.

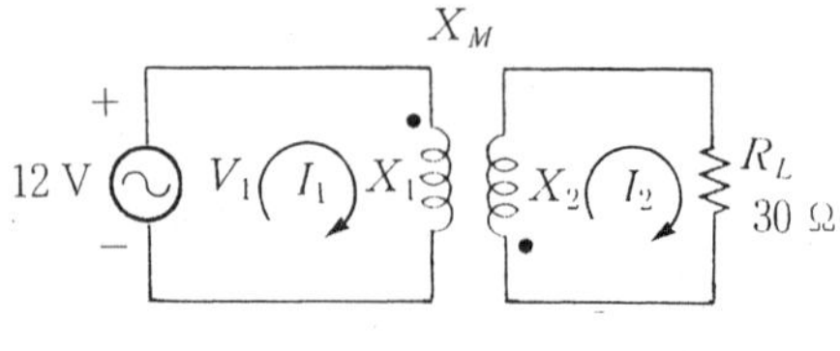

$X_1 = 50\,[\Omega]$, $X_2 = 100\,[\Omega]$, $X_M = 25\,[\Omega]$

그림 9.72 변압기 회로

✻ 풀이 변압기는 가극성 회로이므로 상호 유도 계수는 +이다. 1차 회로와 2차 회로에 망로법을 적용시킨다.

$$\begin{cases} jX_1\dot{I}_1 + jX_M\dot{I}_2 = V_1 \\ jX_M\dot{I}_1 + (R_L + jX_2)\dot{I}_2 = 0 \end{cases}$$

전류 $\dot{I}_1$와 $\dot{I}_2$의 분자, 분모는 다음과 같이 된다.

$$\dot{D} = \begin{vmatrix} jX_1 & jX_M \\ jX_M & R_L + jX_2 \end{vmatrix} = jX_1(R_L + jX_2) - (jX_M)^2$$

$$= (-X_1X_2 + X_M{}^2) + jX_1R_L$$

$$\dot{N}_1 = \begin{vmatrix} V_1 & jX_M \\ 0 & R_L + jX_2 \end{vmatrix} = V_1(R_L + jX_2)$$

$$\dot{N}_2 = \begin{vmatrix} jX_1 & V_1 \\ jX_M & 0 \end{vmatrix} = -V_1 \cdot jX_M$$

따라서 전류 $\dot{I}_1$와 $\dot{I}_2$는

$$\dot{I}_1 = \frac{\dot{N}_1}{\dot{D}} = \frac{V_1(R_L + jX_2)}{(-X_1X_2 + X_M{}^2) + jX_1R_L}$$

$$= \frac{12(30 + j100)}{(-50 \cdot 100 + 25^2) + j50 \cdot 30}$$

$$= \frac{360 + j1200}{-4375 + j1500} = 0.271 \angle -87.77° \text{ [A]}$$

$$\dot{I}_2 = \frac{\dot{N}_2}{\dot{D}} = \frac{-jX_MV_1}{(-X_1X_2 + X_M{}^2) + jX_1R_L}$$

$$= \frac{-j25 \cdot 12}{-4375 + j1500} = 0.065 \angle 108.92° \text{ [A]}$$

연습문제 9-20 그림 9.72에서 2차측 권선 방향을 반대로 감았다. 즉 감극성일 때 전류 $\dot{I}_1$과 $\dot{I}_2$를 구하라.

예제 9-21

그림 9.73에서 각 소자의 값이 다음과 같을 때 부하 $\dot{Z}_L$에 흐르는 전류를 구하라.

$R_1 = 10\ [\Omega]$, $X_1 = 50\ [\Omega]$, $X_2 = 100\ [\Omega]$,

$X_M = 50\ [\Omega]$, $X_C = 70\ [\Omega]$, $\dot{Z}_L = 10 + j\,15\ [\Omega]$

$\dot{V}_S = 20\ [\mathrm{V}]$

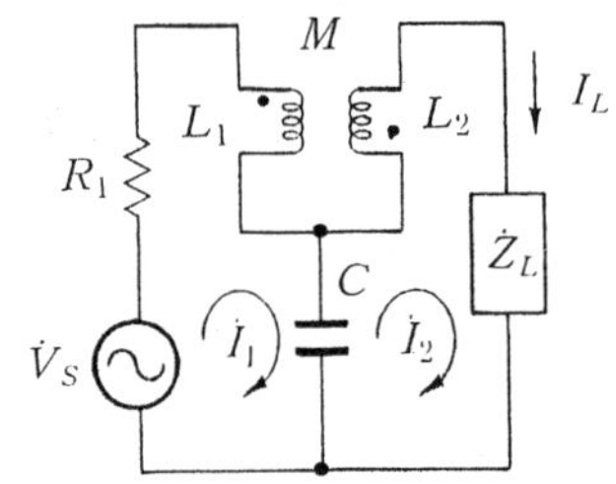

그림 9.73

✻ **풀이** 우선 변압기 부분을 등가 T 형 회로로 버꿔서 구해 보고 다음에 그림 9.73에 망로법을 직접 적용시켜 구해 본다.

도트가 서로 엇갈려 찍혀 있으므로 등가 회로는 그림 9.74와 같이 된다.

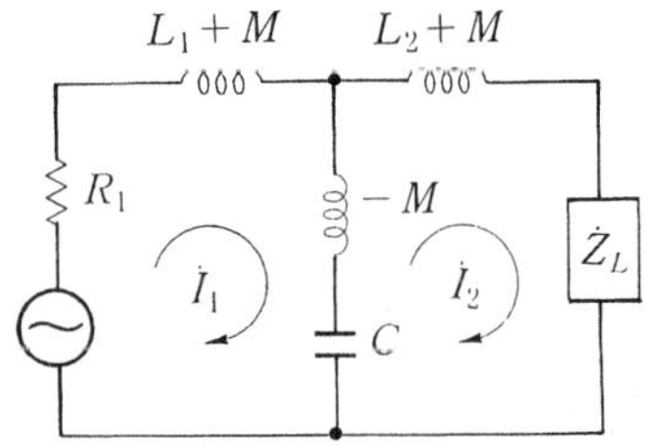

그림 9.74

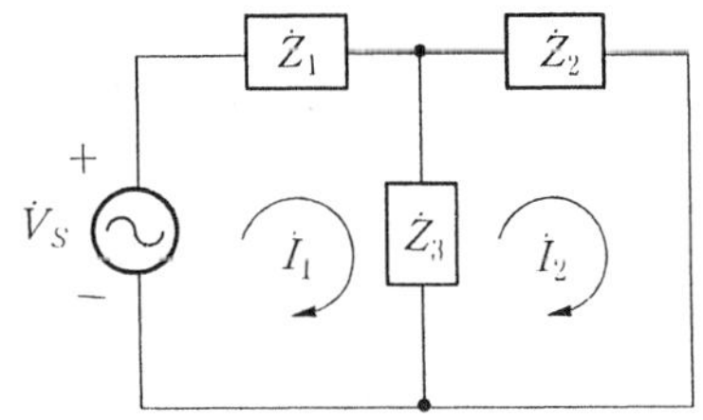

그림 9.75

$$\omega(L_1 + M) = \omega L_1 + \omega M = X_1 + X_M = 50 + 50 = 100\ [\Omega]$$

$$\omega(L_2 + M) = \omega L_2 + \omega M = X_2 + X_M = 100 + 50 = 150\ [\Omega]$$

그림 9.75에서

$$\dot{Z}_1 = R_1 + j\,(X_1 + X_M) = 10 + j\,100\ [\Omega]$$

$$\dot{Z}_2 = j\,(X_2 + X_M) + \dot{Z}_L = j\,150 + 10 + j15 = 10 + j165\ [\Omega]$$

$$\dot{Z}_3 = -j\,\omega M - j\frac{1}{\omega C} = -j\,50 - j70 = -j\,120\ [\Omega]$$

그림과 같이 시계 방향으로 망로 전류를 정하고 메시 전류법을 대입하면 다음과 같이 된다.

$$\begin{cases}(\dot{Z}_1+\dot{Z}_3)\dot{I}_1-\dot{Z}_3\dot{I}_2=\dot{V}_S \\ -\dot{Z}_3\dot{I}_1+(\dot{Z}_2+\dot{Z}_3)\dot{I}_2=0\end{cases}$$

$$\dot{D}=\begin{vmatrix}\dot{Z}_1+\dot{Z}_3 & -\dot{Z}_3 \\ -\dot{Z}_3 & \dot{Z}_2+\dot{Z}_3\end{vmatrix}=(\dot{Z}_1+\dot{Z}_3)\cdot(\dot{Z}_2+\dot{Z}_3)-\dot{Z}_3{}^2$$

$$=(10+j100-j120)\cdot(10+j165-j120)-(-j120)^2$$

$$=(10-j20)\cdot(10+j45)+120^2=15402.03\angle 0.93°$$

$$\dot{N}_1=\begin{vmatrix}\dot{V}_S & -\dot{Z}_3 \\ 0 & \dot{Z}_2+\dot{Z}_3\end{vmatrix}=\dot{V}_S(\dot{Z}_2+\dot{Z}_3)$$

$$=20(10+j45)=921.95\angle 77.47°$$

$$\dot{N}_2=\begin{vmatrix}\dot{Z}_1+\dot{Z}_3 & \dot{V}_S \\ -\dot{Z}_3 & 0\end{vmatrix}=\dot{Z}_3\dot{V}_S=-j120\cdot 20$$

$$=-j2400=2400\angle -90°$$

$$\dot{I}_1=\frac{\dot{N}_1}{\dot{D}}=\frac{921.95\angle 77.47°}{15402.03\angle 0.93°}=0.060\angle 76.54°\,[\mathrm{A}]$$

$$\dot{I}_2=\frac{\dot{N}_2}{\dot{D}}=\frac{2400\angle -90°}{15402.03\angle 0.93°}=0.156\angle -90.93°\,[\mathrm{A}]$$

따라서

$$\dot{I}_L=\dot{I}_2=0.156\angle -90.93°\,[\mathrm{A}]$$

다음에 그림 9.74에 직접 메시 전류법을 적용시켜 본다. 변압기는 가극성이 되므로 상호 유도 계수 M의 부호는 +가 된다.

$$\begin{cases}R_1\dot{I}_1+j\omega L_1\dot{I}_1+j\omega M\dot{I}_2-j\dfrac{1}{\omega C}\dot{I}_1+j\dfrac{1}{\omega C}\dot{I}_2=\dot{V}_S \\ j\omega L_2\dot{I}_2+j\omega M\dot{I}_1-j\dfrac{1}{\omega C}\dot{I}_2+j\dfrac{1}{\omega C}\dot{I}_1+\dot{Z}_L\dot{I}_2=0\end{cases}$$

다음과 같이 간단히 정리한다.

$$\begin{cases}(R_1+j\omega L_1-j\dfrac{1}{\omega C})\dot{I}_1+(j\omega M+j\dfrac{1}{\omega C})\dot{I}_2=\dot{V}_S \\ (j\omega M+j\dfrac{1}{\omega C})\dot{I}_1+(j\omega L_2-j\dfrac{1}{\omega C}+\dot{Z}_L)\dot{I}_2=0\end{cases}$$

여기서

$$R_1 + j\omega L_1 - j\frac{1}{\omega C} = (R_1 + j\omega L_1 + j\omega M) + (-j\omega M - j\frac{1}{\omega C})$$
$$= \dot{Z}_1 + \dot{Z}_3$$
$$j\omega M + j\frac{1}{\omega C} = -(-j\omega M - j\frac{1}{\omega C}) = -\dot{Z}_3$$
$$j\omega L_2 - j\frac{1}{\omega C} + \dot{Z}_L = j(\omega L_2 + \omega M) + \dot{Z}_L + (-j\omega M - j\frac{1}{\omega C})$$
$$= \dot{Z}_2 + \dot{Z}_3$$

와 같이 되므로 위의 연립 방정식은 등가 회로에서 구한 식과 일치한다.

연습문제 9-21 그림 9.76에서 각 소자의 값이 다음과 같을 때 부하 $\dot{Z}_L$에 흐르는 전류를 구하라.

$R_1 = 20\ [\Omega]$, $X_1 = 30\ [\Omega]$, $X_2 = 80\ [\Omega]$,
$X_M = 40\ [\Omega]$, $X_3 = 50\ [\Omega]$, $\dot{Z}_L = 10 - j60\ [\Omega]$,
$\dot{V}_S = 30\ [\text{V}]$

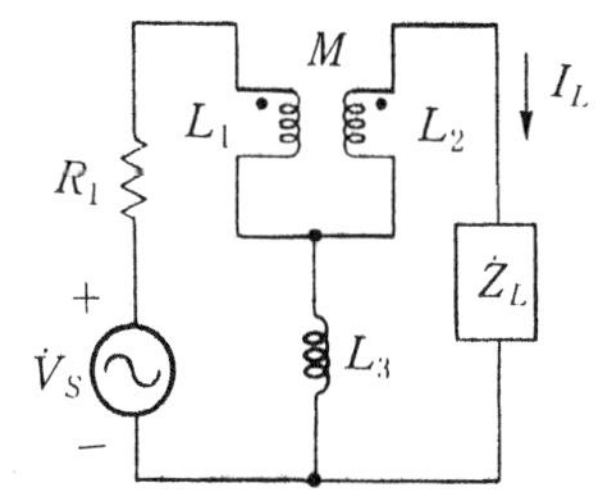

그림 9.76

종합 문제

1. 이상적인 교류 회로에서 전압원의 내부 임피던스는 (   )이고, 전류원의 내부 임피던스는 (   )이다.

2. (   )를 이용하여 교류 회로를 다룰 경우, 직류 회로의 모든 법칙과 정리는 그대로 적용시킬 수 있다.

3. 절점 ab에서 전원측을 바라본 임피던스가 $\dot{Z}_S$이다. 이때 부하 임피던스 $\dot{Z}_L$는 $\dot{Z}_L$ =(   )일 때 최대 전력이 부하에 전달된다.

4. 1차 권선의 자속 방향과 2차 권선의 자속 방향이 같은 변압기를 (   ) 변압기라 하고 방향이 서로 다른 변압기를 (   ) 변압기라 한다.

5. 권수비가 n인 변압기가 있다. 2차측에서 부하를 바라본 임피던스가 $\dot{Z}_2$일 때 1차측에서 바라본 임피던스는 $\dot{Z}_1$ = (   )가 된다.

6. 그림과 같은 (a), (b) 두 회로가 등가일 때 전류원($\dot{I}$)과 어드미턴스($\dot{Y}$)의 값은 얼마인가?

㉮ $\dot{I}=5$ [A], $\dot{Y}=20$ [Ω]

㉯ $\dot{I}=-j5$ [A], $\dot{Y}=-j0.05$ [Ω]

㉰ $\dot{I}=j5$ [A], $\dot{Y}=j0.05$ [Ω]

㉱ $\dot{I}=20$ [A], $\dot{Y}=20$ [Ω]

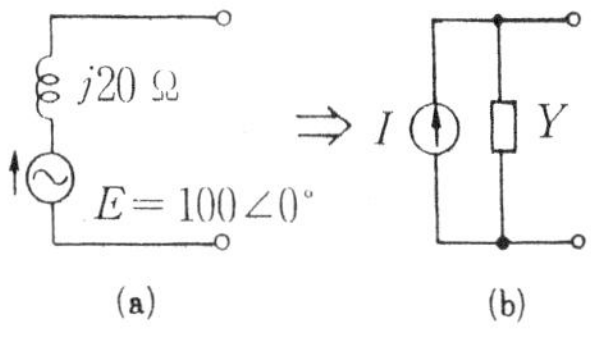

7. 그림에서 a, b 단자의 전압 V_{ab} [V]는?

㉮ 2

㉯ −2

㉰ −4

㉱ 4

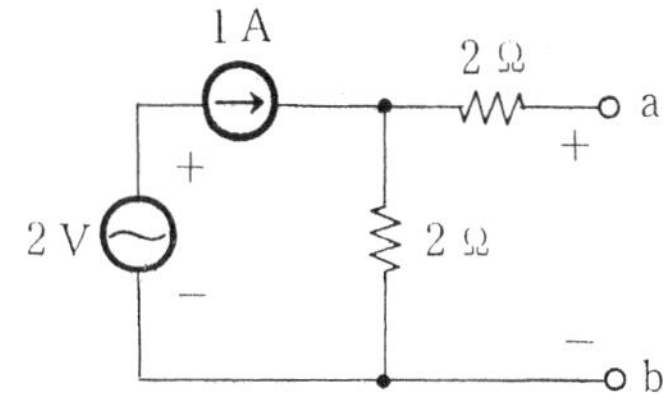

8. 그림과 같은 회로에서 테브낭 정리에 의하여 저항에 흐르는 전류를 계산하고자 한다. 이때, a, b 단자에서 본 임피던스는?

㉮ $-j4$
㉯ $-j6$
㉰ $j4$
㉱ $j6$

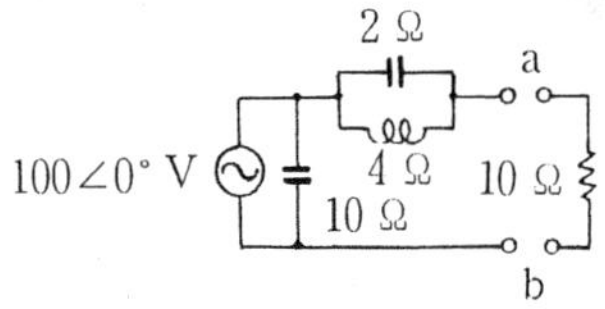

9. 그림과 같은 회로망에서 a, b 단자 전압이 50 [V], a, b에서 본 능동 회로망 쪽의 임피던스가 $6+j8$ [Ω]일 때 a, b 단자에 새로운 임피던스 $\dot{Z}=2-j2$ [Ω]을 연결할 때 a, b에 흐르는 전류는 몇 A인가?

㉮ 10
㉯ 8
㉰ 5
㉱ 2.5

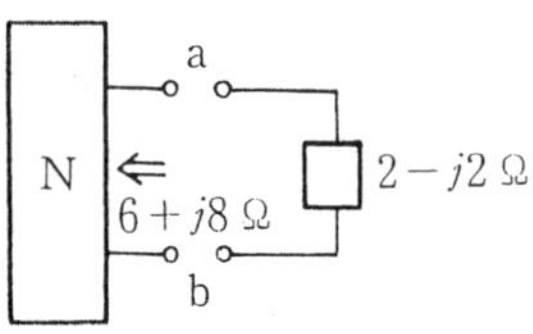

10. 그림과 같은 회로에서 단자 b, c에 걸리는 전압 V_{bc}는 몇 V인가?

㉮ 4
㉯ 6
㉰ 8
㉱ 10

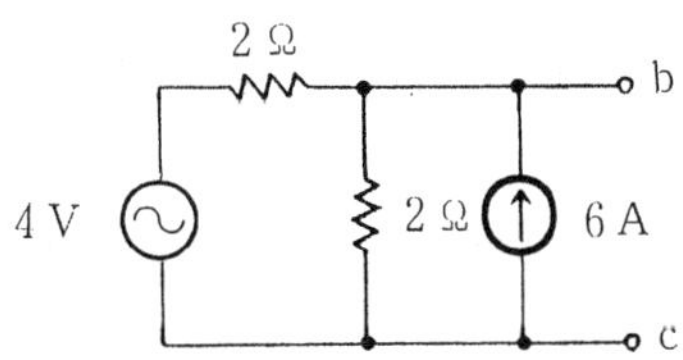

11. 그림의 회로에서 합성 인덕턴스는?

㉮ $\dfrac{L_1L_2+M^2}{L_1+L_2-2M}$

㉯ $\dfrac{L_1L_2-M^2}{L_1+L_2-2M}$

㉰ $\dfrac{L_1L_2+M^2}{L_1+L_2+2M}$

㉱ $\dfrac{L_1L_2-M^2}{L_1+L_2+2M}$

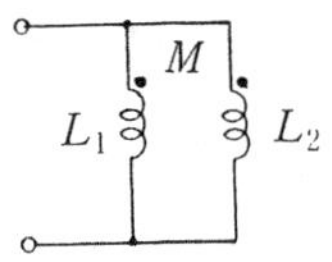

12. 그림에서

$$\omega L_1 = 2\,[\Omega],\quad \omega L_2 = 3\,[\Omega],\quad \omega M = 1\,[\Omega],\quad \frac{1}{\omega C} = 5\,[\Omega]$$

일 때 C에 흐르는 전류 $\dot{I}_2$는 몇 A인가?

㉮ $-j20$

㉯ $j\dfrac{40}{3}$

㉰ $-j10$

㉱ $-j\dfrac{20}{3}$

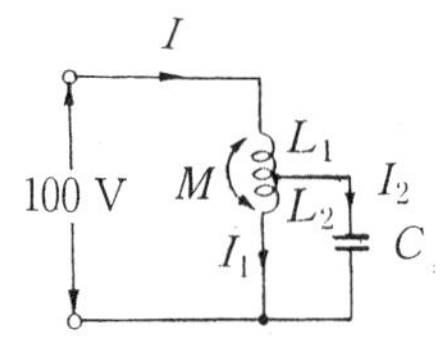

13. 그림과 같은 캠벨 브리지(Cambell bridge) 회로에 있어서 $\dot{I}_2$가 0이 되기 위한 C의 값은?

㉮ $\dfrac{1}{\omega L}$　　㉯ $\dfrac{1}{\omega^2 L}$

㉰ $\dfrac{1}{\omega M}$　　㉱ $\dfrac{1}{\omega^2 M}$

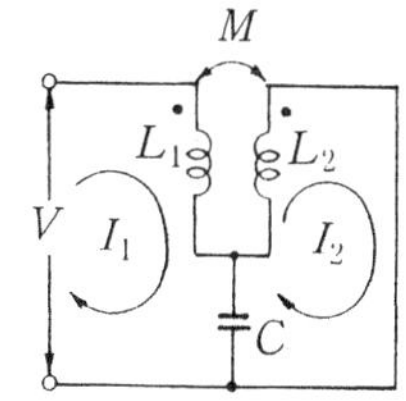

14. 그림과 같은 이상 변압기에 대하여 성립되지 않는 관계식은? 단, n_1, n_2는 1차 및 2차 코일의 권수이다.

㉮ $v_1 i_1 = v_2 i_2$

㉯ $\dfrac{v_2}{v_1} = \dfrac{n_2}{n_1} = \dfrac{1}{n}$

㉰ $\dfrac{i_2}{i_1} = \dfrac{n_2}{n_1} = n$

㉱ $n = \sqrt{\dfrac{L_2}{L_1}}$

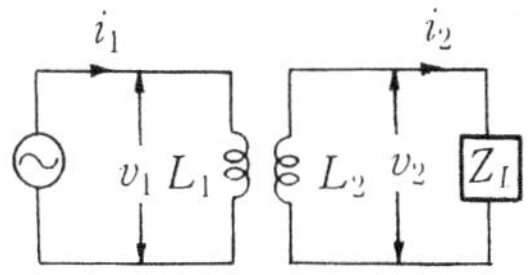

15. 그림과 같은 이상 변압기의 권선비가 $n_1 : n_2 = 1 : 3$일 때 a, b 단자에서 본 임피던스는 몇 Ω인가?

㉮ 50

㉯ 100

㉰ 200

㉱ 400

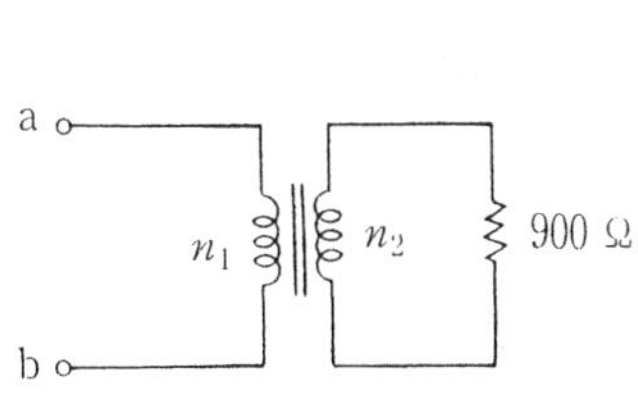

16. 그림의 회로에서 e_0의 크기는 몇 V인가?

㉮ 100
㉯ 0
㉰ 80
㉱ 200

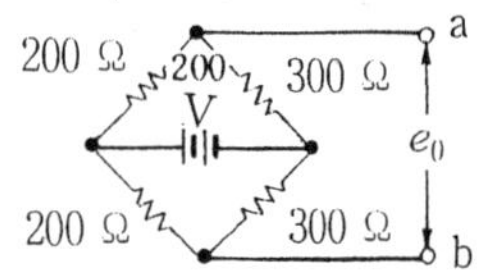

17. 그림의 회로에서 전원 주파수가 일정할 경우 평형 조건은?

㉮ $R_1R_3 - R_2R_4 = \dfrac{L}{C}$, $\dfrac{R_4}{R_2} = \dfrac{1}{\omega^2 LC}$

㉯ $R_1R_3 + R_2R_4 = \dfrac{L}{C}$, $\dfrac{R_4}{R_2} = \dfrac{1}{\omega^2 LC}$

㉰ $R_1R_3 - R_2R_4 = \dfrac{L}{C}$, $\dfrac{R_4}{R_2} = \dfrac{L}{C}$

㉱ $R_1R_3 + R_2R_4 = \dfrac{L}{C}$, $\dfrac{R_4}{R_2} = \dfrac{L}{C}$

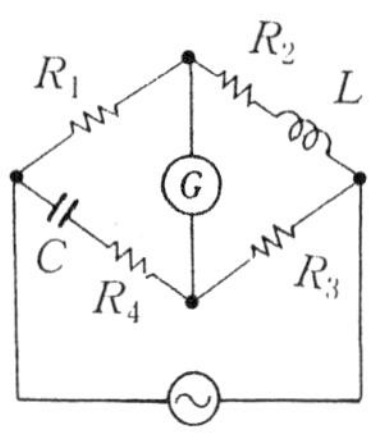

18. 자기 인덕턴스 150 [mH]의 코일 두 개를 감극성이 되게 접속하여 합성 인덕턴스를 20 [mH]가 되게 하려면 두 코일의 상호 인덕턴스는 몇 mH로 되게 하여야 하는가?

㉮ 170 ㉯ 140 ㉰ 130 ㉱ 300

19. 5 [mH]인 두 개의 자기 인덕턴스가 있다. 결합 계수를 0.2로부터 0.8까지 변화시킬 수 있다면 이것을 접속하여 얻을 수 있는 합성 인덕턴스의 최대값과 최소값은 각각 몇 mH인가?

㉮ 18, 2 ㉯ 18, 8
㉰ 20, 2 ㉱ 20, 8

20. 그림과 같은 회로(브리지 회로)에서 상호 인덕턴스 M을 조정하여 수화기 T에 흐르는 전류를 0으로 할 때 주파수는?

㉮ $\dfrac{1}{2\pi MC}$

㉯ $\sqrt{\dfrac{1}{2\pi MC}}$

㉰ $2\pi MC$

㉱ $\dfrac{1}{2\pi}\sqrt{\dfrac{1}{MC}}$

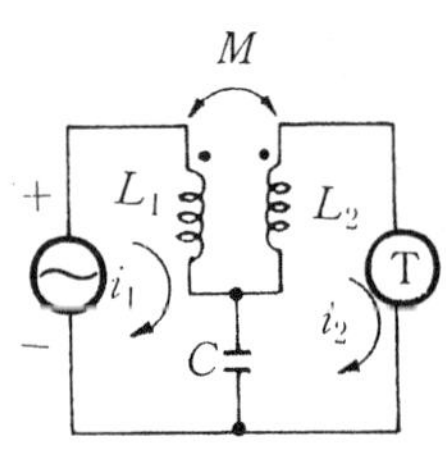

익힘 문제

1. 그림의 전압원을 전류원으로 바꿔라.

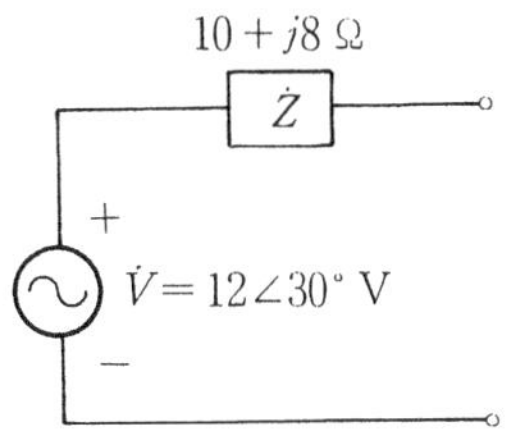

(a)

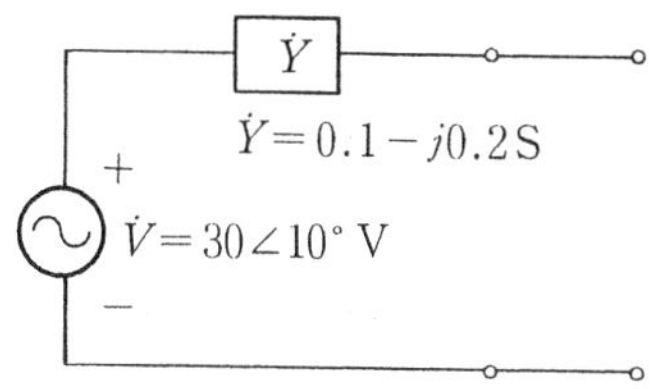

(b)

2. 그림의 전류원을 전압원으로 바꿔라.

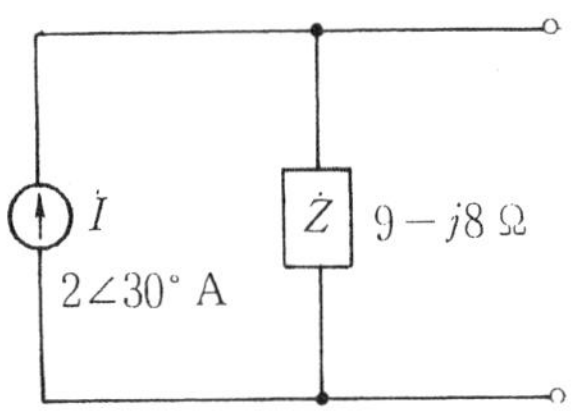

(a)

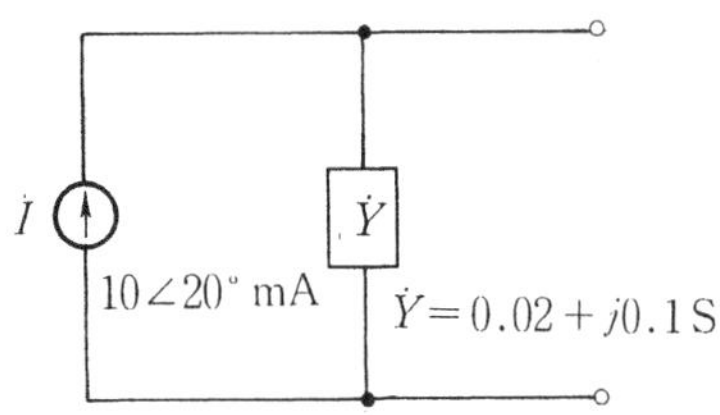

(b)

3. 그림의 회로에 대해 망로 해석법을 이용하여 각 지로의 전류를 구하라.

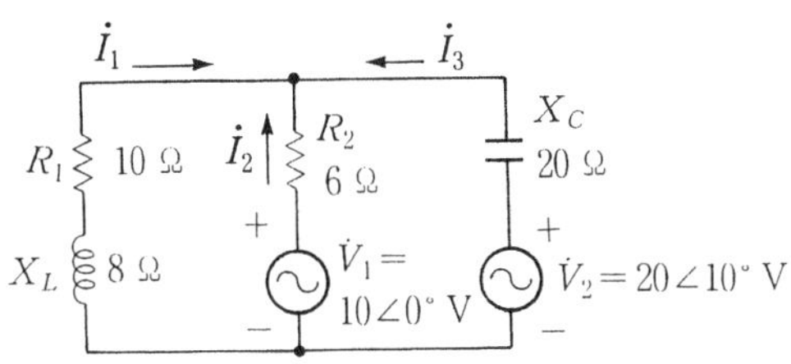

(a)

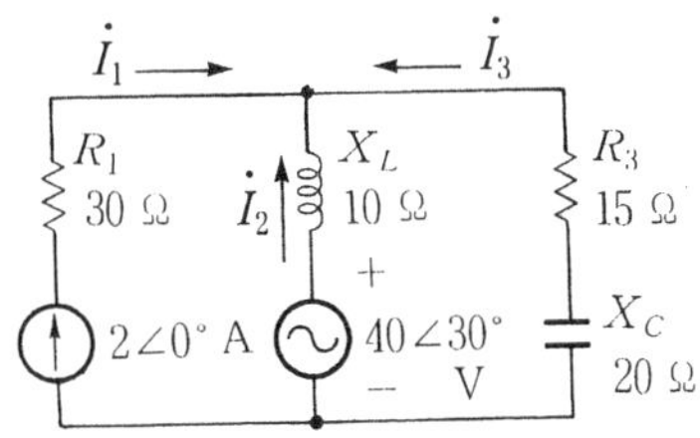

(b)

4. 그림의 회로에 대해 망로 해석법을 이용하여 각 지로의 전류를 구하라.

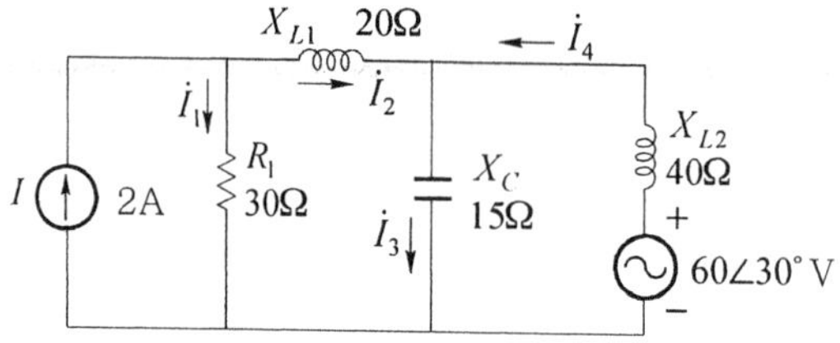

(a)

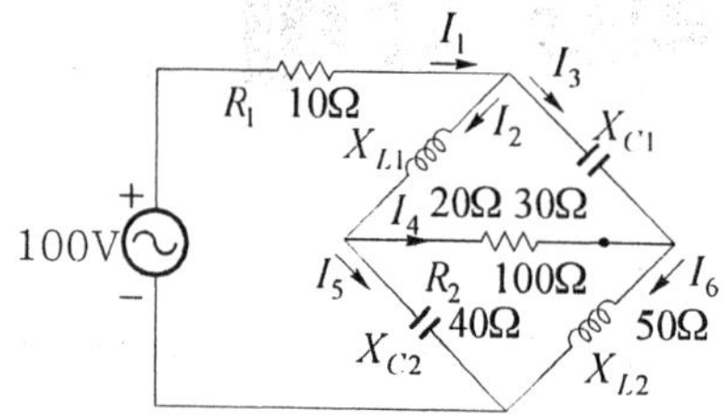

(b)

5. 문제 3을 절점법을 이용하여 각 지로 전류를 구하라.

6. 문제 4를 절점법을 이용하여 각 지로 전류를 구하라.

7. 그림에서 중첩의 원리를 이용하여 부하 저항 R_L에 흐르는 전류를 구하라.

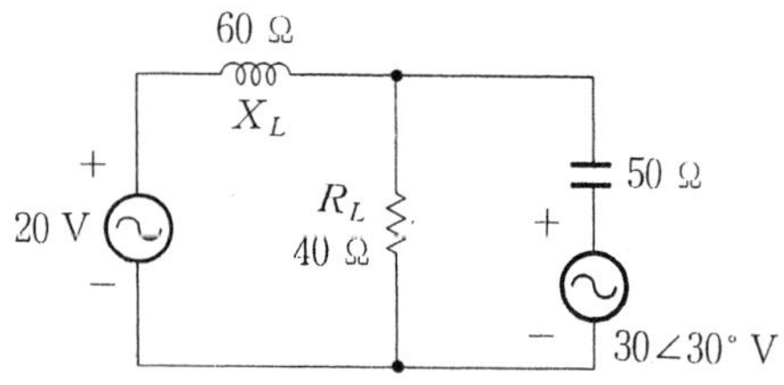

(a)

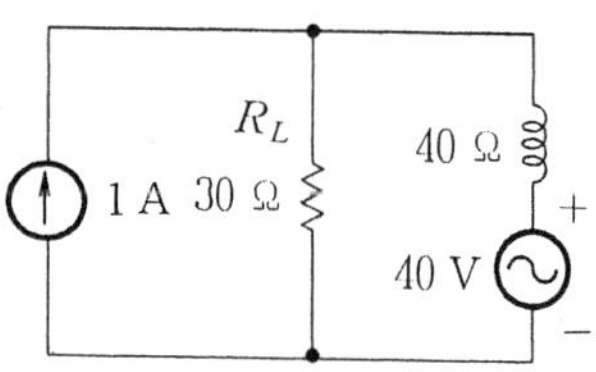

(b)

8. 그림의 회로에서 정현파 전압이 $v = 12\sqrt{2}\sin 2000\pi t$[V]이고 직류 전압이 $V = 6$ [V]일 때 각 지로의 전류를 구하라.

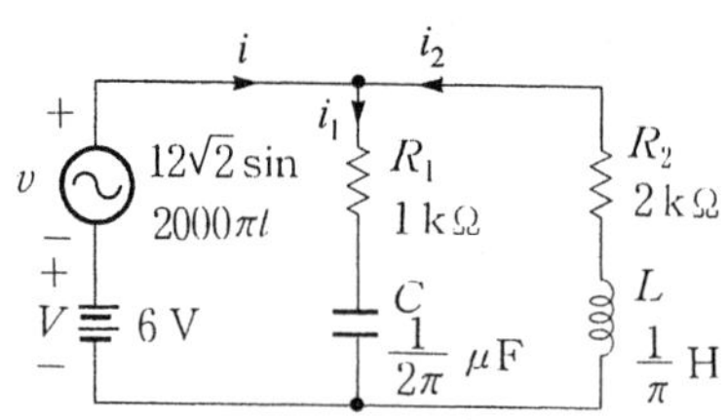

9. 그림에서 부하 저항 R_L에 흐르는 전류 i_L을 구하라.

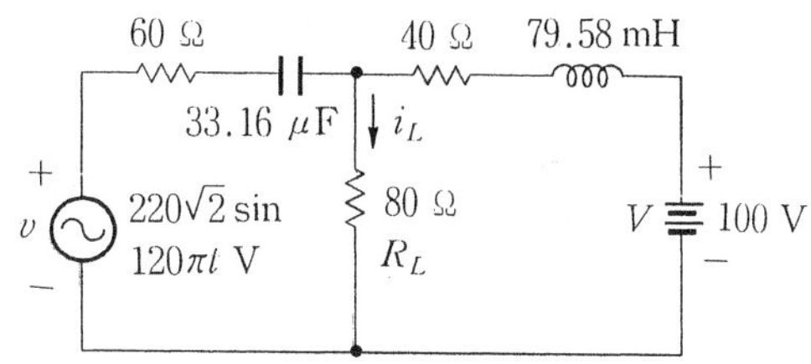

10. 문제 7의 각 회로에 대해 테브낭 정리를 이용하여 부하 저항 R_L에 흐르는 전류를 구하라.

11. 그림의 각 회로에 대해, 부하 저항 R_L에 흐르는 전류를 테브낭 정리를 이용하여 구하라.

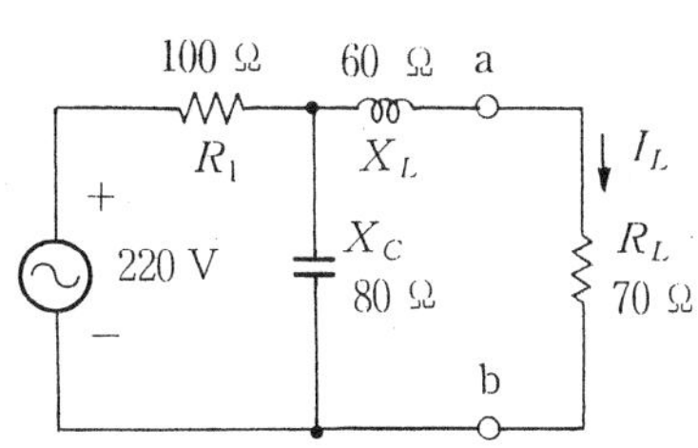

(a)

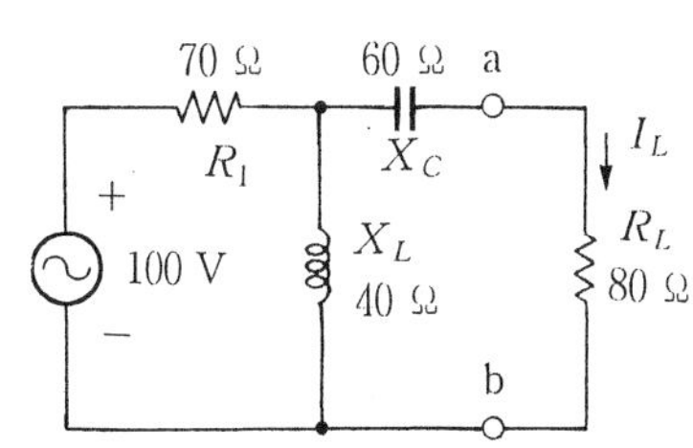

(b)

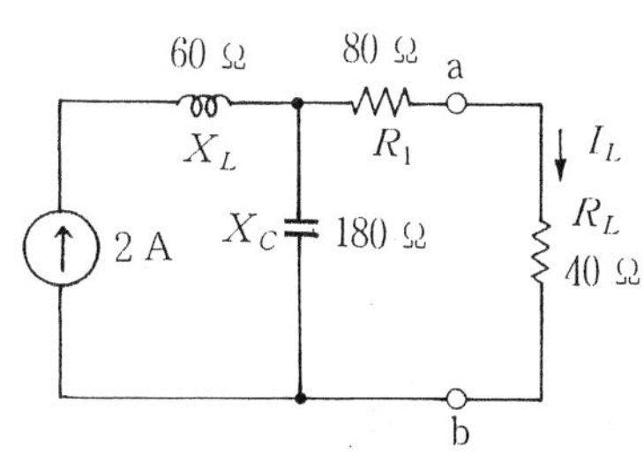

(c)

12. 그림의 브리지 회로에서 부하 저항 R_L이 500 [Ω]일 때 전류 I_L을 구하라.

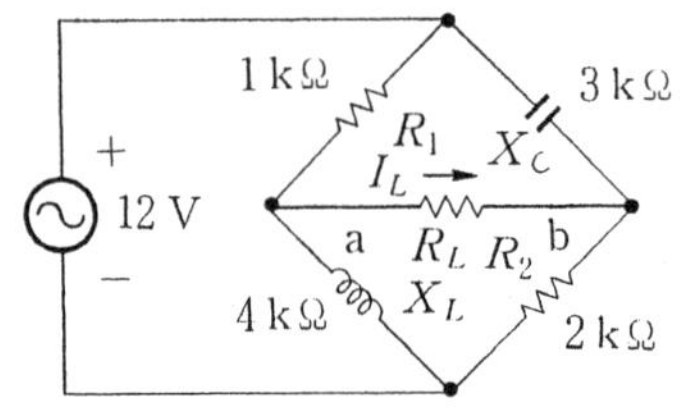

13. 문제 7의 두 회로에 대해 노튼 정리를 이용하여 부하 저항 R_L에 흐르는 전류를 구하라.

14. 문제 11의 각 회로에 대해 노튼 정리를 이용하여 부하 저항 R_L에 흐르는 전류를 구하라.

15. 그림에서 부하 임피던스 Z_L이 $\dot{Z}_L = 6 + j8$ [Ω]일 때 노튼 정리를 이용하여 전류 I_L을 구하라.

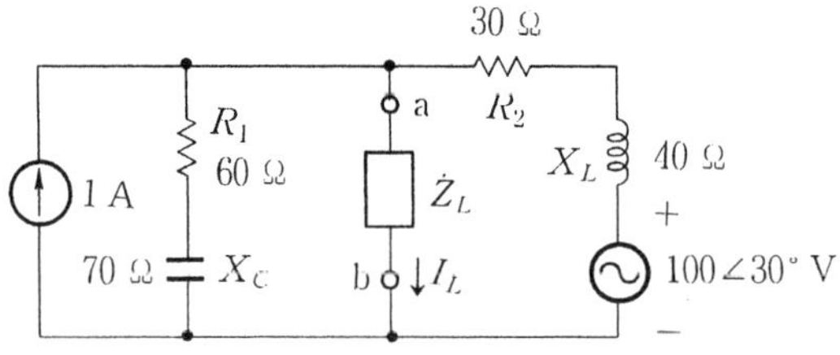

16. 그림에서 밀만 정리를 이용하여 부하 임피던스 Z_L에 흐르는 전류를 구하라.

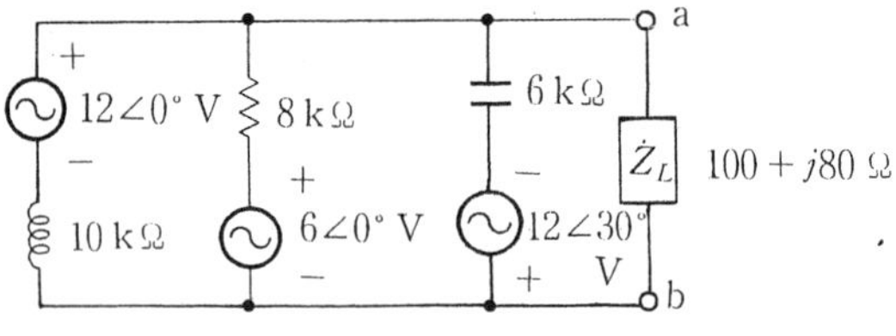

17. 그림에서 부하 전류 I_L을 밀만 정리를 이용하여 구하라.

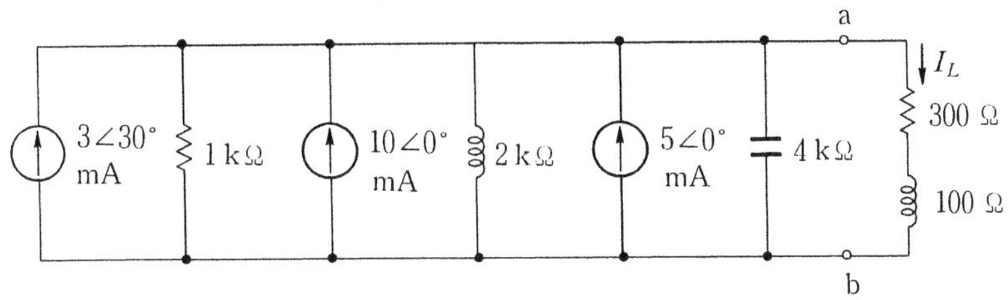

18. 다음 그림에서 각 회로에 대해 부하 Z_L에 최대 전력이 전달되는 $\dot{Z}_L$을 구하고 이때의 전달 전력을 구하라.

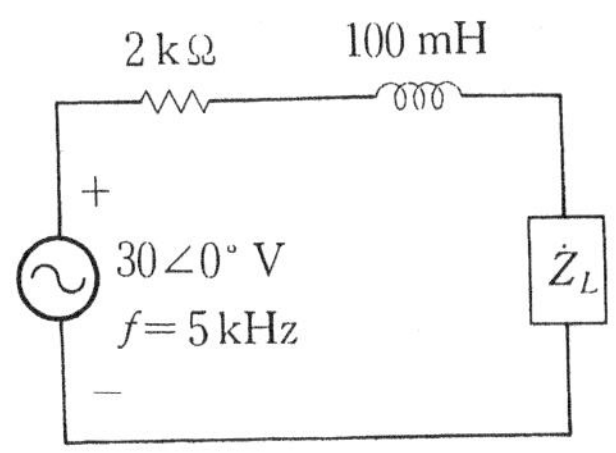

(a)

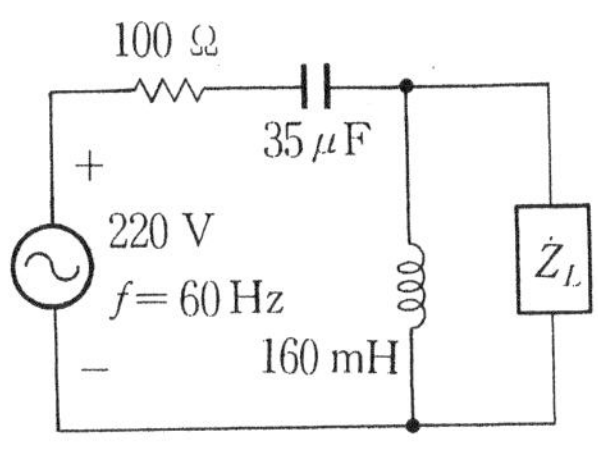

(b)

19. 그림에서 각 회로에 대해 부하 Z_L에 최대 전력이 전달될 $\dot{Z}_L$을 구하고 이때 전달 전력을 구하라.

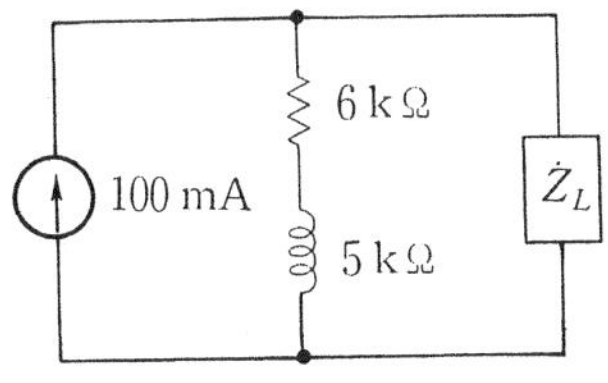

(a)

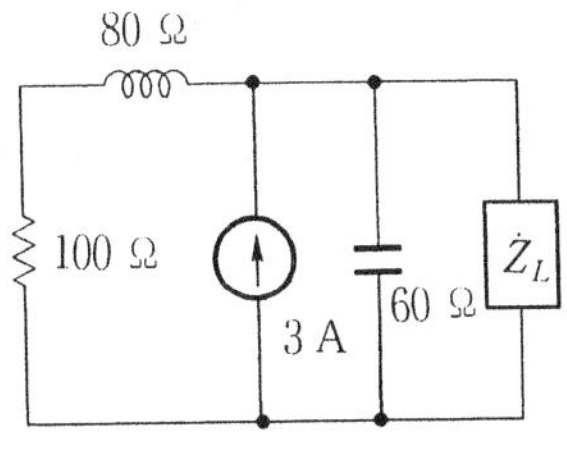

(b)

20. 그림의 변압기 회로에서 $X_1=400[\Omega]$, $X_2=200[\Omega]$, $X_M=280[\Omega]$일 때 폐로 전류 I_1, I_2를 구하고 또 저항 R_L에 걸리는 전압을 구하라.

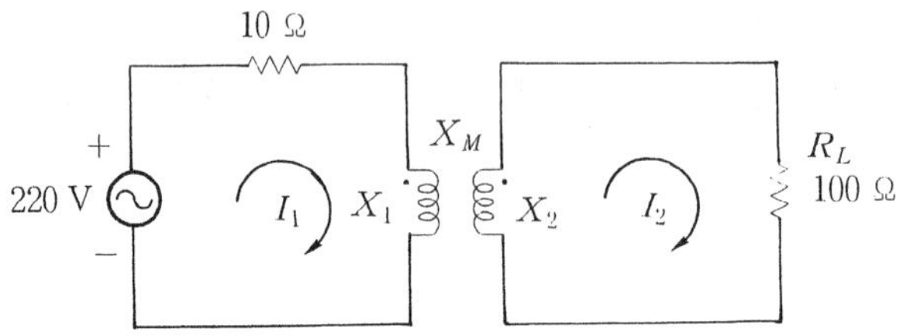

21. 문제 20을 변압기 등가 회로를 이용하여 풀어라.

22. 그림과 같은 변압기 회로에서 1차 전류 I_1이 10[A]이고 권수비 n이 20이다. 부하 임피던스가 $Z_L=100$ [Ω]일 때 부하 전압 전류 V_L과 I_L을 구하라. 또 1차측에서 본 임피던스를 구하라.

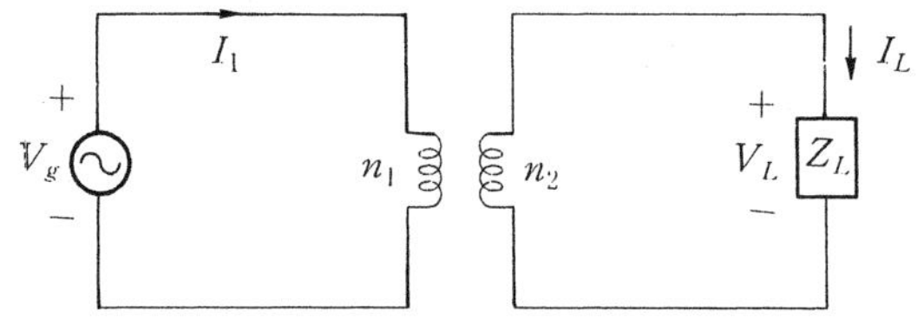

23. 문제 22의 그림에서 $V_L=220$ [V], $Z_L=10[\Omega]$이고 I_1이 2[A], $n_1=80$회일 때 2차 권선수 n_2를 구하라.

24. 그림에서 스피커에 최대 전력을 공급하기 위한 권수비를 구하고 이때 전달할 수 있는 최대 전력을 구하라.

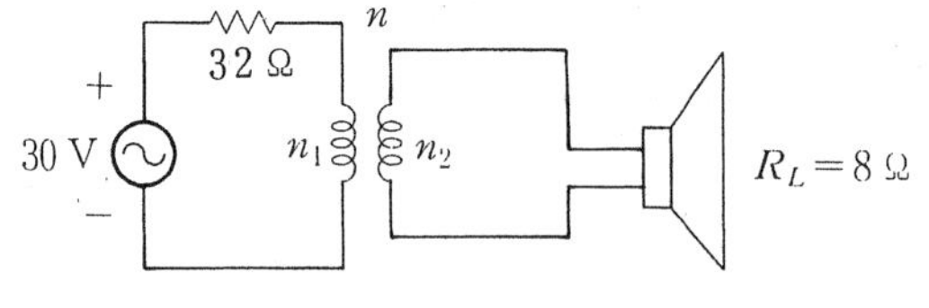

10 교류 전력과 에너지

1장 기초 사항에서 직류 전력을 정의했다. 또 바로 앞 장에서 최대 전력 전달을 다루었다. 이번 장에서는 전력에 관한 이론을 확장해 본다.

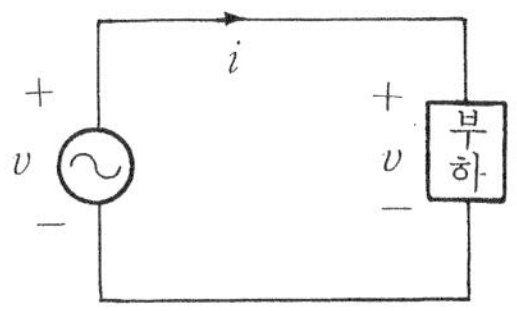

그림 10.1

그림 10.1에서 부하에 교류 전압 v를 가하여 전류 i가 흘렀다. 전압 v와 전류 i는 시간에 따라 변하는 양, 즉 시변수이다. 이때 전원에서 부하에 전달되는 전력은

$$p = vi \ [\mathrm{W}]$$

이다. 물론 전달 전력 p도 시변수로 시간에 따라 변한다. 어느 순간에는 부하에서 전원으로 전력이 흐를 수도 있다. 즉 전원에서 공급받은 전력을 부하에서 자기 에너지 또는 정전 에너지로 저장했다가 전원으로 전력을 되돌려 준다.

10.1 교류 전력과 역률

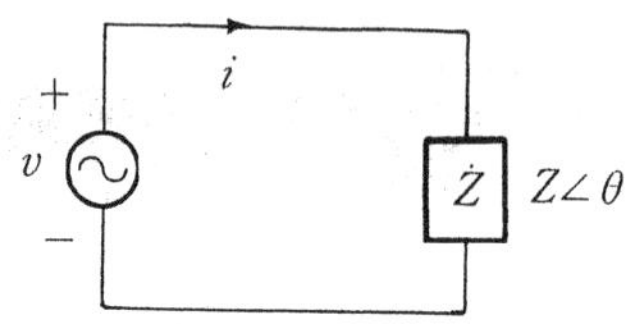

그림 10.2

그림 10.2에서 가한 전압 v가

$$v = \sqrt{2}\,V\sin(\omega t)\ [\mathrm{V}]$$

일 때 흐르는 전류가

$$i = \sqrt{2}\,I\sin(\omega t - \theta)\ [\mathrm{A}]$$

라 하자. 임피던스 $\dot{Z}$는 $\dot{Z} = Z\angle\theta$ 이다.

왜냐하면 전압 v가 전류보다 위상이 θ만큼 앞선다고 생각한다.

전압 전류 관계식을 복소수로 표시하면 다음과 같이 된다.

$$\dot{V} = V\angle 0^\circ$$

$$\dot{I} = I\angle -\theta$$

$$\dot{I} = \frac{\dot{V}}{\dot{Z}} = \frac{V\angle 0^\circ}{Z\angle\theta} = \frac{V}{Z}\angle 0^\circ - \theta = I\angle -\theta$$

(1) 순시 전력 p

그림 10.2에서 전원 v가 공급한 전력 즉 임피던스 Z의 전력은

$$p = vi\ [\mathrm{W}]$$

이며 전력 p는 시간의 함수가 되고 이를 순시 전력이라 한다.

$$\begin{aligned} p &= vi = \{\sqrt{2}\,V\sin(\omega t)\}\cdot\{\sqrt{2}\,I\sin(\omega t-\theta)\} \\ &= VI\cdot 2\sin(\omega t)\cdot\sin(\omega t-\theta) \\ &= VI\cos\theta - VI\cos(2\omega t-\theta)\ [\mathrm{W}] \end{aligned} \tag{10.1}$$

식 (10.1)에서 $VI\cos\theta$[W]는 시간 t가 없으므로 크기가 일정하고 $-VI\cos(2\omega t-\theta)$는 각속도가 전압 전류의 두 배가 되는 정현파이다. 이를 각각 그래프로 그리면 그림 10.3과 같이 된다.

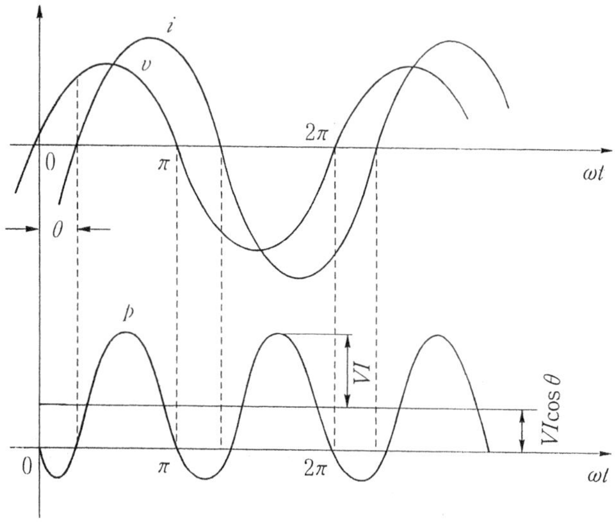

그림 10.3

$-VI\cos(2\omega t-\theta)$는 정현파이므로 1주기 동안의 평균은 영이다. 따라서 순시 전력 p의 한 주기 동안의 평균 전력 P는

$$P=\frac{1}{T}\int_0^T p\,dt=\frac{1}{T}\int_0^T vi\,dt=VI\cos\theta\,[\mathrm{W}] \qquad (10.2)$$

가 됨을 알 수 있다.

(2) 평균 전력 P, 유효 전력 P

우리는 전압 전류를 공부할 때 실효값을 정의했다. 실제 이용에서는 순시값 전압 전류보다는 실효값 전압 전류가 편리하고 또 충분하기 때문이다. 식 (10.1)과 그림 10.3에서 순시값 전력을 대표하는 것은 없을까? 바로 식 (10.2)에서 본 평균 전력이다. 한 주기 동안의 평균을 평균 전력이라 한다. 평균 전력을 설명하기 위해 다시 그림 10.2로 돌아간다. 그림 10.2에서 $v=\sqrt{2}V\sin\omega t$[V]의 전압을 가해 흐르는 전류가 $i=\sqrt{2}I\sin(\omega t-\theta)$[A]라면 다음과 같이 페이저로 표시할 수 있다.

$$\dot{V}=V\angle 0^\circ\ , \qquad \dot{I}=I\angle-\theta$$

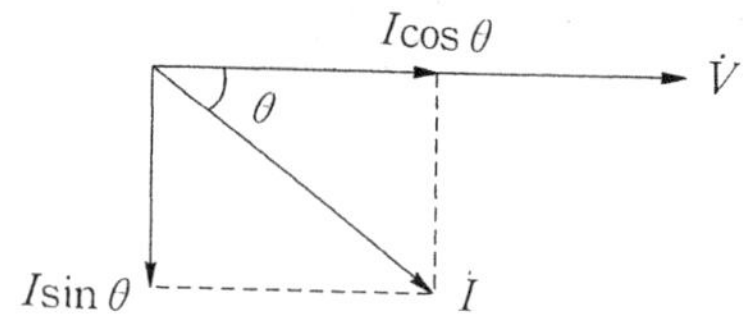

그림 10.4 페이저도

페이저도로 표시하면 그림 10.4가 된다.

페이저도에서, 전류 I는 $I\cdot\cos\theta$와 $I\cdot\sin\theta$로 분해할 수 있다. 이 중에 $I\cdot\cos\theta$만이 평균 전력을 만드는 데 유효하게 쓰이고 있다. 따라서 $I\cdot\cos\theta$를 유효 전류라 하고, $I\cdot\sin\theta$를 무효 전류라 한다. 또

$$P = VI\cos\theta\,[\mathrm{W}] \tag{10.3}$$

를 유효 전력이라 부르고 단위는 와트(W), 킬로와트(kW)를 사용한다.

$I\cdot\sin\theta$는 유효 전력을 만드는 데 기여하지 못하지만 회로에 반드시 흘러야 되는 항이다. 따라서

$$Q = VI\sin\theta\,[\mathrm{Var}]$$

를 무효 전력이라 한다.

(3) 무효 전력 Q

$$Q = VI\sin\theta\,[\mathrm{Var}] \tag{10.4}$$

를 무효 전력이라 하며 단위는 바르(Var, Volt-Ampere Reactive), 킬로바르(kVar)를 사용한다. 무효 전력은 회로의 인덕턴스와 커패시턴스 때문에 생기는 것으로 회로에 흐를 수밖에 없다. 만일 수동 회로 소자가 순수한 저항 소자 즉 인덕턴스와 커패시턴스가 0이면 임피던스각이 0이 되고 전압과 전류는 동일 위상이 되며 $\sin\theta = 0$이 된다. 이때는 무효 전류와 무효 전력이 0이 된다.

임피던스각 θ는 전압의 위상에서 전류의 위상을 뺀 값이므로 용량성 부하일 경우에는 $-$가 되고 유도성 부하일 때는 $+$가 된다. 따라서 용량성 부하일 때는 $\sin\theta$의 값이 $-$가 되고 유도성 부하일 때는 $\sin\theta$가 $+$가 된다. 따라서 용량성 무효 전력은 $-$, 유도성 무효 전력은 $+$로 표시하기로 한다.

(4) 피상 전력 S

변압기를 예를 들어 본다. 변압기가 정상적인 상태에서 파괴되는 것은 권선에 흐르는 전류의 크기 때문이다. 즉 I^2R (R은 권선 저항)에 의한 열작용이다.

전류 I는 $I\cos\theta$뿐만 아니라 $I\sin\theta$도 포함된다. 따라서 전기 장치의 용량을 표시하는 데는

$$S = V \cdot I \,[\text{VA}] \tag{10.5}$$

와 같이 표시하는 것이 합리적이다.

$S = V \cdot I$를 피상 전력이라 하고 단위는 볼트암페어(VA), 킬로볼트암페어(kVA)를 사용한다.

다음에

$$S = VI\,[\text{VA}]$$
$$P = VI\cos\theta\,[\text{W}]$$
$$Q = VI\sin\theta\,[\text{Var}]$$

는 그림 10.5와 같이 전력 삼각형을 그릴 수 있다. 그림 (b)는 그림 (a)에 회살표를 붙여서 복소수로 표시한 것으로 복소 전력이라 한다.

그림 10.5 전력 삼각형

그림에서 다음 식이 성립한다.

$$\dot{S} = P + jQ$$
$$S = \sqrt{P^2 + Q^2}$$
$$P = S\cos\theta$$
$$Q = S\sin\theta$$

$$\cos\theta = \frac{P}{S} = \frac{P}{\sqrt{P^2 + Q^2}}$$

$$\sin\theta = \frac{Q}{S} = \frac{Q}{\sqrt{P^2 + Q^2}} \qquad (10.6)$$

(5) 역률

식 (10.6)에서 $\cos\theta$는 유효 전력의 비율이다. 이를 역률(power factor)이라 부른다. θ는 부하의 임피던스각이며 또 전압의 위상에서 전류의 위상을 뺀 각이다. $\sin\theta$는 무효 전력의 비율로 무효율(reactive power factor)이라 한다.

지금까지 순시 전력, 유효 전력, 무효 전력, 피상 전력을 정의했으나 전기 회로에 실제로 존재하는 전력은 순시 전력임을 유의하기 바란다.

예제 10-1

그림 10.6의 회로에

$$v = 220\sqrt{2}\sin(\omega t + 30°)\ [\mathrm{V}]$$

의 전압을 가하여

$$i = 4\sqrt{2}\sin(\omega t - 30°)\ [\mathrm{A}]$$

의 전류가 흘렀다. 유효 전력, 무효 전력, 피상 전력을 구하라.

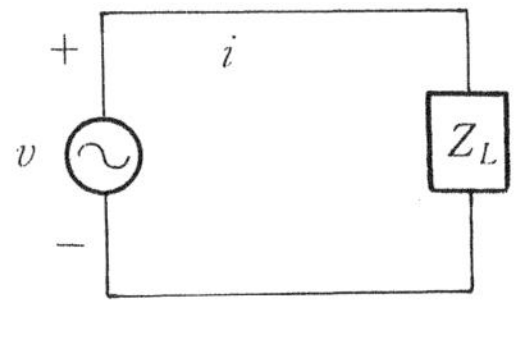

그림 10.6

✽ 풀이 순시값 전압, 전류를 다음과 같이 페이저로 표시한다.

$$\dot{V} = 220\angle 30°\ [\mathrm{V}]$$

$$\dot{I} = 4\angle -30°\ [\mathrm{A}]$$

부하 임피던스 $\dot{Z}_L$는 복소수로 다음과 같이 표시된다.

$$\dot{Z}_L = \frac{\dot{V}}{\dot{I}} = \frac{220\angle 30°}{4\angle -30°} = 55\angle 60°\ [\Omega]$$

(1) 유효 전력

$$P = VI\cos\theta = 220\times4\times\cos60^\circ = 220\times4\times0.5 = 440\,[\mathrm{W}]$$

(2) 무효 전력

$$Q = VI\sin\theta = 220\times4\times\sin60^\circ = 220\times4\times0.866 = 762.10\,[\mathrm{Var}]$$

무효 전력이 +값이므로 유도성 무효 전력임을 알 수 있다.

(3) 피상 전력

$$S = VI = 220\times4 = 880\,[\mathrm{VA}]$$

연습문제 10-1	그림 10.6에서 가한 전압 $\dot{V}$가 $\dot{V}=220\angle0^\circ\,[\mathrm{V}]$이고 이때 부하 $\dot{Z}_L$에 흐르는 전류가 $\dot{I}=3+j2\,[\mathrm{A}]$이다. 유효 전력, 무효 전력, 피상 전력을 구하라.

10.2 *R, L, C* 회로의 전력과 에너지

저항 R, 인덕턴스 L, 커패시턴스 C에 정현파 전압을 가할 때 유효 전력, 무효 전력 및 피상 전력이 어떻게 되는지 공부한다.

(1) 저항 R

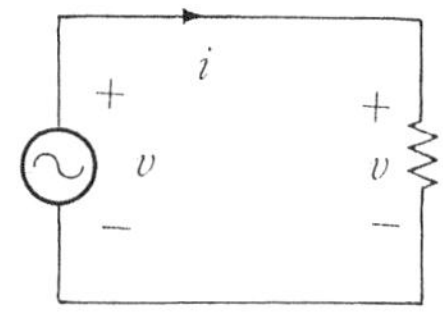

그림 10.7

그림 10.7의 저항 회로에서 $v=\sqrt{2}V\sin\omega t\,[\mathrm{V}]$이면 저항에 흐르는 전류 i는

$$i=\frac{v}{R}=\sqrt{2}\frac{V}{R}\sin\omega t\,[\mathrm{A}]=\sqrt{2}I\sin\omega t\,[\mathrm{A}]$$

이다. 순시 전력 p는

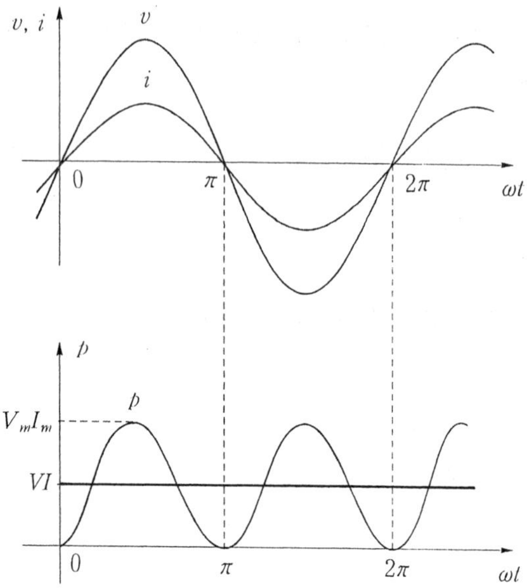

그림 10.8

$$p = vi = VI \cdot 2\sin^2\omega t = VI(1-\cos 2\omega t) = VI - VI\cos 2\omega t\,[\mathrm{W}]$$

이다. 순시값 그래프는 그림 10.8과 같이 된다. 그림에서 순시 전력 p는 항상 +이고 평균 전력 P는 VI[W]임을 알 수 있다.

전압 전류를 페이저로 표시하면 다음과 같이 된다.

$$\dot{V} = V\angle 0°\ [\mathrm{V}]$$

$$\dot{I} = I\angle 0°\ [\mathrm{A}]$$

전압 전류의 위상차는

$$\theta = 0°$$

이다. 따라서 유효 전력 즉 평균 전력은

$$P = VI \cdot \cos 0° = VI = I^2R = \frac{V^2}{R}\ [\mathrm{W}]$$

무효 전력은

$$Q = VI \cdot \sin 0° = 0\ [\mathrm{Var}]$$

피상 전력은

$$S = VI[\mathrm{VA}]$$

가 된다. 다음에 한 주기 동안 저항에서 소비된 에너지는

$$W_R = P \cdot T[\mathrm{W} \cdot \mathrm{s}] = P \cdot T[\mathrm{J}]$$

(2) 인덕턴스 L

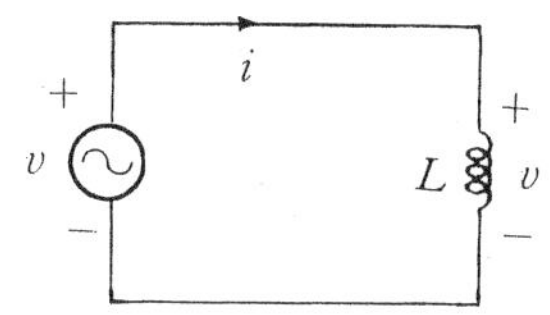

그림 10.9

그림 10.9에서 인덕턴스에 흐르는 전류가

$$i = \sqrt{2} I \sin \omega t[\mathrm{A}]$$

라면 가한 전압 v는

$$v = \sqrt{2}\, V \sin(\omega t + 90^\circ)[\mathrm{V}] = \sqrt{2}\, V \cos \omega t[\mathrm{V}]$$

이며, 여기서

$$V = \omega LI = X_L I[\mathrm{V}]$$

이다. 순시 전력 p는

$$p = vi = VI \cdot 2\sin \omega t \cdot \cos \omega t = VI \sin 2\omega t[\mathrm{W}]$$

가 된다. 그래프로 그리면 그림 10.10과 같이 된다.

순시 전력 p의 주파수는 전압 전류 주파수의 2배이므로 주기는 $\frac{1}{2}$배가 된다. 그림 10.10에서 두 번째 $\frac{1}{4}$주기 동안에는 −이다. 이는 무엇을 의미하는가? +전력은 전원에서 인덕터로 전력이 흐름을 의미하고 −전력은 인덕터에서 전원쪽으로 전력이 흐름을 의미한다. +와 −의 면적이 같으므로 전원에서 공급한 전력을 인덕터에 저장했다가 다음 $\frac{1}{4}$주기 동안에 똑같은 전력을 전원에 되돌려 준다. 즉 인덕터는 전력을 소비하지 않고 자기 에너지(magnetic energy)로 저장함을 뜻한다.

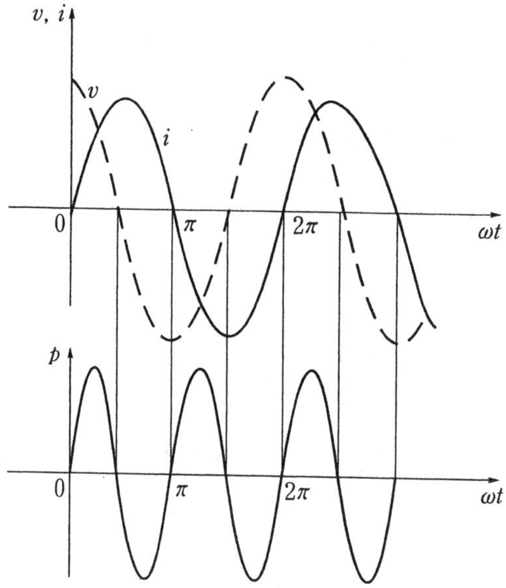

그림 10.10 순시값 그래프

이때 인덕터에 저장되는 평균 자기 에너지는

$$W_L = \frac{1}{2} LI^2 [\mathrm{J}]$$

이며, L은 인덕턴스(H), I는 실효값 전류(A)이다.

평균 전력은 $\theta = 90°$이므로 $\cos\theta = \cos 90° = 0$ 따라서

$$P = VI\cos\theta = 0 \ [\mathrm{W}]$$

무효 전력은 $\sin\theta = \sin 90° = 1$이므로

$$Q_L = VI\sin\theta = VI \times \sin 90° = VI = I^2 X_L = \frac{V^2}{X_L} \ [\mathrm{Var}]$$

이를 유도성 무효 전력이라 하고 용량성 무효 전력에 대해 +로 표시하기로 약속한다. 피상 전력은

$$S = VI [\mathrm{VA}]$$

(3) 커패시턴스 C

그림 10.11에서 커패시턴스에 가한 전압이 $v = \sqrt{2}\, V\sin\omega t [\mathrm{V}]$라면 전류 i는

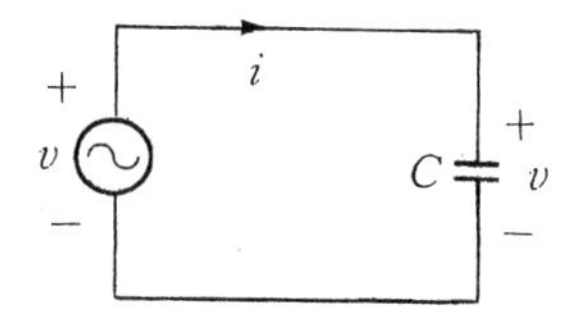

그림 10.11

$$i=\sqrt{2}\frac{V}{\frac{1}{\omega C}}\sin(\omega t+90^\circ)=\sqrt{2}I\sin(\omega t+90^\circ)=\sqrt{2}I\cos\omega t\,[\mathrm{A}]$$

이며, 여기서

$$I=\frac{V}{\frac{1}{\omega C}}=\frac{V}{X_C}\,[\mathrm{A}]$$

이다. 순시 전력 p는

$$p=vi=VI\cdot 2\sin\omega t\cdot\cos\omega t=VI\sin 2\omega t\,[\mathrm{W}]$$

이 되며 그래프로 그리면 그림 10.12와 같이 된다.

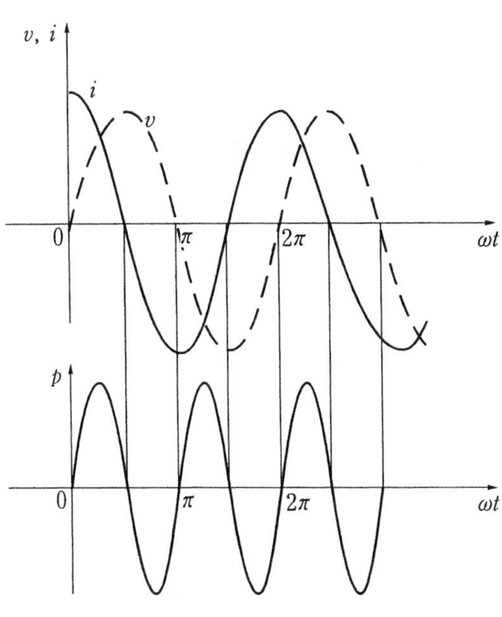

그림 10.12

그림에서 처음 $\frac{1}{4}$ 주기까지는 전원에서 커패시터로 전력이 흐르지만 다음 $\frac{1}{4}$ 주기 동안에는 커패시터에 저장된 에너지를 전원쪽으로 되돌려 준다. 즉 커패시터는 에너지를 소비하는 것이 아니고, 정전 에너지(static energy)로 저장하는 것이다. 따라서 평균 전력이 영이 됨을 그림에서 알 수 있다. 이때 커패시터에 저장되는 평균 에너지 W_C는

$$W_C = \frac{1}{2} CV^2 \,[\mathrm{J}]$$

여기서 C는 커패시턴스(F)이고 V는 실효값 전압(V)이다.

평균 전력은 $\theta = -90°$이므로 $\cos(-90°) = 0$이 되어

$$P = VI\cos\theta = VI \cdot \cos(-90°) = 0$$

무효 전력은 $\sin(-90°) = -1$이므로

$$Q_C = VI\sin\theta = -VI = -I^2 X_C = -\frac{V^2}{X_C} \,[\mathrm{Var}]$$

이를 용량성 무효 전력이라 하고 유도성에 대해 −로 표시하기로 약속한다.

피상 전력 S는

$$S = VI \,[\mathrm{VA}]$$

10.3 *RL* 회로의 전력

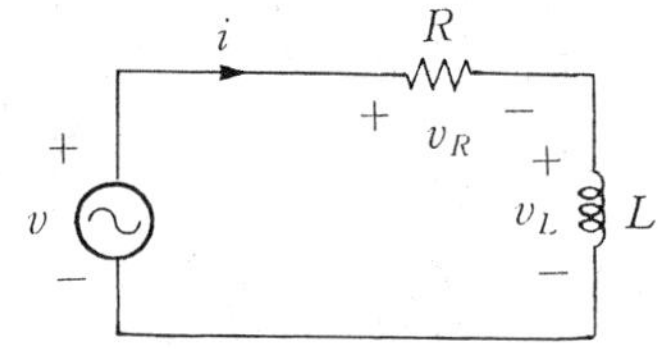

그림 10.13

그림 10.13은 *RL* 직렬 회로이다. 저항에서의 전압 강하는 전류 i와 동일 위상이고 인덕턴스에서의 전압 강하는 전류 i보다 위상이 90°만큼 앞선다. 따라서 전압 v는 전류 i보다 위상이 θ만큼 앞선다. 이때 θ의 범위는

$$0 \leq \theta \leq 90°$$

가 되며 전류가 위상이 늦으므로 유도성 회로의 역률을 지역률(lagging power factor)이라 부른다.

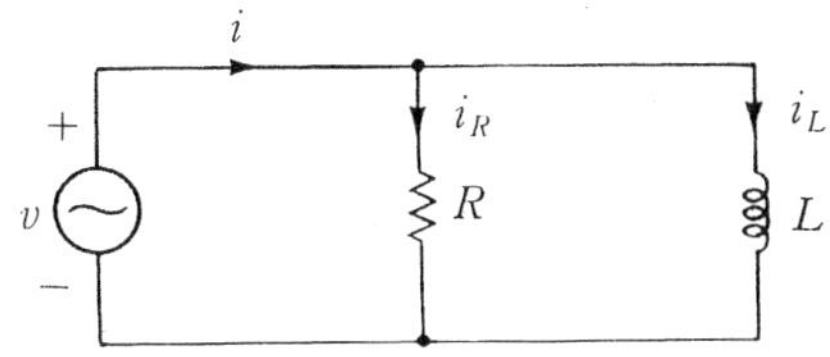

그림 10.14

그림 10.14는 *RL* 병렬 회로이다. 저항에 흐르는 전류는 가한 전압 v와 동일 위상, 인덕턴스에 흐르는 전류는 위상이 90° 늦으므로 전류 $i=i_R+i_L$의 위상은 전압 v보다 위상이 θ만큼 늦으며 범위는

$$0 \leq \theta \leq 90°$$

이다. 즉 *RL* 병렬 회로도 인덕턴스 때문에 지역률이 된다. 다음에 예를 들어 *RL* 회로의 전력을 설명한다.

예제 10-2

그림 10.15의 *RL* 직렬 회로에서 유효 전력, 무효 전력, 피상 전력 및 역률과 무효율을 구하라.

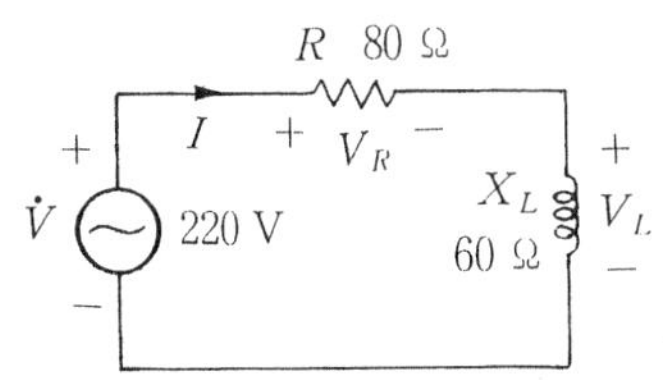

그림 10.15

✲ 풀이 복소 임피던스 $\dot{Z}$는

$$\dot{Z} = 80 + j\,60 = 100\angle 36.87°\,[\Omega]$$

전류 $\dot{I}$는

$$\dot{I}=\frac{\dot{V}}{\dot{Z}}=\frac{220\angle 0^\circ}{100\angle 36.87^\circ}=2.2\angle -36.87^\circ\,[\text{A}]$$

전압 강하 $\dot{V}_R$, $\dot{V}_L$은

$$\dot{V}_R=R\dot{I}=80\times 2.2\angle -36.87^\circ=176\angle -36.87^\circ\,[\text{V}]$$

$$\dot{V}_L=jX_L\dot{I}=60\angle 90^\circ\cdot 2.2\angle -36.87^\circ=132\angle 53.13^\circ\,[\text{V}]$$

페이저도는 그림 10.16과 같이 된다.

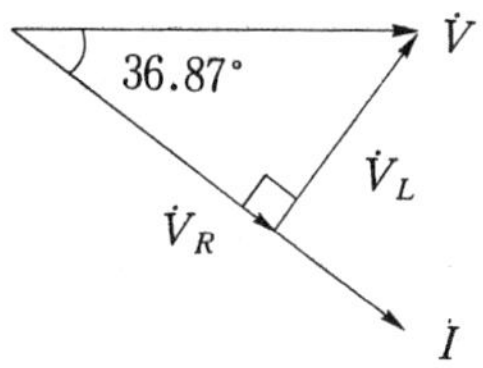

그림 10.16 페이저도

전류 I가 전압 V보다 위상이 늦으므로 지역률이 되고 역률 $\cos\theta$와 무효율 $\sin\theta$는 다음과 같이 된다.

$$\cos\theta=\cos 36.87^\circ=0.8$$

또는

$$\cos\theta=\frac{V_R}{V}=\frac{176}{220}=0.8$$

$$\sin\theta=\sin 36.87^\circ=0.6$$

또는

$$\sin\theta=\frac{V_L}{V}=\frac{132}{220}=0.6$$

유효 전력 P는

$$P=VI\cos\theta=220\times 2.2\times 0.8=387.2\,[\text{W}]$$

또는 유효 전력은 저항에서만 소비되므로

$$P=I^2R=2.2^2\times 80=387.2\,[\text{W}]$$

또는

$$P = \frac{{V_R}^2}{R} = \frac{176^2}{80} = 387.2\ [\text{W}]$$

무효 전력 Q는

$$Q_L = VI\sin\theta = 220 \times 2.2 \times 0.6 = 290.4\ [\text{Var}]$$

또는 무효 전력은 인덕턴스에서만 나타나므로

$$Q_L = I^2 X_L = 2.2^2 \times 60 = 290.4\ [\text{Var}]$$

또는

$$Q_L = \frac{V_L^2}{X_L} = \frac{132^2}{60} = 290.4\ [\text{Var}]$$

피상 전력 S는

$$S = VI = 220 \times 2.2 = 484\ [\text{VA}]$$

또는 전력 삼각형에서

$$S = \sqrt{P^2 + Q^2} = \sqrt{387.2^2 + 290.4^2} = 484\ [\text{VA}]$$

또는

$$S = I^2 Z = 2.2^2 \times 100 = 484\ [\text{VA}]$$

또는

$$S = \frac{V^2}{Z} = \frac{220^2}{100} = 484\ [\text{VA}]$$

연습문제 10-2 그림 10.17 회로에서 유효 전력, 무효 전력, 피상 전력 및 역률과 무효율을 구하라.

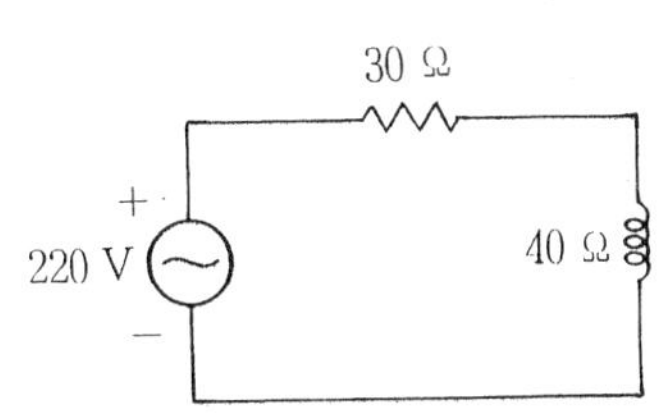

그림 10.17

예제 10-3

그림 10.18 회로에서 유효 전력, 무효 전력, 피상 전력 및 역률과 무효율을 구하라.

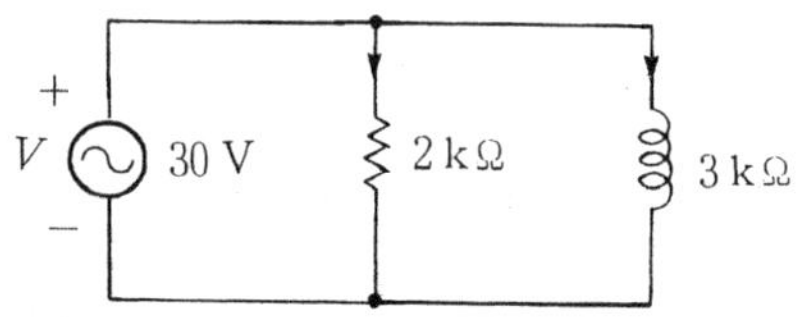

그림 10.18

✲ 풀이 저항에 흐르는 전류 I_R은

$$I_R = \frac{30\,[\text{V}]}{2\,[\text{k}\Omega]} = 15\,[\text{mA}]$$

리액턴스에 흐르는 전류 I_L은

$$I_L = \frac{30\,[\text{V}]}{3\,[\text{k}\Omega]} = 10\,[\text{mA}]$$

따라서 전원 전류 $\dot{I}$는 $\dot{V} - 30\angle 0°\,[\text{V}]$이면

$$\dot{I} = I_R - j\,I_L = 15 - j\,10 = 18.03\angle -33.69°\,[\text{mA}]$$

전압-전류의 페이저도는 그림 10.19와 같다.

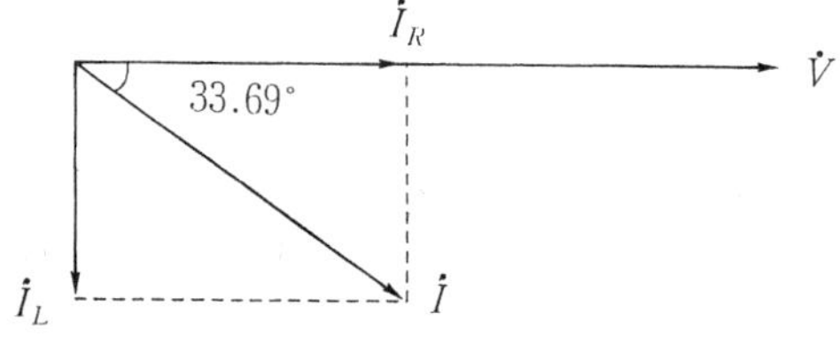

그림 10.19 페이저도

역률 $\cos\theta$는, θ = (전압 위상) − (전류 위상) 이므로

$$\cos\theta = \cos 33.69° = 0.832$$

또는

$$\cos\theta = \frac{I_R}{I} = \frac{15}{18.03} = 0.832$$

무효율 $\sin\theta$는

$$\sin\theta = \sin 33.69^\circ = 0.555$$

또는

$$\sin\theta = \frac{I_L}{I} = \frac{10}{18.03} = 0.555$$

유효 전력 P는

$$P = VI\cos\theta = 30 \times 18.03 \times 10^{-3} \times 0.832 \equiv 0.45\,[\mathrm{W}] = 450\,[\mathrm{mW}]$$

또는 유효 전력은 저항에서만 발생되므로

$$P = {I_R}^2 \cdot R = (15 \times 10^{-3})^2 \times 2 \times 10^3 = 450\,[\mathrm{mW}]$$

또는

$$P = \frac{V^2}{R} = \frac{30^2}{2 \times 10^3} = 450\,[\mathrm{mW}]$$

무효 전력 Q는

$$Q = VI\sin\theta = 30 \times 18.03 \times 10^{-3} \times 0.555 = 300\,[\mathrm{mVar}]$$

또는 무효 전력은 리액터에서만 발생되므로

$$Q = {I_L}^2 \cdot X_L = (10 \times 10^{-3})^2 \times 3 \times 10^3 = 300\,[\mathrm{mVar}]$$

또는

$$Q = \frac{V^2}{X_L} = \frac{30^2}{3 \times 10^3} = 300\,[\mathrm{mVar}]$$

피상 전력 S는

$$S = VI = 30 \times 18.03 \times 10^{-3} = 540.9\,[\mathrm{mVA}]$$

또는

$$S = \sqrt{P^2 + Q^2} = \sqrt{450^2 + 300^2} = 540.83\,[\mathrm{mVA}]$$

연습문제 10-3 그림의 *RL* 병렬 회로에서 유효 전력, 무효 전력, 피상 전력 및 역률과 무효율을 구하라.

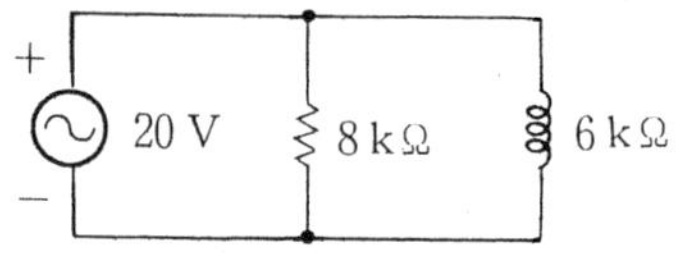

그림 10.20

10.4 RC 회로의 전력

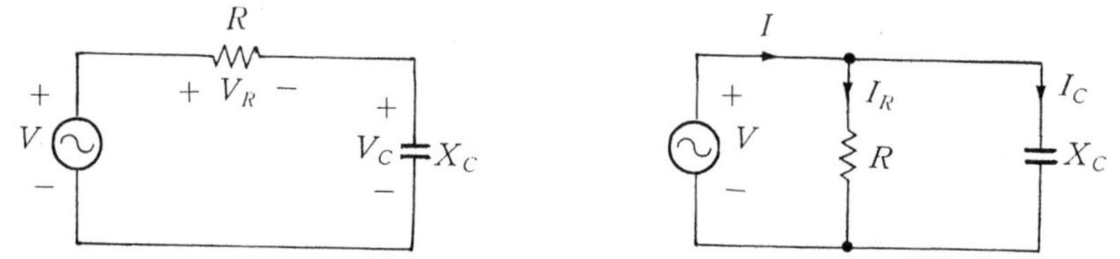

(a) 직렬 회로 (b) 병렬 회로

그림 10.21 RC 회로

그림 10.21은 RC 직렬 회로와 병렬 회로이다. 그림 (a)의 복소 임피던스는

$$\dot{Z} = R - jX_C = Z\angle\theta\,[\Omega]$$

이므로 임피던스각이 −이다. 그림 (b)의 병렬 회로에서도 마찬가지로 임피던스각이 −이다.

즉 RC 회로에서 임피던스각 (역률각) θ의 범위는

$$-90^\circ \leq \theta \leq 0^\circ$$

임을 알 수 있다.

따라서 RC 회로에서는 전압을 기준으로 볼 때 커패시턴스 때문에 전류가 위상이 앞서므로 진상 회로라 하고 역률은 진역률이 되고 무효율의 값은 −가 된다. 이 경우 무효 전력의 부호를 −로 표시하기로 약속한다.

예제 10-4

그림 10.22의 RC 직렬 회로에서 유효 전력, 무효 전력, 피상 전력 및 역률과 무효율을 구하라.

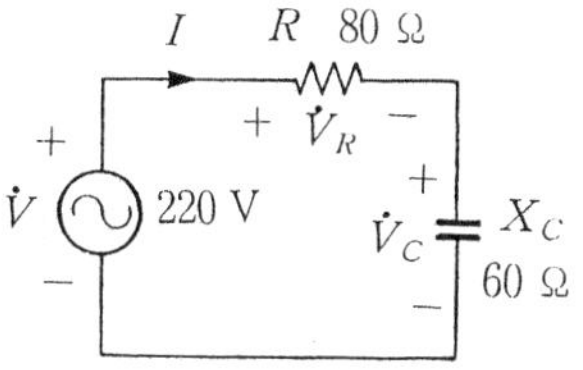

그림 10.22

✲ 풀이 예제 10.2의 유도성 리액턴스를 용량성 리액턴스로 바꾼 것이다. 먼저 복소 임피던스 $\dot{Z}$는

$$\dot{Z}=80-j\,60=100\angle-36.87°\ [\Omega]$$

전류 $\dot{I}$는

$$\dot{I}=\frac{\dot{V}}{\dot{Z}}=\frac{220\angle 0°}{100\angle-36.87°}=2.2\angle 36.87°\ [\mathrm{A}]$$

전압 강하 $\dot{V}_R$, $\dot{V}_C$는

$$\dot{V}_R=R\dot{I}=80\times 2.2\angle 36.87°=176\angle 36.87°\ [\mathrm{V}]$$

$$\dot{V}_C=-j\,X_C\dot{I}=60\angle-90°\times 2.2\angle 36.87°=132\angle-53.13°\ [\mathrm{V}]$$

페이저도는 그림 10.23과 같이 된다.

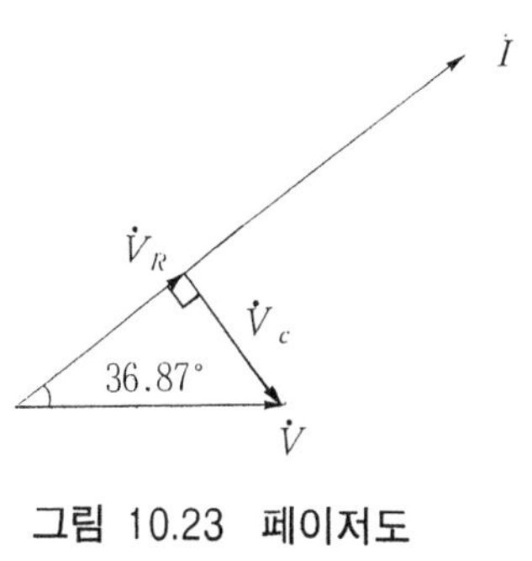

그림 10.23 페이저도

전류 I가 전압 V보다 위상이 앞서므로 진역률이 되고 역률 $\cos\theta$와 무효율 $\sin\theta$는 다음과 같이 된다.

$$\theta = \text{전압 위상} - \text{전류 위상} = 0^\circ - 36.87^\circ = -36.87^\circ$$

$$\cos\theta = \cos(-36.87^\circ) = 0.8$$

$$\sin\theta = \sin(-36.87^\circ) = -0.6$$

유효 전력 P는

$$P = VI\cos\theta = 220 \times 2.2 \times 0.8 = 387.2\,[\mathrm{W}]$$

무효 전력 Q는

$$Q = VI\sin\theta = 220 \times 2.2 \times (-0.6) = -290.4\,[\mathrm{Var}]$$

피상 전력 S는

$$S = VI = 220 \times 2.2 = 484\,[\mathrm{VA}]$$

연습문제 10-4 그림 10.24의 회로에서 유효 전력, 무효 전력, 피상 전력 및 역률과 무효율을 구하라.

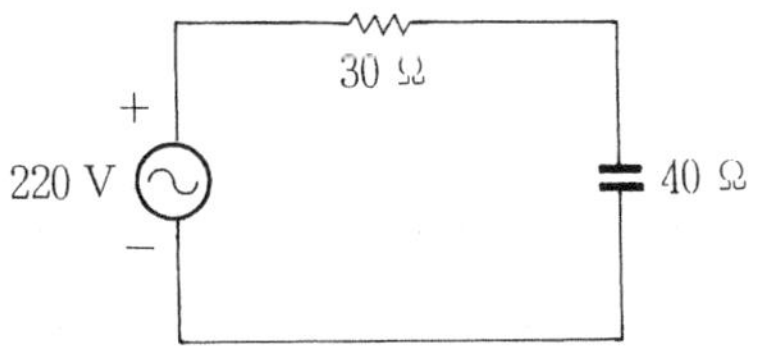

그림 10.24

예제 10-5

그림 10.25의 RC 병렬 회로에서 유효 전력, 무효 전력, 피상 전력 및 역률과 무효율을 구하라.

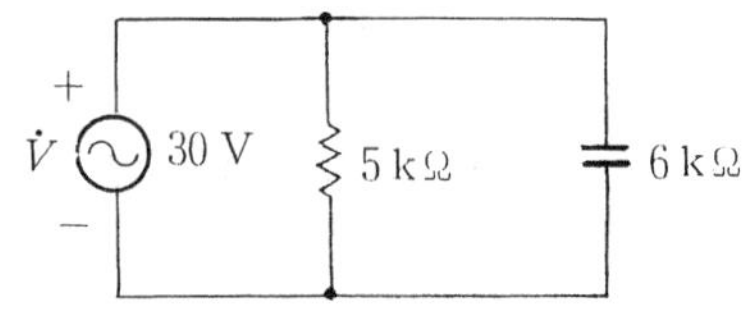

그림 10.25

✲ 풀이 저항에 흐르는 전류 I_R은

$$I_R = \frac{30\,[\mathrm{V}]}{5\,[\mathrm{k}\Omega]} = 6\,[\mathrm{mA}]$$

리액턴스에 흐르는 전류 I_C는

$$I_C = \frac{30\,[\mathrm{V}]}{6\,[\mathrm{k}\Omega]} = 5\,[\mathrm{mA}]$$

따라서 $\dot{V} = 30\angle 0°\,[\mathrm{V}]$라면 전원에 흐르는 전류 $\dot{I}$는

$$\dot{I} = I_R + jI_C = 6 + j5 = 7.81\angle 39.81°\,[\mathrm{mA}]$$

전압 전류의 페이저도는 그림 10.26과 같다.

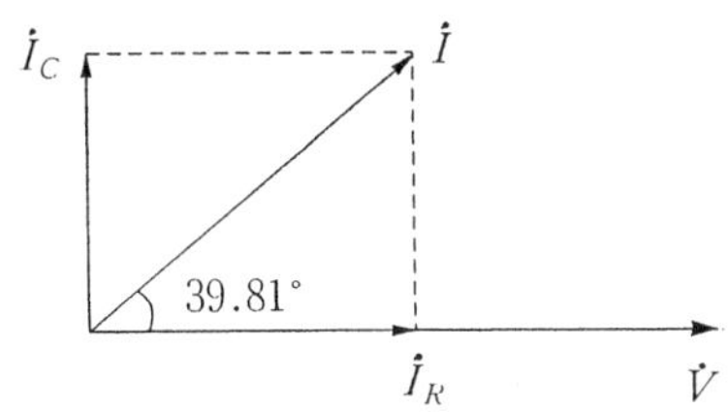

그림 10.26 페이저도

임피던스각 θ는 θ = (전압 위상)−(전류 위상)이므로

$$\theta = 0° - 39.81° = -39.81°$$

이고 역률 $\cos\theta$는

$$\cos\theta = \cos(-39.81°) = 0.768$$

무효율 $\sin\theta$는

$$\sin\theta = \sin(-39.81°) = -0.640$$

유효 전력 P는

$$P = VI\cos\theta = 30 \times 7.81 \times 0.768 = 179.94\,[\mathrm{mW}]$$

또는 유효 전력은 저항에서만 나타나므로

$$P = I_R^{\,2}R = (6 \times 10^{-3})^2 \cdot 5 \cdot 10^3 = 180\,[\mathrm{mW}]$$

무효 전력 Q는

$$Q = VI\sin\theta = 30 \times 7.81 \times (-0.640) = -149.95\,[\mathrm{mVar}]$$

또는 무효 전력은 리액턴스에서만 나타나므로

$$Q = -I_C^2 X_C = -(5\times10^{-3})^2\cdot6\times10^3 = -150\ [\mathrm{mVar}]$$

피상 전력 S는

$$S = VI = 30\times7.81 = 234.3\ [\mathrm{mVA}]$$

또는

$$S = \sqrt{P^2+Q^2} = \sqrt{180^2+(-150)^2} = 234.31\ [\mathrm{mVA}]$$

연습문제 10-5 그림 10.27의 RC 병렬 회로에서 유효 전력, 무효 전력, 피상 전력 및 역률과 무효율을 구하라.

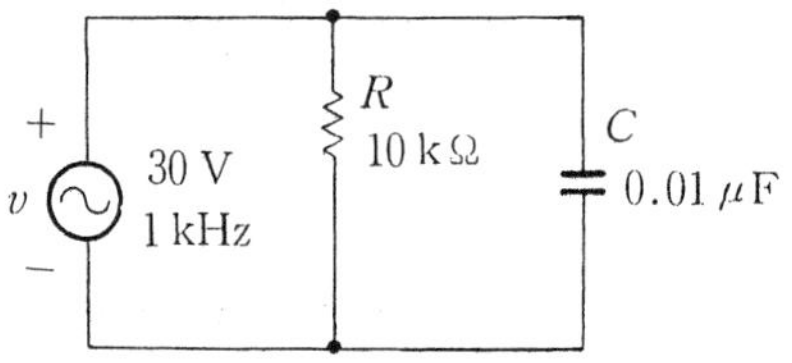

그림 10.27

10.5 *RLC* 회로와 역률 개선

RLC 회로의 임피던스를 복소수로 표시하면

$$\dot{Z} = R + j\left(\omega L - \frac{1}{\omega C}\right) = R + j(X_L - X_C)$$

와 같이 된다. 즉 유도성 리액턴스와 용량성 리액턴스는 서로 부호가 다르므로 서로 상쇄된다. 우리는 서로 상쇄되는 것에 주목할 필요가 있다. 역률이 나쁘다는 것은 $\cos\theta$의 값이 작다는 말이다. 변압기나 발전기의 용량은 피상 전력으로 표시한다. 역률이 나쁘면 회로에 무효 전류가 많이 흐름을 뜻한다. 이렇게 되면 변압기나 발전기에는 불필요한 전류가 흐르게 된다. 부하는 보통 코일(인덕터) 때문에 유도성을 나타낸다. 따라서 커패시터를 병렬로 연결하면 유도성 전류와 커패시터에 흐르는 용량성 전류가 서로 상쇄된다. 즉 무효 전류가 작아져 역률이 개선된다..

(1) RLC 직렬 회로

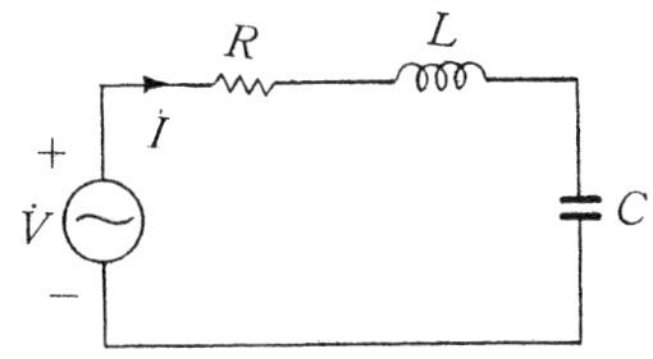

그림 10.28

그림 10.28은 RLC 직렬 회로이다. 복소 임피던스 $\dot{Z}$는

$$\dot{Z}=R+j(\omega L-\frac{1}{\omega C})=R+j(X_L-X_C)=Z\angle\theta\,[\Omega]$$

와 같이 표시된다. 임피던스의 크기 $Z=|\dot{Z}|$는

$$Z=\sqrt{R^2+(X_L-X_C)^2}\,[\Omega]$$

이고, 편각 θ는

$$\theta=\tan^{-1}\frac{X_L-X_C}{R}$$

이다. θ의 범위는

$$-90^\circ\leq\theta\leq+90^\circ$$

이다. 즉 순수한 커패시턴스만의 회로이면 편각 θ는 -90°가 되고 순수한 인덕턴스만의 회로이면 $+90^\circ$가 된다.

따라서 역률 $\cos\theta$는

$$0\leq\cos\theta\leq1$$

의 범위에 있고 무효율의 범위는

$$-1\leq\sin\theta\leq+1$$

범위에 있다. 전류 $\dot{I}$는

$$\dot{I}=\frac{\dot{V}}{\dot{Z}}=\frac{V\angle 0^\circ}{Z\angle\theta}=\frac{V}{Z}\angle-\theta=I\angle-\theta\,[\mathrm{A}]$$

유효 전력 즉 평균 전력은

$$P=VI\cos\theta=I^2R\,[\mathrm{W}]$$

인덕턴스에 의한 유도성 무효 전력은

$$Q_L=I^2X_L\,[\mathrm{Var}]$$

커패시턴스에 의한 용량성 무효 전력은

$$Q_C=-I^2X_C\,[\mathrm{Var}]$$

이며 $Q=VI\sin\theta\,[\mathrm{Var}]$는 Q_L과 Q_C를 대수적으로 합한 것이 된다. 즉

$$Q=Q_L+Q_C=VI\sin\theta=I^2X_L-I^2X_C\,[\mathrm{Var}]$$

피상 전력은

$$S=VI=I^2Z\,[\mathrm{VA}]$$

이다.

예제 10-6

그림 10.29의 *RLC* 직렬 회로에서 유효 전력, 무효 전력, 피상 전력 및 역률과 무효율을 구하라.

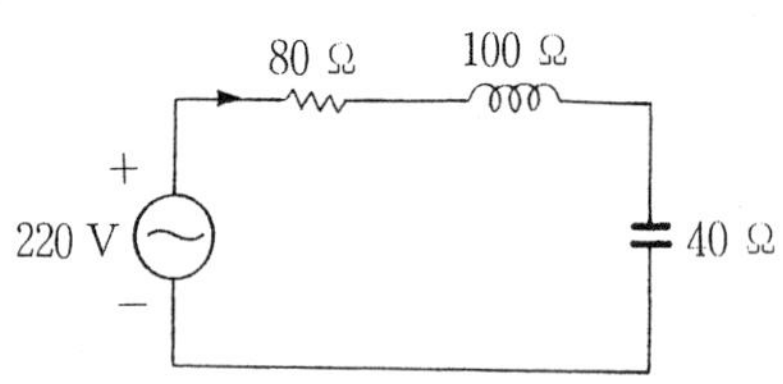

그림 10.29

✲ **풀이** 복소 임피던스 $\dot{Z}$는

$$\dot{Z}=80+j(100-40)=80+j60=100\angle 36.87^\circ\,[\Omega]$$

전류 $\dot{I}$는 $\dot{V}=220\angle 0°$ [V]로 할 때

$$\dot{I}=\frac{\dot{V}}{\dot{Z}}=\frac{220\angle 0°}{100\angle 36.87°}=2.2\angle -36.87°\ [\mathrm{A}]$$

각 소자의 전압 강하 $\dot{V}_R$, $\dot{V}_L$, $\dot{V}_C$는

$$\dot{V}_R=R\dot{I}=80\times 2.2\angle -36.87°=176\angle -36.87°\ [\mathrm{V}]$$

$$\dot{V}_L=jX_L\dot{I}=100\angle 90°\times 2.2\angle -36.87°=220\angle 53.13°\ [\mathrm{V}]$$

$$\dot{V}_C=-jX_C\dot{I}=40\angle -90°\times 2.2\angle -36.87°=88\angle -126.87°\ [\mathrm{V}]$$

전압 · 전류의 페이저도는 그림 10.30과 같다.

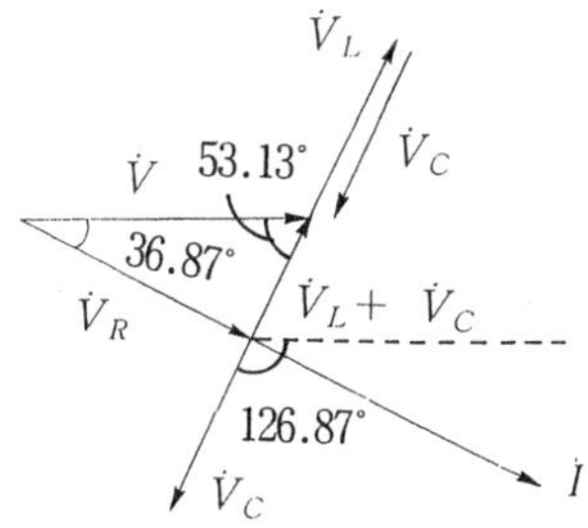

그림 10.30 페이저도

전압 · 전류의 위상차 즉 임피던스각 θ는

$$\theta=0-(-36.87°)=36.87°$$

이므로 역률과 무효율은 다음과 같이 된다.

$$\cos\theta=\cos 36.87°=0.8$$

또는

$$\cos\theta=\frac{V_R}{V}=\frac{176}{220}=0.8$$

$$\sin\theta=\sin 36.87°=0.6$$

또는

$$\sin\theta=\frac{|\dot{V}_L+\dot{V}_C|}{V}=\frac{220-88}{220}=0.6$$

유효 전력 P는

$$P = VI\cos\theta = 220 \times 2.2 \times 0.8 = 387.2\,[\mathrm{W}]$$

또는

$$P = I^2 R = 2.2^2 \times 80 = 387.2\,[\mathrm{W}]$$

유도성 무효 전력 Q_L은

$$Q_L = I^2 X_L = 2.2^2 \times 100 = 484\,[\mathrm{Var}]$$

용량성 무효 전력 Q_C는

$$Q_C = -I^2 X_C = -2.2^2 \times 40 = -193.6\,[\mathrm{Var}]$$

따라서 합성 무효 전력 Q는

$$Q = Q_L + Q_C = 484 - 193.6 = 290.4\,[\mathrm{Var}]$$

또는

$$Q = VI\sin\theta = 220 \times 2.2 \times 0.6 = 290.4\,[\mathrm{Var}]$$

피상 전력 S는

$$S = VI = 220 \times 2.2 = 484\,[\mathrm{VA}]$$

또는

$$S = \sqrt{P^2 + Q^2} = \sqrt{387.2^2 + 290.4^2} = 484\,[\mathrm{VA}]$$

전력 삼각형을 그리면 그림 10.31과 같이 그릴 수 있다.

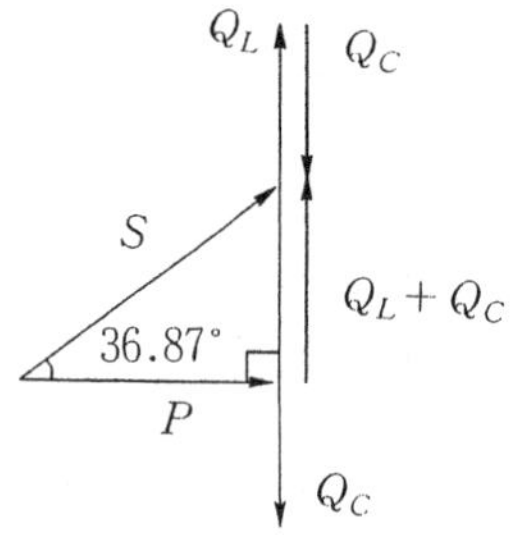

그림 10.31 전력 삼각형

연습문제 10-6 그림 10.32의 RLC 직렬 회로에서 유효 전력 무효 전력 피상 전력 및 역률과 무효율을 구하라.

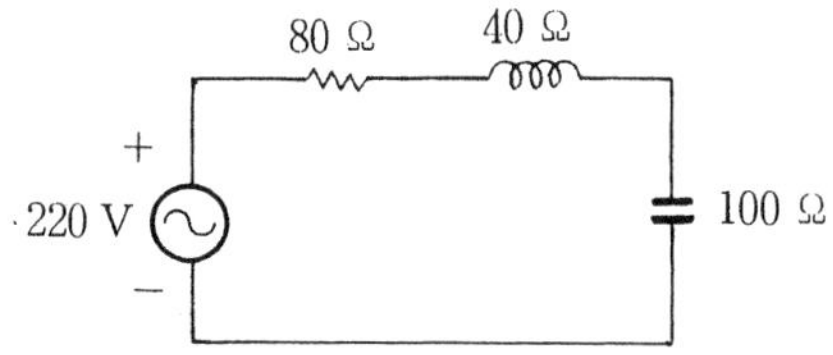

그림 10.32

---

(2) *RLC* 병렬 회로

어드미턴스 $\dot{Y}$를 이용하여 병렬 회로를 설명한다.

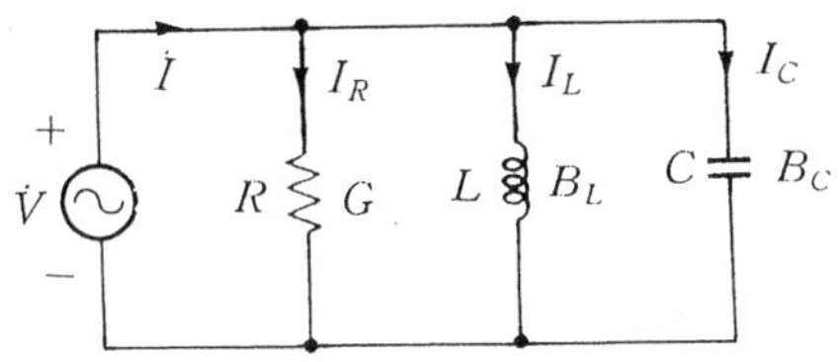

그림 10.33

그림 10.33에서 복소 어드미턴스 $\dot{Y}$는

$$\dot{Y}=\frac{1}{R}+\frac{1}{j\omega L}+j\omega C=\frac{1}{R}+j(\omega C-\frac{1}{\omega L})=G+j(B_C-B_L)[\mathrm{S}]$$

어드미턴스의 크기 Y는

$$Y=\sqrt{G^2+(B_C-B_L)^2}[\mathrm{S}]$$

이고 편각 ϕ는

$$\phi=\tan^{-1}\frac{B_C-B_L}{G}$$

이다. ϕ의 범위는

$$-90°\leq\phi\leq+90°$$

이다. 이때 ϕ의 특성이 *RLC* 직렬 회로와 다르다는 것을 주의할 필요가 있다. *RLC* 직렬 회로에서는

$$\dot{Z}=\frac{\dot{V}}{\dot{I}}=\frac{V}{I}\angle\theta$$

이므로 임피던스각 θ = (전압 위상) − (전류 위상)이다. 그러나 *RLC* 병렬 회로에서는

$$\dot{Y}=\frac{\dot{I}}{\dot{V}}=\frac{I}{V}\angle\phi$$

이므로 어드미턴스각 ϕ = (전류 위상) − (전압 위상)이다. 즉 $\phi=-\theta$이다.

각 소자의 전류는

$$I_R=\frac{V}{R}=GV, \quad I_L=\frac{V}{X_L}=B_L V, \quad I_C=\frac{V}{X_C}=B_C V$$

이며 전원 전류 $\dot{I}$는

$$\dot{I}=I_R+j(I_C-I_L)$$

이 된다.

유효 전력은

$$P=I_R{}^2R=GV^2=VI\cos\phi\,[\mathrm{W}]$$

유도성 무효 전력 Q_L과 용량성 무효 전력 Q_C는

$$Q_L=I_L{}^2X_L=B_L V^2\,[\mathrm{Var}]$$

$$Q_C=-I_C{}^2X_C=-B_C V^2\,[\mathrm{Var}]$$

합성 무효 전력 Q는

$$Q=VI\sin\theta=Q_L+Q_C=(B_L-B_C)V^2\,[\mathrm{Var}]$$

피상 전력 S는

$$S=VI=\sqrt{P^2+Q^2}\,[\mathrm{VA}]$$

이다.

예제 10-7

그림 10.34에서 유효 전력, 무효 전력, 피상 전력 및 역률과 무효율을 구하라.

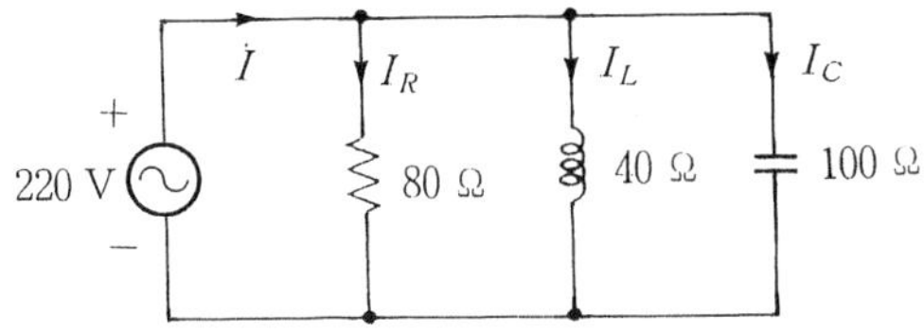

그림 10.34

✲ 풀이 각 지로의 전류 $\dot{I}_R$, $\dot{I}_L$, $\dot{I}_C$를 구하면

$$\dot{I}_R = \frac{\dot{V}}{R} = \frac{220}{80} = 2.75\ [\mathrm{A}]$$

$$\dot{I}_L = \frac{\dot{V}}{jX_L} = \frac{220}{j40} = -j5.5 = 5.5\angle -90^\circ\ [\mathrm{A}]$$

$$\dot{I}_C = \frac{\dot{V}}{-jX_C} = \frac{220}{-j100} = j2.2 = 2.2\angle 90^\circ\ [\mathrm{A}]$$

전원 전류 $\dot{I}$는

$$\dot{I} = \dot{I}_R + \dot{I}_L + \dot{I}_C = 2.75 - j5.5 + j2.2$$

$$= 2.75 - j3.3 = 4.3\angle -50.2^\circ\ [\mathrm{A}]$$

페이저도는 그림 10.35와 같이 된다.

임피던스각 θ는

$$\theta = 0^\circ - (-50.2^\circ) = 50.2^\circ$$

가 된다.

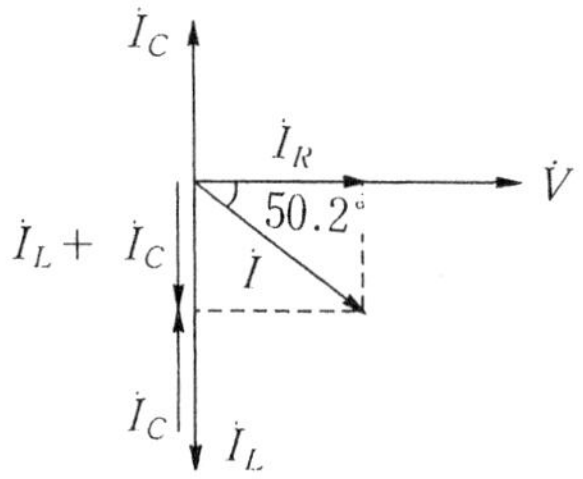

그림 10.35

역률은

$$\cos\theta = \cos 50.2^\circ = 0.640$$

또는

$$\cos\theta = \frac{I_R}{I} = \frac{2.75}{4.3} = 0.640$$

무효율은

$$\sin\theta = \sin 50.2^\circ = 0.768$$

또는

$$\sin\theta = \frac{|\dot{I}_L + \dot{I}_C|}{I} = \frac{3.3}{4.3} = 0.767$$

유효 전력 P는

$$P = I_R^2 R = 2.75^2 \times 80 = 605\,[\mathrm{W}]$$

유도성 무효 전력 Q_L은

$$Q_L = I_L^2 X_L = 5.5^2 \times 40 = 1210\,[\mathrm{Var}]$$

용량성 무효 전력 Q_C는

$$Q_C = -I_C^2 X_C = -2.2^2 \times 100 = -484\,[\mathrm{Var}]$$

합성 무효 전력 Q는

$$Q = Q_L + Q_C = 1210 - 484 = 726\,[\mathrm{Var}]$$

또는

$$Q = VI\sin\theta = 220 \times 4.3 \times \sin 50.2^\circ = 726.53\,[\mathrm{Var}]$$

피상 전력은

$$S = VI = 220 \times 4.3 = 946\,[\mathrm{VA}]$$

연습문제 10-7 그림 10.36에서 유효 전력, 무효 전력, 피상 전력 및 역률과 무효율을 구하라.

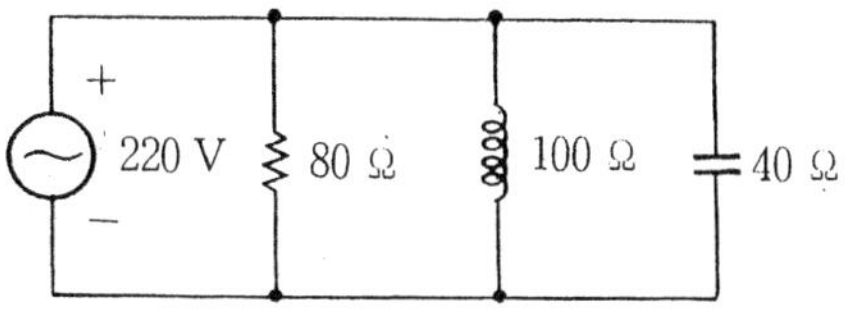

그림 10.36

(3) 역률 개선

전등 회로나 동력을 이용하는 회로는 전자 회로에 비해 큰 전류가 흐르고 높은 전압이 걸린다. 즉 송전 선로나 배전 선로에서는 부하의 유효 전력은 그대로 유지하면서 손실을 줄이기 위해 선로에 흐르는 피상 전류를 작게 해야 된다. 송배전 선로는 변압기와 전동기 때문에 그림 10.37 (a)와 같은 등가 회로를 그릴 수 있고 이의 페이저도는 그림 (b)에서 유도성 무효 전류 I_L을 영이 되게 하면 선로에 흐르는 피상 전류는 $I = I_R$이 되어 송배전 선로의 저항에 의한 손실 I^2R[W]가 작아진다. 그림 10.38은 전력 삼각형을 그린 것이다.

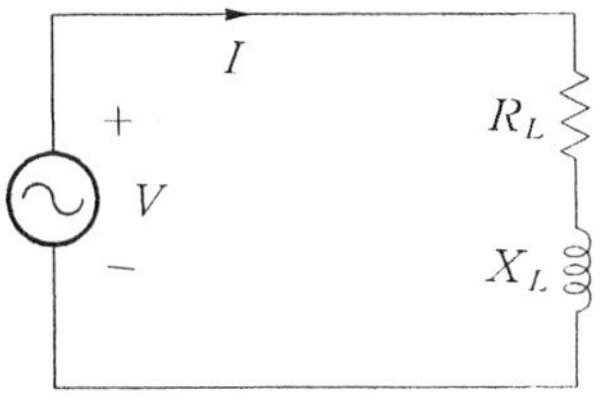

(a) 등가 회로

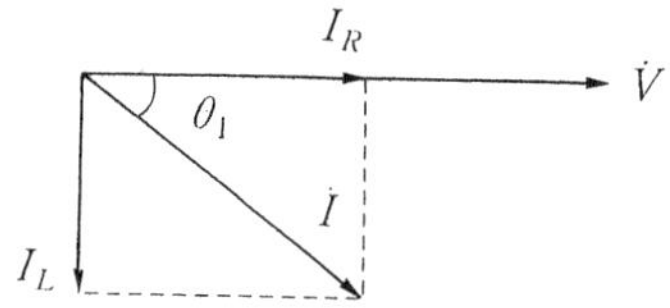

(b) 페이저도

그림 10.37 전력 선로의 등가 회로

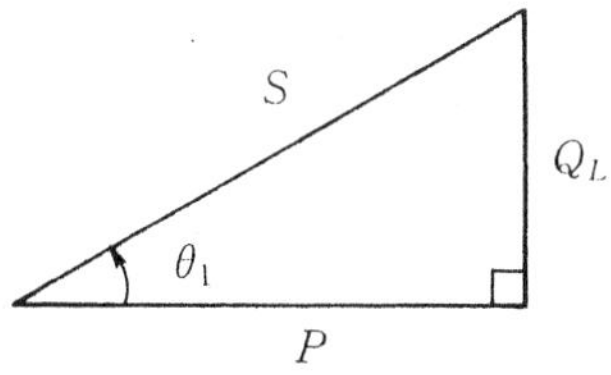

그림 10.38 전력 삼각형

그림 10.39는 그림 10.37 회로에 콘덴서를 병렬로 연결하여 전원에서 본 역률각을 θ_1에서 θ_2로 개선한 것이다. 그림 10.40에 이 회로의 페이저도와 전력 삼각형을 그렸다. 그림 (a)에서 분명히 전원 전류 I_T는 부하 전류 I보다 작다. 병렬 연결한 콘덴서의 용량(Var)은 그림 (b)에서 다음과 같이 된다.

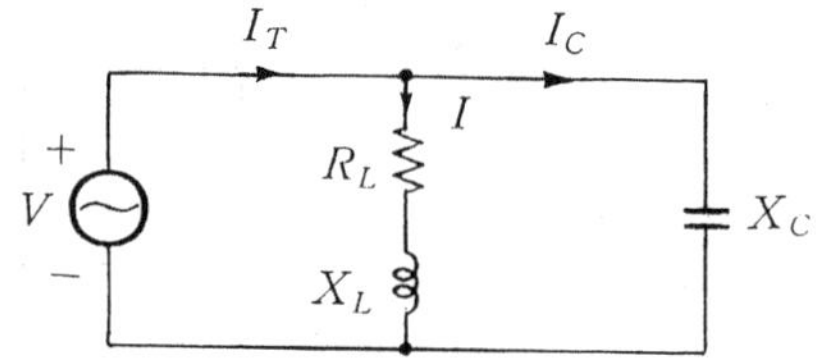

그림 10.39

$$Q_C = P\tan\theta_1 - P\tan\theta_2 = P(\tan\theta_1 - \tan\theta_2)\,[\text{Var}]$$

개선된 역률 $\cos\theta_2$는 보통 $\cos\theta_2 = 0.9$ 정도로 한다. 콘덴서 설치 비용을 고려하여 역률을 0.9 정도로 하는 것이 경제적이다.

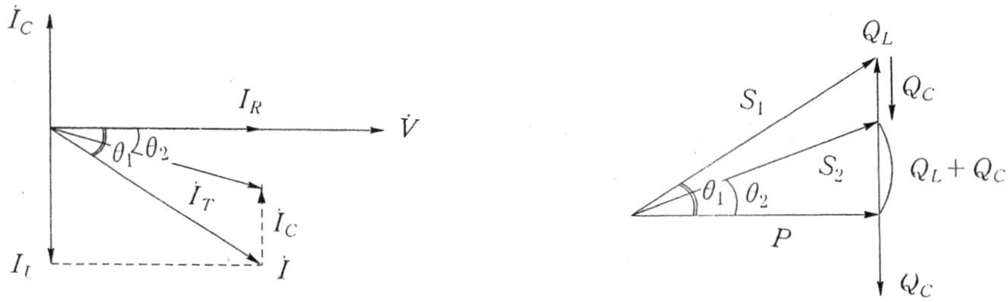

(a) 페이저도 (b) 전력 삼각형

그림 10.40

예제 10-8

그림 10.41의 회로에서 합성 유효, 무효, 피상 전력을 구하고 전류 I를 구하라.

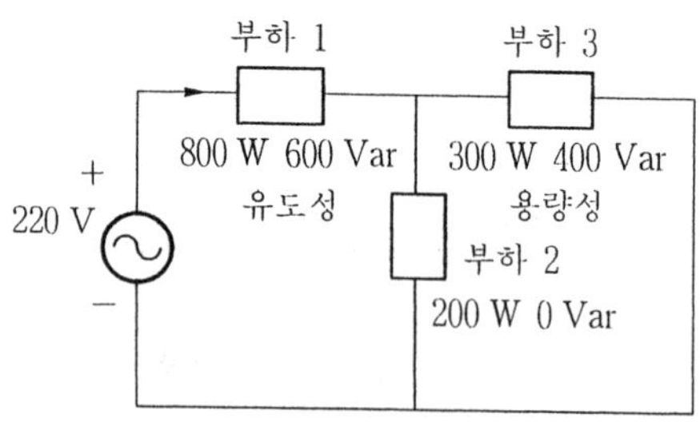

그림 10.41

✻ 풀이 전력 삼각형을 그릴 때 유효 전력은 횡축에, 무효 전력은 종축에 그렸다. 따라서 부하가 회로에 직렬 병렬 연결에는 관계없이 유효 전력과 무효 전력은 각각 대수적으로 합할 수 있다. 그러나 피상 전력은 각 부하의 기울기(빗변)가 다르므로 대수적으로 합할 수 없다.

▶부하 1

유효 전력 $P_1 = 800$ [W]

무효 전력 $Q_1 = 600$ [Var]

피상 전력 $S_1 = \sqrt{800^2 + 600^2} = 1000$ [VA]

▶부하 2

유효 전력 $P_2 = 200$ [W]

무효 전력 $Q_2 = 0$ [Var]

피상 전력 $S_2 = \sqrt{200^2 + 0^2} = 200$ [VA]

▶부하 3

유효 전력 $P_3 = 300$ [W]

무효 전력 $Q_3 = -400$ [Var]

피상 전력 $S_3 = \sqrt{300^2 + (-400)^2} = 500$ [VA]

▶합성 전력

$$P_T = P_1 + P_2 + P_3 = 800 + 200 + 300 = 1300 \text{ [W]}$$

$$Q_T = Q_1 + Q_2 + Q_3 = 600 + 0 - 400 = 200 \text{ [Var]}$$

$$S_T = \sqrt{{P_T}^2 + {Q_T}^2} = \sqrt{1300^2 + 200^2} = 1315.3 \text{ [VA]}$$

합성 무효 전력이 +이므로 유도성 무효 전력이다. 합성 피상 전력에서

$$S_1 + S_2 + S_3 \neq S_T$$

$$1000 + 200 + 500 \neq 1315.3$$

이다. 왜냐하면 각 부하 전력 삼각형의 기울기가 다르기 때문이다.

전류 I는 $S_T = VI$에서

$$I = \frac{S_T}{V} = \frac{1315.3}{220} = 5.98 \text{ [A]}$$

역률 $\cos\theta$는

$$\cos\theta = \frac{P_T}{S_T} = \frac{1300}{1315.3} = 0.988$$

이며 지역률(유도성)이다. 역률각 θ는

$$\theta = \cos^{-1}0.988 = 8.89^\circ$$

따라서 전류를 페이저로 표시하면

$$\dot{V} = 220\angle 0^\circ\ [\mathrm{V}]$$

$$\dot{I} = 5.98\angle -8.89^\circ\ [\mathrm{A}]$$

가 된다.

연습문제 10-8 그림 10.42의 회로에서 합성 유효, 무효, 피상 전력을 구하고 또 전원 전류를 페이저로 표시하라.

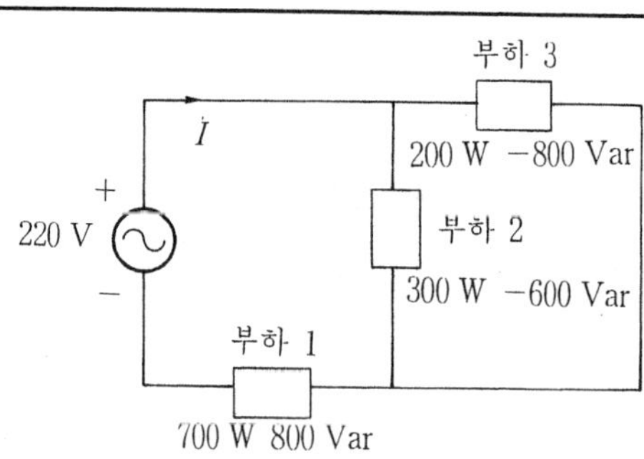

그림 10.42

예제 10-9

그림 10.43에서 1[kW]의 전동기 역률이 0.6이다. 역률을 0.8로 개선하려면 콘덴서의 정전 용량을 얼마로 하면 되는가. μF으로 표시하라.

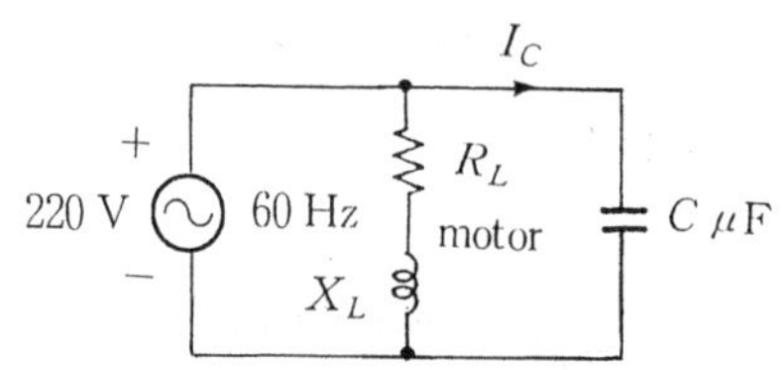

그림 10.43

✲ **풀이** 전동기의 전기 회로는 저항과 인덕턴스가 직렬 연결된 것으로 그릴 수 있다. 병렬 콘덴서의 무효 전력은

$$Q_C = P(\tan\theta_1 - \tan\theta_2)$$

에서

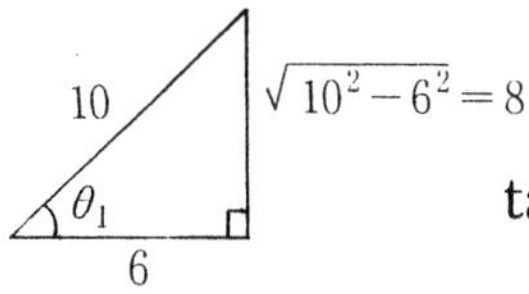

$$\tan\theta_1 = \frac{8}{6} = \frac{4}{3}$$

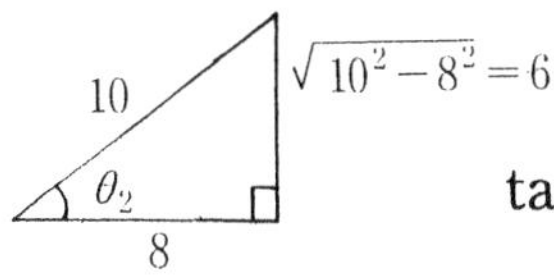

$$\tan\theta_2 = \frac{6}{8} = \frac{3}{4}$$

이므로

$$Q_C = 1000\left(\frac{4}{3} - \frac{3}{4}\right) = 1000 \times \frac{16-9}{12} = 1000 \times \frac{7}{12} = 583.3\,[\text{Var}]$$

이다. 다음에

$$Q_C = VI_C = V \times \frac{V}{X_C} = V^2 \times \omega C$$

에서

$$C = \frac{Q_C}{\omega V^2} = \frac{583.3}{377 \times 220^2} = 31.97 \times 10^{-6}\,[\text{F}] = 31.97\,[\mu\text{F}]$$

연습문제 10-9 유효 전력이 5 [kW]이고 역률이 0.5인 수용가가 있다. 이 수용가의 역률을 0.9로 개선하려면 몇 μF의 콘덴서가 필요한가? 수용가의 전압은 60 [Hz], 220 [V]이다.

10.6 복소 전력

유효 전력, 무효 전력 및 피상 전력의 관계를 복소수로 표시한 것을 복소 전력이라 한다.

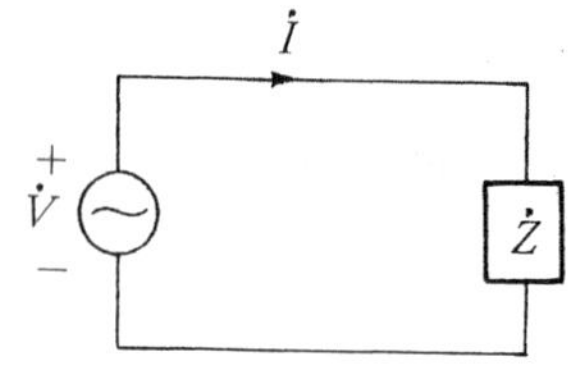

그림 10.44

그림 10.44에서 임피던스 $\dot{Z}$는

$$\dot{Z}=R+jX$$

이다. 부하 회로의 회로 결선 방법에 관계없이 저항과 리액턴스의 직렬 회로로 등가 표시할 수 있다. 물론 허수부가 +이면 유도성, −이면 용량성을 나타낸다.

유효 전력을 실수축, 무효 전력을 허수축으로 표시하면 복소 전력 $\dot{S}$는

$$\dot{S}=P+jQ\,[\text{VA}]$$

로 표시할 수 있다. 이를 복소 전력이라 하고 $+Q$이면 유도성 무효 전력, $-Q$이면 용량성 무효 전력이다. 복소 전력의 단위는 볼트암페어를 쓴다.

그림 10.44에서

$$P=I^2R\,[\text{W}]$$
$$Q=I^2X\,[\text{Var}]$$

이므로

$$\dot{S}=P+jQ=I^2R+jI^2X=(R+jX)I^2=\dot{Z}\cdot\dot{I}\cdot\dot{I}^*=\dot{V}\dot{I}^*\,[\text{VA}]$$

$\dot{I}^*$는 $\dot{I}$의 공액 복소수이다. 즉 전력을 복소수로 표시하면 페이저 전압에 페이저 전류의 공액 복소수를 곱하면 된다. 곱한 결과에서 실수부는 유효 전력, +허수부는 유도성 무효 전력, −허수부는 용량성 무효 전력을 뜻한다.

피상 전력 S[VA]는

$$S=|\dot{S}|=\sqrt{P^2+Q^2}\,[\text{VA}]$$

예제 10-10

그림 10.45 회로에서 복소 전력을 구하고 유효, 무효 피상 전력을 구하라.

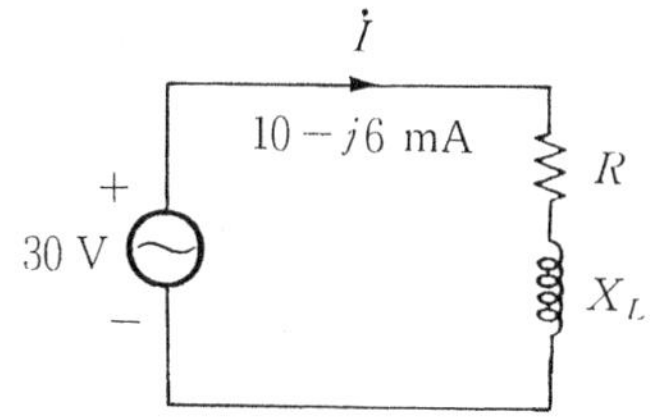

그림 10.45

✲ 풀이

$$\dot{V}=30\angle 0^\circ\ [\mathrm{V}]$$
$$\dot{I}=10-j6\,[\mathrm{mA}]$$

이므로 공액 복소수는 $\dot{I}^*=10+j6\,[\mathrm{mA}]$가 된다.

따라서 복소 전력은

$$\dot{S}=\dot{V}\dot{I}^*=30\cdot(10+j6)=300+j180\,[\mathrm{mVA}]$$

유효 전력 $P=300\,[\mathrm{mW}]$

무효 전력 $Q=180\,[\mathrm{mVar}]$

피상 전력 $S=\sqrt{300^2+180^2}=349.9\,[\mathrm{mVA}]$

연습문제 10-10 그림 10.46 회로에서 복소 전력을 구하고 유효 전력, 무효 전력 및 피상 전력을 구하라.

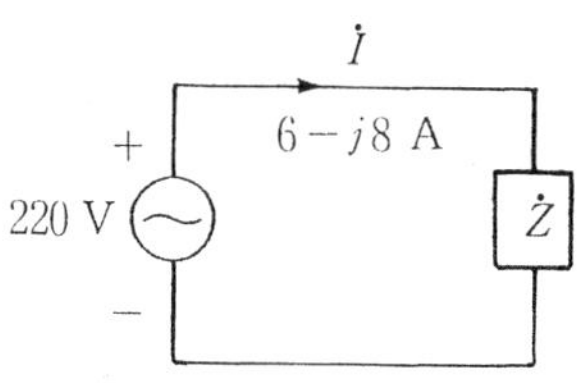

그림 10.46

예제 10-11

그림 10.47 회로에서 $\dot{V}=80+j60\,[\mathrm{V}]$, $\dot{I}=4+j2\,[\mathrm{A}]$이다. 이 회로의 복소 전력을 구하고 역률과 무효율을 구하라.

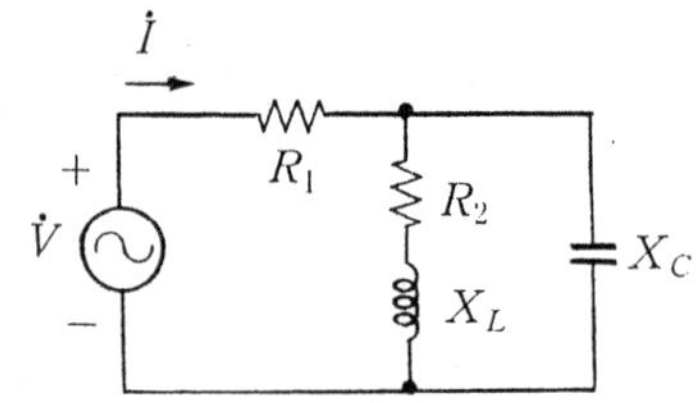

그림 10.47

✲ 풀이 $\dot{I}=4+j2$ [A]이므로 $\dot{I}^*=4-j2$ [A]이다.

$$\dot{S}=\dot{V}\dot{I}^*=(80+j60)(4-j2)$$
$$=(320+120)+j(240-160)=440+j80\ [\mathrm{VA}]$$

유효 전력 $P=440$ [W]

무효 전력 $Q=80$ [Var] ; 유도성

피상 전력 $S=\sqrt{440^2+80^2}=447.2$ [VA]

따라서 역률 $\cos\theta$는

$$\cos\theta=\frac{P}{S}=\frac{440}{447.2}=0.984$$

무효율 $\sin\theta$는

$$\sin\theta=\frac{Q}{S}=\frac{80}{447.2}=0.179$$

연습문제 10-11 그림 10.48에서 $\dot{V}=20-j10$ [V], $\dot{I}=2-j3$ [mA]이다. 이 회로의 복소 전력을 구하고 역률과 무효율을 구하라.

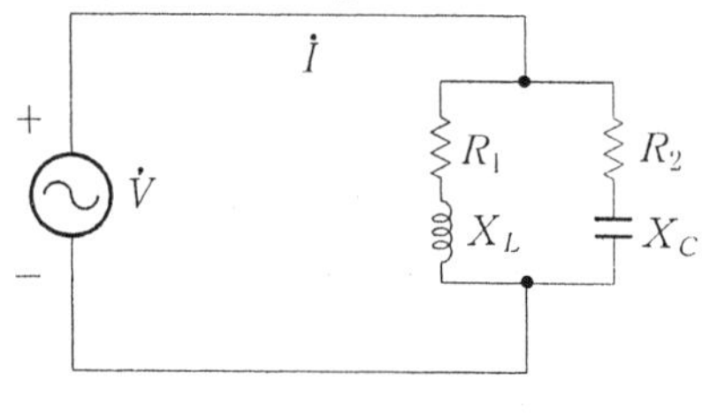

그림 10.48

종합 문제

1. 정현파 전압 전류에 의해 만들어지는 순시 전력은 (   )과 (   )가 두 배인 정현파 성분으로 이루어진다.

2. 전압 v가 $v=\sqrt{2}\,V\sin(\omega t+\alpha)$ [V]이고 전류 i가 $i=\sqrt{2}I\sin(\omega t+\beta)$ [A]인 회로의 평균 전력 즉 유효 전력은 (   ) [W]이다.

3. 문제 2에서 무효 전력은 (   ) [Var]이고 피상 전력은 (   ) [VA]이다.

4. 역률은 (   )과 (   )의 비값이고 문제 2에서 $\cos\theta=\cos($ $)$이며, 무효율은 (   )과 (   )의 비이고 문제 2에서 무효율 $\sin\theta$는 $\sin\theta=\sin($ $)$이다.

5. 전력 삼각형에서 횡축은 (   ), 종축은 (   )으로 표시하며 이 때 삼각형의 빗변이 (   )이 된다.

6. 리액턴스가 X [Ω]인 회로에 전류 I [A]가 흐를 때 무효 전력은 (   ) [Var]이다.

7. 전류 I가 흐르는 인덕턴스 L의 평균 자기 에너지는 $W_L=($ $)$ [J]이다.

8. 전압이 V인 커패시턴스 C의 평균 정전 에너지는 $W_C=($ $)$ [J]이다.

9. 유도성 부하의 역률은 (   )이라 하고 용량성 부하의 역률은 (   )이라 한다.

10. RL 회로의 임피던스각 θ의 범위는 ($\leq\theta\leq$)이다.

11. RC 회로의 임피던스각 θ의 범위는 ($\leq\theta\leq$)이다.

12. RLC 회로의 임피던스각 θ의 범위는 ($\leq\theta\leq$)이다.

13. 부하는 보통 (   )이므로 역률을 개선하는 데는 (   )가 필요하다.

14. 100 [V] 100 [W]의 전구와 100 [V] 200 [W]의 전구가 그림과 같이 직렬로 연결되어 있다면 100 [W] 전구와 200 [W]의 전구가 실제 소비하는 전력의 비는 얼마인가?

㉮ 4 : 1
㉯ 1 : 2
㉰ 2 : 1
㉱ 1 : 1

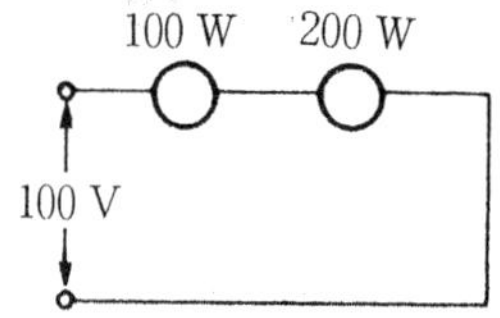

15. $R = 40\,[\Omega]$, $L = 80\,[\text{mH}]$의 코일이 있다. 이 코일에 100 [V] 60 [Hz]의 전압을 가할 때에 소비되는 전력 [W]은?

㉮ 100　㉯ 120　㉰ 160　㉱ 200

16. 그림과 같은 회로에서 전압계 3개로 단상 전력을 측정하고자 할 때의 유효 전력은?

㉮ $\frac{1}{2R}(V_3^2 - V_1^2 - V_2^2)$
㉯ $\frac{1}{2R}(V_3^2 - V_1^2)$
㉰ $\frac{R}{2}(V_3^2 - V_1^2 - V_2^2)$
㉱ $\frac{R}{2}(V_2^2 - V_1^2 - V_3^2)$

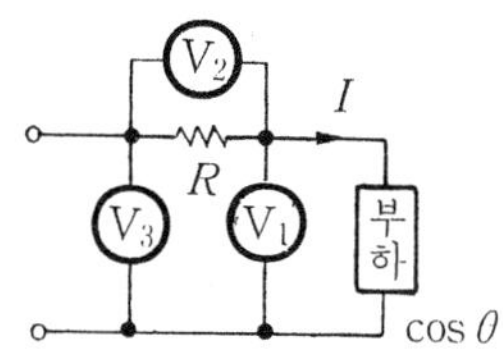

17. 그림과 같이 전류계 A_1, A_2, A_3, 25 [Ω]의 저항 R을 접속하였다. 전류계의 지시는 $A_1 = 10$ [A], $A_2 = 4$ [A], $A_3 = 7$ [A]이다. 부하의 전력[W]과 역률을 구하면?

㉮ $P = 437.5$, $\cos\theta = 0.625$
㉯ $P = 437.5$, $\cos\theta = 0.547$
㉰ $P = 487.5$, $\cos\theta = 0.647$
㉱ $P = 507.5$, $\cos\theta = 0.747$

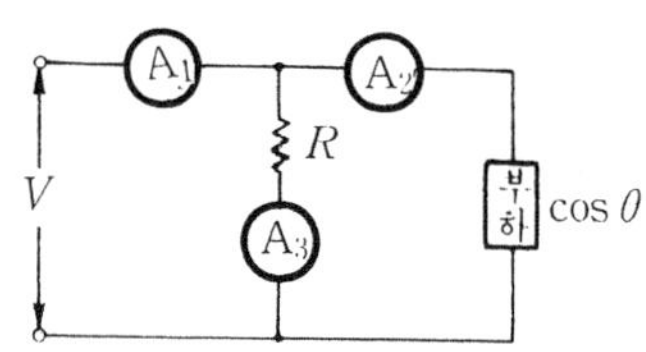

18. 어떤 코일의 임피던스를 측정하고자 직류 전압 100 [V]를 가했더니 500 [W]가 소비되고, 교류 전압 150 [V]를 가했더니 720 [W]가 소비되었다. 이 코일의 저항 [Ω]과 리액턴스[Ω]는?

㉮ $R = 20$, $X = 15$　㉯ $R = 15$, $X = 20$
㉰ $R = 25$, $X = 20$　㉱ $R = 30$, $X = 25$

19. 어느 회로의 전압과 전류가 각각 $v=50\sin(\omega t+\theta)$ [V], $i=4\sin(\omega t+\theta-30°)$ [A]일 때, 무효 전력[Var]은 얼마인가?

㉮ 100 ㉯ 86.6 ㉰ 70.7 ㉱ 50

20. RC 병렬 회로에 60 [Hz] 100 [V]의 전압을 가했더니 유효 전력이 800 [W], 무효 전력이 600 [Var]이었다. 저항 $R[\Omega]$과 정전 용량 C [μF]의 값은 각각 얼마인가?

㉮ $R=12.5$, $C=159$ ㉯ $R=15.5$, $C=180$

㉰ $R=18.5$, $C=189$ ㉱ $R=20.5$, $C=219$

21. 1000 [Hz]인 정현파 교류에서 5 [mH]인 유도 리액턴스와 같은 용량 리액턴스를 갖는 C의 값[μF]은 각각 얼마인가?

㉮ 5.07 ㉯ 4.07 ㉰ 3.07 ㉱ 2.07

22. 60 [kVA], 역률 0.6(지상)의 부하와 800 [kVA], 역률 0.8(진상)의 부하가 접촉되어 있을 때 종합 피상 전력[kVA]은?

㉮ 1400 ㉯ 1000 ㉰ 960 ㉱ 0

23. 역률 0.8, 부하 800 [kW]를 2시간 사용할 때의 소비 전력량[kWh]은?

㉮ 1000 ㉯ 1200 ㉰ 1400 ㉱ 1600

24. $16+j12$ [Ω]인 임피던스에 $26+j40$ [V]인 전압을 가할 때 유효 전력[W]은?

㉮ 227.6 ㉯ 91.04 ㉰ 58.26 ㉱ 32.84

25. 같은 전지 n개를 직렬로 연결했을 때 최대 전력을 끌어낼 수 있는 것은 부하 저항이 전지 1개 내부 저항의 몇 배일 때인가?

㉮ n^2 ㉯ 1 ㉰ n ㉱ $\frac{1}{n}$

26. 부하 저항 R_L이 전원의 내부 저항 R_0의 3배가 되면 부하 저항 R_L에서 소비되는 전력 P_L은 최대 전달 전력 P_m의 몇 배인가?

㉮ 0.89 ㉯ 0.75 ㉰ 0.5 ㉱ 0.3

27. 어떤 전원의 내부 임피던스가 저항 R와 리액턴스 X로 구성되어 있다. 외부에 부하 R_L을 연결하여 최대 전력을 소모시키고 싶다. R_L의 값은 얼마이어야 하는가?

㉮ R ㉯ $R+X$ ㉰ $\sqrt{R^2-X^2}$ ㉱ $\sqrt{R^2+X^2}$

28. $C = 100\,[\mu F]$인 콘덴서와 저항 $R\,[\Omega]$과의 직렬 회로에서 R의 값을 적당히 선정하면 저항에서 소비되는 전력을 최대로 할 수 있는데 이때의 소비 전력은? 단, 입력 전압은 100 [V], 주파수는 60 [Hz]라 한다.

㉮ 157.3 [W] ㉯ 188.5 [W]
㉰ 201.2 [W] ㉱ 243.5 [W]

29. 코일에 단상 100 [V]의 전압을 가하면 30 [A]의 전류가 흐르고 1.8 [kW]의 전력을 소비한다고 한다. 이 코일과 병렬로 콘덴서를 접속하여 회로의 합성 역률을 100 [%]로 하기 위한 용량 리액턴스는 대략 몇 Ω이어야 하는가?

㉮ 1 ㉯ 2 ㉰ 3 ㉱ 4

30. 정격 600 [W] 전열기에 정격 전압의 80 [%]를 인가하면 전력은 몇 W로 되는가?

㉮ 614 ㉯ 545 ㉰ 486 ㉱ 384

31. 역률 60 [%]인 부하의 유효 전력이 120 [kW]일 때 무효 전력은 몇 kVar인가?

㉮ 40 ㉯ 80 ㉰ 120 ㉱ 160

32. 어떤 회로에서 인가 전압이 100 [V]일 때 유효 전력이 300 [W], 무효 전력이 400 [Var]이다. 전류 I는?

㉮ 5 [A] ㉯ 50 [A] ㉰ 3 [A] ㉱ 4 [A]

33. 10 [kVA], $\cos\theta = 0.6$(늦음)을 취하는 3상 평형 부하에 병렬로 축전기를 접속하여 역률을 90 [%]로 개선하려고 한다. 이때 축전기의 용량 [kVar]은?

㉮ 5.1 ㉯ 6.1 ㉰ 7.1 ㉱ 8.1

익힘 문제

1. 그림에서 부하 Z_L에 $v = 220\sqrt{2}\sin(377t + 30°)$ [V]의 전압을 가할 때 흐르는 전류가 $i = 3\sqrt{2} \times \sin(377t)$ [A]이다. 순시 전력 p를 일정 성분(평균 전력)과 진동 성분으로 나누어 표시하라.

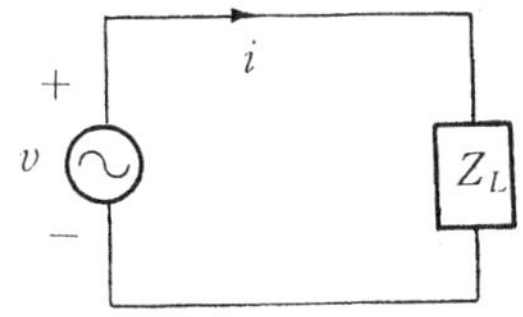

2. 문제 1의 순시 전력을 그래프로 그려라.

3. 문제 1의 전압 전류를 페이저로 표시하고 유효 전력, 무효 전력, 피상 전력을 구하라.

4. 문제 3의 결과를 이용하여 전력 삼각형을 그리고 역률과 무효율을 구하라.

5. 그림의 전기 회로에서 전류 I를 구하라. 또, 유효 · 무효 · 피상 전력을 구하고 역률과 무효율을 구하라.

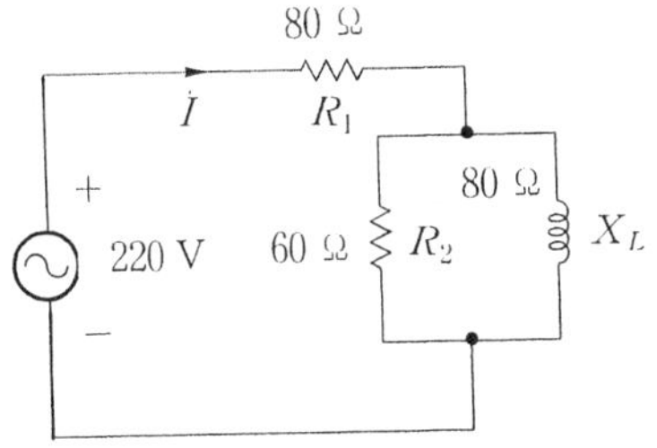

(a)

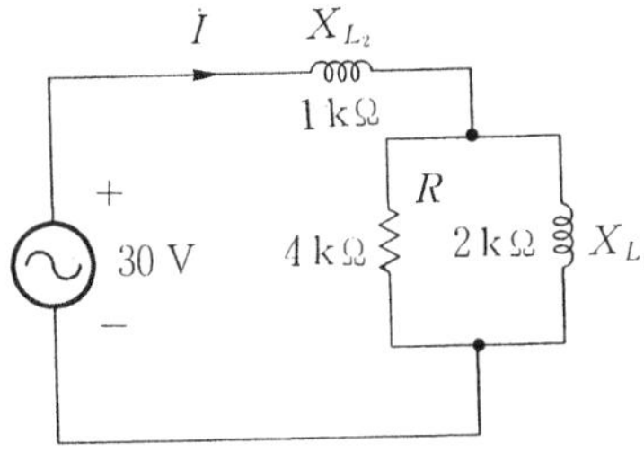

(b)

6. 그림의 회로에서 ① 피상 전력, ② 역률과 무효율, ③ 전원 전류 I를 구하라.

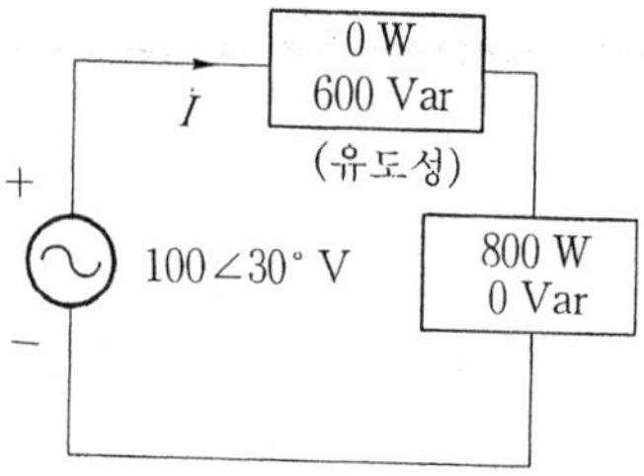

7. 그림에서

(1) 합성 유효 전력, 합성 무효 전력을 구하라.

(2) 각 부하의 피상 전력과 합성 피상 전력을 구하라.

(3) 역률과 무효율을 구하고 전류 I를 구하라.

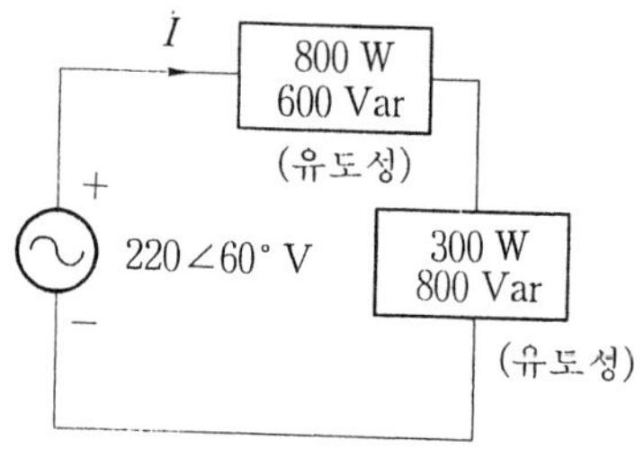

8. 그림에서 다음을 구하라.

(1) 합성 유효 전력과 합성 무효 전력

(2) 각 부하의 피상 전력과 합성 피상 전력

(3) 역률과 무효율 및 전원 전류 I

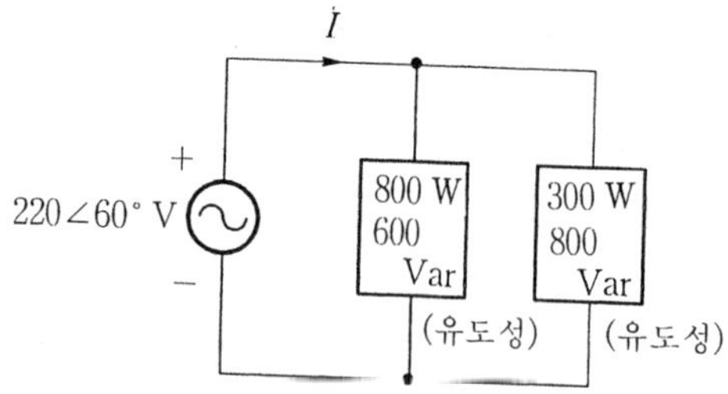

9. 그림의 회로에서 다음을 구하라.

(1) 전류 I　　　　(2) 유효 · 무효 · 피상 전력

(3) 역률과 무효율　　　　(4) 전력 삼각형

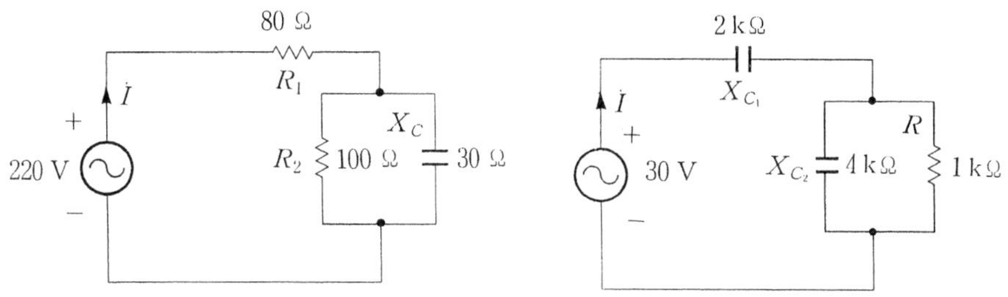

(a)　　　　(b)

10. 그림의 회로에서 다음을 구하라.

(1) 합성 유효 전력 · 무효 전력

(2) 각 부하의 피상 전력과 합성 피상 전력

(3) 역률과 무효율

(4) 전원 전류 I

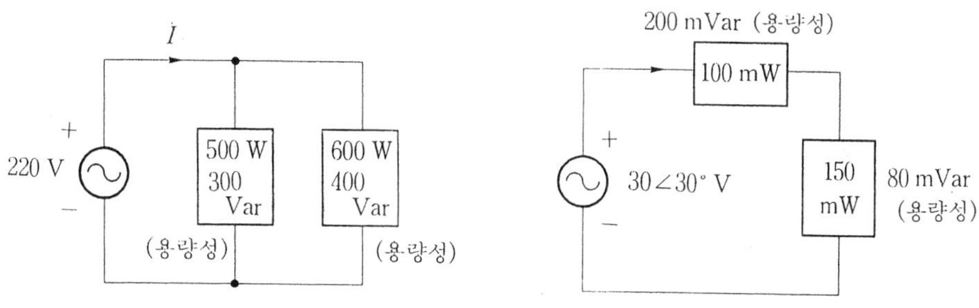

(a)　　　　(b)

11. 그림에 대해 다음을 구하라.

(1) 각 소자의 유효 전력

(2) 각 소자의 무효 전력

(3) 각 소자의 피상 전력

(4) 전원에서 본 유효 · 무효 · 피상 전력 및 역률

(5) 전력 삼각형

(6) 각 소자에서 한 주기 동안 소비된 에너지 또는 평균 저장 에너지

(7) 각 소자의 순시 전력을 동일 좌표 위에 그리기

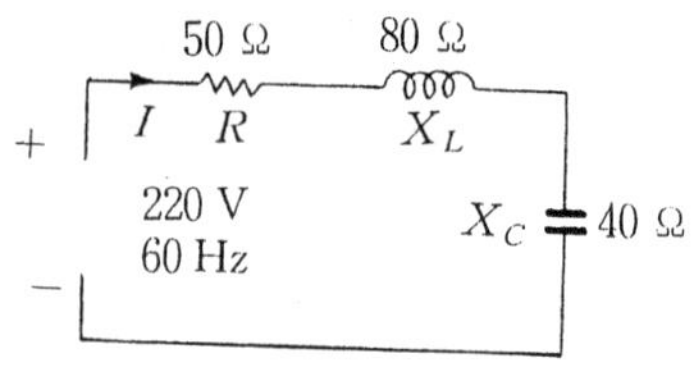

12. 그림에 대해 문제 11을 반복하라.

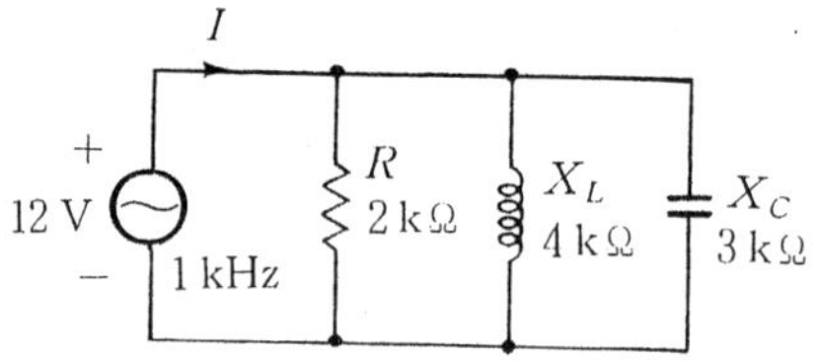

13. 그림에 대해 문제 11을 반복하라.

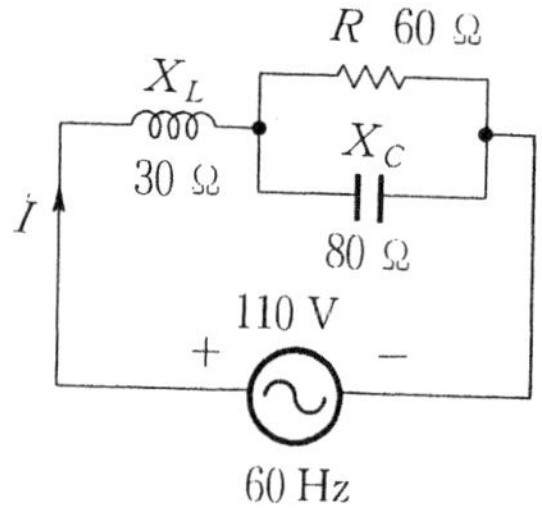

14. 그림에 대해 다음을 구하라.

(1) 합성 유효 전력과 무효 전력

(2) 각 소자의 피상 전력과 합성 피상 전력

(3) 역률과 무효율

(4) 전력 삼각형

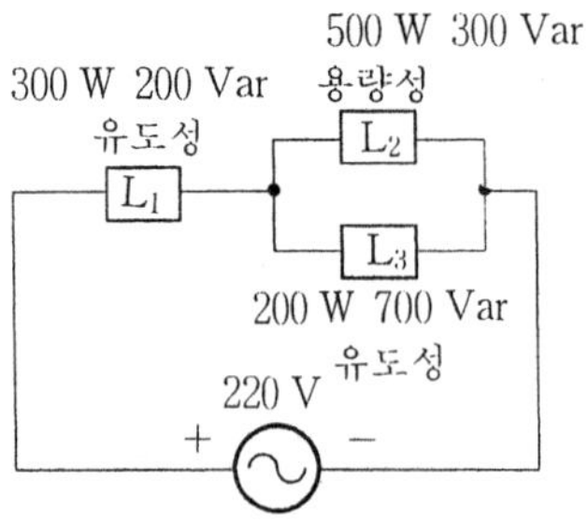

15. 그림에 대해 다음을 구하라.

(1) 50 [Ω] 저항에서 소비되는 전력

(2) 20 [Ω] 리액턴스의 무효 전력

(3) 합성 유효 · 무효 · 피상 전력

(4) 역률과 무효율

(5) 전류 I

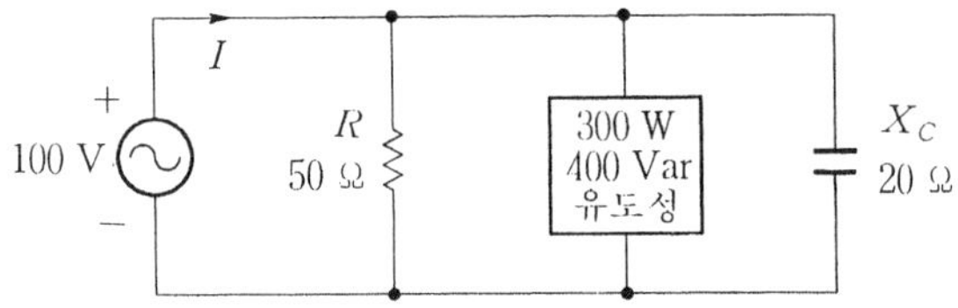

16. 60 [Hz], 220 [V]에 연결된 전동기가 6 [A] 지상 전류로 800 [W]의 전력을 소비하고 있다. 다음을 구하라.

(1) 피상 전력 (2) 무효 전력 (3) 역률과 무효율

(4) 전압과 전류의 위상차 (5) 부하 임피던스

17. 문제 16의 전동기에 콘덴서를 연결하여 역률을 개선하려 한다. 역률을 0.9로 할 경우, 또 1로 할 경우의 Var 용량을 구하라. 또 μF 용량을 각각 구하라.

18. 220 [V], 60 [Hz] 전원을 공급받는 소형 공장이 있다. 이 공장의 부하가 전열기 10 [kW], 유도 전동기 20 [kW](역률 0.6), 전등 10 [kW](역률 0.8)이다. 다음을 구하라.

(1) 총 유효 · 무효 · 피상 전력

(2) 역률을 0.9로 개선할 경우의 콘덴서 kVar 용량

(3) 콘덴서의 μF 용량

(4) 역률 개선 전과 개선 후의 유입 전류

19. 문제 18에서 역률을 1로 개선할 경우를 반복하라.

20. 어느 부하의 단자 전압이 $V = 40 + j30$ [V]이고 흐르는 전류가 $I = 4 - j1$ [A]이다. 복소수 전력을 구하고 유효 · 무효 · 피상 전력을 구하라.

21. 문제 11의 그림에 대해 다음을 풀어라.

(1) 전류 I (2) 복소 전력 S

(3) 유효 · 무효 · 피상 전력 (4) 역률과 무효율

22. 문제 12의 그림에 대해 다음을 풀어라.

(1) 전류 I

(2) 복소 전력 S

(3) 유효 · 무효 · 피상 전력

(4) 역률과 무효율

23. 문제 13의 그림에 대해 다음을 풀어라.

(1) 전류 I

(2) 복소 전력 S

(3) 유효 · 무효 · 피상 전력

(4) 역률과 무효율

11 3상 회로

지금까지 우리가 다룬 회로는 단상 회로이다. 즉 교류 발전기에 한 개의 코일만 있을 때 단상 교류 발전기가 된다. 코일이 3개가 있고 각 코일에서 발생한 전압의 위상차가 120°인 것을 3상 교류 발전기라 한다. 2개의 코일이 있고 코일 사이의 위상차가 90°인 것을 2상이라 한다. 2상 이상을 다상 교류라 한다.

2상을 이용하는 대표적인 예로서 서보 기구(servo mechanisms)가 있다. 서보 기구는 배나 비행기에서 정해진 운전 조건에 맞도록 스스로 자동 제어하는 장치이다.

모든 발전소의 발전기는 전부 3상 교류 발전기이다. 3상 발전을 하여 3상으로 송전과 배전을 하며 또 필요한 경우에 3상에서 단상 또는 2상을 만들어 사용한다. 전등과 가전 제품은 단상을 이용하고 공장의 전동기는 보통 3상을 이용한다.

왜 3상으로 발전하고 3상으로 많이 소비하는가? 같은 출력의 경우 3상 전동기가 크기도 작고 제작이 편리하며 특히 진동이 작아 소음이 적다. 송전 배전 선로에는 3상일 때 전류가 적게 흘러 I^2R의 손실이 적고 결국에는 선로 구리의 양이 적어진다.

11.1 3상 전압의 발생

그림 11.1은 자극 NS 사이에 3개의 코일이 있다. 코일 ax, 코일 by, 코일 cz는 동일 권수에 같은 모양으로 감겨져 있으며 위치가 120°씩 떨어져 있다. 코일 ax 한 개만 존재할 때가 바로 단상 발전기이다. 세 코일이 반시계 방향으로 각속도 ω[rad/sec]로 회전

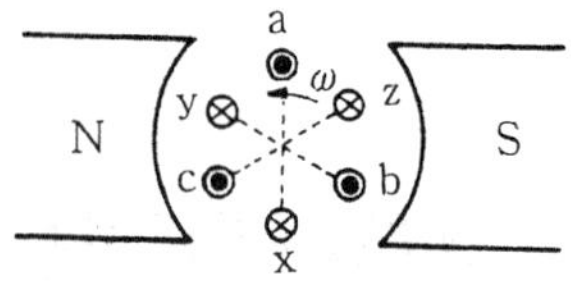

그림 11.1

할 때 코일 ax에 유기되는 전압이

$$v_a = \sqrt{2}\,V\sin\omega t\,[\mathrm{V}]$$

라 하면 코일 by, 코일 cz에는 각각 다음과 같은 전압이 발생한다.

$$v_b = \sqrt{2}\,V\sin(\omega t - 120^\circ)\,[\mathrm{V}]$$

$$v_c = \sqrt{2}\,V\sin(\omega t - 240^\circ)\,[\mathrm{V}]$$

여기서 v_a를 a상 전압, v_b를 b상 전압, v_c를 c상 전압이라 하며, v_b는 v_a보다 위상이 120° 늦고 v_c는 v_b보다 120° 늦으며 v_a보다는 240° 늦다. 이때 abc를 상회전 순서 즉, 상순이라 한다. 만일 발전기의 회전 방향이 반대이면 상순이 acb가 된다. 상순이 abc인 전압 v_a, v_b, v_c를 그래프로 그리면 그림 11.2가 된다.

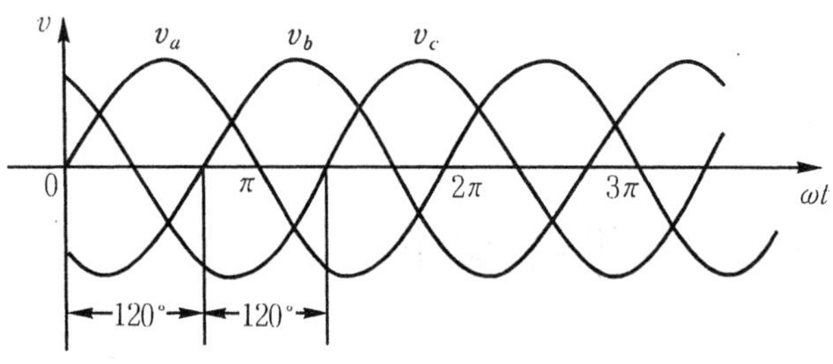

그림 11.2

그림에서 흥미 있는 사실은 매 순간순간의 v_a, v_b, v_c의 합은 영이 된다.

코일이 한 개인 단상 발전기는 외부에 두 개의 단자 a, x가 존재하며 이 두 단자로 폐회로가 이루어진다. 그러나 3상 발전기는 6개의 단자가 있다. 다음에 단자 x, y, z의 처리 방법을 생각해 본다. 여기에는 Y 결선과 △ 결선이 있다.

그림 11.3 (a)에서는 단자 x, y, z를 묶은 것이고, 그림 (b)는 az, bx, cy를 연결한 것이다. 각 코일의 전압 극성은 그림과 같이 x에서 a로, y에서 b로, z에서 c로 전압 극성이 발생한다.

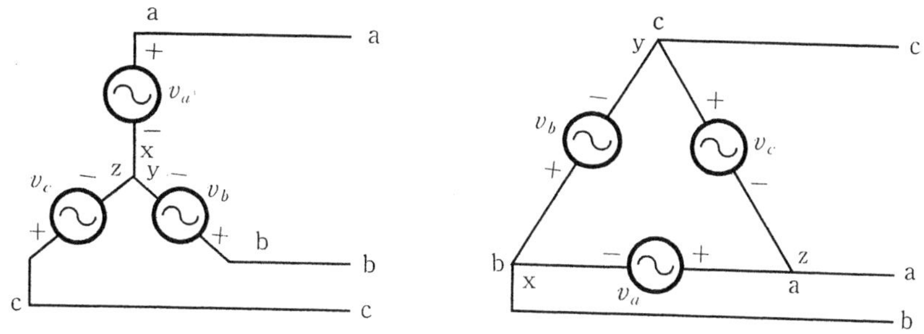

(a) Y 결선

(b) △ 결선

그림 11.3

그림 (a)를 Y 결선 또는 성형 결선이라 하고 그림 (b)를 △ 결선 또는 환상 결선이라 한다. 이렇게 결선하여 발전기 외부에는 단자 abc만 나온다.

(1) Y 결선

그림 11.4는 발전기를 Y 결선한 회로이다. xyz를 묶은 점을 n으로 표시하고, 이 n점을 중성점(neutral point)이라 한다. a상 b상 c상의 순시값 표시식을 페이저로 표시하면

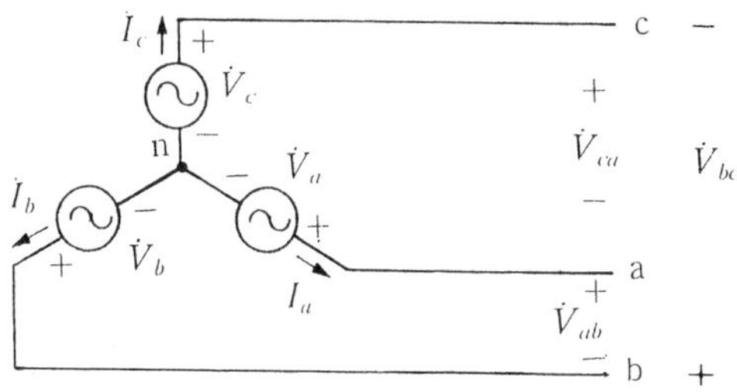

그림 11.4 Y 결선

$$\dot{V}_a = V\angle 0°$$

$$\dot{V}_b = V\angle -120°$$

$$\dot{V}_c = V\angle -240° = V\angle +120°$$

가 된다. 페이저도를 그리면 그림 11.5와 같이 된다. 페이저도에서 분명히

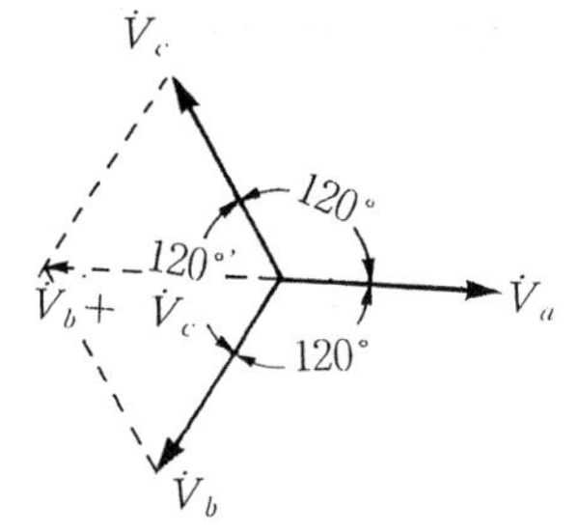

그림 11.5

$$\dot{V}_a+\dot{V}_b+\dot{V}_c=0$$

이 성립한다. 즉

$$v_a+v_b+v_c=0$$

이다. 여기서 $\dot{V}_a$, $\dot{V}_b$, $\dot{V}_c$ 를 Y 결선의 상전압이라 하고, 각각 a상 전압, b상 전압, c상 전압이라 부른다.

지금 그림 11.4의 Y 결선에서 단자 abc에 부하가 연결되면 부하에는 상전압이 걸리는 것이 아니고 단자 ab, bc, ca 사이의 전압 즉 선간 전압이 부하에 걸린다.

폐회로 abna 사이에는

$$\dot{V}_{ab}+\dot{V}_b-\dot{V}_a=0$$

즉

$$\dot{V}_{ab}=\dot{V}_a-\dot{V}_b$$

마찬가지로

$$\dot{V}_{bc}=\dot{V}_b-\dot{V}_c \quad , \qquad \dot{V}_{ca}=\dot{V}_c-\dot{V}_a$$

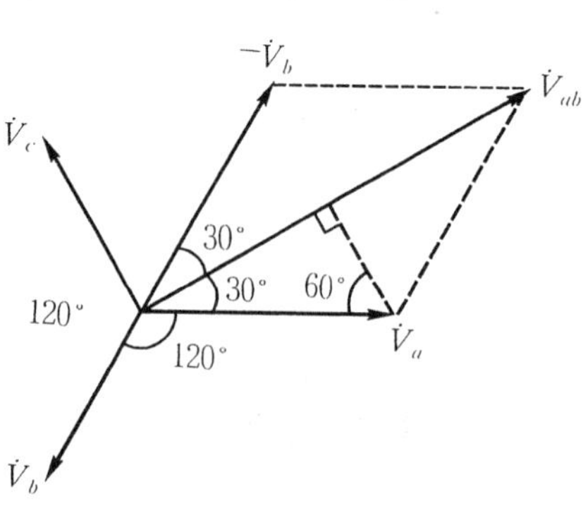

그림 11.6

그림 11.6의 페이저도에서 $\dot{V}_{ab}$는 $\dot{V}_a$보다 위상이 30° 앞서고 크기는 $\sqrt{3}$배가 된다. 즉

$$\dot{V}_{ab}=\sqrt{3}\ \dot{V}_a\angle 30^\circ$$

마찬가지로

$$\dot{V}_{bc}=\sqrt{3}\ \dot{V}_b\angle 30^\circ\ ,\qquad \dot{V}_{ca}=\sqrt{3}\ \dot{V}_c\angle 30^\circ$$

가 되며, Y 결선에서 선간 전압은 상전압에 비해 크기는 $\sqrt{3}$배이고 위상은 30° 앞선다.

그림 11.4에서 Y 결선의 경우는 각 상의 전원에 흐르는 전류는 외부 단자에 흐르는 전류와 같다.

(2) △ 결선

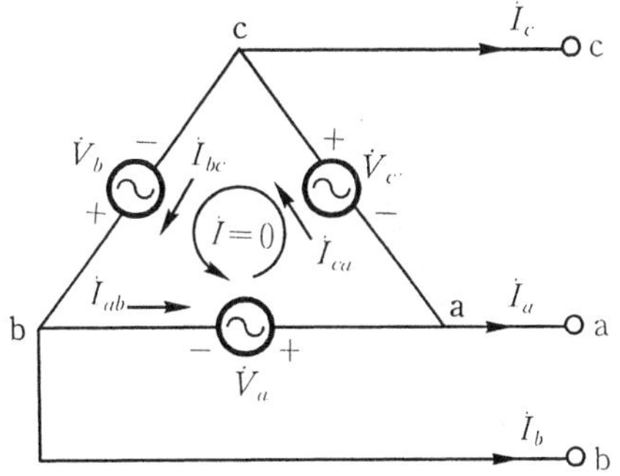

그림 11.7

그림 11.7은 발전기를 △ 결선한 것이다. 상전압 $\dot{V}_a$, $\dot{V}_b$, $\dot{V}_c$는 폐회로를 만들지만 그러나 $\dot{V}_a+\dot{V}_b+\dot{V}_c=0$이므로 폐로 전류(순환 전류)는 영이다. 따라서 외부 단자 abc에 부하를 연결해야 비로서 각 전원에 전류가 흐른다.

그런데 단자 abc에 부하를 연결하면 각 상의 전압이 바로 부하의 선간 전압이 된다. 즉 전원을 △ 결선하면 전원은 상전압과 선간 전압이 같다. 따라서 △ 결선에서는

$$\dot{V}_{ab}=\dot{V}_a,\qquad \dot{V}_{bc}=\dot{V}_b,\qquad \dot{V}_{ca}=\dot{V}_c$$

이다.

그림 11.7에서 외부 단자에 부하가 연결되면 전원에 전류가 흐른다. 각 상의 전류를 $\dot{I}_{ab}, \dot{I}_{bc}, \dot{I}_{ca}$라 하고 외부 선전류를 $\dot{I}_a$, $\dot{I}_b$, $\dot{I}_c$라 하여 각 절점에 키르히호프 전류 법칙을 대입하면 다음과 같이 된다.

$$\dot{I}_{ab}=\dot{I}_a+\dot{I}_{ca},\qquad \dot{I}_{bc}=\dot{I}_b+\dot{I}_{ab},\qquad \dot{I}_{ca}=\dot{I}_c+\dot{I}_{bc}$$

각 선전류는

$$\dot{I}_a=\dot{I}_{ab}-\dot{I}_{ca},\qquad \dot{I}_b=\dot{I}_{bc}-\dot{I}_{ab},\qquad \dot{I}_c=\dot{I}_{ca}-\dot{I}_{bc}$$

각 상의 전류가 크기가 같고 위상차가 모두 120°인 3상 대칭 전류이면

$$\dot{I}_{ab}=I\angle 0°,\qquad \dot{I}_{bc}=I\angle -120°,\qquad \dot{I}_{ca}=I\angle -240°$$

로 쓸 수 있다. 그림 11.8의 페이저도에서

$$\dot{I}_a=\sqrt{3}\ \dot{I}_{ab}\angle -30°$$

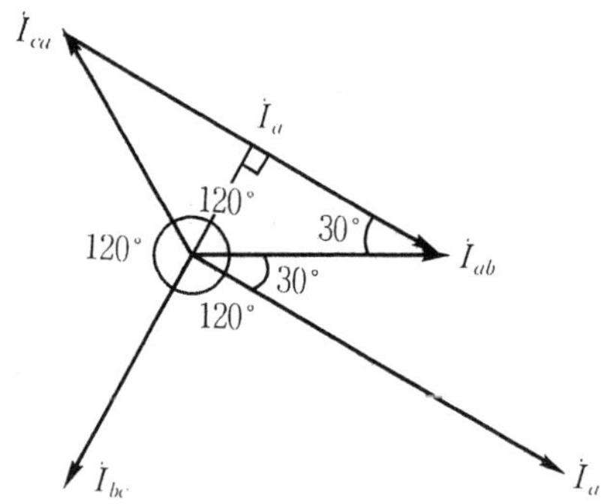

그림 11.8

마찬가지로

$$\dot{I}_b=\sqrt{3}\ \dot{I}_{bc}\angle -30°,\qquad \dot{I}_c=\sqrt{3}\ \dot{I}_{ca}\angle -30°$$

가 된다. 즉 △ 결선의 경우 선전류는 상전류에 비해 크기는 $\sqrt{3}$배, 위상은 30° 늦다.

모든 상업용 발전기는 Y 결선을 한다. 부하에 걸리는 전압이 발전기 상전압의 $\sqrt{3}$배가 되기 때문에 △ 결선에 비해 $\sqrt{3}$배의 승압 효과가 있으며 따라서 전선간이나 전선과 철심 사이에 절연 효과가 $\sqrt{3}$배만큼 우수하기 때문이다. 또 Y 결선에서는 전선의 중성점을 접지 단자로 이용하기 쉽다.

예제 11-1

그림 11.9와 같은 어느 발전기의 단자 전압이 20000 [V]라면 상전압은 얼마인가?

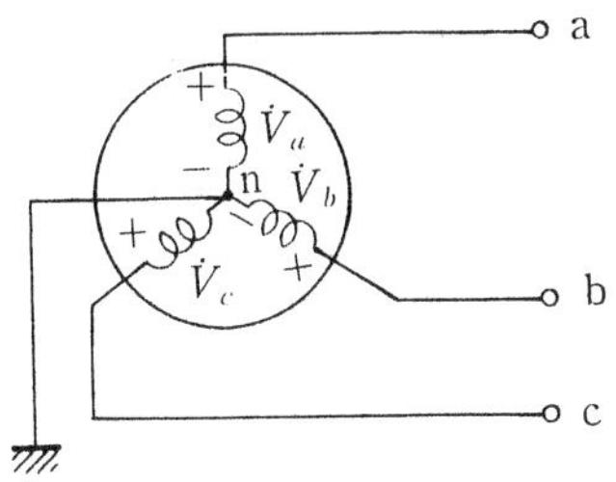

그림 11.9

✲ 풀이 선간 전압 $V_{ab} = V_{bc} = V_{ca} = 20000$ [V]

따라서

$$\text{상전압 } V_a = V_b = V_c = \frac{20000}{\sqrt{3}} \text{ [V]}$$

$\dot{V}_{ab}$를 기준으로 하여 페이저로 표시하면 선간 전압이 상전압보다 위상이 30° 앞서므로

$$\dot{V}_{ab} = 20000 \angle 0° \text{ [V]}$$

$$\dot{V}_a = \frac{20000}{\sqrt{3}} \angle -30° \text{ [V]}$$

이고 $\dot{V}_b$, $\dot{V}_c$는

$$\dot{V}_b = \frac{20000}{\sqrt{3}} \angle -30° - 120° \text{ [V]}$$

$$\dot{V}_c = \frac{20000}{\sqrt{3}} \angle -30° - 240° \text{ [V]}$$

연습문제 11-1 수력 발전소 발전기의 단자 전압이 6000[V]라면 상전압은 얼마가 되는가?

예제 11-2

그림 11.10에서

$$\dot{V}_a = 220 \angle 0° \text{ [V]}$$

$$\dot{V}_b = 220 \angle -120° \text{ [V]}$$

$$\dot{V}_c = 220\angle -240^\circ \text{ [V]}$$

이다. 선간 전압을 동일하게 유지시킨 등가 △ 결선의 각 상전압을 구하라.

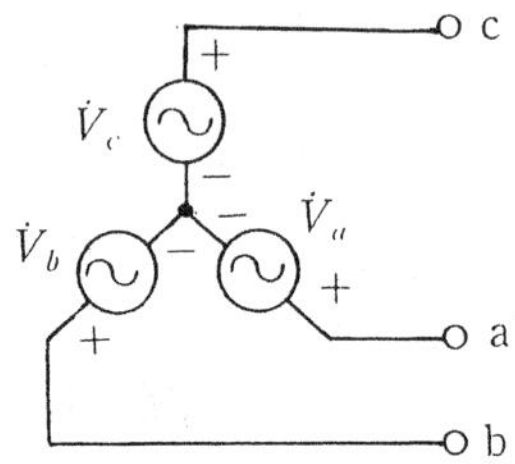

그림 11.10

✲ 풀이 Y 결선 전원을 △ 결선 전원으로 바꾸는 예제이다. 크기가 같고 위상차가 모두 120°인 3상 전압을 대칭 3상 전압이라 한다.

그림 11.10에서 선간 전압은

$$\dot{V}_{ab} = 220\sqrt{3}\angle 30^\circ$$
$$\dot{V}_{bc} = 220\sqrt{3}\angle 30^\circ - 120^\circ$$
$$\dot{V}_{ca} = 220\sqrt{3}\angle 30^\circ - 240^\circ$$

이므로 등가 △ 결선 전압은 그림 11.11과 같이 되며 $\dot{V}_{ab}$, $\dot{V}_{bc}$, $\dot{V}_{ca}$가 바로 각 상의 전압이 된다.

$$\dot{V}_{ab} = 220\sqrt{3}\angle 30^\circ \text{ [V]}$$
$$\dot{V}_{bc} = 220\sqrt{3}\angle 30^\circ - 120^\circ \text{ [V]}$$
$$\dot{V}_{ca} = 220\sqrt{3}\angle 30^\circ - 240^\circ \text{ [V]}$$

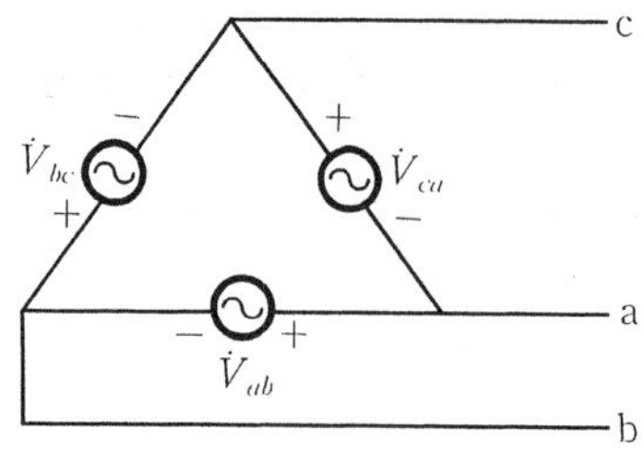

그림 11.11 등가 △ 전압

연습문제 11-2 그림 11.12의 △ 결선 전원에서

$$\dot{V}_{ab} = 220\angle 0^\circ \text{ [V]}$$
$$\dot{V}_{bc} = 220\angle -120^\circ \text{ [V]}$$
$$\dot{V}_{ca} = 220\angle -240^\circ \text{ [V]}$$

일 때 이 전원을 등가 Y 결선 전원으로 바꿔라.

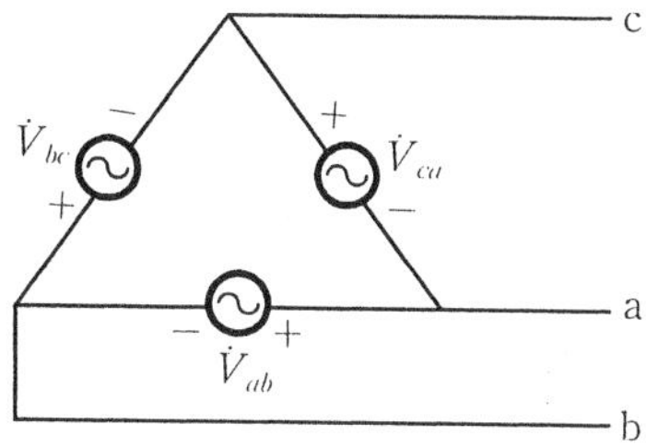

그림 11.12

11.2 Y-Y 회로와 Y-△ 회로

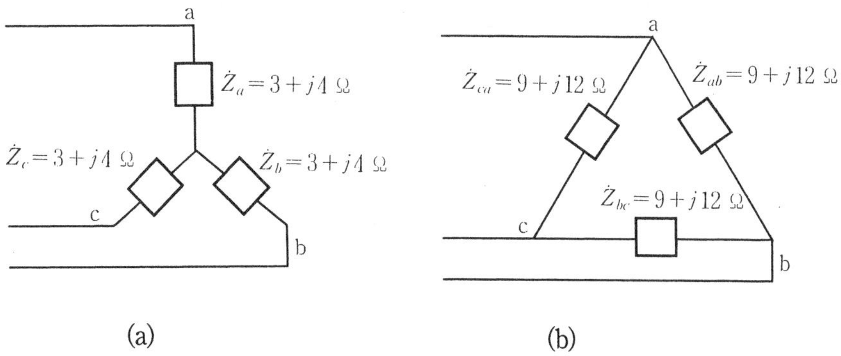

그림 11.13

그림 11.13 (a)는 부하를 Y 결선, (b)는 △ 결선한 것이다. 각 상의 임피던스가 같을 때 즉 실수부와 허수부가 각각 같은 것을 평형 3상 부하라 한다. 우리는 우선 평형 3상 부하

인 경우만을 다룬다. 평형 3상 부하에 대칭 3상 전압을 가하면 부하에 흐르는 전류도 대칭 3상 전류가 흐를 것이다. 다시 말해 각 상에 흐르는 전류의 크기는 같고 위상차는 120°가 될 것이다. 또 임피던스가 Y로 연결된 것을 필요할 때 △로 변환시킬 수 있고, △ 결선을 Y 결선으로 바꾸는 것을 이미 배웠다. 전원이 3상 대칭이고 부하가 3상 평형인 회로를 3상 대칭 회로라 한다.

(1) Y-Y 회로

그림 11.14 (a)는 전원이 Y 결선, 부하도 Y 결선이다. 각 상의 전압이

$$\dot{V}_a = V\angle 0° \text{ [V]}$$
$$\dot{V}_b = V\angle -120° \text{ [V]}$$
$$\dot{V}_c = V\angle -240° = V\angle +120° \text{ [V]}$$

인 3상 대칭 전압이다. 부하는

$$\dot{Z}_a = \dot{Z}_b = \dot{Z}_c = Z\angle\theta$$

인 3상 평형 부하이다. 각 상의 전류 $\dot{I}_a$, $\dot{I}_b$, $\dot{I}_c$를 구해 본다.

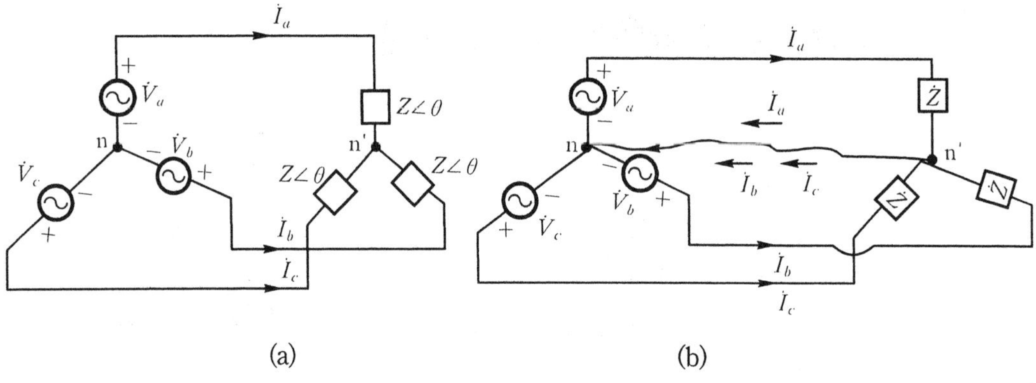

그림 11.14

그림 (b)와 같이 전원의 중성점 n과 부하의 중성점 n'를 도체로 연결한다. 이렇게 하면 a상 부하에는 a상 전압 $\dot{V}_a$가, b상 부하에는 b상 전압 $\dot{V}_b$가, c상 부하에는 c상 전압 $\dot{V}_c$가 걸린다. 따라서 각 상의 전류는

$$\dot{I}_a = \frac{\dot{V}_a}{Z\angle\theta} = \frac{V\angle 0°}{Z\angle\theta} = \frac{V}{Z}\angle -\theta = I\angle -\theta \text{ [A]}$$

$$\dot{I}_b = \frac{\dot{V}_b}{Z\angle\theta} = \frac{V\angle -120^\circ}{Z\angle\theta} = \frac{V}{Z}\underline{/-120^\circ - \theta}$$
$$= \frac{V}{Z}\angle -\theta\angle -120 = \dot{I}_a\angle -120^\circ\,[\mathrm{A}]$$
$$\dot{I}_c = \frac{\dot{V}_c}{Z\angle\theta} = \frac{V\angle -240^\circ}{Z\angle\theta} = \frac{V}{Z}\underline{/-240^\circ - \theta}$$
$$= \frac{V}{Z}\angle -\theta\angle -240 = \dot{I}_a\angle -240^\circ\,[\mathrm{A}]$$

가 된다. 즉 각 상의 전류는 크기가

$$I = \frac{V}{Z}$$

이고 위상각 120°씩 뒤지는 3상 대칭 전류이다. 전류의 페이저도는 그림 11.15와 같이 된다.

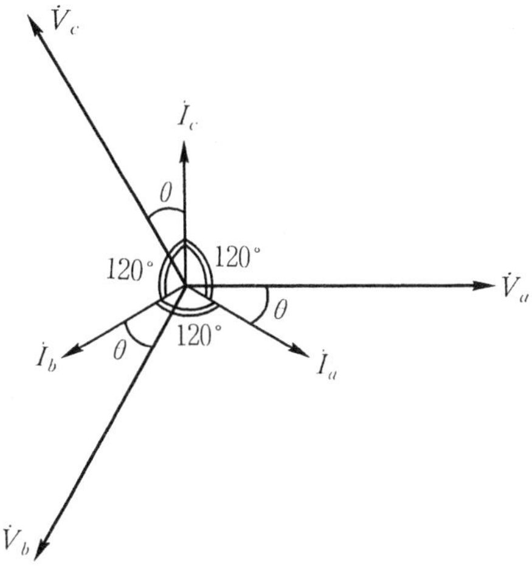

그림 11.15

$\dot{I}_a$, $\dot{I}_b$, $\dot{I}_c$는 3상 대칭 전류이므로

$$\dot{I}_n = \dot{I}_a + \dot{I}_b + \dot{I}_c = 0$$

이다. 따라서 중성선에 흐르는 $\dot{I}_n$는 영이므로 중성선을 제거해도 회로에는 아무런 변화가 없다. 다시 말해 3상 대칭 회로의 경우 그림 11.14의 (a)와 (b)는 같은 회로이다. 즉 3상 대칭 회로는 단상 회로와 같이 다룰 수 있다.

예제 11-3

그림 11.16은 3상 대칭 회로이다. 각 상의 전류를 구하고 페이저도를 그려라.

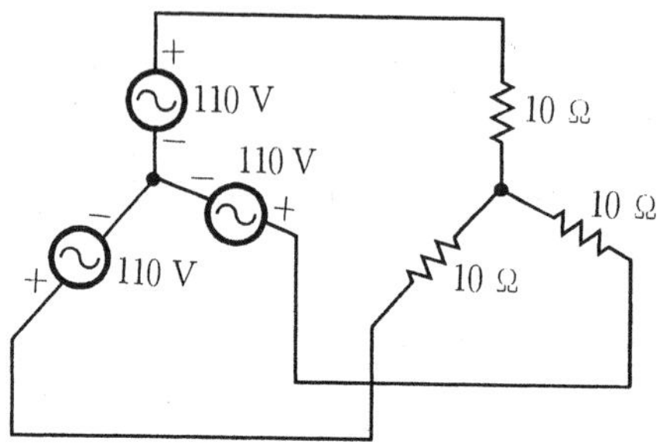

그림 11.16

✲ 풀이 $\dot{V}_a = 110\angle 0°$ [V]라 하면

$$\dot{I}_a = \frac{\dot{V}_a}{\dot{Z}_a} = \frac{110\angle 0°}{10} = 11\angle 0° \text{ [A]}$$

따라서

$$\dot{I}_b = 11\angle -120° \text{ [A]}, \qquad \dot{I}_c = 11\angle -240° \text{ [A]}$$

페이저도는 그림 11.17과 같이 된다.

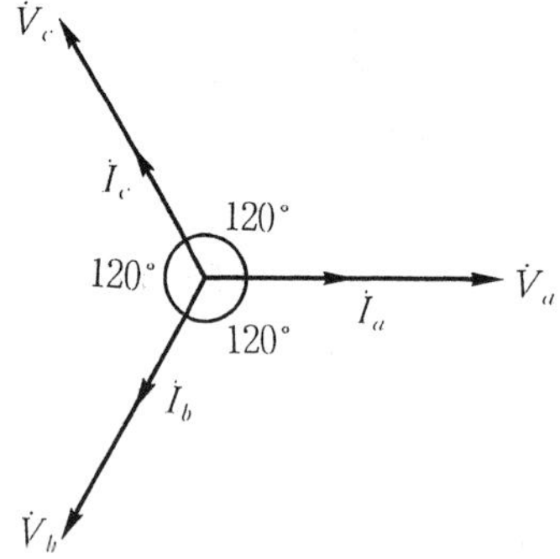

그림 11.17

연습문제 11-3 그림 11.16에서 각 상의 전압이 $V=220$[V]이고 각 상의 부하가 $R=80$[Ω]일 때 각 상의 전류를 구하고 페이저도를 그려라.

예제 11-4 Y−Y 결선 3상 대칭 회로가 있다. 전원의 선간 전압이 220[V]이고 부하 각 상의 임피던스가 $Z=80+j60$[Ω]이다. 부하 전류와 페이저도를 그려라.

✲ 풀이 3상 대칭 회로의 경우는 a상만 아는 것으로 충분하므로 a상에 대해서만 푼다.

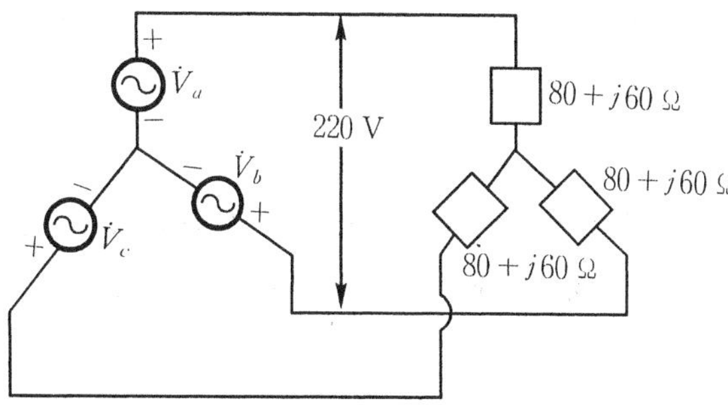

그림 11.18

그림에서 a상을 기준으로 한 상전압은

$$\dot{V}_a=\frac{220}{\sqrt{3}}\angle 0° \text{ [V]}$$

임피던스 $\dot{Z}$는

$$\dot{Z}=80+j60=100\angle 36.87° \text{ [}\Omega\text{]}$$

따라서 전류 $\dot{I}_a$는

$$\dot{I}_a=\frac{\frac{220}{\sqrt{3}}}{100\angle 36.87°}=1.27\angle -36.87° \text{ [A]}$$

페이저도는 그림 11.19와 같이 된다.

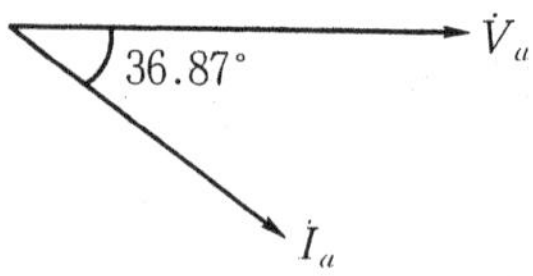

그림 11.19

연습문제 11-4	예제 11.4에서 선간 전압이 381[V], 부하 한 상의 임피던스가 $Z=20-j10[\Omega]$일 때 선전류와 페이저도를 구하라.

(2) Y-△ 회로

전원이 Y 결선이고 부하가 △ 결선인 회로는 부하를 Y로 바꾸면 Y−Y 회로가 되므로 문제를 풀 수 있다. 다음에 △ 회로로 직접 다루어 본다.

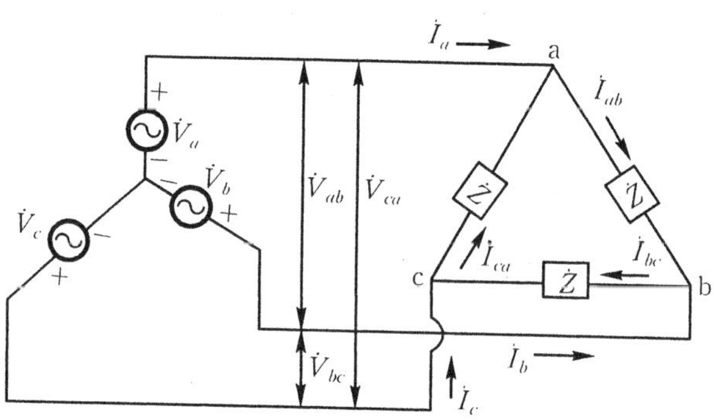

그림 11.20

그림 11.20에서는 선간 전압 $\dot{V}_{ab}$를 기준으로 한다.

$$\dot{V}_{ab}=V\angle 0^\circ\ [\mathrm{V}]$$

$$\dot{V}_{bc}=V\angle -120^\circ\ [\mathrm{V}]$$

$$\dot{V}_{ca}=V\angle -240^\circ\ [\mathrm{V}]$$

부하의 ab 절점에는 선간 전압 $\dot{V}_{ab}$가 걸리므로 상전류는

$$\dot{I}_{ab} = \frac{\dot{V}_{ab}}{\dot{Z}} = \frac{V}{Z\angle\theta} = \frac{V}{Z}\angle-\theta = I\angle-\theta\,[\text{A}]$$

마찬가지로 상전류 $\dot{I}_{bc}$, $\dot{I}_{ca}$는

$$\dot{I}_{bc} = \frac{\dot{V}_{bc}}{\dot{Z}} = I\angle{-\theta-120^\circ}\,[\text{A}]$$

$$\dot{I}_{ca} = \frac{\dot{V}_{ca}}{\dot{Z}} = I\angle{-\theta-240^\circ}\,[\text{A}]$$

다음에 선전류 $\dot{I}_a$는 상전류 $\dot{I}_{ab}$에 비해 크기는 $\sqrt{3}$배, 위상은 30° 뒤지므로

$$\dot{I}_a = \sqrt{3}\,\dot{I}_{ab}\angle-30^\circ = \sqrt{3}I\angle{-\theta-30^\circ}\,[\text{A}]$$

마찬가지로 선전류 $\dot{I}_b$, $\dot{I}_c$는

$$\dot{I}_b = \sqrt{3}I\angle{-\theta-120^\circ-30^\circ}\,[\text{A}]$$

$$\dot{I}_c = \sqrt{3}I\angle{-\theta-240^\circ-30^\circ}\,[\text{A}]$$

한 상에 대한 페이저도를 그리면 그림 11.21과 같이 된다.

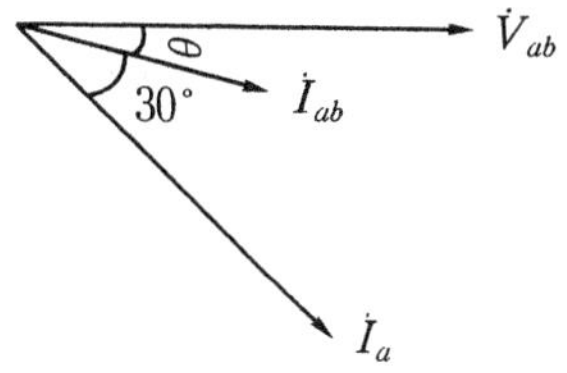

그림 11.21

예제 11-5

부하가 △ 결선된 3상 회로가 있다. 한 상의 임피던스가 $60+j80\,[\Omega]$이고 선간 전압이 220 [V]이다. 상전류와 선전류를 구하라.

풀이 상전류와 선전류의 크기만을 구해 본다.

임피던스 : $Z = \sqrt{60^2+80^2} = 100\,[\Omega]$

상전류 : $I_{ab} = \dfrac{V_{ab}}{Z} = \dfrac{220}{100} = 2.2\,[\text{A}]$

선전류 : $I_a = \sqrt{3}I_{ab} = \sqrt{3}\times 2.2 = 3.81\,[\text{A}]$

연습문제 11-5 Y－△ 회로에서 전원의 상전압이 220 [V]이고 부하 한 상의 임피던스가 60＋j80 [Ω]이다. 부하의 상전류와 선전류를 구하라.

11.3 △-Y 회로와 △-△ 회로

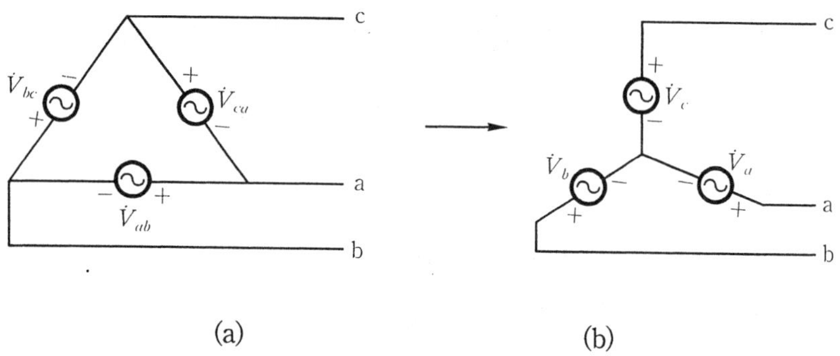

그림 11.22

그림 11.22에서 그림 (a)는 전원이 △ 결선, 그림 (b)는 전원이 Y 결선되어 있다. △ 결선 전원은 선간 전압의 크기와 위상을 변화시키지 않고 Y 결선으로 등가 변환시킬 수 있다.

$$\dot{V}_a = \frac{1}{\sqrt{3}}\ \dot{V}_{ab} \angle -30°$$

$$\dot{V}_b = \frac{1}{\sqrt{3}}\ \dot{V}_{bc} \angle -30°$$

$$\dot{V}_c = \frac{1}{\sqrt{3}}\ \dot{V}_{ca} \angle -30°$$

(1) △-Y 회로

아래에 △－Y 회로를 예를 들어 설명한다.

예제 11-6 그림 11.23의 회로에서 부하 전류와 전원의 상전류를 구하라. 상순은 abc이다.

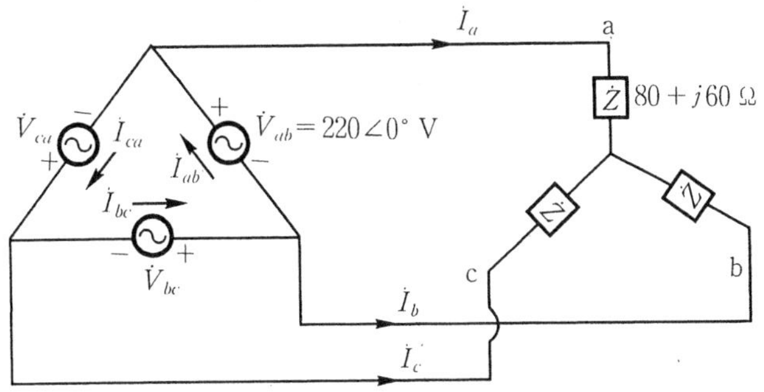

그림 11.23

✲ 풀이 그림 11.23의 △ 전원을 Y 회로로 바꾸면 그림 11.24와 같이 된다.

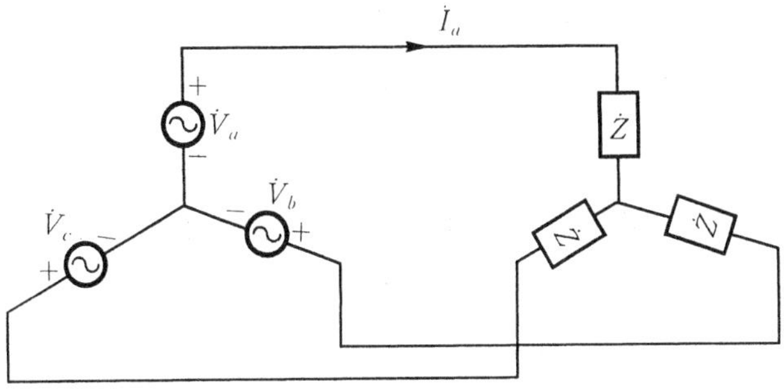

그림 11.24

여기서

$$\dot{V}_a = \frac{1}{\sqrt{3}}\ \dot{V}_{ab}\angle -30° = \frac{1}{\sqrt{3}} \cdot 220\angle -30°$$
$$= 127.02\angle -30°[\text{V}]$$

따라서

$$\dot{V}_b = 127.02\angle -30°\angle -120°\ [\text{V}]$$
$$\dot{V}_c = 127.02\angle -30°\angle -240°\ [\text{V}]$$

선전류 $\dot{I}_a$는

$$\dot{I}_a = \frac{127.02\angle -30°}{80+j60} = \frac{127.02\angle -30°}{100\angle 36.87°}$$
$$= 1.27\angle -66.87° \text{[A]}$$

따라서

$$\dot{I}_b = 1.27\angle -66.87° \angle -120° \text{ [A]}$$
$$\dot{I}_c = 1.27\angle -66.87° \angle -240° \text{ [A]}$$

전원의 상전류 $\dot{I}_{ab}$는 $\dot{I}_a = \sqrt{3}\,\dot{I}_{ab}\angle -30°$에서

$$\dot{I}_{ab} = \frac{1}{\sqrt{3}}\,\dot{I}_a\angle 30°$$

이므로

$$\dot{I}_{ab} = \frac{1}{\sqrt{3}}1.27\angle -66.87° \angle 30°$$
$$= 0.773\angle -36.87° \text{[A]}$$

따라서

$$\dot{I}_{bc} = 0.773\angle -36.87° \angle -120° [A]$$
$$\dot{I}_{ca} = 0.773\angle -36.87° \angle -240° \text{ [A]}$$

연습문제 11-6 예제 11.6에서 $\dot{V}_{ab} = 440\angle +30°$ [V], $Z = 40 - j30$ [Ω]이라 하고, 예제 11.6을 반복하라.

(2) △-△ 회로

Y 결선의 경우는 상전압을 구해 선전류(=상전류)를 구할 수 있으나 △ 결선의 경우는 먼저 상전류를 구한 후 선전류를 구하며 이때 선전류는 상전류에 비해 크기는 $\sqrt{3}$배, 위상은 30° 늦다. 아래에 예를 들어 설명한다.

예제 11-7 그림 11.25에서 선간 전압이 220 [V]이고 부하 각 상의 저항이 100 [Ω]일 때 상전류와 선전류를 구하고 페이저도를 그려라.

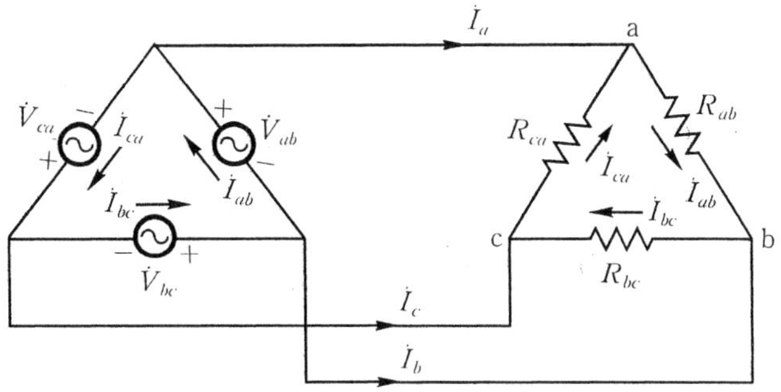

그림 11.25

✻ 풀이 선간 전압 $\dot{V}_{ab}$를 기준으로 한다. 저항 R_{ab}에는 선간 전압 $\dot{V}_{ab}$가 걸린다.

$$\dot{V}_{ab} = 220\angle 0° \text{ [V]}$$

$$\dot{I}_{ab} = \frac{\dot{V}_{ab}}{R_{ab}} = \frac{220}{100} = 2.2\angle 0° \text{ [A]}$$

따라서

$$\dot{I}_{bc} = 2.2\angle -120° \text{ [A]}$$

$$\dot{I}_{ca} = 2.2\angle -240° \text{ [A]}$$

선전류는

$$\dot{I}_a = \sqrt{3}\ \dot{I}_{ab}\angle -30$$

$$= 2.2\sqrt{3}\angle -30° = 3.81\angle -30° \text{[A]}$$

$$\dot{I}_b = 3.81\angle -150° \text{ [A]}$$

$$\dot{I}_c = 3.81\angle -270° \text{ [A]}$$

페이저도를 a상만 그리면 그림 11.26이 된다.

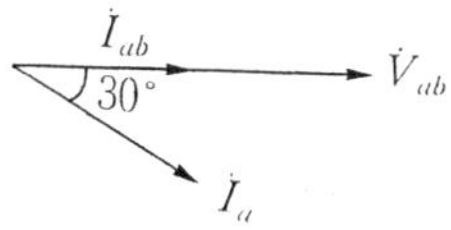

그림 11.26

연습문제 11-7 그림 11.25에서 각 상의 부하 저항에 유도성 리액턴스 100[Ω]을 직렬 연결할 경우 예제 11.7을 반복하라.

예제 11-8 그림 11.27에서 각 상의 부하는 50[Ω] 저항과 40[Ω] 리액턴스가 병렬 연결되어 있다. 상전류와 선전류를 구하라.

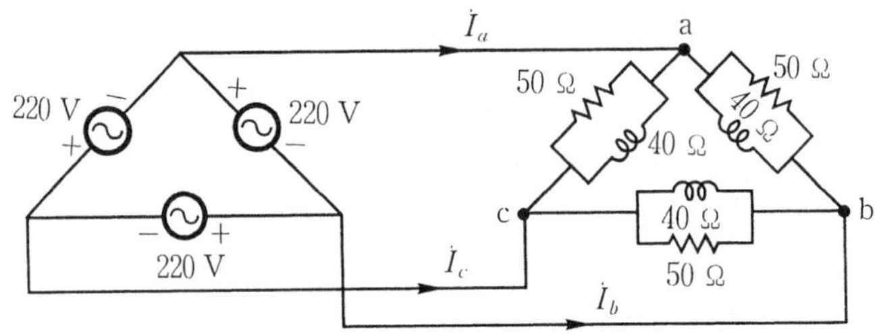

그림 11.27

풀이 전류의 크기만 구해 본다. 그림 11.28은 한 상만 떼어서 그린 것이다. 그림에서 상전류는

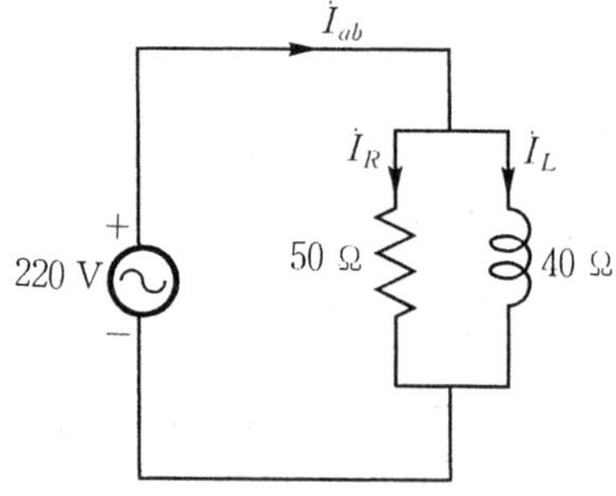

그림 11.28

$$\dot{V}_{ab} = 220\angle 0°\ [\text{V}]$$

$$\dot{I}_{ab} = \dot{I}_R + \dot{I}_L = \frac{220}{50} + \frac{220}{j40} = 4.4 - j5.5$$

$$= 7.04\angle -51.34°[\text{A}]$$

상전류 $I_{ab}=7.04$ [A]

선전류 $I_a=\sqrt{3}\times7.04=12.19$ [A]

연습문제 11-8 그림 11.29의 △−△ 회로에서 상전류와 선전류를 구하라.

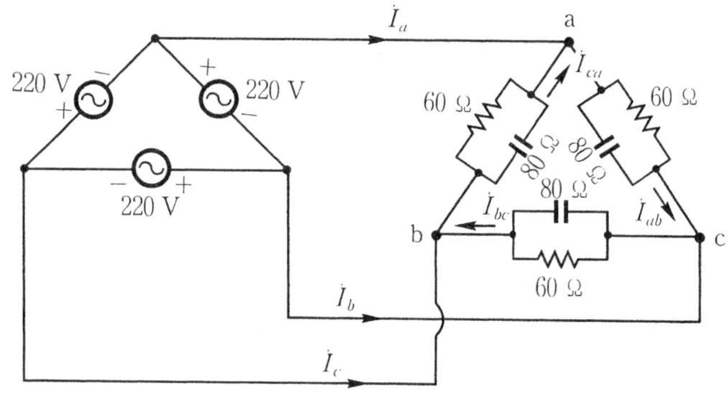

그림 11.29

11.4 3상 전력

그림 11.30에서 단상 회로의 전력은

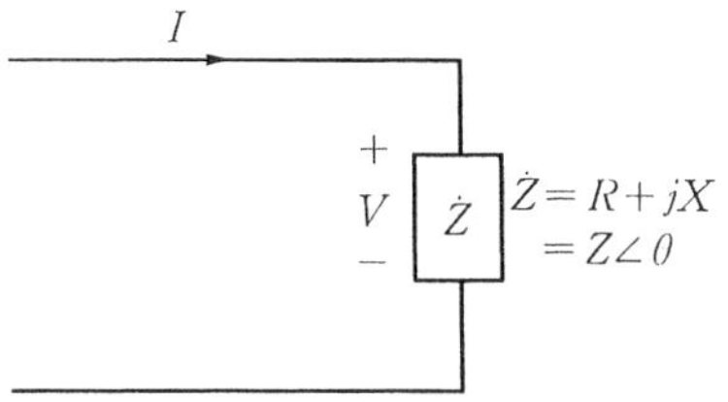

그림 11.30

$$P = VI\cos\theta = I^2R\,[\mathrm{W}]$$
$$Q = VI\sin\theta = I^2X\,[\mathrm{Var}]$$
$$S = VI = I^2Z\,[\mathrm{VA}]$$

이다. 따라서 3상 회로의 경우는 각 상의 합이 된다. 다만 피상 전력의 경우에는 주의를 요한다. 물론 대칭 3상 회로의 경우에는 피상 전력도 각 상의 합이 된다.

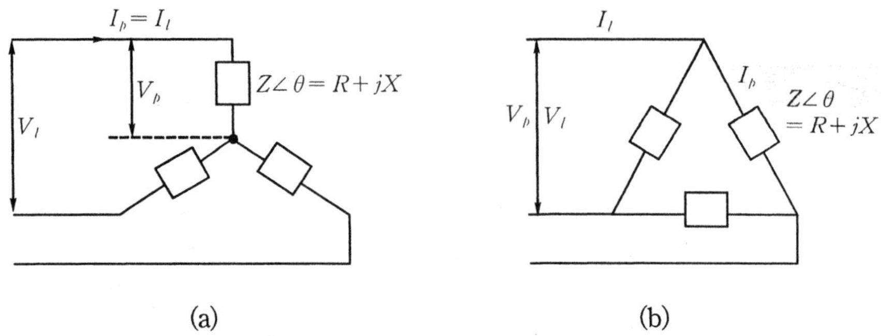

그림 11.31

그림 11.31에서 V_l은 선간 전압, V_p는 상전압, I_l은 선전류, I_p는 상전류를 의미한다. 대칭 3상 회로의 경우 3상 전력은

$$P_3 = 3P = 3\,V_p\,I_p \cdot \cos\theta = 3\,I_p^{\,2}R\ [\mathrm{W}]$$

$$Q_3 = 3Q = 3\,V_p\,I_p \cdot \sin\theta = 3\,I_p^{\,2}X\ [\mathrm{Var}]$$

$$S_3 = 3S = 3\,V_p\,I_p = 3\,I_p^{\,2}Z = \sqrt{P_3^{\,2} + Q_3^{\,2}}\ [\mathrm{VA}]$$

되며 이를 선간 전압과 선전류로 표시하면 유효 전력의 경우 Y 결선은

$$\begin{aligned} P_3 &= 3\,V_p\,I_p \cdot \cos\theta = \sqrt{3}(\sqrt{3}\,V_p)(I_p)\cos\theta \\ &= \sqrt{3}\,V_l\,I_l\cos\theta\ [\mathrm{W}] \end{aligned}$$

△ 결선은 $P_3 = 3\,V_p I_p \cdot \cos\theta = \sqrt{3}\,(V_p)(\sqrt{3} I_p)\cos\theta = \sqrt{3}\,V_l I_l \cos\theta\,[\mathrm{W}]$

마찬가지로 무효 전력과 피상 전력도

$$Q_3 = \sqrt{3}\,V_l\,I_l\sin\theta\ [\mathrm{Var}]$$

$$S_3 = \sqrt{3}\,V_l\,I_l\ [\mathrm{VA}]$$

가 된다. 즉 Y 결선 또는 △ 결선에 관계없이 같은 모양이 된다. 물론 3상 역률은

$$\cos\theta = \frac{P_3}{S_3}$$

이다.

예제 11-9

그림 11.32의 평형 3상 부하에서 유효 전력, 무효 전력, 피상 전력 및 역률을 구하라.

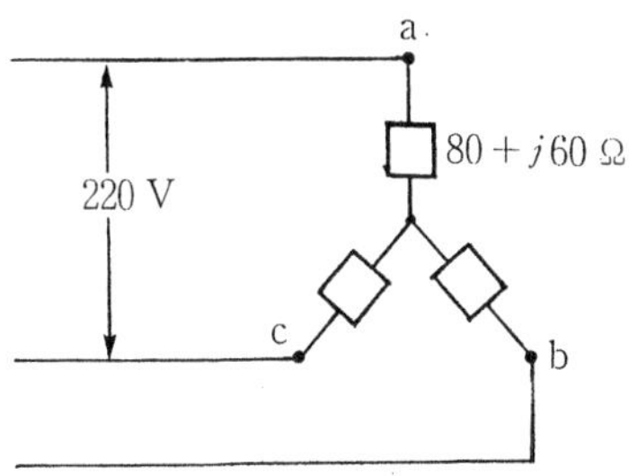

그림 11.32

✲ 풀이 $\dot{Z} = 80 + j60 = 100\angle 36.87°\ [\Omega]$

역률 $\cos\theta = \dfrac{R}{Z} = \dfrac{80}{100} = 0.8$

선전류 $I_l = \dfrac{V_p}{Z} = \dfrac{220/\sqrt{3}}{100} = \dfrac{1}{\sqrt{3}} \cdot 2.2[\text{A}]$

유효 전력 $P_3 = \sqrt{3}\, V_l\, I_l \cos\theta$

$= \sqrt{3} \times 220 \times \dfrac{1}{\sqrt{3}} \times 2.2 \times 0.8 = 387.2\,[\text{W}]$

무효 전력 $Q_3 = \sqrt{3}\, V_l\, I_l \sin\theta$

$= \sqrt{3} \times 220 \times \dfrac{2.2}{\sqrt{3}} \times \dfrac{6}{10} = 290.4\,[\text{Var}]$

피상 전력 $S_3 = \sqrt{3}\, V_l\, I_l = \sqrt{3} \times 220 \times \dfrac{2.2}{\sqrt{3}} = 484\,[\text{VA}]$

다음에 각 상의 전력을 구해 3배 하여 본다. Y 결선이므로 $I_p = I_l$이다.

유효 전력 $P_3 = 3\, I_p^2 R = 3 \times \left(\dfrac{2.2}{\sqrt{3}}\right)^2 \times 80 = 387.2\,[\text{W}]$

무효 전력 $Q_3 = 3\, I_p^2 X = 3 \times \left(\dfrac{2.2}{\sqrt{3}}\right)^2 \times 60 = 290.4\,[\text{Var}]$

피상 전력 $S_3 = 3\, I_p^2 Z = 3 \times \left(\dfrac{2.2}{\sqrt{3}}\right)^2 \times 100 = 484\,[\text{VA}]$

연습문제 11-9 그림 11.32에서 선간 전압이 381.1[V]이고 각 상의 임피던스가 $40+j30[\Omega]$일 때 유효 전력, 무효 전력, 피상 전력 및 역률을 구하라.

예제 11-10 그림 11.33의 평형 3상 회로에서 유효 전력, 무효 전력, 피상 전력 및 역률을 구하라.

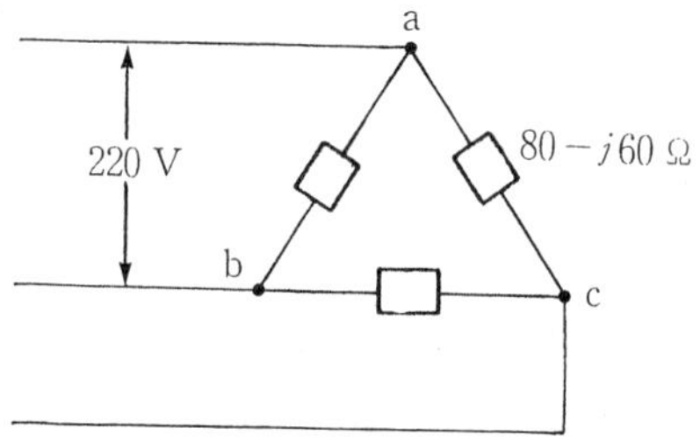

그림 11.33

✲ 풀이 임피던스 Z는

$$Z=|80-j60|=\sqrt{80^2+(-60)^2}=100[\Omega]$$

상전류 I_p는

$$I_p=\frac{V_p}{Z}=\frac{220}{100}=2.2[\text{A}]$$

유효 전력 P_3은

$$P_3=3\,I_p^2R=3\times 2.2^2\times 80=1161.6[\text{W}]$$

무효 전력 Q_3은

$$Q_3=3\,I_p^2X=3\times 2.2^2\times(-60)=-871.2[\text{Var}]$$

피상 전력 S_3은

$$S_3=3\,I_p^2Z=3\times 2.2^2\times 100=1452[\text{VA}]$$

역률 $\cos\theta$는

$$\cos\theta=\frac{R}{Z}=\frac{80}{100}=0.8$$

연습문제 11-10 그림 11.33에서 선간 전압을 381.1[V], 임피던스를 $40-j30\,[\Omega]$으로 할 때 유효 전력, 무효 전력, 피상 전력 및 역률을 구하라.

예제 11-11 그림 11.34의 평형 3상 회로에서 유효 전력, 무효 전력, 피상 전력 및 역률을 구하라.

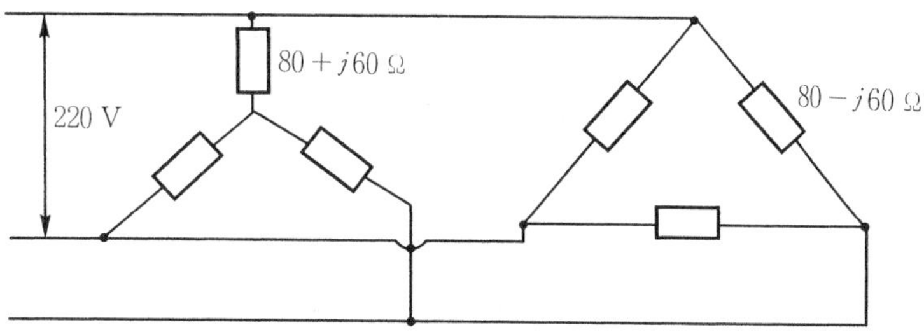

그림 11.34

✲ 풀이 Y 결선 부하와 △ 결선 부하가 병렬 연결되어 있다. 예제 9와 10의 결과를 이용한다. 복소 전력에서 유효 전력은 횡축에 무효 전력은 종축에 표시했다. 따라서 유효 전력과 무효 전력은 각각 대수적으로 합할 수 있다. 그러나 피상 전력은 일반적으로 대수적으로 합할 수 없다.

유효 전력 P_3는

$$P_3 = P_Y + P_\triangle = 387.2 + 1161.6 = 1548.8\,[\mathrm{W}]$$

무효 전력 Q_3는

$$Q_3 = Q_Y + Q_\triangle = 290.4 - 871.2 = -580.8\,[\mathrm{Var}]\ ;\ \text{용량성}$$

피상 전력 S_3는

$$S_3 = \sqrt{P_3^{\,2} + Q_3^{\,2}} = \sqrt{(1548.8)^2 + (-580.8)^2} = 1654.1\,[\mathrm{VA}]$$

역률 $\cos\theta$는

$$\cos\theta = \frac{P_3}{S_3} = \frac{1548.8}{1654.1} = 0.936$$

무효율 $\sin\theta$는

$$\sin\theta = \frac{Q_3}{S_3} = \frac{-580.8}{1654.1} = -0.351$$

연습문제 11-11 그림 11.35의 평형 3상 회로에서 유효 전력, 무효 전력, 피상 전력 및 역률을 구하라.

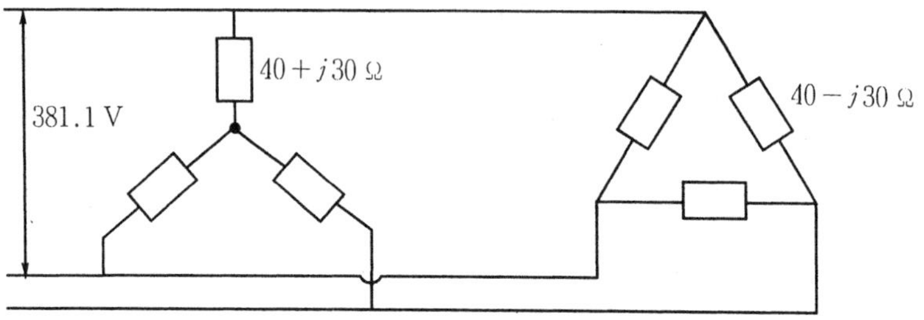

그림 11.35

예제 11-12

그림 11.36은 고압 배전 선로이다. 배전 선로의 저항이 10 [Ω]이고 리액턴스가 15 [Ω]이다. 3상 부하 전력은 300 [kW]이고 지역률은 0.9이다. 전원측의 선간 전압, 역률 및 전원측에서 본 효율을 구하라.

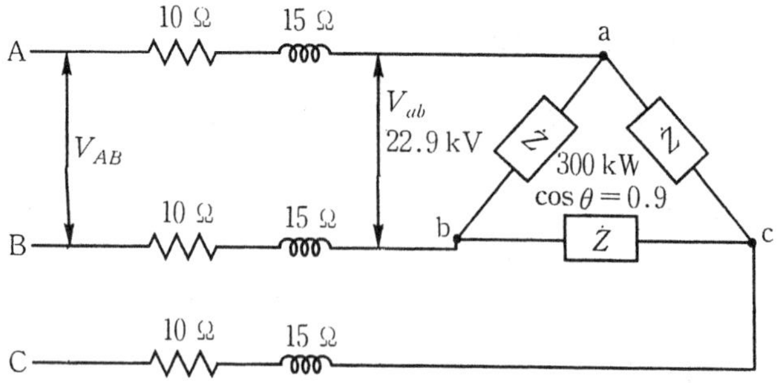

그림 11.36

✲ 풀이 그림 11.36은 3상 대칭 회로이다. 선간 전압 V_{AB}를 구하려면 상전압 V_A를 구하는 것이 순서다. 왜냐하면 선로의 임피던스($10+j15\ \Omega$) 전압 강하가 있기 때문이다. 부하측 상전압 $\dot{V}_a$를 기준으로 한다.

$$\dot{V}_a = \frac{22900}{\sqrt{3}} = 13221.3\angle 0°\ [\mathrm{V}]$$

선전류 I_l는 $P_3 = \sqrt{3}\, V_l\, I_l \cdot \cos\theta$ 에서

$$I_l = \frac{300000}{\sqrt{3} \times 22900 \times 0.9} = 8.4\ [\mathrm{A}]$$

부하가 △ 결선, Y 결선에 집착할 필요는 없다. 역률이 0.9이므로

$$\theta = \cos^{-1} 0.9 = 25.84°$$

따라서 부하가 Y 결선된 것이라 생각하고 상전압이

$$\dot{V}_a = 13221.3\angle 0°\ [\mathrm{V}]$$

이고 지역률이므로 a상 전류 $\dot{I}_a$는

$$\dot{I}_a = 8.4\angle -25.84°\ [\mathrm{A}]$$

된다. 따라서 a(A)상에 대해 그림 11.37과 같은 회로를 그릴 수 있다.

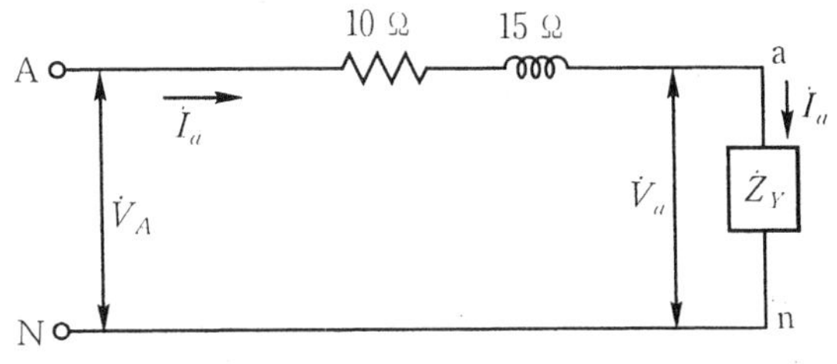

그림 11.37

그림 11.37에서

$$\begin{aligned}\dot{V}_A &= (10+j15)\ \dot{I}_a + \dot{V}_a \\ &= (10+j15) \times 8.4\ \angle -25.84° + 13221.3 \\ &= (130.52+j76.79) + 13221.3 \\ &= 13351.82 + j76.79 \\ &= 13352\ \angle 0.33°\end{aligned}$$

$$=13352 \angle 0.33°$$

선간 전압 V_{AB}는

$$V_{AB}=\sqrt{3}\,V_A=\sqrt{3}\times 13352=23126\,[\text{V}]=23.1\,[\text{kV}]$$

전원측의 유효 전력

$$P_{in}=P_3+3\,I_l^2R=300\times 10^3+3\times 8.4^2\times 10=302116.8\,[\text{W}]$$

전원측의 피상 전력 S_{in}은

$$S_{in}=\sqrt{3}\,V_{AB}\,I_l=\sqrt{3}\times 23126\times 8.4=337774.85\,[\text{VA}]$$

따라서 전원측 역률 $(\cos\theta)_{in}$는

$$(\cos\theta)_{in}=\frac{P_{in}}{S_{in}}=\frac{302116.8}{33774.85}=0.894$$

효율 n은

$$n=\frac{P_3}{P_{in}}=\frac{300000}{302116.8}=0.993$$

연습문제 11-12 그림 11.38은 고압 배전 선로이다. 3상 부하 전력이 150 [kW], 역률이 0.8이고 부하측 선간 전압이 22.9 [kV]이다. 전원측의 선간 전압, 역률 및 효율을 구하라.

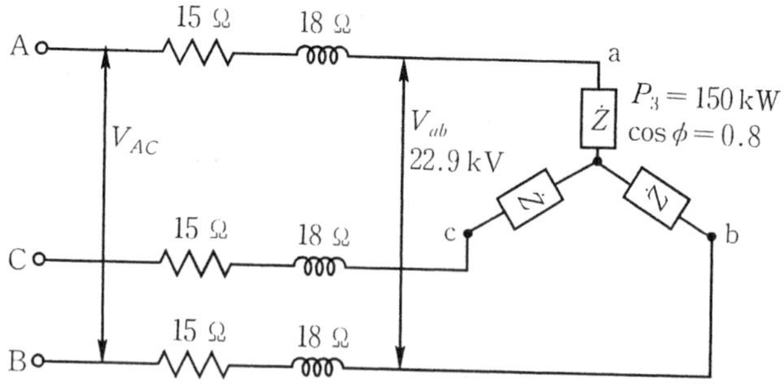

그림 11.38

예제 11-13

3상 전력이 3 [kW], 지역률이 0.7인 평형 3상 회로가 그림 11.39와 같다. 전압은 220 [V], 60 [Hz]이다. 그림과 같이 전력용 콘덴서를 △로 연결하여 역률을 0.9로 개선하려면 콘덴서의 [kVar] 용량과 [μF] 용량은 얼마인가?

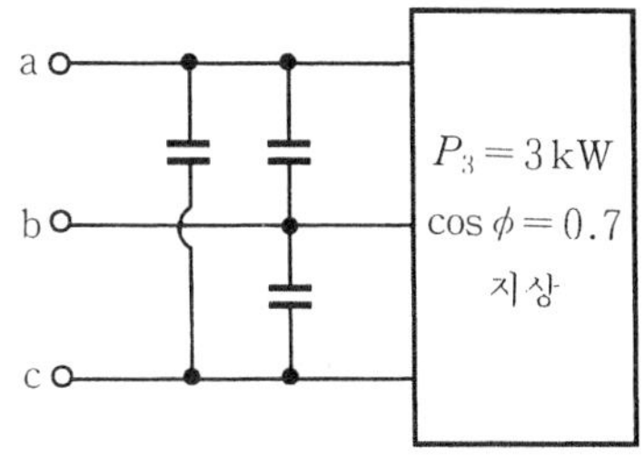

그림 11.39

✻ 풀이 $Q_C = P(\tan\theta_1 - \tan\theta_2)$를 이용한다.

$$Q_C = 3\left(\frac{\sqrt{51}}{7} - \frac{\sqrt{19}}{9}\right) = 1.61\ [\text{kVar}]$$

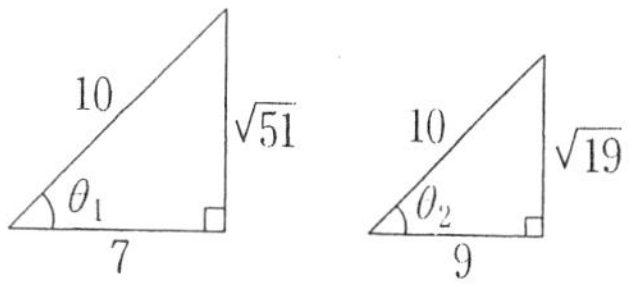

콘덴서 한 개의 용량을 C [μF]라고 하면

$$1.61 \times 10^3 = 3 \times \frac{V^2}{X_C}$$

$$= 3 \cdot \omega C \cdot 10^{-6} V^2 = 3 \times 2\pi \cdot 60 \cdot C \cdot 10^{-6} \cdot 220^2$$

$$C = \frac{1.61 \times 10^3 \times 10^6}{3 \times 377 \times 220^2} = 29.41\ [\mu\text{F}]$$

연습문제 11-13 그림 11.39에서 콘덴서를 Y 결선할 경우, [kVar] 용량과 [μF] 용량은 어떻게 되는가?

11.5 3상 전력의 측정

3상 전력의 측정은 단상 전력계 두 개로 충분하다. 전력계에는 전류 코일(cc)과 전압 코일(pc)이 있다. 전류 코일은 부하에 직렬 연결하여 부하 전류가 흘러 자장을 만들고, 전압

코일은 부하에 병렬로 연결하여 부하 전압에 상당하는 자장을 만든다. 전력계의 지침은

$$P = V \cdot I \cdot \cos\theta \,[\mathrm{W}]$$

를 지시하도록 눈금이 보정되어 있다.

전력계 코일의 극성은 보통 그림 11.40과 같이 표시할 수 있다. 전력계의 특성에 따라 단자 a와 c 또는 단자 b와 c를 연결한다.

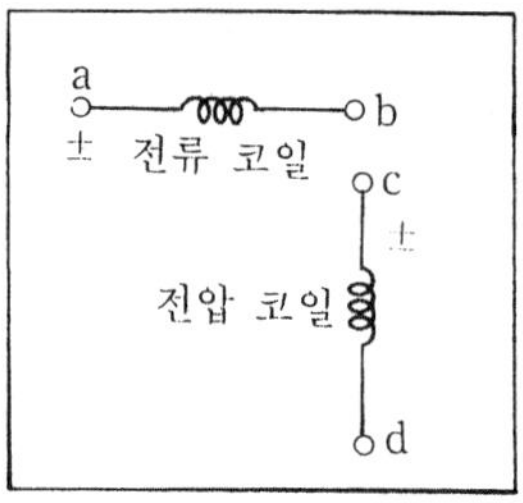

그림 11.40

(1) 3 전력계법

3상 4선식 회로는 전력계 3개를 사용하여 각 상의 전력을 측정하여 더하면 된다. 3상 4선식이 3상 대칭 부하이면 각 상의 전력이 같으므로 한 상의 전력을 3배 하면 된다. 즉 이 경우에는 전력계 한 개로 3상 전력이 측정된다.

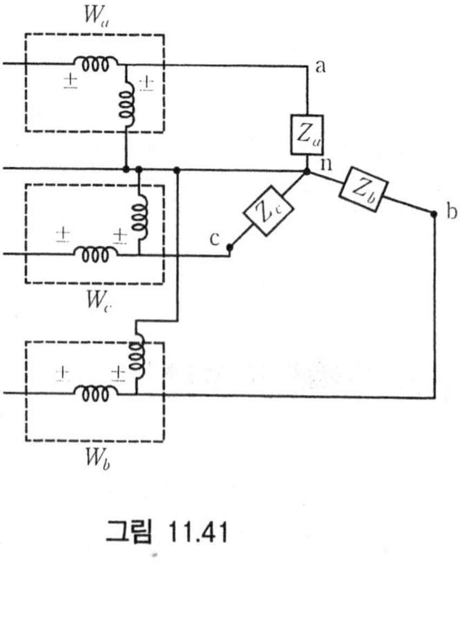

그림 11.41

그림 11.41에서 W_a 전력계는 a상 전류가 흐르고 a상 전압이 걸리므로 Z_a 부하의 전력을 지시한다. W_b, W_c 전력계도 마찬가지이다. 따라서 3상 전력은

$$W_3 = W_a + W_b + W_c$$

이다.

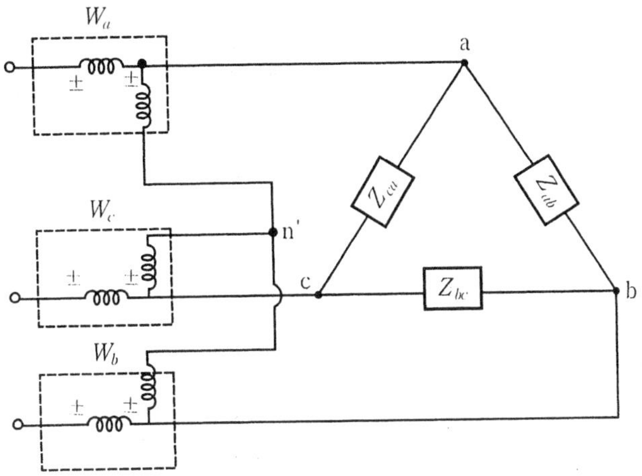

그림 11.42

그림 11.42는 부하가 △ 결선되어 있어 중성점 n이 없는 경우 중성점 n′을 만든 경우다. 이때도 3상 전력 W_3는

$$W_3 = W_a + W_b + W_c$$

가 된다.

(2) 2 전력계법

그림 11.42에서 중성점 n′점이 절점 c와 연결되었다면 전력계 W_c의 지시는 영이 되고, W_a 전력계의 전압은 V_{ac}, W_b 전력계의 전압은 V_{bc}가 걸려 3상 전력은

$$W_3 = W_a + W_b$$

가 되고 결선 방법은 그림 11.43과 같이 된다.

그림 11.43에서 W_a 전력계에는 $\dot{I}_a$ 전류가 흐르고 $\dot{V}_{ac}(\dot{V}_a - \dot{V}_c)$ 전압이 걸리며, W_b 전력계에는 $\dot{I}_b$ 전류가 흐르고 $\dot{V}_{bc}(\dot{V}_b - \dot{V}_c)$ 전압이 걸린다. 따라서 그림 11.14의 페이저도에서 3상 전력 W_3는 다음과 같이 된다.

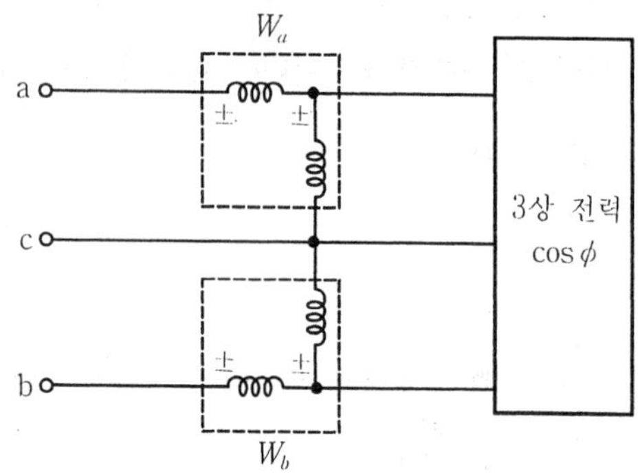

그림 11.43

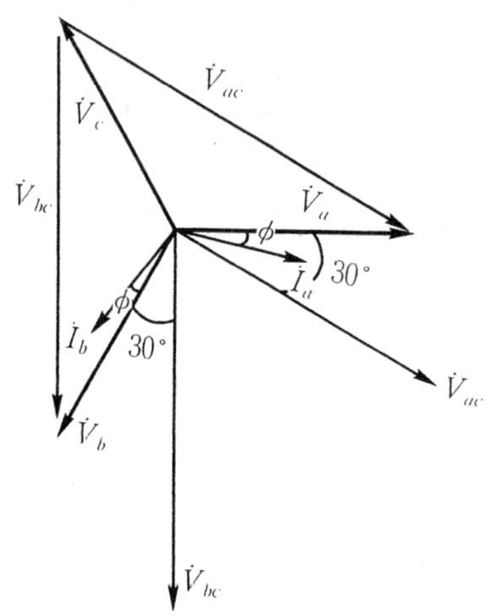

그림 11.44

$$W_a = V_{ac} \cdot I_a \cdot \cos(30° - \phi)$$

$$W_b = V_{bc} \cdot I_b \cdot \cos(30° + \phi)$$

$$\begin{aligned} W_3 &= W_a + W_b = V_{ac} \cdot I_a \cdot \cos(30° - \phi) + V_{bc} \cdot I_b \cdot \cos(30° + \phi) \\ &= V_l \times I_l \{(\cos 30° - \phi) + \cos(30° + \phi)\} \\ &= V_l \times I_l \{(\cos 30° \cdot \cos\phi + \sin 30° \cdot \sin\phi) \\ &\qquad + (\cos 30° \cdot \cos\phi - \sin 30° \cdot \sin\phi)\} \\ &= \sqrt{3}\, V_l I_l \cdot \cos\phi = P_3 \end{aligned}$$

즉 두 전력계 지시값의 합은 3상 전력이 된다. 만일 역률 각이 $\phi = 60^\circ$이면 W_b 전력계는 $\cos(30^\circ + 60^\circ) = \cos 90^\circ = 0$이므로 지시값이 영이 되고 ϕ가 60보다 크면 즉 $\cos\phi < \frac{1}{2}$이면 $\cos(\phi + 30^\circ) < 0$이므로 W_b 전력계의 지침이 −를 지시하므로 지침이 움직일 수가 없다. 이때는 W_b 전력계의 전압 코일의 극성을 바꿔 연결하면 + 방향으로 움직이고 W_a의 지시값에서 W_b의 지시값을 빼 준다.

2전력계법은 3상 불평형 회로에도 성립한다. 3상 전력계는 단상 전력계 두 개를 중첩하여 동일 축상에 한 개의 지침이 놓이도록 제작된 것이다.

예제 11-14 그림 11.43과 그림 11.44에서 3상 무효 전력을 측정하고 역률을 계산한다.

풀이 그림 11.43과 11.44에서

$$\begin{aligned} W_a - W_b &= V_l I_l \{ \cos(30^\circ - \phi) - \cos(30^\circ + \phi) \} \\ &= V_l I_l \{ (\cos 30^\circ \cdot \cos\phi + \sin 30^\circ \cdot \sin\phi) \\ &\qquad - (\cos 30^\circ \cdot \cos\phi - \sin 30^\circ \cdot \sin\phi) \} \\ &= V_l I_l \cdot \sin\phi \, [\mathrm{Var}] \end{aligned}$$

따라서 3상 무효 전력 Q_3는

$$Q_3 = \sqrt{3}\,(W_a - W_b) = \sqrt{3}\, V_l I_l \cdot \sin\phi \, [\mathrm{Var}]$$

즉 W_a의 지시값에서 W_b의 지시값을 빼서 $\sqrt{3}$배 하면 3상 무효 전력이다. 역률 $\cos\phi$는

$$\cos\phi = \frac{P_3}{S_3} = \frac{W_a + W_b}{\sqrt{(W_a + W_b)^2 + 3(W_a - W_b)^2}}$$

연습문제 11-14 3상 대칭 회로에 전력계를 그림 11.45와 같이 연결할 때 이 전력계가 지시한 값을 구하라. 단 상순은 abc이다.

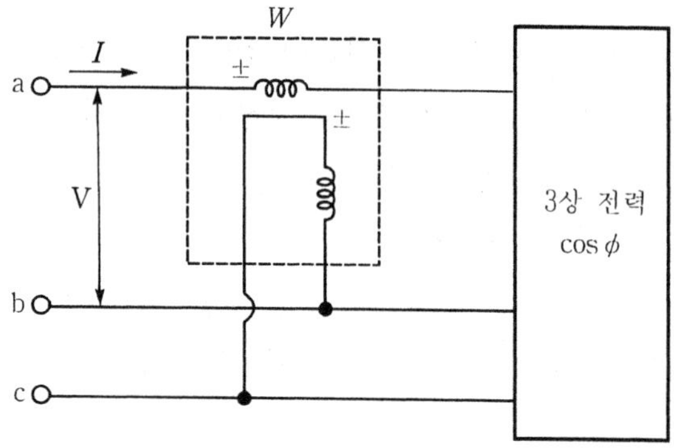

그림 11.45

예제 11-15

상순이 abc인 평형 3상 회로가 있다. 두 전력계를 그림 11.43과 같이 a상과 b상에 연결하여 다음과 같은 측정값을 얻었다. 유효 전력, 무효 전력, 피상 전력 및 역률을 구하라.

(1) 전력계 W_a는 2000 [W]를 지시하였고, 전력계 W_b는 지침이 반대로 움직여서 전압 코일의 극성을 바꾸니 100 [W]를 지시했다.

(2) 전력계 W_b는 2000 [W]를 지시하였고, 전력계 W_a는 지침이 반대로 움직여서 전압 코일의 극성을 바꾸니 100 [W]를 지시했다.

✲ 풀이 (1) 전력계 W_b는 지침이 반대로 움직이므로 −가 된다.

3상 전력 $P_3 = W_a + W_b = 2000 - 100 = 1900$ [W]

3상 무효 전력 $Q_3 = \sqrt{3}\,(W_a - W_b) = \sqrt{3}\,(2000 + 100)$
$= 3637.3$ [Var] ; 유도성

3상 피상 전력 $S_3 = \sqrt{P_3^{\,2} + Q_3^{\,2}} = \sqrt{1900^2 + 3637.3^2}$
$= 4103.7$ [VA]

역률 $\cos\phi = \dfrac{P_3}{S_3} = \dfrac{1900}{4103.7} = 0.463$(지상)

(2) $W_a = -100$ [W], $W_b = +2000$ [W]이므로

3상 전력 $P_3 = W_a + W_b = -100 + 2000 = 1900$ [W]

3상 무효 전력 $Q_3 = \sqrt{3}(-100 - 2000) = -3637.3$ [Var] ; 용량성

3상 피상 전력 $S_3=\sqrt{P_3{}^2+Q_3{}^2}=\sqrt{1900^2+(-3637.3)^2}$
$=4103.7$ [VA]

역률 $\cos\phi=\dfrac{P_3}{S_3}=\dfrac{1900}{4103.7}=0.463$(진상)

연습문제 11-15 예제 11.15에서 $W_a=1500$ [W], $W_b=300$ [W]일 경우 예제 11.15를 반복하라.

11.6 불평형 3상 회로

실제 전기 회로에서는 3상 부하가 평형을 이루지 못하는 경우가 많다. 3상 전동기는 3상 평형 부하지만, 3상의 각 상에 단상 부하를 연결하는 경우가 많기 때문이다. 전력 공급자는 각 상의 부하를 평형시키려고 노력하지만 이상적인 3상 평형은 이룰 수가 없다.
전원 전압이 불평형하거나 각 상의 부하가 불평형인 3상 회로는 대칭 좌표법을 이용한다. 즉 전원과 부하를 영상분, 정상분, 역상분으로 분해한다. 영상분은 각 상의 위상차가 영 즉 단상을 의미하고, 정상분은 상순이 abc인 3상 대칭 전압, 역상분은 상순이 정상분의 반대인 acb인 3상 대칭 전압이다.

우리는 3상 대칭 좌표법을 더 이상 언급하지 않는다. 그림 11.46은 부하가 불평형이 되더라도 무리없이 전력을 공급할 수 있는 회로이다. 그림에서 변압기는 △−Y 결선이고 부하는 Y 결선으로 된 3상 4선식 전기 방식이다. 변압기의 1차측이 △ 결선으로 되어 있어 영상분 전류가 흐르지 않고 불평형 부하에도 무리 없이 운영이 가능한 전기 방식이다.

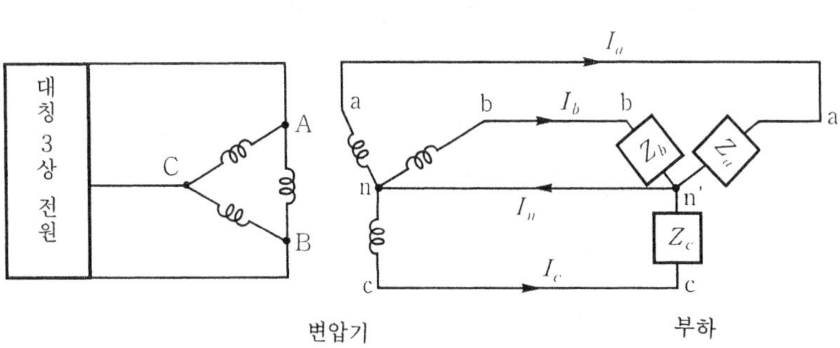

그림 11.46 $\dot I_n=\dot I_a+\dot I_b+\dot I_c$

다음에 불평형 회로의 예를 들어 본다. 우리가 배운 회로 해석 방법(폐로법, 절점법 등)을 이용한다. 불평형 3상 회로는 단상 회로와 같이 다룰 수 없음을 다시 강조한다.

예제 11-16 그림 11.47의 불평형 △부하에서 상전류와 선전류를 구하고 3상 전력을 구하라.

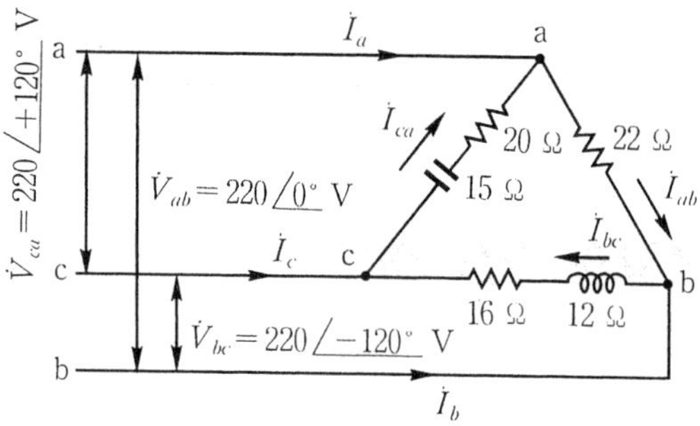

그림 11.47

✲ 풀이 옴의 법칙을 이용하여 각 상의 전류를 구하고 키르히호프 전류 법칙을 절점 abc에 적용시켜 선전류를 구하면 된다.

$$\dot{I}_{ab}=\frac{220\angle 0°}{22}=10\angle 0°\ [\text{A}]$$

$$\dot{I}_{bc}=\frac{220\angle-120°}{16+j12}=11\angle-156.87°\ [\text{A}]$$

$$\dot{I}_{ca}=\frac{220\angle 120°}{20-j15}=8.8\angle 156.87°\ [\text{A}]$$

$$\begin{aligned}\dot{I}_a&=\dot{I}_{ab}-\dot{I}_{ca}=10-8.8\angle 156.87°\ [\text{A}]\\&=18.42\angle-10.82°\ [\text{A}]\end{aligned}$$

$$\begin{aligned}\dot{I}_b&=\dot{I}_{bc}-\dot{I}_{ab}=11\angle-156.87°-10\\&=20.57\angle-167.88°\ [\text{A}]\end{aligned}$$

$$\begin{aligned}\dot{I}_c&=\dot{I}_{ca}-\dot{I}_{bc}=8.8\angle 156.87°-11\angle-156.87°\\&=8.04\angle 75.42°[\text{A}]\end{aligned}$$

다음에 3상 전력 P_3는 각 상에서 소비되는 전력의 합이므로

$$\begin{aligned}P_3&=I_{ab}^2R_{ab}+I_{bc}^2R_{bc}+I_{ca}^2R_{ca}\\&=10^2\cdot 22+11^2\cdot 16+8.8^2\cdot 20=5684.8[\text{W}]\end{aligned}$$

연습문제 11-16 그림 11.48은 그림 11.47에 전력계를 연결한 것이다. 각 전력계의 지시값을 구하고 $P_3 = W_a + W_b$ 임을 보여라(힌트 : W_a 전력계의 지시값은 $V_{ac} \cdot I_a \cdot \cos\theta$에서, 편각 θ는 $\dot{V}_{ac}$의 위상에서 $\dot{I}_a$의 위상을 뺀 것이며 $\dot{V}_{ac}$의 위상은 $-60°$이다.)

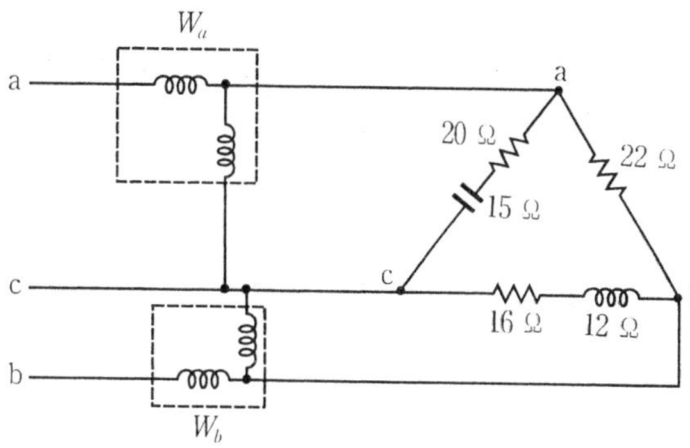

그림 11.48

예제 11-17

그림 11.49는 불평형 3상 4선식 회로이다. 각 선전류를 구하라.

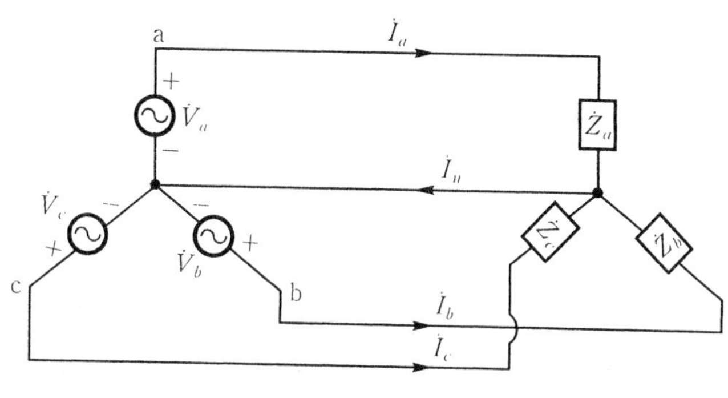

그림 11.49

✻ 풀이 전원의 중성점과 부하의 중성점이 도체로 연결되어 있으므로 두 중성점은 동일 전위점이다. 따라서 $\dot{Z}_a$의 전압 강하는 $\dot{V}_a$, $\dot{Z}_b$의 전압 강하는 $\dot{V}_b$, $\dot{Z}_c$의 전압 강하는 $\dot{V}_c$가 된다. 그러므로

$$\dot{I}_a = \frac{\dot{V}_a}{\dot{Z}_a} \text{ [A]}, \qquad \dot{I}_b = \frac{\dot{V}_b}{\dot{Z}_b} \text{ [A]}, \qquad \dot{I}_c = \frac{\dot{V}_c}{\dot{Z}_c} \text{ [A]}$$

다음에 중성선 전류 $\dot{I}_N$

$$\dot{I}_N = \dot{I}_a + \dot{I}_b + \dot{I}_c = \frac{\dot{V}_a}{\dot{Z}_a} + \frac{\dot{V}_b}{\dot{Z}_b} + \frac{\dot{V}_c}{\dot{Z}_c} \text{ [A]}$$

연습문제 11-17	그림 11.49에서 전원 전압은 3상 대칭 전압으로 크기는 120[V]이고 각 상의 임피던스는 $\dot{Z}_a$=100[Ω], $\dot{Z}_b$=80−j60[Ω], $\dot{Z}_c$=30−j40[Ω]이다. 각 선로에 흐르는 전류를 구하라.

예제 11-18 그림 11.50은 3상 3선식 불평형 부하이다. 각 선로의 선전류를 구하고 또 3상 전력을 구하라.

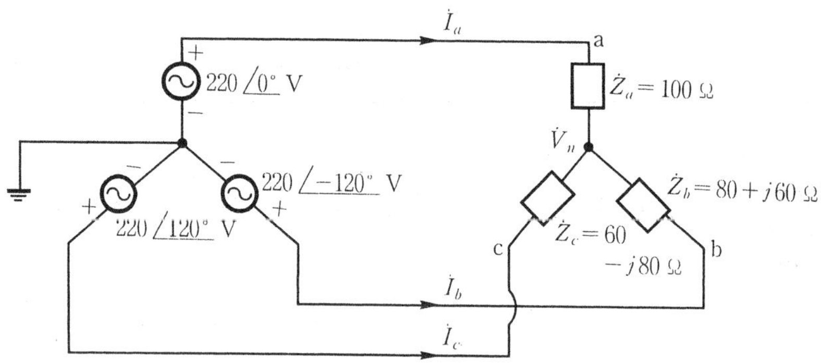

그림 11.50

✲ 풀이 전원이 3상 대칭 전압일지라도 부하가 3상 평형 부하가 아니므로 부하 중성점의 전위가 영이 아니다. 따라서 부하 중성점의 전위 $\dot{V}_n$를 구하는 것이 급선무이다. 대지에 대한(전원의 중성점에 대한) 부하 중성점의 전위를 $\dot{V}_n$라 하면 각 상의 전류는 다음과 같이 된다.

$$\dot{I}_a = \frac{\dot{V}_a - \dot{V}_n}{\dot{Z}_a} \text{ [A]}$$

$$\dot{I}_b = \frac{\dot{V}_b - \dot{V}_n}{\dot{Z}_b} \text{ [A]}$$

$$\dot{I}_c = \frac{\dot{V}_c - \dot{V}_n}{\dot{Z}_c} \text{ [A]}$$

그런데 $\dot{I}_a + \dot{I}_b + \dot{I}_c = 0$이므로

$$\frac{\dot{V}_a - \dot{V}_n}{\dot{Z}_a} + \frac{\dot{V}_b - \dot{V}_n}{\dot{Z}_b} + \frac{\dot{V}_c - \dot{V}_n}{\dot{Z}_c} = 0$$

$$\dot{V}_n = \frac{\dfrac{\dot{V}_a}{\dot{Z}_a} + \dfrac{\dot{V}_b}{\dot{Z}_b} + \dfrac{\dot{V}_c}{\dot{Z}_c}}{\dfrac{1}{\dot{Z}_a} + \dfrac{1}{\dot{Z}_b} + \dfrac{1}{\dot{Z}_c}}$$

위의 결과는 밀만 정리에서 한번에 얻을 수도 있다. $\dot{V}_n$를 계산하면

$$\dot{V}_n = \frac{\dfrac{220}{100} + \dfrac{220\angle -120^\circ}{80 + j60} + \dfrac{220\angle 120^\circ}{60 - j80}}{\dfrac{1}{100} + \dfrac{1}{80 + j60} + \dfrac{1}{60 - j80}}$$

$$= \frac{2.095\angle -163.33^\circ}{0.024\angle 4.76^\circ} = 87.29\angle -168.09^\circ [\mathrm{V}]$$

따라서 각각의 선전류는

$$\dot{I}_a = \frac{220\angle 0^\circ - 87.29\angle -168.09^\circ}{100} = 3.06\angle 3.38^\circ [\mathrm{A}]$$

$$\dot{I}_b = \frac{220\angle -120^\circ - 87.29\angle -168.09^\circ}{80 + j60} = 1.74\angle -134.98^\circ [\mathrm{A}]$$

$$\dot{I}_c = \frac{220\angle 120^\circ - 87.29\angle -168.09^\circ}{60 - j80} = 2.10\angle 149.85^\circ [\mathrm{A}]$$

참고로 $\dot{I}_a + \dot{I}_b + \dot{I}_c$를 계산해 보면

$$3.06\angle 3.38^\circ + 1.74\angle -134.98^\circ + 2.10\angle 149.85^\circ$$
$$= 0.0099\angle 26.32^\circ \fallingdotseq 0$$

가 된다. 다음에 3상 전력은 각 상에서 소비된 전력의 합이므로

$$P_3 = 3.06^2 \cdot 100 + 1.74^2 \cdot 80 + 2.10^2 \cdot 60 = 1443.17 [\mathrm{W}]$$

연습문제 11-18 그림 11.50에서 각 선로의 임피던스가 $8 + j10 [\Omega]$이라 할 때 예제 11.18을 반복하라.

종합 문제

1. 상업용 발전소의 발전기는 모두 ( ) 교류 발전기이다.

2. 3상 발전기와 변압기를 결선하는 방법에는 ( )과 ( )이 있다.

3. 변압기를 Y 결선하면 선간 전압은 상전압에 비해 크기는 ( )배이고, 위상은 30° ( ). 그러나 상전압과 선전류는 같다.

4. 변압기를 △ 결선하면 선전류는 상전류에 비해 크기는 ( )배이고, 위상은 30° ( ). 그러나 상전압과 선간 전압은 같다.

5. 대칭 3상 회로는 ( )와 같이 취급할 수 있다.

6. 선간 전압이 V_l, 선전류가 I_l이고 역률이 $\cos\theta$일 때 3상 전력은 P_3=( ) [W]이다.

7. 3상 전력의 측정은 단상 전력계 ( )개로 충분하다.

8. 그림과 같은 순저항으로 된 회로에 대칭 3상 전압을 가했을 때 각 선에 흐르는 전류가 같으려면 R의 값 [Ω]은?

㉮ 20
㉯ 25
㉰ 30
㉱ 35

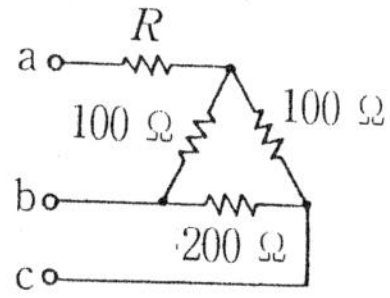

9. 그림에서 (a)의 3상 △ 부하와 등가인 (b)의 3상 Y 부하 사이에 Z_Y와 $Z_\triangle$의 관계는 어느것이 옳은가?

㉮ $Z_\triangle = Z_Y$
㉯ $Z_\triangle = 3\,Z_Y$
㉰ $Z_Y = 3\,Z_\triangle$
㉱ $Z_Y = 6\,Z_\triangle$

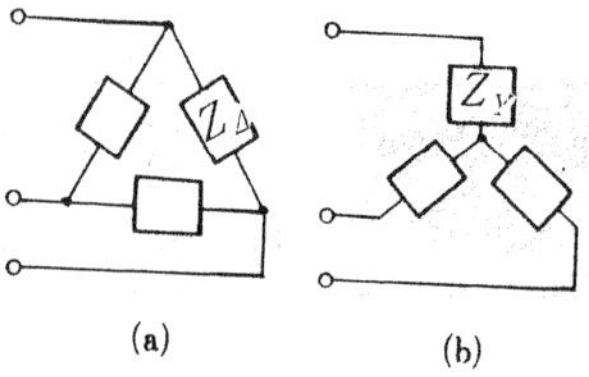

10. 9[Ω]과 3[Ω]의 저항 3개를 그림과 같이 연결하였을 때 A, B 사이의 합성 저항 [Ω]은?

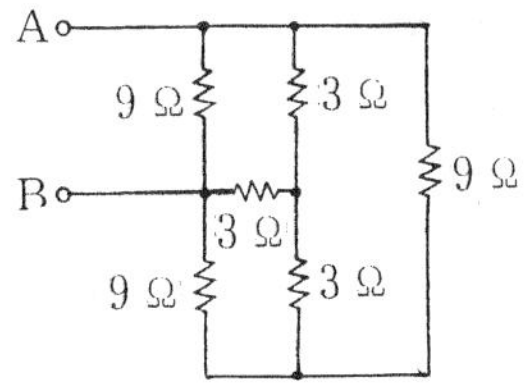

㉮ 6
㉯ 4
㉰ 3
㉱ 2

11. 대칭 3상 전압을 그림과 같은 평형 부하에 가할 때의 부하의 역률은 얼마인가? 단, $R=9[\Omega]$, $\dfrac{1}{\omega C}=4[\Omega]$이다.

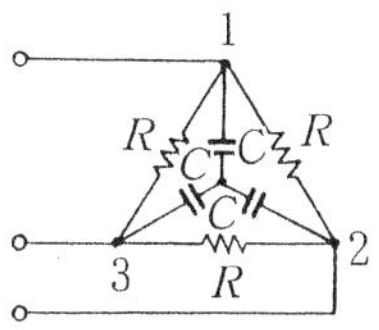

㉮ 1
㉯ 0.096
㉰ 0.8
㉱ 0.6

12. 2개의 교류 전압 $e_1=141\sin(120\pi t-30^\circ)$과 $e_2=150\cos(120\pi t-30^\circ)$의 위상차를 시간으로 표시하면 몇 초인가?

㉮ $\dfrac{1}{60}$ ㉯ $\dfrac{1}{120}$ ㉰ $\dfrac{1}{240}$ ㉱ $\dfrac{1}{360}$

13. 그림과 같은 대칭 3상 회로가 있다. I_a의 크기 및 I_c의 위상각은? 단 $E_a=120\angle 0^\circ$, $Z_l=4+j6[\Omega]$, $Z=20+j12[\Omega]$이다.

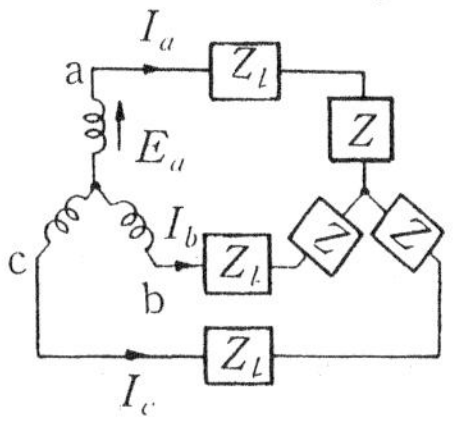

㉮ 4, $\tan^{-1}\dfrac{3}{4}$
㉯ 4, $-\tan^{-1}\dfrac{3}{4}+120^\circ$
㉰ 8, $-\tan^{-1}\dfrac{3}{4}$
㉱ 8, $\tan^{-1}\dfrac{3}{4}-120^\circ$

14. 대칭 3상 Y 결선 부하에서 각 상의 임피던스가 $Z=16+j12[\Omega]$이고 부하 전류가 10 [A]일 때, 이 부하의 선간 전압[V]은?

㉮ 235.4 ㉯ 346.4 ㉰ 456.7 ㉱ 524.4

15. 다음 그림과 같이 3상 평형 부하 $Z=6+j8$ [Ω]에 상전압이 공급될 때 선간 전류는?

㉮ 15 [A]

㉯ $15\sqrt{3}$ [A]

㉰ 20 [A]

㉱ $20\sqrt{3}$ [A]

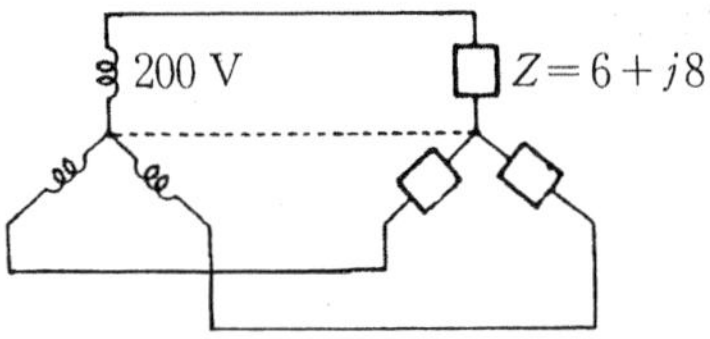

16. 전원과 부하가 다 같이 △ 결선된 3상 평형 회로가 있다. 전원 전압이 200 [V], 부하 임피던스가 $6+j8$ [Ω]인 경우 선전류 [A]는?

㉮ 20 ㉯ $\frac{20}{\sqrt{3}}$ ㉰ $20\sqrt{3}$ [A] ㉱ $10\sqrt{3}$

17. 평형 3상 3선식 회로가 있다. 부하는 Y 결선이고 $V_{ab}=100\sqrt{3}\angle 0°$ [V]일 때 $I_a=20\angle -120°$ [A]이었다. Y 결선된 부하 한 상의 임피던스는 몇 [Ω]인가?

㉮ $5\angle 60°$ ㉯ $5\sqrt{3}\angle 60°$

㉰ $5\angle 90°$ ㉱ $5\sqrt{3}\angle 90°$

18. $R=6$ [Ω], $X_l=8$ [Ω]이 직렬인 임피던스 3개로 △ 결선된 대칭 부하 회로에 선간 전압 100 [V]인 대칭 3상 전압을 가하면 선전류는 몇 [A]인가?

㉮ $\sqrt{3}$ ㉯ $3\sqrt{3}$ ㉰ 10 ㉱ $10\sqrt{3}$

19. 전원과 부하가 △−△ 결선인 평형 3상 회로의 선간 전압이 220 [V], 선전류가 30 [A]이었다면 부하 한 상의 임피던스 [Ω]는?

㉮ 9.7 ㉯ 10.7 ㉰ 11.7 ㉱ 12.7

20. 선간 전압이 200 [V]인 10 [kW]의 3상 대칭 부하에 3상 전력을 공급하는 선로 임피던스가 $4+j3$ [Ω]일 때 부하가 뒤진 역률 80 [%]이면 선전류는 몇 [A]인가?

㉮ $18.8+j21.6$ ㉯ $28.8-j21.6$

㉰ $35.7-j4.3$ ㉱ $14.1-j33.1$

21. 전원이 Y 결선, 부하가 △ 결선된 3상 평형 회로가 있다. 전원 전압의 한 상 200 [V], 부하 한 상의 임피던스가 $6+j8$ [Ω]인 경우 선전류 [A]는?

㉮ 20 ㉯ $\frac{20}{\sqrt{3}}$ ㉰ 60 ㉱ $40\sqrt{3}$

22. $R[\Omega]$인 3개의 저항을 같은 전원에 △ 결선으로 접속시킬 때와 Y 결선으로 접속시킬 때 선전류의 크기비 $\left(\frac{I_\triangle}{I_Y}\right)$는?

㉮ $\frac{1}{3}$ ㉯ $\sqrt{6}$ ㉰ $\sqrt{3}$ ㉱ 3

23. $r[\Omega]$인 6개의 저항을 그림과 같이 접속하고 평형 3상 전압 V를 가했을 때 I는 몇 [A]인가? 단, $r=3[\Omega]$, $V=60$[V]이다.

㉮ 5
㉯ 6
㉰ 7.5
㉱ 8.5

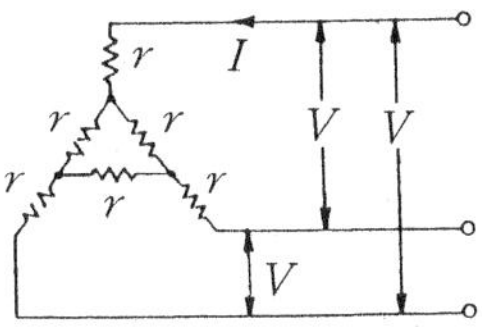

24. 그림과 같이 △로 접속된 부하에 각 선로의 저항은 $r=1[\Omega]$이고 부하의 임피던스는 $Z=6+j12[\Omega]$이다. 단자 a, b, c 간에 200[V]의 평형 3상 전압을 가할 때 부하의 상전류[A]는?

㉮ 23.09
㉯ 40.26
㉰ 13.33
㉱ 69.28

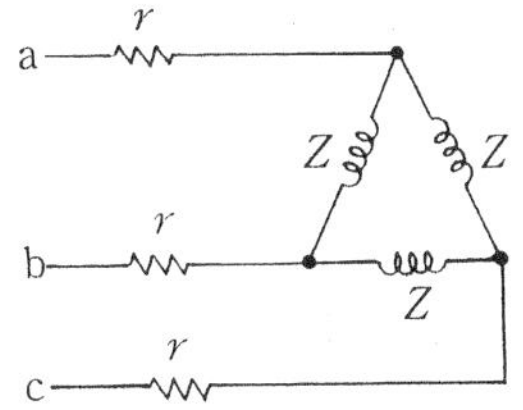

25. 평형 3상 회로에서 그림과 같이 변류기를 접속하고 전류계 Ⓐ를 연결했을 때 Ⓐ에 흐르는 전류는 몇 [A]인가?

㉮ 0
㉯ 5.33
㉰ 8.66
㉱ 10.22

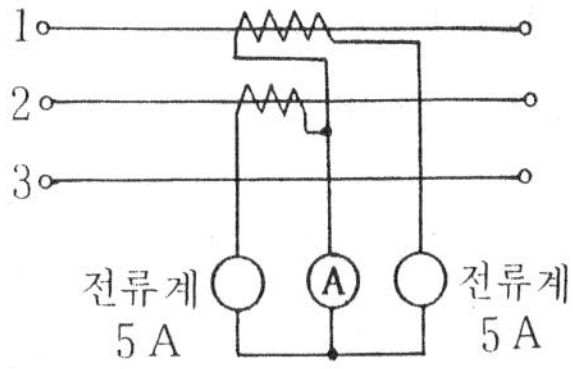

26. 그림과 같은 △ 전원(평형)에서 각 전원 전압의 크기가 $E=190.5$[V]일 때 3[Ω]의 저항에 흐르는 전류의 실효값[A]은?

㉮ 38.1
㉯ 24.4
㉰ 15
㉱ 0.87

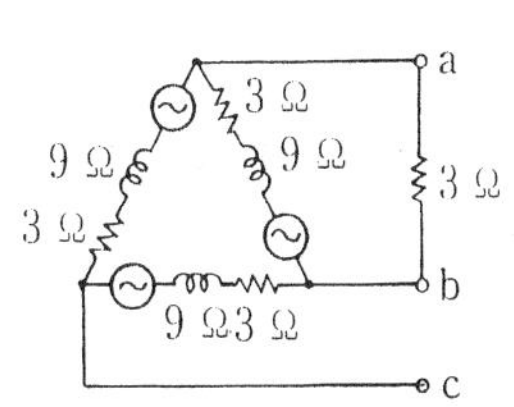

27. 그림과 같은 회로에 대칭 3상 전압 220[V]를 가할 때 a, a′ 선이 ×점에서 단선되었다고 하면 선전류[A]는 얼마인가?

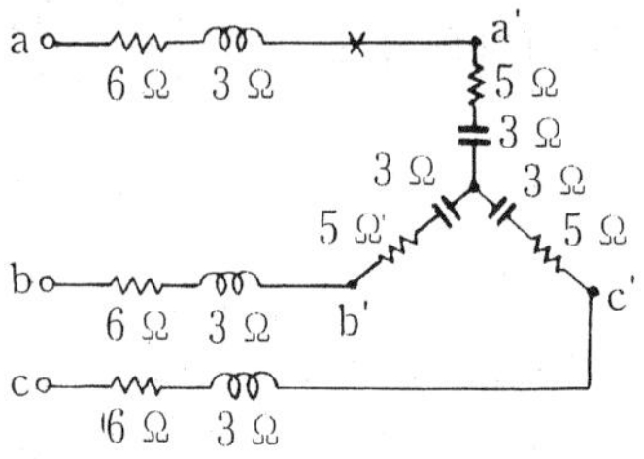

㉮ 5

㉯ 10

㉰ 15

㉱ 20

28. 그림과 같은 불평형 Y형 회로에 평형 3상 전압을 가할 경우 중성점의 전위는?

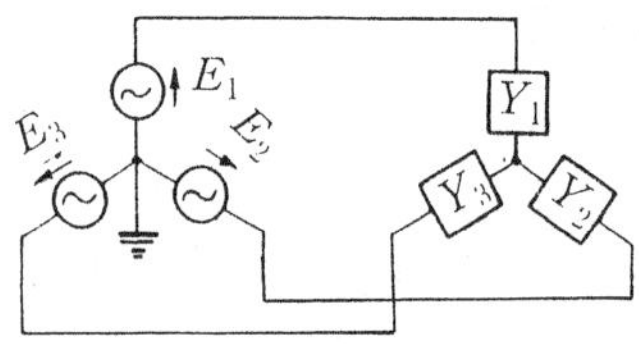

㉮ $\dfrac{E_1+E_2+E_3}{Z_1+Z_2+Z_3}$

㉯ $\dfrac{Z_1E_1+Z_2E_2+Z_3E_3}{Z_1+Z_2+Z_3}$

㉰ $\dfrac{E_1+E_2+E_3}{Y_1+Y_2+Y_3}$

㉱ $\dfrac{Y_1E_1+Y_2E_2+Y_3E_3}{Y_1+Y_2+Y_3}$

29. 선간 전압 100[V], 역률 60[%]인 평형 3상 부하에서 소비 전력 P_a=10[kW]일 때, 선전류[A]는?

㉮ 66.2 ㉯ 86.2 ㉰ 96.2 ㉱ 99.3

30. 3상 평형 부하가 있다. 전압이 200[V], 역률이 0.8이고 소비 전력은 10[kW]이다. 부하 전류는 몇 [A]인가?

㉮ 약 30[A] ㉯ 약 32[A] ㉰ 약 34[A] ㉱ 약 36[A]

31. 그림에서 저항 R이 접속되고, 여기에 3상 평형 전압 V가 가해져 있다. 지금 ×표의 곳에서 1선이 단선되었다고 하면 소비 전력은 몇 배로 되는가?

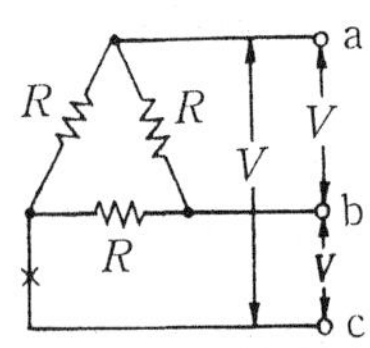

㉮ 1 ㉯ 0.5

㉰ $\dfrac{1}{4}$ ㉱ $\dfrac{1}{\sqrt{2}}$

32. 평형 3상 회로에서 임피던스를 Y 결선에서 △ 결선으로 하면, 소비 전력은 몇 배가 되는가?

㉮ 3배 ㉯ $\sqrt{3}$배 ㉰ $\dfrac{1}{\sqrt{3}}$ 배 ㉱ $\dfrac{1}{3}$ 배

33. 그림의 3상 Y 결선 회로에서 소비하는 전력[W]은?

㉮ 3072

㉯ 1536

㉰ 768

㉱ 512

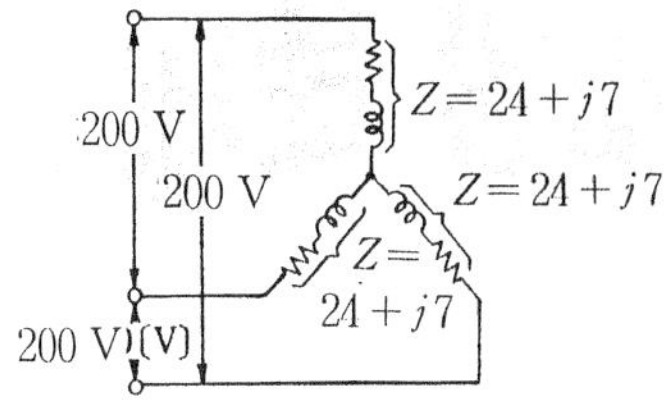

34. 선간 전압 V [V]의 3상 평형 전원에 대칭 3상 저항 부하 R [Ω]이 그림과 같이 접속되었을 때 a, b 두 상간에 접속된 전력계의 지시값이 W [W]라 하면 c상의 전류 [A]는?

㉮ $\frac{\sqrt{3}\,W}{V}$　　㉯ $\frac{3W}{V}$

㉰ $\frac{W}{\sqrt{3}\,V}$　　㉱ $\frac{2W}{\sqrt{3}\,V}$

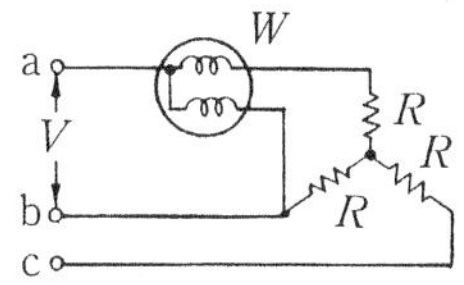

35. 2 전력계법으로 3상 전력을 측정하였더니 한쪽의 지시가 800 [W], 다른 쪽의 지시가 1600 [W]이었다. 피상 전력은 얼마[VA]인가?

㉮ 2971　　㉯ 2871　　㉰ 2771　　㉱ 2671

36. 평형 3상 무유도 저항 부하가 3상 3선식 회로에 걸려 있을 때 단상 전력계를 그림과 같이 접속했더니 그 지시값이 W[W]이었다. 부하의 전력은? 단, 정현파 교류이다.

㉮ $\sqrt{2}\,W$ [W]

㉯ $2W$ [W]

㉰ $\sqrt{3}\,W$ [W]

㉱ $3W$ [W]

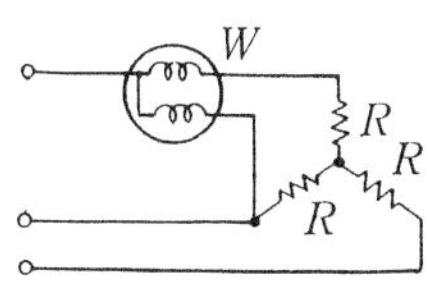

37. 두 대의 전력계를 사용하여 평형 부하의 3상 회로의 역률을 측정하려고 한다. 전력계의 지시가 각각 P_1, P_2라 할 때 이 회로의 역률은?

㉮ $\frac{\sqrt{P_1+P_2}}{P_1+P_2}$　　㉯ $\frac{P_1+P_2}{P_1^2+P_2^2+2P_1P_2}$

㉰ $\frac{P_1+P_2}{2\sqrt{P_1^2+P_2^2-P_1P_2}}$　　㉱ $\frac{2P_1P_2}{\sqrt{P_1^2+P_2^2+2P_1P_2}}$

38. 3상 전력을 측정하는데 두 전력계 중에서 하나가 0이었다. 이때의 역률은 어떻게 되는가?

㉮ 0.5　　㉯ 0.8　　㉰ 0.6　　㉱ 0.4

익힘 문제

1. 그림은 2상 발전기 회로이다. $\dot{V}_a = 100\angle 0°$ [V], $\dot{V}_b = 100\angle -90°$ [V]일 때 I_a, I_b, I_n을 구하라.

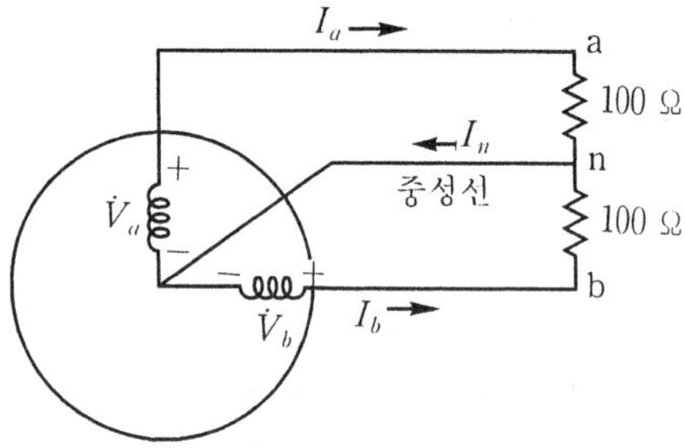

2. 그림에서 상순이 abc이고, 선간 전압 $\dot{V}_{ab} = 220\angle 0°$ [V]일 때 각 상의 페이저 전압을 구하라.

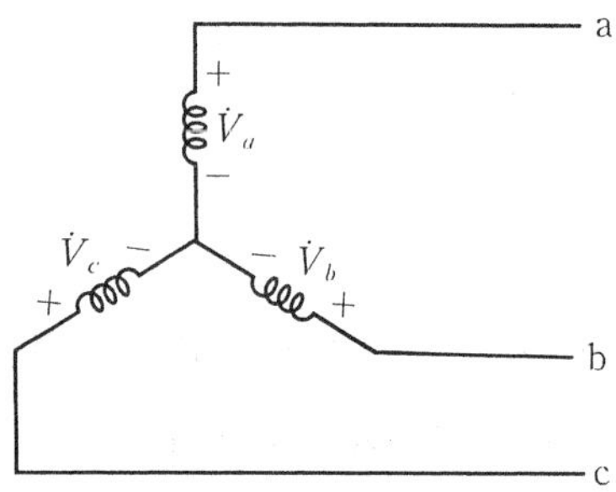

3. 그림의 △ 결선 전원은 상순이 abc이고 $\dot{V}_{ab} = 100\angle 30°$ [V]이다. 선간 전압을 일정하게 유지한 등가 Y 결선의 각 상 페이저 전압을 구하라.

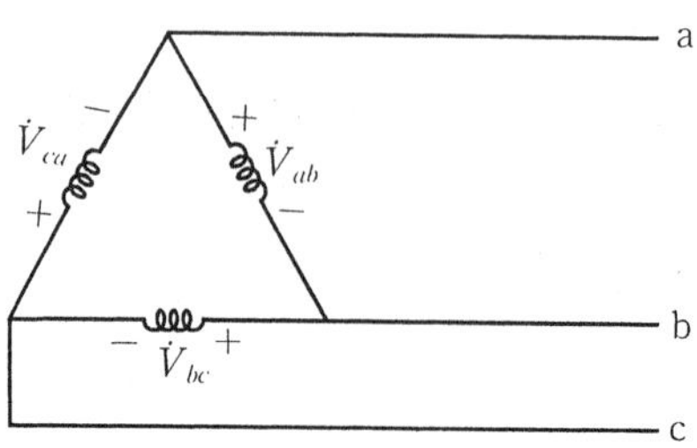

4. 그림의 Y−Y 회로에서 다음을 구하라.

(1) 부하의 상전압 (2) 부하의 상전류

(3) 선전류 I_a, I_b, I_c (4) 선간 전압

(5) 중성선에 흐르는 전류 I_n (6) a상에 대한 페이저도

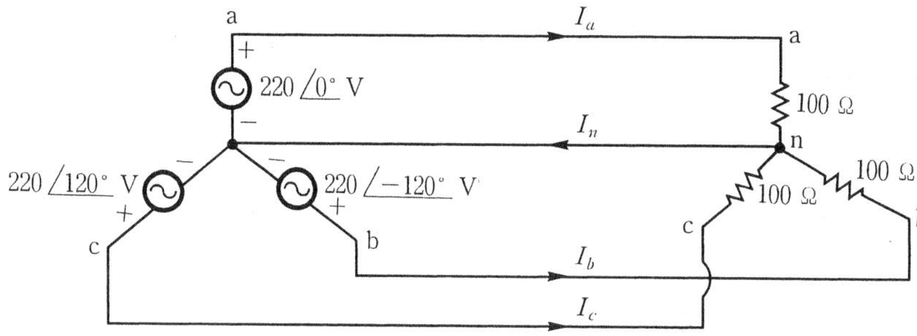

5. 문제 4의 그림에서 각 상의 저항 부하를 $\dot{Z}_L = 90 + j\,30\,[\Omega]$으로 할 경우 문제 4를 반복하라.

6. 문제 4의 그림에서 각 상의 저항 부하를 $\dot{Z}_L = 120\angle -30°\,[\Omega]$으로 할 경우 문제 4를 반복하라.

7. 전원과 부하가 Y−Y 결선된 3상 대칭 회로가 있다. 전원의 선간 전압이 220[V]이고 선전류가 10[A]이다. 부하 역률이 지역률 0.8일 때 부하의 복소 임피던스를 구하라. 또 a상에 대한 페이저도를 그려라.

8. 그림의 Y−△ 회로에서 다음을 구하라.

(1) 부하의 선간 전압 (2) 부하의 상전류

(3) 선전류 (4) a상에 대한 전압 전류 페이저도

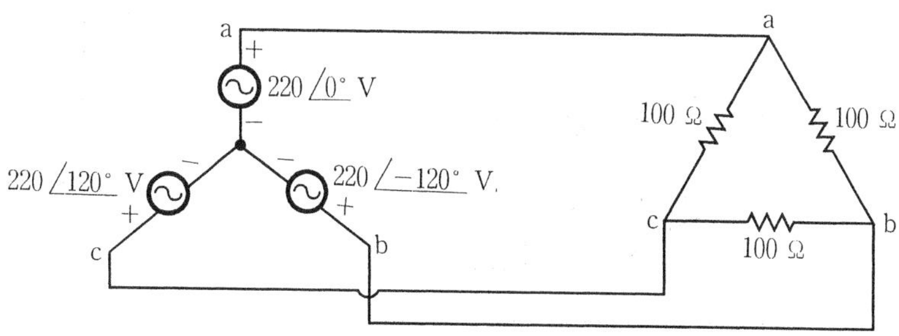

9. 문제 8 그림의 100 [Ω] 부하 저항을 $\dot{Z}_L = 90 + j\,30$ [Ω]의 임피던스 부하로 바꿀 때 문제 8을 반복하라.

10. 문제 8 그림의 100 [Ω] 부하 저항을 $\dot{Z}_L = 120\angle -30°$ [Ω]의 임피던스 부하로 바꿀 때 문제 8을 반복하라.

11. 전원과 부하가 Y−△ 결선된 3상 대칭 회로가 있다. 전원의 선간 전압이 220 [V]이고 선전류가 10 [A]이다. 부하 역률이 진역률 0.6일 때 부하의 복소 임피던스를 구하라. 또 a상에 대한 페이저도를 그려라.

12. 그림에서 전원측의 선간 전압이 220 [V]이다. 선전류와 부하의 상전류를 구하라.

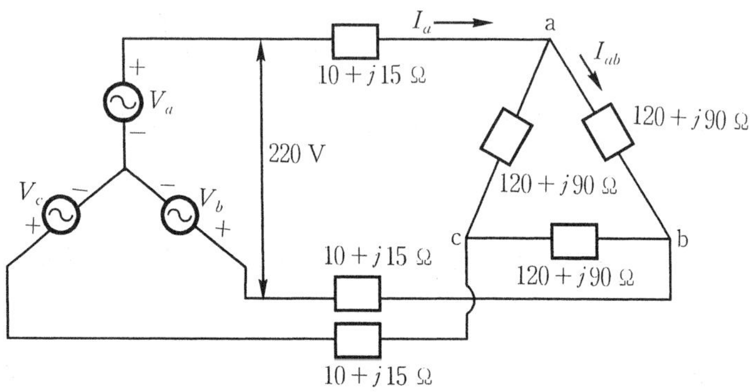

13. 그림의 △−Y 3상 대칭 회로에서 다음을 구하라.

(1) 부하 각 상의 페이저 전압

(2) 부하의 상전류

(3) 전원의 상전류

(4) a상에 대한 페이저도

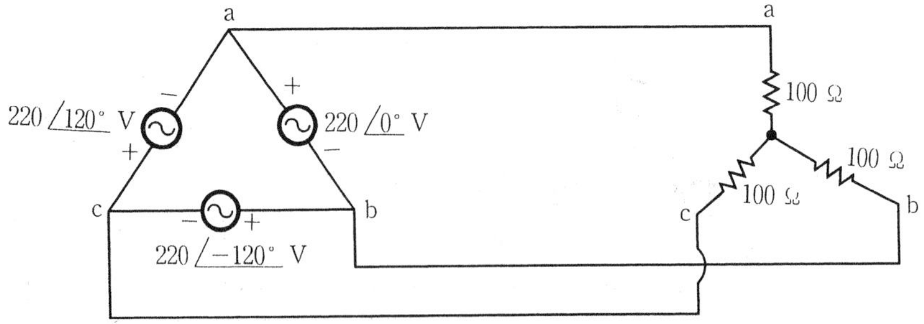

14. 문제 13의 그림에서 각 상의 저항 부하에 60[Ω]의 유도성 리액턴스를 병렬 연결할 때 문제 13을 반복하라.

15. 문제 14에서 유도성 리액턴스를 같은 크기의 용량성 리액턴스로 연결할 때 문제 13을 반복하라.

16. 그림의 △−△ 회로에서 다음을 구하라.

(1) 부하의 상전류　　(2) 선전류

(3) 전원의 상전류　　(4) 페이저도

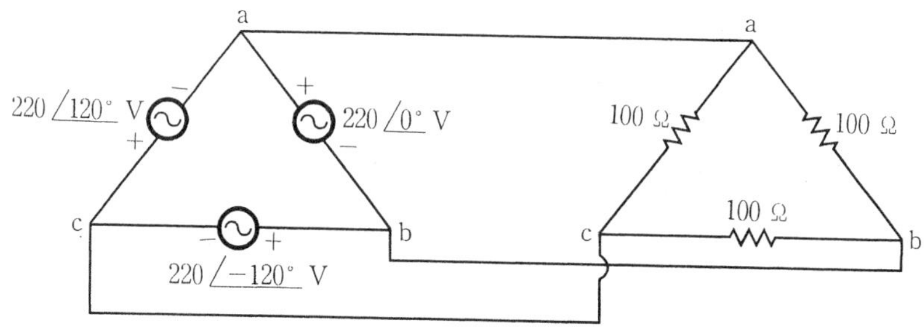

17. 문제 16의 그림에서 각 상의 저항 부하에 50[Ω]의 유도성 리액턴스를 병렬로 연결할 때 문제 16을 반복하라.

18. 문제 17에서 유도성 리액턴스를 60[Ω]의 용량성 리액턴스로 병렬 연결할 경우, 문제 16을 반복하라.

19. 그림의 3상 대칭 회로에서 상전류와 선전류를 구하라.

단, $V_{ab} = V_{bc} = V_{ca} = 220$ [V], $R_l = 10$ [Ω], $R_L = 200$ [Ω]

$X_l = 15$ [Ω], $X_C = 100$ [Ω]

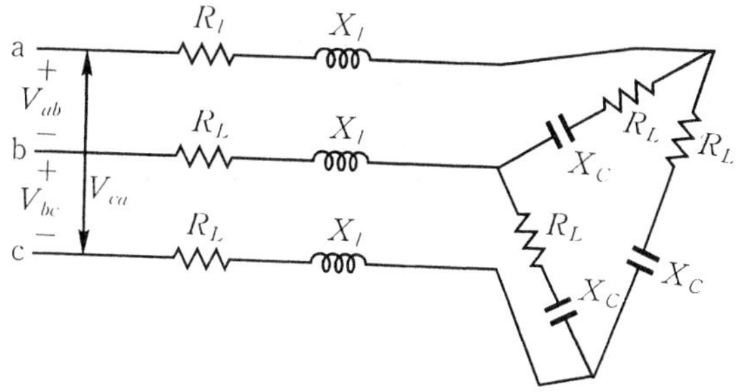

20. 문제 4에서 3상 유효 · 무효 · 피상 전력을 구하고 또 역률을 구하라.

21. 문제 5에서 3상 유효 · 무효 · 피상 전력을 구하고 또 역률을 구하라.

22. 문제 8에서 3상 유효 · 무효 · 피상 전력을 구하고 또 역률을 구하라.

23. 문제 10에서 3상 유효 · 무효 · 피상 전력을 구하고 또 역률을 구하라.

24. 문제 12의 그림에서 다음을 구하라.

(1) 부하에서 유효 · 무효 · 피상 전력 및 역률

(2) 선로 손실

(3) 전원에서 본 효율

(4) 전원에서 본 피상 전력 및 역률

25. 문제 14에서 3상 유효 · 무효 · 피상 전력을 구하고 또 역률을 구하라.

26. 문제 18에서 3상 유효 · 무효 · 피상 전력을 구하고 또 역률을 구하라.

27. 문제 19의 그림에서 R_l과 X_l은 선로의 저항과 리액턴스이다. 전원에서 본 효율과 역률을 구하라.

28. 그림에서 다음을 구하라. 상순은 abc이다.

(1) 3상 전력 P_3

(2) 전력계 W_a, W_b의 지시값

(3) $P_3 = W_a + W_b$가 되는가?

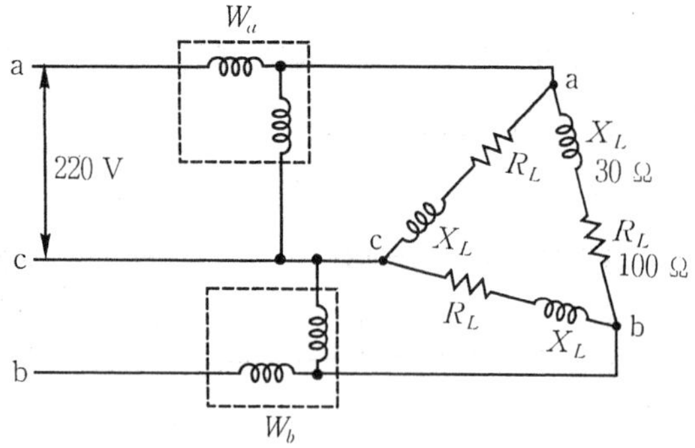

29. 그림에 대해 문제 28을 반복하라. 상순은 abc이다.

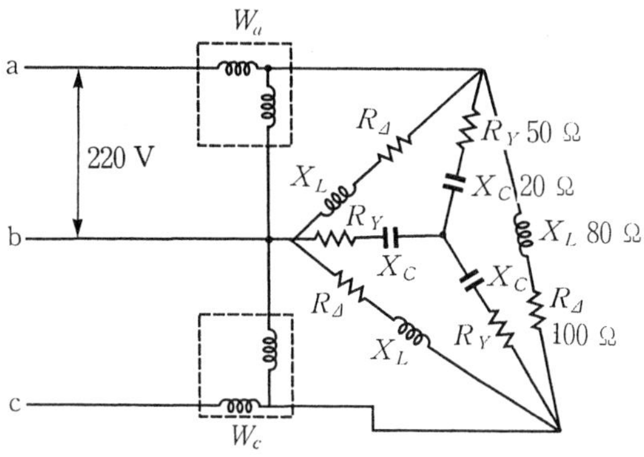

30. 그림은 불평형 부하에 3상 대칭 전압을 가한 것이다. 각 상전류와 선전류를 구하라.

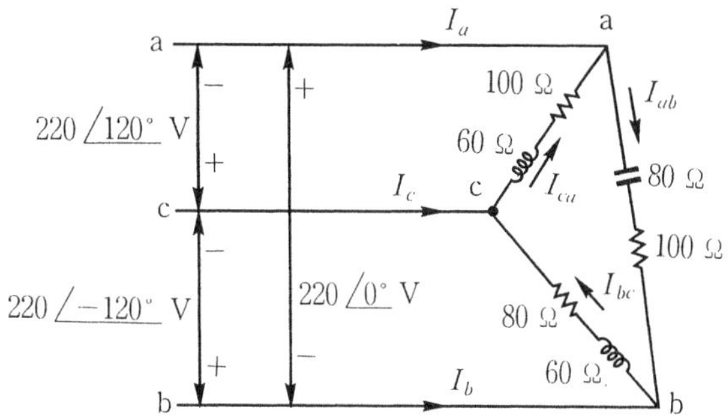

31. 그림은 3상 4선식 불평형 부하에 3상 대칭 전압을 가한 것이다. 각 선로의 전류를 구하라.

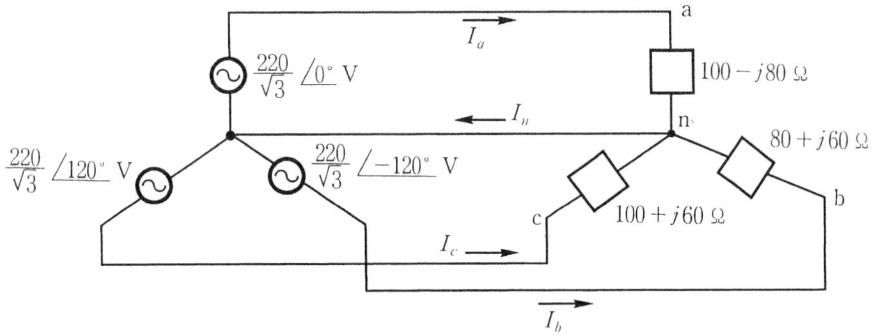

32. 문제 31의 그림에서 중성선을 제거할 경우 선전류 I_a, I_b, I_c는 어떻게 되는가?

12 공진 회로와 필터 회로

우리가 외나무 다리를 건널 때 어떤 힘을 상하로 주면 외나무 다리가 심하게 상하로 진동한다. 즉 다리 무게와 길이로 정해지는 고유 진동수에 맞추어 외부에서 힘을 가하면 외나무 다리가 심하게 진동하는 것이다. 이를 공진이라 한다. 즉 작은 힘을 가해 큰 힘을 얻는 것이 기계적인 공진이다.

전기계에도 공진을 정의할 수 있다. *RLC* 직렬 회로 또는 병렬 회로에 어떤 주파수의 전압이나 전류를 가하면 작은 전압 전류에서 큰 전압 전류를 얻을 수 있다. 이를 전기계의 공진이라 한다.

저항, 인덕턴스, 커패시턴스를 적절히 조합하여 어떤 주파수 내의 전압 전류를 잘 통과시킬 수가 있다. 여기에는 저역 통과 필터, 고역 통과 필터, 대역 통과 필터, 대역 제거 필터 등이 있다.

12.1 직렬 공진

그림 12.1은 *RLC* 직렬 회로이다. 전원 주파수 f, 또는 각속도 $\omega(\omega=2\pi f)$를 변환시킬 수 있다고 생각한다.

전원에서 본 복소 임피던스 $\dot{Z}$는

$$\dot{Z}=R+jX=R+j(X_L-X_C)=R+j(\omega L-\frac{1}{\omega C})$$

이고 주파수를 조정하여 허수부가 "0"이 되는 주파수를 $f_r(\omega_r)$이라 하면

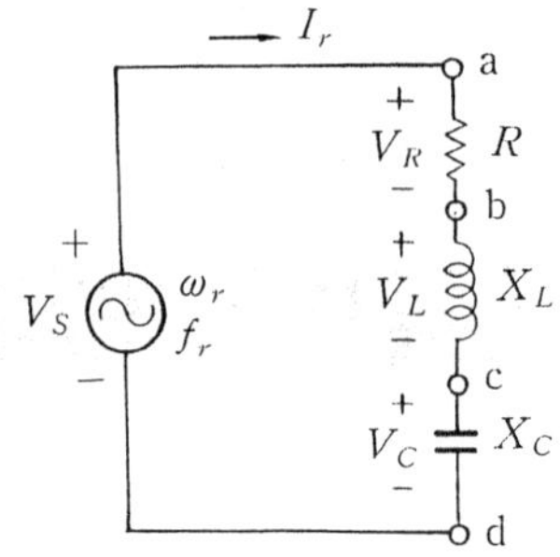

그림 12.1

$$X = X_L - X_C = \omega_r L - \frac{1}{\omega_r C} = 0$$

$$\omega_r = \frac{1}{\sqrt{LC}}$$

$$f_r = \frac{1}{2\pi\sqrt{LC}}$$

이 된다. 이때 임피던스 $\dot{Z}$는

$$\dot{Z} = R = R\angle 0° \,[\Omega]$$

이고 $\dot{Z} = R$은 주파수 f_r일 때 최소값이 된다. 이때 전류 $\dot{I}_r$은

$$\dot{I}_r = \frac{\dot{V}_S}{\dot{Z}} = \frac{V_S\angle 0°}{R} = \frac{V_S}{R}\angle 0° \,[\mathrm{A}]$$

즉 주파수를 변화시킬 때 주파수 f_r에서 임피던스 $\dot{Z}$는 최소값 R이 되고, 따라서 이때 전류 $\dot{I}_r$은 최대가 되며 전원 $\dot{V}_S$와 동일 위상이 된다.

다음에 주파수 $f_r(\omega_r)$에서 각 소자의 전압 강하를 구해 본다.

$$V_R = RI_r = R \cdot \frac{V_S}{R} = V_S$$

$$V_L = X_L\, I_r = \omega_r L \cdot \frac{V_S}{R} = \frac{\omega_r L}{R}\, V_S$$

$$V_C = X_C\, I_r = \frac{1}{\omega_r C} \cdot \frac{V_S}{R} = \frac{1}{R\omega_r C}\, V_S$$

저항의 전압 강하는 전원 전압과 같고 인덕턴스와 커패시턴스의 전압 강하는 $\dfrac{\omega_r L}{R} = \dfrac{1}{R\omega_r C}$ 배가 되었다. 절점 b와 d 사이의 전압 강하는 물론 다음과 같이 "0"이 될 것이다.

$$V_{bd} = \left(\omega_r L - \frac{1}{\omega_r C} \right) \cdot I_r = 0$$

예제 12-1 그림 12.2의 RLC 직렬 회로에서 주파수 f_r일 때 유도성 리액턴스와 용량성 리액턴스가 100 [Ω]이 되었다. 전류 I_r과 각 소자의 전압 강하를 구하라.

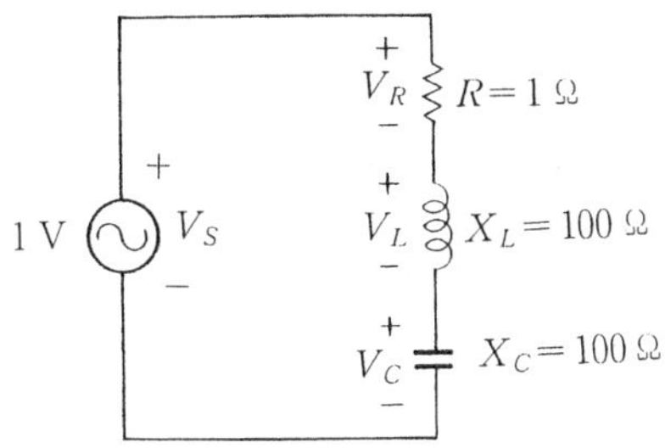

그림 12.2

✲ 풀이

$$Z = R = 1\,[\Omega]$$

$$I_r = \frac{V_S}{R} = \frac{1}{1} = 1\ [\text{A}]$$

$$V_R = V_S = I_r R = 1 \times 1 = 1\ [\text{V}]$$

$$V_L = X_L\, I_r = 100 \times 1 = 100\ [\text{V}]$$

$$V_C = X_C\, I_r = 100 \times 1 = 100\ [\text{V}]$$

즉 전원 전압은 1 [V]인데 리액턴스의 전압은 100 [V]가 되었다. 바꾸어 말해 100배로 증폭되었음을 알 수 있다.

연습문제 12-1 그림 12.3의 RLC 직렬 회로에서 유도성 리액턴스와 용량성 리액턴스가 같게 되는 주파수 f_r를 구하라.

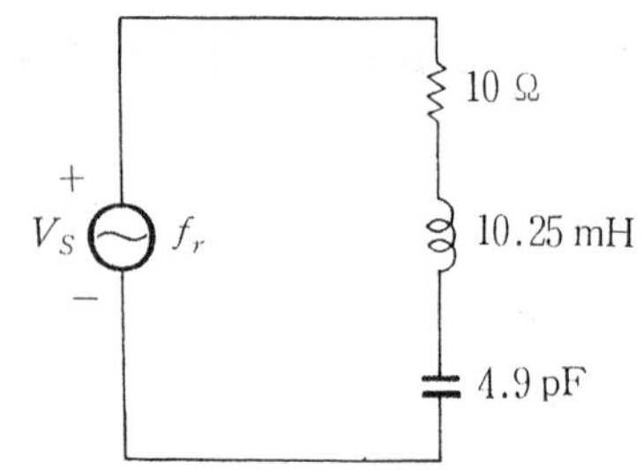

그림 12.3

---

(1) 공진 주파수 f_r, 전압 확대율 Q

위의 예제에서 본 바와 같이 유도성 리액턴스 $X_L = \omega_r L$과 용량성 리액턴스 $X_C = \dfrac{1}{\omega_r C}$이 같을 경우에 V_S =1 [V]의 전압을 가해 $V_L = V_C = 100$ [V]의 전압을 얻었다. 즉 전기적인 공진이 발생했다. 이때의 주파수

$$f_r = \frac{1}{2\pi\sqrt{LC}} \text{ [Hz]}, \quad \omega_r = \frac{1}{\sqrt{LC}} \text{ [rad/sec]}$$

를 공진 주파수라 한다.

RLC 직렬 회로에서 공진이 발생하면 임피던스 Z_r은 최소값

$$Z_r = R$$

이 되고, 따라서 최대 전류 I_r(공진 전류 I_r)은

$$I_r = \frac{V_S}{R}$$

가 된다. 물론 전원 전압 V_S와 공진 전류 I_r은 동일 위상이다. 또 리액턴스에서의 전압 확대율 Q는

$$Q = \frac{V_L}{V_S} = \frac{V_C}{V_S} = \frac{\omega_r L}{R} = \frac{1}{R\omega_r C} = \frac{1}{R}\sqrt{\frac{L}{C}}$$

이 된다.

(2) 주파수에 따른 임피던스의 변화

그림 12.1에서

$$\dot{Z}=R+j(\omega L-\frac{1}{\omega C})=\sqrt{R^2+(\omega L-\frac{1}{\omega C})^2}\angle\tan^{-1}\frac{\omega L-\frac{1}{\omega C}}{R}$$

이다.

임피던스 Z의 크기는

$$Z=\sqrt{R^2+(\omega L-\frac{1}{\omega C})^2}$$

이고 편각 ϕ는

$$\phi=\tan^{-1}\frac{\omega L-\frac{1}{\omega C}}{R}$$

이다. 임피던스 Z의 그래프는 그림 12.4 (a)와 같이 된다. $X_L=\omega L$ 이므로 X_L의 그래프는 주파수에 비례하고 $X_C=\frac{1}{\omega C}$ 이므로 X_C의 그래프는 주파수에 반비례한다. 저항 R의 그래프는 주파수와는 무관하다.

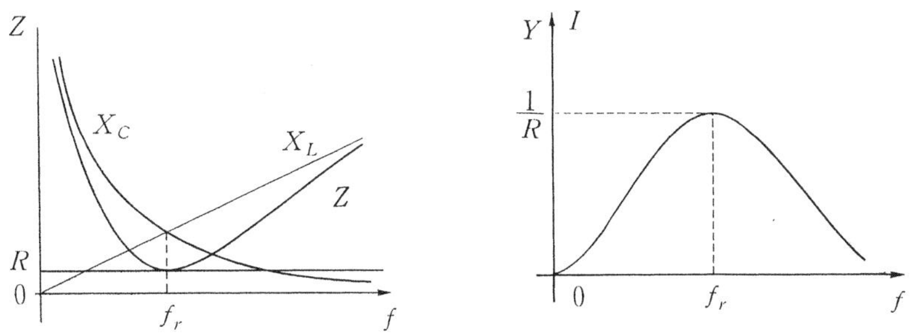

(a) (b)

그림 12.4

어드미턴스 Y는

$$Y=\frac{1}{Z}$$

이므로 그림 (b)와 같은 그래프를 얻을 수 있다. 그림 (a)에서 $f<f_r$일 때 $X_C>X_L$이므로 임피던스 Z는 용량성을 나타내고, $f=f_r$일 때 $X_L=X_C$이므로 $Z=R$로 최소값이 된다. $f>f_r$일 때는 $X_L>X_C$이므로 임피던스 Z는 유도성을 나타낸다. 주파수 f가 0에 접근하면 X_C가 무한대가 되어 전원 전압 V_S는 전부 X_C에 걸린다. 또 주파수 f가 무한대에 접근하면 X_L이 무한대가 되어 전원 전압 V_S는 전부 X_L에 걸린다.

그림 (b)에서 $f = f_r$일 때 Z가 최소값이므로 Y는 최대값 $Y = \frac{1}{R}$이 된다. $I = YV_S$이므로 전류 I의 곡선과 어드미턴스 Y의 곡선은 같은 모양이 되며 저항 R이 작을수록 곡선의 모양은 뾰족해진다.

그림 12.5는 각 소자의 전압 그래프이다.

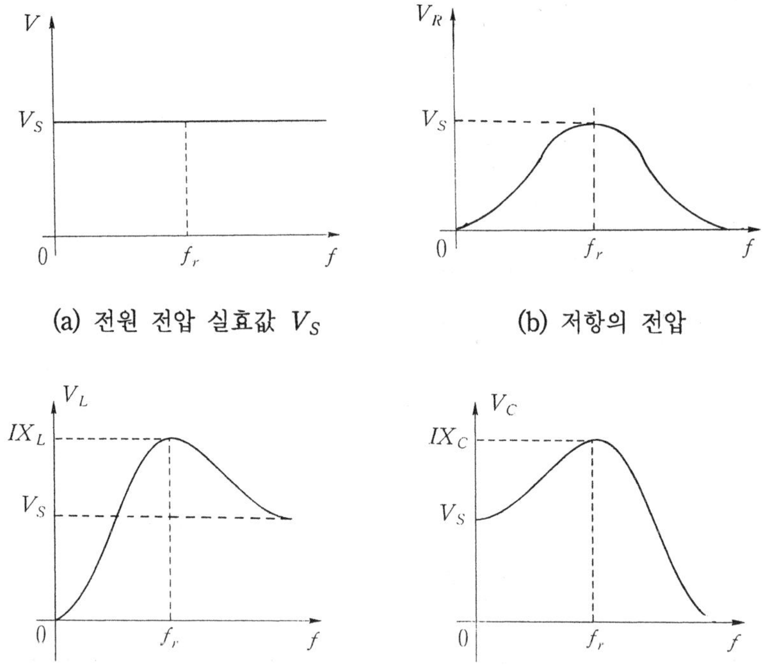

(a) 전원 전압 실효값 V_S

(b) 저항의 전압

(c) 인덕터 전압

(d) 커패시터 전압

그림 12.5

그림 (a)는 전원 전압의 실효값이므로 그림에서는 직류처럼 보인다. 그림 (b)는 저항의 전압 강하, 그림 (c)는 인덕터의 전압 강하, 그림 (d)는 커패시터의 전압 강하이다. 그림에서

$$V_S = \sqrt{V_R^2 + (V_L - V_C)^2}$$

이 성립해야 된다.

그림 12.6은 임피던스각

$$\phi = \tan^{-1} \frac{\omega L - \frac{1}{\omega C}}{R}$$

의 그래프이다. f가 "0"에 접근하면 ϕ는 -90°에 접근하고 f가 "∞"에 접근하면 ϕ는 $+90^\circ$에 접근한다. $f = f_r$일 때는 $\phi = 0^\circ$이다.

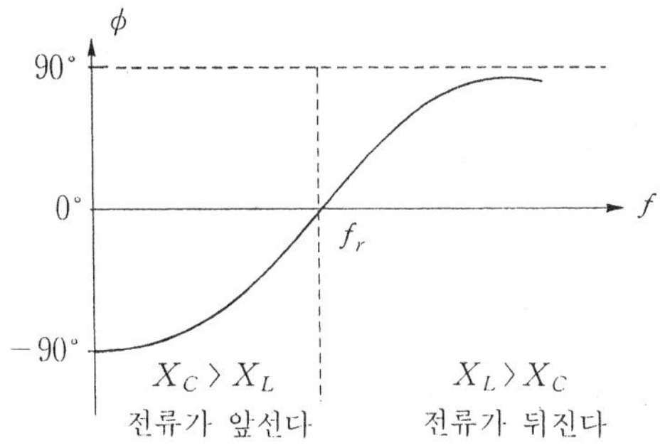

그림 12.6 임피던스각의 변화

예제 12-2

그림 12.7의 회로에서 다음 세 가지 주파수에 대한 임피던스의 크기, 임피던스각 및 전류 I를 구하라.

① 공진 주파수 f_r

② $f_r - 1000$ Hz

③ $f_r + 1000$ Hz

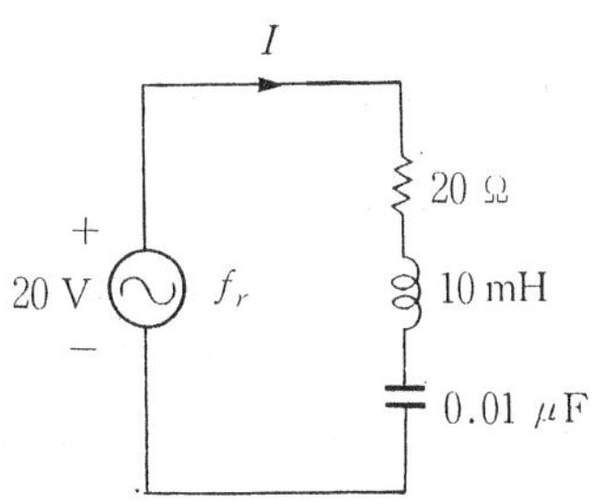

그림 12.7

✲ 풀이 우선 공진 주파수 f_r을 구한다.

$$f_r = \frac{1}{2\pi\sqrt{LC}} = \frac{1}{2\pi\sqrt{10\times10^{-3}\times0.01\times10^{-6}}} = \frac{10^5}{2\pi}$$

$$= 15915\ [\mathrm{Hz}]$$

① $X_L = \omega L = 2\pi \times 15915 \times 10 \times 10^{-3} = 1000[\Omega]$

$X_C = \frac{1}{\omega C} = \frac{10^6}{2\pi \times 15915 \times 0.01} = 1000\,[\Omega]$

$\dot{Z} = R + j(\omega L - \frac{1}{\omega C}) = 20 + j(1000 - 1000)$

$= 20\angle 0°[\Omega]$

따라서 임피던스 크기 $Z = 20\ [\Omega]$

임피던스각 $\phi = 0°$

전류 $I_r = \frac{V_S}{R} = \frac{20}{20} = 1\ [\mathrm{A}]$

② $f = f_r - 1000 = 15915 - 1000 = 14915\ [\mathrm{Hz}]$

$X_L = \omega L = 2\pi \times 14915 \times 10 \times 10^{-3} = 937\,[\Omega]$

$X_C = \frac{1}{\omega C} = \frac{10^6}{2\pi \times 14915 \times 0.01} = 1067\,[\Omega]$

$\dot{Z} = R + j(X_L - X_C) = 20 + j(937 - 1067)$

$= 20 - j130 = 132\angle -81.3°[\Omega]$

임피던스 크기는 132[Ω]이고 편각은 81.3°(용량성)이다. 전류 I는

$I = \frac{V_S}{Z} = \frac{20}{132} = 0.15\,[\mathrm{A}]$

③ $f = f_r + 1000 = 15915 + 1000 = 16915\ [\mathrm{Hz}]$

$X_L = \omega L = 2\pi \times 16915 \times 10 \times 10^{-3} = 1063\,[\Omega]$

$X_C = \frac{1}{\omega C} = \frac{10^6}{2\pi \times 16915 \times 0.01} = 941\,[\Omega]$

$\dot{Z} = R + j(X_L - X_C) = 20 + j(1063 - 941)$

$= 20 + j122 = 124\angle 80.7°[\Omega]$

임피던스 크기는 124[Ω]이고 편각은 80.7°(유도성)이다. 전류 I는

$I = \frac{V_S}{Z} = \frac{20}{124} = 0.16\,[\mathrm{A}]$

연습문제 12-2 예제 12.2에서 각 소자의 전압 강하를 구하라.

(3) 선택도

그림 12.4 (b)를 다시 그린 것이 그림 12.8이다.

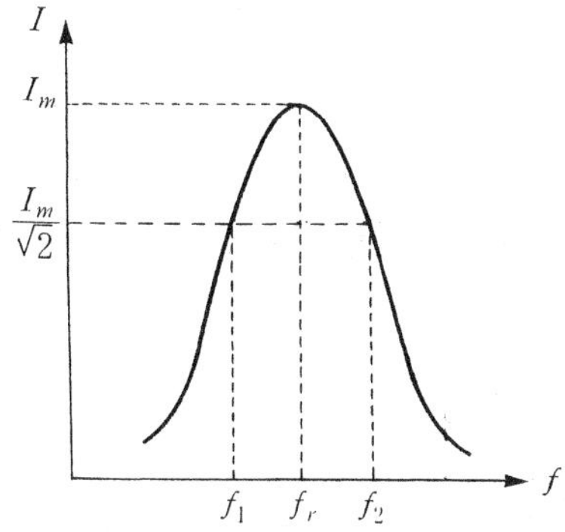

그림 12.8 전류 곡선

그림에서 전류 I_m은 최대 전류로 바로 공진 전류 $I_r = \dfrac{V_S}{R}$를 의미한다. 이때에는 저항에서 최대 전력이 소비되며 소비 전력은

$$P_m = I_m^2 R[\mathrm{W}]$$

이다. 최대 전력의 절반이 소비되는 전류 I는

$$P = I^2 R = \frac{1}{2} I_m^2 R$$

$$I = \frac{1}{\sqrt{2}} I_m$$

이다. 이때의 주파수 f_1과 f_2를 반전력 주파수 또는 차단 주파수라고 한다. $f_2 - f_1$ [Hz]를 대역폭(BW)이라 한다. $Q \geq 10$일 때 다음 식이 성립한다.

$$BW = f_2 - f_1 \text{ [Hz]}$$

$$f_2 = f_r + \frac{BW}{2} \text{ [Hz]}, \qquad f_1 = f_r - \frac{BW}{2} \text{ [Hz]}$$

그림에서

$$S = \frac{f_r}{f_2 - f_1}$$

을 선택도 또는 첨예도라 하며 이는 바로 전압 확대율 Q가 된다.

$$S = Q = \frac{f_r}{f_2 - f_1} = \frac{\omega_r L}{R} = \frac{1}{R\omega_r C}$$

선택도 S가 크다는 것은 대역폭 $BW = f_2 - f_1$이 작다는 것을 말한다. 이는 저항 R이 작음을 의미하며 실제 공진 회로에서 저항 R은 인덕터의 내부 저항이다.

예제 12-3

공진 주파수 f_r이 20 [kHz]인 RLC 직렬 회로가 있다. $R = 10\,[\Omega]$이고 공진 시 X_L이 500 [Ω]일 때 대역폭과 차단 주파수를 구하라.

✻ 풀이

$$Q = \frac{X_L}{R} = \frac{500}{10} = 50$$

$$BW = \frac{f_r}{Q} = 20 \times \frac{10^3}{50} = 400\ [\text{Hz}]$$

$Q \geq 10$이므로 다음과 같이 차단 주파수를 구할 수 있다.

$$f_2 = f_r + \frac{BW}{2} = 20000 + \frac{400}{2} = 20200\ [\text{Hz}]$$

$$f_1 = f_r - \frac{BW}{2} = 20000 - \frac{400}{2} = 19800\ [\text{Hz}]$$

연습문제 12-3 대역폭이 400 [Hz]인 RLC 직렬 공진 회로가 있다. 공진 주파수가 6000 [Hz]이고 저항 R이 10 [Ω]일 때 다음을 구하라.

① 선택도 Q　　② 리액턴스 X_L
③ 인덕턴스 L　　④ 커패시턴스 C

12.2 병렬 공진

그림 12.9는 인덕턴스와 커패시턴스가 병렬로 연결된 회로이다. 병렬 회로이므로 어드미턴스로 다루어 본다. 복소 어드미턴스 $\dot{Y}$

$$\dot{Y} = \frac{1}{j\omega L} + j\omega C$$

가 되며 어드미턴스가 영이 되는 조건, 즉 임피던스가 무한대가 되는 조건을 구해 본다.

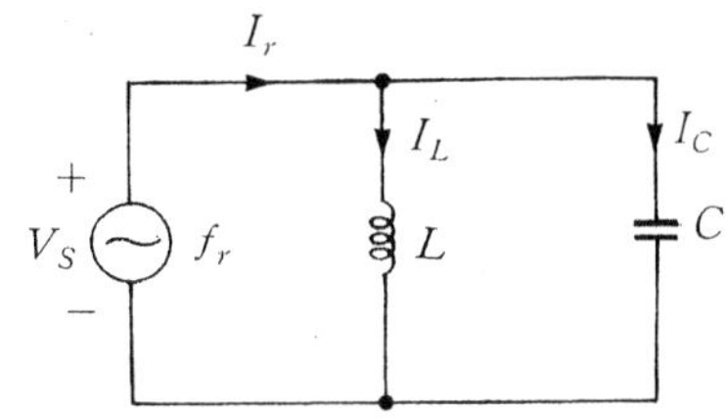

그림 12.9 이상적인 병렬 공진 회로

j배 하면

$$\frac{1}{\omega L}+j^2\omega C=0$$

$$\frac{1}{\omega L}-\omega C=0$$

$$\omega=\frac{1}{\sqrt{LC}}$$

즉,

$$\omega_r=\frac{1}{\sqrt{LC}},\qquad f_r=\frac{1}{2\pi\sqrt{LC}}$$

가 되어 직렬 공진 때와 같은 식이 되었다. 병렬 회로이므로 키르히호프 전류 법칙에서 다시 구해 본다.

인덕턴스에 흐르는 전류

$$\dot{I}_L=\frac{V_S}{j\omega L}$$

커패시턴스에 흐르는 전류

$$\dot{I}_C=j\omega C\,V_S$$

전원 전류는

$$\dot{I}_r=\dot{I}_L+\dot{I}_C=\frac{V_S}{j\omega L}+j\omega C\,V_S=0$$

따라서

$$\omega_r=\frac{1}{\sqrt{LC}},\qquad f_r=\frac{1}{2\pi\sqrt{LC}}$$

페이저도를 그리면 그림 12.10과 같이 된다.

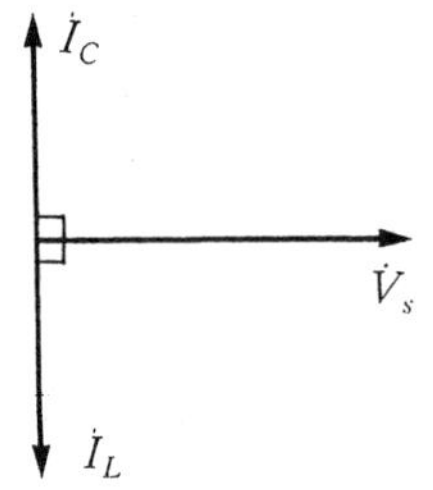

그림 12.10 $\dot{I}_r = \dot{I}_L + \dot{I}_C = 0$

인덕턴스 전류와 커패시턴스 전류는 크기는 같고 위상차는 180°이다. 따라서 전원에는 전류가 흐르지 않지만 인덕턴스와 커패시턴스에는 전류가 흐른다. 이를 어떻게 설명할 것인가?

그림 12.11과 같이 일단 외부적인 원인에 의해 인덕터에 에너지가 저장되면 다음 반주기 동안에는 이 에너지가 방전되어 커패시터에 저장되고 저장이 끝나면 커패시터는 방전을 일으켜 다음 반주기 동안에는 다시 인덕터에 저장된다. 이와 같이 인덕터와 커패시터는 서로 에너지를 주고 받는 작용을 영원히 계속한다. LC 병렬 회로의 이와 같은 작용 때문에 LC 병렬 회로를 탱크(Tank) 회로라고 부른다.

LC 병렬 회로가 주파수 f_r이

$$f_r = \frac{1}{2\pi\sqrt{LC}}$$

일 때는 전원에 전류가 흐르지 않아도 인덕터와 커패시터에는 전류가 흐르기 때문에 그림 12.9를 병렬 공진 회로라 한다.

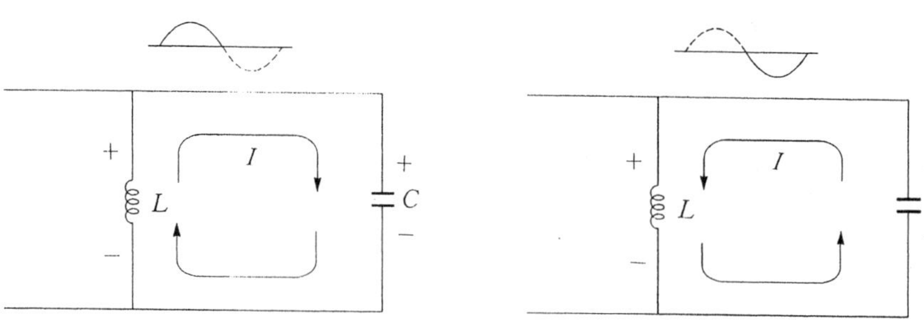

(a) 인덕터 방전, 커패시터 충전 (b) 커패시터 방전, 인덕터 충전

그림 12.11 탱크 회로

(1) 실제적인 병렬 공진 회로

지금까지는 이상적인 병렬 공진 회로를 보았다. 실제 LC 병렬 회로에서 커패시터의 저항은 무시할 수 있으나 인덕터의 저항은 무시할 수 없다. 실제 병렬 공진 회로는 그림 12.12 (a)와 같으며 이의 등가 회로를 그림 (b)와 같이 그릴 수 있다. 그림 (a)에서 L은 인덕터의 자기 인덕턴스이고 R은 인덕터의 권선 저항이다.

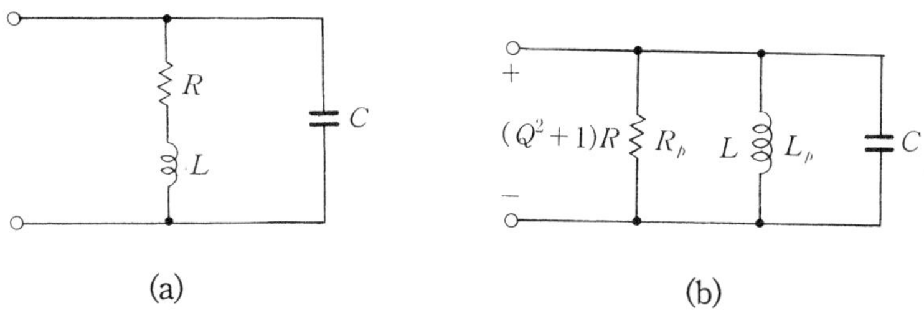

그림 12.12

그림 (a)에서 코일의 Q가

$$Q=\frac{\omega L}{R}\geq 10$$

일 때는 그림 (b)의 등가 회로에서 등가 병렬 저항 R_p와 등가 병렬 인덕턴스 L_p는 다음과 같이 된다.

$$R_p = (1 + Q^2)R$$
$$L_p = L$$

따라서 그림 (b)에서 $Q\geq 10$일 경우 공진 조건은

$$\omega_r \fallingdotseq \frac{1}{\sqrt{L_p C}}=\frac{1}{\sqrt{LC}}$$
$$f_r \fallingdotseq \frac{1}{2\pi\sqrt{L_p C}}=\frac{1}{2\pi\sqrt{LC}}$$

이고 이때 전원에서 본 등가 임피던스 Z_r은 그림 12.13 (a)에서 탱크 회로에 흐르는 전류가 영이므로 그림 (b)와 같이 그릴 수 있다.

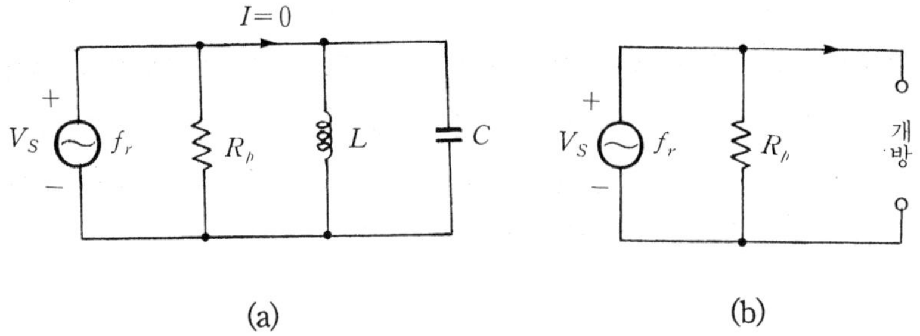

그림 12.13

즉 임피던스 Z_r은

$$Z_r = R_p = (1 + Q^2)R$$

로 최대값이 된다. 실제 병렬 공진 회로에서 전원에 흐르는 전류는 최소값이 되고 전원과 동일 위상이 된다.

예제 12-4

권선 저항이 20[Ω]이고 인덕턴스가 10[mH]인 인덕터와 커패시턴스가 0.01[μF]인 커패시터를 그림 12.14와 같이 병렬 연결했다. 코일의 Q가 10보다 클 경우의 근사 공진 주파수를 구하고 또 전원에 흐르는 전류를 구하라.

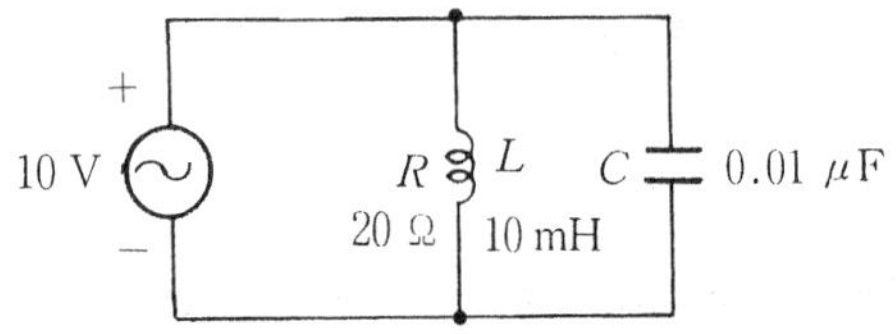

그림 12.14

✲ 풀이 코일의 Q가 $Q \geq 10$이므로

$$f_r = \frac{1}{2\pi\sqrt{LC}} = \frac{1}{2\pi\sqrt{10\times10^{-3}\times0.01\times10^{-6}}}$$

$$= \frac{10^5}{2\pi} = 15915\,[\mathrm{Hz}]$$

Q의 크기를 구하면

$$Q = \frac{X_L}{R} = \frac{2\pi f_r \cdot L}{R} = \frac{10^5 \times 10 \times 10^{-3}}{20} = 50$$

공진시 임피던스 Z_r은

$$Z_r = R_p = (1 + Q^2)R = (1 + 50^2) \cdot 20 = 50020\,[\Omega]$$

공진 전류 I_r

$$I_r = \frac{V_S}{Z_r} = \frac{10}{50020}\,[\mathrm{A}] = 10 \times \frac{10^6}{50020} = 200\,[\mu\mathrm{A}]$$

연습문제 12-4 그림 12.15의 *RC* 병렬 공진 회로에서 $Q \geq 10$일 경우 공진 주파수 f_r과 전원 전류 I를 구하라.

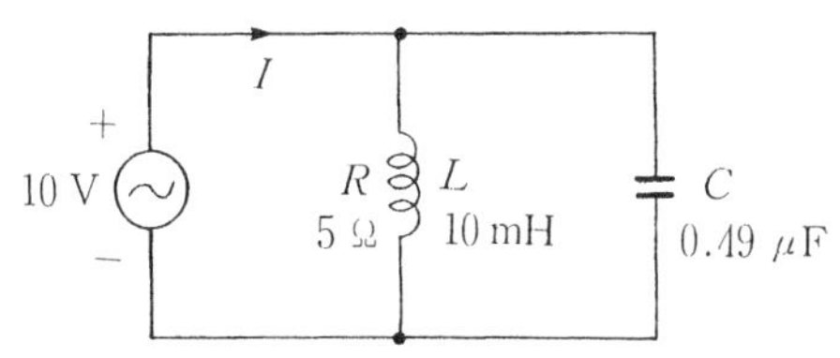

그림 12.15

공진 회로는 통신 분야에서 아주 중요하게 이용되고 있다. TV나 라디오의 방송국 선택 다이얼은 콘덴서를 가변시키거나 또는 인덕터를 가변시켜 방송국의 주파수에 동조(공진)시키는 것이다.

12.3 필터 회로

리액턴스 X_L, X_C는 주파수의 함수이다. 따라서 저항 인덕턴스 커패시턴스를 적절히 조합하면 어떤 범위의 주파수 전압 · 전류는 잘 통과시키고 어떤 범위의 주파수 전압 전류는 잘 통과시키지 못한다. *RLC*만으로 이루어진 필터를 수동 필터(passive filter)라 하고 *RLC*가 증폭기와 결합하여 필터 역할을 하는 경우를 능동 필터(active filter)라 한다. 우리는 수동 필터만 다루기로 한다. 필터는 저역 통과 필터, 고역 통과 필터, 대역 통과 필터 및 대역 제거 필터로 나눈다.

그림 12.16은 필터의 블록 선도이다. V_i는 입력 단자이고 V_o는 출력 단자이다.

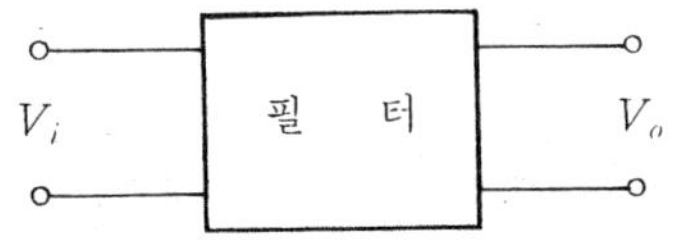

그림 12.16

그림 12.17은 각종 필터의 통과 대역을 나타낸다. 여기서 $\frac{1}{\sqrt{2}}=0.707$은 공진 회로의 차단 주파수를 연상하면 된다. 사선 부분이 통과 대역이다.

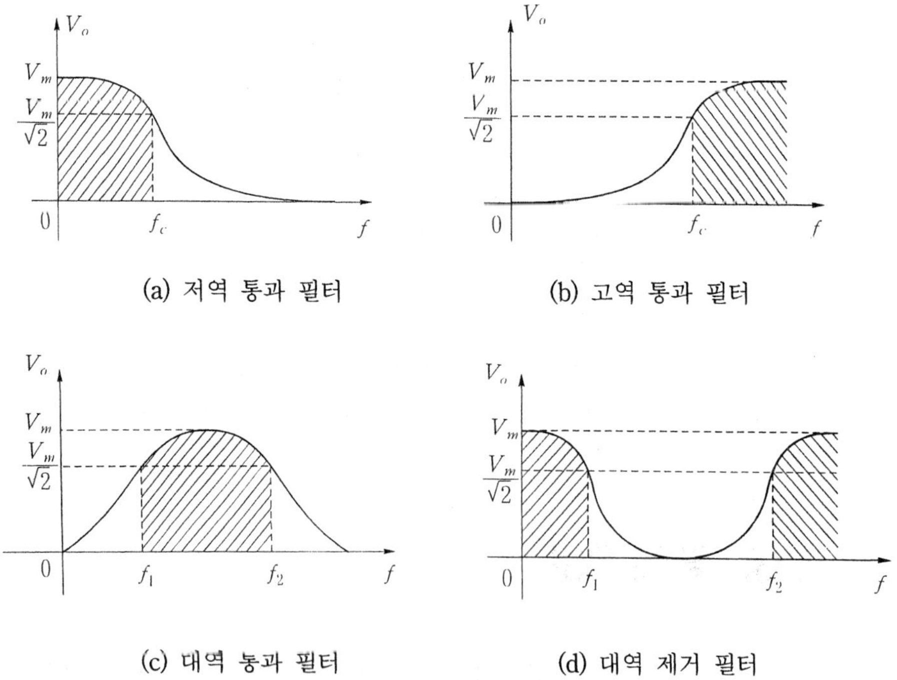

그림 12.17 각종 필터의 통과 대역

(1) *RC* 저역 통과 필터

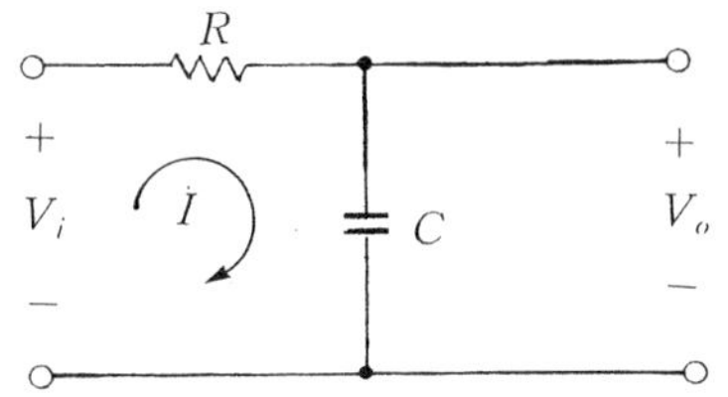

그림 12.18

그림 12.18의 *RC* 회로에서 입력 전압 V_i에 대해 커패시터의 전압을 출력으로 할 경우를 검토해 본다. 만일 주파수가 영에 접근하면 커패시터의 리액턴스 X_C

$$X_C = \frac{1}{2\pi fC}$$

는 무한대에 접근하므로 그림 12.19와 같이 개방 회로가 되어

$$V_o = V_i$$

가 된다.

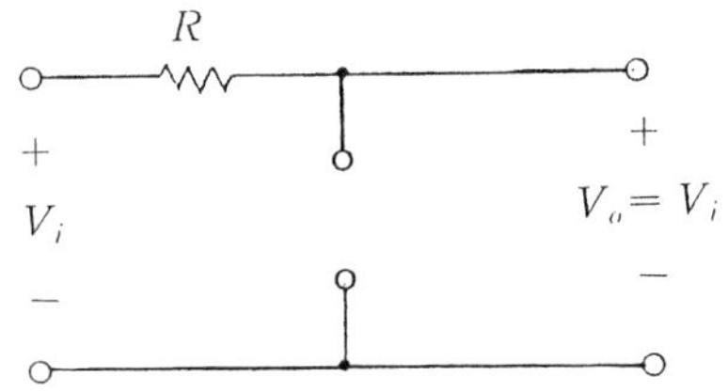

그림 12.19

반대로 주파수가 무한대에 접근하면 X_C

$$X_C = \frac{1}{2\pi fC}$$

는 영에 접근하여 커패시터는 단락이 되며 출력 전압 V_o는 영이 된다.

$$\frac{\dot{V}_o}{\dot{V}_i} = \frac{-jX_C\dot{I}}{(R-jX_C)\dot{I}} = \frac{-jX_C}{(R-jX_C)}$$

$$= \frac{X_C}{\sqrt{R^2 + X_C^2}} \angle -90^\circ + \tan^{-1}\frac{X_C}{R}$$

에서

$$\frac{|\dot{V}_o|}{|\dot{V}_i|} = \frac{X_C}{\sqrt{R^2 + X_C^2}} = \frac{1}{\sqrt{2}}$$

이므로

$$X_C = R, \quad \frac{1}{2\pi fC} = R, \quad f_c = \frac{1}{2\pi RC}$$

즉, $0 \leq f \leq \frac{1}{2\pi RC}$ 에서 출력 전압 V_o는

$$V_o \geq \frac{1}{\sqrt{2}} V_i = 0.707\, V_i$$

이다. 출력 전압과 입력 전압의 위상차는

$$\theta = -90° + \tan^{-1}\frac{X_C}{R}$$

그림 12.20은 *RC* 저역 통과 필터의 그래프로 횡축은 대수 눈금이다.

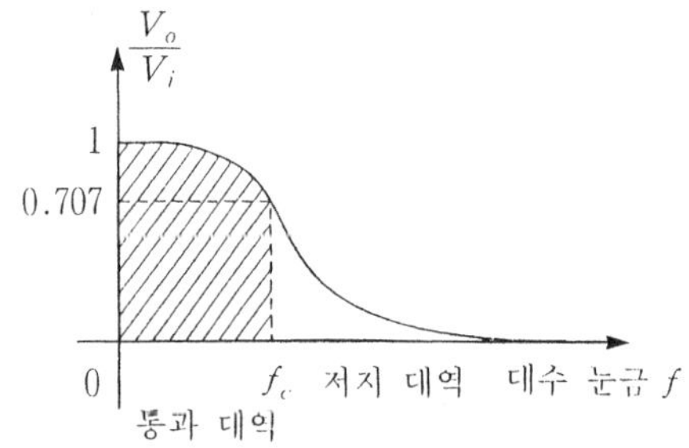

그림 12.20 *RC* **저역 통과 필터**

다음에 그림 12.21은 *RL* 저역 통과 필터이다.

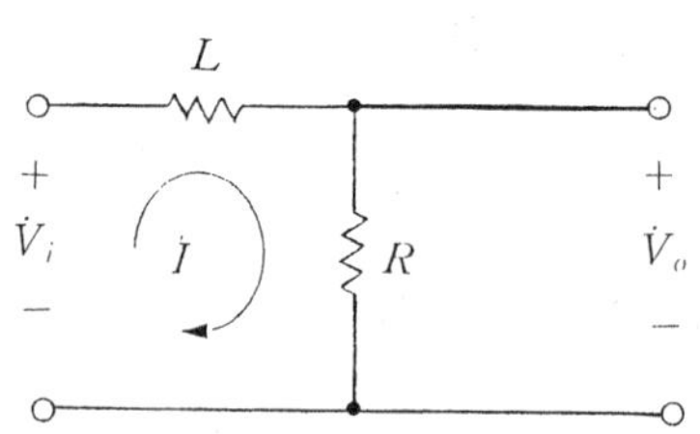

그림 12.21

$2\pi fL = R$에서

$$f_c = \frac{R}{2\pi L}$$

가 된다. 즉

$$0 \le f \le \frac{R}{2\pi L}$$

의 주파수 범위에서

$$V_o \geq 0.707\, V_i$$

이고, 위상차는

$$\theta = -\tan^{-1}\frac{X_L}{R}$$

이다.

(2) *RC* 고역 통과 필터

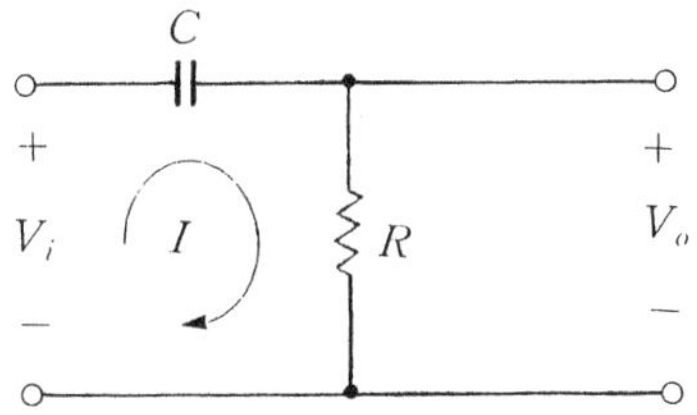

그림 12.22

그림 12.22의 RC 회로에서 저항의 전압을 출력 V_o로 할 경우, 주파수가 무한대에 접근하면 $X_C = \dfrac{1}{2\pi fC}$ 에서

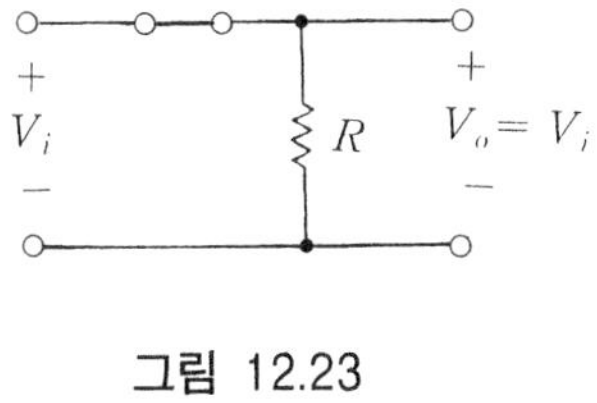

그림 12.23

리액턴스 X_C는 영에 접근하므로 그림 12.23과 같이 커패시터는 단락이 되어

$$V_o = V_i$$

가 된다. 주파수가 영에 접근하면 $X_C = \dfrac{1}{2\pi fC}$ 에서 리액턴스 X_C가 무한대가 되므로 저항 R의 전압 강하는 영이 된다.

$$\frac{|\dot{V}_o|}{|\dot{V}_i|} = \frac{R}{\sqrt{R^2 + X_C{}^2}} = \frac{1}{\sqrt{2}}$$

에서

$$R = X_C = \frac{1}{2\pi fC}$$

$$f_c = \frac{1}{2\pi RC}$$

즉, $f \geq \dfrac{1}{2\pi RC}$ 의 범위에서

$$V_o \geq 0.707\, V_i$$

이다. 그림 12.24는 *RC* 회로의 고역 통과 필터 그래프이다.

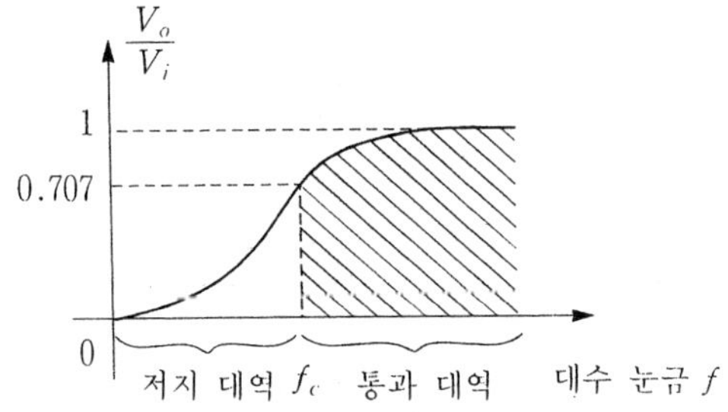

그림 12.24

위상차 θ 는

$$\theta = \tan^{-1}\frac{X_C}{R}$$

이다.

다음에 그림 12.25는 *RL* 고역 통과 필터이다.

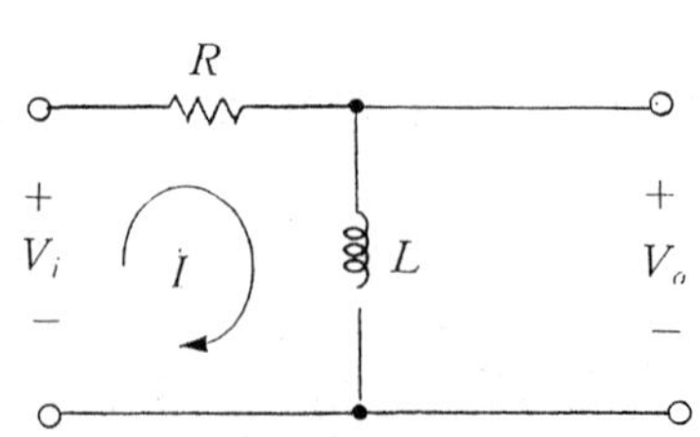

그림 12.25

여기서 $X_L = R$에서

$$f_c = \frac{R}{2\pi L}$$

이고 출력과 입력 사이의 위상차는

$$\theta = 90^\circ - \tan^{-1}\frac{X_L}{R}$$

이다.

(3) 대역 통과 필터

그림 12.26은 대역 통과 필터의 블록 선도이다.

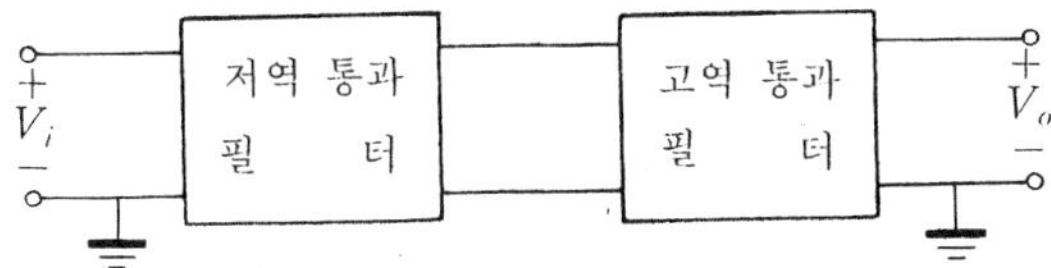

그림 12.26 대역 통과 필터

저역 통과 필터는 낮은 주파수 f_{1c} 이하를 통과하고 고역 통과 필터는 높은 주파수 f_{2c} 이상을 통과하므로 결국 f_{2c}에서 f_{1c} 사이의 전압 전류를 통과시킨다. 그림 12.27은 대역 통과 필터의 특성을 나타낸다.

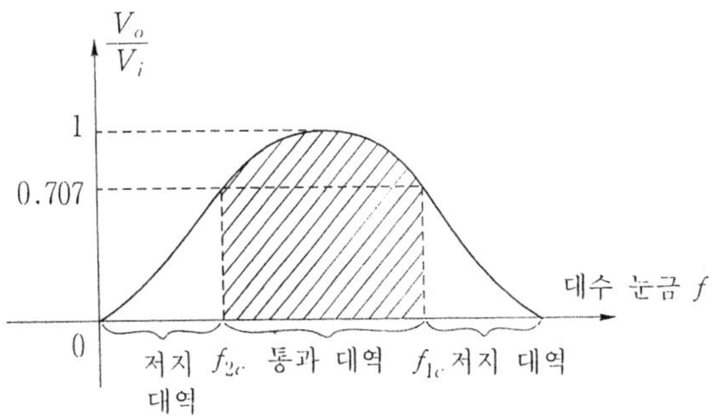

그림 12.27

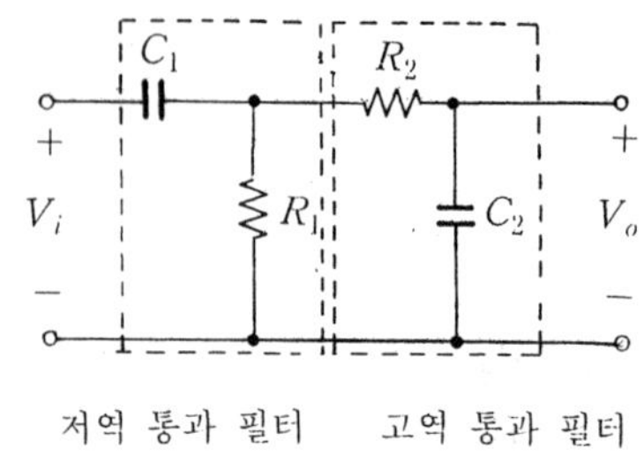

그림 12.28

그림 12.28은 대역 통과 필터의 회로도이다.

(4) 대역 제거 필터

대역 제거 필터는 제거 대역을 제외한 나머지의 모든 주파수를 통과시키는 필터이다. 따라서 응답의 관점에서 보면 대역 제거 필터는 대역 통과 필터의 반대이다. 대역 통과 필터는 저역 통과 필터와 고역 통과 필터의 직렬 구조로 구성할 수 있다. 그러나 대역 제거 필터는 병렬 구조로 구성할 수 있다. 그림 12.29 (a)는 이의 구성도이고, 그림 12.29 (b)는 대역 제거 필터의 그래프이다.

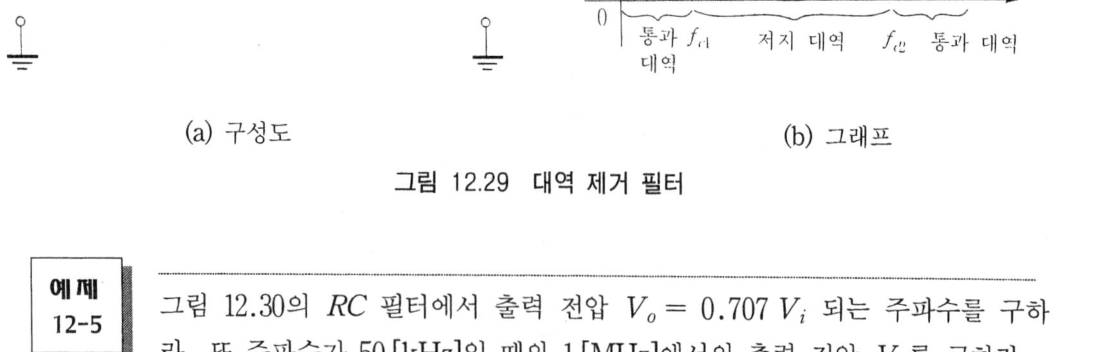

그림 12.29 대역 제거 필터

예제 12-5

그림 12.30의 RC 필터에서 출력 전압 $V_o = 0.707\,V_i$ 되는 주파수를 구하라. 또 주파수가 50 [kHz]일 때와 1 [MHz]에서의 출력 전압 V_o를 구하라.

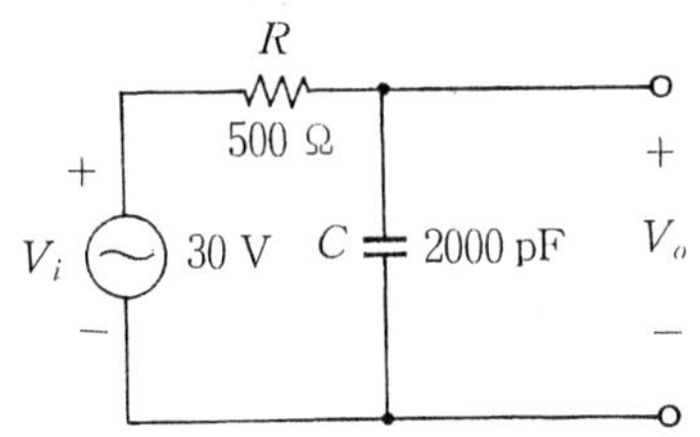

그림 12.30

✻ 풀이 $f_c = \dfrac{1}{2\pi RC}$ 에서

$$f_c = \frac{10^{12}}{2\pi \times 500 \times 2000}\,[\mathrm{Hz}] = 159155\,[\mathrm{Hz}] = 159.2\,[\mathrm{kHz}]$$

즉 $f_c = 159.2\,[\mathrm{kHz}]$일 때 출력 전압 V_o는

$$V_o = 0.707\,V_i = 0.707 \times 30 = 21.21\,[\mathrm{V}]$$

가 된다.

다음에 50 [kHz]와 1 [MHz]에서의 출력 전압은

$$V_o = \frac{X_C}{\sqrt{R^2 + X_C^2}}\,V_i$$

를 이용한다.

$f = 50\,[\mathrm{kHz}]$일 때

$$X_C = \frac{1}{2\pi fC} = \frac{10^{12}}{2\pi \times 50 \times 10^3 \times 2000} = \frac{10^4}{2\pi} = 1591.5\,[\Omega]$$

$$V_o = \frac{1591.5 \times 30}{\sqrt{500^2 + 1591.5^2}} = 28.62\,[\mathrm{V}]$$

$f = 1\,[\mathrm{MHz}]$일 때

$$X_C = \frac{1}{2\pi fC} = \frac{10^{12}}{2\pi \times 1 \times 10^6 \times 2000} = \frac{10^3}{4\pi} = 79.58\,[\Omega]$$

$$V_o = \frac{79.58 \times 30}{\sqrt{500^2 + 79.58^2}} = 4.72\,[\mathrm{V}]$$

즉 50 [kHz]일 때는 출력 전압이 21.21 [V]보다 커지고 1 [MHz]일 때는 출력 전압이 21.21[V]보다 작아진다.

연습문제 12-5 예제 12.5에서 주파수 f가 f_c, 50 [kHz] 및 1 [MHz]일 때 출력 전압과 입력 전압의 위상차를 구하라.

예제 12-6

그림 12.30을 고역 통과 필터로 사용하고 싶다. 주파수 대역을 구하고 또 50 [kHz]일 때와 1 [MHz]일 때의 출력 전압을 구하라.

✲ 풀이 고역 통과 필터의 회로도는 그림 12.31과 같이 된다.

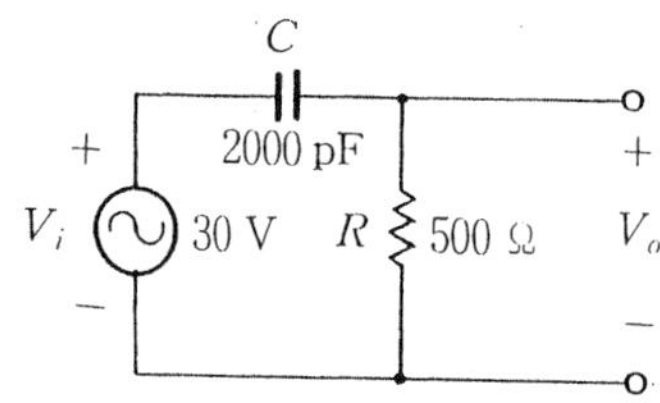

그림 12.31

$$f_c = \frac{1}{2\pi RC} = \frac{10^{12}}{2\pi \times 500 \times 2000} = 159.2\ [\text{kHz}]$$

즉 고역 통과 대역은 $f \geq 159.2$ [kHz]이고, $f_c = 159.2$ [kHz]일 때 출력 전압 V_o는 21.21 [V]이다.

다음에 임의 주파수에서의 출력 전압은

$$V_o = \frac{R}{\sqrt{R^2 + X_C^2}} \cdot V_i$$

에서 구한다.

$f = 50$ [kHz]일 때 예제 12.6에서 X_C는

$$X_C = 1591.5\ [\Omega]$$

이므로

$$V_o = \frac{500 \times 30}{\sqrt{500^2 + 1591.5^2}} = 8.99 \text{ [V]}$$

$f = 1$ [MHz]일 때

$$X_C = 79.58 [\Omega]$$

이므로

$$V_o = \frac{500 \times 30}{\sqrt{500^2 + 79.58^2}} = 29.63 \text{ [V]}$$

즉 주파수가 f_c 보다 작은 50 [kHz]에서의 출력 전압은 $V_o = 8.99 < 0.707 V_i = 21.21$ [V]이고, 주파수가 f_c보다 큰 1 [MHz]에서의 출력 전압은 $V_o = 29.63 > 0.707\ V_i = 21.21$ [V]이다.

연습문제 12-6 예제 12.6에서 주파수 f가 f_c, 50 [kHz] 및 1 [MHz]일 때 출력 전압과 입력 전압의 위상차를 구하라.

종합 문제

1. RLC 직렬 공진 회로에서 공진 주파수는 (   )이고, 이를 공진 각속도로 표시하면 (   )이 된다.

2. RLC 직렬 공진 회로의 전압 확대율 Q를 R, L, C, ω_r로 표시하면 (   ) (   ) (   )가 된다.

3. 직렬 공진이 일어날 때 공진 전류의 크기는 (   )이고 전원 전압과 위상이 (   ).

4. 전압 확대율 Q를 반전력 주파수로 표시하면 (   )이 된다.

5. 병렬 공진이 발생하면 임피던스는 (   )이고, 또 인덕터의 Q가 10보다 크면 병렬 공진 주파수 f_r은 (   )와 같이 근사적으로 표시할 수 있다.

6. RLC를 조합한 필터에는 (   ), (   ), (   ), (   ) 등이 있다.

7. RC 저역 통과 필터는 주파수 f가 $f \leq$ (   )에서 출력 전압의 크기가 입력 전압의 0.707배 이상이다.

8. RC 고역 통과 필터는 주파수 f가 $f \geq$ (   )에서 출력 전압의 크기가 입력 전압의 (   )배 이상이다.

9. RLC 직렬 공진 회로에서 입력 전압이 V [V]일 때 공진 주파수 f_r에서 L에 걸리는 전압은 얼마인가?

㉮ V ㉯ $2\pi f_r L V$ ㉰ $\frac{V}{R} \cdot 2\pi f_r C$ ㉱ $\frac{V}{R \cdot 2\pi f_r C}$

10. 공진 회로의 Q가 갖는 물리적 의미와 관계없는 것은?

㉮ 공진 회로의 저항에 대한 리액턴스의 비
㉯ 공진 곡선의 첨예도
㉰ 공진시의 전압 확대비
㉱ 공진 회로에서 에너지 소비 능률

11. RLC 직렬 회로에서 전원 전압을 V라 하고, L 및 C에 걸리는 전압을 각각 V_L 및 V_C라 하면 선택도 Q를 나타내는 것은 어느것인가? 단, 공진 주파수는 ω_r이다.

㉮ $\frac{CL}{R}$ ㉯ $\frac{\omega_r R}{L}$ ㉰ $\frac{V_L}{V}$ ㉱ $\frac{V}{V_C}$

12. $R=10\,[\Omega]$, $L=10\,[\text{mH}]$, $C=1\,[\mu\text{F}]$인 직렬 회로에서 100 [V] 전압을 가했을 때 공진시 선택도 Q는?

㉮ 1 ㉯ 10 ㉰ 100 ㉱ 1000

13. $R=100\,[\Omega]$, $L=1/\pi\,[\text{H}]$, $C=100/4\pi\,[\text{pF}]$이다. 직렬 공진 회로의 Q는?

㉮ 2×10^3 ㉯ 2×10^4 ㉰ 3×10^3 ㉱ 3×10^4

14. $R=18\,[\Omega]$, $L=150\,[\mu\text{H}]$인 코일과 손실을 무시할 수 있는 가변 축전기(varicon)를 710 [kHz], 1 [mV] 전원에 직렬로 연결했을 때 710 [kHz]에 공진시키려면 바리콘의 용량은 얼마이며, 공진시 바리콘 양단 전압은?

㉮ 335 [pF], 37.2 [mV] ㉯ 336 [pF], 37.2 [V]
㉰ 336 [μF], 37.2 [mV] ㉱ 336 [μF], 37.2 [V]

15. 그림과 같이 주파수 1 [Hz]인 교류 회로에 있어서 전류 I와 I_R이 같은 값으로 되는 조건은? 단, R은 저항 [Ω], C는 정전 용량 [F], L은 인덕턴스 [H]이다.

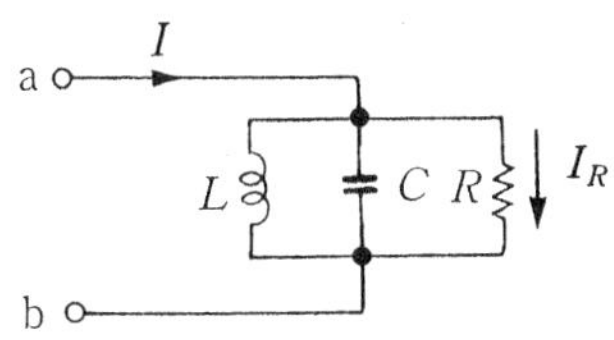

㉮ $f=\frac{1}{\sqrt{LC}}$

㉯ $f=\frac{2\pi}{\sqrt{LC}}$

㉰ $f=\frac{1}{2\pi\sqrt{LC}}$

㉱ $f=2\pi(LC)^2$

16. 그림과 같은 병렬 공진 회로에서 주파수를 f라 할 때 전압 E가 전류 I보다 앞서는 조건은 다음 중 어느것인가?

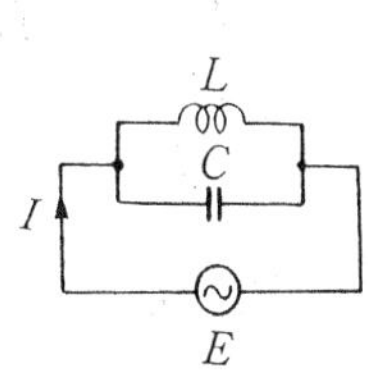

㉮ $f<\frac{1}{2\pi\sqrt{LC}}$

㉯ $f>\frac{1}{2\pi LC}$

㉰ $f=\frac{1}{2\pi\sqrt{LC}}$

㉱ f에 관계없다.

17. 그림과 같은 RLC 병렬 공진 회로에 관한 설명 중 옳지 않은 것은?

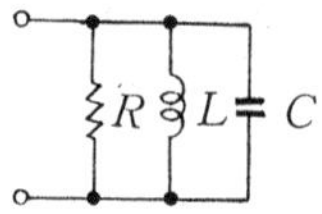

㉮ R가 작을수록 Q가 높다.

㉯ 공진시 L 또는 C를 흐르는 전류는 입력 전류 크기의 Q배가 된다.

㉰ 공진 주파수 이하에서의 입력 전류는 전압보다 위상이 뒤진다.

㉱ 공진시 입력 어드미턴스는 매우 작아진다.

18. 어떤 RLC 병렬 회로가 병렬 공진되었을 때 합성 전류는?

㉮ 최소가 된다.

㉯ 최대가 된다.

㉰ 전류는 흐르지 않는다.

㉱ 전류는 무한대가 된다.

19. 그림과 같은 회로에 교류 전압을 인가하여 I가 최소로 될 때, 리액턴스 X_C의 값은 약 몇 [Ω]인가?

㉮ 11.5

㉯ 12.5

㉰ 13.5

㉱ 14.5

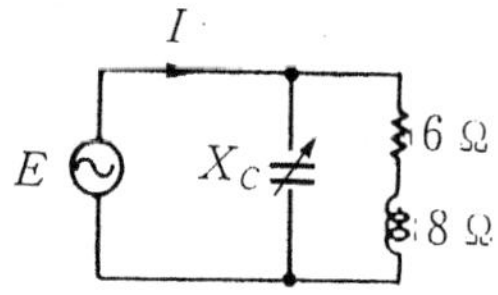

20. 그림과 같은 회로에서 공진 조건은? 단, ω_0는 병렬 공진 각주파수이다.

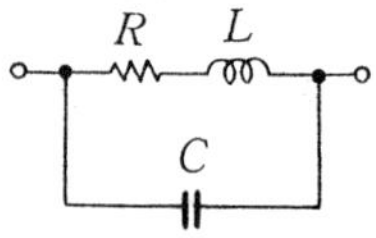

㉮ $\omega_0=\sqrt{\dfrac{1}{LC}-\dfrac{R^2}{L^2}}$

㉯ $\omega_0=\sqrt{\dfrac{1}{LC}+\dfrac{R^2}{L^2}}$

㉰ $\omega_0=\dfrac{1}{\sqrt{LC}}$

㉱ $\omega_0=\dfrac{1}{2\pi LC}$

21. 그림과 같은 회로의 공진시 어드미턴스는?

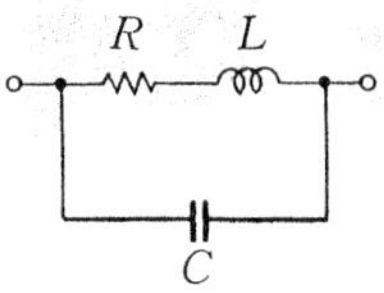

㉮ $\frac{CR}{L}$ ㉯ $\frac{L}{CR}$

㉰ $\frac{CL}{R}$ ㉱ $\frac{LR}{C}$

22. $R=100\,[\Omega]$, $L=100\,[\text{mH}]$의 코일과 가변 콘덴서를 병렬로 한 동조 회로가 있다. 콘덴서의 용량을 변화시켜 500 [kHz]에 동조시켰다. 이때의 콘덴서 용량 C_r은 얼마인가? 또한, 공진 임피던스 Z_r은 몇 $[\Omega]$인가?

㉮ $C_r=2\,[\text{pF}]$, $Z_r=2\times10^8\,[\Omega]$

㉯ $C_r=1\,[\text{pF}]$, $Z_r=1\times10^9\,[\Omega]$

㉰ $C_r=2\,[\text{pF}]$, $Z_r=3\times10^6\,[\Omega]$

㉱ $C_r=1\,[\text{pF}]$, $Z_r=2\times10^6\,[\Omega]$

익힘 문제

1. 그림의 RLC 직렬 회로에서 공진 주파수 f_r을 구하고 X_L, X_C, Z 및 전류 I_r을 구하라.

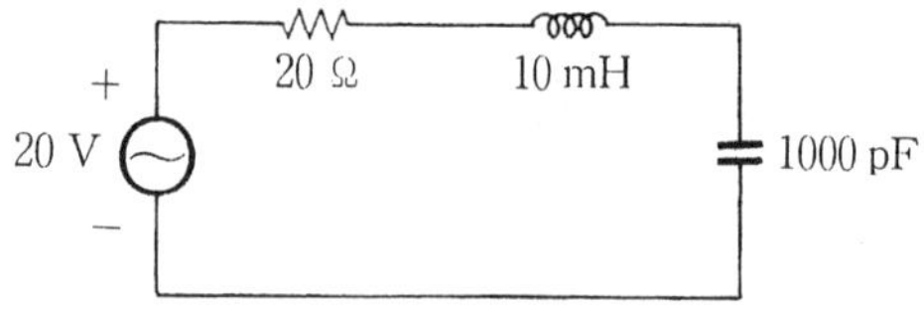

2. 문제 1의 그림에서 첨예도 Q, 반전력 대역폭 BW, 반전력 주파수 f_1, f_2를 구하라.

3. 문제 1의 그림에서 반전력 주파수와 공진 주파수에서의 전압 전류의 위상차를 구하라.

4. 그림의 RLC 직렬 회로에서 바리콘(가변 콘덴서) C가 710 [kHz]에 동조되었을 때 다음을 구하라.
   ① 바리콘의 용량 [pF]
   ② 공진시 콘덴서 진입
   ③ 반전력 대역폭 BW
   ④ 반전력 주파수 f_1, f_2

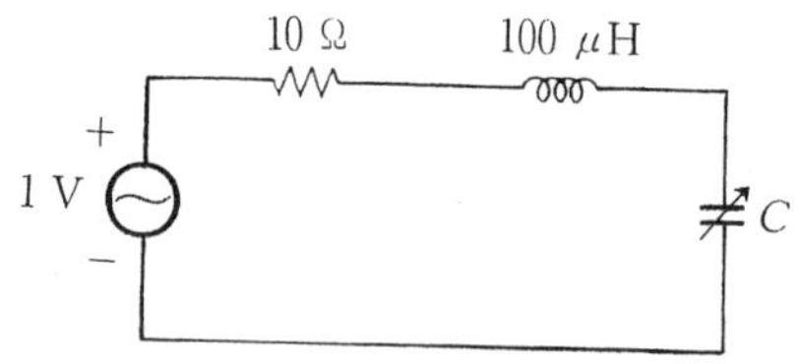

5. 그림은 이상적인 병렬 공진 회로이다. 다음을 구하라.

① 공진 주파수 f_r

② 공진 전류 I_r

③ 인덕턴스 전류 I_L

④ $Q=\dfrac{I_L}{I_r}$

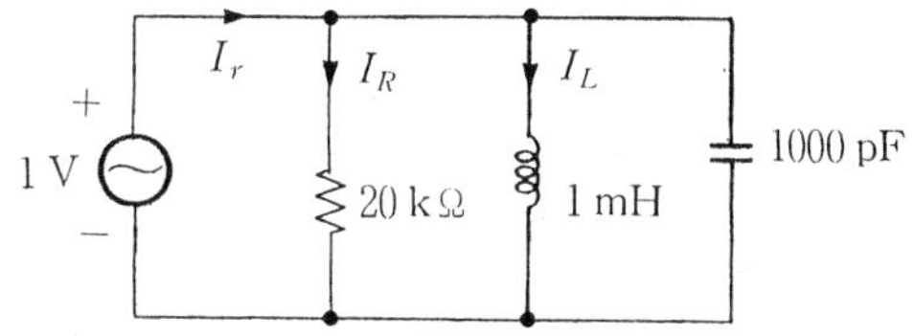

6. 그림은 선택도 Q가 $Q \geq 10$인 회로이다. 다음을 구하라.

① 공진 주파수 f_r

② 회로의 Q

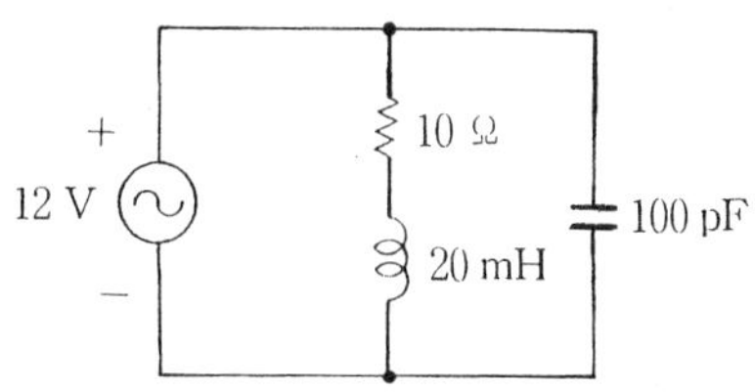

7. 문제 6에서 병렬 저항 R_P를 구하고 등가 회로를 그려라. 또 공진 전류 I_r을 구하라.

8. 저역 통과 필터가 있다. 저항이 5 [kΩ]이고 용량성 리액턴스가 500 [Ω], 입력 전압이 12 [V]일 때 출력 전압을 구하라.

9. 2 [kΩ]의 저항을 이용하여 차단 주파수가 400 [Hz]인 RC 저역 통과 필터를 설계하라.

10. 다음 그림은 고역 통과 필터이다. 입력 전압이 12[V]일 때 주어진 주파수에서의 출력 전압을 구하라.

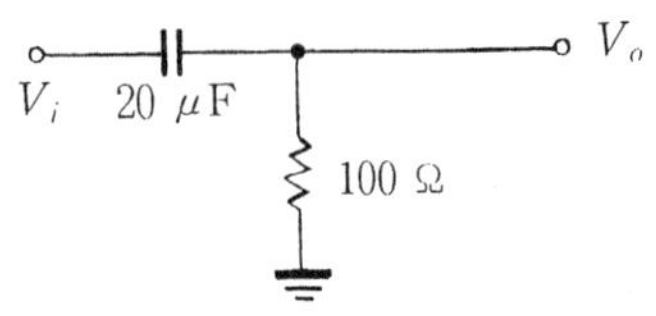

(a) $f=60$ [Hz]

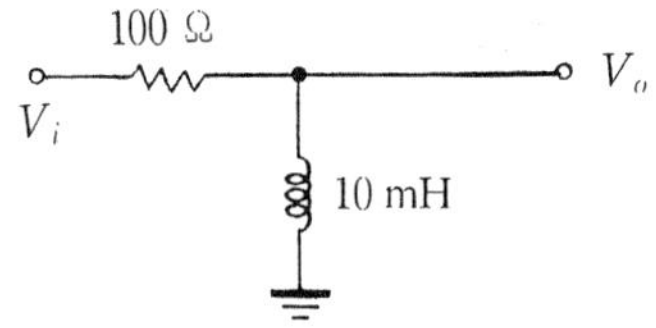

(b) $f=1$ [kHz]

11. 1[μF]의 콘덴서를 이용하여 차단 주파수가 3[kHz]인 *RC* 고역 통과 필터를 설계하라.

13 비정현파 회로

우리는 지금까지 직류 회로와 정현파 회로를 다루었다. 직류 회로에서는 부하로 저항만을 사용하였으며 교류 회로에서는 저항, 인덕턴스 및 커패시턴스가 부하로 사용되었다. 정현파가 아닌 파 즉 비정현파는 어떻게 다룰 것인가? 그림 13.1에서 그림 (a)는 주기가 30 [ms]이고 그림 (b)는 주기가 10 [ms]이다.

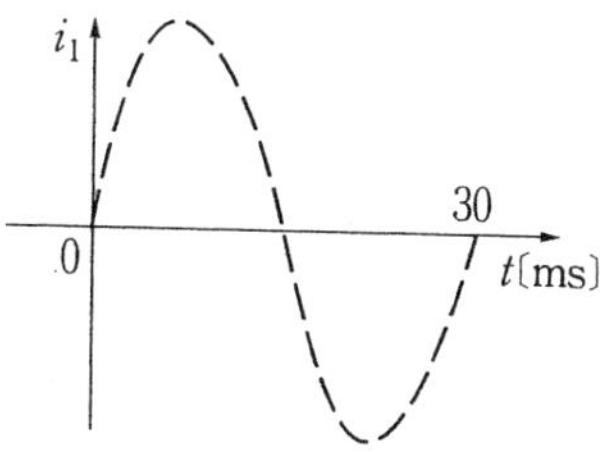

(a) 정현파(기본파)

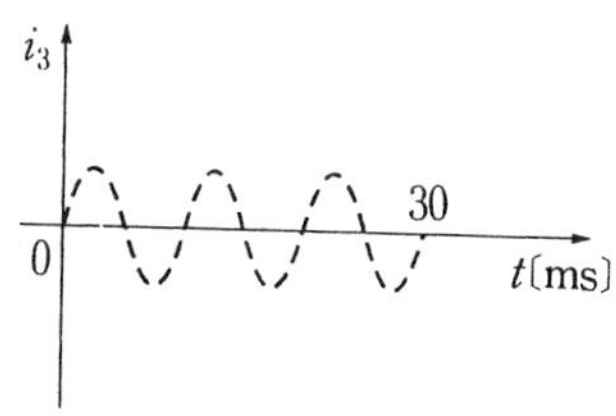

(b) 정현파(제3고조파)

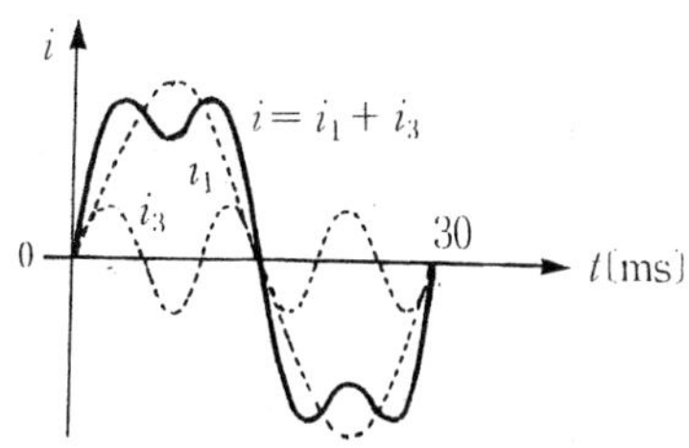

(c) 비정현파

그림 13.1 비정현파는 정현파의 합이다.

그림 (a)가 한 번 진동할 때 그림 (b)는 3번 진동한다. 그림 (a)의 주기를 기준으로 할 때 그림 (a)를 기본파가 부르고 그림 (b)를 제3고조파라 부른다. 그림 (a)의 기본파와 그림 (b)의 제3고조파를 합한 것이 그림 (c)이다. 그림 (c)의 실선 부분은 분명히 정현파가 아니다. 즉 비정현파는 정현파의 합이므로 비정현파를 정현파로 분해하여 중첩의 원리에 의해 중첩을 하면 되리라는 것을 알 수 있다.

일반적으로 비정현 주기파는 직류 성분과 기본파(정현파) 및 고조파(정현파)의 합으로 분해할 수 있다. 이를 푸리에(Fourier) 해석이라 한다.

13.1 푸리에 급수

푸리에 급수는 1826년 푸리에가 고안한 것으로 비정현 주기파는 식 (13.1)과 같이 직류분과 기본파 및 고조파의 합으로 표시할 수 있다는 것이다.

주기가 T인 비정현파 $f(t)$는

$$f(t) = f(t+T)$$

로 표시되며 다음과 같은 푸리에 급수로 표시된다.

$$\begin{aligned} f(t) &= a_0 + a_1\cos\omega t + a_2\cos 2\omega t + \cdots \\ &\quad + b_1\sin\omega t + b_2\sin 2\omega t + \cdots \\ &= a_0 + \sum_{n=1}^{\infty} a_n\cos n\omega t + \sum_{n=1}^{\infty} b_n\sin n\omega t \end{aligned} \tag{13.1}$$

여기서 각속도를 ω, 주기를 T, 주파수를 f라 하면

$$\omega = \frac{2\pi}{T} = 2\pi f$$

이다. 각속도가 같은 코사인 항과 사인항을 합성하면 식 (13.2)와 같이 표시된다.

$$\begin{aligned} f(t) &= a_0 + c_1\sin(\omega t + \phi_1) + c_2\sin(2\omega t + \phi_2) + \cdots \\ &= a_0 + \sum_{n=1}^{\infty} c_n\sin(n\omega t + \phi_n) \end{aligned} \tag{13.2}$$

여기서

$$c_n = \sqrt{a_n^{\,2} + b_n^{\,2}}, \quad \phi_n = \tan^{-1}\frac{a_n}{b_n}$$

식 (13.1)에서 계수 a_0, a_1, a_2, $\cdots$, b_1, b_2, $\cdots$을 구하면 된다. 비정현 주기 함수 $f(t)$를 기함수와 우함수 및 반파 대칭 함수로 나누어 생각해 본다. 만일 비정현파 $f(t)$가 기함수이면 식 (13.1)의 오른쪽 합도 기함수의 합이 되고, $f(t)$가 우함수이면 우함수의 합이 된다.

(1) 기함수

함수 $y=3x$, $y=10\sin\phi$ 등의 그래프를 그리면 그림 13.2가 된다. 그림 (a), (b)를 관찰하면 좌표측의 원점에 대칭인 것을 알 수 있다. 즉 원점에 대칭인 함수를 기함수라 한다.

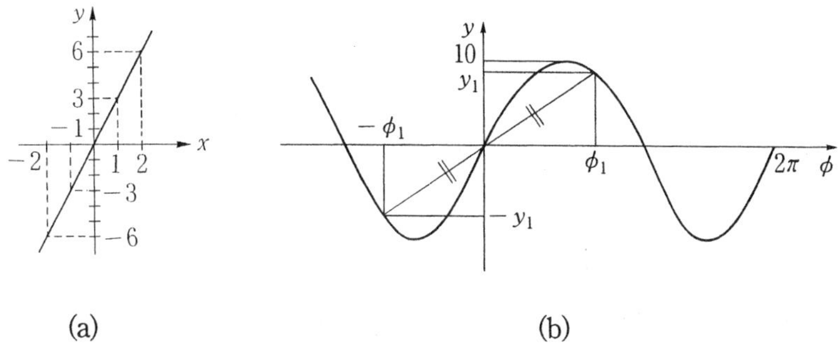

그림 13.2 기함수

그러나 $y=3x+2$, $y=10\sin\left(\phi+\frac{\pi}{3}\right)$ 등은 기함수가 아니다.

(2) 우함수

함수 $y=10$, $y=4\cos\phi$ 등의 그래프를 그리면 그림 13.3과 같이 된다. 그림 (a), (b)를 관찰하면 y축에 대칭인 것을 알 수 있다. y축 즉 종축에 대칭인 함수를 우함수라 한다.

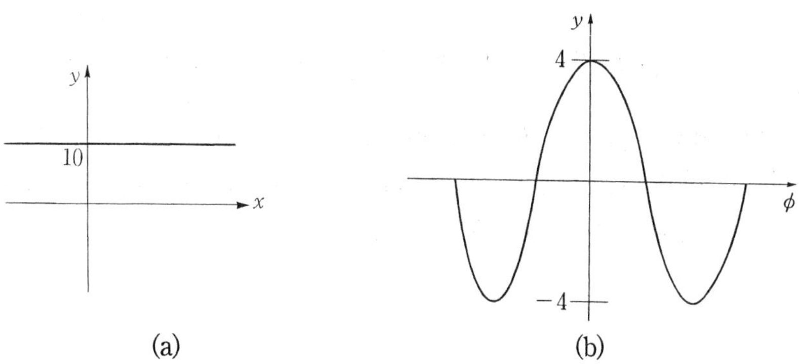

그림 13.3 우함수

푸리에 급수에서 직류 항과 코사인 항은 우함수, 사인 항은 기함수이다.

(3) 반파 대칭

그림 13.4에서 y값이 +인 반주기를 오른쪽으로 이동시키면 t축 즉 횡축에 대칭이다. 이를 반파 대칭이라 한다.

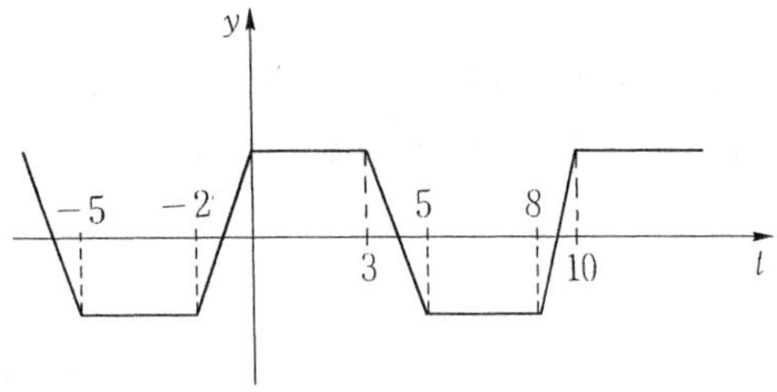

그림 13.4 반파 대칭

(4) 푸리에 급수 계수 결정

식 (13.1)에서 직류항 a_0는 함수 $f(t)$의 평균값이다. 따라서 다음과 같이 된다.

$$a_0=\frac{1}{T}\int_0^T f(t)dt=\frac{1}{2\pi}\int_0^{2\pi} f(\phi)d\phi$$

코사인 항 a_n은

$$a_n=\frac{2}{T}\int_0^T f(t)\cdot\cos n\omega t\,dt=\frac{2}{2\pi}\int_0^{2\pi} f(\phi)\cdot\cos n\phi\,d\phi$$

사인 항 b_n은

$$b_n=\frac{2}{T}\int_0^T f(t)\cdot\sin n\omega t\,dt=\frac{2}{2\pi}\int_0^{2\pi} f(\phi)\cdot\sin n\phi\,d\phi$$

일반적으로 계수 a_0, a_n, b_n을 결정하는 것은 상당히 어려운 수학이다. 아래에 간단한 비정현파에 대한 예를 파형 분석을 통해 설명한다. 왜냐하면 전기 전자 공학에서 나타나는 비정현 주기파는 주로 대칭파이기 때문이다.

예제 13-1 그림 13.5는 크기가 5[V]인 펄스파이다. 횡축은 라디안 각도로 표시되어 있다. 푸리에 급수로 전개하라.

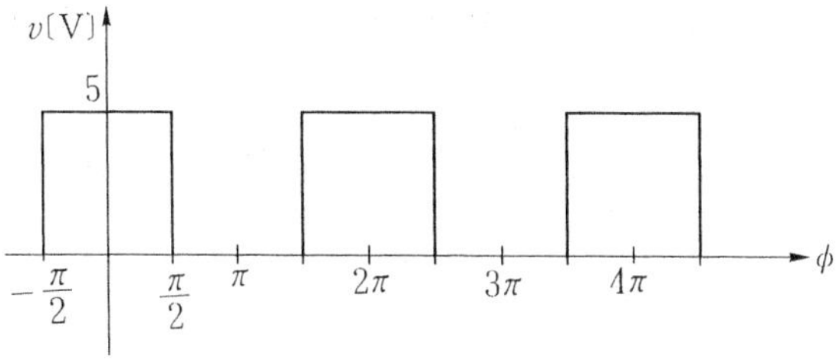

그림 13.5 펄스(pulse) 파

✲ 풀이 종축에 대칭이므로 우함수이다. 따라서 우함수를 푸리에 급수로 전개하면 사인 항은 기함수이므로 계수가 모두 영이 된다. 또 a_0는 반주기의 평균이고, a_n은 반주기까지 적분하여 두 배 하면 되므로 다음과 같이 간단히 된다.

함수 $f(t)$가 우함수이면

$$a_0 = 2\times\frac{1}{T}\int_0^{\frac{T}{2}} f(t)dt = 2\times\frac{1}{2\pi}\int_0^{\pi} f(\phi)d\phi$$

$$a_n = 2\times\frac{2}{T}\int_0^{\frac{T}{2}} f(t)\cdot\cos n\omega t\,dt = 2\times\frac{2}{2\pi}\int_0^{\pi} f(\phi)\cdot\cos n\phi\,d\phi$$

$$b_n = 0$$

단 $n = 1,\ 2,\ 3,\ \cdots\cdots$

먼저 함수 $f(t)$를 식으로 표시한다.

$$0\le\phi<\frac{\pi}{2}\ ;\quad f(\phi)=5$$

$$\frac{\pi}{2}\le\phi<\pi\ ;\quad f(\phi)=0$$

다음에 직류분 a_0를 구한다. a_0는 한 주기 동안의 평균값이므로

$$a_0 = \frac{5\times\frac{\pi}{2}}{\pi} = 2.5$$

$$a_n = 2\times\frac{2}{2\pi}\left[\int_0^{\frac{\pi}{2}} f(\phi)\cdot\cos n\phi\,d\phi + \int_{\frac{\pi}{2}}^{\pi} f(\phi)\cdot\cos n\phi\,d\phi\right]$$

$$= \frac{2}{\pi}\int_0^{\frac{\pi}{2}} 5\cdot\cos n\phi d\phi = \frac{10}{\pi}\int_0^{\frac{\pi}{2}}\cos n\phi d\phi$$

$$= \frac{10}{\pi}\cdot\frac{1}{n}\int_0^{\frac{\pi}{2}}\cos n\phi d(n\phi) = \frac{10}{\pi}\frac{1}{n}\left|\sin n\phi\right|_0^{\frac{\pi}{2}}$$

$$= \frac{10}{\pi}\frac{1}{n}\sin\left(\frac{n}{2}\pi\right)$$

n은 1, 2, 3, 4, ……이므로 사인 그래프를 그리면 그림 13.6에서 $\frac{\pi}{2}$, $\frac{5}{2}\pi$에서 +1이고 $\frac{3}{2}\pi$, $\frac{7}{2}\pi$에서 −1이며 π, 2π, 3π에서는 영이다.

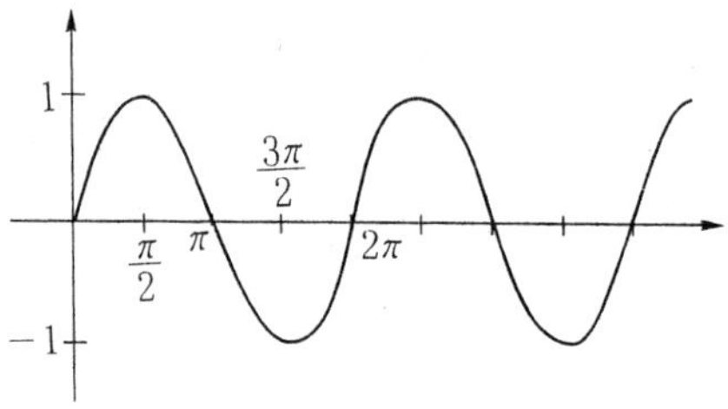

그림 13.6

따라서

$$a_1 = \frac{10}{\pi}\cdot\frac{1}{1},\quad a_2 = 0,\quad a_3 = -\frac{10}{\pi}\cdot\frac{1}{3},\quad a_4 = 0,$$

$$a_5 = \frac{10}{\pi}\cdot\frac{1}{5},\quad a_6 = 0,\quad a_7 = -\frac{10}{\pi}\cdot\frac{1}{7},\quad \cdots\cdots$$

따라서 펄스파를 푸리에 급수로 전개하면

$$v = 2.5 + \frac{10}{\pi}\cdot\frac{1}{1}\cos\phi - \frac{10}{\pi}\cdot\frac{1}{3}\cos 3\phi + \frac{10}{\pi}\cdot\frac{1}{5}\cos 5\phi - \frac{10}{\pi}\cdot\frac{1}{7}\cos 7\phi + \cdots\cdots$$

$$= 2.5 + \frac{10}{\pi}\cdot\left\{\frac{1}{1}\cos\omega t - \frac{1}{3}\cos 3\omega t + \frac{1}{5}\cos 5\omega t - \frac{1}{7}\cos 7\omega t + \cdots\cdots\right\}$$

연습문제 13-1 그림 13.7의 직사각형파를 푸리에 급수로 전개하라.

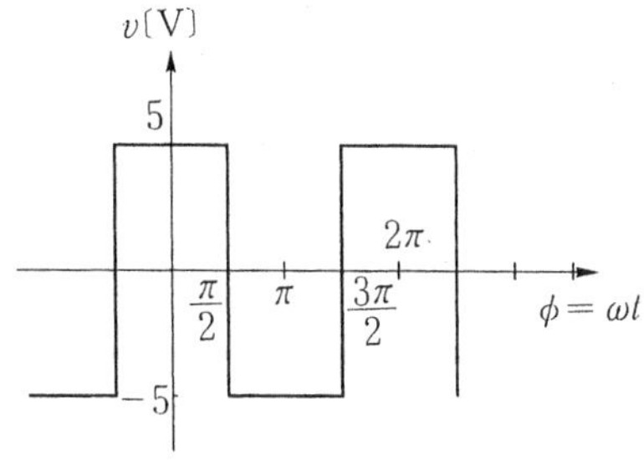

그림 13.7 직사각형파

예제 13-2 그림 13.8은 기함수파이다. 푸리에 급수로 전개하라.

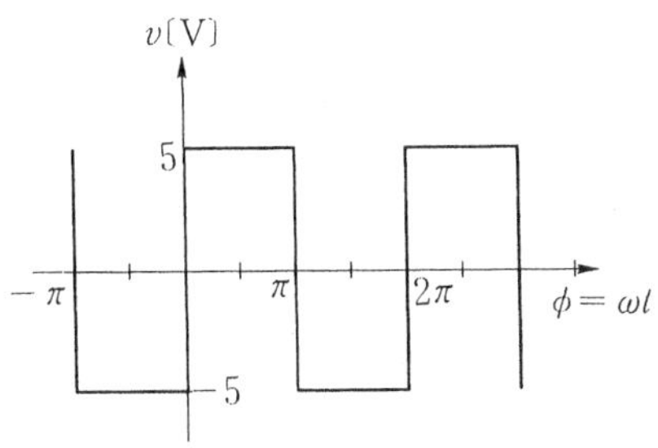

그림 13.8

✲ 풀이 함수 $f(t)$가 기함수이면 푸리에 급수에서 기함수만 남아야 되므로

$$a_0 = 0, \quad a_n = 0$$

이어야 된다. 또 b_n 항도 반주기까지 적분하여 두 배 하면 되므로

$$\begin{aligned} b_n &= 2 \times \frac{2}{T} \int_0^{\frac{T}{2}} f(t) \cdot \sin n\omega t \, dt \\ &= 2 \times \frac{2}{2\pi} \int_0^{\pi} f(\phi) \cdot \sin n\phi \, d\phi \quad (\text{단, } n = 1, 2, 3, 4, \cdots\cdots) \end{aligned}$$

먼저 함수를 식으로 표시한다.

$$0 \le \phi < \pi, \quad v = 5\,[\mathrm{V}]$$

$$b_n = \frac{2}{\pi}\int_0^{\pi} 5 \cdot \sin n\phi \, d\phi = \frac{10}{\pi} \cdot \frac{1}{n}\int_0^{\pi} \sin n\phi \, d(n\phi)$$
$$= \frac{10}{\pi} \cdot \frac{1}{n} \left| -\cos n\phi \right|_0^{\pi} = \frac{10}{\pi} \cdot \frac{1}{n}(-\cos n\pi + 1)$$
$$= \frac{10}{\pi} \cdot \frac{1}{n}(1 - \cos n\pi)$$

코사인의 값은 그림 13.9에서 π, 3π, 5π에서 -1이고 2π, 4π, 6π에서 $+1$이므로

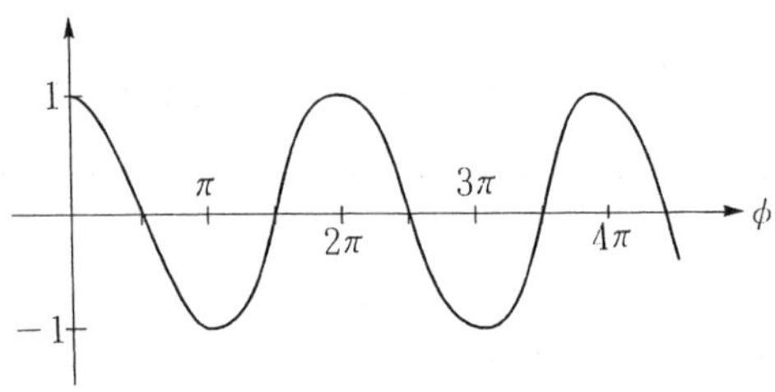

그림 13.9

$$b_n = \frac{10}{\pi} \cdot \frac{1}{n} \cdot 2 = \frac{20}{\pi} \cdot \frac{1}{n} \quad (\text{단 } n = 1,\ 3,\ 5,\ 7,\ \cdots)$$

따라서 푸리에 급수로 전개하면

$$v = \frac{20}{\pi}\left(\frac{1}{1}\sin\omega t + \frac{1}{3}\sin 3\omega t + \frac{1}{5}\sin 5\omega t + \cdots\cdots\right)$$

제3항은 크기가 기본파의 20%이고 제5항은 약 11.1%이다.

연습문제 13-2 그림 13.10의 기함수를 푸리에 급수로 전개하라.

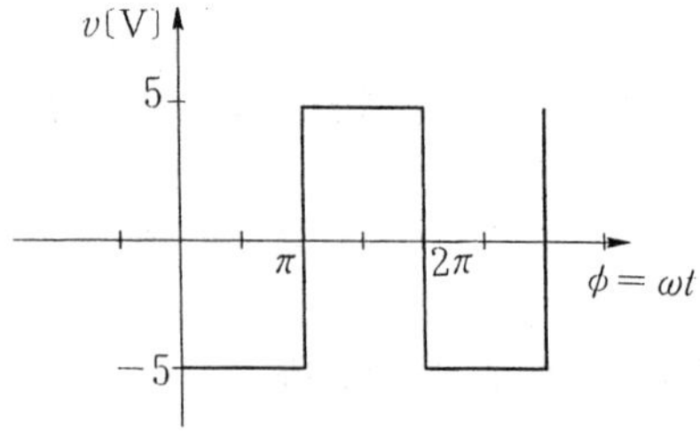

그림 13.10

예제 13-3

예제 13.2의 그림 13.8은 기함수인 동시에 또한 반파 대칭이다. 푸리에 급수로 전개하라.

✲ 풀이 그림 13.8을 반파 대칭이라는 관점에서 다루어 본다. +의 반주기파를 오른쪽으로 반주기 이동시키면 +와 −가 같으므로 한 주기의 평균인 a_0는 영이 된다. 즉 반파 대칭이면

$$a_0 = 0$$

다음에 a_n과 b_n은 기수 고조파만 남고 짝수 고조파는 영이 되므로 반주기만을 적분하여 2배 한다.

$$\begin{aligned} a_n &= 2\times \frac{2}{T}\int_0^{\frac{T}{2}} f(t)\cdot \cos n\omega t\, dt \\ &= 2\times \frac{2}{2\pi}\int_0^{\pi} f(\phi)\cdot \cos n\phi\, d\phi \\ b_n &= 2\times \frac{2}{T}\int_0^{\frac{T}{2}} f(t)\cdot \sin n\omega t\, dt \\ &= 2\times \frac{2}{2\pi}\int_0^{\pi} f(\phi)\cdot \sin n\phi\, d\phi \end{aligned}$$

$$n = 1,\ 3,\ 5,\ 7,\ \cdots\cdots$$

먼저 반주기 동안의 함수식을 쓰면

$$0 \le \phi < \pi,\quad v = 5\,[\mathrm{V}]$$

이다.

$$\begin{aligned} a_0 &= 0 \\ a_n &= \frac{2}{\pi}\int_0^{\pi} f(\phi)\cdot \cos n\phi\, d\phi \\ &= \frac{2}{\pi}\int_0^{\pi} 5\cdot \cos n\phi\, d\phi = \frac{10}{\pi}\int_0^{\pi} \cos n\phi\, d\phi \\ &= \frac{10}{\pi}\cdot \frac{1}{n}\int_0^{\pi} \cos n\phi\, d(n\phi) \\ &= \frac{10}{\pi}\,\frac{1}{n}\,\left|\sin n\phi\right|_0^{\pi} = \frac{10}{\pi}\,\frac{1}{n}\sin n\pi \end{aligned}$$

여기서 n은 1, 3, 5, $\cdots$ 이다.

사인값을 알기 위해 사인 그래프를 그리면 그림 13.11이 되며 π, 3π, 5π 에서 사인값은 영이 되므로 $a_n = 0$ 이다.

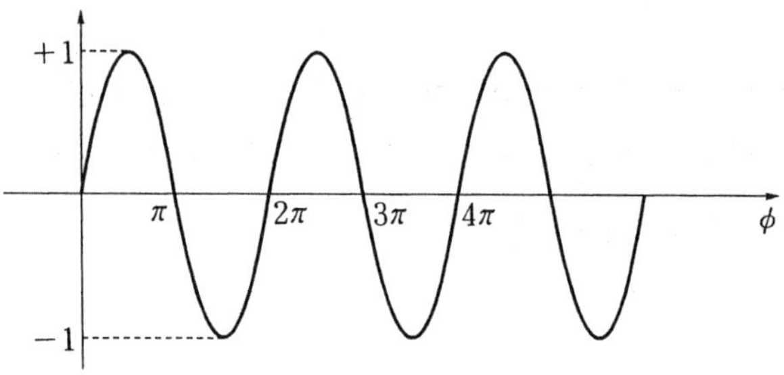

그림 13.11

다음에

$$b_n = \frac{2}{\pi}\int_0^{\pi} f(\phi)\cdot \sin n\phi\, d\phi = \frac{10}{\pi}\int_0^{\pi} \sin n\phi\, d\phi$$
$$= \frac{10}{\pi}\cdot\frac{1}{n}\int_0^{\pi} \sin n\phi\, d(n\phi) = \frac{10}{\pi}\cdot\frac{1}{n}\left|-\cos n\phi\right|_0^{\pi}$$
$$= \frac{10}{\pi}\cdot\frac{1}{n}(-\cos n\pi + 1) = \frac{10}{\pi}\cdot\frac{1}{n}(1-\cos n\pi)$$

여기서 n은 1, 3, 5, ⋯이다.

그림 13.9에서 π, 3π, 5π, ⋯⋯에서 $\cos n\pi = -1$이므로

$$b_n = \frac{10}{\pi}\cdot\frac{1}{n}(1+1) = \frac{20}{\pi}\cdot\frac{1}{n}$$

단 n = 1, 3, 5, 7, ⋯⋯이다.

따라서 푸리에 급수로 전개하면

$$v = \frac{20}{\pi}\left(\frac{1}{1}\sin\omega t + \frac{1}{3}\sin 3\omega t + \frac{1}{5}\sin 5\omega t + \cdots\cdots\right)$$

이 예제는 기함수이므로 처음부터 a_n 값은 영이 되게 되어 있고 따라서 처음부터 사인의 기수항만 존재함을 알 수 있다.

연습문제 13-3 그림 13.10은 기함수인 동시에 반파 대칭이다. 푸리에 급수로 전개하라.

예제 13-4

그림 13.12는 반파 정류파이다. 푸리에 급수로 전개하라.

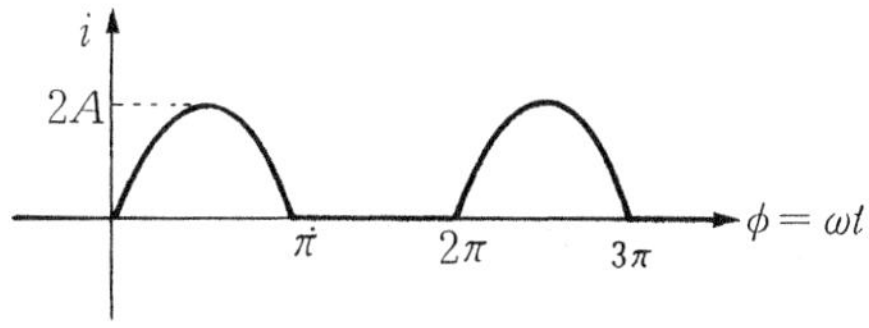

그림 13.12

✲ 풀이 그림 13.12는 대칭성이 없는 일반 형식의 주기파이다. 따라서 a_0, a_n, b_n이 모두 존재할 것으로 예상할 수 있다. 그림은 다음과 같이 함수로 표시할 수 있다.

$$0 \le \phi < \pi \quad ; \quad i = 2\sin\phi \text{ [A]}$$

$$\pi \le \phi < 2\pi \quad ; \quad i = 0 \text{ [A]}$$

$$a_0 = \frac{1}{2\pi}\int_0^{2\pi} i\,d\phi = \frac{1}{2\pi}\int_0^{\pi} 2\sin\phi\,d\phi = \frac{1}{\pi}\left| -\cos\phi \right|_0^{\pi}$$

$$= \frac{1}{\pi}(1-\cos\pi) = \frac{1}{\pi}(1+1) = \frac{2}{\pi}$$

$$a_n = \frac{2}{2\pi}\int_0^{2\pi} i\cos n\phi\,d\phi$$

$$= \frac{2}{\pi}\int_0^{\pi} \sin\phi \cdot \cos n\phi\,d\phi$$

함수 $\sin\phi \cdot \cos n\phi = \cos n\phi \cdot \sin\phi$를 사인의 합으로 고치면

$$\cos n\phi \cdot \sin\phi = \frac{1}{2}\{\sin(n+1)\phi - \sin(n-1)\phi\}$$

이므로

$$a_n = \frac{1}{\pi}\int_0^{\pi}\{\sin(n+1)\phi - \sin(n-1)\phi\}d\phi$$

$$= \frac{1}{\pi}\left| \frac{-\cos(n+1)\phi}{n+1} + \frac{\cos(n-1)\phi}{n-1} \right|_0^{\pi}$$

$$= \frac{1}{\pi}\left\{ -\frac{(-1)^{n+1}-1}{n+1} + \frac{(-1)^{n-1}-1}{n-1} \right\}$$

$n = 1, 3, 5, \cdots\cdots$이면

$$a_n = 0$$

$n=2,\ 4,\ 6,\ \cdots\cdots$ 이면

$$a_n = \frac{-4}{\pi(n^2-1)}$$

다음에

$$b_n = \frac{2}{2\pi}\int_0^{2\pi} i \sin n\phi\, d\phi = \frac{2}{\pi}\int_0^{\pi} \sin\phi \cdot \sin n\phi\, d\phi$$

에서 $n=1$ 이면

$$b_1 = \frac{2}{\pi}\int_0^{\pi} \sin^2\phi\, d\phi = \frac{2}{\pi}\int_0^{\pi} \frac{1-\cos 2\phi}{2}\, d\phi$$

$$= \frac{2}{\pi}\left[\int_0^{\pi}\frac{1}{2}\, d\phi - \int_0^{\pi}\frac{\cos 2\phi}{2}\, d\phi\right]$$

$$= \frac{2}{\pi}\left(\frac{1}{2}\pi - 0\right) = 1$$

$n=2,\ 3,\ 4,\ 5,\ \cdots\cdots$ 이면 $b_n=0$이다. 즉 $b_2=b_3=b_4=\cdots\cdots=0$이다.

따라서

$$i=\frac{2}{\pi}-\frac{4}{\pi}\left(\frac{\cos 2\omega t}{2^2-1}+\frac{\cos 4\omega t}{4^2-1}+\frac{\cos 6\omega t}{6^2-1}+\cdots\cdots\right)+\sin\omega t\ [\text{A}]$$

연습문제 13-4 그림 13.13은 전파 정류파이다. 푸리에 급수로 전개하라.

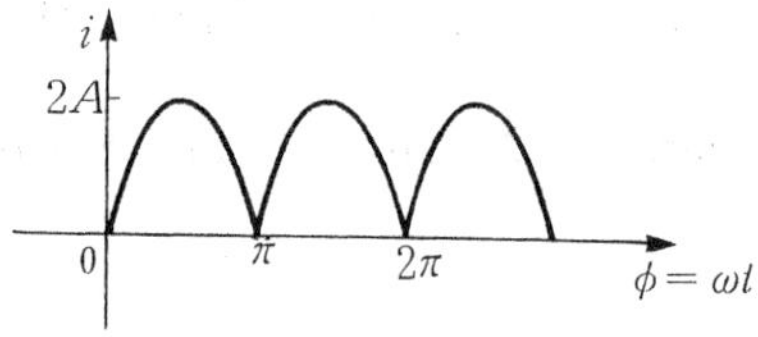

그림 13.13 $i=2\sin\omega t\,[\text{A}]$

13.2 비정현파 회로

비정현파 회로는 푸리에 급수에 의해 정현파의 합으로 표시할 수 있음을 배웠다. 정현파의 합으로 표시된 비정현파는 중첩의 원리에 의해 회로를 해석할 수 있다.

그림 13.14에서 전압 v가

$$v = V_0 + \sqrt{2}\,V_1 \sin(\omega t + \alpha_1) + \sqrt{2}\,V_2 \sin(2\omega t + \alpha_2) + \cdots\cdots \quad [\mathrm{V}]$$

이면 그림 (a)는 그림 (b)와 같이 중첩되어 있는 것으로 생각할 수 있다. 리액턴스는 주파수의 함수이므로 각 고조파에 대해 리액턴스의 크기가 변화하므로 각각의 고조파에 대한 전류를 구해 중첩한다.

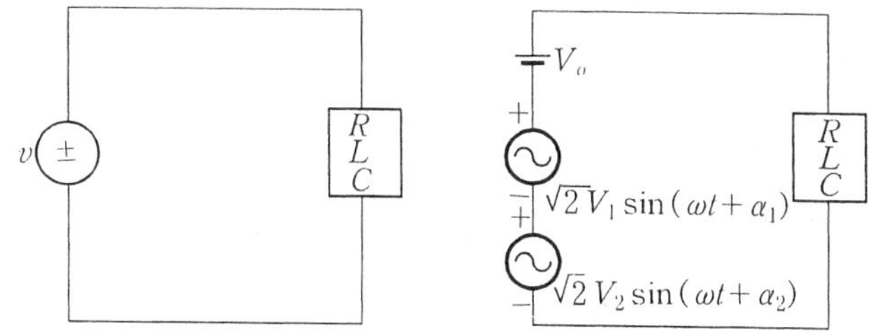

(a) (b)

그림 13.14 중첩의 원리 적용

(1) 실효값

푸리에 급수로 분석된 비정현파 전압, 전류는 다음과 같이 표시할 수 있다.

$$\begin{aligned} v &= V_0 + \sqrt{2}\,V_1 \sin(\omega t + \alpha_1) + \sqrt{2}\,V_2 \sin(2\omega t + \alpha_2) \\ &\quad + \sqrt{2}\,V_3 \sin(3\omega t + \alpha_3) + \cdots\cdots [\mathrm{V}] \\ i &= I_0 + \sqrt{2}\,I_1 \sin(\omega t + \beta_1) + \sqrt{2}\,I_2 \sin(2\omega t + \beta_2) \\ &\quad + \sqrt{2}\,I_3 \sin(3\omega t + \beta_3) + \cdots\cdots [\mathrm{A}] \end{aligned}$$

여기서 V_0와 I_0는 평균값 즉 직류 성분이고, 각속도가 ω인 항은 기본파, 2ω인 항은 제2고조파, 3ω인 항은 제3고조파이다. 각 항의 편각은 각 고조파의 위상각이다. 실효값의 정의

$$V=\sqrt{\frac{1}{T}\int_0^T v^2\,dt}$$

에 대입하여 정리하면 비정현파 전압 전류의 실효값은

$$V=\sqrt{V_0^2+V_1^2+V_2^2+V_3^2+\cdots\cdots}\quad [\mathrm{V}]$$

$$I=\sqrt{I_0^2+I_1^2+I_2^2+I_3^2+\cdots\cdots}\quad [\mathrm{A}]$$

가 된다. 부하에 전달된 유효 전력은

$$\begin{aligned}P&=P_0+P_1+P_2+P_3+\cdots\cdots\\&=V_0I_0+V_1I_1\cos(\alpha_1-\beta_1)+V_2I_2\cos(\alpha_2-\beta_2)\\&\quad+V_3I_3\cos(\alpha_3-\beta_3)+\cdots\cdots\ [\mathrm{W}]\end{aligned}$$

이다. 무효 전력 Q는

$$\begin{aligned}Q&=Q_1+Q_2+Q_3+\cdots\cdots\\&=V_1I_1\sin(\alpha_1-\beta_1)+V_2I_2\sin(\alpha_2-\beta_2)\\&\qquad+V_3I_3\sin(\alpha_3-\beta_3)+\cdots\cdots\ [\mathrm{Var}]\end{aligned}$$

피상 전력 S는

$$S=VI=\sqrt{V_0^2+V_1^2+V_2^2+\cdots\cdots}\times\sqrt{I_0^2+I_1^2+I_2^2+\cdots\cdots}\quad [\mathrm{VA}]$$

역률은

$$\cos\phi=\frac{P}{S}=\frac{P}{VI}$$

로 표시된다.

예제 13-5

그림 13.15는 $v=20+60\sin\omega t$ [V]의 그래프이다. 실효값을 구하라.

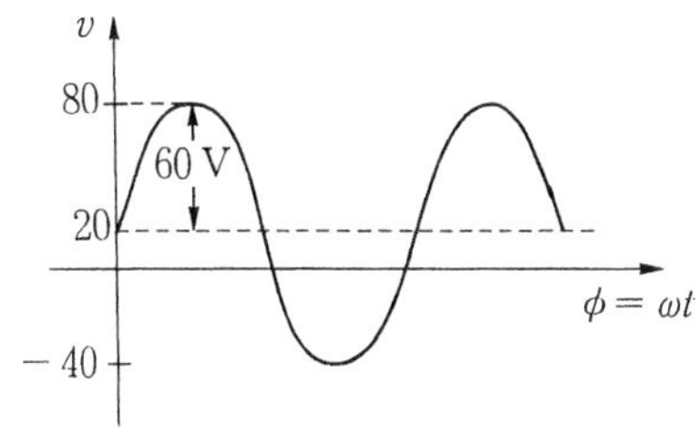

그림 13.15

✲ 풀이 직류분은 20[V]이고 기본파의 최대값이 60[V]이므로 기본파의 실효값은 $\frac{60}{\sqrt{2}}$[V]이다.

$$V=\sqrt{V_0^2+V_1^2}=\sqrt{20^2+\left(\frac{60}{\sqrt{2}}\right)^2}=46.90\ [\mathrm{V}]$$

연습문제 13-5 $i=0.1+2\sqrt{2}\sin(\omega t+10°)-\sqrt{2}\sin 3\omega t$[A]로 표시되는 전류의 실효값을 구하라.

예제 13-6

$v=20+220\sqrt{2}\sin 120\pi t+40\sqrt{2}\sin 360\pi t$[V]로 표시되는 전압을 그림 13.16의 RC 직렬 회로에 가할 때 전류 i와 전압 강하 v_R, v_C를 구하라.

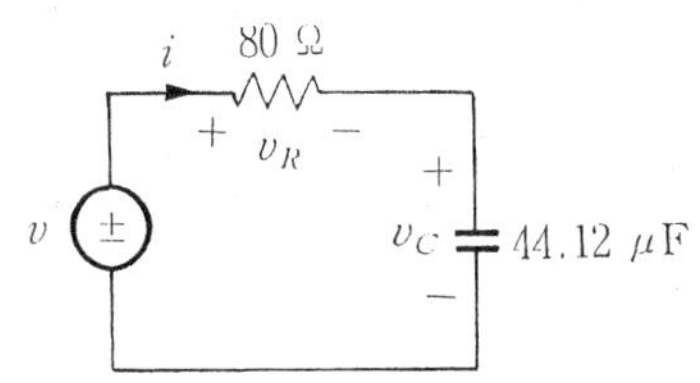

그림 13.16

✲ 풀이 주파수가 서로 다른 3개의 전압이 존재한다. 각 항에 대한 전류 전압을 구한 후 중첩한다.

(1) 직류항

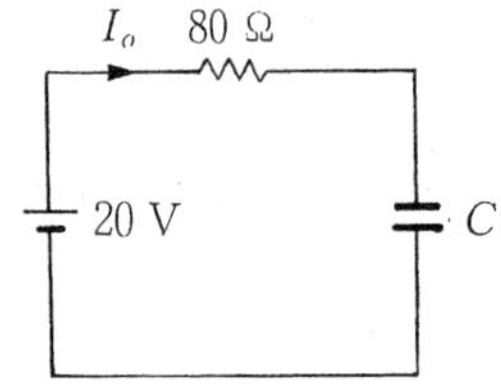

그림 13.17 직류분

커패시터가 있으므로 과도기에만 전류가 흐르고 커패시터에 충전이 끝나면 전류가 흐르지 못한다. 따라서

$$I_0 = 0\ [\mathrm{A}],\qquad V_{R0} = 0\ [\mathrm{V}],\qquad V_{C0} = 20\ [\mathrm{V}]$$

(2) 기본파

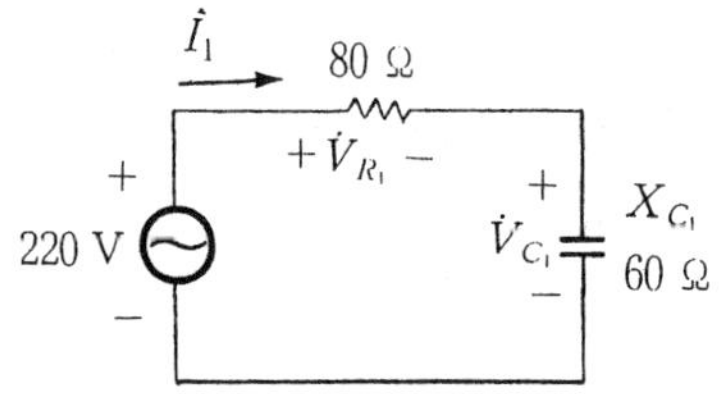

그림 13.18 기본파

기본파에 대한 회로는 그림 13.18과 같이 되며 페이저를 이용하여 푼다.

$$X_{C1} = \frac{1}{2\pi fC} = \frac{10^6}{120\pi \times 44.21} = 60\,[\Omega]$$

$$\dot{Z}_1 = R - jX_{C1} = 80 - j60 = 100\angle -36.87°\,[\Omega]$$

$$\dot{I}_1 = \frac{\dot{V}_1}{\dot{Z}_1} = \frac{220\angle 0°}{100\angle -36.87°} = 2.2\angle 36.87°\ [\mathrm{A}]$$

$$\dot{V}_{R1} = R\dot{I}_1 = 80 \times 2.2\angle 36.87° = 176\angle 36.87°\ [\mathrm{V}]$$

$$\dot{V}_{C1} = -jX_{C1}\dot{I}_1 = -j\,60 \times 2.2\angle 36.87° = 132\angle -53.13°\ [\mathrm{V}]$$

(3) 제3고조파

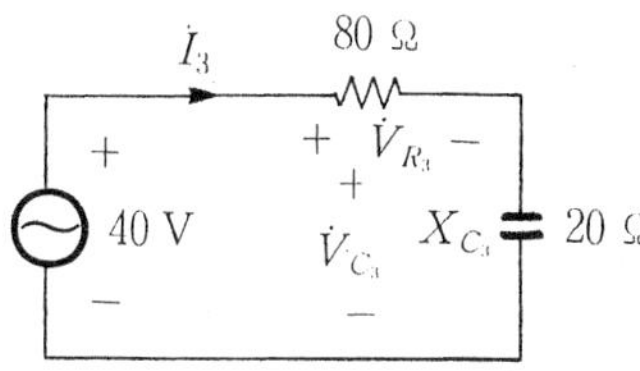

그림 13.19 제3고조파

제3고조파에서는 주파수가 세 배가 되므로 용량성 리액턴스는 $\frac{1}{3}$ 이 된다.

$$X_{C3} = \frac{1}{2\pi \cdot 3fC} = \frac{10^6}{360\pi \times 44.21} = 20\,[\Omega]$$

$$\dot{Z}_3 = 80 - jX_{C3} = 80 - j20 = 82.46\angle -14.04°\,[\Omega]$$

$$\dot{I}_3 = \frac{40\angle 0°}{82.46\angle -14.04°} = 0.49\angle 14.04°\,[\mathrm{A}]$$

$$\dot{V}_{R3} = R\,\dot{I}_3 = 80 \times 0.49\angle 14.04° = 39.2\angle 14.04°\,[\mathrm{V}]$$

$$\dot{V}_{C3} = -jX_{C3}\dot{I}_3 = -j20 \times 0.49\angle 14.04° = 9.8\angle -75.96°\,[\mathrm{V}]$$

전압 전류를 순시값으로 표시하면 다음과 같이 된다.

$$\begin{aligned} i &= i_0 + i_1 + i_3 \\ &= 0 + 2.2\sqrt{2}\sin(120\pi t + 36.87°) \\ &\quad + 0.49\sqrt{2}\sin(360\pi t + 14.04°)\,[\mathrm{A}] \end{aligned}$$

$$\begin{aligned} v_R &= v_{R0} + v_{R1} + v_{R3} \\ &= 0 + 176\sqrt{2}\sin(120\pi t + 36.87°) \\ &\quad + 39.2\sqrt{2}\sin(360\pi t + 14.04°)\,[\mathrm{V}] \end{aligned}$$

$$\begin{aligned} v_C &= v_{C0} + v_{C1} + v_{C3} \\ &= 20 + 132\sqrt{2}\sin(120\pi t - 53.13°) \\ &\quad + 9.8\sqrt{2}\sin(360\pi t - 75.96°)\,[\mathrm{V}] \end{aligned}$$

연습문제 13-6 $v = 10 + 220\sqrt{2}\sin 120\pi t + 20\sqrt{2}\sin 360\pi t$[V]로 주어지는 전압을 그림 13.20의 RL 직렬 회로에 가할 때 전류 i와 전압 강하 v_R, v_L을 구하라.

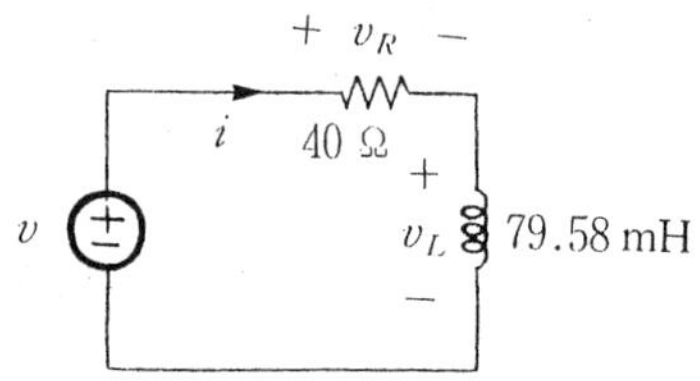

그림 13.20

예제 13-7 예제 13.6에서 실효값 전압 전류를 구하고 유효 전력과 피상 전력을 구하라.

✲ 풀이 전압 v는

$$v = 20 + 220\sqrt{2}\sin 120\pi t + 40\sqrt{2}\sin 360\pi t \text{ [V]}$$

이므로

$$V = \sqrt{20^2 + 220^2 + 40^2} = 224.50 \text{ [V]}$$

전류 i는

$$i = 2.2\sqrt{2}\sin(120\pi t + 36.87°) + 0.49\sqrt{2}\sin(360\pi t + 14.04°) \text{ [A]}$$

이므로

$$I = \sqrt{2.2^2 + 0.49^2} = 2.25 \text{ [A]}$$

유효 전력 P는

$$P = 20\times 0 + 220\times 2.2\times\cos 36.87° + 40\times 0.49\times\cos 14.04° = 406.21 \text{ [W]}$$

또는 전력은 저항에서만 소비되므로

$$P = I^2R = 2.25^2\times 80 = 405 \text{ [W]}$$

406.21 [W]와의 오차는 반올림에 기인한다. 다음에 피상 전력 S는

$$S = VI = 224.50 \times 2.25 = 505.13 \text{ [VA]}$$

역률 $\cos\phi$는

$$\cos\phi = \frac{P}{S} = \frac{406.21}{505.13} = 0.804$$

연습문제 13-7 연습 1-6에서 실효값 전압 전류를 구하고 또 유효 전력과 피상 전력을 구하라.

종합 문제

1. 비정현파를 푸리에 급수로 전개하면 (　　)과 (　　) 및 고조파의 합으로 표시된다.

2. 기함수인 비정현파를 푸리에 급수로 전개하면 (　　)만 존재한다.

3. 우함수인 비정현파를 푸리에 급수로 전개하면 (　　)과 (　　)만 존재하고, 이 경우 적분 구간은 반주기만 하는 것으로 충분하다.

4. 반파 대칭인 비정현파를 푸리에 급수로 전개하면 기수파의 (　　)과 (　　)만 존재하며, 이 경우 적분 구간은 반주기만 하는 것으로 충분하다.

5. 비정현파 회로는 중첩의 원리를 이용하여 다룬다. 이때 용량성 리액턴스의 크기는 주파수에 (　　)하고 유도성 리액턴스의 크기는 주파수에 (　　)한다.

6. 비정현파를 여러 개의 정현파의 합으로 표시하는 방법은?

㉮ 키르히호프의 법칙　　㉯ 노튼의 법칙
㉰ 푸리에 분석　　㉱ 테일러의 법칙

7. 비정현파 교류를 나타내는 식은?

㉮ 기본파+고조파+직류분　　㉯ 기본파+직류분−고조파
㉰ 직류분+고조파−기본파　　㉱ 교류분+기본파+고조파

8. 비정현파의 푸리에 급수에 의한 전개에서 옳게 전개한 $f(t)$는?

㉮ $\sum_{n=1}^{\infty} a_n \sin \omega t + \sum_{n=1}^{\infty} b_n \sin \omega t$

㉯ $\sum_{n=1}^{\infty} a_n \sin n\omega t + \sum_{n=1}^{\infty} b_n \cos n\omega t$

㉰ $a_0 + \sum_{n=1}^{\infty} a_n \cos n\omega t + \sum_{n=1}^{\infty} b_n \sin n\omega t$

㉱ $\sum_{n=1}^{\infty} a_n \cos n\omega t + \sum_{n=1}^{\infty} b_n \sin n\omega t$

9. 다음의 3상 교류 대칭 전압 중에 포함되는 고조파에서 상순이 기본파와 같은 것은?

㉮ 제3고조파 ㉯ 제5고조파

㉰ 제7고조파 ㉱ 제9고조파

10. 다음 중 푸리에(Fourier) 급수로 비정현파와 교류를 해석하는 데 적당하지 않은 것은?

㉮ 반파 대칭인 경우 직류분이 없다.

㉯ 우함수인 비정현파에서는 사인(sin) 항이 없다.

㉰ 기함수인 경우 사인 항을 구할 때 반주기만을 적분하여 2배 한다.

㉱ 반파 대칭에서는 반주기마다 동일한 파형이 반복되나 부호의 변화가 없다.

11. 3상 교류 대칭 전압에 포함되는 고조파 중에서 상회전이 기본파에 대하여 반대인 것은?

㉮ 제3고조파 ㉯ 제5고조파

㉰ 제7고조파 ㉱ 제9고조파

12. 다음 그림과 같은 톱니파에 대한 서술 중 잘못된 것은?

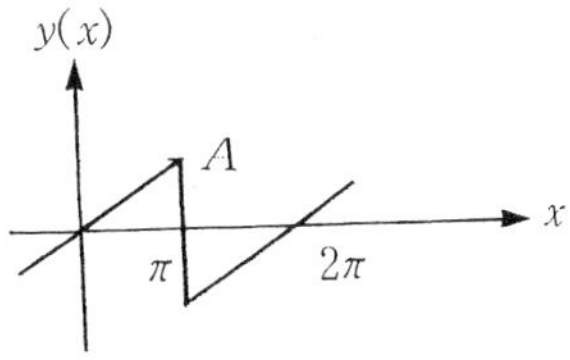

㉮ 기수파이다.

㉯ $f(x)=-f(-x)$를 만족하는 함수이다.

㉰ $f(x)=f(2\pi-x)$를 만족하는 함수이다.

㉱ 푸리에 급수로 전개하면

$$y(x)=\frac{2A}{\pi}\left(\sin x-\frac{1}{2}\sin 2x+\frac{1}{3}\sin 3x-\frac{1}{4}\sin 4x+\cdots\cdots\right)$$

13. $i(t)=\dfrac{4I_m}{\pi}\left(\cos t+\dfrac{1}{3}\cos 3t+\dfrac{1}{5}\cos 5t+\cdots\cdots\right)$를 표시하면 파형은?

㉮

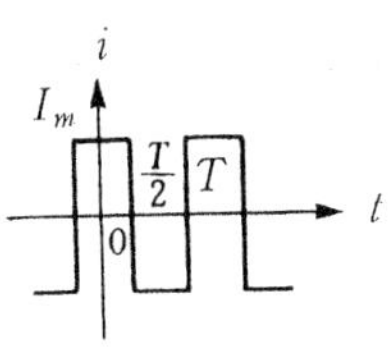

㉯

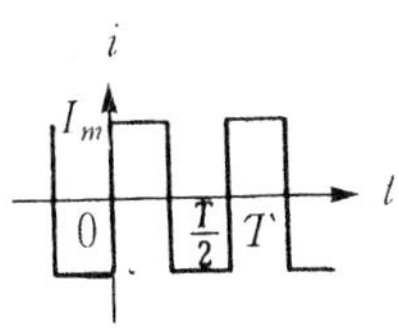

㉰

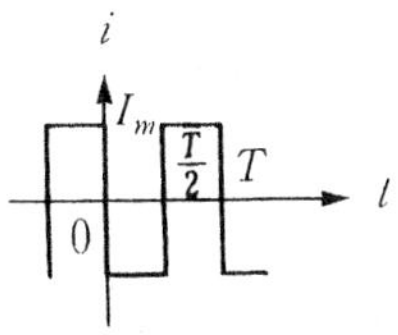

㉱

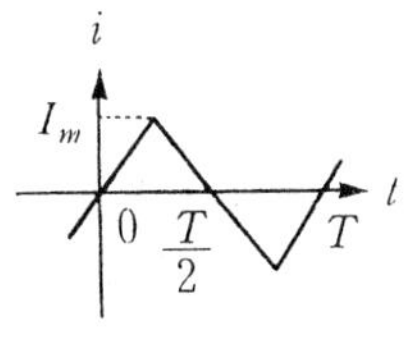

14. 그림과 같은 반파 정류파를 푸리에 급수로 전개할 때 직류분은?

㉮ V_m ㉯ $\frac{V_m}{2}$

㉰ $\frac{\pi}{2}$ ㉱ $\frac{V_m}{\pi}$

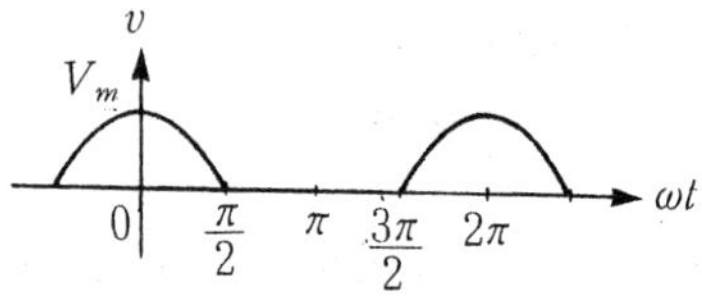

15. 그림과 같은 파형을 푸리에 급수로 전개할 때는?

㉮ sin 항은 없다.

㉯ cos 항은 없다.

㉰ sin 항, cos 항 모두 있다.

㉱ sin 항, cos 항을 쓰면 유한수의 항으로 전개된다.

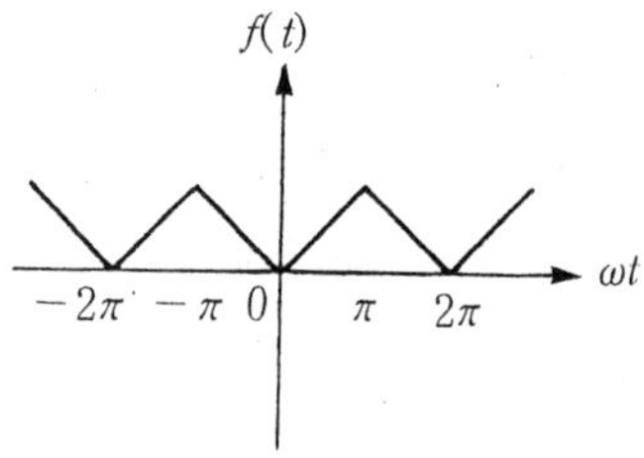

16. $i(t)=\frac{4I_m}{\pi}\left(\sin\omega t+\frac{1}{3}\sin 3\omega t+\frac{1}{5}\sin 5\omega t+\cdots\cdots\right)$를 표시하는 파형은 어떻게 되는가?

㉮

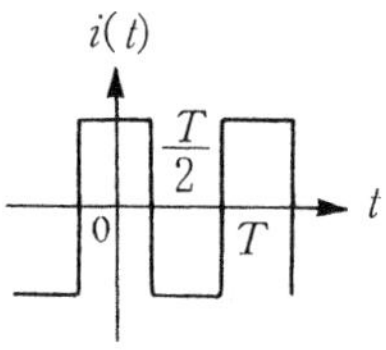

㉯

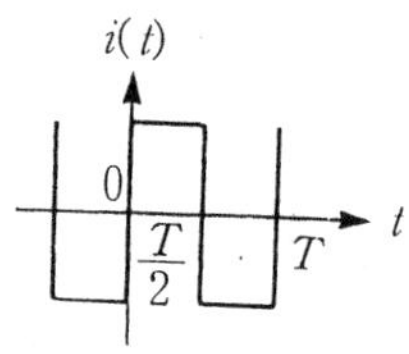

㉰

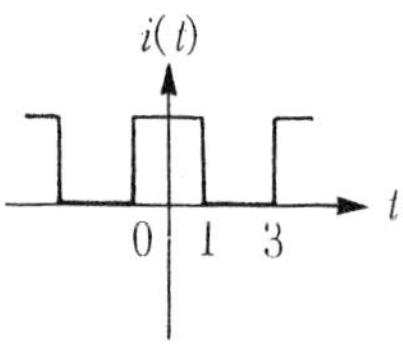

㉱

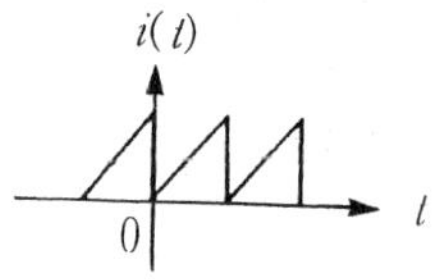

17. 비정현파의 실효값은?

㉮ 최대파의 실효값 ㉯ 각 고조파의 실효값의 합

㉰ 각 고조파 실효값의 합의 제곱근 ㉱ 각 파의 실효값의 제곱의 합의 제곱근

18. 비정현파의 전력식에서 잘못된 것은?

㉮ $P=V_0 I_0+\sum_{n=1}^{\infty} V_n I_n \cos\theta_n$ [W]

㉯ $P_a=VI$ [VA]

㉰ $\cos\theta=\frac{P}{VI}$

㉱ $P_r=\sum_{n=1}^{\infty} V_n I_n \cos\theta_n$ [Var]

19. $e = \sum_{n=1}^{\infty} E_{mn} I_n \sin(n\omega t + \theta_n)$인 비정현파 전압을 커패시턴스 C에 인가할 때 나타나는 현상은?

㉮ 전류 파형은 전압 파형에 비하여 감소한다.

㉯ 전류 파형은 전압 파형과 비슷하다.

㉰ 전류 파형의 고조파분은 거의 없다.

㉱ 전류 파형은 전압 파형에 비하여 고조파분이 대단히 크다.

20. 비정현파의 전압이 $v = \sqrt{2} \cdot 100\sin\omega t + \sqrt{2} \cdot 50\sin 2\omega t + \sqrt{2} \cdot 30\sin\omega t$ [V]일 때 실효 전압[V]은?

㉮ $100+50+30=180$

㉯ $\sqrt{100+50+30}=13.4$

㉰ $\sqrt{100^2+50^2+30^2}=115.8$

㉱ $\dfrac{\sqrt{100^2+50^2+30^2}}{3}=38.6$

21. 전압의 순시값이 $e = 3 + 10\sqrt{2}\sin\omega t + 5\sqrt{2}\sin(3\omega t - 30°)$ [V]일 때, 실효값 $|E|$는 몇 [V]인가?

㉮ 20.1

㉯ 16.4

㉰ 13.2

㉱ 11.6

22. RC 직렬 회로의 양단에 $e = 50 + 141.4\sin 2\omega t + 212.1\sin 4\omega t$인 전압을 인가할 때, 제2고조파 전류의 실효값은 몇 [A]인가? 단, $R = 8\,[\Omega]$, $1/\omega C = 12\,[\Omega]$이다.

㉮ 6 ㉯ 8 ㉰ 10 ㉱ 12

23. $v = 10 + 100\sqrt{2}\sin\omega t + 50\sqrt{2}\sin(3\omega t + 60°) + \sqrt{2}\sin(5\omega t + 30°)$[V]로 표시되는 전압을 RL 직렬 회로에 가할 때 제3고조파 전류의 실효값[A]은? 단, $R = 8\,[\Omega]$, $\omega L = 2\,[\Omega]$이다.

㉮ 1 ㉯ 3 ㉰ 5 ㉱ 7

24. 왜형률이란 무엇인가?

㉮ $\dfrac{\text{전 고조파의 실효값}}{\text{기본파의 실효값}}$

㉯ $\dfrac{\text{전 고조파의 평균값}}{\text{기본파의 평균값}}$

㉰ $\dfrac{\text{제 3 고조파의 실효값}}{\text{기본파의 실효값}}$

㉱ $\dfrac{\text{우수 고조파의 실효값}}{\text{기수 고조파의 실효값}}$

25. 기본파의 40 [%]인 제3고조파와 30 [%]인 제5고조파를 포함하는 전압파의 왜형률은?

㉮ 0.3　　㉯ 0.5
㉰ 0.7　　㉱ 0.9

26. 다음과 같은 왜형파 전압 및 전류에 의한 전력[W]은?

$$v = 80\sin(\omega t + 30°) - 50\sin(3\omega t + 60°) + 25\sin 5\omega t\,[\mathrm{V}]$$
$$i = 16\sin(\omega t - 30°) + 15\sin(3\omega t + 30°) + 10\cos(5\omega t - 60°)\,[\mathrm{A}]$$

㉮ 67　　㉯ 103.5
㉰ 536.5　　㉱ 753

27. 전압 $v = 20\sin\omega t + 30\sin 3\omega t\,[\mathrm{V}]$이고 전류가 $i = 30\sin\omega t + 20\sin 3\omega t\,[\mathrm{A}]$인 왜형파 교류 전압과 전류간의 역률은 얼마인가?

㉮ 0.92　　㉯ 0.86
㉰ 0.46　　㉱ 0.43

28. 대칭 3상 전압이 있다. 한 상의 Y 전압의 순시값이 $v_e = \sqrt{2}\cdot 1000\sin\omega t + \sqrt{2}\cdot 500\sin(3\omega t + 20°) + \sqrt{2}\cdot 100\sin(5\omega t + 30°)$일 때 성상 및 선간 전압과의 비는 얼마인가?

㉮ 0.55　　㉯ 0.65
㉰ 0.75　　㉱ 0.85

29. RLC 직렬 공진 회로에서 제n고조파의 공진 주파수 f_n [Hz]은?

㉮ $\dfrac{1}{2\pi\sqrt{LC}}$　　㉯ $\dfrac{1}{2\pi\sqrt{nLC}}$
㉰ $\dfrac{1}{2\pi n\sqrt{LC}}$　　㉱ $\dfrac{1}{2\pi n^2\sqrt{LC}}$

30. 일반적으로 대칭 3상 회로의 전압, 전류에 포함되는 전압, 전류의 고조파는 n을 임의의 정수로 하여 $(3n+1)$일 때의 상회전은 어떻게 되는가?

㉮ 정지 상태　　㉯ 각 상 동위상
㉰ 상회전은 기본파와 반대　　㉱ 상회전은 기본파와 동일

익힘 문제

1. 그림의 주기파를 푸리에 급수로 전개하라.

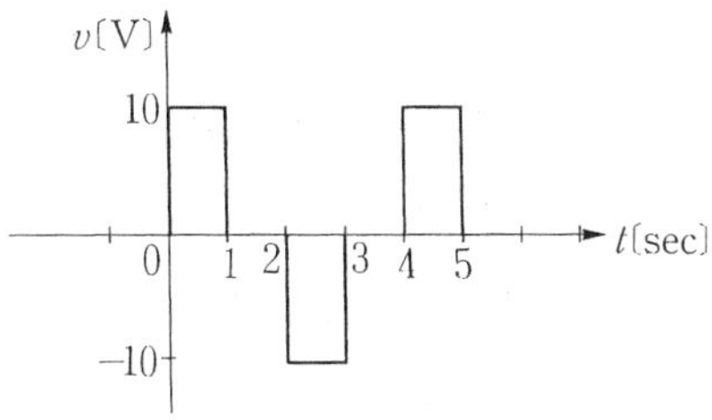

2. 그림을 푸리에 급수로 전개할 때 다음 중 어느 항을 나타내는지 확인하라.

① 직류항 ② 홀수 사인항 ③ 짝수 사인항

④ 홀수 코사인항 ⑤ 짝수 코사인항

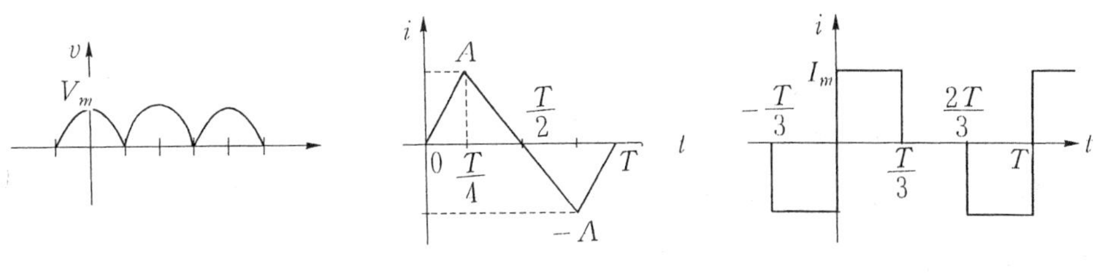

(a) (b) (c)

3. 다음 비정현파의 곡선을 그려라.

(a) $v = 3 + 5\sin\omega t$ [V] (b) $i = 4 - 2\cos\omega t$ [A]

(c) $v = 100\sin\omega t + 25\sin 3\omega t$ [V] (d) $i = 10\cos\omega t - 2\cos 3\omega t$ [A]

4. 다음 두 정현파 v, i가 같은 파형인지 아닌지를 판별하라.

$$v = 200\sin(\omega t + 70^\circ) - 120\sin(2\omega t - 30^\circ) + 60\sin(3\omega t - 90^\circ) \text{ [V]}$$

$$i = 10\cos(\omega t - 60^\circ) + 6\sin(2\omega t + 70^\circ) - 3\sin(3\omega t - 90^\circ) \text{ [A]}$$

5. 다음에 비정현파의 실효값을 구하라.

(a) $v = 10 + 200\sqrt{2}\sin(\omega t + 70^\circ) - 120\sin(2\omega t - 30^\circ) + 60\sin(3\omega t - 60^\circ)$ [V]

(b) $v = 5 + 100\sin(\omega t - 30^\circ) - 10\sqrt{2}\sin(2\omega t - 10^\circ) + 3\sqrt{2}\sin(3\omega t - 60^\circ)$[V]

(c) $i = 3\sin\omega t - 2\cos\omega t + \sin 3\omega t + 0.5\cos 3\omega t$[A]

(d) $i = 10\sin(\omega t + 30^\circ) + 8\cos(\omega t - 60^\circ) + 3\sin(3\omega t + 45^\circ) - 2\cos 3\omega t$[A]

6. 유효 전력 즉 평균 전력은 같은 주파수의 전압 전류 사이에만 만들어지고 서로 다른 주파수의 전압 전류 사이의 평균 전력은 영이다. 다음 전압 전류 사이의 평균 전력, 피상 전력 및 역률을 구하라.

(a) $v = 100\sin\omega t - 50\sin(3\omega t + 30^\circ) + 20\sin(5\omega t + 45^\circ)$ [V]

$i = 20\sin\omega t + 10\sin(3\omega t - 30^\circ) + 5\sin(5\omega t - 45^\circ)$ [A]

(b) $v = 10 + 100\sqrt{2}\sin(\omega t + 30^\circ) + 50\sqrt{2}\sin(5\omega t + 60^\circ)$[V]

$i = 15\sqrt{2}\sin(\omega t - 15^\circ) + 4\sqrt{2}\sin(3\omega t - 30^\circ)$ [A]

7. 그림의 회로에 대해 다음을 구하라. 단 전압 v는

$v = 10 + 40\sin 500t + 20\sin 1000t$ [V]

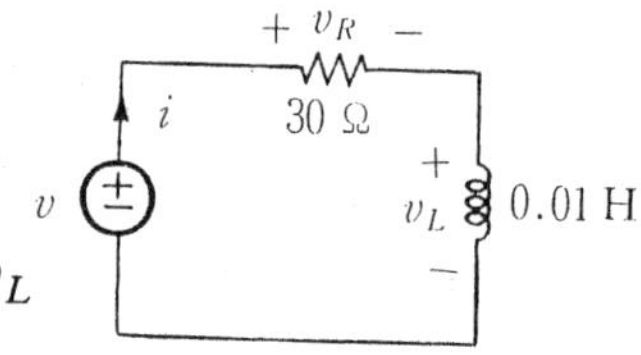

(a) 비정현파 전류 i (b) 전압 강하 v_R (c) 전압 강하 v_L

(d) 유효 전력 P (e) 피상 전력 S (f) 역률

8. 그림의 RC 직렬 회로에 대해 다음을 구하라. 단, 전압 v는

$v = -3 + 30\sin 400t + 4\sin 800t$ [V]

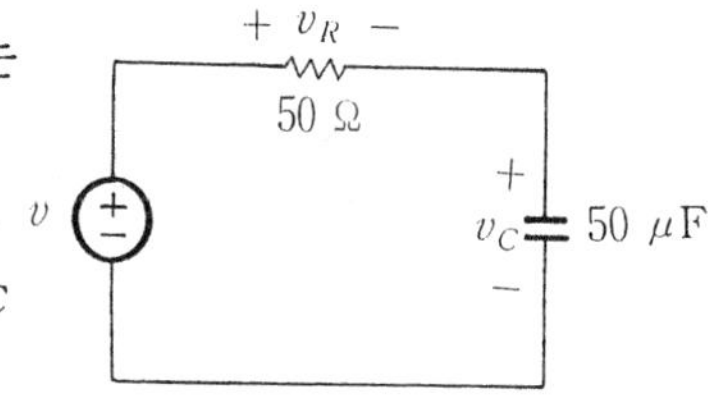

(a) 비정현파 전류 i (b) 전압 강하 v_R (c) 전압 강하 v_C

(d) 유효 전력 P (e) 피상 전력 S (f) 역률

14 2포트 회로

지금까지 우리가 다룬 회로는 그림 14.1과 같이 단자 1, 1′을 기준으로 해서 왼쪽은 전원, 오른쪽은 RLC로 구성된 회로라 할 수 있다. 즉 회로망의 외부 단자가 1, 1′ 두 개 있는 회로이다.

그러나 주변에서 쉽게 볼 수 있는 통신 선로나 송전 선로를 살펴보면 선로는 저항과 인덕턴스가 분포되어 있고 또 선로와 선로 사이에는 커패시턴스가 분포되어 있다. 한쪽에서 전력이나 통신 신호를 보내다가 다음 순간에는 반대쪽에서 전력이나 통신 신호를 보내게 된다. 이러한 전송 선로를 설명하기 위해 2포트 회로(2-port circuit) 또는 4단자 회로(4-terminal circuit)를 그림 14.2와 같이 도입했다.

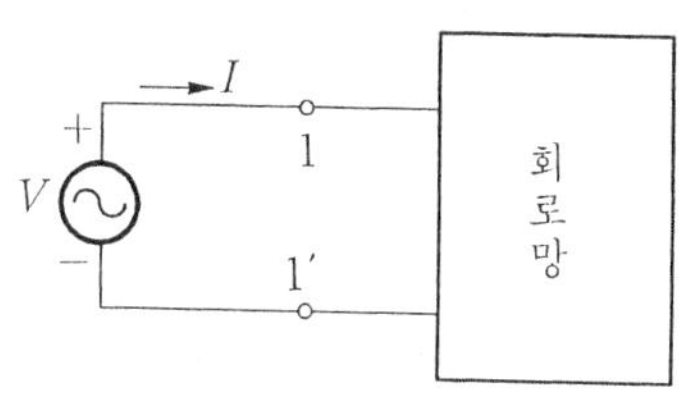

그림 14.1 2단자 회로

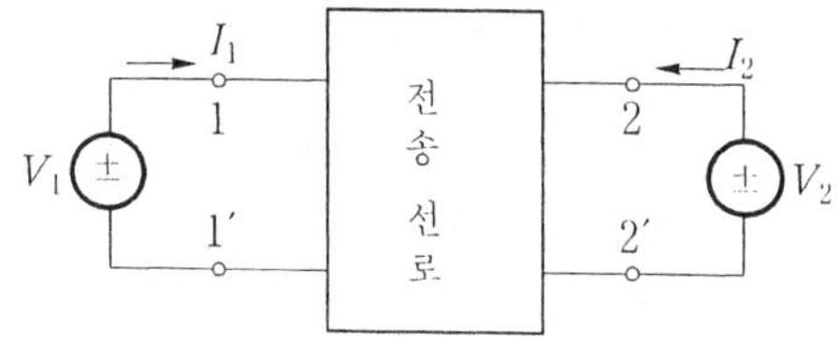

그림 14.2 2포트 회로

또 그림 14.3은 트랜지스터가 4단자로 구성된 예이다.

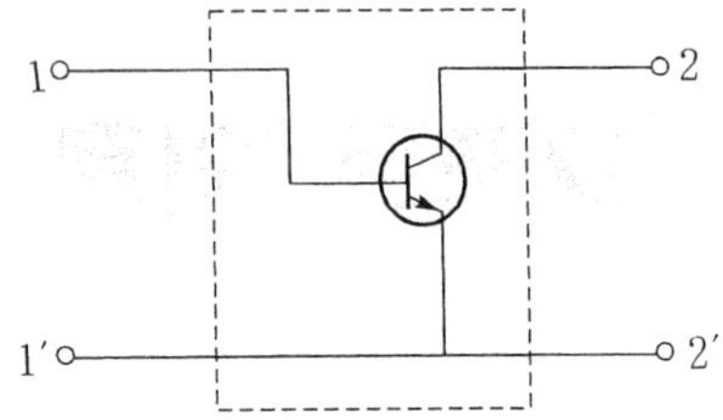

그림 14.3 2포트 회로

그림 14.2에서 V_1, I_1, V_2, I_2를 회로망 정수 R, L, C로 표시하는 방법에는 어느 두 변수를 나머지 두 변수로 표시하는 것이므로 ${}_4C_2 = \dfrac{4 \cdot 3}{2!} = 6$개가 있다.

다음에 이들 6가지 표시법을 설명한다.

14.1 이미턴스 파라미터

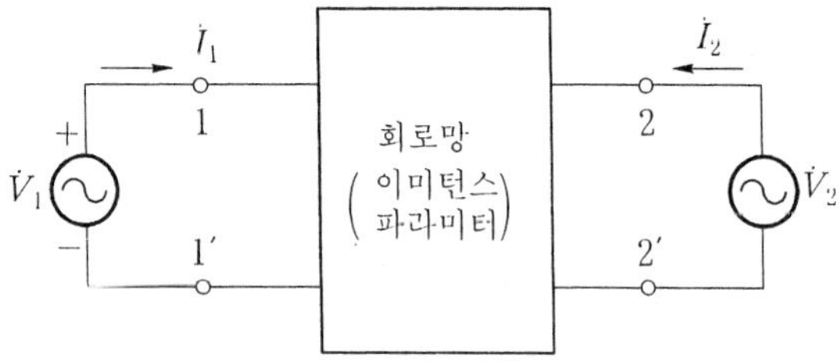

그림 14.4 이미턴스 파라미터

그림 14.4에서 블록 안의 회로망에는 독립 전원이 들어 있지 않다고 생각한다. 종속 전원도 들어 있지 않고 다만 RLC로만 이루어진 수동 회로만 생각한다. 편의상 첨자 1인 왼쪽을 입력측, 첨자 2인 오른쪽을 출력측으로 생각한다.

전원의 극성 방향과 전류의 방향에 유의한다. 전압 $\dot{V}_1$과 $\dot{V}_2$를 회로망의 RLC를 매개로 해서 전류 $\dot{I}_1$과 $\dot{I}_2$로 표시하고 또 전류 $\dot{I}_1$과 $\dot{I}_2$를 $\dot{V}_1$과 $\dot{V}_2$로 표시할 때 회로망 정수를 이미턴스 파라미터라 한다.

(1) 임피던스 파라미터

출력측이 없는 2단자 회로에서는

$$Z = \frac{V}{I}$$

로 표시해서 회로의 특성이 결정되었으며 이를 입력 임피던스(구동점 임피던스)라 불렀다. 그러나 출력측이 존재하는 4단자 회로에서는 $\dot{V}_1$과 $\dot{V}_2$를 $\dot{I}_1$과 $\dot{I}_2$로 표시할 때는 4개의 정수가 필요하다. 여기에는 $\dot{Z}_{11}$, $\dot{Z}_{12}$, $\dot{Z}_{21}$, $\dot{Z}_{22}$가 있으며 그림 14.5와 같으며 다음과 같이 표시한다.

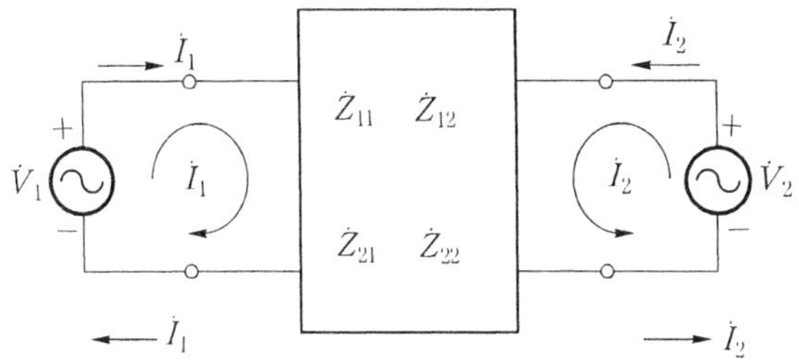

그림 14.5 임피던스 파라미터

$$\begin{cases} \dot{V}_1 = \dot{Z}_{11}\dot{I}_1 + \dot{Z}_{12}\dot{I}_2 \\ \dot{V}_2 = \dot{Z}_{21}\dot{I}_1 + \dot{Z}_{22}\dot{I}_2 \end{cases}$$

행렬로 표시하면

$$\begin{bmatrix} \dot{V}_1 \\ \dot{V}_2 \end{bmatrix} = \begin{bmatrix} \dot{Z}_{11} & \dot{Z}_{12} \\ \dot{Z}_{21} & \dot{Z}_{22} \end{bmatrix} \begin{bmatrix} \dot{I}_1 \\ \dot{I}_2 \end{bmatrix}$$

이 되며 수동 회로일 경우 $\dot{Z}_{12} = \dot{Z}_{21}$이므로 미지수는 실제로 3개이다. 또한 대칭 회로일 때는 $\dot{Z}_{11} = \dot{Z}_{22}$이다.

위와 같이 표시할 때 파라미터의 단위가 옴이 되므로 임피던스 파라미터 또는 단순히 Z 파라미터라 부른다. Z 파라미터의 물리적 의미를 알아보기 위해 먼저 2차측을 개방하여 전류 $\dot{I}_2$를 영으로 한다.

$$\dot{Z}_{11} = \left.\frac{\dot{V}_1}{\dot{I}_1}\right|_{\dot{I}_2=0} \quad ; \text{ 2차측 개방, 1차측 구동점 임피던스}$$

$$\dot{Z}_{21} = \left.\frac{\dot{V}_2}{\dot{I}_1}\right|_{\dot{I}_2=0} \quad ; \text{ 2차측 개방, 순방향 전달 임피던스}$$

다음에 1차측을 개방하여 전류 $\dot{I}_1$을 영으로 하면

$$\dot{Z}_{12} = \frac{\dot{V}_1}{\dot{I}_2}\bigg|_{\dot{I}_1=0} \quad ; \text{1차측 개방, 역방향 전달 임피던스}$$

$$\dot{Z}_{22} = \frac{\dot{V}_2}{\dot{I}_2}\bigg|_{\dot{I}_1=0} \quad ; \text{1차측 개방, 2차측 구동점 임피던스}$$

예제 14-1

그림 14.6은 저항 R_1, R_2, R_3로 구성된 T 회로이다. 임피던스 파라미터를 구하라.

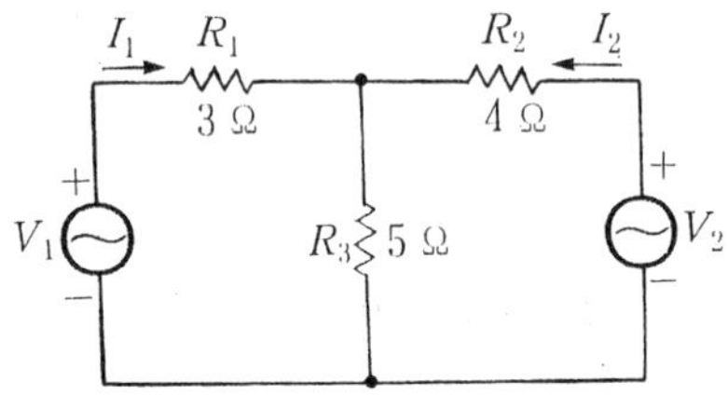

그림 14.6

✲ **풀이** 출력측 단자를 개방하면 바꾸어 말해 2차측 전원을 개방하면 전류 $\dot{I}_2$는 영이 되고 2차측의 전압은 그림 14.7과 같이 R_3의 전압 강하이다.

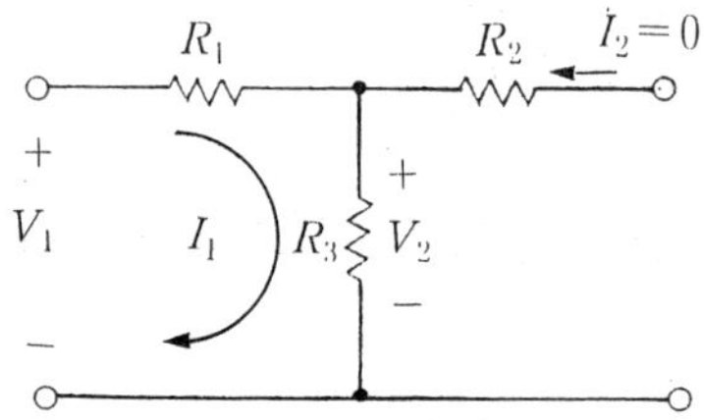

그림 14.7 $\dot{I}_2=0$

그림 14.7에서

$$\dot{Z}_{11} = \frac{\dot{V}_1}{\dot{I}_1} = \frac{R_1\,\dot{I}_1 + R_3\,\dot{I}_1}{\dot{I}_1} = R_1 + R_3$$

$$= 3+5 = 8[\Omega]$$

$$\dot{Z}_{21} = \frac{\dot{V}_2}{\dot{I}_1} = \frac{R_3\ \dot{I}_1}{\dot{I}_1} = R_3 = 5\,[\Omega]$$

다음에 입력측 전원을 개방하면 전류 $\dot{I}_1$이 영이 되고 그림 14.8의 회로에서

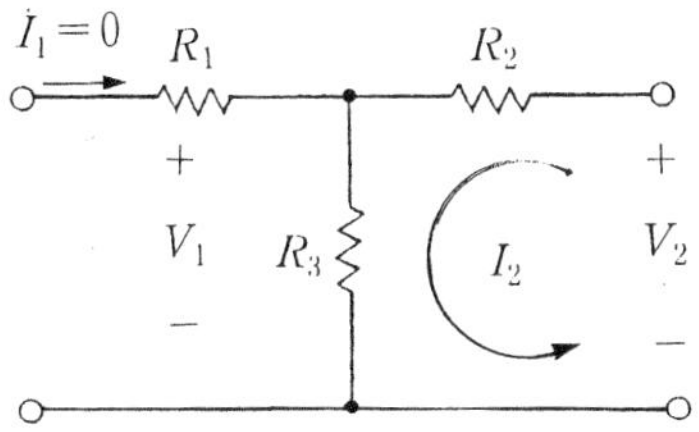

그림 14.8 $\dot{I}_1$=0

$$\dot{Z}_{12} = \frac{\dot{V}_1}{\dot{I}_2} = \frac{R_3\ \dot{I}_2}{\dot{I}_2} = R_3 = 5\,[\Omega]$$

$$\dot{Z}_{22} = \frac{\dot{V}_2}{\dot{I}_2} = \frac{R_2\ \dot{I}_2 + R_3\ \dot{I}_2}{\dot{I}_2} = R_2 + R_3 = 4 + 5 = 9\,[\Omega]$$

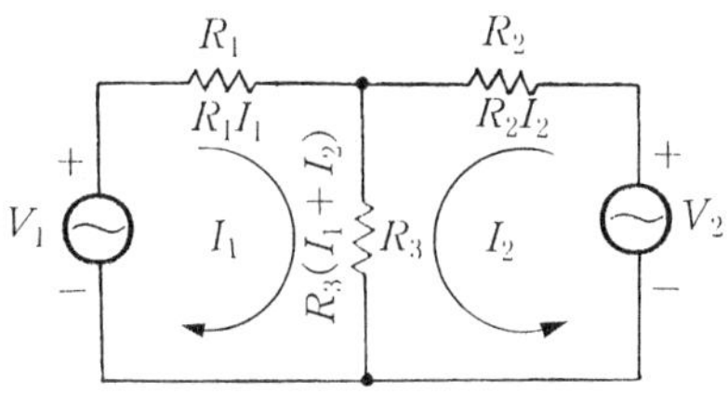

그림 14.9

또 그림 14.9와 같이 전류 방향을 정할 수 있으므로 회로에 직접 키르히호프 법칙을 적용시켜 임피던스 파라미터를 구해 본다. $\dot{V}_1$과 $\dot{V}_2$를 $\dot{I}_1$과 $\dot{I}_2$로 표시하면 되므로 저항 R_3에서의 전압 강하는 $R_3(\ \dot{I}_1 + \dot{I}_2\ )$이고 R_1의 전압 강하는 $R_1\dot{I}_1$, R_2의 전압 강하는 $R_2\dot{I}_2$이다. 따라서 다음과 같이 키르히호프 전압 법칙을 쓸 수 있다.

$$\dot{V}_1 = R_1\ \dot{I}_1 + R_3(\ \dot{I}_1 + \dot{I}_2) = (\ R_1 + R_3)\ \dot{I}_1 + R_3\ \dot{I}_2$$

$$\dot{V}_2 = R_2\ \dot{I}_2 + R_3(\ \dot{I}_1 + \dot{I}_2) = R_3\ \dot{I}_1 + (\ R_2 + R_3)\ \dot{I}_2$$

따라서

$$\dot{Z}_{11} = R_1 + R_3 = 3 + 5 = 8\ [\Omega]$$

$$\dot{Z}_{12} = \dot{Z}_{21} = R_3 = 5\ [\Omega]$$

$$\dot{Z}_{22} = R_2 + R_3 = 4 + 5 = 9\ [\Omega]$$

위의 예제에서, 회로 정수가 수동 소자이기 때문에 $\dot{Z}_{12} = \dot{Z}_{21}$이다. 만일 $R_1 = R_2$이면 즉 대칭 회로이면 $\dot{Z}_{11} = \dot{Z}_{22}$가 된다.

연습문제 14-1 그림 14.10의 T 회로에서 임피던스 파라미터를 구하라.

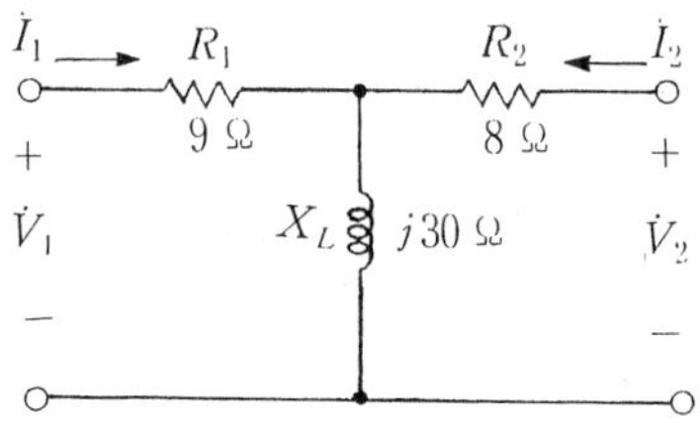

그림 14.10

---

(2) 어드미턴스 파라미터

그림 14.11에서 전류 $\dot{I}_1$과 $\dot{I}_2$를 전원 $\dot{V}_1$과 $\dot{V}_2$로 표시하면

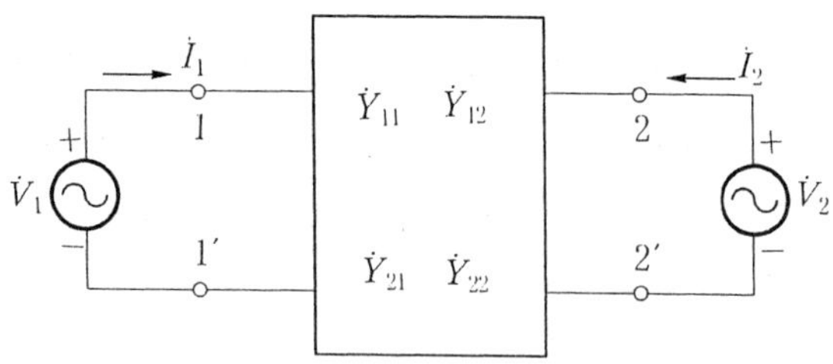

그림 14.11

$$\begin{cases} \dot{I}_1 = \dot{Y}_{11}\dot{V}_1 + \dot{Y}_{12}\dot{V}_2 \\ \dot{I}_2 = \dot{Y}_{21}\dot{V}_1 + \dot{Y}_{22}\dot{V}_2 \end{cases}$$

와 같이 되며 행렬로 표시하면

$$\begin{bmatrix} \dot{I}_1 \\ \dot{I}_2 \end{bmatrix} = \begin{bmatrix} \dot{Y}_{11} & \dot{Y}_{12} \\ \dot{Y}_{21} & \dot{Y}_{22} \end{bmatrix} \begin{bmatrix} \dot{V}_1 \\ \dot{V}_2 \end{bmatrix}$$

가 된다. 여기서 $\dot{Y}_{11}$, $\dot{Y}_{12}$, $\dot{Y}_{21}$, $\dot{Y}_{22}$는 어드미턴스의 단위가 되므로 어드미턴스 파라미터라 부른다. 임피던스 파라미터와 마찬가지로 수동 회로에서는 $\dot{Y}_{12} = \dot{Y}_{21}$이고 대칭 회로이면 $\dot{Y}_{11} = \dot{Y}_{22}$이다.

어드미턴스 파라미터의 물리적 의미를 알아보기 위해 우선 출력측 전원을 단락하면

$$\dot{Y}_{11} = \left.\frac{\dot{I}_1}{\dot{V}_1}\right|_{\dot{V}_2=0} \quad ;\ 2\text{차측 단락, 1차측 구동점 어드미턴스}$$

$$\dot{Y}_{21} = \left.\frac{\dot{I}_2}{\dot{V}_1}\right|_{\dot{V}_2=0} \quad ;\ 2\text{차측 단락, 순방향 전달 어드미턴스}$$

다음에 입력측 전원을 단락하면

$$\dot{Y}_{12} = \left.\frac{\dot{I}_1}{\dot{V}_2}\right|_{\dot{V}_1=0} \quad ;\ 1\text{차측 단락, 역방향 전달 어드미턴스}$$

$$\dot{Y}_{22} = \left.\frac{\dot{I}_2}{\dot{V}_2}\right|_{\dot{V}_1=0} \quad ;\ 1\text{차측 단락, 2차측 구동점 어드미턴스}$$

예제 14-2

그림 14.12의 π 회로에서 어드미턴스 파라미터를 구하라.

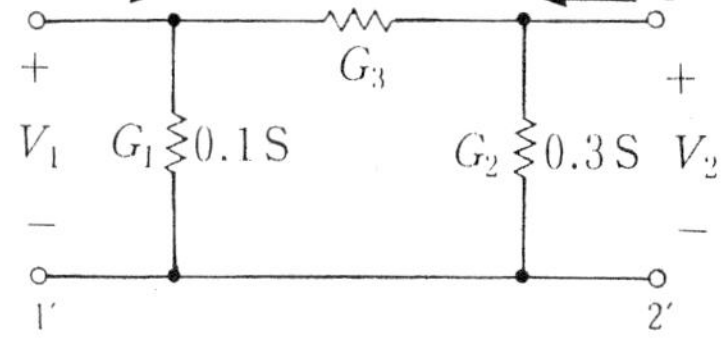

그림 14.12

✲ 풀이 전류 $\dot{I}_1$과 $\dot{I}_2$를 컨덕턴스 G_1, G_2, G_3를 매개로 하여 $\dot{V}_1$과 $\dot{V}_2$를 표시하면 되므로 키르히호프 전류 법칙을 적용시켜 구해 본다. 그림 14.13에서 절점 a를 기준으로 한 절점 b의 전위가 $\dot{V}_1$이고, 절점 c의 전위가 $\dot{V}_2$이므로 점 b에서 c로 향하는 전류는

$$G_3(\dot{V}_1 - \dot{V}_2)$$

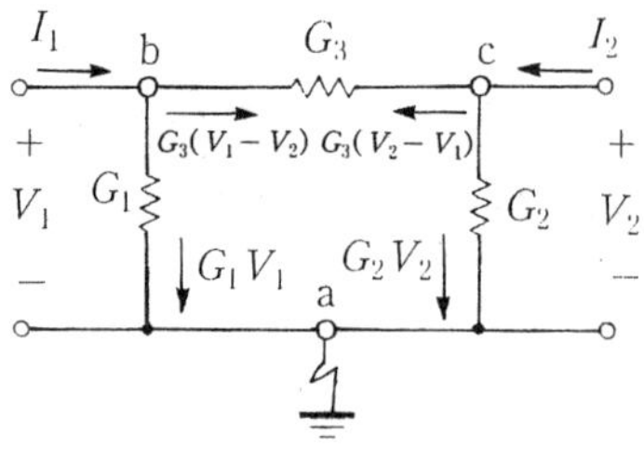

그림 14.13

가 되고 점 c에서 b로 향하는 전류는

$$G_3(\dot{V}_2 - \dot{V}_1)$$

이다. 따라서 전류 $\dot{I}_1$과 $\dot{I}_2$는

$$\begin{aligned}\dot{I}_1 &= G_1\dot{V}_1 + G_3(\dot{V}_1 - \dot{V}_2)\\ &= (G_1 + G_3)\dot{V}_1 - G_3\dot{V}_2 = (0.1 + 0.2)\dot{V}_1 - 0.2\dot{V}_2\\ &= 0.3\dot{V}_1 - 0.2\dot{V}_2\,[\mathrm{V}]\\ I_2 &= G_2\dot{V}_2 + G_3(\dot{V}_2 - \dot{V}_1)\\ &= -G_3\dot{V}_1 + (G_2 + G_3)\dot{V}_2 = -0.2\dot{V}_1 + (0.2 + 0.3)\dot{V}_2\\ &= -0.2\dot{V}_1 + 0.5\dot{V}_2\,[\mathrm{A}]\end{aligned}$$

따라서

$$\dot{Y}_{11} = 0.3, \quad \dot{Y}_{12} = \dot{Y}_{21} = -0.2\,[\mathrm{S}], \quad \dot{Y}_{22} = 0.5\,[\mathrm{S}]$$

전달 어드미턴스 $\dot{Y}_{12}$와 $\dot{Y}_{21}$은 −가 되었음을 유의한다. 만일 대칭 회로이면 $G_1 = G_2$이므로 $\dot{Y}_{11} = \dot{Y}_{22}$가 된다.

연습문제 14-2 그림 14.14의 π회로에서 어드미턴스 파라미터를 구하라.

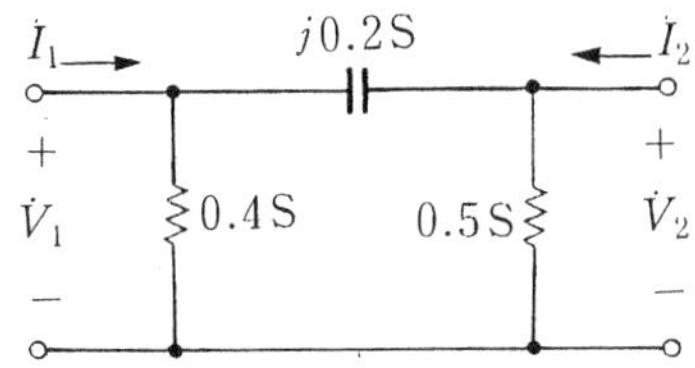

그림 14.14

14.2 하이브리드 파라미터

그림 14.15에서 $\dot{V}_1$과 $\dot{I}_2$를 $\dot{I}_1$과 $\dot{V}_2$로 표시한 것을 하이브리드 H 파라미터라 하고, 반대로 $\dot{I}_1$과 $\dot{V}_2$를 $\dot{V}_1$과 $\dot{I}_2$로 표시한 것을 하이브리드 G 파라미터라 부른다.

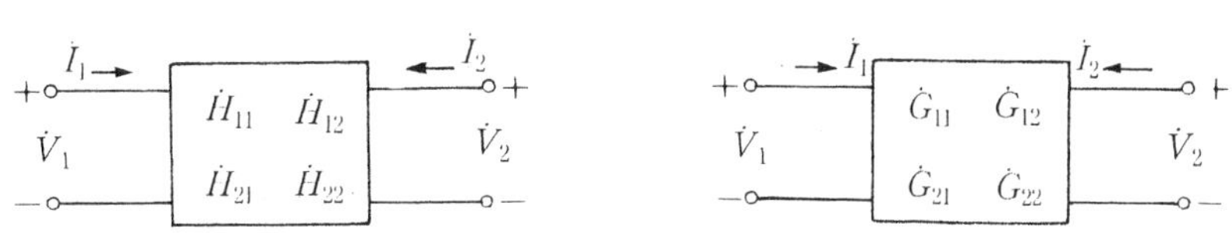

(a) H 파라미터 (b) G 파라미터

그림 14.15 하이브리드 파라미터

$$\begin{cases} \dot{V}_1 = \dot{H}_{11}\dot{I}_1 + \dot{H}_{12}\dot{V}_2 \\ \dot{I}_2 = \dot{H}_{21}\dot{I}_1 + \dot{H}_{22}\dot{V}_2 \end{cases}$$

$$\begin{cases} \dot{I}_1 = \dot{G}_{11}\dot{V}_1 + \dot{G}_{12}\dot{I}_2 \\ \dot{V}_2 = \dot{G}_{21}\dot{V}_1 + \dot{G}_{22}\dot{I}_2 \end{cases}$$

다음에 H 파라미터의 특성을 알아본다.

$$\dot{H}_{11} = \left.\frac{\dot{V}_1}{\dot{I}_1}\right|_{\dot{V}_2=0} \quad ;\ 2차측\ 단락,\ 입력\ 임피던스$$

$$\dot{H}_{21} = \left.\frac{\dot{I}_2}{\dot{I}_1}\right|_{\dot{V}_2=0} \quad ;\ 2차측\ 단락,\ 순방향\ 전류\ 이득$$

$$\dot{H}_{12} = \left.\frac{\dot{V}_1}{\dot{V}_2}\right|_{\dot{I}_1=0} \quad ;\ 1차측\ 개방,\ 역방향\ 전압\ 이득$$

$$\dot{H}_{22} = \left.\frac{\dot{I}_2}{\dot{V}_2}\right|_{\dot{I}_1=0} \quad ;\ 1차측\ 개방,\ 출력\ 어드미턴스$$

하이브리드 H 파라미터는 트랜지스터 회로에 자주 이용되고 하이브리드 G 파라미터는 전송 파라미터의 병렬 직렬 접속에 유용하게 이용된다.

14.3 전송 파라미터

전기 에너지를 수송하는 송전 선로의 경우에는 어느 한쪽으로 전기 에너지가 이동하는 것이므로 한쪽의 전압 전류를 다른 쪽의 전압 전류로 표시하는 것이 편리하다. 또한 통신 선로도 마찬가지로 한쪽에서 다른 쪽으로 신호를 전송하는 것으로 생각할 수 있다.

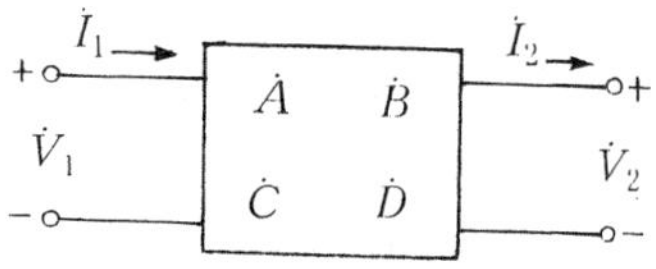

(a) $\dot{V}_1$ 입력, $\dot{V}_2$ 출력

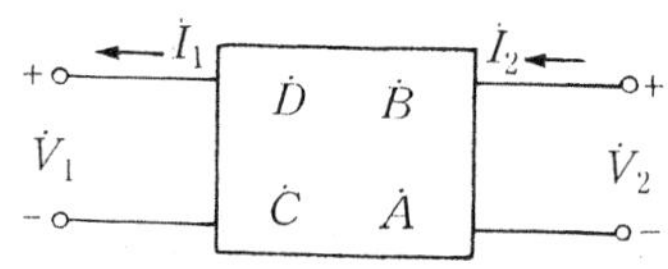

(b) $\dot{V}_2$ 입력, $\dot{V}_1$ 출력

그림 14.16 전송 파라미터

그림 14.16 (a)에서 출력 단자의 전류 $\dot{I}_2$의 방향을 바꿨다. 왜냐하면 전력 또는 신호가 한쪽으로 흐르기 때문이다. 그림 (b)는 그림 (a)의 입력과 출력 위치가 바뀌어 전류 방향을 반대로 한 것이다. 입력을 선로 정수를 매개로 하여 출력으로 표시하면 다음과 같다.

그림 (a)는

$$\begin{cases} \dot{V}_1 = \dot{A}\dot{V}_2 + \dot{B}\dot{I}_2 \\ \dot{I}_1 = \dot{C}\dot{V}_2 + \dot{D}\dot{I}_2 \end{cases}$$

$$\begin{bmatrix} \dot{V}_1 \\ \dot{I}_1 \end{bmatrix} = \begin{bmatrix} \dot{A} & \dot{B} \\ \dot{C} & \dot{D} \end{bmatrix} \begin{bmatrix} \dot{V}_2 \\ \dot{I}_2 \end{bmatrix}$$

윗식에서 $\dot{I}_1$과 $\dot{I}_2$를 −로 하여 $\dot{V}_2$, $\dot{I}_2$를 $\dot{V}_1$, $\dot{I}_1$로 표시하면 그림 (b)의 식은 다음과 같이 된다.

$$\begin{cases} \dot{V}_2 = \dot{D}\dot{V}_1 + \dot{B}\dot{I}_1 \\ \dot{I}_2 = \dot{C}\dot{V}_1 + \dot{A}\dot{I}_1 \end{cases}$$

$$\begin{bmatrix} \dot{V}_2 \\ \dot{I}_2 \end{bmatrix} = \begin{bmatrix} \dot{D} & \dot{B} \\ \dot{C} & \dot{A} \end{bmatrix} \begin{bmatrix} \dot{V}_1 \\ \dot{I}_1 \end{bmatrix}$$

여기서 $\dot{A}\dot{B}\dot{C}\dot{D}$를 전송 파라미터, 또는 *ABCD* 파라미터라 부른다.

수동 회로에서는

$$\dot{A}\dot{D} - \dot{B}\dot{C} = 1$$

대칭 회로에서는

$$\dot{A} = \dot{D}$$

이 성립한다.

ABCD 파라미터의 물리적 의미도 어느 한쪽을 개방 단락함으로써 알아볼 수 있다.

출력 단자를 개방하면

$$\dot{A} = \left.\frac{\dot{V}_1}{\dot{V}_2}\right|_{\dot{I}_2=0} \quad ;\ \text{2차측 개방, 역방향 전압 이득}$$

$$\dot{C} = \left.\frac{\dot{I}_1}{\dot{V}_2}\right|_{\dot{I}_2=0} \quad ;\ \text{2차측 개방, 역방향 전달 어드미턴스}$$

출력 단자를 단락하면

$$\dot{B} = \left.\frac{\dot{V}_1}{\dot{I}_2}\right|_{\dot{V}_2=0} \quad ;\ \text{2차측 단락, 역방향 전달 임피던스}$$

$$\dot{D} = \left. \frac{\dot{I}_1}{\dot{I}_2} \right|_{\dot{V}_2=0} \quad ; \text{2차측 단락, 역방향 전류 이득}$$

예제 14-3

그림 14.17에서 *ABCD* 파라미터를 구하라.

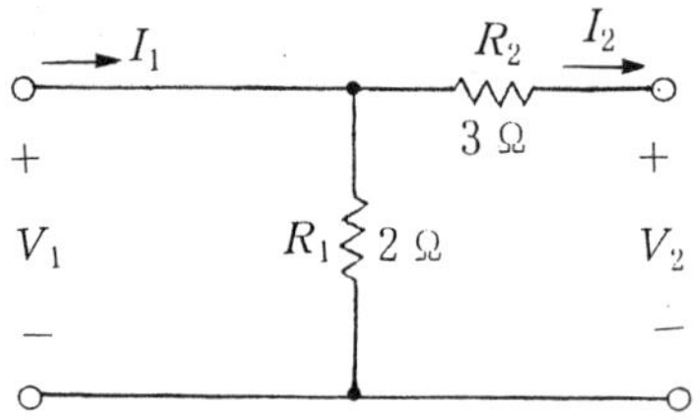

그림 14.17

✲ **풀이** V_1과 I_1을 R_1과 R_2를 매개로 하여 V_2와 I_2로 표시하면 된다. 그림 14.18에서 저항 R_2의 전압 강하가 $R_2 I_2$이므로 키르히호프 전압 법칙에서

$$V_1 = V_2 + R_2 I_2$$

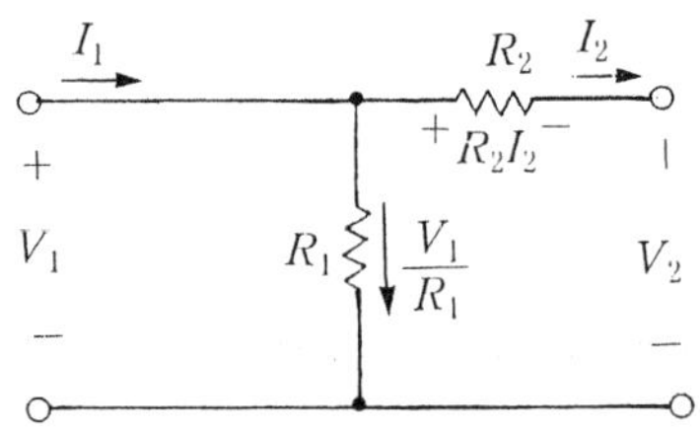

그림 14.18

전류 법칙에서

$$I_1 = \frac{V_1}{R_1} + I_2 = \frac{1}{R_1}(V_2 + R_2 I_2) + I_2$$

$$= \frac{1}{R_1} V_2 + \left(1 + \frac{R_2}{R_1}\right) I_2$$

따라서

$$\begin{bmatrix} A & B \\ C & D \end{bmatrix} = \begin{bmatrix} 1 & R_2 \\ \dfrac{1}{R_1} & 1+\dfrac{R_2}{R_1} \end{bmatrix} = \begin{bmatrix} 1 & 3 \\ \dfrac{1}{2} & \dfrac{5}{2} \end{bmatrix}$$

연습문제 14-3 그림 14.19에서 전송 파라미터를 구하라.

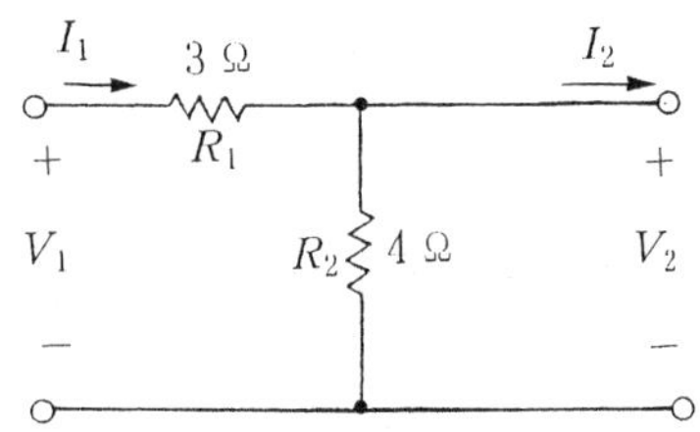

그림 14.19

그림 14.20은 두 전송 파라미터가 종속적으로 연결된 경우이다. 첫 번째 4단자 계통의 출력이 바로 두 번째 4단자 계통의 입력이 된다. 이때 $\dot{V}_1$, $\dot{I}_1$을 입력으로 하고 $\dot{V}_3$, $\dot{I}_3$를 출력으로 한 *ABCD* 파라미터는 다음과 같이 된다.

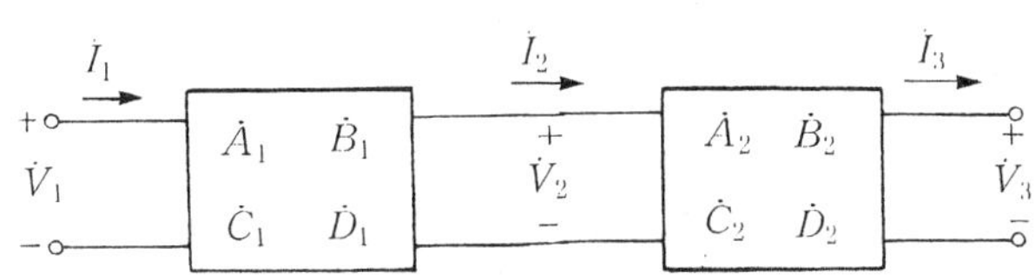

그림 14.20 종속 접속

$$\begin{bmatrix} \dot{V}_1 \\ \dot{I}_1 \end{bmatrix} = \begin{bmatrix} \dot{A}_1 & \dot{B}_1 \\ \dot{C}_1 & \dot{D}_1 \end{bmatrix} \begin{bmatrix} \dot{V}_2 \\ \dot{I}_2 \end{bmatrix}$$

$$\begin{bmatrix} \dot{V}_2 \\ \dot{I}_2 \end{bmatrix} = \begin{bmatrix} \dot{A}_2 & \dot{B}_2 \\ \dot{C}_2 & \dot{D}_2 \end{bmatrix} \begin{bmatrix} \dot{V}_3 \\ \dot{I}_3 \end{bmatrix}$$

이므로

$$\begin{bmatrix} \dot{V}_1 \\ \dot{I}_1 \end{bmatrix} = \begin{bmatrix} \dot{A}_1 & \dot{B}_1 \\ \dot{C}_1 & \dot{D}_1 \end{bmatrix} \begin{bmatrix} \dot{A}_2 & \dot{B}_2 \\ \dot{C}_2 & \dot{D}_2 \end{bmatrix} \begin{bmatrix} \dot{V}_3 \\ \dot{I}_3 \end{bmatrix}$$

가 된다. 따라서 합성 $ABCD$ 파라미터는

$$\begin{bmatrix} \dot{A} & \dot{B} \\ \dot{C} & \dot{D} \end{bmatrix} = \begin{bmatrix} \dot{A}_1 & \dot{B}_1 \\ \dot{C}_1 & \dot{D}_1 \end{bmatrix} \begin{bmatrix} \dot{A}_2 & \dot{B}_2 \\ \dot{C}_2 & \dot{D}_2 \end{bmatrix}$$
$$= \begin{bmatrix} \dot{A}_1 \dot{A}_2 + \dot{B}_1 \dot{C}_2 & \dot{A}_1 \dot{B}_2 + \dot{B}_1 \dot{D}_2 \\ \dot{C}_1 \dot{A}_2 + \dot{D}_1 \dot{C}_2 & \dot{C}_1 \dot{B}_2 + \dot{D}_1 \dot{D}_2 \end{bmatrix}$$

예제 14-4

그림 14.21의 π 회로에서 $ABCD$ 파라미터를 구하라.

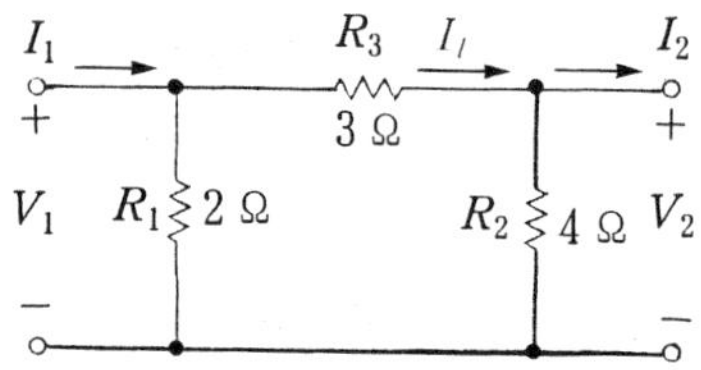

그림 14.21

✲ 풀이 그림 14.21에 직접 키르히호프 법칙을 적용시켜 풀고 또 종속 접속을 적용시켜 행렬의 곱을 이용하여 풀어 본다.

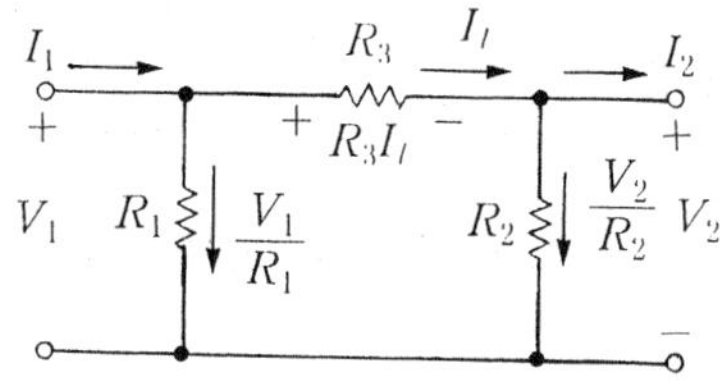

그림 14.22

그림 14.22에서 저항 R_3에 흐르는 전류 I_l은

$$I_l = I_2 + \frac{1}{R_2} V_2$$

저항 R_3의 전압 강하 $R_3 I_l$은

$$R_3 I_l = R_3 (I_2 + \frac{1}{R_2} V_2) = \frac{R_3}{R_2} V_2 + R_3 I_2$$

따라서 전압 V_1은

$$\begin{aligned} V_1 &= R_3 I_l + V_2 = \frac{R_3}{R_2} V_2 + R_3 I_2 + V_2 \\ &= (1 + \frac{R_3}{R_2}) V_2 + R_3 I_2 = (1 + \frac{3}{4}) V_2 + 3 I_2 \\ &= \frac{7}{4} V_2 + 3 I_2 \end{aligned}$$

전류 I_1은

$$\begin{aligned} I_1 &= \frac{1}{R_1} V_1 + I_l = \\ & \frac{1}{R_1} \left\{ (1 + \frac{R_3}{R_2}) V_2 + R_3 I_2 \right\} + I_2 + \frac{1}{R_2} V_2 \\ &= \frac{R_1 + R_2 + R_3}{R_1 R_2} V_2 + \frac{R_1 + R_3}{R_1} I_2 \\ &= \frac{9}{8} V_2 + \frac{5}{2} I_2 \end{aligned}$$

그러므로 $ABCD$ 파라미터는

$$\begin{bmatrix} A & B \\ C & D \end{bmatrix} = \begin{bmatrix} \dfrac{R_2 + R_3}{R_2} & R_3 \\ \dfrac{R_1 + R_2 + R_3}{R_1 R_2} & \dfrac{R_1 + R_3}{R_1} \end{bmatrix} = \begin{bmatrix} \frac{7}{4} & 3 \\ \frac{9}{8} & \frac{5}{2} \end{bmatrix}$$

$AD - BC = 1$의 식에 대입하여 계산 결과가 올바른지 확인할 수 있다.

$$AD - BC = \frac{7}{4} \times \frac{5}{2} - 3 \times \frac{9}{8} = \frac{35}{8} - \frac{27}{8} = \frac{8}{8} = 1$$

따라서 계산 결과는 올바르다.

다음에 종속 접속을 이용하여 풀어 본다. 예제 14.3의 결과를 이용한다. 그림 14.23에서 V_2'과 I_2'은 첫 번째 단의 출력인 동시에 두 번째 단의 입력이 된다.

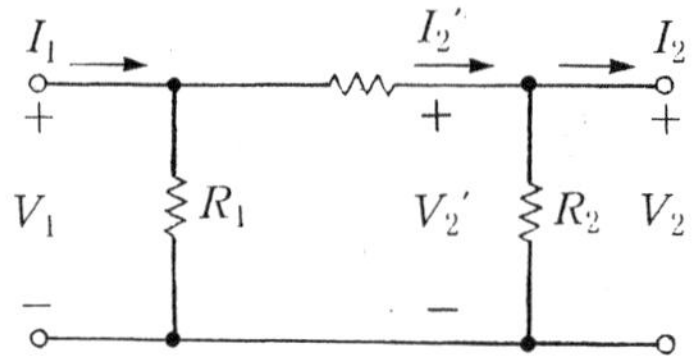

그림 14.23

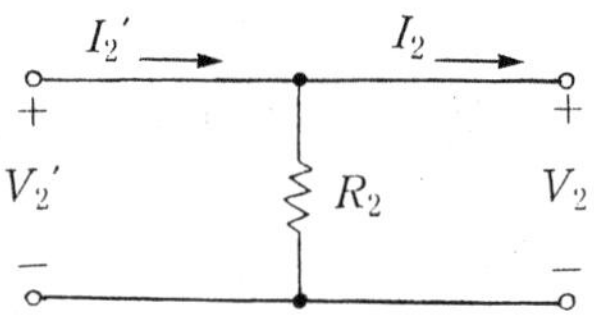

그림 14.24

그림 14.24의 $ABCD$ 파라미터는

$$\begin{bmatrix} A_2 & B_2 \\ C_2 & D_2 \end{bmatrix} = \begin{bmatrix} 1 & 0 \\ \dfrac{1}{R_2} & 1 \end{bmatrix}$$

따라서

$$\begin{bmatrix} A & B \\ C & D \end{bmatrix} = \begin{bmatrix} A_1 & B_1 \\ C_1 & D_1 \end{bmatrix} \begin{bmatrix} A_2 & B_2 \\ C_2 & D_2 \end{bmatrix}$$

$$= \begin{bmatrix} 1 & R_3 \\ \dfrac{1}{R_1} & \dfrac{R_1 + R_3}{R_1} \end{bmatrix} \begin{bmatrix} 1 & 0 \\ \dfrac{1}{R_2} & 1 \end{bmatrix}$$

$$= \begin{bmatrix} 1 + \dfrac{R_3}{R_2} & R_3 \\ \dfrac{R_1 + R_2 + R_3}{R_1 R_2} & \dfrac{R_1 + R_3}{R_1} \end{bmatrix} = \begin{bmatrix} \dfrac{7}{4} & 3 \\ \dfrac{9}{8} & \dfrac{5}{2} \end{bmatrix}$$

따라서 같은 결과가 나왔다.

연습문제 14-4 그림 14.25의 T 회로에서 $ABCD$ 파라미터를 구하라.

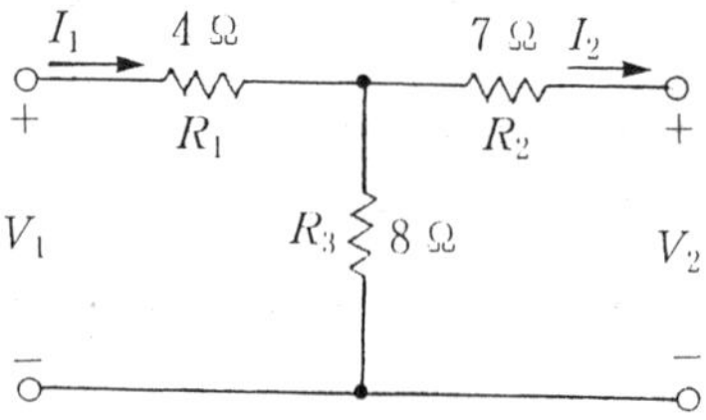

그림 14.25

예제 14-5

그림 14.26의 $\dot{A}\dot{B}\dot{C}\dot{D}$ 파라미터를 구하라.

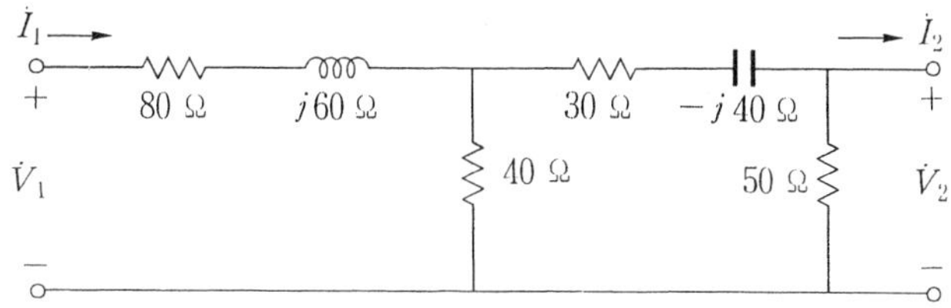

그림 14.26

✻ **풀이** 소자의 연결 모양을 관찰하면 T형 회로에서 50[Ω]의 저항이 종속 연결된 것이므로 연습 14.4의 결과를 이용한다. 그림 14.27과 같이 $\dot{Z}_1$, $\dot{Z}_2$, $\dot{Z}_3$를 정한다.

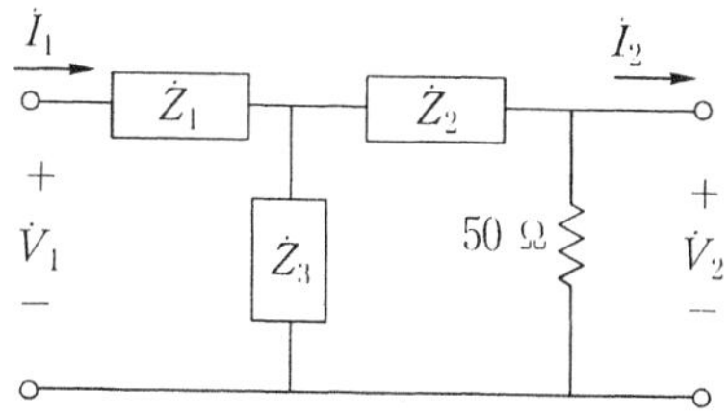

그림 14.27

그림에서 T 회로 부분의 4단자 정수는 다음과 같다.

$$\begin{bmatrix} \dot{A}_1 & \dot{B}_1 \\ \dot{C}_1 & \dot{D}_1 \end{bmatrix} = \begin{bmatrix} 1+\dfrac{\dot{Z}_1}{\dot{Z}_3} & \dot{Z}_1+\dot{Z}_2+\dfrac{\dot{Z}_1\dot{Z}_2}{\dot{Z}_3} \\ \dfrac{1}{\dot{Z}_3} & 1+\dfrac{\dot{Z}_2}{\dot{Z}_3} \end{bmatrix}$$

$$= \begin{bmatrix} 1+\dfrac{80+j60}{40} & (80+j60)+(30-j40)+\dfrac{(80+j60)(30-j40)}{40} \\ \dfrac{1}{40} & 1+\dfrac{30-j40}{40} \end{bmatrix}$$

$$= \begin{bmatrix} 3.354\angle 26.57^\circ & 230.489\angle -3.73^\circ \\ 0.025 & 2.016\angle -29.74^\circ \end{bmatrix}$$

따라서 합성 $\dot{A}\dot{B}\dot{C}\dot{D}$는

$$\begin{bmatrix} \dot{A} & \dot{B} \\ \dot{C} & \dot{D} \end{bmatrix} = \begin{bmatrix} 3.354\angle 26.57^\circ & 230.489\angle -3.73^\circ \\ 0.025 & 2.016\angle -29.74^\circ \end{bmatrix} \begin{bmatrix} 1 & 0 \\ 0.02 & 1 \end{bmatrix}$$

$$= \begin{bmatrix} 3.354\angle 26.57^\circ + 0.02 \cdot 230.489\angle -3.73^\circ & 230.489\angle -3.73^\circ \\ 0.025 + 0.02 \cdot 2.016\angle -29.74^\circ & 2.016\angle -29.74^\circ \end{bmatrix}$$

$$= \begin{bmatrix} 7.694\angle 8.98^\circ & 230.489\angle -3.73^\circ \\ 0.063\angle -18.43^\circ & 2.016\angle -29.74^\circ \end{bmatrix}$$

$$\dot{A}\dot{D} - \dot{B}\dot{C} = (7.694\angle 8.98^\circ) \cdot (2.016\angle -29.74^\circ) - (230.489\angle -3.73^\circ) \cdot (0.063\angle -18.43^\circ)$$

$$= 1.056\angle -1.13^\circ \fallingdotseq 1\angle 0^\circ$$

즉 $\dot{A}\dot{D} - \dot{B}\dot{C} = 1$이라고 볼 수 있다.

연습문제 14-5 그림 14.28의 π 회로에서 $\dot{A}\dot{B}\dot{C}\dot{D}$ 파라미터를 구하라.

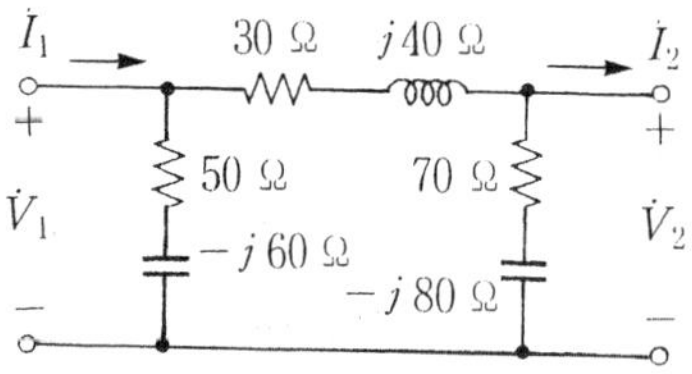

그림 14.28

종합 문제

1. 임피던스 파라미터 $\dot{Z}_{11}$, $\dot{Z}_{12}$, $\dot{Z}_{21}$, $\dot{Z}_{22}$ 중에서 회로가 수동 회로이면 (　　)의 관계가 있고 대칭 회로이면 (　　)이다.

2. 어드미턴스 파라미터 $\dot{Y}_{11}$, $\dot{Y}_{12}$, $\dot{Y}_{21}$, $\dot{Y}_{22}$ 중에서 회로가 수동 회로이면 (　　)의 관계가 있고 대칭 회로이면 (　　)이다.

3. $\dot{A}$, $\dot{B}$, $\dot{C}$, $\dot{D}$ 파라미터가 수동 회로이면 (　　)의 관계가 있고 대칭 회로이면 (　　)이다.

4. 그림과 같은 T형 회로의 임피던스 파라미터 $\dot{Z}_{11}$을 구하여라.

㉮ Z_3
㉯ Z_1+Z_2
㉰ Z_2+Z_3
㉱ Z_1+Z_3

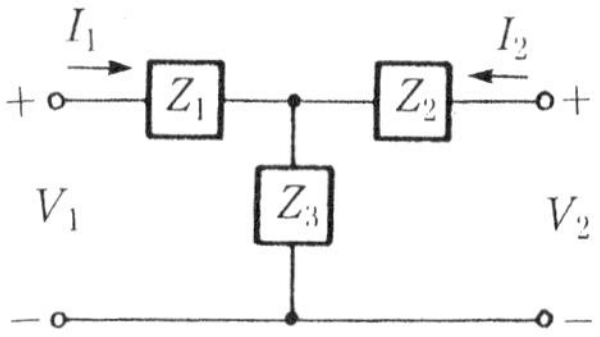

5. 그림의 1−1′에서 본 구동점 임피던스 Z_{11}의 값[Ω]은?

㉮ 5
㉯ 8
㉰ 10
㉱ 4.4

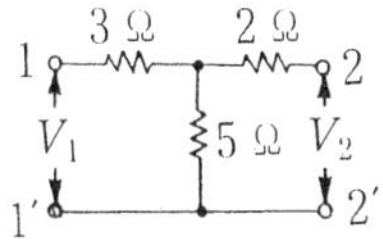

6. 그림과 같은 회로의 임피던스 파라미터 Z_{22}를 구하면 몇 Ω인가?

㉮ 4
㉯ 5
㉰ 6
㉱ 7

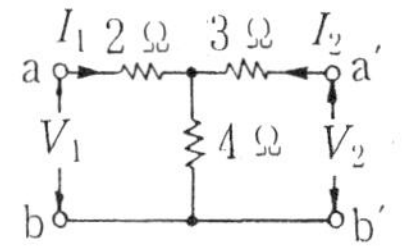

7. 그림과 같은 4단자 회로의 어드미턴스 파라미터 중 Y_{11}은 어느 것인가?

㉮ Y_a

㉯ $-Y_b$

㉰ Y_a+Y_b

㉱ Y_b+Y_c

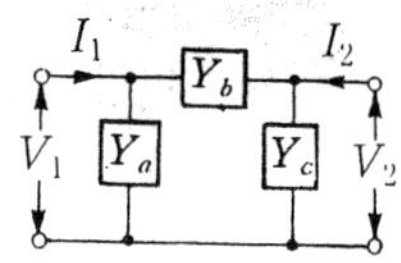

8. 그림과 같은 회로의 전달 어드미턴스는 몇 [℧]인가?

㉮ $-\frac{1}{4}$　　㉯ $-\frac{1}{6}$

㉰ $-\frac{1}{12}$　　㉱ $-\frac{1}{24}$

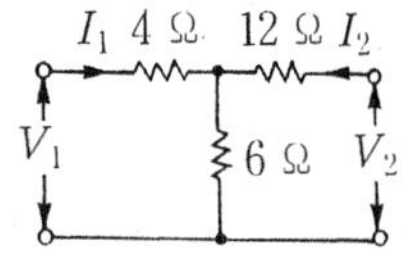

9. 4단자 정수 A, B, C, D 중에서 어드미턴스의 차원을 가진 정수는 어느 것인가?

㉮ A　　㉯ B　　㉰ C　　㉱ D

10. 4단자 정수 A, B, C, D 중에서 임피던스의 차원(dimension)을 가진 정수는?

㉮ C　　㉯ D　　㉰ A　　㉱ B

11. 4단자 회로망에 있어서 출력 단자 단락시 입력 전류와 출력 전류의 비를 나타내는 것은?

㉮ A

㉯ B

㉰ C

㉱ D

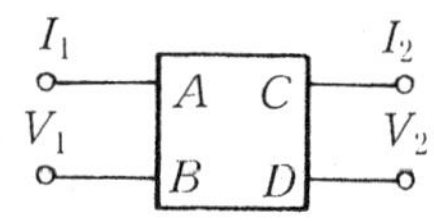

12. 그림과 같은 4단자 회로망에서 출력측을 개방하니 $V_1=12$, $I_1=2$, $V_2=4$이고 출력측을 단락하니 $V_1=16$, $I_1=4$, $I_2=2$였다. A, B, C, D는 얼마인가?

㉮ 3, 8, 0.5, 2

㉯ 8, 0.5, 2, 3

㉰ 0.5, 2, 3, 8

㉱ 2, 3, 8, 0.5

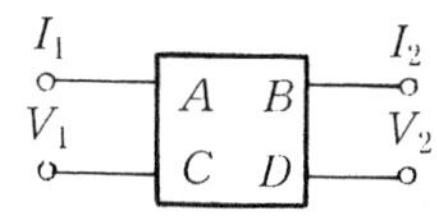

13. 그림과 같은 단일 임피던스 회로의 4단자 정수는?

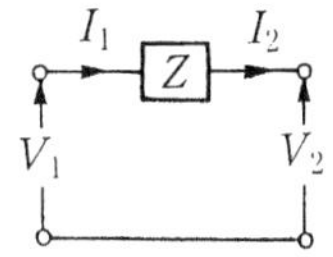

㉮ $A=Z \quad B=0 \quad C=1 \quad D=0$

㉯ $A=0 \quad B=1 \quad C=Z \quad D=1$

㉰ $A=1 \quad B=Z \quad C=0 \quad D=1$

㉱ $A=1 \quad B=0 \quad C=1 \quad D=Z$

14. 그림과 같은 4단자망의 4단자 정수 행렬은?

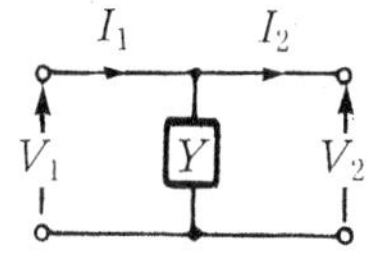

㉮ $\begin{bmatrix} 1 & 0 \\ Y & 1 \end{bmatrix}$ ㉯ $\begin{bmatrix} 1 & Y \\ 0 & 1 \end{bmatrix}$

㉰ $\begin{bmatrix} Y & 1 \\ 1 & 0 \end{bmatrix}$ ㉱ $\begin{bmatrix} 1 & 0 \\ \frac{1}{Y} & 1 \end{bmatrix}$

15. 그림과 같은 회로의 4단자 정수는?

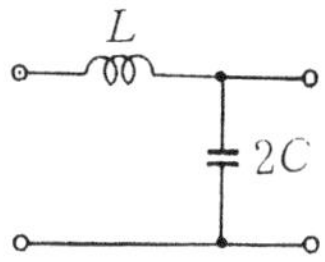

㉮ $A=1-2\omega^2 LC, \quad B=j\omega L, \quad C=j2\omega C, \quad D=1$

㉯ $A=2\omega^2 LC, \quad B=j\omega C, \quad C=j2\omega C, \quad D=1$

㉰ $A=1-2\omega^2 LC, \quad B=j\omega L, \quad C=j2\omega C, \quad D=0$

㉱ $A=2\omega^2 LC, \quad B=j\omega L, \quad C=j2\omega C, \quad D=0$

16. 그림과 같은 T형 회로에서 4단자 정수가 아닌 것은?

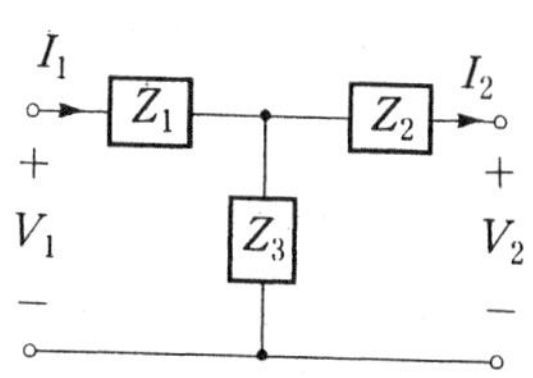

㉮ $1+\dfrac{Z_1}{Z_3}$

㉯ $1+\dfrac{Z_2}{Z_3}$

㉰ $\dfrac{Z_1 Z_2}{Z_3}+Z_2+Z_1$

㉱ $1+\dfrac{Z_3}{Z_2}$

17. 그림에서 4단자 회로 정수 A, B, C, D 중 출력 단자 3, 4가 개방되었을 때의 $\dfrac{V_1}{V_2}$ 인 A의 값은?

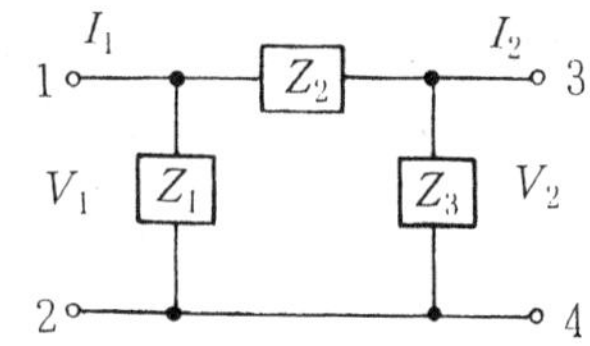

㉮ $1+\dfrac{Z_2}{Z_1}$　　㉯ $\dfrac{Z_1 Z_2 Z_3}{Z_1 Z_3}$

㉰ $1+\dfrac{Z_2}{Z_3}$　　㉱ $1+\dfrac{Z_3}{Z_2}$

18. 그림과 같은 상호 인덕턴스 M인 4단자 회로에서 4단자 정수 중 D의 값은?

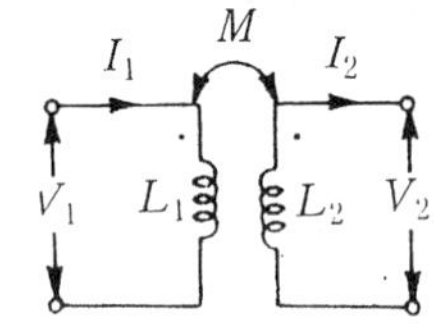

㉮ $+\dfrac{L_2}{M}$　　㉯ $+\dfrac{1}{\omega}M$

㉰ $-\dfrac{L_2}{M}$　　㉱ $+\dfrac{L_1 L_2 - M^2}{M}$

19. 그림과 같은 이상 변압기의 4단자 정수 A, B, C, D는 어떻게 표시되는가?

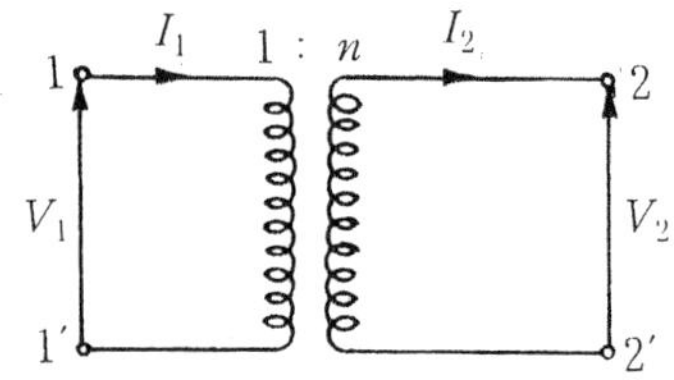

㉮ $n,\ 0,\ 0,\ \dfrac{1}{n}$　　㉯ $\dfrac{1}{n},\ 0,\ 0,\ \dfrac{1}{n}$

㉰ $\dfrac{1}{n},\ 0,\ 0,\ n$　　㉱ $n,\ 0,\ 1,\ \dfrac{1}{n}$

20. 그림에서 $\dfrac{V_2}{V_1}$ 는 얼마인가? 단, 저항은 모두 $1[\Omega]$이다.

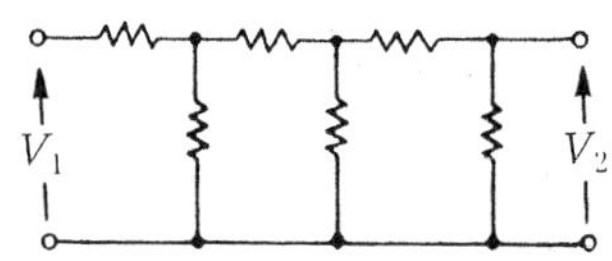

㉮ $\dfrac{1}{13}$　　㉯ $\dfrac{1}{10}$

㉰ $\dfrac{1}{7}$　　㉱ $\dfrac{1}{4}$

21. 하이브리드 파라미터에서 개방 출력 어드미턴스와 같은 것은?

㉮ H_{11}　　㉯ H_{12}　　㉰ H_{21}　　㉱ H_{22}

22. 그림과 같은 4단자 회로망에서 하이브리드 파라미터 H_{11}는?

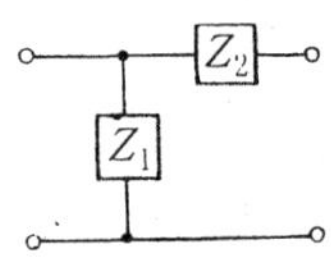

㉮ $\dfrac{Z_1 Z_2}{Z_1 + Z_2}$　　㉯ $\dfrac{Z_1}{Z_1 + Z_2}$

㉰ $\dfrac{Z_3}{Z_1 + Z_3}$　　㉱ $\dfrac{2Z_1}{Z_1 + Z_2}$

23. 수동 4단자 회로망(또는 2단자쌍 회로망)이 가역적이기 위한 조건으로 옳지 않은 것은?

㉮ $AB-CD=1$　　㉯ $Z_{12}=Z_{21}$　　㉰ $Y_{12}=Y_{21}$　　㉱ $H_{12}=-H_{21}$

익힘 문제

1. 2포트 회로를 임피던스 파라미터로 표시하면

$$\begin{cases} \dot{V}_1 = \dot{Z}_{11}\dot{I}_1 + \dot{Z}_{12}\dot{I}_2 \\ \dot{V}_2 = \dot{Z}_{21}\dot{I}_1 + \dot{Z}_{22}\dot{I}_2 \end{cases}$$

이다. 이를 $\dot{I}_1$와 $\dot{I}_2$를 미지수로 한 연립 방정식을 풀어 어드미턴스 파라미터를 구하라.

2. 2포트 회로를 어드미턴스 파라미터로 표시하면

$$\dot{I}_1 = \dot{Y}_{11}\ \dot{V}_1 + \dot{Y}_{12}\ \dot{V}_2$$
$$\dot{I}_2 = \dot{Y}_{21}\ \dot{V}_1 + \dot{Y}_{22}\ \dot{V}_2$$

이다. 이를 $\dot{V}_1$과 $\dot{V}_2$를 미지수로 한 연립 방정식을 풀어 임피던스 파라미터를 구하라.

3. 그림과 같은 π 회로에 대한 임피던스 파라미터를 구하라.

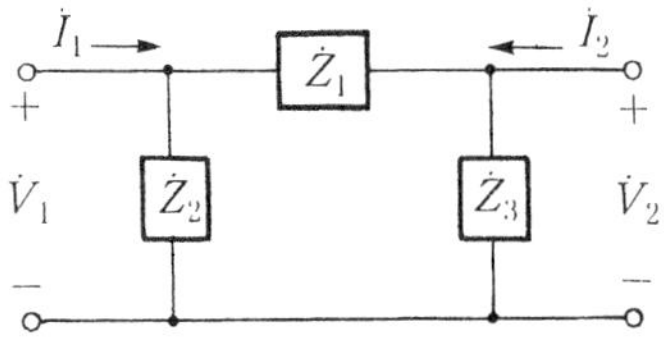

4. 그림과 같은 T 회로에 대한 어드미턴스 파라미터를 구하라.

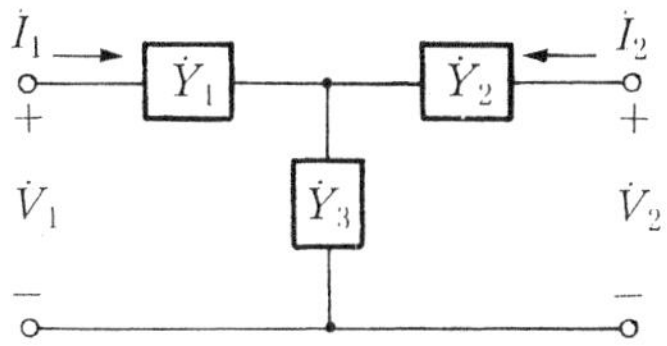

5. 문제 1을 $\dot{V}_1$과 $\dot{I}_2$를 미지수로 한 연립 방정식을 풀어 하이브리드 H 파라미터를 구하라.

6. 문제 2를 $\dot{V}_1$과 $\dot{I}_2$를 미지수로 한 연립 방정식을 풀어 하이브리드 H 파라미터를 구하라.

7. 문제 1을 $\dot{I}_1$와 $\dot{V}_2$를 미지수로 한 연립 방정식을 풀어 하이브리드 G 파라미터를 구하라.

8. 문제 2를 $\dot{I}_1$와 $\dot{V}_2$를 미지수로 한 연립 방정식을 풀어 하이브리드 G 파라미터를 구하라.

9. 문제 1을 $\dot{V}_1$과 $\dot{I}_1$를 미지수로 한 연립 방정식을 풀어 전송 파라미터를 구하라. 이때 $\dot{I}_2$ 대신에 $-\dot{I}_2$를 대입한다.

10. 문제 2를 $\dot{V}_1$과 $\dot{I}_1$을 미지수로 한 연립 방정식을 풀어 전송 파라미터를 구하라. 이때 $\dot{I}_2$ 대신에 $-\dot{I}_2$를 대입한다.

11. 문제 3 그림의 π 회로에서 전류 $\dot{I}_2$의 방향을 반대로 하여 전송 파라미터를 구하라.

12. 문제 4 그림의 T 회로에서 전류 $\dot{I}_2$의 방향을 반대로 하여 전송 파라미터를 구하라.

해답

연습문제, 종합문제, 익힘문제

제 1 장

연습문제

1-1. 6.24×10^{19} [개]

1-2. 9 [C]

1-3. 0.78×10^{-3} [cm/sec]

1-4. 50 [J]

1-5. 27 [J]

1-6. 83.33 [Ω]

1-7. 0.455 [A]

1-8. 277.78 [W]

1-9. 806.67 [Ω]

종합문제

1. (1)

2. (3)

3. (양) (음)

4. (1.602×10^{-19})

5. (미터) (킬로그램) (초) (절대온도)

6. (자유전자) (+) (−)

7. (암페어) (밀리 암페어)

8. (1 쿨롬) (1 볼트)

9. ○

10. (도체) (반도체)

11. ○

12. (컨덕턴스) (지멘스)

13. ×

14. ○

15. ×

16. ○

17. (옴의 법칙)

18. ㉰

19. ㉰

20. ㉯

제 2 장

연습문제

2-1. 40 [V] 60 [V]

2-2. 0.421 [A]

2-3. 4 [Ω] 28 [Ω]

2-4. 0.9 [A]

2-5. (a) 3.2 [V] (b) 10 [V] (c) 9 [V] (d) 19 [V]

2-6. (1) 4.8 [Ω] (2) 5 [A] (3) $I_1 = 2$ [A] $I_2 = 3$ [A]

2-7. $I_3 = 60$ [mA] $I_1 = 40$ [mA]

2-8. $R_T = 10$ [Ω] $\frac{24^2}{10} = \frac{24^2}{30} + \frac{24^2}{60} + \frac{24^2}{20}$ [W]

2-9. 81 [μA] 12.85 [V]

2-10. 12.31 [V] 2.31 [A]

2-11. 400 [A] 0.033 [Ω]

2-12. 17.5 [V]

2-13. 7.742 [mA] 774.2 [mV]

2-14. $V_A = 0$ [V] $V_B = 12$ [V] $V_C = 10$ [V] $V_D = 4$ [V] $V_E = 0$ [V]

2-15. $R_T = 23.33$ [KΩ] $I_1 = 1.286$ [mA] $I_2 = 0.428$ [mA] $I_3 = 0.858$ [mA]

$V_1 = 25.72$ [V] $V_2 = V_3 = 4.28$ [V]

$P_1 = 33.08$ [mW] $P_2 = 1.83$ [mW] $P_3 = 3.67$ [mW]

$P_S = 38.58$ [mW]

2-16. $I_1 = 0.75$ [mA] $I_3 = 0.857$ [mA] $I_T = 1.607$ [mA] $V_{CD} = 9.64$ [V]

2-17. 17.345 [kΩ] 1.73 [mA]

2-18. $V_{L1} = 8.47$ [V] $V_{L2} = 11.95$ [V] $V_{L3} = 12.23$ [V] $V_{L0} = 12.52$ [V]

$\sigma_1 = 32.3$ [%] $\sigma_2 = 4.6$ [%] $\sigma_3 = 2.3$ [%]

2-19. $R_T = 11.02\,[\mathrm{k}\Omega]$ $V_L = 3.66\,[\mathrm{V}]$

$I_4 = 2.18\,[\mathrm{mA}]$ $I_{16} = 0.96\,[\mathrm{mA}]$ $I_8 = 1.22\,[\mathrm{mA}]$ $I_9 = 0.61\,[\mathrm{mA}]$

$I_3 = 0.61\,[\mathrm{mA}]$

2-20. 3 [V]

2-21. 370 [Ω]

종합문제

1. (전압법칙)
2. (전류법칙)
3. ○
4. ○
5. (컨덕턴스) (컨덕턴스)
6. ×
7. ×
8. (영) (무한대)
9. (증가하며)
10. (폐회로)
11. ㉰
12. ㉱
13. ㉰
14. ㉱
15. ㉰
16. ㉮
17. ㉯
18. ㉰
19. ㉱
20. ㉮
21. ㉮
22. ㉯
23. ㉯
24. ㉰
25. ㉮
26. ㉱
27. ㉱

익힘문제

1. (a) 21 [Ω] 0.57 [A] (b) 15.7 [kΩ] 1.53 [mA]

2. (a) $P_1 = 0.97\,[\mathrm{W}]$ $P_2 = 2.60\,[\mathrm{W}]$ $P_3 = 3.25\,[\mathrm{W}]$ $P_S = 6.84\,[\mathrm{W}]$

(b) $P_1 = 2.34\,[\mathrm{mW}]$ $P_2 = 6.32\,[\mathrm{mW}]$ $P_3 = 13.11\,[\mathrm{mW}]$

$P_4 = 14.98\,[\mathrm{mW}]$ $P_S = 36.72\,[\mathrm{mW}]$

3. (a) 10 [Ω] (b) 2.2 [kΩ]

4. (a) 12 [V]　　(b) 46.8 [V]

5. (a) $I = 1.16$ [A]　$V_1 = 92.8$ [V]　$V_2 = 34.8$ [V]

$V_3 = 23.2$ [V]　$V_4 = 29$ [V]　$V_5 = 40.6$ [V]

(b) $I = 2.4$ [mA]　$V_1 = 2.4$ [V]　$V_2 = 6.24$ [V]

$V_3 = 7.2$ [V]　$V_4 = 11.28$ [V]　$V_5 = 2.88$ [V]

6. (a) 1 [A]　(b) −1 [mA]

7. 0.6125 [kΩ]　5.55 [V]

8. $V_1 = 9$ [V]　$V_2 = 27$ [V]

9. 10 [V]

10. $V_1 = 5$ [V]　$V_4 = 15$ [V]

11. $V_1 = 66$ [V]　$V_2 = 44$ [V]　$V_3 = 110$ [V]

12. 3 [kΩ]　19.36 [V]

13. (1) 4.94 [A] 12.5 [V]　(2) 130 [A]　(3) 13 [V]

15. (a) 0.1964 [S] 5.09 [Ω]　(b) 0.6111 [mS] 1.636 [kΩ]

(c) 0.0701 [S] 14.265 [Ω]　(d) 0.9667 [mS] 1.035 [kΩ]

16. (a) 5 [Ω]　(b) 25 [Ω]

17. 병렬　7.526 [Ω]

18. (a) 6 [A]　(b) 9 [mA]

19. 6.091 [A]

20. (1) $I_1 = 12$ [mA]　$I_2 = 4.615$ [mA]　$I_3 = 2.553$ [mA]

(2) 19.168 [mA]

(3) $P_1 = 144$ [mW]　$P_2 = 55.375$ [mW]　$P_3 = 30.634$ [mW]

(4) $P_T = 230.016$ [mW]

21. 0.6818 [A]

22. (a) $I_2 = 1.5$ [A]　$I_3 = 1$ [A]　$R_3 = 30$ [Ω]

(b) $V_S = 34.641$ [V]　$R_1 = R_2 - 32.466$ [Ω]

23. (a) $I_1 = 2.667$ [A]　$I_2 = 5.333$ [A]

(b) $I_1 = 3.077$ [A]　$I_2 = 2.308$ [A]　$I_3 = 4.615$ [A]

24. 9.2 [kΩ] 138 [V].

25. (a) 5 [mA] 15 [V] (b) 3 [A] 330 [V]

26. $I_1 = I_2 = 0.432$ [A]

27. 0.1 [Ω]

28. 5 [V] 10 [mW]

29. 80 [V] 5[Ω]

30. (a) (1) $V_a = -6$ [V] $V_b = 6$ [V] (2) $V_{ab} = -12$ [V]

(b) (1) $V_a = 6$ [V] $V_b = -6$ [V] (2) $V_{ab} = 12$ [V]

31. (a) $V_a = 12$ [V] $V_b = 10.364$ [V] $V_c = 1.09$ [V]

(b) $V_a = 24$ [V] $V_b = 22$ [V] $V_c = 18$ [V]

33. (1) 12 [Ω] (2) 1 [A] (3) 0.333 [A] (4) 8 [V] (5) 4 [V]

34. $I_1 = 12$ [mA] $I_2 = 4$ [mA] $I_3 = 1.2$ [mA]

35. (1) 50.77 [V] (2) 0.611 [A] (3) 183.33 [V]

36. (1) 72.137 [Ω]

(2) $I_T = 3.05$ [A] $I = 0.756$ [A]

(3) $P_1 = 183.87$ [W] $P_2 = 178.42$ [W] $P_3 = 229.57$ [W] $P_4 = 52.79$ [W]

$P_5 = 26.4$ [W]

(4) $P_S = 671$ [W]

37. $V_A = 10.93$ [V] $V_B = 14.83$ [V] $V_C = 24$ [V] $V_D = 5.05$ [V]

38. 1.6 [V] 4 [mA]

39. (1) 10 [V] (2) 9.3 [V] (3) 1.86 [mA] (4) $I_C = I_E = 1.86$ [mA]

(5) 13.26 [V]

40. (a) $\frac{3}{2}r$ (b) $\frac{5}{6}r$

41. $V_a = 7.165$ [V] $V_b = 3.583$ [V] $V_c = 1.791$ [V]

42. $R_T = 190$ [Ω]

$I_1 = 1.158$ [A] $I_2 = I_3 = I_5 = 0.579$ [A]

$I_4 = 0.386$ [A] $I_6 = I_7 = I_8 = 0.193$ [A]

43. 16.36 [Ω]

제 3 장

연습문제

3-1. (1) 10 (2) 27

3-2. (1) $I_1 = 0.311$ [A] $I_2 = 2.267$ [A]

(2) $I_1 = 32.1$ [A] $I_2 = 15.9$ [A]

3-3. (1) 0 (2) 22

3-4. $I_1 = 3$ $I_2 = -2$ $I_3 = 4$

3-5. (1) −407 (2) 1049

3-6. (1) −80 (2) −10099

3-7. (1) 357 (2) −3759

3-8. 2520

3-9. 0.857 [A]

3-10. 10 [mA]

3-11. 6 [A]

3-12. $I_1 = 2.426$ [A] $I_2 = 2.681$ [A] $I_3 = 0.255$ [A]

3-13. 망전류를 반시계 방향으로 하면 $I_a = 2.426$ [A] $I_b = 2.681$ [A]

3-14. $I_{30} = 2.769$ [A] $I_{40} = 1.174$ [A] $I_{20} = 1.595$ [A] $I_{50} = 0.301$ [A]

$I_{60} = 1.475$ [A] $I_{80} = 1.294$ [A] $P = 609.18$ [W]

3-15. $I_1 = 1.193$ [mA] $I_3 = 1.092$ [mA]

3-17. $I_1 = -2$ [A] $I_2 = 0$ [A] $I_3 = 3$ [A]

3-18. $V_a = 17.32$ [V] $V_b = -33.04$ [V] $I_2 = 5.60$ [A]

3-19. $R_1 = 16.67$ [Ω] $R_2 = 12.5$ [Ω] $R_3 = 10$ [Ω]

3-20. $R_a = 156.67$ [Ω] $R_b = 117.5$ [Ω] $R_c = 94$ [Ω]

3-21. $R_T = 1.714$ [Ω]

종합문제

1. (지로법) (망로법) (절점법) (망로법) (절점법)
2. ○
3. (여인수법)
4. ○
5. (접속점)
6. (메시) (시계) (반시계)
7. ○
8. ○
9. ○
10. $\frac{1}{3}R_{\triangle}$
11. $3R_Y$
12. ㉮
13. ㉯
14. ㉮
15. ㉯
16. ㉮
17. ㉱
18. ㉰
19. ㉰
20. ㉯
21. ㉱
22. ㉮
23. ㉮
24. ㉮
25. ㉰
26. ㉮
27. ㉯
28. ㉰
29. ㉱

익힘문제

1. (1) 6 (2) −5 (3) 102
2. (1) 30 (2) −20.38
3. (1) 1365 (2) −20.376
4. (1) 0 (2) 0.632
5. $V_1=10$ $V_2=2$
6. $I_1=-2.38$ $I_2=-21.69$ $I_3=-32.23$
7. $I_1=3.09$ $I_2=0.84$ $I_3=1.8$ $I_4=0.37$
8. (a) $I_S=2\,[\mathrm{A}]$ (b) $I_S=1.957\,[\mathrm{mA}]$
9. (a) $V_S=300\,[\mathrm{V}]$ (b) $V_S=18.8\,[\mathrm{V}]$
10. $I_L=6.389\,[\mathrm{mA}]$

11. (2) 2.651 [mA] (3) 7.953 [V]

12. (1) a, b, c, d, efgh

(2) b, c, efgh

(3) bah, bg, bc, cf, cdg

(4) abgha, bcfgb, cdefc, abcfgha, bcdefgb, abcdefgha

(5) abgha, bcfgb, cdefc

13. (a) $I_1=0.917$ [A] $I_2=1.75$ [A] $I_3=0.833$ [A]

(b) $I_1=2.675$ [mA] $I_2=0.969$ [mA] $I_3=1.706$ [mA]

14. (a) $V_{12}=21.996$ [V] $V_4=10.664$ [V] $V_6=4.998$ [V]

(b) $V_{47}=12.573$ [V] $V_{56}=5.930$ [V] $V_{67}=11.430$ [V]

16. (a) $I_a=-1.833$ [A] $I_b=0.833$ [A]

(b) $I_a=2.675$ [mA] $I_b=1.706$ [mA]

17. $I_1=0.111$ [A] $I_2=0.911$ [A] $I_3=1.303$ [A] $I_4=0.392$ [A]

$V_{ab}=7.445$ [V]

18. $P_1=0.246$ [W] $P_2=4.15$ [W] $P_3=6.791$ [W] $P_4=0.307$ [W]

I_{1S} : -1.776 [W] V_{2S} : 10.932 [W] V_{3S} : 2.352 [W]

19. $I_1=1.773$ [A] $I_2=0.682$ [A] $I_3=1.091$ [A]

$I_4=0.204$ [A] $I_5=1.295$ [A]

20. $V_1=10.638$ [V] $V_2=1.364$ [V] $V_3=2.182$ [V]

$V_4=0.816$ [V] $V_5=5.18$ [V]

21. $P_1=18.861$ [W] $P_2=0.930$ [W] $P_3=2.381$ [W] $P_4=0.166$ [W]

$P_5=6.708$ [W] V_{1S} : 21.276 [W] V_{2S} : 7.77 [W]

22. $I_1=4.854$ [mA] $I_2=4.764$ [mA] $I_3=0.090$ [mA] $I_4=8.060$ [mA]

$I_5=3.546$ [mA] $I_6=3.636$ [mA] $I_7=7.970$ [mA]

23. 0.181 [mA]

27. (1) $V_a=20.926$ [V] $V_b=25.895$ [V]

(2) -4.969 [V]

(3) -4.969 [A]

28. (2) $V_a = 9.268$ [V] $V_b = 9.512$ [V]

(3) $I_2 = 0.073$ [A] $I_5 = 4.634$ [A]

(4) 4.561 [A]

29. (1) $V_a = 3.411$ [V] $V_b = -0.233$ [V] (2) 3.644 [mA]

30. (2) $V_a = 7.509$ [V] $V_b = 3.6$ [V] $V_c = 1.794$ [V]

(3) 0.181 [mA]

31. (a) $R_1 = R_2 = R_3 = 4$ [Ω]

(b) $R_1 = 4.865$ [Ω] $R_2 = 4.054$ [Ω] $R_3 = 3.243$ [Ω]

32. (a) $R_a = R_b = R_c = 36$ [Ω]

(b) $R_a = 24$ [Ω] $R_b = 48$ [Ω] $R_c = 72$ [Ω]

33. 5.764 [A]

34. 2.431 [KΩ] 5.126 [mA]

제 4 장

연습문제

4-1. 0.255 [A]

4-2. −0.526 [mA]

4-3. −0.319 [A]

4-4. 0.255 [A]

4-5. 0.769 [A]

4-6. $I_L = \dfrac{33.33}{36.67 + R_L}$ [A]

4-7. −2 [A]

4-8. 8.266 [W]

4-9. 0.497 [A]

4-11. $I_L = \dfrac{7 \times 7.143}{7 + R_L}$ [A] $R_L = 1$ [Ω]일 때 6.25 [A]

4-13. −0.266 [A] −13.281 [V]

4-14. 0.255 [A]

4-15. $R_L = 40\,[\Omega]$ $\eta = 50\,[\%]$

4-16. $R_L = 9.733\,[\Omega]$ $P_L = 0.806\,[\mathrm{W}]$ $\eta = 7.19\,[\%]$

4-17. $I_2 = 1.636\,[\mathrm{A}]$

종합문제

1. (중첩의 원리)

2. (테브낭 정리) (노튼 정리)

3. (전압원) (전류원)

4. (밀만 정리)

5. ㉯

6. ㉯

7. ㉮

8. ㉯

9. ㉰

10. ㉮

11. ㉮

12. ㉯

13. ㉮

14. ㉰

15. ㉯

16. ㉱

17. ㉰

18. ㉱

19. ㉮

20. ㉮

21. ㉯

22. ㉰

23. ㉰

익힘문제

1. $0.714\,[\mathrm{A}]$ $21.42\,[\mathrm{V}]$

2. $P_1 = 5.136\,[\mathrm{W}]$ $P_2 = 10.71\,[\mathrm{W}]$

$0.214^2 \times 12 + 0.714^2 \times 30 = 5.136 + 10.71$

3. $17.331\,[\mathrm{mA}]$ $34.662\,[\mathrm{V}]$

$1.349^2 \times 2 + 18.680^2 \times 2 \neq 17.331^2 \times 2$

4. $54\,[\mathrm{V}]$

5. $6.388\,[\mathrm{mA}]$ $30.026\,[\mathrm{V}]$

6. 24.48 [V]

7. 전압원 : 165.63 [mW] 전류원 : 244.8 [mW]

13. (a) $I_L = \frac{17.143}{104.29 + R_L}$ [A] 0.128 [A] 0.119 [A] 0.111 [A]

(b) $I_L = \frac{8.571}{17.143 + R_L}$ [A] 0.182 [A] 0.150 [A] 0.128 [A]

14. (1) 8.176 [V]

(2) $V_L = 8.176 \times \frac{R_L}{4.088 + R_L}$

(3) 1.077 [V] 4.927 [V] 7.670 [V] 8.122 [V]

15. 4.203 [mA]

16. (1) $I_L = \frac{62}{0.64 + R_L}$ [mA]

(2) 37.805 [mA] 28.972 [mA] 23.485 [mA]

17. 7.105 [mA]

25. 8.279 [V] 3.740 [kΩ]

29. 41.379 [mA] 1.241 [V]

30. (a) (1) 10 [Ω] (2) 50 [%]

(b) (1) 5.6 [kΩ] (2) 50 [%]

31. (a) 104.286 [Ω] 8.99 [%]

(b) 17.143 [Ω] 13.64 [%]

32. (a) (1) 0.7029 [W] (2) 0.7026 [W]

(b) (1) 1.0689 [W] (2) 1.0683 [W]

33. (1) $R_L = R_{TH} = 83.333$ [Ω]

(2) 전압원 : 0.340 [W] 전류원 : 0.917 [W] $\eta = 80.24$ [%]

34. 30 [Ω] 13.44 [W]

35. (1) $I_2 = 1.1$ [A] (2) $I_1 = 1.1$ [A] (3) 성립함

36. (1) $V_2 = 8$ [V] (2) $V_1 = 8$ [V] (3) 성립함

37. 0.22 [A]

제 5 장

연습문제

5-1. ① 2.356 [rad] ② 2.618 [rad] ③ 3.665 [rad] ④ 3.927 [rad]

5-2. ① 120° ② 21600° ③ 540° ④ 900°

5-3. 0.02 [sec] 314 [rad/sec]

5-4. 20 [rps]

5-5. ① 141.4 [V] ② $100\sqrt{2}\sin 314t$ [V] ③ 314 [rad/sec]
④ 50 [Hz] ⑤ 0.02 [sec]

5-6. ① 4.37 [A] ② 0 [A] ③ 0 [A]

5-7. ① 2.5 [ms] 7.5 [ms] ② 12.5 [ms] 17.5 [ms] ③ 13.92 [ms] 16.08 [ms]

5-8. 100 [Hz] 200π [rad/sec]

5-9. −30°

5-10. ① v_1이 90° 빠름 ② i_2가 10° 빠름 ③ i_1이 20° 느림

5-11. 2.375 [V]

5-12. 198.07 [V]

5-13. 7.639 [V]

5-14. −2 [V]

5-15. 1.414 [A]

5-16. 3.162 [A]

5-17. $v=100\sqrt{2}\sin(2\pi\cdot 60t+\phi)$ [V]

5-18. 5 [A]

5-19. (b) 1.35 [A] (c) 2.12 [A]

종합문제

1. (311.13) (220) (198.07) (377) (60) (0.017)

2. (저항기) (인덕터) (커패시터)

3. 57.3°

4. ○

5. ×

6. ㉯

7. ㉮

8. ㉯

9. ㉱

10. ㉮

11. ㉯

12. ㉮

13. ㉯

14. ㉮

15. ㉰

16. ㉰

17. ㉰

18. ㉰

19. ㉮

20. ㉰

익힘문제

1. ① 0.698 [rad] ② 0.960 [rad] ③ 1.222 [rad] ④ 2.269 [rad] ⑤ 2.793 [rad]

2. ① 17.19° ② 34.38° ③ 40.11° ④ 63.03° ⑤ 200.54°

3. ① 377 [rad/sec] ② 628.32 [rad/sec] ③ 12.57 [rad/sec] ④ 458.67 [rad/sec] ⑤ 611.35 [rad/sec]

4. ① 628.32 [rad/sec] ② 2094.40 [rad/sec] ③ 628318.53 [rad/sec] ④ 299199.3 [rad/sec] ⑤ 161107.32 [rad/sec]

5. ① 60 [Hz] 0.017 [sec] ② 50 [Hz] 0.02 [sec] ③ 159.15 [Hz] 6.3 [ms] ④ 159.15 [kHz] 6.2 [μs] ⑤ 246.21 [Hz] 4.06 [ms]

6. 500 [Hz]

7. ① 60 [Hz] 0.017 [sec] ② 50 [Hz] 0.02 [sec] ③ 159.15 [Hz] 6.3 [ms] ④ 1591.55 [Hz] 0.63 [ms]

9. ① 0.058 [mA] ② 0.101 [mA] ③ 0.017 [mA] ④ −0.065 [mA]

10. $t_1 = 1.389$ [ms] $t_2 = 6.944$ [ms]

12. $v = 220\sqrt{2} \sin 340t$ [V]

13. ① 0° ② 30° ③ $\frac{\pi}{4}$ [rad] ④ −60° ⑤ 90° ⑥ $-\frac{\pi}{12}$ [rad] ⑦ 36.87° ⑧ $\frac{\pi}{2}$ [rad]

16. ① v_1이 50° 앞섬 ② v가 50° 앞섬 ③ i_1이 10° 앞섬 ④ v_1이 40° 뒤짐 ⑤ i_2가 $\frac{\pi}{3}$ [rad] 앞섬

17. ① $v=100\sin(377t+30^\circ)$ [V]　② $v=-6\sin(2000\pi t-30^\circ)$ [V]

18. ① $v=30\sin(2000t-60^\circ)$ [V]　② $v=30\sin(377t+30^\circ)$ [V]

③ $i=3\sin\left(200\pi t+\frac{\pi}{5}\right)$ [A]　④ $i=-0.51\sin\left(100\pi t+\frac{\pi}{5}\right)$ [A]

19. (a) 2.5 [V]　(b) 3.75 [V]

20. 2.5 [V]

21. ① 7.64 [V]　② 31.83 [V]　③ 63.66 [mA]　④ 55.39 [μA]

22. ① 213.27 [V]　② 90.02 [V]　③ 0.955 [A]　④ 3.18 [A]

23. ① 198.07 [V]　220 [V]　② 19.10 [V]　21.21 [V]

③ 6.37 [mA]　7.07 [mA]　④ 14.01 [μA]　15.56 [μA]

24. ① $v=37\sqrt{2}\sin(2\pi\cdot 400t+30^\circ)$ [V]

② $v=200\sqrt{2}\sin(2\pi\cdot 60t-60^\circ)$ [V]

③ $i=0.12\sqrt{2}\sin\left(2\pi\cdot 50t+\frac{\pi}{2}\right)$ [mA]

④ $i=0.4\sqrt{2}\sin\left(2\pi\cdot 1000t+\frac{\pi}{4}\right)$ [mA]

25. (a) 7.91 [V]　(b) 6.61 [V]

제 6 장

연습문제

6-1. 4.7×10^{-4} [C]

6-2. 5319 [V]

6-3. 2.35 [μF]

6-4. 147.5 [pF]

6-5. 2.01 [μC]

6-6. $V_1=5.95$ [V]　$V_2=2.80$ [V]　$V_3=3.25$ [V]

6-7. ① $Q_1=0.0113\times 10^{-6}$ [μC]　$Q_2=0.0072\times 10^{-6}$ [μC]

$Q_3 = 0.0036 \times 10^{-6}$ [μC]

② $C_T = 920$ [pF]

③ $Q = 0.0221 \times 10^{-6}$ [μC]

6-8. $C_T = 3$ [μF] $Q_1 = 24$ [μC] $Q_2 = 48$ [μC] $Q_3 = 72$ [μC]

$V_1 = V_2 = 8$ [V] $V_3 = 16$ [V]

6-9. 1 [ms] 10 [ms] 100 [ms]

6-10. 15 [ms] 2.4 [mA]

6-12. 23.31 [V] 29.80 [V] 0.67 [%]

6-13. $\tau_1 = 0.3$ [ms] $\tau_2 = 0.5$ [ms] $v_c = 1.10$ [V] $i_c = -0.22$ [mA]

6-14. $0 \le t < 10$ $v = 5$ [mV] $10 \le t < 20$ $v = -15$ [mV]

$20 \le t < 30$ $v = 10$ [mV]

6-15. 14 [mH]

6-16. $\tau = 0.4$ [ms] $I = 0.3$ [A] $i_1 = 0.190$ [A]

$i_2 = 0.260$ [A] $i_3 = 0.285$ [A] $i_4 = 0.295$ [A] $i_5 = 0.298$ [A]

6-17. ① 0.1 [ms] ② 114 [mA] ③ $i = 114\, e^{-\frac{1}{\tau}(t-3)}$ [mA] ④ 5.68 [mA]

6-18. 5 [V]

6-19. 0.7 [H]

6-20. 2.12 [μH]

종합문제

1. (커패시턴스) (Farad)

2. (10^6) (10^6)

3. (비례) (반비례)

4. (전압) (전류)

5. (단락)

6. (개방)

7. (RC) $\left(\frac{L}{R}\right)$

8. $\left(L\frac{di}{dt}\right)$ (인덕턴스) (렌츠의 법칙)

9. (권선수) (매질)

10. (10^3) (10^6)

11. (도전) (자기)

12. (같도록)

13. ㉣

14. ㉯

15. ㉱
16. ㉰
17. ㉮
18. ㉮
19. ㉱
20. ㉱
21. ㉱
22. ㉰
23. ㉯
24. ㉰
25. ㉮
26. ㉰
27. ㉮
28. ㉯
29. ㉮
30. ㉯
31. ㉮
32. ㉯
33. ㉯
34. ㉰
35. ㉯
36. ㉱

익힘문제

1. ① 0.02×10^{-6} [F] ② 3.2×10^{-10} [F] ③ 2×10^{-10} [F]
   ④ 2×10^{-13} [F] ⑤ 49×10^{-6} [F] ⑥ 47×10^{-12} [F]
2. 14.7 [μC]
3. 100 [V]
4. 4.43 [pF]
5. 2.21 [pF]
6. 17.7 [pF]
7. 9.4 [pF]
8. 24 [μF]
9. (a) 1.2 [μF] (b) 54.55 [μF]
10. (a) 14.4 [μC] $V_2 = 7.2$ [V] $V_3 = 4.8$ [V]
    (b) 1.309 [mC] $V_{100} = 13.09$ [V] $V_{200} = 6.55$ [V] $V_{300} = 4.36$ [V]
11. (a) 5 [μF] (b) 600 [μF]
12. (a) $Q_2 = 24$ [μC] $Q_3 = 36$ [μC] $Q_T = 60$ [μC]
    (b) $Q_{100} = 2.4$ [mC] $Q_{200} = 4.8$ [mC] $Q_{300} = 7.2$ [mC] $Q_T = 14.4$ [mC]
13. (a) 15 [μF] (b) 7 [μF]
14. (a) $Q_{30} = 180$ [μC] $Q_{20} = 120$ [μC] $Q_{10} = 60$ [μC]
    $V_{30} = 6$ [V] $V_{10} = V_{20} = 6$ [V]

(b) $Q_5 = 120\,[\mu C]$ $Q_3 = 48\,[\mu C]$ $Q_2 = 16\,[\mu C]$ $Q_4 = 32\,[\mu C]$

$V_5 = 24\,[V]$ $V_3 = 16\,[V]$ $V_2 = V_4 = 8\,[V]$

15. $0 \le t < 1$ $10\,[mA]$ $0 \le t < 2$ $0\,[mA]$ $2 \le t < 3$ $10\,[mA]$

$3 \le t < 5$ $-15\,[mA]$ $5 \le t < 6$ $10\,[mA]$

16. (1) $0.1\,[ms]$

(2) $i = 0.06\,e^{-10^4 t}\,[A]$ $v_R = 60\,e^{-10^4 t}\,[V]$ $v_C = 60(1 - e^{-10^4 t})\,[V]$

17. (1) $15\,[\mu C]$

(2) $i_C = 0.02\,e^{-6.7 \times 10^4 t}\,[A]$ $v_C = 30(1 - e^{-6.7 \times 10^4 t})\,[V]$

(3) $v_{R1} = 10\,e^{-6.7 \times 10^4 t}\,[V]$ $v_{R2} = 20\,e^{-6.7 \times 10^4 t}\,[V]$

(4) $v_{R1} + v_{R2} + v_C = V$

18. (1) $v_C = 12(1 - e^{-5 \times 10^3 t})\,[V]$ $i_C = 6 \times 10^{-3}\,e^{-5 \times 10^3 t}\,[A]$

(2) $v_C = 12\,e^{-5 \times 10^3 t}\,[V]$ $i_C = -6 \times 10^{-3}\,e^{-5 \times 10^3 t}\,[A]$

19. (1) $\tau = 2\,[ms]$ $v_C = 12(1 - e^{-500t})\,[V]$ $i_C = 6 \times 10^{-3}\,e^{-500t}\,[A]$

(2) $\tau = 3\,[ms]$ $v_C = 12\,e^{-\frac{1000}{3}t}$ $i_C = -4 \times 10^{-3}\,e^{-\frac{1000}{3}t}\,[A]$

20. (a) $V_1 = V_2 = 24\,[V]$ (b) $V_1 = 24\,[V]$ $V_2 = 16\,[V]$

21. $10\,[V]$

22. $2 \times 10^6\,[A/sec]$

23. (a) $21\,[mH]$ (b) $1.67\,[mH]$

24. (a) $10.44\,[mH]$ (b) $4.67\,[mH]$

25. $0 \le t < 1$ $10^5\,[V]$ $1 \le t < 3$ $0\,[V]$

$3 \le t < 4$ $10^5\,[V]$ $4 \le t < 7$ $-10^5\,[V]$

$7 \le t < 8$ $10^5\,[V]$

26. $v = 150.8 \sin(377t + 90^\circ)\,[V]$

27. (1) $2\,[ms]$

(2) $i = 0.03(1 - e^{-500t})\,[A]$ $v_L = 30\,e^{-500t}\,[V]$

28. (1) $5\,[\mu s]$

(2) $v_L = 24\,e^{-2 \times 10^5 t}\,[V]$ $i = 12 \times 10^{-3}(1 - e^{-2 \times 10^5 t})\,[A]$

29. (1) 1 [μs]

(2) $v_L = 12\,e^{-10^6 t}$ [V] $i_L = 1.2\times10^{-3}(1-e^{-10^6 t})$ [A]

(3) $v_L = -11.9\,e^{-10^6(t-5\tau)}$ [V] $i_L = 1.19\times10^{-3}\,e^{-10^6(t-5\tau)}$ [A]

30. (1) $\tau_1 = 2.5$ [μs]

(2) $i_L = 0.015(1-e^{-4\times10^5 t})$ [A] $v_L = 30\,e^{-4\times10^5 t}$ [V]

(3) $\tau_2 = 1.12$ [μs] $i_L = 0.0149\,e^{-8\times10^5(t-5\tau_1)}$ [A]

$v_L = 59.6\,e^{-8\times10^5(t-5\tau_1)}$ [V]

31. 150 [V]

32. 1 [mH]

33. (a) 270 [mH] (b) 30 [mH]

34. (b) $k = 0.849$

35. 530 [mH]

36. $k_{12} = 0.866$ $k_{23} = 0.913$ $k_{13} = 0.949$

제 7 장

연습문제

7-1. (a) $\dot{A} = 3+j4$ $A = 5$ $\theta = 53.13°$

(b) $\dot{B} = -8+j6$ $B = 10$ $\theta = 143.13°$

(c) $\dot{C} = -100-j80$ $C = 128.06$ $\theta = -141.34°$

(d) $\dot{D} = 10-j20$ $D = 22.36$ $\theta = -63.43°$

7-2. (1) 3.606 (2) 6.403 (3) 5 (4) 7.810

7-4. (1) $67.08\angle-153.44°$ (2) $9.22\angle40.60°$

(3) $957.23\angle161.34°$ (4) $807.42\angle-19.31°$

7-5. (1) $3.56+j1.82$ [μA] (2) $1.99-j4.91$ [mA]

(3) $-3.03+j1.75$ [V] (4) $-6.58-j3.8$ [V]

7-6. (1) $\overline{A}=-10+j6$ (2) $\overline{B}=75-j6$

(3) $\overline{C}=10\angle-120°$ (4) $\overline{D}=10\angle-135°$

7-7. $\dot{C}=2+j7$

7-8. $\dot{C}=-6-j$

7-9. $\dot{D}=-1$

7-10. (1) $4.36\angle-79.13°$ (2) $17.24\angle124.23°$

(3) $36.41\angle-4.76°$ (4) $14.24\angle-165.88°$

7-11. (1) $5122.61\angle8.37°$ (2) $828.73\angle-146.63°$

(3) $244.83\angle107.09°$ (4) $1517.85\angle-144.51°$

7-12. $\dot{A}$와 크기는 동일하고 시계 방향으로 90° 회전

7-13. (1) $25\angle36.87°$ (2) $44.72\angle26.56°$ (3) $2.29\angle19.65°$

7-15. (1) $15.79\angle87°$ (2) $26.16\angle1°$ (3) $2.86\angle42°$ (4) $5.11\angle-18°$

7-16. (1) $87.06\angle-2.336$ (2) $2.894\angle-0.875$

7-17. (1) $34.19\angle1.794$ (2) $93.20\angle-1.059$

7-18. $\dot{I}_1=3\angle30°$ [A] $\dot{I}_2=5\angle-30°$ [A]

7-19. (1) $i=10\sqrt{2}\sin(120\pi t-60°)$ [A]

(2) $i=\sqrt{2}\sin(100\pi t+135°)$ [A]

(3) $i=10\sqrt{2}\sin(2\cdot10^3\pi t)$ [mA]

(4) $i=100\sqrt{2}\sin(2\cdot10^4\pi t-10°)$ [μA]

7-20. $i=4.36\sqrt{2}\sin(\omega t-6.59°)$ [A]

7-21. $i_1=5.04\sin(\omega t+52.48°)$ [mA]

7-22. $v=100\sqrt{2}\sin(2000\pi t-40°)$ [V]

7-23. $\dot{V}=20.11\angle90°$ [V] $v=28.43\sin(2\pi\cdot10^7t+90°)$ [V]

7-24. (1) 159.15 [Ω]

(2) $11.254\angle-90°$ [V]

(3) $v=15.915\sin(2\pi\cdot10^4t-90°)$ [V]

종합문제

1. (저항) (인덕턴스) (커패시턴스)
2. $\left(L\frac{di}{dt}\right)$ $\left(C\frac{dv}{dt}\right)$
3. (실수부) (허수부)
4. (5) (53.13°)
5. (12.99) (7.5)
6. (반시계) (90°)
7. (시계) (90°)
8. (벡터)
9. $\left(\frac{V_m}{\sqrt{2}}\right)$ (θ)
10. $(10\sqrt{2}\sin(377t+30°))$
11. ×
12. ×
13. ×
14. ㉮
15. ㉮
16. ㉯
17. ㉱
18. ㉯
19. ㉰
20. ㉯
21. ㉯
22. ㉱
23. ㉯
24. ㉯
25. ㉯
26. ㉯
27. ㉰
28. ㉰
29. ㉱
30. ㉱
31. ㉰
32. ㉰
33. ㉰
34. ㉯

익힘문제

1. (a) $8+j3=8.54\angle 20.56°$ (b) $-4+j5=6.40\angle 128.67°$
   (c) $-80-j75=109.66\angle -136.85°$ (d) $60-j20=63.25\angle -18.44°$
2. (a) $10\angle 25°=9.06+j4.23$ (b) $8\angle 110°=-2.74+j7.52$
   (c) $100\angle -135°=-70.71-j70.71$ (d) $70\angle -30°=60.62-j35$
5. (1) $48.10\angle 159.32°$ (2) $98.49\angle -113.97°$ (3) $132.31\angle 55.47°$
   (4) $88.89\angle -73.00°$ (5) $100.45\angle 80.26°$ (6) $44.28\angle -64.59°$

6. (1) $28.94-j11.11$ (2) $79.30+j40.40$ (3) $-12.86+j7.73$
(4) $-42.77-j21.79$ (5) $45.71+j35.71$ (6) $5.15+j8.57$

7. (1) $11.05\angle95.20°$ (2) $32.88\angle-127.30°$ (3) $47.72\angle-89.90°$
(4) $46.93\angle-66.46°$ (5) $24.73\angle-94.46°$ (6) $229.48\angle-126.95°$

8. (1) $-3.19-j10.08$ (2) $0.6-j2.5$ (3) $-134.2+j7.3$
(4) $2.69-j0.12$ (5) $4.93-j1.13$ (6) $-286.87-j429.14$

9. (1) $9.38\angle6.31°$ (2) $5.98\angle145.99°$ (3) $356.51\angle2.93°$
(4) $77.76\angle-56.14°$ (5) $74.60\angle-19.88°$ (6) $90.73\angle88.10°$
(7) $38.71\angle70.42°$

10. (1) $\dot{V}=220\angle30°$ $\dot{I}=10\angle-10°$
(2) $\dot{V}=7.07\angle-20°$ $\dot{I}=0.707\angle-50°$
(3) $\dot{V}=8.485\angle0°$ $\dot{I}=0.071\angle-25°$

11. (1) $v=220\sqrt{2}\sin377t$ [V] $i=4\sqrt{2}\sin(377t-36°)$ [A]
(2) $v=6\sqrt{3}\sin(2\pi\cdot10^3t+30°)$ [V] $i=0.3\sqrt{2}\sin(2\pi\cdot10^3t-10°)$ [mA]
(3) $v=10\sin(2\pi\cdot10^5t-10°)$ [V] $i=\sin(2\pi\cdot10^5t+20°)$ [μA]

12. $v_1+v_2=184.79\sqrt{2}\sin(377t+7.5°)$ [V]
$v_1-v_2=76.53\sqrt{2}\sin(377t+97.51°)$ [V]

13. $v_2=6.46\sin(1000t+38.26°)$ [V]

14. $v=298.3\sin(377t+6.93°)$ [V]

15. $i_3=2.03\sqrt{2}\sin(377t-97.55°)$ [A]

16. (1) $\dot{V}=200\angle10°$ [V] (2) $\dot{I}=2\angle10°$ [A]

17. $v=2.4\sqrt{2}\sin(\omega t-30°)$ [mA]

18. $\dot{I}=27\angle-90°$ [mA]

19. $v=2.41\sqrt{2}\sin(377t+100°)$ [V]

20. $\dot{I}=11.08\angle120°$ [mA]

21. $v=48.72\sqrt{2}\sin(2\pi\cdot10^4t-120°)$ [V]

제 8 장

연습문제

8-1. ① $1-j2=2.236\angle-63.43°$ [kΩ]

② $22.361\angle 63.43°$ [mA]

③ $22.361\sqrt{2}\sin(2\pi\cdot 10^3 t+63.43°)$ [mA]

8-2. ① 2.04 [A] ② 220 [V] ③ 107.84 [Ω]

8-3. ① $3+j0.942=3.144\angle 17.43°$ [kΩ]

② $V_R=6$ [V] $V_L=1.884$ [V] $V=6.289$ [V]

8-4. ① $\dot{V}=j180$ [V]

② $\dot{I}_R=j1.8$ [A] $\dot{I}=j1.8+3=3.499\angle 30.96°$ [A]

8-5. ① $1\angle-53.13°$ [A]

② $\dot{V}_R=60\angle-53.13°$ [V] $\dot{V}_L=20\angle 36.87°$ $\dot{V}_C=100\angle-143.13°$ [V]

8-6. ① 777.8 [Ω] ② 100 [Ω] ③ 562.6 [Ω]

8-7. $\dot{Y}=39.05\angle-50.2°$ [mS] $\dot{Z}=25.61\angle 50.2°$ [Ω]

8-8. $\dot{I}_L=4.4\angle-90°$ [A] $\dot{I}_C=5.5\angle 90°$ [A] $\dot{I}=2.46\angle 26.57$ [A]

8-9. $30\angle-16.26°=28.8-j8.4$ [Ω]

8-10. $R'=500$ [Ω] $X_C{}'=250$ [Ω]

8-11. $\dot{I}_R=2.77\angle-56.31°$ [A] $\dot{I}_C=4.16\angle 33.69°$ [A]

8-12. ① $28.84\angle-3.18°$ [Ω] ② $3.47\angle 3.18°$ [A]

③ $\dot{I}_R=2.08\angle 56.31°$ [A] $\dot{I}_L=2.78\angle-33.69°$ [A]

8-13. ① $\dot{I}_1=2\angle-53.13°$ [A] $\dot{I}_2=2\angle 53.13°$ [A]

② $\dot{V}_{R1}=60\angle-53.13°$ [V] $\dot{V}_C=80\angle-36.87°$ [V]

8-14. ① $1.60\angle 2.01°$ [A]

② $\dot{I}_2=1.00\angle 37.82°$ [A] $\dot{I}_3=0.61\angle 1.04°$ [A]

③ $\dot{V}_C = 60\angle -52.18°$ [V]　$\dot{V}_3 = 48.8\angle 1.04°$ [V]

종합문제

1. $\left(\sqrt{R^2+\frac{1}{\omega^2C^2}}\right)$ $\left(\tan^{-1}\frac{1}{R\omega C}\right)$

2. (앞선다)

3. (컨덕턴스) (서셉턴스) (지멘스)

4. $(\sqrt{R^2+\omega^2L^2})$ $\left(\tan^{-1}\frac{\omega L}{R}\right)$

5. (늦다)

6. $\left(\sqrt{R^2+\left(\omega^2L^2-\frac{1}{\omega^2C^2}\right)}\right)$ $\left(\tan^{-1}\frac{\omega L-\frac{1}{\omega C}}{R}\right)$

7. (180°)

8. (폐회로) (전압법칙)

9. ㉮

10. ㉮

11. ㉱

12. ㉮

13. ㉰

14. ㉮

15. ㉯

16. ㉱

17. ㉰

18. ㉱

19. ㉰

20. ㉰

21. ㉱

22. ㉮

23. ㉰

24. ㉮

25. ㉰

26. ㉰

27. ㉱

28. ㉰

29. ㉰

30. ㉰

31. ㉰

익힘문제

1. ① $R=100$[Ω]　$C=13.26$ [μF]　② $R=100$ [Ω]　$C=18.38$ [μF]

3. 0.94 [V]

4. 6.94 [mA]

5. $\dot{Y}=3.33+j2.26=4.02\angle 34.16°$ [mS]

6. $\dot{Z}=248.24\angle-34.16°=205.41-j139.39$ [Ω]

7. $I_R=99.9$ [mA] $I_C=67.8$ [mA] $I=120.73$ [mA]

8. $V=220$ [V] $I_C=3.67$ [A]

9. ① $R=100$ [Ω] $L=530.5$ [mH] ② $R=100$ [Ω] $L=551.3$ [mH]

11. $\dot{I}=1.68-j2.53=3.04\angle-56.41°$ [A]

12. $V_R=10$ [V] $V_L=20.11$ [V] $V=22.46$ [V]

13. $\dot{Y}=0.002-j0.004$ [S] $R'=500$ [Ω] $X_L'=250$ [Ω]

14. $\dot{Z}=28.8+j38.4$ [Ω]

15. $I_R=2.75$ [A] $I_L=3.67$ [A] $I=4.58$ [A]

16. $I_L=1.87\angle-51.34°$ [A] $I_R=2.34\angle38.66°$ [A]

17. $V=220$ [V] $I_R=2.2$ [A]

18. $\dot{Z}=100-j479.54=489.86\angle-78.23°$ [Ω]

19. $\dot{Z}=100-j4.15=100.09\angle-2.38°$ [Ω]

20. ① 2771.19 [Ω] ② 59.73 [Ω] ③ 2319.60 [Ω]

21. ① 2.17 [mA] ② 100.45 [mA] ③ 2.59 [mA]

22. ① $V_R=0.0868$ [V] $V_L=16.63$ [V] $V_C=22.65$ [V]

② $V_R=4.018$ [V] $V_L=896.23$ [V] $V_C=900.63$ [V]

③ $V_R=0.1036$ [V] $V_L=26.36$ [V] $V_C=20.36$ [V]

23. $\dot{Y}=0.0125\angle0°$ [S]

24. $I_R=2.75$ [A] $I_L=I_C=3.67$ [A]

25. ① $\dot{Y}_R=0.01$ [S] $\dot{Y}_L=-j0.0125$ [S] $\dot{Y}_C=j0.0071$ [S]

② $\dot{Y}_T=0.01136\angle-28.37°$ [S]

③ $\dot{I}_R=88.03\angle28.37°$ [mA] $\dot{I}_L=110.04\angle-61.64$ [mA]

$\dot{I}_C=62.5\angle118.38$ [mA]

26. $V=12$ [V] $I_R=12$ [mA] $I_L=4$ [mA]

27. (a) 460.34 [Ω] (b) 36.59 [Ω]

28. (a) $I_L = 26.07$ [mA] $I_R = 16.23$ [mA] $I_C = 20.40$ [mA]

$V_L = 16.38$ [V] $V_R = V_C = 6.49$ [V]

(b) $I_C = 6.01$ [A] $I_L = 4.80$ [A] $I_R = 2.89$ [A]

$V_C = 318.83$ [V] $V_L = V_R = 289$ [V]

30. (a) $\dot{Z} = 7.433\angle 19.65°$ [kΩ] (b) $150.052\angle 14.41°$ [Ω]

31. (a) $\dot{I}_R = 4.036\angle -19.61°$ [mA] $\dot{I}_a = 4.512\angle -83.09°$ [mA]

$\dot{I}_b = 4.512\angle 43.79°$ [mA]

(b) $\dot{I}_b = 0.666\angle -14.41°$ [A] $\dot{I}_a = 0.695\angle 49.03°$ [A]

$\dot{I}_L = 0.716\angle 74.67°$ [A]

32. (a) 13.54 [V] (b) 81.02 [V]

33. (a) $4.701\angle -1.22°$ [kΩ] (b) $77.647 + j0.588$ [Ω]

34. (a) $\dot{I}_a = 8.321\angle 56.31°$ [mA] $\dot{I}_b = 7.276\angle 75.97°$ [mA]

(b) $\dot{I}_a = 1.718\angle -51.35°$ [A] $\dot{I}_b = 2.2\angle 36.87°$ [A]

35. (a) $10.091\angle 137.74°$ [V] (b) $6.872\angle 165.45°$ [V]

제 9 장

연습문제

9-1. $\dot{V} = 60 - j80$ [V]

9-2. $\dot{I} = 5.59\angle -26.56°$ [A]

9-3. $\dot{I}_C = 2.206\angle 53.98°$ [A] $\dot{V}_C = 132.36\angle -36.02°$ [V]

9-4. $\dot{I}_a = 2.665 + j0.528$ [A] $\dot{I}_b = 0.296 - j0.296$ [A] $\dot{I} = 2.369 + j0.824$ [A]

9-5. $\dot{I} = 38.83\angle -56.31°$ [mA]

9-6. $\dot{I} = 1.36\angle -160.27°$ [A]

9-7. $i_C = 2.157\sqrt{2}\sin(377t + 78.7)$ [A]

$i_L = 2.5 + 1.525\sqrt{2}\sin(377t + 33.7°)$ [A]

$i_R = 2.5 - 1.525\sqrt{2}\sin(377t + 123.7°)$ [A]

9-8. $v_2 = 5.77\sin(\omega t + 32.74°)$ [V]

9-9. $1.846\angle 7.38°$ [A] $1.272\angle -2.01°$ [A] $0.768\angle -9.81°$ [A]

9-10. $0.384\angle 50.19°$ [mA]

9-12. $9.45\angle -25.14°$ [A]

9-13. $\dot{I}_L = 0.443\angle -10.25°$ [A] $\dot{V}_{ab} = 56.732\angle 28.41°$ [V]

9-14. $\dot{Z}_L = 400 - j300$ [Ω] $P_M = 90$ [mW]

9-15. ① 0.888 [A], 78.85 [W] ② 1.1 [A], 121 [W] ③ 0.948 [A], 89.87 [W]

9-16. $\dot{Z}_L = 63.74\angle 11.31°$ [Ω] $P_{LM} = 1.80$ [W]

9-17. (a) $\dot{V}_1 = j\omega L_1\dot{I}_1 - j\omega M\dot{I}_2$ $\dot{V}_2 = -j\omega M\dot{I}_1 + j\omega L_2\dot{I}_2$

(b) $\dot{V}_1 = j\omega L_1\dot{I}_1 + j\omega M\dot{I}_2$ $\dot{V}_2 = j\omega M\dot{I}_1 + j\omega L_2\dot{I}_2$

9-19. $n = 10$

9-20. $\dot{I}_1 = 0.271\angle -87.77°$ [A] $\dot{I}_2 = 0.065\angle -71.08°$ [A]

9-21. $\dot{I}_L = 0.775\angle 50.83°$ [A]

종합문제

1. (영) (무한대)

2. (복소수)

3. ($\dot{Z}_S^*$)

4. (가극성) (감극성)

5. ($n^2\dot{Z}_2$)

6. ㉯

7. ㉮

8. ㉮

9. ㉰

10. ㉰

11. ㉯

12. ㉯

13. ㉱

14. ㉰

15. ㉯

16. ㉯

17. ㉮

18. ㉯

19. ㉮

20. ㉱

익힘문제

1. (a) $\dot{I}=0.937\angle-8.66°$ [A] (b) $\dot{I}=6.708\angle-53.43°$ [A]

2. (a) $\dot{V}=24.083\angle-11.63°$ [V] (b) $\dot{V}=0.098\angle-58.69°$ [V]

3. (a) $\dot{I}_1=0.614\angle174.44°$ [A] $\dot{I}_2=0.914\angle-51.44°$ [A]

   $\dot{I}_3=0.657\angle86.43°$ [A]

   (b) $\dot{I}_1=2\angle0°$ [A] $\dot{I}_2=3.338\angle119.27°$ [A] $\dot{I}_3=2.935\angle82.80°$ [A]

4. (a) $\dot{I}_1=1.308\angle179.65°$ [A] $\dot{I}_2=3.308\angle-0.14°$ [A]

   $\dot{I}_3=6.667\angle-18.28°$ [A] $\dot{I}_4=3.671\angle-34.57°$ [A]

   (b) $\dot{I}_1=0.231\angle18.85°$ [A] $\dot{I}_2=4.668\angle100.32°$ [A]

   $\dot{I}_3=4.639\angle-76.86°$ [A] $\dot{I}_4=0.462\angle-161.08°$ [A]

   $\dot{I}_5=4.759\angle94.81°$ [A] $\dot{I}_6=4.708\angle-82.46°$ [A]

7. (a) $\dot{I}_L=0.35\angle140.57°$ [A] (b) $\dot{I}_L=1.131\angle-8.13°$ [A]

8. $i=3+9.487\sqrt{2}\sin(2000\pi t+18.43°)$ [mA]

   $i_1=8.485\sqrt{2}\sin(2000\pi t+45°)$ [mA]

   $i_2=3+4.243\sqrt{2}\sin(2000\pi t-45°)$ [mA]

9. $i_L=0.833+0.792\sqrt{2}\sin(120\pi t+59.74°)$ [A]

11. (a) $\dot{I}_L=1.254\angle-57.22°$ [A]

    (b) $\dot{I}_L=0.488\angle77.32°$ [A]

    (c) $\dot{I}_L=1.664\angle-33.69°$ [A]

12. $\dot{I}_L=0.776\angle12.50°$ [mA]

15. $\dot{I}_L=2.494\angle-20.61°$ [A]

16. $\dot{I}_L = 0.584\angle 114.22°$ [mA]

17. $\dot{I}_L = 13.327\angle 3.79°$ [mA]

18. (a) $\dot{Z}_L = 2 - j3.142$ [kΩ] $P_{LM} = 112.5$ [mW]

(b) $\dot{Z}_L = 35.535 - j65.816$ [Ω] $P_{LM} = 121$ [W]

19. (a) $\dot{Z}_L = 6 - j5$ [kΩ] $P_{LM} = 25.417$ [W]

(b) $\dot{Z}_L = 34.615 + j66.923$ [Ω] $P_{LM} = 1.066$ [kW]

20. $\dot{I}_1 = 1.171\angle -27.38°$ [A] $\dot{I}_2 = 1.467\angle -0.818°$ [A] $V_L = 146.7$ [V]

22. $V_L = 20$ [kV] $I_L = 200$ [A] $Z_1 = 40$ [kΩ]

23. $n_2 = 8$ [회]

24. $n = 2$ [회] $P_{LM} = 7.031$ [W]

제 10 장

연습문제

10-1. $P = 660$ [W] $Q = -440$ [Var] $S = 793.22$ [VA]

10-2. $P = 580.8$ [W] $Q = 774.4$ [Var] $S = 968$ [VA]

$\cos\theta = 0.6$ $\sin\theta = 0.8$

10-3. $P = 50$ [mW] $Q = 66.67$ [mVar] $S = 83.33$ [mVA]

$\cos\theta = 0.6$ $\sin\theta = 0.8$

10-4. $P = 580.8$ [W] $Q = -774.4$ [Var] $S = 968$ [VA]

$\cos\theta = 0.6$ $\sin\theta = -0.8$

10-5. $P = 90$ [mW] $Q = -56.55$ [mVar] $S = 106.29$ [mVA]

$\cos\theta = 0.847$ $\sin\theta = -0.532$

10-6. $P = 387.2$ [W] $Q = -290.4$ [Var] $S = 484$ [VA]

$\cos\theta = 0.8$ $\sin\theta = -0.6$

10-7. $P = 605\,[\text{W}]$ $Q = -726\,[\text{Var}]$ $S = 945.04\,[\text{VA}]$

$\cos\theta = 0.640$ $\sin\theta = -0.768$

10-8. $P = 1200\,[\text{W}]$ $Q = -600\,[\text{Var}]$ $S = 1341.64\,[\text{VA}]$

$\dot{I} = 6.10\angle 26.57°\,[\text{A}]$

10-9. $C = 341.9\,[\mu\text{F}]$

10-10. $P = 1320\,[\text{W}]$ $Q = 1760\,[\text{Var}]$ $S = 2200\,[\text{VA}]$

$\dot{S} = 1320 + j1760\,[\text{VA}]$

10-11. $\dot{S} = 70 + j40\,[\text{mVA}]$ $\cos\theta = 0.868$ $\sin\theta = 0.496$

종합문제

1. (크기가 일정한 항) (주파수)

2. ($VI\cos(\alpha-\beta)$)

3. ($VI\sin(\alpha-\beta)$) (VI)

4. (유효전력) (피상전력) ($\alpha-\beta$) (무효전력) (피상전력) ($\alpha-\beta$)

5. (유효전력) (무효전력) (피상전력)

6. (I^2X)

7. $\left(\frac{1}{2}LI^2\right)$

8. $\left(\frac{1}{2}CV^2\right)$

9. (지역률) (진역률)

10. ($0 \le \theta \le 90°$)

11. ($-90° \le \theta \le 0$)

12. ($-90° \le \theta \le 90°$)

13. (유도성) (콘덴서)

14. ㈐

15. ㈐

16. ㈎

17. ㈎

18. ㈎

19. ㈑

20. ㈎

21. ㈎

22. ㈏

23. ㈑

24. ㈏

25. ㈑

26. ㈏

27. ㈑

28. ㈏

29. ㈑

30. ㈑

31. ㈑

32. ㈎

33. ㈎

익힘문제

1. $p = 330\sqrt{3} - 660\cos(2 \cdot 377t + 30^\circ)$ [W]

3. $\dot{V} = 220\angle 30^\circ$ [V] $\dot{I} = 3\angle 0^\circ$ [A] $P = 571.58$ [W]
   $Q = 329.99$ [Var] $S = 660$ [VA]

4. $\cos\theta = 0.866$ $\sin\theta = 0.5$

5. (a) $I = 1.805$ [A] $P = 385.850$ [W] $Q = 93.853$ [Var]
   $S = 397.1$ [VA] $\cos\theta = 0.972$ $\sin\theta = 0.236$
   (b) $I = 11.028$ [mA] $P = 97.29$ [mW] $Q = 316.23$ [mVar]
   $S = 330.858$ [mVA] $\cos\theta = 0.294$ $\sin\theta = 0.958$

6. ① 1000 [VA] ② $\cos\theta = 0.8$ $\sin\theta = 0.6$ ③ $I = 10$ [A]

7. (1) $P = 1100$ [W] $Q = 1400$ [Var]
   (2) $S_1 = 1000$ [VA] $S_2 = 854.4$ [VA] $S_T = 1780.4$ [VA]
   (3) $\cos\theta = 0.618$ $\sin\theta = 0.786$ $I = 8.09$ [A]

8. (1) $P = 1100$ [W] $Q = 1400$ [Var]
   (2) $S_1 = 1000$ [VA] $S_2 = 854.4$ [VA] $S_T = 1780.4$ [VA]
   (3) $\cos\theta = 0.618$ $\sin\theta = 0.786$ $I = 8.09$ [A]

9. (a) (1) $I = 2.38$ [A]
   (2) $P = 499.80$ [W] $Q = -155.87$ [Var] $S = 523.54$ [VA]
   (3) $\cos\theta = 0.955$ $\sin\theta = -0.298$
   (b) (1) 12.37 [mA]
   (2) $P = 144$ [mW] $Q = -342$ [mVar] $S = 371.08$ [mVA]
   (3) $\cos\theta = 0.388$ $\sin\theta = -0.922$

10. (a) (1) $P = 1100$ [W] $Q = -700$ [Var]
   (2) $S_1 = 583.10$ [VA] $S_2 = 721.11$ [VA] $S_T = 1303.84$ [VA]
   (3) $\cos\theta = 0.844$ $\sin\theta = -0.537$
   (4) $I = 5.927$ [A]
   (b) (1) $P = 250$ [mW] $Q = -280$ [mVar]
   (2) $S_1 = 223.61$ [mVA] $S_2 = 170$ [mVA] $S_T = 375.37$ [mVA]

(3) $\cos\theta = 0.666 \quad \sin\theta = -0.746$

(4) $I = 12.45$ [mA]

11. (1) $P_R = 590.24$ [W] $P_L = 0$ $P_C = 0$

(2) $Q_R = 0$ $Q_L = 944.38$ [Var] $Q_C = -472.19$ [Var]

(3) $S_R = 590.24$ [VA] $S_L = 944.38$ [VA] $S_C = 472.19$ [VA]

(4) $P = 590.24$ [W] $Q = 472.19$ [Var] $S = 755.87$ [VA] $\cos\theta = 0.781$

(6) $W_R = 9.84$ [J] $W_L = 1.25$ [J] $W_C = 0.63$ [J]

12. (1) $P_R = 72$ [mW] $P_L = 0$ $P_C = 0$

(2) $Q_R = 0$ $Q_L = 36$ [mVar] $Q_C = -48$ [mVar]

(3) $S_R = 72$ [mVA] $S_L = 36$ [mVA] $S_C = 48$ [mVA]

(4) $P = 72$ [mW] $Q = -12$ [mVar] $S = 72.99$ [mVA] $\cos\theta = 0.986$

(6) $W_R = 0.072$ [mJ] $W_L = 0.0029$ [mJ] $W_C = 0.0038$ [mJ]

13. (1) $P_L = 0$ $P_R = 314.92$ [W] $P_C = 0$

(2) $Q_L = 245.90$ [Var] $Q_R = 0$ $Q_C = -236.12$ [Var]

(3) $S_L = 245.90$ [VA] $S_R = 314.92$ [VA] $S_C = 236.12$ [VA]

(4) $P = 314.92$ [W] $Q = 9.78$ [Var] $S = 315.07$ [VA] $\cos\theta = 1.0$

(6) $W_R = 5.249$ [J] $W_L = 0.326$ [J] $W_C = 0.313$ [J]

14. (1) $P = 1000$ [W] $Q = 600$ [Var]

(2) $S_1 = 360.56$ [VA] $S_2 = 583.10$ [VA]

$S_3 = 728.01$ [VA] $S_T = 1166.19$ [VA]

(3) $\cos\theta = 0.857 \quad \sin\theta = 0.514$

15. (1) $P_R = 200$ [W]

(2) $Q_C = -500$ [Var]

(3) $P = 500$ [W] $Q = -100$ [Var] $S = 509.90$ [VA]

(4) $\cos\theta = 0.981 \quad \sin\theta = -0.196$

(5) $I = 5.10$ [A]

16. (1) $S = 1320$ [VA]

(2) $Q = 1049.95$ [Var]

(3) $\cos\theta = 0.606 \quad \sin\theta = 0.795$

(4) $\theta = 52.69°$

(5) $\dot{Z} = 36.67 \angle -52.69°$ [Ω]

17. $Q_{C1} = -662.05$ [Var] $\quad Q_{C2} = -1049.51$ [Var]

$C_1 = 36.28$ [μF] $\quad C_2 = 57.52$ [μF]

18. (1) $P = 40$ [kW] $\quad Q = 34.16$ [kVar] $\quad S = 52.60$ [kVA]

(2) $Q_C = -14.78$ [kVar]

(3) $C = 810.01$ [μF]

(4) $I_1 = 239.08$ [A] $\quad I_2 = 202.02$ [A]

19. (2) $Q_C = -34.15$ [kVar]

(3) $C = 1871.56$ [μF]

(4) $I_1 = 239.08$ [A] $\quad I_2 = 181.82$ [A]

20. $\dot{S} = 130 + j160$ [VA] $\quad P = 130$ [W] $\quad Q = 160$ [Var] $\quad S = 206.16$ [VA]

21. (1) $\dot{I} = 2.683 - j2.146$ [A]

(2) $\dot{S} = 590.26 + j472.12$ [VA]

(3) $P = 590.26$ [W] $\quad Q = 472.12$ [Var] $\quad S = 755.85$ [VA]

(4) $\cos\theta = 0.781 \quad \sin\theta = 0.625$

22. (1) $\dot{I} = 6 + j1$ [mA]

(2) $\dot{S} = 72 - j12$ [mVA]

(3) $P = 72$ [mW] $\quad Q = -12$ [mVar] $\quad S = 72.99$ [mVA]

(4) $\cos\theta = 0.986 \quad \sin\theta = -0.164$

23. (1) $\dot{I} = 2.862 - j0.089$ [A]

(2) $\dot{S} = 314.82 + j9.79$ [VA]

(3) $P = 314.82$ [W] $\quad Q = 9.79$ [Var] $\quad S = 314.97$ [VA]

(4) $\cos\theta = 1.000 \quad \sin\theta = 0.031$

제 11 장

연습문제

11-1. $V_a = V_b = V_c = \frac{6000}{\sqrt{3}}$ [V]

11-2. $\dot{V}_a = \frac{220}{\sqrt{3}} \angle -30°$ [V]　$\dot{V}_b = \frac{220}{\sqrt{3}} \angle -30° - 120°$ [V]

$\dot{V}_c = \frac{220}{\sqrt{3}} \angle -30° - 240°$ [V]

11-3. $\dot{V}_a = 220 \angle 0°$ [V]　$\dot{I}_a = 2.75 \angle 0°$ [A]

$\dot{I}_b = 2.75 \angle -120°$ [A]　$\dot{I}_c = 2.75 \angle -240°$ [A]

11-4. $\dot{V}_a = 220 \angle 0°$ [V]　$\dot{I}_a = 9.84 \angle 26.57°$ [A]

11-5. $I_{ab} = 3.81$ [A]　$I_a = 6.6$ [A]

11-6. $\dot{I}_{ab} = 2.93 \angle 66.87°$ [A]　$\dot{I}_a = 5.08 \angle 36.87°$ [A]

11-7. $\dot{I}_{ab} = 1.56 \angle -45°$ [A]　$\dot{I}_a = 2.69 \angle -75°$ [A]

11-8. $I_{ab} = 4.58$ [A]　$I_a = 7.94$ [A]

11-9. $P_3 = 2323.2$ [W]　$Q_3 = 1742.4$ [Var]　$S_3 = 2904$ [VA]　$\cos\theta = 0.8$

11-10. $P_3 = 6971.39$ [W]　$Q_3 = -5228.54$ [Var]

$S_3 = 8714.23$ [VA]　$\cos\theta = 0.8$

11-11. $P_3 = 9294.59$ [W]　$Q_3 = -3486.19$ [Var]

$S_3 = 9926.88$ [VA]　$\cos\theta = 0.936$

11-12. $V_{AB} = 23.09$ [kV]　$(\cos\theta)_{in} = 0.799$　$\eta = 0.993$

11-13. $Q_C = 1.61$ [kVar]　$C = 88.23$ [μF]

11-14. $W = VI\sin\phi$ [Var]

11-15. (1) $P_3 = 1200\,[\mathrm{W}]$ $Q_3 = 3117.69\,[\mathrm{Var}]$ (유도성)

$S_3 = 3340.66\,[\mathrm{VA}]$ $\cos\phi = 0.359$ (지상)

(2) $P_3 = 1200\,[\mathrm{W}]$ $Q_3 = -3117.69\,[\mathrm{Var}]$ (용량성)

$S_3 = 3340.66\,[\mathrm{VA}]$ $\cos\phi = 0.359$ (진상)

11-16. $W_a = 2648.99\,[\mathrm{W}]$ $W_b = 3035.12\,[\mathrm{W}]$

$W_a + W_b = 5684.11 \fallingdotseq 5684.8\ [\mathrm{W}]$

11-17. $\dot{I}_a = 1.2\,[\mathrm{A}]$ $\dot{I}_b = 1.2\angle -83.13°\ [\mathrm{A}]$

$\dot{I}_c = 2.4\angle 173.13°\ [\mathrm{A}]$ $\dot{I}_N = 1.38\angle -138.97°\ [\mathrm{A}]$

11-18. $\dot{I}_a = 2.59\angle -7.31°\ [\mathrm{A}]$ $\dot{I}_b = 2.04\angle -74.35°\ [\mathrm{A}]$

$\dot{I}_c = 3.87\angle 143.69°\ [\mathrm{A}]$ $P_3 = 1902.35\,[\mathrm{W}]$

종합문제

1. (3상)

2. (Y 결선) (△ 결선)

3. ($\sqrt{3}$배) (앞선다)

4. ($\sqrt{3}$배) (뒤진다)

5. (단상회로)

6. ($\sqrt{3}\,V_e I_e \cos\theta$)

7. (2)

8. ㉯

9. ㉯

10. ㉰

11. ㉰

12. ㉰

13. ㉯

14. ㉯

15. ㉰

16. ㉰

17. ㉰

18. ㉱

19. ㉱

20. ㉯

21. ㉰

22. ㉱

23. ㉱

24. ㉯

25. ㉰

26. ㉯

27. ㉯

28. ㉱

29. ㉰

30. ㉱

31. ㉯

32. ㉮

33. ㉯

34. ㉱

35. ㉰

36. ㉯

37. ㉰

38. ㉮

익힘문제

1. $\dot{I}_a = 1\angle 0°$ [A] $\dot{I}_b = 1\angle -90°$ [A] $\dot{I}_n = 1.414\angle -45°$ [A]

2. $\dot{V}_a = 127.02\angle -30°$ [V] $\dot{V}_b = 127.02\angle -150°$ [V] $\dot{V}_c = 127.02\angle 90°$ [V]

3. $\dot{V}_a = 57.74\angle 0°$ [V] $\dot{V}_b = 57.74\angle -120°$ [V] $\dot{V}_c = 57.74\angle -240°$ [V]

4. (1) 220[V] (2) 2.2[A] (3) $I_a = I_b = I_c = 2.2$ [A] (4) $220\sqrt{3}$ [V] (5) 0[A]

5. (1) 220[V] (2) 2.32[A] (3) $I_a = I_b = I_c = 2.32$ [A] (4) $220\sqrt{3}$ [V] (5) 0[A]

6. (1) 220[V] (2) 1.83[A] (3) $I_a = I_b = I_c = 1.83$ [A] (4) $220\sqrt{3}$ [V] (5) 0[A]

7. $12.7\angle 36.87° = 10.16 + j7.62$ [Ω]

8. (1) 381.05[V] (2) 3.81[A] (3) 6.6[A]

9. (1) 381.05[V] (2) 4.02[A] (3) 6.96[A]

10. (1) 381.05[V] (2) 3.18[A] (3) 5.50[A]

11. $22.86 - j30.48$ [Ω]

12. $I_a = 1.89$ [A] $I_{ab} = 1.09$ [A]

13. (1) $\dot{V}_a = 127.02\angle -30°$ [V] $\dot{V}_b = 127.02\angle -30° - 120°$ [V]

$\dot{V}_c = 127.02\angle -30° + 120°$ [V]

(2) $I_p = 1.27$ [A] (3) $I_p = 0.733$ [A]

14. (2) $I_p = 2.47$ [A] (3) $I_p = 1.425$ [A]

15. 실효값은 문제 14와 동일함

16. (1) $I_p = 2.2$ [A] (2) $I_l = 2.2\sqrt{3}$ [A] (3) $I_p = 2.2$ [A]

17. (1) $I_p = 4.92$ [A] (2) $I_l = 4.92\sqrt{3}$ [A] (3) $I_p = 4.92$ [A]

18. (1) $I_p = 4.28$ [A] (2) $I_l = 4.28\sqrt{3}$ [A] (3) $I_p = 4.28$ [A]

19. $I_p = 0.835$ [A] $I_l = 1.447$ [A]

20. $P_3 = 1452$ [W]　$Q_3 = 0$　$S_3 = 1452$ [VA]　$\cos\theta = 1$

21. $P_3 = 1453.25$ [W]　$Q_3 = 484.42$ [Var]　$S_3 = 1531.86$ [VA]　$\cos\theta = 0.949$

22. $P_3 = 4354.83$ [W]　$Q_3 = 0$　$S_3 = 4354.83$ [VA]　$\cos\theta = 1$

23. $P_3 = 3152.73$ [W]　$Q_3 = 1820.23$ [Var]　$S_3 = 3640.46$ [VA]　$\cos\theta = 0.866$

24. (1) $P_3 = 427.72$ [W]　$Q_3 = 320.79$ [Var]

$S_3 = 534.65$ [VA]　$\cos\theta = 0.8$

(2) $P_{;} = 107.16$ [W]

(3) $\eta = 79.97$ [%]

(4) $S_3 = 720.19$ [VA]　$\cos\theta = 0.743$

25. $P_3 = 484.47$ [W]　$Q_3 = 807.52$ [Var]　$S_3 = 941.67$ [VA]　$\cos\theta = 0.514$

26. $P_3 = 1452$ [W]　$Q_3 = -2420$ [Var]　$S_3 = 2822.18$ [VA]　$\cos\theta = 0.514$

27. $\eta = 86.95$ [%]　$\cos\theta = 0.973$

28. (1) $P_3 = 1332.17$ [W]

(2) $W_a = 550.71$ [W]　$W_b = 781.46$ [W]

(3) $550.71 + 781.46 = 1332.17$ [W]

29. (1) $P_3 = 1720.18$ [W]

(2) $W_a = 752$ [W]　$W_c = 968.18$ [W]

(3) $752 + 968.18 = 1720.18$ [W]

30. $\dot{I}_{ab} = 1.718\angle 38.66°$ [A]　$\dot{I}_{bc} = 2.2\angle -156.87°$ [A]

$\dot{I}_{ca} = 1.886\angle 89.04°$ [A]　$\dot{I}_a = 1.541\angle -31.81°$ [A]

$\dot{I}_b = 3.883\angle -150.07°$ [A]　$\dot{I}_c = 3.433\angle 53.23°$ [A]

31. $\dot{I}_a = 0.992\angle 38.66°$ [A]　$\dot{I}_b = 1.270\angle -156.87°$ [A]

$\dot{I}_c = 1.089\angle 89.04°$ [A]　$\dot{I}_N = 1.266\angle 107.23°$ [A]

32. $\dot{V}_n = 57.149\angle 121.70°$ [V]　$\dot{I}_a = 1.284\angle 21.46°$ [A]

$\dot{I}_b = 1.621\angle -138.79°$ [A]　$\dot{I}_c = 0.6\angle 87.65°$ [A]

제 12 장

연습문제

12-1. $f_r = 710.166$ [kHz]

12-2. ① $V_R = 20$ [V]　$V_L = V_C = 1000$ [V]

② $V_R = 3$ [V]　$V_L = 140.55$ [V]　$V_C = 160.05$ [V]

③ $V_R = 3.2$ [V]　$V_L = 170.08$ [V]　$V_C = 432.86$ [V]

12-3. ① 15　② 150 [Ω]　③ 3.98 [mH]　④ 0.1 [μF]

12-4. $f_r = 2273.64$ [Hz]　$I = 2.45$ [mA]

12-5. $\theta_c = -45°$　$\theta_1 = -17.44°$　$\theta_2 = -80.96°$

12-6. $\theta_c = 45°$　$\theta_1 = 72.56°$　$\theta_2 = 9.04°$

종합문제

1. $\left(\frac{1}{2\pi\sqrt{LC}}\right)$ $\left(\frac{1}{\sqrt{LC}}\right)$

2. $\left(\frac{\omega_r L}{R}\right)$ $\left(\frac{1}{R\omega_r C}\right)$ $\left(\frac{1}{R}\sqrt{\frac{L}{C}}\right)$

3. (최대) (같다)

4. $\left(\frac{f_r}{f_2 - f_1}\right)$

5. (최대) $\left(\frac{1}{2\pi\sqrt{LC}}\right)$

6. (저역통과 필터) (고역통과 필터) (대역통과 필터) (대역제거 필터)

7. $\left(\frac{R}{2\pi L}\right)$

8. $\left(\frac{1}{2\pi RC}\right)$ (0.707)

9. ㉱

10. ㉱

11. ㉰

12. ㉯

13. ㉮

14. ㉮

15. ㉰

16. ㉮

17. ㉮

18. ㉮

19. ㉯
20. ㉮
21. ㉮
22. ㉯

익힘문제

1. $f_r=50.329$ [kHz] $X_L=X_C=3.162$ [kΩ] $Z=20$ [Ω] $I_r=1$ [A]
2. $Q=158.1$ $BW=318.34$ [Hz] $f_1=50.170$ [kHz] $f_2=50.488$ [kHz]
3. f_1의 경우 : $-45.06°$ f_2의 경우 : $44.89°$ f_r의 경우 : $0°$
4. ① 502.5 [pF] ② 44.61 [V] ③ 15.92 [kHz]
   ④ $f_1=702.04$ [kHz] $f_2=717.96$ [kHz]
5. ① 159.15 [kHz] ② 0.05 [mA] ③ 1 [mA] ④ 20
6. ① 112.54 [kHz] ② 1414.2
7. 20 [MΩ] 1 [μA]
8. 1.194 [V]
9. $C=0.2$ [μF]
10. (a) 7.224 [V] (b) 6.384 [V]
11. $R=53.052$ [Ω]

제 13 장

연습문제

13-1. $v=\frac{20}{\pi}\left(\frac{1}{1}\cos\omega t-\frac{1}{3}\cos 3\omega t+\frac{1}{5}\cos 5\omega t-\frac{1}{7}\cos 7\omega t+\cdots\right)$ [V]

13-2. $v=-\frac{20}{\pi}\left(\frac{1}{1}\sin\omega t+\frac{1}{3}\sin 3\omega t+\frac{1}{5}\sin 5\omega t+\frac{1}{7}\cos 7\omega t+\cdots\right)$ [V]

13-4. $i=\frac{4}{\pi}-\frac{8}{\pi}\left(\frac{\cos 2\omega t}{2^2-1}+\frac{\cos 4\omega t}{4^2-1}+\frac{\cos 6\omega t}{6^2-1}+\cdots\right)$ [A]

13-5. $I=2.238$ [A]

13-6. $i = 0.25 + 4.4\sqrt{2}\sin(120\pi t - 36.87°) + 0.203\sqrt{2}\sin(360\pi t - 66.04°)$ [A]

$v_R = 10 + 176\sqrt{2}\sin(120\pi t - 36.87°) + 8.123\sqrt{2}\sin(360\pi t - 66.04°)$ [V]

$v_L = 132\sqrt{2}\sin(120\pi t + 53.13°) + 18.27\sqrt{2}\sin(360\pi t + 23.96°)$ [V]

13-7. $V = 221.133$ [V] $I = 4.412$ [A] $P = 778.630$ [W]

$S = 975.639$ [VA] $\cos\phi = 0.798$

종합문제

1. (직류분) (기본파)
2. (사인 항)
3. (직류분) (코사인 항)
4. (사인 항) (코사인 항)
5. (반비례) (비례)
6. ㉰
7. ㉮
8. ㉰
9. ㉰
10. ㉱
11. ㉯
12. ㉰
13. ㉮
14. ㉱
15. ㉮
16. ㉯
17. ㉱
18. ㉱
19. ㉱
20. ㉰
21. ㉱
22. ㉰
23. ㉰
24. ㉮
25. ㉯
26. ㉯
27. ㉮
28. ㉯
29. ㉰
30. ㉱

익힘문제

1. $$v = \frac{20}{\pi}\left(\frac{1}{1}\cos\frac{\pi}{2}t - \frac{1}{3}\cos\frac{3\pi}{2}t + \frac{1}{5}\cos\frac{5\pi}{2}t - \frac{1}{7}\cos\frac{7\pi}{2}t + \cdots + \frac{1}{1}\sin\frac{\pi}{2}t + \frac{1}{3}\sin\frac{3\pi}{2}t + \frac{1}{5}\sin\frac{5\pi}{2}t + \frac{1}{7}\sin\frac{7\pi}{2}t + \cdots\right)$$

2. (a) ① ④ ⑤ (b) ② (c) ② ③

4. $v = 200\sin(\omega t + 70°) + 120\sin(2\omega t + 150°) + 60\sin(3\omega t + 270°)$ [V]

$i = 10\sin(\omega t + 30°) + 6\sin(2\omega t + 70°) + 3\sin(3\omega t + 90°)$ [A] 동일 파형

5. (a) 221.59 [V] (b) 71.65 [V] (c) 2.669 [A] (d) 16.062 [A]

6. (a) $P = 875$ [W] $S = 1301.20$ [VA] $\cos\theta = 0.672$

(b) $P = 1060.66$ [W] $S = 1742.58$ [VA] $\cos\theta = 0.609$

7. (a) $i = 0.333 + 1.315\sin(500t - 9.46°) + 0.632\sin(1000t - 18.43°)$ [A]

(b) $v_R = 10 + 39.456\sin(500t - 9.46°) + 18.974\sin(1000t - 18.43°)$ [V]

(c) $v_L = 6.575\sin(500t + 80.54°) + 6.32\sin(1000t + 71.57°)$ [V]

(d) 35.268 [W] (e) 35.958 [VA] (f) 0.981

8. (a) $i = 0.424\sin(400t + 45°) + 0.072\sin(800t + 26.57°)$ [A]

(b) $v_R = 21.213\sin(400t + 45°) + 3.6\sin(800t + 26.57°)$ [V]

(c) $v_C = -3 + 21.213\sin(400t - 45°) + 1.8\sin(800t - 63.43°)$ [V]

(d) 4.626 [W] (e) 6.572 [VA] (f) 0.704

제 14 장

연습문제

14-1. $\dot{Z}_{11} = 9 + j30$ [Ω] $\dot{Z}_{12} = \dot{Z}_{21} = j30$ [Ω] $\dot{Z}_{22} = 8 + j30$ [Ω]

14-2. $\dot{Y}_{11} = 0.4 + j0.2$ [S] $\dot{Y}_{12} = \dot{Y}_{21} = -j0.2$ [S] $\dot{Y}_{22} = 0.5 + j0.2$ [S]

14-3. $\dot{A} = \frac{7}{4}$ $\dot{B} = 3$ $\dot{C} = \frac{1}{4}$ $\dot{D} = 1$

14-4. $\dot{A} = \frac{3}{2}$ $\dot{B} = \frac{29}{2}$ $\dot{C} = \frac{1}{8}$ $\dot{D} = \frac{15}{8}$

14-5. $\dot{A} = 1.013\angle 27.013°$ $\dot{B} = 50\angle 53.130°$

$\dot{C} = 0.022\angle 65.317°$ $\dot{D} = 1.056\angle 36.158°$

$\dot{A}\dot{D} - \dot{B}\dot{C} = 1.007\angle -0.717° \fallingdotseq 1\angle 0°$

종합문제

1. $(\dot{Z}_{12}=\dot{Z}_{21})$ $(\dot{Z}_{11}=\dot{Z}_{22})$
2. $(\dot{Y}_{12}=\dot{Y}_{21})$ $(\dot{Y}_{11}=\dot{Y}_{22})$
3. $(\dot{A}\dot{D}-\dot{B}\dot{C}=1)$ $(\dot{A}=\dot{D})$
4. ㉣
5. ㉯
6. ㉣
7. ㉰
8. ㉣
9. ㉰
10. ㉣
11. ㉣
12. ㉮
13. ㉰
14. ㉮
15. ㉮
16. ㉣
17. ㉰
18. ㉮
19. ㉰
20. ㉮
21. ㉣
22. ㉮
23. ㉮

익힘문제

1. $$\begin{pmatrix}\dot{I}_1\\ \dot{I}_2\end{pmatrix}=\begin{pmatrix}\dot{Z}_{11} & \dot{Z}_{12}\\ \dot{Z}_{21} & \dot{Z}_{22}\end{pmatrix}^{-1}\begin{pmatrix}\dot{V}_1\\ \dot{V}_2\end{pmatrix}=\begin{pmatrix}\dfrac{\dot{Z}_{22}}{\dot{Z}_{11}\dot{Z}_{22}-\dot{Z}_{12}\dot{Z}_{21}} & \dfrac{-\dot{Z}_{12}}{\dot{Z}_{11}\dot{Z}_{22}-\dot{Z}_{12}\dot{Z}_{21}}\\ \dfrac{-\dot{Z}_{21}}{\dot{Z}_{11}\dot{Z}_{22}-\dot{Z}_{12}\dot{Z}_{21}} & \dfrac{\dot{Z}_{11}}{\dot{Z}_{11}\dot{Z}_{22}-\dot{Z}_{12}\dot{Z}_{21}}\end{pmatrix}\begin{pmatrix}\dot{V}_1\\ \dot{V}_2\end{pmatrix}$$

2. $$\begin{pmatrix}\dot{V}_1\\ \dot{V}_2\end{pmatrix}=\begin{pmatrix}\dot{Y}_{11} & \dot{Y}_{12}\\ \dot{Y}_{21} & \dot{Y}_{22}\end{pmatrix}^{-1}\begin{pmatrix}\dot{I}_1\\ \dot{I}_2\end{pmatrix}$$

3. $\dot{Z}_{11}=\dfrac{\dot{Z}_2(\dot{Z}_1+\dot{Z}_3)}{\dot{Z}_1+\dot{Z}_2+\dot{Z}_3}$ $\dot{Z}_{12}=\dot{Z}_{21}=\dfrac{\dot{Z}_2\dot{Z}_3}{\dot{Z}_1+\dot{Z}_2+\dot{Z}_3}$ $\dot{Z}_{22}=\dfrac{\dot{Z}_3(\dot{Z}_1+\dot{Z}_2)}{\dot{Z}_1+\dot{Z}_2+\dot{Z}_3}$

4. $\dot{Y}_{11}=\dfrac{\dot{Y}_1(\dot{Y}_2+\dot{Y}_3)}{\dot{Y}_1+\dot{Y}_2+\dot{Y}_3}$ $\dot{Y}_{12}=\dot{Y}_{21}=\dfrac{-\dot{Y}_1\dot{Y}_2}{\dot{Y}_1+\dot{Y}_2+\dot{Y}_3}$ $\dot{Y}_{22}=\dfrac{\dot{Y}_2(\dot{Y}_1+\dot{Y}_3)}{\dot{Y}_1+\dot{Y}_2+\dot{Y}_3}$

5. $\dot{H}_{11}=\dfrac{\dot{Z}_{11}\dot{Z}_{22}-\dot{Z}_{12}\dot{Z}_{21}}{\dot{Z}_{22}}$ $\dot{H}_{12}=\dfrac{\dot{Z}_{12}}{\dot{Z}_{22}}$ $\dot{H}_{21}=-\dfrac{\dot{Z}_{21}}{\dot{Z}_{22}}$ $\dot{H}_{22}=\dfrac{1}{\dot{Z}_{22}}$

6. $\dot{H}_{11}=\dfrac{1}{\dot{Y}_{11}}$ $\dot{H}_{12}=-\dfrac{\dot{Y}_{12}}{\dot{Y}_{11}}$ $\dot{H}_{21}=\dfrac{\dot{Y}_{21}}{\dot{Y}_{11}}$ $\dot{H}_{22}=\dfrac{\dot{Y}_{11}\dot{Y}_{22}-\dot{Y}_{12}\dot{Y}_{22}}{\dot{Y}_{11}}$

7. $\dot{G}_{11}=\frac{1}{\dot{Z}_{11}}$ $\dot{G}_{12}=-\frac{\dot{Z}_{12}}{\dot{Z}_{11}}$ $\dot{G}_{21}=\frac{\dot{Z}_{21}}{\dot{Z}_{11}}$ $\dot{G}_{22}=\frac{\dot{Z}_{11}\dot{Z}_{22}-\dot{Z}_{12}\dot{Z}_{21}}{\dot{Z}_{11}}$

8. $\dot{G}_{11}=\frac{\dot{Y}_{11}\dot{Y}_{22}-\dot{Y}_{12}\dot{Y}_{21}}{\dot{Y}_{22}}$ $\dot{G}_{12}=\frac{\dot{Y}_{12}}{\dot{Y}_{22}}$ $\dot{G}_{21}=-\frac{\dot{Y}_{21}}{\dot{Y}_{22}}$ $\dot{G}_{22}=\frac{1}{\dot{Y}_{22}}$

9. $\dot{A}=\frac{\dot{Z}_{11}}{\dot{Z}_{21}}$ $\dot{B}=\frac{\dot{Z}_{11}\dot{Z}_{22}-\dot{Z}_{12}\dot{Z}_{21}}{\dot{Z}_{21}}$ $\dot{C}=\frac{1}{\dot{Z}_{21}}$ $\dot{D}=\frac{\dot{Z}_{22}}{\dot{Z}_{21}}$

10. $\dot{A}=-\frac{\dot{Y}_{22}}{\dot{Y}_{21}}$ $\dot{B}=-\frac{1}{\dot{Y}_{21}}$ $\dot{C}=-\frac{\dot{Y}_{11}\dot{Y}_{22}-\dot{Y}_{12}\dot{Y}_{21}}{\dot{Y}_{21}}$ $\dot{D}=-\frac{\dot{Y}_{11}}{\dot{Y}_{21}}$

11. $\dot{A}=1+\frac{\dot{Z}_1}{\dot{Z}_3}$ $\dot{B}=\dot{Z}_1$ $\dot{C}=\frac{\dot{Z}_1+\dot{Z}_2+\dot{Z}_3}{\dot{Z}_2\dot{Z}_3}$ $\dot{D}=1+\frac{\dot{Z}_1}{\dot{Z}_2}$

12. $\dot{A}=1+\frac{\dot{Y}_3}{\dot{Y}_1}$ $\dot{B}=\frac{\dot{Y}_1+\dot{Y}_2+\dot{Y}_3}{\dot{Y}_1\dot{Y}_2}$ $\dot{C}=\dot{Y}_3$ $\dot{D}=1+\frac{\dot{Y}_3}{\dot{Y}_2}$

찾아보기

가

나

다

라

마

바